成果集 | 规划设计·工程设计 上册

中国城市规划设计研究院六十周年

60th Anniversary of
China Academy of Urban Planning & Design

中国城市规划设计研究院　编

CƏUPD 60th
中规院六十周年
—— 1954 – 2014 ——

中国建筑工业出版社

审图号GS（2014）2440号

图书在版编目（CIP）数据

中国城市规划设计研究院六十周年成果集——规划设计·工程设计/中国城市规划设计研究院编. —北京：中国建筑工业出版社，2014.9

ISBN 978-7-112-17298-6

Ⅰ.①中…　Ⅱ.①中…　Ⅲ.①城市规划–建筑设计–成果–汇编–中国　Ⅳ.①TU984.2

中国版本图书馆CIP数据核字（2014）第217542号

责任编辑：李　鸽　施佳明　焦　扬
责任校对：李美娜　关　健

中国城市规划设计研究院六十周年成果集
——规划设计·工程设计
中国城市规划设计研究院　编
*
中国建筑工业出版社出版、发行（北京西郊百万庄）
各地新华书店、建筑书店经销
北京嘉泰利德公司制版
北京顺诚彩色印刷有限公司印刷
*
开本：880×1230毫米　1/16　印张：41　字数：1400千字
2014年10月第一版　2014年10月第一次印刷
定价：**398.00**元（上、下册）
ISBN 978-7-112-17298-6
　　（26022）

前　言

继 2004 年出版《中国城市规划设计研究院五十周年成果集》后，我们又在建院六十周年之际，组织编写了《中国城市规划设计研究院六十周年成果集》。

成果集选取我院 2004 年以来完成的 4000 余项规划设计和 300 余项科研、咨询、标准规范中的部分成果，分类汇集成册。其中《中国城市规划设计研究院六十周年成果集——规划设计·工程设计》分为上、下两册，上册包括灾后重建规划，援藏、援疆、援青规划等公益类项目，以及省域城镇体系规划、城市发展战略规划、城市总体规划等宏观类项目；下册包括城市设计、详细规划、建筑设计等中微观项目，以及交通规划、市政工程规划、历史文化名城保护规划、风景区规划、旅游规划等专项规划。《中国城市规划设计研究院六十周年成果集——科研·咨询·标准规范》一册，分为两个部分，第一部分包括国家立项课题、部门委托课题、地方委托课题、院科研基金资助课题、国际合作及其他科研咨询项目；第二部分为我院主编和参编的行业标准规范。

本次入选成果的选取本着择优集萃的原则，力求推出我院最具代表性、最有学术价值和最富技术含量的成果，旨在真实记录我院推进规划、科研和技术进步的历程，总结我院城市规划编制和研究工作的经验，展现我院献身国家规划事业的执着和努力拓展、积极创新的精神。

抚今追昔，中国城市规划设计研究院六十年来始终把技术质量视为生命，在城市规划实践中不断拓展业务领域，与规划同行们一起推进理论和技术的创新，不断充实技术实力，提升专业集成优势。近年来，为适应国家新型城镇化发展的总体要求，我院在原有多专业综合优势的基础上构建了更加充实的专业结构和业务框架，特别是在历史文化遗产保护、城市住房、村镇规划、公共交通与轨道交通、城市公共安全与综合防灾、水资源与能源安全、生态与环境保护、风景园林、文化旅游等新的领域均取得显著的进步。众多收获凝聚着全体中规院人的汗水和心血。

展望未来，随着国家推进全面深化改革，我们深知，中国的快速城镇化进程遍布机遇和挑战，城乡规划事业依然任重而道远。让我们以六十华诞作为新的起点，创新驱动，稳健前行，与广大业内同行一起推进城乡规划事业的发展，再创新的辉煌。

编委会

2014 年 9 月 22 日

目 录

1 灾后重建规划

2

援藏、援疆、援青规划

援藏

援疆

3

城镇体系规划、区域规划

4

新区规划

5

城市发展战略规划

6 城市总体规划

7

城乡统筹规划、分区规划、近期建设规划

8

村镇规划

1

灾后重建规划

汶川地震灾后恢复重建城镇体系规划

2009 年度全国优秀城乡规划设计特等奖
2008-2009 年度中规院优秀城乡规划设计一等奖
编制起止时间：2008.5-2008.10
承担单位：城市规划设计所、城市规划
　　　　　与历史名城规划研究所、工
　　　　　程规划设计所（现城镇水务
　　　　　与工程专业研究院）、城市交
　　　　　通研究所（现城市交通专业
　　　　　研究院）、风景园林规划研究
　　　　　所、城市规划与住房研究所
主要参加人：李晓江、尹　强、张　莉、
　　　　　朱思诚、束晨阳、郭　枫、
　　　　　朱郁郁、周　乐、张　兵、
　　　　　张　健、赵文凯
合作单位：四川省城乡规划设计研究院、
　　　　　甘肃省城乡规划设计研究院、
　　　　　陕西省城乡规划设计研究院

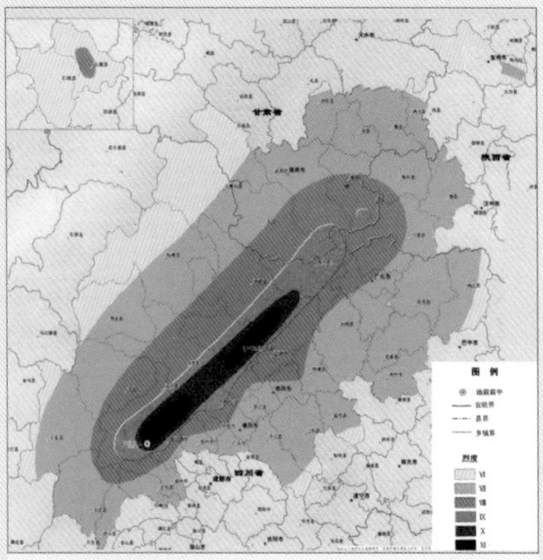

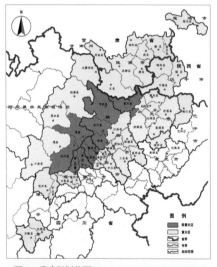

图 1　地震灾害分区图

1. 规划背景

2008 年 5 月 12 日，四川省汶川县发生 8 级特大地震，最大烈度达 11 度。灾区沿龙门山断裂带呈椭圆形分布，范围包括四川、甘肃、陕西等 10 个省市区。

本次规划范围是《汶川地震灾害范围评估报告》确定的 10 个极重灾县、市和 41 个重灾县、市、区，共计 51 个县、市、区。其中四川省 39 个，甘肃省 8 个，陕西省 4 个（图 1、图 2）。

图 2　重建规划范围

2. 规划特点

本规划是根据国家抗震救灾的总体部署，指导汶川地震灾区城镇尽快恢复重建的国家级、应急性、实施性规划，是国家《汶川地震灾后恢复重建总体规划》的重要组成部分，为国家灾后重建总体决策提供了依据，是国家主管部门推进灾区城镇恢复重建、进行应急决策的重要平台。

1）区域重建统筹

规划打破行政区界限，统筹进行基础设施建设和城镇恢复重建，构建区域安全格局。统一确定城镇重建标准与重建进程，明确三省城镇重建规模。

2）城乡统筹重建

在本规划编制过程中，把城乡统筹重建作为规划的基本出发点之一，在规划内容与实施中都紧密结合乡村发展进

行统筹考虑。

3）部门重建统筹

灾后重建规划涉及 30 多个省部级单位。在灾后重建总体规划之下，各专项规划同时展开，平行工作，具有相互支撑的作用。

4）上下重建统筹

规划编制成立了由总体组、市州组、县市组构成的三级工作组，国家级与省级、地级、县级灾后重建城镇体系规划同步编制、互动进行。

5）人与自然统筹

规划坚持传承文化、突出特色的规划原则，加强自然资源与历史文化遗产的保护，统筹人与自然和谐发展。

3. 规划要点

1）进一步优化完善城镇体系结构

规划完善了灾区城镇体系结构，有重点地引导人口从中山深谷区向平原坪坝区适度集聚，发挥各级城镇的辐射带动作用，将灾区分为适宜重建区、适度重建区和生态重建区（图 3）。

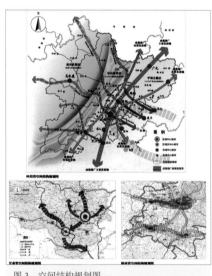

图 3　空间结构规划图

2）科学确定城镇重建类型

依据资源环境承载能力，创新性地确定五种城镇恢复重建类型，分别是：重点扩大规模重建城镇、适度扩大规模重建城镇、原地调整功能重建城镇、原

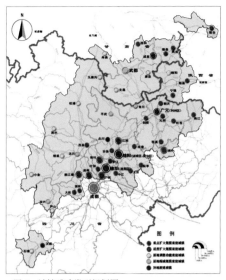

图4　城镇重建类型规划图

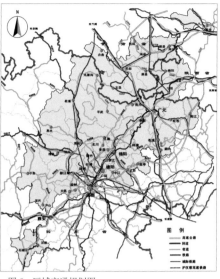

图5　区域交通规划图

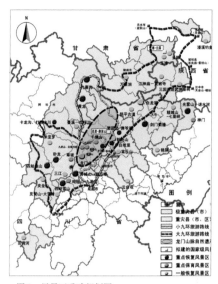

图7　风景区重建规划图

地缩减规模重建城镇、异地新建城镇（图4）。

3）合理确定城镇重建规模及标准

规划期末51个严重受灾县（市、区）城镇人口规模预计达到800万~850万人，城镇建设用地规模约为840~890km²。其中城市（或县城）人口约为550万~580万人，建设用地为540~570km²；建制镇人口规模为250万~270万人，建设用地为300~320km²。大中城市人均建设用地应控制在90~100m²，小城镇人均建设用地应控制在100~120m²（图5）。

4）优先恢复住房、公共设施和市政基础设施

城镇住房恢复重建坚持政府组织安置与市场化运作相结合、新建与加固维修相结合，注重当地节能环保、防灾减灾和建设质量，保护传统民居特色，使配套设施得到加强，人居环境得到改善。

城镇公共服务设施按照分级设置的原则，根据服务范围和人口规模，确定设置公共服务设施的类型、规模和标准。

城镇道路恢复重建突出道路交通作为城镇生命线的功能，增强城镇防灾减灾能力。在三年恢复重建的基础上，适当优化提升道路交通系统建设水平。

市政设施优先修复供水、供气管网，加快配套污水管网，尽可能提高设施抗震强度，增强系统的安全可靠性（图5）。

5）注重对历史文化名城名镇名村的保护

对恢复重建过程中的历史文化名城、名镇、名村提出了保护要求，并针对具体的城镇提出了详细的保护措施，以保证在恢复重建过程中能够传承优秀的民族传统文化（图6）。

6）加强对风景名胜区的恢复重建

规划提出重点恢复知名度高、具有较好的恢复开放条件的主要风景区；重点保育具有较高知名度和风景价值，但受损程度严重、安全性差，暂不具备全面开放条件的风景名胜区；一般恢复受损程度较轻，但知名度较小，主要服务于周边游客的景区（图7）。

7）重点强调城镇地质灾害治理与综合防灾体系建设

本次规划重点强调了对城镇地质灾害治理与综合防灾体系的建设，针对城镇地质灾害、洪水灾害的防治提出了具体的方针和措施，对城镇防灾设施的建设提出了原则和标准，保证城镇选址、建设和运行的安全。

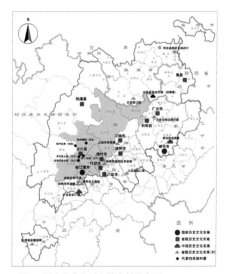

图6　历史文化名城名镇名村分布图

汶川地震灾区风景名胜区灾后重建规划

2009 年度全国优秀城乡规划设计一等奖
2008-2009 年度中规院优秀城乡规划设计一等奖
编制起止时间：2008.6-2008.8
承 担 单 位：风景园林规划研究所
主 管 所 长：贾建中
主 管 主 任 工：唐进群
项 目 负 责 人：贾建中、束晨阳
主 要 参 加 人：贾建中、束晨阳、邓武功、
　　　　　　　陈战是、刘宁京、李 雄、
　　　　　　　郑贵林、赵廷宁、高甲荣、
　　　　　　　魏 民、黄东仆、罗 辉、
　　　　　　　戴 宇、唐进群、严 华、
　　　　　　　牛铜钢、肖 晴、杨 隼、
　　　　　　　王忠杰、王 斌
合 作 单 位：北京林业大学、四川省城乡
　　　　　　　规划设计研究院

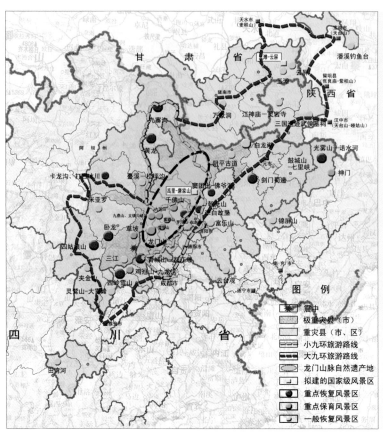

图 2　风景名胜区恢复重建计划图

图 1　风景名胜区分布图

在 2008 年 "5·12" 汶川特大地震灾害范围内，共有世界遗产、风景区 95 处，受灾约 64 处，占 67.4%。风景区受灾类型之多、程度之重、范围之广，都是新中国成立以来最严重的一次。

1. 规划内容

1）风景区灾损评估

规划对次生地质灾害、风景资源、服务设施、基础设施、道路交通、农村居民点、植被及生态环境等 7 个方面进行了详细的分类评估。其中，以地震及其次生地质灾害的影响最为严重；以风景资源的灾损对风景区影响最大；以各类设施的损失可折算金额最多。

对受灾风景区进行了分级评估，将其分为极度受灾、重度受灾、中度受灾以及轻度受灾四个等级。风景区受灾程度与地震灾害的严重程度呈正相关关系，地震烈度越高、地震灾害分区等级越高的地区，风景区受灾越严重。

总体来说，汶川大地震对灾区风景区造成了全面而巨大的破坏，对风景区的保护和发展都产生了很大的不利影响，但是整个灾区最具代表性的自然和文化遗产资源、最典型的自然景观基本保存完好，风景区在各受灾省域旅游产业中的核心资源支撑作用没有改变。

2）恢复重建思路与计划

目标是为了在 3 年恢复重建期内促使有条件的风景区尽快恢复到或接近灾前水平。包括 10 个方面的思路与计划：①将受灾风景区分为重点恢复、重点保育、一般恢复三大类，作为资金安排以及不同管理方式的参考，并要求各风景区编制灾后重建规划。②发现、保护与建立新景区/景点。规划建议优先发掘保护具有代表性、典型性、科考性的地震遗址遗迹，促进风景区事业的发展。首先启动北川禹里—唐家山和三滩

云屏申报国家级风景区的工作。③建议将龙门山地区设立为国家自然遗产地区。④建议加大补助资金，成立"国家遗产区、风景名胜区保护与灾害防治基金"。此外，还包括"制定相应的保障措施"等其他6个方面的内容。

2. 创新与特色

规划类型特殊，规划编制技术内容独特。在规划类型上，从国家层面编制特大地震风景区灾后重建规划尚属首次。其所包含的技术内容体系不同于一般规划项目，有其自身的独特性。

探索了特殊条件下的规划编制方法。在余震频发，道路交通极其困难的情况下，规划组采取重点深入现场调查、景区一线人员面对面座谈与发放书面灾损调查表等相结合的方式，在较短的时间内，在我国首次全面掌握了汶川特大地震后风景区灾损状况的第一手资料，探索了特大地震后迅速开展风景区灾后重建规划编制的方法。

首次提出了风景区灾损评估体系。规划第一次从分类评估、分级评估以及总体评估3个方面探索了灾损评估的体系和方法，提出了7个方面的灾损评估类型、4个灾损等级和灾后重建投资估算，为住房和城乡建设部全面、准确地了解风景区的灾损情况、制定相关的救灾政策提供了依据。

提出了风景区地震防灾体系的基本内容。规划总结了汶川特大地震灾区风景区遇到的问题，提出了建立我国风景区地震防灾体系的六项基本内容。

综合提出了十大恢复重建技术导则，包括世界遗产、自然风景资源、人文风景资源、安全游览、旅游与管理服务设施、道路交通、基础工程设施、居民点、次生地质灾害、植被恢复等，并针对次生地质灾害防治和植被恢复编制了专题研究报告。

拓展了风景区规划研究的新领域。针对风景区灾后重建工作的实施需要，本规划在灾后风景开放运营基本标准、开放阶段划分、快速恢复安全开放措施、开放时序以及恢复重建计划等方面进行了有益的探索，提高了规划的实用性。

3. 实施效果

及时为住房和城乡建设部及三省住房城乡建设厅提供了受灾风景区的全面情况和灾后重建工作意见，为国家制定风景区灾后重建政策和救援资金的拨付提供了参考依据，为《汶川地震灾后恢复重建城镇体系规划》提供了技术内容。

住房和城乡建设部以专文《汶川地震灾区风景名胜区灾后重建指导意见》发放各省，具体指导了灾后风景区的建设。

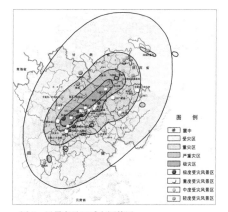
图3 风景名胜区受灾评估图

在本规划指导下，《北川唐家山－禹里申报国家级风景名胜区资源评价技术报告》已经完成，并上报四川省政府。禹里申报中国历史文化名镇的报告和《禹里历史文化名镇保护规划》已经完成。以青城山－都江堰风景区为代表的各受灾风景区已经相继编制了灾后恢复重建规划或详细规划，并按照规划修复了大部分的游览景点、游览设施和基础设施。

受灾风景区恢复重建后，已经陆续对外开放旅游，区域旅游环线基本恢复。

次生地质灾害防治和植被恢复等技术导则和措施在各风景区灾后恢复重建中得到了广泛的应用。

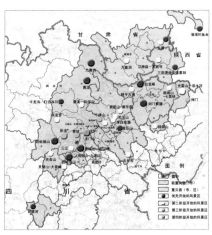
图4 风景名胜区开放时序规划图

图5 二王庙山门——灾前

图6 二王庙山门——受灾情况

图7 青城山游步道——受灾情况

图8 青城山游步道——恢复情况

图9 二王庙大殿——灾前

图10 二王庙大殿——受灾情况

绵阳市灾后恢复重建城镇体系规划（2008-2010）

编制起止时间：2008.5-2008.7

承担单位：城市与区域规划设计所、城市设计研究室、城市与乡村规划设计研究所、学术信息中心、城市水系统规划设计研究所（现城镇水务与工程专业研究院）

项目负责人：朱波

主要参加人：李晓江、殷会良、曹璐、孙彤、姜立晖、官善友、张高攀、高捷、许景权、孙卫林、陈怡星、宋兰合

合作单位：武汉市勘测设计研究院

1. 项目背景

绵阳市处于川西高山峡谷松潘—雅安地震带上，属于四川省四大地质灾害高易发地区之一。"5·12"汶川特大地震中，绵阳市遭受了重大的人员和财产损失，是灾区损失最为严重的城市之一。受灾特征主要为：地震强度烈度高、受灾范围广、灾损严重。

根据国家和四川省对灾后重建城镇体系规划的工作要求，本次规划要对灾后重建具有全面的指导意义，要突出重点，要有现实的可操作性，要协调其他专项规划。

2. 规划原则

（1）尊重科学、突出重点。

（2）因地制宜、分区指导。

（3）城乡统筹、协调发展。

（4）传承文化、突出特色。

（5）立足当前、兼顾长远。

3. 灾后恢复重建目标与任务

按照国家提出的"新型工业化、城镇化和新农村建设"的战略要求，优化城乡发展空间格局，推动城乡统筹发展；基本形成布局合理、结构完善、功能配套的城镇体系；整体提升人居环境，建设人与自然和谐相处的美好家园。

4. 工作重点

1）灾情评估

收集各方资料，客观评价地震灾害对城镇建设的损毁情况，综合分析地震灾害对城市整体发展的影响，不仅突出城镇布局（选址）、道路交通、公共服务设施、市政基础设施等内容，更注重在城镇快速发展过程中，如何处理好人与自然的关系，如何认识重大自然灾害对城镇发展的长远影响。

2）确定恢复重建城镇类型

由于本次地震中受灾最为严重的乡

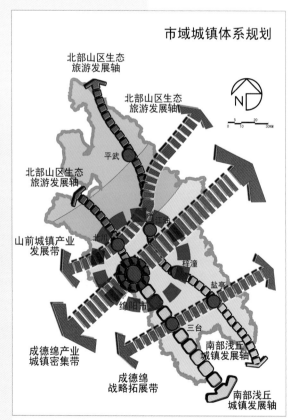

图1　空间结构规划图

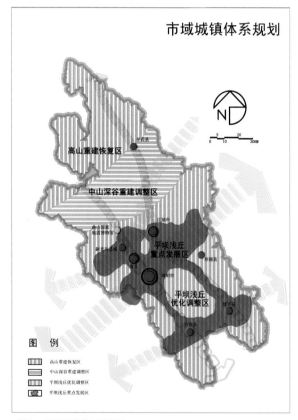

图2　恢复重建分区规划图

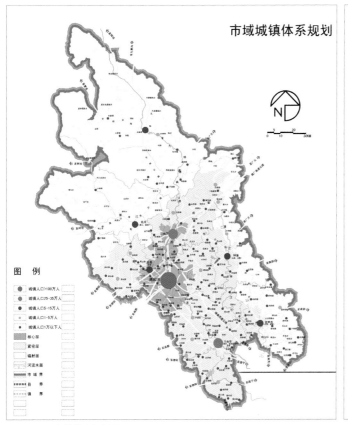

图3 城市规模等级规划图

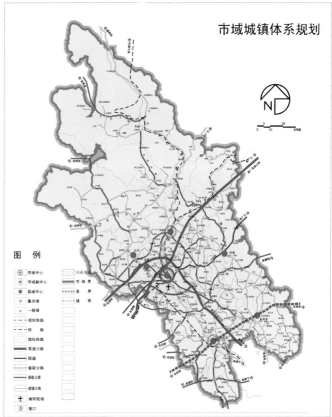

图4 综合交通规划图

镇大都分布于地震断裂带和地质灾害高易发的高山深谷地区，而高山深谷地区的城镇用地十分局促，灾后重建用地极为紧张，因此，城镇重建的问题相对复杂，尤其是安全选址，成为城镇恢复重建的首要前提和重建类型区分的主要依据。同时，城镇布局的调整，直接影响到城镇体系的调整与优化，乃至城镇发展模式的改变，这也再次佐证了在城镇体系规划编制之初确定城镇重建类型的重要性。最为典型的就是北川新县城的异地重建，由于涉及行政区划调整，北川的重建对绵阳市，尤其对北川县的城镇体系产生了重大影响。

3）提出城镇体系优化与区域发展模式转变的方案

这首先包括了发展格局的改变：推动山区（极重灾区）产业、人口向坪坝地区转移，在强化主城区中心作用的同

时，优化市域发展格局，转变发展模式。其次是城乡发展的统筹：充分利用农村地区的恢复重建，推动新农村建设。再次是区域基础设施体系的优化与调整：结合救灾与灾后重建的需求，合理规划区域基础设施体系的重建。

4）重建城乡公共服务设施

在大灾之后，公共服务设施的建设受到了强烈的关注。尤其是乡镇和农村的卫生、医疗、社会福利、文化教育等设施的重建受到了前所未有的重视。这既是大灾之后的"觉醒"，同时也凸显了灾前建设的滞后。

5）强化交通生命线

绵阳市作为典型的地形地貌特征多样的区域，其道路交通系统的建设不仅需要考虑常规的城市经济发展要求，还需考虑地形复杂的地区一旦发生灾害后的道路系统作为主要救援支撑体系的

抗灾防灾能力。规划通过综合评估各类条件，合理设置内部公路的等级，对于山区道路，不因其地形复杂而随意降低其道路等级，对可能阻碍道路通行的山体塌方和建筑倒塌采取避让、改造加固等防范措施，同时提高道路上桥梁和高架段的抗震性能。完善市、县、乡、中心村之间的公共客运交通服务，确保主要居民点均能够享受到基本的公路客运服务。

6）重建规模、标准与投资估算

从重建工作的开展来看，这部分内容的重要性不言而喻。重建规模、标准及与其密切相关的投资估算成为重建资金安排的重要参考依据。

绵阳市北川羌族自治县新县城灾后重建规划

2011年度全国优秀城乡规划设计一等奖
2008-2009年度中规院优秀城乡规划设计一等奖
2012年度第48届国际城市与区域规划学会规划卓越奖（Awards for Excellence）
编制起止时间：2008.5-2011.12
中规院北川新县城规划工作指挥部

指　挥　长：李晓江
副 指 挥 长：邵益生、杨保军
执行副指挥长：朱子瑜
指挥长助理：孙　彤、殷会良
院 总 工 室：戴　月、杨明松
规　划　组：蒋朝晖、李　明、王　飞、
　　　　　　岳　欢、陈振羽等
住　房　组：李　利、赵　暄、李　宁、
　　　　　　秦　筑、林星星 等
景　观　组：束晨阳、牛铜钢、马浩然 等
市　政　组：谢映霞、高均海、刘海龙、
　　　　　　阙愿林 等
道　路　组：殷广涛、梁昌征、李　晗、
　　　　　　戴继峰、杨　嘉 等
照　明　组：梁　峥、陈　郊 等
园　区　组：张晋庆、陈　雨 等

1. 背景

北川是我国惟一的羌族自治县，2008年汶川特大地震将县城所在地曲山镇彻底摧毁。党中央迅速组织救援，并果断地向世人发出"再造一个新北川"的铿锵誓言。

中规院全力响应中央的号召，第一时间启动了北川县灾后重建规划服务工作。绵阳市和北川县两级党委政府凭着对中规院的高度信任，将北川县县城的选址论证、灾后重建规划的编制、组织和技术把关等规划设计相关工作以"一个漏斗"的形式全权委托中规院负责。由此，北川新县城灾后重建的宏大工程拉开大幕。

2. 规划体系的建构

按照建设未动，规划先行的原则，中规院根据北川县灾后重建的具体情况，设计建构了一套完整的规划设计体系，实施对工程建设的规范与指导。以《北川新县城选址研究》、《北川新县城灾后重建城市总体规划》和《绵阳市北川羌族自治县灾后恢复重建村镇体系规划（2008-2020）》为龙头，先后完成了《北川新县城控制性详细规划》、《北川新县城城市和周边山体绿地系统控制规划》、《北川新县城道路交通专项规划及场地竖向》、《北川新县城交通工程设计》、《北川新县城市政工程专项规划（8个专项加管线综合）》、《北川新县城城市照明专项规划》、《北川新县城公共安全与防灾专项规划》、《北川新县城规划管理系统》、《北川新县城抗震纪念园修建性详细规划》、《北川新县城山东工业园区详细规划》、《北川新县城红旗片区修建性详细规划》、《北川新县城温泉片区修建性详细规划》、《北川新县城白杨坪片区修建性详细规划》、《北川新县城旅游规划》、《曲山镇—唐家山—禹里文化生态旅游区总体规划》、《安昌镇重建总体规划及市政改造》以及10项景观施工设计和6项安置区施工图设计。

3. 规划实施的保障

为保障灾后重建规划设计意图的贯彻，保证灾后重建效果，中规院适时成

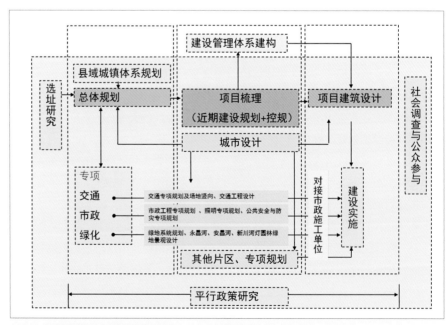

图1　北川新县城灾后重建规划推进体系

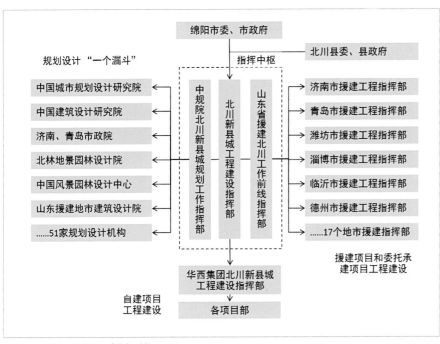

图2 北川新县城灾后重建指挥系统

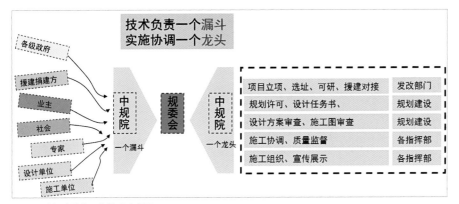

图3 中规院前指工作模式示意图

立了北川新县城规划工作前线指挥部，与北川工程建设指挥部、山东省援建北川工作前线指挥部和后来的华西集团北川新县城工程建设指挥部协同工作，以规划伴行的方式服务灾后重建工程。中规院前指依托总院强大的技术支持，立足规划统筹，以"技术协调一个漏斗，规划实施一个龙头"的工作模式为决策提供技术支撑，为实施提供技术把关。自成立之日起，中规院前线指挥部10余人常驻现场，连续工作3年半时间，统筹协调国内知名的50余家建筑和其他专业设计机构，全面推进新县城灾后重建的213项工程的规划设计。全院共有263人参与现场工作，现场工作时间达到8731个工作日。

4. 灾后重建成果

2011年，北川新县城灾后重建工程全面完成，共建成总规模120万㎡的11187套保障性住房，40万㎡公共建筑和20万㎡厂房，单体建筑达到715栋，建成了总长度65.3km的市政道路，完成了1.68km²的园林绿化的施工，全面实现了"建成城镇基本框架，形成城镇基本功能，展现城镇基本形象"的灾后重建目标。

北川新县城总体规划
（2008—2020）

2011年度全国优秀城乡规划设计一等奖
2008–2009年度中规院优秀城乡规划设计一等奖
编制起止时间：2008.10–2009.3
承担单位：城市设计研究室、工程规划设计所（现城镇水务与工程专业研究院）、城市交通研究所（现城市交通专业研究院）、风景园林规划研究所、城市与区域规划设计所、城市与乡村规划设计研究所、城市水系统规划设计研究所（现城镇水务与工程专业研究院）、学术信息中心、国际城市规划研究室、深圳分院等
主管院长：李晓江、杨保军
主管总工：戴月、杨明松
项目负责人：朱子瑜、孙彤、朱波

1. 基本情况

规划原则——安全、宜居、繁荣、特色、文明、和谐。

指导方针——以人为本、科学重建。

建设目标——城建工程标志、抗震精神标志和文化遗产标志。

城市性质——北川县域政治、经济、文化中心；川西旅游服务基地和绵阳西部产业基地；现代化的羌族文化城。

城市规模——到2020年，新县城总人口达到7万人，总用地面积7km²。

2. 项目内容与构思

1）山水格局、人居环境

山水格局——新县城选址在山前坪坝地区，"山环水绕"为新县城的建设提供了一个极佳的具有山水格局的人居环境。

空间结构——河东近期建设区域所形成的"生态廊、休闲带、设施环和景观轴"的空间结构，为快速重建背景下的城镇发展提供了清晰、有序、高效的城镇空间格局。

紧凑形态——新县城由中部坪坝综合区、南部产业园区、北部丘陵休闲旅游发展区和西部城镇拓展区组成。重建项目集中布置在安昌河东岸，近期建设

用地规模4km²，安置人口3.5万人。规划严格控制人均建设用地指标，并形成了相对紧凑的城镇形态，使绝大多数居民的出行在步行范围内，充分发挥了公共设施和基础设施的服务效率。

小城尺度——契合山水环境保护的要求和城镇的气质定位，建筑群落以低层、多层错落布局为主，结合视觉焦点局部点缀小高层，形成城镇整体形态平缓舒展的态势。相对窄小的街道空间，为城镇居民提供了一个尺度适宜的交往和景观空间。

2）以人为本、民生优先

集中社区——相对集中的大型社区方便居民走亲访友并具有归属感，也更容易获得较高水平的社区服务和较低的物业管理成本。

职住平衡——就近设置的商业街和产业园区可提供近万个就业岗位，方便居民就业，也大大降低了居民的出行成本。

设施链——沿永昌大道安排城镇行政服务中心、文化馆、图书馆、羌族民俗博物馆、影剧院和学校等；沿新川路安排城镇商业服务设施及医院等。永昌大道和新川路所构成的城镇公共设施服务链，可极大地方便居民的日常生活。

路网——密路网、小街区的小城镇街

图1　县域交通规划图

图2　用地布局规划图

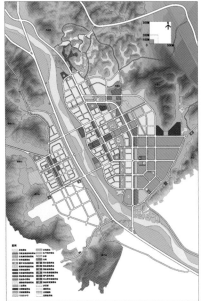

图3　总体城市设计总图

道格局，提高了步行可达性，方便人际交流，也可获得更多的沿街商业开发的机会。

3）文化传承、民族特色

城镇风貌——按照凸显新县城羌族风貌的要求，通过建筑风格控制策略，对原生羌风、传承羌风以及现代羌风建筑在空间上进行分区布局，并在此基础上对单体建筑按照"公建重于居住、边角重于内部、底顶重于中段、小品重于建筑"的原则进行控制，使整个县城既具有统一的羌族风貌，又拥有丰富的建筑风格。

新县城的道路和街区等名称沿用老县城的路名及拆迁村落的原有名称，以传承地域的记忆。

4）绿色低碳、节能减排

绿色交通——创建以绿色交通系统为主导的交通发展模式，创造良好的步行和自行车交通环境。

市政规划——采用雨水渗透、智能电网、三网合一等适宜技术，保护生态环境并避免重复建设。近70%的道路使用LED节能灯具，建筑设计严格执行国家绿色建筑标准，使北川新县城达到现代化城镇建设的水平。

3. 项目特点

规划编制突出灾后重建的工作重点，尽快安置受灾群众，通过援建项目的落实，推动城市功能的尽快恢复。规划实现了先进理念与实施措施相结合，规划方案与项目建设结合，专项规划与工程建设结合，规划控制与建设管理结合，政府决策与民众意愿结合，规划布局与城市设计结合。

图4　道路功能布局图

图5　绿地系统规划图

图6　建成后的北川县人民医院和尔玛小区

图7　建成后的巴拿恰商业步行街

图8　北川新县城全貌

北川新县城
总体城市设计

2010-2011 年度中规院优秀城乡规划设计一等奖

编制起止时间：2008.11-2011.2

承 担 单 位：城市设计研究室

主 管 院 长：李晓江

主 管 总 工：戴 月

主 管 所 长：朱子瑜

主 管 主 任 工：孙 彤

项 目 负 责 人：李 明

主 要 参 加 人：朱子瑜、孙 彤、李 明、
蒋朝晖、王颖楠、陈振羽

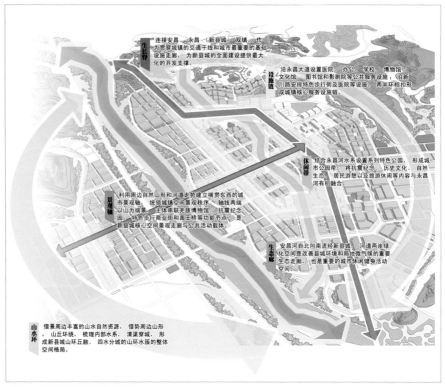

图 2　北川新县城空间结构组织

出于对北川新县城建设意义、城镇规模以及文化特质的考虑，北川新县城宏观层面的城市设计工作在工作伊始便被给予高度关注。项目最终形成如下技术特点：

1. 规划理念

本次城市设计提出三大设计目标：山水生态城——营造山环城景，宜居活力城——丰富空间体验，民族标志城——彰显地域民风，力求将北川新县城打造为川西山水生态绿城、绵阳宜居活力新城和羌地特色标志名城。

2. 空间结构

北川新县城宏观城市设计以地域民族风貌特色的专题研究为技术支撑，以民族文化传承与人性尺度塑造为主线，以"山水环、生态廊、设施环、生长脊、休闲带、景观轴"空间六要素建构新县城城镇空间骨架，兼顾秩序与特色，有效服务于灾后城市功能与空间秩序的有序快速建设。

3. 城市总体形态

塑造边界自由，肌理规整，疏密有致的城市形态整体格局。基于周边山体合理保护与适度利用的原则，有收有放，形成形态自由的城市发展边界；基于城市内部建设与运行效率优先的原则，肌理统一，形成相对规整的城市地块划分；基于城市环境与气候舒适宜人的原则，灵活布局，形成疏密有致的城市用地布局。建筑高度控制以仰山俯水、平缓舒展为布局原则。

4. 公共活动与空间

总体设计选取"一带群山、一园六点"的大型城市开放空间、5 处重要公共建筑与众规划社区中心绿地形成等级明确、规模合理、布局均匀的城市公共活动核心体系。城市步行网络以城市支路为依托主体，整合城市—社区两级开放空间体系。步行网络采取人车并行但不混行的方式，兼顾道路的整体活力与步行的环境舒适。

图 1　北川新县城总体城市设计总图

5. 城市风貌

为更好地形成统一的城市风貌，规划采取分类、分区控制的策略，从空间类型上分为街、区两类，从风格手法上分为原汁原味、精华传承与现代演绎三类，从风貌类型上分为传统羌族风貌、现代羌族风貌、传统川西风貌与现代川西风貌四类，兼顾地域与民族双重特色，平衡特色与经济双重考量。

作为风貌核心内容的城镇建筑风貌的控制，在相关研讨会系列共识的基础上，以求特色、求协调、求丰富、求创新为原则，通过"风格之法"的分类、分区控制策略，结合具体建筑设计工作，对原生羌风、传承羌风以及现代羌风建筑的空间分布、总体要求、建筑形态、建筑要素等进行详尽说明，并通过建筑风格"公建重于居住"、"（街坊）边角重于内部"、"底、顶重于中段"、"小品重于建筑"四个"重于"的微观层面的风貌设计策略，强调有取有舍，不均用力，塑造城市风貌不同尺度的丰富性。

6. 空间环境设计

技术层面设计首先以作为城市街道空间主体要素的城市街道家具为切入点，将城市街道家具作为体验城市生活方式、品味城市的精神状态与文化韵味的设计要素，结合新县城建设的整体情况与实际需求，重点对垃圾箱、公共厕所、路牌及导向牌、公用电话、交通信号灯、公交站点（含站牌、车亭、护栏）、休憩座椅、商报亭等10类设施布局标准与设计示意进行空间布局规划与多方案的系统化造型设计。

面向城市公共空间管理，设计工作未雨绸缪，以一定的前瞻性起草编制城市公共空间管理手册，考虑轻重缓急，以《北川新县城建筑立面与户外广告标识管理规定》为起始篇章，首先对北川建筑立面设计管理、建筑附属物安装管理、建筑立面使用管理、建筑相关广告标识设置管理以及独立广告标识设置管理加以明文规范，为日后城市管理部门的日常管理奠定基础。

图 3　北川新县城建筑风貌控制指引

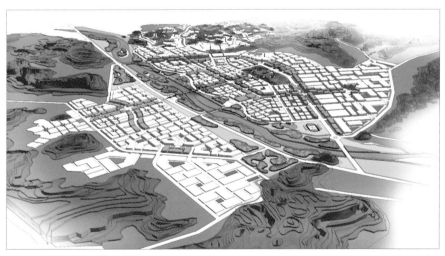

图 4　北川新县城城市设计意象

图 5　北川新县城街道家具设计

北川新县城
控制性详细规划

2010–2011年度中规院优秀城乡规划设计一等奖
编制起止时间：2010.5–2010.10
承 担 单 位：城市设计研究室
主 管 总 工：戴 月、杨明松
主 管 所 长：朱子瑜
项目负责人：孙 彤
项目参加人：岳 欢、蒋朝晖、殷会良、
　　　　　　魏 钢

1. 项目背景

本次规划的范围以总体规划划定的新县城范围为基础。总建设用地约6km²，人口规模为7万人。

2. 项目特点

北川新县城控制性详细规划的主要特点体现在编制内容、技术支撑和管理实施三个方面。

（1）在编制内容方面，首先体现在对建设用地分类指导上：重建期内完成的灾后重建项目用地，明确详细的规划要求，确保灾后重建成果；东岸地区商业开发用地，满足总体设计要求，体现开发价值；西岸地区远期发展用地，粗线条弹性控制，体现规划适应性。

其次强调控规为灾后重建项目提供全过程服务。在编制阶段，依据总体规划要求，会同相关部门，遵循民生优先和迅速恢复城市功能的原则确定新县城各重建项目及其选址布局。开展项目梳理工作，确定北川新县城各重建项目的内容、规模、建设标准和布局，并在图则中明确下来。

加强城市设计控制与引导，实现控规定量与城市设计定型、定貌互动，保

图1　建设用地分类指引图

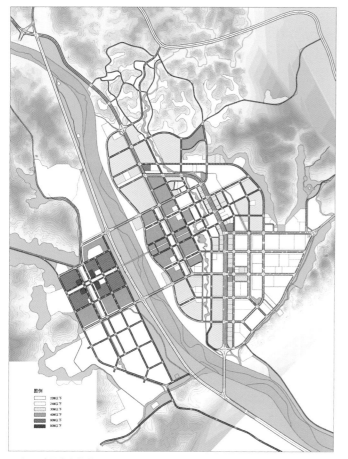

图2　建设高度控制图

图3　公共设施分布图

证城市整体风貌与形态的统一协调。

（2）在技术支撑方面，通过编制市政工程专项规划、道路交通专项规划等专项规划来加深控规中各专项内容的深度，实现控规与专项规划的平行设计。

（3）在管理实施方面，首先对建筑设计全过程实施引导与监管，实现控规图则与建筑设计任务书同步编制，并为组织方案征集提供技术服务。

其次对项目施工过程实施规划监察，定期或不定期对施工中的项目进行巡查，保证高速施工中的工程合图合规，对与图纸不符的及时通知整改。

最后，在建设项目办理相关建设手续时，协助地方规划建设管理部门提供规划核准意见。

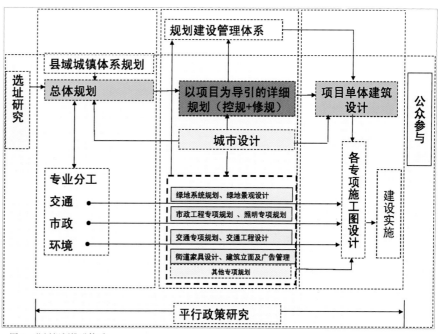

图4　北川规划推进体系

北川新县城
道路交通专项规划
及交通工程设计

2009 年度全国优秀城乡规划设计一等奖
2008-2009 年度中规院优秀城乡规划设计一等奖
编制起止时间：2008.12-2010.12
承担单位：城市交通专业研究院
主管总工：朱子瑜
主管所长：赵 杰
项目负责人：殷广涛、戴继锋
主要参加人：梁昌征、李 晗、梁 峥、
　　　　　　钟远岳、朱胜跃、杨 嘉、
　　　　　　李 明、周 乐、杜 恒、
　　　　　　付晶燕、张 洋、邹 歆

1. 规划思路

（1）突出小城镇的城市尺度特征及灾后重建的基本要求，不照搬大城市的交通发展模式，提出符合小城镇实际情况的规划设计内容，既满足当地居民正常的生产生活要求，又延续他们业已形成的生活习惯。

（2）以安全、绿色、便捷、集约为主线，贯穿所有规划设计工作。在具体的专项规划设计工作中，以落实安全、绿色、便捷、集约的具体要求和控制要素为主线，确保从规划到实施能够全面体现规划目标的要求。

2. 特色与创新

（1）完善体系，承上启下，弥补交通规划技术体系的空白。传统的道路交通规划技术体系中，是在综合交通、专项规划编制完成后，即进入施工图设计阶段，两个阶段之间缺少有机联系，导致了规划阶段的理念无法在实施阶段落实的情况。规划针对性地开展了交通工程设计工作，将规划设计和施工图设计工作无缝衔接。在坚持上位规划总体原则的基础上，提出施工图设计工作中关键控制要素的具体要求，从而确保了规划设计目标的实现。

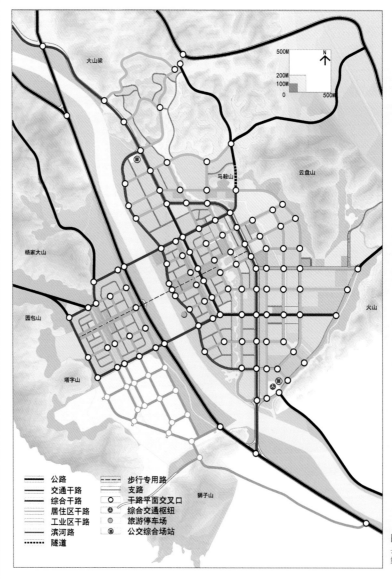

图1 北川新县城道路网络功能图

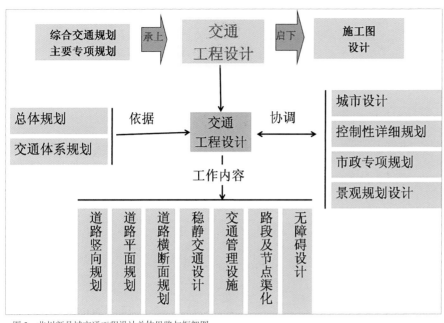

图2 北川新县城交通工程设计总体思路与框架图

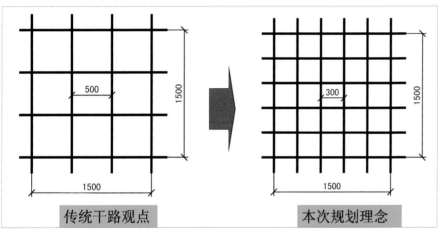

图3 新县城"窄宽度、高密度"道路网络概念

（2）宜人尺度，构建高效可达的道路交通网络。通过对小城市尺度的把握，提出了在新县城构建"高密度、窄道路"的整体道路网络模式，干路红线以20m宽度为主，核心区道路间距不超过200m，从而在不增加道路用地的情况下，显著提高了道路网络的密度，大大提高了交通可达性。

为保证路网中短距交叉口之间交通流的畅通和连续，新县城全部交叉口进行详细渠化设计，并区分不同功能，对进出城转换节点采用环岛方案，县城内常规交叉口采用普通渠化方案。

道路横断面方案突破以道路等级为出发点，以规范和标准为依据的传统思路，本次规划以道路功能为出发点，根据交通组织，充分考虑不同道路、不同区段交通需求的差异，在新县城3.2km²的范围内确定了30多种道路横断面。道路横断面以小尺度为主，更适合小县城的交通特征。道路横断面也结合道路周边绿地、河流，将各类要素灵活布设，统筹兼顾交通与城市景观。

（3）慢行优先，打造新北川的绿色交通模式。空间上划定稳静交通区，限制机动车速度。空间资源上，慢行通道

的面积占新县城全部道路面积（不包括道路绿化带）的51%，慢行通道的密度也达到了16.9km/km²，远远高于机动车通道的密度。制定严格的慢行交通安全保障对策，所有干路慢行交通与机动车交通空间严格分离。

交通组织上，通过合理引导机动车出行来保证慢行交通的优先。县城内不提供大面积停车泊位，机动车停车以建筑物配建为主，公共停车场重点围绕公园绿地和旅游设施设置，为游客服务，路边停车以短时停放为主。鼓励外来游客采用公共租赁自行车出行，并设置旅游公交环线，串联主要旅游设施。旅游车集中停放在旅游停车场，减少县城内交通量，保证慢行交通环境。

制定严格的慢行交通安全保障对策，所有干路慢行交通与机动车交通空间严格分离，在交叉口端部设置阻车石，避免机动车对慢行交通的干扰。在较大交叉口设置行人过街安全岛，保证慢行交通安全。规划有意降低交叉口路缘石半径，限制机动车速度，确保慢行交通安全。

（4）关注细节，从细微之处体现交通的人性化关怀。在公交车站设置上，规划从乘客需求的角度出发，改变传统做法，将公交车站尽量靠近交叉口，方便了乘客换乘。

北川是羌族自治县，交通设施需要展现民族风貌，从文化上体现人文关怀。因此，规划对交通设施进行了特色化的设计，包括特色化的交通信号灯、路名牌、公交岗亭、路灯形式等。

（5）安全保障，全面提高交通系统的可靠性。交通体系上，为保证新县城与主要城市、地区之间交通的安全，每个方向都提供至少2个出入口。沿安昌河两岸规划建设堤顶路，平时作为休闲通道，汛期作为抗洪抢险专用通道。竖向设计中，将安昌河防洪标高、城市排水口标高作为核心控制要素，制定城市总体排水策略。

北川新县城市政基础设施专项规划

2009 年度全国优秀城乡规划设计一等奖
2008-2009 年度中规院优秀城乡规划设计一等奖
编制起止时间：2008.12-2009.3
承 担 单 位：工程规划设计所
　　　　　　（现城镇水务与工程专业研究院）、
　　　　　　城市照明规划设计研究中心
主 管 总 工：杨明松
主 管 所 长：谢映霞
项目负责人：郝天文、洪昌富
主要参加人：高均海、刘海龙、司马文卉、
　　　　　　阚愿林、梁　峥、陈　郊

1. 主要内容

《北川新县城市政基础设施专项规划》共包括供水工程、雨水工程、污水工程、供电工程、通信工程、燃气工程、管线综合、河道与城市水系、环卫工程、道路照明等 10 个专项的规划内容，具有较强的指导性与可操作性。

2. 项目创新与特色

（1）综合性与指导性强，保证各专业的系统性和各专业之间的有效衔接。将总体规划中的系统性及详细规划中的可操作性相结合，将市政设施、工程管线、城市水系统一规划，统一布局，解决了各系统上游与下游的分工合作及各专业间的交叉对接问题。

（2）将水系纳入市政专项规划体系，协调并整合城市排水、防洪、景观设计等多项规划。水系规划采用多专业、多工种合作与相互协调，保证新县城的防洪、排水安全，实现水资源的合理利用，营造良好的生态景观，为创造城市生态之美、可持续发展提供有力保障。

（3）绿色、集约、低碳的建设理念

图1　新县城管线综合规划图

图例
- 给水管道
- 雨水管道
- 雨水沟渠
- 污水管道
- 电力管道
- 燃气管道
- 通信管道
- 管道规格

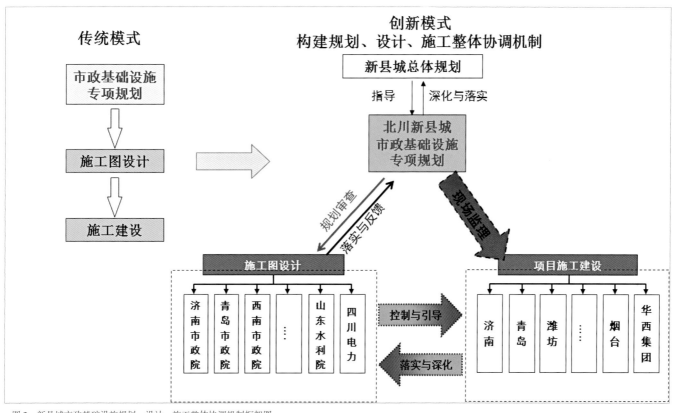

图2 新县城市政基础设施规划—设计—施工整体协调机制框架图

贯穿规划设计工作的全过程。充分利用地形地势，构建安全、稳定、高效的供水排水市政管网系统；建立以地区能源资源、能源网络为依托的基本能源保障体系，实现可持续的多元化低碳能源供给；提倡通信运营商机房、基站、管道的共建共享，节约土地及地下空间资源。

（4）充分体现区域统筹。市政基础设施的规划建设，体现区域统筹，实现在区域范围内基础设施共享，如新县城水厂的规划建设除满足新县城用水需求外，同时考虑向上游安昌镇供水，污水厂的规划建设除收集处理新县城污水外，还考虑接纳上游安昌镇和下游黄土镇的污水。

（5）注重细节设计，确保规划理念与规划目标的落实。规划注重系统性和细节设计的结合，实现了雨水、污水系统的无泵站运行，主干路机动车道无井盖障碍等。

（6）建立规划、设计、施工整体协调机制，将"规划—设计—施工"自上而下的传统模式转变为规划、设计、施工协调互动的创新模式。中规院对规划、设计、施工进行全程技术牵头，有效衔接各阶段工作内容，确保规划理念和目标的全面落实。

图3 新县城市政基础设施实施效果实景图
（1新北川水厂；2电力管道；3雨水利用；4主次干道无检查井盖；5安昌河河道堤岸整治；6永昌河绿化水系；7永昌河公园；8新县城夜景图）

北川新县城园林绿地景观规划设计

2009 年度全国优秀城乡规划设计二等奖
2008-2009 年度中规院优秀城乡规划设计一等奖
编制起止时间：2008.12-2011.06
承担单位：风景园林规划研究所
主管总工：朱子瑜
主管所长：贾建中
主管主任工：束晨阳
项目负责人：韩炳越
主要参加人：牛铜钢、马浩然、刘冬梅、
　　　　　　蒋　莹、程　鹏、赵书艺、
　　　　　　郭榕榕、吴　雯
合作单位：北京北林地景园林规划设计
　　　　　院有限责任公司、北京中国
　　　　　风景园林规划设计研究中心

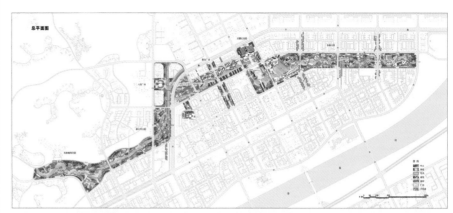

图 2　永昌河景观带总平面图

《北川新县城园林绿地景观规划设计》是在《北川新县城灾后重建城市总体规划》的指导下，短时间内解决繁杂的问题，完成编制工作，保证工程按时开工建设。项目编制及实施过程中，项目组邀请国内园林专家与当地的知名专业人员全程参与指导。

1. 规划设计内容

1）新县城绿地系统规划

规划突出"绿色基础设施"，构筑新县城生态环境保障；强调"绿色融于生活"，营造新县城户外活动场所，体现羌族和抗震主题，丰富新县城文化展示途径。

绿地系统规划充分利用山体、水系、沿路绿带，构成"一环两带多廊道"的绿地空间结构，形成内外一体，山水交融，功能完善，特色鲜明的城市园林绿地系统。

2）环城山林景观规划

环城山林景观规划以构建城市绿色背景、城市生态基底、城市郊野公园和新县城旅游目的地为目标，从总体保护和有限利用两个层面对新县城周边山体景观进行规划。

规划重在保育山林生态系统，提升山林生态价值；通过与城市总体规划的

图 3　空中鸟瞰建成后的永昌河景观带（局部）

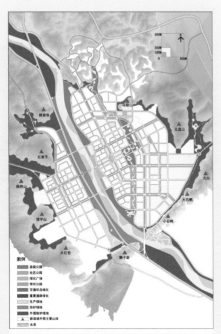

图 1　北川新县城园林绿地系统规划总图

图 4　安昌河东岸实景

有机协调，容纳城市部分功能；挖掘人文旅游资源，营造公共游憩空间，满足旅游发展的需要。

3）景观带设计

景观带设计内容包括四条河流景观带，分别是永昌河、安昌河、新川河、云盘河，两条主要的城市道路，即永昌大道和安北大道。总面积约220hm²。

永昌河景观带是贯穿新县城南北的最主要的景观带。设计以"记忆与关爱"为主题，在4700m长的景观带中分段布置羌族植物花园、顺义园、抗震纪念园、友谊园、永昌园等。

安昌河东岸滨河绿带以运动健身和生态科普为主要功能，强调对城市活动的服务和滨河绿化的自然特征，为市民提供日常游乐、健身的休闲场所。

2. 创新与特色

（1）突出园林绿地作为城市"绿色基础设施"的地位，并在灾后重建中将其置于"先行建设"的地位。

（2）园林绿地规划与城市总体规划同步，保证规划设计的有效落实。

（3）将城市交通慢行系统融入公园，统筹考虑市政雨水排放与河流景观营造。

（4）做到城镇居民出行最远300m即有公园绿地，体现对所有人群，特别是对残疾人的关怀。

（5）公园将羌红引申，设计了贯穿景观带的红色的羌红线——慢跑路系统。保留基址上的部分老房子、古桥、鱼塘等乡土地物，将它们有机组织到景观体系中，保护乡土文脉。应用羌族特征符号于景观设计中，营造场所的归属感和认同感。

（6）设计充分应用地方材料、地方树种，体现地域特色，降低成本。

图5　永昌河景观带中的羌红路

图7　运用大量乡土植物

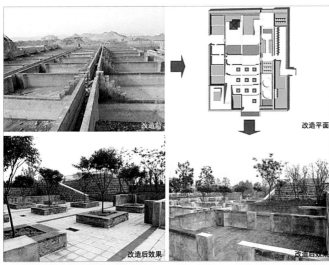

图6　原有鱼塘的生动再利用

图8　运用乡土材料的活动场地

北川新县城抗震纪念园修建性详细规划

2011年度全国优秀城乡规划设计一等奖
2010–2011年度中规院优秀城乡规划设计一等奖
编制起止时间：2009.11–2010.3
总 指 挥：宋春华
总 顾 问：张锦秋
总 协 调：李晓江、周 畅
承 担 单 位：城市设计研究室
主管总工：戴 月
项目负责人：朱子瑜、蒋朝晖
主要参加人：王 飞、王颖楠、张 巍、
　　　　　　李 明、岳 欢、魏 维、
　　　　　　魏 钢、梁 峥、安小杰、
　　　　　　陈 郊、刘 缨、颜荣兴、
　　　　　　吴 哲、唐 莉、张 霞、
　　　　　　李 宁、郑 进
合 作 单 位：北京北林地景园林规划设计
　　　　　　院有限责任公司
　　　　　　天津华汇工程建筑设计有限
　　　　　　公司
　　　　　　清华大学建筑设计研究院
　　　　　　深圳市建筑设计研究总院有
　　　　　　限公司
　　　　　　北京光景照明设计公司
单 项 负 责：周 恺、庄惟敏、孟建民、
　　　　　　李 雷、叶毓山

图1 纪念园在北川新县城中的位置（图中黄块）

图2 纪念园表达的3个主题

1. 项目背景

　　北川羌族自治县抗震纪念园是集中体现"5·12"汶川特大地震发生后，广大灾区群众在党中央、国务院的坚强领导和全国人民的大力支援下，战胜灾害、勇夺胜利、科学重建的重要场所。在中国建筑学会的组织下，来自国内外的多家著名设计机构和设计大师前后提供了数十个纪念园方案，其后由中规院完成方案整合及修建性详细规划的工作。纪念园处在北川新县城的心脏地带，面积约6hm²。

2. 规划构思

　　在"反映整个事件全过程"的要求下，整合方案提出了既体现对逝者的哀思，又传递对抗震精神的赞颂，更反映对未来幸福生活的憧憬的三段式方案定位。分别以静思园、英雄园和幸福园对应哀思、赞颂和憧憬的定位，三个主题自东向西是一个"走出过去，面向未来"的历程，自西向东则是"居安思危、牢记历史"的体验，将三个主题串联为一个完整的叙事过程，把忧伤的、

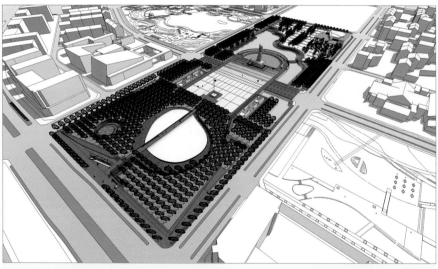

图3 纪念园效果图

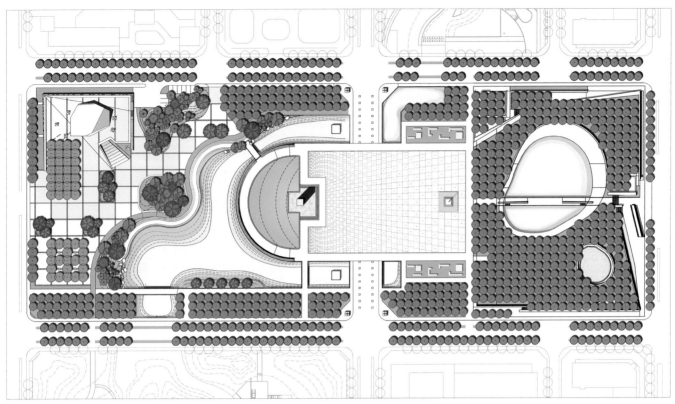

图 4　纪念园总平面图

振作的、快乐的三种不同的情绪融合在一座园中。

3. 规划内容

针对不同区段的定位，每个主题园采用不同的空间设计手法。静思园强调"静"，场所情绪是伤感、低沉的，空间表现是"密"，空间手法是"沉"，通过密植的林木以及地坪下沉的处理，营造和烘托"安静、幽闭"的空间氛围；英雄园强调"肃"，场所情绪是振奋、向上的，空间表现是"阔"，空间手法是"立"，通过开阔的场地和耸立的主题雕塑来营造"大气、开阔"的空间效果；幸福园强调"动"，场所情绪是欢快、多样的，空间表现是"疏"，空间手法是"隔"，通过疏离的小空间划分及分隔，追求"活泼、亲切"的空间特征。

4. 创新与特色

在需要表达多重主题以及有众多高水平征集方案的情况下，最终方案巧妙采取"拼贴"与"整合"的手段，撷取征集方案中各类主题的最佳空间表现进行原始"拼贴"，并在此基础上，通过对流线、空间序列等要素的"整合"，将三段内容统一起来，彼此之间紧密关联，融为一体，形成了"拼贴"与"整合"的方案的特色。

图 5　纪念园实景照片

北川新县城安居工程规划与设计

2009年度全国优秀城乡规划设计一等奖
2008–2009年度中规院优秀城乡规划设计一等奖
编制起止时间：2009.2–2009.10
承 担 单 位：城市环境与景观规划设计研究所、建筑设计所（北京国城建筑设计公司）
主 管 院 长：李晓江
主 管 总 工：朱子瑜
项目负责人：黄少宏、李 利
主要参加人：于 伟、慕 野、赵 晅、
　　　　　　李 宁、李存东、程开春、
　　　　　　何晓君、向玉映、曹玉格、
　　　　　　郑 进、秦 斌、马 聃、
　　　　　　孙青林、徐亚楠、吴 晔、
　　　　　　邱 敏、满 舸
合 作 单 位：中国建筑设计研究院

图1 区位图

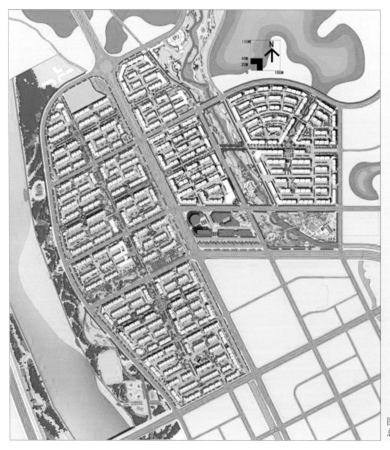

图2 温泉片区总平面图

图3 温泉片区整体鸟瞰图

图4 白杨坪片区建成区实景

1. 规划背景

北川新县城安居工程建设项目是整个北川新县城建设的重要组成部分，也是率先启动和建成的工程项目，该项目主要解决北川老县城受灾群众和新县城征地拆迁群众的安置问题。

2. 规划要点

北川安居房工程规划住宅用地88.17hm²，总建筑面积为129.17万㎡，居住人口约3.2万人，建筑密度控制在30%左右，绿地率达到30%以上，停车率为25%左右。住宅建筑以6层为主，局部5层，

独立地段商业建筑以2~3层为主。

（1）规划布局：规划基本以小街坊来组织居住空间，具有空间开放、步行系统连贯、景观均好等特点。小区步行系统与城市步行系统有机衔接，使居民出行安全得到保证。

（2）景观设计：将羌族元素与景观小品、铺装、种植相融合，反映地域特色。

（3）建筑设计：通过提取汉羌建筑符号，将传统建筑材料和现代建筑结构有机结合。结构安全适用、经济合理。场地设计采用雨水渗透技术，通过雨水集中利用进行绿化喷灌，推广先进的水、

电气计量和收费方式，促进节能减排。

3. 规划特点

（1）倡导公众参与，协助政府决策，主动推进重建工作。

（2）落实上位规划理念，合理安排空间布局，满足灾后重建的特殊需要。

（3）尊重地域文化和羌族文化传统，探索新北川的居住文化内涵。

（4）实施节能减排，合理控制成本，坚持高标准建设住宅建筑。

（5）项目过程控制有力，现场服务及时，实施效果达到规划目标。

绵阳市北川羌族自治县灾后恢复重建村镇体系规划（2008-2020）

2009年度全国优秀城乡规划设计（村镇规划类）一等奖

2008-2009年度中规院优秀村镇规划设计一等奖

编制起止时间：2008.5-2009.12

承担单位：城市与区域规划设计所、城市设计研究室、城市与乡村规划设计研究所、学术信息中心、城市水系统规划设计研究所（现城镇水务与工程专业研究院）

项目负责人：朱 波

项目参加人：张高攀、高 捷、孙 彤、殷会良、姜立晖、官善友、许景权、曹 璐、孙卫林、陈怡星、宋兰合、贺 旺

合作单位：武汉市勘测设计研究院

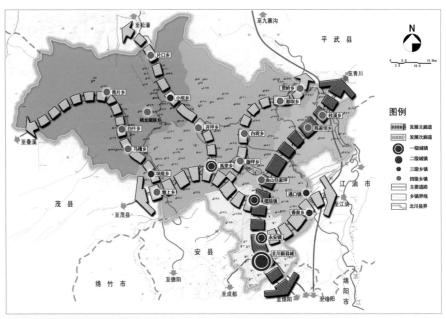

图2　北川县域城镇空间发展结构

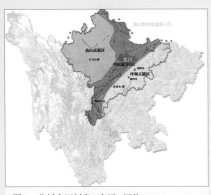

图1　北川在四川省（灾区）区位

"5·12"汶川特大地震给中国西南大地带来了巨大的劫难。地震造成的人员伤亡、山体滑坡、房屋倾倒、桥梁断裂、道路扭曲塌陷等的受灾程度之严重让世人为之震惊。在国家权威部门的受灾评估中，北川县被列为极重灾区县之首。新县城异地选址重建势在必行，行政区划也亟须调整，北川的发展格局与发展模式将面临重构与转变。

1. 规划内容

1）新县城异地重建与行政区划调整

通过多方案论证，新县城选址在安昌东南，相应地将安县坪坝地区的一部分乡镇划归北川。新县城的异地重建与行政区划调整，拓展了北川城镇与产业发展空间，并将北川的发展重心纳入了绵阳市主城区的直接影响范围，推动了北川从单一的山区发展模式转变为山区与平原互动的发展模式。

2）格局调整和模式转变

（1）区域协调发展

新县城作为绵阳西部与川西山区联系的重要节点，在整合绵阳西部旅游资源整体优势的基础上，充分发挥山前门户城市作用，突出新县城对山区乡镇的服务功能。

（2）发展格局与发展模式——"重心前移、坪坝集聚"

通过将北川的发展重心前移，提升区域定位，明确区域职能，形成产业与人口的坪坝集聚效果，从而转变发展模式，优化发展格局。

（3）县域分区调整

县域经济分区由原来的3个调整为4个，即山前河谷浅丘经济区、东部低山经济区、中部中山经济区和西部高山经济区四大片区，突出人口、产业重心向山前河谷地区的转移和集聚。

（4）空间结构调整

通过扶持条件较好的乡镇，提高城镇的综合抗震防灾能力，增强社会公共服务提供能力，突出区域生命线通道功能，构建"一心、多点、多廊道"的县域城镇空间结构。

（5）县域基础设施与防灾减灾体系

规划完善了交通与公共服务设施体系建设，同时也重点突出了防灾减灾体

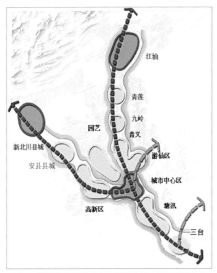

图3 绵阳市中心城区灾后恢复重建空间发展结构图

系、生态安全格局和历史文化与自然资源保护利用等内容。

2. 创新与特色

规划强调现场调研与实地考察,力争掌握更多的第一手资料,这在救灾规划中尤为重要。加强了多学科、多专业的合作,尤其是与地质、地震专家的合作。

规划体现应急性与前瞻性的统一。在短时间内能够协调和解决灾民安置、城镇功能恢复、援建项目落实、基础设施重建等急需解决的问题,同时,兼顾灾区调整发展格局、转变发展模式、优化空间结构、完善市政及公共服务设施等有关长远发展的问题。

3. 实施效果

经过连续5年的灾后恢复重建实施工程,全县基本完成了北川灾后恢复重建城镇体系规划所提出的近期重点规划内容,包括县域住房、交通、市政、防灾、历史文化保护与旅游发展等发展目标。尤其是针对县域各城镇驻地,在交通、市政基础设施和公共服务设施等建设方面,通过山东省援建队伍的全力配合与支持,已全面实现规划目标内容。

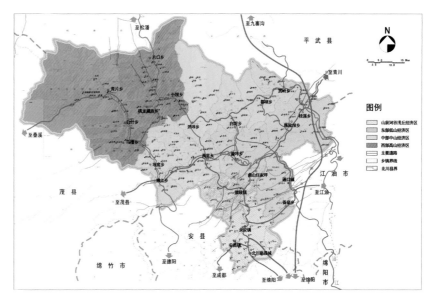

图4 北川县域发展分区规划图

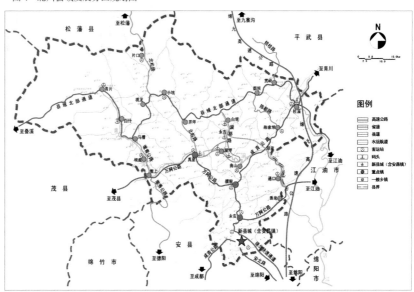

图5 北川县域交通发展规划图

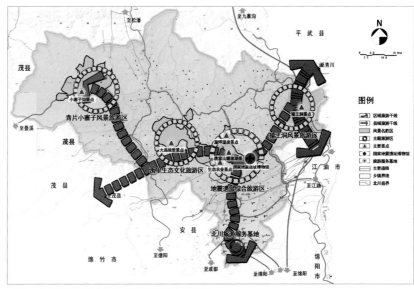

图6 北川县域历史文化及自然资源保护与利用图

绵阳市北川羌族自治县安昌镇总体规划（2009-2020）

2008-2009年度中规院优秀村镇规划设计二等奖

编制起止时间：2009.3-2009.9

承担单位：城市规划与住房研究所

主管总工：朱子瑜

主管所长：卢华翔

主管主任工：赵文凯

项目负责人：魏东海

主要参加人：张祎娴、祝佳杰、黄继军、
高均海、曾浩、阚愿林

图2 用地布局规划图

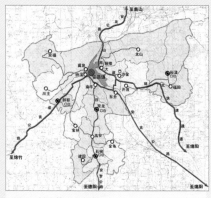

图1 村庄体系规划图

安昌镇在2002年前为安县县城所在地。"5·12"汶川特大地震后，原属安县的安昌镇划归北川县管辖，《绵阳市北川羌族自治县灾后恢复重建村镇体系规划（2008-2020）》明确其为北川新县城的重要组成部分。"5·12"地震中，安昌镇受灾范围覆盖了全镇域，共计18328户、50475人受灾。新一轮总体规划在应对外部环境变化、统筹安排资源、顺利开展灾后重建方面开展了大量探索。

1. 规划思路

（1）针对"重建—提升—发展"的不同阶段，在城市化、区域协调、产业发展、特色培育、生态保护、灾民移民安置等方面提出了针对性的策略与规划措施。

（2）注重与上下位规划、重大项目之间的衔接，直接参与了灾民安置计划、公益性服务设施布局、重大基础设施选址等工作，提高了规划的时效性。

（3）关注民生，详细研究灾后住房需求与安置措施。针对灾民与移民安置等问题开展了大量扎实细致的工作，直接指导了租住房、经济适用住房、还迁安置房以及农民自建居民点的选址、布局、建设标准、配套计划等工作。

（4）基于安昌镇的历史地位、城镇规模、在北川新县城中的功能定位等因素，参照县级城镇的要求确定规划建设标准，在规划用地分类标准、设施类型选择与布局、城乡统筹发展等方面提出了针对性的措施。

2. 主要内容

（1）以灾区重建方针为指导，明确城镇发展定位与策略：①确定城镇性质为"县域山前河谷经济走廊的重要节点和地区性的商贸服务中心，具有历史文化传统和山水特色的宜居城镇，北川新县城的重要组成部分"。规划到2020年，镇区人口达到4.1万人。②基于安昌实际，提出系统规划策略：明确分工，积极促进"安昌－永昌"一体化发展；提升自身服务水平，确定专业化的旅游服务发展方向；开展城市风貌整治，打造休闲城镇；挖掘古镇历史元素，培育特色城镇文化。

（2）构建集约化发展的空间利用体

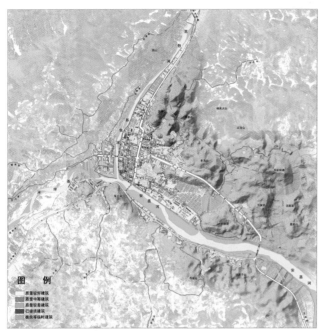

图3 现状建筑质量评价图

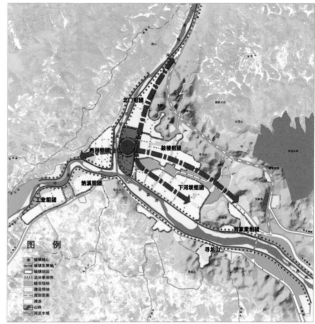

图4 空间结构分析图

系。按照上位安置计划要求，充分考虑土地资源约束，基于数字化场地分析，重点考虑安置用地选址、原县城设施盘整利用等关键问题，形成"一心、两轴、一廊、三带"的紧凑城镇空间结构。

（3）制定针对性的住房与服务设施规划。基于现状建筑质量评价，区分各类住房的新建、改造和更新需求，科学预测动态发展趋势，强化集约利用与滚动发展，综合确定保障性住房与普通商品住房的布局。基于详细调查与需求研判，提出原县城公共设施综合改造利用方案。

（4）提出健康和谐的城镇风貌建设目标与控制要求。结合自身风貌特点与区域风貌控制要求，划定风貌控制分区、特色风貌路径、关键控制节点，确定城镇总体风貌控制架构，挖掘地方传统习俗与特色活动，在城镇特色空间中进行布局引导。

3.规划特色

全程动态跟踪的编制过程。通过受灾家庭走访、企业搬迁意愿访谈、原县城遗留设施利用情况统计等工作，为科学制定规划奠定了坚实的基础；在住房建设、公益性服务设施、绿地景观设施、道路交通及基础设施布局中，结合居民意愿、重大工程选址、拆迁安置等因素，反复修正规划措施，指导了大量建设项目的选址与建设标准，增强了规划的实际指导意义。

面向规划实施，将近期规划项目化。在优先解决灾民安置、公益性设施重建、区域性重大基础设施选址等紧迫问题的基础上，根据城镇发展阶段性安排，结合镇级政府的管理特点，提出了涉及城镇建设各方面的详细项目库，为未来城镇发展提供了系统的实施建议。

4.实施效果

在规划指导下，西苑中学、安昌一小、安昌二小、新安昌镇政府、安昌中心卫生院、综合市场、下河坝安置小区、西河安置房、人民公园拆迁改造、滨河路综合改造、安州大道羌族风貌路径、安昌水厂建设等一大批项目陆续建成，发挥了良好的社会和经济效益。

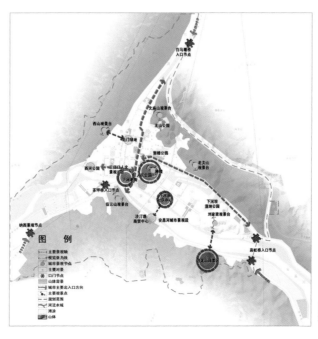

图5 景观系统规划图

绵阳市北川羌族自治县禹里历史文化名镇保护规划

2009 年度全国优秀城乡规划设计一等奖
2012-2013 年度中规院优秀村镇规划设计一等奖
编制起止时间：2008.9-2009.3
承 担 单 位：城市规划与历史名城规划研究所
主 管 所 长：郝之颖
主 管 主 任 工：缪 琪
项目负责人：张 兵
主要参加人：左玉罡、王 川、京 京、
　　　　　　杜 莹、杨 涛、贺 旺、
　　　　　　胡 敏、付冬楠、康新宇、
　　　　　　麻冰冰、胡晓华

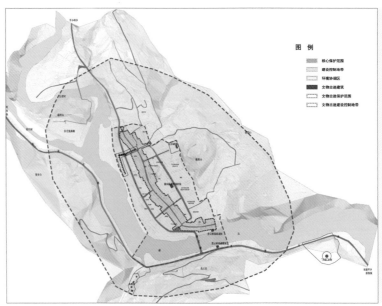

图 3 古城保护范围及建筑风貌控制图

图 1 2008 年 6 月 1 日禹里镇政府拍摄的灾情

图 2 2011 年 6 月禹里震后的重建情况

"5·12"汶川特大地震给中国西南地区带来了重大破坏和生命财产损失，处在极重灾区北川县的禹里场镇的历史文化遗产遭到了严重破坏，灾后重建工作紧急而迫切。

在这一特殊背景下，本次规划探索了抢救、保护、发掘、再现历史城镇文化遗产的规划方法，重点协调保护—重建—发展之间的关系，使禹里的近期快速重建能够较好地延续历史文化特色，并为其长久发展带来持久的动力。

1. 创新与特色

（1）加强古城价值评估，提高重建的思想认识。禹里的历史文化价值主要体现在大禹文化、羌族文化和红色文化三个方面。在大规模重建在即的背景下，通过对历史文化价值和特色的深入研究和探讨，促进了当地领导和干部的思想统一，认定禹里古城整体的保护在重建和发展中占有主导地位，并帮助山东援建单位在新的重建总体规划中围绕历史保护重新对禹里作了城镇性质的定位，同时深化了我们对禹里地区羌民族文化的独特性的理解，认识到了老街川西风格的木构建筑具有的地域文化内涵，端正了未来古城建筑保护、修复、重建的整体基调。

（2）展现历史脉络，协调重建与保护。规划采取记录口述历史、查阅古籍、实地考察等多种方法，重新拼绘出禹里古城的历史脉络和因地制宜的建城逻辑，再现禹里"城中有山、山中有城、湔江绕城、山水城相依相融"的优美格局。在此基础上，采取"新旧分离"的规划原则，确定全镇区的土地使用和空间布局方案，将大规模的重建安置项目安排在历史镇区之外，利用震毁建筑的用地来布置长久发展所需的文化旅游设施，理顺区域交通、旅游交通、古城内部交通、老街消防通道，从大系统上完善老街保护需要的基础设施条件。

由此，规划不仅很好地适应了重建工作的紧迫需要，而且使全面的重建和保护共同朝着有利于延续禹里历史脉络和传统风貌的方向推进。

（3）展开入户调查，了解受灾居民意愿。规划中借鉴了社会规划的方法，在禹里场镇上展开入户调查，摸清了在受灾状况下居民对文化遗产保护的真实看法，了解到了用保护的方法维修、修复老街木构建筑可能面临的困难以及绝大多数灾民希望在政府支持下自己动手来维修传统建筑的意愿。

（4）编制实施导则，指导传统建筑的

修缮。项目组联合当地经验丰富的工匠师傅，对老街木构建筑逐个进行维修方式的调查，在规划成果完成之前，编制出《场镇传统木构建筑灾后重建实施导则》，将规划的专业性语言，转化为方便、易懂、易操作的语言和图示，鼓励和引导灾民用传统材料和传统工艺来维修和修复自住的木构建筑，并收到了很好的保护实施效果。

2. 主要规划措施

在认识禹里山、水、城关系的基础上，规划将古镇环境协调区扩大到周边山体和水体，通过明确景观与视廊控制要求，确保禹里自然和人文环境的整体保护。

在场镇内部围绕老街划定核心保护范围，为确保传统风貌的完整性和真实性，以地籍和房屋权属为基础，逐户提

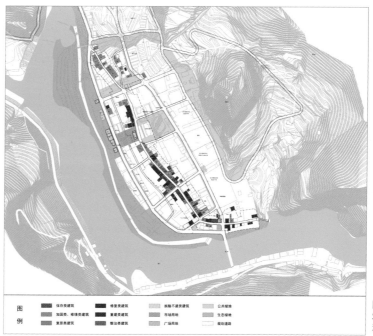

图7 老街建筑保护方式规划图

图4 2008年5月12日禹里镇政府拍摄的震后老街

图5 2009年4月当地工匠在规划指导下修复民居

图6 2011年6月保护修复后的禹里老街

出沿街立面整理要求，控制和引导好居民的维修行动。

在进行常规性的建筑风貌和建筑质量评估的同时，根据震损情况，将老街建筑保护方式的规划分类，细分为保存类、加固修缮类、复原类、修复类、重建类、整治类、拆除不建类等7个类型，使规划在恢复重建中更具有指导性。

地震使禹里场镇绝大多数砖混建筑遭受了无法修复的破坏，对拆除这些建筑后所腾出的空地，规划将其全部划入建设控制地带，对建筑层数、檐口高度、街巷景观、屋面材料与形式、建筑工艺做出了严格要求，以延续和塑造出川西传统建筑的完整风貌。

禹里震前无一例文物保护单位，经现场认真寻找、发掘、评估后，规划拟订了申报北川县级文保单位的建议名单和历史建筑名录。

规划将本次发现的城墙基址、登云桥基础遗迹、水磨沟古建筑以及镇内的"石纽"石刻、红军碑林、徐向前指挥部旧址等古迹，与"六月六"禹王庙会等非物质文化遗产充分结合，融入景观系统的塑造，系统展示禹里的历史风貌。

3. 实施效果

在保护规划的指导下，经过场镇领导和群众的艰辛努力，至2009年2月的过冬安置，老街261户441人中，重建10户45人，维修加固208户358人。至2009年11月，老街共重建40余户，商业功能已经全部恢复；场镇应急供水、供电、线路改造已经完成；石泉街、石纽街、老街三条道路的路面和管网完成修复改造；山东援建的车站、文化站、敬老院已建成，广场正在建设中。

总之，禹里历史文化名镇保护规划立足禹里场镇地震灾害后实际问题的解决，在技术方法和成果内容上做出了积极的探索和突破，对地震灾区开展文化遗产保护工作具有较高的示范价值。

图8 导则中用通俗易懂的图示提出加固要求

绵阳市安县
灾后恢复重建
县域村镇体系规划
（2008-2010）

编制起止时间：2008.5-2008.7

承担单位：城市与区域规划设计所、学术信息中心、城市与乡村规划设计研究所、城市设计研究室、城镇水务与工程专业研究院

项目负责人：朱波

项目参加人：许景权、陈怡星、姜立晖、孙彤、殷会良、官善友、张高攀、高捷、孙卫林、曹璐、宋兰合

合作单作：武汉市勘测设计研究院

1. 项目背景

安县在"5·12"特大地震中遭受重创，被列为极重灾区，城镇体系亟待调整。安县相对于其他地区有如下特点：

（1）安县的经济发展命脉遭到摧毁，城乡格局调整势在必行。安县的极重灾区相对集中，处于震前生产力布局和人口聚集的地区。安县恢复重建的核心在于为全县未来发展寻求新动力和新空间。

（2）随着北川新县城的建设，绵阳市域西部的城乡格局调整将发生重大改变，安县发展模式的转型也将面临重大机遇。北川新县城位于安昌东南，距安县县城花荄镇不足15km，这个潜力巨大的增长极将使纵贯绵阳西侧、联动成德绵发展带的功能复合轴趋于形成，将使安县东部的外部动力，从过去来自于绵阳的单向牵引转变为南北双向推动，从工业单一带动转变为工业、旅游、文化等多种功能联动。

2. 规划原则

第一，认识安县灾后重建责任的特殊性，将援助邻县和自身重建相结合；第二，认识三年恢复期的关键性，将近期恢复重建和长期持续发展相结合。

3. 主要技术特点及内容

（1）调整发展格局。将恢复重建和整体提升相结合，在人口异地安置过程中，针对性地选择经济发展潜力较大的乡镇。以地质安全性为刚性前提，重新评价各乡镇的发展潜力，制定相应的人口增长和乡镇发展的控制性和促进性策略。控制、缩减西北部山区的发展规模，并逐步实现发展重心从中部地区向东南部地区的转移。推动发展模式由以西北部和中部资源利用转变为促进东南部综合农业经济，实现村镇职能结构的深刻转变。

（2）构建空间布局。第一，加快分

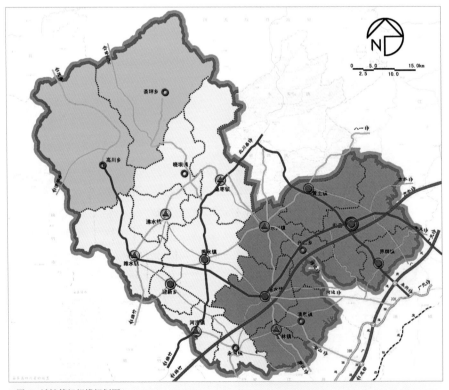

图1 城镇等级规模规划图

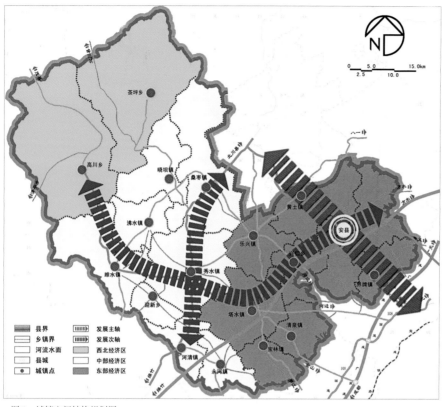

图2　城镇空间结构规划图

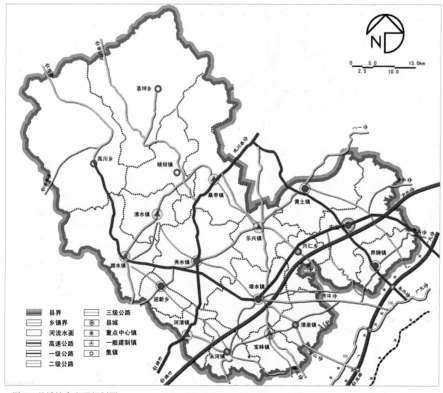

图3　县域综合交通规划图

区发展政策调整，转变中部经济区的聚集策略为控制策略，大力推动东部经济区的快速发展，强化对西北经济区的控制策略并逐步转变为缩减策略。第二，发展轴功能级别调整。强化北川－黄土－花荄－界牌－绵阳的主轴地位，将其打造为集高端旅游服务、新兴高科技工业、文化传承和休闲居住为一体的复合功能聚集轴。转变永安－安昌－桑枣－秀水－河清的促进性策略为控制性策略，将其下降为次轴，强化旅游功能，弱化加工业功能。对处于坪坝浅丘地区的花荄－兴仁－塔水－秀水－雎水段采取促进性策略，提升为副轴。将工业职能向东南地区分离，在支撑安县经济的矿业资源开发和推动工业提升的绵阳高新科技产业之间形成联动，共同推动东南传统农业地区模式转型。第三，城镇等级和职能调整，提升东南部城镇的规模。

（3）突出解决灾后重建规划的重大问题。重点将人口异地安置和村镇体系调整相结合，严格控制人口转移安置的规模，核算异地安置人口规模，并明确各村镇灾后恢复重建分类及建设指引和分乡镇恢复重建规划指引，确定人口和建设用地规模。

德阳市灾后重建城镇体系规划（2008-2010）

2009年度全国优秀城乡规划设计二等奖
2008-2009年度中规院优秀城乡规划设计二等奖
编制起止时间：2008.5-2008.7
承担单位：院
项目负责人：卢华翔、矫雪梅、易翔
主要参加人：王纯、杨明松、黄继军、
　　　　　　顾永涛、刘继华、顾京涛、
　　　　　　孙心亮、王仲、刘广奇、
　　　　　　徐莉、马旭、张永波等
合作单位：西安院勘察测绘院、
　　　　　德阳市规划院

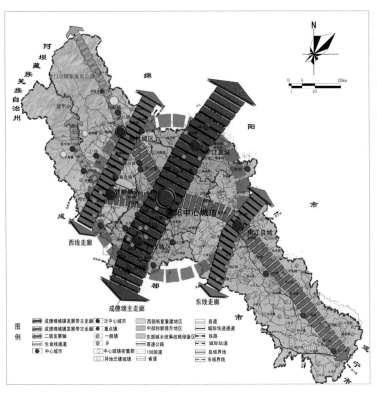

图2 灾后市域城镇空间结构规划图

1. 规划背景和过程

《德阳市灾后重建城镇体系规划（2008-2010）》是汶川地震发生后编制的灾后重建城镇体系专项规划。德阳市位于汶川地震灾区的东南部，发震断裂从市域的西北部绵竹、什邡穿过，德阳的城镇受灾程度在空间上由西北部山区至东南部平原逐渐递减。

德阳规划工作组于5月18日第一时间赶赴地震灾区，7月15日提交正式成果。规划采取了三方合作的形式，由中国城市规划设计研究院牵头，西安市勘

图1 区位图

察测绘院提供地质相关内容的专业技术支撑，德阳市规划院熟悉本地情况并紧密配合。德阳规划工作组同期完成的绵竹、什邡灾后重建规划，为本规划提供了基础支撑。

2. 技术难点与技术路线

规划主要有三方面的技术难点。第一，规划时间紧，规划依据和相关资料有限，规划处于灾后重建规划体系的中间层次，与相关规划的衔接工作量极大。第二，受灾最严重的市域西北部地区震后地质灾害长期威胁人民安全，迁建具有迫切性。同时，该地区是灾前人民生活水平最高、最富足的地区。巨大的反差为西北部山区乡镇的人口迁移带来了极大挑战。第三，震前德阳是我国重大技术装备制造业基地和四川省重要的工业城市，拥有"关系国计民生"的东汽二重等重要企业。如何合理地进行产业空间布局，保障产业发展的安全，是德阳市有别于其他受灾地区的挑战。

为应对规划面临的挑战，本次重建

规划制定了实地详勘＋技术研究＋统筹落实的技术方法。首先，通过对灾区现场的详细踏勘，与受灾群众充分交流，掌握第一手材料；其次，通过对地质、规划建设等其他部门的充分衔接，反复讨论，认真核实，得出科学、准确的规划重建方案；最后，通过与受灾县市区、政府职能部门和重建单位紧密衔接，使重建规划方案充分可行。三个方面保证规划成果的可实施性。

3. 规划主要内容

规划主要内容包括"一个本底和三个重点"。

第一，构建市域安全本底。依据中科院资源环境承载能力评价、灾后德阳市地质灾害分布及易发程度分区，同时结合绵竹和什邡两个县域更为细致的震后地质灾害防治规划，对市域范围进行工程地质适宜性评价，作为本次规划的基底。

第二，特殊时期的特定类型规划，重点加强与其他恢复重建规划的协调。落实上位规划，指导下位绵竹、什邡重建村镇体系规划，与其他灾后重建专项规划协调。

第三，与城镇体系调整相结合，重点研究灾后人口合理布局。人口全部外迁或部分外迁的乡镇，绵竹有金花镇、天池乡、汉旺镇、清平乡，什邡有八角镇、红白镇、蓥华镇、洛水镇。结合市域东、中、西部的差异性，确定分区恢复重建规划的不同主题，并形成市域城镇空间结构为"三区、一带、多轴、一群"。强化德阳中心城区作为市域最重要的城镇人口和产业承载地，大力推动中心城区的扩容与提升，加快促进德阳中心城区由工业城市向区域中心城市的转变。

第四，与德阳长期发展相适应，重点调整受损产业空间布局。产业空间调整核心包括三个方面：将装备制造企业向德阳中心城区集中；撤销蓥华、穿心店、龙蟒河、高尊寺等磷化工园区，向绵竹新市工业区和什邡灵杰工业区集中；在绵竹城区和什邡城区建设综合工业园。为重大产业机遇和重要企业迁建提供选址建议，包括新设立的国家级高新区选址、东方汽轮机厂的迁建选址。

4. 规划实施

规划主要结论广泛被上位规划采纳，如磷化工产业园区规划被工业和信息化部《汶川地震灾区工业恢复重建规划》采纳，乡镇迁建和人口迁移方案被《汶川地震灾后恢复重建城镇体系规划》采纳。

产业空间调整已经实施。绵竹新市、什邡灵杰工业园作为磷化工产业基地已初具雏形，龙蟒等龙头企业迁入，成为磷化工企业的集中地。东方汽轮机厂与德阳高新技术产业园区已经在本次规划选址方案内开工建设。

人口迁移和乡镇迁建重建方案全面实施。汉旺新镇区在规划的群力村基本建成，天池乡迁建至汉旺新镇区；绵竹市得到江苏省通过"一市帮一乡镇"方式援建，各乡镇都有现代化的学校、医院，公共服务均等化程度四川领先；什邡得到了首都北京的大力支援，基础设施、公共设施全面建成。

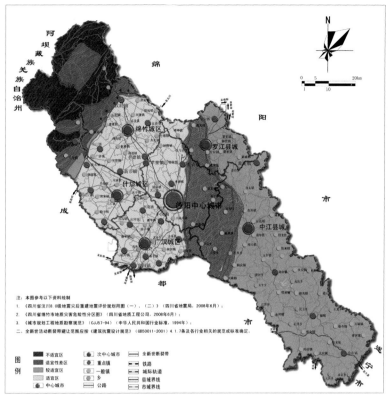

图3 市域工程地质适宜性评价图

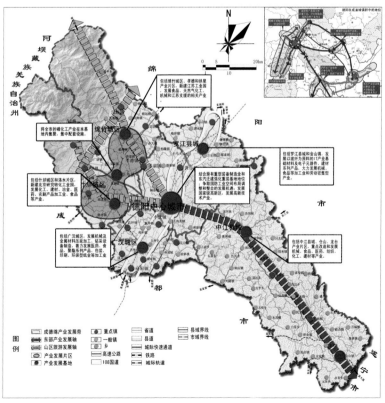

图4 灾后市域产业空间布局规划图

德阳市城市总体规划（2010-2020）及德阳中心城区灾后恢复重建规划（2008-2010）

2009年度全国优秀城乡规划设计三等奖
2008-2009年度中规院优秀城乡规划设计二等奖
编制起止时间：2008.3-2010.7
承担单位：城市规划设计所、工程规划
　　　　　设计所（现城镇水务与工程
　　　　　专业研究院）
主管所长：尹　强
主管主任工：闵希莹
项目负责人：张　莉、郭　枫
主要参加人：鞠德东、孙心亮、邹文耀、
　　　　　　周　乐、李　琼、刘海龙、
　　　　　　张　帆、矫雪梅、童　娣

1. 规划背景

德阳市地处四川盆地，是在国家重点建设下成长起来的重型工业城市。在汶川特大地震中，德阳市域全部受灾，绵竹、什邡是极重灾区，其余县市是重灾区。

2. 规划思路

重点解决了如何协调区域安全格局与城市发展的关系、如何在城市长远发展的基础上保障灾后重建的顺利实施、如果适应灾后重建的需要实现城市功能的合理转型、如何利用灾后重建机遇提升城市品质等关键问题。

3. 规划特色

特色一：城市总体规划与灾后重建规划同步进行、规划编制与灾后重建同步进行。在总体规划的基础上进行灾后重建规划，避免了紧急落实重建项目中的盲目性与片面性，保障了城市功能的合理布局；重建规划的编制，加强了总体规划中灾后重建的影响分析，使规划内容更加科学合理，增强了总体规划的实施性。

特色二：总体规划与总体城市设计同步进行。总体规划确定的城市性质、规模和空间结构为城市设计提供了前提和依据；总体城市设计提出的构建东山生态休闲带、蓝绿网络开放空间等设想，在总体规划中得到落实，并以绿线、蓝线管制等形式法定下来，保证总体城市设计的实施。两种技术方法互相补充，形成良好的互动与反馈。

4. 规划要点

构筑城镇安全格局。规划提出安全优先、差异发展的理念，实施山区限制

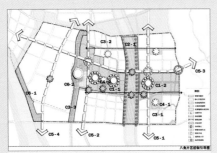

图1　八角片区控制引导图

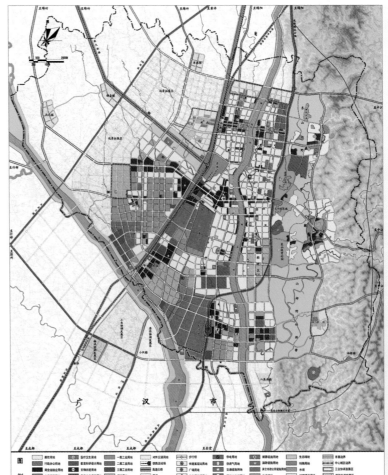

图2　中心城区用地规划图

发展、平原地区重点发展、丘陵地区适度发展的城镇化战略，引导人口从山区、丘陵地区向平原地区城镇集中，形成"一群、四轴、多线"的城镇空间骨架，融入"成、德、绵"空间发展格局。

城市长远发展与灾后恢复重建。将灾后重建作为总体规划编制的重点内容，重点解决中心城区灾后恢复建设问题，同步编制中心城区灾后恢复重建规划。确定2020年中心城区城市人口100万人，城市建设用地100km²，形成"西部综合产业带、中部生活服务带、东部生态休闲带"的"川"字形空间结构。

适应灾后重建的需要，实现城市功能的合理转型。提出建设中心城市和宜居城市的多元发展目标，确定城市性质为"以国家重大装备制造业和高新技术产业为主导的现代化工业基地，四川省重要的区域性中心城市和山水宜居城市"。

把握重建机遇，提升城市品质。采用总体规划与总体城市设计同步进行的技术方法，满足外部拓展和内部提升的双重要求，提出建设"活力之城、山水之城、文化之城"的总体形象定位，形成"三带成川、碧水为脉、滨水聚核、山水织网"的总体设计结构，明确城市景观与形象建设的总目标。

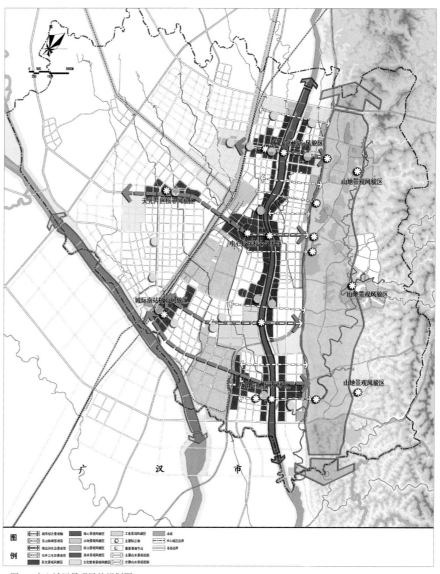

图4 中心城区景观风貌规划图

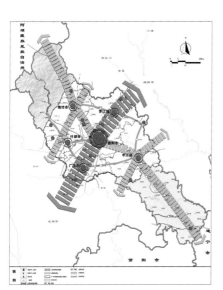

图3 市域城镇空间结构图

图5 城北核心区城市设计意象

德阳什邡市北部山区
四镇灾后重建规划
（2008-2010）

2009年度全国优秀城乡规划设计（村镇规划类）三等奖
2008-2009年度中规院优秀村镇规划设计一等奖
编制起止时间：2008.5-2008.12
承担单位：城市规划设计所、工程规划设计所（现城镇水务与工程专业研究院）、城市环境与景观规划设计研究所、城市规划与住房研究所
项目负责人：刘继华
主要参加人：王仲、刘广奇、易翔、卢华翔、杨明松

图2　山区内场镇和企业灾害损失情况

1. 项目背景

什邡是汶川"5·12"特大地震的极重灾区之一，在完成灾后临时安置任务之后，我院对口支援什邡重建小组从2008年6月开始承担灾后重建规划工作。工作范围为什邡市受损最严重的山区四镇，包括红白、蓥华、八角和洛水镇，31个行政村、314个村民小组。

当时的情况是灾后紧急救援工作还没有完全结束，地质条件还不稳定，部分山区道路还难以通行，基础资料紧缺，各专项评估也都还没有完成，而同时灾区居民重建的愿望又很迫切，规划必须在存在一些不确定的因素前提条件下尽快推进。

2. 主要规划内容

1）规划目标

规划总体目标为尽快恢复灾区城乡居民的生活生产，重建美好新家园；优化区域发展格局，全面提升城镇各项功能；构建新的城乡体系，努力实现人与自然长期和谐共处。争取在2010年之前，实现全面完成灾区安置房建设，全面恢复因灾受损的交通设施，重建灾区群众基本的教育、医疗、社会福利等公共服务设施，达到灾前服务水平等具体目标。

2）人口安置转移方案

什邡北部四镇灾损严重，山区内几乎大部分居民点都涉及选址重建的问题。区内虽然很多地区为地质灾害易发区，但矿产、农业和旅游资源丰富，灾前区内农村居民生活水平要远高于平原地区。村民的重建意愿基本是原址或者就近选址。在充分尊重城乡居民意愿的基础上，规划提出人口迁移尽可能镇内平衡，只有不具备选址条件的村组向邻村或者乡镇集中居民点集中，具有选址条件的集镇适当扩大规模，承接转移人口。

3）镇村居民点重建

根据震后地质灾害综合报告、主要断裂带分布状况及受损情况，明确北部四镇的场镇均采用原址提升重建方式，按抗震设防新等级的要求重建损毁房屋，同时适度提高基础设施建设标准和公共服务设施配建标准。

乡村居民点重建以安全为前提，坚持有利生产、方便生活、少占耕地、集约集聚等主要原则，采用原址重建、村组集中建设、向场镇集中等多种方式，并完善相应的基础设施和服务设施配置标准。

4）支撑体系重建

以居民点体系规划为基础，规划编制了基础设施、社会服务设施重建，安全与防灾等多个专项规划，对交通、供水、排水、燃气、供电、通信等基础设施的灾前概况、灾损情况进行评估，并整体性提出规划目标和重建途径规划，并进行初步的投资估算。在防灾规划中，以抗震防灾规划和地质灾害防治为重点，同时对于防洪规划、消防提出具体的规划措施。

3. 主要工作创新

1）多专业联合现场工作

结合很多援助队伍都在灾区分头工作的实际情况，小组充分发挥规划宏观综合的优势，与相关专业援助队伍积极联

图1　什邡市与龙门山断裂带的关系

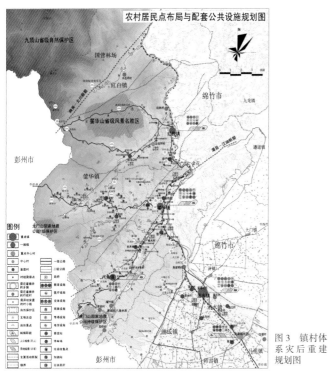

图3 镇村体系灾后重建规划图

图4 镇村基础设施灾后重建规划图

合,共同深入现场工作,取得了较好的效果。特别是与专业地质评估部门的联合,为后续的选址和布局提供了重要的依据。

2)广泛而深入的公众参与

居民点的选址在考虑安全、尊重村民意愿和传统社会结构的基础上,充分考虑未来发展要求,进行合理布局和空间转移。每一个选址都经过小组与当地

村民代表的多次协商,采用以村民小组为单位适当集中的原则,结合实际、因地制宜,不搞一刀切。

3)提供可选择的多解决方案

针对每个具体问题的解决,小组不局限于只提出一个最优方案,而是在工作中注重多方案比较和多方面论证,以适应灾后重建时间紧急、条件多变的特

点,快速应对,提高工作效率。在过程中,很多具体项目的选址、搬迁、改造等需要快速地给出专业论证意见,供决策参考,小组在现场大量承担了相应的工作。

4. 规划实施情况

规划小组用不到三个月的时间初步完成任务,获得了地方政府和受灾群众的认同,为对口援建单位(北京)的进入搭建了基础和平台,推动了什邡各项重建工作的顺利开展。

经过近三年的灾后重建,所有居民点重建都已经完成,绝大部分选址都与最初的规划设想一致,目前城镇的功能已经基本恢复;基础设施不仅得到了重建,并且大幅度地提高了建设标准;乡村的生产生活秩序井然。实地回访,我们感受到了当时忘我投入工作的些许成效,同时很遗憾地看到,当时建议河谷中关停的一些资源型污染企业还在生产,希望在不久的将来这里不仅有现代化的城镇、乡村和发达的基础设施,更有清新的空气、绿色的自然山水以及生机盎然的健康生活。

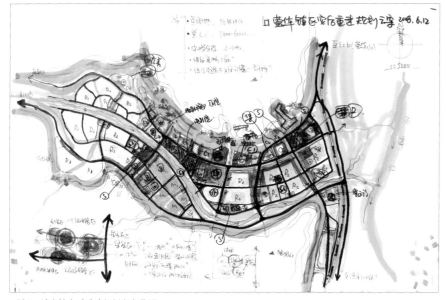

图5 城乡镇灾后重建规划方案草图

绵竹市灾后恢复重建村镇体系规划（2008-2010）

2009年度全国优秀城乡规划设计（村镇规划类）二等奖

2008-2009年度中规院优秀村镇规划设计二等奖

编制起止时间：2008.5-2008.7
承 担 单 位：院
项目负责人：易 翔、顾永涛
主要参加人：顾京涛、王 纯、黄继军、
　　　　　　杨明松、卢华翔、刘继华、
　　　　　　矫雪梅、王 仲

图1　市域空间结构

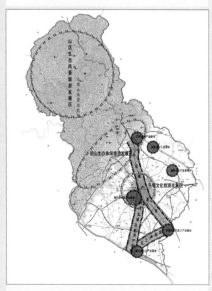

图2　灾后市域产业空间布局

1. 项目背景

2008年5月12日，四川省汶川县发生里氏8级地震，给绵竹市造成了大量的人员伤亡，损失特别巨大。

2008年5月20日，绵竹市人民政府委托编制《绵竹市灾后恢复重建村镇体系规划（2008-2010）》，以中国城市规划设计研究院为主的住房和城乡建设部援建规划工作组承担该规划任务。在规划编制过程中，规划组多次向绵竹市委市政府、各乡镇领导和市民做了汇报和交流。2008年7月20日，完成了绵竹市灾后恢复重建村镇体系规划。

2. 受灾特征

第一，在10个极重灾区中，绵竹市的经济损失最大，高达1400多亿，因地震遇难人数较多，达到11000多人。

第二，山区的清平乡、天池乡、金花镇及汉旺镇属严重损毁乡镇，其灾后恢复重建的任务极为艰巨。

第三，三大支柱产业受损严重，生产恢复难度极大。机械加工业因为东汽厂整体搬迁而受到重创，食品饮料业是绵竹重要的支柱产业，龙头企业剑南春受损严重，磷化工业也因进矿区的道路修复难度大而受到很大影响。

3. 规划思路

本次规划从三条主线切入：①从严重受损乡镇的重建入手，对受灾乡镇进行重新评价，制定重建规划方案，构建市域新的村镇组织体系。②从恢复生产和就业入手，寻找安全、集中的产业区位，重塑产业空间布局。③民生优先，重点关注关系民生的住房，如学校和医院等公共设施，指导民生项目的选址。

4. 规划要点

（1）灾后选取了灾害损失、资源环境承载力、工程地质、交通通达性、耕地面积、资源条件等10项因子，对绵竹市21个乡镇的发展进行了综合性的重新评价。以此为基础，提出了市域"两轴、两带、一核、五区"的村镇体系空间结构。

（2）根据绵竹地形地貌界限较明显的特征，把所有村镇分成山区、沿山区和坪坝区村镇，分区提出发展指引，内容包括地质灾害易发程度、产业发展要求及灾后面临的主要问题等，并提出灾后人口迁移与安置的原则、策略和方案。

（3）规划对严重损毁的四个乡镇进行了重点研究。通过对工程地质适宜性、资源环境承载力等方面的分析，结合民意调查，对四个乡镇提出了不同的重建模式：清平场镇——容量适度、原址重建；汉旺镇区——中心迁移、功能重建；天池和金花场镇——整体迁移、异地重建。

5. 创新与特色

（1）通过多因子评价系统，对乡镇发展进行重新评价，结合乡镇受灾类型多样化的特点，提出了分区、分类的重建模式。

（2）采用"产业—空间—人口"的分析方法，以安全原则为前提，从就业恢复入手，调整优化市域产业空间布局。

（3）在保证灾后重建规划应急性的前提下，关注城市长远发展和民生问题，实现应急性和长远性的协调。

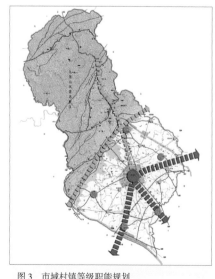

图3　市域村镇等级职能规划

6. 规划实施

第一，在有力支撑汶川地震灾后恢复重建村镇体系规划的同时，有效指导了绵竹所有村镇灾后总体规划的编制，规划思路和内容在下一层次规划中均得到了很好的贯彻。

第二，引导灾区人口与产业合理布局，村镇体系逐步优化。山区龙蟒集团等磷化工企业搬迁至坪坝区的新市镇工业集中区，沿山区大量损毁的中小企业搬迁至绵竹市经济开发区，东方汽轮机厂从龙门山前的汉旺镇搬迁至德阳城区。

第三，大量的民生项目，如住房、学校和医院，在体系规划和总体规划的指导下，得到了快速落实，保障了灾后重建工作的顺利进行。

7. 总结

《绵竹市灾后恢复重建村镇体系规划（2008-2010）》是根据国家抗震救灾的总体部署，指导绵竹市灾区村镇尽快恢复重建的应急性、实施性规划。规划保障了绵竹地震灾后恢复重建工作有力、有序、有效开展，在全面恢复绵竹市正常生活和生产，促进绵竹市经济社会恢复发展等方面起到了重要作用。

规划统筹了灾后绵竹村镇恢复重建的总体工作，是绵竹市应急决策的重要平台，充分发挥了体系规划在灾后恢复重建中宏观协调与实际建设相结合的综合功能。

规划组克服了余震和地质灾害威胁，坚持现场工作，多次实地考察地震断裂带的位置、地质灾害的发生情况，以此为基础确定村镇灾后恢复重建的方案。规划组严谨、务实的工作作风为本次规划圆满完成奠定了坚实的基础。

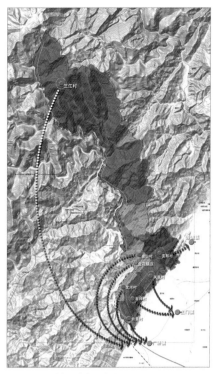

图 6　金花镇过渡安置点选址

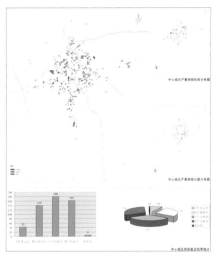

图 4　中心城区建筑损毁情况分析

图 5　中心城区过渡安置房及先期建设居住用地

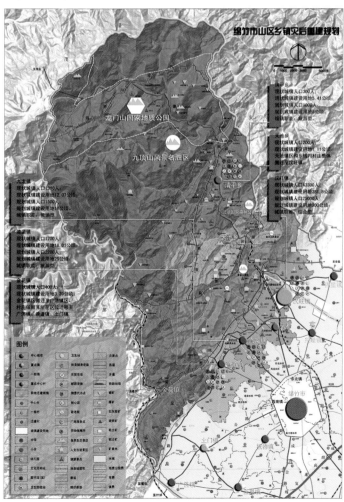

图 7　山区乡镇灾后重建规划

绵竹市汉旺镇
灾后恢复重建规划

2009 全国优秀城乡规划设计（村镇规划类）
二等奖
2008–2009 年度中规院优秀村镇规划设计二等奖
编制起止时间：2008.5–2008.8
承担单位：院
项目负责人：顾永涛、易 翔、顾京涛
主要参加人：王 纯、尹 强、卢华翔、
　　　　　　刘继华、龚宇贵、徐 莉、
　　　　　　马 旭

图1 汉旺镇区与地震地表破裂缝的位置关联

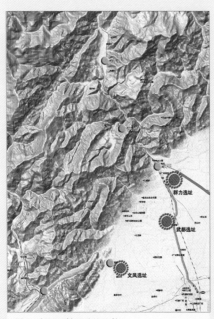

图2 新汉旺镇区选址比较

1. 项目背景

2008 年 5 月 12 日，四川省汶川县发生里氏 8 级地震，给绵竹市汉旺镇造成了大量的人员伤亡和经济损失。2008 年 5 月 20 日，绵竹市人民政府委托中国城市规划设计研究院编制《绵竹市汉旺镇灾后恢复重建规划》。

汶川地震之前，汉旺镇是绵竹市第一位的经济强镇，镇区人口 5 万人，镇区建成区面积达 4.3km²。辖区内拥有包括东方汽轮机厂总部在内的大中型企业 40 余家，零配件加工企业近 200 家，已基本形成以机械加工业为主体的工业格局。灾后镇区成为一片废墟，98% 的住房倒塌或严重损毁。东汽厂整体搬迁到德阳，相当部分的本地居民对汉旺镇的未来发展心存忧虑。在紧迫的形势下，汉旺镇区是否需要迁建，如何谋划镇区的长远发展成为规划组面临的严峻课题。

2. 规划思路及要点

规划始终坚持将安全原则放在首位。规划组结合资源环境承载能力和工程地质适宜性评价，以现场踏勘为校核，多次在现场调研踏勘，寻找地震断裂带和地质

灾害隐患区域，对镇区和东汽厂的建筑灾损情况进行了调查评估，最终确认，本次汶川地震发震的主要断裂带灌县——江油断裂带从汉旺镇区西北侧穿过，山区与平原交界的面山区域是地质灾害发生最为频繁，未来十年内灾害隐患最为集中的区域。

根据对区域工程建设适宜性的分析，镇区周边适宜建设的用地空间选择余地较大，规划采取"中心迁移，功能重建"的建设模式，将处于极重损毁区的镇区核心功能迁移到远离地震断裂带的区域重建。对于大于地震断裂带最小避让距离的普通居住建筑、社区级服务设施、中小型企业、仓储设施等，在不违背综合防灾和规划功能布局要求的条件下，在原址进行选择性的恢复重建。同时，对于具有代表性的地震遗址予以有针对性的保留。

在镇区选址方面，在两个选址方案的基础上，通过地质条件与安全性、区位条件、用地条件、人口集聚规模、产业基础、设施条件、环境景观条件等要素的综合比较，确定了距离汉旺镇区中心约 2km 的群力村周边为汉旺新镇区中心所在地。

通过对工程地质、资源环境承载力等的分析，结合民意调查，提出汉旺镇

图3 东汽厂厂区损毁情况分析

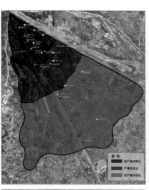

图4 汉旺镇区总体损毁情况分析

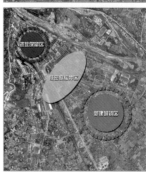

图5 新汉旺镇区空间发展结构分析

区的灾后重建模式、空间布局方案及镇域体系规划，并对震灾遗址纪念地的布局进行了构想。新的空间布局，有利于对未来地震、地质和洪涝等灾害的有效防护，有利于对具有纪念价值、教育价值和研究价值的典型地震遗址的保护，有利于居民灾后就业问题的解决，有利于快速建设和谐家园，并形成新旧对比的、特色鲜明的新汉旺城镇景观。

规划研究过程中，规划组对汉旺镇各个阶层的居民进行了大量交流与访谈，在规划初步研究完成后，配合镇政府进行了大范围的民意调查：全镇97％的人赞成镇区迁建。新镇区建设选址方案在全镇人代会上获得高票通过，在证明了规划合理性的同时，使各级部门和全镇居民达成了共识，协调了不同价值观的冲突，确保了规划的高效实施。

3. 创新与特色

（1）从技术理性和价值理性两个层面进行分析研究，提出切合实际的重建模式，在解决灾后重建紧迫问题的同时兼顾了汉旺的可持续发展。

（2）通过大量的现场调查与分析，吸收多学科研究成果，总结性地把握了汉旺及周边区域条件，在安全的前提下得出了具备合理性和可操作性的规划方案。

（3）针对汉旺灾后重建的复杂性与社会性，充分尊重灾区群众意愿，与规划编制形成互动，并切实推动了规划的实施。

4. 实施效果

第一，在有力支撑了《绵竹市灾后恢复重建村镇体系规划》的同时，有效指导了汉旺镇灾后总体规划的编制，规划的思路、发展战略和空间布局均得到了严格贯彻。

第二，在规划指导下，新镇区建设正在快速推进，大量的民生项目，如住房、学校、医院及水厂等基础设施已建成，并投入了使用。

第三，汉旺地震遗址纪念地已纳入

"中国汶川地震遗址旅游线"。新落成的汉旺地震工业遗址纪念中心已向游客开放。

第四，本规划在实施后得到了汉旺镇政府和绵竹市建设主管部门的一致好评。绵竹市规划局认为：《绵竹市汉旺镇灾后恢复重建规划》在科学发展观思想的指导下，坚持以人为本、安全第一，尊重了自然、生态优先的规划原则。在灾后重建规划指导下，汉旺镇区采取了原地异址的重建模式，这种模式有利于对地震、地质灾害的防护，有利于地震遗址地的保护，有利于灾后重建的快速实施和居民就业问题的解决。该重建规划在保障汉旺镇灾后恢复重建工作有力、有序、有效开展，全面恢复汉旺镇正常生活生产等方面起到了重大的作用。

图6　地震遗址现状分区及重要建筑分布

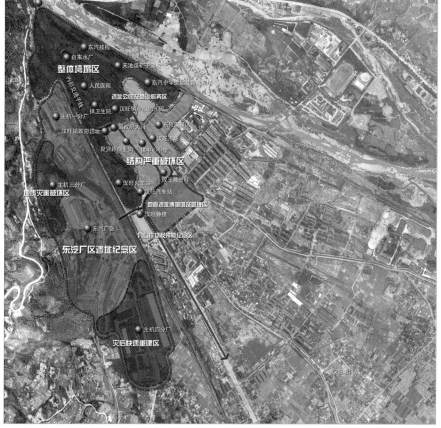

图7　汉旺地震遗址纪念地规划分析

青川竹园新区
城市设计招标方案综合

2009 全国优秀城乡规划设计（村镇规划类）
表扬奖

2008-2009 年度中规院优秀村镇规划设计二等奖

编制起止时间：2008.8-2009.10

承 担 单 位：城市建设规划设计研究所

主 管 所 长：张 全

主 管 主 任 工：鹿 勤

项目负责人：李家志、王小舟、张 娟

主 要 参 加 人：蔡丽萍、李 潇、项 冉、
李 湉、罗 赤、李海涛、
涂 欣、孙 鹏、宋文松

合 作 单 位：浙江省支援青川县灾后重建
指挥部

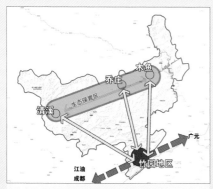

图1 青川县空间结构规划图

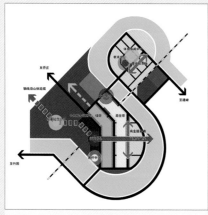

图2 竹园新区空间结构规划图

图3 竹园新区总体鸟瞰图

作为"5·12"汶川地震灾后重建重要组成部分的竹园新区，规划过程经历了社会调查、选址研究、规划设计、建设实施等阶段。中规院工作组在重建规划过程中充分发挥了重要的统领和联系作用。

1．规划内容

1）重建调查

青川县城坐落在平武－青川地震活动性断层上，"5·12"大地震后青川余震频繁。中规院工作组于 2008 年 7 月 23 日进入青川县城乔庄镇展开访谈式调研，同时踏查县域范围内条件较好的坪坝地区，通过比选最终确定县域南部竹园镇适宜疏解县城人口。

2）选址研究

县城功能疏解的实施方案采取了"双中心"方案，即对乔庄镇人口进行疏解和转移，将规模控制在环境可承受范围内，并将城镇功能简化为政治服务和旅游服务，而经济职能和部分文化职能将全部转移到竹园新区。

3）新区规划

竹园新区城市设计招标阶段共有四家单位参加，经过评审，中规院的方案获得第一名；以中标方案为基础，工作组进行方案综合，并编制控制性详细规划。

规划方案以"竹音清越，城江和谐"为主题，用形态挺拔、百折不挠的"竹"代表城市性格。空间结构为"十字主轴线，川字功能带"。

城市主轴线——川杭大道以行政服务中心为端点，面朝青竹江、背依山体，通过行政中心与山顶抗震纪念公园间的视觉联系，建立城市向外围山体延续的虚轴；另一条主轴线为垂直于川杭大道的商业服务轴线——竹韵街。平行于青竹江构筑的三条城市功能带，分别为公共服务设施带、城市绿带、居住带。

规划结合竹园新区承接乔庄疏解的教育设施较多的特点，构思了"智慧岛"的设计理念——在史家坝以青川中学、职业学校、教师进修学校等学校作为近期启动项目，未来聚集更多职业教育学校，形成教育产业组团，为竹园新区的后续发展提供动力。

2．实施效果

2009 年初，杭州市援建指挥部启动防洪堤、两座跨江大桥、外部联系道路等基础工程的建设。

2009 年 7 月浙江省援建指挥部召开了"史家坝智慧岛区块内项目建筑设计方案征集活动"。

2009 年 8 月 20 日，竹园新区工程建设全面展开。

2010 年 6 月竹园新区建设中的重点工程开始收尾，投资 4.5 亿的智慧岛建

设也已接近尾声。

2011 年初，竹园新区落成，杭州援建指挥部将新区正式移交青川县政府。

3. 经验总结

（1）深入扎实的社会调查是规划工作的基础，规划师是联系民众、政府和建设方的纽带，依据需求制定的方案才具备可操作性。

（2）灾后重建的目标不应当是简单的建设一座城镇，重点是通过对口支援和产业协作，寻找一条适合落后地区小城镇建设的可持续发展道路。竹园新区的规划既注意了三年援建的巨大带动作用，也没有脱离今后城市建设和管理的实际困难，在开发建设时序、项目安排等方面进行了着重考虑。以"智慧岛"理念为核心，结合竹园新区承接乔庄疏解的教育设施较多的特点，将三年援建项目作为触媒带动史家坝乃至整个竹园新区的建设。

（3）基础设施对于灾后重建的小城镇至关重要，尤其是防洪设施和地质灾害区域的治理。

图 4　城市设计规划总平面

图 5　项目实施效果照片

江油市太平场片区风貌更新与保护规划

2010-2011年度中规院优秀城乡规划设计二等奖
编制起止时间：2009.4-2011.8
承担单位：城市规划与住房研究所
主管所长：卢华翔
主管主任工：张播
项目负责人：白金
主要参加人：张祎娴、高均海、赵晅、
周勇、徐亚楠、秦筑、
李雅婵

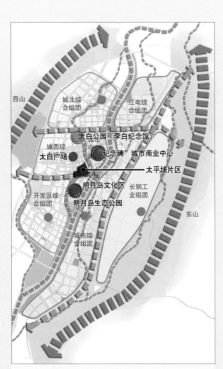

图1 太平场在江油市的区位条件

1. 项目背景

江油自古依托涪江，水运泊位繁盛一时，曾是川渝重要的货物集散地，素有"小成都"之称。太平场片区位于江油市现状城市中心区西南，穿城水系昌明河以西。其整体规模26.16hm²。

"5·12"地震中，太平场片区受损较为严重，街区亟待整体改造。

2. 项目构思

规划以地方历史、特色文化的挖掘入手，充分了解土地经营、市场运作、经济分析等内容，提升规划设计的合理性，最终通过物质空间的构建与城市精神的契合，实现文化价值观的重塑。

（1）挖掘地域文化，重塑城市文化价值观。

地域特色文化的挖掘，其作用在于唤起当地人的历史记忆与真实情感，进而催生出一种发自内心的谦恭态度。在对基地的全方位挖掘中，项目组发现了深藏街区之中的老厂房遗迹、已被用作门板的"惩恶除奸"牌匾、5元一场的川剧表演、"福利桥"上的于右任的笔迹等重要文化遗存。

（2）引入城市经营理念，强化城市差异性商品的区域价值。

项目组以"鹅肠引力"①为切入点，说明"上海新天地"、"成都宽窄巷"等项目开发对城市建设的作用，说明牛顿万有引力定律在城市建设中并不一定适用，"小质量"也能释放出"大引力"。

太平场作为城市内惟一的多重文化载体，催生了多元化的差异产品。这块"短板"的成功改造，将成为江油城市建设的长期"先手"。

（3）由城市空间构建的角度切入，判断太平场的核心战略价值。

沿昌明河游览线路是城市公共空间

---

① 鹅肠引力：绵阳江油的鹅肠（及肥肠）在四川当地非常有名。如今，每逢周末很多成都人会驱车近180公里到江油品尝这一美食，带动了江油休闲农家乐的快速发展。江油当地人都称这种由特色鹅肠产生的吸引力叫"鹅肠引力"

图2 太平场现状历史文化遗迹

构建的主轴线，也是城市旅游的精品空间。太平场则是该轴线上重要的战略节点，其战略意义在于通过太平场地区的开发与改造将直接拉动城市整体空间向南推进。

3. 主要内容

（1）结合全国文化旅游街区改造的成功案例，确定太平场片区的整体定位为：四川场镇文化遗存典范街区；江油市井文化的活力舞台；江油现代社会的时尚地标。

（2）采用传统空间与建筑语汇"拼贴"与"重构"的方式，完成街区整体空间规划。其具体方法为：以街巷为骨架，保留院落、建筑和外围已建住宅，构成街区更新主体框架；以现有旧厂区特色改造作为街区改造触媒，引领城市新功能的注入；以划定街区整体风貌分区为基础，采用修补、拼贴的方法打造街区核心风貌控制区；以外围新增房地产用地为主要收入来源，平衡整体更新改造项目的投入与收益。

（3）对整体街区功能布局、道路交通系统、公共开敞空间、历史景观风貌、开发时序等内容分别提出系统性控制要求。

（4）针对街区内现有附片厂及太平粮库等老厂区的更新，在旧建筑、街巷

图3　太平场改造规划总平面图

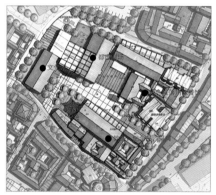

图4　原太平粮库改造平面示意图

图5　原太平粮库立面改造对比图

空间的改造以及新川西院落模式研究等方面作了深入的探索。

项目组对太平场原有街巷、院落空间进行了充分的挖掘与整理，发现太平场地区的街道呈现出"街、巷、弄"三级鱼骨形整体格局。为准确还原街区肌理，充分利用类比、实体模型推敲等方法，对已破碎街道进行修复、重构，并对街道空间的类型、尺度、断面予以明确。

针对街区内极具特色的"半边街"，提出具体的空间设计及建筑改造方案。

针对新川西风格院落，项目组与设计所协同工作，对院落建设模式、形体控制、空间组合关系、建筑构建选择等内容进行了大量的探索性尝试。

4. 规划创新与特色

规划自始至终充分与管理、市场运作、建设实施相结合。

（1）为便于规划管理部门后期操作与控制，进一步编制了街区控制与地块控规图则。通过明确各项强制性内容，对地块高度、容积率、建筑退线等重点内容予以控制；通过风貌、体量、色彩等指导性内容对开发予以进一步优化。

（2）规划方案构思阶段一开始便与后期市场开发相对接。考虑不同开发主体的诉求，对规划地块进行细分。最终街区划分为119个独立地块，其中开发的独立商业院落64个，小型沿街商铺170个，商业总面积27000m²。

（3）综合考虑江油城市发展阶段，帮助政府制定了"多方参与"的开发运作模式。

政府先期搭建平台，统一规划，制定政策，开发公司中期进入，整体包装运营、宣传推广，最终由多主体合作建设完成。

5. 实施情况

规划充分考虑商业开发运营的要求，并注重特色文化的挖掘，得到了当地领导的认可，并于2010年6月通过专家评审。

2010年10月，江油市政府委托地方设计单位，进行下一阶段建筑设计工作。

2011年5月，太平场整体拆迁方案已进入实施阶段，首期189亩土地已开始招标建设。

图6　地块划分及开发总图

图7　地块建设及风貌控制导则

青城山－都江堰风景名胜区灾后恢复重建规划

2009 年度全国优秀城乡规划设计三等奖
2008-2009 年度中规院优秀城乡规划设计二等奖
编制起止时间：2008.1–2010.8
承 担 单 位：风景园林规划研究所
技 术 顾 问：杨明松
主 管 所 长：贾建中
主管主任工：束晨阳
项目负责人：唐进群、邓武功
主要参加人：邓武功、唐进群、贾建中、
　　　　　　曾　浩、牛铜钢、束晨阳、
　　　　　　高甲荣、赵延宁、张金瑞、
　　　　　　田　涛、韩炳越、朱　江、
　　　　　　马浩然、肖　灿、刘　华

风景区面积 150km²，以都江堰水利工程享誉世界，以道教文化为灵魂，自古就有"青城天下幽"之美誉，是世界文化遗产，也是世界自然遗产——大熊猫栖息地的组成部分，是我国风景区的典型代表。

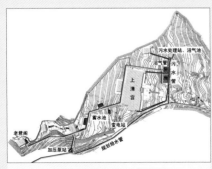

图 1　上清宫、老君阁基础工程规划图

1. 规划内容

1）风景区受灾评估

包括 7 个方面：风景资源受损严重，降低了风景价值；服务设施、基础设施、道路交通等设施受损大大削弱了风景区的游览、旅游服务和管理功能，需投入大量的恢复重建资金；农村居民点受损使农村经济遭受重创，大量居民需要安置；自然环境受损，破坏了风景区的生态与景观环境，需较长时间恢复；次生地质灾害的存在则使风景区面临着潜在危害，防治难度较大。

总的来说，青城山－都江堰风景区是整个地震灾区受灾最严重、最典型的风景区之一，但是其自然与人文风景资源特征没有根本改变，世界遗产地位没有动摇，风景区具有恢复重建的基础与条件。

2）风景资源恢复重建规划

包括两个方面：一是针对原有风景资源的恢复重建。都江堰景区重点是文物类景点，青城前山景区重点是道观类景点，青城后山景区重点是沟谷景观。二是对风景资源与环境的优化提升，如都江堰景区修建玉垒阁、改造清溪园，前山景区复建石笋塘、改造月城湖游览环境等。

3）服务设施恢复重建规划

包括管理服务设施、旅游服务设施和公共服务设施。规划利用恢复重建的契机，在原来的基础上改造、增加部分服务设施，提升风景区的服务与利用水平，例如改建月城湖索道入口管理服务设施、新建"天府第一街"综合旅游服务基地等。

4）居民点恢复重建规划

风景区范围涉及 5 个镇的 13 个行政村，人口约 1.37 万人，大部分居民受灾。规划前山景区搬迁青城村的 4 个村民组 127 人，后山景区搬迁白云古寨自然村 160 人。选择安全地段设置 52 处居民安置点。

5）道路交通恢复重建规划

首先是恢复风景区"一纵一横一通道"的交通骨架体系。其次是恢复重建各景区的步行游览路。都江堰景区重点建设

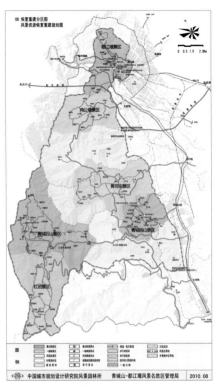

图 2　风景资源恢复重建规划图

二王庙至玉垒山之间的游览环路，前山景区重点建设道观游览环线，后山景区重点恢复五龙沟、飞泉沟以及通灵沟游线。

此外，还有基础工程设施恢复重建规划、植被恢复规划、次生地质灾害防治规划、风景游览恢复重建规划等。

2. 规划特色

1）规划介入及时，灾损评估准确

在汶川大地震仅 1 个月后，及时开展了风景区的受灾情况调查，掌握了第一手资料；震后 6 个月，正式开展规划编制工作。

2）注重了规划的针对性和时效性

规划明确了具体的恢复重建项目，规定了具体项目的恢复重建要求，使规划更具实施性。时效性是针对灾后重建时间有限的特点，要求在 3 年恢复重建期和 5 年提升发展期内实施规划。

3）延续了风景区资源的保护利用特性

规划中提出既要恢复有价值的风景资源，也要优化风景环境，适当增加景点；

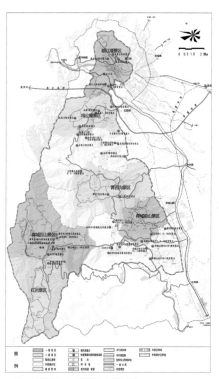

图3 居民社会恢复重建规划图

既要整治清理不必要的建设，也要安排合理的服务设施，提高利用水平。

3. 规划创新

1）注重了世界遗产保护

本风景区既是世界文化遗产，也是世界自然遗产。规划优先恢复鱼嘴、二王庙、青城山道观等遗产资源；结合《青城山大熊猫栖息地保护规划》，建立保护大熊猫的巡山路线、救护通道、潜在走廊和保护范围。其他方面的恢复重建也十分注重维护世界遗产价值、净化遗产环境。

2）探索了风景区灾后重建规划的编制内容，完善了规划体系

灾后重建规划不对风景区总体规划进行重大调整，以有利于风景区的恢复与发展为目标，其规划内容全部与灾后重建工作相关，为完善风景区灾后重建规划体系作出了贡献。

3）发掘了地震遗迹景点

在规划中注意保留地震遗迹作为风景资源，以发挥其科研、游览和教育功能。

4）重视风景区安全，加强了灾害防治研究。

规划提出了建立地震防灾体系的措施，并首次结合卫星图进行解译，对本次地震造成的灾害点进行定点、规模测算、编号和分类，提出适宜的防治措施。

5）将居民安置与风景保护相结合

结合都江堰市灾后重建，将风景区内居民进行搬迁与安置，保护风景环境，并提出了相应的规划建设要求和政策机制。

4. 实施效果

1）落实了上位规划的要求

按照《汶川地震灾区风景名胜区灾后重建规划》及住房和城乡建设部的要求，深入细致地编制了本风景区的灾后恢复重建规划。

2）及时指导了风景区的灾后重建工作

规划编制与灾后重建工作同步开展，促进了灾后重建工作的顺利推进。

3）恢复并提升了风景价值

目前，二王庙、伏龙观、老君阁、上清宫、天师洞等文物景点已基本恢复，一批优化提升风景资源与环境的项目正在实施。

4）促进了对风景区的保护

前山景区大门、都江堰景区北大门等处的居民建筑已清理完成，青城村和白云古寨的居民已搬迁至镇区，保护了风景环境。

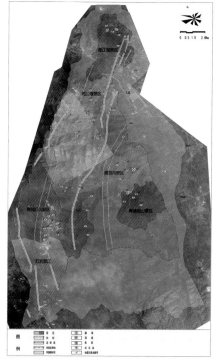

图4 地质构造图——地质灾害点分布图

5）提高了风景区的利用水平

服务设施正加紧恢复重建，成都至都江堰高铁的开通，将大大提高风景区的管理与服务能力。

6）恢复了风景区的正常游览

自汶川地震后不久开始逐步恢复游览，至2010年的"五一"时期，前山景区游客量日均2万余人，与震前基本持平。

图5 都江堰景区大门——受灾情况

图6 都江堰景区大门——恢复情况

图7 金刚堤石碑——受灾情况

图8 金刚堤石碑——恢复情况

图9 玉垒山——植被恢复措施

图10 青城山——地震遗迹景点

青海玉树地震灾后重建
玉树州城镇体系规划

2010-2011年度中规院优秀城乡规划设计二等奖

编制起止时间：2010.4-2010.9

承担单位：院

项目负责人：沈 迟

主要参加人：翟国方、曹荣林、张京祥、
范少言、马宏贤、季辰晔、
阮梦乔、何鹤民、李巧君、
王晓伟、杨金潭

合作单位：南京大学城市规划设计研究
院有限公司、西安丝路城市
发展研究院

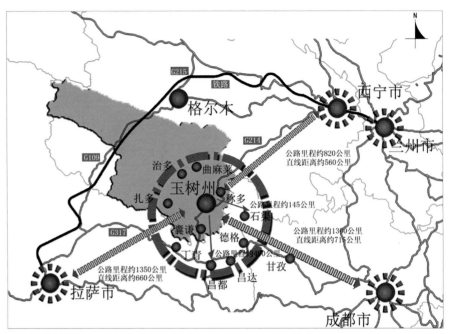

图1 区位分析图

2010年4月14日在我国青海省玉树藏族自治州发生了7.1级大地震，给当地经济社会造成了重大创伤，我国政府在第一时间迅速行动起来，组织各方人员，投入到抗震救灾和灾后重建规划工作中。本项目就是在这样的大背景下，由青海省人民政府组织，在住房和城乡建设部指导下，由中国城市规划设计研究院、南京大学城市规划设计研究院有限公司和西安丝路城市规划研究院共同编制完成的。

1. 主要内容

在充分分析玉树州综合现状的基础上，提出了玉树州的新定位、新目标与新战略，对玉树州灾后产业发展、城镇体系的培育与发展、交通建设、社会服务设施、公共安全、保障措施等方面进行了规划部署。

（1）坚持科学重建、务实重建、和谐重建、安全重建的原则，重视灾后重建与加强三江源保护相结合、与促进民族地区经济社会发展相结合、与扶贫开

发和改善生产生活条件相结合、与体现民族特色和地域风貌相结合。

（2）发展总目标：建设一个生态美好、特色鲜明、经济发展、安全和谐的社会主义新玉树。

（3）玉树的总定位：融合康巴文化、三江源生态资源的多元特色旅游区，世界高原旅游目的地；青藏川三省通衢的枢纽，带动青南、联系藏东、辐射川西的商贸物流中心。

（4）玉树州城镇发展战略：尽快恢复提升玉树地域中心城市的功能；积极培育5个县城；注重建制镇和一般乡镇的内涵式发展和中心辐射作用。

（5）空间结构为"一核一线多点"。"一核"指以结古镇为发展的核心；"一线"指沿214国道串联的城镇，主要包括清水河、珍秦、歇武、结古、巴塘、下拉秀、香达、白扎镇等城镇；"多点"指区域内的其他乡镇。

（6）玉树州空间规划策略：按照自然保护区划（特别是核心区和缓冲区）和城镇空间发展态势，划分区域发展空

间，按照限制发展区、控制发展区、优化发展区和适度发展区四种类型制定开发引导策略。

2. 项目创新与特色

除了城镇体系规划常用方法外，本项目着重运用或发展了以下方法：

（1）总结借鉴国内外灾后恢复重建的成功经验与方法。

（2）生态风险分析法，特别是对玉树高海拔、高生态敏感度的地域尤其重要。

（3）国际政治经济学分析法，这对玉树灾后重建作为国际政治的重要关注点是必要的。

（4）族群社会学分析法，这对玉树作为藏民族的自治州是不可或缺的。

（5）组建经济社会发展重点项目库，确保城镇体系规划（灾后恢复重建）的落实和实施。

3. 实施情况

规划的实施对及时指导玉树灾后重建和未来长远发展，实现城镇合理布局，全面恢复和提升城乡基础设施和社会服务设施水平，完成中央提出的"建设社会主义新玉树、新家园"的重大任务具有重要的战略指导意义。灾后重建的实践证明本次城镇体系规划是科学的，合理的，符合玉树实际情况的。

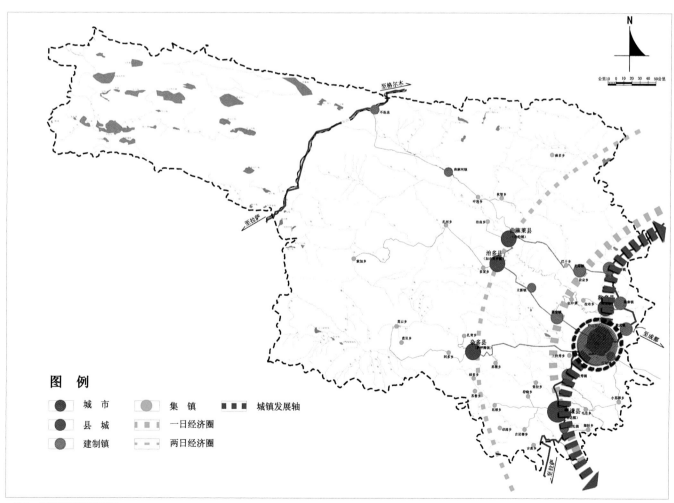

图2 城镇空间结构发展图

结古镇总体规划

2012–2013年度中规院优秀城乡规划设计一等奖
青海省2013年度优秀城乡规划设计特等奖
青海省玉树灾后重建优秀城乡规划设计一等奖
编制起止时间：2010.4–2010.9
主管院长：李晓江
承担单位：城市规划设计所
项目负责人：杨保军、邓东
主要参加人：鞠德东、胡耀文、张兵、
殷广涛、范渊、张帆、
沈迟、魏天爵、缪杨兵、
肖礼军、孙心亮、桂晓峰、
白杨、胥明明、周建明、
伍敏、孙彤、殷会良、
盛志前、张中秀、郝之颖、
耿健、杨开等

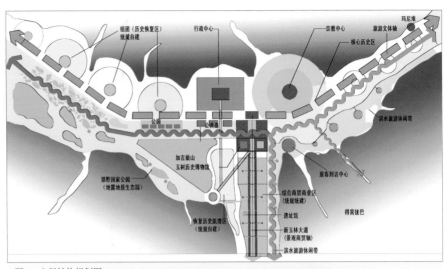

图1 空间结构规划图

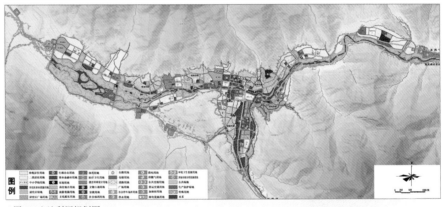

图2 土地利用规划图

1. 规划背景

2010年4月14日清晨，青海省玉树藏族自治州发生了7.1级地震，震中位于州府所在地结古镇附近。强震造成建筑物大面积受损，结古镇面临全面重建。为了指导重建工作，在住房和城乡建设部的统一部署下，中国城市规划设计研究院第一时间进入现场，启动结古镇（市）城镇总体规划（灾后重建）的编制工作，用不足两个月的时间，完成了成果编制并报国务院审批通过。

结古镇灾后重建总体规划既要统筹安排城市发展的空间资源，又要指导三年灾后重建期内的所有项目建设，既要有前瞻性，又要有很强的可实施性。

2. 规划构思和主要内容

第一，明确了灾后重建的五项规划原则。一是安全第一，提高综合防灾能力；二是以人为本，尊重当地宗教、文化、传统生活习俗和居民意愿；三是生态优先，尊重自然；四是尊重传统，保护和凸显城市山水格局和人文场所；五是面向实施，近远结合，城乡统筹，突出重点。根据上述原则，确定结古镇灾后重建方式为原址重建，提升、改善型重建。

第二，确定结古镇的发展目标：高原生态文化旅游城镇、区域性商贸物流集散地、三江源地区生态文明示范城镇。城市性质为青藏川三省（区）交接部的康巴藏区的中心城市、商贸物流中心，世界知名的特色生态文化旅游城。青海藏区城乡一体化发展的先行地区。

第三，根据生态环境容量，在保护城市风貌特色的前提下，确定结古镇中心

城区适宜的人口规模为10万人，建设用地规模为12km²。在此基础上，确定结古镇"双T形轴带、三核五片、带状组团"的总体空间结构，形成充分体现城市与自然山水有机融合的带状多组团格局。

3. 项目特色

第一，始终坚持"自下而上"的价值观和工作方法。在现场调研阶段，项目组多次入户访谈，征求群众意愿，与宗教人士沟通听取建议，发放上千份藏汉双语的问卷，广泛征求群众意见。在规划编制过程中，多次在格萨尔王广场及各个社区进行大型公示和现场宣讲，还通过藏汉双语的多媒体在结古镇区进行广泛宣传，征求意见。

第二，因地制宜采用多元的重建模式。规划本着节地、尊重地方习惯、延续传统肌理等原则，提出采用统规统建、统规自建、联建、共建等多种重建模式，并提出了相

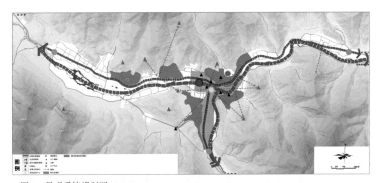

图3　景观系统规划图

图4　城市设计总平面图

图5　总体鸟瞰意象图

图6　重建后的结古镇全貌

匹配的空间管制政策，如对城市公共服务设施、机关企事业单位职工宿舍等采取统规统建的方式。对具有传统风貌特色的成片私人住宅，在充分征求群众意愿和各方意见的基础上，确定采用统规自建的方式。

第三，"一图一册"，总体规划和重建项目册同步进行，实现项目投资与空间布局的良好结合。在规划编制过程中，确保在用地布局方案阶段就与重建项目册充分衔接，将发改委汇总的各个行政系统的重建计划、项目和资金安排进行空间落地，明确用地和建设标准。从提升城市功能和提高设施利用率的角度出发，对不同部门的重建项目进行空间落位，并提出增加对城市功能至关重要的建设项目，如康巴艺术中心、游客服务中心等，将其补充到灾后重建投资项目册中。规划通过与重建项目册的良好衔接互动，有效保证了重建投资和用地空间的相互衔接，保障了宏观目标和微观操作的有机结合。

第四，"两总合一"，总体规划和总体城市设计同步进行，突出城市地域风貌特色。首先，规划采用城市设计方法对结古镇的特色资源要素和城市空间形态进行了深入研究，明确和保护了结古镇的特色山水格局，即"三山环抱，三水交织，三谷汇聚"的"卍"字形空间格局，并以此组织城市总体结构。其次，规划对城市特色人文场所进行分析研究，确立了包括五大特色场所在内的人文空间体系。最后，规划提出了"民族风貌、地域特色、时代特征"的三大设计原则，

作为城市总体风貌控制的依据和标准。

4. 实施效果

重建开展以来，各项建设工作均按照结古镇总体规划有序实施。目前，结古镇灾后重建已基本完成，城市建成区面积达到12km²，城市空间结构和用地布局得到全面落实，近10万居民乔迁新居，城市活力初步显现。以总体规划为依据，全镇完成灾后重建项目175项，总建筑面积约420万㎡。民生类公共设施比震前增加3.4倍，33个住房片区，260万㎡住房建设全面完成，55km市政道路全面通车，700余公里各类市政管线全面完工，保留震前树木2000余棵，新增绿化面积220hm²，全面实现了提升、改善的灾后重建目标。

结古镇总体设计及控制性详细规划

2012-2013年度中规院优秀城乡规划设计一等奖
青海省2013年度优秀城乡规划设计二等奖
青海省玉树灾后重建优秀城乡规划设计一等奖
编制起止时间：2010.7-2010.9
承 担 单 位：城市规划设计所
主 管 院 长：李晓江
项目负责人：杨保军、邓 东、鞠德东
主要参加人：王 仲、范 渊、胡耀文、
            缪杨兵、张 帆、桂晓峰、
            刘广奇、项 冉、冯 晖、
            常 魁、康 浩、曾有文

玉树是少数民族地区，重建前的玉树也是我国极少的几个尚未进行全面土地改革的地区，结古镇的城镇总体设计及控制性详细规划在把握总体风貌特色的基础上，不仅完成了对土地资源的重新配置与利用，同时在尊重历史与传统的基础上对原有的土地产权关系进行了重构。规划的编制与实施得到了当地绝大多数群众的认可与拥护。

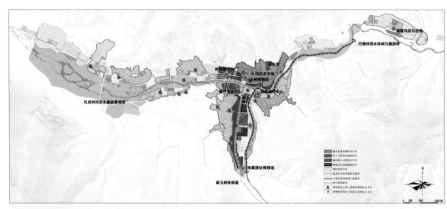

图2　城镇总体设计——景观风貌规划图

1. 规划内容

一是基于结古镇民族地区的特性和复杂的历史因素，通过科学而公正的规划使广大民族群众充分认可，同时营造整体风貌特色，体现"民族特色、地域风貌、时代特征"。二是确定切合实际的项目占地标准，划定首批学校、医院、道路项目用地红线。三是建立适应灾后重建需要的规划管控体制。四是提供更为直接有效指导建筑方案设计的成果内容。

2. 项目特色

特点一：以集约用地为基本原则，科学公正地规划。例如力求"政府不占百姓一分地"，规划对原行政办公用地进行了大量压缩，行政事业单位办公用地占建设用地总面积的比例由震前的50%压缩至震后的25%，比例缩小一半。

提倡土地混合使用和空间综合运用，采用商、住、办综合体开发模式。空间上，在符合总体城市设计的前提下可适当提高土地使用强度。

特点二：平衡纷杂的利益，项目全面落地。结古镇重建涵盖中类项目210个，小类项目1024个，各种利益诉求纷乱庞杂，规划以技术为手段，针对性地抵制、引导、鼓励各类建设意向，化解各方冲突，平衡各方利益，全部重建项目完成平面落地、空间落位。

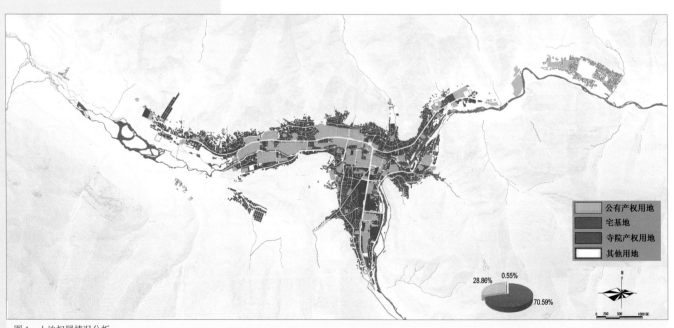

图1　土地权属情况分析

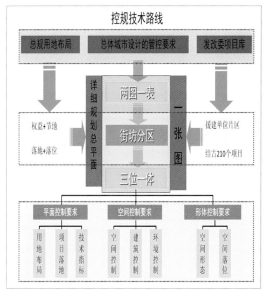

图3 控规技术路线体现的"两图一表"的结合与"一张图"的管控

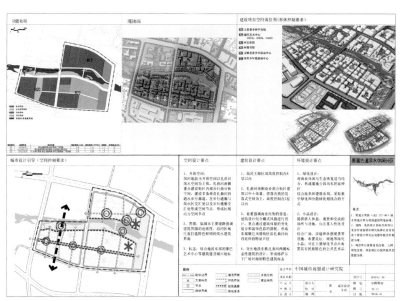

图4 "三位一体"的设计管控

特点三：技术服务到技术管理，全程技术管控。2010年8月，青海省灾后重建现场指挥部成立以中规院为核心的"规划委员会技术组"，形成了"一个漏斗"的技术总负责机制。

"一票否决权"的技术审查机制。2011年3月，以中规院为核心的玉树州规划技术组成立，建立具体项目设计工作的指导、把关、审查平台，对于技术审查管理行使"一票否决权"。

特点四："设计导则+设计辅导"，全程技术指导。"三位一体"的设计导则，即平面控制、空间控制和形体控制三总控制要求一体，其中"平面控制要求"确定项目的空间落位、功能布局和技术指标，"空间控制要求"确定城市设计的管控和引导要求，"形体控制要求"确定建筑形体的管控要求。

全程设计辅导，通过面对面设计辅导的方式，使设计单位快速掌握场地设计要点，加快设计进程。至2013年3月，165个结古镇规划设计方案已全部完成审查和备案工作。

3. 实施效果

《结古镇总体设计及控制性详细规划》经州政府于2010年8月批复实施，是结古镇各类建设项目最为直接的规范和指导性文件。截至2013年6月，结古镇共落位重建项目436个、地块265个，除2个预留发展地块外，其他95.4%的建设用地已全部实施。

4年来，结古镇实现了一张图到一个城市的重生，城市规划师伴随她共同完成了一次技术与社会的实践。

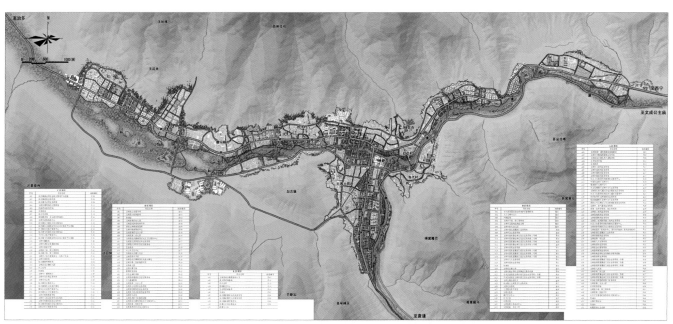

图5 规划指导和协调了1024个重建项目全面落位

结古镇城市设计导则及专题研究报告

2012–2013 年度中规院优秀城乡规划设计二等奖
青海省 2013 年度优秀城乡规划设计二等奖
编制起止时间：2010.10–2013.9
承 担 单 位：城市规划设计所
主 管 院 长：杨保军
项目负责人：邓 东、鞠德东、王 仲
主要参加人：白 杨、桂晓峰、白 金、
邹 鹏、范嗣斌、胡耀文、
伍速锋、杨 涛、缪杨兵、
王 军、张春洋、祁祖尧

1. 项目内容

研究报告总体分为四部分，即专题研究报告 20 份、专项安置报告 6 份、风貌控制导则以及定期巡查报告 16 份。

2. 项目特点

特点一：开创性的技术探索，推广成为工作机制。例如 2010 年 9 月，为了破解统规自建居住区重建规划工作的难题，工作组率先在德宁格统规自建区作出探索，规划取得了良好实施效果。2011 年 2 月，工作组对过程和方法进行总结，形成了《德宁格统规自建区工作模式总结报告》，创立了"1655"工作模式，即"1个路线、6 位一体、5 级动员、5 个手印"。

这一"规划技术与群众工作并重"的规划工作模式因得到广泛认同继而演化成为群众工作模式，取得"五个手印"成为统规自建项目开工的前提条件。此机制于 2011 年在结古镇 13 个自建区全面推广，极大推进了统规自建的建设速度。

特点二：适时提供专项报告，影响决策制定。定期工作报告机制是驻场工作组向国家决策部门反映重建实情、辅助重要决策的主要渠道。报告跟踪重建实时进展，及时发现问题和隐患，反映给决策部门和其他援建单位进行协调与沟通。

至 2013 年 8 月，工作组共完成定期报告 27 期，其中反映的大小市政衔接、重建建筑质量等问题得到了相关领导批示，移交相关部门处理。

《居民回迁安置报告》、《商住房安置报告》和《商业用房安置报告》依据《结古镇震后土地处置权益办法》这一灾后重建核心法规，采用 ARCGIS 技术手段，对镇区人口进行模拟布局，提出安置建议。此后，报告内容向群众全面公示，成为居民安置的重要技术依据，直接影响了补偿和安置标准等重要政策的制定。

特点三：针对重大争议，技术为决策提供科学依据。2011 年 3 月，针对重建中是否保留道路红线后退的争议，工

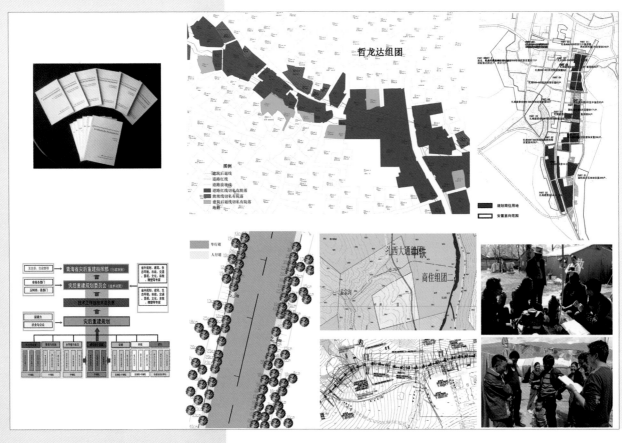

图 1 采用技术手段，跟踪和处理各方面问题

作组第一时间制定了《关于玉树灾后重建建筑后退红线距离问题的建议报告》，进行了扎实的技术研究，并制定了沿主要街道的红线后退标准。

研究报告得到政府、专家及各援建部门的认可，进而转化成为城市建设管理的法规性文件，在灾后重建过程中全面落实。

2011年4月，针对当时重建中存在的严峻的树木砍伐问题，技术组要求优化道路设计方案，但道路设计单位予以拒绝。

技术组通过大量基础调研和资料汇总，确定了树木的位置和数量，迅速制定了《结古保树专题报告》，呈交省指和州县政府。政府部门下发《关于重建过程中重视保树的紧急通知》。

根据相关要求，道路设计部门修改了8条道路设计方案，仅此一项为结古镇多保留大型乔木273棵。此后，报告林业部门制定了相应的保树条例，确保了玉树的生态重建。

特点四：反映一线民情，应对突发事件。2012年10月，针对涉及百姓民生的居民撤帐入住问题，工作组及时开展调查，先后走访了赛马场等4个帐篷区和扎西、人通等12个统规自建区的100余户居民，了解了一线的民情和生活状况，形成了《玉树灾后重建后期居民生活情况访谈报告》，根据调查结果，提出了分步骤、分层次、分阶段的入住工作政策建议。报告得到相关领导的高度重视，撤帐入住政策有所调整，得到了群众的广泛欢迎。

3. 实施效果

研究报告是中规院在面对玉树灾后重建重大工程项目时采取的技术解决复杂问题、技术影响政府决策的方法创新。通过亲临一线获取第一手调研资料和数据，并结合以城市规划学科为基础、多学科综合的手段，充分统筹和调动中规院的技术优势，实现对多专业融合、多部门合作的复杂问题的有效解决。

取得的研究成果不仅支撑了各级政府和部门的科学决策和政策制定，同时也为地方政府建构完善的城市规划、建设、管理法规和标准体系，提供了直接的技术支持。

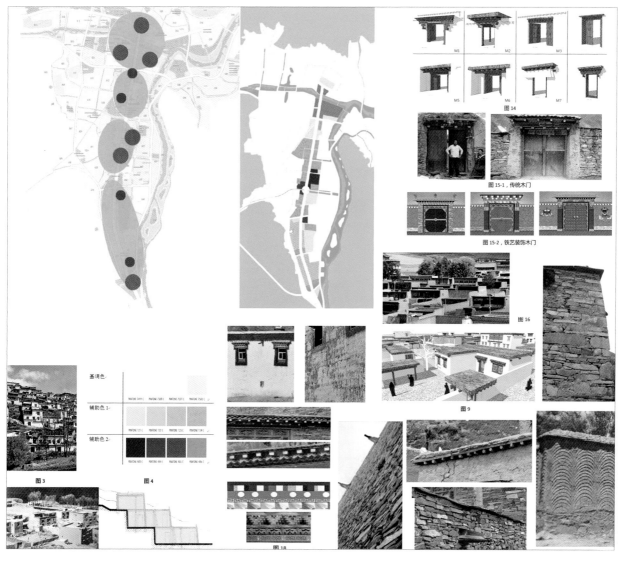

图3

图4

图14

图15-1，传统木门

图15-2，铁艺装饰木门

图16

图9

图18

图2　导则与建筑装饰件图库

结古镇滨水核心区规划设计及实施

2012-2013年度中规院优秀城乡规划设计一等奖

青海省2013年度优秀城乡规划设计一等奖

青海省玉树灾后重建优秀城乡规划设计一等奖

编制起止时间：2012.1-2013.12

承担单位：城市规划设计所

主管院长：杨保军

项目负责人：邓 东、胡耀文、范嗣斌、鞠德东

主要参加人：杨一帆、冯 雷、周 勇、
白 金、白宗科、李 青、
朱权秀、宋 波、刘 环、
胡东祥、谢 涵、张 洋、
常 魁、曾有文、姚伟奇

合作单位：中国建筑设计研究院、北京
国城建筑设计公司、中国市
政设计西北院有限公司、青
海省建筑设计研究院

1. 项目背景

滨水核心四片位于玉树结古镇两河交汇的核心区域，滨水核心四片由"康巴滨水区、红卫滨水区、当代滨水区和唐蕃古道片区"共同组成。规划核心四片的主题理念为"康巴建筑风貌集中展示区、结古镇集中商贸与休闲区"。

2. 项目难点

难点一：地域风貌把握难

玉树是具有独特建筑风貌的康巴藏区，梳理康巴藏区的特色建筑规制，提炼康巴建筑的独特标准是城市设计的首要难点。

难点二：群众意愿锁定难

核心四片共涉及392户，居民诉求多样，宗地与社会关系网复杂，提前锁定每户群众的户型意愿，是本次规划的特殊难点。

难点三：设计团队协同难

城市设计需要协调统筹13家涉及建筑、景观、水工、地灾等各专业的设计院，是本次规划的组织难点。

难点四：多头实施统筹难

核心四片的实施涉及5个实施主体，城市设计作为技术总协调，动态实施协调是本次规划的统筹难点。

3. 规划布局

规划以"康巴建筑风貌集中展示区"为主题理念，将"商贸旅游休闲区"作为核心功能，综合考虑"地段景观与商业潜力、宗地类型与社会关系、复杂地形与地灾处理、地价差异与收入差距"等场地特征及复杂性，提出三项设计原则：一是地域风貌，构建旅游、商业、文化、风景相融合的特色城市中心，打造城市景观标志体系。二是优地优用，凸显地段价值。三是延续肌理，尊重邻里关系。同时，规划将"定模式、定形势、定项目"作为空间布局重点。

定模式方面，提出"匹配陡崖地貌，以集中滨水休闲商业带和展示面为特色，采取安置房+产权商铺方式安置百姓"的界面模式和"匹配梯台地貌，以商业内街和组片群落为特色，采取上住下商方式安置百姓"的单元模式，并将"界面模式和单元模式"相结合组织空间布局。

定形势方面，康巴红卫滨水区规划布局，采取"双带、多廊、多组团"的鱼骨状

图1 滨水核心区位置分布与规划设计总平面图

格局，布局"滨水景观活力带"和"场地内街联系带"，多条"通水廊道"串联组团与滨水。唐蕃古道片区采取"十字内街、唐蕃吉祥万字"的方式组织空间，统筹布局独立商业区、上层居住和底层商街。当代片区以"内街"方式组织空间，布局滨水步道、商业内街和六个商住组团，塑造"平坡结合，地域特色，多元风貌"的整体形式风貌。

定项目方面，将"重建住房功能项目和旅游产业功能项目"有序结合，在确保重建住房布局的同时，布局"旅游广场、特色市场、主题客栈、旅游餐饮"等重要功能，形成上居下商的商住综合体。

4. 特色创新

1）特色重建模式

核心四片是既要满足重建住房功能，也要满足城市旅游休闲产业发展功能的特殊重建项目。规划实施采取"政府与市场相结合，中央重建任务与玉树未来产业提升相结合，城市综合功能体建设与民族特色风貌标志区的塑造相结合"的特殊模式，破解重建资金、产业发展、上居下商等空间利益问题，在设计上实现"住房重建与旅游文化产业发展"的双提升。

2）城市设计奠定建筑设计标准

为更加准确地把握康巴地域风貌，本次规划对12个康巴地区进行了实地考察，汇总8种康巴建筑模式，提出了"大统一与小变化"结合的新玉树风格与风貌标准、"院落与平台"结合的特色空间标准、"上素下华"的特质界面标准，在技术层面全面框定建筑设计构思。

3）城市设计确立"自下而上"的设计路线

规划设计中采取了"政策制定、意愿锁定、提前分配、施工安排"四位一体的工作路线，即：前期，结合实际情况预先制定有关安置、回迁、分配的相关标准和政策；中期，城市设计针对多样的群众诉求和利益矛盾，从社会关系结构和不同利益群体出发，采取分片分单元，化整为零、以点带面的群众路线，凝结共识，平衡利益；用技术展示重建愿景，从空间立体的角度实现利益分配的可视化。

4）城市设计采取"自上而下"的控制方法

规划中采取"自下而上的设计路径与自上而下的设计控制"相结合的工作方法，以"控制导则讲解、方案草图沟通、方案优化调整"的分阶段反复沟通为主要工作方式，实施动态的设计管控与引导。

5）城市设计探索实施管控机制

实施中采取"全程跟踪、全程协调、全程指导"的工作机制，确保城市设计的准确落实。全程跟踪督促多方设计单位和各工种之间的协同与配合；重点解决城市设计空间界面与节点的实施问题。全程指导风貌打造、设计优化等问题；对于城市设计实施现场中存在的工法优化、工法创新问题，统筹组织二次优化设计。对于"土石木"的材质工法，"玻璃尕层、白马切藏、贝让"的特殊工法，现场研究传统样式与现代工艺的结合方式。

5. 实施成效

目前，核心四片已经全面入住投入使用。在规划设计实施过程中，城市设计系统研究了康巴藏区的特色风貌标准，尊重民族地区群众的内心情感，探索自下而上的城市设计方法，是一次使城市设计从静态设计走向动态统筹的全面尝试。

康巴-红卫滨水区实景照片

当代滨水区实景照片

唐蕃古道片区实景照片

图2 滨水核心区实景照片

结古镇两河景观规划

2012-2013年度中规院优秀城乡规划设计二等奖

编制起止时间：2010.5-2012.5

承担单位：风景园林规划研究所

主管院长：杨保军

主管所长：贾建中

主管主任工：束晨阳

项目负责人：白　杨

主要参加人：韩炳越、梁庄、丁戎、
　　　　　　魏巍、王斌、马浩然、
　　　　　　郝硕、刘溪、栾晓松、
　　　　　　程鹏、屈波、吴雯、
　　　　　　郭榕榕、马琦伟

图3　玉树州结古镇两河景观规划核心区鸟瞰图

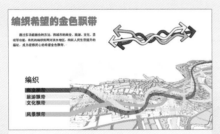

图1　玉树州结古镇两河景观规划理念

图2　景观规划理念——编织

玉树结古镇两河景观规划建设是青海省玉树灾后重建十大重点项目之一，是中国城市规划设计研究院玉树灾后重建总体规划的延伸和具体落实。按照总体规划的要求，灾后重建不仅仅是恢复重建，而且要提升重建。

1. 规划内容

1）明确发展战略

明确项目定位：两河景观带是玉树的城市骨架、生态本底、金色飘带、人民福祉，是集商贸、旅游、文化、景观等多种功能于一体的最具活力的城市滨水地区，是城市发展的触媒。

确立了以下的规划原则：集约用地、保障权益；关注民生、发展商贸；延续文化、强化特色。

规划策略定为：两河景观建设以灾后重建总体规划和详细规划为依据，整合生态保护与城市功能，提升城市商业、文化、旅游环境品质，尊重自然生态环境，采用低能、低维护的方法，营造滨水景观，构筑社会主义新玉树的标志性形象。

2）确定发展理念

以"编织希望的金色飘带"作为规划设计的主题理念：希望通过多功能融合的方法，将城市的商业、旅游、文化、景观等功能有机地编织到两河滨水地区中，构筑人民生活提升的福祉，成为提振民心的金色飘带。

2. 空间布局

以具体设计落实理念，依照两河景观建设方式，进行分区，形成由中心区的中高强度逐渐过渡到低强度的自然郊野景观空间序列。

依据景观结构的分析，形成了结古两河景观的风貌意象：山水相望、城景相融；尺度相宜、外素内华；精巧别致、步移景异。

有了以上的支撑，总体控制住结古镇两河的景观设计风貌。在空间形态的构筑方面，我们分别就重要节点给出了具体的景观设计方案。

格萨尔王广场，提升成为世界格萨尔王文化展示中心。游客到访中心，打造成生态文明、亲水近水的城市客厅。将州政府片区营造成为滨水公共场所。巴塘片区，通过集聚人气，打造活力水岸。唐蕃古道商街，建设成为特色藏乡水巷商业街。扎西科湿地，建设为最美的高原湿地公园，恢复传统的卓德林卡。

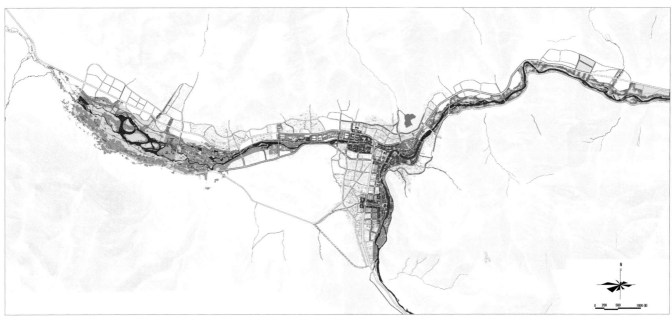

图4　玉树州结古镇两河景观规划平面图

康巴艺术中心周边建设特色藏式艺术步行街。康巴风情街，作为滨水民俗展示的风情街区。

3. 创新与特色

1）功能混合、空间融合

本景观规划不局限于滨水的绿地，通过编织的手法将商贸、旅游、文化、景观共同融合在滨水地区，通过功能的混合激发城市的活力。

2）顺应地域特征、延续文化

通过对传统文化的挖掘、再现，对文化物质空间载体的保留，传承并提升了原有的生活方式，保留了当地文脉，延续了场所精神。项目组与兄弟所的同事们并肩奋战，工作不仅仅局限在滨水景观，还拓展至城市滨水地区，从城市设计的角度给出滨水地区的发展愿景。

4. 实施效果

1）通过省规委会审查

项目组先后六次专程赴灾区听取地方干部群众意见，驻场三百余人次/天。向第五次、第七次青海省玉树地震灾后重建城乡规划委员会汇报，于第九次省规委会上予以通过。经三次重大修改完善，提交成果。

省委书记强卫评价：城景融合，多姿多彩，构筑商贸，充满希望。

2）引导灾后重建十大建设项目整体协调

除文成公主纪念馆和八吉村外，玉树灾后重建的十大重点建设项目全部位于两河景观规划的范围内，因为本项目率先启动，较早考虑了重点项目之间的整体协调，经过历次的交流，促进了标志性建筑的空间联系和风貌协调。

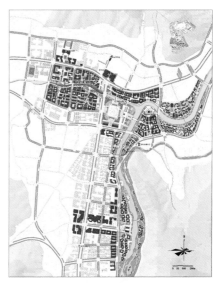

图5　核心区景观规划平面图

3）奠定滨水四片空间形态

为城市中心四大滨水区的空间奠定基础，各片区基本按照两河景观规划落地实施。

图6　滨水景观效果图

结古镇当代滨水商业区建筑、景观设计

首都第十九届城市规划建筑设计汇报展优秀方案

玉树灾后重建优秀城乡规划设计一等奖

编制起止时间：2012.6-2014.3

承 担 单 位：城市规划设计所、建筑设计所
（北京国城建筑设计公司）

主 管 院 长：杨保军

主 管 所 长：邓 东、李 利

主管主任工：王宏杰

项目负责人：范嗣斌、周 勇

主要参加人：胥明明、李 宁、房 亮、
王栎焜、何晓君、曹玉格、
石咸胜、张春播、万 操、
王华兵、王 冶、张 迪

合 作 单 位：青海省建筑勘察设计研究院
有限公司

图 2 特点创新

当代滨水商业区位于玉树结古镇核心区，北滨扎曲河，西邻当代清真寺，中段毗邻玉树州国际游客到访中心。建设用地由东、西6个地块组成，规划总用地面积为 10.6hm²，总建筑面积约 3.8 万 m²。

1. 设计原则

就项目面临的难点问题而言，主要包括以下三个方面：基础资料缺失，原始数据混乱，群众意愿锁定难度大；面对全新的环境，城市重建设计工作经验尚浅；藏地建筑传统、神秘而陌生，宗教信仰、民俗禁忌等话题敏感。

2. 项目特点与创新

当代滨水商业区以"沟通式设计"积极应对现实问题与困难，住宅设计兼顾受灾群众短期妥善安置与长期人居环境的改善要求，大胆探索并努力实践新藏式设计风格，运用技术手段解决复杂问题。

1）"沟通式设计"

针对现实中存在的诸多困难，项目组提出全民、全程参与的"沟通式设计"工作程序，制定"菜单方案、定制设计、实施方案"三个技术步骤，其中所涉及的工作量之大、过程之艰辛，是常人难以想象的。

"菜单方案"步骤：规划师及建筑师参照规划条件及任务书的各项要求，结合群众初始意愿，提出的一系列标准户型设计方案。

"定制设计"步骤：在按照政策测算国家补贴住房面积的同时，逐户调查需求住房、商铺面积以及户型需求，其中

图 1 项目区位示意图

62

涉及邻里关系、房间朝向、户型布置甚至装饰纹样等多方面细节，需反复对菜单方案作出修改调整。定制设计过程中，针对菜单方案，受灾群众给项目组提出各种各样的特殊要求，其中也包括大量的手绘草图，均被仔细收录并作为重要的设计依据。

"实施方案"步骤：在各级政府的大力支持下，项目组组织不同规模、不同层次的民意代表参与方案，经过反复讨论与修改，住户以按手印的方式确定最终的实施方案。

项目组的同志除了完成案头的设计工作外，绝大多数时间都奔波于施工工地、社区管委会、救灾帐篷之间，宣讲设计方案，解答群众疑问，处理技术问题。

2）"安置 + 安居"

在住房设计中，设计团队提出并实践将"安置"与"安居"的功能定位结合起来，兼顾受灾群众的妥善安置与人居环境品质的改善。不同于惯常意义上的商品住宅开发建设思路，住宅设计将平面功能的合理性放在首要位置。

基于大量细致的现场调研和群众工作，设计综合考虑安置政策、家庭人口、风俗习惯等因素，针对不同类型家庭的人口构成特点，最终锁定了 6 个系列近 20 种户型设计方案，均布局紧凑，南北通透，功能实用，无障碍设施完备，各项指标在满足规范要求的前提下力求经济。

3）新藏风探索

当灾难发生之时，诸如玉树这样的交通不便、经济欠发达地区，其文化传统往往亦遭受灭顶之灾；另外，在灾后重建这样大规模、短时期的国家行为之中，如何避免机械重复、千城一面的"现代化建筑"，传承并延续地域文化、民族传统的价值理念就显得弥足珍贵。

对于藏地建筑传统及文化，项目组进行了深入细致的实地考察和资料收集工作。2012 年 5 月，设计主创人员随玉树工作组对康巴藏区进行深度调研采风，横跨四川、云南两省，途经 14 个县，行程近 3000km，收集了大量珍贵的影像及文献资料，为设计工作的顺利展开奠定了坚实的基础。

设计人员对于康巴藏区的传统民居进行深入研究分析，在建筑布局、体量对比、空间形式、轴线关系、空中院落、屋顶形式、装饰元素、材质色彩、入口形式等方面，均采取了简化抽象、演绎重构等多种手法，重新运用到方案设计之中。

3. 实施效果

面对灾区艰苦的自然环境、复杂的社会关系、激烈的利益冲突，项目组始终表现出强烈的责任感和使命感，满怀激情和理想在灾区拼搏，以创造玉树美好的人居环境为己任。截至 2014 年 3 月，当代滨水商业区业已全面竣工并陆续投入使用。

图 3 实景照片

图 4 当代滨水商业区扎曲河沿岸实景照片

结古镇胜利商住组团规划设计及建筑方案设计

编制起止时间：2010.8-2012.3
承担单位：城市规划设计所、城市环境与景观规划设计研究所、建筑设计所（北京国城建筑设计公司）
主管院长：杨保军
主管所长：邓 东、李 利
项目负责人：邓 东、鞠德东、周 勇
主要参加人：黄少宏、孙青林、徐亚楠、刘 磊、何晓君、郑 进
合作单位：中铁工程设计院有限公司

玉树结古镇胜利商住组团位于结古镇南部片区，西邻胜利路，东接巴塘河景观带。规划总建设用地面积为2.29hm²，安置受灾群众172户，总建筑面积约3.7万m²。

作为玉树灾后重建的第一个开工建设的住宅项目，胜利路商住组团的规划设计特点可归纳为"三大设计原则"、"三大空间创意"和"三大建筑特色"。

图1 项目区位示意

图2 三大设计原则

1. 三大设计原则

设计原则一：尊重生活

玉树的住房重建是各类重建项目的"重中之重"，设计实施的"难中之难"，方案设计之初，项目组就积极深入社区，广泛倾听群众诉求，并及时对方案做出优化调整。项目组通过政策宣讲、发放问卷、住户访谈、方案公示等多种形式，充分了解住户意愿，全方位展示设计理念，有效地促进了前期规划设计工作的顺利开展，建筑设计方案获得广泛认可。建筑设计借鉴地方传统院落形式，以"小尺度、小单元、生长性、低冲击"为原则，提出"新藏式院落"空间模式，形成"新家园的种子、新生活的细胞"的设计示范。

作为体现康巴文化特色、展示新型生活方式的示范住区，商住功能的混合要求设计方案在院落式空间原型的基础上，丰富建筑体量和外部空间，创造多样化的商业界面和空间体验。

通过形象的图式语言和业态设计，将土地价值直观地展现转化为房产价值，通过增加商业界面、增加二层平台空间、构筑空间院落和内院空间、提升外围设施品质、增加人行空间，提升地段的商业价值，保证老百姓总体房产价值的增值。

为满足统规统建区安置居民居住和商铺上下组合的双重安置需求，采取集合住宅和二层平台空间的方式，将属性各异的单体建筑空间组合在一起，以便于进行自由的空间划分和组合，实现了回迁安置住宅与商铺一体化个性设计的要求。

规划设计按照街坊模式分小区块进行建设，对现状环境和场地冲击最小，可有效保证建设进度。

设计原则二：尊重生命

玉树地处青藏高原腹地，气候恶劣，树木生长难度大、周期短。玉树之树不

图3 效果图及实景照片

仅承载了祖辈改善生活环境的强烈愿望和顽强精神,也是场地生命之源的象征、生命延续的见证。

项目组首次现场踏勘即呼吁相关部门将建设场地中146棵既有树木——测量,精确落位到现状地形图中。随着设计工作的深入,项目组负责人又多次查看现场,甚至连夜详细核定每棵现状树木的种类和胸径,分类制定保护和利用方案,规划设计总图及单体建筑平面,结合现状树木分布位置进行反复修改调整。尊重生命的设计理念,倡导对场地原有生态系统最小干预的前提下改善人居环境,工程竣工后的商住组团即绿树成荫。

设计原则三:尊重水

对于设计场地中的地下暗渠,规划设计同样给予了充分的尊重,精心设计,充分利用。在得知场地中存在排洪暗渠的消息后,项目组第一时间会同青海省水利厅领导连夜寻访水源、探查水质,随即确定保护利用的设计思路。按照这一思路,规划设计将排洪渠由暗渠改造为明渠形式,结合内街设计将水系微调,打造水景商业内街。

2. 三大空间创意

创意一:水陆双街

规划设计充分利用场地固有的水体要素,布置水景内街和林荫步行街,形成主题鲜明的商业休闲空间。

创意二:立体商街

组团南侧沿城市道路组织立体商业步行街,上下两条街道联系紧密,业态互补,形成类型丰富的商业休闲空间。

创意三:多样院落

建筑设计通过退台、悬挑等多种手法,营造了一个由地面院落、平台院落与空中院落组成的立体院落体系。此外,通过围合界面的疏密变化、材质色彩的不同搭配、空间尺度的精确定义、场所家具的合理选择等手段,院落空间的私密程度按照其位置的不同随之变化,形成了层级分明的室外空间体系。

3. 三大建筑特色

特色一:尊重传统

户型设计充分尊重地方居民的宗教信仰及生活习惯,独立设置经堂。

特色二:生态节能

户型平面布局尽量将辅助功能房间布置在建筑的西向及北向,主要功能房间则布置在南向及东向,并加设阳光暖廊,充分利用太阳能。

特色三:新藏式风貌

立面设计提取传统藏式建筑经典符号和色彩,并加以抽象简化,演绎重构,力求"神似",使建筑群整体形象兼具地域风貌与时代特征。

4. 实施成效

2010年8月22日,胜利路商住组团设计方案率先通过玉树地震灾后重建城乡规划委员会第五次会议专家评审,随后打响了玉树县结古镇受灾群众安居住房开工建设的第一枪!截至2012年3月,胜利路商住组团已全面竣工并投入使用,其规划和建筑设计在吸收了结古镇传统住宅布局模式和空间肌理的基础上,提出了"新藏式院落"的设计理念,探索出了一种全新的空间模式,获得了地方群众的高度认可,也为兄弟设计单位提供了较好的设计范例。

结古镇住宅规划设计及实施

2012–2013 年度中规院优秀城乡规划设计一等奖
编制起止时间：2010.9–2012.10
承担单位：城市规划设计所、建筑设计所
　　　　　（北京国城建筑设计公司）
主管院长：杨保军
项目负责人：邓 东、李 利
主要参加人：鞠德东、房 亮、王 仲、
　　　　　范 渊、胡耀文、周 勇、
　　　　　缪杨兵、王 军、胥明明、
　　　　　项 冉、白 杨、白 金、
　　　　　易芳馨、桂晓峰、冯 晖、
　　　　　邹 鹏、常 魁、张春洋、
　　　　　伍速锋、赵 哲、范嗣斌、
　　　　　朱 江、王 川、杨 亮、
　　　　　黄少宏、李 宁、石咸胜、
　　　　　何晓君、邱 敏、万 操、
　　　　　向玉映、张春播、王 冶

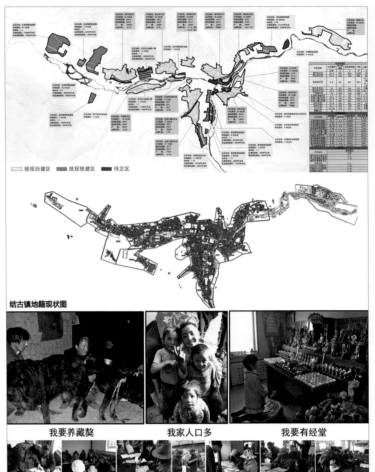

结古镇地籍现状图

我要养藏獒　　我家人口多　　我要有经堂

图 2　项目难点

图 1　结古镇震后满目疮痍的景象

1. 项目背景

玉树的住房重建是"在土地权益关系极为复杂地区，实施的大规模原址重建"，是"在高海拔、短周期内必须完成的百姓民生重建"，是"在民族地域文化特色地区推动的社会重建"。

2. 项目难点

难点一：土地产权复杂，着手难

玉树是没有完全实行新中国成立后土地改革政策的地区，震前私有土地达 12500 余宗地，占结古镇总用地的83.9%。错综复杂的产权关系与房屋落位、小市政、公共设施落位之间的矛盾，导致住房重建工作无处着手。

难点二：问题错综交织，推进难

院落划定问题、公摊确认问题、户型锁定问题、邻里关系问题等大量社会、民生、技术问题错综交织，规划设计无法付诸实施。

难点三：生活方式差异，定型难

生活方式不同、生产方式不同、户型需求不同，需要特殊的规划、贴近需求的设计才能满足百姓的生活需求，群众意愿锁定与设计定型难度极大。

3. 特点创新

创新一："五个手印"途径破解"实施难题"

规划针对现实矛盾，确立"产权确认、公摊确认、院落确认、户型确认、施工图确认"五步走的工作模式。

第一步工作是建立全结古镇居住、商业、产业安置需求以及安置点安置能力的空间分布与属性信息 GIS 平台，利用平台的测算工具，按照就近就地，尊重原有土地等级的基本要求，编制了点对点的安置方案，为安置政策出台提供了科学支撑。

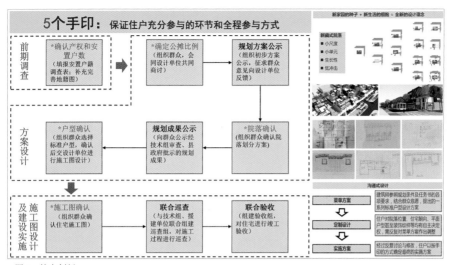

图3 特点创新

确认产权和安置户数，由建委会和老百姓填报安置户籍调查表，补充完善震前有待明确的地籍资料。第二步工作是土地公摊确认。组织群众会同项目设计单位商讨并确认公摊比例，并将初步方案公示，征求群众意见向设计单位反馈。第三步工作是院落确认。在充分沟通和百姓确认的基础上确认院落划分的方案，并向群众公示经技术组审查、县政府批示的规划成果。第四步工作是户型确认。在户型确认阶段，在与群众充分沟通户型需求和生活习惯的基础上，组织群众选择和确认标准户型，之后交设计单位进行施工图设计。第五步工作是施工图确认，组织群众确认住宅施工图。

创新二："新藏式院落"模式奠定"新家园的种子＋新生活的细胞"

鉴于玉树住房涉及宗教信仰、生活习惯、民俗禁忌等敏感问题，规划以"小尺度、小单元、生长性、低冲击"为原则，提出"新藏式院落"空间模式，形成了"新家园的种子、新生活的细胞"的设计示范。通过形象的图式语言和业态设计，将土地价值直观的展现转化为房产价值，通过增加商业界面、增加二层平台空间、构筑空间院落和内院空间、提升外围设施品质、增加人行空间等手段，提升地段的商业价值，保证老百姓总体房产价值的增值。

为解决统规统建区安置居民居住和商铺上下组合的双重安置需求，采取集合住宅和二层平台空间的方式，将各异化的单体建筑空间组合在一起，以便于进行自由的空间划分和组合，实现了回迁安置住宅与商铺一体化个性设计的要求。新藏式院落在胜利三组团实施后向全县推广，目前胜利一、二组团均按照该种模式全面建设。

创新三："沟通式设计"程序实现"贴合民意、全民参与"

针对现实问题，规划提出"沟通式设计"程序，制定"菜单方案、定制设计、实施方案"三个技术步骤。

"菜单方案"步骤：规划师及建筑师参照规划条件及任务书的各项要求，结合群众意愿，提出的一系列标准户型设计方案；"定制设计"步骤：在按照政策测算国家补贴住房面积的同时，逐户调查住房面积需求和各自的户型需求，根据划分院落的实际形状，定制化设计住宅摆布和户型方案，逐户户型沟通至少三次，并预

留未来加建与改建的接口和空间；"实施方案"步骤：经过反复讨论与修改，住户以按手印的方式确定最终的实施方案。这种规划方式及规划程序被广泛应用到其他统规自建区中，有效地推进了灾后重建住房规划的进度。

4. 实施成效

截至2013年9月，统规统建区示范——胜利三组团和扎村托弋组团，统规自建区示范——德宁格组团，均已完成建设和交付使用。

胜利三组团规划、德宁格组团规划以及扎村托弋组团规划，从问题导向出发，以"五个手印"为途径破解"实施难题"；立"新藏式院落"模式奠定"新家园的种子＋新生活的细胞"的空间基础；推"沟通式设计"程序实现"贴合民意、全民参与"，做到群众满意，在灾后住房重建启动阶段做出了有益探索和实践。

图4 结古镇城镇住宅实景照片

结古镇德宁格统规自建区规划及建筑设计

首都第十九届城市规划建筑设计汇报展优秀方案
青海省玉树灾后重建优秀城乡规划设计一等奖
编制起止时间：2010.8-2012.6
承 担 单 位：城市规划设计所、建筑设计所
（北京国城建筑设计公司）
主 管 院 长：杨保军
主 管 所 长：邓 东、李 利
项目负责人：房 亮、李 宁
主要参加人：鞠德东、缪杨兵、易芳馨、
　　　　　　冯 晖、王 军、陈 浩、
　　　　　　杨 涛、项 冉、丁甲宇、
　　　　　　周 勇、邱 敏、石咸胜、
　　　　　　万 操、赵 暄、徐亚楠、
　　　　　　何晓君、秦 筑、刘 磊

图2 德宁格统规自建区的技术创新

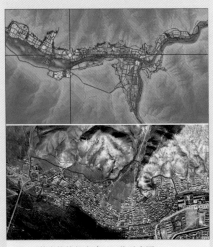

图1 德宁格统规自建区区位示意图

德宁格统规自建区位于青海省玉树县结古镇西北部，建设用地属于山前缓坡地带，呈扇形展开。规划总建设用地面积为 46.94hm²，总建筑面积近 8.8 万 m²。

1. 项目难点

难点一：土地产权复杂，着手难。玉树是没有完全实行新中国成立后土地改革政策的地区，错综复杂的产权关系与房屋落位、小市政、公共设施落位之间的矛盾，导致住房重建工作无处着手。

难点二：问题交织，诉求多，推进难。玉树的住房重建是在复杂土地产权上的原址重建，院落划定问题、公摊确认问题、户型锁定问题、邻里关系问题、商住综合利益问题等大量社会、民生、技术问题错综交织，规划设计无法付诸实施。

难点三：生活方式差异，定型难。生活方式不同、生产方式不同、户型需求不同，需要特殊的规划、贴近需求的设计才能满足百姓的生活诉求，群众意愿锁定与设计定型难度极大。

2. 技术路线

针对上述难点与问题，项目组提出了"一原则贯穿三层次"的技术路线，即在平面布局、院落划分和建筑选型三个层次全程采用"自下而上"的指导思想和工作方法。在总平面设计阶段，确定公共设施落位及占地规模，初步锚固总体布局，保证片区安全宜居、配套完善及民生产业的可持续发展。在院落划分阶段，明确私有领域的范围与形态，量化为改善整体及局部环境所占用的宅

基地，使院落划定方案公开、公正、透明。在院落划分方案确定后，住户在项目组提供的户型菜单中选择合适的户型，并可根据个人意愿调整优化。标准户型的设计充分考虑了地域建筑特色、生态节能及改扩建的可能性。

3."1655"模式

德宁格的建设不仅是一项民生工程，更是一项民心工程。项目组首度提出并成功实践自建区建设的"1655"工作模式，为玉树灾后重建统规自建区建设积累了宝贵的经验。

1）一条路线

德宁格的规划和建筑全程采用"自下而上"的指导思想和工作方法，坚持走群众路线。

2）六位一体

省相关部门、州县政府、建委会、基层群众、援建方和设计单位六个工作主体。

3）五级动员

德宁格的规划设计工作在最短的时间内得以完成和顺利实施，很大程度上得益于州县领导、片区管委会、片区带头人和片区居民构成的上下联动的组织机制。

4）五个手印

规划及建筑设计针对现实问题和矛盾，确立"产权确认、公摊确认、院落确认、户型确认、施工图确认"五步走的工作模式，每一步均按手印明示。第一步确认产权和安置户数，由建委会和片区群众填报安置户籍调查表，补充完善震前有待明确的地籍资料，住户在最终产权地籍图上按下第一个手印。 第二步是土地公摊确认，组织群众会同设计单位商讨并确认公摊比例，并将初步方案公示，征求群众意见向设计单位反馈。规划设计遵循维持邻里关系、位置微调等最小干预原则对院落进行重新调整，在充分沟通和百姓确认的基础上确认院落划分的方案，形成第三个手印。在户型确认阶段，在与群众充分沟通户型需求和生活习惯的基础上，组织群众选择并按手印确认标准户型，之后交设计单位进行施工图设计。最后一步工作是施工图确认，经群众按手印确认后的住宅施工图交付施工单位建设。

通过"五个手印"，使受灾群众全程参与规划设计工作，充分保证了群众参与权、监督权、知情权和决策权的实现。

4.藏式风貌打造

建筑风貌打造方面，项目组多管齐下，深入探究康巴藏地建筑传统，结合本地经济社会条件，运用现代方式成功演绎了浓郁的藏式建筑风情。

建筑设计团队紧扣《结古镇重点地区风貌控制导则》要求，在设计过程中的每一个环节均予以充分响应。整体意象概念——"天堂中的哈达、云彩中的经幡"描绘了一个地域风情浓郁的山地旅游小镇总体形象。

设计人员深入调研本地建材市场和生产企业，整理出一系列经济合理、切实可行、特色鲜明的建筑外饰面装饰元素及施工解决方案，汇总编辑成《玉树县灾后重建统规自建区建筑外装饰图库》指导方案设计。运用3D软件，建筑设计反复推敲公共空间的尺度关系，材质色彩的搭配方案等设计细节。此外，方案设计与施工建设单位的密切配合也实现了设计概念与施工实践之间的灵活互动。设计团队定期巡访施工现场，虚心向民间匠人学习研讨，使传统工艺指导现代技术。

5.实施效果

截至2013年9月，作为结古镇统规自建区示范项目的德宁格片区已完成建设并交付使用。 德宁格统规自建区的规划设计从问题导向出发，以"1655"模式为途径破解实施难题，在玉树灾后住房重建启动阶段做出了有益探索和实践。

图3 德宁格统规自建区鸟瞰效果图

结古镇扎村托弋
居住区一期

青海省玉树灾后重建优秀城乡规划设计优秀奖
编制起止时间：2010.8-2012.9
承担单位：城市规划设计所、建筑设计所
　　　　　（北京国城建筑设计公司）
主管院长：杨保军
主管所长：邓东、李利
项目负责人：李宁、房亮、向玉映
主要参加人：范渊、鞠德东、李宁、
　　　　　房亮、向玉映、周勇、
　　　　　吴晔、何晓君、石咸胜、
　　　　　王丹江、万操、邱敏、
　　　　　郑进、邹琳琳、张福臣、
　　　　　张春播

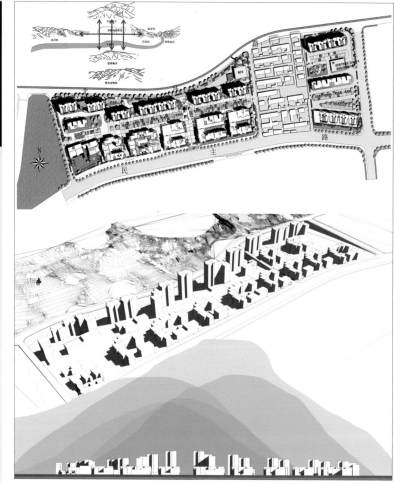

图2　设计结合自然

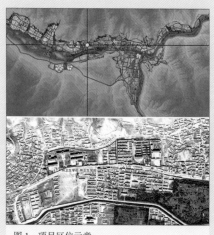

图1　项目区位示意

扎村托弋居住区一期位于民主路和北环路之间，西接德宁格统规自建区，东连玉树州孤儿学校。地势平坦、地块狭长，东、西分为两个街坊。总用地面积约 5.71hm²，其中住宅用地约 2.05hm²，总建筑面积 9.13 万 m²。

1. 设计原则

设计原则一：对人的尊重

在住宅区的规划设计中，技术组始终坚持自下而上的工作思路，充分了解百姓真实需求，对该片区拆迁的居民逐一进行深入调查和访谈，对居民的居住户型意愿也进行摸底调查，共计访谈 35 户。

设计原则二：对山的尊重

建设用地处于连绵山脉的环抱之中，东侧为日沃庆山和德窝龙巴山，西侧达日休山，北侧至扎村托弋山，扎曲河紧邻场地南侧，贯穿东西。规划设计方案充分响应场地与周边山体的关系，打造南北向的山水视廊和东西向的景观视廊。

设计原则三：对树的尊重

场地内现状乔木长势良好，经过多次现场踏勘，项目组详细勘定每一棵树的位置、胸径、长势，制定分类保护和利用方案，规划设计总图结合树木位置及时进行调整，最大限度保留了现状树木，共计 114 棵。

2. 设计理念

设计理念一：新家园的种子，新生活的细胞

根据对传统藏式建筑的研究和探索，将新藏式院落提炼为具有示范性、小尺度、小单元、生长性、低冲击五大特点的新民居建筑特征。

设计理念二：新家园、新生活

为了满足容积率的要求，提高土地的

图3 扎村托弋居住区一期鸟瞰效果图

使用效率，结合地形地貌，在设计中融入了小高层单元的设计，并且为其赋予了大尺度、规模化及以山体为背景的三大特点。

设计理念三：提升住宅及商业店铺的价值

规划设计通过以下五个方面最大限度地提升住宅及商铺的潜在价值：业态以小型商铺为主导，居民权益最大化，建筑形态高密度、小街坊化，新藏式院落的居住单元设计理念。

3. 建筑设计

结合现状场地地形条件，规划设计采用小高层与多层组合模式，南侧沿民主路区域以3～5层的多层住宅建筑围合布局为主，场地北侧沿北环路一线点状布置9～11层的小高层住宅塔楼。建筑体量错落有致，立面设计特色鲜明，南北两侧界面连续。

商业步行街的空间设计通过建筑围合出不同属性的公共空间：广场、步道和休憩庭院，其间穿插布置绿化植被、景观小品、公共艺术品等，围合出尺度宜人的公共、半公共的室外交往空间，展现高品质的社区生活，同时注意尺度、风格上与建筑环境的协调统一。

建筑内部空间布局力图克服街坊式布局住宅所固有的一些弊端。户型设计提供了多种供选择，面积指标涵盖45m²、50m²、80m²、100m²、110m²、120m²、140m²等多个层次，户型多样，功能合理，且均好性强。结合玉树当地经济发展水平和居民的生活习惯，充分考虑后设计建造经济、功能适用的住宅体系。

户型中的小空间、小尺度经过精细的推敲，提高空间使用效率。尽量将辅助功能房间，如厨卫、储藏室布置在建筑的西向及北向，主要功能房间——卧室、起居室侧布置在南向及东向，保证了室内环境舒适度。

此外，通过建筑体块处理及空间围合等手法，通过建筑逐层退台、出挑等手法在户型中设置了阳光暖廊或室外露台，打造了多种休憩娱乐空间。

4. 特色创新

特色一：尊重传统

户型设计充分尊重地方居民的宗教信仰及生活习惯，独立设置经堂。

特色二：生态节能

户型平面布局尽量将辅助功能房间布置在建筑的西向及北向，主要功能房间则布置在南向及东向，并加设阳光暖廊，充分利用太阳能。

特色三：新藏式风貌

立面设计提取传统藏式建筑的经典符号和色彩，并加以抽象简化，演绎重构，力求"神似"，使建筑群整体形象兼具地域风貌与时代特征。

5. 实施成效

截至2012年9月，扎村托弋居住区一期已全面竣工并投入使用。

图4 实景照片

结古镇上巴塘八吉村农牧民生态示范村规划设计及实施

2012-2013 年度中规院优秀村镇规划设计一等奖
青海省玉树灾后重建优秀城乡规划设计特殊贡献奖

编制起止时间：2011.6-2012.9
承 担 单 位：城市规划设计所
主 管 院 长：杨保军
项目负责人：邓 东、范 渊、胡耀文、
　　　　　　鞠德东
主要参加人：赵 晅、李 宁、杨 涛、
　　　　　　翟玉章、胥明明、项 冉、
　　　　　　房 亮、周 勇、缪杨兵、
　　　　　　石咸胜、葛春晖、陈 岩、
　　　　　　祁祖尧、张 迪、王 冶 等
合 作 单 位：维思平建筑设计咨询有限公司
　　　　　　（德国）

1. 项目背景

本项目位于玉树机场东北侧，处于往来玉树的飞机起降的视线范围内，是进出玉树的门户之地。神山圣水、天葬台、寺庙等自然文化资源要素高度聚集，尤其在玉树灾后重建和青海省新农村建设、农牧民安置政策的大背景下，本项目被列为玉树灾后重建十大标志性项目之一。

2. 规划内容

本次规划设计主要包含四部分内容：上巴塘草原概念规划咨询、上巴塘示范区规划设计、上巴塘建筑设计及相关专题研究。

3. 空间布局

（1）上巴塘草原：规划以社区活动中心为核心，环形布局八个居住组团，同时与周边要素呼应，形成"天葬台—神山—社区活动中心—机场"和"214国道—大门—社区活动中心—热水沟—神山"两条轴线。在轴线两侧分别布局集中牧场、乳产品加工基地、帐篷酒店等生产旅游设施。同时，配建为旅游服务的景区大门、停车场、旅游接待设施和小型演艺设施。

（2）示范区：规划以社区活动中心为核心，环形布局八个居住组团。八个居住组团在内部的空间布局上，从第五立面入手，分别以宝伞、宝瓶等八宝为主题，形成"吉祥八宝"的空间布局主题——吉祥八宝是藏族绘画里最常见而又富有深刻内涵的一种组合式绘画精品，其图案在各种藏族生活用品、服装饰品中随处可见。同时，也与巴塘草原上常见的，以经幡为中心环形布局的康巴帐篷，在空间形式上追求统一感，从而使本地居民对其产生高度的认同感。

尤其是中心的社区活动中心，如何以 3000m² 的面积承载 8 项功能（公共卫生服务中心 200m²，游客接待中心 280m²，

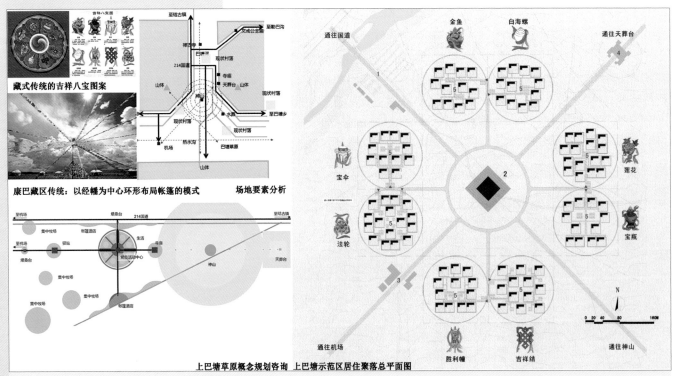

图1　新康巴聚落，草原上的玉树客厅——设计构思及空间布局

公共服务用房400m²，治安联防警务室120m²，民俗文化展览中心400m²，农牧民专业合作社120m²，多功能厅1000m²，农牧民既能培训中心480m²)。规划设计与建筑设计紧密结合，尝试了多种建筑空间组合形态，最终提出了目前的实施方案，在形体、质地和色彩的打造上既能呼应八吉村整体布局轴线的要求，又与内部功能结合，塑造了多元化的建筑内部空间，将巴塘草原的壮美景观在视线上引入到建筑室内，从而达到城市文脉、自然景观、使用功能在建筑和空间上的统一。

4. 创新与特色

规划落实省直各部门和地方政府的政策和资金，加强规划研究，从可持续能源体系、水资源可持续利用、旅游发展和形象风貌四个方面进行了专题研究，力求通过八吉村的建设，为青海全省农牧民安置探索路径，实现四个示范性，即"生活农牧点示范、传统农畜牧业的

转型示范、新型科技示范、旅游文化观光产业示范"。

（1）生活农牧点的示范主要体现在规划和建筑两个层面：一是规划上，完善市政和公共服务配套设施，提升旅游配套功能；二是建筑上，充分征求群众安置意愿，在尊重当地居民生活习惯的基础上，打造可生长的建筑结构和多元化的建筑立面，通过帮安、夯土、大石、文化石等不同立面材料的运用，在机场门户地区形成"康巴建筑博物馆"。

（2）传统农畜牧业的转型示范主要体现在统筹整合农牧资源上，在八吉村周边布局集中牧场、乳产品加工基地、日光温室、饲草饲料配送中心等现代化农牧设施，实现传统农畜牧业向农产品深加工、观光农业的转型，在产业升级的同时，挖掘其旅游价值。

（3）新型科技示范主要是充分利用场地的充足日照，使用太阳能满足市政照明、居民生活用水和采暖等生活需求，实现太阳能一体化建筑，同时在社区服

务中心采取信息化设计，实现数字化医疗诊断和远程教育等信息化服务。

（4）旅游文化观光产业示范是以巴塘草原上历史悠久的康巴艺术节为平台，充分利用机场门户优势，在布局上与周边自然、文化要素互动，在社区中心布局旅游接待点和小型演艺、展览设施，并预留两个组团为旅游服务设施，实现"康巴文化体验、高原湿地体验、草原体验"。

5. 实施效果

截至2013年底，八吉村的建设施工已接近尾声，85户农牧民已全面入住，社区服务中心正在进行最后的收尾工作，吉祥八宝的形态在巴塘草原上已呈现出来。

以八吉村为起点，整合文成公主庙、热水沟等一系列旅游资源的4A级景区的申报工作也正在展开。本次规划整合各方资源、协调建设主体、全程指导实施，在高原雪山之间，打造"新康巴聚落，草原上的玉树客厅"。

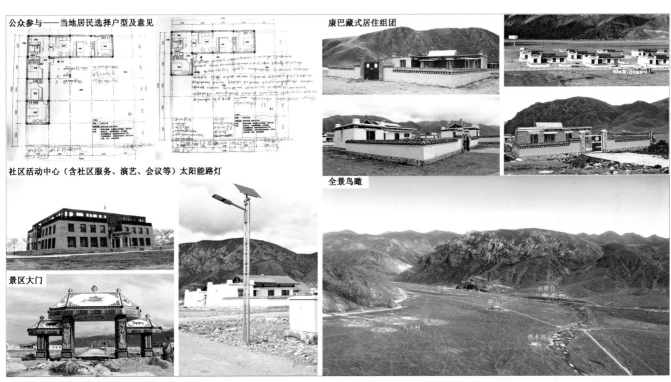

图2　上巴塘实施实景照片

编制起止时间：2010.8–2011.5
承 担 单 位：院
主管院长：王 凯
总体规划项目负责人：
　　　　王 凯
主要参加人：张险峰、程 颖、许景权、
　　　　　赵 明、陈 卓、袁兆宇、
　　　　　蔡润林、刘广奇、刘海龙
详细规划项目负责人：
　　　　张险峰
主要参加人：赵 明、袁兆宇、李 利、
　　　　　周 勇、刘广奇、刘海龙、
　　　　　阚愿林、司马文卉、李 渝、
　　　　　唐 涛、刘世辉、李 君、
　　　　　刘 扬、李 宁、吴 晔、
　　　　　徐亚楠、秦 筑、何晓君、
　　　　　郑 进、曹玉格、满 舸、
　　　　　韩炳越、蒋 莹、陈 在、
　　　　　郭榕榕、郝 硕
合 作 单 位：甘肃省住房和城乡建设厅、
　　　　　甘肃省城乡规划设计研究院、
　　　　　重庆大学城市规划与设计研究院

图1 地质灾害及山洪灾害隐患点图

图2 老城灾后规划用地图

图3 灾前
卫星影像图

图4 灾后
卫星影像图

图5 规划
区 空 间 结
构图

总体背景

2010年8月8日凌晨，舟曲县发生特大山洪泥石流灾害，因灾死亡1489人，失踪276人，重伤72人，居民住房损毁6025户。灾难发生后，在住房和城乡建设部、甘肃省政府的直接指导下，按照"建设一个更加美好的舟曲"的总目标，中国城市规划设计研究院联合甘肃省城乡规划设计研究院、重庆大学城市规划与设计研究院，深入现场开展舟曲灾后重建规划。

规划以科学论证为依据，以灾民安置为核心，以协调人地关系为抓手，以提高人居环境质量为目标，在规划中广泛征求意见，确保规划的科学性。由我院区域所、城乡所、交通院、水务与工程院、风景所、国城公司等组成的项目组先后完成了《舟曲特大山洪泥石流灾后恢复重建城镇规划》、《舟曲峰迭新区控制性详细规划与城市设计》、《舟曲峰迭新区住宅区修建性详细规划》、《舟曲峰迭新区住宅区建筑方案设计》、《舟曲峰迭新区村庄整治规划》、《舟曲峰迭新区民俗风情街及中央公园规划设计》等多项规划。

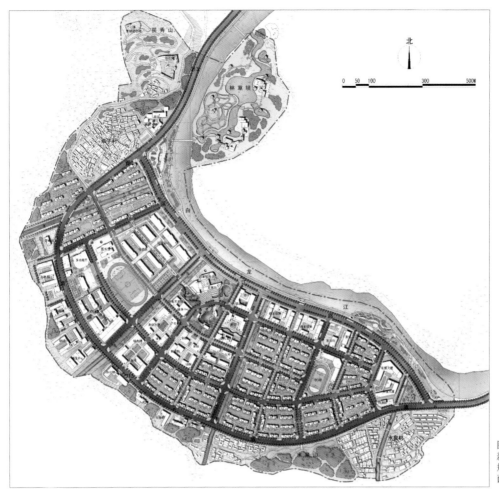

图6 峰迭新区详细规划总平面图

项目一：
舟曲特大山洪泥石流灾后恢复重建城镇规划

项目构思

协调人地关系，优化城镇布局，规划以资源环境承载力研究为基础，开展了"摸人口、摸用地、摸界线（地质灾害隐患点界线）"的"三摸底"工作，科学确定重建方式、安置区选址以及发展规模。规划确定了原址重建和异地安置相结合的方案，老城与新区共同承担重建安置任务，使全县发展从单中心走向组团式。

主要内容

（1）安置用地选择：按照灾后实际测量，受灾群众和避让搬迁人口无法全部就地安置，因此，必须在更大范围内寻找

新的安置空间，并提升城镇安全保障能力，满足未来城镇化发展需要。本次规划确定一部分灾民安置在舟曲老县城，一部分在本县的峰迭新区，另一部分在兰州秦王川。

（2）县城空间布局：按照新的发展模式，县城空间形成"双核、三组团"的结构。

双核：规划老城区和峰迭新区为双核，分担县城社会、经济、行政、居住等职能。三组团：建设老城区、峰迭新区、杜坝－沙川三个城市组团。

项目二：
舟曲峰迭新区控制性详细规划与城市设计

峰迭新区位于舟曲县城上游13km处，被群山包围，呈月牙形状，东侧濒临白龙江，是县城周边建设条件相对较好的地区。峰迭新区规划范围130.44万 ㎡，

其中城市建设用地120.00万 ㎡。

项目构思

凸显峰迭新区"山水秀城，藏乡江南"的总体形象特色，体现新区的山、水、城格局，体现舟曲作为民族融合地区特有的文化内涵。"山水秀城"通过融山亲水、宜人尺度与精致细部等方面来体现；"藏乡江南"是舟曲重要的地方文化传统，其内涵是江南文化与本地藏族文化的融合，在空间表现形式与手法上，主要体现淡雅色彩、汉藏符号、本地材质、时代气息。

主要内容

城市设计要素控制：为指导峰迭新区的规划建设，城市设计控制与详细规划密切衔接，落实到地块，分为要素控制与空间控制两大方面，两者配合将有效引导、

管理和控制新区城市空间开发，构建富有地域文化特色和整体协调的新区风貌，创造充满生机与活力的重建安置新区。

规划结构

（1）"一江多廊"的生态网络：依托白龙江和伸向白龙江的泥石流沟，形成"梳状"绿化开敞空间，形成安全、自然的生态网络，并以此作为新区公共空间。

（2）"一干多枝"的商贸服务体系：依托滨江景观路，把滨江打造为融商贸、休闲娱乐、旅游活动为一体的滨江活力带。以此为骨干，将与白龙江垂直的步道向居住小区辐射，形成枝状商业空间。

（3）"一心一区"的活力功能区：一心即城市公共活动中心，规划为中央公园。一区即北部休闲旅游区。

（4）网络步行系统串联三级社区空间：按照"家庭—邻里—街坊—社区"四级社会体系，规划"住宅单元—居住组团—街坊"三级居住和交往空间，为重建社会体系提供基础。

规划特色

（1）安全定城：以白龙江、泥石流沟为生态和安全底线，按照安全避让和防护需要，合理选择建设用地，构筑场地和路网布局的基本骨架，制定综合防灾系统。

（2）山水定城：因地制宜，顺应山形水势，道路和街区形成自由格网形式，在江岸、山体之间建立起通道和视线联系，使居民能够近山亲水。

（3）步行定城：新区面积小、出行距离短，在区内活动非常适宜步行。规划以步行出行为主导，机动车道路系统作为支撑和疏散通道，构建新区交通网络，推进绿色、低碳交通方式，营造从社区到城市的多层次开敞空间体系。

（4）尺度定城：根据用地和人口规模以及场地空间感受，应控制建筑高度、体量和空间尺度，与山水环境有机结合，突出灵、秀、美的艺术气质和建设特点。

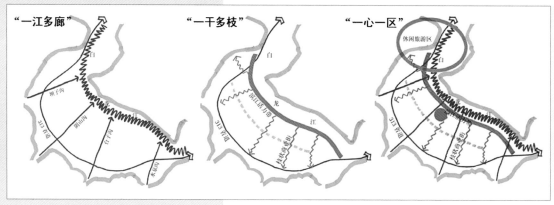

图7 规划结构分析图

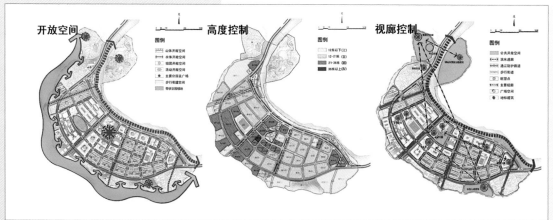

图8 城市设计要素控制图

图9 峰迭新区规划效果图

76

图10 峰迭新区住宅区总平面图

项目三：
舟曲峰迭新区住宅区修建性详细规划

住宅区规划是针对灾后选择迁入峰迭新区的2195户受灾家庭安置的修建性详细规划（含公共配套设施、市政工程、景观等规划）。住宅区建筑风貌体现了新区总体"山水秀城、藏乡江南"的形象特色。

主要内容

（1）建立安全防范措施：保持住宅与泥石流沟之间安全合理的防护距离，保证住宅建筑的抗震设防标准。

（2）完善配套设施：从受灾群众的实际需求出发，结合舟曲灾后重建的有关政策规定，为安置住宅区提供相对完善的配套设施。

（3）构建和谐环境：通过规划、建筑、景观三位一体的设计与建设，构建轻松舒适的社区人文环境。

（4）彰显地域文化：表现舟曲特有的地域文化，营造具有"山水秀城，藏乡江南"特色的住区景观风貌。

规划创新

充分结合其周边山水环境，布局以"邻里细胞、院落空间、步行联系、绿地外置"为主要特点。

（1）邻里细胞

住宅区以城市道路和步行街为分隔，形成完整的组团单元，相邻两个组团之间以步行通道相联系，并围合形成交往空间，配置公共服务设施，促进社区活力和社会关系重构。

（2）院落空间

各组团单元均形成半围合式院落，保证庭院的治安环境和半私密性。结合当地群众的生活习惯，安排部分东西向住宅。

（3）步行联系

安置住宅区内设置3条垂直于江面的步行通道，通道从各组团的中心穿过，各组团单元均向步行街设置人行出入口，通道连山接水。东西向连通中央公园、滨江公园、小学、幼儿园、图书馆、社区卫生站等公共设施，促进居民低碳出行，创造绿色环保的清新环境。

（4）绿地外置

在泥石流冲沟外侧设置宽15m、长约500m的带状绿地，将居住组团内的绿化"外置"到带状绿地中，既提高了住宅地块的集约用地水平，又满足了居民就近休闲游憩的活动需求。

项目四：
舟曲峰迭新区住宅区建筑方案设计

峰迭新区住宅区规划范围东临纵一街，北起滨河路，西至纵七街，南抵新313省道，总用地面积21.40hm²，计划安置受灾群众2195户，约7000人。

户型平面

按照《舟曲灾后恢复重建总体规划》（2011年11月）中规定的户均80m²的

图11 规划结构分析图

图13 绿地系统规划图

图12 交通系统规划图

图14 户型分布图

基本政策，结合受灾群众意愿调查结果与实际使用需求，峰迭新区安置住宅以80m²为主，70m²、105m²、120m²住宅为辅的户型结构。

户型平面布局合理，且均好性强。平面功能分区明确，内部流线清晰。起居厅基本保持南北通畅，便于室内空气流通。适当扩大厨厕面积，厨房和卫生间考虑管井、风道位置，并结合操作台面的布局预留摆放冰箱的空间。结合立面设计合理设置空调室外机位，并考虑到安装、维修的便利。

形象风貌

尊重地域文化特色，借鉴民居建筑特点，结合气候特征与场地条件，体现传统建筑特征，反映地域特色、民族特色与时代特色。

通过对地方传统建筑建造规制的仔细研究，发现建筑结构体系中不同部位的构件通常用不同的色彩加以区别：水平承重构件通常施以土地黄色，而竖向承重构件通常则为砂岩红色。上述特点在住宅立面设计中均不同程度地加以呼应。

借鉴地方传统民居屋顶形式，建筑屋顶采用坡顶为主，平坡结合的形式，营造富于变化的城市天际线和错落有致的建筑体量。坡屋顶采取悬山做法，屋面下模仿传统民居的做法，将梁头挑出

图16 住宅区鸟瞰及建筑单体透视图

图15 项目区位示意

山墙面，并施以木色，以追求民居建筑特有的形制特征。在平屋顶部分，檐口处以砂岩红色线脚勒边，尊重地方原生态民居的装饰传统。住宅山墙檐口部分借鉴甘南传统民居阳台造型，进行简化、抽象处理，设计成顶层一步式装饰阳台，避免了传统住宅山墙大面积实墙的呆板形象。

建筑色彩选用与搭配紧密照应《峰迭新区详细规划》《舟曲县峰迭新区城市设计》中对于居住建筑色彩的规定：建筑以白色、浅灰色为主要基调，体现

出清新淡雅的设计风格，局部构件如阳台栏板、空调室外机位面板、屋顶檐口、窗台板则搭配砂岩红色或棕黄色等地方特有建筑色彩，从而使建筑整体风格清新淡雅而不失地域特色。

实施效果

截至2012年3月，峰迭新区住宅区已全面竣工并陆续投入使用。参与项目的各兄弟所以优异的设计成果、出色的现场服务工作赢得了地方政府和群众的高度赞誉。

图17 建筑设计向地方传统致敬

项目五：
舟曲峰迭新区村庄整治规划

舟曲"8·8"特大山洪泥石流灾害发生后，根据重建规划要求，峰迭新区承担主要安置和重建任务，需征用耕地598亩，同时保留坝子村、水泉村、阴山村，共295户。为解决失地农民生活和就业问题，提高村庄建设水平，规划提出将三村打造成为融合特色民俗旅游和服务的新型居民点。

规划构思

规划本着公平性原则，将临近城市的未建设用地调整为村集体所有，集中开发建设餐饮、商贸、旅游接待等设施，服务峰迭新区，以提高集体经济实力，同时保证全村居民可以较平等地享受新区建设带来的收益。

规划坚持有机更新的原则，以自然形成的道路网络为骨架，以现有村民院落为单元，局部拆除耳房或辅助用房，以拓宽道路，引入基础设施，同时创造多层次、内涵丰富的公共空间，突出特色。

主要内容

为了指导村民对自家住宅进行改造以进行各种经营，选取典型院落，按照"餐饮接待型"和"住宿接待型"两类，进行建筑改造，并提出了相应建设标准。

图18 峰迭新区建筑实景照片

图19 峰迭新区村庄现状照片

针对村庄发展中面临的就业和社会保障两大问题，规划提出在灾后重建中政府应通过税费减免等优惠政策的实施，鼓励新区企事业单位用人时优先招用失地农民，同时安排职业技能培训，使大部分失地农民通过新区建设掌握一门专项劳动技能。通过制定相匹配的保障政策，逐步使失地农民享受城镇各项保障。

项目六：
舟曲峰迭新区民俗风情街及中央公园规划设计

舟曲特色商业步行街位于峰迭新区中部，北接白龙江，南与峰迭住宅区项目相邻；用地东西长约220m，南北宽约80m，用地总面积1.72hm²，建筑总面积约2.22万 m²。

图21 改造前与改造后对比照片

图20 坝子村及揽秀山规划总平面图

图 例
- 村庄主要道路
- 村庄步行道路
- 水渠
- 新建建筑
- 保留正房
- 保留耳房
- 规划院落
- ① 村委会
- ② 沿街商业
- ③ 宾馆
- ④ 就业培训点
- ⑤ 新建农家乐

中央公园位于峰迭新区中部，面积0.92hm²，规划考虑与文博馆周边绿地广场一体化设计，合计总面积1.81hm²。

项目构思

规划选取生活配套服务设施、步行街、城市公园，进行城市设计引导。生活配套服务区设计中，突出针对不同使用者的功能设置，结合地方文脉的建筑风貌特色，打造活力滨江舞台；中央公园在常规功能与景观设计的基础上，进一步突出其应急避难功能，从新区整体防灾要求入手，明确中央公园承担的避难人口规模与设施配置。

主要内容

功能布局上设置三条功能带，即滨江绿色观光休闲带、步行内街民俗旅游休闲带、沿居住区的新区商业服务带。

在空间组织上，整体采用低层、多层相结合，平屋顶与坡屋顶相结合的建筑形式。沿江一侧建筑以2~3层为主，沿住宅区一侧建筑以4~5层为主，步行内街以富有韵律的尺度塑造为重点。中央公

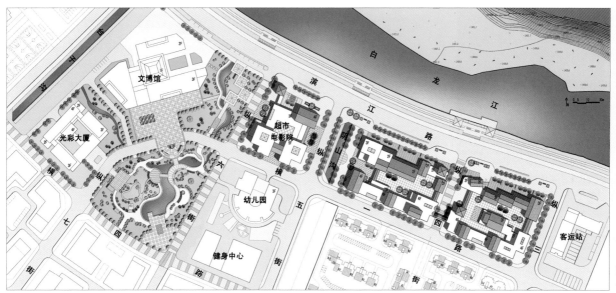

图 22 规划总平面图

图 23 步行街模型鸟瞰图

园设计从两方面入手：面向公众、体现地域文化的日常游憩功能以及保障公共安全的应急避难功能。在日常生活中体现地域文化。

实施情况

舟曲灾后重建从城镇总体规划到峰迭新区的城市设计再到居住区的修建性设计是一个完整的从宏观规划到实时性规划的过程，目前，舟曲灾后重建已经结束并取得圆满的成功，一个崭新的舟曲已经展现在了世人的面前。

图 24 峰迭新区灾后重建实景照片

芦山县灾后恢复重建规划

编制起止时间：2013.4月至今
承担单位：深圳分院、西部分院
主管院长：张兵
分院主管院长：蔡震、彭小雷
分院主管总工：朱荣远
分院分管院长：方煜
承担单位：中国城市规划设计研究院深圳分院、西部分院
项目负责人：魏正波、李轲、刘雷、林楚燕、龚志渊、王广鹏、石蓓、曹方、劳炳丽、杨斌、张力、董佳驹
主要参加人：蔡震、彭小雷、朱荣远、方煜、范钟铭、徐建杰、王泽坚、魏正波、李轲、刘雷、林楚燕、龚志渊、王广鹏、石蓓、曹方、劳炳丽、杨斌、张力、董佳驹、钟远岳、周俊、俞云、田禹、肖锐琴、王瑞瑞、周祥、白晶、罗丽霞、李鹏、李昊、孙昊、何斌、刘华彬、刘越、蒋国祥、何舸、曾胜、张文生、黄锦枝、李东曙、余妙、郭旭东、李云圣、胡章、周仕忠、及佳、曾宇璇 等

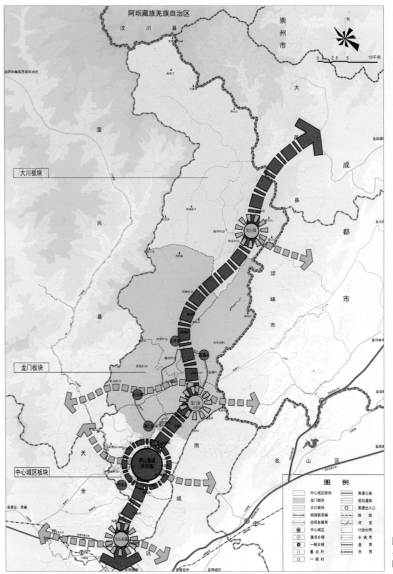

图1 芦山县城乡空间结构图

项目背景

2013年4月20日，四川芦山发生7.0级地震，导致全县9个乡镇共计12.5万人整体受灾。我院第一时间快速响应，承担起芦山县灾后重建规划的编制任务。

灾后恢复重建规划的第一阶段为紧急救援阶段，重点编制应急规划。我院在芦山进行了大范围的现场调研，并与市、县、乡镇、村各级政府及百姓访谈后，根据灾区的现场情况及自身需求，确定本次规划的主要工作目标与内容。同时，通过对重建工作的重要性分级，提出芦山县"三点一线"的重点规划管理与建设管控区域。"三点一线"是指芦山县域的重要区域节点与门户，包括国道G318门户飞仙关镇场镇、芦山县城、"4.20"地震震中龙门乡场镇以及芦山县南北向交通主轴——省道S210沿线。"三点一线"的提出是对芦山灾后恢复重建的重要提炼，可集中力量对核心地区进行重点建设与控制。

灾后恢复重建规划的第二阶段为恢复重建阶段。我院根据芦山灾后重建的实际情况，重点对"三点一线"编制综合实施性规划设计。具体包括芦山县城城市设计、芦山县城老城区修建性详细规划、芦山河与西川河两河四岸景观设计、省道210县城段沿线景观整治设计、飞仙关镇飞仙驿修建性详细规划、飞仙关镇北场镇修建性详细规划、飞仙关镇茶马古道沿线景观设计、省道210飞仙关段沿线景观整治设计、龙门乡修建性详细规划、龙门乡水系综合规划以及县道073龙门段景观风貌整治规划，通过这12项详细规划设计以及动态规划设计的方式，实现对"三点一线"建设的全面管理控制。

项目一：
芦山县灾后恢复重建建设规划

项目概况

芦山县灾后恢复重建规划是本次灾后重建系列规划中芦山县第一个由四川省政府批复的项目。规划覆盖芦山县域5个镇、4个乡、40个村，重点内容包括灾后重建县域城镇体系和县城、其他8个乡镇（含场镇驻地所在村）的规划指引。

本次灾后恢复重建规划是基于地震灾害破坏基础上的非常规规划。首先，特别注重对灾后重建基础的研究，通过对地灾、环境承载力、防洪等生态敏感性评价、自然资源条件评价和已有规划评价，明确灾后重建的前提，统筹考虑灾区的建设现状、灾损情况和震后发展方向。

其次，针对灾后暴露出的问题，重点强调城乡人口布局调整、产业布局优化、空间结构调整、交通基础设施完善等问题，在县域层面搭建灾后重建的基本骨架，按照区域联动、城乡统筹、生态立县、文化强县等发展战略，合理调整灾区城、镇、乡、村及基础设施和生产力布局。

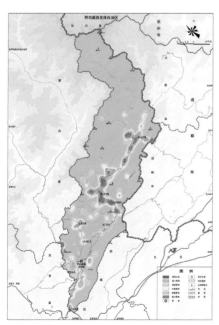

图2　地灾隐患点影响程度分布图

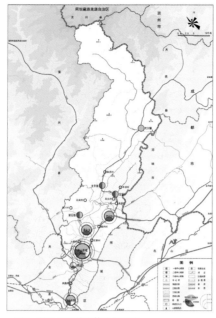

图3　芦山县域城镇体系规划图

设计目标

结合灾区实际和人民群众需要，合理提高城乡规划标准，优先完善灾区基础设施与公共服务设施，切实维护灾区公共安全、改善城乡人居环境。

按照恢复生产生活，兼顾长远发展的目标，实现地震灾区科学重建、绿色发展、跨越提升。

设计构思

1.以人为本、民生优先

把民生放在灾后恢复重建规划的首要位置，优先满足城乡住房、基础设施和公共服务设施布局，合理调整生产及相关设施用地，促进灾区生活生产功能尽快恢复。

2.合理选址、确保安全

根据发展条件和资源环境承载能力，进一步优化城乡建设用地布局。严格执行抗震设防和防灾避让标准，确保城乡居民点和各类重建项目避开重大灾害隐患点。强化防灾减灾，建立综合防灾体系，保障居民生命财产安全。

3.生态优先、突出特色

落实生态文明理念，保护河流、水系、林地和大地植被等自然生态要素，保护优秀的历史遗存和文化传统，塑造具有

图4　芦山县城乡统筹规划图

地方特色的城镇和乡村风貌，体现绿色、低碳和生态特色。

4.统筹城乡、科学规划

加强对灾区重大发展问题的研究，合理确定城乡总体布局形态。认真梳理相关政策，按照国家发展战略的要求确定重大建设项目，确保恢复重建工作加快推进。根据镇乡和农村恢复重建的实际需要，合理调整规划编制次序，确保农房建设工作尽快启动。

实施效果

芦山县灾后恢复重建规划为省政府编制的整个地震灾区城镇体系规划提供了重要基础，也是芦山县域内所有下层次规划和设计的基本依据。

芦山县灾后恢复重建规划批复后，按照规划实施建议，对灾后重建项目和资金安排进行了适当的调整，民生优先，对城镇和农村灾民的住房重建、基本公共服务和地灾防治加以侧重。

规划提出的国道318隧道、国道351等多条对外联系通道，在经过积极争取后得以实施。各乡镇产业发展的重点、人口布局的调整也逐步得到实施，为最终尊重自然、科学合理的城乡空间布局打下了基础。

项目二：
芦山县县城综合规划设计之县城城市设计

项目概况

芦山县历史悠久，隋朝置芦山县。县城因系三国时蜀汉大将姜维屯兵时所筑，故又称"姜城"。

县城在新中国成立后初步发展时期中，由于缺乏对传统文化的正确认识及文物保护的观念，开始逐渐拆除明清时期留存下来的城墙及文物建筑。进入21世纪后，县城大规模旧城改造，使得"姜城"的传统建筑与环境遭受较大破坏，仅有部分传统建筑通过改变使用功能而保留下来。2008年汶川"5.12"特大地震后通过国家、省市及对口单位援建，芦山县在罗纯山脚、向阳坝和寇家坝等地进行了高标准的城市建设，并基本形成了芦山县新城区的城市框架。

"4.20"地震后，总体城市设计的工作贯穿3年灾后重建期，并将结合灾后重建项目的实施进行阶段性的优化调整，为芦山地震的灾后重建提供技术支持。

设计目标

在国家灾后恢复重建要求之下，应对县城灾后恢复重建需求，结合县城自然山水格局与历史文化资源，整体设计和组织城市公共资源，塑造县城特色鲜明的空间特征与功能布局，形成可持续发展的城市空间秩序。

设计构思

1. 尊重自然，融入山水

立足于自身的资源禀赋与人地关系，以生态城市为发展目标，构建人与自然和谐共生的城市生态格局。基于现有生态本底，以河流、绿带及公园"织补"网络状生态格局。以三山为基底，两河为纽带，塑造山城水相融合的空间秩序。

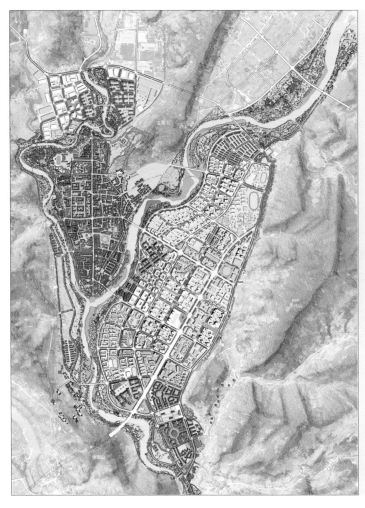

图5　芦山县城总体城市设计图

在强调对自然山水原始形态与自然特征的保护的基础上，以网络生态格局为路径建立慢行系统，使城市生活与自然山水有机融合。

2. 振兴老城，建设新城

尊重与维护老城传统尺度与空间组织方式，通过置换与注入新功能提振老城活力。以历史与文化为载体，汉风古韵与姜城文化为特色，通过发展文化旅游业撬动老县城发展。建设县域旅游集散与服务中心。

抓住灾后重建机遇，以人为本配置城市公共服务设施，提升县城公共服务水平。

3. 控制风貌，塑造空间

针对县城不同地区的发展历史、城市肌理与功能组织，通过风貌分区控制总体风貌特征。建立城市总体空间秩序，满足不同开发需求；加密路网控制城市尺度，营造新城活力。

跳出老城发展新区，在老城区延续传统街巷肌理与宅院空间，在新城区建设现代城市空间。

对城市街道根据其主要承担功能进行细分，同时对城市街道临街界面、绿化景观、街道家具等各方面进行区别控制。

实施效果

总体城市设计在灾后重建过程中对规划管理与实施项目的方案设计提供了大量的技术服务，包括建设项目选址、建设项目设计条件、道路选线、安置房设计、绿化景观设计等。本项目将在三年灾后重建期，为县城重建提供技术支撑。

项目三：
芦山县县城综合规划设计之县城老城区修建性详细规划

项目概况

芦山县老城区有2000多年的历史，至今，虽古城风貌不在，但古城脉络尚存。其清晰的山水景观格局和悠久的文化积淀是建设特色芦山的重要本底。"4.20"地震后，老城区普遍受损，灾后重建工作量大面广，急需一个面向实施的综合规划设计指导灾后重建工作的有序开展。

芦山县老城区作为"三点一线"中，规划管控和灾后重建的重点区域，其修建性详细规划将对老城区范围内的灾后重建项目提出具体的安排与设计，用以直接指导建筑设计与各项工程施工设计。

设计构思

本规划以"民生"、"特色"、"发展"、"有效投资"为价值取向，以"芦山年轮、魅力姜城"为设计立意，围绕"民生与特色发展"精心设计芦山县城老城区。

规划首先以建设具有"安逸"生活品质的宜居小城为核心目标，优先恢复和完善老城的公共服务及市政基础设施，保护原有生活网络，大力提升老城的城市环境和生活品质。

"芦山特色"是老城区设计的根本和关键。规划识别山水景观单元，将"山水"与"老城"一体化设计，整体保护老城区、保护文物古迹、科学修缮历史建筑、加强景观环境改善、精心维护传统格局和传承历史风貌，展现芦山县历史文化名城2000多年的历史画卷。同时，挖掘历史文化内涵，突出川西地域特色，进行文化演绎，采用适宜的重建方式，稳妥的实现历史文化名城的现代化，焕发芦山县城的城市活力。

老城区设计关注的另一核心价值在于"由空间重建出发"实现"芦山的社会进步"。在设计过程中，重视自上而下与自下而上的结合，注重社会公平、尊重权属关系。同时强调与社会经济发展相结合，兼顾发展旅游，在充分考虑老城居民生产生活的基础之上，设计落实旅游活动空间，建设旅游活动与本地居民生产生活融洽相处的复合空间，为实现特色主题旅游小镇创造可能性。

在投资的限制条件下，老城区设计的技术方案是基于更有效地投资，而不是理想的投资。项目建设由全面投入转向综合评估后的选择性投入，在实现基本保障的基础之上，重点搭建发展平台，形成触媒，为今后市场和社会资金投入提供必要条件。

创新与特色

在老城区的范围内，利益相关方和项目情况复杂，业主众多，相关政策及资金状况成为方案决策的重要限制性条件。上述情况，决定了本次规划是一个面向实施和重建行动的、伴随性的动态实施性规划，要求同时兼顾时效性与长远性，在时间与质量之间寻求平衡。

应对老城重建的现实需求，规划采取针对性的技术路线：即，在整体层面和无明确业主状态下，规划围绕价值观，从面到点进行结构和系统设计；在有明确政策、资金以及业主的条件下，对项目地块进行详细设计，结合具体实施方案，从点到面进行动态设计调整和优化。

规划实施

本规划在老城区重建过程中对规划管理和重建项目的详细设计提供了大量的规划技术支持，包括项目选址、项目规划设计条件的制定、与其他设计单位的设计对接和协调以及重点项目的联合设计等。至今，包括芦山综合馆、芦阳小学等一批重点项目已经开工建设。

图6 芦山县城老城区总平面设计图

图7 姜城月夜效果图

项目四：
芦山县县城综合规划设计之芦山河与西川河两河四岸景观设计

项目概况

芦山河与西川河自北而南流经佛图山、龙尾山、罗纯山三山，联系芦山县新、老县城，为青衣江主要支流，是芦山县城内主要河流。千年来，芦山河与西川河作为天然的护城河守卫并哺育着芦山城池内的居民，见证历史文化的变迁。

经历4.20地震之后，河道两岸发生了崩塌、滑坡等次生地址灾害，河道的景观安全问题逐渐显露，河流两岸与河滩间较大的高差减弱了县城与河流亲密性，处于闻水不见水，近水不亲水的状态。两河四岸景观设计以解决景观安全问题为基础，将其设计成为城市与河流融合的纽带和重现城市特征的重要场所。

设计构思

两河四岸景观设计凭借良好的自然地貌条件与深厚的历史文化底蕴，依托河流两岸不同区段的自然、城市与生态环境，形成山、城、河相互渗透的景观空间。设计基于安全性、亲水性、文化性三大原则，以景观安全性为出发点，突出芦山地区的历史文化内涵，建立安全的活动场所与生物栖息地；以工程结合景观的手法，解决芦山新、老城市空间与水体的互动关系；并通过现状植物、建筑风格与市民活动等内容，构建芦山特有的精神场所。设计同时强调交通与视线的可通达、场所的可参与、文化与空间的可识别与水域的可控制等设计策略，以增强设计的操作性与实施性。

设计从芦山孕育的蜀汉文化和自然环境特征性要素出发，形成青衣风韵、玉溪猗猗、红阳古意、姜城月夜、浮绿叠翠等不同氛围特色的五大景观区段，并设计32处主题景观区分别映射五个区段的景观内涵与主体功能，为新、老城的户外活动与旅游提供主题性场所。

创新与特色

以"生态水泡与生态岛"结合的空间形式，形成蓝绿互换区，构建河滩湿地系统，化解雨洪灾害，形成生态保育的环境。常水位时期生态岛成为可游憩的功能性空间，高水位时期生态岛没入水中。通过蓝绿转换区的构建，滨河空间成为生态、科普、休闲功能交织的场所。

结合地形分层设计栈道，构建立体栈道系统。首要考虑栈道安全性，依据距离水面高低及丰水期、枯水期的淹没程度，兼顾景观视野与安全性，将栈道划分为高、中、低三个安全层次。

以植物方阵形成统一的两河景观主题植物组织，融入不同区段空间氛围的主题文化景观构筑物，共同强化两河四岸景观的整体感。

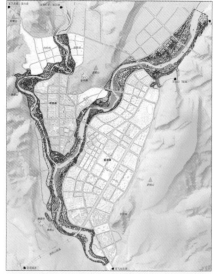

图8 两河四岸景观设计总平面图

规划实施

芦山河与西川河"两河四岸"景观设计以芦山县政府作为实施主体，我院提供规划技术支持，并与相关景观设计单位积极配合，共同推进芦山河（玉溪河）北段与南段的施工图设计工作。

图9 西川河景观效果图

图10 芦山河景观效果图

项目五：
芦山县综合规划设计之省道210和县道073景观整治设计

项目概况

省道210与县道073连接沿线飞仙关、芦山县城、龙门三个重点地区。在4.20雅安重大地震灾害发生之后，省道210是通往受害地区的救援主要通道。本设计涉及道路长度达33.4公里，沿线地形变化丰富，植被种类多样，具有一定地域特色。

目前，大量过境的车行交通和沿线居住的村民出行存在较大的冲突和矛盾。另外，经过地震后，沿线存在多处易塌方、滑坡等交通安全隐患点。因此，本次省道景观整治主要通过沿线的交通组织梳理、建筑风貌控制和景观绿化设计，构建新的交通廊道和景观体验廊道。

规划内容

设计从展现文化内涵、美化道路景观为切入点，因地制宜，结合每个路段的场地现状对沿线的景观环境、交通组织、建筑风貌进行梳理和构建，通过交通分离与分流，解决人车矛盾问题；通过景观和绿化种植，强化景观秩序与整体性；结合建筑立面改造，展现川西地域建筑风貌特色；通过沿线公共服务设施建设，提升村民的生活品质和公共服务质量。

对沿线提出交通设计指引、建筑整治与风貌设计指引、绿化景观设计指引、街道设施设计指引，形成指导省道落实景观整治工程的指引性和纲领性框架，在此基础上，结合沿线景观特色和功能布局，由南至北形成不同主题的功能性区段。并对每个功能区段进行分段详细设计。

创新与特色

飞仙关段规划提出以设计指引统筹的方式，指导下一步工程的开展和实施。如交通指引不但提出橄榄形交通疏解模式，同时将沿线分为重点重建区、优化治理区、控制建设区和工程防护区，提出针对性强的交通组织模式和对策。

县城段更侧重城市形象与风貌的美化和展示。由于道路两侧用地的建设施工是个不断推进的过程，因此，项目设计过程中采用了"以点带面"、"连面成线（带）"的动态完善方式。与沿线的建筑、景观、水务、交通等工程施工单位协调，整治并美化道路两侧的环境景观，使省道210成为展示芦山城市形象的窗口。

龙门段针对现状特征，提出"分类分段控制引导、重点地段设计指引"与实施结合的方式，从分类分段设计、交通疏解、建筑风貌、景观绿化、景观设施五个方面提出了总体设计要求。指导下一步工程开展和实施。

规划实施

我院作为沿线的规划技术总协调，与政府部门以及各设计单位积极合作，多次就方案和施工图进行技术协调和沟通。目前许多项目已进入施工图完成阶段，为灾区建设实施提供了有力的保障。

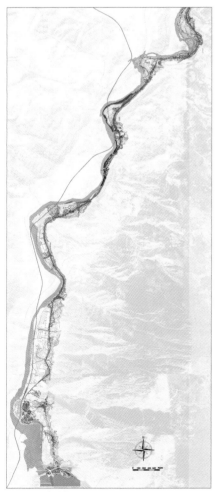

图11 省道210飞仙关段沿线设计总平面图

图12 省道210县城段沿线设计总平面图

图13 省道210龙门段沿线设计总平面图

项目六：
芦山县飞仙关镇综合规划设计之飞仙驿修建性详细规划

项目概况

飞仙关作为芦山县的南大门，位于芦山县两条重要的交通干道——国道318线和省道210线交汇处，区域位置优越，交通便利，是传统的商贸集散点。从古至今，飞仙关都有着极为重要及特殊的历史作用，必将会成为芦山实现旅游发展的门户重镇。同时飞仙关作为"西出成都，茶马古道第一关"，在茶马古道文化长河中占有重要地位，飞仙关茶马古道遗存属于雅安茶马古道川茶之源，是川藏茶马古道的重要组成部分。现今飞仙关还保留了较多的茶马古道遗存。

但现状的飞仙关场镇用地紧张，东北侧以芦山山脉连绵的群山为界，东南以青衣江为限，西南紧临芦山河及省道210，场镇中部被国道318横贯，在国道、省道、河流和地势地貌的限制下，场镇恢复建设可供选择的用地十分有限。

设计构思

独特的自然地貌环境和深厚的历史文化底蕴为"飞仙驿"旅游风情区提供了优良的景观条件和丰富的历史人文背景。本次飞仙驿片区修建性详细规划的设计构思基于文化线路概念及特征的视角出发，把旅游发展与地方经济可持续发展相结合，与城乡统筹、新农村建设相结合。通过对空间资源的有效配置、旅游产品的合理布局、建设项目的有序安排，处理好旅游开发与城镇建设、移民安置、环境保护、游客市场、社区利益、文化传承、产业互动、区域发展等的关系，以打造国家4A级旅游景区为标准，进行高品质的旅游区建设，完善旅游基础及配套服务设施，提高修建性详细规划的适应性、落地性和长效性，为飞仙驿片区规划、建设、经营、管理的良性动态循环做好铺垫。

飞仙驿片区由飞仙驿风情小镇、茶马古道、螺山景区、骑行驿站、集贸市场、三桥广场等六大功能组团组成。

创新与特色

通过对茶马古道的有效保护和合理利用，结合飞仙驿旅游小镇与螺山景区建设，提升村落基础设施配套水平和环境品质，提供就业机会，带动本地社会和社区和谐发展。规划有针对性地对飞仙驿片区内茶马古道、飞仙关口、飞仙驿风情小镇、螺山景区等分别提出修复、重塑、再造和整治四大策略。

特别之处在于对于飞仙驿风情小镇的场地竖向设计，由于周边国道改线工程导致场地与道路落差较大，因此其各类功能用地需要通过台地式竖向处理方式，形成层次丰富山地城市街道系统。大部分用建筑结构的方式将场地从海拔625米提高到630米左右，其提高的部分空间将利用作为地下停车场库，以满足安置移民和自驾旅游的服务需求。

规划实施

芦山县与飞仙关镇两级政府作为实施主体，相关部门各司其职严格执行规划要求；我院作为该片区规划技术总协调，与四川省建筑设计研究院、哈工大研究生院等相关配合单位积极合作，对飞仙驿片区的规划实施起到了强有力的推动作用。目前该片区的飞仙驿旅游小镇（安置区）、三桥广场等节点是芦山灾后重建推进最为顺利、进度最快的地区之一。

图15 飞仙驿鸟瞰图

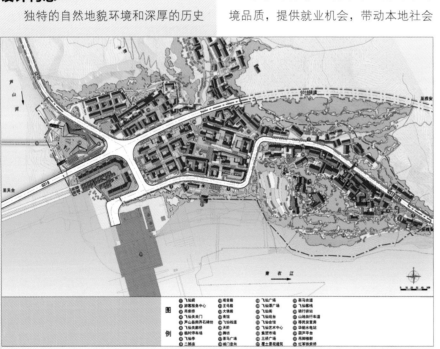

图14 飞仙驿规划总平面图

项目七：
芦山县飞仙关镇综合规划设计之北场镇修建性详细规划

设计构思

本次飞仙关北场镇修建性详细规划的设计构思与飞仙驿同样基于多元文化融合概念及特征的视角出发，把旅游发展与地方经济可持续发展相结合，与城乡统筹、新农村建设相结合。

规划突出本地固有的茶马历史文化、红军革命文化、青羌民俗文化、生态山水文化、老君养生文化等主题内涵通过飞仙关北场镇建设，与茶马古道南端的飞仙驿旅游小镇形成"两点一线"的互动关系，将更有利于茶马古道的有效保护和合理利用，提升村落基础设施配套水平和环境品质，提供就业机会，带动本地社会和社区和谐发展。

随着国道351方案的落定，北场镇规划范围调整至国道351以东区域，与南部飞仙驿旅游小镇共同打造"芦山南大门、川藏第一关"的旅游品牌，立足川康，辐射大西南，面向全国市场，把飞仙关北场镇建设成具有风貌特色鲜明，基础设施完善的城乡一体的空间形态；形成生态优良、空间舒适、景观宜人具有高度物质文明与精神文明的特色旅游小城镇，实现可持续地促进当地社会和经济效益发展。

规划区外围凭借芦山河、飞仙湖、老君溪良好的自然生态条件和茶马古道深厚历史文化底蕴成为以观赏、漫步为主的景区，尽量完整地保持山水田园的自然生态环境，突出古意盎然的人文情怀。内部青羌水寨则以混合多样的功能提供丰富的活动选择，营造"民俗风情小镇"的氛围和主题。形成内部以游赏体验为主、外围以自然养身为主的"内动外静"总体动静分区。在内部的青羌水寨中则以中部南北向水岸商街为旅游主动线，沟通老君溪与飞仙湖，成为最精彩、最具人气的风情体验区域。

创新与特色

将灾后重建、村民安置与地方旅游

图17 北场镇规划总平面图

开发、生态环境保护相结合，整合南部飞仙驿旅游小镇、西部茶马古道等片区共同构成一个完整的芦山旅游经济增长极，促进当地经济可持续的良性增长。通过新型城镇空间、生态维持空间和上住下商建筑模式的导入，以延续当地居民的传统生活方式，并能兼顾延伸旅游服务产业。

规划实施

我院作为该片区规划技术总协调，与建筑设计公司等相关配合单位积极合作，目前已组织完成南部片区的场地拆迁平整和施工图绘制，对北场镇青羌水寨片区的规划实施提供了有力的保障，将成为省道210沿线飞仙湖的青衣碧水景观带重要组成部分。

图16 北场镇鸟瞰图

项目八：
芦山县飞仙关镇综合规划设计之茶马古道沿线景观设计

项目概况

茶马古道位于飞仙关镇中部，南至螺山景区，北至黄家村，南北长约三公里。

茶马古道飞仙关段是川藏茶马古道的第一关，近代是红军长征的线路，在茶马古道上拥有丰富的历史文物古迹和遗存。但随着现代交通方式的改变，历史上的茶马古道被国道318拦腰截断，造成了茶马古道主线的衰落及现代建设风貌的无序生长，往年茶马互市的场景不再。

随着现代旅游休闲方式的发展，深度文化游、体验游的兴起，丰厚历史人文资源发掘与整合的区域背景为茶马古道带来新的发展机会。如何重塑茶马古道活力，重现其传统风貌是本项目的出发点。

设计构思

规划将茶马古道作为体验人文、生态过程的历史文化遗产廊道，既是持续的人文景观过程，也将展现多样的地域景观剖面。

在设计上，首先以茶马文化为主要线索，由南至北形成螺山茶马风情区、溪涧茶马文化区、古道遗风、古村风情、川西田园和溪涧水寨六大主题功能区段。

其次，梳理节点，形成茶马文化线、乡土文化线、生态田园线及修身康体线四条主题轴线，四条主题轴线穿插其中六大主题功能区，也是交织的主要游线。这四条轴线不局限于规划范围，向更大的镇区范围辐射，形成大景区的整体组织骨架；茶马文化线主要展现茶马古道文化遗产的历史体验，乡土文化线表达川西乡土民俗文化的特色体验；登山线路作为具有一定难度的驴友线，主要分布在茶马主道的东面以及老君溪往东。

最后，对现状建筑进行建筑质量和风貌评价，分为新建建筑（已拆除民居）、传统风貌建筑、有历史价值的建筑和现代建筑，并提出相应的设计指引。

创新与特色

以文化线路与类型学为基本视角，将历史的传承与建筑、景观、格局、生活习性的地域性延续作为项目入手的基本点，对规划范围的要素进行保护与发展的共赢设计。

特别是在水景观营造上，将岸线分为水休闲岸线、自然生态岸线、滨水人工岸线等，以不同的断面适应功能与景观的需要，结合区域地质特点，对驳岸的整治提出了维护与生态设计的不同策略。

规划实施

芦山县与飞仙关镇两级政府作为实施主体，相关部门各司其职严格执行规划要求；我院作为该片区规划技术总协调，与四川省建筑设计研究院等相关配合单位积极合作。将范围内建筑分为重要节点区域与一般区域，重要节点区域由政府主导实施，一般区域的旅游设施、小品、铺装等环境要素政府主导统一设计与改造，民宅鼓励居民依照设计指引自行参与改造。

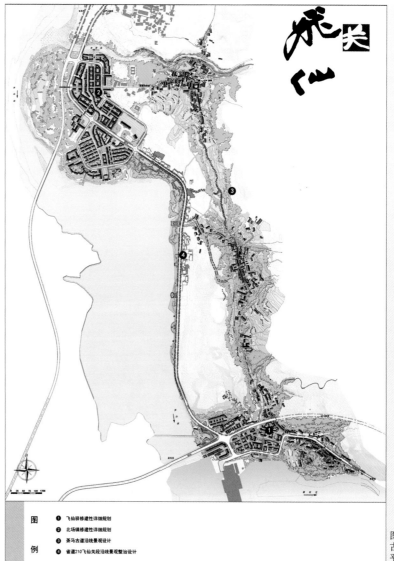

图 例
① 飞仙镇修建性详细规划
② 北场镇修建性详细规划
③ 茶马古道沿线景观设计
④ 省道210飞仙关段沿线景观整治设计

图 18 茶马古道设计总平面

90

项目九：
芦山县龙门乡综合规划设计之龙门场镇修建性详细规划

项目概况

龙门乡场镇青龙场村是"芦山4.20强烈地震"的震中所在地，是被称为"站立的废墟"的极重灾区。龙门乡是县域中部的人口第一大贫困乡镇，也是遭受过"5.12"汶川特大地震破坏后再次遭到严重损毁的农村地区。规划重点在于梳理场镇震后灾情情况，通过挖掘场镇资源要素和空间特色，结合龙门乡特定的重建方式，构建符合村民需求、具有地域文化和旅游观光价值的特色小镇空间。

设计构思

龙门乡位于龙门山脉中部的环山盆地和河谷平坝地区，西倚"围塔漏斗"和龙门溶洞，拥有恢宏的地下水系统。龙门河上游玉溪堰引水工程沿龙门乡东西两山设有左右支渠，支渠与十几条冲沟山溪形成"水的立交"，盘根错节的水网又穿越场镇民居，孕育了这里悠久的农耕文明、诗意的农业文化和充满田园风光的人居环境。龙门场镇是南方丝绸之路和茶马古道的重要关口，是红军长征的重要驻扎

地，拥有国家级文物保护单位青龙寺大殿和红军军部旧址等众多历史文化遗存。

本次规划积极保护龙门乡历史文化遗存和自然山水形胜，以原址就近恢复重建、保护整体景观格局、设计结合自然的思维方式，延续和强化龙门地域文化和乡土特色。努力实现"望得见山、看得见水、记得住乡愁"的愿景。

场镇规划设计积极利用龙门水系统，以水为脉构建场镇空间格局，通过引水、蓄水、调水等措施塑造场镇田园水乡空间特色，建设川西现代乡土水网小镇。同时以青龙寺大殿为核心组织公共空间，形成场镇核心功能区、以河心白塔、牌坊等文化资源点组织村组生活空间，塑造田园村舍氛围、以红军指挥部旧址组织古城坪旅游空间，塑造文化村落特色。规划形成"一场九组"的空间结构和"一轴五街"的功能布局。

创新与特色

本次地震灾情、灾后重建政策以及乡村规划建设三大特殊性及其影响都集中体现在龙门灾后重建规划建设过程中。工作组围绕"乡村灾后重建规划"的主线，首先针对灾情的特殊性，结合危房区重建的特点，与雅安市专家团队共同评价建筑质量和制定改造策略，提出就近重

图20 青龙寺大殿周边鸟瞰图

新选址重建和与原场镇协调融合的布局模式，形成规划设计方案。其次针对统规自建的重建政策，成立多工种协同作战驻地协调组，逐一对接重建项目的实施主体，特别是深入村组对农房重建进行反复的规划建设协调。最后针对乡村地区特点，规划项目组帮助乡村搭建规划建设的基础工作平台，包括建立规划编制体系和乡村规划建设管理机制、开展基础数据条件整理及村民意愿调查等。在整个工作过程中，工作组根据灾后重建过程中面临的困难、新政策和村民意愿，在控制和引导空间布局、协调基础设施建设、支撑地方产业发展等方面探索了"统规自建"重建模式下的村庄灾后重建规划设计及统筹协调工作方法。

规划实施

本次规划及实施工作始终受到中央、省、市、县和乡五级政府的高度重视。西部分院作为场镇规划建设技术总协调，全程现场驻扎工作，深入村民小组和农户，并与十余个县级部门的数十家设计单位通力合作，完成了8处村民小组聚居点、40余个重建项目选址、规划设计条件、方案协调修改和建设统筹工作。通过广泛的公众参与、主动的多方协调和大量的现场设计，使本此规划成果得以及时锁定，成为"三点一线"系列规划中最早通过全国专家和雅安市灾后重建指挥部评审的项目规划，为龙门乡场镇恢复重建工作的有序推进奠定了坚实的基础。

图19 龙门场镇总平面图

项目十：
芦山县龙门乡水系综合规划

项目概况

龙门场坝宽阔，自然生态条件优越，龙门河从中部穿过，左、右玉溪堰两侧环绕、灌溉水网密布，田园风光远近闻名，具备打造水乡特色良好的自然条件。

龙门乡水系综合规划范围包括龙门场镇、古城村及临近地区等由左、右玉溪堰围合的范围，总面积约7.2km²，研究范围为龙门场镇、古城村汇水区域，约57km²。

水系规划目的是为构建空间布局合理，功能高效发挥的水系格局，实现水系的合理利用，促进经济社会与环境资源的协调、健康发展，创造宜人的亲水空间。

规划从水安全、水环境、水景观、水资源综合利用多因素综合考虑，突显龙门水乡特色。

设计构思

首先，对龙门乡水系特征、水质、水量、生态环境等进行详细调查研究，在结合总体规划、修建性详细规划的基础上，分析水系目前存在及未来可能会出现的主要问题，在此基础上以水系布局规划作为整个规划的主线。

水系布局规划以现状水系特征和城市功能定位为基础，协调与城市布局规划、基础设施规划之间的关系，以防洪排涝规划、水资源综合利用及水系需水量保障、水质保障规划、水体运行规划、水系景观规划等分项规划支撑水系布局方案的形成，水系布局不仅要在平面上体现水系形态，还要在功能上支撑水系的形成，使水系"有形有神"。为了使规划更具操作性，在综合各分项规划内容的基础上，结合龙门乡建设的时序，确定水系规划工程的建设时序。

创新与特色

龙门乡作为乡村小镇，水系布局应不同于以往城市水系规划类型，同时考虑乡村用水主要为农业用水和生活用水，场镇未来发展定位为旅游风情古镇，水系布局以满足用水量保障、防洪排涝安全为前提，其次在景观、文化、管理上提升打造，彰显乡村水乡特色：

（1）安全性。充分发挥水系在龙门乡供水、排水、农业灌溉和防洪排涝中的作用,确保防洪排涝安全。（2）生态性。维护水系生态环境资源，保护生物多样性。（3）公共性。水系是城市公共资源，龙门乡水系规划确保水系空间的公共属性，提高水系空间的可达性和共享性。（4）系统性。水系将河道、灌渠、岸线和滨水区作为一个整体进行空间、功能的协调，合理布局各类工程设施，形成完善的水系空间系统。

规划实施

芦山县与龙门乡两级政府作为实施主体，水务局、林业局等部门协同负责实施，严格执行规划。实施过程中始终将水安全和保障作为重中之重，龙门河防洪工程、场镇截洪沟工程、农灌渠修复等民生工程率先启动。场镇内水街、人工湿地等工程作为提升阶段的建设内容，在目前规划实施过程中预留空间。

我院与林业局、水务局及水利设计院等相关配合单位积极合作，对防洪、水利及市政工程设计中的洪水计算、断面计算、涵洞预留、线位优化等具体技术工作紧密协调配合。

图21　龙门乡水系规划布局图

2

援藏、援疆、
援青规划

援藏

西藏自治区城镇体系规划 （2012-2020）

编制起止时间：2007.8-2012.12
承担单位：城市与区域规划设计所
主管总工：王　凯
主管所长：谢从朴
主管主任工：林　纪
项目负责人：朱　波、苏迎夫、晏　群
主要参加人：吕洪亮、刘　洋、郝天文、
　　　　　　张云峰、陈怡星、陈长青
合作单位：西藏自治区住房和城乡建设厅

1. 项目背景

2005年11月，根据西藏自治区与原建设部签署的《贯彻落实中共中央国务院关于进一步做好西藏发展稳定工作意见的会议纪要》，中国城市规划设计研究院区域所承担《西藏城镇发展战略研究》编制任务，2007年9月，在完成《战略研究》阶段成果的基础上，受西藏自治区人民政府和原建设部委托，编制《西藏自治区城镇体系规划（2012-2020）》。

项目组先后多次进藏，对一市六地区的主要城镇和农牧区进行调研，与各级有关部门座谈和考察，立足于规划的协调性和指导性，规划过程中多次征求各级政府和部门的意见。2010年8月，完成规划编制工作。2013年5月，《体系规划》经国务院批复。

2. 项目构思与针对性

西藏在我国以及世界发展中都占有重要战略地位，本次规划以"中央第五次西藏工作会议"的精神为宗旨，重点分析西藏在资源环境、民族文化、国土安全等方面的特殊性，把握西藏发展的历史和现状特点，论证未来西藏城镇化发展的必然性，提出中国特色、西藏特点的城镇化道路。在此基础上，全面落实中央有关西藏发展的战略部署，建立资源环境友好、国土安全、民生发展、文化传承的城乡共享发展空间格局。

3. 主要内容

城乡发展策略。规划认为西藏城乡发展对巩固西藏六大战略地位、实现西藏的跨越式发展和长治久安具有重要作用。第一，构筑国家生态安全屏障，以生态环境承载能力为先决条件，引导城乡分类发展，承担不同的发展功能。在城镇综合发展条件评价的基础上，将西藏城镇划分为优先发展、适度发展和稳固发展三大类型，实行分类发展指导。第二，加快西藏跨越式发展，培育重点地区和城镇。综合评价分析，确定重点发展城镇，增强重点城镇的经济功能和公共服务功能，使其成为区域性和地区性特色产业发展的基地和公共服务中心。第三，促进地区间和城乡间民生发展，城乡分区协调组织。按东、中、西三大经济区和七个地市的行政管辖范围分区组织与管理各级城镇，构建均衡发展的城乡教育、卫生、社会

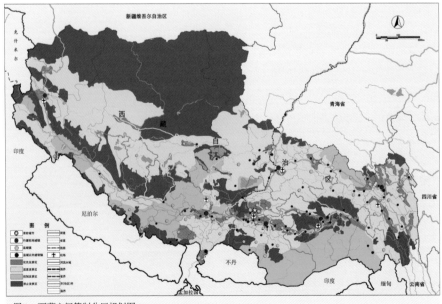

图1　西藏空间管制分区规划图

保障等公共服务体系。

城镇空间布局。规划分析论证了未来西藏经济社会空间要素的变化趋势，城乡人口将进一步向资源环境良好的重点地区、区域和地区中心城镇以及产业特色城镇集聚。依据西藏发展的特殊性，城乡人口布局实施重点地区集聚人口、边境地区稳定人口、生态保育地区平衡人口的策略。从落实中央对西藏的战略部署出发，规划提出以"一江四河地区"为重点，以拉萨区域中心城市为核心，以日喀则、泽当、那曲、八一、昌都和狮泉河等6个地区中心城市为支点，以口岸城镇、旅游服务和商贸等特色产业城镇为节点的"一区、一心、多点"的西藏城镇空间格局。规划提出"一江四河地区"是西藏城乡发展的核心地区，要以区域和地区中心城市为核心，以青藏铁路和干线公路为发展轴，率先发展建立城乡协调的城镇体系。

农牧区发展布局指引。中央提出，提高西藏农牧民收入、改善农牧民生产生活条件是西藏发展的首要任务。规划认为西藏城镇化必须走城乡共享发展的道路，根据西藏农牧区资源生态环境、区位和生产条件的差异性，将西藏农牧区划分为农区、牧区、扶贫和地方病重病区、灾害频发与生态自然保护区和边境地区等五类地区。根据每个地区农牧民的生产生活特点、面临的主要问题，从安居定居、村庄生产生活设施建设、农牧业和非农产业发展、环境保护、扶贫开发等方面提出规划指引。

资源与生态环境保护。西藏是国家生态安全屏障，资源与生态环境保护是城乡发展的首要条件。规划确定了西藏资源与生态环境保护发展目标：2020年，西藏受保护区域的面积比例要达到38%以上，森林覆盖率达到12.31%，草地生态退化得到有效控制，重点生态功能区天然草地超载率小于5%。城镇集中式饮用水水源地水质达标率达到100%，主要江河、湖泊水质优于Ⅱ类水质标准的比例达到90%以上，万人以上城镇环境空气质

量达二级标准的个数比例达到95%，万人以上城镇污水处理率和生活垃圾无害化处理率达到85%。规划将西藏划分为七个生态功能区，提出了治理要点，将土地资源划分为城镇建设、农牧业用地和生态协调三个类型区，提出了分区协调措施。

民生设施发展布局。完善、优化教育卫生和市政设施布局是西藏民生发展的重要任务，根据西藏地广人稀、城乡居民点分散的特点，规划提出以东、中、西部三大地区为基础，依托各级城镇建立各级各类教育体系、卫生医疗体系、社会保障体系和城镇住房体系。从改善城乡居民生活环境出发，规划提出实施能源供应保障工程，重点发展水电，积极开发太阳能，加快地热、风能、生物质能等资源的开发和利用，落实农牧民传统能源替代措施，实施城乡供水保障工程，提高城镇供水普及率，加大农村饮水安全工程建设力度，建立城乡综合防灾减灾系统。

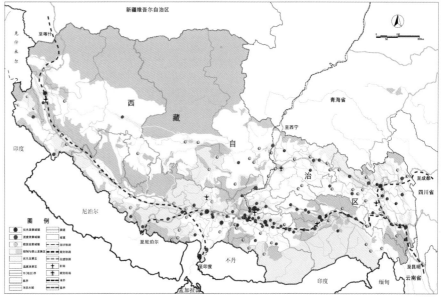

图2　西藏城镇分类发展规划图

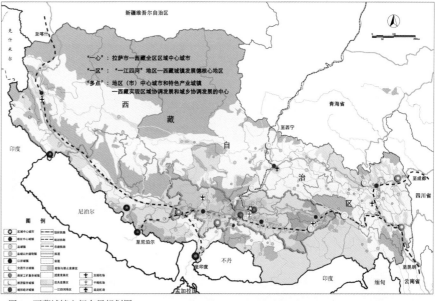

图3　西藏城镇空间布局规划图

纳木措－念青唐古拉山风景名胜区总体规划（2012－2030）

2012-2013年度中规院优秀城乡规划设计一等奖
编制起止时间：2008.6-2013.5
承担单位：风景园林规划研究所
主管总工：张 兵
主管所长：贾建中
主管主任工：束晨阳
项目负责人：刘宁京
主要参加人：吴 岩、刘颖慧、李路平、
            刘 嘉、孟鸿雁、陈 在、
            刘小妹

纳木措－念青唐古拉山风景名胜区为第七批国家级风景名胜区，属于藏区著名的四大圣湖、八大神山之列，位于拉萨市当雄县与那曲地区班戈县交界处，规划总面积4872km²。

1. 总体特征

规模范围巨大：纳木措湖水总面积达1920多平方公里，念青唐古拉雪山主峰海拔7162m，湖水与雪山融为一体，景观分外浩渺壮观。

资源价值突出：风景区的景观资源体现为十大特征、四大价值。对于理解青藏高原的气候变化和地质构造的历史演变具有重要的意义，而12年一轮回的羊年转湖也是西藏地域文化的典型代表。

高原生态脆弱：风景区湖面海拔达4178m，气候恶劣，土壤营养状况较差，且是完全的高原内流湖，生态极其敏感。

2. 规划策略

基于风景资源和生态环境的高度敏

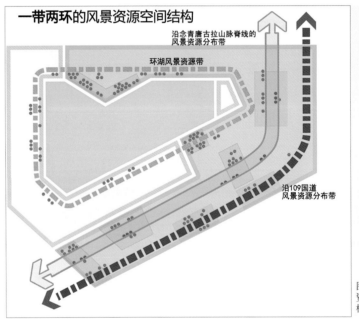

图1 风景资源空间结构图

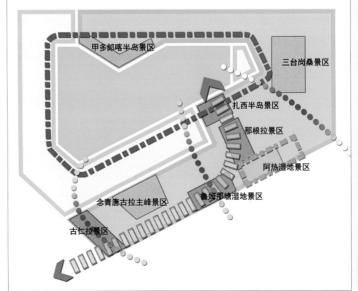

图2 风景游赏组织结构图

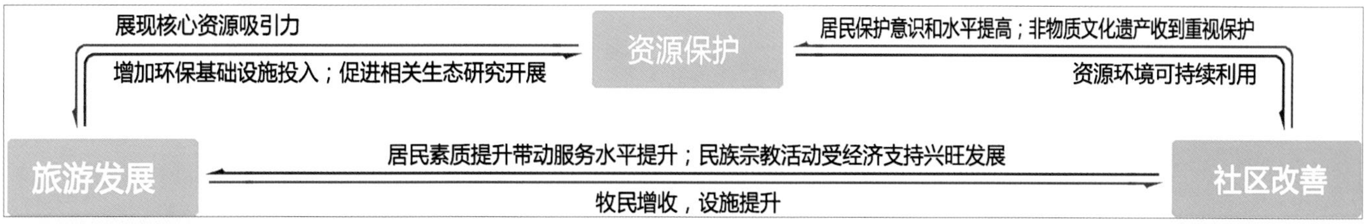

展现核心资源吸引力

资源保护

居民保护意识和水平提高；非物质文化遗产收到重视保护

增加环保基础设施投入；促进相关生态研究开展

资源环境可持续利用

旅游发展

居民素质提升带动服务水平提升；民族宗教活动受经济支持兴旺发展

社区改善

牧民增收，设施提升

图3　规划策略分析图

感性和不可再生性的核心特征，提出资源保护、旅游发展 、社区改善三位一体良性循环的发展目标。

（1）风景资源的有效保护是旅游发展和社会进步的基础。

（2）风景旅游有序发展，通过促进产业升级、牧民增收、设施提升，推动当地社会进步，通过环保设施等方面的建设促进资源保护。

（3）社区改善是资源保护和旅游发展的根本目标之一，是规划实现多元共赢的核心标准。

3. 规划特色

1）科学有效的保护培育

（1）针对高原内流湖的特征，重新提出风景区外围保护地带的划定。基于视觉完整性保护的要求，运用 GIS 可视度分析方法划定环湖风景资源协调区；基于高原内流湖生态整体性保护的要求，运用 DEM 综合分析方法划定流域生态保护协调区。

（2）针对风景区独特敏感的生态系统，划定 13 种基本生态保护单元，作为分级保护和分类专项保护的空间划定基础，同时结合视觉景观控制，建立有效的全方位保护体系。

2）特色鲜明的风景游赏

（1）发展思路

大范围风景区——展现大山大湖整体景观。

小型尺度景区——突出不同景区的独特魅力。

线性游赏模式——合理控制游览活动范围。

服务依托社区——旅游服务带动社区发展。

（2）空间结构

一带——延续基础大众旅游（109国道经那根拉山口至扎西半岛的游览线）。

双环——发展生态文化旅游（纳木措生态景观游览环线和阿热湿地民族文化游览环线）。

三线——引导新型风景游赏（穿越念青唐古拉山的三条极限徒步游览线路）。

八区——突出不同的利用模式（念青唐古拉山主峰景区、三台岗桑景区严格控制，扎西半岛景区、甲多朗喀半岛景区合理组织，那根拉山谷景区、古仁拉山谷景区专项引导，鲁姆那塘湿地景区、阿热湿地景区文化促进）。

（3）专项游赏

风景区徒步游赏，包括：环湖徒步，主要面向高端游客（限量生态）；登山徒步，主要面向专业游客（极限安全）；风景徒步，主要面向大众游客（感受体验）。

风景区越野车游赏，主要开通了拉萨至纳木措越野车5日游。统一管理，严控发展规模；指定线路，实现最低干扰；专业服务，保证游客安全；带动社区，完善服务体系。

3）尊重意愿的社区改善

（1）产业结构调整结合景区发展：合理调控以传统畜牧业为核心的第一产业；严格选择适合生态地区发展的第二产业；以鲁姆那塘湿地、阿热湿地景区为依托，积极发展旅游服务业为主导的第三产业。

（2）政府有限主导的旅游发展管理模式：建立"政府联合机构＋社区旅游协作会＋居民"的旅游发展管理机构，加强相互协调，实现社区利益合理共享。

（3）实施社区培训计划，提供多种类型的岗位。

（4）在尊重藏族传统的基础上，实现社区住宅建设、道路交通、市政设施的全面提升。

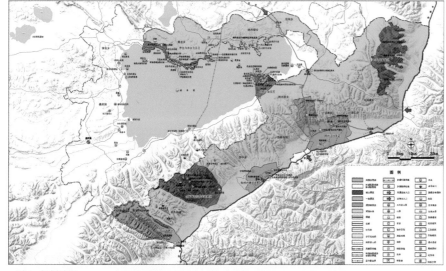

图4　规划总图

拉萨布达拉宫地区保护与整治规划研究、拉萨八角街地区保护规划

2005年度中规院优秀城乡规划设计二等奖
编制起止时间：2003.9–2004.6
承担单位：城市规划与历史名城规划研究所
主管总工：李晓江
主管所长：张兵
主管主任工：缪琪
项目负责人：张广汉、蒋朝辉
主要参加人：桂晓峰、龙慧、左玉罡、
　　　　　　王川、刘雪娥、张俊汉

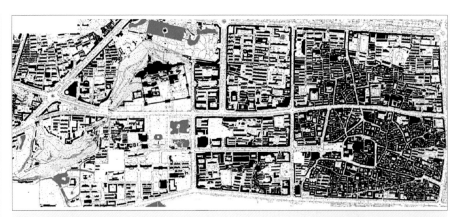

图2　布达拉宫地区与八角街地区空间肌理的比较

1. 项目背景

　　布达拉宫及八角街地区既是拉萨文物古迹最集中的地区，也是拉萨城市功能最集中的地区，政治中心、商业中心都集中在此。在城市的快速发展过程中，这一地区的历史环境发生了很大的改变，特别是布达拉宫周边出现了较多的现代建筑，而八角街地区也面临着旅游过度、基础设施不足等问题。因此，这一地区既面临着保护世界文化遗产的问题，也面临着如何使城市的正常发展更好地适应保护的需求的问题。在这样的背景下，根据住房城乡建设部的安排，中规院承担了援藏任务"拉萨布达拉宫地区保护与整治规划研究、拉萨八角街地区保护规划"的工作。

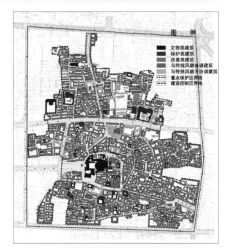

图3　八角街地区更新方式评估图

2. 八角街地区保护规划

　　八角街地区至今仍保存具有浓郁民族和宗教风格的建筑和街道，保留着拉萨古城典型的传统特征。规划以保护世

图1　布达拉宫及八角街地区也处拉萨市区的核心

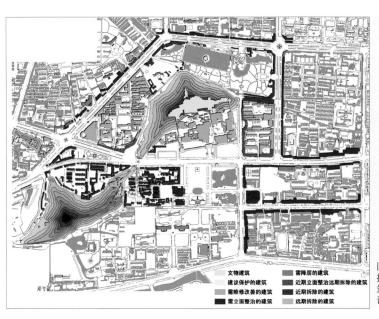

图4　布达拉宫地区建筑处理方式评估图

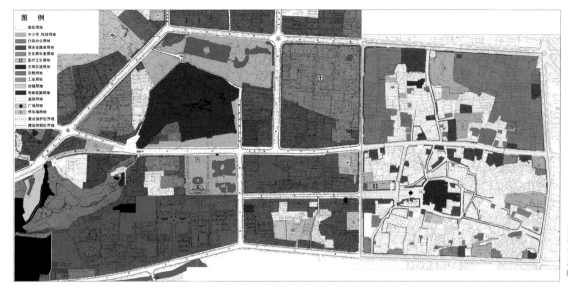

图 5 布达拉宫及八角街地区用地现状图（2003 年）

界文化遗产——大昭寺及其周围历史文化环境，保护八角街历史街区的传统风貌和留存的历史信息为目标，旨在改善街区整体环境，提高居民的生活质量，突出街区特色。

规划借鉴了国内外世界文化遗产保护的经验和教训，确定了真实性、整体性、协调性、可持续性、循序渐进和公众参与的六项原则。根据现状历史文化遗存的情况将该地区划分为重点保护区和建设控制区，并从建筑保护与更新、高度控制、人口调整、土地使用功能调整、道路交通控制、市政设施改造等六大方面提出了相应的保护控制要求。规划过程中采用对居民进行逐户走访和问卷调查等普查方式来调查建筑的保护价值，了解居民需求。此外，还制定了保护整治设计导则来管理和落实规划的保护控制要求。

3. 布达拉宫地区保护与整治规划研究

针对布达拉宫所在地区历史环境已改变的情况，规划重点为整治周边环境，控制周边建设，突出布达拉宫的主体地位。

规划以尊重历史、符合现实、适应发展为保护及整治思路，针对功能、环境、建筑三方面问题，从现状和未来环境改善方面提出相应的解决思路和规划措施。项目一方面借鉴了城市设计的思路和方法，对各种公共空间、建筑等内容进行控制，另一方面采用行动规划的思路和方法将保护和整治的内容分解落实为十二项具体的行动，增强了规划的可操作性。

4. 实施情况

为保护布达拉宫、大昭寺等世界遗产及其周围环境，国家、自治区人民政府和拉萨市人民政府共投入资金 3.1 亿元，先后对布达拉宫、大昭寺、罗布林卡周围影响环境风貌的区域进行了包括建筑修缮整治及道路、市政设施改造在内的有效整治措施。

具体保护措施之一：拆除一些影响视线的建筑

具体保护措施之二：降低一些建筑的高度

图 6 布达拉宫地区保护及整治具体措施

图 7 八角街地区保护及整治图则

西藏文化旅游创意园规划

编制起止时间：2012.9-2013.10
承担单位：上海分院
主管总工：王 凯
分院主管院长：郑德高
分院主管总工：蔡 震
项目负责人：陈 浩、刘 迪
主要参加人：方 伟、吕 耿、马 璇、
　　　　　　马晨昊炜、周扬军、谢 磊、
　　　　　　赵 祥、付晶燕、李 斌、
　　　　　　李维炳

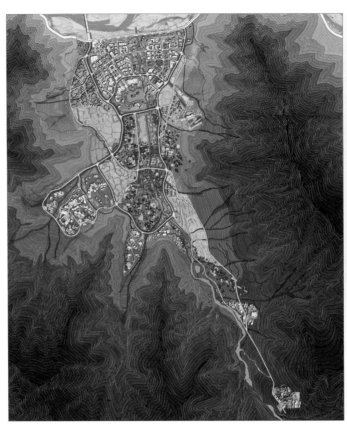

图1　总体
设计布局图

1. 项目概况

拉萨市作为西藏自治区的政治、经济、文化和旅游中心，是藏文化重要的传统文化板块，也是一座名副其实的宜居城市和宜旅城市。为进一步提升拉萨市建设国际旅游城市的目标，拉萨市在城关区蔡公堂乡慈觉林（原次角林）地区于2012年4月启动了"中国西藏文化旅游创意园"项目。该项目旨在通过坚持高起点、高标准的方式，以宏大手笔、国际眼光和鲜明特色打造一流的现代化园区，将民族建筑、民族音乐、民族歌舞、民族绘画、民族服饰、生活风俗和民间故事等内容全面集中展示。以文化吸引企业入驻，以景点凝聚游人集中，以文化旅游整体发展促进地块增值，促进区域经济发展。

拉萨市委市政府的目标是将该园区建设成为"藏文化的世界总部基地、藏文化旅游产品标准输出地、藏文化创意发祥地、高端休闲度假地、市民休闲理想地"以及具有西藏特色、西藏风格和西藏气派的先进文化品牌。园区内首期开发的

大型实景演出剧《文成公主》的实景演出平台和主题园于2012年5月开工建设，已于2013年8月开始正式演出。

为配合实景演艺园的建设，2012年9月底，拉萨市国土资源规划局在前期三个概念设计方案的基础上，委托我院上海分院对园区进行进一步规划。本次规划园区建设目标与标准较高、工程进度急迫，在此条件下，如何利用好文化要素做出规划的特色以及如何结合好工程设计以保证项目的实施，成为本次规划的两大主要任务。

2. 主要内容

为了满足对该区域总体定位的发展要求，配合拉萨市国土资源规划局开展园区建设的规划管理工作和满足当前入驻项目建设的需要，规划从三个部分对园区展开了研究和设计，分别为：①定位研究与概念规划整合；②详细规划；③道路与竖向系统、水系统、景观系统四个专项规划与地质专项评估。

西藏文化旅游创意园是拉萨为应对休闲消费时代而规划的文化旅游园区。我院在该园区的规划设计中，对以地域文化为导向的规划设计和控制进行了一定的探索，主要体现在以下几点：

第一，构建基于地域文脉的精神内核。

对文脉的传承是规划设计的前提。设计从认知拉萨的建设历程、发展动向、基地文化形式三方面入手，试图以精神内核的方式诠释文化内涵，将藏传佛教中普遍的价值观用哲学的语境加以理解，并演绎出"人与人"、"人与自然"、"人与自我"三大层次，以此作为园区整体设计的出发点。

第二，梳理基于场地特征的空间形态。

以场地特征和传统空间形制作为空间布局的前提，在总体和街区两个层面体现具有民族特色的空间特征，如通过院落模式传承空间肌理、通过保护与嵌入式的村落更新传承传统生活方式、通过点群式的建筑布局传承藏式山地建筑模式等。

第三，引导基于民族特色的形象风貌。

藏式传统建筑在选址、高度、体量、

色彩和装饰等方面有约定俗成的做法。园区规划对整体风貌作了初步的设计尝试，目标是形成既统一又富有变化、既符合地域传统特色又体现新时期藏区风格的园区形象。

为了使地域文化导向地设计更有效地发挥作用，规划采用了有针对性的控制手段，主要包括以下几点：

第一，根据设计主题指导项目业态布局。

规划依据不同项目业态在规模、用地、区位条件等方面的需求，对不同功能片区的项目进行分类选择，以体现设计的精神内核。

第二，从整体到局部控制空间形态。

包括在总体层面与工程专项规划互动，在街区层面针对设计特点提出更为具体的控制要求，如院落模式等。

第三，结合地域特色控制风貌要素。

包括针对强度与高度的一般控制和针对风貌特色的多层次的控制体系，如街区层面的设计要求以及建筑层面不同级别的风貌设计要求。

3. 项目创新与特色

西藏文化旅游创意园作为实施型的规划项目，一方面，处在高原藏文化地区，规划以地域文化为导向，将强烈的民族特征融入设计方案，关注设计的"文化性"和"场所性"；另一方面，为实现地域文化导向的设计意图，又满足"操作性"要求，规划在园区总体和街区两个不同的层面提出了具有针对性的控制导则，同时归纳总结了能够指导形象风貌的具体控制要素，以便于指导工程专项规划的实施。

4. 实施情况

西藏文化旅游创意园于2012年12月底根据园区规划，开始了一期道路的施工，于2013年8月成功上演了大型实景剧《文成公主》，其他后续项目建设正在陆续跟进中。

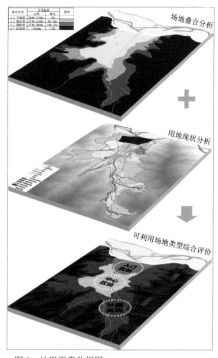

图3 地形要素分析图

图2 北部文化城片区规划设计图

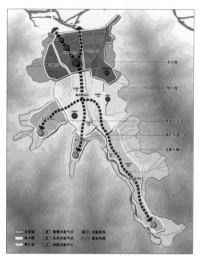

图4 功能结构规划图

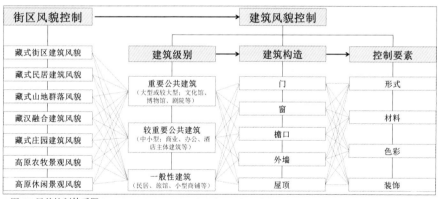

图5 风貌控制体系图

图6 文化城片区透视效果图

西藏昌都 城市总体规划 （2008-2020）

2010-2011年度中规院优秀城乡规划设计二等奖
编制起止时间：2008.6-2010.11
承 担 单 位：城市规划与历史名城规划研究所、工程规划设计所 （现城镇水务与工程专业研究院）
主 管 所 长：张 兵
主管主任工：缪 琪
项目负责人：王 勇、郝之颖
主要参加人：陈 睿、胡 敏、曾 浩、 刘明喆、张 健、王 鑫

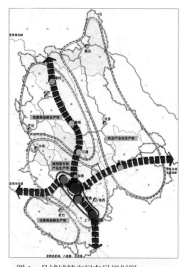

图1 县域城镇空间布局规划图

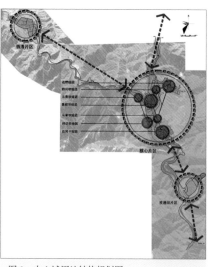

图2 中心城用地结构规划图

昌都地处青藏高原少数民族聚居地区，多种极具特色的条件决定了昌都城市总体规划必不同于沿海或中原地区城市的总体规划。

1. 规划的难点与特点

1）保护要求高

昌都地处西藏地区东部，特殊的气候和地理环境，使其生态系统极易被破坏且难以恢复。由于长期以来昌都与外界交流较少，使昌都的文化具有浓厚的本地特色，盲目开发很容易导致历史文化资源遭到破坏。

2）建设条件苛刻

昌都虽然幅员辽阔，但地形地貌以高山、峡谷为主，可用于生产和建设的土地不及总用地的1%。位于澜沧江峡谷中的昌都县城未来可用于建设的土地仅有大约6km²，而且多处面临着滑坡、崩塌、山洪等自然灾害的威胁。

3）发展动力小

昌都位于青、藏、滇、川四省交界的高原多山地区，出入交通极为不便。尽管绝大多数城镇人口集中在昌都县城，但昌都县城现状建设用地仅4km²，城镇人口仅4.2万人，人口增速也极为缓慢。县城仅有少量手工加工工业，农牧民的生产方式以原始的手工劳作、自给自足

为主，产能比较低。

4）发展诉求强

在国家援助直接带动区域发展日趋困难、昌都与内地差距日渐拉大的今天，昌都群众生活水平提高和生活条件改善的诉求日趋强烈，主动加快发展步伐已成为昌都刻不容缓的责任。

2. 规划思路与重点

规划将"深挖掘、细研究、小手笔、大作为"作为主要技术路线，将发展时机把握与动力挖掘、城镇化路径选择、土地集约利用、景观与历史文化保护作为规划的重点。

1）城镇化动力与路径选择

规划选择与昌都特殊的自然、地理、交通条件相匹配的旅游业为主导产业，将公共服务作为城镇的主要职能。在昌都相对封闭的环境条件下，充分尊重昌都农牧业分异特征和城镇在文化传播及政治稳定方面的基础性作用，采取"一核、两线、四区"的结构，以点带面，极化中心城，把优化各乡镇服务职能作为城镇建设的重点，引导昌都走服务业带动城镇化的道路。

2）中心城土地使用

规划将建设用地的选择、服务类用地的布局和土地使用方式的优化作为中心城规划研究的重点。为避免用地过于

分散，规划围绕昌都镇以及2个邻近乡镇，采取集中布局的结构。在用地上增加了商业、文化娱乐、市场物流、教育科研等公共服务设施用地，同时将人均建设用地从97㎡降低到86.5㎡。在认真分析了现状各组团用地结构和布局特征后，分别对目前的用地组团提出优化的方向。

3）文化保护与空间规划

规划认为"强巴林寺统领全城"、"周边各坝区各具特色并被山水分隔"是昌都市城市景观的主要特色，将"整体保护昌都城市特色景观格局"、"建立山—水—寺—城和谐交融、人与自然和谐共生的城市景观系统"作为景观规划目标，将"保护强巴林寺的景观核心地位"和"塑造各具特色的景观区域"作为规划重点，设计了"2轴、4点、9区"的景观结构，并对各坝区分别提出规划设计指引。

4）其他工作

针对昌都特殊的气候和环境特征，规划在道路交通、防灾减灾、环境保护、节能减排等方面都提出了具有当地适应性的规划设计。为充分了解当地需求，增强规划的可操作性，项目组通过街道、居委会对各类居民作了详细的问卷调查，与昌都地区行署、建设局通过纪要、电话的形式进行过近百次沟通，取得了较好的效果。目前规划已经获得西藏自治区批准，成为昌都城市建设和规划管理的指导。

3. 经验与认识

通过昌都总体规划认识到：

第一，西部中小城镇很难像大多数沿海城市那样走工业化带动城镇化的道路，"服务业带动城镇化"是在特殊的自然、地理、经济情况下的良好选择。

第二，西部中小城镇很难形成多级、点轴或网络化的城镇体系结构，单中心极化，其他乡镇提供基本的公共服务，是西部中小城镇比较适宜的城乡发展方式。

第三，市场力量正成为西部中小城镇发展的重要力量，必须把握时机，有效规范和引导。

第四，优化土地利用方式，集约利用土地，是西部中小城镇在面临资源、环境等问题的情况下，城镇发展的必然选择和有效的途径。

第五，重视保护西部中小城镇良好的自然环境和有特色的文化环境，并在保护好的前提下积极将其转化为城镇发展的推动力量。

4. 规划实施情况

昌都目前正按照极化中心城——昌都镇的道路发展。旧城改造已基本按照总规分区控制导则全面展开，在此过程中强巴林寺得到了保护，强巴林寺的景观核心地位得到了重视。规划要求建设的扎曲河滨江道以及昌都坝跨扎曲河的胜利桥、云南坝北侧跨昂曲河的云南桥已按照道路系统规划建成。达因卡、下加卡地块建设已基本按照规划全面展开，目前，达因卡地块道路基础设施建设已基本完成。

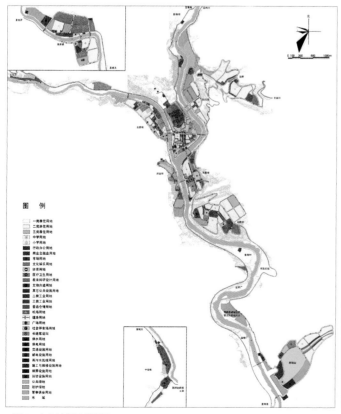

图3 中心城用地规划图

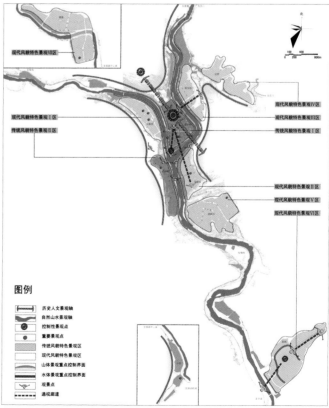

图4 中心城景观系统规划图

西藏林芝
城市总体规划
（2013-2030）

编制起止时间：2011.12-2014.4
承担单位：城市与区域规划设计所
主管总工：张 兵
主管所长：朱 波
主管主任工：林 纪
项目负责人：赵 朋
主要参加人：苏迎夫、张 力、高均海、
　　　　　　牛亚楠、冯一帆、单 丹

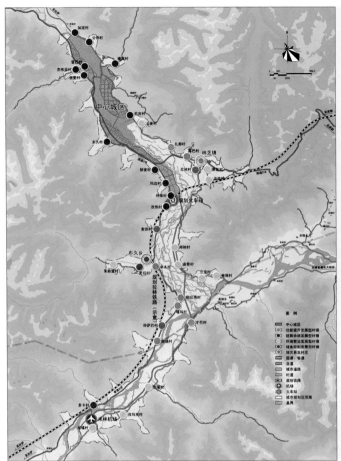

图2 城市
规划区功能
结构

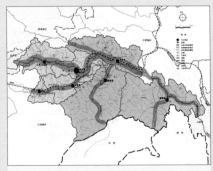

图1 西藏林芝地区空间发展结构

2010年中央第五次西藏工作座谈会明确了推进西藏跨越式发展和长治久安的目标和任务，林芝地区提出了建设西藏经济强地，在全区率先全面建成小康社会的城市发展目标。为进一步缓解西藏经济发展的瓶颈问题，"十二五"期间，西藏自治区将继续实施基础设施先行的战略。其中，拉萨至林芝的铁路林芝站选址的调整，是构成林芝八一镇城市总体规划修编的直接动因。本次林芝城市总体规划形成的主要特点如下：

1. 指导思想

本次规划将明确林芝在区域发展格局中的战略地位，把握国内和国际的新形势，分析林芝的地缘和资源特征以及政策的新优势，进一步发挥林芝在区域发展格局中新的地位和作用；将塑造具有地域特色的城市风貌作为城市空间规划的核心，结合林芝地区的自然条件和城乡发展特

点，构建高原宜居城市；将规划成果更具有可操作性作为实施要点，应对未来发展存在的不确定因素，注重制定规划弹性控制政策，强调规划编制的控制、引导作用。

2. 核心内容

1）城市定位

根据对林芝城市发展条件的综合评价，把握区域发展环境的变化趋势，全面落实中央对西藏的方针政策，培育壮大中心城市的辐射带动能力，实现林芝地区经济增长、生活宽裕、生态良好、社会稳定、文明进步的协调发展，增强林芝的发展动力，率先实现全面小康社会目标。规划提出林芝城市的定位为：高原森林生态国际旅游城市。城市功能不断推进，在2020年实现我国高原森林生态旅游城市的目标。

2）城市产业体系

坚持生态优先、富民惠民、提高发

展能力的原则，以旅游业为主导产业，推动高原生态国际旅游城市的建设，城市产业体系通过培育壮大主导产业——旅游业，大力发展特色农产品加工制造业、藏药产业、商务办公服务业构建。

3）功能布局

城市发展方向的确定以资源环境条件为基础，以集约紧凑、节约用地为宗旨，以充分利用区域对外交通设施建设的发展机遇为原则，适度向南形成"一河两带、组团式"的总体空间结构。

3. 创新与特色

1）提出了渐进的城市发展目标和城市功能

根据林芝地区发展阶段和发展趋势，建立了城市功能分步推进的策略。第一阶段到2020年建成林芝为我国高原森林生态旅游城市，第二阶段到2030年建成高原生态国际旅游城市。

2）构建了发展生态、民生和高效型产业体系

根据生态环境、资源规模、就业带动、交通条件、产业前景等多因素的评价，构建以现代旅游服务业为主导，特色农产品深加工业、生产服务业、职业教育和交通物流加工为支撑的产业体系。

3）构建中心城市和旅游城市功能融合的空间布局

规划强化了区域交通设施对城市空间拓展的带动作用。在发展时序上，将完善和提升新旧城市组团放在首位，使之成为承接近期发展目标的重要载体。城市新功能的拓展方面，规划提出了先南后北的发展构想，以水电基地的建设，推进林芝旅游目的地从以观光为主的旅游服务中心，向休闲、会议、科考和教育培训等新型旅游服务中心转型。在城市特色的营造方面，通过规划设计、城市环境营造、完善公共服务体系、生态技术运用等综合措施，建设林芝城区为青藏高原示范城镇。

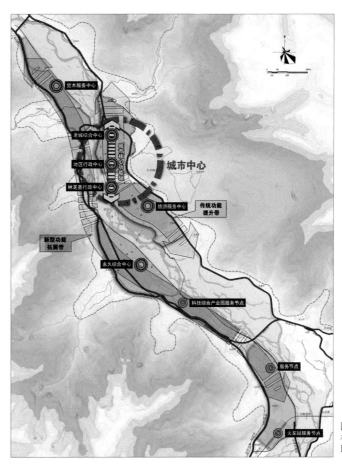

图3 西藏林芝中心城区空间结构

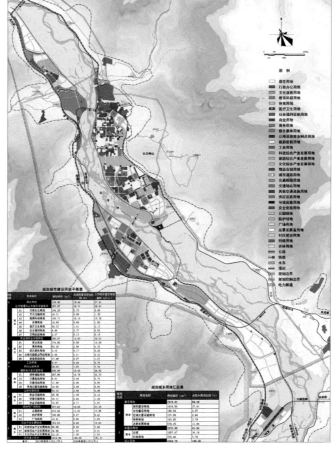

图4 西藏林芝中心城区用地规划

西藏阿里地区狮泉河镇总体规划（2008-2020）

2008-2009年度中规院优秀村镇规划设计二等奖

编制起止时间：2007.9-2009.11

承 担 单 位：深圳分院

主 管 总 工：李晓江

分院主管院长：朱荣远

分院主管总工：何林林

项目负责人：罗 彦、周 晗

主要参加人：陈长青、唐明健、邝启亮、
　　　　　　柯 凡、刘 缨

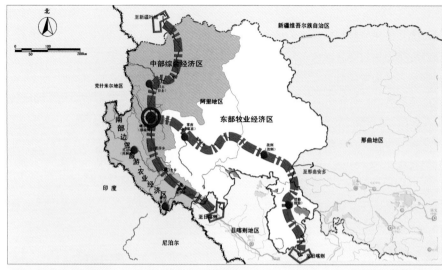

图2　城镇空间结构规划

由中规院承担的2007年住房和城乡建设部援藏项目"西藏阿里地区狮泉河镇总体规划（2008-2020）"于2008年8月顺利通过阿里地区和西藏自治区城镇规划评审委员会的评审，获得了两级政府和专家的一致好评，并于2009年11月通过自治区人民政府审批。中规院本着对地方发展高度负责的态度，针对阿里地区的特殊性，以科学发展观为指导，抓住生态环境保护和城镇发展持续动力等关键问题科学指导了城镇总体规划。

1. 项目特点和构思

1）项目特点

阿里地区位于西藏西部边境地区，旅游资源丰富，是民族和地区稳定的重要地区。生态环境脆弱，承载力下降严重，地区策略与国家战略存在矛盾；经济发展水平落后，中心城镇辐射不足，传统生产方式导致增收困难；发展主要靠国家援助，而援助只是贯穿了传统的资源生产观念的逻辑，以输血型为主，针对性的造血机能有待加强；区域性重大基础设施以及国家战略要求的地区发展应对不足；援建标准尊重地方文化不够，地方特色不突出。

2）规划构思

（1）从阿里地区城镇体系规划入手，确立行署所在地及地区中心城镇的定位和发展思路。

（2）提出面向国家援助计划的建设项目库。

（3）提出以长期性技术援助为支持，以恢复和保护生态环境及牧场资源为目标，有条件地调整生产方式和本地居民的财富观，增加农牧民收入水平和聚集方式，构建适合当地特点的城镇化推进模式。

（4）提出了城市建设和生态建设共进的规划价值观，利用狮泉河和加木河建设防洪、调蓄水枢纽，形成城市绿化和生态防风沙环境林地的两套灌溉系统等，指导阿里地区城镇发展的"大生态、小城镇"新理念。

（5）提出了高原地区政策性突破的示范性政策指引，促进城镇化进程。

（6）充分考虑到当地的建设条件、资源条件和气候条件，提出了适合当地的市政建设标准。

2. 规划创新和主要内容

1）通过多元的可援性计划构建，拓

图1　狮泉河镇用地规划图

展城镇化发展模式

规划选择从相对单一的牧业转向以农牧业产业化和集贸流通业为主，旅游城镇化为辅的特色产业驱动型。近期可以适度发展一些特色农业项目和以地方资源为导向的工业项目，重点强调三个方面：第一，有条件地引导当地牧民改变财富观和资源利用方式，通过技术型援助，设定一批农业发展的示范项目，改变增收手段，并以此引导牧民的生活和聚集方式（也使援助的牧民聚集地住宅建设项目得以发挥作用），推动农牧业产业化、商贸流通和旅游发展，实现资源观、生产方式、市场观的改变，建设具有阿里地区特色的新型农牧区和城镇化发展模式；第二，在国家给予西藏的资本性和项目型援助的基础上，强化长期性的发展型、技术型、"草根型"的让广大农牧民能够参与的援助行动；第三，通过向农牧业并重发展的转变和农牧产品流通，在扩大相关产业，如加强旅游业发展的同时，改变单一传统生产方式对牧场的依赖，降低牧场的生态恢复压力，在发展生产的同时实现国家大的生态战略，推动阿里地区的可持续发展。

2）通过城镇发展动力项目库的建立推进城镇发展，确定城镇空间结构和辅助确定城镇规模

规划选择一些长期性和知识型（技术、人才）的高附加值的发展项目，具有广泛的社会和经济影响，能带来附加效益，建立资金、人才、技术、市场为一体的援助链。规划狮泉河镇的城镇项目投资重点是区域性交通设施（如旅游和商品通道）、特色资源放大的支撑项目、基于现阶段的农牧业发展及生态环境保育并举的项目和一些复合型项目，其次也包括常规的援助项目。项目库细分为生产领域、公共服务设施领域、市政基础设施领域和综合示范性领域4大类，13中类，共计56个项目作为本规划期限内狮泉河镇城镇重点建设项目，以完

善城镇发展环境和推动城镇发展。规划不再追求城市发展规模以"空间增量"为支持的空间快速扩张，而是强调精致发展、精品城市，降低发展成本，提高发展质量，提升城市品位。统一和明确城市发展框架，通过对原街道空间的梳理，公共环境的整治，重要建筑、节点的设计等一系列改造措施，塑造城市特色，依托民族文化（建筑、文字）树立高原重镇的城市形象。以居住和公共服务设施占主要比重，适度增加公共开放空间和特色产业用地，完善城市公共服务系统，提高居民生活质量。

3）通过大生态建设塑造城镇风貌特色，加强城市设计，制定特色生态系统规划

规划充分利用防风防沙工程的基础，进一步拓展生态保育和恢复面积，适度控制城镇发展远景规模，施行精致发展，并落实到援助型项目上，实现大生态、小城镇的生态格局，把狮泉河建设成藏北高原地区具有生态示范价值的高原生态城镇。因此，对于大生态、小城镇的建设，重点关注两个系统的结合：一是城市绿地系统与区域生态系统的结合，把城市防沙和防风工程与城市绿地系统结合起来，作为生产防护绿地，改善城

镇生态体系，提高城镇生态指标，美化城镇生态环境。创造性地利用集水渠和市政绿化渠道的结合，加强风道的利用，加强生态绿楔的入城等。二是城市灌溉工程与防洪工程的结合，充分利用狮泉河作为区域大生态的灌溉水源和城镇绿地系统的灌溉水源；利用狮泉河泻湖和狮泉河防洪堤，在东南部山地建立高位水池，作为狮泉河南部灌溉工程的主要水源。建设完善的灌溉渠网工程，建设高原"都江堰"，将狮泉河、加木河水利综合设施连接起来，建设两套城市灌溉系统，持城市的两级绿化体系，即城市外围的生态系统（湿地、生态林）和城市内部绿化系统。

3. 规划实施

本项目上报西藏自治区人民政府并于2009年11月审议通过。通过四年左右时间的实施，目前，总体规划所确定的城镇空间布局结构、城市重点建设空间、人居环境的改善和重大基础设施都得到了确认和有序推进，其中污水处理厂、区域生态灌溉工程、城镇道路建设与排水系统工程、光伏电站工程、城镇旅游综合区等工程已经动工或建设完成。

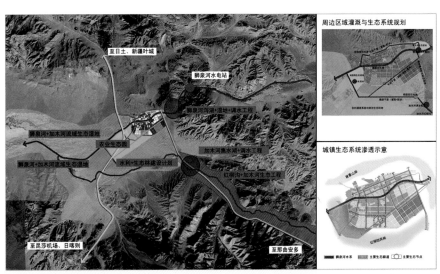

图3 大生态系统建设

西藏拉萨市尼木县吞达村村庄规划

2012-2013年度中规院优秀村镇规划设计一等奖

编制起止时间：2011.5-2012.6

承担单位：城市与乡村规划设计研究所

主管所长：蔡立力

主管主任工：靳东晓

项目负责人：蔡立力、张清华

主要参加人：茅海容、邓鹏、陈宇、
　　　　　　张昊、介潇寒、曾浩

合作单位：西藏自治区社会科学院农村
　　　　　　经济研究所

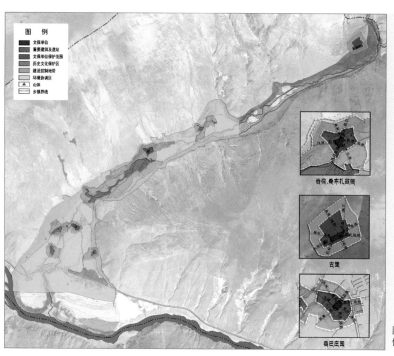

图3　村庄保护规划图

图1　吞巴客栈一层平面图及立面示意图

图2　吞巴客栈及周边地区规划布局图

吞达村紧邻318国道和雅鲁藏布江，处于拉萨至日喀则黄金旅游线的中间位置，是藏文创始人吞弥·桑布扎的故乡，也是自治区少有的千年古村落之一。鉴于吞达藏族古村落的特殊性，本规划定位既不是单纯的村庄建设规划，也不仅是传统意义上的古村保护规划，而是融历史名村规划、旅游发展规划、村庄建设规划为一体的综合性规划，并形成"村庄建设规划"和"中国历史文化名村申报材料"两项综合性成果。

1. 规划特点与创新

（1）深挖历史文化底蕴，梳理遗产，申报历史名村。规划突出整体保护和原真性保护的理念，重点保护村庄"依水为脉，融于自然的整体聚落布局"特色与"居作相宜，疏密有致的村落空间"特色，合理划定历史文化核心保护范围与建设控制地带。其次，规划注重多学科合作，聘请当地的历史专家、文物专家和林业专家一起形成综合工作小组，深入挖掘村庄特色。尤其是西藏社科院团队撰写的《吞巴家族历史考》专题报告，一定程度上填补了西藏"吞弥文化"研究的空白，也有力支撑了

吞达村"中国历史文化名村"的申报工作。

（2）突出文化旅游发展，"村景一体"统筹村庄建设全局。本规划重点突出三个结合：一是村景结合，规划考虑到南部火车站的建设，提出"南居北游"的空间发展蓝图，保护北部旅游资源集中区的同时也对旅游资源利用景区划分进行了统筹安排，实现"村景一体"。二是点线结合，规划空间结构形成"三点一线五景区"，以"点、线"为核心安排布局主要旅游景点和服务设施；三是规划和设计相结合，从规划和设计两个层面构建水系景观系统、路网系统、景点系统、服务设施系统，并对村庄整体建筑风貌控制、村民住宅选型、村庄景观整治等方面提出了详细的规划设计意见。

（3）全程突出公共参与，强调村民集体组织作用。规划建立了以"农房调查表"为主的农户电子信息档案，并多次召开村民代表或党员干部参加的规划座谈会，了解村民意愿、倾听群众呼声。同时，规划特别强调集体自治组织对村庄发展的带动作用。在规划建议下，村庄成立了"藏香生产合作社"、"吞达旅游合作社"、"村民生态环境自治委员会"、"藏香生产销售协

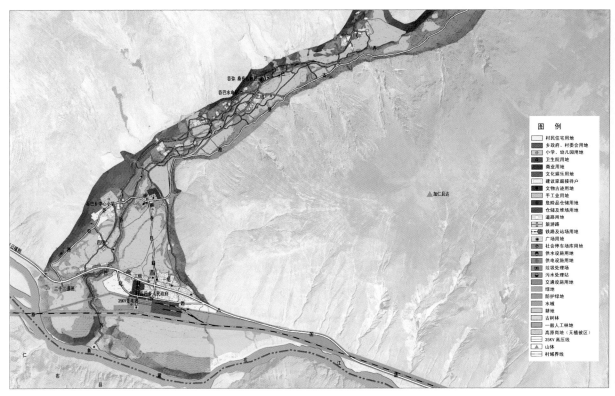

图4 村庄
土地利用规
划图

会"等多种类型的村庄合作社或自治组织，调动了群众的积极性，取得了良好的成效。其中光是藏香生产销售协会的会员就达100余人，去年帮助群众实现增收43万元。

（4）多渠道筹措建设资金，技术援藏全程跟踪实施。规划重点梳理中央各部委及相关部门的援藏资金和援藏政策，研究不同渠道资金的整合利用，强化资金使用效率。规划将村庄建设具体内容细化成8大类41项。除社会投资的项目外，其余项目争取和国家相关扶贫政策与援藏资金对接，加强可操作性。同时，我院与当地政府达成了《共同建设尼木县吞达村新农村的合作协议》，继续以技术援藏的形式全程参与吞达村的规划建设。为便于规划实施，项目组编写了通俗易懂的双语宣传册——吞达村"村庄规划问与答"，发放到全体村民手中。

2. 实施效果

规划实施一年多来，村庄整体面貌发生了较大的变化。一是植被得到有效保护，村庄景观风貌大大改善，2012年被授予"自治区级生态文明村"称号；二是在规划组的指导与驻村工作组的帮扶下，成立了村庄网站、藏香销售淘宝站点，促进了藏香销售量和农民增收，10余户贫困户实现了脱贫目标，村民可支配收入年均提高上百元；三是文物保护与旅游发展快速推进，与当地文物专家一起发掘与抢救性修复了吞弥·桑布扎故居、吞巴庄园，建设了藏文博物馆、尼木三绝博物馆等文化游览设施和接待设施，旅游景区框架基本形成，2014年3月，村庄还被列入第六批"中国历史文化名村"名单，也是自治区首批历史文化名村；四是基础设施和公共服务设施加快推进，吞达村至吞普村公路项目正式启动，村庄饮水工程实施完毕，太阳能路灯垃圾收集池等基础设施逐步到位，村民生产生活水平显著提高。实施后，规划得到了区市主要领导和当地普通民众的一致好评。2013年，吞达村规划案例还获得了国务院扶贫办颁布的"全国社会扶贫创新案例"称号。

图5 得到有效保护的水磨藏香生产设施

图6 按规划修复后的吞达庄园

图7 按规划修建的旅游步行栈道

新疆城镇体系规划（2013-2030）暨新疆自治区推进新型城镇化行动计划（2013-2020）

2012-2013年度中规院优秀城乡规划设计一等奖
2013年度新疆维吾尔自治区优秀城乡规划设计一等奖

编制起止时间：2010.5-2013.9

承担单位：城市建设规划设计研究所、城乡规划研究室、城镇水务与工程专业研究院、城市交通专业研究院、学术信息中心

主管院长：李晓江
主管总工：王凯、张菁
主管所长：尹强
主管主任工：鹿勤
项目负责人：张全、李海涛、徐辉
主要参加人：曹传新、王亮、龚道孝、张帆、关凯、王继峰、陈利群、王巍巍、胡天新、荆峰、翟健、石亚男、陈明、周长青、罗赤、李克鲁、高世明
合作单位：新疆维吾尔自治区城乡规划服务中心

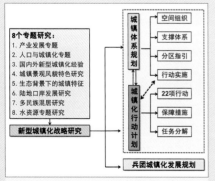

图1 援疆规划技术工作框架图

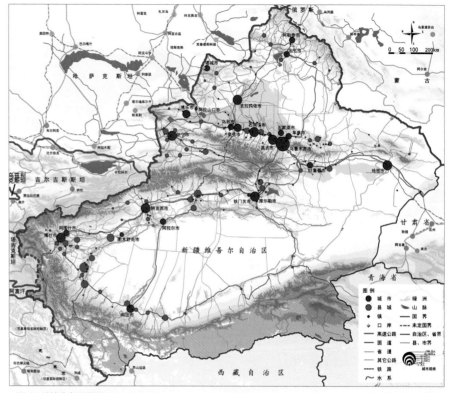

图2 城镇分布现状图

2010年5月中央新疆工作座谈会，开启了新一轮大规模对口援疆工作，新疆站在了新的历史起点上。本规划为住房和城乡建设部的重点援疆项目，得到部领导和自治区党委的高度重视和支持。

援疆规划工作包括战略研究、体系规划、兵团城镇化规划和具体行动计划四大部分，同时推进、互为支撑。其中《新疆城镇体系规划（2013-2030）》以《新型城镇化战略研究》及8个专题为前期研究基础，《新疆生产建设兵团城镇化发展规划》和《新疆维吾尔自治区推进新型城镇化行动计划（2013-2020）》又是体系规划的具体深化与落实。

1. 技术要点

新疆是我国西北的战略屏障和对外开放的重要门户，是我国实施西部大开发战略的重点地区和国家战略资源基地，是我国边疆多民族地区实现全面小康的重点地区。同时，新疆远离内地，地域辽阔，民族众多，具有迥异于内地的社会经济、文化生态和资源环境特征。

因此，新疆特殊的战略地位和自身的独特性，要求规划既要通过技术手段落实国家战略要求，又要结合新疆实际，提出具有针对性的规划对策。主要体现在以下几个方面：

1）充分认识新疆新型城镇化的特殊内涵

新疆新型城镇化不同于内陆其他省区发展模式，是基于国家战略的特殊政策型、民生型城镇化地区，包括6个方面具体内涵：一是相对均衡发展的城镇化；二是外驱动力与内生动力相结合的城镇化；三是多元一体文化繁荣发展的城镇化；四是生态环保与协调发展的城镇化；五是注重发展与稳定的城镇化；六是兵地融合互补发展的城镇化。

2）规划高度重视生态环境保护和水资源节约利用

针对新疆大规模利用荒漠戈壁建

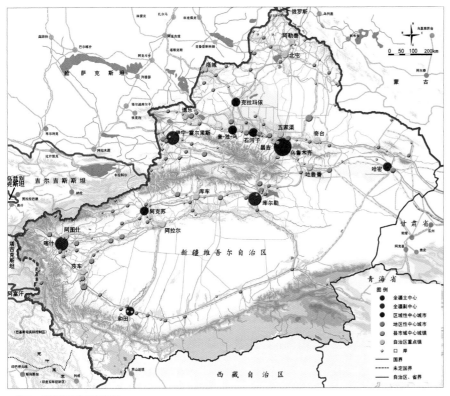

图 3　城镇空间布局规划图

进一体多元文化繁荣，在城镇化进程中充分体现地方文化特色，提出加强历史文化保护、打造边疆文化名城、建设游牧文化生态保护区等举措。

6）注重实施，通过具体行动计划落实城镇体系规划

《行动计划》按照战略性、针对性、可操作性和时效性的原则，提出5个方面22项具体行动。针对五类城市和自治区相关各厅局的工作，制定了详细的任务分解表，明确各自的工作任务和责任，便于考核。

在自治区层面编制和实施推进城镇化的具体行动计划，是一项探索性工作；通过行动计划，使新疆城镇体系规划的核心内容，从技术性文件真正进入政府决策和实施执行体系，走向真正可实施的公共政策。

2. 实施效果

目前，本规划已经成为统筹新时期全疆发展、推进新型城镇化的最主要的综合性协调平台。建设部专家、自治区党委给予了高度评价，自治区领导亲自带队分赴14个地州进行规划宣讲。在规划指导下，自治区完成了一批地州城镇体系规划和城市总体规划，兵团已经完成铁门关市、双河市挂牌和其余拟建市前期规划工作。

2014年7月14日，经国务院同意，住房和城乡建设部正式批准《新疆城镇体系规划（2014-2030）》（批复时规划年限有所调整）。

设新城和园区问题，规划提出将荒漠和山前戈壁划为限制建设区，提出产业园区和新城建设科学选址布局建议，明确提出在荒漠戈壁上的建设同样应坚持集约利用土地，符合国家建设用地标准。针对新疆水资源总量丰富但时空分布不均的特点，规划分别以流域和绿洲为单元，分析各流域绿洲水资源利用现状及潜力，以此确定未来人口发展规模、产业取向和空间组织。

3）充分把握兵团的特殊性

规划提出了新时期兵团由"屯垦戍边"转向"建城戍边"的发展战略，要走以维稳、戍边、兴疆为导向的兵团特色城镇化道路。

规划将兵团与地方城镇纳入同一城镇体系框架，统一规划，立足兵团特色城镇化战略，提出兵团城镇空间布局和建市的基本原则，制定兵地共融、互补发展的措施。

4）把握绿洲城镇体系特点和发展趋势

全疆城镇体系依托绿洲呈现"大分散、小集聚"的特点。规划提出"开放高效、相对均衡"的城镇空间发展战略。一是强化交通走廊与内陆门户，构筑三条发展轴，带动各绿洲组群融入更大区域经济体系，扶持沿边城镇带打造对外开放前沿和战略屏障。二是以绿洲为单元统筹城乡发展和兵地城镇协调发展。以乌鲁木齐都市圈为引领，打造多个绿洲城镇组群。通过培育喀什、伊宁霍尔果斯、库尔勒三个副中心城市以及一批绿洲中心城市，带动南疆和边境地区实现均衡发展，由此形成"一主三副、多心多点"的中心城市体系和"一圈多群、三轴一带"的城镇空间发展总体格局。

5）注重多民族团结和地方文化特色保护

规划提出引导各民族群众共同居住同一社区，共建和谐美好社区，提出推

乌鲁木齐市
城市总体规划
（2013-2020）

2012-2013年度中规院优秀城乡规划设计二等奖

编制起止时间：2008.4-2013.12

承担单位：城市建设规划设计研究所、城市交通专业研究院

主管院长：王　凯

主管总工：官大雨

主管所长：张　全

主管主任工：鹿　勤

项目负责人：王明田、王　亮、刘　岚

主要参加人：龚道孝、关　凯、涂　欣、李　湉、张　峰、项　冉、冯　晖、艾　宇、李　潇、杨　嘉、周　乐

合作单位：乌鲁木齐市城市城市规划设计研究院、科学院新疆地理所、科学院生态中心、新疆社科院中亚所、水利部政策研究中心、北京气象研究中心、长城产业研究所

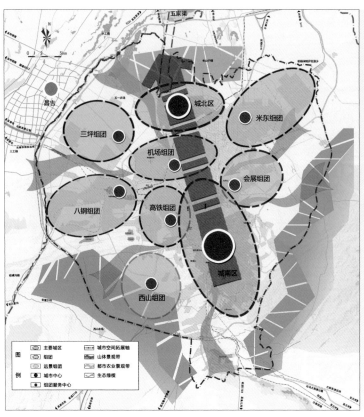

图2 中心城区空间结构规划图

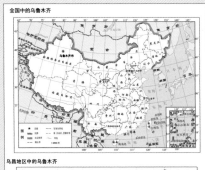

图1 乌鲁木齐总规划城市区位图

乌鲁木齐市为新疆维吾尔自治区首府，邻近中亚西亚，是我国向西开放的门户城市。城市总体规划编制适逢国家对推进新疆跨越式发展和长治久安做出战略部署，城市在持续快速发展时也面临资源紧张、环境恶化、交通拥挤、公共空间资源被破坏等诸多问题，迫切需要城市空间的合理谋划和部署。

1. 规划思路

规划坚持"国家战略目标和地方多元诉求相结合、城市建设约束条件和可能条件相结合"，促进"从依赖传统优势向发展现代功能转变、从中心增长向带动区域转变"，统筹不同层次的发展需求，推动城市健康高效发展，确保在全疆率先实现全面建设小康社会。

规划提出，到2020年，将乌鲁木齐建成我国西部中心城市、面向中亚西亚的现代化国际商贸中心、多民族和谐宜居城市、天山绿洲生态园林城市和区域重要的综合交通枢纽。

城市性质确定为"新疆维吾尔自治区首府，我国西部地区重要的中心城市和面向中亚西亚的国际商贸中心"。实施包括促进绿洲生态环境可持续发展、促进乌昌地区协调发展、实施双向开放、推进新型工业化、建设西域名城等五大发展战略。

2. 规划特点

1）加强相邻区域的规划研究

本次总体规划同步进行了《乌鲁木齐都市圈规划》和《乌昌地区城镇体系规划》的研究，分别从绿洲单元的城镇群组织角度和从行政单元的管控角度在区域层面研究资源的优化配置，确定乌鲁木齐市发展目标和控制要求。

2）进行多专题研究

规划采取多单位合作模式，多层面解剖复杂的城市问题，形成包括经济、环境、交通、社会等6个系列21项专题研究报告，帮助认识城市发展影响要素及其作用机制，为空间布局方案奠定扎实的研究基础。

3）坚持多方案比较并积极谋划长远发展

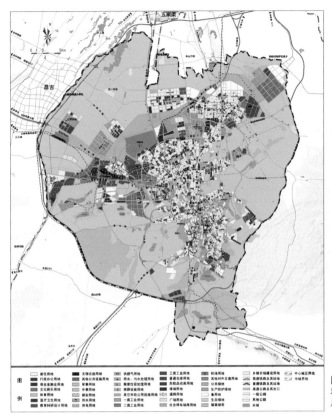

图3 中心城区用地布局规划图

规划提出建设全疆政务金融中心、高铁商务中心、红光山会展中心等5个区域性中心应对高端现代服务业的专业化需求，研究设立金融、口岸、教育科研、批发市场、企业办公等集中区和文化产业园，加强城市服务职能。

规划重点提高体育、文化和福利设施用地标准以改善基本公共服务水平，重点加强快速路网建设，解决中距离跨组团交通问题和对外联系，控制轨道交通选线和公交廊道，为促进城市公交发展创造条件，实施煤改气工程和发展分散式供热以改善空气质量。此外，规划重点加强了防洪、抗震、消防、公共安全的布局内容。

5）彰显天山绿洲景观和地方人文风采，建设西域名城

规划借助天山之下、绿洲之上的优美环境，使周边自然呈楔形与城市融合，中间穿插以河流和绿廊，城市建筑高度控制、景观廊道和道路选择均考虑天山和绿洲背景，形成"南山北田相距、东丘西台相偎、水脉绿网交错、绿地公园点缀"的优美风光。

依托东西方文化交织和多民族聚居形成的独特人文环境，结合旅游服务中心建设，提出保护历史文化遗产，打造商业游憩区，建设西域名城，促进城市文化和旅游发展。

本项目的编制历时5年，方案的形成和完善历经多次征求意见和反复推敲。规划坚持以方案为平台促成多方主体达成共识，经过多轮比选，最终形成上报成果。

按照规划设想，未来三坪组团有望建设国际化服务功能，突破单一组团与邻近地区组成北部城区，三坪和安宁渠形成组合中心，与南部城市中心构成实质的"双心"结构。从长远发展看，北部有望进一步整合昌吉市区，形成南、北相当的城市架构。规划提出应控制好上述地区的空间利用，并为南北城区预留好衔接通道。

3. 重点内容

1）坚持走资源开发和生态环境可持续之路，统筹城乡空间和产业发展

针对干旱区天山北麓绿洲的敏感生态环境，规划区覆盖市域全境，重点进行水资源评价和大气环境影响模拟，结合土地利用状况确定生态格局，实施全市域空间管制和规划区管理。

2）加强对外辐射带动，促进区域协调和分工

规划研究设定了乌昌都市区这一空间范畴，覆盖邻接的昌吉市、五家渠市和阜康市的主要城镇。通过加强都市区内城镇协调整合、交通一体化、绿洲生态安全保障、区域设施通道控制，形成"双核、双轴、三区"，落实不同主体的同城化协调发展要求。

在都市圈层面，规划提出按照经济一体化的思路协调各地建设，实现县市之间的普遍联系。

3）发展新城区和专业性组团，促进城市功能合理布局

规划认为既有的单中心结构是造成城市多种问题的症结，结合用地分析，确定南控北扩、西延东进的基本对策，采用"多中心、组团式"的布局方式，引导城市建设重心北移，促进老城区职能疏解和功能提升。

4）提升城市服务，改善城市环境，塑造现代宜居城市

4. 实施情况

已经上报的《新疆城镇体系规划（2013-2030）》充分吸纳了城市总体规划研究成果，城市定位、城市规模、乌昌都市区概念均得到认可。2011年，乌鲁木齐市通过了自治区级园林城市评审。在总规指导下，乌鲁木齐县城市总体规划编制完成，下位各分区控制性详细规划的编制基本完成，乌鲁木齐轨道交通规划于2013年得到国务院审批通过，城区若干污染性企业和危险源也开始实施搬迁。

新疆生产建设兵团
北屯市城市总体规划
（2011-2030）

2010-2011年度中规院优秀城乡规划设计二等奖
2013年度新疆自治区优秀城乡规划设计奖二等奖
编制起止时间：2010.4-2012.12
承 担 单 位：城市规划与历史名城规划研究所
主 管 总 工：官大雨
主 管 所 长：郝之颖
主 管 主任工：缪 琪
项目负责人：林永新
主 要 参 加 人：杨 涛、王玲玲、曾 浩、
　　　　　　　　荣冰凌、阙愿林、范 勇

1. 项目背景

新疆地处西北边陲，战略地位重要，资源丰富，但是安全形势严峻。新疆生产建设兵团是新疆稳定的基石，中央将"设市建城"作为促进兵团发展的重要措施。

北屯是"7·5事件"后设立的第一个兵团城市。本次规划也是新时期兵团第一个设市城市的总体规划，本规划对于此类规划如何编制与实施具有先行实验和探索的性质。因此，本次规划着重研究兵团城市特有的发展规律。

2. 技术特点

1）兵团特色的城镇化道路

在兵团，城镇化的根本目的是让职工能够享受现代文明，实现拴心留人、维稳戍边的需要。兵团多数场地地处偏远，以工业化推进城镇化不可行，所以探索以农业现代化推动城镇化的路径。

调整农业产业结构，将大田职工转移到劳动力密集的设施农业。再调整农业空间布局，将设施农业集中在团场小城镇周边，大田农业布局在城镇外围。多数职工从事设施农业并就近耕作；人数较少的大田农业职工也集中在城镇居住，长距离通勤到作业点，以工作点为支撑点和耕作中心进行农业生产。

2）维护绿洲生态安全

研究荒漠绿洲的生态构成，识别出城市林网、近郊防风林、农田防护林、绿洲外围防风林、过渡带内的固沙植被、过渡带外围的大型基干防沙林各自所具有的生态作用，分别提出生态建设要求。

水资源的调配是生态安全的关键。挖掘农业用水潜力，通过膜下滴灌技术节水，余水用于天然绿洲、荒漠过渡区和人工绿洲内防护林网，并返还给下游绿洲。

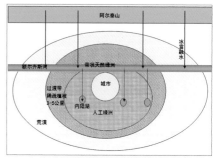

图1 北屯绿洲生态安全格局构成图

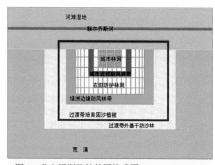

图2 北屯绿洲防护林网构成图

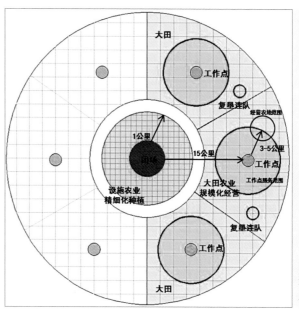

图3 农业现代化条件下团场城镇化示意图

3）优化城市结构，激发发展动力

动力不足往往是兵团城市的主要问题，通过优化城市结构激发城市发展。积极利用额尔齐斯河湿地旅游名片，借助城市重心南移发展商贸服务，汇聚交通设施，在火车站地区发展工业和物流。通过城市发展环串联旅游带、老城区、新区和工业物流区。

4）体现文化景观特色

军垦条田系统作为兵团特有的文化景观，折射了新疆的文明、政治和文化变迁，是一种历史文化遗产。

条田系统的结构是"路－田－林－渠－塘－居民点"，将这一农业生产体系改造为城市生活体系，尤其要建立慢行系统，并与林带、渠系结合，提升城市人居环境质量。这样，在由"屯田"到"屯城"的转变中，以新的方式传承了兵团独特的文化象征。

3. 规划实施

1）设市总规实施的政策

结合城市体制初创，目的是帮助北屯尽快从屯垦向城市转型，对设市后的街道、镇、飞地团场、地方城镇等行政架构，对城市财务和建设资金提出建议。

结合兵团管理特点，目的是衔接兵团的特殊政策。重点结合农业、住房、公共设施投入等方面的兵团政策。

结合援疆，目的是让援疆力量发挥最大作用。及时研读《对口援疆规划》，提出调整建议，例如增设哈尔滨为对口援疆单位，目前，北屯与哈尔滨已正式缔结友好城市。

结合城市建设需求，目的是使新设城市迅速成型。预判建设重点，帮助政府拟定近期设计任务清单。

2）实施实效

规划于2012年12月获得自治区政府的批复。新区控规、玉带河公园景观设计、火车站工业物流区控规等下位规划迅速展开，市行政中心、新区统建房、廉租房已经投入使用，北屯火车站通车运行，工业区招商项目已经逐步落地，各项建设按照总规有序实施。

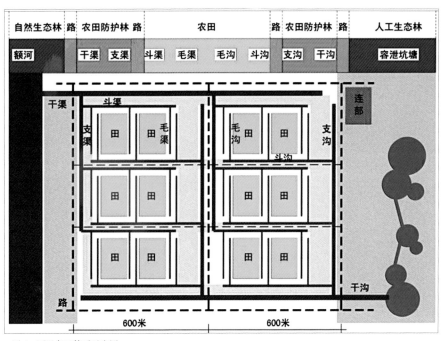

图4 军垦条田体系示意图

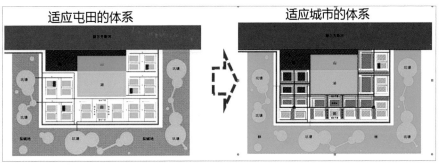

图5 屯田到屯城过程中兵团文化景观的重构

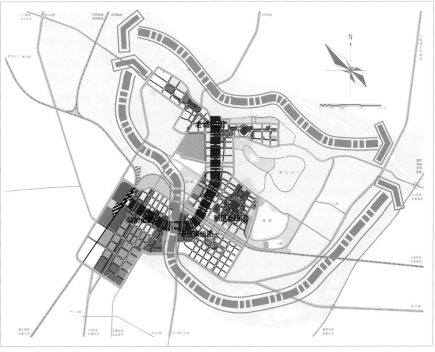

图6 城市用地结构图

新疆生产建设兵团
北屯市行政服务中心
建筑设计

编制起止时间：2011.3–2013.7

承 担 单 位：建筑设计所
（北京国城建筑设计公司）

主 管 所 长：李 利

主 管 主 任 工：向玉映

项 目 负 责 人：赵 咺

主 要 参 加 人：何晓君、曹玉格、郑 进、
秦 筑、邱 敏、房 亮、
戴 鹭

图 1 西南侧鸟瞰图

图 2 南侧透视图

北屯市地处新疆维吾尔自治区北部，阿勒泰市和福海县之间，与俄罗斯、哈萨克斯坦、蒙古多国接壤。

1. 总平面

依据上位规划，将北屯行政服务中心布局在北屯新区的中轴线上，成为北侧的得仁山和南侧的玉带河滨水廊带之间的标志性建筑，形成背山面水的空间格局。 总平面采用"中"字形布局，寓意为中国、中式、祖国在心中，隐喻北屯军民在建设的同时肩负着保卫祖国的神圣使命，体现军垦文化。

2. 功能布局

1）平面布局

建筑吸收了中国传统民居的院落式空间布局特色，外部形象完整，内部分区明确。主要办公空间具有良好的通风采光条件，同时避免了恶劣气候的侵扰。

2）交通组织

行政服务中心的南侧是礼仪出入口，东、西两侧分设办公出入口，北侧是会议出入口。地下车库主要解决办公人员的停车问题，形成机非分流。

3）功能分区

将人员活动比较密集的房间，如大

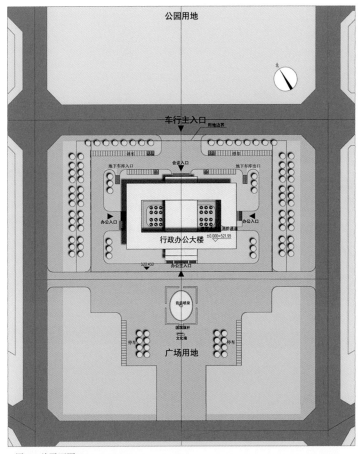

图 3 总平面图

图 4 实景照片 1

图 5 实景照片 2

会议、中会议、行政服务大厅、餐厨等集中布局在一层，地上二层至六层以办公室为主，并安排与办公配套的会议、接待、阅览、文印等功能房间。采用大空间办公与单间办公相结合的方式，为未来的发展提供可能性。地下室布局车库、机房、库房等辅助功能空间。

4）景观设计

利用建筑与游廊围合出完整的内庭院，营造花园式办公环境。

3. 立面造型

采用中轴对称布局，在轴线位置形成窗口，以视廊效果强化空间序列，展示虚实、光影等丰富的空间形态。外立面以干挂石材为主要装修材料，通过立柱装饰、屋顶檐口及线脚体现厚重感，丰富庄重。

4. 实施效果

该项目已竣工并投入使用。

新疆生产建设兵团第十二师五一新镇总体规划(2012-2030)

2012-2013年度中规院优秀城乡规划设计二等奖
编制起止时间:2012.7-2013.5
承担单位:城市设计研究室、城市交通
专业研究院、城镇水务与工
程专业研究院、风景园林规
划研究所
主管总工:张 菁
主管所长:朱子瑜
主管主任工:孙 彤
项目负责人:陈振羽
主要参加人:李 明、岳 欢、王 飞、
何凌华、顾宗培、王颖楠、
袁 璐、鞠 阳、张 佳、
魏 维、梁昌征、刘明喆、
刘 嘉

图2 五一新镇土地利用规划图

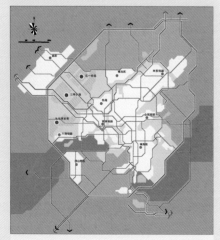

图1 十二师西郊三场区域位置图

1. 项目背景

新疆生产建设兵团是国家在西北边疆地区戍边维稳、推进地方社会经济繁荣的重要力量。

为了实现从屯垦戍边到筑城戍边的发展方式的转变,完成"跨越式发展和长治久安"两大战略目标,出于新疆乌昌地区经济社会发展和维护稳定的长远考虑,兵团迫切需要打造一个支撑社会发展的平台和经济增长极。以十二师五一农场区域为核心发展空间的五一新镇规划建设应运而生。

2. 项目构思与针对性

新疆生产建设兵团第十二师西郊三场地处乌鲁木齐老城区西北侧,由五一农场、三坪农场、头屯河农场三个农场构成,南邻乌鲁木齐地窝堡国际机场,北靠昌吉回族自治州。良好的区域位置与资源优势使其成为建设兵团新镇的绝佳选址。

五一新镇所在的西郊三场具有良好的区位优势和资源禀赋,但从经济发展现状、政策体制制约以及兵团与城市发展的新要求来看,仍然有大量的问题需要面对。本次规划试图从明确立意、创新理念、优化方法、着眼实施四个方面入手来应对与解决新镇规划建设中的问题,指导编制本次总体规划。

3. 主要内容

兵团五一新镇的规划建设有着同时影响兵、地发展的双重意义。兵团在新型城镇化进程中的快速发展需要一个适合的空间来承载相应的外溢功能与更新功能,新时期兵团城市"大气、大美、大同"的气质特色也需要一个良好的展示窗口与平台；而与此同时，地处乌昌之间的五一新镇既是区域化发展的战略要地，也是城市发展的重要空间方向。

因此，五一新镇的发展定位明确为：兵团行政办公与文教科研等功能的拓展区；乌昌一体化发展的重要节点；十二师、五一团场的政治经济文化中心。

为了实现五一新镇的总体建设目标，强调生态文明在绿洲经济发展中的核心地位，五一新镇总体规划以"绿色基础设施"理念为指导思想，引导各个专项规划的编制，强调从单纯的"保护"绿色空间走向利用"绿色基础设施"来引导城市的开发建设，实现"GI导向（Green Infrastructure Oriented）的城市发展"途径。通过绿色基础设施网络结构，提出适宜五一新镇的规划发展模式，"消极保护"与"积极发展"相结合，强调绿色空间的保护与城市发展并重的框架，形成保护性的整体绿色网络，避免将土地保护与发展对立起来。充分考虑新镇的土地开发、城市增长以及市政基础设施规划的需求，最终形成先见性、系统性的整体城市发展网络。

新镇空间规划的基本格局强调对场地原生环境的尊重与利用；绿地系统的构建突出整体性与网络性，同时赋予绿地空间更多的生态效应；强调公共设施与绿地空间的结合，提高公共设施的使用效率与使用体验。此外，在道路交通、市政工程等方面也着重强化了基础设施的绿色化策略。

4. 项目创新与特色

五一新镇总体规划作为典型的小城镇总体规划，具有小尺度、重实施、时效性、目标明确的特征。在总体规划编制初期即展开城市设计研究有助于对城市三维空间形态、风貌特色与建设实施的综合把控，同时可有效避免城市设计后期单独编制常常出现的难以与规划协调的问题，保证城市设计目标与各专项规划的完美融合。

规划以城市设计的视角出发，搭建基本的工作框架与平台，对总体规划中需要解决的问题进行思考与研究，把城市设计的语言演化为总体规划的语言，将小城镇总体规划中需要完成的任务和研究形成的具体工作内容与成果对应填充到基本框架当中，在完成总体规划技术要求的同时，反向校核城市设计的思路、方案与策略，从而实现城市设计与总体规划的良性互动。规划中强调了对兵团文化特色的研究，将"大气、大美、大同"的兵团气质融入城市设计理念当中，体现了兵团城市在城镇空间、自然景观以及文化融合等方面的鲜明特征。

5. 实施情况

五一新镇的建设实施已经启动，8条主要道路已经开始放线施工。在实施过程中，为提高建设效率，同时保证城市品质，编制组开展了一系列的辅助工作，包括多层次规划的一体化编制、直接与工程设计建设方进行技术对接、对建设过程进行全程跟踪服务等方式。通过这一系列的实施辅助手段，力求使五一新镇早日建设成为兵团城乡统筹发展的先行区、兵团城镇建设的示范区、十二师经济社会发展实力的核心区以及生态园林化、信息智能化、服务现代化的兵团新型小城镇。

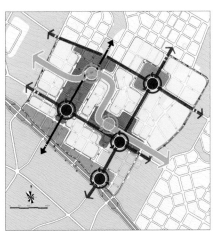

图3 五一新镇空间结构分析图

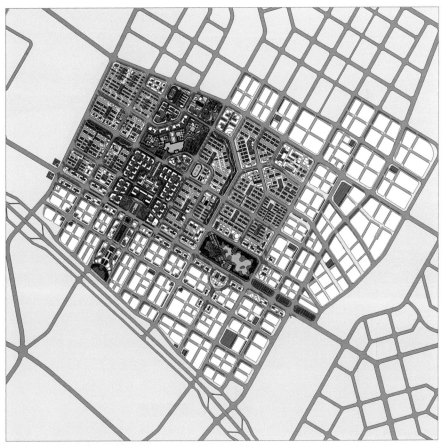

图4 五一新镇总体城市设计

新疆伊宁市南市区保护与更新规划

2007年度全国优秀城乡规划设计一等奖
2006-2007年度中规院优秀城乡规划设计一等奖
编制起止时间：2006.6-2007.7
承 担 单 位：工程规划设计所
　　　　　　（现城镇水务与工程专业研究院）
主 管 总 工：杨明松
主 管 所 长：谢映霞
主 管 主 任 工：李秋实
项 目 负 责 人：刘力飞、沈　迟
主 要 参 加 人：张　震、殷会良、茅海容、
　　　　　　　洪昌富、黄　瑾、王　滨、
　　　　　　　官晓红、李　荣

图1　南市区整体鸟瞰

图2　南市区风貌特色

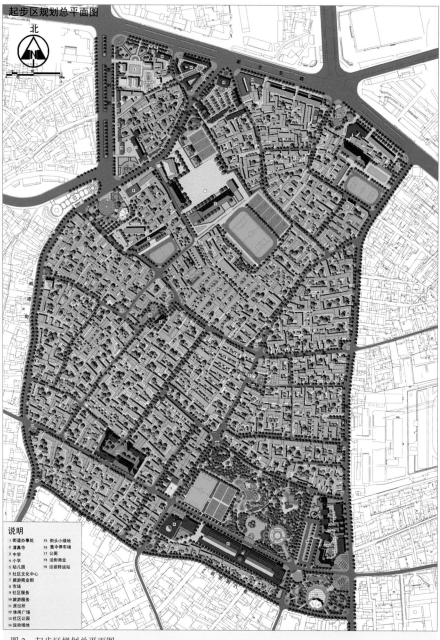

起步区规划总平面图

北 N

说明
1 街道办事处　　15 街头小绿地
2 清真寺　　　　16 集中停车场
3 中学　　　　　17 公园
4 小学　　　　　18 沿街商业
5 幼儿园　　　　19 垃圾转运站
6 社区文化中心
7 旅游商业街
8 市场
9 社区服务
10 旅游服务
11 派出所
12 休闲广场
13 社区公园
14 运动场地

图3　起步区规划总平面图

伊宁市南市区是以维吾尔族为主的少数民族聚居区，拥有独特的风貌特色与地方文化，但居住环境建设严重滞后，总体规划与现状矛盾较大，一直无法实施。2006年6月，根据汪光焘部长指示，以对口支援形式由建设部组织中规院对南市区进行保护与更新规划。

1. 项目构思

针对民族特色老城区的改造问题，本次规划不再仅仅满足于道路与基础设施的改造，而是以建设和谐文明社区、促进民族团结为目标，探索一条具有典型示范意义的"有机成长型"改造思路。除了解决居民关心的实际问题、保护风貌特色外，重点关注如何推动老城区可持续发展以及如何加强后续建设的管理与引导。

2. 主要内容

规划充分尊重民意，将居民关心的改造内容与地区长远发展相结合，变大

图4 公众参与活动

拆大建为就地逐步更新。规划方案延续和梳理原有社区发展肌理，汲取民间传统文化精华，使社区的功能安排、空间格局、建筑形式等与当地文化传统的延续和生活习惯的保留相结合，逐步满足现代功能需求。积极引导庭院式旅游为主的观光产业发展，促进居民致富，倡导全民共建的发展模式。

3. 创新与特色

规划不再仅局限于蓝图式的规划结果，转向重点强调规划过程的科学性与创新性，积极引导自下而上的工作方式。通过转变规划师角色，设计多种多样、丰富有趣的公众参与形式，全程引导居民参与规划，广泛听取居民意见，形成政府与居民携手共建的组织、决策与建设模式，极大地促进了各民族团结与社会稳定。

针对后续建设，规划以现存的优秀民居及环境为样本，针对建筑形式、体量、色彩等要素建立一整套模型库，并形成一个公众认同的建设公约，指导今后的建设。

4. 实施效果

喀赞其民俗旅游区已开始接待旅游者，老城区环境面貌焕然一新，取得了良好的实施效果和示范意义。政府不仅解决了近50年遗留的老大难问题，规划本身也得到了居民的热烈支持与拥护，有效激发了各族群众的爱国热情，增强了居民的规划意识，促进了民族和谐与社会稳定，特别是在南市区这个西部民族地区，其意义尤其重大。本次规划理念与改造方式得到了很多规划专家的肯定，对于伊宁市、全疆乃至全国城市老城区的改造都具有一定的示范借鉴意义。

图5 居民手册与建设公约

图6 改造过程与实施效果

图7 改造前后对比

新疆伊宁市
历史文化名城保护规划

2011年度全国优秀城乡规划设计二等奖
2010-2011年度中规院优秀城乡规划设计一等奖
编制起止时间：2009.8-2011.9
承担单位：城市规划与历史名城规划研究所
主管总工：王景慧
主管所长：郝之颖
主管主任工：缪　琪
项目负责人：左玉罡、杜　莹
主要参加人：张　兵、汤芳菲、苏　原、
　　　　　　付冬楠、胡京京、耿　健、
　　　　　　杨　涛

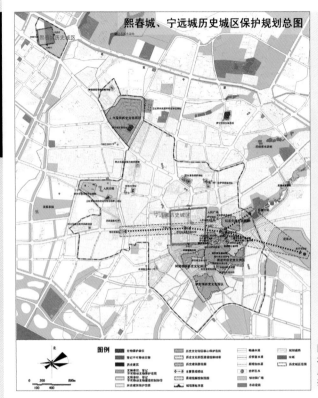

熙春城、宁远城历史城区保护规划总图

图2　熙春城、宁远城历史城区保护规划总图

图1　伊宁市的传统民居

1. 项目背景

伊宁市是新疆维吾尔自治区伊犁哈萨克自治州的首府，自古便是边疆防卫的战略要地，又是一个多元文化交融的地区，历史文化特色鲜明，价值突出。为了更好地发掘和整理历史文化遗产，保护好历史文化名城的特色和价值，2009年5月伊宁市规划局委托中国城市规划设计研究院编制《新疆伊宁市历史文化名城保护规划》，8月项目正式启动。

2. 项目构思

伊宁市所在的伊犁河谷地理单元在中国西北边疆的历史发展中具有鲜明的独特性和完整性，规划通过对伊犁河谷地区历史演变的纵向研究以及与库车、喀什等新疆西部其他历史城市的横向对比，综合确定了伊宁市在政治军事、民族文化、近现代发展和革命文化等方面的历史文化特色。

规划以伊宁的历史遗存所承载的历史文化价值为基础，确定保护内容和重点，划定保护区划，保护名城的格局风貌和各类历史遗存，继承和发扬多民族共同创造的优秀传统文化，同时加强历史文化遗产的合理利用，促进伊宁市社会经济的可持续发展。

3. 主要内容

（1）保护体现伊宁政治军事价值的多城格局及三座古城，除惠宁城遗址作为文物保护单位外，划定熙春城、宁远城两个历史城区，保护各城的格局和体现自身特色价值的历史遗存，同时加强各城之间的协同保护。

（2）保护与城市选址和发展有密切关系的水网系统，对城区内的水系进行系统梳理，疏通现状无法引水的水渠，加强流通，改善水质，增加水畔绿化，展现塞外江南风光。

（3）对不同历史文化街区形成过程与特点进行解读，提出有针对性的保护要求：对于前进街等三个历史文化街区，保护路水相伴，街巷蜿蜒曲折的风貌，展现沿水系自由生长的街区特色；对于六星街历史文化街区，保护自中心呈"星形"放射的六边形格局，展现中西方城

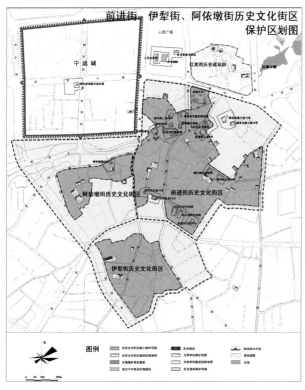

图3 前进街、伊犁街、阿依墩街历史文化街区保护区划图（左）

图4 六星街历史文化街区建筑分类保护规划图（右）

市规划思想结合的特色街区形式。

（4）对历史文化街区内的各类建筑实行分类保护，在大的层面上对建筑风貌进行统一引导，又给居民留下了改造房屋的自主空间，从而保护了各民族丰富多彩的建筑形式，体现了多民族聚居和多元文化共生的特色。

（5）针对伊宁市多民族传统文化非常丰富的特点，在历史文化街区和村镇中为各民族的传统文化提供活动和展示的场所，保持活态文化的传承。

4. 创新与特色

（1）从更广阔的时空角度梳理城市发展的历史脉络，通过对历史记载和考古遗迹的研究，从历史上著名古城的建设和演变入手，对伊宁市的历史文化价值特色进行系统评估。

（2）基于历史文化价值特色研究，重点保护体现政治军事特色的古城格局、体现民族和文化特色的历史文化街区和历史建筑、体现近现代发展和革命文化特色的文物保护单位等，提出相应的规划措施。

（3）通过全方位的理论研究和实地调研，识别不同民族居民的元素，分析和归纳多民族聚居形式的特点，为各历史文化街区和历史建筑提供有针对性的保护措施。

5. 实施情况

在保护规划的指导下，伊宁市对历史文化街区的街巷环境进行了整治，并配套完成供水、排水以及通信、电力、照明、绿化、交通管理等设施。

2010年6月15日，伊宁市人民政府正式发文公布了保护规划中划定的44处历史建筑及其保护范围，对所有历史建筑进行建档和挂牌保护。

以本规划成果为基础，伊宁市申报国家历史文化名城的工作顺利展开。2012年6月28日，国务院批复同意将伊宁市列为国家历史文化名城。

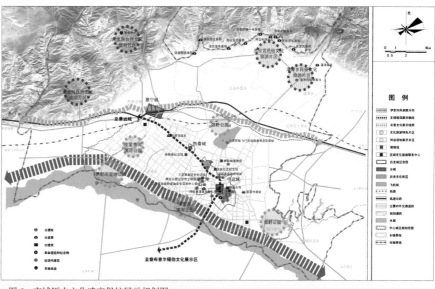

图5 市域历史文化遗产保护展示规划图

123

新疆喀什历史文化名城保护规划

编制起止时间：2010.04-2011
承担单位：城市规划与历史名城规划研究所、工程规划设计所（现城镇水务与工程专业研究院）、建筑设计所（北京国城建筑设计公司）
主管总工：王景慧
主管所长：郝之颖
主管主任工：张广汉
项目负责人：张 兵、赵 霞、胡 敏
主要参加人：王玲玲、杨 开、龙 慧、
　　　　　　蔡海鹏、林永新、王 川、
　　　　　　何晓君、黄继军、朱思诚、
　　　　　　张车琼 等

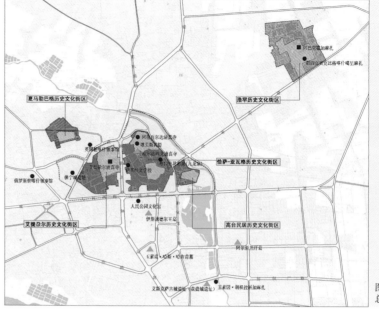

图3　保护区划总图

喀什是全疆第一座国家历史文化名城，保存有多样丰富的文化遗产和浓郁的民族风情。面积约 1km² 的喀什古城是当地少数民族百姓生产生活的重要场所和适应南疆沙漠戈壁环境的人居空间营建典范。

1. 项目背景

2010 年 3 月起，中国城市规划设计研究院承担住房和城乡建设部援疆公益项目"新疆喀什历史文化名城保护规划"的编制工作，针对喀什的历史资源特点和特定工作背景，拓展工作思路、借鉴和探索新的技术方法，同时配合援疆工作中相关单位同期编制的喀什总规项目，积极传达历史文化遗产保护的意义和可行途径。

2. 技术方法探索

1）加强城市历史空间演进脉络分析

规划借助 GIS 地形分析、文字史料、各时期卫片、地形图、地名等线索，重点加强基础数据的充分利用和深入分析，在城市层面理清喀什历史城址变迁和城市历史空间演进的连续脉络，判读喀什叶尔羌早期军事城堡和清初喀什噶尔城墙的基本位置和形态，在空间上印证了史料提及的喀什古城池演变过程，作为

图1　艾提尕尔清真寺

图2　香妃墓

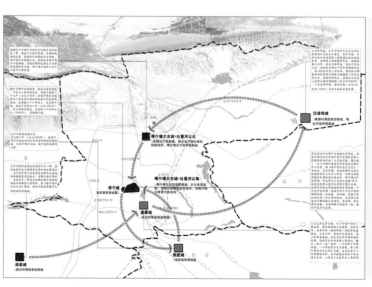

图4　喀什历史城址变迁分析图

124

判断名城历史文化价值、确定保护内容的前提；在历史地段层面，判定香妃墓所在浩罕街区在历史上先有村庄、后有香妃墓的发展过程，确认艾孜热特村是国保单位香妃墓所依存的重要历史环境，为规划制定恰当、有针对性的街区保护措施奠定了基础。

2）构建"全时空"系统性保护体系

保护规划将视角放眼于喀什名城历史发展的时间、空间全局，构建系统性保护体系。

在市域文化遗产保护层面，对分散于喀什及周边区域的散点文化遗产所具有的内在关联和共同价值进行重新认知，从历史的角度深入理解喀什古城、疏勒县及所在区域的历史关系和现存遗产内涵。

在识别和划定历史文化街区层面，古代、近现代、当代等具有典型地域人居特色和价值的城内地段、城外居民点等，都被纳入保护规划。

3）积极应对喀什古城保护的复杂性和特殊性

在延续以往"古城整体保护"的思路下，针对2009年起中央拨专款帮助喀什开展老城区抗震加固综合治理工作的特殊背景，本次规划提出分层次、有步骤地保护喀什古城的具体措施。

首先，识别与划定历史文化价值较高，且兼具真实性、完整性的历史文化街区核心保护范围，作为喀什历史文化特色与价值的重要载体。由于喀什古城整体价值突出，但单栋生土民居保护尚存在技术难题，规划强调，在核心保护范围内，应在目前抗震加固、更新建筑结构形式的基础上，探索保持街区原貌、保护历史建筑、有机更新的道路的特殊管理机制，以"循序渐进、小规模开展"的方式，保护好生土建筑。

街区建设控制地带同样是古城保护的关键所在，也是老城综合治理工作开展的主要地区。规划提出该范围内的格局和风貌控制要求应高于一般名城建控地带的标准，采取严禁巷道随意拓宽、保持原格局原高度、建筑外墙草泥抹面等措施，使之与核心保护范围保持高度协调，使喀什古城整体特色能够保留下来，为地方的可持续发展提供宝贵的历史文化资源。

4）提供实施机制指引

规划建议在老城抗震加固综合治理项目的实施过程中着重加强公众教育、普及保护与建筑结构常识，加强建筑结构、建筑材料、市政工程等领域的专家指导，加强竣工后的规划管理和建筑科学监管维护，使综合治理的成果能够长久地惠及居民。

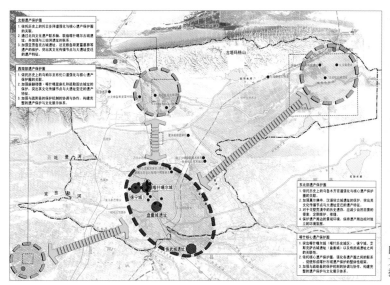

图5 市域文化遗产保护结构图

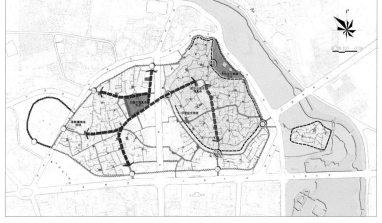

图6 历史城区格局保护规划图

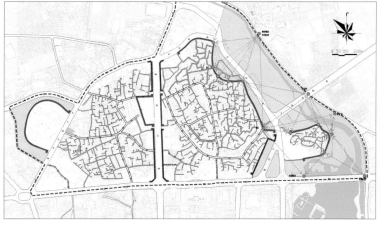

图7 历史城区特色街巷和景观界面控制图

新疆昌吉市
城市绿地系统规划
（2012-2030）

编制起止时间：2012.2-2013.5
承担单位：风景园林规划研究所
主管所长：贾建中
主管主任工：束晨阳
项目负责人：王忠杰、吴 岩
主要参加人：刘宁京、刘小妹

1. 规划背景

昌吉地处我国天山北坡的沙漠绿洲地区，属中温带大陆性干旱气候，市域范围广阔，面积达 8250km²，生态环境敏感，城镇发展迅猛。

本规划突破传统绿规着力于中心城区研究的规划思路，着眼于沙漠绿洲地区生态环境敏感的背景，重点开展生态保护和建设方面的规划编研。

2. 规划面临的挑战

规划研究了昌吉的景观格局及其变迁特征。昌吉市域南至天山山脉脊线，北至古尔班通古特沙漠腹地，南北距离超过 250km，地跨完整的"山地—绿洲—

荒漠"系统，这一系统在景观生态过程上是一个相互联系的整体：山地为绿洲提供水土资源，是其形成与发展的基础；沙漠与绿洲此消彼长、矛盾共生；人类活动的增强通过改变水生态、植被生态，深刻影响三者之间的空间消长。

近年来，由于农业生产、城镇拓展、地下水开发等因素，市域生态趋向恶化；农田、水浇田、建成区的扩张；荒草地、天然牧草地大幅度减少；沙漠化扩张；绿洲区景观破碎度提升。

3. 技术路线

本规划采取如下技术路线：划分空间层次并分解目标—在各空间层次识别关键性生态空间区域—制定基于空间划定的政策措施。

天山北坡地区根据其自然地理特征，宜划分为市域、绿洲区（即城市规划区范围）、中心城区三个层次。各空间层次面临的挑战、规划目标、研究方法和空间管控策略都是差异性的。

4. 研究和规划的主要内容

市域层次：深入分析地下水安全、

地表水安全和沙漠化防治安全格局，识别出关键性生态空间区域，包括遏制沙漠化南进和保障地下水安全的"生态缓冲带"，保护河流生态过程的"生态廊道"，河流分河口和沙漠边缘洼地集水区两类"战略点"，并提出关键区域的具体生态建设和保护要求。

绿洲区层次：由于海拔高度和降水量的空间梯度变化，绿洲区景观类型具有明显的水平分层现象，由北向南依次体现为山地—农田—水浇田—荒草地—荒漠。同时，交通的快速发展和绿洲区城镇规模和数量的快速增长导致城市连片发展和无序扩张。规划采取"板块＋绿带＋廊道"的空间结构模式，根据不同景观类型的生态承载能力和适宜产业差异性的分析划定带状空间"板块"，划定重要城镇的"环城绿带"和沿路沿河的"绿色廊道"，并在该区域内制定生态管控要求和绿色产业发展指引。

中心城区层次：由于缺乏山体、河流等借以建绿的自然绿色空间，规划采用"环城绿带＋组团隔离＋网络＋斑块"的"多层级网络化"的人工建绿的空间结构模式，以较小的绿地建设规模取得

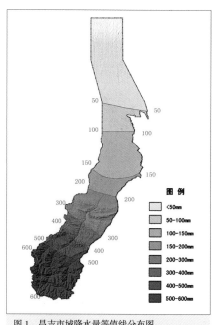

图1 昌吉市域降水量等值线分布图

图 例
<table>
<tr><td>□</td><td>＜50mm</td></tr>
<tr><td>□</td><td>50-100mm</td></tr>
<tr><td>□</td><td>100-150mm</td></tr>
<tr><td>□</td><td>150-200mm</td></tr>
<tr><td>□</td><td>200-300mm</td></tr>
<tr><td>□</td><td>300-400mm</td></tr>
<tr><td>■</td><td>400-500mm</td></tr>
<tr><td>■</td><td>500-600mm</td></tr>
</table>

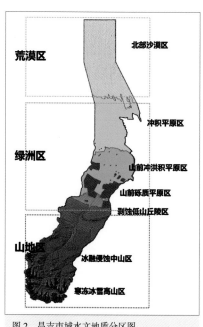

图2 昌吉市域水文地质分区图

荒漠区
北部沙漠区

冲积平原区

绿洲区
山前冲洪积平原区

山前砾质平原区

剥蚀低山丘陵区

山地区
冰融侵蚀中山区

寒冻冰雪高山区

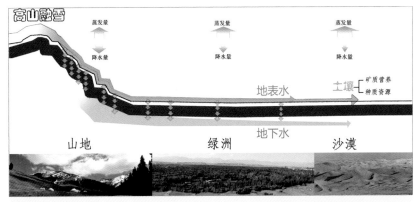

图3 "山地—绿洲—荒漠"系统示意图

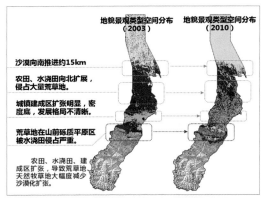

图4 基于遥感影像分析的市域景观生态格局演变示意图

表1

空间层次	问题与挑战	规划目标	空间格局研究	空间结构模式	政策措施重点
市域层次	生态环境恶化，水安全受到威胁，沙漠化问题严重	构建市域生态安全格局，保障水生态安全，遏制沙漠化	分析包括沙漠化防治和水过程安全格局，确定需要重点保护的战略性生态区域	缓冲带＋廊道＋战略点	关键性生态区域在城镇建设、生态保护、产业类型等方面的具体政策措施
绿洲区层次	快速城镇化过程对生态环境可持续发展构成威胁	提升绿洲生态系统的安全水平，推动生态环境保护与城镇化协调发展	分析绿洲区生态景观特征和城镇化发展特征，提出与城镇化耦合的生态环境保护的空间模式	板块＋廊道＋圈层	不同生态空间管制区域在产业发展、城镇建设、生态建设等方面的建设协调要求
中心城区层次	气候环境恶劣，城市人居环境改善面临挑战	提升沙漠绿洲城市宜居水平；推广节水绿化理念	分析城市空间结构，提出高效的人工建绿的空间模式，保障绿色开放空间的精明增长	环城绿带＋组团隔离＋网络＋斑块	中心城区绿线划定、绿地开放空间建设引导和节水绿化政策

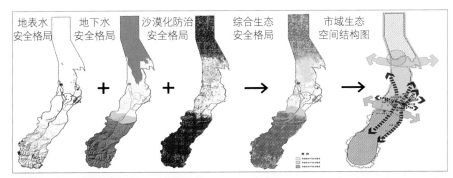

图5 生态安全格局分析与市域生态空间结构图

较高的生态收益和游憩服务功能。

由于天山北坡绿洲城镇在景观生态格局上具有极大的相似性，所辖行政区域均地跨完整的"山地—绿洲—荒漠"系统，该规划立足于昌吉的研究和规划成果，具有普适推广的价值（表1）。

图6 绿洲区"圈层＋板块＋廊道"的绿色空间结构模式图

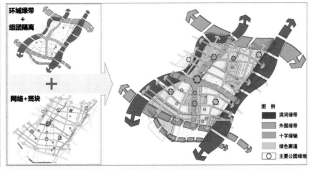

图7 中心城区"环城绿带＋组团隔离"模式图

新疆喀纳斯湖风景名胜区总体规划

2005 年度中规院优秀城乡规划设计三等奖

编制起止时间：2002.10–2004.1

承 担 单 位：文化与旅游规划研究所

主 管 院 长：王静霞

主 管 总 工：汪志明

主 管 所 长：秦凤霞

主管主任工：潘亚元

项目负责人：周建明、岳凤珍

主要参加人：彭晓津、种 伟、李 伟、
詹雪红、尹泽生、牛亚菲、
周杰民、张高攀

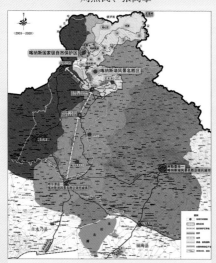

图 1 区域关系图

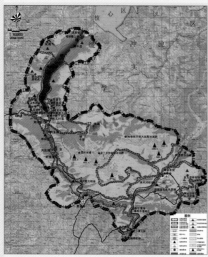

图 2 生物多样性景观规划图

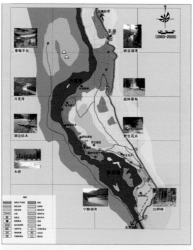

图 3 月亮湾——卧龙湾景点方案总图

图 4 月亮湾——卧龙湾景点视线分析图

1. 规划背景

以喀纳斯湖自然风光为依托的喀纳斯风景名胜区，位于新疆布尔津县城东北部约 170km 处，远离城市、人迹罕至，与国家级喀纳斯自然保护区相接，规划面积约 1246km²。此范围融集了地域区间内最为典型的自然与人文资源景观，包括喀纳斯湖、雪山森林、河谷草原、奇异天象和图瓦人村落等景点资源。初始虽有些不尽人意的开发建设，但整体仍大面积地保持着喀纳斯地区特有的原始山林与淳朴异域的独特气息，是国内西伯利亚加泰林生态植被系统与惟一流入北冰洋的额尔金斯河水系生态景观系统的分布区，在我国成为一块罕见的原始处女地。

本次规划是针对喀纳斯湖及相关地区开发建设中出现的诸多问题，在资源整合基础上，正确协调资源保护与风景旅游开发的矛盾关系而进行的风景区总体规划。

2. 技术思路

1）目标要求

面积约 1246km² 的新疆喀纳斯湖风景名胜区与 22 万 hm² 的国家级喀纳斯自然保护区核心区外围相接。本次规划就是针对在喀纳斯湖区周围协调保护与开展风景旅游活动而进行的风景区总体规划，为申报世界自然与文化遗产作准备。

规划编制工作是在同期编制的阿勒泰市域范围内旅游发展研究指导下进行的风景区总体规划。

根据地方建设需要，同期进行的有阿勒泰市旅游发展规划，新疆喀纳斯湖风景名胜区总体规划以及贾登峪、禾木乡旅游接待中心的详细规划，近期建设方案设计等三大部分内容。其中新疆喀纳斯湖风景名胜区总体规划处于承上启下的重要环节。

针对地区风景资源保护与今后的发展定位，规划通过项目组实地考察进行资源潜力优势分析，提出以喀纳斯湖区自然风光和图瓦村为主要资源，积极申报世界自然文化遗产的发展思路，通过本次风景区总体规划做好技术论证与基础分析，为今后喀纳斯景区的规划建设提供具有前瞻性的规划指导依据。

2）技术政策

规划严格遵循《森林法》《草原法》、《野生动物保护法》《环境保护法》《中华人民共和国自然保护区条例》、《风景名胜区管理条例》《风景名胜区建设管理规定》《风景名胜区规划规范》等相关法律法规与技术标准规范，坚持保护优先、统筹安排、协调发展的技术策略。

3）理念突破

规划通过剖析中国人原始空灵的审美意识理论与自然山水之间的时空依存关系，运用科学的风景规划理论与方法，借鉴国内外风景区先进的建设经验，综合考虑生态、景观、旅游、环保以及社会经济文化等诸多因素，在深入调查与分析研究的基础上，从风景资源评价分析、山水形胜与资源空间的地理分布等形态特征入手，提出规划方案思路与实施措施，使原始神秘、风景如画的喀纳斯湖资源能够永续利用，真正成为游客心目中的梦幻之地。

图6

图7

图5

本次规划成果内容，在风景资源评价认识上及对景区景点的规划设计上，都具有切合实际的创新思维，得到了甲方的充分认可，为风景区今后的规划建设提供了指导依据，为地区建设的可持续发展提供了切实可行的参考思路，特别是为喀纳斯湖景区今后申报世界自然与文化遗产工作，打下坚实的基础。

3. 规划要点

1）主要问题

因审美理念的局限性认识，导致以往规划没有全面正确地认识喀纳斯地域风景资源价值，使喀纳斯风景区独有的审美体验在规划设计中未能充分体现，出现建设上的混乱并缺少统一有序的规划管理机制等多种问题。

2）工作方案

（1）认真总结喀纳斯风景区开展已久的规划建设经验，梳理并借鉴既有各类规划设计成果的有益部分，在对景观资源特质进行深入分析的基础上，根据国家级风景资源保护和开发利用风景资源的相关政策，对区域内所涉及的自然保护区、地区旅游经济发展和乡镇建设等各方关系，进行统筹考虑，综合协调各层次关系。在本规划理念引领下，提出延续与调整以及需重点拓展的规划内容。

（2）通过剖析中国人原始的审美意识与自然山水之间的时空依存关系，运用相对成熟的风景规划理论与方法，借鉴国内外先进的建设规划经验，综合考虑风景区内的生态、景观、旅游、环保以及社会经济文化等诸多因素，提出本次规划方案与实施措施。

（3）在编制过程中，实行专家论证与地方建设意见相结合的审视制度，广泛听取各方面的意见和注意收集各种信息资料，工作中体现多层次的公众参与进程。注重加强纲要阶段的基础理论与技术论证工作，注意与相关规划设计成果之间的技术协调，避免相互矛盾。

3）规划策略

针对喀纳斯旅游发展建设对风景区资源保护与可持续发展产生的负面影响和实际问题，规划提出以下发展策略：

策略一：地区旅游事业的发展，应严格按照世界自然与文化遗产的标准要求和环境保护培育原则来开展，以与国际接轨的生态旅游为主，采取分区及分步实施的发展策略，提出保护培育区、游览观光区及旅游基地等功能区域，依法严格界定重点保护与培育区以及可进行旅游活动的区段内的各类建设行为和管理规定等措施，切实保护喀纳斯风景资源并提升喀纳斯风景旅游资源的核心价值。

策略二：对照世界自然和文化遗产的选定标准，规划提出申报世界自然与文化遗产的策略。

图8

4. 实施情况

《新疆喀纳斯湖风景名胜区总体规划》自2003年底经新疆维吾尔自治区省厅专家论证通过后的几年实践中，逐步改善了较为混乱的建设局面，使国家级自然保护区、国家地质公园、国家森林公园等相关资源得以有效保护，旅游基础设施逐渐完善，为日后大喀纳斯旅游区的长足发展奠定了良好基础。喀纳斯湖及草原森林、月亮湾、观鱼亭、卧龙湾、圣泉等自然风光家喻户晓，禾木乡、白哈巴和喀纳斯图瓦村的静谧风光也进入了世人久仰的视线并于2006年喀纳斯景区顺利入选首批《中国国家自然遗产、国家自然与文化双遗产预备名录》。

图9

援青

青海省尖扎县城总体规划
（2009-2020）

2010-2011 年度中规院优秀城乡规划设计二等奖

编制起止时间：2009.6-2010.2

承担单位：城市与乡村规划设计研究所

主管总工：陈锋

主管所长：蔡立力

主管主任工：刘泉

项目负责人：陈鹏

主要参加人：茅海容、孙晓彤、魏保军

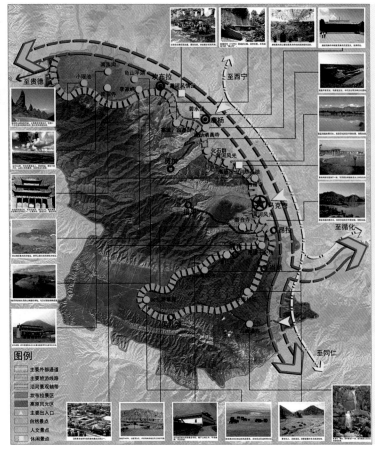

图 2 基于旅游城镇化的尖扎县域空间格局优化

图 1 尖扎县区位示意

青海省尖扎县位于西部腹心，毗邻省会西宁市，下辖三镇六乡，县域面积 1712km²，人口 5.4 万人，以藏族为主。在中央提出科学发展观的大背景下，本次规划力求在发展还成问题的欠发达地区，探索创新落实科学发展的有效路径。

1. 规划构思

规划在细致调研和深入分析现状的基础上，针对尖扎县城镇发展动力不足的关键问题以及旅游资源得天独厚的主导特色，提出"民生为本、文化为魂、生态优先、统筹发展"的科学发展理念，借鉴国内外先进经验，从尖扎县城镇发展动力不足和旅游资源得天独厚的实际出发，认为尖扎县不可能也没有必要复制东部地区工业化带动城镇化的老路，提出"旅游城镇化"的科学发展战略以及"产业培育、空间优化、支撑强化、区域协作"四大策略。

2. 主要内容

规划确定尖扎县的目标定位是：青海省旅游业发展的核心区之一，沿黄地区新的经济增长极，黄南州融入西宁经济圈的纽带。

在具体规划措施上，一是提出"以旅游促发展、以景区立品牌、以撤并保生态、以缩控缓矛盾"的城乡统筹策略；二是科学界定规模，摒弃贪大求洋的传统城镇发展模式；三是强调通过提升城镇功能化解城镇发展中的弊病（比如交通拥堵）；四是注重彰显地域特色，充分挖掘物质与非物质文化内涵；五是通过实用工程技术的创新组合利用，建设生态城乡。

本次总体规划修编在科学发展观的指导下，对上版总规作了较大修正：一是提出"旅游城镇化"的县域发展战略，二是大幅缩减县城的人口与用地规模，从 3.5 万人减少至 1.5 万～2 万人，三是对县城的空间结构进行优化调整（明确规划期内不跨河发展），四是强化了城镇特色的打造，力求彰显地域藏族文化特色。

3. 实施情况

规划成果得到了省、州、县各级领导和专家们的高度认可，统一了思想认识，明确了尖扎县的发展思路、目标与路径，并有效指导了新区控规编制。

规划还提出，旅游城镇化还适用于青海省的很多地区，包括尖扎、贵德、

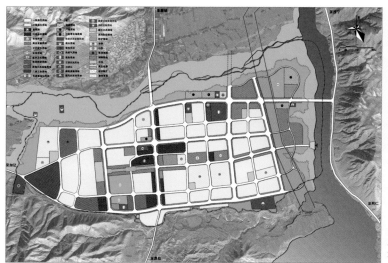

图 4　尖扎县城用地布局

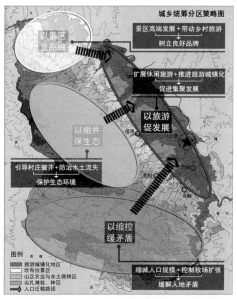

图 3　基于旅游城镇化的县域城乡统筹战略

图 5　尖扎县的秀美景色

循化、同仁等在内的沿黄河地区，旅游资源异常丰富，并且既有共性也有个性，完全可以在旅游城镇化的战略指引下，打造国家级的旅游城镇带。更进一步地讲，由于我国贫困地区与非工业化功能区的空间耦合度超过 90%，与生态脆弱区的空间耦合度也高达 80%，因此，旅游城镇化对我国贫困地区寻求发展出路以及有效保护生态环境，均具有十分重大的意义！

图 6　青海沿黄地区：国家级的旅游城镇带

青海省尖扎县坎布拉镇总体规划（2009-2020）

2011年度全国优秀城乡规划设计（村镇规划类）一等奖

2010-2011年度中规院优秀村镇规划设计一等奖

编制起止时间：2009.4-2010.6

承 担 单 位：城市与乡村规划设计研究所

主 管 总 工：陈　锋

主 管 所 长：蔡立力

主 管 主 任 工：刘　泉

项 目 负 责 人：曹　璐

主 要 参 加 人：邓　鹏、冯　雷、魏保军、
　　　　　　　　陈　鹏、茅海容、孙晓彤

图1　现状区位分析

夯士民居

沿黄河农田

碧水丹山-李家峡水库

黄河冲积平原

图2　坎布拉镇周边景观

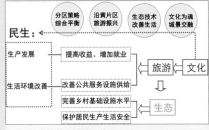

图3　总体技术路线示意

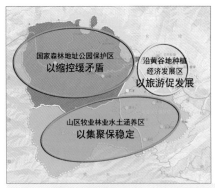

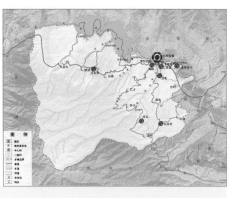

图4　第一层级：村镇体系规划

2009年4月，中国城市规划设计研究院承担了住房和城乡建设部的对口支援项目——尖扎县沿黄三镇规划编制任务，坎布拉镇总体规划隶属此次任务。

坎布拉地区是藏传佛教圣地。坎布拉景区位于坎布拉镇北侧，是国家级森林公园和国家级丹霞地貌地质公园。尖扎县是国家级贫困县，内含李家峡水电站，水电经济特征明显，地方政府财力薄弱，农牧民实际收入极低，农业增收甚微。

1. 项目构思

坎布拉镇的特征与问题可以概括为：风景资源丰富、文化特色鲜明、民生问题突出、生态环境脆弱、城镇空间凋敝、特色缺失。

规划认为，旅游发展、生态保护、文化传承都是当前坎布拉地区发展的重大命题，但究其根本，对民生问题的妥善解决才是协调各类矛盾，实现多级利益主体共赢的核心和基础。因此，项目组将解决民生问题作为出发点和立足点，提出了"民生为本、文化为魂、旅游立镇、生态安镇"的整体发展思路，并将规划分为三个层级。

2. 主要内容与创新

第一层级：村镇体系规划。

根据海拔高程、资源禀赋差异，规划提出了具有针对性的镇域分区发展策略，用以辅助村镇体系规划，强调全镇

域发展的综合平衡。面对浅山牧业区载畜量饱和、资源瓶颈与生态危机即将显现，而坎布拉景区内村庄居民对于林木等资源过度依赖的突出矛盾，规划提出以沿黄片区的发展作为解决其他片区矛盾的钥匙，以地区的切实发展"促缩控、保生态、惠民生"，以地区旅游水平的综合提升缓解景区发展和设施建设的压力。

规划制定了详细的分区产业发展策略，强调产业选择应立足现实条件。面对是否应发展现代农业的争论，项目组对沿黄片区现有农业发展条件、民族与宗教观念、文化与教育水平、周边市场消费水平进行了详细分析，提出：近期应着重发展旅游产业，逐步带动地方第三产业的整体发展，而不应过度拘泥于第一产业的发展。

第二层级：镇域重点地区——沿黄河片区规划。

项目组通过区域分析和大量的徒步勘察，明确了沿黄片区具有较高的旅游价值，适合开展休闲旅游，能与坎布拉景区形成高度互补关系。为了进一步落实总体发展策略，提升沿黄片区的旅游价值，保护并弘扬本地特色文化，增加了镇域重点地区——沿黄片区的规划，弥补了单纯依靠镇区发展休闲旅游在空间、设施和景观资源方面的不足，加强了村镇体系和城镇总体规划之间的联系，使规划可操作性更强。我们主动增加的这部分工作内容也获得了甲方的高度肯定。

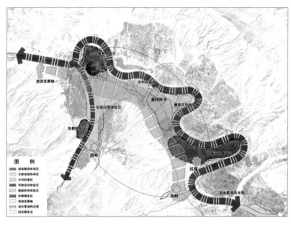

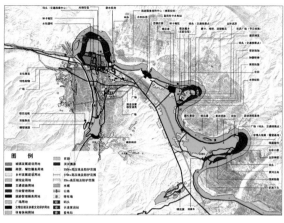

图5 第二层级：沿黄片区规划

规划采取多层次剖析推进的分析方法，从宏观定性、地区需求、旅游市场详细划分、与坎布拉景区功能互补、沿黄片区内部功能协作等多角度出发，通过梳理外部功能确定坎布拉镇区应担负的相关功能，强调沿黄片区对镇区功能的纾解与支撑，避免了镇区独大的建设思路，为后续保护镇区空间格局提供了重要依据。

在沿黄片区规划中强调"挖潜山水特色，以小修整塑造大效果"。通过实地踏勘，挖掘坎布拉独特的山水、人文之美，注重改造和保护性整治，控制新增建设。以投入小、可操作性强为目标，设计了包括自行车、游船、徒步、旅游巴士在内的多条游线。

第三层级：城镇总体规划

规划强调对地方文脉的传承和梳理。项目组在现场听取甲方的常规性介绍时，发现镇区选址具有鲜明的本地人文特质，通过外围大范围踏勘，发现了坎布拉镇区山水环绕的独特文脉关系。总体规划对此予以强调和延续，特别是保留、强化了镇区仰视夏琼寺的视线通廊，为后续详细规划的编制提供了有力指导。

规划注重保持坎布拉镇区小巧的空间格局和自然的生长肌理，控制城镇北向拓展，保护了沿黄滩地的优美景观，通过对现有用地的详细评估挖潜，满足镇区新增设施建设需求，减少民族地区拆迁矛盾，降低了城镇建设成本。

坎布拉地区生态保护任务重大，但城镇管理资金不足，居民支付能力有限。规划提出：合理引入生态技术，以低投入、低运行成本的设施建设实现高标准的生态环境保护目标。坎布拉地区降雨量较少，规划对镇区道路标高进行合理安排，引导雨水汇集，用于镇区绿化养护，既节水又节电。结合本地常年气温偏低的特点，规划引入生态化污水处理技术，采用三格式化粪池及氧化塘生态湿地污水处理系统，降低了污水处理成本。在垃圾处理方面，规划引入生物堆肥技术，既减少污染，又再生利用资源，减少农业用肥成本。在能源利用方面，除了建设常规能源设施保障生活供应外，规划还推广采用生物质颗粒燃料、太阳能供暖炊事、热泵供暖等可再生能源利用技术，降低居民用能成本。

规划以"民生"问题为立足点，通过制定分区发展策略，引导地区综合平衡，以沿黄片区为规划重点，借力坎布拉景区，振兴旅游产业，增加城乡就业，改善地区公共服务设施供给水平。以大量踏勘为基础，扶持乡村旅游点建设，以此为契机，引入低成本的生态技术，提高乡村基础设施建设水平，改善居民生产生活条件，实现生态保护目标。尊重并保护本地文化，支持旅游和城镇建设，延续城镇空间文脉，实现城景交融。生产发展、生活改善、文化进步，就是"提振民生"。

3. 实施效果

规划编制完成后获得了地方各级部门的一致认可，2011年黄金周，坎布拉地区日最高接待量达到4000人次，相比2009年翻了4倍。

我国尚有大量景观优美、人文气息浓郁、生态条件优越的县、镇，其经济落后、民生窘迫，发展的道路还很长，急需因势利导、实事求是的科学规划，坎布拉镇总体规划正是这一思考的实践和尝试。

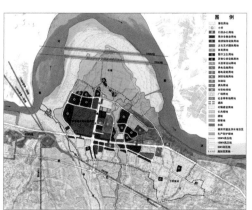

图6 城镇总体规划

城镇空间文脉
- 南：缓坡田园，视野开阔，宗能寺
- 北："丹山"巍峨，传奇夏琼寺
- 水：黄河"几"字湾环抱

青海坎布拉景区村落景观风貌规划设计

编制起止时间：2011.10–2012.12
承 担 单 位：文化与旅游规划研究所
主 管 所 长：周建明
主 管 主 任 工：岳凤珍
项 目 负 责 人：苏 航
主 要 参 加 人：胡文娜、苏 莉、石亚男、
          王俊红

图1 各村落功能化、主体化发展引导

1. 项目背景

坎布拉国家公园位于青海省黄南藏族自治州尖扎县境内，自然景观壮丽、人文气息浓厚，是热贡文化、热贡艺术对外展示的重要窗口。规划对景区内外的尖藏、德洪、尕吾昂、万吉合、俄家台、下李家等6个民族旅游村落进行了特色景观风貌规划设计，展现文化内涵、促进旅游发展。

2. 工作路径

借鉴全国特色景观旅游名镇名村的评选标准以及传统村落的保护发展要求，规划立足于坎布拉村落的布局肌理、传统民居建筑和地域文化特征，运用GIS技术的地形环境分析和景观视线分析，控制村落的整体景观风貌，并通过具有充分弹性和自由度的设计导则对民居建筑形态进行有效引导。

3. 规划主要内容

1）村落主题发展策略

规划挖掘了各村落在环境景观、建设情况和文化背景方面的不同特征，将热贡文化与村落建设相结合，提出了"一村一品，主题发展；文化引导，旅游带动"的发展策略，一方面在空间环境建设中体现，另一方面也与村落的旅游功能相呼应。

例如尖藏村现状民居中的木制门头及檐廊十分精美、应用广泛，因而确定木雕为其文化景观主题，在民居建筑和村落景观中重点突出了木雕的特征，同时，村民未来也主要从事木雕旅游产品的制作和贩售；尕吾昂村溪流穿越而过，石料资源丰富，设计重点考虑如何将石刻艺术与建筑形式和旅游功能相结合。规划将热贡文化中的木雕、石刻、砖雕、唐卡等艺术门类与景观环境和旅游功能有机结合，在将村落打造成为新的景点的同时带动了村民的就业和致富，并促进了文化的传播与传承。

2）村落整体景观控制

规划通过GIS场地分析及视线分析，识别建设条件适宜的区域、重要的景观视域以及游客的主要视点，从"景观"与"观景"两个方面对村落整体风貌进行分析，并确定制高点、村落门户和公共空间等重要节点和边界轮廓。

以万吉和村为例。这个小型的藏族村落布局在一处山谷的沟壑之中，与过境公路具有竖向高差，村落沿山势高低错落，形成丰富的高差变化和村庄肌理，整体景观极富特色。借助地理信息分析技术，选择沿旅游公路从坎布拉核心景区方向而来的12个点位进行视线分析，进而确定村落的整体景观特征、需要进行重点控制的景观区域、合理的景观空间层次（如山体、河谷、村落与农田的组合关系）、适宜的景观节点与最佳的观

图2 德洪村：山岳之村·砖雕主题

图3 尕吾昂村：山泉之村·石刻主题

图4 万吉合村：河谷之村·佛佑主题

图5 尖藏村：台地之村·木雕主题

景平台设置点等。

在上述分析基础上，确定村落的整体布局和景观结构，进而对整体景观风貌提出控制导则。同时，考虑到村落的旅游功能，对村落内的标识、公共设施、景观小品，如路牌、公厕、寨门等提出

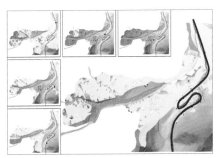

图6　万吉合村 GIS 视线分析

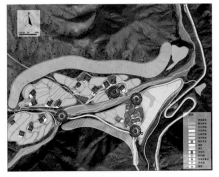

图7　万吉合村整体景观结构

配置与控制要求。

　　3）民居建筑设计导则

　　针对民居建筑改造与新建的指导要求，规划编制了详细的建筑设计导则。但导则没有采用面面俱到的"精确设计"，而是采用了类型学的思路，通过对地域传统民居的归纳研究，抽取出设计的"原型"母版，并将其分解为各类构件（包括外墙、大门、檐廊、门窗等），再针对构件提出设计导则。这样，在具体改造中，可以根据各户的特点，选择性地评估改造欠缺的部分，而不是全部推倒盖成完全相同的"模子"。同时，在导则设计中，预留了大量的"可选项"，村民可根据个人偏好或财力自行确定实施方案，即"模糊控制"。这样，在整体协调控制的基础上更多地保留了景观的多样性，弥补了规划自上而下的不足。

4. 创新与特色

　　（1）充分尊重现状格局肌理，有机更新，避免大拆大建、工整呆板。在满足交通与安全的前提下，规划采用"原址更新、最小干预"的原则，最大限度地保留错落有致的村落形态。

　　（2）借助地理信息分析技术，控制村落的整体形态及重点区域，为规划布局提供更为科学合理的依据。

　　（3）以"模糊控制"代替"精确设计"，通过建筑设计导则的方式，充分预留弹性，保持村落景观的多元与变化，避免"千村一面"。

5. 实施情况

　　规划完成后，得到了当地居民、地方政府的一致认可，并激发了建设实施的热情。目前，木雕主题的尖藏村和砖雕主题的德洪村已经改造完毕，受到了广泛的好评，其他村落也在陆续建设实施中。

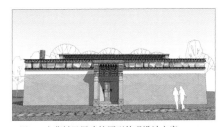

图8　尖藏村民居建筑原型外观设计方案

图9　尕吾昂村民居建筑原型外观设计方案

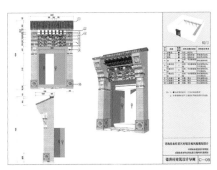

图10　德洪村建筑设计导则

图11　德洪村改造后实景图

图12　尖藏村改造后实景图

青海省坎布拉国家公园俄家台旅游服务基地——博物馆、门景区、文化街、商业街建筑设计

编制起止时间：2011.5~2014.4
承担单位：建筑设计所
　　　　（北京国城建筑设计公司）
主管所长：李利
项目负责人：向玉映
主要参加人：周勇、吴晔、李宁、
　　　　徐亚楠、秦筑、王冶、
　　　　周文、何晓君、秦斌、
　　　　王丹江、邱敏、万操、
　　　　张春播、曹玉格、张福臣、
　　　　邹琳琳、郑进、戴鹭、
　　　　石咸胜

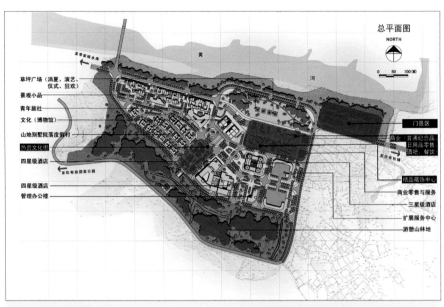

图1　规划总平面图

图2　区位图

图3　文化街透视图

图4　商业街透视图

俄家台旅游接待服务基地位于青海省黄南藏族自治州北端，坎布拉国家公园东部。

依托于坎布拉优越的自然环境、丰富的旅游资源，规划设计在李家峡水电站原有职工生活区的基址上合理组织了反映地域特征的地方文化博物馆，服务水平优质、形象个性鲜明的门景区、文化街、商业街等旅游接待设施。

1. 规划设计

规划设计将自然环境和景观资源保护置于核心位置，最大限度地发掘、展现原生环境特征，设计结合自然。

尊重民族和地域文化特色是规划设计的另一特点，方案有效协调了生态文化、藏族乡土文化和现代旅游度假文化的共生与融合，突出了旅游服务基地的文化与景观价值，并兼顾文化展示、民俗体验、自然人文科普等多种功能。

总平面布局结合场地特征，充分利用基地原有地形，结合不同台地的高差关系，合理设置主、次出入口，游憩广场以及缓冲空间、景观节点等，并根据旅游产品与目标群体的不同进行适度分

图 5　文化街鸟瞰图

图 6　商业街鸟瞰图

区，为前来坎布拉的游客提供综合全面的旅游服务设施与产品项目。

2. 建筑设计

地方文化博物馆方案合理利用原有场地地形高差，将不同主题的展厅置于不同标高的平面上，并用台阶、坡道和电梯加以联系，形成了一条连续起伏的观展动线。建筑立面设计语汇借鉴地方传统宗教文化元素，整个建筑体量自上而下分为三个不同的层次，并采用逐级退台的处理手法，强化建筑的稳定感和水平动势，使整个建筑庄重而不失传统，简洁而不失变化，暗示其在整个基地中的"地标"身份。不同于博物馆的庞大体量，热贡文化街和商业街则采用民居聚落的形式解决设计问题，建筑尺度宜人且体量灵活多变，以衬托博物馆的个性与形象。建筑材质及色彩搭配综合了地方传统民居和宗教建筑的典型特征，体量变化丰富，营造了一个个艺术气息浓郁的场所空间。结合地形的变化，建筑设计方案提供了多种艺术展陈交流、商业休闲娱乐空间，诸如屋顶露台、风雨廊道、坡地广场等，适合不同规模、不同性质的艺术及商业活动。

3. 实施效果

截至 2014 年 7 月，俄家台旅游服务基地各项设施已陆续竣工，并计划于近期投入使用。

3

城镇体系规划、
区域规划

全国城镇体系规划
（2006-2020）

2006-2007 年度中规院优秀城乡规划设计一等奖
编制起止时间：2005.4~2007.12
领导小组：
组　　长：汪光焘
副组长：仇保兴
成　　员：陈晓丽、唐　凯、李晓江、
　　　　　陈　锋
规划工作组：
负责人：王　凯
参加人：徐　泽、徐　辉、赵一新、
　　　　郝天文、宋兰合、朱思诚、
　　　　周　乐、彭实铖、彭小雷、
　　　　曹传新、李文彬、刘长歧、
　　　　朱才斌、张　兵、尧传华、
　　　　胡天新

1. 规划简介

全国城镇体现规划是落实中央城镇发展政策，指导全国城镇发展的国家级规划。按照 1990 年《城市规划法》和 2008 年《城乡规划法》的要求，国务院城乡规划行政主管部门有责任编制《全国城镇体系规划》，指导省域城镇体系规划和城市总体规划的编制。

2005 年 4 月在住房和城乡建设部领导的高度重视下，全面启动了《全国城镇体系规划》的编制工作。规划于 2006 年 4 月通过了专家论证，2006 年 7 月通过第 33 次城市规划部际联席会议的审查，2007 年 1 月正式上报国务院。

2. 编制背景

党的十六届三中全会提出的科学发展观是本次规划的主要政策背景。2005 年 9 月，胡锦涛总书记在中央政治局第 25 次学习会上明确指出要按照循序渐进、节约土地、集约发展、合理布局的原则，努力形成资源节约、环境友好、经济高效、社会和谐的城镇发展新格局，要求"加快全国城镇体系规划的编制"。

当前我国正处于城镇化快速发展阶段，面临着城乡差别过大、地区发展不平衡、土地资源浪费、生态环境恶化、历史文化遭到破坏等诸多矛盾。

落实中央政策的有关要求，解决当前城镇发展中的突出问题，要求我们对全国的城镇化战略和城镇体系提出新的规划。

3. 技术内容

1）提出积极稳妥的城镇化战略

研究首次提出我国虽然地域辽阔，但自然地理条件差异性大，适宜城镇建设的土地不到国土面积的 9%，首次摸清了我国人居环境建设的基础条件；研究认为，未来 20 年我国人口仍然遵循由农村流向城市、由中小城市流向大中城市的基本规律，城镇群和各地区中心城市将是吸纳人口的主要空间载体；研究还认为，随着我国工业化的进程，未来 20 年我国将形成京津冀等五大城市经济区和哈大齐等十个人口－产业集聚区。

在上述人居环境条件、人口流向和产业发展的综合分析的基础上，规划提出了循序渐进地推进城镇化发展的总体战略。预计未来 15 年我国城镇化发展速度年均增长 0.8 ~ 1 个百分点，2010 年城镇化率为 46% ~ 48%，2020 年城镇化率为 56% ~ 58%。

2）立足东、中、西的多样化城镇化政策

规划从我国地域辽阔、发展不平衡的国情出发，根据各地的社会经济发展水平和资源禀赋，首次分别提出了东部、中部、西部和东北地区不同的城镇发展政策要求，引导各地区因地制宜地确定城镇化战略和城镇发展模式。

如东部地区的城镇发展主要应提升城镇化质量，加快城镇群的发展，提高参与国际竞争的能力；引导产业和人口向大城市周边的中小城市、小城镇转移，形成网络状城镇空间体系；坚持生态环境优先发展原则，抑制水环境恶化的趋势等。

3）建构"多元、多极、网络化"的城镇空间结构

规划首次提出以城镇群为核心，以重要的中心城市为节点，以促进区域协作的主要联系通道为骨架，构筑"多元、多极、网络化"的城镇空间格局。"多元"是指不同资源条件、不同发展阶段的区域，要因地制宜地制定城镇空间发展模式。"多极"是指依托不同层次的城镇群和中心城市，带动不同区域发展。"网络化"是指依托交通通道，形成中心城市之间、城乡之间紧密联系的格局。

规划确定了京津冀等三个重点城镇群以及成渝等十余个城镇群地区，促进区域协调发展。结合建设社会主义新农村的要求，提出了村镇布局原则，引导

农村人口向条件较好的重点镇、中心村集聚，提高就业能力和集约化发展水平。

4）建立以交通为核心的城镇发展支撑体系

在综合分析全国公路网、高速公路网、铁路网、客运专线网规划的基础上，结合区域中心城市的布局提出建立全国综合交通枢纽体系，促进城市与区域交通的有机结合，确定了北京、天津、上海等九大全国综合交通枢纽城市，构筑服务全国、辐射区域的高效交通运输网络，推行一体化的联合运输方式，增强城镇辐射带动能力，强调发挥铁路和轨道交通节能、省地的优势，促进城镇集约紧凑发展。

5）加强对跨区域城镇发展和省域城镇体系规划的引导

按照一级政府一级事权的原则，规划依据国家城镇化发展的总体战略，针对各省特点，分别对 27 个省区和 4 个直辖市提出了"省域城镇发展规划指引"，旨在落实国家城镇发展的总体目标、跨区域资源环境的保护要求以及各省区市应该重点发展的内容。

总之，新一轮全国城镇体系规划是住房城乡建设部全面履行《城乡规划法》的一次依法行政行为。规划从指导思想、技术路线到规划措施等方面充分体现了科学发展观等中央大政方针的要求，在宏观规划的理论和方法上做了不少创新，规划的主要技术内容已经被多个城镇群规划和城市总体规划所引用。随着《城乡规划法》的进一步贯彻实施和走中国特色城镇化道路的进一步探索，全国城镇体系规划的作用将越来越大。

吉林省城镇体系规划
（2011-2020）

2006-2007年度中规院优秀城乡规划设计一等奖
2007年度吉林省省级优秀勘察设计一等奖
编制起始时间：2005.4-2012.5
承担单位：城市建设规划设计研究所
主管总工：王景慧
主管所长：张　全
主管主任工：鹿　勤
项目负责人：朱　力、张　全、曹传新
主要参加人：王明田、何小娥、龚道孝、
　　　　　　鹿　勤、黄　蕾、徐会夫、
　　　　　　刘　源、杜宝东、袁忠凯、
　　　　　　尹中白、卢比志、张石磊、
　　　　　　刘继斌、张晓艳
合作单位：吉林省住房和城乡建设厅、
　　　　　吉林省城乡规划设计研究院、
　　　　　北京大学、清华大学、东北
　　　　　师范大学、国家发展与改革
　　　　　委员会、吉林大学、吉林省
　　　　　省委政策研究室

1）项目背景

吉林省是住房和城乡建设部第二轮城镇体系规划编制和实施的第一个试点省份。上版体系规划编制于1995年，规划期限为1996~2010年，其对省域空间发展起到了积极的指导作用。但新的形势使原有规划难以继续指导吉林省的发展：第一，在全省发展战略层面，吉林省委、省政府根据国家东北振兴的总体要求，提出了加快发展、扩权强县、扩容强市等新的发展思路；第二，在空间调控层面，国家行政许可法实施后，新出现的各个县市工业开发区、大型生态控制区、重大项目选址等缺乏省级层面的规划依据。因此，省政府和规划主管部门迫切需要新的规划指导省域层面的规划与建设。

2）项目构思与针对性

针对上述要求和背景，本次规划确定了两个层面的工作技术路线：全省战略层面和次区域指引层面。在全省战略层面，明确全省的空间发展战略、城镇化道路、城镇体系、生产力布局、综合交通体系和生态环境格局等内容。在次区域层面，将全省划分为次一级的空间单元，对各区域的发展进行详细的指引，共分为四个方面：分别是空间结构指引、产业布局与城镇职能指引、生态发展指引、空间管制指引，这四个方面构成了四位一体的指引图则。

根据以上工作思路，结合吉林省省情，本规划着重解决了城镇化道路选择、空间结构布局、区域协调发展、生态环境保护、社会人文建设、省域规划实施等6个核心问题。

3）主要内容

2020年，规划提出把吉林省建成我国重要的新型工业基地，我国重要的商品粮生产基地和现代化农业基地，现代服务业基地。规划期末，吉林省总人口达到2870万~3000万人，城镇人口达到1800万~1930万人，城镇化率达到62%~64%。以长吉一体化为起步，以长吉图开发开放先导区为重点，以长吉都市区、延（吉，含龙井、图们）珲（春）城市组合区为核心的城镇发展格局形成，进而推动我省中部城市群的快速发展。

实施"两个集聚"的城镇化战略，实施"强化中部、构筑支点、区域联动"的城镇空间发展战略，促进人口与其他生产要素向中部地区聚集、向中心城镇聚集。总体上形成以长吉一体化和哈大轴为重点的"两区、四轴、一带"空间结构布局。

实施"差异化"和"网络化"的交通发展战略。至2020年，吉林省将形成以高速公路、高速铁路、机场为主导的现代化综合交通体系。

实施"分地区差别化"的生态策略和"分类指导"的生态建设策略，基本建设成为经济高效、资源节约、环境友好、社会和谐的生态省。

规划提出要加强吉林省城镇文化特色塑造。至2020年，通过人文环境设施建设，吉林省将形成安全、舒适、积极向上、创业氛围浓郁的省区和文明发达的和谐社会，实现文化吉林、创业吉林、和谐吉林的发展目标。

4）项目创新与特色

第一，规划突破了传统城镇体系作为部门规划的技术思维，通过规划过程的多层面参与以及产业、社会、生态、空间等多方面的研究实现了规划的综合性、前瞻性和战略性，提升了省域城镇体系规划的地位。

第二，规划突破了传统城镇体系规划较难实施的问题，与政府事权紧密结合。规划建立了以"次区域指引"为核心，配套"政策分区"和"行动计划"的规划政策框架。《规划》在次区域的划分上，形成了具有区域政策调控意义的次区域空间管理维度，落实和细化了全省维度的空间发展指引、产业发展指引、生态指引和政策分区，并辅之以"行动

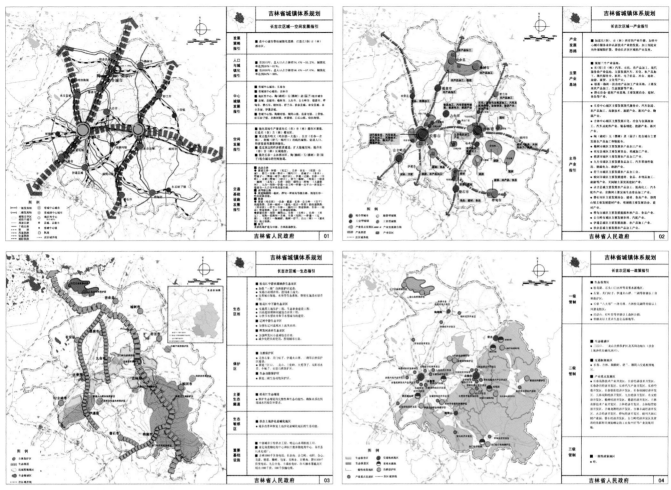

图1 吉林省次区域规划指引图

计划"，实现了"目标战略"向"次区域实施"的落实。

第三，《规划》突破了传统城镇体系中空间结构的静态描述，强调了空间结构支撑社会经济发展的战略意图。

第四，《规划》以科学发展观为指导，在充分关注生态发展的基础上，尝试进行"人文环境规划"、"社会主义新农村建设规划"的研究。

5）实施情况

《规划》的实施同样体现在两个层面：一是在全省战略层面，规划提出的以"两个集聚"为核心的空间发展战略和城镇化策略得到了省委省政府的高度认同，成为指导全省城镇化发展的纲领性思想，在吉林省第九次党代会的报告中得以肯定与明确。吉林省"十一五"规划全面采纳了《规划》对于城镇格局优化的策略，并在"十二五"规划中得以延续；省住房和城乡建设厅依据《规划》编制和实施了《吉林省城乡规划条例》。二是从指导地方发展来看，《规划》提出的次区域规划与管理模式直接孕育了《中国图们江区域合作开发规划纲要——以长吉图为开发开放先导区》的产生，并直接指导了《吉林省长吉图区域城镇体系规划》等区域规划的编制；在《规划》指导下，以《长春市城市总体规划》为首的各城市总体规划也陆续编制完成，"两个集聚"的城镇化思想和打破行政壁垒的"次区域"管理模式在不同层级城市总体规划中得到了充分采纳和验证。

浙江省城镇体系规划
（2011-2020）

2011 年度全国优秀城乡规划设计一等奖
2010-2011 年度中规院优秀城乡规划设计一等奖
编制起止时间：2007.7-2011.2
承担单位：城市环境与景观规划设计研究所
主管院长：李晓江
主管总工：王 凯
主管所长：易 翔
主管主任工：黄少宏
项目负责人：彭小雷
主要参加人：查 克、徐 辉、赵群毅、
　　　　　　莫 霍、顾京涛、张 帆、
　　　　　　袁少军
合 作 单 位：浙江省城乡规划设计研究院、
　　　　　　北京大学城市与环境学院、
　　　　　　南京大学城市规划系、浙江
　　　　　　大学城市与区域规划系

浙江省是我国东部地区经济发达、人口稠密的省份，经过改革开放 30 多年的发展，面临着产业结构升级瓶颈，国际化功能提升滞后，生态环境压力大和城乡空间资源低效利用等突出问题，因此转型发展和创新发展成为浙江省城乡空间优化发展的重要任务。

为此，在落实《全国城镇体系规划（2006-2020）》和《长江三角洲地区区域规划》相关要求的基础上，围绕寻求省域发展战略新空间，全面提升都市地区和县域单元的城镇化质量两方面来制定技术路线。其中省域发展战略新空间是浙江省提升国际地位，拓展区域性职能的重要载体；都市地区和县域单元是提升城乡综合承载力、建设高品质宜居城乡的基础载体。

1. 规划内容

1）在寻求省域发展战略新空间方面，走拓展与提升相结合的城镇空间发展道路

规划立足于浙江省建设长江三角洲地区世界级城市群南翼的国际门户、现代服务业集聚区、先进制造业基地、国际旅游目的地和区域旅游集散中心等目标，明确了都市核心区和省级战略发展地区两类新空间。

首先，规划在继承上版体系规划提出的杭州、宁波、温州三大都市区的基础上，进一步明确这三大都市区核心区的国际门户地位；同时，立足于义乌突出的国际商贸与博览职能，提出将金华-义乌都市区培育成为省域空间发展的第四个重要增长极。围绕四大都市区，共同打造国际门户职能、长三角地区的综合交通枢纽与科教、文化创新中心、金融贸易中心。

其次，规划明确了省级战略发展地区，特别是海岸带与大型岛屿、空港地区是浙江省转型、创新发展的战略节点。如杭州空港新城是杭州国际化发展的战略基地；

宁波与舟山的梅山岛、金塘岛是浙江省建设上海国际航运中心、贸易中心，发展国际物流业务的重要平台；温州的近海岛屿地区是温台地区民营经济升级和寻求资本扩张的战略平台；金华与义乌交界地区是推进国际贸易发展与加强国际文化交流合作的重要基地。这些省级战略发展地区为国家设立舟山群岛新区、义乌建设国际贸易综合改革试验区提供了有力支撑。

2）以都市区和县域单元为基础推进质与量并举的城镇化发展策略

一是以都市区、县市域中心、重点镇来配套完善城乡公共服务，构筑中心城市服务网络；以一般镇、新农村社区为主体形成覆盖农村的基本公共服务网络。

二是按照城际、都市区、城乡三个层次的公共交通网络系统来引导全省城镇空间的"高效、绿色、便捷、安全"发展。

三是注重城镇密集地区的人居环境品质提升，规划提出了区域湿地生态与景观型主题公园、市郊森林公园等自然与人文要素相融合的特色地区，为都市空间拓展提供新思路。

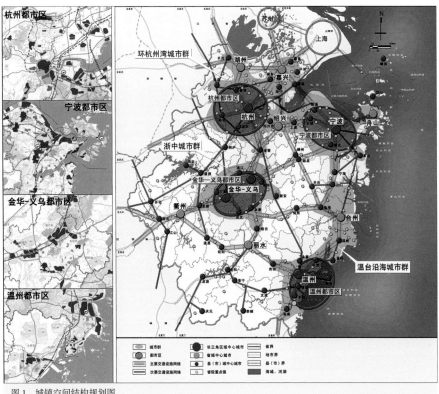

图 1　城镇空间结构规划图

2. 技术创新点

1) 在探索新型城镇化发展模式和推进城乡一体化发展方面有新的突破

（1）规划突出空间差异性分析，提出了城镇密集地区和城镇点状发展地区的分区统筹与协调理念，通过差别化发展模式来引导区域一体化发展，并对不同地区的城乡空间组织、公共设施配套、交通组织、生态环保提出了具体规划要求。其中城镇密集地区分别围绕环杭州湾城镇群、温台沿海城镇群和浙中城镇群加强统筹协调。

（2）规划提出了全域覆盖的"一中心、三网络"城镇空间组织模式，作为转变城乡发展模式的重要抓手。以都市区、县（市）城区为基础构筑中心城市体系，并强调以公共交通网络、基础设施网络、区域生态绿道网络三大网络来统筹城乡一体化发展。

（3）规划高度重视重点镇在统筹城乡发展中的重要节点作用，规划立足于浙江省县域经济活跃，小城镇连片发展态势显著的特征，提出了建设 200 个省级重点镇来推动人口和产业聚集，完善城市型服务管理的战略举措。

2) 提出了保护与发展相结合的空间管制举措

（1）省级战略发展地区、综合交通枢纽地区为省级政府需指导发展的适建区。

（2）交通设施通道与市政设施廊道、都市区大型防护绿带、流域地区、海岸地带与岛屿、太湖南岸水乡地区、浙西浙南山区等为省级政府需要调控管理的限建区。

（3）省级以上的自然资源与人文资源保护地区、重大水源地为省级政府需要直接监管的禁建区。

3. 规划实施情况

1) 为全省"十二五"规划建设提供了空间支撑

规划提出的杭州、宁波、温州和金华－义乌都市区发展指引已纳入浙江省"十二五"规划纲要。特别是规划提出的建设金华－义乌都市核心区，推进金华与义乌交界地区开发，建设都市区轨道交通网络的内容已纳入浙中城镇群规划予以落实。

2) 切实加强了省域空间资源的管理

规划立足于省级事权，对重大建设项目的选址管理明确了具体要求。规划提出对于禁建区内、跨越两个或两个以上设区市的重大建设项目以及对生态环境具有重大影响的产业基地布局，区域性基础设施建设要求核发选址意见书。浙江省于 2011 年 4 月施行的《浙江省建设项目选址规划管理办法》将以上规划内容纳入管理办法，切实推动了选址管理工作。

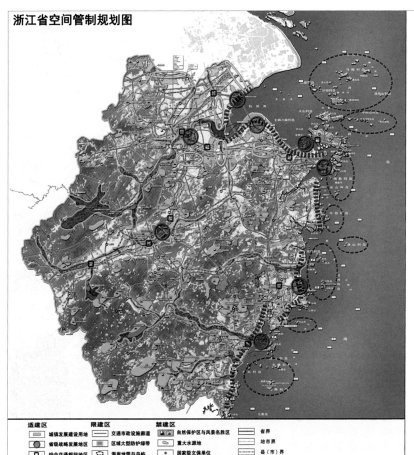

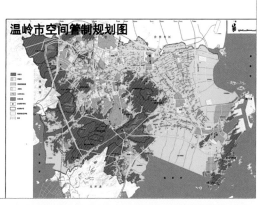

图 2　省域空间管制的层级落实

贵州省城镇体系规划
（2013-2030）

2012-2013年度中规院优秀城乡规划设计一等奖

编制起止时间：2010.9-2013.7

承担单位：西部分院、城市与区域规划设计所、城市交通专业研究院、城镇水务与工程专业研究院

主管总工：李晓江

分院主管院长：朱波、彭小雷

分院主管总工：陈怡星

项目负责人：商静、王新峰

主要参加人：李铭、张浩、李栋、刘剑锋、叶昱、肖磊、郝媛、于德森、高世明、李东曙、毛有粮、敬山瑶、毛海虓、吴松

合作单位：贵州省城乡规划设计研究院

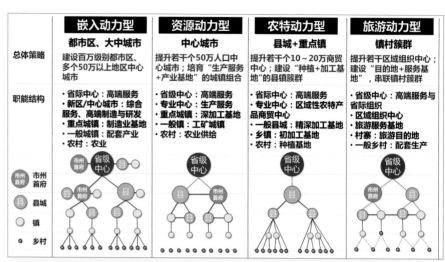

图3 基于分动力类型差异化的城乡组织模式

	嵌入动力型	资源动力型	农特动力型	旅游动力型
总体策略	都市区、大中城市 建设百万级别都市区、多个50万以上地区中心城市	中心城市 提升若干个50万人口中心城市；培育"生产服务+产业基地"的城镇组合	县城+重点镇 提升若干个10~20万商贸中心；建设"种植+加工基地"的县镇簇群	镇村簇群 提升若干区域组织中心；建设"目的地+服务基地"，串联镇村簇群
职能结构	·省际中心：高端服务 ·新区/中心城市：综合服务、高端制造与研发 ·重点城镇：制造业基地 ·一般镇：配套产业 ·农村：农业	·省级中心：高端服务 ·专业中心：生产服务 ·重点城镇：深加工基地 ·一般镇：工矿城镇 ·农村：农业供给	·省际中心：高端服务 ·专业中心：区域性农特产品商贸中心 ·一般县城：精深加工基地 ·乡镇：初加工基地 ·农村：种植基地	·省际中心：高端服务与省际组织 ·区域组织中心 ·旅游服务基地 ·村寨：旅游目的地 ·一般乡村：配套生产

贵州省是一个人口稠密、生态脆弱性与重要性兼具的多民族欠发达山地省区。由于自然地理等原因，贵州省贫困问题突出，全省65%的县分属于三个国家连片特困地区，同时，贵州的发展还面临着地形破碎、生态保护等瓶颈的制约。

通过深入解读国家政策，规划确定国家对贵州经济社会发展的总体要求是在生态环境保护的前提下，"加快发展与消除贫困"。这是贵州城镇化发展所面临的不同于以往、不同于其他省区的特殊背景，直接影响了规划编制的核心理念和技术探索。

1. 技术路线

规划开创性地将"贫困问题"纳入到城镇化发展的研究范畴，提出了在生态保护前提下农村脱贫与经济产业和城镇化良性互动的发展路径。规划确定贵州省"消贫型城镇化"发展的任务是"通过本地城镇发展承载产业，提高自我发展能力，并就地带动农村经济发展，增加农民家庭经营性收入；以本地和异地城镇化促使人口在城乡重新分配，缓解生态压力，同时增加农民工资性收入，最终实现脱贫致富"，并重点从三个方面探索了完成以上任务的消贫型城镇化道路。

（1）探索欠发达地区实现发展与消贫的城镇化动力机制。在分析国际国内产业转移、国内内需市场发展与区域经济产业分工的新趋势及贵州自身发展条件的基础上，提出构建兼顾发展与消贫、内生与外生相结合的城镇化动力机制：对外充分借力区域，对接国内主要消费市场，引入外部动力，北接成渝，南连珠三角，东西与云南、湖南、广西联动发展，促进省域城镇立足优势资源，参与大区域经济分工并承接产业转移。对内大力培育依托三大核心资源的特色型内生动力，把能矿产业、农特产品加工和文化旅游业作为产业体系的重要组成部分，从而实现发展经济、增加就业和带动农村产业的发展目标。

（2）探索符合山地省区特点的城乡组织模式。贵州的城镇化动力中，资源依赖型产业所占比重较高，并结合独特的地形地貌环境形成了特殊的城镇空间组织模式。规划通过对依托矿产、旅游、农特三种资源，经济产业发展较好的9个县（市）进行实地调研，自下而上地探索了不同产业动力下中心城市、县城、镇、乡村的组织关系，并由此确定了多种动力推动下的新型城乡组织模式。规划高度重视县城、小城镇及部分村寨对城镇化的重要作用，除了依托具备规模优势和功能基础的大中城市发展嵌入型产业以外，依托优势资源的内生型动力主要由邻近资源所在地的县城、小城镇及特色村寨来承载。

（3）探索符合贵州特色和生态保护要求的城乡空间格局。在全面梳理各县级

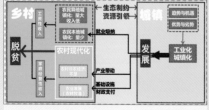

图1 贵州省经济发展与消除贫困的发展路径

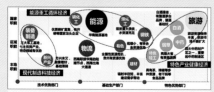

图2 贵州省产业整合模式与主导产业定位

单元发展条件、确定县域城镇发展动力类型、综合判断全省城镇建设条件及生态保护格局的基础上，规划提出了"极化黔中、特色两翼"的省内差异化格局战略，即中部城镇走综合型规模化发展道路、东西两翼城镇走专门化发展道路，从而推动人口从两翼向中部地区、从农村向城镇的集聚。在重点识别各级资源型城镇空间分布的基础上，通过对中微观空间组织的研究，规划提出"强化极核、集聚两圈、中心带动、节点支撑、集群发展"的空间组织策略，以"一核、一群、两圈、六组、多点"及三个特色城镇带为主体的省域城镇空间结构落实了多样化、集群化发展的策略。

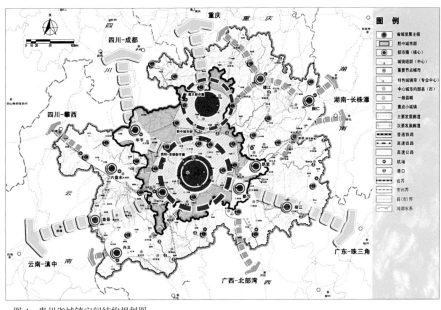

图 4 贵州省城镇空间结构规划图

2. 成果创新

（1）探索城乡居民点体系的表达内容。基于贵州省政府"发展经济、保障民生"的双导向的管理职能，在对传统城镇体系规划"三大结构"内涵深化、细化研究的基础上，在成果中新增"公共服务性职能体系"和"生产性职能体系"两项内容。为便于省政府直接引导财政转移支付或监督各级政府落实基本公共服务设施建设，把与城乡居民点等级关联紧密的基本公共服务设施规划的相关内容，从《编制办法》规定的"城乡基础设施支撑体系规划"中单列出来，作为一种城镇职能加以管理，同时把对省域经济产业发展具有战略意义的生产性功能落实到城镇载体上，提出城镇的生产性职能体系，为省政府引导全省经济产业发展提供抓手。

（2）提出针对不同类型地区的交通发展模式。针对四类不同的城镇组织模式，创新性地提出了四种综合交通组织模式，作为省域综合交通体系构建的依据。

（3）提出城乡一体化的基础设施体系。针对省域城镇化发展目标与要求，把农村供水、能源、信息、环保设施等一并纳入到系统规划中，实现以城带乡和城乡统筹布局。

（4）增加保护与利用的资源类型。把对全省发展影响重大的矿产和农特产品资源纳入成果内容，其中矿产资源侧重于资源开发与城乡建设的协调，农特产品资源侧重于资源本身的保护。

3. 实施效果

规划虽然尚未批复，但在贵州省城镇化发展中已经开始发挥重要作用。

（1）通过规划深化、细化并调校了

省政府关于"黔中城市群"的发展思路，提出了符合城镇空间组织规律、可操作的空间实施平台，把一个尺度巨大的城市群细化为"一核、两圈"为主体，其他距离较远的中心城市相对独立组织的开发思路。其中，以贵安新区为引擎打造贵阳主核心已经成为省政府近期工作的重中之重。

（2）规划已经开始成为省政府城镇化决策的依据。为制定2013年省政府工作报告，由省建设厅牵头，省发改委等部门参与，中规院作为协助单位，在规划的基础上撰写《贵州省未来五年城镇化研究报告》，成为政府工作报告中提出城镇化发展工作目标的重要依据。

（3）具体指导了盘县、毕节等城市发展和一些具体设施的建设，如规划提出的贵安六城际铁路六安段已经进入建设前期研究阶段。

图 5 贵州省城镇生产性职能规划图

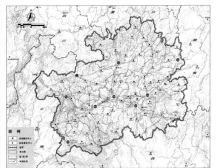

图 6 贵州省城乡公共服务性职能规划图

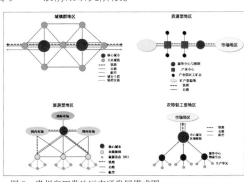

图 7 贵州省四类地区交通发展模式图

江西省城镇体系规划
（2013-2030）

2012-2013年度中规院优秀城乡规划设计二等奖

编制起止时间：2009.6-2013.12

承担单位：城乡规划研究室

主管总工：杨保军

主管所长：王凯

项目负责人：徐泽、徐辉

主要参加人：黄继军、陈明、肖莹光、
徐颖、马嵩、张云峰、
李新阳、李浩、袁壮兵、
朱磊、朱冀宇、宋涛、
贾秉瑜

合作单位：江西省城乡规划设计研究院、
中科院地理所、中国交通规
划设计研究院、北京大学城
市与环境学院、卡迪夫大学

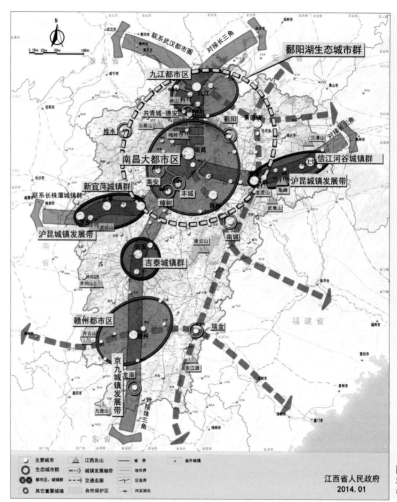

图1 省域城镇空间结构规划图

江西省人民政府 2014.01

新时期国家赋予江西省绿色转型发展和扶贫开发两项重任。鄱阳湖生态经济区建设体现了国家在大湖流域治理、绿色城镇和生态产业发展等方面的要求；扶持赣南等中央苏区振兴发展体现了国家对于革命老区的关怀，也是新时期江西省发展的重大机遇。因此，围绕落实国家战略，适应江西省情，走江西特色的新型城镇化发展道路，由中规院编制完成了《江西省城镇体系规划（2013-2030）》。

1. 规划内容

基于国家发展战略要求，规划重点突出城镇发展动力、生态环境保护与农村扶贫开发三方面研究工作。

1）应对发展动力不足、城镇内聚能力弱的问题

当前江西省主要靠基础设施和工业项目投资拉动经济增长的模式对于农村劳动力的吸引力在逐步下降。目前全省尚有 650 万 ~700 万农村富余劳动力，未来仅凭工业主导经济模式不可能有效解决农民进城安居乐业问题。发展动力不足直接导致城镇内聚能力弱和城乡分散发展，反过来又制约经济的进一步提升。

主要对策：一是以增强经济活力和增加就业为导向推进"五区一基地"建设，重视县域工业化、农业特色经济产业化发展对于本地城镇化的带动作用，提出以三大都市区核心区、跨省对接合作地区、重大旅游开发地区为提升省域内生发展动力的重要战略空间。二是提出"市县联动、组群发展"的空间组织策略，既增强城镇内聚能力，又实现以城带乡发展。三是完善区域性综合交通枢纽体系，实现省域全面开放发展，强化了南昌与九江共建区域性综合交通枢纽的策略。

2）处理好发展与生态环境保护的关系

江西省大部分地区属赣江流域，90%的县市区位于滨水地区，但随着工业化、城镇化的快速推进，流域上下游的生态环保压力越发突出。

主要对策：一是以绿色治理为先导建设鄱阳湖生态城市群，提出建设滨湖田园风光城镇带的设想。二是提出生态工业区建设策略，做好污染综合治理与资源综合利用，并将主要城市上游的矿产开采地区列为省级一级监管区。三是将全省生态安全格局的要求分解为具体指标和空间管制要求，在城市和县总体规划中予以落实。

3）欠发达地区的扶贫开发

江西省是我国著名的革命老区，涉及老区县（市）共81个，人口2200万左右，所在地区人均GDP仅为全国平均水平的1/2。

贫困地区的扶贫问题需要因地制宜，主要对策如下：一是划定城镇化培育地区，未来以培育本地工业化和农业产业化增长点为抓手，重点发展县（市）域中心城市、重点镇；二是划定特色乡村发展地区，以山林经济、工矿经济、乡村旅游业为主导，推动农村本地城镇化。

2. 技术创新点

1）针对区域发展差异性，以县市区为单元，提出城镇化优化拓展地区、城镇化促进地区、城镇化培育地区、城镇化适度发展区、人口疏解与生态保育地区五类分区。立足分区发展要求制定人口分布、城镇空间组织、交通和产业引导、生态环境保护策略。

2）探索中部地区的城镇化路径。一方面，通过市县联动的都市区、城镇群建设，引导工业园区、农业产业化基地、生态与文化旅游区的协调发展，实现内生导向的本地城镇化。另一方面，强调以城乡统筹来增强农村地区的发展活力，提出以保护传统农耕文明为基础，以特色小城镇建设为载体，发展农村特色经济。

3. 规划实施情况

规划提出的"一群两带三区"的空间总体格局、鄱阳湖生态城市群建设策略、重点镇发展等内容已纳入《中共江西省委江西省人民政府关于加快推进新型城镇化的若干意见》。规划指导了江西省编制都市区、城镇组群的协调发展规划，如依据本规划编制的《赣州都市区总体规划（2013-2030）》已获得江西省政府批准实施，南昌、九江都市区的规划编制工作正稳步推进。

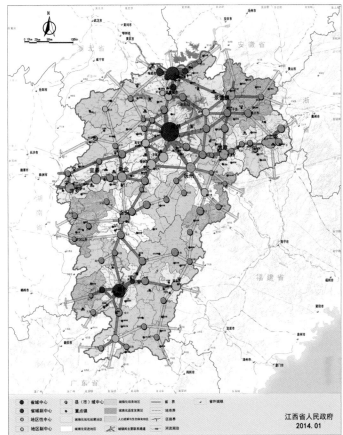

图2 城镇化发展分区与中心城市体系规划图

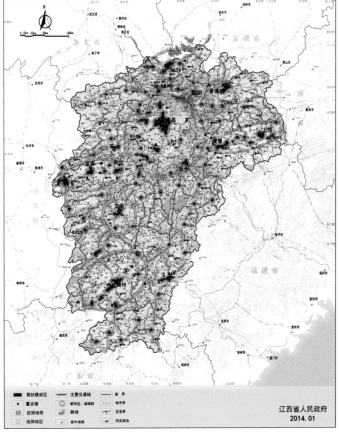

图3 城乡统筹与镇分类规划图

安徽省城镇体系规划 （2012—2030）

2012-2013年度中规院优秀城乡规划设计一等奖

编制起止时间：2010.3-2013.12

承 担 单 位：上海分院

主 管 院 长：李晓江

主 管 总 工：王静霞

分院主管院长：郑德高

项目负责人：郑德高、孙 娟

主要参加人：马 璇、陈 浩、周扬军、
　　　　　　王婷婷、孟江平、陈 烨、
　　　　　　林辰辉、李维炳

合 作 单 位：安徽省城乡规划院

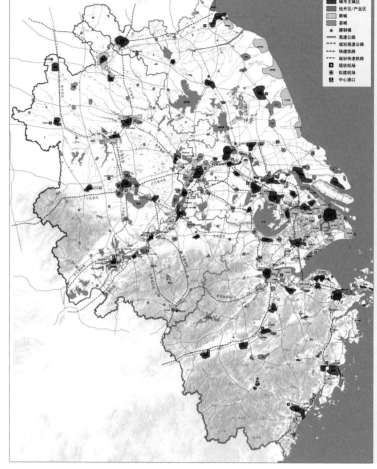

图2 长三角区域空间格局示意图

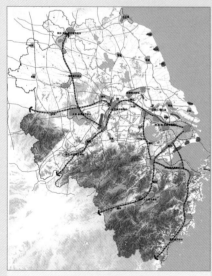

图1 长江三角洲城市连绵区空间布局

安徽省城镇体系规划正值2008年金融危机之后，国家经济发展趋势从出口转向内需，从沿海转向内陆。在内陆内需战略中，安徽凭借地处中部，紧邻长三角的区位获得了承接产业转移的重大机遇。经济发展必将带来资源的再配置与人口的再流动。安徽作为典型的中部省份，在这一轮工业化与城镇化过程中，对其发展模式、发展路径的探索具有重要的学术理论意义与实践示范意义。

1. 规划内容

规划主要从经济、人、空间三个视角分析安徽发展的核心问题，并提出未来发展的三大战略方针，进而有针对性地提出各部分规划内容。

第一，经济视角。模拟出了未来工业化发展趋势的"M"形曲线模型，并提出安徽当前处于"M"形曲线的上升通道，明确工业化仍然是未来一定时期的重要动力。

第二，人口与城镇化视角。提出安徽城镇化现状存在两大问题，一是异地城镇化特征明显，二是人口板块与经济板块严重不匹配。

第三，空间视角。现状空间特征表现为两大差异：一是分区发展的差异大，10年来，皖北与皖江地区经济发展与城镇化水平差距也在不断增大。二是城市发展的差异大，只有合肥、芜湖人口经济双增长，省内双中心格局初步显现。

针对三方面问题，规划提出统筹发展、集聚发展和分区发展三大战略。

（1）统筹发展。首先鼓励省内异地城镇化，通过劳动力与就业供需模型以及人口与经济增长差异模型综合判断，未来流向省外的人口将会出现回流。鼓励回流人口向沿江和皖中集聚，向中心城和县城两端集聚。

（2）集聚发展。确立以合肥、芜湖

为中心的双核结构，强调城市群为城镇化的主体形态，构建合肥都市圈、芜马都市圈和皖北城市群等。未来合肥都市圈、芜马都市圈东向对接南京都市圈，构筑合芜宁成长三角。

（3）分区发展。强调差别化的政策指引，皖北片区近期相对均衡，远期采取增长极战略。沿江、皖中片区采取双核战略，突出合肥与芜湖的中心地位。皖南片区采取旅游国际化、特色城镇化的发展战略。皖西片区主要推动生态保护与旅游休闲产业发展。

规模上，预测全省城镇人口至2030年约为5100万，并提出了相应的城镇人口规模等级和功能体系。规划对乡村地区建设提出"定方向、定标准、定模式"三大重点，并按照不同等级配置基本公共服务与市政服务。同时，规划还对区域交通设施、生态体系进行了规划。针对规划管理要求，规划提出了分区管制

和分级管理的要求。

2. 空间布局

规划城乡空间布局体现动态性特征，近期由合肥都市圈、沿江城市带、皖北城市群组成"一圈一带一群"，远期逐步演变为"两圈两带一群"的省域城镇空间结构。

3. 创新与特色

本轮城镇体系规划核心在于解决工业化与城镇化的相互关系。以问题为导向，以趋势模型分析为基础，制定全省的城镇化发展战略。

（1）从长三角发展实证研究出发，首次提出工业化发展的"M"形曲线。

（2）通过建立人口回流与经济发展及工业化对劳动力需求的关系模型，回答了城镇化过程中人从哪里来、人往哪里去的问题。

（3）结合人口输出型大省与人口回流的特征，挖掘了县城在人口城镇化中的基础性作用。

（4）结合经济发展的阶段性特征，创造性提出了安徽城镇空间体系的动态演变过程。

（5）强调将乡村发展纳入城镇体系规划统一考虑，提出了乡村建设的发展模式、服务等级与建设指引。

（6）关注规划管制与政府事权结合，区分省级事权管制的等级，制定片区发展指引与城市发展指引。

4. 实施效果

安徽省在省域体系规划基础上完善了全省城镇化政策，同时，在省域城镇体系规划指引下，安徽省开始了芜马城市组群和皖北城市群等的规划编制。

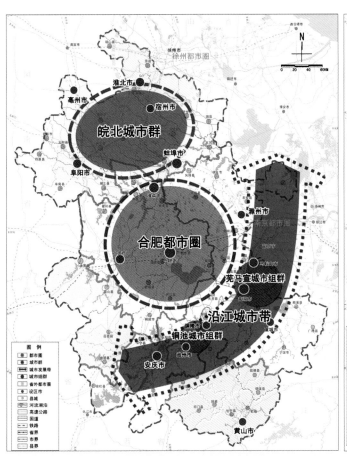

图3 近期（2012-2015）一圈一带一群

图4 远期（2015-2030）两圈两带一群

长江三角洲城镇群规划
（2007-2020）

2008-2009年度中规院优秀城乡规划设计一等奖
编制起止时间：2006.4-2008.12
中规院领导及总工：
　　　李晓江、杨保军、邵益生、
　　　孔令斌、杨明松
综合组组长：张　兵
中规院参与撰写总报告的人员：
　　张　兵、胡晓华、孔令斌、
　　朱郁郁、宋兰合、付冬楠、
　　许宏宇、周　乐、林永新、
　　谭　静、吴学峰、郑德高、
　　张国华、张　帆、朱胜跃、
交通专题报告：孔令斌、张国华、张　帆、
　　　戴彦欣、潘俊卿
水专题报告：
　　院：邵益生、杨明松
城镇水务与工程专业研究院：
　　郝天文、朱思诚、黄继军、
　　黄　俊、宋兰合、吴学峰、
　　牛　晗、周长青
合作单位：上海市规划局、江苏省建设厅、
　　　浙江省建设厅、安徽省建设厅、
　　　上海市城市规划设计研究院、
　　　江苏省城市规划设计研究院、
　　　浙江省城乡规划设计研究院、
　　　安徽省城乡规划设计研究院

图1　规划范围尺度示意

图2　三省一市重要的国家发展廊道

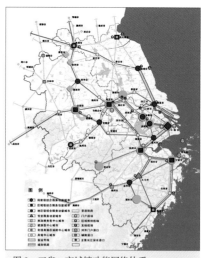

图3　三省一市城镇功能网络体系

1. 规划背景

以上海为核心的长三角地区是有条件代表我国参与国际竞争的战略区域，长三角城镇群更好更快地发展有着全局性的意义，是国家城镇化战略的重要体现。

本次规划范围包含江浙沪皖三省一市行政范围，是2000年以来我院承接的第一个跨省域类型的区域规划项目。规划面积总计35万km²，占全国国土面积的3.6%；常住人口约2亿，占全国的15%；其中城镇人口将近1亿，占全国的18%；地区生产总值占全国的1/4，增长贡献率大约占到1/3。

2. 发展特征

长三角城镇群发育发展的阶段特征主要包括：

（1）长三角正处于快速的发展过程中，无论是空间上，还是经济上，都远未定型，其国际定位、空间范围、城镇职能、空间组织都将可能发生根本性的变化。

（2）城镇群的功能体系仍处于构建的过程中，原有的以省（市）为单位的单一金字塔模式的城镇体系已经被打破，新的网络化功能体系初显雏形。

（3）发展基础极好，一直是我国经济的重心和发展的引领者。但其发展仍然较为粗放，空间效率亟待提高，整体的发展模式需要做出重大调整。

（4）三省一市内部社会经济发展水平差异大，内部各地区间不同的发展阶段并存，发展的机制和城镇化的途径各异。

（5）三省一市内部无论是经济还是历史文化上的联系都十分紧密，区域协作有良好的基础并有新的尝试，但是在区域一体化的推进过程中各自为政的现象为多，日益造成地域间发展的矛盾冲突。

（6）很多竞争要素在国内处于领先，但是从全球竞争的角度来看还有很大的差距，如对经济和核心资源的控制力和竞争力不足，文化影响力和创新能力较弱等。

（7）历史文化基础深厚，生态多样化特点鲜明，但在区域的快速发展中均面临严峻的挑战：水环境污染严重，水作为区域文化的载体的地位逐渐弱化；地区文化的创新发展动力不足，传统文化的影响式微。

（8）城乡关系快速变化，老龄化问题日益突出，社会结构将面临重大调整。

（9）作为跨4个省级行政区的地区，现有的规划与行政体制均尚未形成中央与地方政府以及地方政府之间的有效平台。

3. 工作定位与目标

本次规划首先应体现国家对长三角地区在未来一个时期的战略要求；针对省际发展的主要矛盾冲突地区制定协调方案；寻求地域和功能体系新的生长空间；强化生态环境、地域文化资源的保护；构建诸如交通基础设施、资源与环

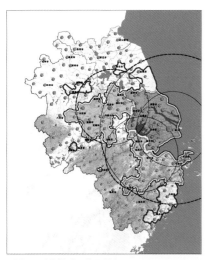

图4　重点推进区分区示意

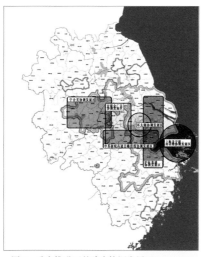

图5　重点推进区的跨省协调发展区

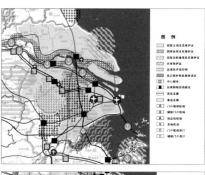
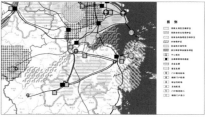
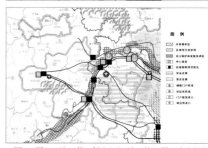

图6-图8　沪-苏-锡（上）、沪-杭-甬-金（义）（中）、宁-合-芜（下）联合发展区空间政策

境等功能体系的支撑系统。从规划的定位来看，规划应成为中央政府指导该区域发展的纲领性文件，是协调省际矛盾、编制省级规划的依据，也是省市内部战略地区发展及边界地区协调的依据。

4. 技术路线

规划根据全国城镇体系规划对长三角城镇群的发展定位，针对长三角城镇群成长性的特点，强调以开放、生长的空间规划思想作为指导，突破传统空间规划在规划范围内自成一体的做法。

首先，从全球—国家—区域—本地区四个层面，提出长三角城镇群发展的四大目标，即：具有国际竞争力的世界级城市群；承载国家综合实力的核心区域；率先实现区域一体化发展的示范地区；资源节约、环境友好、文化特色鲜明的城乡体系。

其次，针对长三角城镇群网络化发展的趋势和城镇职能体系的发展特点，摒弃了传统的"点"、"轴"、"带"等较为笼统的空间结构规划手法，构造综合性、专业性相结合的功能城镇体系，强调城市服务功能的提升，以促进区域功能体系和城镇网络体系的形成。

第三，规划在空间政策的制定上，以解决省（市）际主要矛盾为主，在空间分层管制的基础上，强调市场机制和社会管理的作用，侧重于在结构共建及空间的发展、整

合和协调等方面采取的针对性实施措施。

在空间的分层管治方面，规划首先明确了三省一市共同发展的空间框架，在此基础上，划定了城镇群的"重点推进区"，并进一步划分了"三大联合发展区"、"六个发展协调区"，以解决不同层次的问题。

重点推进区根据经济紧密联系划定，是建设具有高度竞争力的长江三角洲城镇群的空间主体，强调促进多层次廊道网络的形成，加强轴线交点城市的区域功能，培养新的节点城市和创新区域，辐射带动外围重要的廊道及城市发展。

在重点推进区内，根据发展阶段和空间功能组织特点进一步区分出培育和发展城镇群的重点地区，包括沪-苏-锡、沪-杭-甬-金（义）及宁-合-芜三大联合发展区，促进内部的融合和基础设施系统的衔接和协调。

协调发展区是针对区域发展中省（市）际矛盾较为突出的地区设立的，以解决城镇功能和产业、环境保护协调、区域性基础设施、跨省历史文化传承保护合作及旅游的协调发展等方面的冲突。

在长三角城镇群规划漫长而复杂的过程中，项目组还提出了不少有见地的观点。例如：从空间组织和基础设施角度提出综合交通枢纽地区将成为区域内部极具成长性的空间增长点；从发展途径角度提出长三角应承担国家发展战略中对内辐射

带动、对外竞争的责任，而不是简单地走外向型道路；在空间上应重视北翼连云港、盐城地区和南翼温州地区以及西部安徽、江西等地的战略作用；环太湖地区应建立国家的自然与文化双重生态保护区等。

5. 创新与特色

长三角城镇群规划的实践立足长三角区域内部差异性和区域功能体系发展的阶段性，在长三角城镇群范围、城镇群规划定位等重大理论和政策问题上有所突破；规划实践将城镇群规划的重点置于长三角三省一市区域功能体系的培育和完善上，通过四个层次的空间政策来逐层加以落实，在城镇群规划的技术路线和研究方法方面做出了积极而有价值的探讨。

此外，作为跨省的规划，在工作组织方法上，规划综合工作组在技术和政策层面分析探讨了跨省域区域规划的编制办法和具体工作方式，获得了不少宝贵的实践经验。

京津冀城镇群协调发展规划（2008-2020）

2009 年度全国优秀城乡规划设计奖一等奖
2008-2009 年度中规院优秀城乡规划设计一等奖
编制起止时间：2007.1 -2008.3
承 担 单 位：城市与区域规划设计所
主 管 总 工：李 迅
主 管 所 长：张险峰
主 管 主 任 工：赵 朋
项目负责人：朱 波、谢从朴
主要参加人：陈怡星、张圣海、王新峰、
　　　　　　吕红亮、盛 况、刘 扬、
　　　　　　朱胜跃、郝天文、赵 哲、
　　　　　　师 洁、苏迎伏、刘贵利

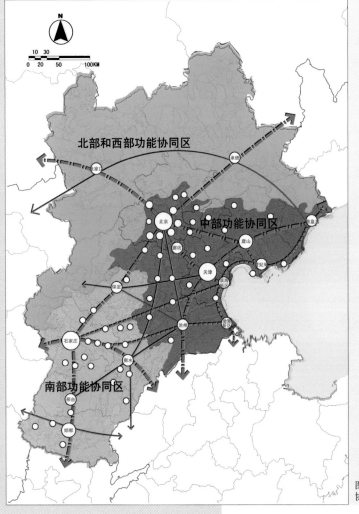

图 1　三大协同区划图

1. 规划背景

2007 年，建设部联合北京市、天津市、河北省人民政府组织编制本规划，以推动两市一省更好地实施经国务院批复的城乡规划为工作重点，同时，规划编制也是贯彻党的十七大精神，落实国家对这一地区城镇发展的新的战略部署，深化国家关于改革开放和加快发展的各项要求的需要。

2. 基本思路

规划坚持以科学发展观为指导思想，以"依法规划、重在落实、突出重点"为工作原则。在区域发展的新背景、新要求、新趋势下，重新审视区域发展特征与问题，通过辨析城镇群发展阶段的差异，确定"建构"与"协调"并重的总体思路，并依此制定规划的技术路线。

3. 技术要点

（1）以落实国家战略为前提，重点识别区域特征和发展趋势。结合对若干重大问题的专题研究，规划认识到：京津冀正处于从单一政治职能向经济和政治职能并重转变的关键历史时期，既要保障首都地区的政治、社会稳定，又要大力提升城镇群整体竞争力，因此，构建完善的区域职能体系是必要前提。沿海开发的提速、首都影响力进一步提升是推动城镇群海陆联动、对内对外双向开放、多中心协调发展的重要契机，同时在当前快速城镇化的背景下，资源环境压力日益严峻，区域协调和城乡统筹任重道远。

（2）制定城镇群发展目标与战略。规划提出"坚持科学发展的道路，建设成为具有首都地区战略地位的世界级城镇群，成为资源节约、环境友好、社会和谐的典范地区"的发展目标，并明确了相应的发展定位要求。"京津协作、河北提升、沿海带动、生态保护"是制定战略对策的重要出发点。

（3）依照功能协同发展的条件组织城镇空间布局。规划认为应弱化城镇等级分工，强化建立网络化的城镇关系，通过对战略性空间资源的识别，明确区域保护性功能、生产性功能和服务性功能的空间发展要求，构建区域功能体系；在充分考虑不同地区资源禀赋和空间差异性特征的基础上，破除行政区划障碍，组织中部、西部和北部、南部三个功能协同区，明确各协同区内涉及区域整体发展的功能协同发展方向、城镇发展重点和协同发展的措施；将都市区作为城镇空间的重点发展单元，在保护区域生态环境、强化区域职能分工、加强空间管制，协调城镇发展等方面提出政策指引。

（4）强化生态环境建设与保护的要求，促进资源节约利用。京津冀区域资源环境的问题历来是国家和地区政府所关注的焦点。规划针对跨区域的生态环境保护问题，三地政府应如何加强协调，共同开展区域污染协同治理和区域生态恢复和环境整治工作，提出相应的对策，并对区域内水资源保护和合理开发利用、城镇土地资源集约化利用、能源安全保障、近海资源的保护与合理利用等方面提出规划策略。

（5）注重交通通道和设施布局的衔接，构筑一体化区域综合交通体系。规划提出，要优先提升天津在区域中的交通枢纽地位，构筑京津为核心的交通枢纽体系；调整以公路为主导的交通运输模式，交通运输向高速、重载、节能减耗方向转变；建立公路和铁路协调可持续发展，机场和沿海港口合理分工协作的综合交通运输网络。规划重点对民航机场、沿海港口、洲际门户疏港交通设施等区域重大交通基础设施进行布局协调，并提出完善综合交通运输通道的对策。

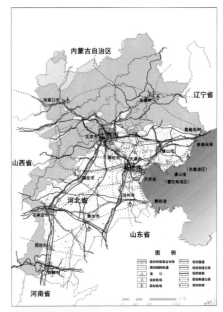

图 2　综合交通体系

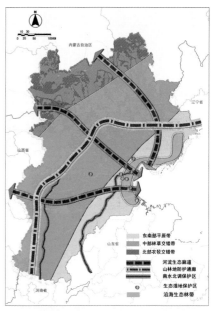

图 3　生态格局构建示意图

4. 技术创新

本次规划由两市一省一部联合批准，形成政府认可的法定性文件，分头落实，是跨省域规划编制实施的首次尝试。同时，从解决实际问题出发，在与三地政府共同协商过程中，需要重点协调的问题基本形成共识，因此规划制定的实施政策与保障机制建议也具有较强的可操作性。规划特别提出要建立规划落实机制，还强调要充分调动各级政府的积极性，发挥各级建设主管部门的事权，推动城乡规划实施的体制创新，为国内其他跨省域城镇密集地区规划编制提供借鉴。

5. 实施效果

规划编制虽然较早但具有较强的前瞻性。规划将区域功能协作，尤其是战略功能的协同发展作为推进京津冀协调发展的核心手段，目前已经成为新时期推动京津冀三地协调发展的基本共识。

本规划的若干研究结论与思路对于近年来北京、天津两市总体规划以及河北省城镇体系规划的实施修改都发挥了积极作用，同时对后续编制的环首都经济圈规划、河北沿海城镇带等规划都具有指引意义。

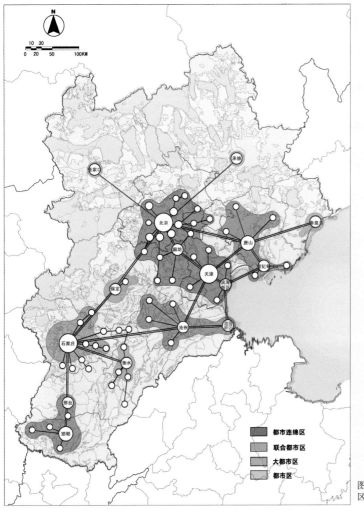

图 4　都市区发展引导

成渝城镇群
协调发展规划

2011年度全国优秀城乡规划设计二等奖
2010-2011年度中规院优秀城乡规划设计一等奖
编制起止时间：2007.4-2009.12
承 担 单 位：城市规划设计所
主 管 总 工：王 凯
主 管 所 长：尹 强
项目负责人：闵希莹、张 莉
主要参加人：孙心亮、周 乐、黄 俊、
　　　　　　刘海龙、边 际、牛 晗、
　　　　　　刘国园、田 心、易 峥、
　　　　　　陈 涛、刘亚丽、高黄根、
　　　　　　唐 鹏
合 作 单 位：重庆市规划设计研究院
　　　　　　四川省城乡规划设计研究院
　　　　　　成都市规划设计研究院

1. 项目背景

1）国家战略重心西移

随着西部大开发、中部崛起等战略的实施，国家战略重心逐渐西移。在国际经济形势动荡、外向型经济乏力的背景下，西部内陆地区发展日益上升为国家战略，成渝城镇群在国家发展战略布局中的地位日益上升。

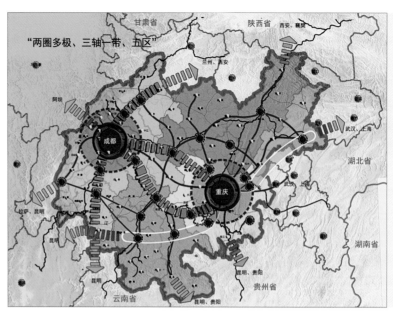

"两圈多极、三轴一带、五区"

图1 空间结构规划图

2）川渝协作推进

川渝分治以来，两地正常的经济联系受到影响，在产业布局、基础设施建设、资源与环境保护等方面存在着迫切需要协调的问题。2007年川渝政府共同签署协议《推进川渝合作，共建成渝经济区》，两地合作开始实质性进展。

3）城乡统筹发展

成渝地区城乡人口众多，二元结构突出，劳动力大量外流。2007年重庆市和成都市成为"全国统筹城乡综合配套改革试验区"，将在统筹城乡发展，促进城乡经济社会协调发展中发挥示范和带动作用。

为落实国家区域发展总体战略，促进成渝城镇群协调发展，探索成渝地区新型城镇化和城乡统筹道路，2007年4月，住房和城乡建设部会同重庆市、四川省联合编制《成渝城镇群协调发展规划》。

2. 规划构思

规划坚持科学发展、区域协调，因地制宜和城乡统筹的指导思想，采用目标导向与问题导向相结合的技术路线，通过国内外城镇群案例研究和成渝城镇群发展条件评价，从区域发展的可能性和综合承载能力研究出发，确定成渝城镇群中国发展战略第四极的战略目标；从城镇化发展规范理论和成渝特色出发，探索适合成渝地区的新型城镇化和城乡统筹发展道路；从对成渝城镇群现状特征和基本问题的认识出发，进行产业协调、城镇化与城乡统筹、综合交通、资源与环境、防灾体系等规划，解决区域协调发展中存在的矛盾和问题；规划最后形成成渝城镇群协调共建项目库及协调发展体制框架和政策建议，作为规划实施的主要载体。

3. 主要内容

1）确定中国发展战略"第四极"的战略定位

具体内涵包括：落实国家发展战略的转型；辐射与引领我国中西部地区社会经济发展；建设国际化的区域中心城市和内陆地区对外开放的示范区；探索与示范城乡统筹发展道路；保障国家战略后方安全；承担长江上游地区生态环境保护和促进三峡库区可持续发展的重任。

2）重点解决跨区域协调问题

产业协调：基于成渝之间存在的依存、竞争与合作的关系，确定两地产业分工的侧重点，把重型装备制造业、汽车摩托车制造业、电子信息产业、能源产业、天然气及化工产业、旅游业和轻工业作为产业协作的重点。

资源与环境保护：明确划分优化开发、重点开发、适度开发、限制开发四类政策性地区，提出相应的管制措施，促进成渝地区内逐步形成人口、经济和资源环境相协调的空间开发格局。在水资源与水环境专项研究的基础上，提出水资源配置分区策略、严重缺水地区城市水资源配置方案、嘉陵江流域供水协调方案、水环境与经济发展协调策略等。在建设长江上游生态屏障的目标指导下，确定生态结构保护与生态环境分区。

基础设施建设：提出成渝联合建设国家级综合交通枢纽的具体要求。加快东南西北几个方向的对外联系通道建设，加强区域交通枢纽和复合交通走廊的建设。为轨道线路选择提供指导意见，推荐成渝城际轨道南线方案，建议修建川南与遂宁至南充城际铁路。明确电力、煤炭、天然气、石油等能源基础设施建设内容。建立跨区域重大基础设施协调共建项目库。

行动准则：以谋求共赢为目的，建立共同的行动准则。构建成渝城镇群区域协调管理体制，形成区域协调发展的制度平台。通过联合制定法定文件、设立常设机构、定期召开会议等方式，形成协调发展的制度保障。

3）探索新型城镇化与城乡统筹道路

一个模式：采取以人为本、健康、协调、可持续的新型城镇化模式。

四个加强：加强大中小城市协调、加强工业化与城镇化联动发展、加强城镇基础设施和公共服务设施投入、加强生态环境建设。

四类分区：分区实施差异化的城乡统筹发展策略，从人口转移、城镇化途径、城乡关系、资源环境保护几个方面确定四类分区的城乡统筹发展策略。

4. 规划特色与创新

（1）高起点提出成渝城镇群中国发展战略的"第四极"的战略定位，并把两江新区、天府新区作为第四极建设的重要载体，具有很强的前瞻性和实施性。

（2）对成渝地区新型城镇化和城乡统筹道路进行了积极探索，创新性地提出吸引人口回流，构建"两圈多极"多中心体系，分区实施差异化城乡统筹道路等新型发展理念。

（3）充分体现区域协调规划的特点，把协调共建作为规划的核心内容，从产业分工合作、资源与环境保护、重大基础设施协调、共建行动准则四个方面入手，解决成渝区域发展不协调的矛盾和问题，构建了从认识、规划、建设到实施的规划编制体系，是区域协调发展规划编制的探索与创新。

5. 规划实施情况

2010年11月，成渝城镇群协调发展规划由住房和城乡建设部、重庆市人民政府、四川省人民政府联合印发、正式公布。规划对提高成渝城镇群的综合承载能力和整体竞争力，促进成渝地区产业发展和结构升级，构建长江上游生态安全屏障，落实西部大开发战略，优化国家城镇化空间格局具有重要意义。具体体现在以下几方面：

（1）随着两江新区、天府新区建设和大规模灾后重建，成渝城镇群西部增长极效应逐渐凸显。规划对推动西部地区开发，带动城乡发展起到积极作用。

（2）规划以促进成渝地区协调发展为核心，确定的区域协调发展重点和跨区域重大共建项目等内容切实推动了川渝协调合作进程，大批协调共建项目广泛开展。

（3）规划提出了成渝城际铁路选线建议、川南机场建设建议等内容，对大型基础设施项目的具体建设产生了积极的影响。

（4）规划编制完成后，及时指导了大批下位规划工作的编制工作，对优化城镇群空间格局起到了重要作用。

（5）《成渝城镇群协调发展规划》先于发改委主持的《成渝经济区区域规划》，部分内容纳入《成渝经济区区域规划》。

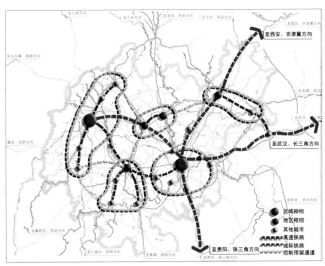

图2　水环境与经济协调发展分区图

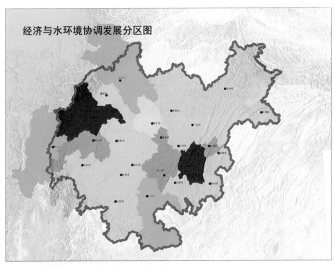

图3　重大交通设施与城镇发展协调图

海峡西岸城市群
协调发展规划
（2008-2020）

2009 年度全国优秀城乡规划设计一等奖

2008-2009 年度中规院优秀城乡规划设计一等奖

编制起止时间：2007.1-2009.12

承担单位：城市建设规划设计研究所

主管院长：李晓江

主管总工：杨保军

主管所长：张 全

主管主任工：鹿 勤

项目负责人：朱 力、张 全、靳东晓

主要参加人：张永波、王明田、蔡丽萍、
龚道孝、王战权、刘 源、
杜龙江

合作单位：福建省住房和城乡建设厅
福建省城乡规划设计研究院

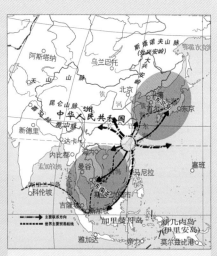

图1 海峡城市群区位示意图

党的"十七大"报告做出了"支持海峡西岸和其他台商投资相对集中地区经济发展"的决定。为落实国家战略，住房和城乡建设部与福建省联合编制了《海峡西岸城市群协调发展规划(2008-2020)》（以下简称《规划》）。规划的编制对于提升海西战略、明晰福建省的发展思路以及优化福建省及周边的空间发展起到了重要的作用。

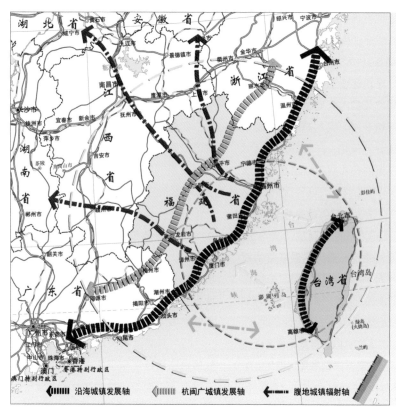

图2 海峡城市群空间格局示意图

◀▌▌▌▌▌沿海城镇发展轴　◀▌▌▌杭闽广城镇发展轴　◀▬▬腹地城镇辐射轴

1. 规划范围与主要内容

海西地区是一个以福建省为主体又超越福建省的区域概念，因此，《规划》本质上是一个跨区域的规划，但从规划实施操作性的角度来看，又必须强调福建省的主体作用。因此，《规划》确定规划范围为福建省全域，协调范围包括粤东、浙南和江西部分地区以及台湾地区。

《规划》的主要内容可以概括为"一个战略、一个体系、六大协调"。"一个战略"是指海峡城市群的区域空间合作战略；"一个体系"是指城市群空间体系，包括区域空间结构和城镇体系组织；"六大协调"分别为产业空间布局协调、机场港口和交通通道协调、生态环境与资源利用协调、基础设施体系布局协调、分区域发展协调以及跨区域发展协调。

2. 主要技术特点

第一，规划放大了区域视野，把握台海关系这一海西发展最为敏感而关键的外部因素，前瞻性地提出了"海峡城市群"

的两岸格局发展构想。闽台关系无疑是影响海西地区发展的最为重要的外部因素。《规划》重点从台资转移的空间轨迹和未来合作趋势两个角度，对闽台合作进行了研究，揭示出在新的发展阶段，特别是随着两岸经济合作向着高新技术产业和服务行业的发展，具有"五缘"优势的海西将具有成为新一轮台商投资高地的条件，并可能成为提升台湾本岛竞争力的重要依托。立足于这一基本认识，规划结合闽台产业和港口合作的互补性特点、两岸空间合作的需求以及福建省与周边地区区域协作的趋势，提出了两岸未来将形成紧密合作的"海峡城市群"的发展构想。

第二，规划突出强调门户基础设施和重大区域交通通道对区域发展目标实现和空间布局优化的先导作用。规划分析了海西地区机场和港口的发展现状和未来的需求特点，在充分研究机场、港口等大型区域交通设施和城市空间发展关系规律的基础上，从发展设施服务效应和引导空间整合角度，提出了福建省东南部的区域机场布局和东北沿海地区港口布局的思路，通过大型设施的建设，引导城镇和湾区空间整合发展。

第三，规划突破了传统规划中重城镇体系而轻产业空间布局的做法，把握沿海化的发展态势，关注湾区富集的沿海地区在新时期形成的"城镇＋湾区"双重带动的空间拓展模式。明确了各个湾区的发展类型和发展重点，提出了各湾区开发与保护暨湾区协调的发展指引。

第四，规划突破传统规划对于空间结构静态蓝图式的描绘，强调了空间结构对于现状问题解决和未来发展引导的动态性战略意图。如果说"海峡城市群"的空间战略更多是从大区域的角度放眼未来、关注长远目标的话，那么，对于海西内部空间结构的研究则是立足基础、关注当前问题、识别发展趋势，进而引导和优化空间发展。对于现状问题的揭示，《规划》紧紧抓住了中心城市服务带动能力不足，即"福州弱、厦门小、泉州散"，交通基础设施建设滞后以及城市之间缺乏协调等三大方面的问题，明确了未来空间结构优化调整的出发点。规划结合沿海化推进、城镇化加速和网络化分工的趋势，确定了福建省"两点、一线、四轴"的空间结构。这一空间是基于现状发展基础，针对未来发展态势对现状问题的破解，体现了规划所确定的"强化中心、突出重点、集中布局、协调区域"的空间部署。

第五，规划丰富了空间管制内容，制定了"单元发展政策指引"和"空间要素管制"两个层面的发展调控政策体系。对于空间要素管制，规划从可持续发展和增强规划引导性的角度出发，提出了监管型、引导型和一般型三级八类的空间要素划分，明确了不同要素的管制重点和管制权限所在。

3. 实施效果

进一步促进了海峡西岸经济区战略的提升。规划"重点研究福建省在

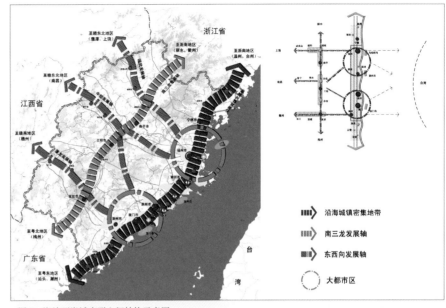

图3 海峡西岸城市群空间结构示意图

国家核心利益要求下的站位"（汪光焘，2008），通过深入分析海西发展的战略意义，"促进了海西发展战略的进一步形成和提升"（卢展工，2008）。2009年，国务院公布《关于支持福建省加快建设海峡西岸经济区的若干意见》，规划的主要理念在文件中得以体现。

统一了各界认识，拓展了海西效应。规划编制过程本身就是统一全省上下和社会各界关于推进海峡西岸经济区建设认识的重要举措，社会各界均对这一工作给予

高度评价。规划先后被评为"海西先行十大故事"、"2008年影响福建十大经济新闻"。

指导各层次的城乡规划，促进了福建的城镇空间优化。依据规划，福建省开展了"福建省域城镇体系规划"的实施评估和修编工作；相继完成了福州、泉州、莆田、南平、三明等城市总体规划的审查工作，将规划确定的城镇空间优化要求、重大基础设施布局、有关生态环境和资源保护的开发管制要求，落实到各城市的总体规划工作中去。

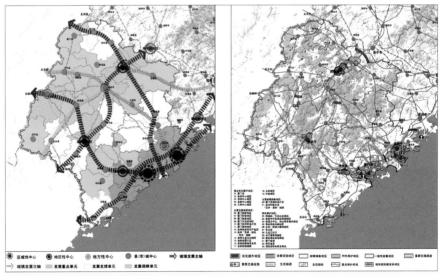

图4 闽西南地区空间管制图

广西北部湾经济区城镇群规划纲要（2009-2020）

2011年度全国优秀城乡规划设计二等奖
2008-2009年度中规院优秀城乡规划设计二等奖
2011年度广西优秀城乡规划设计一等奖
编制起止时间：2006.6-2008.3
承 担 单 位：城市与区域规划设计所
主管总工：王 凯
主管所长：朱 波
主管主任工：赵 朋
项目负责人：张险峰、谢从朴
主要参加人：苏海威、王新峰、翟 健、
　　　　　　苏迎伏、陈 明、彭实铖、
　　　　　　王战权、单 丹
合 作 单 位：广西华蓝设计（集团）有限
　　　　　　公司、广西壮族自治区城乡
　　　　　　规划设计院

1. 规划背景

北部湾城镇群包括广西壮族自治区的南宁、北海、钦州、防城港、玉林和崇左六市，约7.27万km^2。

地处西南沿海边境，东临珠三角，西与越南接壤，是西部地区惟一的出海口和中国面向东盟开放的重要的桥头堡。

2. 基本思路

北部湾城镇群生态环境和地方文化保护良好，是我国沿海少有的一方"净土"。随着中国－东盟自由贸易区的建设以及国内外产业转移，北部湾正在成为新的发展"热土"。在城镇群面临阶段跨越的关键时期，如何合理开发这片"热土"，同时保住一方"净土"，是规划需要解决的核心问题。

规划提出以"构建"和"推动"为主题，采取目标和问题双导向的研究方法，总结沿海先发地区的经验教训，审视城镇群的内在矛盾，抓住快速国际化的发展机遇，在保证资源环境承载力的前提下，塑造可持续发展的城镇群新格局，并制定行动计划，重点突破。

3. 技术要点

（1）目标与问题双重导向的技术方法。通过全面分析北部湾城镇群在国家外交战略、城镇化战略、西部大开发战略、能源安全战略中的地位和作用，规划提出要将北部湾城镇群建设成为南中国地区具有国际影响力和竞争力的特色城镇群，科学发展示范区。但北部湾城镇群还面临着区域通道和门户能力建设严重滞后、中心城市承载能力不强、沿海资源配置效率低下等现实制约。在双导向的思路下，规划确定了国际化、双极引领、城镇化、特色化四大战略。

（2）落实以生态保护为前提的空间布局方法。规划将多层次、多功能、网络式的区域生态支撑体系作为北部湾城镇群发展建设的前提条件，充分考虑区域内高度差异的资源禀赋和空间条件，提出"中部集聚，构筑引领发展核心；两翼支撑，推动区域协调发展"的空间策略，促进中部地区城镇沿交通走廊形成串珠式发展，鼓励东部地区城镇沿交通轴集聚，西部地区城镇形成点状集聚。

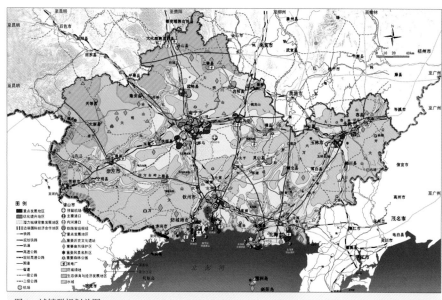

图1 城镇群规划总图

（3）探讨国际开放、差异化、多层次的城镇空间组织方式。规划构筑了"双极、一轴、一走廊"的城镇空间发展结构。推动"南宁＋沿海"双极发展，将南宁建设成为面向东南亚、辐射大西南的区域性国际化中心城市；整合沿海发展资源，推动钦州－防城港一体化发展，构筑沿海生产组织和服务中心。培育"南宁－滨海城镇发展主轴"，实施海陆互动发展。打造"玉崇发展走廊"，形成广西连接东盟和粤港澳的陆路经济联络线和国际性功能聚合轴。针对都市区与非都市化地区两个层次制定差异化空间政策。

（4）突出交通构建与城镇空间的互动。以支撑城镇发展、构筑国家门户区域为目标，构建多层次、一体化的综合交通体系。以南宁和沿海港口群为综合交通双枢纽，以陆路运输通道为骨干，形成面向东盟的国际交通运输大通道和辐射西部的对外交通体系。内部以高速公路和区域轨道交通为骨架，以沿海港口、机场、城镇综合交通枢纽为节点，形成高度连接、辐射村镇的交通体系。

（5）探讨区域空间尺度下的地区文化与城乡风貌导控方法。北部湾区域具有丰富多元的文化生态和风貌景观。规划提出构建壮乡风情浓郁的，以绿色生态和蓝色海洋为基底的，多元文化共生的文化北部湾。通过划定景观风貌区和特色文化区，构建"蓝丝带"和"绿网络"生态旅游网络，突出地域文化和原生态山水特色。

4. 技术创新

（1）探索省域城镇体系规划指导下的城镇群规划编制，创新城乡规划实施的体制。本规划以广西壮族自治区城镇体系规划为指导，通过深化对区域性战略资源的控制与保护，达到省级政府调控区域空间资源的目的。

（2）对特殊国际化途径的创新研究。北部湾的国际化环境具有突出的特殊性，

一是地处边境，二是毗邻地区多为相对落后的发展中国家，三是国际化需求来自国家战略的大力推动。对此，规划提出搭建国际贸易平台和通道、设置自由贸易区等手段，探索边境后发地区实现快速国际化的创新途径。

（3）以职能发展为引领的城镇空间体系规划。规划从北部湾城镇群在国家战略要求下所应当承载的核心职能出发，在城镇群尺度上对各项核心职能进行空间落位，通过搭建空间职能框架体系，引导城镇群空间体系的构建，最终实现职能与空间的有效契合。

（4）倡导以城际轨道引导城镇发展的区域 TOD 模式。规划提出以区域城际轨道交通串联重点发展地区和潜力地区城镇及产业园区，形成"串珠式"城镇格局，在国内城镇群规划中具有一定的示范作用。

5. 实施效果

规划的主要结论和重要内容被 2008 年国务院批复的《广西北部湾经济区发展规划》吸纳和应用。

规划有效指导了一系列沿海工业集聚区的规划建设、一批重大项目选址和区内城市总体规划编制。

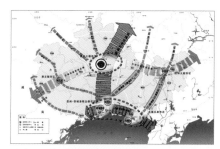

图3 空间组织结构图

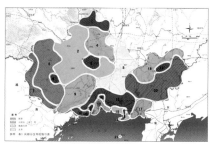

图4 风貌分区导控图

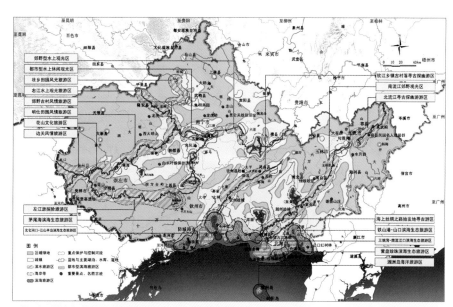

图2 蓝丝带行动计划示意图

长株潭城市群区域规划（2008-2020）

2009年度全国优秀城乡规划设计二等奖
2008-2009年度中规院优秀城乡规划设计二等奖
编制起止时间：2007.12-2008.12
承担单位：城市与乡村规划设计研究所
主管院长：李晓江
主管总工：杨保军
主管所长：蔡立力
主管主任工：刘　泉
项目负责人：蔡立力、许顺才、张清华
主要参加人：高　捷、谭　静、曹　璐、
　　　　　　朱思诚、王家卓、赵　明、
　　　　　　刘　泉、田江新、邓细春、
　　　　　　郑德高、朱思诚、张　帆、
　　　　　　袁少军、孙　娟、王家卓、
　　　　　　陈小明、陈利群、王　健、
　　　　　　吴晶一、卓　佳
合作单位：北京市东方智信管理咨询有
　　　　　限公司

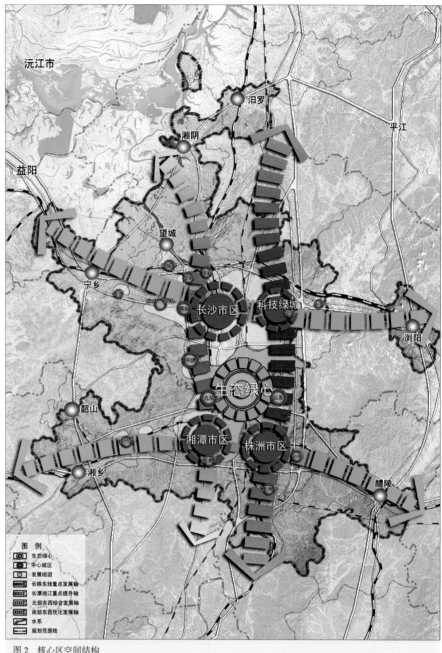

图2　核心区空间结构

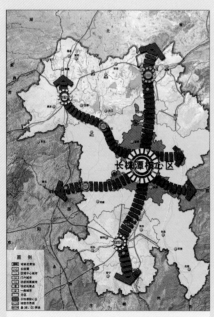

图1　湖南省东部城镇密集地区空间结构

本次长株潭城市群区域规划提升版是国务院2008年底批准的，是指导湖南省推进落实长株潭城市群两型社会建设综合配套改革试验区的顶层设计和行动纲领，具有较强的创新性，主要有以下主要特点：

1. 规划内容

（1）本规划立足"建设'两型'社会、实现跨越发展"的战略主题，从开放多元的视角综合研究了长株潭的重要特色、优势与现实问题，在多重背景下准确定位了长株潭，以特征与战略为导向把握发展方向和重点要求，以统筹协调的方法合理布局长株潭，基于目标与现实，谋划内外空间发展和城乡建设。

（2）本次规划确定了新的发展目标、发展战略、空间结构、核心区空间布局等内容，得到了湖南省委省政府的高度评价和国务院的批准，已经成为推进长

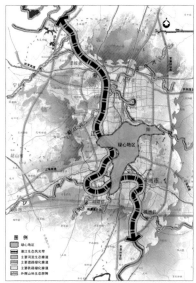

图 3　核心区生态结构

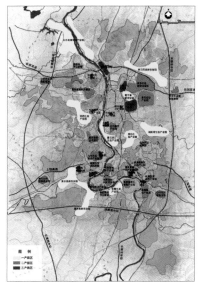

图 4　核心区产业布局

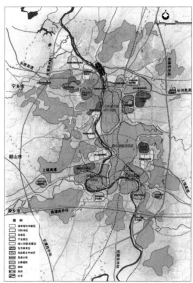

图 5　核心区功能布局

株潭城市群两型社会建设改革试验的行动纲领。

2. 空间布局

（1）规划为长株潭"两型社会"建设构建了一个内聚外连的开放空间系统，包括城市群核心区、功能拓展区域、外围城镇密集地区。

（2）在核心区规划形成"一心双轴双带"的高度集约化、生态型、开放式的城市群空间结构，提出东优西进、提北强南、连城带乡、治江保绿的核心区空间发展战略。

（3）规划在核心区周边构建由北、西、东、南四区组成的功能拓展区域，承担起核心区向外的功能扩散和对核心区的功能补充，涉及能源保障、粮食和生态安全等多个方面。

（4）在东部城镇密集地区，规划形成"一核三带辐射联动"的空间构架，重点协调城镇定位、产业分工、区域交通和生态建设四方面内容，落实湖南省梯度发展战略。

3. 创新与特色

（1）以规划语言表达"两型"社会的理念。具体从产业、环境、社会、交通、空间、机制等方面，加强长株潭城市群的一体化发展，实现跨越创新发展经济、优先保护建设环境、统筹协调促进和谐的目的。

（2）多层面空间的协调。规划为长株潭"两型社会"建设构建了一个内聚外连的开放空间系统，包括城市群核心区、功能拓展区域、外围城镇密集地区。规划从三个层面分别进行了重点空间要素协调。

（3）创新城乡空间的利用方式。规划以提升存量空间、创新增量空间为机制，推进空间高效利用。在存量空间的提升方面，规划着力推动沿湘江的重污染工业区转型和旧城片区改造试点。在

增量空间的创新方面，规划重点在绿心、湘江西岸、长株潭东部、湘潭西部四大地区探索符合"两型"社会要求的新型城乡空间形态。

（4）注重高实施性，顶层设计和实施指南相结合，由省政府直接组织编制和实施。

（5）注重规划协调。广泛征求省直各部门、市、县和乡镇的意见，开展公众参与，在国务院各部门层面也积极推动沟通协调和意见落实，在一年时间内迅速得到国务院批复，确立了该规划比较高的权威地位。

4. 实施效果

省人民政府和各市县政府相继成立长株潭"两型办"并开始运转。

5大示范区和18片规划也都先后编制完成并实施。

各个市县也纷纷在一些重点环节上寻求突破，如株洲的清水塘循环经济示范区推进和湘潭的竹埠港化工区搬迁等项目开始逐步实施。

海南省城乡经济社会发展一体化总体规划（2010-2030）

2011年度全国优秀城乡规划设计二等奖
2010-2011年度中规院优秀城乡规划设计一等奖
编制起止时间：2009.1-2011.3
承 担 单 位：城市环境与景观规划设计研究所
主 管 总 工：李晓江
主 管 所 长：彭小雷
项目负责人：杨保军、易 翔、赵群毅
主要参加人：查 克、徐有钢、刘芳君、
            慕 野、康 凯、孙青林、
            顾京涛
合 作 单 位：海南省住房和城乡建设厅

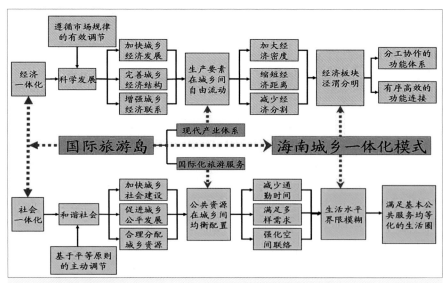

图1 海南省城乡经济社会发展一体化总体规划的技术路线

1. 技术特点

这是我国首个以"形成城乡经济社会发展一体化新格局"为目标的城乡总体规划，也是引导"国际旅游岛"建设，实现海南跨越式发展和"强岛富民"总目标的省域总体规划。

规划紧扣"海南省总体规划"和"城乡经济社会发展一体化"这两个题目中包含的关键词，以"国际旅游岛"的战略要求为指导，以"城乡资源的统一、高效利用"为切入点，围绕"引导海南跨越式发展"和"形成海南城乡经济社会发展一体化新格局"的目标，确定了由"跨越式发展的非传统路径"、"城乡经济发展一体化"、"城乡社会发展一体化"、"城乡空间发展一体化"、"城乡基础设施一体化"、"体制机制创新与政策支撑"等组成的规划内容体系。

规划在准确理解了"城乡经济社会发展一体化"内涵和"国际旅游岛"建设要求的基础上，确定了"2+4"的技术路线。"2"即由城乡经济社会发展一体化的内涵出发，明确规划两条主线（促进科学发展的发展主线、实现和谐社会的公平主线）；"4"即从空间资源配置的角度落实"国际旅游岛"战略，构建四大核心体系，包括生态体系、功能体系、城乡体系和设施保障体系。

规划灵活运用空间经济学和区域规划的新方法和新理念，从密度、距离、分割等角度思考海南城乡空间，强调空间组织、管制与政策引导的结合；积极借鉴佛罗里达发展的成功经验，探索海南特色的城乡经济社会发展一体化的独特路径；以"功能组织"为核心思路来引导城乡经济发展一体化，以"生活圈"为基本方式来配置城乡社会服务设施，以"小集中、大分散"为特点来引导海南特色城镇化发展。规划在分析方法、基本理念、成果表达方式等方面特色鲜明。

2. 创新内容

规划从海南的独特性出发，有针对性地明确主要创新内容：

1）海南跨越式发展的非传统路径：面向后工业化社会的绿色发展

资源环境条件、现状产业特点及"国际旅游岛"发展的要求决定了海南将不会出现传统工业占据主导地位的工业化阶段。规划明确了海南跨越式发展的核心是：以跨越传统工业化阶段为导向，借鉴后工业化社会发展的基本经验，面对大陆庞大的工业化腹地所产生的消费需求，率先实现经济结构和发展方式的转变。规划深入剖析了佛罗里达持续发展的经验，将海南置于佛州150年的动态发展历程中思考，借鉴佛州在人才培育、高新技术发展、主题公园建设、公共服务配套、生态环境保护等方面的成功经验，提出实现海南跨越式发展的目标图景和七大路径。

2）城乡经济一体化的空间路径："圈层网络化"的城乡空间结构

通过"圈层网络化"城乡空间组织，来保障生产要素的自由、有效率、有方向的流动，实现城乡经济一体化。包括：

（1）以乡镇为最小空间单元，划分沿海、台地、山区、海洋四个圈层，引导要素有效率流动，统筹发展与保护，为圈层划分与未来全省主体功能区划的衔接预留空间。

（2）构建"四核多心功能网络化"结构，保障要素自由流动，统筹城市与乡村。集中培育海口、三亚、儋州一洋浦、琼海一博鳌四大核心城市，14个地区中心城市，加大空间经济密度。按照"小集中、大分散"

的城镇化战略要求，重点建设 55 个风情小镇，培育量大面广的乡镇服务点，作为支撑国际旅游岛建设和城乡经济社会发展一体化的城乡空间节点。增强城乡功能联系，从生产、服务、流通、旅游等方面构筑城乡互动的功能网络，缩小空间经济距离。

3）城乡社会一体化的空间路径：需求导向的"两级生活圈"

针对海南面积小、通达性好的特点，组织都市生活圈和基本生活圈来满足国际旅游岛高端服务和基本公共服务的需求。都市生活圈包括海口、三亚、琼海、儋州 4 个，高标准配置教育培训、卫生医疗、文化娱乐、体育、国际旅游服务等设施。基本生活圈共 21 个，以市县驻地和规划建设的白马井、莺歌海、锦山新城为中心，每个基本生活圈内从工作、居住、休闲、就学、医疗等人的基本需求出发，配置公共服务设施。

4）体现区域规划的公共政策属性：重视无空间差别政策与空间政策的结合

政策创新是保障城乡经济社会发展一体化实现的关键。规划在注重土地、户籍、环境、海洋、人才等无空间差别的政策创新的同时，着重强调了省域内部不同地区政策指引的差异性。规划自始至终贯彻着"分区分类、因地制宜"的思想，分别从动力来源、空间结构、城乡互动方式、城镇化路径、省级政府空间政策导向、省级政府空间管理重点等方面，分区引导城乡一体化发展，并制定海岸带空间分段引导政策、生态补偿和流域补偿等政策。

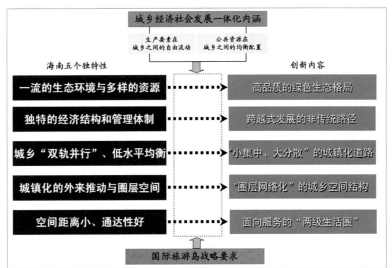

图 2 海南的独特性与规划创新性图示

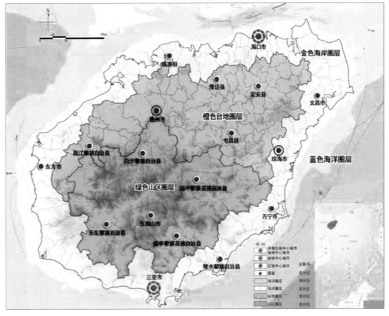

图 3 圈层结构规划图

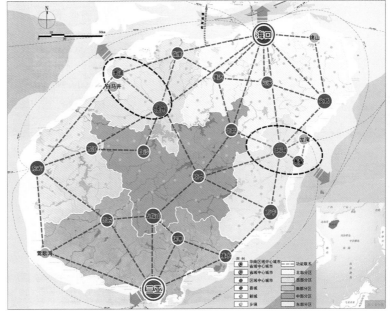

图 4 城乡空间结构规划图

湖北省城镇化与城镇发展战略研究及规划

2010-2011 年度中规院优秀城乡规划设计二等奖

湖北省 2013 年度优秀城乡规划设计奖城市规划类一等奖

湖北省城镇化与城镇发展战略研究国内竞标荣获一等奖

编制起止时间：2010.4-2012.11

承担单位：城市规划与住房研究所

主管院长：李晓江

主管总工：王　凯

主管所长：卢华翔

主管主任工：李秋实

项目负责人：卢华翔、焦怡雪、孙　莹

主要参加人：祝佳杰、陈　烨、全　波、
李潭峰、张　伟、张如彬、
陈　明、杨忠华、荆　锋、
袁少军、魏东海、张　璐、
李　力、黄　洁、龚道孝、
张桂花、杜　澍、吴岩杰

合作单位：湖北省住房和城乡建设厅、
湖北省城市规划设计研究院、
北京大学城市与环境学院

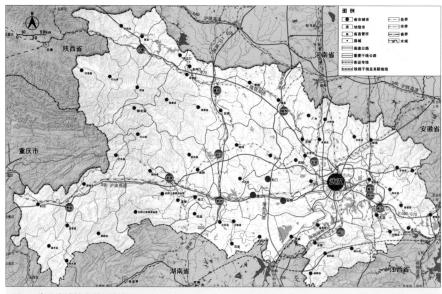

图 1　湖北省城镇发展现状图

1. 项目背景

2008 年金融危机后，城镇化成为中央到地方各级政府关注的热点，湖北省委省政府高度重视城镇化战略，组织编制本规划。

2. 项目构思

规划从国家战略要求与湖北区域责任出发，以问题和目标为导向，以促进跨越式发展与城镇化模式转型为主线，探索湖北新型城镇化路径。

（1）立足区位优势，从被"边缘化"到引领"增长极"，谋划打造"中部崛起重要战略支点"的区域发展路径。

（2）依托国家轴线，从"相对封闭"到"引领区域"，构筑面向区域开放的省域空间格局。

（3）发挥资源禀赋，从城镇"就业支撑不足"到实现"四化"同步。

（4）促进城镇化模式转型，强调"人的城镇化"，加快推进农民工市民化。

3. 主要内容

（1）城镇化发展目标：将湖北定位为"中部地区崛起的重要战略支点"，提出引领和培育中部地区国家增长极，推进科学发展、跨越式发展，开创具有湖北特色的新型城镇化路径的城镇化发展目标。预测 2015 年全省城镇化水平为 56% 左右，2020 年为 61% 左右，2030 年为 69% 左右。

（2）城镇化五大发展战略：提出连接六群，携手长昌，引领和培育中部地区国家增长极的区域战略；立足资源禀赋，冲高扩容，促进产业发展与城镇化协调共进的产业战略；双向推动，因地制宜，发挥不同等级城镇承载作用的城镇战略；差异有序，重点集聚，构筑开放的省域空间格局的空间战略；科学发展，深化两型，建设生态宜居大省的绿色战略。

（3）城镇空间组织：提出"一圈（武汉城市圈）两区（宜昌-荆州组合都市区、襄阳都市区）、两轴（京广城镇发展轴、襄荆城镇发展轴）两带（长江城镇密集发展带、汉十城镇发展带）"的省域城镇空间结构，确定省域城镇中心体系与城镇规模结构，划定人口重点集聚区等四类人口流动引导分区。

（4）次区域划分与近期重大行动计划：将省域划分为武汉城市圈城镇联合发展区等四个次区域，提出积极推动"长

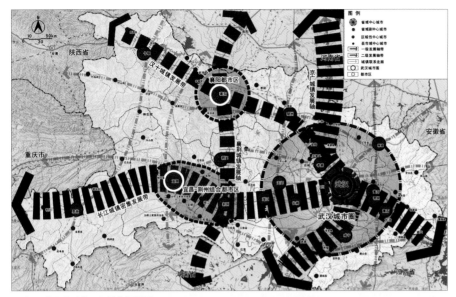

图2 湖北省城镇空间结构规划图

撑带规划，"一主两副"中心城市建设全面推动。

（4）为湖北重大交通基础设施布局提供了依据和指导。明确新建武西客专，以武汉为中心的城际铁路延伸至宜昌、岳阳和九江，对郑渝客运专线、武汉第二机场等重大设施选址提出了明确意见。

江中游城市集群"上升至国家战略、谋划创建国家级"武汉滨湖新区"、启动长江及汉江关系城镇发展的分蓄洪功能重新认证等九大近期行动计划。

（5）制度创新与措施保障：包括深化户籍、社会保障和土地制度改革，促进住房发展与城镇化的协调并进，加大县域经济扶持力度，建立区域空间协调机制等。

4. 规划特色

（1）首次明晰了湖北打造中部崛起战略支点的区域发展路径，重点向东、向南，联合湘赣，共同打造"长江中游城市集群"，培育中部地区国家增长极。

（2）重新审视国家发展主轴——京广轴和长江带对湖北崛起的极端重要意义。首次将京广轴提升为引导湖北实施区域开放的"第一轴线"，识别和破除长江经济带发展瓶颈，打造带动湖北崛起的"区域脊梁"。

（3）揭示了产业结构失衡导致就业吸纳不足是造成湖北城镇化增速放缓的根源，提出调结构、升层级，"四化"同步、产城融合等发展战略。

（4）探索了中部地区新型城镇化路

径，重点研究城镇化"怎么化"和"如何聚"。首次提出了湖北城镇化模式应从省外异地城镇化向省内本地城镇化为主导转型，由不完全城镇化向完全城镇化转型。首次通过对不同等级城镇在城镇化进程中的作用研究，发现湖北乃至中部地区存在显著的"强弱弱强"规律性特征，因势利导，提出"双向推动"城镇化发展战略和差异化的人口流动分区引导政策。

5. 实施情况

（1）规划为《关于加快推进新型城镇化的意见》（鄂发〔2010〕25号）提供了重要技术支撑。2012年9月，规划由湖北省政府批复并颁布实施（鄂政文〔2012〕79号），2012年12月，湖北召开全省城市工作会议，有力地推动了湖北新型城镇化的发展。

（2）长江中游城市集群的区域协作水平迈上新台阶。相关省市签署了战略合作框架协议，召开了商务发展联席会议等行动。

（3）面向区域开放的省域空间格局初步形成。京广轴南向发展得到重视，湖北长江经济带纳入中国经济升级版支

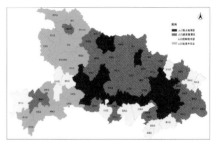

图3 湖北省城镇化人口分区引导图

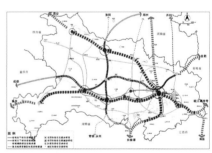

图4 湖北省综合交通运输组织图

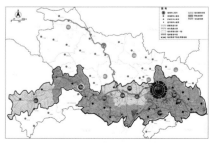

图5 湖北省长江经济带范围拓展图

环首都绿色经济圈
总体规划方案整合

2010-2011年度中规院优秀城乡规划设计三等奖
编制起止时间：2010.11-2011.6
承担单位：城乡规划研究室、城市交通
　　　　　专业研究院、城镇水务与工
　　　　　程专业研究院
主管总工：李晓江
主管所长：王　凯
主管主任工：徐　泽
项目负责人：王　凯
主要参加人：李　浩、孔令斌、王巍巍、
　　　　　　全　波、徐　辉、徐　颖、
　　　　　　孔彦鸿、黄　洁、龚道孝、
　　　　　　肖莹光、马　嵩、杨忠华、
　　　　　　李长波、范　锦、张晓丽

■ "三区、一片"
□ 三区：京东产业协作服务区，京南产业协作服务区，新机场临空产业区
□ 一片：西北部首都生态涵养、高端旅游消费及特色产业功能片。包括怀来、涿鹿、赤城、丰宁、滦平、兴隆，重点发展京北新区，构建首都的重要生态屏障

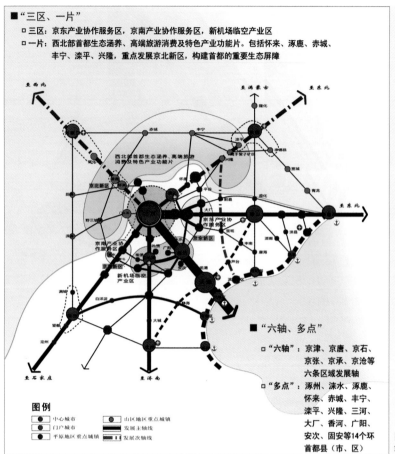

图例
● 中心城市　　　● 山区地区重点城镇
○ 门户城市　　　━ 发展主轴线
● 平原地区重点城镇　━━ 发展次轴线

■ "六轴、多点"
□ "六轴"：京津、京唐、京石、京张、京承、京沧等六条区域发展轴
□ "多点"：涿州、涞水、涿鹿、怀来、赤城、丰宁、滦平、兴隆、三河、大厂、香河、广阳、安次、固安等14个环首都县（市、区）

图1　空间结构规划图

1. 规划内容

为推动环首都地区科学发展，河北省委、省政府于2010年11月委托国内外4家单位开展《环首都绿色经济圈总体规划》方案征集，经专家评审和政府审议，中国城市规划设计研究院获得方案优胜，并承担后续方案整合工作。

本规划以"京津冀联手打造具有国际竞争力的世界级城镇群"为总目标，以区域一体化发展为主线，积极探索面向区域整体发展的城镇群次区域空间规划方法。规划工作确定三大重点任务：

（1）以建设世界级首都圈的目标为导向，明确环首都的功能定位。规划确定环首都地区战略定位为：服务首都发展的配套协作区，承接首都部分功能转移的重要功能区，首都发展的生态屏障区，河北科学发展、富民强省的引领区，

综合配套改革的试验区。

（2）以区域互补共赢为原则，明确环首都的发展路径。规划提出开放协作、创新引领、"三化"联动、疏解过滤等发展战略，推动环首都地区发展模式的切实转变。规划将"绿色错位发展，实现特色跨越"作为环首都发展的另一项重要指导思想。

（3）以首都圈区域整体空间发展为依托，明确环首都的空间布局。规划提出五大空间发展策略：①根据职能体系，建立分圈层的空间发展框架；②门户外延，分担首都区域组织功能；③建设宜居环境，提升空间品质；④因地制宜，差异化分类对接；⑤保持发展弹性，预留控制战略性空间。

规划确定环首都地区的空间结构为"三区一片、六轴多点"。规划将环首都前沿地带划分为五大片区，并明确了各个片区的空间发展指引。

2. 创新与特色

针对环首都地区空间发展的特殊性，项目组进行了如下技术探索：

（1）基于首都地区整体视角，研究环首都地区发展问题，提出以"对接融入、

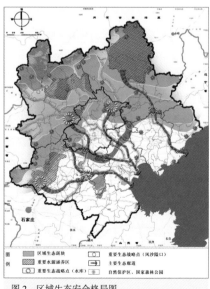

图例
▨ 区域生态源地　　　● 重要生态战略点（风沙湖口）
▨ 重要水源涵养区　　□ 重要生态节点
◎ 重要生态战略点（水库）　＋ 主要生态廊道
　　　　　　　　　　　△ 自然保护区、国家森林公园

图2　区域生态安全格局图

特色跨越"为核心的空间发展战略，实现环首都地区空间认识和发展思路的创新。

（2）突出共建共享和互补共赢，在广泛进行区域沟通、协商和论证的基础上，探索编制了富有特色的"京冀共建规划"，为区域空间规划的实施提供了重要抓手。

（3）强调以"绿色、生态"理念指导环首都地区发展，在产业、城镇、交通、环境等方面深化绿色、生态规划内容，并提出重大建设项目库予以具体落实。

3. 实施效果

本规划的有关内容已被河北省"十二五"规划采纳，环首都绿色经济圈建设已成为河北省的"一号战略"。目前河北省已成立相应领导小组、专职办公机构，出台一系列政策文件，形成了推动规划实施的长效机制。

（1）在本规划的指导下，完成环首都绿色经济圈产业发展、生态环境、水资源、综合交通等11个专项规划、3个重点新区规划及4个设区市、环首都各县（市）的各类规划，促进规划成果的进一步落实。

（2）成立"河北省环首都经济圈建设领导小组"及其常设办公机构，专职推进规划实施的综合协调工作。

（3）出台《关于加快河北省环首都经济圈产业发展实施意见的通知》（冀政〔2011〕12号）、《关于印发河北省环首都新兴产业示范区开发建设方案的通知》（冀政函〔2011〕19号）等一系列政策文件，建立"环首都经济圈工作进展情况月报制度"，形成推动规划实施的长效机制。

京冀两地共同推进规划实施的体制环境正逐步完善。制定《北京市—河北省合作框架协议》等区域协作政策文件，建立京、冀两地高层领导及有关部门互访、协商制度，促进规划实施的区域协调。

"四区六基地"建设、北京新机场建设前期准备等重大项目建设以及京东、京南、京北三大绿色新区的起步区建设正稳步推进。

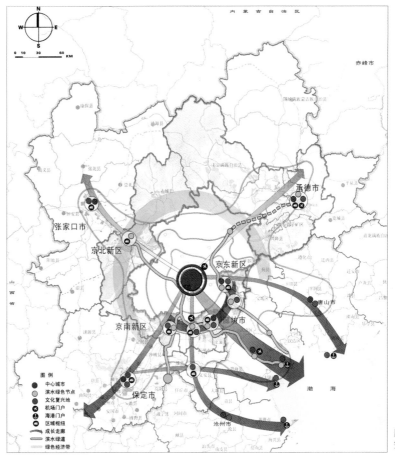

图3 战略空间识别图

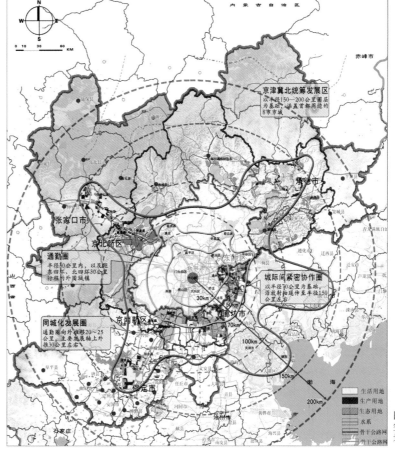

图4 城镇空间布局规划图

辽宁沿海经济带
开发建设规划
（2006-2020）

2009年度全国优秀城乡规划设计二等奖

2006-2007年度中规院优秀城乡规划设计三等奖

编制起止时间：2006.12-2007.9

承担单位：城乡规划研究室、中国城市规划
学会办公室、城市交通研究所
（现城市交通专业研究院）

主管总工：李晓江

主管所长：王凯

项目负责人：王凯、徐泽

主要参加人：耿宏兵、殷广涛、陈明、
肖莹光、赵一新、彭实铖、
李文彬、李新阳、袁壮兵、
郭春英、杜恒、陈爔莎

合作单位：辽宁省城乡建设规划设计院、
中科院地理所、北京大学、
香港大学、卡迪夫大学

辽宁沿海经济带位于东北亚核心区，地处环黄渤海地区北翼，是整个东北地区的出海口和对外开放的门户。

处理好发展与保护、工业化与城镇化、自身发展与区域发展、近期发展与远期发展的关系，是推动辽宁沿海经济带科学发展的关键。本次规划有针对性地提出了以下举措，以引导辽宁沿海经济带的健康发展。

规划举措与实施效果：

第一，坚持以生态资源环境为前提，以海岸带功能区划为指导，保障开发建设与生态保护协调共进。规划根据生态资源环境条件分析，确定了生态功能区划和海岸带功能区划，以功能区划为指导，选择发展空间。

按照规划，沿海湿地等战略性生态

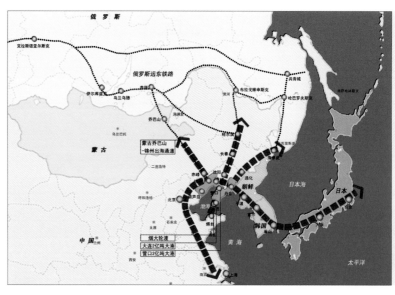

图1 辽宁沿海经济带位于东北亚核心区位

资源得到了保护，盘锦芦苇湿地面积从以前的逐年减少变为近几年的逐年增加，2008年比2005年增加了34.94km²。

第二，坚持产业空间发展与城镇空间发展的互动，增强发展动力。

规划提出了推动港口、工业园区与城镇的联动发展，建设生产、生活相结合的锦州滨海、盘锦辽滨、大连长兴岛、花园口等新城镇；提出建设大连、营盘、锦葫、丹东4个都市区，促进新旧联动，提升区域中心城市发展水平，促进第三产业的发展。

按照规划，锦州滨海、盘锦辽滨、大连长兴岛、花园口等新城镇建设稳步推进。由白沙湾行政生活区、西海国际工业园与白马综合工业园共同构成的锦

州滨海新城，目前常住人口已达15万人。

第三，坚持加强区域合作与提高整体发展水平相结合，实现内外互动，提高对东北老工业基地振兴的带动作用和参与东北亚国际合作与竞争的能力。

规划通过强化沈大发展轴、培育跨国发展带、加强对外辐射通道和枢纽建设，推动区域合作。提出通过强化大连都市区的龙头地位，在长兴岛地区打造新的增长极；加快营盘都市区的建设，加强与"沈西工业走廊"的互动，进一步强化沈大轴，培育东北振兴的脊梁。提出培育锦葫都市区、丹东都市区和庄河—花园口、绥中"四镇一乡"两大城镇组群，带动两翼发展，加强与京津冀和朝韩的合作，培育锦葫—营盘—丹东

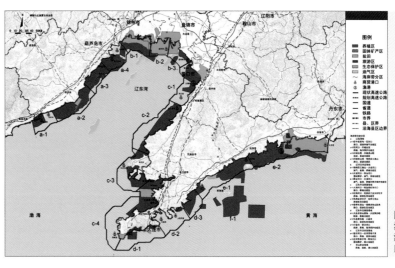

图2 辽宁沿海经济带海岸带功能区划

跨国发展带。提出以沈阳、大连为主，营口为辅，共同构建东北亚的综合交通枢纽门户；构建五条国际通道、六大区域走廊、四大区域枢纽，加强辽宁沿海与周边国家和地区的联系，增强区域互动。

按照规划，沿沈大轴、国际通道、区域走廊的基础设施已开工建设，包括丹通、丹海、庄盖高速公路和哈大铁路客运专线。2009年9月，全长1443km的辽宁滨海大道正式通车，在整合沿海经济带的各种资源和产业上将发挥重要作用。

第四，坚持远近结合，稳步发展，有序推进。

规划提出辽宁沿海经济带应采取非均衡协调发展的思路，实现"以点促带，以带促区"的发展时序。近期以建设重点园区和重大项目为突破口，集中建设大连长兴岛临港工业区、营口沿海产业基地为重点的"五点"，引导产业向"五点"聚集；加快以大连、营口为核心的港口建设，加快连接内陆腹地的交通设施建设，提高作为东北地区出海口的服务能力和水平。远期推动沿海城市、港口、园区的分工协作，形成高度一体化的沿海经济带，发挥沿海经济带的辐射能力，带动区域协调发展。

按照规划，近年来"五点"集聚效果明显。大连长兴岛临港工业区随着韩国STX集团、新加坡万邦集团、中国国际集装箱股份有限公司、中国船舶重工集团等企业入驻，船舶制造产业集群已经形成。辽宁（营口）沿海产业基地共落实项目167个，总投资1210亿元，已有包括中冶京诚、富士康、中国五矿等各类开工项目共58个。

第五，坚持多层次的空间规划相结合，形成从战略到开发建设的全方位指导。

规划分沿海六市市域、沿海县区、重点地区三个层次落实对空间发展的指导。对沿海六市市域，主要突出对整体结构的控制。对沿海县市区进行空间全覆盖的规划和职能定位、重点发展地区、

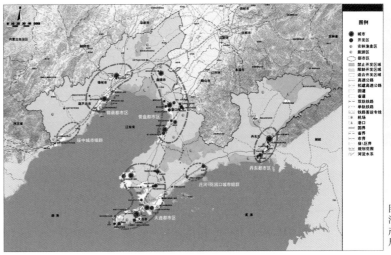

图3 辽宁沿海经济带产业发展布局规划

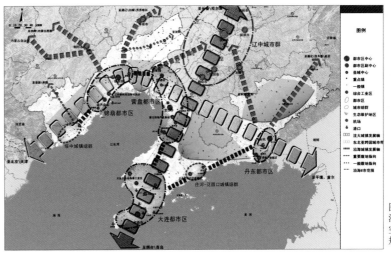

图4 辽宁沿海经济带空间组织规划

城镇空间发展、区域重大基础设施、生态与环境保护、重点发展旅游景区、与周边地区协调、城乡协调发展八个方面的指引。对辽宁沿海开发确定的五个重点开发区的指引则强调跨界协调、战略资源保护、大型交通设施建设和功能结构。

按照规划要求，沿海经济区的各市、县和开发区先后编制相应的规划，完善了沿海经济区的规划体系，深化落实了本规划的指导思想和发展策略。

目前辽宁沿海经济带已正式上升为国家战略。2009年7月1日，国务院总理温家宝在国务院常务会议上指出：加快辽宁沿海经济带发展，对于振兴东北老工业基地，完善我国沿海经济布局，促进区域协调发展和扩大对外开放，具有重要战略意义。

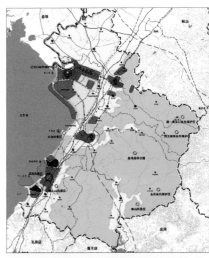

图5 营口沿海区县功能发展指引

山东省海岸带规划

2007 年度全国优秀城乡规划设计项目三等奖

2008-2009 年度中规院优秀城乡规划设计二等奖

2007 年度山东省优秀城乡规划设计项目一等奖

编制起止时间：2004.02-2006.12

承担单位：风景园林规划研究所

主管所长：蔡立力

主管主任工：刘　泉

项目负责人：刘　泉、王东宇

主要参加人：王忠杰、高　飞、马克尼、
　　　　　　常玉杰、王忠君、屈　波、
　　　　　　曹　璐、吴晶一、陈晓明、
　　　　　　孙　雯、刘　东、张　瑾、
　　　　　　常跃新、吴　侠

合作单位：山东省建设厅

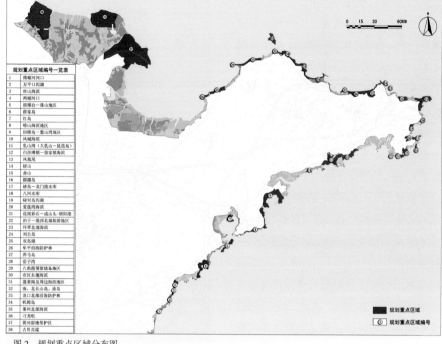

图 2　规划重点区域分布图

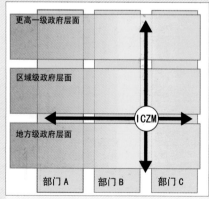

图 1　海岸带综合管理的水平和垂直综合
资料来源：翻译自 http://www.coastlearn.org

《山东省海岸带规划》是我国第一个以省为单元、以城乡建设空间管制为主编制的海岸带规划，是一项开创性的工作。它不仅对山东省海岸带的保护利用具有重要的指导意义，而且对于全国其他同类规划具有一定的示范性意义。

规划组于 2004 年 3 月下旬开始进行现场调研和踏勘，走访了山东省南起日照、北至滨州的沿海各设区城市，踏勘了全省 3000 余公里长的海岸线，历时近 50 天，在此基础上开展规划工作。

1. 规划内容

规划通过深入调查研究、广泛收集资料，针对山东省海岸带"发展与保护、利用与储备"的主要矛盾，以空间管制为核心，以景观资源、生态及环境的可持续利用为重点，提出了"一个总体、四个层面"的规划技术路线。其中，"一个总体"指总体规划管制政策，"四个层面"指整体岸段划分与主要发展引导、空间分类管制、重点区域规划管制、其他重要问题规划引导。

2. 创新与特色

1）慎重起步

在正式编制《山东省海岸带规划》之前，首先编制完成了《山东半岛海岸带规划工作框架研究》，它是正式规划之前进行的工作模式研究，目的在于把握方向，确定重点，为正式规划编制提供架构和思路。

2）高标准要求

在整个规划过程中始终紧盯国际海岸带规划管制研究领域的前沿，分析并借鉴了大量发达国家和地区海岸带规划管制的成功案例和经验。例如在本次规划最为核心的海岸带空间管制政策的制定上，结合山东省海岸带实际，我们更多地参考了欧洲海岸带管制的最新标准《欧洲海岸带行动准则》（European Code of Conduct for Coastal Zones），通过借鉴其细致、全面和合理的海岸带规划管制政策模式，确保规划能够以前瞻的目光应对山东省海岸带规划所应解决的矛盾和问题。

3）空间管制为核心

"发展与保护"、"利用与储备"是本

172

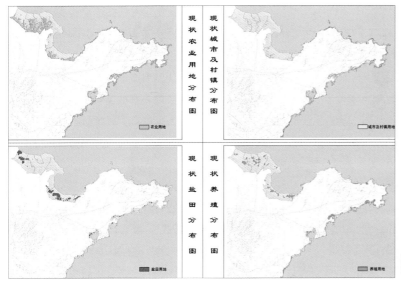

图3 现状资源分布图

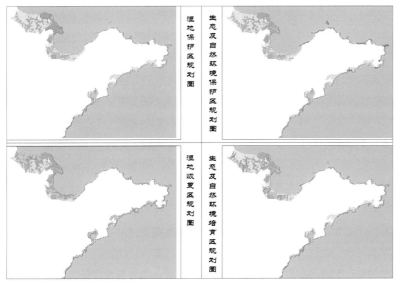

图4 生态功能区规划图

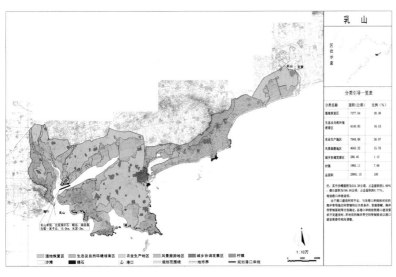

图5 海岸带分区段管制图示例（威海－乳山段）

次规划面临的核心矛盾，针对此提出的用地管制规划，是海岸带管制理念与政策在空间及用地上的集中体现。项目编制之时，国际上对海岸带用地分类并无通行的标准，项目组通过大量的案例借鉴以及国外经验研究，确立了海岸带规划的七大类用地类型及若干亚类用地类型，体现了用地的动态性及渐进性，同时提出了用地的优选性、相容性等原则，很好地应对了规划引导和实际管理的需求。

4）创新成果表达

针对达3000余公里的山东省海岸带，规划成果的表达采用分区分段编号图则的方式，便于规划成果的查询与使用。

3. 实施效果

通过管理的动态化、信息化和充分的公众参与，极大地推进了省海岸带管理与保护的进程，开展了有效的、理性的资源保护与开发利用行动。

以本规划为起点，项目组先后编制完成了《山东半岛海岸带规划框架研究》、《山东省海岸带规划》、《威海市海岸带分区管制规划》等一系列不同尺度和深度的海岸带规划项目，获得了社会和业界的认可。

本规划成果目前已集结成《海岸带规划》一书，由中国建筑工业出版社出版。

宁夏沿黄城市带发展规划

2008-2009年度中规院优秀城乡规划设计鼓励奖

编制起止时间：2008.7-2009.4

承担单位：城镇水务与工程专业研究院

主管总工：王静霞

主管所长：谢映霞

主管主任工：李秋实

项目负责人：沈迟、陈鹏

主要参加人：张国华、周建明、洪昌富、
　　　　　　白金、姜鹏、吕金燕、
　　　　　　李栋、王有为

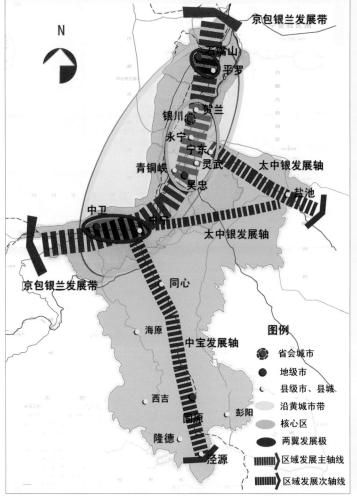

图2 宁夏沿黄城市带城镇空间结构

图1 宁夏沿黄城市带构成及其空间关系

宁夏沿黄地区包括银川、吴忠、石嘴山、中卫四市六县，面积为2.87万km²，人口近400万。以40％多的国土集中了全区近60％的人口、80％以上的城镇和90％左右的GDP，是宁夏社会经济发展的主体。然而，沿黄地区各城市在发展建设方面一直处于各自为战的状态，基础设施不联建、不共享，招商引资恶性竞争，造成了严重的土地与设施浪费、产业低水平同构等不良现象。2005年宁夏提出以银川为中心建设沿黄城市带，希望对沿黄地区各城市的发展要素进行有效的重组、整合。这对于提升宁夏的综合实力与竞争力并与全国同步实现小康目标，对于促进宁夏城乡统筹发展、民族团结与和谐社会的建设，对于构筑我国西部生态屏障和优化国家城市体系，均具有重要的战略意义。

1. 规划构思

规划秉承"四个坚持"：一是坚持科学发展观统领全局；二是坚持区域综合效益最大化；三是坚持政府引导与市场机制相结合；四是坚持推进城市带一体化建设。始终贯彻"协调统筹、和谐永续、以人为本"这三个源于科学发展观的基本原则。规划的技术路线主要有三个特点：一是问题导向与目标导向相结合，侧重于目标导向；二是政策性与空间性相结合；三是战略与行动相结合。

2. 规划要点

1）提出适宜的发展目标与战略

将沿黄城市带打造成为宁夏发展的支柱及其周边区域的辐射源区、西北地区人与自然和谐发展的示范基地、西部

174

大开发新的战略支点、中国面向伊斯兰国家的经济文化交流中心。六大重点战略包括：资源节约、环境友好的可持续发展战略，"点轴集聚、一核两翼"的空间优化战略，高端化、特色化、集群化的产业提升战略，强调以人为本、适当超前的支撑强化战略，彰显地域文化、民族特色的品牌塑造战略，以核心区同城化为突破口的区域统筹战略。

2）以空间布局为核心

实施"核心极化、点轴开发、双重集聚、梯度推进"的区域空间优化措施。构筑"一核二极多点"的城镇空间结构，通过塑造各个城市独具魅力的"精品空间"，彰显城市空间特色。

3）强调可持续发展

在综合生态敏感性和生态冲突性分析的基础上，提出保护、控制、缓冲、协调四大生态功能区，并制定相应的空间管制规则，构建生态安全格局和景观生态格局。提出强化以农业节水为重点的水资源配置，加快重点水利工程建设，完善和落实水权转换制度。

4）注重区域协调发展

规划提出沿黄城市带实施以规划编制、基础设施、产业发展、区域市场、生态环保、公共服务六个一体化为主要内容的区域协调措施，并以核心区同城化作为带动区域协调发展的先行区和试验区。

5）提出具有地域特色的发展战略与模式

以沿黄城市带为主要载体的扶贫、生态保护、推进工业化与城镇化"三位一体"的移民发展战略。提出"矿城分离"的空间布局模式，通过"异地开发、园区共建"的方式，依托现有重点城镇加快园区整合，避免形成新的资源型城市。提出具有宁夏地域特色的新型城镇化模式，即城乡功能协调互补、环境和谐交融、空间紧凑与开敞有机结合的"组团集聚的田园城市化模式"，避免形成集中连片、城乡混杂难分的城市化景观。

3. 实施情况

规划成果得到了地方政府的高度认同和评审专家们的一致赞赏，并迅速成为指导宁夏沿黄城市带发展建设的纲领性文件，对周边地区的发展也具有较高的参考价值。

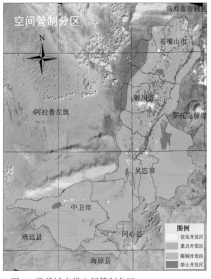

图3　沿黄城市带空间管制分区

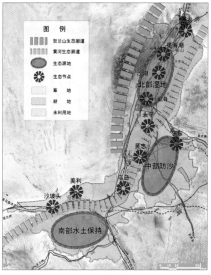

图4　沿黄城市带生态安全格局

图5　宁夏沿黄城市带总体布局

山东省新型城镇化规划
（2014-2020）

编制起止时间：2013.12-2014.7

承担单位：城市建设规划设计研究所、
城市与乡村规划设计研究所、
城市交通专业研究院、城镇
水务与工程专业研究院、国际
城市规划研究室、文化与旅游
规划研究所、学术信息中心

主管总工：李晓江

主管所长：尹强

主管主任工：靳东晓

项目负责人：张娟、徐辉

项目参加人：曹璐、桂萍、陈莎、
冯晖、周建明、王继峰、
张乔、荆锋、魏来、
翟健、魏锦程、郝天、
解永庆、魏保军、吴岩杰、
王真臻、陈志芬、田川、
姚伟奇、岳阳、杜澍、
董琦、鲍捷 等

合作单位：中国人民大学政府与公共管
理学院、北京大学城市与环
境学院、山东省城乡规划设
计研究院

项目背景

山东省是我国东部地区经济发达、人口稠密的省份，其人口流入、流出基本平衡，区域发展相对均衡，本地城镇化与大中小城市协调发展和城乡兼业的突出城镇化特点一直受到国内外学者的高度关注。2013年山东省城镇化为53.75%，略高于全国平均水平；户籍城镇化率42.3%，高于全国平均水平6.6个百分点。两项指标表明山东省在农民进城安居、就业与落户工作方面走在全国前列。但中国社科院发布的《中国城镇化发展质量报告》指出，以综合指标来衡量城镇化发展水平，山东省仅有青岛等4座城市位于全国地级以上城市排名

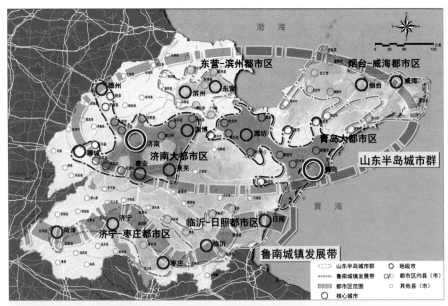

图1 山东省"一群一带，双核六区"城镇化空间格局

前50名，与广东和江苏省7座相比仍有不小差距。山东省的城镇化发展面临着如何提高城镇化发展质量，促进"四化协同发展"的重要任务。2013年底，在山东省委省政府领导下，受山东省住房和城乡建设厅委托，由中国城市规划设计研究院牵头，联合相关科研院所在总结了南京大学、北京大学和中国社科院的前期城镇化战略研究基础上，开展了山东省新型城镇化发展的规划编制工作。

规划主要内容

1）以劳动力素质、人口老龄化线索来提前谋划城镇化的相关政策与制度设计

本次规划研究认识到劳动力素质与产业结构升级不匹配，适龄劳动力总量下降等问题将对山东省的三次产业发展带来突出影响；同时老龄化加速态势也将对社会经济发展带来诸多不利影响。由此，规划提出在城乡就业结构调整，职业教育、城乡养老等公共服务体系方面应加大投入，并注重体制创新。

2）立足竞争力提升处理好空间组织的"聚集与均衡"关系

山东省目前核心城市不强，城镇密集地区实力偏弱的现实很大程度上源于

自身过于均衡的空间发展模式。提高城镇密集地区和核心城市的聚集能力是国内外发达地区提升综合竞争力的关键，也是促进转型发展的重要举措。而对于人口大省来说相对均衡的县域城镇化发展又是"蓄水池"、"稳定器"。因此，符合山东省情的"聚集与均衡"格局需要重构。

规划一方面提出了"一群一带，双核六区"的城镇化空间发展策略，以促进山东半岛城镇群融入环渤海经济区，并提升鲁南城镇带在国家丝绸之路经济带中的地位；规划提出通过青岛、济南等中心城市带动都市区市县一体化发展，以实现各项区域性服务功能、枢纽设施的进一步聚集。另一方面，规划强调了县域单元的统筹协调发展，通过制度设计促进县城、重点小城镇走相对低成本的城镇化发展道路；但同时也应逐步改变目前"城乡双栖"的不合理发展格局，逐步引导人口向城镇转移和长久定居。

3）立足资源与生态环境紧约束倒逼城镇化发展模式转型

山东省水资源短缺，环境污染呈现区域化趋势，生态多样性退化，产业高能耗等突出问题使得既有的工业化和城镇化发展路径难以为继。因此本次规划

将生态文明理念和制度设计贯穿于全过程，包括以下三方面内容：

第一，立足生态红线，处理好城镇化空间格局与生态安全格局的关系，按照不同的生态环境功能区优化各地的城镇化发展模式。第二，处理好新城、新区与既有城镇之间的关系，实现产城融合发展；切实改变目前粗放发展的方式，通过激励机制促进存量用地的高效利用，并实现城镇发展与自然山水环境的协调布局。第三，处理好城镇发展与文化遗产保护、文化传承的关系，在山东特色文化城市、人文城市建设等方面提出对策建议。

4）立足社会发展的多元化、多层次需求转变社会治理方式

当前山东省已进入到"城市型社会"，城乡社会分工和阶层分化加剧，社会需求更趋复杂，伴随着城市功能不断叠加，人口持续增长，城市管理的人性化、精细化提上议事日程。规划重点在以下几方面开展了专项研究：

第一，在城乡生活、文化、治安等方面注重政府服务与管理能力的提升，其中高度重视城乡的社区建设、环境综合治理。第二，规划提出对于人口大规模流入地区应重视社会矛盾与冲突，要因地制宜地、分区分类推进棚户区、城中村改造，避免政策与制度一刀切。第三，顺应农村地区人口持续外流，人口老龄化的趋势，重点对农村社区的功能和建设模式给出了指导意见。

技术创新点

1）体现山东特色

从当前已公布的省级新型城镇化规划来看，规划框架和章节内容多延续《国家新型城镇化规划（2014-2020）》。本次规划在充分研究山东省城镇化的阶段性特征和问题基础上，有针对性地增加了县域本地城镇化、城镇生态文明建设与绿色发展、人文城市建和与品质提升三个篇章。此外，为强化规划的实施性、

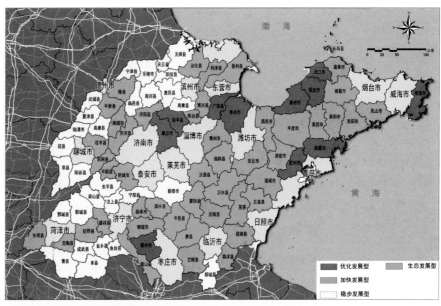

图2 山东省县（市）域单元分类发展指引

可操作性，还增加了行动计划，用于指导各部门和地方政府实施。

2）注重实证研究

山东省区域间发展水平和城镇化发展模式差异较大，为了更好地摸清县域城镇化发展情况，本次规划重点选取了高唐、邹平、诸城三个县（市）开展了城乡交通出行、企业发展与务工人员就业、农村新型社区建设和城乡居住环境等问卷调研工作。

3）强化关联性分析

由于城镇化发展是一项复杂的系统性工作，涉及的人口、空间、土地、财政、行政考核等政策、机制需要环环相扣，本次规划在研究框架和内容方面均强调关联性分析。

4）凸显差异化政策设计

本次规划在研究了不同区域、发展水平和发展条件的县域城镇化发展模式基础上，结合小城镇和农村地区发展特点，提出了县（市）域单元的分类指引要求和政策，为考核县（市）域单元发展提供了新思路。

5）提前应对社会问题

城镇化规划的重点任务之一在于解决人口的就业、生活和发展需求问题，涉及人口在区域、城乡间的流动，劳动

力及老龄化带来的新需求和新问题。规划以此为线索重点在公共服务配置、社会保障和相关政策方面加强研究。

规划实施情况

市民化进程加快。济南市将完善市区落户政策，建立"积分入户"等阶梯式落户通道，并开展了"村改居"的试点工作。青岛市将在省内率先建立外来人口市民化制度通道，近期将出台《青岛市统筹城乡发展示范片区试点方案》，在探索差异化市民化政策方面给予指导。

城镇化规划与管理有新进展。济南市明确提高城市发展品质、建设生态城市的新目标，并在建筑节能、绿色交通、园林绿化、垃圾处理、水资源循环利用、城市特色、城乡文化传承等方面提出了具体的建设项目。青岛市提出了全域统筹发展的城镇化规划。在此基础上重点推进国家级和市级小城镇发展改革试点，选择3-5个镇开展统筹城乡示范区试点，争取在土地、户籍、产权、财税、公共服务等领域取得新突破。烟台、威海市也提出了全域城市化的路线图，旨在落实烟（台）威（海）都市区规划指引要求，提升城镇化发展质量。

4

新区规划

重庆两江新区总体规划
（2010-2020）

2010-2011年度中规院优秀城乡规划设计一等奖

编制起止时间：2010.8-2011.9

承 担 单 位：西部分院

分院主管总工：朱 波

项目负责人：谢从朴、陈怡星

主要参加人：余 猛、严 华、郑 越、
　　　　　　毛海虓、袁 钢、王 宁、
　　　　　　王月玥、叶 昱、吴 松、
　　　　　　李东曙、张 帆

合 作 单 位：重庆市规划局、重庆市规划设
　　　　　　计研究院、重庆市城市交通
　　　　　　研究所

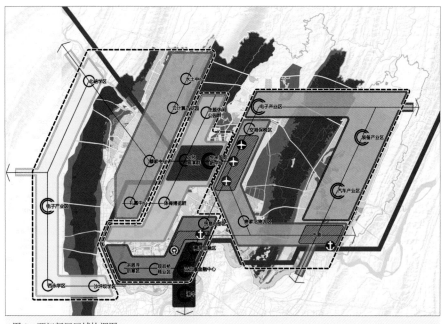

图2　两江新区区域协调图

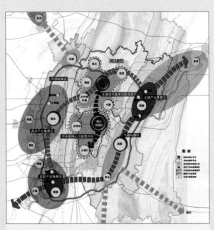

图1　重庆市空间发展战略规划图

1. 规划背景

2010年5月，国务院批准成立两江新区。在《国务院关于同意设立重庆两江新区的批复》中确定了两江新区总面积1200km²和建设用地550km²的规模，并提出了五项定位，包含功能高端和模式示范的双重要求。重庆市委市政府也对两江新区提出了更加具体的要求。与此同时，在原北部新区的基础上，两江新区大规模建设和各层次规划已经开展。在此背景下，为对两江新区战略布局进行总体谋划，指导下位规划编制和实施，统筹各类建设活动，在两江新区正式成立后不久，重庆市规划局会同两江新区管委会和相关市级管理部门，委托中国城市规划设计研究院协同有关单位正式开始了两江新区总体规划编制工作。

2. 规划构思

规划从解读国家批文入手，识别功能提升和模式创新的双重要求，分析两江新区资源本底中的制约和优势，并在此基础上将寻求"加快发展、科学发展"的空间手段为规划主线，提出"三个相结合"的原则和四大行动计划的基本规

划框架。针对两江新区规划和建设同步、多元利益主体多的问题，在以例会制度为衔接平台的基础上，提出对于一般地区采取导则化管理、对于重点项目采取全程跟踪服务的方式，确保规划的可操作性，并在空间上加以落实。

3. 主要内容

以落实国家要求为指针，在研究中国30年新区建设经验和教训的基础上，结合资源特征，提出三个"相结合"的基本原则和四条具体策略，作为落实科学发展要求的空间手段。

1）"三个相结合"的基本原则

在功能定位上，要将冲击高端和带动全域相结合；在布局模式上，要将强业和营城相结合；在开发控制上，要将快速推进和战略预留相结合。

2）四项具体策略

一是落实五项战略功能，构建梯度发展格局，形成五大功能带，应对国家五项战略功能要求，并落实为32片聚集区。二是构建综合游憩体系。构建"绿脊蓝带"生态网络，并采取"管控"与"建设"相结合的积极生态治理模式予以落

图3 五大功能预控规划图

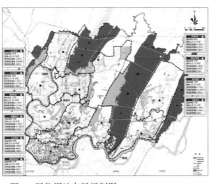

图4 居住用地布局规划图

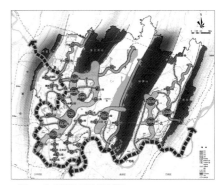

图5 生态绿地系统规划图

实。三是推进多元社区建设。重点推进政策保障型社区及高品质生态社区的建设，并依据不同组团的就业特征差异化地配置社区比例。四是引导基础设施先行。与多家单位协商决策重点问题，并采取刚性与弹性相结合的方式确保重大基础设施用地的落实。以绿色低碳为目标探索"现代山城基础设施建设模式"。

4. 创新与特色

1）探索科学发展的空间模式

应对转型要求，反思中国新区发展"重业轻城"的问题，提出"城业并重"的理念主线，并因此将规划的框架从着重于功能布局转向实现功能、美学和社会空间的统一，从侧重于蓝图规划转向侧重于行动规划。

2）面向实施的互动式规划

面对大规模招商和建设活动已经展开，多层次规划同步推进，市区两级意图急需协调等问题，没有采取先规划后实施、分级编制、层层落实的传统模式，而是构建了"平行推进、动态完善"的互动式规划机制，以导则管理、跟踪服务和例会制度三种方式，将城市规划从静态蓝图控制转变为决策过程控制，将从自上而下的单向落实模式转变为双向校核的互动反馈模式。

5. 实施情况

在"平行推进、动态完善"机制的指导下，项目组协调各层次规划和建设活动，对于重点项目采取全程跟踪服务方式，通过多个子项目组，参与重大项目招商、选址、设计和基建的全过程。在项目落地过程中与招商部门衔接引导合理功能布局的实现，在项目建设过程中与建设施工部门衔接统筹基础设施系统优化和落实。共完成重大招商项目8个，工程综合项目36个。

项目组会同市规划局、两江规划办召开两江新区编制例会40余次。在此平台的统筹协调下，规划主管部门累计核发了110个征地证明性文件、60个研究型红线、3个土地储备函、11个公示函、77个选址意见书、49个用地规划许可证、39个方案审查意见书和23个工程许可证。

在两江新区总体规划的指导下，一系列近期重大项目也正在实施之中。大批公租房、中心区、绿地广场、产业项目等即将落成，道路网络骨架基本形成，奠定了两江新区的发展基础。

图6 用地布局规划图

浙江舟山群岛新区空间发展战略规划

2012-2013年度中规院优秀城乡规划设计一等奖
编制起止时间：2011.3-2012.5
承担单位：上海分院
主管院长：李晓江
主管总工：王凯
项目负责人：郑德高、陈勇、张晋庆
主要参加人：王婷婷、刘晓勇、陈烨、
　　　　　　徐靓、李英、陈雨、
　　　　　　尹维娜

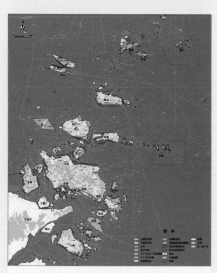

图1　浙江舟山群岛新区资源组合分析图

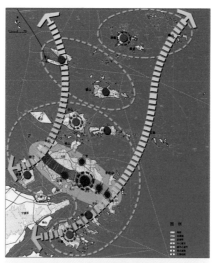

图2　浙江舟山群岛新区空间结构图

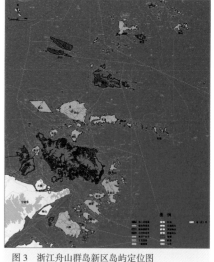

图3　浙江舟山群岛新区岛屿定位图

浙江舟山群岛新区是国务院正式批复的第四个国家新区。与上海浦东新区、天津滨海新区、重庆两江新区相比，具有三大特征：

一是国家战略重要性。首先，舟山群岛新区位于南北海运大通道和长江黄金水道交汇地带，是我国伸入环太平洋经济圈的前沿地区，已成为大宗商品中转和江海联运枢纽，对于保障国家经济安全和维护海洋权益至关重要。同时，舟山群岛新区是我国第一个以海洋经济为主题的国家新区，对于深化沿海对外开放和实施海洋强国战略具有重大意义。

二是资源环境独特性。舟山群岛是中国惟一的外海深水岛群，拥有最佳的深水岸线、优越的建港条件、丰富的岛屿资源。但同时也存在生态敏感性高、淡水资源短缺、用地空间受限等制约，难以和其他国家新区一样进行大规模陆地开发。

三是岛屿开发不确定性。一方面，重点岛屿的功能定位不明确，而各级功能齐头并进、主次不明，导致战略地位不高。另一方面，重大项目的时空布局不明确，而低端项目抢占了有限的深水岸线及后方用地，资源利用方式粗放，导致开发绩效不高。

1. 核心内容

针对这三大特征，确定了本次战略研究的三项核心内容，即新区战略定位、群岛开发模式和应对不确定性的岛屿分析方法。

1）新区战略定位

舟山群岛新区的功能定位既要体现国家战略，又要承担地方繁荣发展的使命。本次规划提出了"四岛一城"的战略定位，即国际物流岛、自由贸易岛、海洋产业岛、国际休闲岛和海上花园城，并强调分阶段、分层次推进战略定位的落实。

其中，国际物流岛重点是构建更集中、更高效的中国大宗商品物流和资源配置中心，保障国家经济安全。自由贸易岛主要是争取国家政策突破，融入上海国际航运中心和国际贸易中心的建设，联动浦东三港三区，逐步实施自由贸易，促进沿海对外开放。海洋产业岛重点是建设中国重要的现代海洋产业基地，引领国家海洋经济开发，并促进地方产业提升和经济发展。国际休闲岛重点是依托优越的海洋海岛资源环境，打造世界一流的休闲度假群岛、国际著名的佛教文化圣地。中心城区按照花园城市和公共城市理念建设海上花园城，承载新区

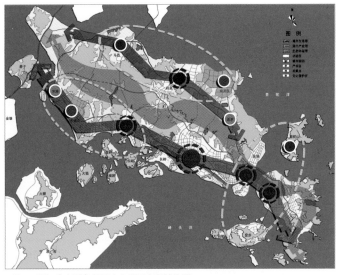

图 4　浙江舟山群岛新区中心城区空间结构图

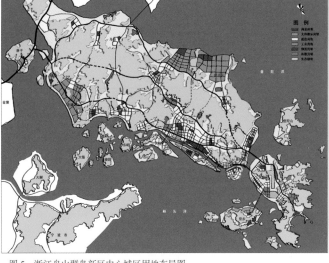

图 5　浙江舟山群岛新区中心城区用地布局图

的国际交往门户、国际创新和国际服务职能，并吸引专业人才和新兴高端产业。重点构建组团型城市格局，并塑造南部滨海环湾带。

2）群岛开发模式

为支撑"四岛一城"的战略定位，舟山群岛新区迫切需要创新空间开发模式，提升资源配置效率和岛屿职能地位。本次规划提出"群岛多功能、一岛一功能"的开发模式，即群岛承担"四岛一城"的综合功能，各岛明确主导功能，形成战略突破。

基于舟山群岛新区单个海岛不具备垄断资源，而主要海岛成组成群、岛群特色鲜明的特点，提出"岛群分区"的布局理念。重点构筑嵊泗列岛岛群、洋山衢山岛群、舟山本岛周边岛群三大岛群，强调产业功能应相对集中布局到资源条件适宜的岛群上，明确各岛群的战略定位和发展方向，并合理配置城镇和基础设施。

3）岛屿分析方法

为应对岛屿开发中的不确定性，破解功能需求与资源供给之间的矛盾，本次规划采用资源与功能对应分析法，对重点岛屿进行多情景研究。

例如六横岛，关键在于确定主导功

能。通过分析海洋装备、化工基地两种功能导向的发展情景，比较各自的资源需求和综合效应，明确提出应定位为战略地位和综合效应更突出的海洋装备岛，而不应建设六横化工基地。规划提出在具备大面积围垦条件的大鱼山岛预留化工基地选址，以尽量避免对环境和安全的负面影响，并提高项目建设门槛。

对于洋山岛作为国际物流岛的定位明确，但对于地方政府是否应建设洋山新城尚存争议。本次规划通过分析集装箱港的功能需求与岸线、用地等核心资源供给之间的规模匹配和空间对应以及就业拉动效应，明确提出洋山港区应优先保障港口物流功能，不应发展新城。

2. 特色创新

（1）协调国家战略与地方发展的关系，提出"四岛一城"的目标定位。强调优先控制和保护关系国家长远战略利益的资源，区分地方不同功能诉求对资源的需求，合理取舍布局。

（2）针对岛屿容量的局限和天然离散的特点，创新群岛开发模式，提出"群岛多功能、一岛一功能"的职能分工体系，和"岛群分区"的空间布局结构。

（3）针对岛屿开发的不确定性，探

索运用资源—功能对应分析法。在岛屿定位不明确时，重点在于拟定多种情景方案进行比较研究，以确定功能定位。在岛屿定位明确时，关键在于分析功能需求与资源供给之间的规模匹配和时空对应问题，以确定功能布局。

3. 实施效果

（1）规划提出的"四岛一城"定位、"岛群分区"布局以及舟山岛、六横岛、衢山岛、大鱼山岛等重点岛屿的功能定位与空间布局设想，均已纳入 2013 年 1 月 17 日国务院批复的《浙江舟山群岛新区发展规划》。

（2）以本次战略规划成果为基础，舟山市人民政府组织编制了《浙江舟山群岛新区（城市）总体规划（2012-2030）》，实现战略思路的进一步法定化。

（3）在国家实施海洋发展战略的背景下，本次战略规划对于舟山群岛新区战略定位、岛屿开发模式和规划技术方法的探索，对于其他沿海地区具有借鉴价值。

上海浦东新区战略发展规划

编制起止时间：2009.10–2010.1
承担单位：上海分院
项目负责人：郑德高、陈　勇
主要参加人：黄昭雄、闫　岩、孙晓敏、
　　　　　　杭小强

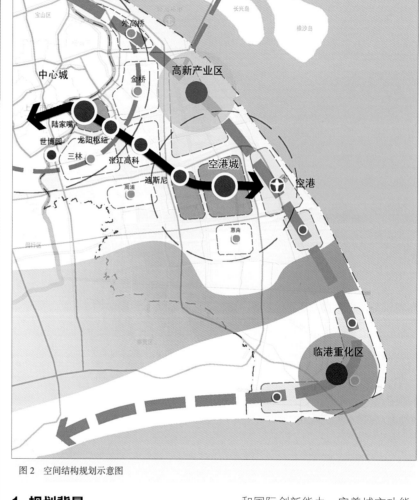

图2　空间结构规划示意图

图1　区位图

1. 规划背景

浦东新区是上海现代化建设的缩影、中国改革开放的象征。从1990年浦东开发开放以来，浦东新区取得了令人瞩目的成就。经过多年快速发展后，浦东新区处于发展转型的关键时期，城市与产业发展面临突破。

在浦东开发开放20周年之际，在国家支持上海建设两个中心，浦东、南汇两区合并的新背景、新形势下，上海市委市政府对浦东新区提出了新的发展定位，要求浦东新区实现第二次历史性跨越，建设成为科学发展的先行区、"四个中心"的核心区、综合改革的试验区、开放和谐的生态区。为了实现历史跨越的新要求，浦东新区需要率先实现经济发展方式的转变，进一步提升国际服务和国际创新能力，完善城市功能，更好地支撑上海建设"两个中心"的战略目标。

为此，浦东新区组织了本次《上海浦东新区战略发展规划》的征集，对于浦东新区未来发展的重大战略问题进行研究，也为新一轮《浦东新区总体规划》的编制提供基础。

2. 主要内容

1）反思发展模式

浦东新区成立以来主要依赖投资与大项目推动空间扩张。这种模式可以总结为三个特点：第一是以空间资源充分供给为基础，第二是以出口贸易为导向，第三是以产业开发为主体。在空间资源日趋紧张、国际贸易环境恶化、创新转型要求迫切的新形势下，增量扩张难以为继，有区无城，服务滞后，先导者地位向跟随者转变，原有模式亟需转变。

2）明确转型目标

后金融危机的浦东新区，不仅要承担上海建设国际金融中心和国际航运中心的战略职能，而且要引领上海转型发展的模式创新。浦东新区未来以国际金融中心为长远目标，培育国际服务职能，以国际航运中心为升级目标，强化航运服务能力，以国际贸易、创新与消费中心为转型目标，引领上海创新发展。

3）制定空间战略

浦东新区未来要实现转型目标定位，关键在于改变以工业增长、园区扩张为主导的空间模式，产业上实现向服务经济、高新产业的转型，空间上从开发区建设向城市功能培育转型，并对于空港、海港等战略性地区的空间布局进行科学调整，形成"两轴两城、两港两区"的空间发展布局。

4）重点地区指引

外高桥、金桥、张江三大开发区应向服务业和城市转型，同时浦东国际空港地是富有战略意义的关键地区，应作为新城建设的重点，而临港新城更加适合的定位为产业区，人口规模和建设时序也需要相应调整和优化。

3. 项目创新及特色

首先，对于浦东新区建设国际金融中心、国际航运中心的目标定位进行解析，区分长远目标和升级目标，并提出以国际贸易、创新与消费中心为未来转型目标。

其次，对浦东新区国际空港、海港地区进行重点研究，提出调整其战略定位、发展方向和发展规模，从而对浦东新区空间结构产生重大战略调整。

4. 实施效果

本次战略发展规划对浦东新区空间发展思路和方向产生了重要影响。在浦东新区总体规划修编的成果中，充分体现了对空港地区的重视和对临港新城定位的调整等关键内容。

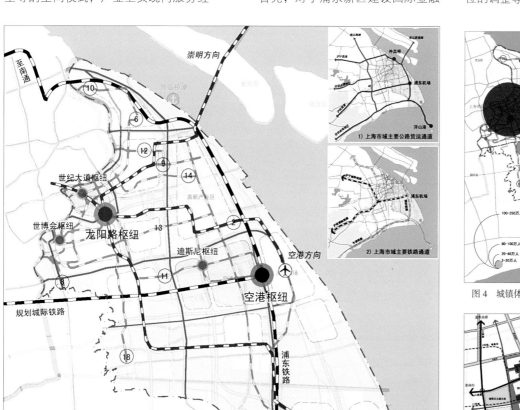

图3　道路交通规划示意图

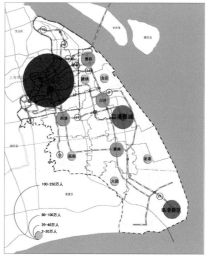

图4　城镇体系结构规划示意图

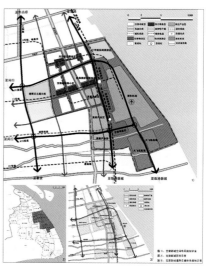

图5　空港新城概念性规划示意图

贵州省贵安新区
总体规划（2013-2030）

编制起止时间：2012.12-2014.4
承担单位：西部分院
主管院长：李晓江
主管总工：张 兵
项目负责人：彭小雷、刘剑锋
主要参加人：毛有粮、姜立晖、黄 伟、
　　　　　　邓 俊、李东曙、吴 松、
　　　　　　黄 科、蒋朝晖、吴 凯、
　　　　　　王 宁、叶 昱、余 妙、
　　　　　　李启菊、徐 旭、唐 涛
专项规划部门主要参加人员：
城镇水务与工程专业研究院：
　　　　　张 全、莫 罹、王召森、
　　　　　程小文、王巍巍、徐一剑、
　　　　　常 魁、顾晨洁、周飞祥
城市交通专业研究院：
　　　　　毛海虓、陈长祺、张 浩、
　　　　　于 鹏
风景园林规划研究所：
　　　　　贾建中、唐进群、韩炳越、
　　　　　郝 硕、邓武功、刘宁京
合 作 单 位：贵州省城乡规划设计研究院

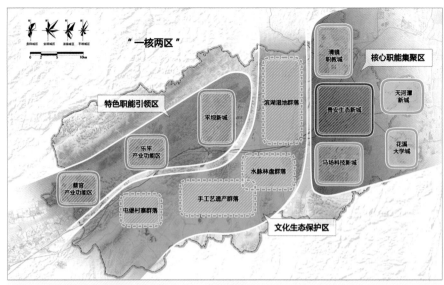

图1　贵安新区空间结构图

1. 规划背景

为落实《国务院关于进一步促进贵州经济社会又好又快发展的若干意见》（国发[2012]2号），西部大开发"十二五"规划先后提出建设贵安新区的要求，贵州省委省政府高度重视，于2012年2月召集我院和贵州省院启动前期研究，于10月28日正式发文成立了贵州省贵安新区管理委员会，以贵阳、安顺两市之间所辖4县（市、区）的20个乡镇为范围，委托两院开展总体规划编制工作。

2. 新区定位与发展理念

针对贵安新区自然人文资源极富特色但水环境高度敏感的特征以及地跨两市，人口、经济与交通基础设施薄弱的问题，规划提出了"立足资源，因地制宜地谋划整体发展格局；立足生态，采取低冲击发展和建设模式；培育内生动力，构建多样的发展平台；统筹谋划，协同推进，促进区域协作发展"的四条理念并贯穿始终，积极响应了新时期中央建设生态文明、美丽中国、推进以人为核心的新型城镇化的要求。

贵州的省情和贵安的条件，决定了贵安新区的定位职能必然具有双重使命的特点，即：一方面需在经济发展上体

现赶超跨越的作用，另一方面，在文化、社会、生态文明建设上需体现模式引领和国家示范的意义。因此，规划提出新区定位应突出双重使命的特点，即：构建以文化生态传承创新、国家高端科研和国际交往为特色引领，以包容性发展和生态文明建设为示范，具有国际影响力和国家发展模式示范效应的新区。

3. 空间结构与总体布局

规划在宏观空间结构构建上以尊重自然、顺应自然、探索山地新型城镇化发展路径为理念，构建"一核两区"的空间结构："一核"指位于新区东部的核心职能集聚区（简称"核心区"）；"两区"分别指特色职能引领区和文化生态保护区。上述三大分区进一步细分为12个片区（包括8个城市片区和4个特色群落），各片区的城镇化空间选择，以对山林、水系、耕地的避让、保护和合理利用为基础，构建"组团＋群落"的城镇化空间格局与"串联式、卫星城式"的发展模式。

规划在贵安一体化地区构建"一区两带"的空间结构。一区指"大贵阳都市区"，由贵阳老城、金阳新区（观山湖区和白云区）、贵安核心区三者形成"品"字形的"大贵阳都市区"。两带：一是"安

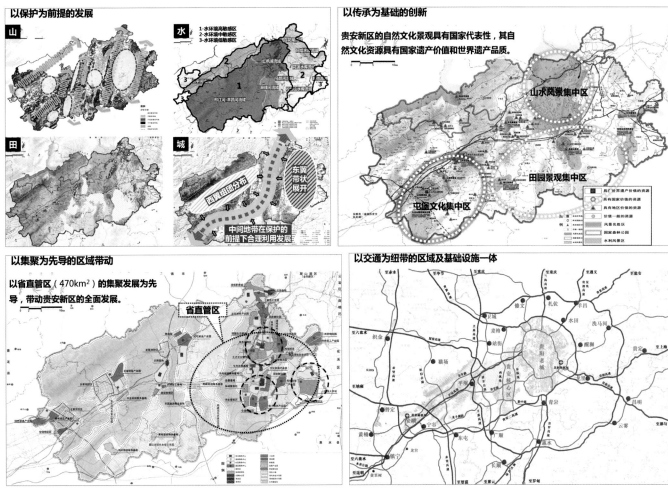

图 2　项目特点分析图

顺－平坝发展带"，指从安顺到平坝沿贵黄路两侧形成的产城一体的发展带；二是"红枫湖－邢江河文化生态带"，沿红枫湖汇水流域，将整个地区最具价值的生态、历史文化、风景资源串联起来，构建保护与发展有机协调的高端功能地区。

4. 项目特点

针对贵安新区的特点，规划充分贯彻和体现了四大特点：①以保护为前提的发展；②以传承为基础的创新；③以集聚为先导的区域带动；④以交通为纽带的区域及基础设施一体。

5. 实施效果

历经从近乎一张白纸到丰富的分析研究与规划设计，2014 年 1 月，国务院

正式批复设立了贵安新区，将贵安新区定位为西部地区重要的经济增长极、内

陆开放型经济新高地和生态文明示范区，标志着总体规划工作的圆满成功。

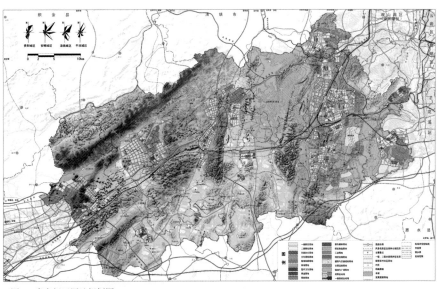

图 3　贵安新区用地规划图

兰州新区总体规划
（2011-2030）

2010-2011 年度中规院优秀城乡规划设计鼓励奖

编制起止时间：2010.11-2013.10

承担单位：城市环境与景观规划设计研究所

主管总工：王 凯

主管所长：易 翔

主管主任工：黄少宏

项目负责人：易 翔、徐超平

主要参加人：查 克、马 聃、李 浩、
李 薇、于 伟

合作单位：兰州市城乡规划设计研究院、
中国科学院地理科学与资源
研究所、兰州新区管理委员会

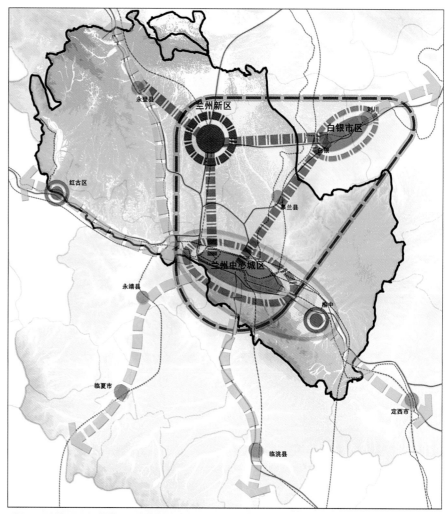

图 1 兰白核心区"金三角"空间结构示意图

1. 规划背景

兰州新区位于兰州市中心城区北部永登县境内，南距兰州市中心城区约 60km，东距白银市区约 70km，规划范围 806km²。2012 年 8 月 20 日，国务院同意设立兰州新区为国家级新区，兰州新区上升为国家战略。

2. 规划特色

突出国家战略与区域发展格局，明确新区功能定位。凸显国家向西开放的战略使命和能源战略新重点，打造国家能源战略和向西开放的重要平台，落实国家西部大开发战略要求，带动兰西一体化发展，打造西部区域复兴的重要经济增长极。

协调区域发展，构建兰州城市发展新格局。以兰州市区为区域主中心，以兰州新区和白银市区为区域副中心，协调产业发展，共同带动区域发展。

强化交通引导，加强基础设施支撑。重点加强新区的区域交通体系研究，合理规划新区与市区、新区与白银以及区域性的交通网络体系，对接国家公路、铁路网络，为新区近期的跨越式发展提供交通支撑，并为未来城市发展提供完善、便捷的综合交通网络。加强兰州国际、国内枢纽建设，打造兰州新区铁路货运枢纽和机场客运枢纽。

3. 功能定位

兰州新区核心功能定位为：向西开

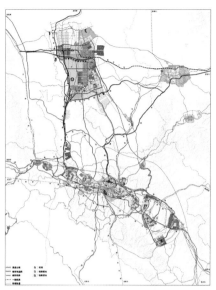

图2 区域交通格局规划图

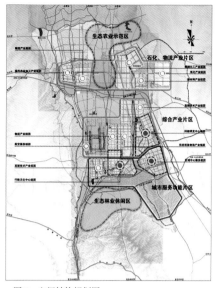

图3 空间结构规划图

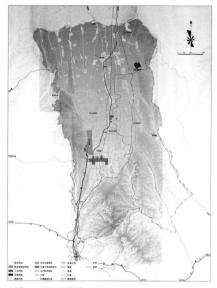

图4 用地现状图

放的战略平台；国家重要的先进制造业产业基地，西部重要的现代服务业基地；产业承接转型和循环经济示范区。

4. 空间布局

妥善处理新区发展与周边生态环境保护的关系，确立南北两个生态屏障区和内部生态廊道。

加强石化等大型产业布局的论证，通过区域产业、生态安全、污染物防护、资源支撑、现状基础等多要素分析，合理确定石化产业布局。

合理协调机场净空限制与城市布局关系，选择东南部受净空限制影响较小地区发展生活服务功能，明确城市开发高度限制，保障机场飞行安全。

规划确定"多中心、组团式"的空间组织方式，保证了布局方案的弹性，适应了空间增长的不确定性，避免了过度蔓延式增长。

5. 创新与特色

立足区域与宏观发展格局和趋势，确定新区功能定位和发展策略。

坚持"生态文明"理念，妥善处理新区发展与周边生态环境保护的关系，合理选择新区发展模式，确保新区建设的安全性、合理性。

合理安排建设时序。针对新区开发的不确定性，注重时序研究，保持规划弹性和开发完整性。

6. 实施效果

总体规划有效指导了新区建设。区域交通设施逐步落实，城市道路交通骨架和重要基础设施初步建成，行政文化中心和生活配套设施初具规模，多项大型产业已开工建设。

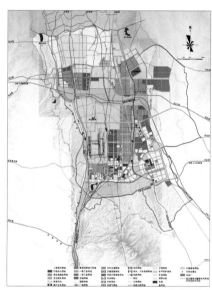

图5 用地规划图

四川省成都天府新区
总体规划（2011-2020）

2011 年度全国优秀城乡规划设计二等奖
2010-2011 年度中规院优秀城乡规划设计一等奖
2011 年度四川省优秀城乡规划设计一等奖
编制起止时间：2010.11-2011.10
承 担 单 位：西部分院
主 管 总 工：李晓江、张 菁
项目负责人：刘继华、严 华
主要参加人：金 欣、吴 凯、王文静、
　　　　　　袁 钢、吴 俐、肖 磊、
　　　　　　黄 伟、张 浩、张 帆
合 作 单 位：成都市规划设计研究院、
　　　　　　四川省城乡规划设计研究院

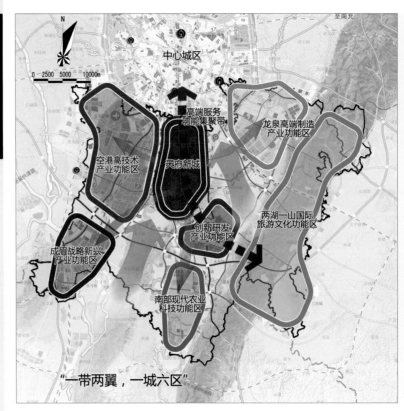

图 2 空间结构规划图

图 1　天府新区规划范围图（新区横跨成都、眉山、资阳三市，总面积 1578 km²）

天府新区是四川省落实国家发展战略，优化全省生产力布局，提升成都的综合实力和区域影响力，打造内陆开放高地和西部经济增长引擎的重要载体，同时也肩负着探索新型发展模式和科学发展路径的历史使命。

1. 目标定位

天府新区的总体定位为"以现代制造业为主、高端服务业集聚、宜业宜商宜居的国际化现代新城区"。明确"城镇化与工业化"双轮驱动的发展思路，强调"现代产业、现代都市、现代生活"三位一体的发展理念。

规划天府新区产业定位为：大力发展战略新兴产业、高技术产业和高端制造业；集聚发展高端服务业；积极发展休闲度假旅游和现代都市农业。

2. 规划理念

在系统总结浦东、滨海、两江等国家级新区的规划建设经验的基础上，规划突出以下五个方面的理念：

1）短板控制、弹性规划

按照资源短板控制的原则，明确新区人口和用地规模的上限，控制非建设用地的规模。

以严格的生态本底管制作为规划布局的前提，重点做实近中期的规模和布局，远景采用 X 年弹性控制的方式，为长远发展预留空间。

2）区域协调、统筹发展

强调天府新区与成都中心城的错位发展、功能互补，统筹安排区域交通走廊和成都第二机场等重大基础设施选址，强化成都在西部的辐射带动作用。

按照组合型城市的模式，构建"一带两翼、一城六区"的新区空间结构。改变成都单中心蔓延的趋势，转为生态、开放、弹性的空间格局，并与眉山、资阳等周边地区紧密衔接。

3）产城融合、三位一体

用地布局强调功能复合和用地混合，配置完备的生产生活服务设施，促进产业发展与城市功能有机融合。

按照不同就业人群的需求特征，提供多元化的居住社区，实现各功能区内的职住平衡。

将还建住房和产业工人住房纳入保障房体系，促进社区融合。

4）高效支撑、绿色低碳

以"双快交通"为骨架，构建客货分流的快运系统；以"动静相宜"为原则，构建以公交和慢行交通为主导的出行模式，确定适宜的路网密度和街区尺度；以"资源节约、环境友好"为目标，制定强调创新、环保的指标体系。

5）突出文化、彰显特色

延续四川的天府文化特色，推广成都的城乡统筹经验，促进乡村发展与城市功能互补，体现生态田园新区特色。

加强总体城市设计研究，形成大疏大密的整体格局，塑造国际化特征与天府传统文化交相辉映的新区风貌。

3. 创新与特色

1）规划方法：专题前置、预先研究重大问题

在规划编制之前，四川省政府提前一年论证新区选址，并组织专业部门完成了水资源、土地资源、人口规模等8个规划重大问题的专题研究，形成的主要结论为本次规划提供了重要的技术支撑。

2）规划组织：多方参与、体现公共政策属性

本规划由省政府统筹，中规院与省市规划院组成联合工作组，近20个省直部门和三市相关部门全面参与规划编制，为生态保护、产业布局、基础设施支撑等技术工作提供了有力的决策保障。

3）规划实施：层层落实、强化规划的权威性

规划成果经省政府审批后，通过三市的城市总规修编纳入法定规划体系，并指导分区规划和控制性详细规划的编制，保证了规划成果的权威性和可操作

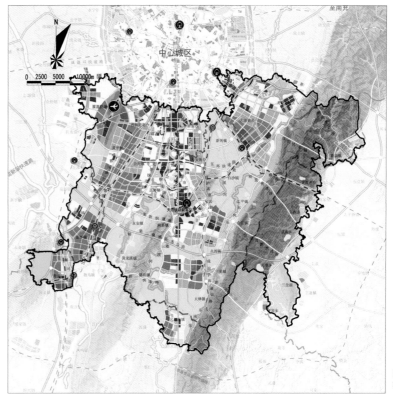

图3 用地布局规划图

性，对探索跨区域、战略性规划的成果法定化有很好的借鉴意义。

4. 实施效果

1）健全实施管理体制机制

按照总规框架，建立了"1+3"的规划建设领导体制，省政府负责制定规划实施的战略和政策，审查分区规划、控规及重大项目布局，三市政府负责审议控规、组织落实并监督各项建设工作。

2）有序推进重大项目建设

按照总规提出的"四个先行"原则，区域的生态环境保护已提前启动，一批高端服务业项目、重大产业园区及重大基础设施项目的选址和建设正在有序推进。

3）优化完善区域空间结构

以天府新区为平台，成都、眉山、资阳三市政府深化区域合作，启动了多个合作区的建设，并从大区域的视角，开始重新构建市域的产业和城镇格局。同时，天府新区的规划布局强化了成都发展核心和多条发展走廊的构建，成渝经济区"双核五带"的整体空间结构正在逐步形成。

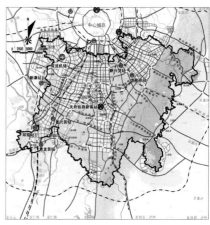

图4 综合交通规划图

图5 绿地系统规划图

秦皇岛北戴河新区
总体规划（2011-2020）

2012-2013年度中规院优秀城乡规划设计三等奖

编制起止时间：2011.4-2012.11

承 担 单 位：城市环境与景观规划设计研究所

主 管 总 工：张 兵

主 管 所 长：易 翔

主 管 主 任 工：黄少宏

项目负责人：王 磊、彭小雷、王佳文

主要参加人：徐有钢、胡继元、王 薇、
郝天文、李 栋、樊 超

图2 北戴河新区生态功能分区图

图例

□ 滨海旅游功能区
□ 综合服务功能区
□ 生态保护功能区
▨ 生态乡村功能区

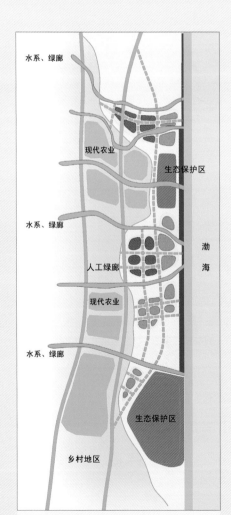

图1 北戴河新区空间发展模式图

秦皇岛北戴河新区北邻著名的北方避暑胜地北戴河旅游度假区，是省部合作的重点项目，是河北省与住房城乡建设部合作推进的生态示范新区和国家最高建筑节能标准的绿色建筑示范区。

1. 核心问题

本次规划重点解决两大问题：

（1）探索覆盖城乡大尺度的"生态、低碳"的规划设计方法，落实建设省部合作的生态示范新区和绿色建筑示范区的目标。

（2）破解长期困扰北方地区旅游城市的季节性旅游难题，实现北戴河新区"国际知名的滨海度假旅游目的地"的建设目标。

2. 规划内容

1）应对季节性问题的北方旅游区发展模式

（1）注重针对淡季旅游项目的开发

提供多样化旅游产品，尤其是冬季旅游项目开发，注重全年不同时段主导旅游项目的接替性，保持全年的旅游吸引力。

（2）建设以旅游业为主导的多元产业体系

规划以旅游业和现代服务业为核心，以海洋经济、现代农林业为补充的多元产业结构，使单一旅游区向旅游城区转变。

（3）建构城乡协调的多层次旅游体系

将沿海地区分为一线地区、二线地区和内陆地区，针对每个地区赋予不同的旅游功能。同时，注重与区域旅游系统的融合，形成区域旅游协作的整体格局。

2）探索覆盖城乡的"生态、低碳"的规划设计方法

（1）构建以理想生态安全格局为前提的空间结构与功能布局

规划通过综合敏感性评价分区，确定生态安全底线。同时，主动建设多条生态联系廊道，构建"生态基底、网络

联系"的理想生态安全格局。

规划顺应理想生态安全格局,形成覆盖城乡的生态保护、滨海旅游、综合服务和生态乡村四大功能区。

(2)探索覆盖全域的绿色建筑示范区的发展模式

规划对滨海旅游、综合服务和生态乡村3类功能区的新建和改造区域分别给予建设指引,提出了6种不同模式的绿色建筑示范区域,并制定了北戴河新区绿色建筑示范区管理办法。

(3)建立多层次、快慢有序的绿色交通体系

规划采取分区差异化的交通政策,形成由内陆向沿海的、快慢分层的交通组织模式,引导低碳、绿色出行。

(4)探索因地制宜的生态技术

规划积极发展适宜本地的海水源热泵、地源热泵和地热等可再生能源供应体系,并对生态技术结合建设项目和技术库进行管理,确保了生态技术的切实落位。

3. 创新与特色

规划深入探索了总体规划与生态规划相融合的技术路线。

规划从生态敏感性分析出发制定新区发展目标、战略和指标体系;以生态承载力为新区发展的限制性条件,合理预测新区发展规模;从生态本底的用地适应性评价出发,构建生态安全格局下的空间结构与布局;以生态保护为前提、产业发展目标为导向,引导生态产业发展;采用与新区发展相适宜的生态建设技术,建设绿色交通、绿色市政、绿色建筑的新区支撑体系,为新区规划的实施与管理提供参考。

4. 实施效果

北戴河新区总体规划作为北戴河新区发展的纲领性文件,有效地指导了新区的建设。

新区相继开展了绿色建筑节能、绿色能源、产业发展等专项规划,大蒲河口、赤洋口和中心片区等重点地区的城市设计和控制性详细规划。

结合规划项目库建议,相关的旅游项目、生态修复项目、道路工程项目、绿色市政工程项目及绿色建筑示范项目等都相继开工建设。

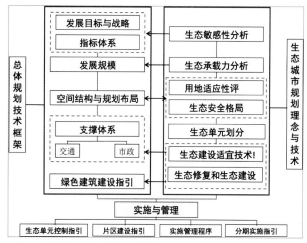

图3 北戴河新区总体规划技术路线图

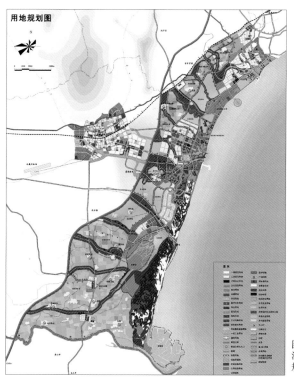

图4 北戴河新区用地规划图

图5 北戴河新区绿色建筑示范区规划图

深圳光明新区规划
（2007-2020）

2012-2013年度中规院优秀城乡规划设计一等奖
编制起止时间：2007.7-2010.11
承 担 单 位：深圳分院
分院主管总工：朱荣远
分院主管所长：石爱华
分院主管主任工：张 文
项目负责人：陈晓晶、张 文
主要参加人：朱 枫、牛瑞玲、石爱华、
　　　　　　周路燕、邝启亮、刘 缨、
　　　　　　曹 靓、陈晚莲
合 作 单 位：上海保柏城市规划设计咨询
　　　　　　有限公司

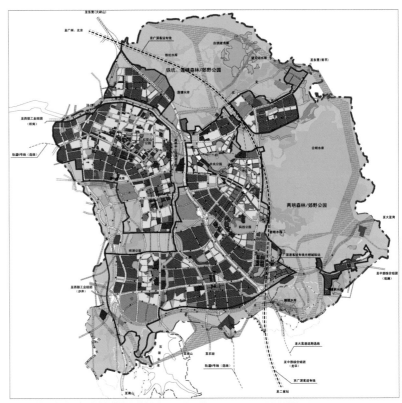

图1　光明新区用地规划图

1. 项目背景

深圳光明新区成立于2007年，是深圳第一个以功能区管理的体制创新区和率先探索转型发展的实验性地区。

光明新区规划，以渐进常态化"绿色转型"为目标，通过5年的跟踪服务，全过程引导新区建设和发展，正在改变地区以资源消耗为代价的传统发展模式，迈向低碳生态化的"深圳远见"。2011年，光明新区以其模式可复制、成本可负担、效果可持续的成功实践，助力深圳成为国家首个部市共建的"低碳生态

图2　光明新区区位关系图

图3　光明新区规划引导和控制新区建设发展的过程示意

示范市"；2013年，光明新区当选国家首批绿色生态示范城区。

2. 项目特点

光明新区规划是城市规划作为公共政策，面向绿色转型在体制创新区进行的系统性实践：开始从单一的技术供给，走向全过程咨询服务；以动态的统筹监控直接影响实施效果；以开放的工作平台拓展规划的广度和深度；基于绿色目标探索法定规划执行机制优化；通过研究成果的适时转化保障规划目标的实现。

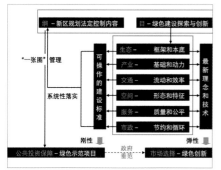

图4 光明新区规划技术控制框架

3. 工作内容与创新

1）全过程的咨询服务

光明新区规划伴随新区5年启动期，以持续的技术咨询替代审批图文，使城市规划从蓝图控制转向直接影响建城模式。

2）动态的统筹监控

作为深圳第一个系统性绿色建城实践，新区规划改变目标导向、静态控制的工作思路，采用与专项研究同步推进的方法，通过总体统筹实现有限管理和有效控制。

3）搭建开放的工作平台

新区规划将规划统筹转变为多视角协同的开放工作平台。在工作前期、中期和后期三次开展工作坊，有意识地将规划师、工程师、建筑师、决策者和投资商整合在共同的发展目标下，探讨规划方法、管理机制和建设实施。通过针对性的议题设计，引导多元思想的直接交锋，以智慧的叠加培育成熟可行的建设方案，

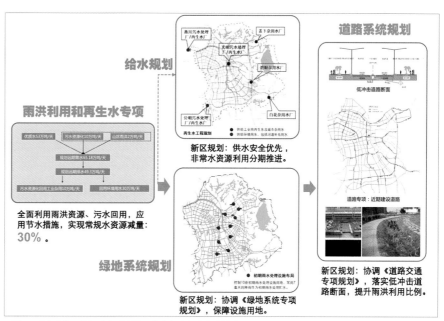

图5 动态监控、协调多专项研究，落实绿色生态集成效应

迅速形成决策和共同执行的技术标准，同时为新区培育一支全系统的、稳定的、可及时反应的绿色城市专业咨询团队。

4）探索绿色目标的常态化执行机制

为实现模式可复制的"绿色转型"，规划着重探讨以公共资源投入保障之外，常态化规划管理机制的形成，提出在绿色目标下优化法定规划的执行机制，以指标体系为抓手，以法定图则为平台，通过技术法定化，使"绿色理想"可以不依赖于单一政府投资，而是通过对市场的规范和引导予以实现。

新区规划首先制定了《绿色城市》量化指标体系，通过各专项规划将"绿色指标"根据不同用地功能进行分解，形成"绿控指标"，要求法定图则落实为用地开发刚性要求，并提供相应设计要点。开发商获得土地后，详细蓝图方案必须落实绿色设计要点，经审查实现"绿控指标"后，方可以获得"两证一书"。同时，新区划定"绿控分区"，通过在法定图则中执行不同的绿控指标和控制力度，形成差异化的示范方向，实现对资源投入的指向性引导。

4. 项目实施

5年的跟踪服务，新区规划一直处

于动态优化的过程中，但其控制力并不依赖于最终成果，而是在执行标准控制和结构锁定的基础上，适时转化研究成果，叠加技术创新与实践，推动新区从浅绿走向深绿。

时至2013年，新区"九横九纵"道路系统建设完成，全部采用低冲击和绿色照明设计；低冲击开发和雨水综合利用完成示范项目，开始向一般建设项目拓展；光明污水处理厂及再生水厂建成启用，综合管沟投入运营，建成绿道20.7km，公园98.16万m²……绿色目标的技术法定化开始对市场形成规范引导，绿色建筑进入用地审批管理，全区在建绿色建筑62个，项目总量和分布密度居全国前列。

图6 可再生能源利用示范工程

中新天津生态城
总体规划（2008-2020）

2009年度全国优秀城乡规划设计一等奖
2008-2009年度中规院优秀城乡规划设计一等奖
编制起止时间：2007.12-2008.6
承担单位：城市水系统规划设计所（现
　　　　　城镇水务与工程专业研究
　　　　　院）、城市规划设计所、城市
　　　　　交通规划设计所（现城市交
　　　　　通专业研究院）、城乡规划研
　　　　　究室、国际城市规划研究室
主管总工：王静霞
总负责人：杨保军
总协调人：詹雪红
项目负责人：孔彦鸿、董珂、王凯
主要参加人：王召森、鞠德东、刘继华、
　　　　　　张帆（规划所）、桂萍、
　　　　　　黎晴、刘广奇、殷广涛、
　　　　　　王巍巍、孙增峰、陈岩、
　　　　　　石炼、颜莹莹、王林超
专题参加人：徐泽、彭实铖、徐颖、
　　　　　　陈明、张帆（交通院）、
　　　　　　胡天新、杜澍、赵文凯、
　　　　　　童娣、张磊磊、程小文
合作单位：天津市城乡规划设计研究院、
　　　　　天津市环境科学研究院、
　　　　　清华大学等

图1　用地规划图

1. 背景及概况

2007年11月18日，温家宝总理与新加坡李显龙总理共同签署了在中国天津建设生态城的框架协议，选址位于天津滨海新区，汉沽和塘沽两区之间，距滨海新区核心区约15km，围合面积34.2km²。中新生态城的建设是面向世界展示经济蓬勃、资源节约、环境友好、社会和谐的新型城市典范，表明中国政府在解决全球环境问题上的决心。

2. 主要内容

中新天津生态城规划强调了自然、社会、经济相协调的复合生态理念，强调了为大多数人掌握和使用的先进适用技术的重要意义；项目明确了对"生态规划"的认识，即将"生态理念"作为指导思想贯穿现有规划体系始终。

规划在指标体系、产业选择、生态适宜性评价、生态格局优化、绿色交通、生态社区、历史文化保护、水资源和能源节约高效利用等方面体现了复合生态的原则。

在规划过程中，应用可持续城市排水系统理念，采用热泵回收余热、热电冷三联供以及路面太阳能利用等技术并合理耦合，实现对能源的综合利用，将污水库的治理、雨水回用、湿地构建与景观和生态教育相结合，结合绿地规划和场地微地形处理，将健康水循环的理念融入城市规划，实现生态技术与城市规划的有机融合。

3. 技术特点和创新点

生态城总体规划一开始就是按照生态城市的理念、目标和符合地方特点的指标体系进行全面系统规划的。规划首先考虑了生态城的功能定位与滨海新区八大功能区的衔接，探索了生态型城市规划的方法。

首次提出以指标体系引导与控制总体规划到城市建设与管理的全过程，将生态城市的先进理念，国家的最新政策与居民的生活诉求通过指标体系进行融合，在对生态城市的内涵进行详细解读的基础上，

提出生态城市规划与建设的指标体系框架，并在生态安全格局构建、节能减排实施、绿色交通引导、社会公平保障及区域协调方面提出了具有先进性和可实施性的标准。

规划确定的生态城建设原则体现在以下9个方面：

1）"选址"体现自然生态原则和经济生态原则

生态城选址在天津滨海新区，位于水资源缺乏地区，选址范围内以非耕地为主，体现了保护和节约利用土地资源的自然生态原则。

2）"指标体系"体现复合生态原则

中新生态城的最终目标是要创建一个人与自然社会和谐共处的城市，既要顺应区域生态系统的要求，构建符合自身生态特征的空间，又要满足人类社会发展需求，为人提供适宜的居住场所，并提供高效的经济流及物质流的运转平衡。规划以"环境友好"、"资源节约"、"经济蓬勃"、"社会和谐"作为4个分目标，提出指标26项，突出了生态保护与修复、资源节约与重复利用、社会和谐、绿色消费和低碳排放等理念。

3）"产业选择"体现经济生态原则

规划认为，实现职住平衡是生态城建设与运营成功的关键（规划在指标体系中要求"就业住房平衡指数不小于50％"），生态城必须发展一定规模的产业。

4）"生态适宜性评价"、"生态格局优化"体现自然生态原则

规划保留了从七里海湿地连绵区通向渤海湾的区域生态廊道，同时强调了内部生态结构与区域生态格局网络的衔接。在评价分析结果的基础上，结合蓟运河古河道、污水库缓冲带和廊道宽度限制要求划分禁建区、限建区、可建区和已建区。以环境和土地承载力分析为基础，辅以基于紧凑城市理念、宜居城市理念、就业居住平衡理念的容量分析，规划最终确定生态城的合理人口规模35万人左右，人均城市建设用地约

60㎡，大大低于一般城市的指标。

5）"绿色交通"体现社会生态原则和经济生态原则

规划创建了以绿色交通系统为主导的交通发展模式，实现了绿色交通系统与土地使用的紧密结合，提高了公共交通和慢行交通的出行比例，减少了对小汽车的依赖，创建了低能耗、低污染、低占地、高效率、高服务品质、有利于社会公平的城市绿色交通发展典范。

规划要求内部出行中非机动方式不低于70%，公交方式不低于25%，小汽车方式占总出行量10%以下。

6）"生态社区"体现社会生态原则和经济生态原则

规划借鉴新加坡新的社区规划理念，并与我国社区管理要求相结合，确定了符合示范要求的生态社区模式。

建立基层社区（即"细胞"）—居住社区（即"邻里"）—综合片区3级居住社区体系（图3）。其中：基层社区由约400m×400m的街廓组成，基层社区中心服务半径为200~300m，服务人口约8000人；居住社区由4个基层社区，约800m×800m的街廓组成，居住社区中心服务半径约500m，服务人口约30000人；综合片区由4~5个居住社区组成，结合场地灵活布置。这种分形结构符合当

前最科学的"生成整体论"的哲学思想。

7）"历史文化保护"体现社会生态原则

规划还强调了对既有历史文化的保护与弘扬，突出体现在蓟运河文化的发掘和原有村庄的保护与更新上。

以保护和更新原有村庄为例，规划对青坨子村肌理和空间格局进行积极的保护利用，通过修缮、整治和更新，改造成为集特色旅游、民俗活动等为一体的综合文化功能区；对五七村进行适度改造，结合景观设计对原有工业构筑物等设施加以利用，保留历史记忆。

8）"水资源节约高效利用"体现自然生态原则

规划的目标是以节水为核心，推进水资源的优化配置和循环利用，构建安全、高效、和谐、健康的水系统。利用人工湿地等生态工程设施进行水环境修复，并纳入复合生态系统格局。主要策略包括：节约用水、采用非常规水资源、优化用水结构、建立水体循环系统等。

9）"能源节约高效利用"体现自然生态原则

降低能源消耗，优先发展可再生能源，形成与常规能源相互衔接、相互补充的能源利用模式，促进高品质能源的使用，清洁能源使用比例为100%，其中可再生能源使用比例不低于20%。

4. 实施效果

中新天津生态城的规划建设带动了滨海新区北部地区的功能置换，从而促使天津市政府对既有城市总体规划进行优化和调整，在天津战略中确立了"三轴两带"的新结构。

中新天津生态城总体规划指导了城市设计、起步区详规等下位控制性规划和专项规划的编制。

通过五年开发建设，生态城的环境综合治理实现重大突破，累计完成盐碱地绿化面积300多万平方米，提前完成污水库治理任务，把3km²污水库变成了生态城最大的生态景观湖，同时还探索出了国内具有可复制性的治污新标准。各类项目累计开工600万㎡，竣工200万㎡，已建项目全部达到绿色建筑标准。位于中新天津生态城南部起步区的生态科技园已经具备入驻条件；以轻轨、清洁能源公交、绿道为主的绿色交通体系，已部分投入使用，建成62km道路，其中路面20%的宽度为慢行路，突出绿色出行。

项目实施过程中，将生态城指标体系中的全部26个指标，继续分解细化为100多项700多条具体指标，在规划、设计、管理各个阶段都按照这个指标体系的要求衡量、检查、督促和考核。

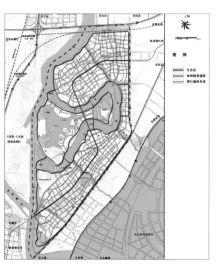

图2 慢行交通系统规划图

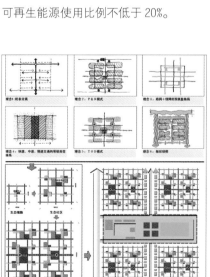

图3 设计理念与布局模式图

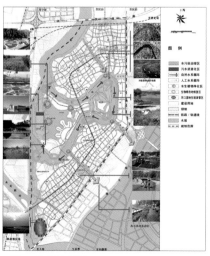

图4 水系统规划图

天津滨海新区规划专题研究

国家新区发展经验借鉴

编制起止时间：2007.9–2008.2

承担单位：城市建设规划设计研究所

主管所长：张　全

主管主任工：鹿　勤

项目负责人：朱　力

主要参加人：王　纯、曹传新、张永波

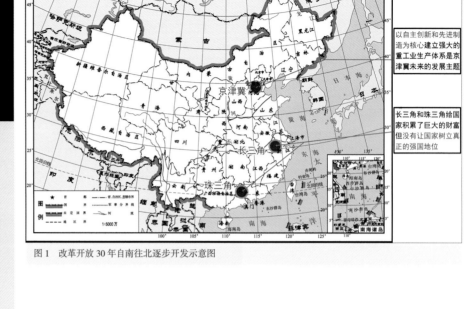

图1　改革开放30年自南往北逐步开发示意图

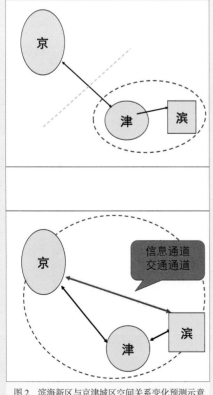

图2　滨海新区与京津城区空间关系变化预测示意

1. 项目背景

国务院《推进滨海新区开发开放有关问题的意见》指出：滨海新区要在带动天津发展、推进京津冀和环渤海区域经济振兴、促进东中西互动和全国经济协调发展中发挥更大的作用。

从天津的滨海新区到国家的滨海新区，意味着滨海新区发展不能囿于一隅，而是要担负着破解中国经济发展失衡困局的重任，这也是新时期国家区域发展战略赋予滨海新区的历史使命和责任。

2. 项目构思与针对性

在上述背景下，中规院承接了天津滨海新区专题规划研究，深化天津滨海新区城市规划工作。

天津滨海新区专题规划研究项目设置了三个具有针对性的子专题，分别为深圳特区和浦东新区发展经验借鉴研究、区域视野下的产业功能定位研究以及交通研究，分别由城建所、区域所和交通所承担。

借鉴深圳特区、浦东新区子专题的发展经验，核心研究两个方面的内容。第一，基于国家对重要空间战略节点的识别和支持的历程分析，提出天津滨海

新区空间发展模式的着力点。第二，通过对深圳特区和浦东新区的空间发展经验的分析，为下一步滨海新区和天津的规划调整提供建议，供政府部门决策参考。

3. 主要内容与技术要点

1）认识天津滨海新区成为"新国家空间"的时代背景和目标

回顾改革开放30多年的发展历程，可以发现国家在国土层面形成了非常精彩、有序的空间战略部署。在此过程中，国家识别的"新国家空间"显示出重要的战略意义。从改革开放初期的深圳特区建设与珠三角发展，到改革开放中期的浦东—上海开发，再到改革开放深化阶段的天津滨海新区，这些空间部署体现了节点带动区域，区域支撑节点的战略意图，由此形成了珠三角、长三角这样经济高速增长的区域。天津滨海新区将承担带动北方地区发展的任务。作为我国在探索改革开放的路上的三个里程碑，全面启动的时间不同，背景不一，自身的功能也不一样。特别是改革开放的不断推进和全面人口红利变化等背景，带来了发展模式变化新要求。

2）认识同类型国家空间的发展规律

从深圳和浦东经验来看：国家支持、区域依托、地方动员是这两个"国家空间"成功的关键要素。

从国家支持看，无论是深圳特区发展还是浦东开发，均得到了国家的全方位支持。可以预见，在未来相当长的时间内，国家将持续支持滨海新区的发展。

从区域依托看，深圳特区与香港形成互动发展的双赢模式，体现在服务业与高新技术产业、港口协同等多个方面，同时深圳与珠三角形成"点－面"双向拓展的推动模式，深圳经济特区在珠三角产业转型升级过程中起到了巨大的核心辐射作用，与广州、香港共同托起了珠三角的崛起。浦东新区尽管被赋予了带动长三角和整个长江流域的重任，但初始定位为"外资＋高端"的制造业（保税加工）与服务业（金融），通过外部植入推动产业的高端化与产业升级，没有考虑各类型功能"共时性"超前定位，使得浦东新区与区域联动发展的效果在一段时间内并不明显。因此，天津滨海新区的未来空间准备，对于区域需求的各类型职能应具有较大的空间适应性。

从地方动员看，深圳特区规划空间结构的适应性以及对于重大设施的精彩处理是其发展成功的重要原因，比如深圳福田中心区的识别和保护。浦东新区功能区域划分与管理体制创新相结合，

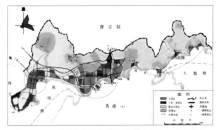

图3 1982版深圳经济特区总体规划图

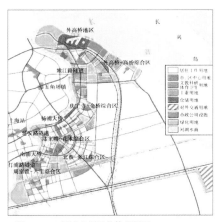

图4 1992版浦东新区总体规划图

保障了其在若干年内的空间余地。因此，地方动员是滨海新区自身有着重大作为的方面。

3）分析天津滨海新区需要突破的核心问题

滨海新区只有跳出天津（不能仅仅定位于天津的副中心），才能真正成为"区域的滨海"。

滨海新区应充分利用北京的资源，在发展路径上主动与北京合作与分工是其发展成败的关键。

天津滨海新区现状切块分头发展方式也许能支撑滨海经济总量的发展，但难以实现滨海发展水平质的提升，也很难实现滨海辐射与带动的目标。需要调整现有的分块状的发展模式，协调行政单元和功能分区的合理关系，整合发展要素和资源。

战略性空间具有高度的稀缺性和关键性，也是最容易过早低效使用的地区。滨海新区应识别、保护和利用战略性空间资源，形成明晰的发展结构和整合的发展效应。

4. 项目创新与特色

项目以专题研究切入的方式，在比较借鉴中，通过其他类似地区的好的经验和可以避免的教训，有针对性地查找天津滨海新区空间战略准备的不足之处，明确下一步空间研究和规划的方向。

5. 实施情况

本专题研究得到了天津市有关部门的充分认可，跳出滨海新区看滨海新区，并与区域联动，其空间战略必须放在天津全市的空间尺度中制定。随即，由中规院牵头展开了天津战略的编制工作，在天津战略完成后，启动了天津城市总体规划的修改工作。

渤海湾视野下
天津滨海新区
产业功能定位的再思考

编制起止时间：2007.9-2008.3
承 担 单 位：城市与区域规划设计所
主 管 总 工：杨保军
主 管 所 长：朱 波
主 管 主 任 工：赵 朋
项目负责人：王新峰
主 要 参 加 人：谢从朴

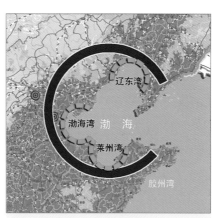

图1 "一海三湾"的环渤海内湾格局

1. 研究目的

在天津滨海新区上升为国家战略的发展背景下，重新审视滨海新区的区域功能定位，重点考虑滨海新区与周边沿海地区的发展关系。

2. 基本思路

本地趋势研判与国家战略要求双导向的研究方法，重点从剖析滨海新区与周边沿海地区的区域功能发展趋势出发，立足国家战略新要求，对滨海新区当前的区域关系和发展模式进行评估，并提出相应的战略调整建议。

3. 技术要点

1）在环渤海内湾重化产业集聚的发展新趋势下认识天津滨海新区的比较优势

与珠三角和长三角不同，环渤海的沿海地区长期处于待开发状态，天津滨海新区的区域背景正在发生深刻的变化。然而，在以重化产业为特征的中国第二波沿海化浪潮的推动下，环渤海地区出现了内湾聚集的新趋势，预计未来渤海将形成包括渤海湾、辽东湾、莱州湾的"一海三湾"格局，其中与滨海新区关系最为紧密的就是北至秦皇岛南至黄河三角洲的渤海湾。

粗略估计2020年渤海湾沿海地区将形成总开发规模为1500km^2，以港口物流和临港重化产业为主导的发展带，其中包括了不低于500km^{2}的围填海工程。上述开发体量已经大大超过了以围填海发

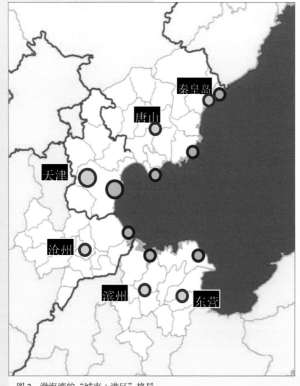

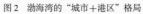

图2 渤海湾的"城市+港区"格局

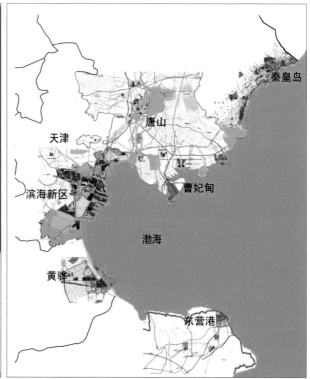

展临港重化产业而著称的东京湾。渤海湾的大陆岸线总长度接近东京湾的2倍，其规划填海规模也达到了东京湾的2倍以上。对于已经不堪重负的渤海湾生态环境而言，这一规模无疑是惊人的。

经过了近20年在渤海湾内的孤独发展，滨海新区尚未适应周边地区不断涌现的新生力量，仍然习惯将所有可以发展的产业都放在自己的产业菜单中。这就造成了滨海新区与渤海湾内其他临港地区在临港重化产业上的高度重叠。

研究表明，临港重化产业并不能反映滨海新区最核心的竞争优势，滨海新区在综合贸易商港、高新技术与先进制造、生产服务等领域的不可替代性远远超出临港重化产业。

2）从国家的战略新要求出发，理解滨海新区所应承载的发展使命

国家战略对滨海新区的发展要求并不体现在对滨海新区产业规模扩张的单一追求上，滨海新区当前的产业功能模式以自身强化为惟一目标，与国家要求相去甚远。

通过对《国务院关于推进天津滨海新区开发开放有关问题的意见》（国发〔2006〕20号）和国家经济背景的解读，专题认为，滨海新区担负着支撑推动新时期国家空间转型和产业转型的历史使命。

作为渤海湾地区惟一的综合贸易商港，滨海新区应当真正成为北方的开放门户与航运中心，促进京津冀、环渤海地区的开放提升，提升京津冀及环渤海地区的国际竞争力，从而实现国家南北均衡、空间转型。

作为渤海湾甚至华北地区最为强大的先进制造业基地，滨海新区应当进一步利用京津两地的科技智力资源，培育具有自主创新能力的全球竞争行业，引领国家产业升级，引领国家经济以新的形式参与国际竞争。

3）为滨海新区的功能战略调整指出方向

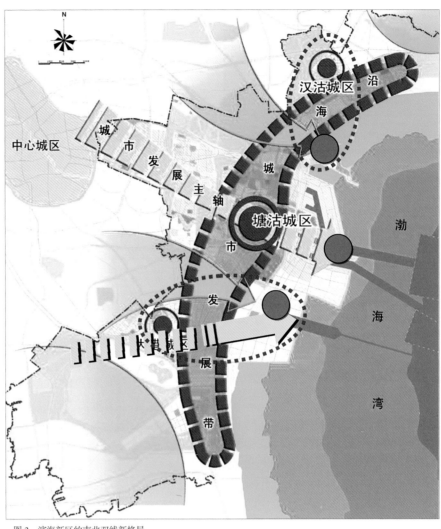

图3　滨海新区的南北双线新格局

全面重构滨海新区的现有发展模式。第一，要大力提升港口的国际贸易服务能力，而非吞吐规模；第二，要重点培育具有自主创新潜力的高端核心功能，将一般性、基础性产业功能向周边沿海疏解；第三，改变植入式的发展模式，强化内生力量，培育具有自主创新能力的产业体系；第四，加强与腹地的互动模式构建。

树立南北分工的双线发展新格局。滨海新区存在着突出的"重北轻南、重外轻内"的发展倾向，这是进一步扩张滨海新区发展规模的最佳途径，但是却与辐射带动区域的国家战略背道而驰。强化京津塘发展走廊的重要性不可否认，与北京的功能关系应当进一步加强，但是同时必须构架一条面向腹地、联系环渤海南翼的发展走廊，实现南北分工，而不是将所有的功能完全堆积在京津塘走廊上。从现有"一轴一带"向"一带两轴"的整体空间结构转变，以滨海新区为基点，形成面向区域的扇面辐射格局。

4. 实施效果

部分研究结论被随后编制的天津空间发展战略、滨海新区总体规划等相关规划吸收。一些研究结论，虽然并未被完全接受，但却被渤海湾地区的发展现实所证明。

天津滨海新区交通研究

编制起止时间：2007.10–2008.6
承 担 单 位：交通所
主 管 所 长：殷广涛
主管主任工：孔令斌
项目负责人：张 帆
主要参加人：戴彦欣

项目背景

滨海新区开发承续中国经济由南及北的发展态势，加快环渤海地区的振兴；同时与东北亚（含俄罗斯远东地区）经济一体化紧密相关，即抢占东北亚经济区制高点。《推进天津滨海新区开发开放

图1 东北亚综合交通网络（2006年10月，联合国亚太经社委员会）

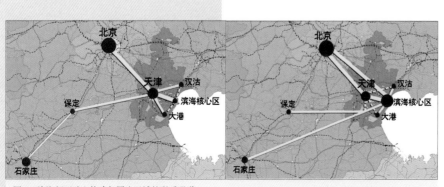

图2 滨海新区独立构建与周边区域的联系通道

有关问题的意见》对滨海新区进行了明确定位并针对区域重点，即国内的"三北"地区和国际上的东北亚地区。

项目构思

针对滨海新区的定位和区域重点指向，项目分析了滨海新区的门户功能和交通特点，特别是针对东北亚的跨境运输和国内"三北"的集疏运特征，紧紧抓住集疏运对公路和铁路的依赖，构建以天津港为桥头堡的以铁路为主干的陆路综合运输通道。扩大天津北方国际航运中心和物流中心的吸纳和辐射范围。

主要内容

研究提出建立以滨海新区和北京为双中心的国家枢纽门户，打造京津走廊上的另一极。航空扩大总量，加强与首都机场的分工，完善集疏运系统；海港优化结构，强化分工，优化港区运输组织，重构港城空间模式，完善海港的集疏运系统。

完善区域交通网络布局，建设独立于天津主城的交通系统。滨海新区将成为环渤海区域的核心，面向东北亚，承担辐射"三北"的重任，滨海新区的运输网络将发生根本性的变化，从现有的被动接收形式转变为未来的主动对外辐射形式。建设独立于天津主城的滨海新区交通网络布局，同时完善滨海新区与天津主城间的运输网络联系。

调整运输网络交通组织，优化区域

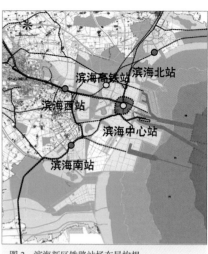

图3 滨海新区铁路站场布局构想

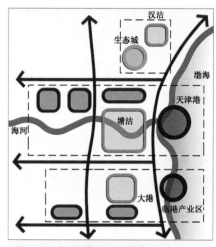

图4 港口集疏运模式及通道构建

空间。港口和滨海新区之间交通由穿城组织变为城外组织；北部集散为主转变为南北集散；构建南北走廊，实现运输组织由主城向中间走廊转移。

项目创新与特色

研究从更广的视野考察滨海新区，突破了以往在天津范围内将滨海新区定位为副中心的传统观点，首次提出了与天津主城区同等地位的滨海新区新定位。

根据最新定位，构建滨海新区独立于天津市主城区的交通网络，完善与主城区的交通联系；重新梳理区域交通组织，突出滨海新区的枢纽重心和航运物流特点。

天津海滨旅游度假区（京津海岸）概念性总体规划

编制起止时间：2008.7–2008.10
承担单位：城市环境与景观规划设计研究所
主管所长：易翔
主管主任工：黄少宏
项目负责人：慕野
主要参加人：李薇、宋春艳

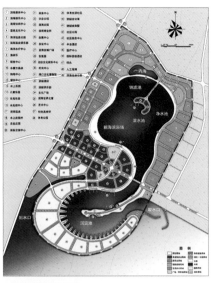

图2 用地规划图

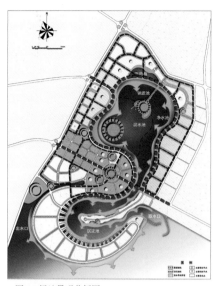

图4 绿地景观分析图

图1 区位图

天津海滨旅游度假区京津海岸（以下简称京津海岸）位于塘沽城区南部沿海一带，北临天津港和正在建设的临港产业区。规划区面积为23.5km²，其中现状建成区为始建于1989年的天津海滨浴场，面积约为2km²，其他用地现状为海滨滩涂，建设用地需填海获得。

规划区距北京160km，距天津市区55km，距塘沽中心区20km。现状拥有较为便利的外部交通条件，通过建成的京津塘高速公路、海防路与京津唐都市地区联系。

1. 发展定位

规划将京津海岸定位为"滨海新区的城市客厅、海洋中心的国际门户、循环经济的生态极核、区域服务的旅游极核"，力图通过保护海洋生态环境，发展海水淡化循环经济，改善海水水质，促进旅游发展，提升城市功能，实现经济效益、社会效益与环境效益的和谐共赢，从而带动滨海新区的整体发展。

规划用地规模为23.5km²，其中陆域面积16.3km²，水域面积为7.2km²。

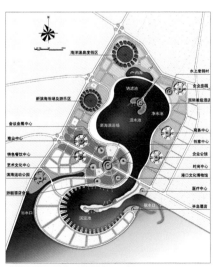

图3 公共设施规划图

2. 规划构思

1）设计理念

治水——依托海水淡化取水工程，梳理水道岸线，改善海水水质，在满足取水工程的同时，营造富有海滨气息的水体景观，适当增加混水池的面积，作为新海滨浴场，满足公众日益增长的游乐需求。

营城——京津海岸是以旅游度假、休闲娱乐、文化展示、运动健身、商务办公和居住疗养为主导的综合性功能区。规划在满足基本功能的同时，加强各功能组团的联系，使其成为充满活力、功能多元、色彩缤纷的城市客厅。

美景——规划立足创造富有活力、特色鲜明的城市空间，塑造"滨海客厅，蓝色极核，国际门户，生态样板"的城市形象。通过建筑群体、城市公园、城市广场、阳光海滩和蓝海静湖的协调组织，形成富有向心力和凝聚力、场所感和标志性突出的城市人工景观。

宜人——围绕建设最适宜人居的发展目标，规划突出环境要素对城市生活的吸引力和重要性。规划以蓝海静湖作为载体，营造充满活力和魅力的人居环境，使其成为京津地区的旅游度假、居

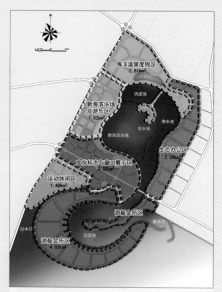

图 5 功能结构图

住疗养首选地。

2）功能分区

依据"以海水淡化与净化工程工艺为基础，综合考虑交通可达性，充分与临港产业区整体布局相协调"的分区原则，结合发展定位，采用南北向布局，围绕海水淡化工程的中心取水面，将规划区划分为"新海滨浴场及游乐区、海洋温泉度假区、文化标志和窗口展示区、游艇会所区、生态办公区、运动休闲区"六个功能区。

3）水循环系统设计

海水净化项目在规划区内形成沉淀池、净水池、纳滤池、混水池等工艺必需构筑物。海水由位于规划区东南侧的取水口流入，在基地内按逆时针方向流动，在北侧经取水泵取水送至海水淡化厂，最后由位于规划区西南侧的出水口流入渤海，完成海水淡化和净化过程。

海水水循环系统既为临港工业区海水淡化工程提供了淡化原水，又为规划区内发展旅游产业提供了良好的景观条件，同时，净化了海水水质，有效降低了排出海水的浓度，减少了海水淡化工

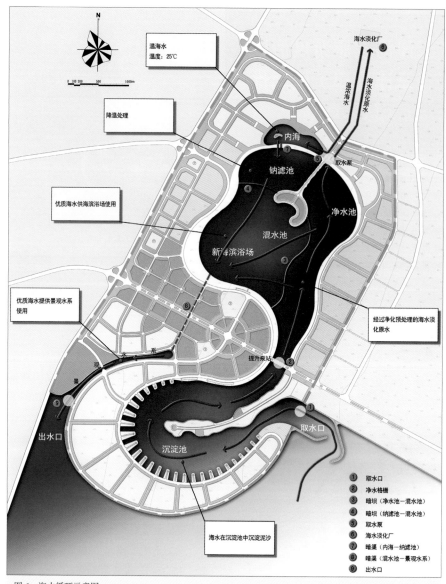

图 6 海水循环示意图

程对环境的影响。

3. 创新与特色

1）循环经济理念

京津海岸项目依托的内湖和各种水资源，来源于海水淡化项目，因此是一个集制盐、海水淡化、旅游开发、环境改造等多种功能于一体的循环经济项目，这比单纯的旅游项目和环保项目更能体现循环经济对社会发展的生态理念。京津海岸项目作为全国海洋循环经济的样板项目，将起到较好的示范带动作用。

2）综合功能提升

功能上从单纯的一个旅游度假区（天津海滨浴场）转变为一个以旅游为主的特色综合功能板块（休闲、人居、研发、商业、文化展示……）；地位上由滨海新区的特色旅游项目，转变为滨海新区的文化、特色、标志的承载体。

3）生态环境建设

以海水淡化及循环经济为核心，创造一个包括蓝色水心海水生态、绿色环带植物生态、循环经济产业生态、建筑社区人居生态的立体多维的净化生态系统。

长株潭城市群
云龙示范区规划

2011年度全国优秀城乡规划设计二等奖
2010–2011年度中规院优秀城乡规划设计一等奖
编制起止时间：2009.5–2011.5
承 担 单 位：上海分院
分院主管院长：郑德高
分院主管总工：蔡 震
项目负责人：蔡 震、朱郁郁、袁海琴
主要参加人：杨保军、朱子瑜、赵 哲、
　　　　　　周扬军、刘 律、闫 雯、
　　　　　　葛春晖、黄数敏、赵 进
合 作 单 位：上海市政工程设计研究总院
　　　　　　(集团)有限公司

图1 总体设计布局图

1. 项目概况

2007年12月14日，国家正式批准在长株潭城市群设立"全国资源节约型和环境友好型社会建设综合配套改革实验区"(简称两型社会综改区)，要求长株潭城市群地区先行先试，探索"资源节约、环境友好"的城市发展模式。为此，长株潭地区设立了5个示范区作为探索"两型社会"发展道路的先行区，云龙示范区即是株洲云龙示范区的主体。

云龙示范区规划范围总面积178.7km²，位于株洲与长沙交界地区，毗邻长株潭城市群区域绿心，原生植被覆盖良好，自然水系发达，有着优质的生态环境本底资源。同时，云龙地区有着独特的区位条件，距离长沙城市中心、株洲城市中心以及长沙黄花空港、长沙高铁站等区域性交通枢纽均在30km以内，是株洲城市空间北拓发展的主要方向，市场响应热烈，面临巨大的开发压力。在此背景下，云龙地区明确提出以建设"两型社会"为目标，以示范区为模式进行规划建设。

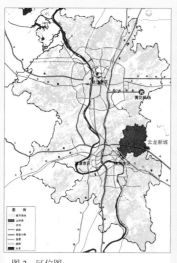

图2 区位图

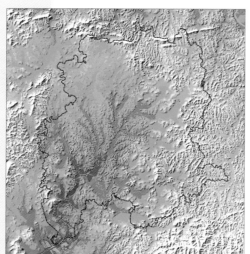

图3 地形分析图

图4 北部片区建设场景照片

2. 主要内容

1）发展定位与规模

（1）目标定位：国家两型社会示范区、长株潭城市群东部现代服务业聚集区、株洲产业升级引领区。

（2）人口规模：规划期末 2030 年，云龙新城常住总人口为 60 万～70 万人。

（3）用地规模：云龙新城生态保护用地、城镇建设用地和农业生产用地应基本保持 1：1：1 的关系。城镇人口的人均城镇建设用地控制在 100m² 以内，远期城镇建设用地总量控制在 65km² 以内。

2）空间结构与功能布局

（1）空间结构：一带两片多组团。沿龙母河形成核心发展带，承担景观带和功能带的双重职能。以沪昆高速为界，分为南北两个发展片区，以龙湖和云湖两大水系为核心，形成多个功能组团。

（2）城市服务体系：规划以龙母河功能带为主干，形成带形串珠式的扁平服务中心体系，包括轨道科技城中心、南部新城中心、职教城中心、北部新城中心、旅游服务中心等 6 个中心。

3）生态保护规划

加强对于生态基质、生态廊道和生态斑块的保护。结合云龙新城土地利用现状、生态保护和城镇发展需求，将规划用地划定为禁建区、限建区、适建区和已建区四类，制定相应的空间管制规

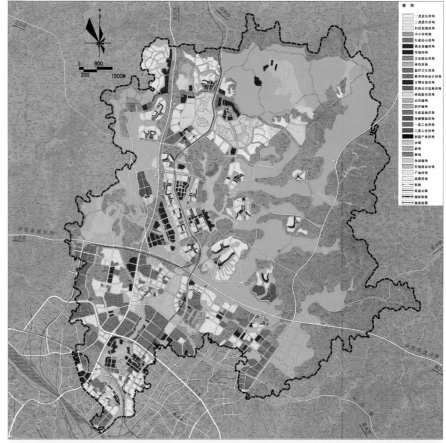

图 5　土地使用规划图

定。根据云龙新城范围内的生态要素，形成城镇发展边界、山体保护边界和水体保护边界三类生态边界。

4）绿色交通规划

在传统的道路系统规划基础上，采取纵向深化、横向综合的道路设计方法：一是在总体层面的路网规划，即深入研究地形，将路网设计与场地设计相结合，

减少人工建设对自然地形的影响。二是在传统道路分级基础上增加对"道路街"系统的识别。三是公共交通强化层次化的系统设计，满足不同通行距离下的公共交通需求，降低个体交通需求。四是设计慢行系统，使之成为公交站点与重要人流汇集区之间日常通勤的主要方式，减少机动车的使用。

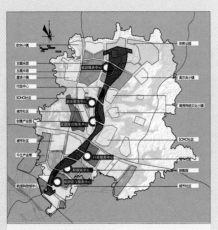

图 6　空间结构分析图

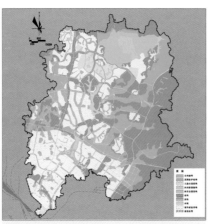

图 7　绿地系统规划图

图 8　综合交通规划图

5）生态水系统规划

规划将防洪、供水、雨水、污水等基础设施进行一体化设计，建立综合型生态水资源利用模式。一是改变了传统以泄洪为主要目标的筑堤防洪模式，沿区域主水系结合自然地形建设蓄洪水库，实现防洪、蓄水、景观的多重目标。二是结合自然水系形成整体性的河道湿地系统，保证排水路径零污染。三是按照雨水分区形成开发组团，使雨水利用原始地形自然排水。四是构筑以综合利用为目标的污水处理系统。污水全部进行截流，对污水厂尾水进行再生利用，实现80%的污水再生率。

6）低碳能源规划

规划将实现节能减排作为生态城市发展的重要标准，形成多层次和系统性的规划控制要求：建筑层面，通过制定建筑节能导则，降低建筑本身的能源需求；能源分区层面，按照用户特征建设分布式能源站，提高能源使用效率；示范区整体层面，结合地区资源禀赋，引入太阳能、生物质能等新能源。通过以上措施，使能源系统对区域碳减排的贡献率达到35%左右。

3. 特色创新

1）因地制宜，把握关键的技术领域

规划坚持因地制宜、因势利导的规划原则，根据云龙地区的实际情况，把握土地利用、交通规划、水系统、能源利用、城乡统筹等五个关键的技术领域进行重点突破。

2）回归自然，自下而上的规划设计

将"设计结合自然"作为规划的核心方法，采用自下而上的规划设计方法，采用因地制宜的被动式规划设计手段，最大限度降低人工建设行为对自然环境的扰动。

（1）结合地形的功能布局：根据对该地区地形地貌特征的基本分析，区分山地地形、槽谷地带和平缓丘陵，分别

采用严格保护、组团式开发和集中式开发等不同的处理方式，以最大限度地保护现状地形。

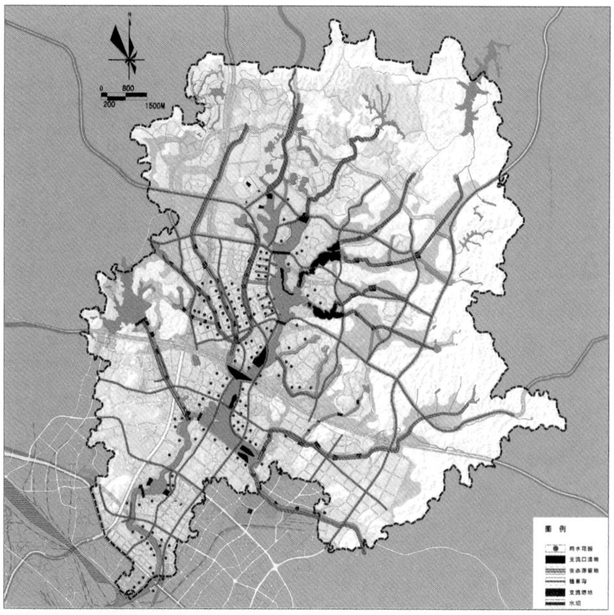

（2）结合传统使用的布局模式：延续云龙"坡底田、坡脚路、坡上居、坡顶绿"的传统建设模式，水土条件优良的低地保持农业生产和自然排水功能，丘陵的缓坡面集中建设形成自然错落的建设风貌，原生植被丰富的坡顶地区保护成为自然公园。

（3）结合自然的场地设计：充分识别原有的地形，根据丘谷相间的特征，进行差异化的场地设计。

3）适度先进，引入适用的生态技术

云龙示范区重点把握了绿色交通系统、生态水系统和低碳能源系统规划三个方面的内容，作为生态理念和生态技术运用的核心领域。避免生态理念和技术的过度先进反而导致后期建设成本、技术稳定性等方面规划无法实施。

4）面向实施，高效同步的实施机制

在云龙示范区的规划实施中，由规划项目组承担技术总负责角色，联合市政设计单位、地块设计单位、管委会、开发商等，实现"专项同步、设计同步、开发同步、管理同步"。

（1）同步编制面向实施的专项规划，减少传统规划实施中出现的反复调整工作。

（2）同步开展地段与地块的详细设计，将规划的要求落实到地块的开发层面，保证规划信息的完整和有效传递。

（3）同步协调市场开发项目，实时反馈市场对规划的认知信息，实现规划

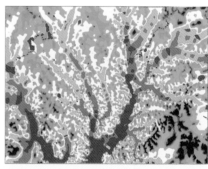

图9 生态水利设施布局规划图

图10 现状地形模式示意图

图11 设计地形模拟与规划路网叠合分析图

对具体开发项目的有效控制。

（4）同步建立规划管理体系，在项目组的技术支撑下，云龙示范区形成了完整的规划与控制体系，保证了规划的全面落实。

5

城市发展战略规划

上海市土地利用空间发展与布局战略研究

2008-2009年度中规院优秀城乡规划设计二等奖
编制起止时间：2009.3-2009.7
承 担 单 位：上海分院
分院主管总工：蔡 震
项目负责人：郑德高
主要参加人：孙 娟、付 磊、蔡 震、
　　　　　　黄昭雄、朱郁郁、陈 勇、
　　　　　　李文彬、曹传新、张晋庆、
　　　　　　陈 烨、孔彦鸿、孔令斌

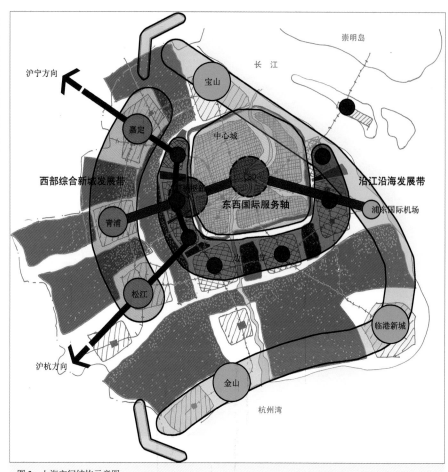

图2　上海空间结构示意图

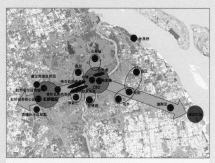

图1　上海中央活动区示意图

1. 项目概况

上海作为中国经济最发达的城市，期望能够在全球城市体系中找到自己的定位，并达到世界城市的远景目标，这是上海的责任，也是中国国家战略的需要。2008年金融危机后，上海城市发展面临新的挑战。在新一轮土地利用规划编制过程中，期望重新理顺一下上海的空间结构与布局，为此提出了"上海空间发展战略研究"这一课题。项目组在思考的过程中，越来越感觉到上海的空间确实需要一次整体的思考，而这种思考又必须建立在上海的更长远的大目标之上。为此，我们逐渐把这个研究题目演变成了一个框架，并从区域比较、城市发展目标、城市产业发展、生态安全、大事件影响、郊区发展

模式、城市交通发展、住宅房地产发展、土地利用GIS分析等10个方面进行专题研究，在此基础上形成了包括上海的发展目标、发展路径，服务业与制造业的调整与升级，空间结构的拓展与布局，生态结构的建造与梳理等方面的总报告。

2. 核心内容

（1）目标定位上，规划提出四个中心是上海的长期发展目标，而目前上海的经济发展重点是推动先进制造业与现代服务业的发展。但是这种二、三产业并重的发展模式越来越面临着一种发展的"瓶颈"，表现为经济发展速度偏慢，服务业尤其是生产性服务业比重偏低，具有国际竞争力的本土企业偏少。因此，

上海的发展在建设国际服务职能（四个中心）的同时，要培育国际创新的环境，形成新的双轮驱动。

（2）产业发展上，规划提出上海的工业必须要实施新一轮的"壮士断腕"与产业升级，其重点就是要再次淘汰一些经济效益不高的、地均产出过低的企业，重点促进高新技术产业、国家战略性产业与重化工业的发展，同时促进生产型服务业的全面提升。

（3）空间结构上，规划提出要能支撑上海四个中心的建设，要能适应上海的产业结构调整，要能营造上海的创新氛围，要能建构上海的生态环境，要能匹配上海的高效交通系统，就必须要改变目前过于蔓延的城市空间状态，实现精明增长的理念，构筑中心城—边缘城市—综合新城—产业新城的新空间体系，强化东西发展主轴，建构以 CBD 为核心的楼宇经济集群和以虹桥枢纽为核心的园区经济集群。

（4）生态保护上，规划提出上海需要合理的生态空间结构，上海的建设用地已经达到全部用地的 40% 左右，湿地与森林的比例严重偏低。规划提出了上海明确的生态结构——"一环两带七园"，"一环"为外环防护隔离带，"两带"为西北部生态带和东南部生态带，"七园"为七个大型生态斑块，主要为基本农田，有条件的话可以通过建设国家公园以达到长远保护的目标。

（5）交通体系上，规划提出上海的交通面临的主要问题是过境交通与商务交通之间的矛盾，造成了新城与中心城之间的断面过于竞争，区域快轨不能真正形成。因此，规划首先需要分离过境交通与商务交通，同时可以选择东西发展主轴上的西部虹桥枢纽与东部龙阳路车站作为区域快轨的枢纽点，构建辐射中心城、边缘城市、综合新城与产业新城的区域快轨，引导上海中心体系的建设以及城市向外的精明增长。

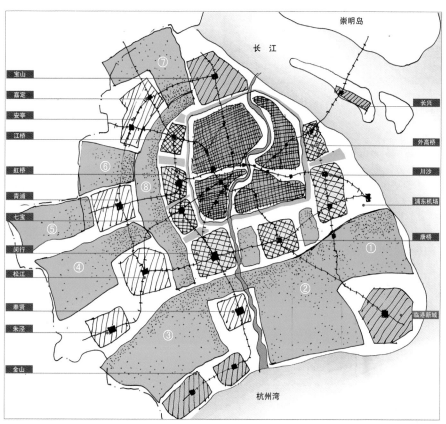

图3 上海城市总体结构示意图

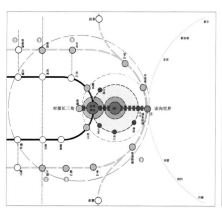

图4 上海都市圈区域结构示意图

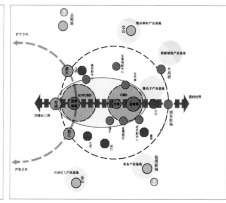

图5 上海中心体系示意图

3. 特色创新

（1）打破简单的经济发展目标，前瞻性地提出坚持国际服务与国际创新，强化文化魅力与城市品位的世界城市目标。

（2）创新性地提出上海"边缘城市"是上海新一轮生产性服务业与园区经济发展的重要载体。

（3）打破传统城镇体系结构，针对上海特大城市空间特征，更多从功能体系的角度讨论城市空间结构，提出了中心城—边缘城市—综合新城—产业新城功能板块结构。

上海虹桥综合交通枢纽功能拓展研究

2009 年度全国优秀城乡规划设计一等奖
2006-2007 年度中规院优秀城乡规划设计一等奖
编制起止时间：2006.9–2008.12

承担单位：城市建设规划设计研究所
主管院长：李晓江
主管总工：杨保军
主管所长：张　全
主管主任工：鹿　勤
项目负责人：郑德高
主要参加人：杜宝东、王明田、王贝妮、
　　　　　　张　全、靳东晓、朱子瑜、
　　　　　　朱莉霞、刘　岚、王绪宪、
　　　　　　于　立、张丰超、陈文丰、
　　　　　　田江新
合作单位：香港大学地理系、英国卡迪
　　　　　夫大学规划与研究国际中心、
　　　　　北京市长城企业战略研究所

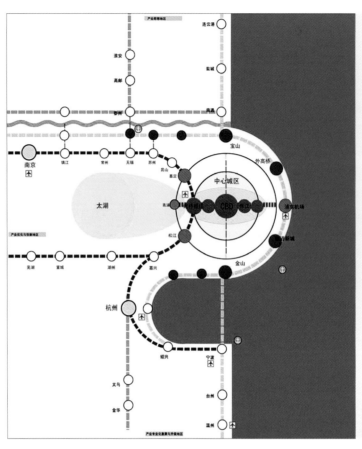

图 1　长三角与上海空间结构示意

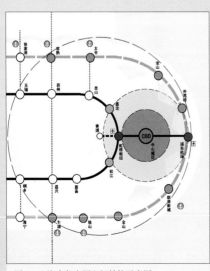

图 2　上海大都市圈空间结构示意图

上海虹桥枢纽是世界上功能最复合的综合枢纽之一，包含了虹桥机场、京沪高速铁路、磁悬浮、城际轨道、高速巴士、高速公路等多种交通方式。虹桥枢纽建成后，预计每天将有约 100 万人次的客流量进出枢纽地区。如何引导这样的巨型交通枢纽的发展，特别是如何把交通枢纽的发展与城市土地利用规划相结合是我们面临的新课题，而准确把握虹桥枢纽地区在区域及城市中的功能定位成为了当务之急。

1. 技术路线

本次咨询从三个方面着手研究虹桥枢纽地区的整体功能定位：一是国内外枢纽地区发展的理论与实践；二是虹桥枢纽地区在长三角及上海的产业发展机遇；三是虹桥枢纽地区在长三角及上海的空间地位。在明确地区整体功能定位的基础上，进一步提出地区发展的整体空间结构与发展策略。

1）国际视野：国内外枢纽地区发展理论与实践研究

首先在产业层面，虹桥枢纽交通功能的复合性会强化城市功能的倍数效应，引发以商务活动为主导的功能聚集。其服务的对象将不同于传统的城市中心 CBD，而是类似于荷兰的租达地区（Zuida），是一种面向区域的专业型商务地区。

其次在空间层面，有可能形成以虹桥枢纽为核心的"枢纽都市区"。在都市区核心形成以商务办公为主的综合功能区，在外围形成若干类型的专业性产业园区。

最后在政策层面，城市网络化与网络城市的形成是区域发展的必然趋势，综合交通枢纽地区这样的"关键性节点"将成为网络城市的重要支撑。

2）区域结构：虹桥枢纽地区在长三角及上海的空间地位

长三角地区以上海大都市圈为发展龙头，而上海大都市圈又形成了三大圈层和双"U"形廊道的区域空间发展结构：外围 U 形廊道主要以重化工业为主，北部的沿江发展带及南部的杭州湾沿岸发展带连为一体；内部U形廊道主要以虹桥枢纽地区为核心，通过与长三角的沪宁、沪杭两条主要发展廊道的对接，形成U形结构关系，产业类型主要以新兴制造业与高新技术产业为主。

通过对区域网络化空间结构的梳理，规划提出虹桥地区应定位为长三角地区网络结构中的"关键性节点"以及上海大都市圈战略性地位显著的结构重心。

3）产业机遇：虹桥枢纽地区的产业发展机遇分析

通过对全球化背景下国际产业转移的两种趋势和四大规律的分析，结合长三角和上海市产业发展导向及目标需求，综合考虑虹桥枢纽的区位特征，规划认为虹桥枢纽地区有可能在现代服务业、生产服务业和临空高端制造业三个方面获得全新的发展机遇：①现代服务业：重点发展航空服务、商务、物流、会展、大型商业贸易中心、文化娱乐休闲等细分产业；②生产性服务业：发展面向长三角、辐射亚太的生产服务业，打造地区总部、运营中心、亚太采购结算中心；③临空高端制造业：重点发展光电子、消费电子、航空航天设备制造等产业部门。

2. 功能定位

通过上述研究，规划将虹桥枢纽地区的功能定位为区域性的商务地区（RBD），即将虹桥枢纽地区打造为面向长三角、服务长三角的综合性商务地区。

3. 空间布局规划

空间布局规划方面，规划提出了大虹桥地区和虹桥枢纽地区两个层次的空间发展结构：

首先，按照枢纽都市区的发展模式，在虹桥枢纽20km范围内，提出大虹桥的发展构想，将上海西部地区整合为沪宁、沪青、沪杭三条发展廊道以及三个主要节点地区，即北部的安亭－嘉定－江桥

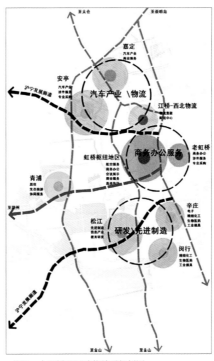
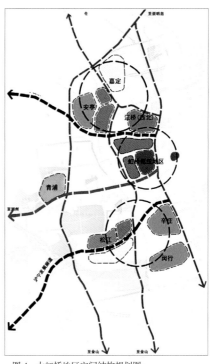

图3 大虹桥地区功能关系规划图　　图4 大虹桥地区空间结构规划图

地区，中部的虹桥枢纽地区和虹桥经济开发区，南部的松江－莘庄－闵行经济技术开发区，并对地区整体交通组织、城市设计控制等方面进行了系统规划。

其次，与大虹桥地区的布局结构和功能关系相协调，提出了虹桥枢纽地区的整体发展结构：形成东西向的徐民路发展主轴线和南北向的联友路－诸光路发展轴线——前者自东向西依次形成机场作

业区、会展区、商务办公区、高尚社区和休闲文化区等五大功能，后者由南向北依次形成商务办公区、涉外教育区、研发办公区、高尚社区等四大功能区。

4. 实施与保障

最后，规划从开发模式、运作机制、战略部署、投融资方案、风险评估、保障措施等方面提出了具体的建议。

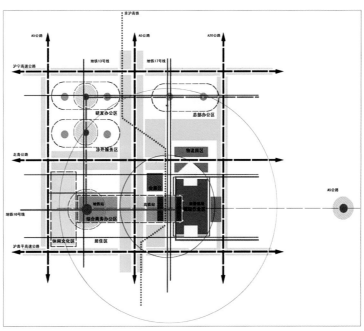

图5 虹桥枢纽地区结构关系示意图

天津市空间发展战略研究

2009年度全国优秀城乡规划设计一等奖

编制起止时间：2008.5~2009.5

承担单位：城市建设规划设计研究所、
　　　　　城市交通研究所（现城市交
　　　　　通专业研究院）

主管院长：李晓江

主管总工：杨保军

主管所长：张　全

主管主任工：鹿　勤

项目负责人：朱　力、徐会夫、殷广涛

主要参加人：王　纯、张永波、潘　哲、
　　　　　　魏东海、张　帆、张子栋、
　　　　　　王继峰、王新峰、田文洁、
　　　　　　李　潇、马爱葵

合作单位：天津市城市规划设计研究院、
　　　　　香港大学、中国农业大学、
　　　　　北京大学

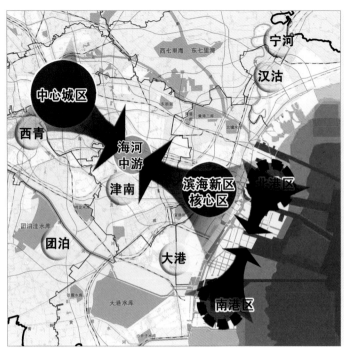

图1 双城、双港战略布局

《天津市空间发展战略研究》（以下简称《战略》）是在国务院批复天津"国际港口城市、北方经济中心和生态城市"三大定位、滨海新区发展上升为国家战略的新形势下展开的。《战略》着眼于天津空间积累存在的问题，提出了"双城、双港"的核心战略。这一战略调整了2006年版总规确定的中心城区和滨海新区核心区"一主、一副"的结构关系，调整了空间结构与市域空间布局的关系。由于"双城、双港"具有战略思维，同时又具有可操作性，使得《战略》在较短的时间内就成为了统一全市行动的纲领性文件。为保证天津市空间发展战略规划和布局的连续性，"双城、双港"的核心战略又被纳入到了《天津市空间发展战略规划条例》确定的总体战略中。目前，依照规划的空间布局思路，以南港建设启动为标志，原来位于滨海新区核心区的临港工业区迁到《战略》确定的南港地区，《战略》由此进入了全面实施阶段（图1）。

1."双城"战略

无论是人口的跨越式增长，还是大项目的纷纷落户，都使得2006年版总规刚刚开始实施，就面临不能完全适应的困境。这种不适应主要体现在两个方面，一是市域空间组织主体的单一；二是市域发展轴线的单一。因而，天津应当像30年前建设塘沽（滨海新区）那样，实

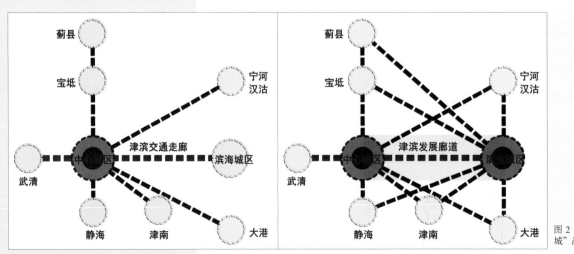

图2 "双城"战略

通过城市建设重点的转移，形成中心城区和滨海新区核心区两个主城区引领市域空间发展的格局。津滨之间将成为城市功能扩张的最佳区位，有利于中心城区发展方向的优化和整体城市容量的扩大。

现滨海新区的再次跨越,在滨海新区核心区建设具有区域辐射带动能力的服务中心——于家堡CBD,也就是本次《战略》提出的"双城"战略(图2),即扩充滨海新区核心区的城市规模,提升城市的服务职能,发展成为辐射"三北"、面向东北亚的国际门户和对外开放的基地。

实现由"一主、一副"转向"双城",实际上意味着天津市空间系统性的结构转换。要求在城市的道路网络上形成双极的组织模式,而滨海新区核心区的发展将由原来的重点发展港口和工业转向城市和生活服务,相应地,津滨廊道也将由城市的边缘的交通通道升级成为双城之间的最有价值的发展廊道。

2."双港"战略

在改革开放30年的发展过程中,天津港区建设始终在一个相对较小的尺度上进行。正是这种紧凑的发展,导致了大量矛盾集中于一点而难以破解。正是这一城市最为关键的推动者自身的成功发展,引致了滨海新区发展,乃至整个天津市域空间结构的问题。通过更大尺度上空间关系的调整来优化港城关系:跳开津滨轴线端点的位置(现有天津新港),在南部海域建设新的港区(图3)。

南港区的建设将对天津的空间发展乃至区域格局产生重大影响:第一,通过新航道和码头的建设支撑整个天津港

图4 2006版总规:"一轴、两带"

口做大;第二,疏解现有港区的发展压力,减轻港城矛盾;第三,通过新港区带动临港工业的发展,整合天津的石化和钢铁产业,优化市域产业空间布局;第四,以南港区为端点将形成新的产业发展轴,带动整个天津南部,进而带动冀中南,并辐射更广大的中西部地区。

3.市域空间布局

依据"双城、双港"这一核心思想,《战略》制定了市域"三轴、两带、六板块"的空间结构:一是完善市域发展的轴带体系,由2006年版总规中的"一轴、两带"的结构(图4)扩充为"三轴、两带"(图5);二是引入了次区域空间管制的理念,划

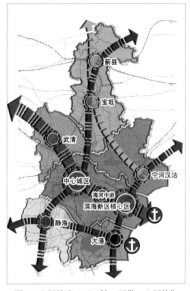

图5 空间战略:"三轴、两带、六板块"

定市域发展的六大次区域发展分区,并对每个分区的产业定位、功能布局和各区县单元给予了明确的发展指引。

4.组织编制与实施

从《战略》项目开始之际,项目组就认识到天津并不缺少常规的研究,其需要的是一个具有战略思维的、可操作的行动纲领,因此,确定了《战略》作为新时期天津"空间发展纲要"的工作定位。编制组与天津市主要领导在两个月的时间内进行了十多次的汇报交流,每次都是围绕关键问题以及方案的可实施性等内容展开。目前,南港的建设已开始启动,天津也借此拉开了空间结构调整的序幕。

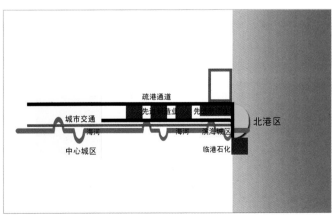

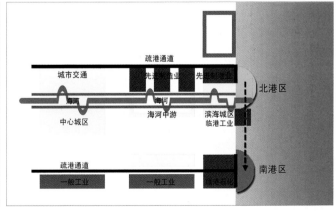

图3 "双港"战略

通过南部港区的建设,启动新的港区联动区域,带动临港工业的发展和市域重型产业的整合,并形成市域南部至冀中南新的产业发展轴,实现区域的辐射和带动。这条轴线能够将津滨走廊的产业发展压力释放出来,从而为先进制造业和高新技术产业的发展腾挪更大的空间,也使得天津的空间结构能够承载不同类型的产业。

重庆1小时经济圈空间发展战略研究

2007年度全国优秀城乡规划设计二等奖
2006-2007年度中规院优秀城乡规划设计一等奖
编制起止时间：2006.12-2007.5
承 担 单 位：城乡所
主 管 院 长：李晓江
主 管 总 工：杨保军
技术负责人：蔡立力
项目负责人：郑德高
主 要 参 加 人：许顺才、高 捷、谭 静、
　　　　　　　邓细春、王 纯、杨忠华、
　　　　　　　吴子啸、孙兴亮、卓 佳
合 作 单 位：重庆市城市规划设计研究院

在中国群星灿烂的城市版图上，重庆是一座极为特殊的城市，虽位居内陆，但深而不闭，虽远离国家中心，但累负历史重任。从1997年设立直辖市到2007年成为全国统筹城乡综合配套改革试验区，国家对重庆的定位始终体现了区域性和多重性的要求，即重庆要带动区域的发展，重庆要推动社会经济和城乡的共同进步。

图1　一圈两翼空间发展构想图

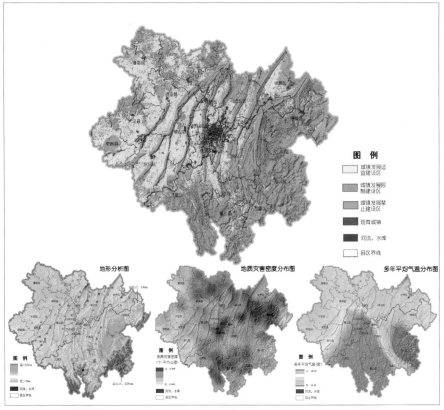

图2　城镇发展用地适宜性分析图

重庆直辖十年取得了一系列辉煌的成绩，但同时城乡差距持续扩大、库区产业空心化、就业难、生态保护压力大的问题也在不断涌现。重庆处在一个发展的转折点上，如何既满足国家战略对重庆的要求，同时又能解决诸多发展中出现的难题是重庆面临的新课题，也是1小时经济圈规划任务提出的重要背景。

1. 主要技术路线

构建重庆1小时经济圈是重庆新时期特殊性的必然结果，也是布局重庆的重要战略举措，其空间发展战略是全市空间发展战略的重要组成部分，更是全市空间发展战略的具体部署。重庆1小时经济圈空间发展战略研究将从全市空间发展战略重点研究入手，以实现重庆新时期的战略重点为目标，力求建立面向内外、覆盖城乡的综合空间发展结构。

在谋划重庆全局的篇章中，规划首先认识了重庆所肩负的职责和现存的主要问题，继而提出了应对重庆发展的三大战略，分别是融入全球化战略、区域化战略和城乡一体化战略。通过分析发现三大战略的突破点在渝西地区，同时通过市域内不同地区承载力的比较发现重庆承载力最强的地区也在渝西。两者相结合后，规划提出在全市范围内实施"一圈两翼"的差异化空间发展战略，重点打造渝西1小时经济圈。

1小时经济圈的规划布局在摸清生态承载能力的基础上，采用了识别资源本底条件、空间发展特征、战略要素、人口流动特征等方法辅助分析，最终确定未来重庆1小时经济圈将形成"一心四带五区、网络化、开放式"的空间结构，即强化突出一心，重点拓展四带，协调发展五区，构建网络化基础，统筹开放空间体系。

2. 主要技术成果和创新点

1）融入全球化战略

规划分析得出，空港、寸滩港和

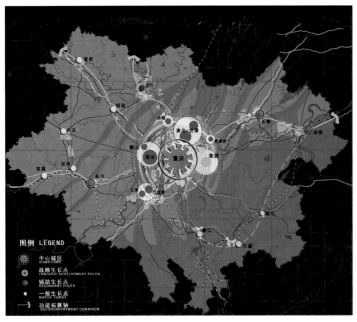

图3 区域增长核心空间示意图

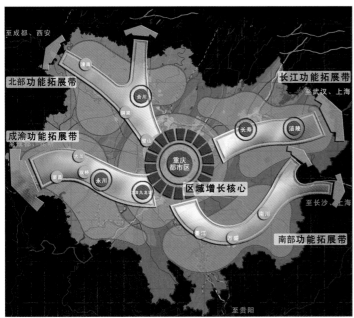

图4 一心四带空间发展示意图

化的空间发展战略是城乡统筹的突破点，建议通过做强1小时经济圈来吸引库区的企业和居民转移，从而破解库区产业空心化、就业难和生态保护压力大的问题。在1小时经济圈范围内，规划重点分析了人口的空间流向，判断出了县城与重点镇在转移农业人口方面发挥的重要作用。在空间布局中，规划通过五区的划分、地区层面节点的选择以及乡村路网的完善提高来确立城乡统筹的路径。

3. 实施和影响

该成果为同年重庆争取"城乡统筹综合配套改革实验区"提供了强有力的技术支撑，并指导了1小时经济圈总体规划的编制。规划提出的"一圈两翼"重庆空间发展战略被总规吸收采纳，在总规中表述为：全市划分为三个城镇发展区，即中西部城镇发展区、东北部城镇发展区和东南部城镇发展区，并且借助总体规划的报批，也得到了中央的认可，国务院在关于重庆市城乡总体规划的批复中提到加快以都市区为核心的"1小时经济圈"的发展，引导渝东北和渝东南地区协调发展，逐步缩小城乡差距和地区差距。

CBD是未来融入全球化战略实施的重要节点，向我国东、东南、西南、西北、东北五个方向延伸的综合交通走廊是未来重庆融入全球化战略实施的重要通道。

2）区域化战略

规划通过对国家战略格局的分析和两市产业的比较分析得出渝蓉的产业差异化特征明显，未来应构建渝蓉经济区，走合作和错位发展的道路。规划进而通过分析渝蓉交通走廊的北线和南线基础，判断出渝蓉南线、北线是重庆1小时经

济圈的两条重要轴带。

规划要通过节点建设和轴线连通来实现重庆城市区域化的理想。在节点建设中，规划结合城镇的资源、发展的机遇、区域中的地位，确立了分别在区域和地区两个层面发挥作用的多层次节点。在轴线连通中，规划确立了多条城镇－产业的复合带，并建议通过打通对外通道、完善内部交通网络来搭建区域骨架。

3）城乡一体化战略

在重庆市域范围内，规划认为差异

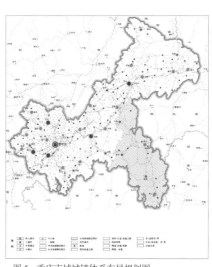

图5 重庆市域城镇体系布局规划图

重庆市主城区城市空间发展战略规划

2008-2009年度中规院优秀城乡规划设计一等奖

编制起止时间：2008.8-2009.6

承 担 单 位：城市与区域规划设计所

主 管 总 工：李晓江

主 管 所 长：朱　波

主 管 主 任 工：赵　朋

项目负责人：朱　波、谢从朴

主要参加人：陈怡星、王新峰、孔令斌、
　　　　　　吕红亮、戴彦欣、苏海威、
　　　　　　石永洪、薛金鑫

1. 规划背景

直辖十年，重庆取得了辉煌的成就，为跨越式发展奠定了坚实的基础，同时也产生了新的问题，阻碍城市向更高层次迈进。2008年底，在城乡总规批复不到一年就启动了战略规划工作，旨在应对新形势，探求落实国家战略要求的新途径，更好地落实与推动总体规划实施。

2. 基本思路

针对"总规后战略"的技术特点如何体现，本次规划有以下两点思考：

首先，以维护总体规划的法定地位为前提，开展总体规划战略性评估，在刚性继承的同时，弹性把握总规在新形势与国家新要求下的不适应性，制定总规优化完善的战略对策。其次，以推动总体规划更好地实施为目的，更加强调战略规划的实施指导作用。将战略与法定规划体系紧密衔接，为战略目标的实现，在实施层面提供了最大的可行性。

3. 技术要点

1）以城市目标与现实问题分析为导向，明确阶段性任务

规划从国家战略要求的重大转变和直辖市的使命入手进行分析，深刻认识到了重庆的重要性与特殊性，提出加快发展、率先发展，建设"统筹协调的国家中心城市"的新目标，对照现实差距，强化中心、拓展腹地，充分发挥主城应有的功能和作用将是关键，现阶段而言：

第一，构建面向国际和区域的多元化、多层次城市功能构架。重点提升国际化、门户枢纽、战略产业、区域带动和政策示范五大功能。

第二，构筑具有高度弹性和承载力的空间结构，为千万级规模特大城市综合功能的形成做好战略性、前瞻性安排。

图1　市域城市体系规划示意图

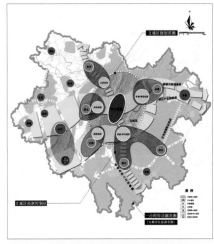

图2　一小时经济圈空间结构示意

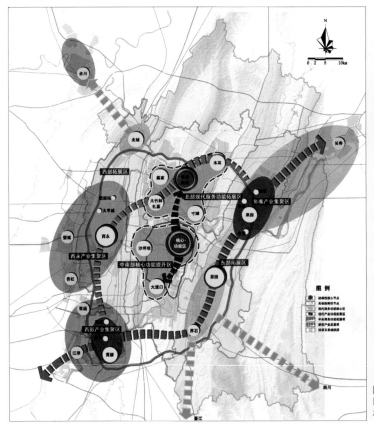

图3　主城区空间结构示意图

2）展开总体规划评估，以校核促进优化

通过战略性评估，对主要问题从三个层面进行归纳：一是市域空间规划层次过多，不能有效发挥直辖市整合资源的体制优势，规划的城市体系格局与统筹协调的发展要求也不相适应；二是主城空间结构不清晰，功能布局方向与空间资源条件不匹配，实际可建设用地量达不到规划用地规模，用地比例不合理，不利于国家中心城市综合功能的形成；三是对重大项目与设施用地的弹性预留不足，交通设施缺乏整合，无法支撑国家战略落地和国家枢纽地位的实现。

3）针对不同层面特点，进行战略性结构调整

第一，完善市域空间体系。对空间层次进行优化，重点拓展主城区、都市区空间范围，在更大的地域内统筹城市功能的发展。

第二，优化主城空间结构。在进行生态适宜性评价后，提出以土地功能"增

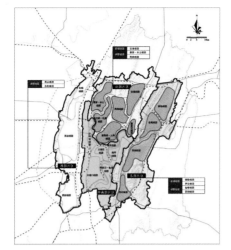

图 5　主城区片区组团结构调整示意图

量调整、存量优化"为手段，以"双核双基地"为主导的核心策略。双核强调依托城市北拓，打造新的城市核心区，"集聚"和"强化"高端服务功能，并对渝中老城区进行"优化"和"疏解"。双基地依托长江航道和后方陆域广阔的优势，强调规模化产业临港集聚。进一步识别战略性节点，构建"两带三轴"，推动多节点联动发展。

第三，聚焦空间热点，谋划重大设施与项目。较早提出城市"空间北拓，提升发展"的战略思路，为两江新区规划奠定基础。规划布局大型公共设施，并为城市大事件预留控制区。以建设多式联运枢纽和体系为手段，对若干重大交通基础设施提出战略建议。

4）深化完善空间布局，推进总体规划实施

对功能布局进行分系统梳理。用地布局的调整突出

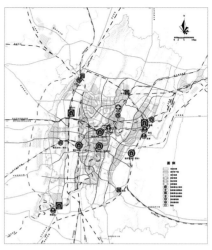

图 6　主城区综合交通规划示意图

保障现代产业的用地需求以及现代服务业的发展。强调战略的落实，分强制性要素和指导性要素两种对各行政区单独编制城乡分区规划进行指引。

4. 技术创新

规划较系统地探索了总体规划实施初期，编制"战略＋实施"类型战略规划的理论及技术框架。

研究方法强调定性与定量相结合。一方面，着重探索量化研究城市空间的方法，揭示特大城市空间转型的普适性规律；另一方面，规划从城市微观空间问题切入，重点揭示空间特征和功能阶段之间的对应关系，为空间布局优化方案提供了充分的论据。

5. 实施效果

本规划对于形成重庆各界对城市发展的新共识，化解当前总体规划实施中的突出矛盾发挥了积极作用。比如提出"国家中心城市"目标，成为了指导当前城市各项高标准建设的行为准则。

本规划战略结构的提出，影响了当前果园港、会展中心等重大设施项目的战略性安排，也直接影响了市里随后开展的两江新区申报和重庆城乡总体规划修改工作。

同时，本规划为我院在重庆设立分院，深入开展后续各项规划业务奠定了良好基础。

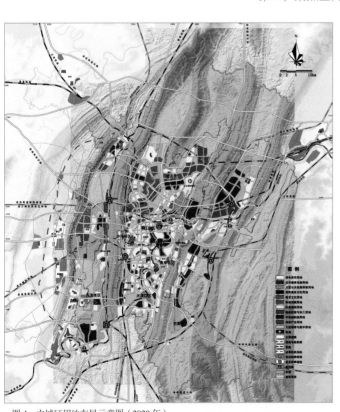

图 4　主城区用地布局示意图（2020 年）

广州城市总体发展战略规划

2009 年度全国优秀城乡规划设计二等奖
2009 年广东省城乡规划设计一等奖
2008-2009 年度中规院优秀城乡规划设计二等奖
编制起止时间：2008.3-2009.12
承担单位：城市环境与景观规划设计研究所
主管总工：李晓江
主管所长：易 翔
主管主任工：查 克
项目负责人：杨保军、彭小雷、张 青
主要参加人：孔令斌、杨明松、焦怡雪、
　　　　　　王佳文、赵群毅 等
合作单位：广州市城市规划编制研究中
　　　　　心、广州市城市规划勘测设
　　　　　计研究院、广州市交通规划
　　　　　研究所

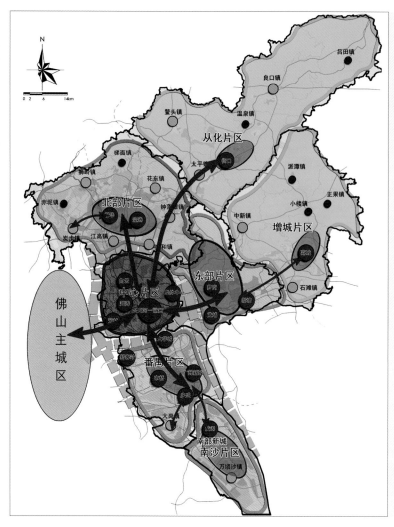

图 2 广州实施十字方针片区划分图

图 1 市域功能片区图

2007 年以来，伴随着国际国内环境的变化，为了落实社会经济发展模式转变的要求，应对空间发展战略转型的机遇与挑战，为新一轮城市总体规划编制提供技术支撑，广州市开展了新一轮的城市总体发展战略规划工作。

1. 规划内容

1）探索发展转型下的城市定位

考虑到广州在国家发展战略中应肩负的责任和广州自身发展转型的需要，规划确定了广州"国家中心城市"定位的具体内涵，主要包括"综合性门户城市、南方经济中心、世界文化名城"。

2）确定引导广州发展转型的五大战略

（1）引导区域转型：从城市到区域，打造 1 小时都市圈，带动区域一体化发展。

（2）引导产业转型：从制造到创造，优化产业布局，促进现代服务业、高新技术产业优化发展。

（3）引导文化转型：从实力到魅力，保护历史文化名城，划分特色风貌区，提升城市魅力。

（4）引导人居转型：从安居到宜居，保护生态、美化环境，构筑宜居城乡。

（5）引导城乡转型：从二元到一体，划分村庄发展政策分区，分类指导乡村建设与发展，促进城市化质量的提升。

3）强调城市空间发展从用地增长到结构优化

在城市空间拓展已取得初步成效、布局框架拉开的基础上，规划提出了以"优化提升"为原则的"舒展、紧凑、多中心、网络"型空间结构。

"舒展"是指以生态安全格局为基础，以生态廊道相隔离的组团发展模式。

"紧凑"是指集约紧凑布局建设用地。按照"功能明确、相对独立、职住平衡、有机联系"的原则,规划将市域城乡建设用地划分为 48 个功能组团,将城市建设用地集约布局在各功能组团中。

"多中心"是指培育层级清晰、职能明确的中心体系,优化空间结构。基于公共服务设施的空间分析,强调生活服务设施的均等化布局,生产性服务中心则结合市域战略性地区,进一步突出空间集聚和功能互补。

"网络"是指建设高快路"双快"、步行和自行车"双缓"的综合交通系统,打造市域"10 分钟、20 分钟、1 小时"的交通时空圈,力求通过交通基础设施的建设进一步带动和优化地区发展。

4)以战略规划为统领,探索城市总体规划、土地利用总体规划、主体功能区规划"三规合一"的新模式

战略规划的编制过程中充分征求各方面意见,在成果中形成了"目标定位、城市规模、发展战略、空间发展、实施保障"等方面的共识,以这些结论指导"三规"的编制。同时,战略规划还明确了"三规"在空间规划体系中的分工,从机制上协调"三规",减少编制中的交叉与矛盾。

本次战略规划通过统筹"三规",发挥了战略规划在引导城市建设和发展中的纲领性作用,使战略规划成为了以资源环境为核心的"统筹规划",实现了规划从"分部门协调"到"全市统筹"的转变,理顺了空间规划管理体制,制定了相关规划指引,形成了综合性空间统筹规划,并转化为公共政策,促进城乡区域协调发展。

2. 实施效果

本轮战略规划不仅因应形势的变化提高了城市定位、明确了城市目标、深化细化了总体战略、科学优化了空间结构,还对进一步完善城市规划编制体系,创新战略规划研究和编制方法做出了有价值的探索。

图 3 广州城市定位与职能分析

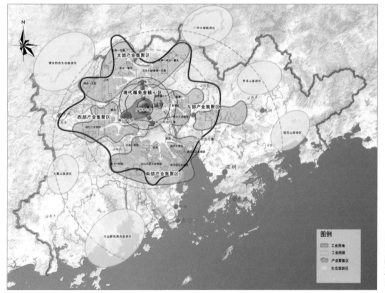

图 4 广州 1 小时都市圈范围与各产业功能区的关系

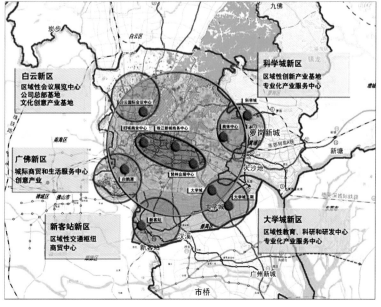

图 5 广州都会区多中心发展空间结构图

广州市城市功能布局规划研究

2012–2013年度中规院优秀城乡规划设计二等奖

编制起止时间：2012.3–2012.12

承 担 单 位：城市环境与景观规划设计研究所

主 管 院 长：李晓江

主 管 总 工：张 兵

主 管 所 长：易 翔

主管主任工：查 克

项目负责人：王佳文、王 磊

主要参加人：苏洁琼、徐有钢、牟 亳、
　　　　　　王 薇 等

合 作 单 位：广州市城市规划编制研究中
　　　　　　心、广州市城市规划勘测设
　　　　　　计研究院

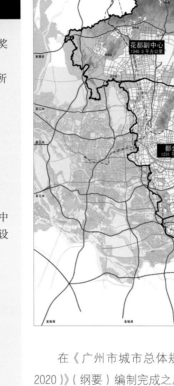

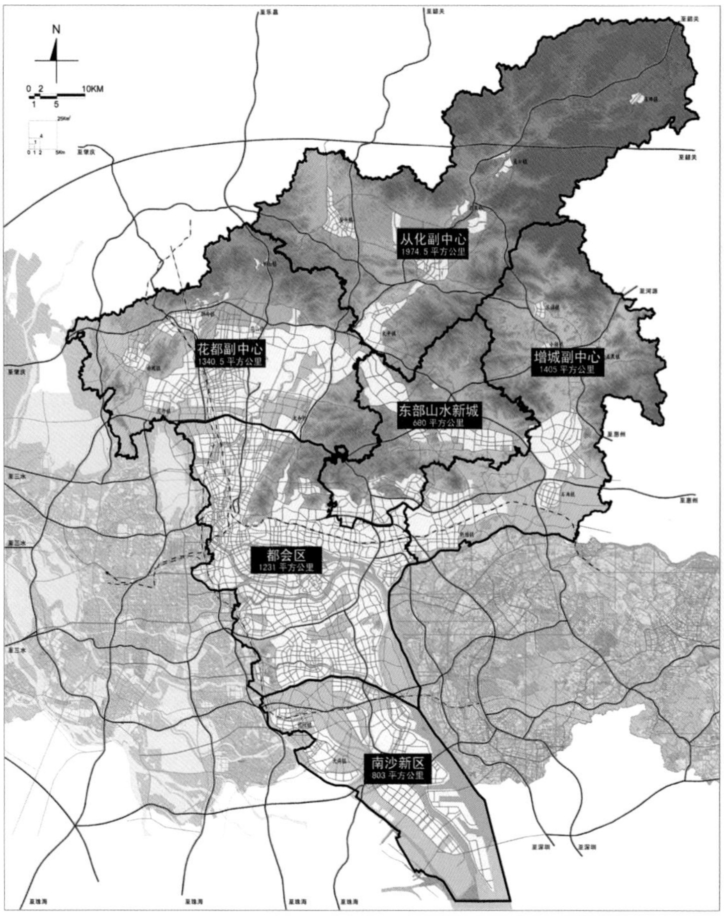

图3 广州市的六大空间板块

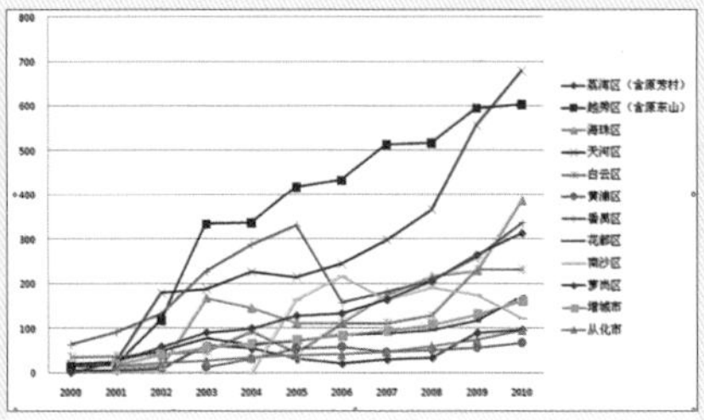

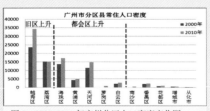

图1 2000~2010年广州各区县固定资产投资变化
图式（单位：亿元）
数据来源：各区县统计信息网

图2 2000~2010年广州分区人口密度变化图
（单位：人/km²）
数据来源：各区县统计信息网及五普、六普数据

在《广州市城市总体规划（2011–2020）》（纲要）编制完成之后，2012年，为适应新形势，广州市开展了以实现"全面建设国家中心城市"为目标，以"提升城市功能质量"为抓手的"广州市城市功能布局研究"。借此机会，从提升城市的国际和区域服务功能以及完善城市自身功能质量两个方向入手，探索优化城镇化模式的规划方法。

1. 规划内容

1）分析广州各空间板块的发展条件，确定实施新型城镇化的六大板块

规划针对各空间板块识别的区域联系、发展现状和要素条件，按照差异化、特色化的发展要求，将全域划分成6个空间板块，分别为都会区、南沙新区、东部山水新城、花都副中心、增城副中心和从化副中心。这种空间认识体现了城市发展从在空间扩张中谋求城市经济总量的快速增加到在中微观层面探索既有空间单元功能优化的模式转变，这种转变反映了我国特大城市在新的全球和区域发展形势下，城市结构与功能调整适应的必然趋势，意味着城市规划理念、技术、方法的调整势在必行。

2）分析广州过去12年发展的主要问题，提出新型城镇化的3种模式

规划在分析广州过去12年发展中的主要问题的基础上，提出了"转型提升、培育引领、整合统筹"3种新型城镇化发展模式。其中在都会区，采取转型提升模式，同步施行产业转型和城市功能调整，提升广州的国际和区域地位；在南沙新区和东部山水新城区，采取培育引领模式，作为发展新兴功能、引领珠三角创新发展的空间载体；在花都地区和具有优秀环境质量的从化、增城地区，采取整合统筹模式，通过整合发展平台、城乡空间和特色资源，实现从"万马奔腾"

到"集团作战"的发展格局。

3）提出落实广州城市功能布局的12套民生设施系统

本次研究在功能布局板块所确定的大方向的基础上，从土地使用的微观层面入手进行设施整理，综合研究各类公共服务设施布局关系、各系统改善方向和具体调整改善措施，并最终落实到12套民生设施系统的选址和布点上，来提升广州市的城镇化质量。12套民生设施系统具体包括商业设施、医疗卫生设施、教育设施、文化设施、体育设施、垃圾处理设施、能源设施、水资源设施、综合防灾设施、生态绿地保护与建设、强化交通枢纽和实施公交优先、岭南特色风貌等。

2. 项目特色

1）从城镇化模式转变的角度，分析广州未来的发展路径

广州过去12年的发展，是全国特大城市发展模式转型的缩影。本次研究通过分析广州城市空间发展战略的长期性与坚定性，反思中国特大城市发展模式转型的规律和表现，论证中国特大城市必将走向城市空间的存量更新和城市功能的优化提升。

2）从重点研究发展方向到重点研究发展模式

广州在2000年明确"南拓、北优、东进、西联"的八字方针之后，在2005年加入"中调"形成了"十字方针"。本次规划针对各空间板块的区域联系、发展现状和要素条件，对全域6个空间板块提出了3种差异化、特色化的发展模式（转型提升模式、创新引领模式、整合统筹模式），从而实现了从发展方向到发展模式转变的规划编制重点调整。

3）研究城市空间发展战略的具体转化方式

本次研究通过城市功能布局的优化，特别是通过完善公共服务、基础设施、公共安全等方面的12个子系统，来落实广州市的城市空间发展战略，这是一次"自上而下"和"自下而上"相结合的规划实践。

3. 实施效果

在未来相当长的阶段里，我国特大城市的规模扩张和质量提升是一个双向并进，并相互交织的过程，本次研究通过重点研究新型城镇化模式、整合城市空间板块以及优化具体的城市功能设施布局，来提升城市品质和整体竞争力，为我国特大城市的转型发展提供新的探索。

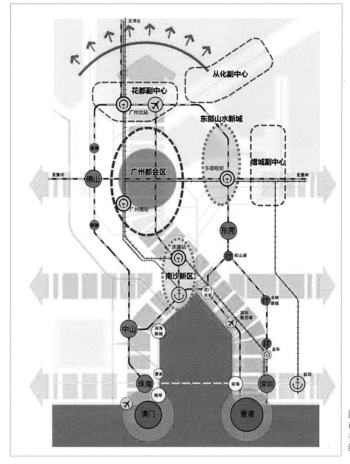

图4 广州市城市功能布局空间结构

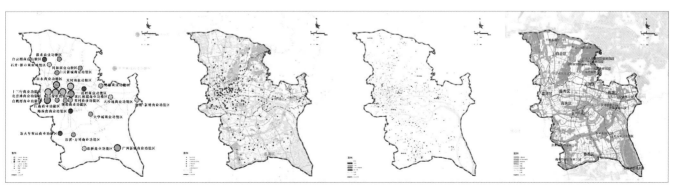

图5 12套民生设施系统（以商业设施、医疗卫生设施、教育设施、生态绿地保护与建设为例）

成都市总体发展
战略规划

2010-2011年度中规院优秀城乡规划设计一等奖

编制起止时间：2009.3-2011.2

承担单位：西部分院、城市交通专业研
究院、水城镇水务与工程专
业研究院、城市与区域规划
设计所

主管总工：李晓江

主管主任工：朱 波

项目负责人：谢从朴、陈怡星

主要参加人：王新峰、刘继华、刘剑锋、
孔令斌、桂 萍、
张 帆（交通所）、商 静、
关 丹、王文静、吴 俐、
张 帆（名城所）、蒋艳玲、
王巍巍、王 宁、李东曙

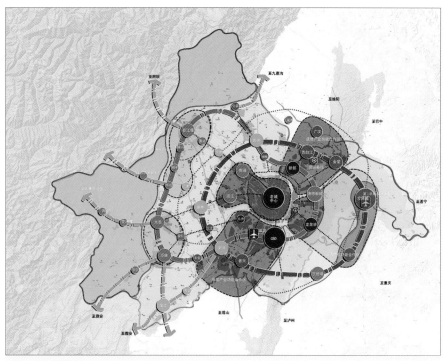

图3 空间结构图

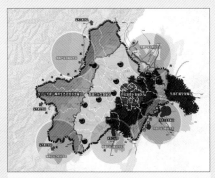

图1 总体功能区划图

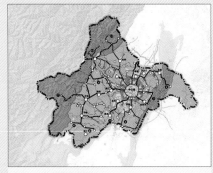

图2 示范线分布图

2008年，西部大开发进入第二个十年，一系列政策和资金投放正在打破梯度格局，成渝作为国家发展第四极正在逐步崛起。在此背景下，2009年成都市委市政府提出建设"世界现代田园城市"的新目标，并组织编制《成都城市总体发展战略》，在转型视角下探索西部城市跨越式发展的路径。

1. 技术要点

规划在分析空间资源差异的基础上，提出未来应当改变以城为纲的空间结构，力图构建生态优先、城乡均衡、地区差异的全域发展格局。应对世界、田园和现代的三项目标，分别从功能、用地和设施三个方面着手。

1）搭建世界城市的功能构架

应对新一轮国家产业转型，规划首先提出了6类功能和22项重大项目，并结合资源的东西差异落实到空间上，提炼出了九区双环结构。

西部和自然文化腹地结合，培育文化聚集群；东部和交通区位资源结合，打造产业合作区；同时在城镇之间提升

山水田园带，形成九区格局。以"双环"改变服务中心聚集、产业均质扩散的现状，在龙泉山以东培育国家战略性产业基地，而在西部农业腹地建设现代农业加工基地；以结合枢纽的生产服务中心支撑东部产业扩张，以结合文化资源的旅游创意中心支撑西部内涵提升。

2）塑造田园城市的组群格局

在功能指引下，规划进一步调整城乡用地格局，从以城市为核心的无序扩散转变为以都江堰为核心的梯度控制，并提出了三种城田组织方式，最终形成了东拓西优、阴阳交融的建设用地布局思路。

同时，规划反思了一刀切的"三集中"制度，提出了五种因地制宜的差异化模式，对城、镇、村三级体系进行指导。除城市型与生态保育型地区以外，在工贸型地区采用"县城+重点镇"的强县组织模式，在旅游型地区采用"小城镇簇群+林盘群落"的强镇组织模式，在现代农业型地区，采用做强产业基地村的强村组织模式。

3）形成现代集约的设施平台

构建差异化和集约化的新型城乡交通网络。在东部打造内陆复合型航空枢

纽和国际铁路集装箱枢纽,在西部推进快慢结合、覆盖城乡的绿色交通系统。除此以外,规划还对市政处理体系的循环化和智能化以及知识型基础设施的建设提出了相关建议。

2. 实施:多方推动的行动框架

1)行动:专项行动落实战略意图

在战略规划的指导下,2010年成都编制了《"世界现代田园城市"规划建设导则》,以"1+6"的专项行动计划推动战略实施。

首先,通过九化原则指导市域内各项规划建设活动。

其次,以六项专项行动落实战略意图。通过建设多中心、组团式、网络化的新型城乡空间平台提升区域中心职能;通过国际航空枢纽、铁路枢纽、公路枢纽的建设全面提升成都的国际枢纽地位;通过市级战略功能区的建设,构建现代产业体系;通过示范线建设集中展示现代城市、现代农村、现代产业,带动全域世界现代田园城市建设;通过以成都特色的绿道规划为亮点,打造覆盖全域的、网络化的慢行系统,塑造田园城市风貌;通过城乡基本公共服务和基础设施均等化建设,实现城乡均衡发展。

2)机制:多方推动的行动框架

规划提出了联合行动的推进方式。

省级政府推动跨市区域化:在东部整合跨市域的三大产业合作区,申报成德绵国家级创新示范区。

城市政府推动有序田园化:保护山水田林本底,建立全市统一的生态保护蓝图,推进示范线与绿道建设,彰显田园城市风貌。

区县政府落实城乡一体化:因地制宜,形成五种差异化的城乡统筹模式,推动城乡统筹的提档升级。

3. 技术小结

面对新一轮经济转型,中国大城市战略规划正在从研究"增量空间"转向研究"发展模式"。2008年版成都战略正是这一类新型战略的典型代表,并做出了一系列有益的探索。

在目标层面:规划对世界城市体系的发展状况进行了系统总结,力图解析中国城市切入世界体系的差异化路径,同时提出了中国省会和门户城市迈向世界城市的差异化路径,为成都寻找独辟蹊径的发展道路。

在策略层面:规划研究了面向工业经济的"快城市"和面向知识经济的"慢城市"两种空间模式,从功能选择、用地拓展、城镇体系和交通策略四个方面探索了两种城市发展模式的差异,对中国城市发展从生产主导转向消费主导具有普适意义。

在实施层面:规划采取"行动计划"的多方推进方式,以"1+6"的"导则+专项行动"落实战略意图,多方推动战略实施,全面提升了战略规划的公众参与性和时效性。

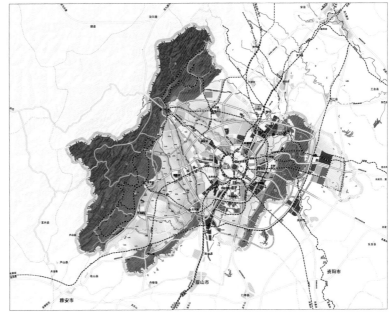

图4 用地布局图

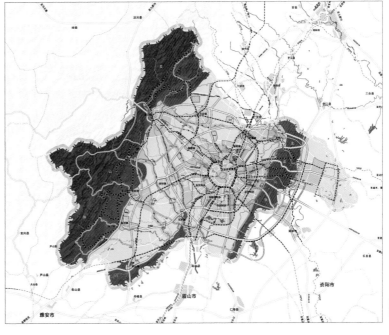

图5 空间管制图

武汉城市总体发展战略规划研究

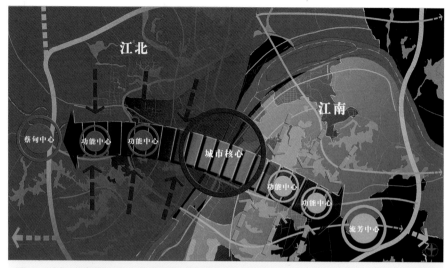

图2 "城市空间资源重组"：中心城市"三镇双城"的基本构架

2005 年度全国优秀规划设计二等奖

2005 年度中规院优秀城乡规划设计一等奖

编制起止时间：2004.5~2004.11

承担单位：城市规划与历史名城规划研究所

主管所长：张 兵

主管主任工：缪 琪

项目负责人：张 兵

主要参加人：郝之颖、胡晓华、王 勇、
许鹏程、千庆兰、李克鲁

1. 研究背景

本次武汉战略的编制是在国家促进中部崛起的宏观政策和湖北省提出以武汉为中心，加上周边 8 个城市构建"1+8"武汉都市圈的政策背景下展开的。

20 世纪二三十年代，武汉一度是我国仅次于上海的第二大城市。新中国成立后的很长时间内，是我国排名第 4 位的城市。到 2003 年，在全国省会城市和计划单列市中的排名已下滑至第 11 位。

在中部崛起的背景下，武汉战略规划必须客观地体现中部地区、湖北省，尤其是"1+8"武汉城市圈的发展特点。因此，规划将"城市发展演化动力机制"的分析作为整体的切入点。

2. 中部地区发展特征

中部地区的社会经济发展有其自身的特点：地广人多，具有独特的区位优势和较大的经济总量，也具有一定的工业基础。但同时，作为传统的农业基地，三农问题、城乡二元结构的问题在这一地区普遍存在，工业结构的调整和升级也面临着一定的困难。此外，体制障碍也困扰着这一地区的发展。

目前，中部各省之间呈现出日益严重的离散发展，交通优势不断弱化。武汉要统领中部，在其自身的实力与其他省市的响应都有实际困难的情况下，应强调立足湖北省域，做强自身的基础。

3. 区域关系特征

回顾历史，武汉与上海通过长江而形成的特殊紧密的经贸关系成就了武汉。今天武汉的对外区域联系特征依然具有这一历史特征的影子，规划研究发现：与武汉联系最为紧密的，除了武汉周边的城市外，正好是目前中国几个最重要的区域增长极，如上海、北京、广州等，整体的区域联系强度在空间距离上呈现出"强-弱-强"的跳跃特征。

因此，在中部地区离散发展的态势中，只有通过加强武汉与上海、北京、广州等城市的经济联系，才能有助于武汉在整个中部地区地位的巩固和加强，并最终整合和反哺中部。现阶段立足湖北省域，无疑是在现状行政区划条件下比较务实的选择。

4. 省域发展特征

湖北省的发展具有中部地区的基本特点，并集中体现在以下几方面：

（1）农业及农业人口比重大，长期的农业文明和封建意识的残余，抑制并

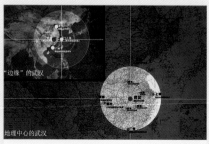

图1 武汉地理位置示意

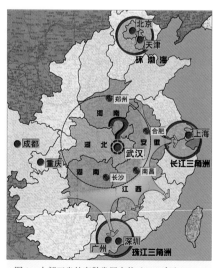

图3 中部五省的离散发展态势（2004 年）

异化了许多先进思想文化的传播和发展；

（2）第二产业的发展中，既有老工业基地转型的问题，也有汽车、高新技术等新兴产业规模小，城市之间产业关联度低，空间集聚效应弱等问题；

（3）传统的商贸优势不断弱化，市场腹地由全国萎缩到仅湖北省范围；

（4）除了武汉以外，省域内城市规模普遍偏小，散点发展，城乡二元结构严重，周边城市无法与武汉形成实质上的互动关系。

在湖北省极力推出的"1+8"都市圈内，由于武汉的首位度过大，合作观念淡薄，现有的产业基础"小而散"，区域协作尚未形成。所谓的"1+8"都市圈还停留在政策的表述和推动阶段。

因此，武汉在缺乏周边地区有力支撑的条件下要领跑，除了湖北省的政策支持外，首先应从武汉的市域做起。

5. 四大要则

面向中部崛起的目标，今后在相当长时间内武汉仍应该采取极化的措施。但是集聚的过程应该是分层次的、分步骤的，概括起来即：制度创新，文化开放；跨越中部，连接四极；立足湖北，极化武汉；市域先行，引导外围。

6. 城市发展特征

研究发现，武汉郊区和市域的发展缺乏有战略意识的、强有力的引导和控制，外围城镇经济低落，市区边缘重要地区的无序开发对城市空间拓展造成了严重障碍。

武汉在产业方面无疑具有很好的基础和优势，但是却并不具备足够的规模，在"1+8"都市圈和市域范围内并未形成有力的产业关联。产业发展缺乏内生的动力机制，产业的演化缺乏连续性和优势积累，产业结构调整缺乏全局意识，在空间上也表现为不同时期政治力量的影响下的分散和无序。

从武汉城市空间的发展演化来看，通常人们习以为常的"三镇鼎立"从来都只是政治口号式的理想。汉口、武昌和汉阳有着不同的发展历程、发展动力、空间发展模式和各自的亚文化特征，存在着明显的分裂特征。但在实际的规划和建设中，却不顾长江的阻隔，一味强调三镇一体化发展，并为此付出了高昂的代价。

规划认为，三镇的发展具有互补的必要与可能。武昌相对比较完整，而汉口和汉阳则具有强烈的互补性。由此，规划强调，武汉应对空间资源进行重组，在长江两岸划定武昌和汉阳－汉口两大城市单元，即"三镇双城"的战略思想。同时，规划认为必须充分考虑长江天险对于城市空间的分割作用，而不应该照搬平原城市的做法，用环路的方式来体现"三镇鼎立"的理想。

7. 空间战略

在"城市空间资源重组"的核心思想指导下，在中心城市"三镇双城"的基本构架下，规划的空间战略是要通过都市圈、市域和城市核心区多个层面来实现空间发展的基本框架，由里到外地支撑"市域先行，引导外围"的区域发展策略，即：

都市圈层面——轴向延伸：在"1+8"都市圈层面，强调利用重要的对外交通通道整合圈内城镇，引导都市圈的形成。

市域层面——沿江拓展：在市域层面强调双城各自沿长江的拓展，高效整合长江两岸的市域城镇，将其纳入到武汉的整体空间发展框架中，促进市域城乡协调发展。

核心层面——服务轴心：整合沿"汉江－武珞路"一线的区域服务功能，形成强有力的服务轴心。强化跨江的东西向通道的建设，重组长江一桥的交通功能，建立跨江客运走廊，造就新的跨江交通组织模式的同时完整体现长江、龟

蛇二山、黄鹤楼以及三镇的历史环境。

8. 创新与特色

（1）吸取多学科的研究成果，把握武汉及周边区域的发展规律，为中部城市发展研究提供了有新意的研究思路。

（2）立足武汉，提出了多种空间发展问题的解决方案，如"三镇双城"的空间构想、从空间结构上控制跨江交通需求以及以"客运服务走廊"的公交模式高效率组织跨江交通的方式等，在规划理论和实践方面有一定创见。

（3）重视城市发展规律的研究，打破通常的"区域－产业－空间"的战略分析方法，以历史分析的方法发掘深层次的城市问题和城市发展动力机制。

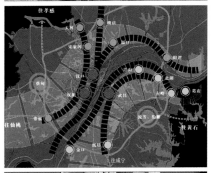

图4~图6 都市圈层面的"轴向延伸"（上）、市域层面的"沿江拓展"（中）及核心层面的"服务轴心"（下）

合肥市城市空间发展战略及环巢湖地区生态保护修复与旅游发展规划

2012-2013年度中规院优秀城乡规划设计二等奖

编制起止时间：2012.1-2012.4

承担单位：城市与乡村规划设计研究所、
　　　　　城镇水务与工程专业研究院、
　　　　　文化与旅游规划研究所、城
　　　　　市交通专业研究院、城市规
　　　　　划与历史名城规划研究所

主管总工：张　兵

主管所长：蔡立力

主管主任工：靳东晓

项目负责人：李晓江、陈　鹏、刘　泉

主要参加人：桂　萍、罗　希、伍速锋、
　　　　　康新宇、顾建波、曹　璐、
　　　　　陈　宇、谭　静、许顺才、
　　　　　程小文、张志果、王巍巍、
　　　　　蒋艳灵、李宗来、周建明、
　　　　　冉鉷天、宋增文、赵一新、
　　　　　池利兵、吕大玮、刘　斌、
　　　　　张广汉、王　川

图2　合肥中心城区用地布局

图1　安徽省行政区划调整：撤分巢湖市

2011年安徽省撤分巢湖市，区划扩容使合肥在空间扩张和资源丰富的同时，巢湖治理的责任更大、区域协调的任务更艰巨、环湖地区保护与发展的矛盾也更加突出，合肥市特别提出将城市空间发展战略、环巢湖地区生态保护修复和旅游发展"三规合一"的国际招标，我院成立了由5个所（分院）组成的联合团队，并最终以第一名中标。

1. 规划构思

围绕一个主题：城湖关系，力求实现城与湖和谐共赢；融合空间、生态、旅游三大领域；整合区域、市域、主城区、环巢湖四个空间层次。无论在哪个空间层次，都坚持以巢湖生态保护为基础，以旅游发展为重要特色。

2. 主要内容

确定未来城市发展边界与城市空间框架体系；凸显巢湖特色，重塑环巢湖生态保护大格局；加强环巢湖地区旅游资源整合，高标准建设国家级旅游度假区；构建适应区域特大城市发展的城市综合交通体系；明晰城市产业发展导向，全面优化产业空间发展大格局；加强城市历史文化和建筑品质的研究，塑造城市新形象。

图3 中心城区空间结构：双心两扇两翼

3. 规划特色

探索将"生态优先"从理念转化为实践的路径：一是强化科学性，夯实生态优先的前提；二是增强实用性，赋予生态空间多重实用价值，使生态治理成为空间优化的创新手段；三是提升延续性，将生态保护与治理贯穿于宏观、中观、微观各个空间层次，以准确把握将保护与发展有机结合的有效抓手。

在方案构思上，突出三大创新：

城市空间组织创新——传承发扬合肥水绿交融的空间文化；生态修复系统创新——建设梯级湿地系统，修复网络巢湖；空间利用方式创新——在不同层次相应创造不同主题特色空间。

4. 实施情况

规划的很多理念已经深入人心，很多战略已经开始付诸行动，比如："1331"的市域空间格局，正在成功取代以前的"141"主城区空间框架，滨湖新区、空港科技园等重点新兴功能区正按照本规划的要求进行规划建设的调整优化；主城区中心体系开始重构，将南淝河作为两扇的核心依托，合肥市加强了两岸用地与建设的控制，河口湿地公园、合钢搬迁改造为创意文化园等项目开始进行详细规划；巢湖生态化治理的理念得到贯彻，环巢湖地区成为国家级的生态文明建设示范区。

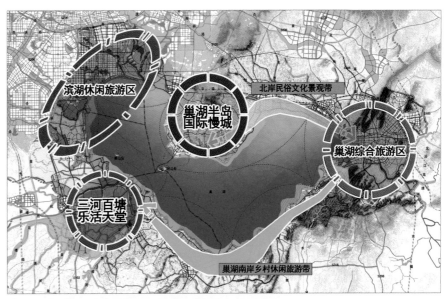

图4 环巢湖地区空间结构：两带四区

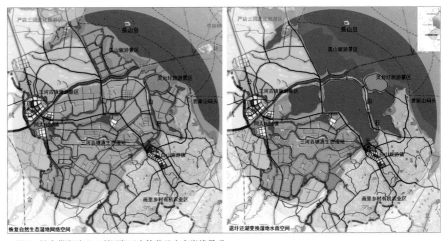

图5 结合巢湖治理，利用湖面水体落差丰富岸线景观

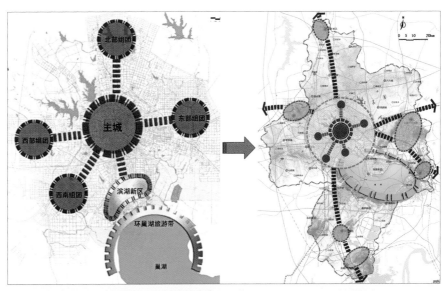

图6 空间战略提升：从主城区"141"扩展为市域"1331"

长春市城市空间发展战略研究

2005 年度中规院优秀城乡规划设计二等奖

编制起止时间：2003.9–2004.4

承 担 单 位：城市建设规划设计研究所

主 管 所 长：张 全

主 管 主 任 工：靳东晓

项 目 负 责 人：郑德高、朱 力

主 要 参 加 人：张 全、靳东晓、王明田、
　　　　　　　 杨 深、杜宝东、龚道孝、
　　　　　　　 曹传新、戚 勇

合 作 单 位：长春市规划设计研究院

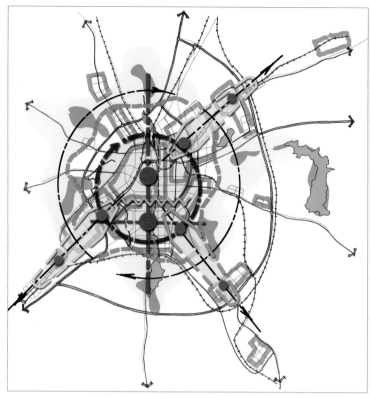

图1 长春市城市空间结构概念

2003 年中央十六大正式提出了"振兴东北老工业基地"战略，东北各省、市纷纷制定"振兴老工业基地纲要"，如何利用这一契机加速老工业基地改造步伐、加速城市经济发展成为各省市关注的重点问题。与此同时，长春市 1996 年编制的城市总体规划（1996–2010）确定的用地指标已经提前完成，长春市总体规划修编成为当务之急。在这样的背景下，2003 年 8 月，长春市人民政府委托我院开展长春市城市空间发展战略研究。

1. 技术路线

本研究的技术路线以目标为导向，以问题分析为支撑。主要分为三部分：首先是地位与挑战，分析长春在区域中的地位，目前社会经济发展的主要优势与劣势以及作为老工业基地所面临的问题、机遇与挑战。其次是目标与策略，通过各个专题的分析，明确长春城市发展的目标、职能与策略。最后是规模与布局，通过研究长春城市发展的历史，现状空间布局存在的主要问题，生态环境评价与人口规模判断，逐步明确城市的发展方向、城市的空间布局发展战略。

2. 专题研究情况

本研究完成了以下 10 项专题研究：长春市区域发展定位研究、长春市社会经济特征和发展策略研究、日韩投资在国内的空间分布及变化趋势、振兴长春老工业基地策略研究、城市土地利用与空间发展战略研究、长春市开发区发展研究、长春市汽车产业发展的空间研究、长春市城市文化和城市意象研究、长春市综合交通发展战略研究、长春市生态空间发展战略研究。

3. 城市发展目标与空间布局原则

汽车产业为龙头，以高新技术产业和食品深加工制造业为支撑，提升现代服务业、会展旅游业职能，将长春市建设成为"中国汽车产业基地，东北经济区中部中心城市，吉林省政治、经济、文化中心，舒朗大方、多元协调的生态城市"。

城市空间的布局原则要坚持 6 个有利于：①应该有利于城市社会经济的快

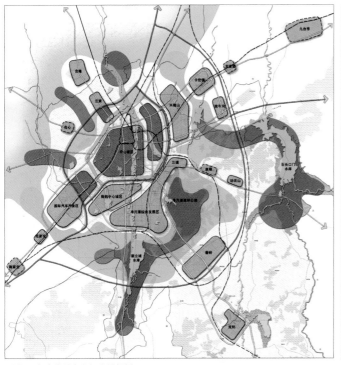

图2 长春市城市空间发展规划

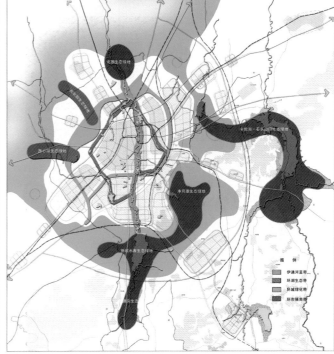

图3 长春市生态空间发展规划

速发展，为长春的经济社会快速发展建构合理、高效的空间平台。②应该有利于城市综合竞争力的提高。③应该有利于产业集群的形成和民营企业的发展。④应该有利于区域整体协调发展。⑤应该有利于社会与经济的协调发展。长春作为一个老工业基地，城市失业和再就业问题严重，社会生活保障制度和措施还不很健全，规划要充分考虑城市的社会问题，坚持社会与经济的协调发展。⑥应该有利于生态环境的保护与改善。

4. 城市空间结构

构筑"双心三翼"的城市空间结构。从城市发展方向的角度来看，长春应顺应发展方向，形成南部新城。从城市竞争力的角度来看，长春应该延续城市轴线，培育"南部副都心"。从区域协调发展的角度来看，长春应扩展城市三翼，构筑"长春大都市地区"格局。

长春在发展南部新城的同时，培育南部副都心。新中心以商务办公功能与高新技术产业功能为主，与人民广场的传

统中心共同构成"双心"结构。三翼中，西南翼与东北翼依托一汽和经开区，以制造业为主，东南翼以生活居住、会议展览、文化教育为主，其发展是在保护生态环境的前提下的网络组团式发展模式。

5. 主要技术创新

本研究技术路线突出以下4个特点：①问题导向与目标导向相结合，研究既关注对城市现实问题的解决，又重视对城市长远发展目标的引导；②宏观研究与微观研究相结合，研究从东北亚、东北地区的区域格局中判读长春市的发展定位，同时从国有企业、开发区等微观层面认识城市发展的动力主体；③实体研究与内涵研究相结合，既分析了土地、交通、生态等实体要素发展演变的趋势，又分析了城市的社会、文化、意象等内涵要素；④归纳分析与因果分析相结合，对城市社会、经济、空间问题加以归纳总结，同时对彼此之间的因果关系加以梳理。

本研究将长春置于东北亚、东北地区的区域格局中，在振兴东北老工业基地

和科学发展观的政策背景下，探索长春市破解"东北现象"的途径。在汽车产业井喷式增长、城市经济繁荣发展的景象下，果断识别出长春市汽车产业一支独大存在的潜在风险以及由此带来的经济发展（经济指标增长）与社会发展（增加就业岗位）、区域发展（缩小城乡差距）不相协调的问题。针对上述问题，研究提出了培育优势产业、构筑产业集群、调整开发区定位等发展战略，并通过构筑南部新城、打造长春大都市区格局等空间战略予以落实。

本研究突出关注以下三个方面：①关注社会经济的协调发展问题，针对长春就业压力问题，分析了长春产业结构与城市就业之间的内在关联，并提出了改善的措施；②关注微观主体研究，长春经济发展的主体是国有大型企业和国家级开发区，针对这一特征研究对城市发展战略与企业发展战略、开发区发展战略之间的关系进行了讨论；③关注生态问题与资源门槛的研究，从生态安全的角度构筑了城市景观和绿地格局，从水资源门槛的角度为城市人口规模的确定提供依据。

福州市城市空间发展战略研究

2006-2007年度中规院优秀城乡规划设计二等奖
编制起止时间：2005.12-2006.12
承 担 单 位：城市建设规划设计研究所
主 管 所 长：张 全
主 管 主 任 工：鹿 勤
项目负责人：郑德高、王 纯
主 要 参 加 人：曹传新、龚道孝、刘 岚、
　　　　　　　朱莉霞、靳东晓、张 全、
　　　　　　　刘 源、王缉宪、于 立、
　　　　　　　杜鹏飞、孙 慧、李书严、
　　　　　　　孙 莉、陈燕飞
合 作 单 位：香港大学地理系、英国卡迪
夫大学规划与研究国际中心、
清华大学环境科学与工程系、
北京市气象局、北京大学环
境学院

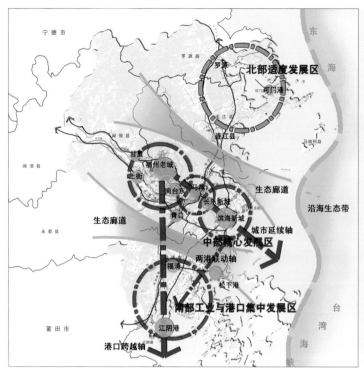

图1 福州都市区空间结构规划

1. 解读福州

福州是福建的省会，也是中国最早的14个沿海开放城市之一。与广州、厦门等同期开放城市相比，福州多年以来的发展可以说犹如"温水"，相形见绌。

从历史来看，福州的发展有一根若隐若现的主线，即同时兼顾了"门户"与"中心"两种职能，而门户职能的强弱直接决定了福州的发展程度。在当代福州，门户职能的强弱与港口发展和对外经济贸易的联系程度密切相关，福州的再次腾飞也离不开港口、金融和对外贸易的发展：

（1）从港口来看，福州港口面临着从河口港向海港的跨越，但港口的发展进程不尽如人意，表现在对于江阴、松下和罗源湾深水港的选择不明确，对福州港口的发展定位以及与厦门港的关系不明确，对于未来福州港口与城市、港口与腹地的关系缺少把握。

（2）从产业发展特征看，福州的经济与产业发展呈现出了基础较好、多元发展的态势，但缺乏品牌与龙头企业，创新能力不强。同时，市区的集聚和辐射带动能力相对下降，金融、物流等现代服务业也面临着厦门的激烈竞争，国家级经济开发区的发展也受到了空间发展的限制。

2. 发展机遇

国际产业转移、世界经济一体化的发展，为福州这类土地资源匮乏，但有很好的港口条件的沿海城市提供了良好的发展机遇，"外向、民营、沿海"是福州发展的必然选择。

更大的机遇来自于国家和福建省的"海峡西岸经济区"发展战略的提出。"海西"战略的提出改变了福建过去20多年"行政区经济自我崛起"的路线，致力于省际区域对接和区域整合的"新区域主义"的发展路线，同时为对台合作提供了新的平台。福州的发展需要与海西发展战略相呼应，"融入沿海，培育新兴"。

3. 城市定位

福州新的城市定位可以表述为："国家历史文化名城和福建省的政治中心，海峡西岸经济区北部区域的中心与门户城市，东南沿海重要的港口城市。"

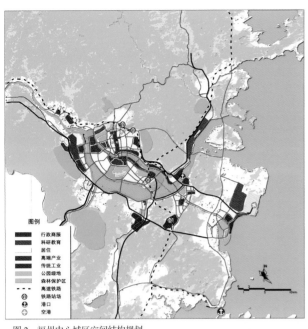

图2 福州中心城区空间结构规划

4. 主要发展战略

实施"福州新港"战略。江阴港定位为海西的干线港与福州新港。发挥福州门户城市的功能，首先要大力发展港口，尤其是集装箱港口。比较港口的资源条件、市场条件和投资者，福清的江阴港具有与厦门的集装箱港共同构成海西的干线港的潜力，可直接进行远洋运输。同时，要发挥位于长乐的国际机场的作用，带动福州的空间格局由滨江城市向滨海城市发展。

实施"大福州都市区"战略。城市空间格局要突破现有的市区范畴，结合港口与机场，整合福州—长乐—福清，实现强强联合，构筑"大福州"都市区空间结构的三大板块：北部是以罗源湾和连江为主体的适度发展区；中部是以福州市区、闽侯和长乐为主体的中心城区；南部是以福清为主体的工业与港口的集中发展区。

实施"跨越与顺延"战略。所谓"跨越"，是指工业尽量围绕江阴集装箱港口布局，实现港城关系良好的互动。所谓"顺延"，就是以福州小平原和南台岛为基础，城市生活、生产和服务功能逐步向东拓展到长乐的滨海新区，构筑"廊道式紧凑型的多中心空间"结构。

实施"强化与提升"战略。福州金融服务业的发展要重点提升南台岛，围绕沿海高铁车站重点发展行政、商务金融、综合服务等职能，将南台岛建设成为城市新的中心区，并逐步形成都市区的生产服务中枢。

实施"整合与启动"战略。整合三江口资源，以南台岛城市中心区为依托，将城市功能向东延展到长乐新城，积极发展高端二、三产业，并强化青口组团的发展，同时逐步调整优化马尾组团。启动建设滨海新城，规划远期目标为构筑以休闲娱乐与高新技术产业为主的综合新城。

实施"保护与储备"战略。琅岐岛生态环境敏感，是闽江的入海口，又不在城市发展的主要轴线上，因此建议保留琅岐岛的生态、农业、观光和旅游功能，同时作为战略储备，可建类似迪士尼的大型游乐园。

实施"多元与精品"的产业发展战略。继续坚持产业多元化的发展方向，塑造六大精品产业集群，包括电子及信息产品制造产业集群、汽车及配件产业集群、高新技术产业集群、装备机械制造产业集群、纺织产业集群和临港综合产业集群等。

5. 规划实施

总体来看，福州市借此次空间战略研究正式拉开了空间结构调整的序幕：福州各大港口按照其战略定位进行了有序的建设和发展；结合港口与机场建设，"大福州"都市区的三大空间发展板块按照沿江向海的发展思路积极进行联动发展；南台岛、长乐等重点地区也获得较快发展。

另外，本次福州战略研究之后，福州市又先后组织编制了福州市城市总体规划、福州市发展战略规划等后续规划，并在很大程度上借鉴了本次战略的成果。

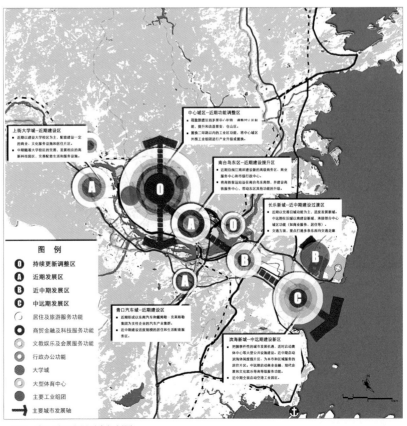

图3 中心城区发展时序规划图

青岛市城市空间发展战略研究

2012-2013年度中规院优秀城乡规划设计一等奖

编制起止时间：2011.3~2012.7

承 担 单 位：深圳分院

主 管 院 长：李晓江

分院主管总工：范钟铭

项目负责人：尹 强、方 煜

主要参加人：魏正波、王晋暾、刘 雷、
　　　　　　林楚燕、白 晶、李福映、
　　　　　　李 昊、何 斌

合 作 单 位：青岛市城市规划设计研究院

本次战略研究是在东北亚合作新格局、山东半岛蓝色经济区规划批复、"十二五"规划以及区域重大基础设施建设的背景下编制的。基于全球视野、国家任务和区域责任，对青岛全域空间进行进一步整合、深化、完善，提出了青岛的远景发展目标和框架。

1. 技术要点

本次研究基于对青岛核心战略资源与空间尺度的重新认知，希望探索适应环胶州湾尺度的空间组织与运行方式，并且坚持青岛历史传承的蓝海营城理念，进一步提升城市空间品质。

针对目前青岛港城关系错位、产业发展与生活配套相脱节的情况，提出青岛应首先集聚发展，继续实施西跨战略，在园区跨越、港口跨越之后，实施蓝色跨越，集中力量在胶州湾西岸建设蓝色经济核心区，缓解青岛城区目前过重的压力。

在青岛发展历史上首次提出"大沽河生态中轴"的概念，通过治水和绿道

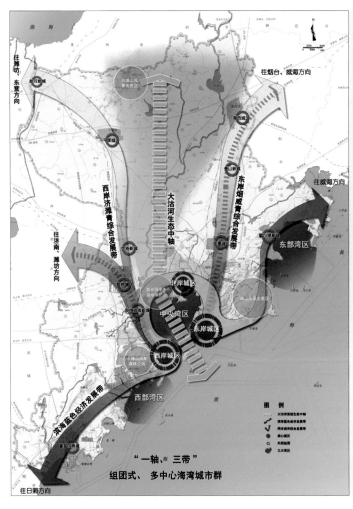

图1 市域空间结构规划图

建设，引导沿线村镇发展，改变胶州湾湾底至上游腹地的无序建设，缓解胶州湾底部巨大的发展压力。

交通支撑上，提出以市域快轨引领城市空间发展轴带上的多中心建设，提高交通效率，缩短环湾和跨湾交通时耗，依托复合交通走廊，实施增心战略，整合各区优势资源，构建分工明确的中心体系。

延续青岛蓝海营城理念，针对海湾核心资源急需统筹保护等问题，按照海湾资源特点，避免全面铺开建设，强调特色和错位发展，形成中央、东部、西部三大主题湾区。

2. 创新与特色

1）基于国家海洋战略，按照区域竞争与合作的博弈理论，重新审视青岛在未来区域中的发展定位

城市空间战略规划相对其他规划，更加突出外部区域的作用或国家战略思路，寻求城市在区域竞争与合作中的地位。我国相继推出的区域发展规划反映出了沿海再次开放的新格局，山东半岛蓝色经济区进一步明确了青岛的区域使命。因此，基于全球视野、国家任务和区域责任，规划提出青岛在远景目标中应凸显海洋优势，走外向型路线，提升定位强化职能。

2）以资源识别和空间尺度认知为抓手，采取同比例尺对比、历史推演等技术创新手段，挖掘青岛发展的核心问题

核心资源的识别是建立城市特色的基础，研究在对比青岛与国内外其他滨海城市资源差异性的基础上，以数据和图示明晰了青岛的核心资源，紧紧围绕对空间尺度的认知，从历史纵向分析和案例横向对比的角度，分析现状青岛发

展所存在问题的根源，例如在同等比例尺网格下，将青岛与其他大都市区的用地、结构图进行对比，直观地反映出青岛的空间组织方式存在的问题。

3）将传统的空间结构规划转变为更具政策执行力的功能管理区体系和海岸带综合管理机制

传统城市规划中空间结构对城市中心、发展轴带等方面的表述往往缺少具体的操作指引，为保证空间战略的实施，规划提出创新功能管理区体系，按照资源条件、生态本底和交通支撑，将全市划分为多个功能管理区，既明确了各区的发展目标，又可以作为部分行政区之间内部整合的基础和参考，调整后的行政区可包含一个或若干个功能管理区，分期实施。

为强化滨海地区的综合管理和统一建设标准，战略还建议青岛在全国率先实行海岸带综合管理体系，划定海岸带综合管理区，成立海岸带综合管理委员会，特别颁发海岸建设许可证等措施，力争在体制机制上保障对蓝海营城战略理念的实施。

4）与交通发展战略紧密配合，同时通过生态、安全、风貌、水资源等专题研究，共同支撑城市空间发展战略的研究结论

在研究城市空间尺度问题时，交通是影响城市空间组织和运行方式最重要的因素，在本次城市空间战略编制的同时，还同步编制了交通发展战略和现状调研报告、生态、安全、风貌、水资源等五个专题，为空间战略的结论提供了坚实的基础支撑。

3. 实施效果

本次空间战略研究对青岛的城市发展和规划实施具有里程碑式的意义，作为青岛城市总体规划修编的重要依据，主要战略研究成果已纳入总规，目前，总规修编已基本完成，进入上报审批阶段。在具体的实施上，主要体现在以下四个方面：

第一，依据战略提出的加强胶州湾生态保护的要求，青岛市人大在2012年11月正式地方立法确定对环胶州湾严格实施"四线"保护。

第二，生态中轴战略正在加快实施，大沽河流域整治已初具成效，有效阻止了周边城镇对胶州湾的污染。

第三，依据轴带展开战略，青岛加快了轨道交通建设，在已开工的两条轨道线的基础上，联系蓝色硅谷和西海岸新区的市域快轨也即将开工。

第四，依据战略研究提出的功能管理区体系，青岛开始逐步调整现有的行政管理构架，2012年12月，国务院批复青岛行政区划调整，按照西海岸新区和东部城区疏解战略，黄岛区与胶南市合并为新的黄岛区，市北区与四方区合并为新的市北区。

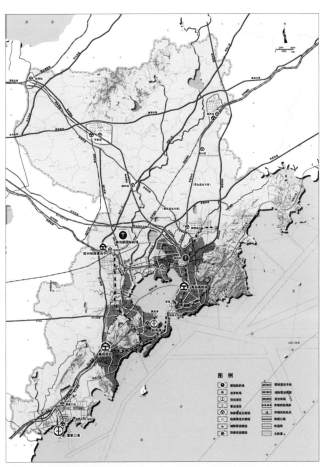

图2 综合交通规划图

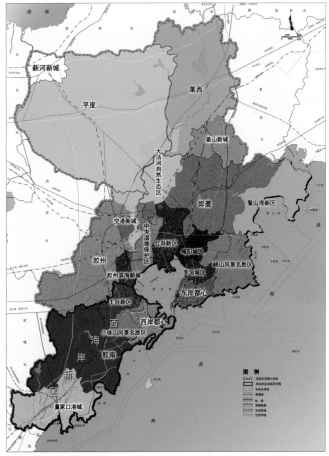

图3 市域功能区规划图

常州市城市发展战略 2030

2010-2011年度中规院优秀城乡规划设计二等奖

编制起止时间：2010.3~2011.3

承担单位：上海分院

分院主管院长：郑德高

分院主管总工：蔡 震

项目负责人：孙 娟、陈 烨

主要参加人：刘 迪、李文彬、杜 宁、
孟江平、李维炳

处在沪宁城市连绵带上的常州，必须在这个充满激烈竞争又日益一体化发展的区域中担当起自身的责任。新的机遇对常州是有利的，后工业化时代、内向型经济提升和高铁时代的来临将为常州进一步与区域融合提供机遇。近年来常州市产业发展、科教创新、民心工程等举措的实施也无疑顺应了区域发展的需要。但是未来的常州如何提升区域地位、如何选择合理发展模式、如何为提升竞争力进行全局性总体性谋划是目前迫切需要回答的问题。本次战略集中对今后20年，甚至更长远的一段时间内，常州城市在区域地位、经济结构、空间结构、支撑系统等方面的发展战略进行综合性的梳理，我们所关注的是常州如何能在未来的5~10年内迅速地奠定必要的基础，把握准确的发展方向，以较强的实力和较高的整体素质参与到区域的竞争中，重新获得并且有足够的潜力维持苏锡常甚至更大区域中心城市的优势地位。

1. 核心内容

强调未来常州城市发展的关键是"融合"，即融入区域，形成功能定位、产业发展、空间布局、交通网络等方面衔接区域的发展策略。融入区域之外，常州更需要梳理自身空间结构。

在市域层面要解决常州与区域联动发展问题，建立区域一级联动发展轴线和提出相应的门户功能板块，构筑"三心三带三湖"的空间结构。在市区层面提出要城乡统筹一体化发展，引导城镇有序、特色化发展。

中心城区要集聚化发展，提升城市整体空间能级，采取"区域开放、板块集聚、轴向拓展、山水融城"的发展策略，构筑"一主三副多园"的开放空间结构，形成"三城融合、南北一体、东西协调、城乡统筹"的大常州空间格局。

行动是落实战略理想的基础，常州要实现战略提出的理想还需要切实的行动支撑。理顺管理体制、打造城市中心、建设东部新城、做强产业园区、打通快速干道、明确轨道交通、构筑开敞空间以及整合相关规划是近期常州城市需要的行动。通过新的目标定位、空间结构、产业方向梳理，建设更具区域视野、结构开放、特色彰显的大常州是本次战略的核心内容。

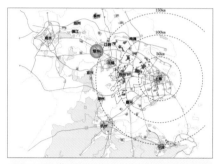

图1 区位分析图

图2 沪苏锡空间结构图

图3 中心城区用地布局规划图

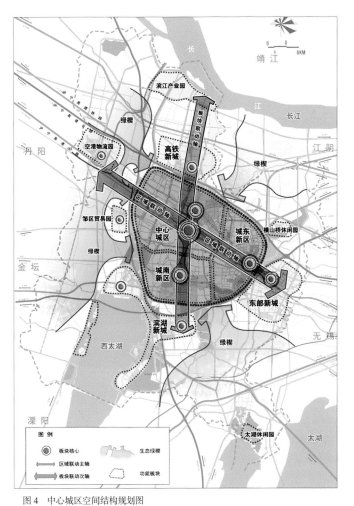

图 4 中心城区空间结构规划图

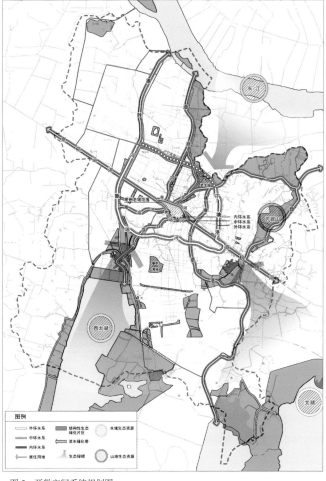

图 5 开敞空间系统规划图

2. 特色创新

区域分析的方法贯彻战略规划始终，将常州置于沪宁城市发展连绵区上看其经济、产业和空间发展特征问题。规划注重自上而下与自下而上的方法相结合，既将区域功能梳理作为规划的核心技术，同时也自下而上地调研民意，绘制城市意向，挖掘城市性格，研究城市空间形态特征。理论研究与规划实践相结合是本次战略规划的重要创新，充分利用空间经济学所提供的理论模型基础，落实于市场力和政府力间博弈的关系，进而运用于区域空间关系研究。

3. 实施效果

规划自 2010 年 4 月开始现场踏勘，历经各部门沟通、政府四大班子的汇报，很好地统一了全市发展思路，全面推进规划实施。

第一，成功帮助城市确定未来的发展方向，扭转过去一直处于争议中的称为锡常泰的地域中心发展思路，转而充分融入长三角大都市连绵区，谋求苏锡常一体化发展。

为此，政府在十二五决策中明确提出要"南北建新、三城融合、东西协调、开发东部"的战略决策，明确提出要挥师东进。

第二，则表现在规划建设部门充分贯彻了决战东部的理念，逐步调整东部地区规划方案，力图将现状分割的乡镇用地逐步整合成为相对完整的、形象突出的东部新城用地形态。

第三，基础设施先行。根据规划建议，东部枢纽站的设计正在通过国际联合设计的方式逐步推进。东方大道、323省道等东西向区域快速通道建成或进入建设论证阶段。

第四，针对水系的景观设计已经展开，尤其是中心城区"三河三园"的景观水道系统已经成为常州城市重要的旅游线路，一个优美的水乡雏形正在形成中。

第五，战略规划作为城市长远发展的战略性方案，开始起到指导专项规划的作用，其中包括了针对中心城区的商业战略发展研究、常州市水空间特色研究等，都是基于战略规划的空间骨架而提出的专项建设思路。

宁波 2030 城市发展战略研究

2011 年度全国优秀城乡规划设计二等奖
2010-2011 年度中规院优秀城乡规划设计一等奖
编制起止时间：2010.4-2011.10
承 担 单 位：城乡规划研究室、城市交通
　　　　　　研究所（现城市交通专业研
　　　　　　究院）
主 管 总 工：陈　锋
主 管 所 长：王　凯
主管主任工：徐　泽
项目负责人：王　凯、徐　泽、张云峰
主要参加人：徐　颖、黎　晴、陈　明、
　　　　　　徐　辉、邹　歆

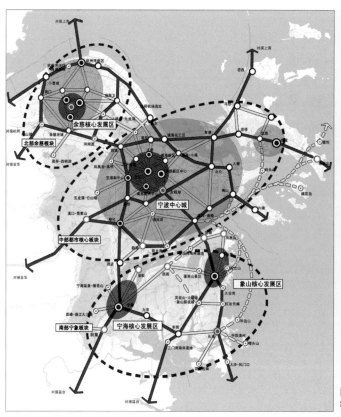

图 1　空间结构规划图

本次战略规划是 2001 年宁波第一轮战略规划之后编制的新一轮战略规划。

新时期国家要求沿海城市率先转型以及宁波在沿海及长三角地区经济地位和中心地位下降的背景下，本次战略规划着重研究宁波转型发展面临的矛盾，国际国内新形势下港口城市发展的方向以及适应全域都市化发展的空间结构。

规划结合国际标杆城市的经验、沿海同类城市和长三角其他中心城市的新动向，提出新时期经济发达地区城市的发展不能仅从量的扩张上来谋划，而应从国家工业化的发展阶段和沿海地区城市继续引领国家发展方向的角度，创新思维，谋划新的战略。

本次战略规划的核心任务是引导城市"从量的扩张走向质的提升"。

规划具体从两方面入手：一是根据

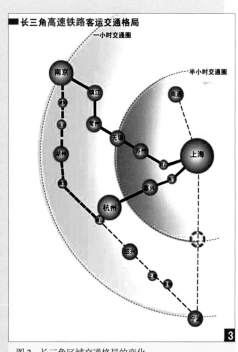

图 2　长三角区域交通格局的变化

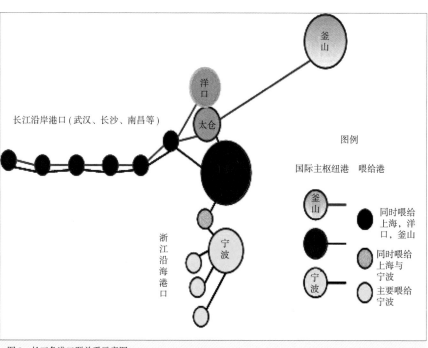

图 3　长三角港口群关系示意图

238

国际上港口城市发展的一般规律，加强综合交通枢纽功能建设，加强中心城市功能培育，使宁波从"港口城市"迈向"亚太国际门户城市"；二是依托宁波独具特色的山、海、河、湖、岛等优越的自然环境，着力打造良好的城市生活品质，从"生产城市"迈向"山海宜居名城"，实现宜居宜业相结合的大目标。

本次战略研究的主要内容包括对上一轮战略规划的回顾、宁波发展历程的回顾、对宁波新时期面临的要求与挑战的分析、城市发展的特征与问题、目标与战略、空间对策、行动计划及政策建议。

结合构建"亚太国际门户城市、山海宜居名城"的发展目标，规划重点提出两方面的空间策略：

一是构建活力高效的市域经济发展空间。

（1）强化中心与枢纽，提升国际门户功能。以"三江口和东部新城"为核心，强化区域中心功能。优化三江口功能，打造六大功能区，增加11座跨江通道，提供高品质的商务办公、文化创意和休闲娱乐空间。推动东部新城和高新区空间融合，加强港口和城市核心的互动，促进高端港航服务业的发展。推动鄞州区企业总部中心以及空港、庄桥等专业中心的建设。强化交通枢纽功能。提升海港功能及运营效率，建设北仑物流运营中心和海铁联运集装箱枢纽、镇海大宗货物海铁联运枢纽、梅山进口消费品保税交易中心，强化宁波作为浙江省对外物流链枢纽的作用，与上海共建长三角多港门户。建设沿海货运铁路，拓展杭州湾新区等港口依存产业发展的新空间。扩容航空港，形成多方式的集疏运系统。构建由"高铁、城际轨道、市域轨道、城区轨道"组成的多层次线网系统，支撑中心体系发展。

（2）培育南部，打造后工业化时代的新经济空间。整治优化城市南部湾区，打造阳光海岸生活休闲区，强化象山在发展海洋经济中的核心地位；控制三门湾开

发规模，培育海洋科技产业、海洋文化旅游等功能；建设沿海高速公路等设施，提高南部地区对接区域的交通可达性。

二是打造品质优良的城市生活空间。

（1）提高中心城宜居水平。建设5分钟生活圈，提高居住用地比例。推动产业基础好的小城镇向中小城市迈进，降低外来人口定居门槛。

（2）营造良好的历史、生态和人文休闲空间体系。打造依江向海的"运河古城镇文化走廊"，构筑生态安全格局，打造都市蓝脉系统，建设区域绿道和郊野公园，完善城市公共空间和慢行系统。

依托上述战略，规划提出了十大行动计划和相应的政策建议。

本次战略规划的技术创新主要有三方面：

一是认识到新一轮城市的发展将是"品质之争"。"城市生活质量"将成为提高竞争力的核心要素。规划识别了南部宁象地区的战略价值，并以此扭转城市

空间发展的大方向。

二是对港口城市的发展规律有了新认识。总结了从港口城市到门户城市的一般规律，并以此指导宁波区域中心功能和交通枢纽功能的优化。

三是注重战略规划前后的衔接，推动战略规划研究与总体规划、具体行动计划相结合，提高了战略规划的实施性。

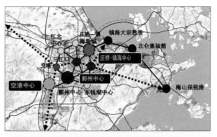

图4 中心城区多中心网络化空间结构

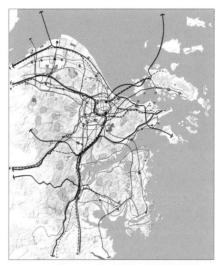

图5 城市综合交通系统规划

图6 文化景观系统规划图

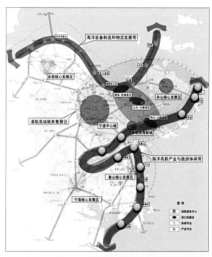

图7 南部宁象地区的战略价值凸显

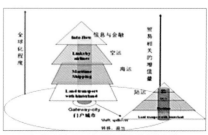

图8 港口城市到门户城市的演变

三沙市发展规划战略研究

编制起止时间：2013.1-2014.10
承担单位：城市环境与景观规划设计研究所、城镇水务与工程专业研究院、建筑设计所（北京国城建筑设计公司）、城市交通专业研究院
项目负责人：周干峙、张 兵
主要参加人：黄少宏、戴 堃、易 翔、赵 旺、陈利群、顾志康、周长青、曹玉格、秦 斌、林明利、吴学峰、王 庆、于 伟、赵群毅、李 利

广袤的南海孕育了西、中、南沙群岛，2012年6月，地级三沙市正式成立，管辖西、南、中沙群岛所属岛礁及其海域。三沙市岛屿面积为13km^2，海域范围逾200万km^2，是中国陆地面积最小、海域面积最大、人口最少的城市。三沙市人民政府驻西沙永兴岛。

1. 研究重点

针对我国南海日益复杂的局势，为更好地维护祖国海洋权益，引导三沙市科学发展，中国工程院于2013年1月组织多家研究机构，共同开展了重大工程咨询项目"三沙市发展战略研究"的研究工作。

本课题共下设5个子课题，研究周期为两年。中国城市规划设计研究院主要承担子课题四——"三沙市发展规划战略研究"，侧重研究三沙市发展建设的战略路径与空间路径以及相关支撑系统的构建策略。

2. 我国南海问题的严峻现状

南海问题是历史遗留问题，从历史与法理的双重角度来看，我国对南海诸岛及其海域主权无可争辩，但当前南海地区不可回避的现实危机是：区域内外国家步步紧逼，而我国对南海的开发进程相对滞后，现状在南海特别是南沙群岛地区，"岛屿被侵占、海域被分割、资源被掠夺"等问题十分严峻。

南沙群岛至少有42座岛屿、礁、沙洲被越南、菲律宾、马来西亚等国非法占据，南沙80多万平方公里的海域全部或者部分被有关国家声索拥有。南海周边国家主动拉拢域外石油公司介入南沙地区的油气资源开发，分布在南海区域约1500多口油气井中，有约300多口油气井位于中国南海九段线内。此外，近年以美、日为首的区域外大国主动介入南海争端，地区局势日趋呈现复杂化的态势。

3. 三沙市的战略价值

三沙市是国家重要的资源储备区。其生物资源、矿产资源、旅游资源均十分丰富，尤其是南海的油气资源，开发利用前景极为广阔。

三沙市扼守重要的国际航道。南海航道是当今世界上最繁忙的国际航路之一，也是我国对外开放的重要通道与能源补给线，保障我国南海国际航道安全，对维护我国对外贸易、能源安全具有重要意义。

三沙市是国家安全的天然屏障，南海的海域面积广阔，水深与水文条件优良，发展建设三沙市，特别是在南沙群岛地区强化控制，可延长我国海洋方向的战略纵深。

4. 技术要点

本课题通过对三沙市发展的内外部环境分析，判断三沙市所面临的战略机遇与维权挑战，特别应从国家建设海洋强国的战略高度出发，谋划三沙市的发展，推进岛礁建设与海域管理。

结合三沙市的战略价值，提出"五位一体"的战略定位：①建设海洋强国的载体；②地区和平发展的窗口；③南海资源开发的基地；④热带海洋旅游的胜地；⑤低碳绿色的海洋城市。

为确保战略定位的实现，进一步提出三沙市总体发展战略与空间方案，围绕其未来发展目标，构建全方位、多角度的支撑系统，并提出策略建议。

《武汉 2049》远景发展战略研究

编制起止时间：2012.11–2013.11

承担单位：上海分院

项目总负责：李晓江

项目负责人：郑德高、孙娟

主要参加人：马璇、尹俊、姜秋全、方伟、周扬军、李璇、李力、孙莹

合作单位：武汉市规划研究院

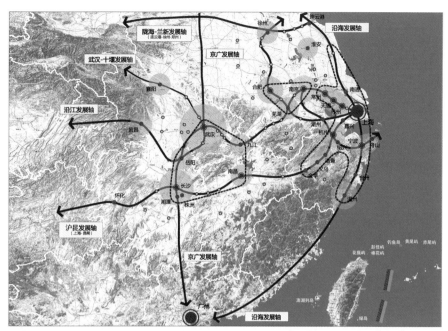

图3 中三角五角形区域空间格局示意图

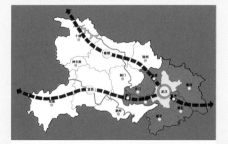

图1 武汉在湖北及全国区位示意图

图2 武汉城市圈功能体系规划图

2049 年是新中国成立百年，也是武汉解放百年，规划《武汉2049》，其核心目标之一是要用一个更长远的价值观来指导现在的行动。从更长远的价值取向来看，当国家和城市的经济发展进入到一定的发展阶段后，除经济目标外，人民有更多的追求，包括追求更清洁的空气、更舒适的生活、更绿色的交通等。"武汉2049"的核心在于解决三大问题：第一，武汉的目标是什么。要避免走弯路，出现方向性错误。第二，明确我们不能做什么。要避免做错事留遗憾，避免短期行为，急功近利。第三，确定我们该做什么。避免错过机遇。

1. 规划内容

1）中三角区域：武汉的国家中心城市职能与"五角形"地区的成长

武汉与区域的经济、交通联系在空间尺度上表现为"强弱强"的特征，即远距离强、中距离弱、近距离强。从发展趋势来看，目前中三角还处于单核据点式发展阶段，按照经济发展潜力模型的分析，中三角地区逐渐会从单核据点式走向联系紧密的网络化地区。通过经济模型预测，在中三角地区将会形成一个地理邻近、经济联系紧密的中部"五角形地区"，该地区由武汉、岳阳、长沙、南昌、九江构成，而武汉应当承担中三角地区的国家中心城市职能。

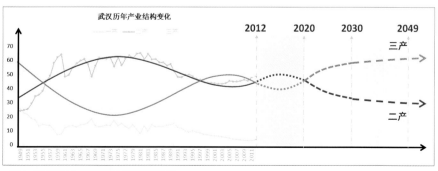

图4 武汉再工业化模式产业结构演变示意

2）产业发展模式：国家中心城市模式与再工业化模式的比较与选择

武汉当前二、三产业基本相当，处于交织阶段。通过案例比较，发现当前以省会为代表的中心城市发展包含两种模式：①以上海、广州为代表的"国家中心城市模式"，二、三产业交织发展到一段时间后，服务业会逐渐快速增长成为主导产业。②以合肥、长沙为代表的"再工业化模式"，二、三产业交织发展到一段时间后，二产又逐渐成为主导产业。依据武汉当前的产业结构、投资结构与发展趋势，武汉的国家中心城市目标要分阶段实现，不同阶段具有不同模式：2020年之前，二、三产业交织，再工业化不放弃，且服务业发展要加速，为国家中心城市的成长阶段；2030年之前，三产超过二产，为国家中心城市的成熟阶段；2049年之前，三产主导，为生产性服务业重点发展阶段，为世界城市的培育阶段。

3）城市目标与愿景：更具竞争力、更可持续发展的世界城市

依据武汉的优势与发展机遇，结合武汉发展模式的选择，《武汉2049》的总体目标定位为建设更具竞争力、更可持续发展的世界城市。具体的城市愿景描述为：一个更加拥有活力的城市空间，更加绿色低碳的生态环境，更加宜居的公民社区，更加包容的文化环境，更加

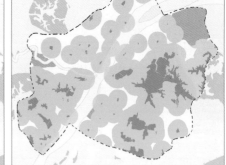

图6 宜居的城市——规划步行10分钟可达公园及湖面分析图

高效的交通体系，并在创新、贸易、金融、高端制造方面拥有国际影响力与全国竞争力的世界城市。

从更具竞争力的角度出发，结合武汉的优势，城市的功能定位为四个中心：国家的创新中心、贸易中心、金融中心与高端制造中心，重点突出在中部地区的地位与作用。从更可持续发展的角度，城市的发展应当朝着五个方面转型：绿色的城市；宜居的城市；包容的城市；高效的城市；活力的城市。

4）具体策略与规划

（1）绿色的城市。规划通过生态安全、生态底线、蓝绿网络与低碳发展四个方面来构建绿色的武汉。生态安全依托长江及大别山、幕阜山脉，重新优化区域生态空间，调整区域蓄滞洪区布局，控制长江洪涝威胁。通过研究生态敏感性和生态阻力来识别武汉的生态底线，制定生态底线保护措施，合理确定不同生态安全级别下的适宜发展规模。在蓝绿网络方面，规划构建"四横七纵"的蓝色生态网络和以郊野公园、城市生态公园、社区生态节点为基础的绿色生态网络。

（2）宜居的城市。个人生活圈将是社区空间组织和服务设施配置的基本单元。规划将武汉未来社区划分为轨道交通站点覆盖和公交接驳支撑两类，共约700个社区，单个社区面积在10~20hm²左右。活力的社区形成社区—地区—城市三级中心，为市民提供便捷有效的服务。绿色社区倡导公园和湖面的高覆盖率，主城区居民步行10分钟可达公园或娱乐场地；步行交通占出行50%以上，自行车出行比例高于10%。

（3）包容的城市。在物质层面，武

图5 绿色的城市——蓝绿生态网络规划图

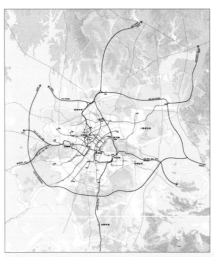
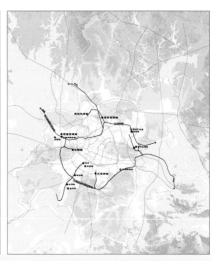

图7 高效的城市——客运及货运体系规划图

汉需要挖掘已有历史文化资源，通过历史街区（建筑群）的功能提升，彰显文化特色，促进国际交往，促进文化资源与城市功能的融合。加强城市文化设施建设，建设一批国际、国内领先水平的旗舰型文化设施项目，提升文化设施水平。在文化活动方面，武汉通过世界级大事件策划引领城市文化的发展。

（4）高效的城市。未来三大目标：一是构建我国中部的国际交通枢纽，二是打造华中物流的运营枢纽与管理中心，三是形成一体化的大都市绿色交通体系。提出以下主要措施：第一，打造武汉铁路环形枢纽，串联武汉未来的三大高铁站点以及城际枢纽站点，并且通过京广铁路的中央线通道，联系武昌火车站以及机场。第二，打造武汉的城市轨道环线，将武汉三镇分散的重要城市中心进行串联，构筑城市中心联系轨道环。第三，建设武汉城市外围的货运绕行线，将城市边缘的产业园区、铁路货运站以及港区用货运铁路的方式联系。

2. 空间布局

中心城市未来空间发展将呈现出人口分布的圈层结构、功能分布的分层结构以及功能联系的轴线结构三个特征。

（1）人口分布的圈层结构。预计武汉 2049 年总人口约 1600 万 ~1800 万人。其中，在武汉城市的中央活动区范围内，人口将继续增长，但远景有所回落，将稳定在 220 万 ~250 万人；去除中央活动区，主城区人口缓慢增长，规模达到 550 万 ~600 万人；外围新城组群，先缓慢增长，远景快速增长，远景达到 480 万 ~550 万人左右；市域的外围人口将缓慢增长，远景大约 350 万 ~400 万人。

（2）武汉功能分布的分层结构：未来武汉的空间结构要能支撑武汉的世界城市目标的建设，要能适应武汉产业结构的调整，要能营造武汉的创新氛围，要能构建武汉的生态环境和匹配武汉的

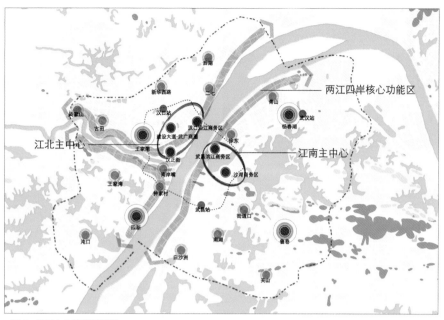

图 8　武汉中心体系规划图

高效交通系统，需要改变目前蔓延的城市空间状态，构筑完善的新功能体系：应形成一个突出核心职能的"主城区"，通过两江四岸功能集聚来打造武汉的城市核心，分别发展南北两翼，打造双主中心；在主城区外，通过"四个次区域"建设引领外围地区发展，让"临空次区域"、"临港次区域"、"光谷次区域"、"车都次区域"成为武汉四个经济增长极，带动内部产业提升和新城功能发展。

（3）武汉功能联系的轴线结构：构建沿江发展轴和京广铁路"十字"发展轴线，形成武汉主城区和四个次区域的对外带动辐射效应，与外围城市圈四个城市组群协同发展。

3. 创新与特色

在国家与城市转型发展的关键时期，《武汉 2049》作为一种新类型的中长期的战略规划刚刚开始萌芽，它不同于传统的战略规划，也不是传统扩张型战略规划的技术总集成，而是一种新类型的战略规划。

（1）从技术方法上强调趋势判断的

重要性，这种趋势判断关键在于方向上的正确性而不在于数值上的准确性。

（2）从规划理念上强调可持续发展，尊重人的精神需求以及与自然和谐共处，而不是经济的快速发展。

（3）把对城市竞争力的认识放在全球化与区域化的大网络中，识别城市的位置与价值区段，而不是就城市论城市地规划城市发展目标。

（4）把城市的发展动力同工业化、再工业化与国家中心城市的模式关联起来，从而识别城市的发展动力与路径。

（5）在规划编制方法上强调竞争力与可持续发展两条主线，而且两者相互促进。

4. 实施效果

武汉市在《武汉 2049》远景发展战略规划的指引下，先后编制了武昌区发展战略规划、江夏区城乡统筹发展战略、光谷 2049 规划、黄陂区战略规划等分区规划与研究，并在 2049 远景战略基础上，召开了中国工程院院士讨论会，举办了全市 2049 远景畅想会，形成了全市各阶层公众的大讨论，使 2049 的理念深入人心。

株洲市"两型社会"综合配套改革试验区核心区发展战略规划

2010-2011年度中规院优秀城乡规划设计二等奖
编制起止时间：2008.9-2009.7
承 担 单 位：城市规划设计所
主 管 所 长：尹 强
主 管 主 任 工：邓 东
项目负责人：闵希莹、范嗣斌
主 要 参 加 人：孙心亮、李 荣、刘继华、
陈利群、陈 岩、林 坚、
黄斐玫
合 作 单 位：北京大学

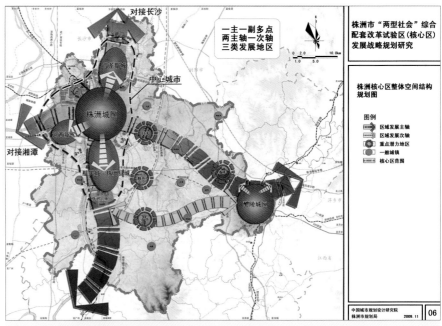

图2 核心区整体空间结构规划图

本战略规划通过对资源节约和环境友好（两型社会）的战略要求的判读与识别，对株洲"两型社会"核心区自身问题与特色的梳理以及对未来发展方向与趋势的判断，提出了具有科学性和前瞻性的战略定位。在战略定位的指导下，明确了株洲在区域层面、市域层面、"核心区"层面和中心城区层面的空间整合与梳理的战略方案，不仅为株洲市的未来发展指明了方向，也对"两型社会"的内涵和规划编制方法进行了技术探索。

1. 规划重点内容

战略规划首先对株洲的战略定位进行了研究。随着长株潭城市群一体化进程的深入，株洲将更加依托长沙的区域综合服务职能，株洲应维持自身的特色，与长沙协调互补发展。同时，两型社会试验区要求株洲在资源节约和环境友好等方面有新的突破。最后确定的定位为：高新工业基地，商贸物流中心，职教研发之城，低碳清洁先锋。

规划十分重视对资源本底和生态环境的保护。规划将核心区内河流水系、基本农田、风景旅游区等十余项空间要素作为规划的本底，同时对区域绿廊、景观林地、滨水空间等诸多景观要素分

析提取，并在生态和景观要素得到合理管控的基础上，确定城市空间结构。

规划还利用交通引导和支撑空间结构的梳理。通过交通系统的完善和优化，来引导和支撑区域层面、市域层面、"核心区"层面和中心城区层面的整体空间布局，实现优地优用、集约高效的发展。

2. 空间布局

在核心区，规划的城市空间结构为"一主一副多点、两主轴一次轴、三类发展地区"。一主指株洲市区至株洲县城城市化发展地区，是株洲市的主中心城市；一副指醴陵市区及周边城市化发展地区，是株洲市的副中心城市；多点指中部城乡统筹发展地区的几个潜力发展地区。两主轴指与区域及市域整体空间发展结构相吻合的南北向和东西向空间发展轴线；一次轴指核心区内依托改造后的313省道的东西向的次级发展轴线。三类发展地区指整个核心区可划分为城市化发展地区、城乡统筹发展地区、生态和特色产业发展地区等三类具有不同发展和限制条件，采用不同发展指引和政策支持的地区。

同时，通过构建完善的城际轨道交通系统、完善的公路干网系统和区域交

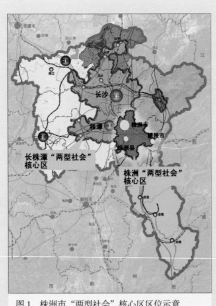

图1 株洲市"两型社会"核心区区位示意

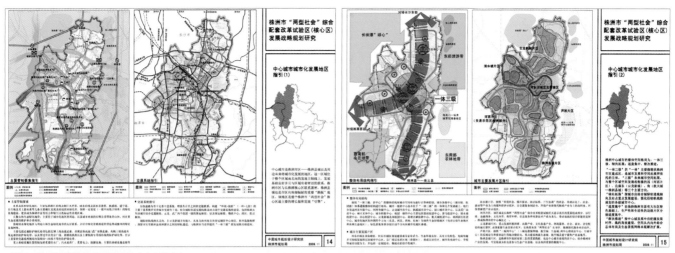

图3 次区域发展指引图则示例（中心城市）

通廊道，支撑核心区城市空间结构。

3. 创新与特色

本次战略规划在以下三方面进行了一些创新和探索。

（1）两型社会指标体系的构建。为使株洲市两型社会的发展更具量化的可辨别性，指导并检验两型社会发展的成果，通过总结并梳理国内外相关的研究成果，结合两型社会的特点和株洲发展的趋势，构建了两型社会指标体系。该指标体系包括生态环境保护、资源节约利用、土地集约高效、产业优化升级、社会和谐进步五大方面内容，并分为控制性指标与指导性指标两大类型。

（2）在战略层面划定分图图则的方法。规划因地制宜划分次区域，管控重要公共资源要素，指引下一层次规划建设，将规划范围划分为城市化发展地区、城乡统筹发展地区和生态及特色产业发展地区三个次区域，并针对每个次区域划定"分图图则"，指引和管控次区域的发展。

（3）土地政策的研究与总结。土地政策与土地制度的改革是破解株洲问题的关键之一。本规划对国内目前较为成功的土地制度改革模式进行了梳理与总结，为株洲土地政策的制定提供了经验借鉴。

4. 实施效果

本次规划完成后，对城市规划建设

起到了方向性的指导作用，规划实施主要包括了以下三个方面：

（1）在本规划的指导下启动了一批下位规划的编制，包括《株洲市城市总体规划（2010-2030）》、《醴陵市城市总体规划（2009-2030）》、《云龙新城概念性规划》、《株洲县城市总体规划（2010-2030）》、《天易示范区概念性规划》等。

（2）启动了一批项目的实施，包括湘江风光带株洲段的建设、云龙新城的建设和S313省道的升级改造等。

（3）一批具有战略意义的"两型"项目正得以落实，包括株洲清水塘重金属污染治理工程，株洲重污染高能耗企业搬迁改造工程等。

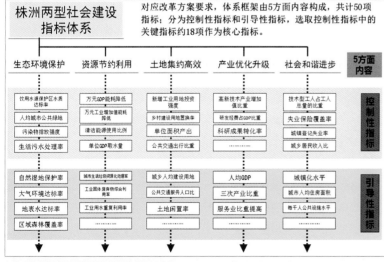

图4 两型社会建设指标体系构成示意图

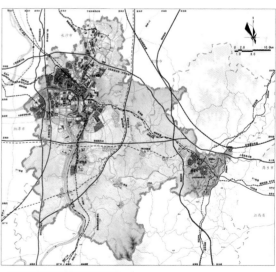

图5 核心区用地规划示意图

浙江省天台小县大城发展战略

2012-2013年度中规院优秀城乡规划设计二等奖
编制起止时间：2011.5-2012.2
承 担 单 位：上海分院
分院主管院长：郑德高
分院主管总工：蔡 震
项目负责人：孙 娟、孟江平
主要参加人：马 璇、刘 迪、林辰辉、
刘昆轶、姜秋全、谢 磊、
李维炳

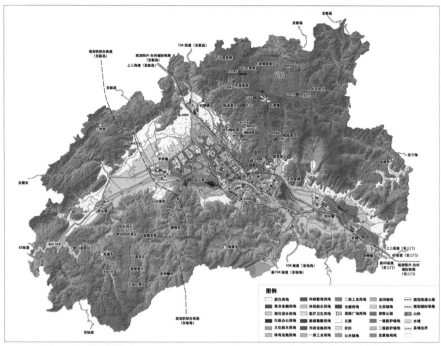

图1 县域用地布局规划图

1. 项目概况

天台县是浙江东部山区县，台州市西北门户。天台拥有品质卓越的家底：这里拥有奇山秀水、桃源仙境的自然之本，"夫峻极之状、嘉祥之美，穷山海之瑰丽，尽人神之壮丽"是对天台山奇山秀水的最好总结。这里有佛宗道源，心灵瑜伽的文化之魂，天台意寓星宿集聚之地，也是佛道昌盛之所。这里是中华佛教第一宗派天台宗的创立地，也是道教南宗的发祥地。这里有道济天下、和合精神的人文之风。天台是"活佛"济公的出生地，道济天下的人文之风影响了天台人乐善好施的胸襟与情怀。然而近年来，天台的发展呈现出诸多问题：第一是经济总量小、排名低，是浙江省26个欠发达县之一；第二是块状经济显著，效益略显不足；第三是公共服务严重滞后，业态品质急需提高；第四是城市形象与自然山水不协调，市民普遍失望。过去的天台由于功能板块不清晰，导致了投资导向不清晰，造成了体制机制不清晰，也造成了旅游策划不清晰。针对天台发展出现的问题，本项目的主

要规划内容包括战略规划、城市设计及行动规划，目的是为天台寻找整体的发展思路的同时，明确实施路径。

2. 核心内容

县域层面：提出将天台打造成东方精神家园，明确天台的功能定位为：佛宗道源地，心灵瑜伽园，品质天台城。

在功能定位的基础上提出未来天台小县大城发展的四大策略：

策略一：养生进山。一方面要保留原味，彰显佛宗道源地特质与原生态的佛道文化，重要古寺、道观周边1km以内禁止进行任何形式的商业开发。在保护范围内，维持宗教建筑周边自有特色景观环境，对寺院周边的溪流、古木、山体、石径以及特色空间环境予以完整的保留，恢复其原生态特色，恢复山区霞客古道，串联文化宗教景点。另一方面要高端开发，沿山谷打造顶级休闲养生项目。充分突出地方特色，打造适宜地方特色的项目。

策略二：旅游靠山。第一是调整旅游组织模式。通过旅游集散单元组织旅游集散，根据建设发展时序，分步构建旅游集

散体系。第二是建设天台的奈良公园——心灵家园，在天台北部的景城交融处，充分发挥靠山的景观优势，打造主题集散园，参考奈良公园的建设模式，打造天台特色的心灵家园式旅游公园。沿山建设多个特色山谷，打造与营建心灵家园的基底，沿着山区环路，串谷塑廊，形成四大主题谷。

策略三：城市西进。经分析，县城西部应当成为未来吸引城市人口集中的重点地区，规划需要完善服务，合理引导本地人口集聚，做强设施，适当吸引外地人口入住。

策略四：产业东进。从天台产业发展现状可以发现，无论是从产业发展现状、发展效益、货流方向还是资源环境制约上来看，东部地区都是天台产业发展活力与潜力较大的区域，因此，整体上提出产业东进，是强调未来产业发展的主导方向。同时，也应该看到，天台现状西部已经形成了一定的产业基础，许多乡镇也都形成了自身的特色产业，规划希望在现状基础上对其进行一定的引导与控制，形成基于现状发展诉求的"小分散"。

分析现状条件，挖掘文化资源，在

秉承县域发展大格局的基础上，突出设计创意，提出了七大设计创意。

创意一：天台高阁。对于山水城市来说，一项重要的设计即是"登高远眺"。"塔"与"楼阁"成为这种城市文化的重要载体。天台县城周边伫立了5座小山，这些山都是鸟瞰县城的绝佳视角，同时，山体不大，道路畅通，可达性较好，是市民周末郊游的好去处。所谓"天台高阁"就是在这5座山体的山顶，建设观景和休闲设施，使其成为观景和景观的重要节点。

创意二：始丰之冠。对于天台这样的山水城市来说，山与城的关系不仅仅要体现山上的观景点规划，更要注重城内观山的感受。建筑高度与山体高度的关系、高层区域的位置、山水视廊的选择等是我们需要重点研究的内容。因此，提出"始丰之冠"的设计创意，系统设计城市的高度分布，选择地标区域和地标建筑。

创意三：林溪绿道。在天台建设完整的绿道系统。绿道一般建于重要的沿溪和沿路的带形绿地当中，带形绿化的基准宽度为20m，局部地区，根据地形特征或者结合块状绿地的建设，绿带宽度可以加宽。根据所在区域的不同，绿道又可分为干河绿道、支流绿道和山地绿道。

创意四：湖光绿苑。因循中国式的营造手法，还古代绿苑的休闲生活于市民，结合河湖水体打造城市公园系统。天台公园系统分类包括郊野公园、城市公园、社区公园、绿廊、街头绿地等，形成"千米一园、百米一林"的开放空间格局。

创意五：绿荫街廊。道路绿化和道路景观系统，规划设计理念是"步步林荫、景廊观城"。天台的气候条件是非常适合植物的生长的，植物的种类也丰富多样。所以，我们对进入城市或者在城市的结构中起到重要作用的道路进行了道路景观化设计。

创意六：记忆古城。对于天台这座历史文化名城来说，一方面是非物质文化遗产的保留、继承和延续，但另一方面，物质层面的古元素却需要进一步挖掘、梳理和提升。我们提出"记忆古城"的设计创意，是对古道、古城、古桥、古街的恢复再现和记录。

创意七：质朴之城。天台作为山水环境极佳的小城市，历史上就是顺应山水格局的，在大自然面前是一种谦逊朴素的姿态。未来天台的城市尺度也应该是一种精致、近人的空间感受，没有超大的街坊和地块，鼓励主体建筑化整为零。

3. 特色创新

提出了融合战略与设计的规划模式。

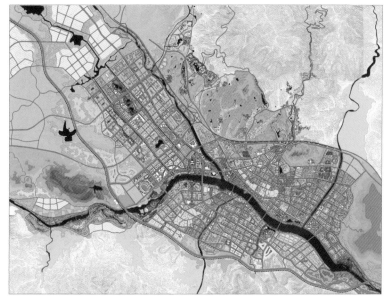

图2 中心城区总体城市设计总平面图

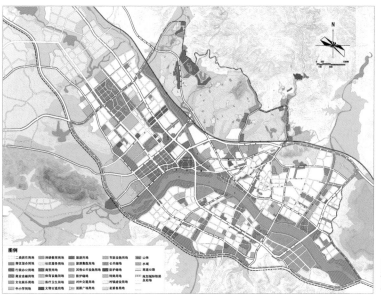

图3 中心城区用地布局规划图

时间顺序上，战略规划研究和城市设计研究需要先于传统法定规划。在空间层次上，打破宏观、微观界限，对县域、县城以及核心地段三个尺度的空间进行统一规划，做到既有广度，又有深度，即：有理想，又有操作的现实性。战略规划与城市设计在项目形式上是可以分开的，但作为一种规划手段或思维方式，"战略思维"与"设计思维"是相融合的。"融合战略与设计"是一种全新的规划模式：从内容上看是"战略规划＋城市设计＋行动规划"，从空间层次上看是"县域规划＋县城规划＋重点地段规划"。

6

城市总体规划

北京市城市总体规划
（2004—2020）
（纲要）

2005年度全国优秀城乡规划设计一等奖
2005年度中规院优秀城乡规划设计一等奖
编制起止时间：2004.2—2004.9
承担单位：院
项目负责人：李晓江、王凯
主要参加人：郑德高、闵希莹、孔令斌、
　　　　　　鹿勤、孔彦鸿、赵中枢、
　　　　　　朱思诚、张浩、王贝妮
合作单位：北京市城市规划设计研究院、
　　　　　　清华大学

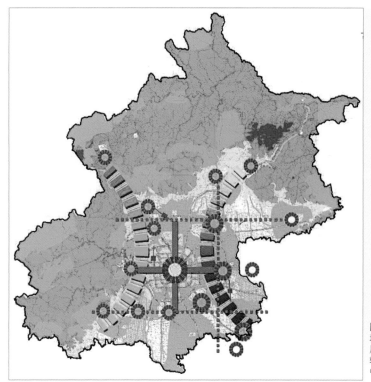

图1 北京城市空间发展战略：两轴两带多中心

1993年版的《北京市城市总体规划》预期2010年全市常住人口1500万人，城镇建设用地924km²。到2002年全市常住人口已经达到1423万人，城镇建设用地达到941km²，大大超出规划预期，北京的城市中心区功能过度集聚，旧城保护受到极大的冲击。在此形势下，北京市邀请三家编制单位（中国城市规划设计研究院、北京市城市规划设计研究院、清华大学）共同编制了本规划。

本次规划确定了以城市问题为导向，以资源环境为基础，以产业发展为动力，以协调发展为目标的技术路线。空间上打破多年来形成的单中心的空间结构，建构面向区域的多中心的空间布局结构，在城市发展的前提条件分析上，突出土地、水、能源、生态环境的承载力分析，提出立足于市域空间的次区域划分，提出新城建设交通先导的原则和措施，提出立足于生态环境建设的限建区概念。工作方法上创造性地提出"政府组织、专家领衔、部门合作、公众参与、科学决策"的工作方针。

1. 技术要点

1）规划指导思想的科学性与针对性

以邓小平理论和"三个代表"重要思想为指导，以全面建设小康社会和实现现代化为目标，贯彻落实以人为本，全面、协调、可持续的科学发展观，牢固树立抓住机遇、加快发展的战略思想，促进经济社会和人的全面发展，不断提高构建首都和谐社会的能力。

贯彻好"四个服务"：更好地为中央党政军领导机关高效开展工作服务，为日益扩大的国际交往服务，为国家教育、科技、文化和卫生事业的发展服务，为市民的工作和生活服务。

综合首都发展的实际，贯彻"五个统筹"：统筹城乡发展，实现城市与郊区的统一规划；统筹区域发展，协调好南城与北城、平原与山区以及京津冀地区的发展；统筹经济与社会的发展，规划好产业与社会事业的空间布局；统筹人与自然和谐发展，协调好人口、资源、环境规划配置，为广大群众建设适宜居住的城市。

2）城市发展前提条件的客观分析

理性认识、客观分析北京城市发展的优势条件和限制性因素，尤其是资源环境的承载能力，是本次城市总体规划工作的前提和基础。本次规划重点对城市发展所需的土地资源、水资源、能源和生态环境条件进行了分析。

3）城市性质的传承与城市规模的弹性

北京是中华人民共和国的首都，是全国的政治中心、文化中心，是世界著名古都和现代国际城市。

随着社会主义市场经济体系的不断完善，劳动力等基本生产要素流动成为一种趋势，由区域经济发展不平衡等引起的人口流动大大增加，城市规划的不可预见性加大。到2020年，北京市总人口规模规划控制在1800万人左右，年均增长率1.4%。其中户籍人口1350万人左右，居住半年以上外来人口450万人左右。本次规划在基础设施等方面指标暂按2000万人预留。

4）面向区域的城市空间结构

在全球化的背景下，北京所在的京津冀地区是我国社会经济发展和参与全球竞争的重要区域，北京、天津、河北在产业、城镇、交通等基础设施建设方面具有紧密的联系。

"两轴两带多中心"的城市空间发展战略。两轴，指沿长安街的东西轴和传统中轴线的南北轴。两带，指包括通州、顺义、亦庄、怀柔、密云、平谷的"东部发展带"和包括大兴、房山、昌平、延庆、门头沟的"西部发展带"。多中心，指在市域范围内建设多个服务全国、面向世界的城市职能中心。

规划 11 个新城，分别为通州、顺义、亦庄、大兴、房山、昌平、怀柔、密云、平谷、延庆、门头沟，其中通州、顺义和亦庄 3 个为重点新城。

5）中心城职能优化与名城保护相结合

中心城强化首都职能，弘扬城市文化，提升城市的核心竞争力，积极疏散旧城的居住人口，综合考虑人口结构、社会网络的改善与延续问题，提升旧城的就业人口和居住人口的素质。

6）立足职能分析的城市中心体系

市域范围内建设多个服务全国、面向世界的城市职能中心，提高城市的核心功能和综合竞争能力。

7）资源节约型城市的探索

提高产业用地开发强度，转变土地利用方式，促进土地集约利用和优化配置，提高土地资源对全市经济社会可持续发展的保障能力，保障首都各项职能的充分发挥。

8）基于生态环境确定限建区

禁止建设地区作为生态培育、生态建设的首选地，原则上禁止任何城市建设行为。

限制建设地区多数是自然条件较好的生态重点保护地或敏感区，科学合理地引导开发建设行为，城市建设应尽可能避让。

适宜建设地区是城市发展优先选择的地区，但要根据资源环境条件，合理确定开发模式、规模和强度。

9）综合交通规划与空间规划相匹配

交通发展战略的核心是全面落实公共交通优先政策，大幅提升公共交通的吸引力，实施区域差别化的交通政策，引导小汽车合理使用，扭转交通结构逐步恶化的趋势，使公共交通成为城市主导交通方式。

突出交通先导政策，根据"两轴两带多中心"的城市空间布局，加大发展带的交通引导力度。

积极推动东部发展带综合交通运输走廊的建设，构筑以轨道交通、高速公路以及交通枢纽为主体的交通支撑体系。

10）立足于市域空间管制的次区域划分

为了落实集约发展的思路，避免行政分割造成的重复建设和无序竞争。根据不同区域的现状发展特征、资源禀赋、生态环境承载能力以及未来规模，划定 4 个次区域，实施规划建设的分类指导。

2. 实施情况

该纲要指导北京市域范围内 11 个新城的规划，对城市功能的提升与完善，如首钢的搬迁起到积极的推动作用，对大型基础设施的建设，如首都第二机场、京津第二高速公路的选址等起到关键的作用。

图 2　建设限制性分区图

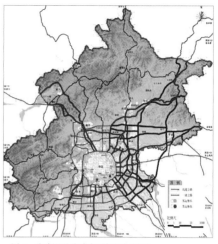

图 3　公路网及公路主要枢纽规划图

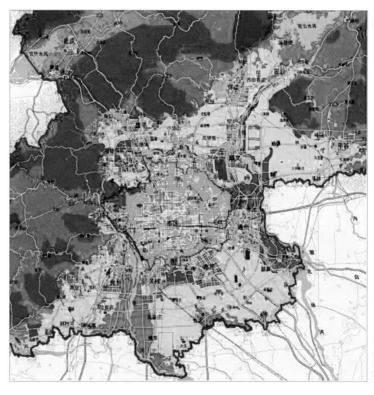

图 4　北京城市总体规划（2004–2020）

北京城市总体规划实施评估——区域发展战略研究

编制起止时间：2010.3-2010.12
承担单位：城乡规划研究室
主管总工：陈锋
主管所长：王凯
主管主任工：徐泽
项目负责人：徐辉
主要参加人：徐颖、马嵩、张晓丽

2010年北京市规划委员会启动了《北京市城市总体规划实施评估》编制工作，我院承担了区域发展战略专题研究任务。本研究从新时期北京发展的困境和区域发展的困惑两条线索入手，分析目前区域协同发展中存在的主要问题，围绕京津冀共同建设世界级城市群的目标和建设大国首都地区的总体要求，提出北京的区域协调发展战略要点。

《北京市城市总体规划实施评估》项目获得2011年度全国优秀城乡规划设计一等奖。

1. 规划内容

1）区域协同发展总体战略

未来京津冀三方应立足"区域一体、合作共赢"的原则加强交流合作。北京要进一步提升国际化职能，破解功能单一中心高度聚集的困境，在区域层面重组首都职能和国际化职能，并实现创新引领区域发展、开放服务区域。同时，北京周边地区要摆脱长期发展滞后的困境，需要加快构筑开放平台，强化交通设施建设，提升产业承接能力，并与北京协同加强生态环境保护。一是促进京

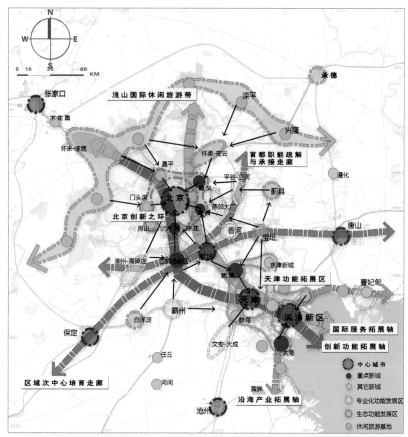

图1 区域发展总体格局示意图

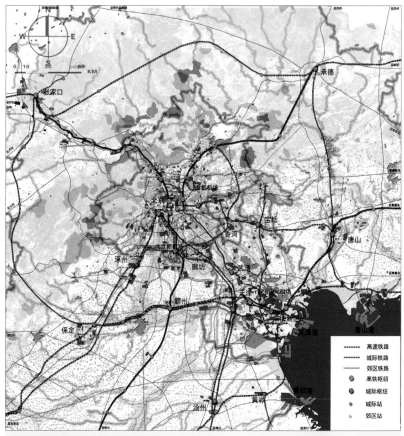

图2 北京及周边150公里范围区域的协同布局总图

津走廊地区的多通道紧密对接，强化国际门户、区域性枢纽的便捷换乘；二是大力培育保定－首都二机场临空经济区、廊坊－唐山走廊地区，强化天津港与走廊地区主要城市的对接合作，加快建设先进制造业基地和区域性物流产业基地；三是在北京东南部 30～60km 范围建设专业化配套服务功能区，承接北京的非首都核心功能转移；四是培育北京西北部的跨界国际化旅游合作区。

2）职能空间协调发展策略

借鉴世界城市空间拓展经验，从三个区域尺度上谋划首都职能的区域重组。首先，北京 60km 范围内区域为首都功能拓展区，是北京国际化职能、首都服务职能发展的重点区域。未来应在公共服务设施、公共交通和重大市政设施一体化布局等方面寻求合作。北京的通州、大兴、顺义新城在推动区域一体化方面应发挥更加重要的作用。同时，研究提出，北京新机场应服务于京津冀区域发展和区域产业组织，首都机场更强调首都的国际化服务职能提升。其次，推进京津唐保"菱形"地区的协调发展，构筑 150km 范围的产业紧密协作区。近现代 100 年以来，该区域逐步形成了"北京（首都）－保定（直隶地区）－天津（门户地区）－唐山（工业基地）"的互动发展格局。未来随着连接北京、天津、保定、唐山和廊坊的高铁和城际铁路的建设，两两城市之间的通勤时间将缩短到 40 分钟以内。"菱形"区域里主要交通走廊地带的新城、枢纽节点地区在产业生产与服务、科教服务等方面的合作前景更加广阔。再次，北京周边 300km 范围内的中心城市是区域重要增长极。该范围内的唐山港、石家庄、张家口、承德、秦皇岛的空港和内陆港（无水港）与北京在对外开放平台建设、区域物流组织等方面都具有战略合作前景，同时，承德、张家口、秦皇岛、白洋淀等区域是北京建设世界级旅游目的地的重要合作空间。

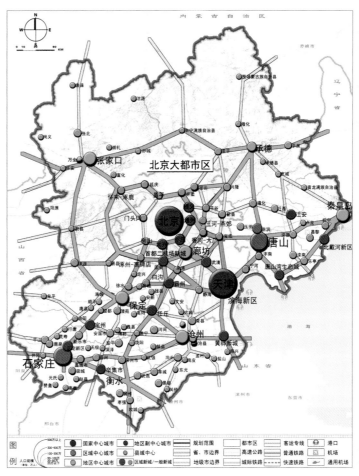

图 3　区域城镇体系格局图

2. 近期空间协调发展重点

1）京津走廊地带

未来随着北京新机场的建设和天津自由贸易港区的建设，该区域在与全球产业分工协作中的引领作用将更加显著。未来京津走廊地区应加强口岸一体化、国际金融商贸、科技成果产业化服务、国际休闲旅游与文化娱乐、国际性高端人才服务等方面的合作建设，重点建设通州新城、大兴－亦庄新城、北京新机场空港城和武清新城。

2）京北跨界地区

该区域是京津冀地区旅游资源、文化资源分布最为密集的区域。未来北京的昌平、顺义、密云、平谷、怀柔、延庆，天津的蓟县，河北的承德市、兴隆、滦平和涿鹿、怀来、崇礼共同建设国际文化功能拓展区、国际休闲旅游基地。北京应加强昌平、怀柔、密云的综合旅游服务职能，为国际化服务功能发展预

留更多空间；同时应完善跨界快速交通通道和旅游通道的建设。

3. 创新与特色

立足区域协同要求，明确不同空间尺度下的重点规划任务。

1）京津冀尺度（300km 以内）

推进重大国家职能的区域协同布局，推进空港、海港的区域联动发展机制，建立京津唐保区域协作政策。

2）北京大都市区尺度（60km 以内）

重点研究首都职能区域化及与都市枢纽体系的协同建设问题，推进区域一体化，解决降低热岛效应的风道，跨区域的生态绿廊控制问题。

3）北京中心城区尺度（15km 以内）

重点解决城市结构效率提升与降低综合运行成本问题，探索市场引导和政府协商机制下的多中心布局模式，推进城乡结合部地区的多元化改造。

天津市城市总体规划
（2006-2020）

天津市城市总体规划（2006-2020）修改
编制起止时间：2009年12月至今
承担单位：城市建设规划设计研究所
主管总工：李晓江
主管所长：尹强
主管主任工：杜宝东
项目负责人：朱力、张永波
主要参加人：张全、王纯、王继峰、
　　　　　　鹿勤、李潇、冯晖、
　　　　　　张峰、周婧楠、王明田、
　　　　　　龚道孝、王巍巍、朱玲
合作单位：天津市城市规划设计研究院

天津城市总体规划（2006-2020）
2007年度全国优秀城乡规划设计一等奖
2005年度中规院优秀城乡规划设计一等奖
编制起止时间：2004.6-2006.6
承担单位：工程规划设计所（现城镇水
　　　　　务与工程专业研究院）
主管所长：谢映霞
主管总工：邹德慈
主管主任工：朱思诚
项目负责人：李迅、沈迟
主要参加人：李秋实、张险峰、郝天文、
　　　　　　张如彬、朱才斌、魏东海、
　　　　　　孙娟、刘力飞、茅海容、
　　　　　　屈伸、卓旋、曾宇、
　　　　　　李慧轩、李琼、孔令斌、
　　　　　　陈雨、李雅婵、阿思奇夫
合作单位：天津市城市规划设计研究院

图1　天津市城市空间结构规划图

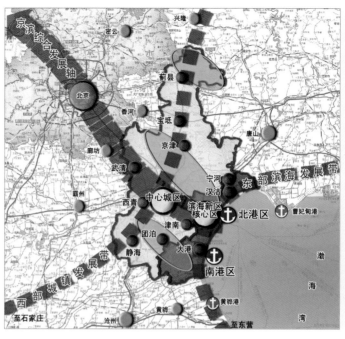

图2　天津市空间战略示意图——双城双港、相向拓展，一轴两带、南北生态

2005年党的十六届五中全会将推进天津滨海新区的开发开放纳入了国家总体战略部署。在此背景下，我院承担了《天津市城市总体规划（2006-2020）》的编制工作。规划明确了天津"建设成为国际港口城市、北方经济中心和生态城市"的城市性质，极大地提升了天津的城市定位，制定了"一轴两带"的市域空间结构，有效引导了城镇产业空间的相对集聚。2006年版总体规划对天津近年来的快速发展起到了良好的支撑和引导作用。

随着滨海新区开发开放战略的实施，天津发展进入了新的阶段。突出表现在：市域总人口快速增长，年均增量达到50万人/年以上；区域性项目大量涌入，大飞机、大火箭等一系列区域性重大项目显著提升了天津的产业发展水平。在这种态势下，2006年版总体规划确定的城市布局和空间结构已难以适应城市发展的要求，出现了"中心城区的单核集聚、滨海新区的单一职能和多头发展、区域结构的单一轴线拓展"等重大问题。

在此背景下，天津于2008年开展了《天津市空间发展战略规划》的编制，明确了"双城双港、相向拓展，一轴两带、南北生态"的总体战略。

2011年天津市人民政府委托我院开展《天津市城市总体规划（2006-2020）》实施评估与修改工作，力图对2006年以来天津市的重大规划与建设工作进行系统性总结，并形成法定性成果。可以认为，天津市城市总体规划修改工作是我院对天津市总体层面一系列规划工作的深化研究和阶段性总结，是我院长期跟踪服务城市规划建设工作的一个实例。

1. 总规修改工作的主要技术特点

天津城市总体规划修改工作是在2006年版总规实施评估的基础上，以《战略规划》为导向，重点研究新形势和新目标下的空间布局与设施资源的优化配置问题。

修改工作的技术重点突出前瞻性、全局性和针对性。

前瞻性主要体现在两个方面：一是重点研究京津冀区域协同发展的新要求和新态势，规划系统总结了北京产业对外投资的两大趋势，即基于时空成本的近域拓展和以服务为导向的中心城市集聚。以此为基础，总体规划修改明确了天津不同地区参与区域协同发展的差异化策略，并提出了不同地区对外交通与区域衔接的方案,为谱写京津"社会主义现代化双城记"提供了支撑。二是规划修改落实《战略规划》的思想,重点研究战略规划确定的空间格局的实施路径,明确了近期发展与长远控制的弹性空间框架,并据此制定了市域城镇空间总体布局。

全局性是指总体规划修改突破传统城市规划"重建设、轻保护,重城区、轻市域"的思路,突出关注城镇发展与生态保护、中心城市发展与市域统筹两个方面的内容。关于生态保护,总体规划修改落实了十八届三中全会关于生态文明建设的重要要求,在城市总体规划"禁建区、限建区、适建区"划定基础上,划定了全市范围的生态用地保护红线,对山、河、湖、湿地、公园、林带等六大类重要生态空间实行永久性保护。关于全域空间统筹,规划在借鉴国内外大城市经验的基础上,从发展动力差异化的角度,对市域空间进行了近域地区(中心城市)和外围独立城镇的两层次划分,制定了以"双城+功能组团"引导中心城区向城市区域发展,以"新城+中心镇"引导乡村地区的集聚城镇化和强化对农村地区服务的城镇化发展策略,并据此制定了市域城镇体系和中心城市功能空间布局。

针对性是指重点针对 2006 年版总体规划不适应的方面进行了修改。通过对 2006 年版总体规划的评估,可以发现 2006 年版总体规划确定的城市规模、用地布局、综合交通体系等方面已经呈现出较大的不适应性。特别是综合交通体系已经成为制约天津城市健康运行的重要因素。总体规划修改落实"双城双港"空间战略,结合城镇功能布局和港口生产布局调整,将港口集疏运系统由"重北轻南"调整为"南北并重",制定了以南北港区为源头,"C"字形组织的疏港铁路和公路,实现了与区域交通网络的衔接。同时,借鉴洛杉矶港等枢纽港口交通组织模式,于南北港区后方分别设置太平镇和西堤头两大货物集散中心,实现公路—铁路与港

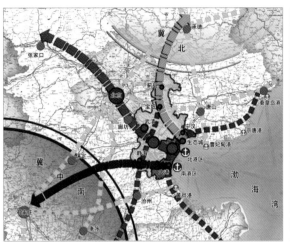 

图 3 区域空间联动发展示意图　　　　图 4 市域城镇体系规划图

口的货物组织,将现状的"直通式"集疏运通道组织改变为"点－线"模式。通过疏港交通组织,可将疏港车道数由 24 条减少为 14 条,货车尾气排放减少 40%。此外,总体规划还对城市规模、用地布局、公共服务设施体系和市政基础设施体系等其他不适应的方面进行了修改。

2. 实施效果

当前城市总体规划修改工作仍在进行中,但总体规划修改工作采取的"政府组织、专家领衔、部门合作、公众参与"的工作组织和对下一层次规划的指导,已经展现出一定的实施成效。

第一,总体规划提出的生态红线划定方案,经专项规划深化后,已经由天津市人大常委会审议通过,成为天津市生态资源保护的重要依据。

第二,总体规划修改确定的空间布局方案,已经成为天津市组织编制各类专项规划和调整各区县总体规划的重要依据。规划确定的城镇空间布局和规模控制要求、重大基础设施布局和生态管制要求,逐步落实到各相关专项规划和区县总体规划中去。

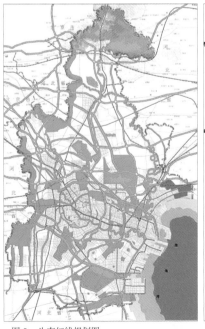 

图 5 生态红线规划图　　　　　图 6 疏港铁路示意图

深圳市城市总体规划
（2010-2020）

2011年度全国优秀城乡规划设计一等奖
2011年广东省城乡规划设计一等奖
2011年深圳市城乡规划设计金牛奖
2008-2009年度中规院城乡规划设计一等奖
编制起止时间：2006.10-2010.8
承 担 单 位：深圳分院、城市规划设计所等
主 管 总 工：李晓江
主 管 所 长：刘仁根、邓 东
主 管 主 任 工：闵希莹
项目负责人：尹 强、范钟铭
主 要 参 加 人：王佳文、石爱华、罗 彦、
　　　　　　　 吕晓蓓、董 珂、周 俊、
　　　　　　　 王广鹏、李 浩 等
专题主要参加人：朱荣远、张若冰、赵中枢、
　　　　　　　　 朱思诚、夏 青、方 煜、
　　　　　　　　 普 军 等
合 作 单 位：深圳市城市规划设计研究院

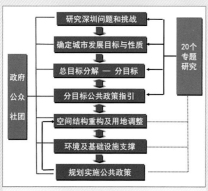

图1 规划技术路线

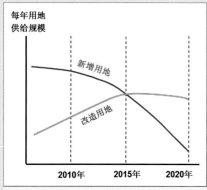

图2 城市发展过程中的增改用地平衡（示意）

图3 深圳市城市建设用地现状图（2006年）

改革开放30年来，中国社会经济发展进入了一个新的历史时期，粗放式的发展模式走到尽头，转型发展已成为各级政府的最大任务。

深圳在造就了城市发展史上的奇迹，经济发展和基础设施建设方面取得了巨大成就的同时，也已经接近开发极限，再依赖外延式增长，只会使土地、环境、人口等矛盾和问题更加尖锐，深圳亟待通过城市发展转型寻求新的发展动力。

2010年8月，在深圳经济特区跨入"而立之年"的重要时刻，新一轮的《深圳市城市总体规划（2010-2020）》获得了国务院正式批复，被确立为新时期指导深圳城市转型发展的纲领性文件。本次规划针对深圳城市发展的独有特点，始终围绕"城市转型"这一核心问题，展开了不同于传统城市总体规划的一些探索和尝试，力求为深圳实现城市成功转型和可持续发展提供方向和路径指引。

1. 规划内容与技术特点

本次总规对转型规划技术方法的探索，突出表现在9个方面：

1）城市发展目标转型：从单一目标到综合目标体系，体现规划引导的方向

传统总体规划在城市发展目标方面，往往只是提出单一的目标，目标与指标方面的关系比较弱，本次总规提出了"总目标—分目标—指标体系"的目标指标体系，并选择对城市发展最具指导性的指标来量化落实目标。

2）编制方法转型：从先图后底到先底后图，变"资源环境底线"为"资源环境前提"

传统总体规划以不突破资源环境底线为原则，以为城市发展动力寻找发展空间为目标。本次总规以资源环境为前提，将基本生态控制线划入禁建区和限建区，除《深圳基本生态控制线管理规定》允许建设的重大道路基础设施、市政公用设施、旅游设施、公园之外，禁止其他城市建设项目。

3）空间资源认识转型——从重视增量到存增并重，全面清查存量建设用地，强化城市更新

本次总规改变了以往单纯关注新增建设用地的思路，将"增量"和"存量"空间统筹考虑。随着城市进一步发展，城市总的空间资源中，可作为增量资源的未建设用地比例逐渐降低，而作为存量资源的已建用地则占了大部分。本次规划提出了"增改用地"的概念，在传统的"新增城市建设用地规模"基础上，将更新改造用地规模作为同等重要的规划控制指标，特别重视通过多种城市更新改造方法，利用旧工业区、旧居住区和旧工商混合用地等"三旧"地区的存量空间资源。

4）土地利用时序转型——从无限投入到有序供给，预留城市远景发展用地

本次总规提出"城市远景发展预留用地"的概念。本次规划重点不在于新增土地规模，而是主动从城市长远发展考虑，将50%以上的土地划入基本生态控制线。尚未使用的可建设用地不在规划期内全部用完，而是将部分可建设用地进行战略性预留，作为支撑规划期以后城市长远发展的储备用地。城市远景发展预留用地的确定，不仅是基于对资源条件的分析，更是以负责任的态度，从城市可持续发展的角度做出的战略部署。

5）空间结构描述转型——从形态描述到策略行动，变整合市域到面向区域

在空间结构方面，本次总规延续了深圳规划的传统，采用了开放化的空间结构，并进一步提出4条策略行动而非形态描述的空间布局指引，分别为"外协内联、预控重组、改点增心、加密提升"。

6）交通支撑方式转型——从道路带动到轨道支撑，构建多中心大都市地区的高效组织

深圳以往两版总体规划的结构调整，都是以道路，特别是快速路建设为带动的，本次总规的修编背景已经发生较大变化，珠三角城镇群已经成为一个多中心的大都市连绵区，深圳已经成为能够辐射较大区域的中心，城市内部的多中心化发展趋势也较为明显，因此，本版规划以轨道建设为支撑，构筑由组团快线、干线和区域线构成的城市轨道交通网络，覆盖城市主要客运交通走廊。

7）城市规模作用转型——从指标工具到服务管理，重新还原城市人口规模的真正意义

在规模预测方面，传统总规主要是通过大幅增加城市人口规模，来尽可能多地争取建设用地规模，而转型规划的规划重点不是新增建设用地规模，因此预测人口规模的意义就还原到了为各项设施的配置提供依据。

本次总规创新性地提出"城市远景发展预留用地"、"城市管理服务人口"、

"增改用地"的概念，用以替代传统的"新增城市建设用地"和"城市常住人口"。规划采取了底线倒推式的规模预测方法，即采用最劣情景分析，减少规划期内新增用地供给，而由于同期城市产业结构调整，人口却大规模增加，从而出现了城市建设用地小幅增加而城市人口规模大幅增加的情况，这对城市基础设施和社会服务设施提出了更高的要求。

8）开发强度政策转型——从严格管控到重点引导，发挥空间资源的更大效益

在新增城市建设用地仅能少量增加的现实条件下，为了在空间上继续支撑城市快速发展的要求，必须更加高效合理地利用存量土地，即通过提高现有城市建设用地的使用效率来实现城市发展目标，因此，必须在未来的城市建设中提高城市密度，以立体化的地上地下综合开发代替以往的单纯扩张用地规模型的发展模式。

9）公共参与方式转型——从精英参与到各阶层参与，形成更加广泛社会基础上的规划共识

十几年来，深圳市规划委员会已经确立了社会精英可以参与到城市规划决策上来的制度，开创了国内城市规划行业的先河。本次总规的编制过程中，在国内率先采取了针对社会各阶层包括大量外来人口在内的广泛公共参与工作方式，其中公共调查问卷达到20多万份。

2. 实施效果

本次总规在规划理论、实践和工作方法上，均做出了较大的创新，提出了"转型规划"的理论体系，和"增改用地"、"城市管理服务人口"等多种创新改革理念与技术方法，丰富了中国城市规划编制技术方法，适应了社会经济发展转型的需要，受到规划行业的广泛关注。

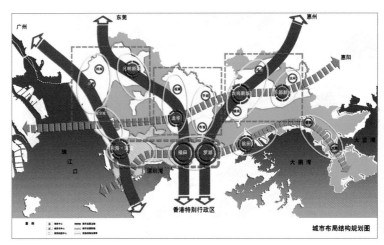

图4 深圳市城市空间结构规划图

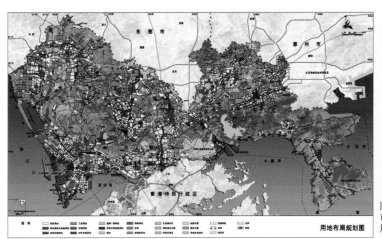

图5 深圳市城市建设用地规划图

海口市城市总体规划
（2011-2020）

编制起止时间：2004-2011.5
承担单位：城市环境与景观规划设计研究所
主管总工：王景慧
主管所长：易　翔
主管主任工：彭小雷
项目负责人：尹　强、刘涌涛、孙旭东、
　　　　　　慕　野
主要参加人：王佳文、焦怡雪、申业桐、
　　　　　　顾京涛、唐　权、罗义勇、
　　　　　　吕彬锋、李文军、宋春艳

　　海口，作为我国惟一的热带滨海省会城市，资源独特、地位突出，是全省政治、经济、文化、交通和金融贸易中心。

　　2002年10月，国务院批复同意海口市行政区划调整，原海口和琼山两市合并，调整后的海口市域面积由原来的236.4km²扩大到2304.8km²，人口由80万人增加到160多万人。

　　《海口市城市总体规划（1988-2005）》到2005年已经完成历史使命。经过多年的发展，海口市的社会经济发展及城市建设已经有较大的改变，行政区划调整使海口获得了更大的城市发展空间和发展机遇，迫切需要制定新的发展蓝图来引导城市建设。

图1　用地规划图

1. 规划重点

　　海口作为一个年轻的省会城市，肩负着统领海南、振兴海南的重任；作为一个地域条件优良的滨海城市，有着与其他内陆城市所不同的岛屿城市特点。

　　本次规划编制围绕如何更加科学合理地确定海口城市未来的发展定位、如何更好地发挥海口中心城市作用、如何保护与突出海口生态环境优势和如何构建海口可持续发展特色的空间布局结构四方面内容而展开。

2. 城市性质与职能

　　1）城市性质

　　海南省省会，我国旅游度假胜地，国家历史文化名城。

　　2）城市职能

　　通过对海南发展整体战略的思考和对海口岛屿省份中心城市的分析，认为海口具有比较明显的二元复合型职能特征，即"岛内中心职能、岛外专业职能"。

　　规划确定海口市岛内中心职能为"海南省政治中心、海南省经济中心、海南省交通枢纽和海南省文化中心"，岛外专业职能为"热带滨海旅游度假胜地、海南历史文化展示基地、海南旅游综合服务基地、海南省对外交通枢纽，中国大陆、东南亚国家进出海南的港口、航空门户和国家开发南海海洋资源战略基地"。

3. 空间布局

　　规划确立了"东进、南优、西扩、北拓、中强"的空间发展策略，划分了"中心城区组团"、"江东组团"和"长流组团"三大城市功能组团，采用滨海旅游发展轴线、城市发展轴线和生态控制轴线以及沿南渡江发展轴线的"3+1"组团带状的空间布局结构。

4. 创新与特色

　　1）准确把握海口的独特性与中心地位，提出"岛内中心职能和岛外专业职能"二元复合型职能。

　　专业化和综合性的复合是海口区别

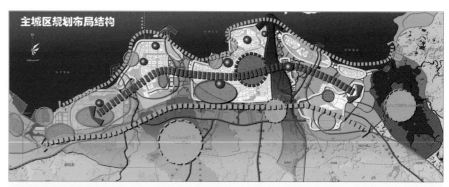

图2　规划布局结构图

于岛内其他城市最主要的特征。从全国整体格局和发展阶段看，海口的核心优势是优良的气候条件、生态环境资源、海洋和热带旅游资源、滨海及岛屿风光等，其发挥的核心功能是专业化旅游城市的功能。从海南全省层面看，海口是综合性的中心城市，是生产、生活、管理、服务、流通等功能的核心。海口的发展，必须始终把握中心性和专业化这两个方面的特征。

2）加强区域统筹，科学划定协调发展区

随着区域一体化发展战略的逐步落实，琼北区域内各城市分工更加明确、经济联系更加紧密，海口与澄迈老城的同城化不断加强，海口与文昌铺前协同发展趋势明显，海口除了作为省会和国际旅游岛综合服务中心的职能外，还担负着统领省会经济圈、琼北都市经济圈发展的责任，需进一步加强与其他市县在经济联系、产业布局、公共设施和基础设施建设等方面的合作。

规划将澄迈县的老城开发区和文昌市铺前地区作为海口市城市总体规划的协调发展区。海口市城市建设发展与协调区发展相衔接。

5. 实施效果

1）城市功能提升

城市重要公共设施建设加快，岛内、岛外职能均得到提升。

2）重点地区开发

长流组团、西海岸、滨江新城、海甸岛、玉沙村、桂林洋高校区、观澜湖旅游区、云龙产业园等重点地区相继开发建设。

3）基础设施建设

美兰机场扩建工程、东环铁路及枢纽站、马村港、绕城高速公路相继建成；扩建了白沙门污水处理厂，新建长流污水处理厂等重要基础设施。

4）区域协调发展

马村港区、综合保税区西移，颜春

岭垃圾填埋气发电厂已在澄迈老城建成投入使用，金马物流园、铺前大桥建设已经启动。

5）生态环境保护

南部生态绿带、组团间隔离绿带得到较好控制，郊野公园建设、南渡江流域保护初见成效。

图3 资源与环境控制规划图

图4 道路交通规划图

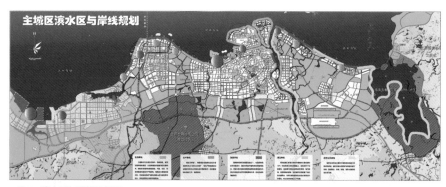

图5 滨水区与岸线规划图

图6 公共设施用地规划图

郑州市城市总体规划
（2010-2020）

2011年度全国优秀城乡规划设计二等奖
2008-2009年度中规院优秀城乡规划设计二等奖
编制起止时间：2005.9-2010.8
承 担 单 位：城市规划与历史名城规划研
　　　　　　究所、城市交通研究所
主 管 总 工：官大雨
主 管 所 长：郝之颖
项目负责人：张　兵、缪　琪
主要参加人：胡京京、郭　锋、张忠民、
　　　　　　李凤军、康新宇、徐　明、
　　　　　　耿　健、马艳萍、丁俊玉、
　　　　　　王旭升、林永新、张　健、
　　　　　　王　昊、池利兵、关艳红
合 作 单 位：郑州市规划勘测设计研究院

2000年以来郑州大规模开发郑东新区，开启了城市转型发展的新阶段。为紧紧抓住21世纪前20年的重要战略机遇期，实施中部崛起战略，促进郑州市全面、协调和可持续发展，规划项目组认真研究与郑州城市发展关系密切的各项基本要素，找出当前阶段影响城市发展的实质性规划问题。

图1　中原城市群城市分布图

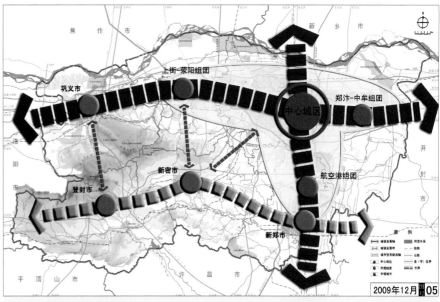

图2　市域城镇空间结构规划图

1. 重大规划问题筛选

（1）如何对国家中部崛起战略作出响应？

（2）人口大省的省会应该选择怎样的城镇化道路？

（3）国家重大基础设施建设对枢纽城市带来的结构性影响有哪些？

（4）构造与特大城市（近500万人口）相适应的功能与结构系统如何体现？

（5）如何保护与提升城市的宜居品质？

2. 创新与特色

通过这五个问题的解剖与解答，规划项目组牢牢把握郑州作为一个中心城市、省会城市、枢纽城市和特大型城市的发展特点，深刻认识中部崛起战略、省域城镇化进程和交通枢纽建设在当前阶段对郑州发展的影响的独特性，有针对性地提出了量与质并重的城镇化路径以及枢纽城市建设、适应资源承载力的建设强度控制、兼顾外来人口的住房政策等一系列重要政策建议。

（1）响应落实国家中部崛起的战略部署，将"巩固和提升枢纽地位，形成区域增长极"作为城市规划和建设的核心目标。

（2）重点研究人口过亿大省省会城市的城镇化道路，选择"质与量并重"的城镇化路径，树立就业优先原则，提出了分类对待城中村问题和将外来人口纳入住房保障范畴的规划思路。

（3）研究国家重大基础设施建设和综合交通体系变化对城市发展的结构性影响，推动郑州枢纽地位的提升。

（4）确立与特大城市人口规模（近500万）相适应的功能与结构体系，提出十字形空间结构，东西为城市功能拓展轴，南北为区域功能聚集轴，两轴交汇的郑东新区具有重要的区域服务功能价值。

（5）保护与提升城市的宜居品质，结合遥感技术的评价，强调能源矿产、水和土地资源的承载能力、集约利用模式与管制要求必须作为郑州发展的前提条件。通过大量采样，根据空间结构、交通枢纽、历史文化、空间美学和生态环境5个因素，提出科学合理的总体建设强度分区。

（6）整合郑东新区，从区域和城市整体功能结构出发，提出该地区的开发建设应当和城市整体的设施布局之间形成更有整体性和长远意义的互动关系。同时，通过交通条件、资源约束、黄河湿地保护、

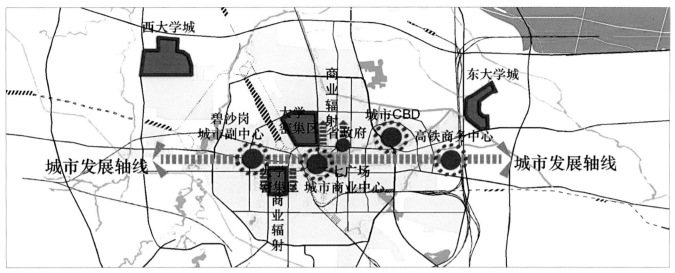

图3 城市中心的转移与升级

工程经济性等多要素比较，对郑东新区原详规方案做出有说服力的调整。

3. 实施效果

规划已于2010年由国务院批复。在实施过程中，规划提出的强化枢纽地位的规划目标得到了市政府的高度肯定，新郑航空港、高铁客运枢纽站、铁路集装箱中心站等重大交通设施及其周边地区的开发建设已有成效。政府根据规划加大了对高铁枢纽地区和郑东CBD地区的整合力度，一个紧密结合重大交通设施的综合性区域服务中心正在形成。基于区域发展的十字型双轴空间构思也得到了落实。

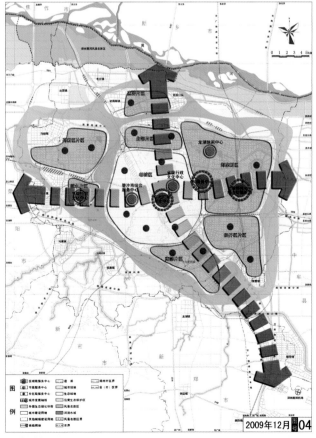

图4 中心城区布局结构图

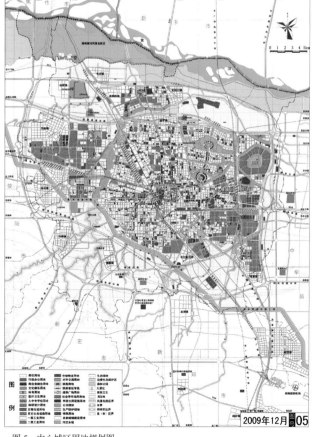

图5 中心城区用地规划图

兰州市城市总体规划
（2011-2020）

2012-2013年度中规院优秀城乡规划设计一等奖

编制起止时间：2008.10-2014.2

承担单位：城市环境与景观规划设计研究所

主管总工：王 凯

主管所长：彭小雷

项目负责人：易 翔、徐超平

主要参加人：查 克、李 浩、李 薇、
            于 伟、慕 野、顾京涛、
            康 凯

合作单位：兰州市城乡规划设计研究院、
          中国科学院地理科学与资源
          研究所、兰州市城乡规划局

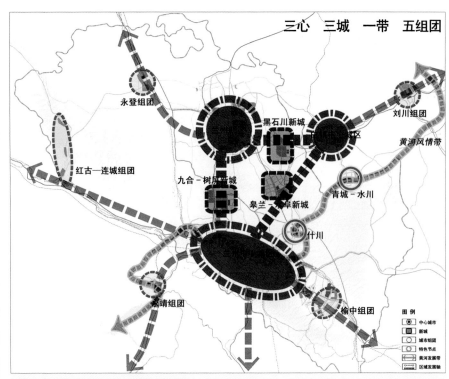

图1 兰白战略核心区远景空间结构示意图

1. 项目背景

兰州市位于西北地区"座中四联"的位置，自古一直是我国重要的交通枢纽、军事要地、工业基地和西北商贸中心。

在国家西北—中亚地缘与能源战略、西部大开发区域发展战略以及甘肃省支持兰州率先发展的宏观背景下，兰州市的战略地位凸显。

兰州市在发展中面临动力和空间两大发展瓶颈。产业基地动力持续减弱，区域中心辐射能力不强，2008年兰州全市工业增加值在全国27个省会城市中列第22位；城市发展空间严重不足，城市用地始终集聚在黄河谷地，石化等大型产业造成了严重污染和安全隐患。

2. 项目构思与针对性

针对兰州城市的战略地位与发展瓶颈，规划提出了"拓展基地、提升中心"的核心发展战略。在秦王川盆地建设兰州新区，承载产业基地职能；中心城区加快产业升级，集聚中心职能。

立足于区域协调发展，规划提出以兰州中心城区、兰州新区、白银市区为核心，构筑兰州－白银经济区空间发展格局，加强产业互动与协调，提升对全省的"中心带动"作用。

破解城市空间困局，规划确定了"远域为主、近域为辅"的空间发展原则，即以秦王川盆地、榆中盆地远域空间为城市未来主要拓展空间，以中心城区外围低丘缓坡未利用地整治为辅助发展空间。

3. 发展目标

把兰州建设成为国家向西开放的战略平台和丝绸之路经济带的重要核心节点城市，西部区域发展的重要引擎，西北地区的科学发展示范区，历史悠久的黄河文化名城，经济繁荣、社会和谐、设施完善、生态良好的现代化城市。

4. 空间发展

市域空间重点向兰州新区拓展，改变城市在黄河谷地单极集聚的发展局面，同时兼顾城乡整体和谐与空间集约有序，在兰州市域构建"双城五带多片区"的空间结构。

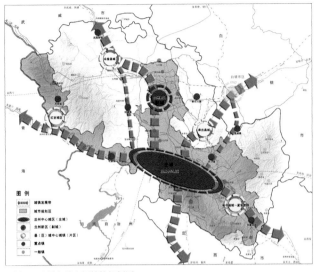

图2 兰州市域空间结构规划图

图3 兰州中心城区空间结构规划图

中心城区继承历版总体规划组团空间格局，发挥黄河景观风貌特色，构建"一河两岸、三心七组团"的空间结构，推动西固石化产业搬迁，组团布局，向东拓展。

5. 创新与特色

立足于国家战略和区域发展背景，识别兰州城市发展目标与定位。

通过区域协调发展与区域空间格局的构建，破解城市发展困局，构筑面向区域的开放性空间结构，识别战略性发展空间。

促进城乡统筹，引导城镇空间集约紧凑发展，构建"以工促农、以城带乡、工农互惠、城乡一体"的新型工业城乡关系。

强化城市安全保障，推动重大危险源搬迁，加强生态安全建设，突出地质灾害防治。

6. 实施效果

总体规划，有效指导了兰州社会经济发展和城市建设。

兰州新区成为城市主要发展空间。2012年，兰州新区获批为国家级新区，新区道路、产业、保障性住房等建设初具规模。

兰州中心城区加快了功能提升和结构转型。甘肃省委、省政府已明确西固石化产业搬迁，城市东部组团和兰州西站地区开始建设，多中心组团格局不断优化。

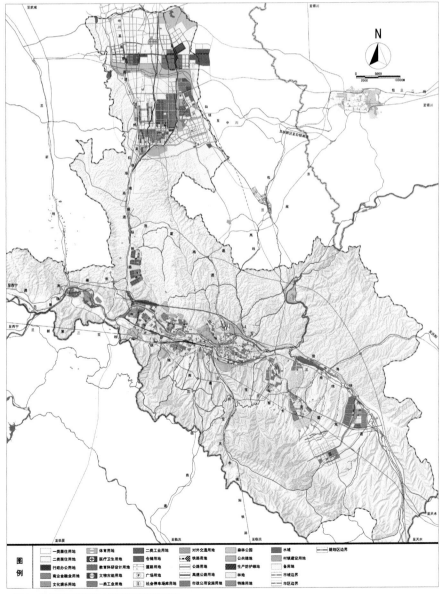

图4 兰州城市规划核心区空间布局指引图

太原市城市总体规划
（2008-2020）

2008-2009年度中规院优秀城乡规划设计一等奖

编制起止时间：2007.6-2012.12

承担单位：城乡规划研究室、城市交通
研究所（现城市交通专业研
究院）、城市水系统规划设计
研究所（现城镇水务与工程
专业研究院）

主管总工：陈 锋
主管所长：王 凯
主管主任工：徐 泽
项目负责人：王 凯、徐 泽
主要参加人：黄继军、肖莹光、曹传新、
徐 辉、徐 颖、陈长祺、
陈 明、曹传新、李新阳、
官晓红、黄 俊、刘海龙、
张 浩、黄 勇

太原市是山西省省会，也是我国重要的老工业基地。

1. 规划内容

1）城市发展目标紧扣"转型发展，率先崛起"主题

依据国家政策，立足自身条件，规划确定太原的城市发展目标为"国家中部崛起的重要支撑点；资源型产业绿色转型示范基地；带动省域经济发展的核心引擎；具有世界影响力的特色文化名城；集约节约发展、和谐宜居的典范"。

在此基础上，对城市性质做出了重大的调整。落实国家政策，调整区域定位，由"华北地区重要的中心城市之一"调整为"中部地区重要的中心城市"；体现绿色转型，提升产业定位，由"以能源、重化工为主的工业基地"调整为"全国重要的新材料和先进制造业基地"；反映文化底蕴，增加"历史悠久的文化古都"

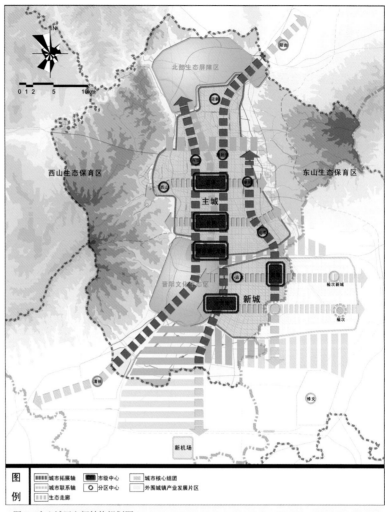

图1 中心城区空间结构规划图

的定位；强化省会意识，延续"山西省省会"的基本定位。

2）城市功能与空间结构优化立足于现实城市发展困境

当前太原"单中心+外围工矿组团"的空间结构带来诸多问题，制约着城市功能的进一步提升。

为此，规划提出推进城市空间存量优化与增量发展并举，城市转型与区域扩展的策略来增强城市综合实力。主要包括以下策略：

（1）立足产业绿色转型，优化产业布局。按照搬迁型、关闭型、改造型、提升型四种类型对污染企业进行分类指导，落实节能减排任务，推动产业转型。通过建设六大园区，支撑产业升级。通过建设城市煤运通道，减少涉煤产业对城市的干扰。

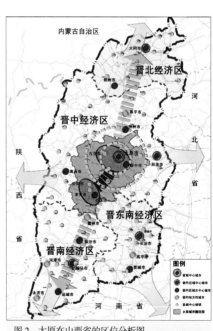

图2 太原在山西省的区位分析图

264

（2）以文化复兴和生态环境改善作为城市转型的重要推手。规划提出以文物保护单位、十大历史地段、六大重点片区为核心，构建文化遗产保护体系，特别加强了对近现代工业遗产的保护。规划提出以山体修复、河道整治、公园建设为突破，改善生态本底，形成"一圈、一轴、双区、三楔、多廊、多园"的生态绿地系统，促进城市环境品质提升。

（3）推进太榆一体化发展，促进太原经济圈发展。以"搬迁机场、共建武宿中心"为核心，通过功能整合、基础设施对接共享、生态环境共同治理，推进太榆一体化发展。以太榆为核心，通过建设1小时交通圈，共建循环经济产业基地和文化旅游经济带，促进太原经济圈发展。

（4）制定有针对性的保障机制，促进城市转型。提出建立太原都市区协作机制、建立国有和省属企业的搬迁改造推动机制、加快国家级历史文化名城的申报工作等有针对性的保障机制，促进城市"转型发展，率先崛起"。

2. 空间布局

规划形成面向区域，由"主城、新城"和"晋阳文化生态区、北部生态屏障区"组成的"双城、双区"的城市空间结构。空间规划布局四大举措：

（1）疏解老城，延承历史：引导省、市行政机构和大型公共设施外迁，严格控制新项目开发强度，增加绿地和开放空间，全面保护古城格局。提升外围，挖潜存量：加快西山、城北等外围工矿区污染、危险企业的搬迁改造，建设公共服务中心体系，引进新功能、新产业，推动存量土地更新。

（2）建设新城，协调太榆：搬迁武宿国际机场，建设区域性生产服务中心，推动小店地区与晋中市榆次区协调发展，加强对南部太原主要腹地的辐射。

（3）保护两区，修复生态：保护晋阳古城、晋祠、晋阳湖、天龙山的自然

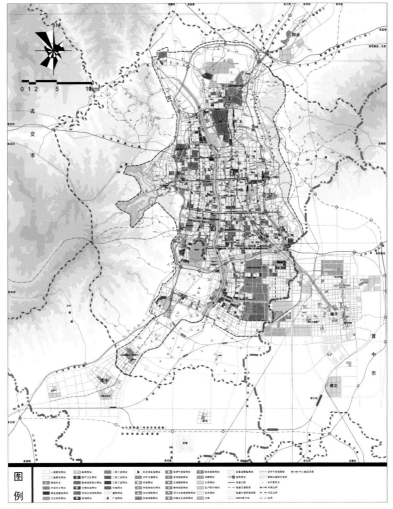

图3　中心城区用地规划图

和人文历史环境，适度开发旅游，构筑生态、文化、旅游为一体的晋阳文化生态区。加强对崛围山-柳林河风景区、牛驼寨-黄寨风景区和北部水源地的保护，构筑北部生态屏障区。

（4）控制南部，远景预留：加强对南部徐沟地区的控制，为太原都市区远景发展做好预留。

3. 实施效果

在城市总体规划的指导下，以转型需求最为迫切的西山地区作为城市转型的突破口，编制了《太原市西山地区综合整治规划》。目前，狮头水泥厂等污染企业搬迁、万亩生态园建设、长风西大街西延、西山运煤专线建设等工作正稳步推进。

总规纲要后启动的太原历史文化名城保护规划已编制完成，国家级历史文化名城申报工作有序推进。

太原武宿机场的扩建工作得到控制，西山装备制造产业园建设等工作正有序推动，太榆道路等基础设施的对接正积极开展。

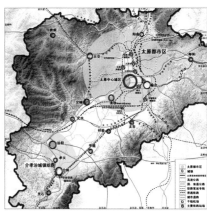

图4　太原盆地城镇密集区规划图

福州市城市总体规划

（2011-2020）

2008-2009 年度中规院优秀城乡规划设计一等奖
编制起止时间：2008.10-2011.12
承 担 单 位：上海分院
主 管 总 工：李晓江
项目负责人：郑德高、蔡 震、孙 娟
主要参加人：马小晶、李文彬、戴继峰、
　　　　　　赵延峰、刘中元、曹传新、
　　　　　　李 英、黄 俊、李维炳

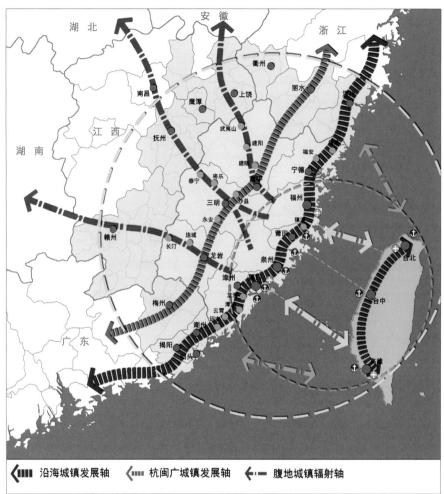

图 2　区域空间结构图

图 1　市域城镇空间结构规划图

为响应海峡西岸发展战略，应对国家和省级区域交通设施布局，实现闽江口地区的城市合作的要求，福州需要城市总体规划指导整体建设布局。福州市上版城市总体规划是 1999 年 5 月 12 日经国务院批复的，批复规划期限至 2010 年，已超过规划批复的有效法定期限。随着城市空间需求的日益扩大，福州市上版总规所确定的城市规划建成区范围已经提前突破，目前许多建设工程项目都是在上版规划确定的建成区范围之外，处于执法的"真空"状态。在新的行政许可法、城乡规划法等执法背景下，福州市急需新的城市总体规划来支撑规划行政调控。

1. 规划内容

明确福州城市性质为福建省省会，海西经济区的中心城市，国家历史文化名城。预测中心城区城镇人口至 2020 年为 400 万人，建设用地规模为 368km²。规划福州市域形成"一区两翼、双轴多极"的空间结构体系。中心城区提出"结构开放、轴向发展、核心多极、服务沿江、工业沿海、生态渗透"的布局理念，提出构建"一主两副三轴"的城市空间结构，并就支撑这一空间结构的产业、居住、公共服务设施以及交通市政等支撑系统提出相应的发展策略和布局方案。同时，考虑福州远景发展战略，规划对福州都市区范围内的城市空间布局和发展策略提出可操作性方案，从区域角度编制福州城市整体布局方案。

2. 创新与特色

从区域视角促进城市转型，突出海西经济区、市域城镇体系与中心城区建设的内在联系。从理论视角思考城市发展，关注土地地租理论对城市空间结构调整的影响，强调工业势能与城市势能的转化关系，突出制造业与中心体系对城市空间结构的影响。关注门槛城市跨越发展的要素。关注关键性资源对城市空间结构调整的影响，如空港、城市中心体系等。关注开放空间与民生优先，从简单的设施配套转向系统性构筑开放性空间和保障性住房的选址与布局。针对当前总规编制内容过于综合与复杂的问题，突出法定总规定位的战略性，规模的边界性，空间的结构性，文本的政策性方向。

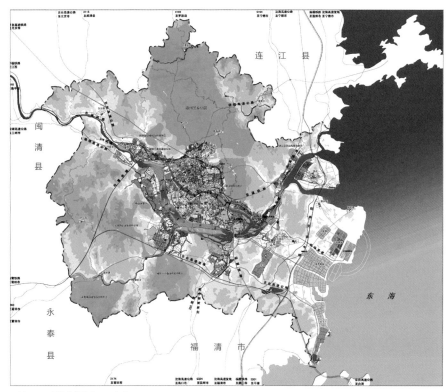

图 3　远景规划图（2030 年）

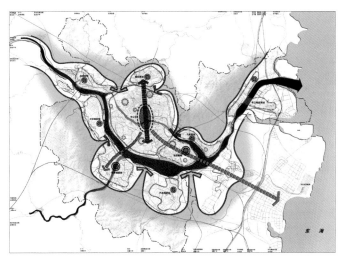

图 4　中心城区规划结构图

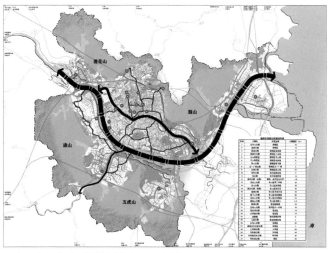

图 5　中心城区绿地系统规划图

成都市城市总体规划
（2011—2020）

编制起止时间：2003年10月至今
承担单位：城市环境与景观规划设计研究所
主管总工：邹德慈、杨明松
主管所长：易翔
主管主任工：查克
项目负责人：尹强、顾京涛
主要参加人：焦怡雪、王佳文、刘涌涛、孙旭东、李文军、顾敏、申业桐、罗义永、徐婷
合作单位：成都市规划设计研究院

图1 中心城区用地布局规划

1. 项目背景

（1）国务院批准设立成都市全国统筹城乡综合配套改革试验区，成渝经济区战略地位获得提升。

（2）2008年汶川大地震发生后，作为重灾区和省会城市的成都，需要针对灾后重建重新统筹布局，对长远发展提出了新的要求。

（3）成都市委市政府提出建设"世界生态田园城市"等发展目标，以城镇化为主线统筹城乡经济发展，对成都城乡统筹发展起到了重要的促进作用。

2. 面临的主要问题

（1）国家和区域发展战略的改变，导致成都需要进一步明确自身定位，带动区域社会与经济可持续发展。

（2）如何总结城乡统筹与灾后重建经验，在"全域成都"的基础上优化城乡空间结构。

（3）需要处理好保护与发展过程中的矛盾，保护好具有国家性、公共性和唯一性的重要资源。

（4）城市建设中产生的潜在矛盾和突出问题：用地无序蔓延、交通拥堵、环境恶化、市政基础设施不足等。

3. 主要内容及规划重点

（1）优化城镇体系

规划形成1个中心城市、14个新城、34个重点镇、约150个一般镇、约2000～3000个农村新型社区构成的全域统筹、城乡一体、协调发展的城镇村体系。

形成"一区两带六走廊"的城镇空间结构，"一区"为中心城区，"两带"为龙门山、龙泉山生态旅游发展带，"六走廊"为六条城镇发展走廊。

（2）强化公共交通体系规划

确立公共交通为主体的交通体系，加快发展轨道交通、快速公交与慢行系统。优化全域高快速路网和快速公交体系。构建市域半小时交通圈。

形成以公共交通为主体的层次分明、高效衔接、绿色文明的交通体系。建立以轨道交通为骨干，道路公交为主体，出租车为补充，具备良好换乘条件的多层次公共交通系统。以中心城区半小时通达为目标，形成高快速路网和快速公交体系。

（3）完善公共服务设施体系

以发展服务于中西部的区域性高端公共服务职能和构建15分钟基本公共服务圈为目标，按照中心城区及天府新区、新城、重点镇、一般镇、农村新型社区5个层次进行公共服务设施配置，形成覆盖城乡、功能完善的公共服务设施体系，全面实现基本公共服务设施均等化。

中心城区形成多中心、多层次、网络状的公共服务设施体系，优化公共设施布局与结构，强化文教、卫生、体育、社会服务设施的布局。

（4）加强生态保护和空间底线控制

切实保护山、田、河、湖、林等生态本底，稳定走廊展开、组团发展的城镇格局。

中心城区规划环城生态区，形成133km²生态用地，防止城市蔓延，改善城市环境，城市新区按500m服务半径，设置不小于5000m²的公园绿地，旧城降低建设密度，增加公园绿地。

（5）加强历史文化资源保护

构建市域历史文化名城、名镇、名村保护体系，加强对文物保护单位、世界文化遗产、历史建筑、古树名木、非物质文化遗产等的保护。

建立中心城区"历史文化名城、历史文化街区、文物保护单位"三个层次的保护体系，划定成都古城范围和四片历史文化街区，保护古城格局、水系和传统地名，保护历史文化街区的空间尺度、街巷肌理和传统风貌。把优秀的近现代历史文化遗存纳入保护范畴。

（6）优化中心城功能结构

中心城由单核聚集到轴向集中。以

城市核心区为中心，拉开布局架构，形成南北轴线，集中布局城市公共设施，主要承担行政办公、金融、文教、科研、会展等职能。

打破单中心圈层发展模式。三环以外由大天片区、龙潭片区、洪十片区、金融总部片区（含大源组团）、武青片区、黄田坝片区、犀浦片区7个片区组成，片区之间为楔形绿地，形成疏密相间的扇叶状布局。

严格控制旧城的建设总量和开发强度，旧城重点改善交通、环境及基础设施，增强公共服务功能，突出对传统历史文化特色的保护。现有工业企业逐步向新城迁移，置换并整合用地，整理、调整道路网络，提升土地价值。重点发展高新技术产业和城市综合服务业。

4. 规划特色

（1）积极探索与新一轮土地利用总体规划和产业规划有机结合的同步方式

成都是全国新一轮土地利用总体规划14个试点城市之一，城市总规和土地利用总体规划同步修编，二者紧密结合，相互协调。在城市空间发展战略和用地布局策略的指导下，经过多轮用地指标的分配核定，在确定合理用地规模的同时，协调了各行政区的发展利益，促进了各规划片区的协调发展。

由于总体规划对城市空间布局做出了重大调整，因此，在总体规划的指导和要求下，"成都市产业空间布局规划"同期编制，进一步强化了整体、协调的产业发展措施，使空间布局更趋合理。

（2）努力创新空间布局理论，打破同心圆拓展模式

通过非均衡路网引导、非均衡用地发展方向引导、非均衡功能布局引导、分密度开发强度控制引导、生态环境资源的强制性保护等多种方式改变"摊大饼"、同心圆式的均衡拓展模式，在区域发展层面强化成都平原城镇密集区和成渝环状城市带的建设，在中心城区发展层面引导城市"南北展开、重心偏移"，在中心城布局层面引导城市"扇叶状"发展。规划没有沿用大城市规划中单纯大面积再造新城的简单做法，而是将城市东部工业区的调整与城市中心区的扩大偏移相结合，同时强调南北次中心的建设。在拓展方式上，强调"南翼梯度推进、北翼以点促片"的不同发展模式，因地制宜地引导城市空间结构的调整。

（3）着重突出城市功能的拓展与重构

在国家西部大开发战略的基础上，规划充分研究成都在西部和周边区域中应当发挥的职能，在保障四川省会职能的基础上积极强化城市在居住、综合服务、交通、产业、旅游、历史文化等方面的职能。规划区层面，在合理加强中心城区建设的同时打造7个新城，实施非均衡特色发展战略，强调与中心区功能的分质化，分解部分中心城区功能的同时，满足城市发展所需要的新增功能，通过多种手段创造以人为本的宜居环境。

（4）优先强调资源与环境的保护与控制

切实保护成都具有国家性、公共性和惟一性的资源，在划分禁止建设区、限制建设区、可建设区的基础上，划定资源与环境控制区，提高城市的资源综合竞争力。规划特别提出都江堰精华灌区保护的新概念，该区域包含了大量良田沃土和成都重要的地域文化内涵，进而提出成都西部的发展一定要以保护完整的都江堰水系格局为底线。

（5）适时推进区域与城乡协调发展

在区域发展的宏观视角下，优化城市空间布局，制定分区域的发展目标和发展策略，研究制定更合理的规划保障措施，引导区域协调发展。积极盘整并充分利用存量土地，促进土地的集约利用。强化重点镇交通设施、社会公共服务设施、基础设施的"三网覆盖"。根据不同发展条件制定分类指导的发展规划和政策，合理确定和强化小城镇的产业依托，统筹新型农村社区建设，为城乡统筹打下坚实基础。

2012-2013 年度中规院优秀城乡规划设计一等奖
编制起止时间：2009.10-2013.3
承 担 单 位：上海分院
主 管 总 工：杨保军
分院主管院长：郑德高
项目负责人：蔡 震、朱郁郁、闫 岩
主要参加人：汤春杰、周杨军、谢 磊、
　　　　　　袁海琴、刘 律、方 刚、
　　　　　　柏 巍、葛春晖
合 作 单 位：长沙市城乡规划编制中心

图1 土地使用规划图

1. 总体思路

本次长沙市城市总体规划修订是国务院确定的首批修改型城市总体规划，规划编制具有开创性，对技术创新要求高。

总体规划修订采用了"看两步、走一步"的技术路线，即修改之前编制远景规划，明确城市远景发展目标、空间结构、生态架构、历史文化保护和重大基础设施等内容。为实现以上目标，同步编制了综合交通、生态控制线、历史文化名城保护等专项规划以及城市定位、资源环境承载力、城市安全等专题研究。根据规划实施评估和对长沙发展趋势的判断，在远景规划的指导下，开展2020年长沙总体规划修订，并采用修改型总规的编制方式，确保总体规划的长期性、战略性和实施性。

2. 主要内容

1）规划层次

按照城乡规划法和城市规划编制办法的要求，本次规划形成了市域、规划区、都市区和中心城区四个空间层次。市域规划重点明确区域和市域城乡空间体系，规划区规划重点建构城市长远发展框架，确定城市发展底线，都市区规划重点形成适应特大城市发展的空间增长方式和空间结构，中心城区规划重点强化与土地利用总体规划的对接，明确城市建设重点。

2）发展目标

规划提出长沙应在多个层面实现城市功能的提升，发挥其在湖南"四化两型"中的核心带动作用。2020年市域常住人口达到1000万人，市域城镇化水平达到79%，其中中心城市城市人口达到600万人以上，实现"国际文化名城、国家两型示范、区域经济中心、幸福安全家园"四大发展目标。

3）市域城镇体系总体布局

按照湖南省城镇化战略的要求，积极推进长株潭大都市区的形成。从区域整体发展的视角构筑长沙"两轴两联多走廊"的开放型市域空间结构，形成湘江服务功能轴和宁长浏产业功能轴两条主轴，重点打通长潭岳和长株岳两个区域方向的联系，并强化浏阳——萍乡、洞阳——醴陵、长沙——韶山、宁乡——娄底等多条区域发展走廊。

4）规划区总体布局

在规划区范围内研究和确立长沙远景空间发展底线，并通过生态控制线的方式进行控制，确保生态结构的刚性和用地布局的弹性。

将生态控制线范围内的2285km² 土地作为永久性禁止城镇建设区。在此范围内，规划建设14处森林公园和8处湿地公园。

5）城市总体布局

规划首先改变了长沙城市空间单中心、蔓延式的成长态势，确立多中心、廊道式空间拓展方式。

沿湘江集聚高端服务功能，打造湘江服务功能轴；以高新技术和先进制造为重点，强化北部发展带建设；以区域现代服务为重点，开辟南部新的东西向成长廊道。在湘江两岸共同构筑长沙城市主中心，打造岳麓、星马两个城市副中心和多个城市组团级中心。

同时，远景规划识别了长沙城市未来发展的主要战略型地区，包括黄花机场周边地区、长沙南站周边地区等。将其作为长沙城市功能提升、打造区域中心城市的主要空间载体，并在2020年总规修改中进行规划控制。

为此，本次规划提出长沙城市空间结构应形成"一轴两带多中心、一主两次六组团"的格局，支撑长沙新时期的城市发展。

6）综合交通支撑体系

在区域和城市两个层面强化综合交通体系规划。

区域层面，以建设区域交通网络、强化区域辐射能力为目标，依托规划的

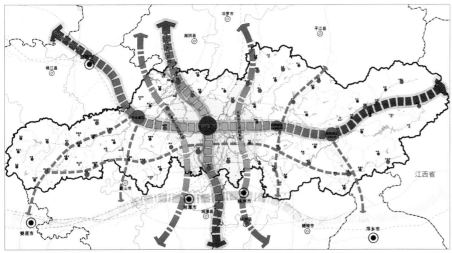

图 2　市域空间结构规划图　　　　　　　　　　　　　　　　　　　　图 3　空间结构规划图

高速公路网和城际轨道网，形成以长沙为中心，覆盖"3+5"城市群的 90 分钟交通圈。

城市层面，规划形成黄花空港、长沙南站两大国家级枢纽和长沙站、金桥站、霞凝港等区域级枢纽，提升长沙国家中部枢纽城市地位。

强化快速路和轨道交通对于城市空间结构构筑和空间增长方式调整的导向作用。打破原有的环状快速路系统，形成以"井字形"快速路为基本框架的"五纵五横"开放型快速路系统。重点优化城市轨道线网布局，规划期内形成 6 条轨道线路，强化轨道交通对于城市中心和综合枢纽建设的支撑作用，使长沙主城区与各主要组团以及与株洲、湘潭主城区之间的公共客运交通时间控制在 45 分钟以内。

7）生态环境保护规划

大力推动绿地建设，2020 年规划人均绿地 14.7 m²，其中人均公共绿地达到 12.1 m²。规划建设市级综合性公园 49 个、主题公园 14 个、区级公园 127 个，增加更多亲切宜人的街头绿色空间。

8）历史文化名城保护

本次规划进一步强化了历史文化名城的保护，确立了由市域和中心城区构成的两个层次的历史文化名城保护体系。

3. 特色创新

（1）本次长沙总体规划是全国首批应用修改模式编制并完成国务院上报程序的城市总体规划，在探索修改型总规的编制程序和技术方法等方面进行了大量的开创性工作。规划确立的"看两步、走一步"技术路线，对其他修改型总规划的编制具有重要的借鉴价值。

（2）总体规划适应了长株潭区域一体化的格局，提出构筑开放型的市域空间结构，将市域城镇空间布局、市域综合交通体系等内容在区域层面统筹规划、整体安排。

（3）总体规划建立了"多中心、组团式、廊道生长"的空间增长方式，有利于引导长沙城市空间结构的优化调整，对空港、高铁等战略性地区的识别和规划有利于推动长沙城市功能的提升和区域带动作用的发挥。

（4）规划通过确立两型发展指标体系、制定生态控制线等方法，积极探索将两型建设理念融入总体规划编制的方法。

（5）总体规划的编制充分体现了"政府组织、专家领衔、部门协作、公众参与"的规划原则，与土地利用规划等相关规划全面协调，探索了"多规合一"的技术方法。

4. 实施情况

总体规划实施以来，有效指导了长沙的社会经济发展和城市建设。长沙已经进入城市功能提升和城市结构转型的新阶段，实施效果主要体现在以下方面：

（1）总体规划确定的河西商务中心，目前已有多个大型商业商务综合体开业，极大地完善了河西服务功能。

（2）长沙国际会展中心选址在总体规划确定的战略型地区之一：黄黎片区。

（3）长沙市地铁 3、4 号线，已报送国家发改委批准立项，预计年内开工实施，其线位和站点基本依据城市总体规划中的轨道线网规划。

（4）城市总体规划确定潮宗街为长沙市的第二片历史街区，目前正在开展规划编制和实施建设。

（5）总体规划确定的苏托垸、洋湖垸、梅溪湖、桃花岭等大型公园正处于规划设计或建设阶段。

广州城市总体规划（2011-2020）（纲要）

2012-2013 年度中规院优秀城乡规划设计一等奖

编制起止时间：2009.4-2011.10

承担单位：城市环境与景观规划设计研究所

主管总工：李晓江

主管所长：易 翔

主管主任工：黄少宏

项目负责人：杨保军、彭小雷、张 菁

主要参加人：范钟铭、王 磊、罗 彦、
焦怡雪、王佳文、方 煜、
徐木钢、孙 昊

合作单位：广州市城市规划编制研究中
心、广州市城市规划勘测设
计研究院、广州市交通规划
研究所

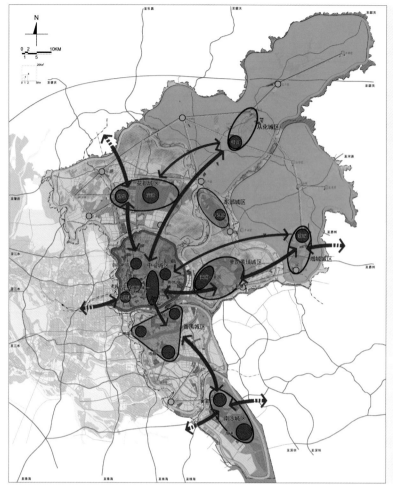

图 2 市域城镇空间结构图

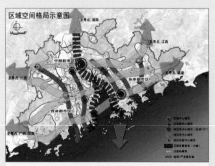

图 1 珠江三角洲地区空间格局示意图

1. 项目背景

改革开放以来，包括广州在内的珠三角地区，经济快速发展，从 2000 年到 2010 年，广州的 GDP 增长了 2.3 倍，高密度的老城区人口逐步向外围新区疏解，城市建设用地规模增长了 30%，拉开了城市发展的框架。

近年来，中央提出转变发展模式、践行科学发展观的新要求，并对我国区域经济格局有了新的部署；广东省委、省政府也要求广州加快科学发展，建设广东省的"首善之区"。

但与此同时，广州在国家层面应承担的责任有待加强，现已难以适应国家战略的要求。

基于以上背景，广东启动了广州城市总体规划编制工作，力求适应国家发展战略的需要，继续引领区域发展，引导广州市城乡和谐、可持续发展。

2. 项目组织及技术路线

2009 年，新一轮《广州城市总体发展战略规划》编制完成，为广州城市总体规划编制提供了良好的支撑。

总体规划纲要包含 12 个专题研究，从前期调查与研究着手，注重规划的求实性；从区域的视角，研究城市发展目标与定位，明确城市产业发展方向；从城乡统筹的视角，研究城市空间增长边界和村庄发展路径；从宜居城市建设的角度，探索新城建设和旧城改造模式；以规划的可实施性为导向，研究"三规合一"的协调机制，强化总体规划的实施保障。

3. 规划内容与创新

1）规划提出国家视野下的城市定位和城市发展战略

考虑到广州在国家发展战略中应肩负的责任，和广州自身发展转型的需要，

272

本次规划首次提出广州要建设成为国家中心城市，并明确了广州市的城市性质为"国家中心城市，国际商贸中心和世界文化名城，广东省省会"。

针对发展目标提出了引导广州发展转型的五大战略，包括：

（1）发挥广州的区域辐射带动能力，强化国家中心城市地位；

（2）优化产业结构，构建现代产业体系；

（3）拓展城市文化内涵，建设文化名城；

（4）完善城乡功能，构筑宜居城乡；

（5）推进城乡一体化进程，实现城乡统筹发展。

2）探索城乡建设用地全覆盖的城乡总体规划

本次规划将广州市域确定为城市规划区，在城市发展战略指导下，依据现状空间结构、功能定位、自然资源和行政区划等因素，将市域划分为七大片区，形成"中心城区、重点镇、一般镇、村庄"的城乡空间体系。

从二元到一体，划分村庄发展政策分区，分类指导乡村建设与发展，在新型城镇化的发展背景下，确定"更新型"、"引导型"、"保育型"三类村庄的政策分区，针对不同类型的村庄制定不同的城镇化路径，促进城镇化质量的提升。

3）强调城市空间发展从拓展到优化与提升

在城市空间拓展已取得初步成效、布局框架拉开的基础上，规划提出了以"优化提升"为原则的"紧凑、多中心、网络"型空间结构。

"紧凑"是指集约紧凑布局建设用地。"多中心"是指培育层级清晰、职能明确的中心体系，优化空间结构。"网络"是指建设高效的交通网络。

4）构建理想生态安全格局，建设宜居城乡环境

规划从自然山体、河湖水系、水源保护区、自然保护区、森林公园、风景名胜区、基本农田、公益林地等生态资源要素分析出发，在市域层面划定基本生态控制线，确定生态安全底线，同时充分发挥生态系统作用，构筑多条生态联系廊道，修复和完善生态格局，构建山、水、城、田、海相融合的理想生态格局，建设"宜居花园城市"。

5）探索土地利用总体规划、主体功能区规划与城市总体规划"三规协调"的新模式，有效指导了专项规划的编制

以城市政府作为统筹城市总体规划、主体功能区规划、土地利用总体规划的主体，明确了"三规"在市域空间规划体系中的分工，从机制上协调"三规"，减少编制过程中的交叉和矛盾。

广州城市总体规划作为广州城市发展的纲领性文件，强化了总体规划对专项规划的引导。广州相继开展了《广州市绿道网建设规划》《广州市城市绿地系统规划》等专项规划，有效落实了总体规划的内容。

6）结合"数字城市"试点，探索城市总体规划与下位规划联动的研究体系

规划将"市域、片区、组团"组成的三级空间管制体系落实在统一的数字工作平台上，实现了从总体规划到规划管理一张图的数据信息平台。

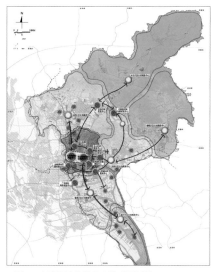
图3 市域城镇公共中心体系规划图

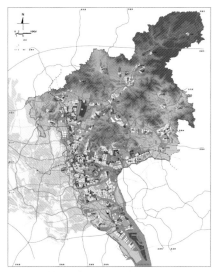
图4 市域城镇建设用地规划图

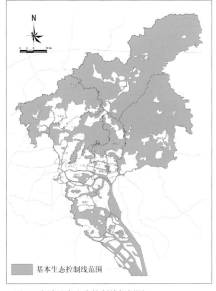
图5 市域基本生态控制线规划图

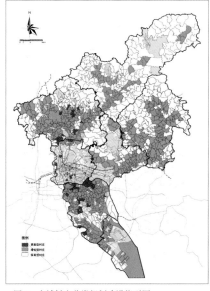
图6 市域村庄分类规划建设指引图

273

蚌埠市城市总体规划
（2005-2020）

2009 年度全国优秀城乡规划设计二等奖
2005 年度中规院优秀城乡规划设计一等奖
编制起止时间：2003.4-2005.8
承 担 单 位：城市规划与历史名城规划研究所
主 管 总 工：官大雨
主 管 所 长：张 兵
项目负责人：张 菁、赵 霞
主要参加人：耿 健、麻冰冰、付冬楠、
　　　　　　朱 磊
合 作 单 位：蚌埠市规划设计研究院、中
　　　　　　国科学院地理科学与资源研
　　　　　　究所

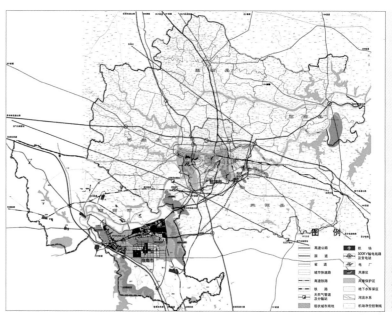

图 2 "蚌埠－淮南"周边地区重大基础设施规划图

1. 项目背景

蚌埠位于安徽省北部，淮河中游，曾为全省第二大城市。由于外部区域环境发生变化，城市交通优势地位相对削弱，经济发展活力不足，历史上区域中心城市的地位出现下降。

安徽省适时提出集中发展"一点两线"的战略思路。蚌埠作为京沪城镇带上的重点发展城市，未来面临新的战略发展机遇，肩负带动皖北经济发展，提升全省经济实力的战略使命。

在城市迫切提升经济实力、大力发展工业、土地需求量迅速增加的背景下，如何保护城市山水生态格局，保证城市拥有合理、科学的空间框架，使城市不致因为一个阶段的空间快速扩张而破坏整体结构，是这一版总规必须面对的问题。

2. 技术路线

第一，以区域的观点看待蚌埠城市发展，在研究国家和区域经济发展的宏观背景条件下，重视蚌埠作为皖北中心城市作用的研究，强化与周边地区协调发展。在规划政策中充分体现市域城镇体系的演进同城区发展的协调性，以探讨蚌埠市域社会经济发展的规律特征为基础，把握城区发展的特点。

第二，强调对城市空间结构和功能布局的把握与控制，注重规划的弹性、可操作性和管理的实施性。使本版总规在城市快速发展的过程中，能够对有效保证合理城市空间结构与功能布局起到积极的指导作用。

3. 工作方法

1）强化蚌埠市在皖北城镇群区域地位的研究

提出通过蚌埠与淮南建立快速便捷的联系，构筑"蚌埠—淮南"双核心皖北城镇群的思路。在蚌埠中心城区、怀远县城、凤阳县城形成的"蚌埠都市区"范围内，探讨蚌埠中心城区与两个次级中心的关系，主动进行功能统筹，加强道路系统和基础设施的各项对接，强化蚌埠市区域地位，为快速提升城市经济实力奠定必要的基础。

2）有效控制城市建设用地

规划通过对风景区、组团和片区间分隔绿地、基础设施走廊、基本农田的控制，提出城市外围和内部不可以作为城市建设用地的地区，构成城市基本生态骨架，在此基础上确定可以作为城市建设用地的范围。

3）确定城市发展的远景空间结构

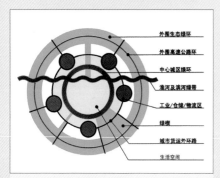

图 1 城市空间发展结构概念图

根据城市用地的工程地质评价、城市自然条件和区域内重大基础设施条件的影响分析，规划在土地使用的现状和拟建项目的研究基础上，提出城市各片区土地使用的功能，并对各类用地功能的兼容性进行研究，确定各个片区最适宜的功能，有效地为确定科学合理的城市空间结构提供依据。

4）选择与城市发展动力相匹配的城市发展方向和城市规模

在常规研究的基础上，强化了城市在各发展方向的开发时序研究，提出不同经济发展阶段适宜重点发展的地区应与城市整体利益相吻合。

考虑到城市发展可能遇到的各种变数，规划把握不同城市经济发展速率、就业岗位提供与城市人口规模之间的关系，提出采取低、中、高三种城市规模预测方案，使社会经济发展目标预测、人口规模预测和城市发展的空间结构有效衔接。

5）确定本次规划的布局方案

根据城市发展方向和城市规模的研究，低、中、高三个方案的空间布局强调对城市发展阶段、城市发展条件、城市发展实力与开发步骤的分析，保证每个方案能够代表城市在某一发展条件与规模下的城市较为合理的空间形态。

考虑到规划的前瞻性，特别是为了基础设施和公共服务设施配置能够保证城市近期和未来的发展，并留有弹性空间，规划在高方案的基础上又进行了城市空间布局的多方案比选。

6）编制指导城市建设的管理手册

本次规划尝试提供总体规划层面的管理导则，使总体规划可以更加有效地指导城市管理、引导城市建设，并为下一步开展分区规划工作提供参考依据。

4. 创新和特色

在指导思想、技术方法、工作重点等方面进行了探索，试图顺应市场经济体制下城市规划工作职能转变的需要。

1）对总体规划的基本作用进行认真反思

改变以往过于偏重制定城市发展终极目标、侧重对资源和建设项目直接进行配置的传统，转为强调规划对城市发展的控制和引导作用，制定指引城市发展的框架。

2）突出研究城市发展过程中"不变"与"变"的因素

充分发挥城市总体结构和空间格局对于城市发展的控制作用，适应不同发展阶段、不同发展速度、不同建设方式的需要。

3）注重资源约束条件下各阶段城市发展的合理性

城市总是在一定的自然资源、投资强度和政策条件的约束下发展，通过综合考虑这些资源的制约与作用，实现城市的持续与合理发展。

4）走出重编制、轻实施的误区

总结城市总体规划实施过程中"失效"的原因，分析市场条件下建设行为的特点，从改进规划管理的角度，研究改进规划编制技术，增强规划的可操作性。

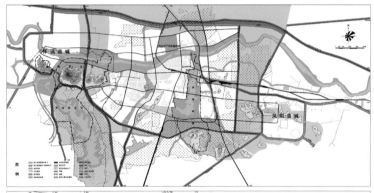

图3 蚌埠都市区生态绿地保护控制图

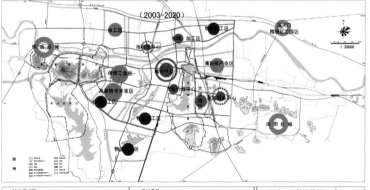

图4 蚌埠都市区远景功能布局图

图5 城市地块功能管理图则

苏州市城市总体规划
（2011-2020）

2008-2009 年度中规院优秀城乡规划设计一等奖

编制起止时间：2004.3-2012.12

承 担 单 位：城市规划设计所

主 管 所 长：涂英时、尹 强

主 管 主 任 工：闵希莹

项目负责人：邓 东、董 珂、胡 毅、
　　　　　　张 莉

主要参加人：杨一帆、朱郁郁、桂晓峰、
　　　　　　李江云、肖礼军、郝天文、
　　　　　　黄继军、洪昌富、黄 俊、
　　　　　　赵 权

合 作 单 位：苏州市城市规划设计研究院

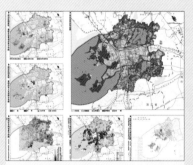

图 2　规划区四区划定图

图 3　中心城区空间结构图

图 4　传统街区保护规划图

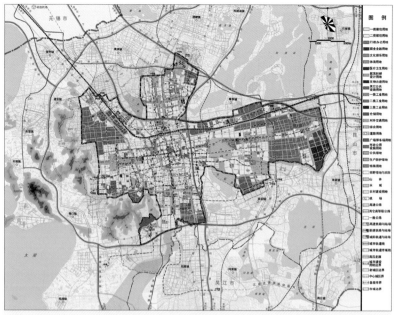

图 1　中心城区用地规划图

苏州从昔日仙境的"人间天堂"几乎成为现实中乏味的"世界工厂"，且土地、水、生态环境、产业持续竞争力和文化特色等方面已面临巨大的困境和挑战。

本次规划切实贯彻科学发展观，明确深厚的历史文化底蕴和优美的自然山水环境是苏州未来发展和参与区域竞争的惟一性资源。紧扣"转变发展模式"，确立建设以文化与自然资源保护为基础、以和谐苏州为主题的"青山清水，新天堂"的总目标，探索紧凑型城市建设的苏州模式。本次总规已初步展现其实效性，在推动政府工作重心转变，遏止破坏人文与自然资源的开发建设行为，引导下位规划编制和近期项目实施中发挥作用。

1. 思路创新

（1）明晰资源底线，以"转变模式，精明增长"为主线，从分散走向集中发展。主要体现在以下方面：

提出必须从粗放走向集约，保护和高效利用土地等不可再生资源，提出产业升级、土地盘整等"转型"策略。

有效遏止太湖边临湖新城等危害生态环境的建设行为，保护苏州西部山体和太湖的生态环境。

在满足经济发展目标翻两番的前提下，规划工业用地比 2005 年净减少 32km²，有力支撑土地使用模式的转型。

确定了转型准备期、转型启动期、转型深化期，并明确了每一阶段的社会、经济、文化、生态环境、资源利用指标。

（2）突出苏州特色，以文化和自然资源保护为基础核心，确定"青山清水，新天堂"总目标。主要体现在以下方面：

确定全面保护古城的策略，并在广度上扩充，将古镇、古村纳入保护范围，深度上细化控保建筑、古城的交通策略等内容和措施。

提出"西控太湖"，严格保护太湖、西部山体等资源本底。

不同空间本底制定不同策略、途径和模式，确定"宜居城市"各自承担的功能定位、发展目标和建设标准。

水系保护策略和村镇建设分类引导，保护"江南水乡"风貌。

2. 技术创新

（1）运用城市设计理论，确定城市形态结构，迈向苏州特色的"紧凑城市"。主要体现为：

城市形态结构从分散走向集中，明

确城市发展重点和方向。

城市用地从增量供给走向存量盘活。对闲置工业用地进行盘整、优化和置换，盘活规划区范围内低效使用土地215km²。

确定土地开发准入门槛，包括地均投入、地均产出、开发强度、企业类型、环境影响等方面，如工业用地地均投入应达到500万元/亩以上。

提倡土地二次开发的产业置换转型，运用城市设计促生土地混合集约的使用模式，规划混合使用的用地面积约为11km²，创造优美的城市空间环境。

（2）强化实证性的分析研究和"区域观"、"先底后图"两大技术路线。主要体现为：

编制《前期研究报告》，系统总结和评估现状条件、发展状况、前辈学者学术观点等，通过实证分析掌握证据和家底，明确苏州面临的主要问题。

从区域出发，判定苏州未来必须面向区域开放，依托市域核心三角，强化区域服务职能，并与周边"沪、锡、通、浙"等地区分别采取"错层"、"错位"的合作与协调发展策略。

"先底后图"。严格保护土地、水、生态、能源、人文历史和自然景观等资源底线，划定规划区内非建设区域，以此为基础确定苏州未来的城镇空间结构。

（3）运用新技术和多学科方法，确定资源底线和宜居标准。

运用三维模型分析等辅助手段，确定城市形态结构。

采用卫星影像图判读，进行深入的土地存量测算。

通过"绿度"、"地表能量"等数据分析，掌握生态环境恶化的具体证据。

通过水网密度等级分析，确定"江南水乡"风貌重点保护区域。

通过宜居城市的对应指标比较，明确苏州建设宜居城市的标准。

通过社会学调查了解真实的建设状态。编制《苏州工业企业调研报告》，摸清了工业用地现状建设容积率平均只有0.3等关键数据，从而直接引出对工业用地建设强度下限的强制性控制指标。

3. 规划实施情况

本次总规已经对苏州规划建设产生了实际效力，具体体现在：

（1）总规主要判断和结论被《苏州市两会政府工作报告》和苏州市《四大行动计划》完全采纳。

（2）遏止和关停一些重大的错误建设行为，推动了规划管理和建设工作重点的转变。例如：高新区停止建设临湖新城，将工作重点转到城市中心区的功能提升；太湖沿线1km范围进行严格保护和控制；吴中区集中展开中心区土地盘整和功能置换等。

（3）落实总规目标和定位，近期建设项目按计划推进。例如：交通方面的苏虞张公路改线，城际铁路、地铁1号线建设等；绿地景观方面的"荷塘月色"公园、白荡公园、东沙湖公园建设等；城市改造与更新方面的元和老镇改造，相城省级经济开发区的"退二进三"等；

公共设施建设方面的新火车站、狮山商业广场建设等；市政设施方面的七子山垃圾填埋场、太湖大堤加固工程等。

（4）"新天堂"严格的环境策略和建设标准，反而促进了市场引资项目的进入。例如：园区CBD、平江新城等建设提速，园区F城、相城商贸中心、新区绿宝广场等一批三产服务业项目陆续落户苏州。

图5 七里山塘

图6 苏州工业园区月光码头

图7 苏州高新区

图8 白居易纪念苑

洛阳市城市总体规划
（2011-2020）

2008-2009年度中规院优秀城乡规划设计二等奖
编制起止时间：2006.7-2008.7
承担单位：城市规划与历史名城规划研究所、城市交通研究所（现城市交通专业研究院）、工程规划设计所（现城镇水务与工程专业研究院）
主管院长：杨保军
主管总工：王景慧
主管所长：张兵
主管主任工：缪琪
项目负责人：苏原、赵霞、林永新
主要参加人：苏原、赵霞、林永新、龙慧、王勇、徐明、蔡海鹏、樊杰、张子栋、张健、左玉罡、黄继军、张有才、孟祥东 等
合作单位：中科院地理所、洛阳市规划建筑设计研究院有限公司

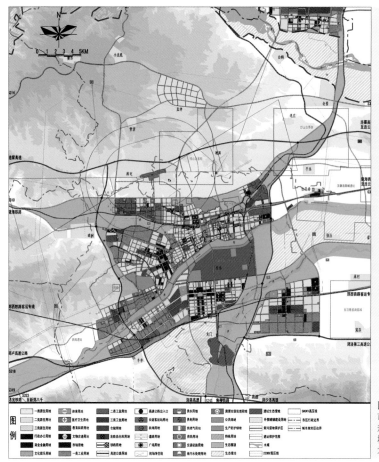

图3 洛阳市城市总体规划—中心城区用地规划图

图1 世界文化遗产——龙门石窟

图2 隋唐洛阳城遗址公园

1. 项目背景

洛阳是我国著名的13朝古都，是国务院首批公布的国家历史文化名城，被誉为华夏文明的摇篮。邙山以南，沿洛河30km范围带状分布着五大都城遗址，举世罕见。

洛阳是新中国成立初期国家重点建设的工业城市，"一五"、"二五"时期的重点项目奠定了洛阳的工业基础。"一期总规"，跳开老城建新区，以空间避让的方法，使周王城遗址、金元故城得到保护，被称作"洛阳模式"，成为新中国规划史的经典案例。

本次规划是在国家提出中部崛起战略，河南省全力打造以郑州为中心、洛阳为副中心的中原城市群的背景下展开的。本次规划，城市总体规划、市域城镇体系规划、历史文化名城保护规划、综合交通规划四个规划同步委托，同时编制。

2. 主要工作思路

贯穿历史文化遗产保护主旨，抓住洛阳城市发展的主要矛盾，从产业调整入手，以大遗址保护为前提，进而促进城市空间的重组优化。

规划从战略层面切入，从城市定位、发展战略的高度，研究大遗址的保护，合理保护、利用洛阳丰厚的历史遗产，将其转化为资源，转变单纯工业主导、孤立发展的经济模式，为将来洛阳建设区域中心城市提供新的发展动力，开辟在遗产保护的前提下，城市健康、可持续发展的新模式。

3. 规划主要内容

1）区域协作、突出特色

整合洛阳的历史文化、旅游资源，联手西安打造长安—洛阳历史文化走廊，共同展示华夏古都文化魅力；以老工业的提升、改造为抓手，对接省会郑州，合理分工，构建双核中心，共同辐射中原城市群。

2）产业转型发展

促进洛阳由单纯的工业城市向综合型城市的转变。将产业空间重组作为优

图4 产业空间重组

主导产业核心圈——以第三产业、高科技产业和先进制造业为主、加工制造业的高端环节。
中心城外围加工工业环——以加工工业为主、中心城制造业的普通环节。
卫星城重工业、旅游业发展带——旅游产业、能源、原材料工业、价值链中较低端环节、附加环节。

化产业结构的重要抓手。

产业空间重构重点是疏解城市中心地区产业容量，内部提升和向外有序疏散结合，从结构上缓解对遗产保护的压力。

3）整体保护

扩大城市规划范围，涵盖遗址群保护范围，确保大遗址保护的完整性、系统性。

划定大遗址保护界限作为禁止建设区，明确城市建设用地发展边界。明确资源环境分区及控制、风景区、生态廊道的控制，协调遗址群环境系统的保护。

4）构建相互交融、和谐健康的城市整体空间格局

规划将遗址公园与城市生态廊道、绿地系统、公共空间建设相结合，突出洛阳山水特色，结合大遗址保护以及大分散、小集中的片区式空间特征，建立"山环＋城市＋绿心"的城市整体生态结构。

线状、枝状绿地依托山水格局自然沿展，形成绿化网络。城市空间环绕遗址绿心带状生长，多条纵向通道贯穿其间，将绿色向城市片区渗透。

整合遗址群空间，建立整体保护框架。搭建开放的城市空间结构，勾勒洛阳远景城市空间发展框架，确定伊河南、孟津北部为城市新的发展方向，开源节流，使城市的发展通道和遗址保护空间各得其所。

5）空间整体发展对策

进行多视角的城市空间研究，研究洛阳城市空间跳跃演进导致的各片区间的互动关系，促进原有城区功能重整与新区建设相协调。提出：洛北，拼贴特征明显，需重新整合；洛南，需进行功能充实；伊南是释放城市空间增长需求、缓解大遗址保护压力的战略空间，需及早进行调控。

调整城市中心功能结构，培育洛南市级行政中心和涧西市级商贸次中心，疏解西工中心功能，作为以历史文化和旅游服务为主的城市次中心，为开辟隋唐城宫城展示区创造条件。

6）建立高效、快捷的综合交通体系

规划快速综合交通网络，重点解决城市各片区以及区域快速联系交通，提升点对点交通的可达性，引导遗址保护和支撑城市空间发展。

城市外围建立以高速公路和铁路为骨干的区域物流通道，支持工业向外疏解。强化机场、高铁车站等高端客流门户与城市的紧密衔接，加强洛河南北交通，预控跨伊河的联系通道。

4. 技术特点和创新

从总规战略层面介入，从城市定位、空间布局、发展战略的高度，研究大遗址保护，力争城市发展与历史文化遗产保护的双赢。探索多样化的保护方法，

强调保护的主动性、动态性和整体性。

将历史文化遗产的展示和利用作为城市转型发展的重要手段。依托大遗址保护，推动城市功能和空间结构调整的实施，结合历史文化资源塑造特色城市空间，促进旅游和文化产业发展，提升城市文化软实力。

为了诊断和破解洛阳城市空间的矛盾，宏观上以城市经济学、中观上以社会文化学、微观上以土地产权研究为分析工具，进行多角度的研究，拓展了空间研究的广度和深度。

5. 结语

洛阳总规于2012年4月获国务院正式批复实施。在规划指引下，郑西客运专线洛阳站建成，市域快速通道通车，为中心城市工业对外疏解以及南部的旅游开发创造了条件；伊南新区建设初具规模。中心城区产业优化逐步实施，历史文化遗产保护与展示工作取得重大进展。

本次规划，强调了以城市总体规划为引领的历史文化遗产保护规划思路，将历史文化遗产作为推动城市未来发展的有效资源，确立城市转型、特色发展的核心目标，是破解保护和发展难题的一次有益尝试和创新实践。对于我国历史文化名城的规划研究有积极的借鉴意义。

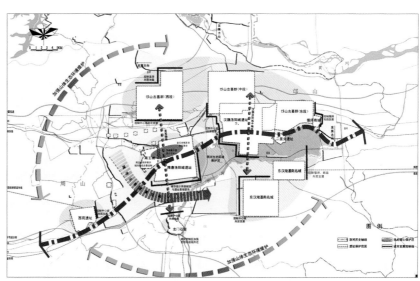

图5 大遗址与城市发展空间相互交融，和谐共生

唐山市城市总体规划
（2011-2020）

2008 年度河北省优秀城乡规划编制成果一等奖

编制起止时间：2002.11-2011.3

主管总工：杨保军

承担单位：城市与区域规划设计所

主管所长：朱 波

主管主任工：赵 朋

项目负责人：张文奇、石永洪、卢华翔

主要参加人：晏 群、洪昌富、莫 瞿、
　　　　　　陈怡星、伍速锋、刘明喆、
　　　　　　王 滨、师 洁、赵 哲、
　　　　　　李志超

合作单位：唐山市规划建筑设计研究院

1. 规划背景

新世纪以来，京津冀城镇群在国家战略中的地位得到重大提升，推动区域城镇格局进一步调整，河北省大力推进建设沿海经济强省发展战略，全力打造沿海经济隆起带，北京以首钢为代表的若干大型项目向唐山转移，曹妃甸大港得到快速发展，原位于市中心区的机场得以搬迁，行政区划在 2002 年得以调整等，诸多机遇都对唐山的发展产生了深远影响。

项目历经近十年时间，主要分为两个阶段。第一阶段于 2005 年形成初步成果，因第二阶段宏观区域经济和曹妃甸的确立等重大变化，于 2007 年重新启动。

2. 规划构思

在新的发展背景和发展要求以及大好发展机遇下，重新审视唐山在区域发展中的新定位；在唐山从传统重工业城市向区域中心、国家基地的战略转型中，把握资源优势、区位优势、产业基础和发展条件，转变发展模式，完善功能体系，调整空间布局。

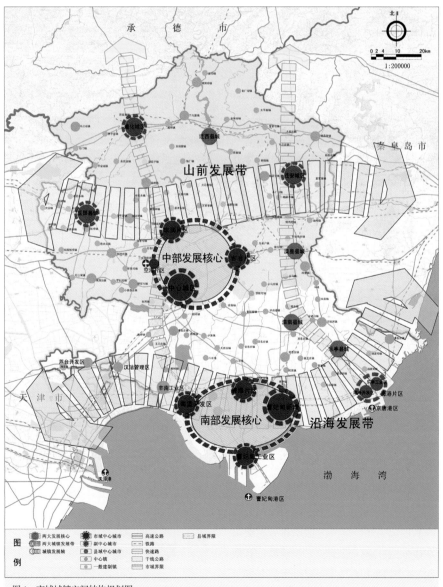

图1　市域城镇空间结构规划图

3. 主要结论

城市性质：国家新型工业化基地，环渤海地区中心城市之一，京津冀国际港口城市。

城市规模：2020 年中心城区人口规模达到 220 万人左右，建设用地面积约 210km²。

市域城镇空间结构：两核两带。两核即中部和南部发展核心，两带即沿海发展带和山前发展带。

中心城区空间结构：组团式布局结构，建设三大片区（11 个功能组团）和两大郊野公园，不同组团之间由河流水系、郊野公园和生态绿地间隔。

4. 规划创新与特色

（1）在区域格局产生重大变化、自身面临重大机遇的背景下，以战略研究的思路加强对宏观区域背景的分析，重新审视唐山在区域发展中的新定位。

（2）在规划区协调发展规划中，针对全市生产力布局向沿海转移的重大变化，深化了对规划区范围内各城区（尤其是沿海主要发展组团）的空间发展指引，协调生态、交通、市政等重大问题，为南部出现的非常规发展构建良好的可持续发展框架。

（3）在中心城区空间布局规划中，针对地震断裂带、采煤塌陷区等较复杂工程地质情况，始终坚持以城市安全为前提，杜绝实际发展中的盲目建设行为，并且结合中心城区转型与提升的阶段特征，在用地布局的基础上，强化其与区域的联系，强化其深厚的近代工业文化特色，强化以人为本的和谐发展。

5. 实施情况

在总规指导下，各组团的分区规划、控制性规划逐步展开；凤凰新城、唐山高铁枢纽、陡河沿岸、工业博物馆等规划设计相继完成，并成为全市的近期重点实施工程。

图 2 规划区空间布局指引图

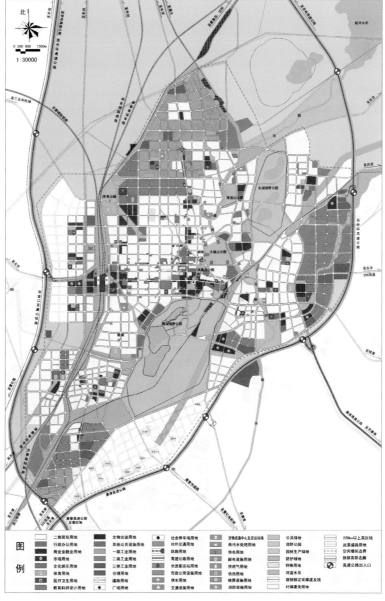

图 3 中心城区用地布局规划图

保定市城市总体规划
（2008-2020）

河北省 2011 年度规划设计一等奖
编制起止时间：2005.3-2009
承 担 单 位：城市与区域规划设计所
主 管 院 长：李 迅
主 管 总 工：王 凯
主 管 所 长：朱 波
主 管 主 任 工：林 纪、严奉天
项 目 负 责 人：刘贵利、张圣海
主 要 参 加 人：晏 群、盛 况、李 宁、
　　　　　　　　王新峰、朱胜跃、徐素敏、
　　　　　　　　靳志强、张连荣、李 铭、
　　　　　　　　段 西、李 磊
合 作 单 位：中国地质大学（北京）、保定
　　　　　　　　市规划设计研究院

1. 项目背景

国家"十一五"规划明确指出"京津冀城镇群"应作为国家增长极加快整合发展，2008 年由住房和城乡建设部牵头完成的《京津冀城镇群协调发展规划》明确了城镇群协同发展的要求，河北省提出了"三带两群"的新的发展格局，对省内各个城市的发展具有指导意义。同时，国家和省级区域交通综合体系规划陆续出台，预示着作为"首都南大门"的保定，其未来发展的区域背景将会发生重大改变。

2. 项目构思与针对性

（1）立足区域协调发展，明确城市功能定位，完善城市职能；

（2）针对保定特殊的行政区划条件，突出都市区的研究，构建合理发展的空间平台；

（3）突出城市文化特色，提升城市环境质量；

（4）重点协调解决大型基础设施规划建设问题。

全面贯彻落实中央提出的"五个统筹"发展要求以及省委、省政府提出的城市化发展战略，进一步增强规划的科学性、超前性、综合性和可行性。按照"保护老城、开发新区、辐射扩张、滚动发展"的原则，综合协调区域可持续发展问题，逐步形成中心城区进一步优化、中心城区结构进一步完善、各组团（卫星城）功能定位各具特色、生态环境优良、设施配套完善、经济繁荣、社会文明、生活舒适的大都市雏形，把保定市建设成冀中地区的经济强市，把中心城区建设为现代化生态园林式的历史文化名城。

3. 主要内容

（1）城市性质：国家历史文化名城，以先进制造业和现代服务业为主的京津冀地区中心城市之一。

（2）城市发展战略：以工强市，以文兴市，以绿优市。

（3）城市主要职能：国家历史文化名城、国家低碳产业示范区，京津冀地区重要的现代制造业及高新技术产业基

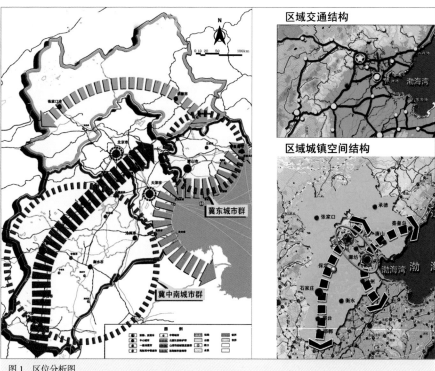

图1　区位分析图

地，承接京津冀地区休闲、观光、度假职能，体现商贸发达、环境宜居的城市职能，是京津冀地区中心城市。

（4）市域发展目标：积极融入京津冀城市价值链体系，建成华北内陆地区向沿海开放的桥头堡，并继续发挥生态屏障作用。成为京津冀地区中承接京津项目扩散和科技成果转化的、以节能节水型产业为主的现代制造业基地，京津绿色农副产品加工供应基地，京南现代物流走廊的重要组成部分，华北地区特色旅游休闲胜地，河北省社会经济发展水平较高的、具有明显龙头带动作用的示范地区。

（5）总体发展战略：

融入京津：通过产业协作，职能分工，实现保定融入京津发展圈；

对接省会：通过产业互补，功能衔接，实现保定与省会的共同发展；

联动滨海：通过建立便捷的交通体系，实现海陆联动；

拓展西部：通过通道建设，保障引自西部的能源与资源的通达与供应。

4. 实施情况

近年来，保定市城市建设发展迅速，总体规划在城市社会、经济、环境各方面都取得了良好的效果。

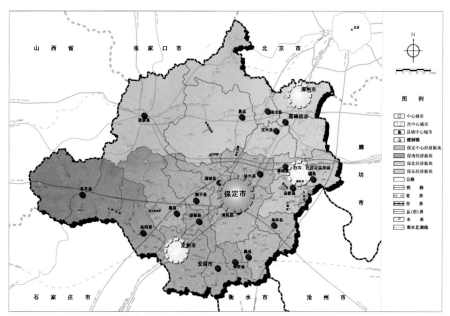

图 2　市域城镇空间发展结构规划图

辽阳市城市总体规划
（2001-2020）

2009年度全国优秀城乡规划设计三等奖
2008-2009年度中规院优秀城乡规划设计三等奖
2009年度辽宁省优秀工程勘察设计奖城市规划类二等奖

编制起止时间：2005.11-2008.9
承担单位：城市规划设计所
主管总工：朱子瑜、杨明松
主管所长：邓　东
项目负责人：尹　强、范嗣斌、陈长青
主要参加人：魏天爵、童　娣、孙心亮、
　　　　　　李江云、李艳钊、胡天新
合作单位：辽阳市规划设计研究院

图1　区位及区域发展分析图

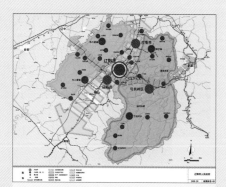

图2　辽阳市域城镇空间结构规划图

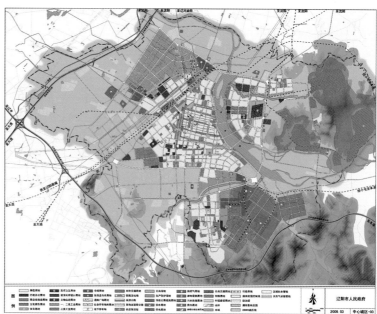

图3　中心城区用地规划图：一体拓展，两翼并重

振兴东北老工业基地战略是本次规划的重要背景。在城市振兴目标下，辽阳总规以战略前瞻、统一思路、明确方向、凸显特色为重点，充分体现了总规的战略性、方向性指导作用。工作中，从困扰城市的重大问题切入，突出问题导向，从而形成具有针对性的规划方案和策略。

1. 规划内容

（1）前瞻性地研究辽阳与区域的关系，推动城市融入区域，走多元化发展进道路。在对辽中城市群各城市职能、产业发展进行分析的基础上，确定城市发展战略及产业发展策略。通过推动城市与区域互动、协调发展，寻求城市长期、可持续发展动力。

（2）明确城市发展方向，理清城市空间格局。从区域空间发展趋势分析着手，层层深化，客观、理性地提出中心城区的发展方向和空间格局。同时，充分体现总规编制作为公共政策制定的过程特性，利用总规搭建平台，通过多方的交流、讨论、沟通、协调、宣传，最终统一思想、达成共识。

（3）深入挖掘自然、历史人文资源，营造城市特色，激发城市活力。运用城市设计方法，从整体层面构建"两环一轴一带，山环水绕、绿楔渗透"的整体景观格局。历史城区的更新是城市特色营造的重点。确定"环城绿带，路径设计，场所营造"的思路，提出"辽阳八景"的概念主题，凸显城市历史文化特色。

（4）关注社会民生问题，积极、务实地进行人居环境改善工作。重点在于利民便民，合理选址，积极推进保障性住房建设。结合居住用地规划，总规提出将保障性住房的选址与就业、公共交通、公共服务设施、棚户区改造等相结合进行综合考虑，进而提出具体选址建议。

2. 空间布局

从区域空间发展大格局入手，层层深入，科学、理性地确定城市不同尺度下的空间布置，区域、市域、城区的空间结构一脉相承。

在市域，规划形成"两轴两翼、一主三副、四心多点"的城镇体系空间结构。

中心城区规划形成"一体拓展、两翼并重"的总体格局，即：城市生活和综合服务功能空间平行于沈大发展轴，在城市西南方向进一步拓展生活性功能发展空间，并积极向太子河以东发展。城市产业向西北、东南两个方向的工业园区集中，全面整合、有序发展，进而形成"一心四片两组团"的空间结构。

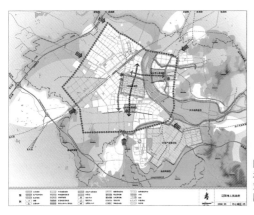

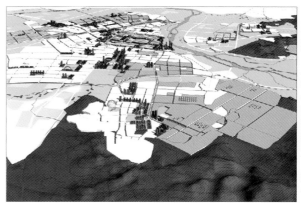

图4 中心城区绿地景观系统规划图

图5 中心城区总体城市设计意向

3. 创新与特色

本次总规，以问题导向为主，采取了实用有效、突出重点的技术方法。技术特点可归纳为以下两点：

（1）重视规划的动态性和过程性，强调协调与参与，充分体现"政府组织、专家领衔、部门合作、公众参与、科学决策"的原则，积极推动公众参与，充分考虑公众意愿。利用总规构建平台，对于重大问题，充分讨论协调，达成共识。与相关部门的工作（土地利用总体规划、环境评价等）良好衔接。

（2）强制性与指导性相结合，刚性与弹性兼具。灵活运用城市设计方法，深入微观层面进行针对性研究。在严格管控各类重要资源要素、城市安全要素的前提下，对于资源的挖掘与积极利用也提出了一系列指导性要求，对营造城市形象特色、激发城市活力起到了积极的作用。

4. 实施效果

辽阳总规完成以来，城市建设在规划指导下全面展开，各项工作积极推进。规划在指导城市发展建设方面取得了良好的效果。规划实施主要包括：

（1）城市发展方向明确，空间格局初步展开。河东新城的建设取得实质性进展，各项工作有序推进。辽溪铁路改线已获铁道部批复并已经开始施工，该工程将为河东的开发建设消除障碍，逐步形成跨河而立的滨水城市。城市南部发展建设同步推进，开始实现生活用地进一步向南拓展的目标。工业园区建设已实现向铁西和辽石化工业区集聚。辽阳重要的芳烃及化纤基地建设拉开序幕；辽阳经济技术开发区，主要道路及基础设施建设已完成，已有11家新的企业开始入驻建设。

（2）城市景观环境正在优化，历史文化特色和滨水城市特色初现。辽阳博物馆落成开张，观音寺周边环境改造完成；护城河两侧游园、太子河风光带已初步形成，成为市民休闲娱乐的场所。

（3）保障性住房等社会民生工程正在积极推进，人居环境进一步改善。近年来，在总规选址的指导下，结合棚户区改造，已建成相当数量的经济适用房及廉租房，有效地改善了人居环境。

（4）一些重大交通、市政基础设施建设稳步推进。哈大快客辽阳段基础已建成，辽溪铁路改线工程已经全线开工，城际交通（沈阳—辽阳）轻轨线路已进入可研论证阶段。各大型市政基础设施正在有序建设中。

图6 城市南部地区建设发展情况（左：整体鸟瞰；右：新建小区）

图7 太子河滨水风光带规划意向及建设实景

图8 保障性住房建设

柳州市城市总体规划
（2004-2020）

2005 年度中规院优秀城乡规划设计二等奖
编制起止时间：2001.3-2005.2
承担单位：城市规划设计所、工程规划
　　　　　设计所（现城镇水务与工程
　　　　　专业研究院）
主管总工：蒋大卫
主管所长：涂英时
主管主任工：胡　毅、朱思诚
项目负责人：苏　原、王朝晖
主要参加人：苏　原、王朝辉、胡　毅、
　　　　　　郭　枫、洪昌富、王　滨、
　　　　　　官晓红、李秋实、闵希莹、
　　　　　　王瑞石、李艳钊、吴　越
合作单位：南京大学、柳州市规划局

图 1　总体城市设计鸟瞰图

1. 项目背景

柳州市位于广西中北部，是广西壮族自治区第三大城市，我国中南、西南地区的交通枢纽，新中国成立初期的老工业基地城市，民族风情绚丽多彩，自然山水风貌独特，是国家级历史文化名城。柳州市是国务院审批城市总体规划的城市之一。本项目为工程院联系项目。

2. 项目构思

从宏观与微观等不同角度构思城市规划方案；针对柳州建设实际进行规划，适当超越；强调长远与近期，规划与整治结合，提出分片区整治的规划思路；重视比较分析，从城市的发展趋势与规划策略入手作深入的剖析，为城市寻找比较优势与弱势；倡导广泛的市民参与，开展民意调查、市民评论等活动。

3. 主要内容与技术特色

1）开展社会问卷调查，增加公众参与力度

规划前期开展了多方面的社会问卷调查，了解了公众对城市规划的建议和要求，增强了规划的针对性、可操作性、实用性。

2）加强规划前期研究，提炼修编重点问题

规划重点对西部大开发战略、广西自治区发展重点转移、行政区划调整、城市生态环境保护、历史文化名城保护、土地资源集约使用、产业空间结构调整、国企改革和转制、人居环境建设、城市防洪等问题进行了研究。

3）落实科学发展观，理性把握城市定位，合理确定城市规模

城市性质为：广西壮族自治区的中心城市之一，西南地区的交通枢纽，重要的工业城市，山水风貌独特的历史文化名城。更强调了新的发展阶段和新的发展格局中，柳州作为广西自治区中心城市的综合发展职能，明确了柳州市的交通地位和工业发展新要求。

规划期人口规模控制为 160 万人，新增城市建设用地 72km²，人均城市建设用地为 105m²。

4）优化城市空间结构，前瞻性地提出城市空间发展方向，调整产业空间布局

规划期城市围绕现有城区由内向外有序拓展、延伸发展，远景城市应以向东、向北为主要的发展空间。确定城市整体空间结构为"中心城区＋外围组团"，城市片区、组团间有风景区、山体、河流等绿色空间自然契入渗透。重点对工业用地调整进行专题研究，对老工业区改造进行典型案例分析，提出工业搬迁指引。中心城主要发展科技含量相对较高的产业，外迁占地规模较大的工业。

5）重构城市综合交通网络，理顺城市交通系统

市域公路系统化并全面升级，分离城市过境交通，提出湘桂铁路河北半岛段改线方案，整体改善城市道路交通环境，完善三级城市道路网络，形成"一环五射"的快速路系统和"十横七纵"

图 2　柳州全景

的主干路网结构。

6）滚动编制相关规划，发挥总体规划综合协调作用

市域城镇体系规划：提出从单一中心结构向主次中心结构转化，构成"一圈一带二走廊"的城镇体系空间结构，加强市域交通网络规划建设，整合各地资源优势，优化配置、合理利用，贯彻落实区域与城乡统筹发展。

历史名城保护规划：从整体层面提出保护要求，城市工业区远离历史城区，对于景观资源条件较好的南部城区限制建设开发，做到发展和景观保护互不干扰，相得益彰。

保护柳州市传统的风貌特色和古城格局，进行旧城改造的同时，纯化历史城区的用地功能，保护和延续传统的山水形胜，做好柳江两岸园林绿化规划，优化历史城区的周边环境，展现六山围城的自然景色，再现"世界第一天然大盆景"的独特风貌。

7）协调关键职能部门，形成动态工作协作机制

与铁路部门多次协商，提出切合实际的铁路改线方案。与珠江委员会讨论研究柳州城市防洪标准及有关建立流域防洪体系的研究等问题。

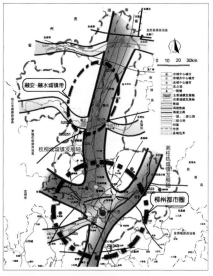

图3　市域城镇空间结构图

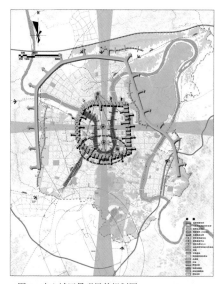

图4　中心城区景观风貌规划图

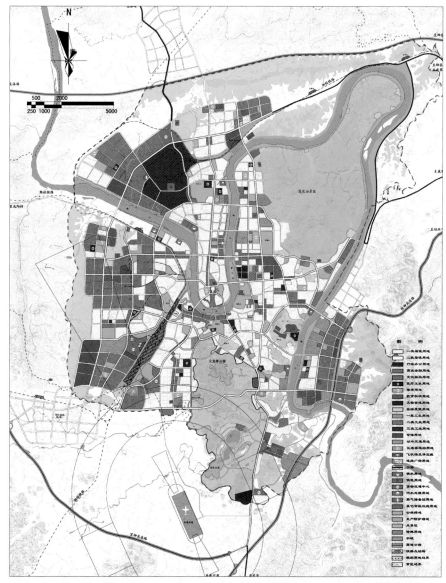

图5　中心城区用地规划图

中山市城市总体规划
（2005-2020）

2006-2007 年度中规院优秀城乡规划设计二等奖
2007 年度广东省城乡规划设计优秀项目二等奖
编制起止时间：2004.3-2007.2
承 担 单 位：城市建设规划设计研究所
主 管 总 工：杨保军
主 管 所 长：张 全
主 管 主 任 工：鹿 勤
项目负责人：靳东晓、杨 深
主要参加人：王 纯、杜 锐、高世明、
　　　　　　董 灏、关 丹
合 作 单 位：中山市规划设计院

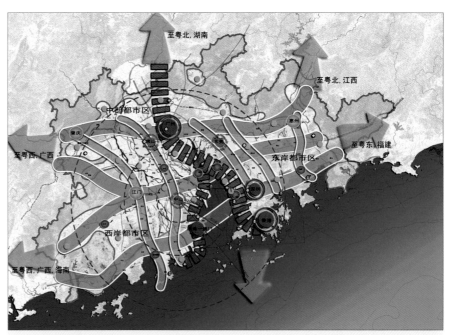

图1 珠三角城镇空间结构

在中山市经济、社会的迅猛发展之下，土地的高需求与生态环境保护之间的矛盾日益尖锐，一镇一品的行政区经济缺少必要的统筹协调，若干资源低效消耗，低端的产业结构进一步放大了上述问题。中山市的可持续发展面临重大挑战。

1. 研究重点

立足中山市实际，强调可持续发展的战略思想，将生态资源保护、产业空间整合、塑造"宜居"环境等思路落实到规划当中，以探索建设和谐中山的新路径。

（1）研究中山资源环境保障条件，合理确定产业发展结构，在此基础上综合判断中山未来发展的合理容量，提出与资源环境相协调的空间管治对策，以构筑城市整体生态安全格局。

（2）研究并深化组团发展构想，以此为突破口来解决中山目前的城镇发展中存在的主要问题。同时，立足于城乡统筹发展，加强市域基础设施的共建共享，改变"行政区经济"对于区域发展

的分割影响。

（3）理顺发展与整合间的关系，在强化科学发展的同时，着重对原有各城镇规划重新审视并进行综合协调。

（4）拉大中心城市发展框架，调整城市空间结构，提高中心城市辐射能力，加强城市管理服务水平。

2. 空间布局

《规划》提出构建"组团式"市域新型城镇空间结构，划定组团空间增长边界和组团间永久生态红线，明确各组团发展方向和内部协调重点。

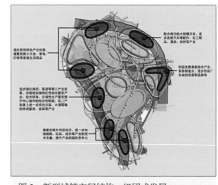

图2 新型城镇空间结构：组团式发展

图3 市域城乡协调发展规划

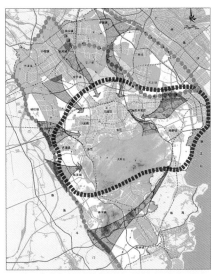

图4 市域生态结构规划

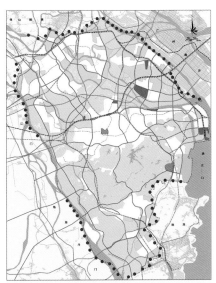

图5 市域空间管制规划

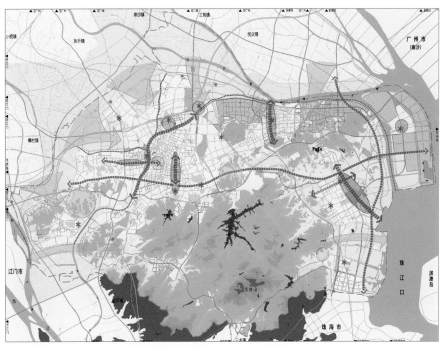

图6 中心城区用地规划

强化沿海一线、沿河廊道、五桂山等核心生态区基本要素的保护。突出区域性重大交通枢纽、区域性服务设施等触媒要素相关地区的预留与管控。

继承和发扬历史文化特色、地域人文特色，强化城市建设与自然环境的有机融合。在中心城区提出景观分区、城市轴线、开敞空间、景观视廊、微风通道等主要控制引导要素。

3. 创新与特色

（1）建立"三区四线"控制体系，保护生态资源。《规划》提出中山保持良好人居环境的生态临界值是三分之一。在适宜建设范围内，通过规划进行合理引导，保证中山未来较长时间内的可持续发展。

（2）构建市域组团发展模式，探索区划与经济发展的关系。《规划》提出破除行政区划阻滞，以融合多个镇形成的组团进行建设引导，逐步形成产业高效、集约发展、优势互补、利益共享的协调发展新格局。

（3）研究探索区域空间管制，科学地引导城乡发展。为了实现对区域内不同地区给予针对性的发展指引，《规划》在全市提出空间区划的分级管治要求和分类管治要点，加强对市域空间资源，尤其是对土地资源的监管，保证经济、社会与环境效益的统一。

4. 实施效果

《规划》提出的规划策略已经取得初步效果：组团概念不断深入民心，组团管理体制方案进入实质建设阶段；组团总体规划进入编制设计阶段，东部组团、西北组团、南部组团总体规划编制工作全面展开；全市包括交通、电力、给水、污水等专项规划在内的基础设施"一盘棋"规划建设逐步得到落实；生态城市建设和"三区四线"规划管理控制体系不断建设发展完善；五桂山镇成功地撤镇设区，生态维护的区域转移支付机制建立并有效运行，《五桂山生态保护区规划》完成；东部开发战略达成共识，东部新城开发建设正有序进行。

绍兴市城市总体规划
（2011-2020）

2008-2009年度中规院优秀规划设计二等奖
2013年度浙江省优秀城乡规划设计奖二等奖
编制起止时间：2006.6-2009.12
承担单位：城市规划设计所
主管所长：尹　强
主管主任工：邓　东
项目负责人：闵希莹
主要参加人：孙心亮、田　心、刘国园、
　　　　　　王　仲、胡天新、陈　烨、
　　　　　　刘颖慧、胡　彦、孔星宇
合作单位：绍兴市城市规划设计研究院

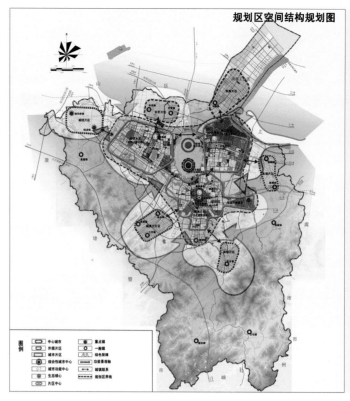

规划区空间结构规划图

图1　规划区空间结构规划图

1. 规划思路与战略

本轮总体规划通过对绍兴所处的宏观环境与历史使命的识别，根据对绍兴自身问题与特色的梳理以及对未来发展方向与趋势的判断，提出了具有科学性和前瞻性的城市定位。在战略定位的指导下，明确了具有绍兴特色的三大战略思路：

（1）提升绍兴的中心度和凝聚力。绍兴西邻杭州、东依宁波，处在两个特大城市之间，两大城市强大的集聚效应使得绍兴的经济（特别是三产）在区域竞争中处于"灯下黑"的尴尬状况。为了寻求绍兴在两大城市之间的区域竞争力，规划采取提升绍兴中心度和凝聚力的战略举措，具体包括三大方面：

一是在城市定位中，充分挖掘绍兴古城、历史文脉、自然环境、旅游资源与产业优势的特色潜力，避免与杭甬两大城市的盲目竞争，将城市定位为国家历史文化名城、江南水乡特色的生态和文化旅游城市、长三角先进的工贸基地之一。

二是提出绍北城镇密集区的概念。绍北城镇密集区包括越城区、绍兴县和上虞市，三者虽同处一个地域单元，却各自为战，缺乏协调统合。本轮总规通过实施绍北城镇密集区区域一体化的战略，促进了区内重大基础设施的一体化、区域经济发展的协同化和区域生态环境保护的一体化，形成了绍北城镇密集区的"合力"，从而提升了整个绍北城镇密集区的区域竞争力。

三是通过打造集生态景观和城市功能于一体的滨湖新城，实现城市自身的空间整合。现状的绍兴中心城市由越城、袍江、柯桥三大组团构成，组团的分工较为明确，组团之间的联系度不强，管理较为松散。本轮总规在三大组团之间，利用镜湖湿地的生态景观优势，打造具有城市功能的"绿心"，实现三大组团在空间上的有机整合，从而在空间上提升绍兴的凝聚力。

（2）塑造水网城市形象，协调水系保护和利用的关系。绍兴是全国闻名的"水乡城市"，做足水系文章是本次规划的成功点之一，规划中提出了五大方式来利用和保护绍兴水系。一是确定"蓝线控制"的范围和措施，水系岸线控制分为"生态和景观岸线控制"和"通航航道及市政水系控制"两种类型,其中将生态和景观岸线控制划分为三个层次,配套以相应的控制要求和调整程序;二是策划了"三圈八线"的旅游线路组织框架,把大的山水背景纳入到城市框架中,同时配有相应的旅游管制措施;三是针对绍兴古城内部规划了八条水乡风貌带;四是明确了滨水地段不同地块的开发策略,并将水系统与绿地系统、景观系统有机融合,构筑"显山露水"的景观风貌;五是针对镜湖周边作了较为详细的城市设计指引。

(3)加强历史文化名城保护的力度,传承城市文脉。深厚的历史文化底蕴是绍兴最重要的城市特色之一,因此对历史文化的空间载体——历史文化名城的规划则愈显重要。本轮总规同时编制了《绍兴历史文化名城保护规划》专项,分市域和古城两个层面,对绍兴历史文化遗迹、历史街区、古城格局、风貌特色等作了详细的研究,分类别、分地段地制定了规划引导和管控措施,同时结合旅游开发、景观营造等功能定量地对部分历史建筑和构筑物提出了建设要求。除此之外,为保护视觉通廊和古城风貌,规划分区分片地对建筑物的高度和建设强度提出了明确的管控要求。

2. 规划特色与创新

本轮总规创新性地采用了诸多具有针对性的分析方法,对解决绍兴特殊条件下的特定问题具有探索性的意义。一是进行了一系列专题研究,包括《区域发展研究专题》《区域综合交通规划研究专题》《历史文化名城保护规划专题》以及为实现土地利用规划和城市总体规划的科学对接、防止土规分家,在总规编制之初形成了《"两规"对接专题报告》,实现了国土部门与建设部门的协调统一;二是采取了分片区发展条件与对策的规划分析方法,绍兴市各片区发展条件和城市功能差异较为明显,为防止规划"一刀切",针对越城、柯桥、袍江不同的发展优势、劣势、问题和机遇,制定了相应的发展对策和政策建议。

3. 规划实施情况

(1)城市总体规划有效地指导了下一阶段的规划编制工作。总规批准后,编制完成了袍江、镜湖新区分区规划,重要民生工程及城市基础设施等一系列专项规划,中心城市规划范围内实现了控规全覆盖,历史文化名城保护规划进一步深化,完成了《绍兴市历史建筑名录》等规划。

(2)以城市总体规划为依据,镜湖新区高铁高教园区、镜湖新区城市核心区、越城片区迪荡新城、滨海新城江滨区等重点区域及杭甬铁路客运专线、嘉绍跨江大桥、绍诸高速公路、杭甬运河、曹娥江大闸、镜湖国家城市湿地公园、历史文化名城、历史文化街区、水乡风貌带等一批重大基础设施建设工程和保护工程稳步推进。

(3)通过总规的编制,集中了规划管理权,提高了规划管理部门的地位。本轮总规编制之前,绍兴市存在明显的多头管理、各自为政的规划管理现象,中心城区内有11家单位有规划批地权,而规划局通常是"见章跟章",规划统合协调的力度明显不足。总规编制结束后,市规划局已收回全部应有的规划管理权,成立了绍兴市中心城市规划管理委员会,作为市政府有关中心城市规划决策的综合协调机构,其重要职责就是协调城市总体规划的实施与管理,将规划管理体制进一步理顺,将行政效能进一步提高。这是项目组在规划编制过程中为地方规划管理机构统合所做出的贡献。此外,本轮总规中提出的绍北城镇密集区概念对绍兴县、上虞市撤县(市)设区也起到了推动作用。

图2 城市用地布局规划图

图3 镜湖周边城市设计指引图

东营市城市总体规划 (2012-2020)

2012-2013 年度中规院优秀规划设计二等奖
编制起止时间：2010.9-2013.5
承 担 单 位：城市与区域规划设计所
主 管 总 工：官大雨
主 管 所 长：朱 波
主管主任工：谢从朴
项目负责人：王新峰、苏海威
主 要 参 加 人：黄 珂、李雅琳、李 栋、
　　　　　　　李 渝、谭 磊
合 作 单 位：东营市城市规划设计研究院、
　　　　　　　中国人民大学、北京工业大学

1. 规划背景

东营地处黄河入海口，为胜利油田主产区，现辖两区三县，市域总面积 7923km²，2010 年市域常住人口约 202 万。

由于成陆时间短，土壤高度盐碱化，淡水资源匮乏，生态脆弱，东营的大部分陆地并不适宜人类居住。20 世纪 60 年代之后胜利油田的开发建设奠定了东营当前城镇格局的基础，也使得生态环境建设和人居环境改善成为了东营城镇发展所面临的一项长期性的历史任务。

2009 年后，国务院先后批复了《黄河三角洲高效生态经济区发展规划》和《山东半岛蓝色经济区发展规划》，对东营明确提出了培育高效生态经济、壮大海洋经济的新型发展要求。

2. 技术导向

在国家政策要求指引下，重点探索在生态脆弱、不宜人居的滨海地区，实现高效生态、海陆统筹的城镇化路径和城市布局模式。

3. 核心内容

1）探索与黄河三角洲生态特征相适应的城镇化格局

通过剖析黄河三角洲"从陆到海"圈层演进的特殊生态本底结构，规划解读出了市域内部的生态差异，并据此确定了相应的城镇化与工业化路径，将生态改良与城镇化推进有机结合。

沿海地区以核心生态资源保护为重点，严格控制城镇增长，推动产业临港集聚；盐碱化治理区，规模应用"台田-池塘"等高效生态的农业改良模式，培育支撑生态产业发展的小城镇；中部城镇密集区，以"蓄水-排碱"模式为主导，与城镇水系绿地建设相结合，系统化改造生态环境，全面提升人居环境；在南部和西部等早成陆地区，重点控制城镇增长边界，保护生态基质。

2）实现集聚发展、延续特色、改善人居的中心城区布局

为适应地广人稀、湿地遍布、地基承载力不足、油地双轨运行、城市与石油生产交错等特殊的建设条件，通过历

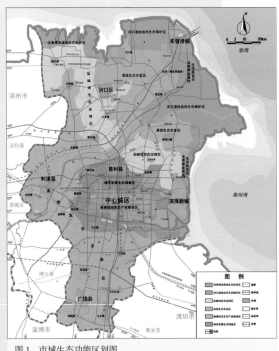

图 1　市域生态功能区划图

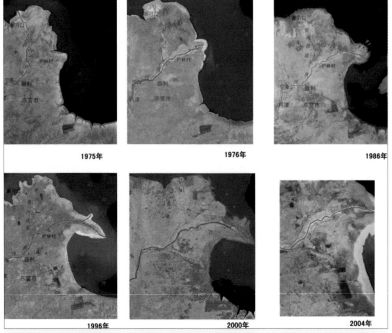

图 2　黄河三角洲历年影像图

版总体规划的探索，东营城市空间形成
了"大绿化、大水面、大空间"的显著
特色，但也带来了城市框架过大、空间
分散、运行效率不高等问题。

规划通过引入TOD的开发模式，将城
市公共功能与丰富的水系绿化相结合，以
社区服务替代片区服务，构建城市的功能
微循环系统，促进城市功能的内填和集聚。

规划结合中心城区空间拓展的需要，
构筑了更大尺度和更为系统的水系湿地
自循环体系，结合了城市空间布局调整和
水系湿地建设。一方面，在延续空间特色
的基础上，重点塑造"河海油都、湿地水城"
的城市景观意象；另一方面，通过水系绿
地的建设，进一步提升扩展"蓄水－排碱"
的生态改良模式，改善城市人居生态。

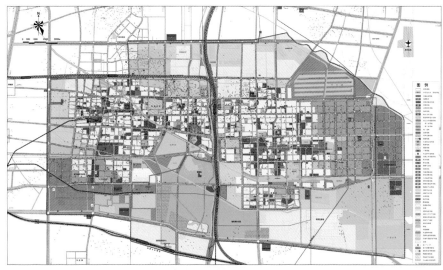

图3　中心城区用地布局规划图

4. 主要技术经济指标

2020年中心城区城市人口规模为100
万人，城市建设用地规模控制为119.87km²，
人均建设用地控制在120m²以内。

5. 规划特色与技术创新

以对东营特殊生态条件的认识为基
础，将国家的高效生态、海陆统筹的新
型要求作为总体导向，立足东营作为石
油城市转型发展的背景，将城镇化推进、
城市空间营造与生态系统改良、城乡人
居环境提升、环境负面影响缩减紧密结
合，从多个空间层面探讨城镇化与生态
环境改善相互促进的规划技术方法。

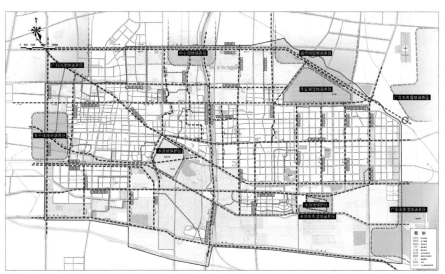

图4　中心城区水系规划图

6. 实施效果

首先，本次规划有效控制了城市空
间过早向滨海地区跨越发展，城市空间进
一步分散的发展倾向。其次，规划坚持了
黄河口自然保护区的范围控制，有效保护
了市域内的核心生态资源。最后，本次规
划指导了一系列下位规划和专项规划的
编制和优化，包括滨海新城规划、河口－
东港一体化规划、西城旧城改造规划、环
城生态绿化规划、生态基础设施规划等。

图5　中心城区绿地系统规划图

临汾市市域城镇体系规划（2011-2030）

2010-2011年度中规院优秀规划设计一等奖
编制起止时间：2010.4-2012.12
承担单位：城市规划与历史名城规划研究所
主管所长：张兵
主管主任工：张广汉
项目负责人：林永新、许宏宇、陈睿、缪琪
主要参加人：汤芳菲、杨涛、胡京京、胡晓华、康新宇、官晓红、毛海虓、魏保军、汤宇轩、周慧、高德辉、范勇

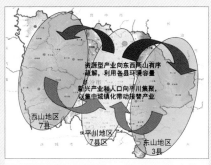

图1 双向转移战略示意

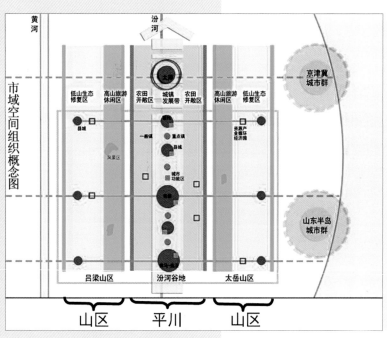

图2 市域空间结构概念图

1. 规划构思

临汾的困境是山西省的缩影，特点有三：一是煤炭资源丰富，二是历史文化遗产丰富，三是环境问题极为突出。

本次规划希望能够克服两个常见倾向：一是描绘转型后的图景，但回避了转型的路径；二是侧重经济转型，但忽略了空间对转型的响应。临汾一度是全国大气质量倒数第一的城市，规划将解决环境问题作为切入点。

2. 以资源环境为前提的空间战略

临汾生态环境问题的根源是要素布局的空间错位。提出双向转移的空间战略，资源型产业向东、西两侧山区转移，新兴产业和人口向平川城镇转移。

低海拔山区安排若干集中的资源型工业区，高海拔、生态价值高的山区进行重点保护；汾河两岸进行高强度串珠式建设，包括重点城镇和新型产业区；农田开敞区保持低密度的农村聚落，将价值极高的文物遗产充分展示出来。

这一调整促进了中心城市环境的改善，为新兴产业提供了场所，缓解了山区的生态压力。

3. 资源型工业布局的深入研究

污染工业在临汾难以避免，关键在于科学布局。

利用气象扩散模型进行理论研究，发现污染工业应当在市域内大分散，充分利用各县的环境容量，但应在县域内小集中，促进污染集中治理。临汾现状市域内污染工业集中在平川七县，在平川各县内，又极为分散，严重的污染现状得到了理论解释。

再根据多因素对17个县市区进行资源型工业区选址可行性研究，将各县发展资源型工业的条件进行综合评价。

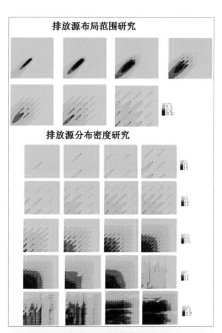

图3 污染源布局理论研究数值模拟

临汾各县市区资源型产业产能布局规划表　表1

	产能总量政策类型	产能调整政策类型
尧都区	禁止发展	减少
霍州市	限制发展	减少
洪洞县	限制发展	减少
襄汾县	限制发展	减少
侯马市	限制发展	减少
曲沃县	限制发展	减少
翼城县	有限度地鼓励发展	有限度地增加
浮山县	鼓励发展	增加
古县	鼓励发展	增加
安泽县	鼓励发展	增加
乡宁县	鼓励发展	增加
蒲县	鼓励发展	增加
汾西县	限制发展	增加
永和县	有限度的鼓励发展	有限度地增加
大宁县	有限度的鼓励发展	有限度地增加
吉县	有限度的鼓励发展	有限度地增加
隰县	有限度的鼓励发展	有限度地增加

最后提出了资源型工业区的布局调整建议，使排放源从大集中、小分散转向大分散、小集中，实现污染工业的优化布局。

4. 资源型地区中心城市的城镇化特征

作为资源型城市，临汾的高工业化并没有带来高城镇化。城镇化不能主要依靠资源型产业，而要依托新的机制。

需要分别建立资源型工业区和非资源型工业区。前者应布局在矿产资源附近，与城市产居分离；后者应布局在中心城市和县城之内，带动第三产业的发展，以此实现城镇化动力的转变。

5. 产居分离条件下中心城市功能发育的策略

城市对外围产业区的支持，主要体现在资源型工业区在居住生活、产业联系、产业服务上的需求。

产业服务方面，结合高铁站打造现代服务业集聚区；企业中高层职工居住方面，结合汾河公园生态治理，展示利用优秀的历史遗产，建成宜居文化区；企业的下游深加工和高端制造方面，在城市东部结合钢铁厂的技术改造，转化为技术先进的产业区。中心城市对市域和区域的服务功能就通过布局结构予以了体现。中心城市同时为市域内各大资源型产业区提供支持，形成一城支持多园的格局。

6. 实施结果

污染工业调整的建议得到采纳，最近的工业园区名单中，山区县增加了多个资源型工业区，而平川有所减少。城市大气质量明显改善，从全国倒数第一跃升为正数第 29 位。汾河治理工程成效明显，中心城市的宜居性大大提高。

图 4　城镇化动力转变示意图

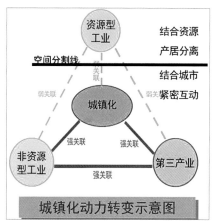

图 5　污染源分布调整图

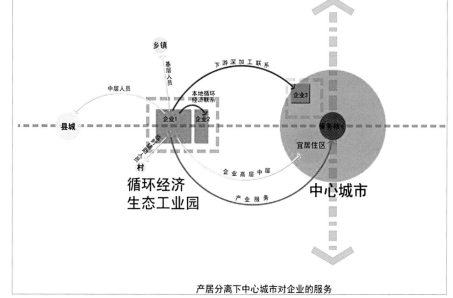

图 6　产居分离下中心城市对企业的服务示意图

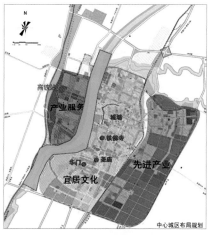

图 7　中心区布局结构示意图

资阳市城市总体规划
（2011－2030）

2010–2011年度中规院优秀规划设计二等奖
编制起止时间：2009.6–2014.5
承担单位：城市规划与历史名城规划研究所
主管总工：李晓江
主管所长：张兵
主管主任工：张广汉
项目负责人：林永新、胡晓华、郝之颖
主要参加人：王宏远、杨涛、徐明、
　　　　　　刘明喆、刘海龙、崔昕、
　　　　　　殷广涛、蔡润林

1. 规划构思

规划抓住了本项目的三个特点：一是区域特点，资阳所处的成渝城市群开始走向区域联动；二是城乡特点，资阳是典型的农业地区；三是景观特点，即地处川中丘陵地区的自然山水特色展现。

2. 城市群背景下的区域战略

资阳作为城市群内的欠发达地区，实现跨越式发展需要以城市群视角辨识出潜在的战略增长点。对市域西北部各增长点的辨识，则构成了空间结构的两条战略轴线：一条是工业化和城镇化的高密度聚集带，另一条是高端功能发展轴。

3. 小农背景下的城乡统筹

资阳人均耕地少、农业兼业多，且属于"小城市大农村小丘陵"，城乡统筹要建立两个支农体系。

农业生产服务体系——将服务于农业产前、产中、产后的功能分别配置在不同等级的城镇内，以服务的便利性和服务的质量权衡功能的布点要求，进而对现有农业生产服务的分布格局提出了有针对性的调整建议。

农村生活服务体系——以基本生活服务便利性为目标，可以采取调整人口分布、服务中心分布和交通三个措施。运用GIS方法，以安岳县医疗服务为例

基于农业生产环节的服务体系研究　　　表1

产程	主要内容	需求侧重点	功能布局依托
产前	生产资料供应服务；良种服务；农机信息和维修服务；农技；金融服务；信息服务；农业基本建设服务	服务质量	中心城市和县城
产中	耕种服务；排灌服务；生产指导服务；植保服务；防病治病服务；生产资料服务	便利性	中心镇、一般乡镇、中心村
产后	收割服务；销售服务；农产品加工服务；贮藏服务；金融结算；质量检测与认证	服务质量和便利性	中心城市、县城、中心镇

基于农业生产部门的服务体系研究　　　表2

部门	职能	服务特点	布局模式	改进建议
农技	技术推广、良种销售、病虫害防治	病害发展快，需就近布局	市-县-乡镇	应单独设立部门，强化其职能
畜牧	检疫防疫	服务工作量大，临近性要求高	市-县-镇-村	网络健全，可依托其他农业服务网络兼顾其他农业服务，如保险、收购等。
粮管	粮食收购	收购部门仅在县一级，利润被中间人赚走	市-县-乡镇	成立农民合作社，统一收购粮食，减少农民交易成本

图1　市域战略地区功能布局图

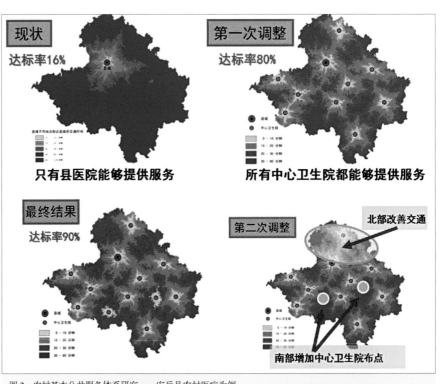

图2　农村基本公共服务体系研究——安岳县农村医疗为例

进行研究，提出：根据资阳的特点，应以基本公共服务中心的合理分布密度为重点，同时辅之以其他手段。

4. 丘陵山水特色塑造

积极利用沱江蜿蜒曲折、穿城而过，自然山体在城市用地内密集分布的自然山水特征，建设山－水－坝－城相依相融的城市。划定保留的丘陵山体，注重打造沿江各个坝子的公共开放空间，彰显城市特色。

创新山体保护和管理手段，以自然绿地控制线（准绿线）保护城郊的山，展现山丘绿群；以绿线保护公园中的山，展现山丘绿链；以保留绿化山体控制线保护开发地块中的山，展现山丘绿点；以保留地形山体控制线控制山上的建设，展现山体地貌；实现"广谱"的丘陵特征保护。

资阳丘陵特色山体保护工具一览表　　　　表3

地块用地性质	非城市建设用地	城市建设用地内		
		绿地	非绿地的开发性用地	
山体用途	郊野公园	公园	单位附属绿化用地	开发建设
保护目标	保持丘陵地区山体连绵的特色，发挥生态作用，形成城市组团间隔离屏障	开放的居民游憩空间	点状山体和视线眺望眺望点	丘陵的地形地貌
山丘特点	面状的山丘群	带状的山丘链	独立的山丘点	山丘地形
山体保护工具	自然绿地控制线（准绿线）	绿线	保留绿化山体控制线	保留地形山体控制线
管理办法要点	按照郊野公园和生态绿楔管理，禁止城市开发	按照绿线管理办法	在地块内划定禁止建设的地区，仅允许小型游憩和服务建筑	优化山上的建设方式，避免大规模改变地形，控制建筑体量

图5　山体保护控制线规划图

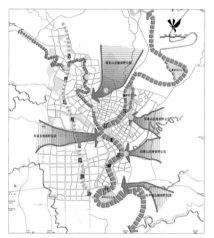

图6　城市绿化系统结构图

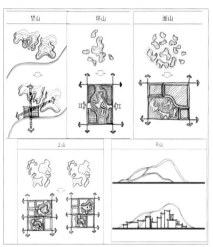

图3 "望山、环山、圈山、上山、平山"等多的山体保护与利用方式

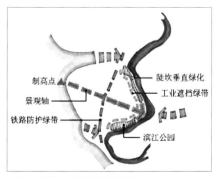

图4 "坝"区城市设计示意图

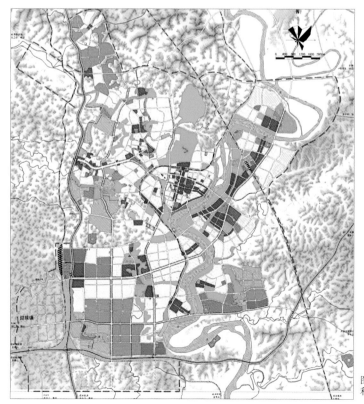

图7　土地利用规划图

宝鸡市城市总体规划
（2010-2020）

2011年度陕西省优秀城乡规划设计三等奖
编制起止时间：2008.7-2010.12
承担单位：城市环境与景观规划设计研究所
主管所长：彭小雷
主管主任工：查　克
项目负责人：焦怡雪、王　磊
主要参加人：徐有钢、苏洁琼、王佳文、
　　　　　　蔡润林、汤宇轩
合作单位：宝鸡市规划设计院

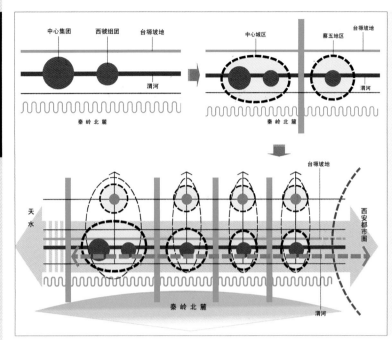

图3　宝鸡中心城区空间发展模式图

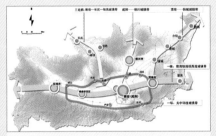

图1　关中城市群空间结构规划图

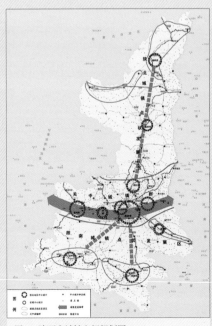

图2　陕西省城镇空间规划图

1. 项目背景

随着我国区域格局的不断发展，关中－天水经济区已进入国家发展战略，宝鸡作为经济区副中心城市，区域职能和地位不断提升，迎来了新的发展机遇。同时，通过行政区划调整，扩大了宝鸡市区的发展空间和腹地。

目前宝鸡市已进入工业化和城镇化快速发展阶段，城市面临探索新的空间拓展模式、优化调整空间结构、协调重大区域交通基础设施布局等挑战，上版城市总体规划已难以满足发展需要。

2. 项目构思

规划以上版城市总体规划实施评估和城市综合发展条件分析为基础，通过对重大问题进行专题研究，明确城市发展目标和定位，提出城市发展战略，合理确定城镇规模，构建市域城镇体系，综合确定城市发展方向和空间结构，科学安排建设用地，制定适应未来发展要求的公共服务设施、交通基础设施、市政基础设施的布局规划。

3. 主要内容和创新

1）坚持以资源环境保护作为城乡发展的前提条件，明确不同规划层次的刚性保护要求

规划坚持生态环境优先，在市域层面对河湖湿地生态敏感地区、秦岭北麓生态敏感地区、自然保护区和森林公园、风景名胜区、基本农田和矿产资源密集地区等控制要素提出空间管制措施，并明确了对历史文化名城、文物保护单位和非物质文化遗产等历史文化资源的保护要求。

在规划区范围内，根据生态适宜性评价、建设用地条件评价、资源环境保护、城市组团间生态隔离等要求，规划划定禁建区、限建区、适建区、已建区范围，并明确对四区的空间管制和建设引导。

在中心城区范围内，规划进行用地综合评价，作为规划的前提条件。协调城市建设与生态环境保护的关系，强化城市与自然水体、山塬的联系，并明确城市绿线、蓝线控制要求。

2）构建开放式的城市空间格局，推动城市跨越式发展

跨越式发展是河谷带形城市发展的必经之路。随着宝鸡和蔡家坡的发展壮大，河谷地区已难以满足城市继续提升职能、扩大规模的要求，跨越式发展是

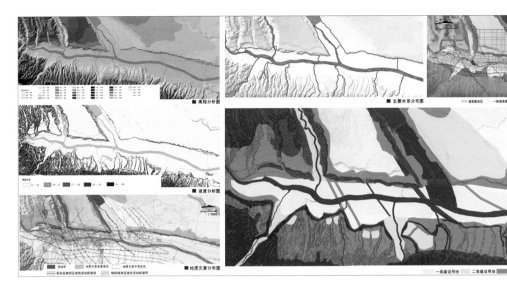

图4 中心城区用地综合评价图

城市的必然选择。

规划从市域中部城镇密集区的远景发展着眼，研究区域空间发展框架，构建网络化、开放式、生长型的城镇密集区空间结构，将东西向的区域经济流与南北向的市域经济流有机结合起来，全面整合城镇密集区的空间资源，参与区域竞合，提升城市综合竞争力。

规划确定的城市发展方向与策略为：向东适度延伸，向北突破跨越，向南提升职能，向西优化环境。在规划期内把握发展机遇，推动城市北上跨越，重点发展基于知识经济和信息社会的科研研发、高等教育和职业教育、高新产业等，提升城市区域范围职能。

规划采取"生态网络、簇群生长"的空间发展模式，构筑渭河沿线的东西向城市发展带和城市跨越式发展的南北向功能拓展轴，形成"一带一轴五组团"的空间结构，构建功能合理、自然和谐、有机生长的城市空间。

3）近期实施操作性和远期发展适应性并重

规划兼顾近远期发展的不同要求，重视与相关部门和相关规划的衔接和协调，近期建设强调重点建设地区、重点改造地区、重点交通设施和重点市政基础设施建设项目的安排，提高规划的实施操作性。

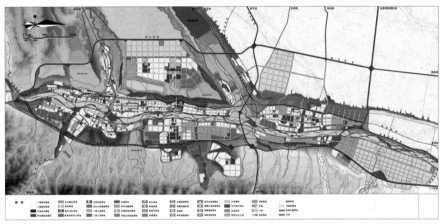

图5 中心城区用地规划图

图6 中心城区远景构想图

远期强调应对未来发展过程中的不确定性，在总体发展空间格局下预留备用发展空间，提高规划的弹性和适应性。

4. 实施效果

在城市总体规划的指导下，蟠龙塬分区规划、蟠龙生态城控制性详细规划、陈仓区控制性详细规划等重点地区规划编制完成。规划确定的高铁宝鸡客运南站、石鼓山文化公园等重大项目已开工建设，规划确定的道路系统、绿地系统、城市更新、住宅项目等已开始实施。

7

城乡统筹规划、
分区规划、近期
建设规划

石家庄都市区城乡统筹规划

2010–2011年度中规院优秀城乡规划设计三等奖

2010年度河北省优秀城乡规划编制成果评选三等奖

编制起止时间：2010.2–2010.12

承担单位：城市建设规划设计研究所

主管总工：李晓江

主管所长：张　全

主管主任工：鹿　勤

项目负责人：朱　力、张永波、潘　哲

主要参加人：张　峰、周婧楠、冯　晖、
　　　　　　荀春兵、王明田、朱江涛

合作单位：北京大学、中国农科院

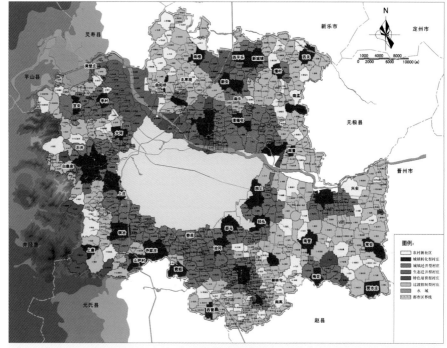

图2　村庄发展指引图

　　石家庄都市区城乡统筹规划是在国家提出统筹城乡发展的切实要求下，为应对城乡发展的新局面进行编制的，是在改革开放的关键时期对传统城镇化道路的反思，具有较强的创新性、综合性、政策性。

1. 规划内容

　　（1）探索改变当前以中心城区为生产要素单一集聚核心、以低成本农用地征用为主要手段的城镇化模式。发挥城市与乡村双重动力，以城乡土地资源的统一配置为载体，以土地流转的制度创新和农村服务体系建设为保障，推动新型城镇化发展。

　　（2）形成"以工业的集中发展为动力，以农业的规模经营为基础，以城乡土地资源的统一配置为载体，以土地流转制度创新和农村服务体系建设为保障"的统筹城乡发展新路径，实现都市区的全面、协调和可持续发展。

2. 空间布局

　　（1）规划明确了"中心提升、外围壮大；城乡联动、体系优化"的总体发展部署，并明确提出以"三新战略"为抓手推进城乡统筹发展的思路。具体为：建设新城区，优化功能布局，提升核心竞争力；打造新市镇，培育城镇增长点，联动城乡发展；培育农村新社区，完善设施配置，实现公共服务均等化。

　　（2）规划确定了"两轴、两翼"的空间结构，引导传统城镇格局向"中心城区、新城、新市镇、一般镇和农村新社区（特色村）"五级城乡聚落体系转变。

　　（3）规划将都市区内的村庄划分为"农村新社区、城镇转化型村庄、城镇迁并型村庄、生态迁并型村庄、特色培育型村庄以及过渡控制型村庄"等六类不同的村庄类型，实施不同的规划政策。

3. 创新与特色

　　（1）规划力求突破单纯的"城市反哺农村，工业反哺农业"的统筹方式，通过组织合理的空间形态，以实现城乡发展机会的公平和发展收益的公平，探索新的发展路径，充分调动自上而下与

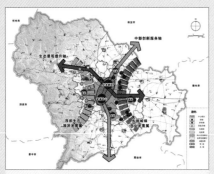

图1　石家庄都市区空间结构规划

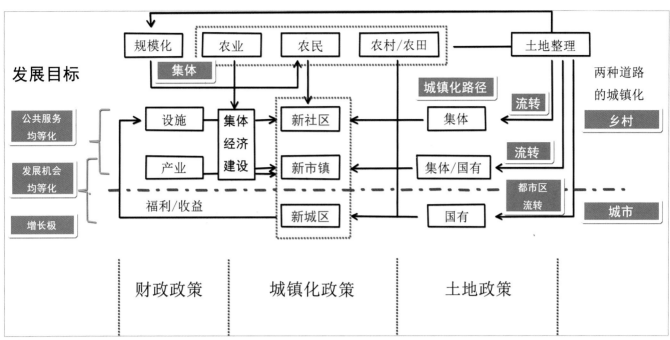

图3

自下而上两个层面的动力。

（2）规划通过城乡空间的合理组织，力求实现三个方面的突破，即：在农民增收和农业发展方面，突破传统的依赖家庭经营的农业使农民致富的简单方式；在城镇化方面，突破传统的城市通过低价征收农村土地而实现的城市空间扩张模式，突破城市主导的社会服务供给模式；在城乡关系方面，突破城市反哺农村的单一路径，建立三农发展的内生机制，建立发展机会和发展收益的公平机制。

4. 实施效果

本次城乡统筹规划是在新形势下对石家庄都市区的城乡发展、新型城镇化发展模式的探索。从实施来看，已经收到了较好的效果。2013年中共石家庄市第九届委员会第五次全体（扩大）会议上进一步强调了都市区发展的重要性，明确了"9个市镇求突破"的发展方针，"三新"战略成为指导地方促进城乡协调发展的重要手段。

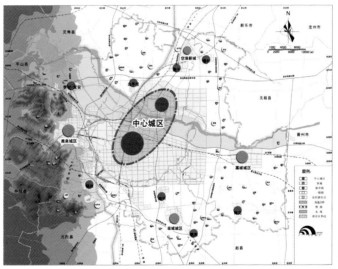

图4 城镇体系规划图

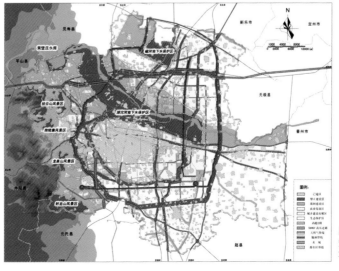

图5 生态安全格局规划图

成都市青白江区统筹城乡发展规划

四川省 2013 年优秀规划设计三等奖
深圳市 2013 年优秀规划设计一等奖
编制起止时间：2010.10–2013.4
承担单位：深圳分院
分院主管院长：尹 强
分院主管总工：朱荣远
项目负责人：吕晓蓓
主要参加人：罗 彦、邱凯付、刘 昭、
　　　　　　白皓文、周长远、李明蔚、
　　　　　　孙立平、周飞舟、关燕宁、
　　　　　　黄 勤、彭 淘、邹 鹏、
　　　　　　郭 杉
合作单位：清华大学、四川大学、中国
　　　　　科学院遥感与数字地球研究所

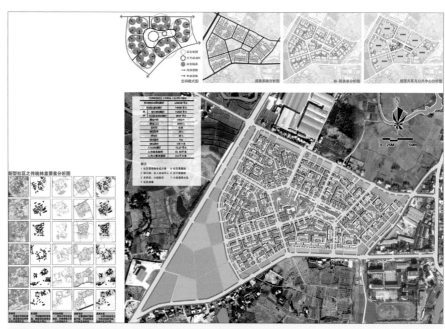

图 1　新型社区布局方案优化指引图——以红树村为例

青白江区位处成都市东北面，是成都传统的工业城区，全区从北往南形成了北部城区、毗河两岸、南部山区的差异化城乡格局，但近年来面临着毗河以南地区生态环境不断恶化、城乡联动不足、农村发展滞后等问题。

此外，在城乡统筹过程中，不断扩大的土地流转和推行集中居住、建设新型社区，在极大地改善农民居住环境的同时，也给农民原有的生活习惯、传统生活方式以及农村社会生态带来了冲击，隐藏着诸多的社会问题。

1. 项目构思与针对性

自 2007 年正式批准为我国统筹城乡综合配套改革试验区后，成都城乡统筹改革实践已进入"深水区"和关键性节点，《成都市青白江区统筹城乡发展规划》就是在这一大背景下展开的，其目的是深入挖掘近年来成都统筹城乡实践在基层，特别是农村地区落实过程中出现的新问题、新情况，在此基础上，提出对现行城乡统筹政策的调整建议，以此为成都下一阶段的综合配套改革试验提供借鉴。

2. 主要内容

一是以尊重城乡间的差异为原则，在城乡之间构建了一个相互尊重、和谐共生的稳定边界，以此构筑青白江未来城乡发展的基本框架。

二是通过差异化的空间政策、一体化的公共服务体系，为青白江区城乡建设搭建了生产、生活、生态协调发展的系统性空间方案。

三是针对城乡统筹实践前期推进"三集中"、"土地整理"的实施情况及存在问题，提出对现行城乡政策的调整建议，为未来一段时期内全区城乡统筹改革实践提供综合性的政策方案。

3. 创新与特色

（1）以发挥城乡统筹规划的有效性

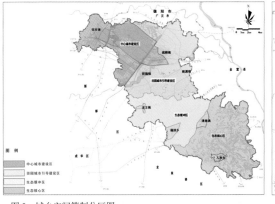

图2 城乡空间管制分区图

图3 新型社区布局指引图

图4 城乡一体化公共交通规划图

为工作目标,从解决现实问题、依托公共政策和结合法定规划方向出发,发挥城乡统筹规划的有效性。

(2)以识别城乡现实问题为工作前提,广泛深入田间调研,开展社会调查,深刻挖掘现实问题。站在农村的角度看城乡统筹,试图改变原有城乡统筹规划和改革实践中单一的"城市思维"主导的弊端。

(3)以尊重城乡间的差异和边界为基本原则,在城乡之间构建一个相互尊重、和谐共生的稳定边界,以此搭建青白江未来城乡发展的基本框架。

(4)以多学科间的跨界与融合为技术手段,组成多专业、跨学科研究团队,集中推进包括社会研究、生态遥感研究、

产业经济与空间形态演变研究等在内的三项专题研究工作,在此基础上,利用城市规划的空间技术手段,将城乡生态、社会、经济特征和问题空间化,提出有针对性的城乡统筹方案。

4. 实施效果

规划作为下一阶段青白江区统筹城乡工作的纲领性文件,有效地指导了全区城乡统筹工作。主要体现在以下方面:

(1)农村集中居民点布局得到更合理的调整。

(2)启动了包括《都市现代农业"一线一品"实施规划》、《清泉小城市总体规划》、《农村新型社区规划》等在内的一系列专项规划和实施性规划工作。

图5 "生态田园城市"示范线建设指引图

(3)形成了由分管区领导总牵头,规划局和相关部门抓落实的优化城镇体系工作方案,将"统筹城乡发展、优化城镇体系"工作纳入目标管理。

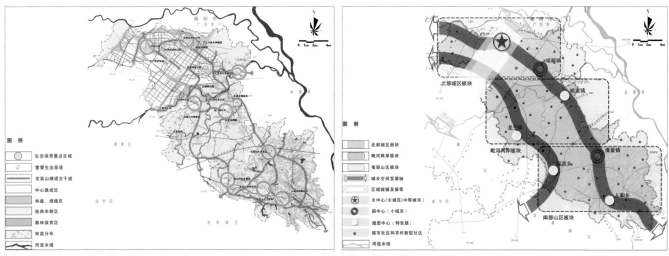

图6 城乡生态保护与建设指引图

图7 城乡总体空间结构图

四川省双流县城乡一体化规划

2008-2009年度中规院优秀城乡规划设计三等奖
编制起止时间：2005.11-2006.10
承担单位：城市规划设计所
主管所长：尹 强
主管主任工：闵希莹
项目负责人：田 心
主要参加人：矫雪梅、朱思诚、袁 弘、
王丽艳、王开泳（中科院地理所）

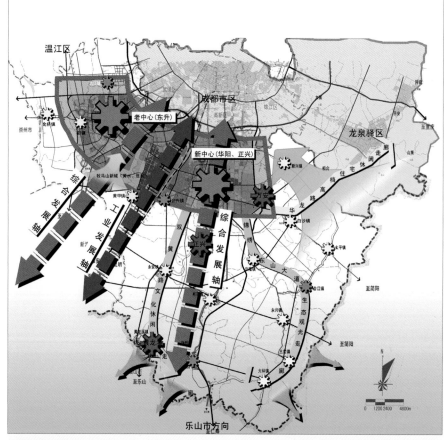

图2 规划结构图

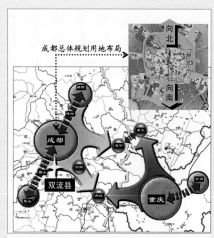

图1 区位图

1. 规划背景

1) 国家层面：社会主义新农村建设战略方针的提出

中央提出了科学发展观和"五个统筹"。在十六届五中全会上提出了全面贯彻落实科学发展观，建设社会主义新农村，促进区域协调发展，建设资源节约型、环境友好型社会，推进社会主义和谐社会建设等一系列发展目标、指导方针和总体部署。中央2006年1号文件明确提出建设社会主义新农村。

2) 地方层面：成都市全面推进城乡一体化发展进程

2003年3月，成都市开始进行"城乡一体化"试点，双流县在成都市推进城乡一体化建设中率先提出了"三个集中"的发展思路，进一步加快了双流县城乡统筹发展和城乡一体化进程。

3) 区域发展：推进城乡一体化是区域发展的客观要求

随着我国市场经济体制的全面确立和政府职能的转换，桎梏我国城乡协调发展的"二元经济结构"正逐步破除，开始建立覆盖城乡的社会保障体系。因此，推进城乡一体化是区域发展和建设和谐社会的要求。

2. 技术路线

规划采用目标导向与问题导向的研究方法，融汇多种规划技术手段，探索符合双流县城乡发展目标的空间布局和城乡一体化发展模式。

3. 主要技术成果

1) 现状调研篇——提出问题，分析问题

内容涉及城镇建设、经济发展、居民收入、三农问题等诸多方面，进行基础资料的收集整理，发现存在的问题，分析发展的优、劣势及差距与挑战，分析规划背景，进行发展条件总体评价，为规划目标的确立夯实基础。

2）专题研究篇——针对问题，专题研究

研究双流县城乡关系变化和演变的趋势和影响因素，提出城乡一体化发展的目标与战略、发展模式，提出支撑城乡一体化发展的行动计划，最后提出城乡一体化发展的制度分析和政策建议。

3）规划策略篇——解决问题，提供对策

提出实现城乡一体化发展的五大发展目标，围绕目标研究发展策略。区域层面，进行双流县的总体定位、发展战略与区域协作分工，县域层面，制定城、镇、村全覆盖的城乡规划和专项规划；乡镇层面，制定镇发展策略与分区引导；

社会主义新农村建设，进行县域新农村布点规划，重点制定村庄建设导则。

4. 主要创新点

1）转型与转变的理解：概念内涵模式创新

在国内尚没有可供参考的城乡一体化发展模式的条件下，提出了构建"空港带动，组团发展；圈层推进，轴线带动；资源整合，产业联动；环境保育，生态支撑，渐次扩展，城乡一体"的双流特色的城乡一体化发展模式。

2）战略与战术的融合：规划技术方法创新

尝试采用县域城乡规划全覆盖的做法，在区域层面，进行双流县的总体定位、发展战略与区域协作分工，县域层面，制定城、镇、村全覆盖的城乡规划和专项规划；乡镇层面，运用分区、控规的

技术手段，制定镇发展策略与分区引导；社会主义新农村建设进行县域新农村布点规划，重点制定村庄建设导则。本次城乡一体化规划，也直接引发了后续的县域总体规划的开展。

3）特色创新与可操作的结合：新农村建设导则

创造性地提出三种新农村发展模式，即解决难以迁移农村地区的服务和发展模式、靠近城市地区且地形条件允许的农村的积聚发展模式和充分保护和继承成都特色地貌"林盘棋网"格局的林盘发展模式。

村庄整治建设标准则针对双流县平原区、浅丘区和深丘区的具体情况制定。主要从改造方式、规模要求、基础设施建设、公共服务设施、环境整治几个方面提出整治标准。

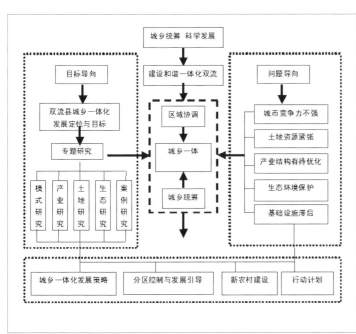

图3　研究层次图

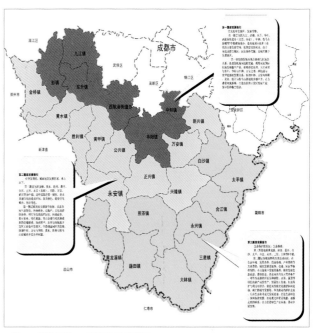

图4　新镇建设——圈层发展指引图

2006–2007 年度中规院优秀城乡规划设计三等奖
编制起止时间：2005.4–2007.2
承担单位：城市环境与景观规划设计研究所
主管所长：易　翔
主管主任工：彭小雷
项目负责人：查　克、黄少宏
主要参加人：马赤宇、徐　辉、刘芳君、
　　　　　　徐恩华

2007 年 9 月 29 日，浙江省人民政府批准实施《温岭市域总体规划（2006–2020）》。这是我国第一个批准实施的县（市）域城乡总体规划。本规划对于打破城乡二元管理模式，建设城乡居民点体系，协调各项公共服务设施与基础设施的布局，合理利用与保护各种资源等具有探索意义。同时，本规划也是县（市）域城乡规划、土地利用总体规划、综合交通规划、海洋渔业规划等"多规融合"的试点。

1. 规划背景

温岭市是浙江省优先培育的中等城市，是全国百强县（市）和全国科技先进县（市），在经济快速发展的同时，面临着城市快速拓展与耕地保护的矛盾，经济发展与生态环境保护的矛盾，行政区划、管理体制和城镇发展的矛盾。如何在有限的土地上合理规划空间，统筹城乡布局成为新时期温岭市转型发展的重要任务。

2. 规划内容

规划提出"立足城乡一体化，构建 1+X 的城市体系"的空间发展总体战略，将温岭主城区和泽国、大溪两个经济强镇和其他相邻的建制镇纳入中心城区范畴，形成组团型、网络化的城市发展格局，同时确定松门、新河、箬横为三个市级中心镇，通过工业园区集中、公共服务设施集中和居住集中来带动农村地区发展。规划选择了一批区位优势相对良好、经济实力相对较强、公共服务及基础设施配套较为齐全的中心村来建设新型农村社区中心。对位于中心城区范围内的社区中心，按照城市型社区来逐步改造。

3. 技术创新点

1）实现国土空间全覆盖规划，空间管理落地

注重建设指标与空间管制的落地管理。在县（市）域层面上实现了城乡规划与土地利用总体规划的指标与空间的

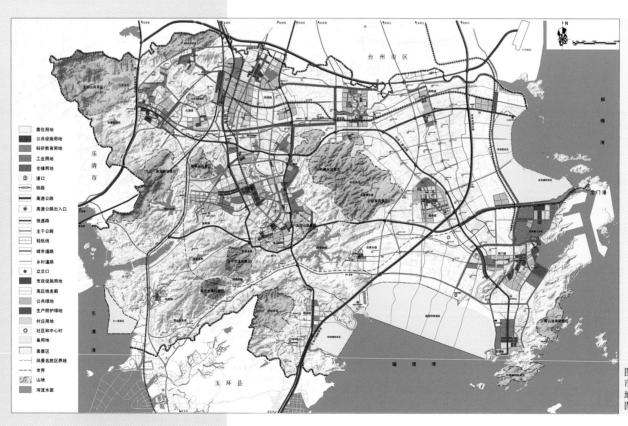

图 1　温岭市域城镇用地布局规划图

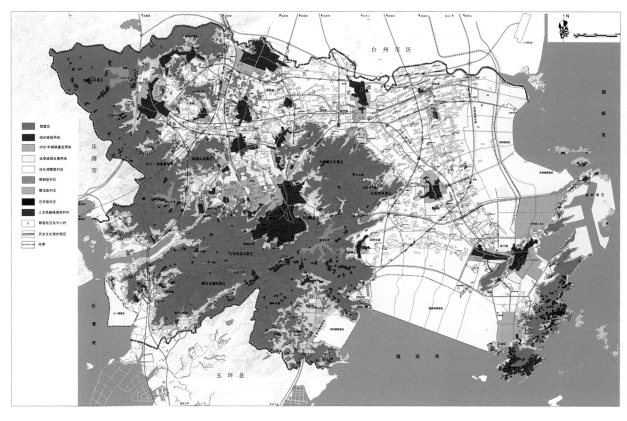

图 2 温岭市域城乡建设用地分类发展指引图

衔接。

重视用地与资源现状的"两图"调研，包括编制行政辖区全覆盖的现状城乡用地分类图（城乡建设类、非建设类）和空间资源分布图（农业、林业、文化与自然资源）。

重视在全域范围内"三落实"，分别是城乡建设用地地块落实，道路交通网络和设施落实，"三区四线"空间管制落实。

2）提出分区规划编制要点，强化对镇规划的指导

为推动规划实施，提出以分区规划来落实县（市）域总体规划的相关目标和要求。在规划提出的"一核两带三大片区"总体格局下，将温岭全市划分为西部、中部和东部三大片区，分别制定"分区规划"。分区规划是直接指导镇总体规划的上位规划，强调重大功能和设施的统筹布局，并强调"三区四线"空间管制内容的落地。

3）重视以常住人口为依据来配置公共服务与基础设施，并强化公众参与程序

规划在充分摸清街道、乡镇总人口，外来人口总量、分布的基础上，提出了各功能区重大公共服务设施和基础设施的配套要求。同时，对于中心城区的商业、教育、医疗卫生服务设施，根据全市域常住人口的实际需求来优化配置。

为配合规划编制，项目组下发调查问卷到街道、乡镇，并收回有效调查问卷 2500 多份。汇总公众意见形成了《公众参与调查与统计专题报告》。

4. 规划实施情况

1）"两规合一"保障了县（市）域总体规划的有效实施

与规划同步获得省政府批准的还有《温岭市域总体规划与土地利用总体规划衔接专题报告》。严格按照浙江省提出的"分段衔接、侧重近期、总量平衡、留有余地"的原则，以 5 年为一个时段对各类用地进行统计、分析，在耕地保有量不变、基本农田保护任务不变的前提下，

使未来 3～5 年城乡建设用地的控制总规模和可用于非农建设的耕地及其他地类供应得到进一步明确。

2）指导全域统筹的专项规划编制工作

以温岭市域总体规划为依据，温岭市先后编制了市域村庄布局规划、市域历史文化保护专项规划、市域给水排水专项规划、燃气专项规划和电力专项规划、环卫专项规划和消防专项规划。

3）为政府制定城镇化发展和城乡统筹政策提供依据

在市域总体规划的基础上，温岭市人民政府颁发了《关于加快推进市域总体规划实施的若干意见》（温政发[2007]142 号），并先后颁发了《加快中心镇建设若干意见》（温政发[2007]67号）、《建设项目选址规划管理实施办法》（温政发[2007]143 号）以及《全面实施"村村新"工程实施意见》、《推进先进制造业基地建设若干意见》、《加快服务业发展若干意见》等政策文件。

北京密云新城规划
（2005-2020）

2007年度全国优秀城乡规划设计二等奖
2006-2007年度中规院优秀城乡规划设计二等奖
编制起止时间：2005.6-2006.6
承担单位：工程规划设计所
　　　　　（现城镇水务与工程专业研究院）
主管总工：杨保军
主管所长：谢映霞
主管主任工：沈迟
项目负责人：李秋实、孔彦鸿
主要参加人：王召森、刘力飞、董志海、
　　　　　　曾浩、李琼

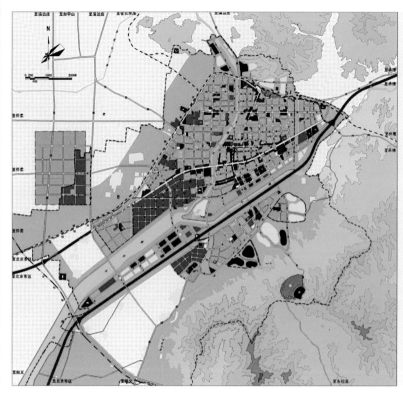

图3　用地规划图

图1　生态保护与经济发展区划

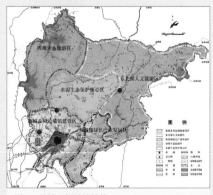

图2　县域空间城镇结构

密云县作为北京东北部的一颗明珠，是北京市最重要的水源地和生态保护屏障。本次规划以《北京城市总体规划（2004-2020）》对密云新城的城市定位为依据，提出将生态县、生态新城作为区域发展及新城发展的总体目标，并将之作为指导密云新城规划的宗旨和方向。

1. 规划构思与空间布局

（1）以生态环境保护为主线，形成密云三大发展战略。即：发展与保护协调共生的区域发展战略；以发展循环经济为主体的产业发展战略；以水资源保护为前提与基础，确定人口发展战略。

（2）区域发展以强化水源涵养功能为重点，加强城乡统筹。规划注重城镇建设的同时，亦注重乡村的发展，对村庄建设强调分类指导，因地、因时制宜，对资源环境有重大影响和冲突的要加大搬迁力度。发展生态文明村，贯彻节水、节地、节能、节材、治污原则，发展特色产业，构建和谐村镇。

（3）在县域和新城的空间布局中落实生态空间结构。规划根据水源保护要求和用地成本低分析，对整个县域划分空间管制分区。县域重点建设镇主要位于平原地带。县域形成以新城为核心、以太师屯为库北节点的设施服务体系；形成以京承高速公路和京承路为主干线、以环库路为衔接的交通体系。新城建设以构筑生态型城市结构为重点，尊重与保护外围山体、河流等自然资源，构筑生态性廊道，加强城市与周边生态环境的有机统一。城市内部打造并加强密云"三山环抱，两河交融"的城市格局，形成"一心两带三片区"城市空间结构。

（4）环境塑造、公共设施配置、交通组织注重以人为本，打造生态宜居新城。

规划通过分区城市设计提出分区层面的城市设计控制要求：加强山水景观与城市融为一体，培育新城文化气质，建立非机动车绿色通道和人性化的街道空间，建立开放公共空间系统，构筑生态宜居环境。

规划强化城市政府公共服务和社会保障职能，重点配置以政府为主导的非营利性公共服务设施。设施配置按城、

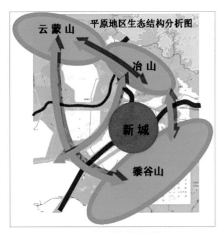

图4 "三山环抱，两河交融"的城市格局

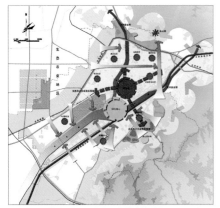

图5 "一心两带三片区"城市空间结构

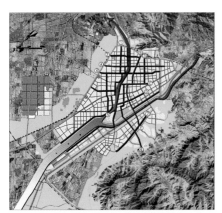

图6 非机动车绿色通道和人性化的街道空间

乡两个层面考虑，乡镇确定配置数量和标准，新城确定空间定位。

区域出行以公共交通为主导方式；城区出行以公共交通、自行车交通与步行交通相结合。提出了鼓励非机动化交通方面的具体措施。

（5）市政专项规划落实生态理念。市政专项规划以建设节水、节地、节能、节材、治污的节约型社会为目标，对城镇和乡村分别提出相应的措施。为减少新城建设对地下水透水能力的影响，规划在雨水收集利用方式、地下水补给措施以及污水回用系统的构筑等方面做了许多深入细致的工作。

2. 创新与特色

（1）系统地探索了生态型新城的规划编制方法。在发展战略、产业选择、人口和城镇分布、城乡统筹、空间架构、交通体系构筑、环境保护与建设以及市政专项规划等方面均落实生态理念。

（2）探索了新城规划这一规划类型的内容构成和组织。区域层面加强了区域空间规划和城乡统筹的内容，新城层面增加了规划向分区和管理层面落实的内容。

（3）强化了规划的公共政策属性。

（4）规划围绕水源保护和保障地下水补给进行了深入的研究。

3. 实施效果

（1）《北京密云新城规划（2005-2020）》于2007年1月由北京市人民政府批复，以此为依据的多个下位规划已编制完成，城区建设正在有条不紊地按照规划的各项要求实施。

城市社区建设：檀营等城中村的拆迁、安置工作已经展开，一批配套全、环境优、品质高的居住社区正在建设。

公共设施建设：多项公益性公共服务设施正在进行建筑设计。

道路交通建设：101国道城区绕行线正在建设之中，多条道路增设自行车专用道，增强乔木种植，改善非机动车交通环境。

市政基础设施建设：再生水厂已经开始运行，并作为补充河道的景观用水。

公共空间环境建设：潮河沿岸的堤防建设和环境整治已摒弃了过去大面积水泥衬底的做法，尽量维护河道的自然形态，选取本地原生植物，减少硬质铺砌，城区环境建设已初见成效。

（2）在密云新城规划的生态理念的直接指导下，密云县制定了一系列生态县建设规划与制度要求，于2008年2月25日通过了国家环保总局创建生态县的技术核查。

（3）有效地指导了密云的新农村建设。按照密云新城规划提出的生态文明村要求，一大批新农村建设规划已编制完成并开展建设。其中石城镇的王庄、太师屯镇的前南台和龙潭沟村村庄改造建设已基本完成，取得了较好的效果。

图7 分区指引细则

江阴市中心城区副城片区规划（2012-2030）

2013年度无锡市城乡建设系统优秀勘察设计城市规划二等奖

编制起止时间：2012.4-2013.5
承 担 单 位：城市规划与历史名城规划研究所
主 管 所 长：郝之颖
主 管 主 任 工：缪 琪
项 目 负 责 人：胡晓华、孙建欣、杨 涛
主 要 参 加 人：康新宇、麻冰冰、钱 川、
　　　　　　　　黄 俊、周 慧、杨 阳、
　　　　　　　　子 昂、王 崑、付忠汉

图2 用地规划图

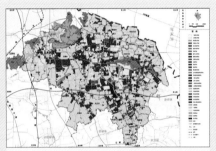

图1 用地现状图

1. 规划背景

根据《江阴市城市总体规划（2011-2030）》，江阴市的中心城区由主城区和副城组成，其中副城包括云亭分区、周庄分区和华士分区（其中周庄镇和华士镇是苏南模式的起源地之一）。该地区是经济发达、空间连绵的高度城镇化地区，2010年人均地区生产总值10.3万元，城镇化水平81.7%。

2. 发展特征及矛盾

这一地区有其独特的发展机制，概括起来即"村镇式单元化发展"。

（1）以"村"为土地资源利用和经济组织单元。在集体土地所有制下，经过长期的展，"村"在这里代表了一种土地资源经营的实体单元并在实际发展中具有强大的影响力。

（2）以镇为行政管理单元，是空间规划组织、编制、实施和市政公共设施的配置单元。

这种发展模式在带来经济的长期快速发展的同时也产生了很多矛盾并日益尖锐，在空间上主要表现在：

（1）土地资源极度稀缺，但是在很大程度上是以"村"为单位被划分成为多个小单元低效利用，土地价值无法体现并提升。

（2）由于土地小单元经营，无法形成集聚效应，工业的产出远高于农业而对规模集聚的要求远低于三产，因此工业是土地利用的主要方式。这导致工业不断加密，城市功能却无法发育，各类生活、生产性的服务业处于非常低的水平。

（3）功能布局混杂，环境污染严重，人居环境恶劣，山水资源被遗忘。

（4）发展各自为政，缺乏统筹，空间布局、设施配置等重复低效。

3. 规划的主要问题

本次片区规划的主要问题，就是如何在尊重这一发展机制的前提下，探索副城发展转型的机制。规划认为，副城的转型应当充分利用"村"作为经济单元的活力，但是必须改变空间资源的小单元利用方式，将土地资源整合后，由各"村"、企等多元主体在政府的引导下协同开发。

4. 战略构想

规划认为副城的转型是长期的，是包括"村"在内的多方合作管控的结果，因此，本次规划重点关注转型路径设计和规划管理体制的突破，认为空间规划方案是政府、"村"、企等各方协同的平台。

规划提出了"以点带面、以点控面"的整体思路以及"聚、合、触、协"四字战略，改变空间资源利用方式，推动空间和功能的集聚，促进城市功能的发育和发展；通过市场、行政等多种手段，鼓励"村"、企、政府及市场各方合作共赢。

5. 规划措施

在现有的小单元分割的基础上，规划重新梳理副城的空间秩序，识别副城转型的核心战略区与触发点。

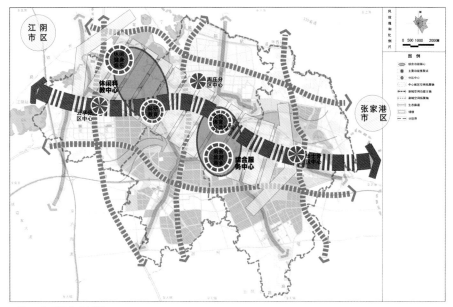

图3 规划结构分析图

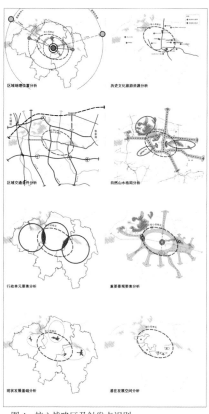

图4 核心战略区及触发点识别

核心战略区的目的在于明确对副城转型具有核心战略意义的空间范围,这是副城空间资源整合的共识和前提。

触发点的选择是"以点带面、以点控面"的关键,其选择必须符合现状建设基础、区位条件等空间要素,更重要的是触发点必须有利于激发"村"、镇单元,尤其是"村"单元的动力。通过触发城市功能发展和环境品质提升,来逐步提升周边地块的价值,保障转型过程中各方的利益,进而触发整体空间资源经营方式由"小单元"向"大整体"的转变。规划将4个触发点根据各自的特征和条件,分别作为副城未来商务、娱乐等重要的城市功能的集聚点,并根据现状条件和发展需求提出了触发点发展的时序。

通过核心战略区和触发点的识别,结合副城现有基底条件,规划提出了副城的空间结构,即整体上形成以澄杨路为主要依托的东西向发展轴线,整合副城各城市功能集聚点,强化与主城区的空间联系,并向东联系张家港城区,形成"澄-张"空间协同发展的态势。

6. 规划管理

副城有其独特的发展体制并在一定时期内将仍然发挥重要的影响力,因此,规划管理的目的:一是保障公共利益的落实,避免因小单元的利益而损害整体利益;二是土地开发管理。由此,规划提出"分类分级控制":一方面,分类控制,以"是否涉及公共利益和副城整体发展框架"为标准将用地分为严格管控、统筹鼓励及市场引导三类;另一方面,分级控制,整体分成三级控制区,提出相应的由宽到严的控制措施。

此外,在后续的控规中,针对各村形成针对性的村庄建设管理要点,明确各村范围内的用地布局及相应控制管理要求,以进一步促成政府与"村"单元之间的管理与合作。

7. 创新与特色

深入分析江阴副城的"村镇式单元化"的发展特征,在绝大部分建设用地为集体用地的前提下,尊重其特有的发展机制,将空间规划作为多方合作的平台,认为规划管理应注重多方合作的过程性,以实现特有发展模式下的协商式空间管控。

图5 副城空间转型的4大触发点

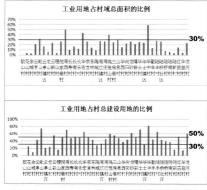

图6-图7 周庄华士两镇各村工业用地占比情况

313

曹妃甸工业区
总体规划（2009-2020）

编制起止时间：2007.11-2009.10
主 管 总 工：杨保军
承 担 单 位：区域所
主 管 所 长：朱 波
主管主任工：林 纪
项目负责人：赵 朋、杨 斌
主 要 参 加 人：苏迎夫、王 滨、洪昌富、
　　　　　　　伍速锋、单 丹、任希岩、
　　　　　　　张 扬、李 磊、郭 玥
协 作 单 位：院工程所、交通所

图1 曹妃甸工业区区位

图2 曹妃甸工业区用地规划图

图3 2014年曹妃甸工业区卫星图片

本次曹妃甸工业区总体规划是2005年唐山市人民政府批复的《曹妃甸新港工业区总体规划》实施后，受到新编《唐山港总体规划》的影响，带来了曹妃甸工业区行政管辖范围的调整。依据《城乡规划法》开展了曹妃甸工业区总体规划修编。规划形成的主要规划要点包括：

规划编制重点

一、加强与上位规划对接，明确工业区发展定位

加强与编制过程中的《京津冀城镇群规划》《唐山市总体规划》《唐山市南部沿海地区空间发展战略研究》《唐山南部沿海空间发展规划》的互动与衔接，突出曹妃甸工业区的战略定位。"我国北方国际性铁矿石、煤炭、原油、天然气等能源原材料主要集疏大港，世界级先进制造业基地，国家商业性能源储备和调配中心，国家循环经济示范区"。

二、落实科学发展观，确定空间布局模式

在科学发展观为指导下，规划加强了对环境容量和资源承载力的分析研判，坚持可持续发展理念。提出最小环境影响的规划建议。包括：合理制定产业布局、城镇布局、交通及市政基础设施布局，构建生态环境保护体系，统筹城镇与乡村协调有序发展，科学筹划空间区划。

三、协调整合相关、专项规划

开展对《曹妃甸新港工业区总体》实施评估，发挥城市规划统筹、协调的职能，协调、落实相关、专项规划的内容。

四、把握规划的前瞻和弹性，应对未来不可确定的因素

尽管针对曹妃甸地区开建设的相关研究开展多年，但该地区空间范围大，在资源的开发与利用方面存在着诸多不确定因素，比如深水资源的开发利用、产业发展方向、土地资源、重大基础设施建设、水资源供给等。面对不确定因素，规划成果具有的前瞻性和弹性表达是规划编制面临的重大挑战。

空间布局

一、产业功能布局

工业区产业空间构建依据规划提出的以港口物流、钢铁、石化和装备制造为主导产业，高新技术和金融贸易等现代服务业为支撑产业的现代产业体系展开，形成钢铁、石化、高新技术、装备制造、保税港、物流园区、港口等7大组团。

二、城市服务体系构建

工业区城市服务系统按照工业区服务中心、片区中心、服务节点三级配置。空间上围绕向东连接曹妃甸新城，向北和唐海县城相连的"L"型公共服务主廊道及向相邻园区延伸的鱼骨状串珠式布局。

三、交通运输结构

以保障港口集输运为重点，构建工业区公路、铁路运输系统，做好廊道、场站的空间预留。工业区道路系统由高速公路、快速路、主干道、次干道、支

路组成。

四、基础设施廊道

开展对工业区供水、供电、输油管道等市政基础设施廊道的规划和空间预留。

创新与特色

一、城市规划在规划过程中的统筹指导作用的发挥

1.把握宏观经济社会发展趋势，加强对工业区发展的环境研究

把握国际和国内产业发展趋势，确定工业区内产业发展方向和发展规模。加强对曹妃甸资源条件和发展潜力的分析，制定水资源利用的战略措施。以曹妃甸新区作为核心研究对象，制定有利于地区长远的、可持续的交通发展战略，构建工业区可持续发展的综合交通运输系统。

2.以曹妃甸工业区发展目标和面临问题为导向，制定工业区发展战略

以区域整体发展为规划宗旨，确立工业区在京津冀沿海城镇和唐山发展中的地位与作用，明确曹妃甸工业区发展职能。加强对区域重大设施建设的影响分析，把握曹妃甸新区范围内各功能组团的职能分工、资源配置、交通发展战略。注重对曹妃甸工业区开发模式的研究，在上位规划的指导下，对曹妃甸工业区空间布局弹性和规划的远景进行部署。

二、规划编制与规划实施紧密互动，根据产业项目的变化情况，不断调整空间规划，引导产业合理布局

曹妃甸地区的规划编制自2004年开始，始终面临着边规划、边施工的状态，桂花鱼建设的互动是曹妃甸规划编制过程中的常态。

首先，本次曹妃甸工业区的规划编制在与同时编制的《唐山港总体规划》的密切协调。对工业区产业布局与港口功能的结合、港口集疏运系统构建、交通运输通道的布局

三、空间资源的弹性预留

规划结合曹妃甸工业区的特点，提出了针对居住、产业用地性质方面的不同功能特征的会和用地，会和用地的建设指引。

1.居住用地方面

受到曹妃甸生态城建设的影响，依据《唐山市城市总体规划》上位规划要求，曹妃甸工业区规划人口规模为1.5万人。按照曹妃甸工业区可建设规模200平方公里测算，产业规模带来的就业人口聚集可达100万人。就业人口不可能完全依赖30公里外的曹妃甸生态城承接。因此规划对未来可能作为工业区单身宿舍、保障性用房等功能的用地，提出了前端服务基站（F1）、生产服务用地（F3）用地。

2.工业用地方面

鉴于曹妃甸工业区产业集聚存在的不确定性，包括产业发展规模、门类、特殊产业园区需要的特别配套区等，如化工园区中的市政设施综合配套用地（工业气体集中建设区），规划提出了综合发展用地（F2）、公用工程岛用地（MC）用地。

实施效果

一、完善了规划编制体系

曹妃甸工业区总体规划编制完成后，相继开展了覆盖全区的街区层面的控制性详细规划、道路专项规划、防洪专项规划、消防专项规划及开发建设地区的修建性详细规划的编制。

二、规划成果成为了指导建设的依据

依据唐山港总体规划及曹妃甸工业区总体规划，工业区完成围海造地200平方公里。

三、规划建设促进了唐山港的发展壮大

唐山港自2005年开港至2013年12月，港口吞吐量达到3.65亿吨，排在全国沿海港口的第6位，港口作用凸显。

四、实现了钢铁、石化、港口物流等临港产业在曹妃甸的发展

首钢落户曹妃甸，实现了1000万吨的生产能力。围绕钢铁产业的后续深加工企业陆续落户曹妃甸。华润电力实现2×30万千瓦热电联产规模，二期2×100万千瓦项目审批中。曹妃甸已经纳入国家石化产业发展战略，成为国家7个石化基地之一。

五、产业区公共服务职能逐步完善

随着产业功能的集聚，曹妃甸工业区就业人口规模达到5万人。近年来相继建设的综合办公、金融服务、医疗、教育和商业服务设施及员工宿舍为园区职工提供了生活保障。

六、基础设施日渐完善

工业区供水厂、污水厂、海水淡化厂相继建设，主要园区道路系统基本形成，港口集疏运系统在逐步完善中。

图4 曹妃甸新区区域协调

烟台市海岸带规划

2007 年度全国优秀规划设计表扬奖
2007 年度山东省优秀规划设计一等奖
编制起止时间：2005.6-2007.3
承担单位：深圳分院
分院主管院长：范钟铭
分院主管总工：杨律信
项目负责人：魏正波
主要参加人：宋石坤、李轲、王晋暾、
　　　　　　项晁、张迎

1. 项目概况

　　《烟台市海岸带规划》是以《山东省海岸带规划》为基础，结合烟台市海岸带地区实际特点，对海岸带地区规划控制所进行的深化与完善，也是对市级层面海岸带规划的探索与创新。

　　烟台市拥有 900 余公里长的海岸线，本次项目分为研究范围和规划范围，研究范围内侧重于海岸带地区内的协调发展规划，以基本行政单元（镇或街道办）为界，包括所有涉及海岸线的镇或街道办；规划范围内侧重于近海岸段的保护与利用，以沿海公路、山脊线为界，原则上不小于 2km，海域纵深不小于 1km，并包含近海各岛屿。

2. 规划主要内容

　　项目具体内容分为保护篇与规划篇，由空间管制规划、总体发展规划和重点地区意向设计三部分组成。保护篇侧重于对海岸带资源的保护与管制，规划篇侧重于研究海岸带地区的开发与利用。

　　烟台海岸带地区的总体发展框架是形成"一个核心岸段、两个外围岸段、多个特色组团"的串珠状发展框架，各

图 1　空间管制总图

图 2　总体发展结构图

城市组团形成特色鲜明的角色分工，城市组团之间形成由山体、水系、农田、林地等组成的生态网络。

　　空间管制规划包括空间管制政策、空间分类管制规划和分岸段管制细则。其中，空间管制政策包括界定海岸生态敏感区、划定海岸建设后退线等方面；空间分类管制规划将海岸带资源划分为湿地、沙滩、基岩、林地等 14 类空间管制区，并针对各类空间管制区的特点，制定相应的管制导则。分岸段管制细则

通过保护指引分图的形式体现，类似于控规分图图则，作为规划管理部门对海岸带地区的保护进行管制的具体操作文件，包括岸段资源状况、岸段资源评价、海岸建设后退线、岸段分类管制图、岸段分类管制统计表、空间分类管制要求以及岸段保护指引。

　　总体发展规划包括空间结构、产业布局、综合交通、旅游、岸线利用等，各城市地区的发展指引通过规划指引分图的形式体现，作为规划管理部门对海岸带

地区的开发利用进行管理的具体操作文件,包括建设用地控制、岸线功能利用、交通组织、开放空间、滨海城市轮廓线。

重点地区意向设计的目的在于挖掘和强化海岸带地区中特色鲜明地区的魅力,通过特色指引分图的形式体现,作为规划管理部门对重点海岸带地区的开发建设和特色塑造进行引导的具体操作文件,包括现状特征、案例借鉴、发展模式、功能布局、意向平面、现有规划调整。

3. 创新与特色

1)全国范围内首次在市一级层面实行海岸带综合管理体系(ICZM)

本次规划在烟台市级层面对沿海七市(县)、四区海岸带地区的生态保护、土地利用等方面进行了协调与指导,并通过《烟台市海岸带规划管理规定》的形式达到对市域海岸带地区层面的有效规划引导。

2)建立了保护、利用、特色"三位一体"的海岸带保护与利用模式

"保护"体现的是"共生与永续",核心是在对烟台市海岸带的资源状况进行充分了解的前提下,对海岸带资源进行整体的保护。"利用"体现的是"效益与和谐",核心是在对海岸带进行资源保护的前提下,研究如何对海岸带进行有序、高效的合理开发,以保证海岸带的可持续发展。"特色"体现的是"阳光与文化",核心是要将烟台市海岸带打造成独具特色的"阳光海岸带"和"文化海岸带"。

3)通过管制分区的分类细化达到对海岸带地区的有效保护

空间分类管制既不同于城市建设用地规划的分类,也不同于土地利用总体规划的分类,目的在于控制海岸带区域内的重要生态地区和生态廊道,同时对城市的发展方向、保护重点进行指引,协调城乡建设与生态保护之间的关系。

4)通过指引分图的形式达到科学性与可操作性之间的有机结合

本次规划打破常规,通过地方管理规定与规划控制图则相结合的方式达到对海岸带的有效管理,为我国当前不同事权范围下海岸带地区的规划管制提供了可以借鉴的蓝本。

5)海岸带资源的定量评价体系

规划首次在评价体系中采用了定量分析的方法,例如对沙滩的评价,规划根据沙滩质量、海水质量、陆域利用条件、依托城镇关系等4个方面20项因子对烟台市沙滩岸线进行综合定量评价打分,最后将沙滩资源分为4级,指导规划中的空间分类管制、岸线利用规划和城市地区发展指引。

4. 实施效果

本次规划为烟台市海岸带地区的保护与利用建立了适合于我国目前行政组织架构下的规划管理体系,为山东省建立完善的省、市、县三级的海岸带管理体系起到了示范作用。

本项目也成为了我院科研课题《城市海岸带规划体系与方法研究》的重要实践,并在浙江省海岸带、青岛、三亚等地的滨海地区规划中得到广泛的借鉴和应用。

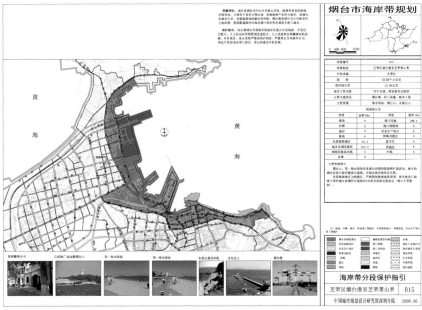

图3 保护指引分图

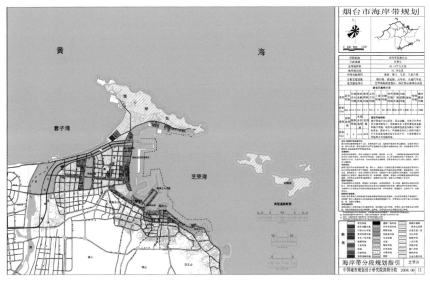

图4 规划指引分图

青岛市近海岛屿保护与利用规划

2007年度全国优秀城乡规划设计三等奖

2006-2007年度中规院优秀城乡规划设计二等奖

编制起止时间：2004.9-2006.6

承 担 单 位：深圳分院

分院主管院长：范钟铭

分院主管总工：杨律信

分院主管所长：方　煜

分院主管主任工：赵迎雪

项目负责人：方　煜、刘　雷

主要参加人：宋石坤、多　骥、李　轲、
李　鑫、魏正波、王晋暾

1. 项目背景

青岛市的海岛兼具海洋、旅游、国防等职能，是不可或缺的独特资源和海上青岛的重要组成部分。但是，近年来海岛的开发和管理处于无序状态，急需在更高层次制定相关规划，以指导海岛的永续利用。《青岛市近海岛屿保护与利用规划》是在国家加强海岛管理的背景下，从城乡规划和完善海岸带综合管理的角度，在海岛保护、利用以及规划管理方面的一次有益探索和尝试。

2. 规划内容

本规划采取"资源评价－保护与利用总体规划－岛群与重点岛屿规划指引"三个层次的技术路线，在海岛资源保护、永续利用以及科学管理三个方面开展规划。

1）海岛资源保护规划

岛屿与周围的海域构成了一个相对独立、完整的海洋生态系统。与陆地相比，岛屿的生态环境更为脆弱，这使得海岛资源的保护显得异常重要。本次规划着重突出海岛保护规划的内容，明确海岛的"底"、"图"关系，先"底"后"图"地划定禁止建设、限制建设、适宜建设三种海岛保护类型，并提出海岛保护体系，明确保护内容，制定保护措施，有效实施海岛生态安全管制。

2）海岛利用规划

按照生态理念和相关标准，适度利用、建设海岛，针对海岛的永续利用提出海岛总体规划，制定海岛的保护与利用策略、规划目标、功能定位、开发结构、生态容量与人口规模、陆岛关系、特色岛群、综合交通、基础设施、近远期开发时序等方面内容，建立集海洋生态保护、旅游、休闲、度假、科研科普、养殖等渔业、国防为一体的复合功能的海岛群落，将海岛建设成魅力都市的蓝色项链。

通过岛群与重点岛屿规划指引，对海岛总体规划所确定的特色岛群和重点岛屿进行深化设计，规划结合海岛自身的资源特质形成适宜的发展方式，提出功能布局、设施规划、景观体系、道路规划等方面的详细指引，为下一层次的海岛规划设计或海岛项目审批提供高层次规划以及管理依据。

3）海岛的规划管理

海岛的开发是政府管制下的市场主导行为，政府管制手段在于运用规划指引为海岛开发限定条件。其中保护指引、开发指引以及标准是规划指引的三个核心环节。

青岛的海岛规划管理文件由总体规划、海岛指引以及标准三个部分架构。编制总体规划，明确海岛的保护与利用结构；提出全覆盖的保护指引，并确定24个适宜旅游开发的海岛，做出开发与时序指引，对其中5个具有近期开发条件或已经有所开发的海岛进行空间形态

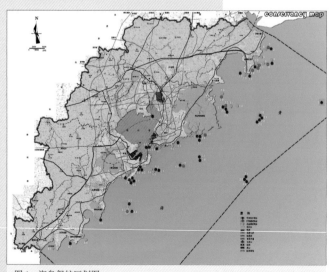

图1　海岛保护区划图

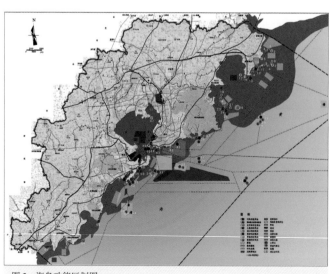

图2　海岛功能区划图

设计指引，为下一步的详细设计提供依据；最后，为达到规范海岛利用的目的，规划提出海岛的保护、建设、配套等一系列相关标准。

3. 创新与特色

青岛市海岛规划是避免在海岛及海岸带综合管理中"政府作为"缺失的技术手段。项目的核心价值在于明确海岛的资源保护与利用标准，确定政府在海岛市场化开发利用中的"资源管制前提"，根据事权，协调各区市以及相关部门，保护青岛海岛长远的资源优势以及竞争优势。

4. 实施效果

目前，本规划已经由青岛市人民政府正式批准并颁布实施。各级政府及相关部门在本规划的指导下，正逐步将海岛的保护与利用工作引入科学发展的良性轨道。

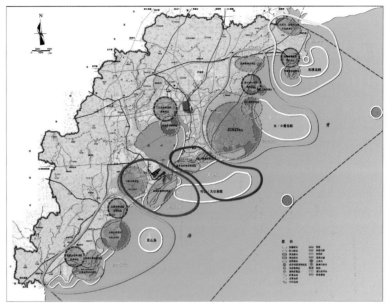

图3 陆岛联动、海陆一体规划图

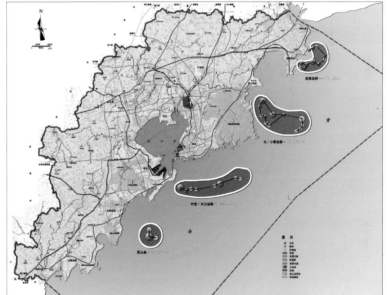

图4 特色海岛规划图

图6 灵山岛意向设计指引图

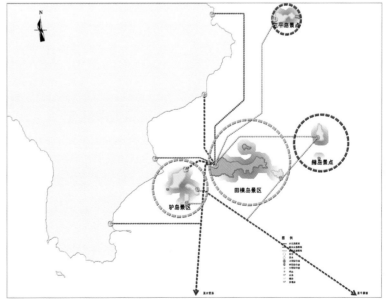

图5 田横岛群-岛群综合规划图

武汉市近期建设规划
（2010-2015）
战略部分

2011 年度全国优秀城乡规划设计二等奖
2010-2011 年度中规院优秀城乡规划设计三等奖
编制起止时间：2009.7-2010.1
承 担 单 位：城市规划设计所
主 管 所 长：尹 强
主 管 主 任 工：董 珂
项目负责人：闵希莹、范嗣斌、孙心亮
主 要 参 加 人：缪杨兵、谷鲁奇、李 阳
合 作 单 位：武汉市规划研究院

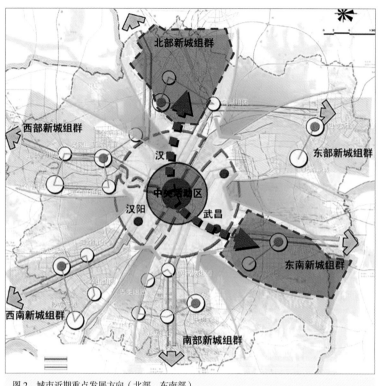

图 2　城市近期重点发展方向（北部、东南部）

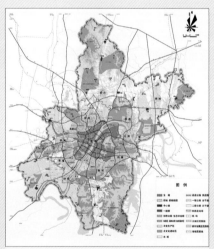

图 1　武汉市总体规划市域空间规划图

本次规划工作是《武汉市近期建设规划（2010-2015）》的重要组成部分。2009 年 7 月，武汉市政府在开专题会议研究决定开展近期建设规划编制工作时要求，工作中要先期对规划编制方法、城市重大问题等进行战略研究，从而启动了本项目，开始展开近期建设规划战略部分的研究工作。

1. 项目构思与针对性

规划首先在规划方法上进行了研究，对国内外近期建设规划进行了系统的分析，进而结合武汉的实际情况提出了针对本次工作的思考和要求。规划通过对区域发展、历史变迁等的分析，结合城市特质，进一步明晰武汉的总体战略目标，分析当前差距，从而提出战略导向下有针对性的战术性、操作性措施。最后，规划以支撑定位、重点突破为原则，针对城市现实迫切的问题，强调政府的作用，从而提出对于近期建设规划有指导意义的重点工作方向。

2. 主要内容和工作重点

规划基于对区域发展趋势的把握，结合对武汉发展建设中面临的重大现实问题和困惑的分析，提出了指导近期建设规划的以下五方面重点工作：

（1）明确城市近期重点发展建设方向。在对都市区范围内 6 个发展方向的新城组群现状条件及发展前景综合分析的基础上，提出近期应以北部盘龙城方向，东南光谷方向为重点发展方向，并提出各自发展定位和重点发展内容。

（2）完善城市公共中心体系。比较武汉的发展现状和战略定位，大力发展金融商务等现代服务业已刻不容缓，明确武昌（滨江）商务区作为近期城市金融商务区重点建设区域。

（3）明确近期重大交通设施建设，特别是轨道交通建设线路，支撑重点发展地区，强化枢纽联系，缓解跨江交通问题。

（4）加强重点区域（两江三岸，一心两片，两区五线）景观风貌和特色打造，提升城市综合竞争力和吸引力。

（5）综合统筹并推进生态环境及防洪排涝工程（大东湖水系连通工程，六湖连通工程）建设，推进社会民生项目建设。

3. 项目创新与特色

作为一个兼顾长远战略眼光和近期实施操作的"建设规划"，本次规划在技术特点和方法上突出强调了规划方法研究、总体工作思路、操作实施策略等三方面的内容：

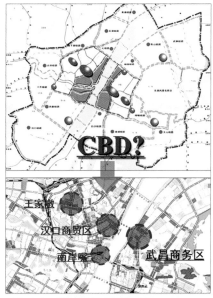

图3 中心商务区选择（武昌）示意

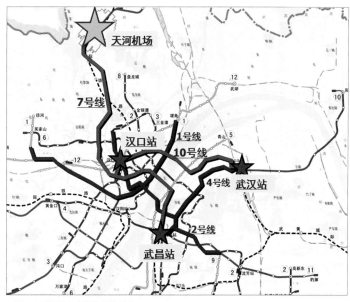

图4 近期重点建设轨道线示意

（1）案例分析、解析总结的规划方法研究：通过国内外案例分析、学术界讨论解析等，研究总结出近期建设规划编制的方法，进而明确本次工作的关注重点。

（2）战略导向，战术着手的总体工作思路：通过区域分析、同类型城市研究、武汉历史发展过程解析及现状分析等，提出近期支撑战略定位亟需的战术动作。

（3）政府掌控，重点突破的操作实施策略：强调政府引导及公共性项目的"撬动"作用，从近期城市重点发展方向、CBD选址、重大基础设施建设、环境特色打造、生态综合治理等方面明确近期建设重点。

4.实施情况

本次规划完成后，对城市及各部门"十二五"规划编制产生了重大影响，提前统筹了一批重大项目，初步形成了"十二五"期间建设项目库，包括公共设施、保障性住房、绿化、交通、历史保护、市政等6大类35个小类约1000个项目。

战略研究确定的重点核心地段（武昌滨江商务区），一系列重大项目正逐渐落实。2010年6月，武汉万达中心在积玉桥破土动工，由此拉开武昌滨江商务区建设序幕。2011年4月2日，省委、省政府再次强调"加快武昌滨江商务区建设"。2011年5月，位于该区的武汉

绿地中心动工，项目建成后将成为武汉市乃至华中地区的新标志。

具有战略意义的近期重大基础设施项目正得以落实。2011年2月，《武汉市轨道交通建设规划（2010-2017）》经国务院同意，获得发改委批复。它将有效缓解跨江交通问题，加强北向和东南方向发展的交通支撑，并进一步强化枢纽间的联系。

大东湖连通、六湖连通等集生态环境建设、城市功能完善于一体的工程启动推进。大东湖方案已获国家发改委批准，其中东沙湖连通渠（楚河汉街项目）和沙湖综合整治已开工，已于2011年建成，成为了连接武昌滨江商务区的景观纽带。

武汉"十二五"近期建设项目一览表（部分）　　　　表1

类别	序号	项目名称	责任主体	规模（公顷）	启动时间	项目完成时间			
						2010年	2012年	2015年	2015年后
公共设施	1	武昌滨江商务区	市政府	77	2009年			●	
	2	王家墩商务区	江汉区政府、王家墩公司	127	2009年			●	
	3	武汉国际博览中心	市政府	50	2009年		●		
	4	琴台文化艺术中心	市文化局、地产集团	20	2009年		●		
	5	市群艺馆	市文化局	5	2009年	●			
	6	省图书馆	省政府	30	2009年	●			
	7	塔子湖体育中心二期	市体育局	30	2010年		●		
	8	吴家山新城体育中心	东西湖区政府	10	2009年		●		
	9	豹澥新城体育中心	东湖开发区管委会	50	2012年			●	
	10	洪山区体育中心	洪山区政府	10	2010年		●		

图5 沙湖连通工程实施（楚河汉街项目）

六盘水城市
近期建设规划
（2011-2015）

编制起止时间：2011.4-2011.12
承担单位：城市环境与景观规划设计研究所
主管所长：易翔
主管主任工：黄少宏
项目负责人：慕野、申业桐
主要参加人：陈玮、陈立群、罗义勇、
　　　　　　邵丹、康凯

2011年，《贵州省国民经济和社会发展第十二个五年规划纲要》提出了"两加一推"，即"加速发展、加快转型、推动跨越"的发展主基调以及大力实施工业强省、城镇化带动战略。2012年相继出台的《国务院关于进一步促进贵州经济社会又好又快发展的若干意见》【国发〔2012〕2号】和《西部大开发"十二五"规划》有力地支持了贵州"又好又快"发展，特别是"国发2号文"，是新中国成立以来国务院首次出台促进贵州经济社会发展的纲领性文件，贵州省迎来了历史性的发展机遇。

近年来，六盘水城市出现发展动力不足、区域中心职能减弱的问题，面对千载难逢的外部机遇和经济社会跨越发展的历史性关键时期，编制城市近期建设规划来指导未来五年的城市发展是十分必要的。

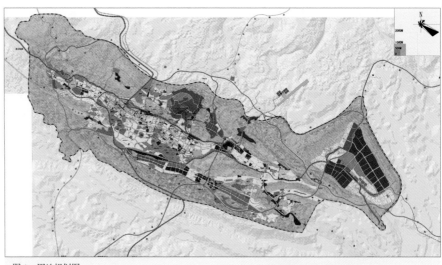

图1　用地规划图

1. 技术路线

（1）将"十二五"规划和近期已经投资立项的重大建设项目进行整理，掌握近期重点建设项目的性质、规模、占地、投资等内容。

（2）分析上版城市近期建设规划实施过程中产生的问题，找出规划实施中产生偏差的原因，提出解决办法和措施。

（3）根据近期城市发展背景，分析新时期、新形势下的城市发展需求以及面临的机遇与挑战，制定近期城市发展策略。

（4）将近期重点建设项目放到城市整体空间布局中加以整合，提出近期行动计划、政策建议。

2. 规划要点

（1）空间结构规划

为了实现六盘水市长远的发展战略目标，近期六盘水市中心的城区空间布局结构将由2006年版城市总体规划的"一城七片，带状组团式"转变为"一主、一次、三片"的空间格局。"一主"指以钟山片区、石龙片区和德坞片区为主的城市功能主中心；"一次"是指双水城市功能次中心；"三片"分别指柏杨坡片区、水月片区和老鹰山—董地三个工业片区。

（2）空间发展策略及发展方向

根据六盘水市的发展现状条件以及

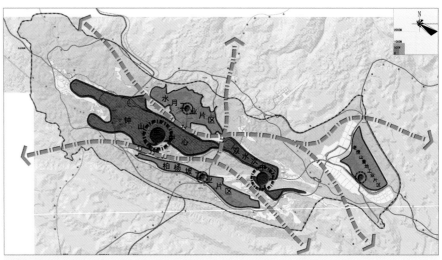

图2　空间结构规划图

未来发展趋势，中心城区近期的城市空间发展策略确定为：优化钟山主中心、积极发展双水次中心、快速推进三个工业片区的建设。

近期城市建设用地主要发展方向为钟山主中心、双水次中心向外围扩展，三个工业片区成片集聚发展。具体为：钟山主中心向东南方向发展凤凰新区，向西方向发展德坞片区，向西南方向发展石龙片区明湖组团；双水次中心完善以朵组团城市功能，同时向南、向西方向扩展；全面启动柏杨坡工业片区和老鹰山—董地工业片区建设，水月工业片区向西方向发展建安组团，向东方向发展水月循环经济产业园区，结合空港建设发展空港物流园区。

（3）近期建设重点区域

规划依据城市发展的近期发展目标，确定了近期的重点建设区域，并将其划分为8个重点拓展区、5个重点改善区和3个重点生态建设区。

重点拓展区：以新建为主的区域。资金投入相对较大，需要政府集中优势资源进行建设和管理。

重点改善区：以改造为主的区域。该区域现状已经具有一定的基础，基础设施投入相对较小，需要优化功能布局，着重完善配套设施，提升城市功能。

重点生态建设区：为改善生态环境，实现可持续发展而需要采取综合治理的区域。

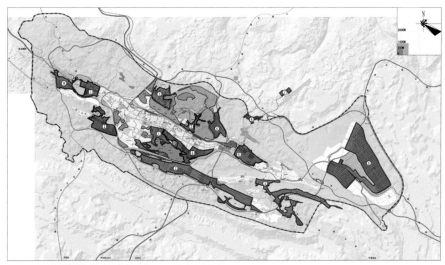

图3　重点建设区域规划图

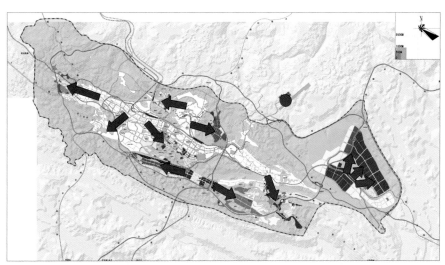

图4　建设用地发展方向规划图

3. 创新与特色

1）审视现行总规实施出现的问题，及时调整发展目标及空间布局

现行总规实施五年来，国家经济格局发生了深刻变化，成渝经济区的迅速崛起、重庆建设国家中心城市等对西南地区区域经济联系产生了重大影响。与此同时，占据地缘优势的遵义、毕节等地迅速崛起，使六盘水省内传统强市的地位不断受到挑战。

规划应对变化的内外部环境，对六盘水市的城市定位和区域职能进行重新审视，提出新的城市发展目标，并在空间布局方面作出适时调整。

2）充分对接"十二五"规划，针对性安排近期建设项目库

规划充分对接"十二五"规划，对调研阶段收集的六盘水市市政府、钟山区政府、红桥开发区各部门提出的有建设意向的近期建设项目，依据"符合近期建设目标、符合政府投资重点、符合用地空间布局、符合近期建设要求、符合地区主导功能和公益性大型项目"六条原则，进行针对性的筛选，纳入本次近期建设规划的建设项目库。

4. 实施效果

规划的重点区域建设步伐加快，凤凰新区市级行政、文化、商务中心已经开工建设，柏杨坡工业片区和老鹰山—董地工业片区全面启动，一系列公共设施及重大基础设施已陆续落实，城市主要交通干路改造工程先后启动，旧城改造项目稳步推进。

8

村镇规划

北京市通州区西集镇镇域规划（2006-2020）

2007年度全国优秀城乡规划设计（村镇规划类）三等奖

2006-2007年度中规院优秀村镇规划设计二等奖

2008年北京市优秀村镇规划设计二等奖

编制起止时间：2005.11-2007.12

承担单位：城市规划与历史名城规划研究所

主管所长：张 兵

主管主任工：郝之颖

项目负责人：赵 霞、王 娅

主要参加人：耿 健、麻冰冰、徐 冰、
胡京京、陈育霞、朱 磊、
胡晓华

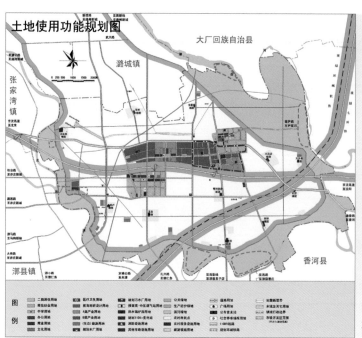

图3 镇域土地使用功能规划图

图1 西集镇在北京市的区位

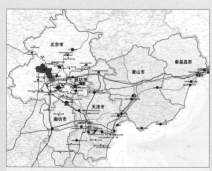

图2 京津冀北区县级以上开发区分析图

通州区西集镇位于北京市域东南部，与廊坊接壤，是京沈高速公路进京第一镇。镇域被潮白河、北运河环抱，景色优美，林木覆盖率高，农产品特色突出。

2004年版北京市总规提出以京津冀区域协调为前提，城市发展重心向东、向南偏移，以往被边缘化的西集镇获得新的发展机遇。西集开发区晋升为北京市级开发区，成为通州重点培育对象，西集镇的发展被提升到全区高度。

1. 规划内容

根据城镇发展条件，提出适合西集特点的城乡产业发展策略。构建农副产品的供给线，围绕首都需求，推进农业产业化进程；构建生产要素的接收线，依托市级开发区，形成北京生产要素布局的重要基地；构建运河旅游的延伸线，以滨河休闲、观光、采摘活动为龙头，多渠道推动三产发展。

开展城镇二产发展专题研究。立足区位条件，对西集所在京津冀北地区的53个区县级以上开发区，进行区位选择、交通条件、园区规模、产业门类比较；立足西集开发区主导产业，选取国内同类都市型产业园区，进行经济总量、地均产值、就业岗位密度比较；结合西集开发区建设特点，选取国内运转良好的产业园区，进行用地结构、发展时序和土地兼容性的借鉴。通过以上分析，指导城镇产业门类选择，经济、环保等准入门槛制定和用地布局。

盘点城镇不可建设用地，明确生态资源保护内容和安全底线。划定河流水系、行洪区、基本农田、特色农林地、地震断裂带等为建设严格避让区。对城镇现状用地布局特征、主要经济联系方向和规划区域交通条件加以梳理，判断各类功能发展的适宜空间。

构建城镇总体功能结构。依托京沈高速公路和通香公路，形成东西向的城镇发展走廊。在城镇发展走廊上，布局西集镇区与开发区，共同组成城镇与产业发展的核心区，提供城镇综合服务职能。沿潮白河、北运河大堤，形成一、三产紧密结合的环镇滨河绿色发展带，带动外围村庄发展。

根据上位规划要求，集约使用土地，逐步缩减人均建设用地指标和建设用地总量。通过城镇产业发展，置换用地功能，提高用地效率，增加就业岗位，促进人口与用地逐步向镇区和重点村庄集中，改变用地粗放浪费的局面。

强调城镇空间发展的弹性指引。规划成组布局、滚动发展的弹性城镇空间结构，保证每个发展阶段的相对完整，使生产、生活、服务相辅相成。明确城镇空间发展的优先性，在不同的发展条件下，为城镇空间的伸展或收缩提供指引，应对各类外部政策与发展动力变化。

注重城乡统筹发展和小城镇特色塑造。开展村庄发展条件分析，提出行洪通道或地质不良地区的村庄搬迁指引，对保留村庄的规模、用地布局、特色产业与设施建设提供引导。保护城镇地表水系，有机纳入绿地景观系统和雨水排放系统，道路断面设计与地表沟渠有机结合。严格保护与合理利用城镇郊野、滨河生态资源及运河沿岸历史文化遗产，突出城镇特色。以此为基础培育休闲、采摘、观光等产业，带动全镇，特别是

外围农村居民点发展。

2. 主要技术特点和创新点

扩展规划视角，融入区域，采用多种调研手段和比较研究方法判断城镇发展前景，开展了针对性较强的城镇产业发展专题研究。

重视建制镇规划在协调城乡关系中承上启下的作用。在城乡产业发展、农村人口转移，基础和公共设施配置等方面均提出兼顾城乡的整体发展思路，强调城镇化过程中的社会公平和可持续发展。

在模糊的城镇发展动力下，为小城镇提出相对合理又兼具灵活性的空间发展对策，以适应外部发展条件的变化。

建设用地总量缩减的镇域规划。将建设用地指标分配与城镇经济发展和资源特色保护目标相契合。分析城镇建设

用地的动态发展趋势，提出建设用地发展指引，提高规划成果的指导作用。

强调小城镇经济、人口、用地发展的协调统一。探索城镇化、工业化、农业产业化和服务业、旅游业发展的相互关系，以多元产业发展和资源保护利用为手段保护城镇特色，推动健康城镇化进程。

3. 规划实施

潮白河、北运河滨河环堤路全线贯通，成为城镇滨河游览专线。

西集镇垃圾转运站和天然气调压站等市政基础设施和滨河旅游服务基地落实选址，城镇道路基础设施建设和旧村改造工程有序推进。

镇域规划指导下的村庄体系规划、镇中心区控制性详细规划和环堤旅游带规划开展编制，进一步对城镇发展起到指导作用。

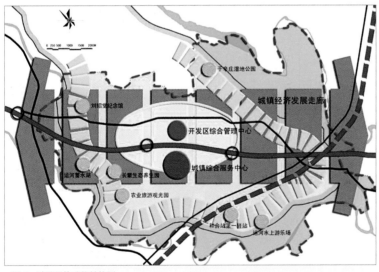

图 4 城镇总体功能结构图

图 5 现状建设限制要素分布图

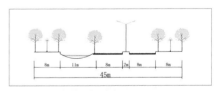

图 6 结合地表沟渠的城镇道路断面设计

图 7 村庄发展引导图

村庄发展引导表 表 1

序号	组团重点村	组团内待整合村庄	规划用地规模（公顷）	规划人口（人）	发展优势	产业发展引导
1	大灰店	石上、前寨府、后寨府、辛庄、大灰店、小灰店	27	1800	交通/二产/试点	机械加工，大棚花卉养殖
2	王庄	冯各庄、何各庄、王庄、耿楼、陈桁、金坨	39	2600	交通/近河	特色养殖，果品采摘
3	曹刘各庄	曹刘各庄	25.5	1700	交通/二产	机械加工
4	安辛庄	小庄、上坡、安辛庄、和合站	33	2200	交通/近河	特色产品，旅游服务，机械加工
5	沙谷堆	供给店、儒林、沙谷堆	42	2800	门户/近河/一产	特色养殖，文化旅游服务
6	小辛庄	小辛庄、任辛庄、太平庄、马坊	9	600	交通	机械加工
7	大沙务	大沙务、小沙务	12	800	近河/一产	蔬菜配送
8	杜店	桥上、杜店	18	1200	交通/近河	大棚蔬菜
9	肖家林	吕家湾、肖家林	27	1800	交通/二产/近河	服装、机械加工
10	协各庄	协各庄	13.5	900	近河/一产	大棚蔬菜，旅游服务
11	老庄户	老庄户	30	2000	交通/近河/试点	旅游服务

327

广东省东莞市长安镇城市总体规划修编（2003-2020）

2005 年度建设部优秀勘察设计（村镇建设专业）
二等奖

2004 年度广东省优秀勘察设计一等奖

编制起止时间：2003.7-2004.12

承 担 单 位：深圳分院

主 管 所 长：黄 林

项目负责人：周 俊

主要参加人：王飞虎、田长远、罗红波

合 作 单 位：广东省城市发展研究中心、建
　　　　　　设部城市交通工程技术中心

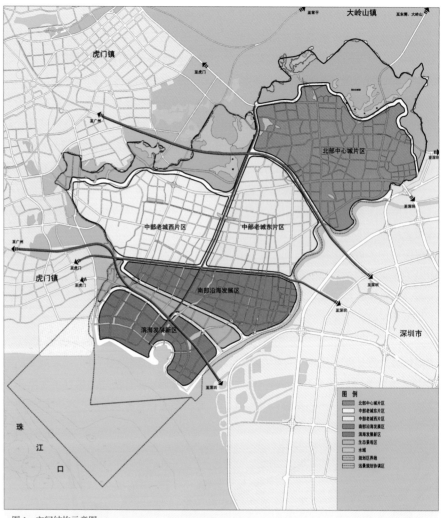

图 1　空间结构示意图

1. 规划背景

东莞市长安镇是典型的珠三角"明星镇"，出口创汇曾长期位居全国百强镇第一。经过高速发展，原本 3 万人口规模的小镇迅速发展成为聚集 60 万人口的中等规模城市。

2003 年，长安镇城镇建设（主要是工业区开发）又再次逼近上版城市总体规划的建设边界，地方要求对上版总规进行修编。在这个代表珠三角缩影的小镇，发展路径要转型，它的城市规划也应该转型。

限于当时的认识水平，规划提出了城市、社会、经济转型发展的现实问题、发展愿景，但欠缺支撑综合转型的配套政策方面的探索。实际上，应对庞大、

艰难的转型挑战，基层政府极其缺乏战略手段。当然，2008 年世界金融危机以来，转型发展已经不仅仅只是珠三角城市发展的问题，如何有效实现发展的战略转型已经成为国家层面面临的长期挑战。

2. 项目构思

发展，是中国社会的一个紧迫问题，但是发展不仅仅只是增长。步入 21 世纪的长安镇，面临的发展问题，实质上是增长方式如何转型。

自然资源面临的发展压力增大，土地、水等自然生态环境资源成为短缺资源，以农耕、渔业为特征的农业生态系统已被工业发展系统取代。已初步完成工业化进程的长安面临着严峻的经济转

型、社会转型、城市建设转型的挑战。

长安的第一次社会经济转型已基本结束，前 20 年，依赖外延型增长并伴随大量（60 多万）外来民工的涌入，初步完成外延式工业化进程。未来 20 年的发展必然面临着第二次社会经济转型，已经不容许以惯有的模式继续发展。

未来的 20 年正是珠江三角洲工业化向高级阶段发展的重要时期，是国家城镇化快速发展的重要时期；同时也应该是长安镇工业化、城镇化迈上更高质量、更佳效率、更高台阶的重要时期，是长安镇实现发展目标、发展轨迹顺利转型的关键时期。基于对长安镇发展前景理性、乐观的判断，提出本轮城市总体规划修编关于城市发展转型的核心思想以

及城市空间发展的策略与行动计划。

3. 技术路线

规划研究基本思路：在目标和现实之间寻找结合点，在推进时序和制度变迁方面提供多种可供选择的渐进对策；在政策体制和空间手段之间寻找结合点，通过空间政策和建设标准来引导城镇发展。

长安镇现实、近期、中长期直至远景发展是一个动态的、不断演替变化的问题。长安镇的城市发展路径也将适时地呈现出阶段性特征。

4. 规划创新

城市规划研究方向创新：由侧重空间结构形态转向重点研究社会形态。规划提出长安镇正处于一次转型与二次转型的过渡期，社会流动加快，社会生态结构发生深刻变化，整个社会生态（阶层）结构呈现出向多元化方向发展的趋势，社会分化和流动的机制发生变化。

将 20 年快速工业化的能量转化为城镇化的质量，以高速发展的工业带动城镇第三产业质量提升，将 60 余万流动人口所蕴藏的市场能量有效激活，形成促进城镇各项建设的推动力。

提升城镇化进程与质量是长安镇实现成功转型的根本动力，尤其是解决外来人口在长安镇的"本地化"、"城镇化"，才能实现经济发展模式的成功转型，才能使长安镇由村镇建设模式向比较成熟的中等城镇建设模式演进。

城市规划实施手段创新：由侧重基础设施建设转向争取综合配套政策、机制建设，提出在合乎国家法制和社会经济的发展趋势，符合国家、社会及广大民众的根本利益的前提下，"简政扩权"是珠三角发达城镇提振综合竞争力、实现和谐社会的有效途径。转型发展应是一个系统的、整体的、法制的过程。

5. 实施情况

规划实施以来，以前"优待"本地人的政策，纷纷向外来工敞开，"外来工"与"户籍人口"的界线日趋模糊。

将文化设施建设列为城镇规划的一个重要组成部分，"高投入、高标准、高档次"地建成了一批现代化水平较高的文化设施。以大量文化设施和人才为载体，以移民带来的各种文化为原料，通过加工、消化和升华，形成了全新的"熔炉文化"。

积极解决外来工子女上学问题。户籍人口不到 4 万人的长安镇，建起了 7 所中学、22 所小学、26 所幼儿园，外来工子弟的读书问题已基本解决。

逐步扩展职业教育，2013 年成立广东省第一个政校企合作办学的国际职业教育集团，成为东莞市乃至广东省产业转型升级的新亮点。

在促进城镇升级综合配套政策方面不断创新进步。2004 年，成为东莞市惟一一个广东省省级城镇化试点；2008 年确定为东莞市惟一一个产业结构调整和转型升级试点镇；2010 年，被列为广东省 3 个全国经济发达镇行政管理体制改革试点之一。

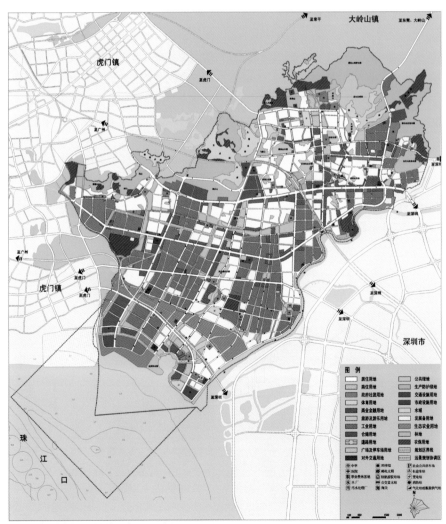

图 2　土地利用规划图

福建省南安市水头镇城市总体规划（2010-2030）

2011 年度全国优秀城乡规划设计（村镇规划类）
二等奖
2010-2011 年度中规院优秀村镇规划设计二等奖
编制起止时间：2010.3-2010.12
承担单位：城市与区域规划设计所
主管所长：张险峰
主管主任工：赵 朋
项目负责人：刘贵利、盛 况
主要参加人：晏 群、李 铭、李 宁、
　　　　　　张连荣、易芳馨、吴淞楠、
　　　　　　王婷琳、倪学东

1. 项目背景

水头镇隶属福建泉州南安市，陆域面积 127km²，海域面积 6.66km²，2009 年底实现 GDP 72.8 亿。

水头镇是全国石材交易集散地，初步形成了石材产业集群，石材业产值约占工业产值的 70%。

2010 年，水头镇城镇建设呈现"镇村全面扩张、产业遍地开花"的局面。石材产业特色突出，但是环境品质不高，产业及公共职能的提升受到空间的制约。

规划的开展充分落实了福建省小城镇综合改革建设试点的要求和泉州建设南翼新城的要求。

规划范围为全镇域 127km²。

2. 项目构思与针对性

本次规划需要解决的核心问题是：如何使水头镇从一个工业镇成长为一座综合型城市。规划立足打造泉州南部中心城市以及先进制造业基地和对台、对厦交流合作前沿平台的战略定位，以实现城乡一体化发展为目标，坚持以人为本，创新体制机制，适度超前建设，全面提升水头镇城市整体功能。

3. 技术路线

通过"优一强二进三"的产业优化与升级、城市功能的完善与提升，满足水头迫切转型的需求；通过山－城－海的整体框架控制，营造以"一轴两带三区多组团"为结构、别具特色的山区滨海山水园林城镇。

首先，加强区域协调，整合周边六镇。水头镇主要承担"石材总部基地，装备制造产业基地，区域性商务中心，陆路物流中心，区域性居住中心"等职能，其他五镇完善补充各项城市功能。

第二，突出城乡统筹。整体提升城乡环境，推行双元管理模式：按城市街区模式划分 11 个城市街区，按"农村社区居委会"模式划分 6 个农村社区。在镇域范围内统筹设置公共服务和市政设施。

第三，完善城市功能。按服务区域职能、服务本土职能以及与南安市区分担的职能补充完善水头城市功能，形成伞状公共设施布局，实现城乡统一标准，同时，按照分层、复合与协调模式，完

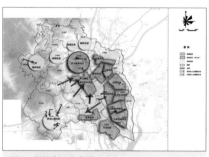

图 2　村镇街区分布图

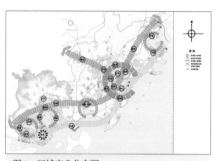

图 4　区域产业分布图

图 1　试点镇分布示意图

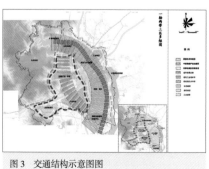

图 3　交通结构示意图图

图 5　绿地系统规划图

善城市功能。规划形成三大产业服务中心、五个产业功能区、六条服务通道、四大物流园区。

第四,提升城市环境。显山露水,依托绿带走廊实现山—水—城的连通,改善城市环境,规划"双核、四轴、两区、多园、网络化"的绿化体系,至2030年,规划人均公共绿地面积13.8m²。规划五处低碳示范区,融合增汇、减源理念,倡导低碳发展模式。

第五,优化用地布局。按功能划分主次中心,分项用地集中布局,形成"一轴、两带、三区、多组团"的空间结构。

第六,构建支撑体系。规划形成"组团内完善、组团间快速、对外高效"的城市交通结构。战略预留与区域交通枢纽的对接通道。北部规划增加与厦门的快速联系通道,并与高铁站衔接。南部和西部加强与石井和厦门的联系。预留与南安市区的轨道线走廊。

最后,理顺发展时序。近期主要完善西南部工业集中区,依托行政中心建设完善南部地区功能,对接区域交通枢纽。

中期主要建设西部工业带,逐步完成产业转型;建设北部生活居住区,完成城中村、城边村按城市标准的改造。

远期依托山、水环境,形成"城市结构拉开、立体空间舒缓、景观错落有致、交通组织有序"的城市意象。

4. 项目创新与特色

规划重点从"战略指导总规、区域协调、政策建议、产业转型、问卷调查"等五个方面作了创新尝试。在项目编制过程中,重点针对产业转型、城乡统筹、交通对接、农村建设指引等内容,进行重点研究,并将主要观点在业内进行交流,论文已收入《低碳城市》等杂志,引起了一定的反响。

5. 实施情况

本次规划从"战略引导、多镇联合、城乡一体、产业提升、特色管制和公众调查"等方面进行了创新。2010年编制完成后,政府有关部门以总规为依据,组织编制了五里桥公园整治规划、控制性详细规划、重点地段的城市设计、修建性详细规划以及市政专项规划等规划,并根据规划对镇内建设活动进行规范管理,建设和完善石材总部基地的公共设施和基础设施。水头正在由传统的工业镇迈向综合型城市。

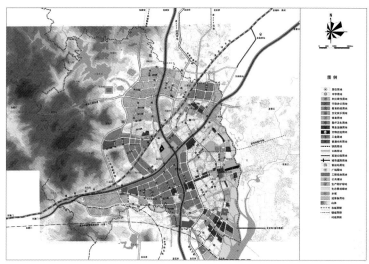

图6 用地布局规划图

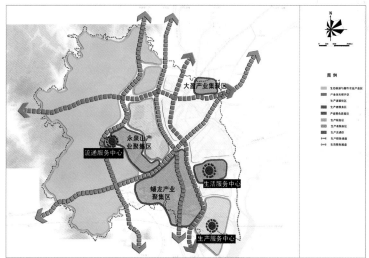

图7 产业结构布局图

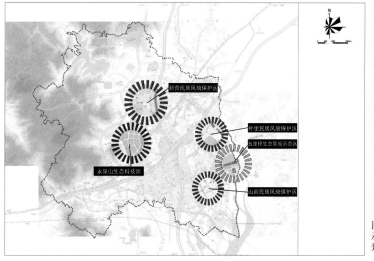

图8 低碳示范区规划图

海南省三亚市育才镇总体规划（2011-2020）

2012-2013 年度中规院优秀村镇规划设计一等奖

编制起止时间：2011.10-2013.1
承 担 单 位：城市规划设计所
主 管 所 长：邓 东
主 管 主 任 工：闵希莹
项 目 负 责 人：李 荣、缪杨兵
主 要 参 加 人：范嗣斌、冯 雷、陈 岩、
　　　　　　　　祁祖尧、李 婧、张春洋

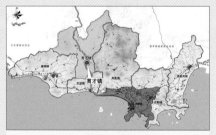

图 1 育才镇位于三亚市中北部山区

育才镇成立于 2006 年 9 月，是三亚市最年轻的建制镇。全镇总面积 314.9km²，下辖 10 个村委会，总人口约 3 万人，其中 95% 为黎族。育才镇位于三亚市中北部山区，自然资源和生态环境优越，森林覆盖率高达 93%，被誉为"三亚之肺"，是三亚北部重要的生态屏障。

1. 规划背景

本规划是育才镇建镇以来的第一版总体规划，同时也是三亚市新一轮总体规划之后首批启动的乡镇规划，因此，既要满足指导育才镇发展的迫切需要，又要深入落实三亚"全域统筹、指状生长"的要求。

2. 项目构思

育才镇是三亚北部的生态屏障，生态环境保护的责任重大。但是，由于地处山区腹地，发展基础非常薄弱，加快社会经济发展，提升城乡居民生活水平的要求非常迫切。此外，在国际旅游岛建设的大背景下，腹地资源开发利用的市场动力日益增强，亟需有效的引导和管控。

针对育才镇发展的现状和面临的主要问题，寻找一条在生态环境约束下的民生发展路径成为本次规划的核心目标。

对于整个三亚和海南岛而言，这也是山区腹地发展模式的一次有益探索。

3. 技术路线与规划内容

本次规划采取四大核心策略。

第一，旅游主导、全域统筹。规划建立以三亚整体空间结构为背景、涵盖镇域及邻近地区、主题特色显著、支撑系统完善的旅游产业发展架构，同时确立"两业推进、以旅促农"的产业发展策略。为确保生态本底不被破坏、优质资源不被低效利用，规划还建立了开发项目准入标准，提高资源开发利用的门槛。

根据资源特色的不同，规划将镇域分为五大主题片区：文化风情度假区、现代农业观光区、产业农庄创新区、健康运动体验区和热带森林休闲区，合理安排生态农业、民俗文化、运动休闲、养生度假等特色旅游项目，构建车行、自行车、步行、漂流等多种方式的游线系统，并配套游客中心、酒店、汽车营地、服务站等旅游服务设施。

第二，优先发展镇区，聚散结合，因地制宜。育才镇生态环境良好，但可建设空间有限，规划提出聚散结合、点式低冲击的镇村空间发展模式。

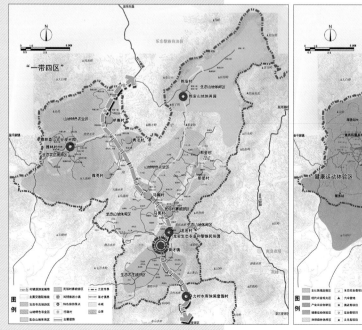

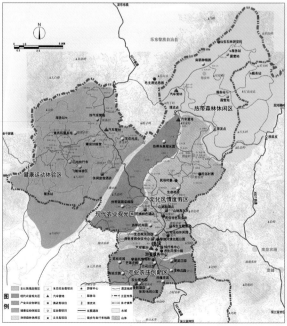

图 2 育才镇域空间结构（左）和旅游产业发展规划（右）

镇区是城镇化的空间主体。集中有限的资源，优先发展镇区，提升产业集聚能力和服务水平，吸引人口。

镇域村庄居民点布局充分尊重农村的生产生活习惯和社会关系，在满足道路、电力、饮用水等基本服务的前提下，宜散则散，不强求撤并与集中。将保留的乡村聚落与旅游发展相结合，组织镇域空间结构为"一带四区"，即沿314省道的村镇发展带，以旅游主导四类发展区，包括生态农庄旅游观光区、山地特色农业观光区、生态山地运动休闲区、民俗村寨旅游区。

第三，指导村庄发展，建设美丽乡村。三亚新农村建设已经走过"政府主导，改善硬件设施"的阶段，"谋出路、塑特色"是下一步发展的重点。

依托村庄资源特色，通过旅游进一步带动农村发展，增加农民收入。如规划龙密村在发展种养业的同时，依托较好的交通区位条件，开展乡村体验游、生态休闲游、民俗休闲游等活动。结合"社区营造"的发展理念，提出以"农民自建"为主体，外力推动和内力生长相结合的村庄特色产业化发展路径。

为提升村庄的整体风貌，满足旅游发展的需求，制定详细的村庄建设整治标准，为乡村建设提供管控依据。

第四，塑造镇区特色，建设风情小镇。镇区建设布局遵循显山、亲水、传文和宜人的原则。将镇区周边山地景观与城镇建设有机融合，大山为景、小山为园；改善自然水系、沟塘等的可达性，打造滨水空间，构建亲水的人居环境；通过建筑风貌、开敞空间、环境景观等手段，传承育才镇的黎苗文化和农垦传统，形成独具特色的城镇风貌。

采用城市设计的手法，严格控制建设的强度和高度，创造宜人的小镇尺度，与山地自然环境和谐共生。

4. 创新与特色

第一，用城乡统筹的思路，以整个

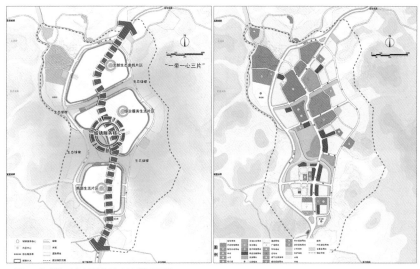

图3 育才镇区空间结构及土地利用规划

镇域为研究重点。村庄的问题解决不好，整个镇的发展就无从谈起。第二，注重规划的弹性。小城镇发展具有很多不确定性，一个项目就有可能改变整个镇的命运。规划尽可能全面地考虑镇域的资源，为各种可能性预留途径。第三，更严格地保护生态环境。小城镇拥有较低的人口密度，在实现人与自然和谐发展方面具有天然的优势。第四，强调地域特色。小城镇和村庄是最基层的居民点单元，必须体现地域文化，绝不能贪大求洋。

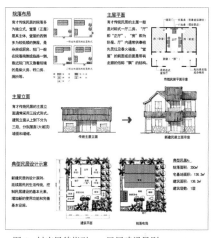

图4 村庄风貌指引——民居建设导则

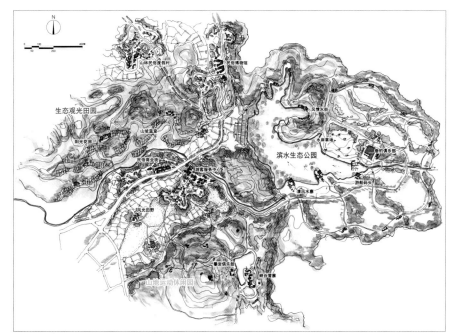

图5 村庄建设指引示例——龙密村

江阴市周庄镇总体规划
（2012-2030）

2013年度无锡市城乡建设系统优秀勘察设计
村镇规划二等奖

编制起止时间：2012.4-2013.5
承担单位：城市规划与历史名城规划研究所
主管所长：郝之颖
主管主任工：缪 琪
项目负责人：胡晓华、孙建欣、杨 涛
主要参加人：康新宇、麻冰冰、钱 川、
　　　　　　　黄 俊、周 慧、杨阳子昂、
　　　　　　　王 嵬、付忠汉

图2 用地规划图

图1 用地现状图

根据《江阴市城市总体规划（2011-2030）》，江阴市的中心城区由主城区和副城组成，其中副城包括云亭分区、周庄分区和华士分区。本次《江阴市周庄镇总体规划（2012-2030）》是在城市总体规划的指导下，与《江阴市中心城区副城片区规划（2012-2030）》同步编制的，在副城整体空间规划的基础上，呼应十八大的"新型城镇化"战略，落实城市总体规划的要求，统筹全镇空间和功能发展，深化各类设施布局。这对本次镇总体规划提出了"既能满足副城的整体性，又能针对周庄镇的个体性"的要求。本次规划以落实副城片区规划在周庄镇域内的空间布局为主，并结合周庄镇的特征，向上反馈至副城片区规划。

作为苏南模式的重要起源地之一，周庄镇在江阴乃至整个苏南地区都具有很强的特殊意义，以"村"为土地资源利用和经济组织的主要单元，是周庄独特而根深蒂固的发展机制。

1. 发展现状

周庄镇不是一个普通的乡镇，而是一个经济高度发达、周边地区空间高度连绵的高度城镇化地区。2010年人均地区生产总值17.85万元，按常住人口统计的城镇化水平达到77%，现状建成区占镇域面积的约50%。

2. 主要问题

周庄镇独特的发展模式在带来经济快速发展的同时，一些问题在长期的发展中也日益累积，并随着宏观背景、资源和环境条件的变化变得日益尖锐。这些矛盾在空间上主要表现为：

（1）土地资源低效利用，价值难以提升。由于土地资源在很大程度上是以"村"为单位被划分成为多个小单元，难以形成集聚效应，而只能被低成本地利用，这在人多地少的苏南地区越来越难以持续。

（2）工业过密增长，整体空间"集而不聚"，城市功能难以发育。由于土地小单元经营，因此工业是土地利用的主要方式，导致工业不断加密，空间不断蔓延，但是城市功能却无法发育。经济高度发达，人口规模不断增长，而各类生活、生产性的服务业却依然处于非常低的水平。

（3）功能布局混杂，环境污染严重，人居环境恶劣。由于各"村"各自为政，

导致整体上居住和工业的高度混杂且基础设施水平低下，工业以低端制造业为主，环境污染严重，居住生活环境恶劣，而原有的优良山水资源也几乎被遗忘。

3. 规划目标

周庄镇作为江阴副城的一部分，本次镇总规与副城片区规划同步编制，规划主要解决以下2个问题：

（1）在尊重周庄镇独特的发展机制的前提下，通过空间规划的技术手段，在江阴副城整体资源整合的基础上，结合周庄镇的自身特点，充分利用"村"这个经济单元的活力，在政府的引导下协同开发，改变空间资源的小单元利用方式。

（2）作为中心城区副城的一部分，周庄镇总体规划应跳出一般乡镇总体规划的思路，从江阴中心城区以及副城的总体空间发展入手，打破行政区划的限制，促进周庄与副城其他地区的协同发展。

4. 发展定位

江阴副城的重要组成部分，探索新时期苏南模式转型升级的示范区，生态宜居、特色鲜明的江南名镇；其职能为：副城现代服务业集聚地，重要的化纤纺织产业基地，传统产业高新化发展地区。

5. 规划措施

在此基础上，鉴于周庄镇强烈的单元化发展特征以及副城三个行政单元之间协同发展的要求，本次规划重点关注路径设计，在副城整体层面提出了"以点带面、以点控面"的转型思路以及"聚、合、触、协"四字战略，推动空间和功能的集聚，促进城市功能的发育和发展；改变空间资源利用方式，整合并重新梳理被分割为小单元的土地资源，形成符合整体和各方利益的空间利用平台；通过寻找适当的触发点，形成功能集聚，提升环境品质；通过市场、行政等多种手段，鼓励"村"、企、政府及市场各方合作共赢。

6. 创新与特色

本次《江阴市周庄镇总体规划》在深入分析周庄镇单元化发展特征的基础上，尊重其特有的发展机制，提出转型路径，将空间规划作为政府与"村"单元之间的合作平台，布局上打破行政区划限制，推动周庄镇融入副城整体的发展转型。

镇总体规划与副城片区规划同步编制，既保证片区规划由下而上的可操作性，也保证镇总体规划由上而下的整体性，也是本次镇总体规划的一个创新点。

图3 镇域空间发展结构

浙江省宁波市宁海县西店镇总体规划（2010-2030）

2012-2013 年度中规院优秀村镇规划设计二等奖

编制起止时间：2010.5-2012.3

承担单位：城市规划与历史名城规划研究所

主管所长：张 兵

主管主任工：缪 琪

项目负责人：耿 健

主要参加人：杜 莹、杨 涛、孙建欣、
　　　　　　陈 睿、王宏远、汤芳菲、
　　　　　　崔 昕、叶晓东、冯国光、
　　　　　　徐真民、葛仁元、葛军伟

合作单位：宁波市规划设计研究院

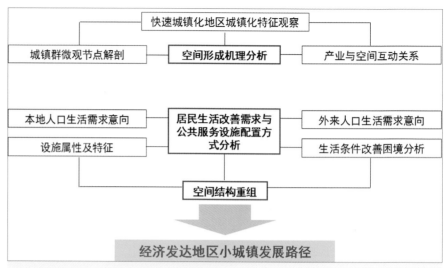

图 2 产业发展模式、阶段、类型 vs 公共服务设施配置

1. 项目背景与针对性

西店镇所在的长江三角洲核心地区，伴随着近年来的快速发展，不但展现出了外来人口快速增长、建设用地扩张迅速、人地矛盾突出等快速城镇化地区的典型特征，同时又面临着"离散型地域结构"明显、镇区集聚效应不强、城镇化质量低下等矛盾。对西店的研究，是对经济发达地区农村城镇化路径的一种探索。同时，探讨利用产业布局调整，基础设施、公共服务设施配置方式的转变进一步促进城乡发展一体化的方式，也可以为这一地区的规划和建设实践提供帮助，进而对我国经济发达地区农村的工业化和城镇化互动关系以及相关领域的理论和技术研究起到推动作用。

2. 主要内容

（1）产业发展与城镇空间的互动：通过对西店当地 1600 余家不同类型、规模的企业与长三角区域内战略合作联系的调查、汇总、辨析，结合相关地区"迁村并点"的经验与得失，分析产业发展的模式、阶段、水平与城镇空间形态、人民生活水平提高之间的内在联系，提出产业"集聚效应"与"空间集聚"不存在必然的正相关关系，并对西店镇域的空间发展趋势做出"小集中、大分散"的判断。

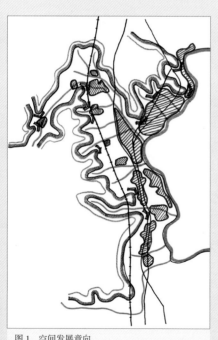

图 1 空间发展意向

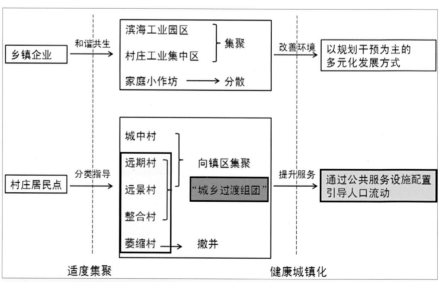

图 3 "小集中"、"大分散"的布局原则

（2）公共服务提升与城镇空间的互动：通过对国内现行村镇公共服务设施配置标准和相关研究的分析，结合西店等经济发达地区村镇的特征，提出在采取通常的按"使用功能"分类，按"村镇等级"、"设施运行方式"、"千人指标"配置公共服务设施的方法的同时，提倡"协同配置"的理念，将"类型协同"和"区域协同"等概念引入布局规划，提高公共资源投入的科学性，更加有效地引导村镇空间的重组，对我国经济发达地区农村城镇化路径的研究具有借鉴价值。

3. 创新与特色

（1）从城镇群微观单元经济、社会、空间发展情况解剖以及村镇公共服务设施配置两个角度切入，研究西店作为长三角城镇群中大城市"边缘节点"的产业、空间发展路径以及公共服务水平提升的具体方法。

（2）与国家"十一五"课题协作，开发公共服务设施"现状评价及供需分析软件"，完成数量庞大的信息汇总、数据分析，搭建县、镇、村三级基础设施、公共服务设施评估管理平台，形成动态维护体系，从技术上弥补设施供需双方信息不对称的缺失，为改变自上而下的，以"指标分配"为主要特征的设施配置方式奠定基础。

4. 项目实施

该项目为西店镇村镇结构优化、产业发展转型等重大问题提供了总体发展思路与框架，为村镇公共服务水平的提升提出了可行的策略与措施，为指导下一层次规划、设计的编制以及拟定城镇建设相关决策提供了重要支撑。项目批复实施以来，西店境内水系及村庄整治、滨海工业功能区品质提升等工程项目正按照近期建设规划要求顺利推进。同时，通过公共服务水平的整体提升，外来人口正稳步向两处大型村庄组团聚集。

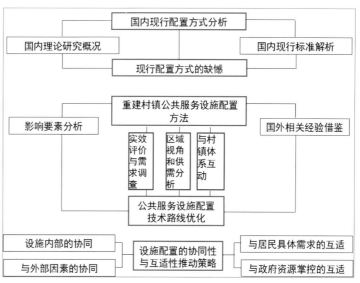

图4 公共服务设施 vs 空间演进

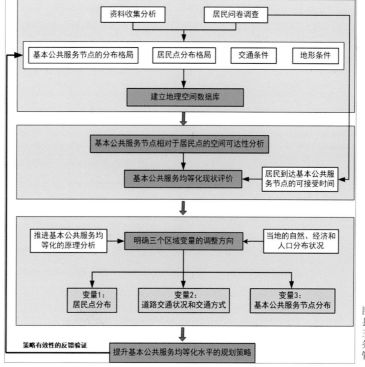

图5 搭建县、镇、村三级公共服务设施评估管理平台

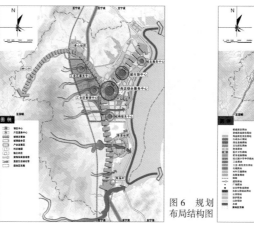

图6 规划布局结构图

图7 用地规划图

福建省龙海市角美镇
总体规划
（2010-2030）

2010-2011年度中规院优秀村镇规划设计二等奖

编制起止时间：2010.3-2010.9
承担单位：厦门分院
分院主管院长：李金卫
分院主管总工：孙家森
项目负责人：杨康永
主要参加人：苏　俊、钟杨燕、刘　明、
　　　　　　张　剑、洪志超、谢　磊、
　　　　　　欧朝龙、李奕林、刘振山

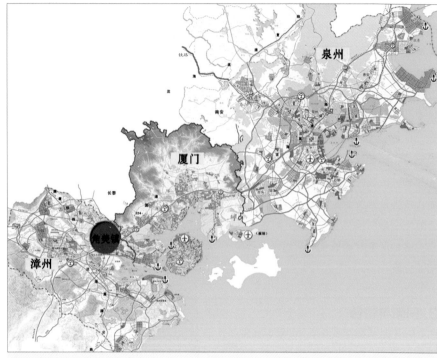

图1　角美镇在厦漳泉同城化中的区位

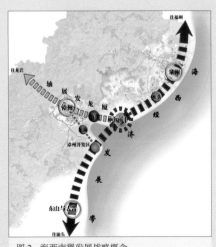

图2　海西南翼发展战略概念

角美镇隶属漳州龙海市，地处龙海市东北部，是毗邻厦门经济特区的重要城镇。随着厦漳泉同城化进入实质性阶段，作为厦漳泉功能节点位置的角美，面临着诸多的发展机遇。近年来，随着厦门城市职能的外溢，角美的社会经济呈现出蓬勃发展的态势。

1. 规划要点

结合角美镇发展契机及未来发展的方向，从厦漳泉层面上认识角美镇的战略定位及空间发展模式，并合理确定城镇空间布局、道路交通体系、产业发展方向等内容。规划思路主要有以下三个方面：

（1）"工业综合开发区"向"综合型的新区"转变。切入点是规划建设角美新城区。角美一直是漳州市的工业重镇，台企密集，第二产业发达，但第三产业比较落后，规划的重点是改变"有业无城"的发展局面。新城不是工业开发区的服务中心，而是作为厦漳泉同城化城

市组团的一个重要功能节点。规划对厦漳泉区域道路衔接、产业分工、公建配套、市政基础设施等方面适度提高标准，满足角美作为漳州未来新区的经济与社会发展的需要。

（2）紧凑发展，提升内在质量。在建设总量上做减法，调整北部临山的工业项目用地，重点在南部集中开发，总体策略是"北保护、南开发"；工作重点转向城镇建设，优化原有的工业产业，鼓励发展高附加值产业门类，推动城镇"退二进三"政策实施，优化产业结构。

（3）重心南移，走向绿色的滨江城镇。提出"东接西联，向南拓展"的空间拓展战略，镇中心职能由中部发展向滨江转移，由内陆型城镇向滨江型转变，提高人居环境及城镇魅力。

2. 空间布局

以厦漳两地的宏观空间格局为依据，将镇域空间结构划分为北部生态休闲农

338

业区、中部交通走廊和物流区、南部城镇发展区。南部城镇发展区为集中开发建设区，规划"一带，两廊，三组团"的组团式功能结构。

3. 创新与特色

（1）在"新型镇化"前提下，研究综合改革试点镇总体规划与一般镇总体规划编制技术办法的差异，探索综合改革试点镇总体规划的编制办法，形成一套创新的技术路线及编制体系。

（2）总体规划顺应厦漳泉同城化的发展趋势，将规划范围扩展至镇域范围，注重建立城乡一体的基础设施和公共服务体系，探索环境友好、低碳慢行的城镇发展模式。

（3）探索在镇的体制下按需划分街道，打破镇与街道同级的管理模式，在公共设施配置上按镇级、街道级、社区级三个层面考虑，确定配置数量和标准，强化角美作为重要功能节点的服务职能。

4. 实施效果

在总规的指导下，2010年下半年完成各项专项规划及中心区控制性详细规划，目前已经进入实施阶段。

1）道路交通

区域道路（厦门海沧区的联系通道）：在现状已有两条通道（马青路—角海路、现状324国道）的基础上：

（1）临港路，已建。与厦门海沧港区的港中路贯通，使角美的货运体系更加便捷。

（2）厦漳泉同城大道开工建设（区域快速路）。

（3）翁角路（角美段）—翁角路（海沧段）。

内部道路：洪岱路、角江路、滨湖大道为主干路网系统，基本建成，带动角美新城的迅速扩展。

2）商住项目

角美中心区的住宅项目已全面破土动工，万达、中骏、海投、建发、万益等大型企业入驻角美，带动角美经济的蓬勃发展。

3）公共设施

规划选址的龙江大酒店、角美中学等配套设施正在建设，规划近期建设龟山公园、体育馆已经完成方案设计。

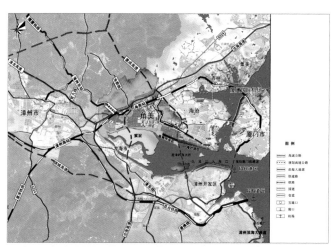

图3 区域道路衔接图

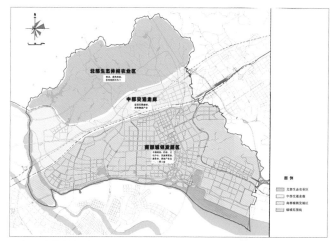

图4 镇域功能划分图

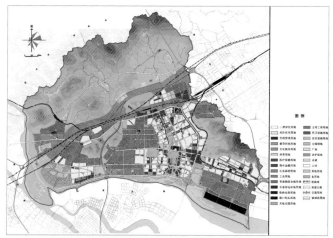

图5 城乡一体土地利用规划图

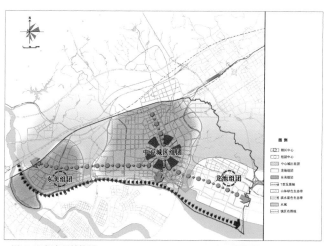

图6 空间布局结构图

北京市密云县
村庄体系规划
（2007-2020）

2009年度全国优秀城乡规划设计（村镇规划类）
二等奖

编制起止时间：2007.1-2007.9
承担单位：城市水系统规划设计研究所
　　　　　（现城镇水务与工程专业研究院）
主管所长：宋兰合
主管主任工：沈　迟
项目负责人：孔彦鸿、姜立晖
主要参加人：尹广林、倪广友、雷祥龙、
　　　　　　孙增峰、吴学峰、程小文、
　　　　　　王巍巍、彭　斯

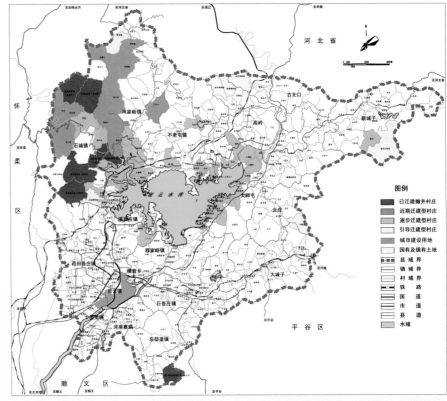

图3　迁建型村庄分布图

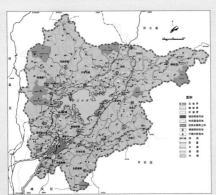

图1　农村居民点现状分布图

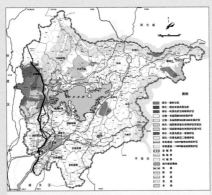

图2　村庄限建要素分析图

　　根据国家关于社会主义新农村建设的要求，为有效落实北京市村庄体系规划等相关上位规划对密云县的功能定位与发展要求，密云县规划分局委托我院编制《北京市密云县村庄体系规划（2007-2020）》。

　　规划范围包括密云县334个行政村，总面积2229km²。主要内容包括：村庄分类与发展策略、农村产业发展与布局、公共服务设施整体规划布局、基础设施整体规划布局、村庄布局调整时序和近期建设等。

1. 规划构思

　　通过对密云县不同类型村庄的区位分布、人口规模、农村产业发展等方面的深入调研和详细分析，按照区域协调与城乡统筹、资源节约与生态环境保护为先的规划发展理念，因地制宜地提出密云县农村产业发展、村庄布局调整与发展策略、公共服务与基础设施配置标

准及布局方案，有效地引导控制密云县乡镇和村庄的规划建设，促进县域社会主义新农村建设的步伐。

2. 技术特色

　　结合密云县特点，通过大量的现场调研与资料分析，提出密云县村庄布局调整、产业发展、公共服务与基础设施布局规划，有效引导各类资源优化配置，有力推动密云县社会主义新农村建设。规划具有以下几个方面的技术特色：

　　（1）采用村庄普遍调查与典型村庄详细调查相结合的方式，全面了解掌握村庄现状和未来发展所面临的突出问题。

　　（2）针对村庄间区位与资源条件、经济发展与设施水平等方面的差异，按照相关上位规划对密云县承担北京市水源涵养与首都绿色生态屏障的职能要求，将全县村庄划分为城镇化整理型、迁建型和保留发展型三种类别，分别制定不同的发展目标

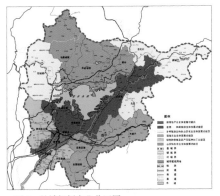

图4 县域规划产业分区图

与引导措施，提出村庄布局调整时序、产业发展、公共服务与基础设施近期建设重点。

（3）因城乡管理体制存在较大差别，在涉及农村产业发展指引、村庄公共服务与基础设施建设等方面，采用与主管部门、村级管理班子以及村民代表共同协商讨论的方式，确定具体的规划方案，充分体现规划编制过程中的公众参与。

3. 规划创新

（1）针对现状调研点多面广、内容庞杂的特点，项目组自主开发设计了网上现状调查系统，在大大提高调研效率的同时，可确保调查结果统计分析的科学性与客观性。

（2）针对镇村两级相关部门日常管理的需要，独创性地开发设计一套基于GIS 和 MIS 应用技术相结合的村庄地籍管理信息系统，实现对全县村庄基本信息的查询、统计和分析。实践证明，该系统在村庄动态管理、项目实施跟踪等方面起到了重要作用，有效提高了密云县村庄管理水平。

（3）规划确定的村庄管理图则，可直观地反映出相关上位规划要求、村庄发展条件与发展诉求，有利于规划管理部门、乡镇和村庄管理人员以及村民本人方便、真实地了解村庄的发展条件、限制要素以及其他相关影响因素，从而实现在村庄规划建设过程中因地制宜、实事求是、科学发展。

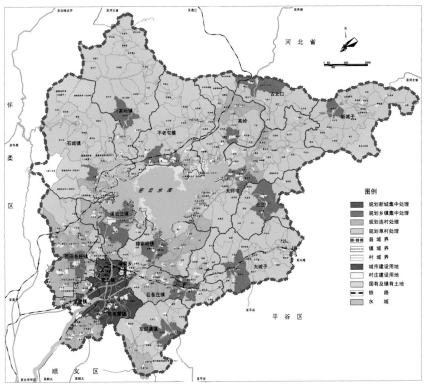

图5 污水处理方式规划指引图

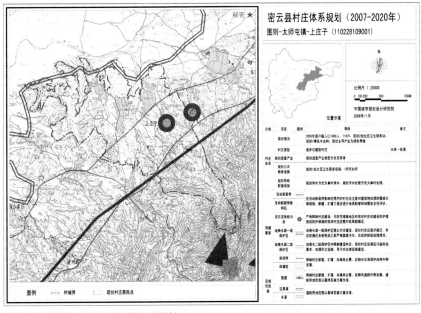

图6 村庄图则：密云县太师屯镇上庄子村

4. 实施效果

本规划于 2008 年 11 月 20 日通过密云县人民政府审查。

作为密云县社会主义新农村建设的规划依据和技术指导，可有力促进密云县的村庄布局调整和产业优化升级，有效引导政府部门优化资源配置，合理安排建设时序，为密云县 334 个行政村的村庄整治和新农村建设工作的有序开展提供了技术支撑。

同时，开发设计的"村庄地籍管理信息系统"，建立起以行政村为单位的村庄管理档案导则索引（图则），有力加强了密云县村庄规划与建设管理工作。

四川省西昌市域新村建设总体规划（2011-2020）

2012-2013 年度中规院优秀村镇规划设计二等奖

编制起止时间：2011.6-2012.12

承担单位：城市与乡村规划设计研究所

主管所长：蔡立力

主管主任工：靳东晓

项目负责人：谭　静

主要参加人：曾　宇、卓　佳、倪学东、
　　　　　　冯楚军、刘克芹、颜芳芳、
　　　　　　陈小明、班东波

合作单位：中国对外建设有限公司城市
　　　　　规划设计院、北京公意智库
　　　　　咨询中心

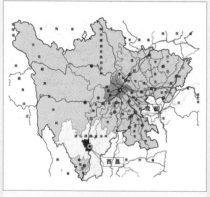

图 1　西昌在四川省的区位图

图 2　西昌在凉山彝族自治州的区位图

本规划是依据《四川省县域新村建设总体规划编制办法》编制的宏观层面村庄规划，主要任务是落实西昌城市总体规划中提出的农村发展要求，引导和调控县域新村的合理发展和空间布局，指导单个新村的规划和建设。

西昌市地处四川省西南川滇结合处，是川西城市群的中心城市之一。市域自然地理差异巨大，拥有平原、丘陵、高山等多种地形。作为凉山彝族自治州的首府，区内彝、回、藏、羌等少数民族占比较大。近年来西昌经济增速较快的同时，市域内部发展不平衡的态势愈发严峻。城和乡之间、山区和河谷之间的差距都在不断拉大。致力于改善民生的新村规划建设工作正是破解西昌发展不平衡的重要抓手。

1. 规划构思

1）自下而上尊重民意，由表及里区分动力

通过实地勘查和部门走访，收集西昌地域 2655km² 内 37 个乡镇 231 个行政村的村庄人口、农房建设，农村公路、教育医疗等公共服务设施建设，供电供水等农村基础设施建设，农村生态环境和污染情况以及西昌自然灾害分布等资料，为规划打下扎实的基础。

通过专业的社会学调研，了解不同区域农民在就业、居住、出行、公共生活上的特征以及对于集中居住和公共服务的意愿，为规划提供科学支撑。

调研发现有来自村庄内部和外部的两类因素影响农民生产生活，进而作用于村庄布局。在此基础上，制定利用内因保稳定、利用外因促发展的策略。应对内因稳定，制定村庄布局应适应社会结构、保障农民安全、方便生产生活等若干原则。应对外因驱动，对西昌农村进行两个大类、五个小类发展区的划分。

2）分区分类差异发展

不同分区采取差异化的总体发展策略，在此基础上，明确不同分区的产业发展方向、公共服务设施和基础设施配置重点、新村风貌控制要求和新村布局结构。

3）借鉴同类地区经验，指导西昌新村建设

借鉴珠三角绿道、成都五朵金花、北京山区沟域经济等发达地区农村发展的经验，为西昌具备类似发展基础和市场需求地区的城市周边、环邛海地区和山溪河谷地区的新村规划建设提供借鉴。

2. 主要内容

包括两个层次：第一个层次是县域层面，主要涵盖新村建设发展目标、农业发展规划、建设布局规划、农村基础设施规划、农村公共服务设施规划、新村风貌与农户房型指引、新村防灾规划、新村建设时序规划等内容。第二个层次是分乡镇层面，主要包括新村布局、公共服务设施和基础设施配置。

3. 规划特色

技术创新一：在区分不同地域发展动力和农民生产生活方式变化对村庄布局影响的基础上，判断村庄布局调整的趋势，在村庄布局技术方法上做出有益探索。

技术创新二：通过和一系列相关规划的互动以及对建设模式的统筹考虑来体现宏观层面村庄规划的可操作性。

本规划与同步推进的《西昌城市总规》对接，落实和深化城市总规有关城乡统筹、村镇建设方面的内容。《西昌市土地利用总体规划》与新村总规主动对接、反复校核，理顺新村建设居民点和基本农田之间的关系。

以乡镇为单位推进是落实新村总规的保证，为此规划还作了分乡镇的新村建设规划导引，并与各类新村建设专项规划共同形成了新农村规划体系。

规划针对新村建设任务重、资金压力大的特点，总结和推荐"工业带动型、

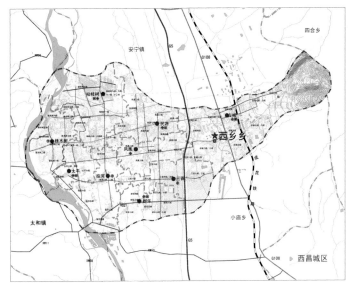

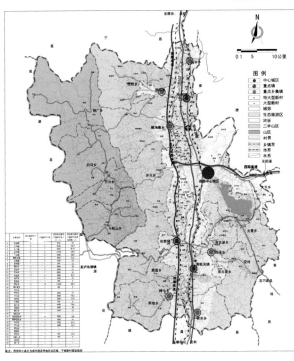

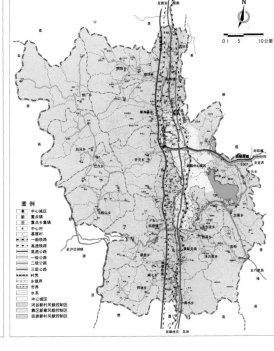

农业产业化带动型、综合扶贫带动型"等多种新村建设模式，指出了各类模式的适用地域、资金来源、实施效果和存在问题。

4. 实施情况

2012年8月西昌新村总规获得批复，配套工作机制也相应建立。

在安宁河谷新农村集中连片示范片建设过程中，西昌市突出规划引领、机制创新，在河谷地区的村容村貌、卫生环境综合治理和村庄民居建设中取得明显成效。

邛海—螺髻山旅游区是西昌城市拓展和发展旅游动作最大的地区，该地区的详细规划与西昌新村总规密切互动，取得了较好的实际建设效果。

对于贫困山区，西昌市政府启动八大扶贫工程，整合各类专项扶贫资金，重点投入到山区农村的基础设施、公共服务设施改善和农村危房改造中，与新村总规思路一致。

2013年西昌被评为四川省新农村建设成片推进示范县。

图3 西昌市西乡乡域现状图

图4 西昌市西乡乡农村基层设施和公共服务设施规划图

图5 市域新村布局规划图（左）

图6 市域新村风貌控制规划图（右）

湖南省宁乡县
社会主义新农村
建设总体规划

2006-2007年度中规院优秀村镇规划设计一等奖

编制起止时间：2006.10-2007.12

承 担 单 位：深圳分院

分院主管院长：朱荣远

分院主管总工：何林林、徐建杰

项目负责人：商 静、陈 鹏

主要参加人：邹 鹏、白 金、梁 峥、
覃 原、王晓芳、柴宏喜

合 作 单 位：中科院研究生院、国务院发
展研究中心、中国综合开发
研究院

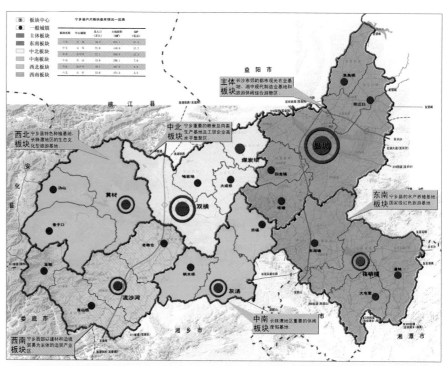

图2 板块划分规划图

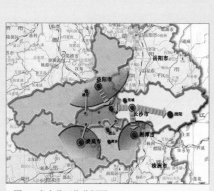

图1 宁乡县区位分析图

2006年，国家提出社会主义新农村建设战略，宁乡县是较早采取以县域为单元进行新农村建设试点的地区。

建设社会主义新农村，不仅是解决经济社会发展的突出矛盾和问题的现实需要，也是全面建设小康社会、构建和谐社会的长远需要。鉴于以往新农村建设大多以迁村并点和村庄整治为重点，往往流于表面且欠缺长效性，湖南省宁乡县作为国家开发银行扶持新农村建设三大试点县之一，希望能够肩负国家新农村战略"试验田"的历史重任，探索出一条更符合政策宗旨且更具可持续成效的社会主义新农村建设路径——以县域为空间载体、以城乡统筹为归依、以制度创新为保障的新农村建设模式。

1. 规划思路

（1）以城乡统筹发展及资源整合配置为主线，以实现农村地区全面发展为目标，强调"生态优先、以人为本"等发展理念。

（2）不同于一般以村为单位的新农村建设规划，并非简单的村庄整治与迁村并点，而是强调整个县域层面的城乡统筹

和产业发展。也不同于以往的城乡协调或城乡一体化规划，而是将新农村建设作为核心指导思想与主体内容，强调解决农村自身发展问题，促进城乡统筹协调发展。

2. 规划要点

县域新农村建设总体规划，实质是解决"三农"问题，以城乡统筹与社会主义新农村建设为核心指导思想，以县域综合发展与农村建设为主体内容，强调以人为本，以城乡平等、开放、互动为目标的新型城乡协调发展规划。主要内容包括：

（1）目标与策略：确定县域发展及新农村建设的总体目标与分项目标，拟定推进县域新农村建设的基本策略，主要包括：重点发展县城及中心镇的城镇化策略，强化培育产业组群的经济发展策略，因地制宜、分类指导的村庄发展策略，公平高效的农村公共产品供给策略。

（2）生态发展规划：县域主体功能区划及生态环境保护规划。

（3）城镇体系规划：县域城镇化水平预测、基于人口迁移的城镇化模式研究，提出城镇化发展战略。

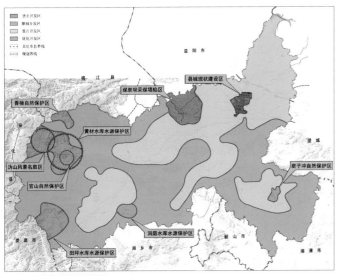

图3　主体功能区划分图

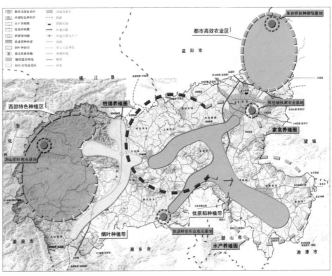

图4　第一产业布局规划图

（4）产业发展规划：以第一产业尤其是现代农业为重点，提出县域城乡产业发展的目标、思路、战略及空间布局。

（5）建设用地规划：在社会经济发展预测的基础上，结合当地复杂的地形条件，划定城乡主体建设引导区，作为在县域总体层面上指导土地集约利用的直接依据。

（6）设施体系规划：根据县域主体建设引导区，以城乡设施统筹安排为原则，提出包括交通、水利、给水排水、电力通信、能源燃气、环境卫生、公共安全在内的城乡基础设施，和包括行政、商业金融、文化娱乐、体育、教育、医疗、社会福利等在内的城乡公共设施体系。

（7）近期建设指引：近期建设的空间和项目指引，构建新农村建设的核心项目库。

（8）实施机制研究：新农村建设的实施机制，包括运行机制、保障机制以及以金融支持为突破口的融资与偿贷机制。

3. 创新与特色

（1）深入细致的现状调研：实地走访宁乡所有33个乡镇和其中百余个村庄，形成逾30万字的现状调研报告，对制约农村发展的深层次问题进行深刻揭示，为制定规划目标与策略奠定坚实基础。

（2）定量化的目标体系：构建一套定量化的新农村建设目标体系暨评价指标体系，为新农村建设的主体（农民）与推进者（政府及其相关部门）提供明确而具体的行动指南和考核标准。

（3）动态演进的项目库：以目标体系为指引建立新农村建设的项目库，作为整合城乡资源、对接金融支持的统一平台，并创造性地提出由偏市场化向偏社会化项目库动态演进的战略构想。

（4）划定覆盖城乡的主体建设引导区：鉴于宁乡农村建设用地分布形态的多样性，传统的布点规划和简单的模式分类不能有效指导乡村土地集约及设施安排，规划中具体划定覆盖县域所有乡镇及村庄的主体建设引导区。

（5）建立城乡统筹布局的设施体系：设施建设是新农村建设的主要抓手，规划中尝试建立一套符合城乡特征的设施体系（包括修订设施类型及配建标准），并依据城乡主体建设引导区确定了设施布局方案。

（6）以金融为核心的制度创新：携手创建长效融资平台，通过金融体系改革撬动农村土地、社保等领域的体制改革，完善支持新农村建设的制度体系。

（7）强调激发农民的主体意识：一方面通过大量实地走访和问卷调查深入了解农民的切身困难和实际需求，另一方面提出以公平和普惠相结合的原则改革目前的"示范村"模式，以充分调动农民的积极性。

4. 实施效果

项目从县域农村工作的基层对国家"社会主义新农村建设"战略进行了实施层面上的方法探索，对深化并反馈国家战略起到了积极作用，也对我国新农村建设产生了积极的示范效应，得到长沙市政府、国家开发银行、建设部村镇办以及中央财经办领导的高度重视与支持，并获得一致好评。规划对改变宁乡县政府以往重城轻乡的工作方针，促进全县社会主义新农村建设步入良性可持续轨道，促进全县城乡统筹协调发展，起到了纲领性的指导作用。

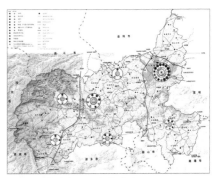

图5　近期公共服务设施指引图

海南省三亚市梅山老区总体发展及新农村建设规划

2006-2007年度中规院优秀村镇规划设计二等奖
编制起止时间：2006.12-2007.6
承担单位：城市规划设计所
主管所长：尹强
主管主任工：董珂
项目负责人：邓东、刘继华、李荣
主要参加人：刘超

图1 梅山老区在三亚的位置

梅山老区位于三亚市最西端，距市区40km，是海南著名的革命老区，也是三亚比较落后的农村地区。规划区域依山傍海，拥有优越的资源条件，素有"海角"之称，包括8个行政村，总人口约1.1万人。在建设新农村的时代背景下，如何利用当地特色资源带动村民收入增加、改善生活条件，成为摆在政府和群众面前的迫切问题。

1. 问题与特色

作为"老少边穷"地区，梅山发展主要面临以下问题。

第一，经济基础薄弱。由于缺乏投入，基础设施和公共服务设施匮乏，区内旅游资源无法转换为产业资源，部分村庄的用水等基本保障问题还未解决。

第二，产业单一、农民增收难。耕作方式原始加上长期缺水导致该区域的农业资源优势远远没有得到发挥，生产效率低下，村民生活改善困难。

第三，自然生态破坏严重。随意开垦，挖塘养殖，乱排污排废等行为屡禁不止，村外垃圾成堆，沙滩上垃圾遍地，生态环境退化明显。

第四，村庄建设缺乏有效引导。住宅建设随意，乱搭乱建现象严重，村民生活卫生条件较差，村容村貌亟待整治，传统村落特色破坏严重。

但是，该片区也是三亚极富地方风情的农村，其特色可以总结为"海、渔、红、农、边"。"海"即依山傍海，海岛、沙滩、海角、海湾等自然条件优越；"渔"即紧邻海南第二大渔场、传统渔村、渔民、渔市，渔家风情浓郁；"红"即著名革命根据地，历史遗迹、烈士陵园；"农"即传统农业产区，热带作物独特的气候优势；"边"即"天之涯、海之角"，独具特色的农村地区。

2. 规划构思

为探索有机生长的滨海特色农村地区长效建设模式，本次规划着重解决以下几方面关键问题：

第一，出路——解决老区农民的个体致富问题；

第二，途径——在外力推动下实现内力自发生长；

第三，标准——乡村景观整体控制，村庄建设工法系统引导。

3. 主要内容

总体定位：以"海角渔乡"为特色、富有活力并能够自我生长的现代化农村地区。

发展策略：依托区内特色的旅游资源，重点发展现代农业、特色乡村旅游及相关服务业。各村庄发展依据自身条件不同，走差异化道路，实现"一村一策，一村一品一特色"。

实现途径：外力推动——以外来投入拉动乡村旅游及现代农业的发展，壮大集体经济实力，确保农民收入增加；内力生长——制定可行的扶助政策，激发村民的积极性和热情，引导村庄自建和乡村环境改善的持续进行。

规划布局：按照节约、集约使用土地的原则，规划布局优先考虑区内生产发展用地的安排，实现生态用地、农业用地、乡村建设用地分区控制引导。村庄生活用地布局在充分研究传统生活方式和原有村落肌理的基础上实现集聚并有机生长，重点配置完善公共服务设施和基础设施，形成符合传统生产生活方式、保持传统风貌特色并满足现代生活需要的新型农村社区，实现"地下城市化、地表乡土化"的目标。

4. 创新与特色

本次规划不再停留在一般意义上的村容村貌整治，坚持打破"重村貌、轻经济；重输血，轻造血"的新农村建设误区，积

图2 梅山老区场地现状鸟瞰

极探索"有机生长"的滨海特色新农村建设模式，发动村民自主建设家园，为转型时期三亚新农村的建设工作做出新示范。

在规划思路上，强调以有限的投入取得最大的综合效益，带动农村的全面发展；重视农村生产条件的改善和多元化乡村经济的发展；转变村民观念，通过政策，引导、调动村民自主建设家园；延续地方传统和文化特色，引导和规范村庄建设，防止千篇一律。

在规划方法上，采用现场跟踪调查的方式，让村民参与到规划的过程中，以村民最迫切的需求为切入点；调查村民日常生活方式，规划布局尊重居民传统生活习惯；研究村落传统肌理和民居风格，发掘并保护地方村落风貌；总结并创新当地乡村建设材料和工法，现场指导施工建设。

在规划成果上，应对农村建设的特点，采用村民易于读懂的图形化表达方式，将成果提炼为项目库和乡村自建导则。项目库包括生产类、公共服务类、市政基础设施类三部分。项目设置优先满足当地群众最迫切的意愿，重点考虑基础好、带动性强以及公益性、保障类建设项目。乡村自建导则包括村落整体风貌控制引导、各村具体建设内容以及村内各类建设详细的建设准则。

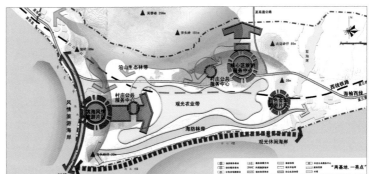

图3 空间结构规划

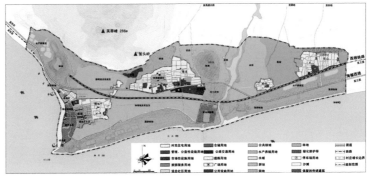

图4 土地利用规划

图5 村庄建设导则

图6 梅山老区村庄整治前后对比

广州市番禺区石楼镇新农村工作报告

2011年度全国优秀城乡规划设计（村镇规划类）
一等奖
2011年度广东省优秀城乡规划设计一等奖
编制起止时间：2009.5-2010.12
承 担 单 位：深圳分院
分院主管总工：何林林
分院主管所长：方 煜
分院主管主任工：赵迎雪
项目负责人：何林林、赵迎雪
主要参加人：刘雷、刘倩、邹鹏、
　　　　　　吕晓蓓、尹晓颖、林楚燕

图1 石楼镇概念规划图

1. 项目任务

　　长期以来，以个体化村庄环境整治和局部地区解决村庄发展问题为主的建设方式，并未解决影响农村发展的深层次问题。2009年，住房和城乡建设部开展"关于工程项目带动村镇规划一体化实施试点"工作。作为快速城市化地区的番禺，在过去几年中，新农村建设开展了诸多实践性探讨与研究，并实现了村庄规划全覆盖，但也面临规划难实施、项目难落地的情况。因此，住房和城乡建设部与广东省建设厅将番禺区石楼镇作为广东省惟一试点镇进行重点研究。

2. 技术思路

　　新农村建设以"城乡统筹"为路径，由"向农村倾斜、支持"为开端，最终实现"城乡一体化发展"循序渐进、逐步阶段跨越的动态发展过程。目前，尚未形成覆盖整个农村地区并有效推进农村可持续发展建设的方法体系。

　　通过对石楼镇新农村规划建设项目进行分析，发现目前新农村规划实施面临的主要问题为：项目设置缺乏统筹，单一目标特征明显；项目实施缺乏部门间的横向协调；资金有限、用地指标难以落实；适合农村的建设标准缺失等。

　　因此，本次规划从城乡一体化的角度，力图实现项目、部门、资金的全面统筹。以村镇规划为平台，以各类工程项目为带动，整合各类建设资金，集中统筹进行建设，并辅以多元融资、资金监管和绩效考核等保障机制，建立长期高效的新农村实施机制，真正实现新农村建设的整体性推进。

3. 主要内容

　　1）建立全新的新农村建设项目统筹思路

　　以项目统筹为核心，将单一目标整合为综合目标，或实现单一目标的多目标共享，以期实现政府资源和资本的最大化利用。通过对石楼镇22村涉及的所有村庄规划及相关规划项目库以及各职能部门的年度实施项目计划（共计350多项）进行分类、筛选后，结合部门与资金情况得出4类共9种项目打包方式。在项目库选定后，针对管理者、执行者、实施者形成不同的图纸表格，实现"一图一表一说明"的项目库管理，形成权责清晰、预期目标明确、便于操作的年度实施项目库。通过对资金、部门的统筹，建立项目标准与考核机制，按照大项目带动型、标准化建设型、部门执行型、

图2 石楼镇愿景规划图

环境整治型等不同类型，分别实施。

2）建立全新的新农村建设标准体系

规划针对番禺目前的发展阶段和项目特点，对近期重点实施项目提出差异化的建设指引。其中，乡村旅游建设指引重点探讨低投入、渐进式的乡村旅游建设模式，并提出相关标准及公约建设。住宅集聚指引则以新增分户和失地农民

住宅集聚化建设为突破口，进行建设模式、补偿标准、配套政策等方面的研究。公共服务体系指引则结合项目打包及发展阶段等要求，在社区规划理念下提出适用标准。河涌整治与污水处理指引更多地考虑生态化、效益化、社会化等乡村适用技术及建设标准。

3）建立长期、可持续、注重实效的

实施机制

通过对项目进行动态跟踪管理，制定年度实施计划，形成近期建设规划与年度实施计划、空间资源统筹与配置和发展政策与公共投资的双平台的协调机制。加强相关配套制度建设，包括集中管理、成捆下达的资金管理思路，建立部门协调的组织架构以及考核评估机制等。

图3 亚洲国际城新貌

图4 亚洲国际城原貌

北京市海淀区苏家坨镇管家岭村村庄规划

2007 年度全国优秀城乡规划设计（村镇规划类）二等奖

2006-2007 年度中规院优秀城乡规划设计二等奖

2008 年北京市优秀村镇规划设计一等奖

编制起止时间：2007.2-2007.11

承担单位：城市与乡村规划设计研究所

主管所长：蔡立力

主管主任工：刘 泉

项目负责人：曹 璐

主要参加人：顾建波、卓 佳

管家岭村庄整治规划是北京市第二批新农村规划工作的一部分。工作内容包含现状调研报告、村域规划、村庄规划三大部分。规划以现场踏勘交流和居民问卷调研为基础，从产业、交通、空间布局、景观整治、设施建设、历史文化资源保护等多个角度出发，统筹考虑村庄的现实条件与远期建设需要，提出新农村建设的具体项目安排。

1. 主要创新与特色

（1）小型山地村庄面临环境保护压力，同时又存在规模不足、普通市政设施难以支撑、距离城市市政管网过远的困境。规划通过问卷调研了解村民需求，提出太阳能采暖、建筑结构维护采暖、三格式化粪池化污处理、无动力式一体化污水净化、秸秆气化燃气供应等基础设施改造方案，可操作性强，建设成本低，具有一定推广意义。

（2）山地村庄规模小，公共服务设施配置严重不足。规划通过问卷调研了解村民需求，综合参考村庄周边可提供

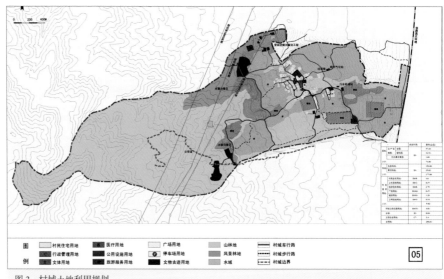

图 3 村域土地利用规划

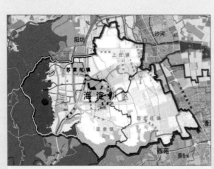

图 1 现状区位分析

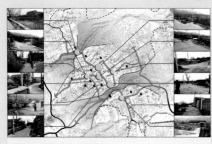

图 2 村庄现状问题分析

将建筑的红砖墙改为青灰色，改善不协调，增添农家宴氛围。

以条石铺砌路面，栏杆分割空间，植物种植体现野趣。

以石磨为小品在道路交叉口形成景观节点，采用贴近农村生活气息的园艺及铺装，给村民提供休闲娱乐的交流场所。

图 4 村庄局部节点改造示意

的公共服务设施、上位规划可提供的公共服务设施等多方面条件，提出本次新农村建设的公共服务设施建设项目库，包括星光老年之家、网络信息服务站等。

（3）村庄产业发展是改善村民收益，缩小城乡经济差异的基本立足点。规划从自身特色、环境特征、民俗旅游消费人群细分与特征定位等方面入手，结合村民意愿，提出符合山地村庄特点的村民收益调整方案，设立了产业扶持项目库。

（4）管家岭村依山而建，并被两条排洪沟分割，形成依地势跌落的若干小型台地，农宅和果园交杂分布，步移景异，极具特色。这是村庄旅游的吸引力所在，但也导致村庄人均建设用地指标较大，难以满足规定。为了保护村庄独特的空间格局，我们提出了与上位规划的调整衔接方案。通过多次汇报沟通，各相关部门最终接受我们的建议。

（5）规划从北京市浅山区传统民居特色保护与挖掘、山地村庄特色景观塑造、村民日常生活环境美化、民俗旅游氛围营造等多个角度出发，提出村庄整体景观的改造措施，并对村庄主要景观节点提出措施简单、成本低廉的改造方案。

（6）村庄地处近郊市级风景旅游区内，各类建设需求旺盛。规划编制了村域空间分区管制和村庄建设控制导则，以应对近期建设管理需要，并建立分户档案，方便建设管理索引。

2．实施效果

规划编制完成后，获得了新农村规划管理部门的一致认可。在项目编制过程中及规划成果的公示讨论过程中，本项目也获得了村民的高度评价。通过与海淀区各局委办的协作，村庄规划的各类公共服务设施与基础设施建设工作正在逐步展开之中。

依据村庄产业策划与村庄规划的相关内容，村庄产业发展方向正在逐步调整，管家岭村民俗旅游产业发展迅速，村庄民俗接待户不断增加，村民收益明显提升。

图5 村庄聚落关系分析

图6 村庄搬迁安置规划

图7 村庄近期建设规划

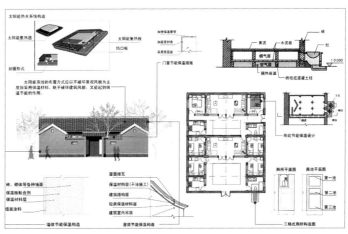

图8 村庄房屋节能改造示意

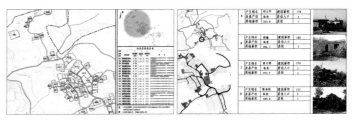

图9 村庄建设控制导则与分户档案

厦门市海沧区霞阳村村庄建设规划

2008-2009年度中规院优秀村镇规划设计二等奖

编制起止时间：2005.5-2007.4

承 担 单 位：厦门分院

分院主管院长：李金卫

分院主管总工：孙家森

项目负责人：郑开雄

主要参加人：孙 威、张玲玲、张洪杰、
　　　　　　常 玮、欧朝龙

图2　村庄建设总平面图

本次厦门市海沧区霞阳村村庄建设规划是结合当地实际，推行社会主义新农村建设的试点村庄，具有较强的创新性，形成了以下主要特点：

1. 解决实际问题的能力与针对性

在编制霞阳村村庄建设规划的过程中，不仅面临着如何提升村庄的环境质量、村庄景观面貌等物质层面的问题，更主要的是如何通过新农村规划带动村庄发展、提升村庄产业结构、营造和谐社会的综合问题。

解决问题的思路是：找准霞阳村现状存在的问题，了解农民的需求和愿望，针对村庄多种发展的可能性进行分析比较，选取最适合村庄发展建设，同时最

图1　霞阳村现状卫星影像图

图3　霞阳村规划鸟瞰图

图4 经过认真宣讲和细致沟通,村民代表同意规划方案。

图6 霞阳村新落成的外口公寓

图7 霞阳村整洁的村庄道路

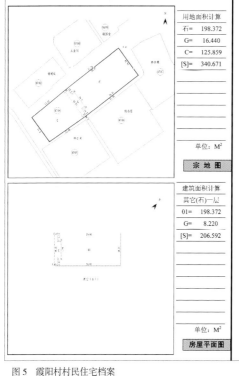

图5 霞阳村村民住宅档案

贴近村民利益诉求的规划方案,通过与村民、政府多次汇报、沟通,达成一致。

2. 研究方法

结合现状调研,查阅大量文献资料,理论与实践相结合,通过问卷调查、数据统计与分析,按照提出问题、分析问题、解决问题的总体思路,对村庄规划进行深入研究。

长期以来,村民与政府基本是单方地、自上而下地传达,容易导致社会关系断裂,有违构建和谐社会的初衷。通过新农村建设规划的契机,深入村民家中,对村民及村干部进行政策宣传,并详细记录村民对农村建设的愿望,通过每个村庄的问卷调查,量化包括村民的生活水平、消费水平、生活习惯、年龄构成等多方面的情况,并为下一步规划作出指导。

3. 村民住宅档案

建立村民住宅档案,使档案管理与规划设计相结合,在社会主义新农村建设领域中尚属首创。住宅关系着村民自身的切身利益。规划为每个村庄的每户村民、每栋住宅编制村民住宅档案。通过现有的技术资料,结合现场拍摄的照片,图文并茂地展现村民住宅的现状情况,包括:产权人姓名、产权情况、住宅占地面积、建筑总面积、建筑结构形式、各层建筑面积、绘制日期等详尽资料。建立数字化图书检索方式,方便快捷,用途遍及多专业领域,可操作性强;技术思路独特,实践意义重大,在新农村建设中具有较高的推广应用价值。

4. 实施成果

近期安置区及外口公寓的建设工作已启动,并按规划要求的安置容量、基础设施和公共服务设施等方面进行建设,大大提高了村民的物质、精神生活质量。

村庄内部环境整治工作正在循序渐进地开展,包括村庄道路的硬化疏通、房前屋后的环境整治、建立环卫保洁与垃圾收集系统等一系列利民措施,改善了现状村庄的生产、生活环境,效果显著,并获得了村民的好评。

霞阳村村庄建设规划正积极稳妥、规范有序地推进,投资小、见效快,基本解决了农民最急迫、最直接、最关心的实际问题,实现了节约土地、降低成本,基础设施和公共服务设施完善,提高了广大人民群众的生活质量和健康水平,可更好地提升村庄形象,促进城乡统筹协调发展,改善村庄人居环境。

厦门市海沧区
村庄排污整治专项规划

2010–2011年度中规院优秀城乡规划设计一等奖
编制起止时间：2009.12–2011.6
承 担 单 位：厦门分院
分院主管院长：李金卫
分院主管总工：孙家森
项目负责人：张玲玲
参 加 人 员：刘 敏、黄华伟、邵玉梅、
　　　　　　陈秀丽、陈马超、张洪杰

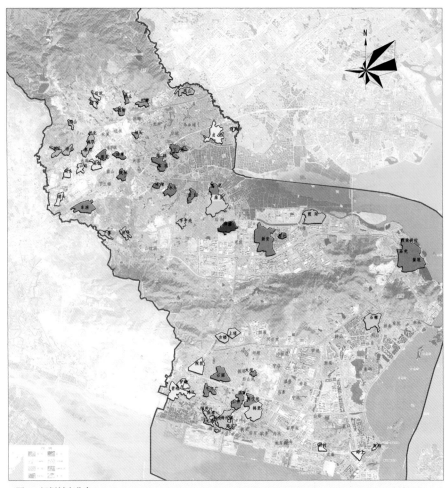

图1　规划村庄分布

1. 规划内容

总体规划——突出"共性"。采用归类总结的方法，通过对排污系统现状和村庄建设情况的匹配程度的分析将66个环境整治型村庄的排污系统建设情况划分成自然未开发型、杂乱无序型、逐步发展型和完善型四个大类，并通过对周边市政污水管网完善程度以及村庄污水截流接入市政管网的可行性分析提出截流整治和自行处理两类解决方案，而后通过多种处理设施的比较，推荐可行的处理方案。

各个村庄具体的整治方案——体现"特性"。对66个村庄逐个进行现状分析、村庄规划发展定位分析，提出排污系统整治规划及实施建议等，因地制宜，提出具有针对性的解决方案。

村庄废水水质调查——"数据"支持。对涉及的66个村庄的污水进行采样（共计采集76个站点278个水样），并委托国家海洋局第三海洋研究所进行水质检测、分

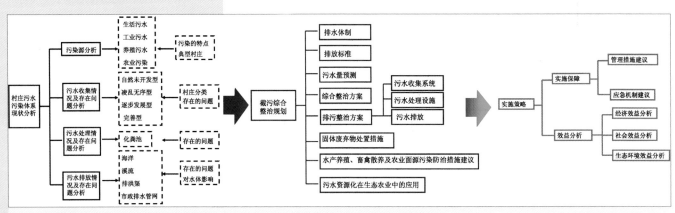

图2　规划思路

析及归纳总结，作为上述规划的基础文件。

2. 特点与创新

村庄与城市共赢。作为最基层的村庄，内部排污系统建设往往是最容易被忽视的部分，但村庄污水排放又是城市水系污染的主要来源之一。通过对村庄污水的整治，以小的投入起到村庄环境以及周边流域水体水质双重改善的效果。

规划与实施同步。本次规划历时两年，期间选取具有代表性的部分试点村庄先行规划，同步实施并实时跟踪，通过信息反馈，及时调整规划方案，并借以指导其他村庄规划，提高规划成果的可操作性。

一线采集＋专业检测。规划通过现场踏勘，选取各村庄污染排放点进行水样采集并作专业检测，并将通过科学分析所形成的一套完整的水质分析报告引入到规划方案设计中，确保规划成果的合理性和可靠性，同时也填补村庄污水水质检测的空白。

3. 案例村庄

规划村庄中的东埔村，是一个以玛瑙加工为主导产业的经济发展较快的村庄。村庄玛瑙生产企业上百家，且多以家庭作坊的形式分散分布，因此，村庄污水中，工业污水所占比例较大，污水呈现成分复杂、高悬浮物、高色度等特点。

东埔村现状排水系统属于杂乱无序型，因此，规划提出了以工厂内部污水预处理、村庄污水收集以及污水集中处理三部分组成的整治方案。在强调工厂

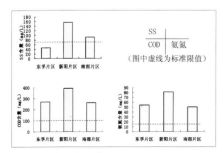

图3 村庄水质调查情况

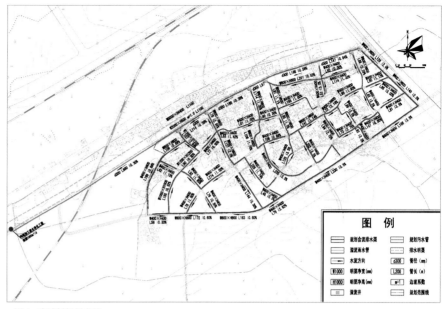

图4 东埔村规划成果

内部污水预处理的基础上，通过在村口建设6座截流井和1条截流干管，将村内污水统一收集，并在村庄西侧建设1座处理设施，集中处理村庄污水。

4. 实施情况

在规划指导下，部分村庄已开始建设排水系统，贞岱村被列为2011年厦门市重点建设示范村，目前该村主干道

下排水管道已建设完毕。浦头村被列为山边行政村"银里改造"一期工程，该村内排水系统主要采用盖板渠的形式在主要道路下敷设，目前已实施完毕。

此外，在本次规划指导下，海沧区政府将杨厝、山边等11个村庄列入2011~2012年改造计划，目前，这几个村庄的污水截流整治工程都已经进入施工图设计阶段。

图5 贞岱村实施情况

成果集 | 规划设计·工程设计 下册

中国城市规划设计研究院六十周年

60th Anniversary of
China Academy of Urban Planning & Design

中国城市规划设计研究院 编

CAUPD 60th
中规院六十周年
—— 1954 — 2014 ——

中国建筑工业出版社

目录

10

方案征集

11

整治规划、城市更新、社区规划

12 交通规划

16 文化与旅游规划

17 建筑设计

9

城市设计、详细规划

上海市虹桥枢纽地区规划

2009年度全国优秀城乡规划设计一等奖
2008-2009年度中规院优秀城乡规划设计一等奖
编制起止时间：2006.10-2008.12
承 担 单 位：上海分院、城市建设规划设计
　　　　　　研究所
主 管 院 长：李晓江
主 管 总 工：杨保军
项目负责人：郑德高、蔡 震、张晋庆
主要参加人：李晓江、朱子瑜、杨保军、
　　　　　　杜宝东、赵一新、袁海琴、
　　　　　　王明田、张 全、王贝妮、
　　　　　　靳东晓、朱莉霞、李家志、
　　　　　　刘 岚
合 作 单 位：北京长城企业战略研究所

图1 区位图

1. 项目概况

上海虹桥综合交通枢纽是世界上功能最复合的枢纽之一，包含了机场、京沪高速铁路、磁悬浮、城际轨道、高速巴士、高速公路等多种交通方式。预计2020年，虹桥高铁车站客运规模为年6000～7000万人次，虹桥机场客运规模为年4000万人次（图1）。

虹桥枢纽的规划经历了"宏观－中观－微观－宏观"的探索回归历程。

2006年4月，中国城市规划设计研究院参与了枢纽本体的城市设计竞赛工作，通过本轮设计，明确虹桥枢纽采用机场、高铁、磁悬浮车站横向联系的并列布局，地下通过地铁连接的方案。

2006年11月，上海市邀请中国城市规划设计研究院、日本野村和香港ESA三家机构，对虹桥周边86km²范围内进行《区域功能拓展研究》。

2007年3月，中国城市规划设计研究院、SOM和日建三家设计单位对12km²范围作了国际方案征集，最终中国城市规划设计研究院提出的"板块拼接"等设计创意获得认同并胜出。

中国城市规划设计研究院编制的虹桥枢纽西区控规与上海市规划设计研究院编制的东区控规合并成范围26km²的《虹桥商务区控制性详细规划》，并于2009年批复实施（图2）。

2. 核心内容

1）《区域功能拓展研究》突出了三个理念

（1）枢纽地区发展要借鉴国际空港都市区理念，以机场和高铁为契机，整

图2 功能结构图

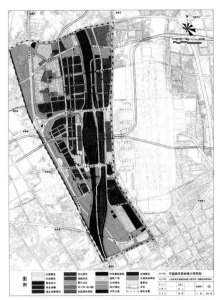

图3　土地利用规划图

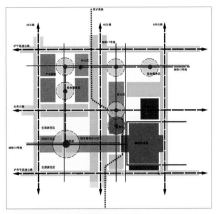

图4　地区发展模式图

合周边地区功能，使交通功能和土地功能平衡发展。

产业层面：区域产业重新积聚、扩散与重构，高等级服务产业会向上海积聚。功能复合及倍数效应，虹桥兼有机场和高速铁路站场等多种交通功能，机场与高速铁路的功能叠加，将使各自相关或衍生的功能在枢纽地区叠加，某些共有的功能，如商务、商业、休闲娱乐等将进一步强化。虹桥服务功能针对区域，是面向区域的商务地区。

空间层面：形成两个圈层，一个是位于枢纽地区的核心商务综合发展区，另外一个是在外围20km范围内形成若干类型的"PARK"。

政策层面：关键性节点对城市、城市群以及国家的空间政策意义很大，长三角地区城市网络化，网络城市形成需要培育关键节点。虹桥可能成为长三角网络城市中的关键节点。

（2）虹桥枢纽位于上海东西现代服务轴与沪宁沪杭"U"形产业走廊的交汇点，位于上海都市圈的结构重心，是实现区域统筹、服务长三角的关键性节点。虹桥地区将成为上海及长三角地区企业走向国内、国际市场，以及国内、国际企业进入长三角地区的重要节点。

虹桥枢纽地区将成为上海市与长三角地区相互连接的纽带。枢纽地区建设将促使长三角地区整体竞争力的提升。

（3）结合上海与长三角的产业转型与提升的需要，将虹桥地区定位为服务长三角的"区域性商务地区"。重点发展现代物流业、生产型服务业和临空类高端制造业。现代服务业包括商务、航空服务、物流、会展、大型商业贸易中心、文化娱乐休闲等功能。规划提出在大虹桥层面构建上海西郊地区的三个功能区。

2）《虹桥交通枢纽地区城市设计国际方案征集》和《虹桥商务区控制性详细规划》体现了以下7个要点

（1）区域衔接：规划重点考虑与周边地区在城市肌理、交通组织与功能板块的衔接，特别强调扩展地铁的服务能力，把枢纽交通与地区商务交通适当分离。

（2）总量与分配：通过交通承载力与功能匹配关系的论证，各方对本地区650万m²的建设总量形成共识。

（3）街坊与尺度：提出小街坊高强度的开发模式，以及相应的街道界面和尺度。注重开敞空间系统的组织，水系引入和街道内部环境的细化处理，并制定地块细分原则与设计导则。

（4）弹性与灵活性：根据上海地方规范允许的多功能混合使用，提出"综合发展用地"分类，规定了禁止引入的功能与业态，对可能引入的不同用地提出相应的指标控制要求。规划提出了"白

地"即"储备用地"概念，以满足枢纽中不确定的特殊需求。

（5）形象与特色：提出了"滨水绿脉"、"楔形绿地"、"中心开敞"、"活力水街"、"铁路护丘"等设计导则。确定了针对空港地区特殊条件下的建设格局、空间形态、氛围气质与形象特色。

（6）规范性与操作性：规划强调控规与城市设计结合，弥补地方规范的不足。完善地方规范的8项强制性指标，最终形成规划成果。

（7）动态协调：配合枢纽建设进度，控规成为协调管理方与开发方、建设方、设计方和其他相关部门的统一工作平台。

3）2.8km²的商务核心区城市设计深化主要针对招商与项目落实提出设计指导

重点深化设计内容包括：深化枢纽本体至新角浦之间的中央轴线，突出功能复合、空间立体分层和鲜明的门户形象；打造街坊内部的活力水街，优化街坊内部的宜人环境；细化设计公园广场，形成具有文化内涵与场所精神的特色空间；另外，对开放空间、街道、建筑、广告标识、街道设施、地下空间、开发时序进行系统指引，并对每个地块给出形态引导。

3.特色创新

（1）虹桥枢纽的特殊性，集多元内外交通体系为一体，功能复合，没有成熟案例可循。在《区域功能拓展研究》中，提出虹桥地区开发应当提升到长三角区域乃至国家层面把握，前瞻性地提出"虹桥枢纽地区"与"大虹桥"概念，实现城市结构与区域结构的对接。

（2）城市设计全过程渗透。将设计理念落实在《控制性详细规划》阶段，在系统控制中实行"四线控制"。图则控制则采用地方规范的8项强制性指标。

（3）规划充分借鉴已有的规划成果和之前各类规划咨询的有益成果，重视对结构规划和控制要素规划技术原则的遵守与技术细节协调，协调各类专项规划。

上海嘉定城北大型居住社区控制性详细规划

2010–2011年度中规院优秀城乡规划设计三等奖

编制起止时间：2010.5–2011.11

承 担 单 位：上海分院

分院主管院长：郑德高

分院主管总工：蔡 震

项目负责人：孟江平

主要参加人：蔡 震、陈 浩、孙晓敏、
　　　　　　葛春晖、李维炳

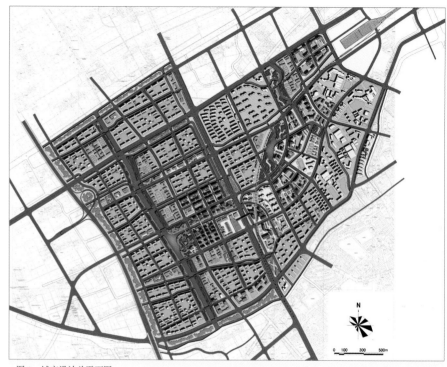

图1 城市设计总平面图

1. 项目概况

2008年以来，上海市政府开展了一系列以保障性住房为主的规划选址和编制工作。从经适房到配套商品房基地再到大型居住社区，逐渐形成了以大型居住社区为载体的，保障性住房建设的"上海模式"。嘉定城北基地便是第二批推出的大型居住社区之一。嘉定城北大型居住社区位于上海西北门户，嘉定新城主城区，通过轨道交通11号线与市中心相连，距离人民广场约30km，通勤时间约1h。嘉定新城是上海西北重要的综合性新城，是"十二五"期间上海重点建设的三大新城之一。可以说大型居住社区的人口导入与未来新城的人气提升及设施配套是相辅相成的。

城北基地用地面积6.2km²，是所有基地中面积最大的一个，未来人口将超过10万人，新增住宅面积接近300万m²，如此大的规模是对传统规划理念的巨大挑战。但是，城北基地也有良好的基础，基地的东南角现存一些科研院所和职业学校，这些都为未来基地的职住

平衡和综合发展打下了基础。

2. 主要内容

面对大型居住社区保障性、大型化、郊区型和综合性的要求，规划重点解决以下几个问题：①怎样促成各阶层人群的融合？②如何形成职住平衡的综合城区？③怎样使大多数居民有良好的公交服务？④形成怎样的生活方式有利于人们的交往？⑤怎样的多方合作促成社区的尽快建设？

1）社会融合

传统的保障房大规模连片建设，是导致低收入者集聚，引起社会不安全事件频发的重要原因之一。本规划一方面考虑住宅类型的多样化，同时，我们还在思考保障房和普通商品房在空间上如何融合，在多大尺度里进行混合布局。通过调研分析，我们发现，上海存在众多"国际社区＋动迁房"的模式，低收入人群所提供的家政、洗涤、修理等服务是一个成熟社区生活必不可少的内容，而高端住宅的存在，又能提升地段的整

体环境与社会管理。因此，我们提出以居住小区为混合布局的基本单元。在单个地块内保持单一类型住宅，形成阶层的认同，而通过小区级生活设施的共享，来形成不同阶层人群交流的机会（图1）。

2）职住平衡

一般认为功能复合是推动就业和居住平衡，实现安居乐业的重要保障。城北基地有良好的基础，但现状保留的科研院所内向性太强，没有形成产业的拓展和就业的贡献。规划提出"就业开放"，通过转"大院"为"园区"来形成产业发展规模效益。同时，开放的研发办公也为商业服务业带来了机会。规划形成"一核两园"的就业空间分布，就业设施开发量共125万m²，可提供就业岗位5万个。

3）公共交通

大型居住社区未来的人群构成主要是中低收入者，低廉的公共交通将是他们主要的出行方式。嘉定城北大型居住社区在选址之初已经考虑了与区域公交系统的结合。基地内有轨道交通和长途

汽车站，是嘉定北部重要的公交枢纽。我们的任务是怎样让轨道交通的作用发挥到最大，让每个街坊、每家每户与区域公交系统取得方便联系（图2~图4）。

（1）TOD的开发模式。让大社区级别的活动集中于交通枢纽附近。

（2）在轨道交通与核心区之间建立便捷的步行联系通道。包括人行天桥、步行街等。

（3）常规公交与区域公交的方便接驳。通过线路的延伸、改道，增加形成以区域交通枢纽为中心的公交网络，并增加公交首末站，提高公交的服务半径。

4）社区生活

生活方式与社区空间是相互塑造的关系。上海居住的方式曾经是以弄堂为代表的石库门住宅。特殊的气候和海派文化塑造了里弄文化之美。之后，又诞生了一批名为"工人新村"的工人阶级住宅区，工人新村是以邻里单元为基本理念的。城市主干道围合的区域是一个开放的空间系统，居民们在生活支路上的交往与活动精彩纷呈。然而，当前市场导向下的郊区居住区的建设却越来越呈现内向封闭和大盘化的趋势。

此次规划，住宅套均面积小，开发强度高。规划人口10.6万人，人口密度达到每平方公里1.7万人。高密度的人群有利于街道生活的形成，同时也对开放空间的建设提出挑战（图5）。

本规划摒弃以往居住区以"墙内小环境"为核心的空间组织模式，以设计良好、功能复合的街道和亲近自然的开放空间作为空间组织的核心。

我们的对策是回归街道、回归自然，现状已出让的地块普遍比较大，规划通过加密路网，形成小地块的开发，并按功能将道路分为路道、街弄，街和弄承担着主要的邻里交往的功能。在轨道站点附近形成中心街区，在一般地区，提出邻里街道。我们还梳理了河道，并与路网形成良好的关系，水路相依，使水

边空间成为重要的活动场所。

5）综合工程

大型居住社区实际上是一项复杂的综合工程，涉及众多专项规划的共同参与。本规划的工作方式是控规与专项规划同步编制，避免了以往工程规划落后于控规而导致布局上的互相冲突。

3. 项目创新与特色

本规划针对以往保障性住房建设的通病，在社会融合、职住平衡、公共交通、社区生活等方面提出对策，希望形成居民安居乐业，社会和谐发展的综合城区。嘉定城北大型居住社区，是对保障性住房建设的上海模式的深化研究，将为中国新一轮保障房建设提出新思路。

4. 实施情况

上海市嘉定城北大型居住社区于2010年9月动工建设，社区内多个居住小区已完成施工，周边配套设施也正处于建设之中。

图2　道路系统规划图

图3　公共服务设施规划图

图4　公交系统规划图

图5　核心区鸟瞰效果图

2010-2011年度中规院优秀城乡规划设计二等奖
编制起止时间：2010.1-2010.12
承 担 单 位：上海分院
分院主管院长：郑德高
分院主管总工：蔡 震
分院主管所长：孙 娟
项目负责人：孙 娟、孟江平
主要参加人：陈 烨、刘 迪、刘昆轶、
　　　　　　黄数敏、闫 雯、李维炳

1. 项目概况

上海国际汽车城位于上海市西北部，于2000年启动建设，是上海市重量级产业新城。这里集诸多知名项目于一身：包括上海大众、F1赛车场、安亭新镇等。

2. 控规评估阶段的核心内容

规划分为两个阶段：控规评估阶段和控规编制阶段。实施评估是本次规划的重要阶段，历时半年时间完成。其重点是对上版规划的建筑总量、业态效益、功能布局、系统指标等进行深入研究和评估。

1）定总量

结合上位规划和实际市场需求，原控规判定的500万㎡开发量基本符合要求，因此本次控规调整坚持总量不变的原则。

2）评估

评估核心区各地块产出效益，认为汽车物流、贸易等业态效益偏低，需要置换和淘汰，加强汽车研发等高效益业态。

3）看功能

现状安亭新镇"别墅＋大户型"的居住定位无法适应就业人群的实际使用需求。娱乐、餐饮、购物等公共场所严重缺失，公益设施亟待补充。规划需完善城市生活和服务功能，留住人口。

4）加密路网

汽车城现状以满足产业发展为目的的大街区、大地块、不宜步行、肌理单一等均不适宜人的就业和居住。所以，加密路网、缩小地块尺寸、建立适宜步行的核心区环境对留住人口尤为重要。

5）梳理

梳理道路交通、绿地景观、市政设施等支撑系统，评估其建设效果和需解决的问题。

6）核对

核对地块容积率、建筑密度、绿地率等指标，是评估控规执行效果和规划管理水平的重要参照。综上，本次规划评估提出六大调整原则，包括坚持原规划突出以汽车为特色的500万㎡开发总量不变，同时增加公共设施，导入人口，加密路网等。最终实现既有汽车又有城的理想蓝图。评估报告形成《控规设计任务书》，作为下一阶段控规编制的依据（图1、图2）。

3. 控规编制阶段的核心内容

1）调整用地布局

按照"既有汽车也有城"的发展目标，提出"多彩汽车城，活力新街区"的设计理念，延续汽车主题：将核心区划分为汽车展示、贸易、研发三大主题功能区。

打造多彩城区：植入生活服务等公共服务性职能，形成一主两副、主次清晰、业态多元的商业服务体系。

营建活力街区：提倡功能混合，加密现状路网，创造适合步行的核心区城市空间，通过步行系统串联起地铁站、公园、广场等核心资源。

文化兴核。融合基地内现有的古桥、古巷、石狮等文化元素，通过城市设计导则进行保护性利用，延续地区的场所感和文脉性。基于以上理念形成用地调整布局方案（图3）。

2）地块管控

依据新管理办法，此次控规强调控制不是更复杂而是更简洁，依照收缩权限，突出重点的思路，将原有控制线简化为五线管控，而将建筑退线、机动车开口段等划归建交委、交港局来管理。明确公共服务设施、市政基础设施和交通设施中应管控的设施点。简化指标体系：指标中将只对地块用地面积、容积率、建筑高度、用地混合比例进行数据管控，将建筑密度、绿地率、车位数量等控制要求划归其他部门管理。图则管理简化：将所有控制条件集于一张整单元普适图则，方便后续查询管理，并纳入规土局电子信息平台，形成整个上海市的一张图全覆盖。

3）实施动态维护

一方面，控规地块实施动态编号的管理方式，对当前控规修改次数、街坊位置等均采用定位代码的形式在控规单元编号中予以反映。

另一方面，两规合一，明晰产权。控规将规划红线与地籍线实现动态链接式管理。

4）城市设计准入控规

新编制办法将城市设计以附加图则的形式纳入控规图则管理之中，对公共廊道、建筑屋顶形式、色彩等方面进行引导和控制，并使其成为法定的土地出

图1　鸟瞰图

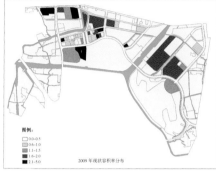

图2　相关控制规划图

让条件，也尝试探索了未来控规地块带方案出让的可能性。

5）规范化的成果形式

本次控规成果包括了"评估报告、法定文件和技术文件"三部分，并设计完成了"普适图则＋附加导则"的创新范式。

4. 特色创新

上海市规土局于2010年推出新一轮控规技术准则，本次控规被选为首个典型进行实践探索。首先，公众参与：多方位的调研取证尤为重要，项目组通过问卷、访谈、踏勘等方式，发放中英文问卷500份，经过多轮次历时近一个月的现场调研，对规划评估和编制起到了有力的支撑。其次，部门参与：控规编制初步建立起了一个规划部门为主体，其他各部门协同参加编制的工作框架。这种开放化的编制模式也得到了包括绿容局、建交委、交港局、水务局等各部门的积极响应。在各部门参与的基础上，我们还做到了专项规划的同步编制，即同步启动、分头报批，在控规初稿阶段，

就必须和专项规划初稿进行对接，避免以往专项规划落后于控规而带来的空间冲突。阶段会审：整个过程分为两个阶段，十大程序。这一过程设计增加了控规审核的复杂性和难度、提高了各部门和公众的参与程度。项目最终于2010年12月完成，历时近一年。严谨的工作和

各阶段的报批程序，得到了上海市政府的批复认可。控规获批后，各方对该地区发展达成共识，沉寂已久的汽车城核心区建设开始启动。

导入城市公共服务功能的崇邦综合体项目正在施工，导入城市人口的L南地块实现土地出让，中小学、社区服务中心等公共服务设施建设正在筹备中。一个"既有汽车又有人"的理想蓝图正在一步步地迈向现实。本项目第一个阶段评估的重点，在于分析和研究，主要回答六个方面的重点问题。第二个阶段控规的焦点，重在深化和规范，需要关注五个方面的焦点内容。第三阶段是程序的要点，重在参与和沟通，需要完成五个方面的工作。这种分阶段、有重点的工作模式，将规划师从以往控规大量的绘图工作中解脱出来，而将更多的精力放在前期的研究当中，大大加强了控规研究的深度。在工作方法、内容、流程等方面的探索，很好地回答了在控规法律地位渐高的情况下，如何提高控规编制的必要性、科学性及规范性的问题。作为上海市按照控规新规程实践探索和批复的第一个规划项目，本项目为其他地区的控规编制提供了很好的借鉴经验。

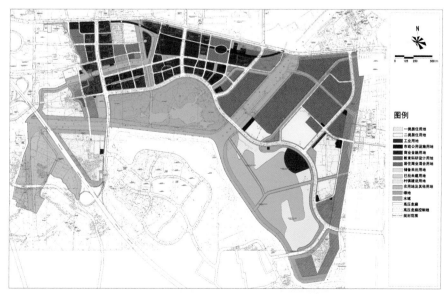

图3　用地规划图

昆明草海片区城市设计及控制性详细规划

2012–2013 年度中规院优秀城乡规划设计二等奖

编制起止时间：2010.9–2012.12

承 担 单 位：上海分院

分院主管院长：郑德高

分院主管总工：蔡 震

分院主管所长：付 磊

分院主管主任工：黄昭雄

项目负责人：付 磊、杭小强

主要参加人：刘 畅、杜 宁、周扬军、
　　　　　　张 昀、褚 筠、冯 怡

图2 整体鸟瞰效果图

1. 项目概况

随着我国西部大开发战略的逐步推进，中国与东盟国家经贸关系的不断加强，昆明日渐成为中国直面东南亚区域的桥头堡。依据《昆明城市总体规划修编（2008—2020）》，草海片区作为城市建设用地已经纳入城市总体规划，并初步完成控制性详细规划的编制。为更好地保护草海，2010年9月，昆明市规划组织草海片区城市设计招标，希望通过城市设计完善控制性详细规划的编制。本次控制性详细规划是在昆明草海片区城市设计整合的基础上完成的（图1、图2）。

2. 核心内容

项目特点：首先，"生态敏感性"是草海片区的最大特点，规划应对草海的生态改善起到积极作用；其次，应形成独特的空间，适应区域桥头堡的功能。

3. 规划主题：古今一大观

草海片区从古至今最大的特色是在大观楼上"观西山、观滇池"，大观楼天下第一长联和郭沫若先生的"果然一大观，山水唤凭栏"强烈地展示了"大观文化"这个核心的地域特色。城市设计形成了明确的主题——"古今一大观"，具体体现为观山海、观历史、观生态和观自在等四个方面的内涵。

4. 规划原则

（1）总量控制——开发规模以不超过原控规所确定的相应规模为基准。

（2）绿量控制——绿量以不低于原控规中所确定的绿地规模为基本原则。

（3）水量控制——草海水域面积以不低于原有标准为基本前提，不侵占原有水体，适当增加水域面积。

（4）强度控制——原则上离草海越近，开发强度越低。

（5）高度控制——原则上离草海越近，高度越低。

5. 规划结构：一带、两湾、两区

一带：以生态湿地为核心的环滇池生态绿带。

两湾：以草海北端水域为核心的内湾和以草海南端水域为核心的外湾。

两区：以大观公园为核心的古大观区和以今大观公园为核心的今大观区（图3）。

城市设计结构：两湾两区、三层空间、四轴多点、一带四楔多联（图4）。

图1 城市设计总平面图

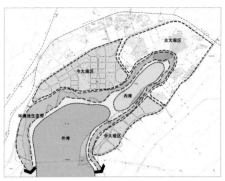

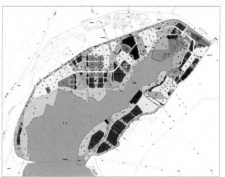

图3　规划结构分析图　　　　　　　　图4　城市设计结构分析图　　　　　　图5　土地使用规划图

6. 创新特色：三层空间控制

为使草海片区城市设计的主题和原则能够在规划管理中得到具体落实，管控好草海片区的空间肌理和形态，形成了草海片区的空间控制方法——三层空间控制方法，针对每层空间的控制目标，明确相应的控制要素和控制方法（图5、图6）。

1）三层空间的物理边界：滨湖路和环湖路

为了保护滇池水域环境，结合《滇池保护条例》明确了环滇池的生态保护边界，规划建设环草海生态湿地，结合生态湿地和城市建设用地的分界线形成滨湖路。通过对古大观视域的深入分析，结合视域边界线的位置和现状实际情况，规划建设环湖路。为了避免新建建筑对古大观视域的干扰，环湖路内侧建筑高度限高为24m，环湖路外侧建筑限高则允许突破24m。环湖路既是草海片区的交通主干道，又是城市高度分区明确的物理边界（图7）。

2）三层空间的控制重点

第一层空间设计控制重点：首先，为保持草海片区的生态性，临湖层绿化空间应连续设置，并保证100m以上的宽度，同时考虑到人的使用需求，依托

现有生态景观要素，形成多类型、多主题的湿地公园。其次，围绕草海应形成连续的、成系统的自行车道和步行道路，并依托临湖层与近湖层的分界道路组织环草海公共交通。再次，结合核心观景点设置水陆活动体验的场地。

第二层空间设计控制重点：首先，保证草海图书馆、少数民族博览馆和杨丽萍舞蹈博览馆等公益性功能的植入，并选择最佳观景位置安排这些功能。其次，结合古迹大观楼"观西山、观草海"

的视线控制要求，设定近湖层建筑的高度不超过24m；结合"古今一大观"的设计主题，设定"古"、"今"两类城市风貌区。再次，结合大观河、乌龙河、老运粮河和新运粮河等入滇河道设置城市绿化廊道和慢行系统。

第三层空间设计控制重点：通过大观河、乌龙河、老运粮河和新运粮河等入滇河道延伸草海的景观界面，通过公共设施的带状延伸，提升腹地价值，形成高层建筑带。

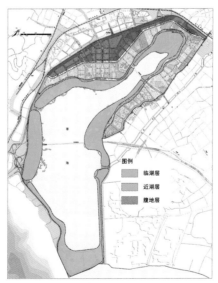

图6　三层空间划分图

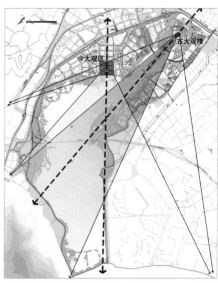

图7　视线分析图

2010-2011 年度中规院优秀城乡规划设计二等奖
编制起止时间：2008.12-2010.12
承 担 单 位：城市与区域规划设计所
主 管 总 工：戴 月
主 管 所 长：朱 波
主管主任工：谢从朴
项目负责人：张险峰、林 纪、许景权
主 要 参 加 人：杨 杨、周劲松、苏海威、
　　　　　　　盛 况、师 洁、陈怡星、
　　　　　　　商 静、杨 斌、蒋 鸣
合 作 单 位：重庆市规划研究中心

1. 项目背景

近年，重庆市区以房地产开发为主的城市建设向两江四岸地区大举挺进，景观面貌日新月异，随着土地资源的日趋紧张，滨水地区传统的山城特色在逐渐消失。分区段组织城市设计招标、分区多主体开发的模式，带来了各区段争当主角、公共空间缺乏整体考虑且数量严重不足、优质的滨水资源没有得到充分合理利用等问题。在这种情况下，急需加强总体层面的研究和设计引导，使各片区方案深化设计工作更加富于整体性、协调性和可操作性。

2008 年 12 月，重庆市规划局正式委托中国城市规划设计研究院承担该城市设计整合工作，重庆市规划研究中心作为合作单位。本次规划的重庆主城两江四岸滨江地带（以下简称"两江四岸"）划定面积约为 254km^2，两江岸线长约 180km。以同步开展城市设计的 10 个片区为重点，进行设计指导和整合，并对先期开展和未开展城市设计的片区进行总体协调（图 1）。

2. 项目构思与针对性

规划制定了富有成效的"总体设计指引，多方讨论互动，上下规划联动，联合审查把关"的工作模式。以落实总体设计控制引导要求的"一表三图"为媒介，以"互动会"和网络为平台，搭建起总体设计与各片区设计机构之间的沟通渠道。通过多次大规模的设计研讨会和小范围的单独沟通指导，贯彻总体设计思想及对各片区的设计要求，实现动态设计、动态指引、动态整合。

3. 主要内容（技术路线）

针对两江四岸滨江地带的特色和问题，规划制订了"发掘特色，目标导向，系统构建，控制底线，分区落实"的技术路线，明确了两江四岸的发展定位，制订了富有针对性的发展目标和城市设计控制体系，并形成设计导则。

宏观层次重点确定在大的自然山水格局下，两江四岸滨江地带建设的基本原则、整体空间与景观格局、"主角"与

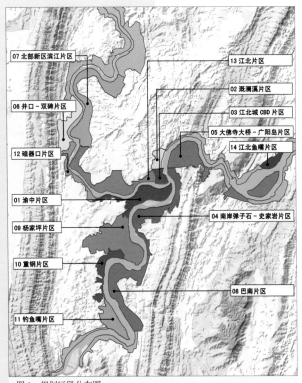

图 1　规划区段分布图

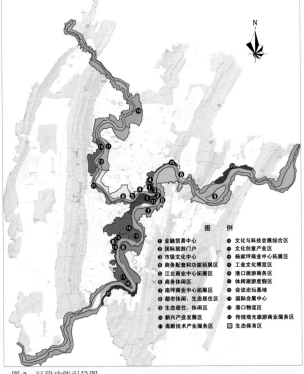

图 2　区段功能引导图

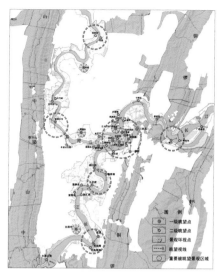

图3 眺望系统规划导引图

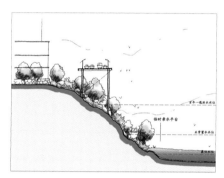

图4 滨江单层高架桥利用示意图

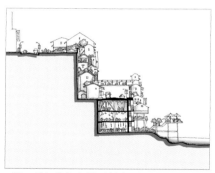

图5 滨江商业区开发示意图

"配角"关系，为分区域设计提供总体框架指引，保证两江四岸滨江地带的整体性、协调性和特色化（图2）。

中观层次即分片区城市设计。重点是在宏观设计指引下，以"分片区城市设计指引"，作为对各片区规划设计的要求。指引的重点包括功能定位与布局、空间与景观系统设计、交通组织等（图3）。

微观层次通过列出建筑群体组织、外部开敞空间塑造、建筑设计、市政工程设计、环境艺术设计、绿化设计、广告设计等影响要素并提出通则式要求，明确小尺度规划设计的基本原则（图4~图6）。

4. 项目创新与特色

1）探索了超大尺度地带城市设计的指引方法

本次规划范围超过250km²，岸线长度超过180km，是一个名副其实的"超大尺度地带"城市设计项目。规划提出，不采取"蓝图式"的指导成果，而是突出"设计导则"作用，注重"总体目标与多元主体协调、总体格局为统领、全区通则和分区段特色并重、规划立法和控规保障落实"等四大原则。

2）提出了适用于重庆滨江高度复杂环境的指引方法

长江、嘉陵江流经的重庆地段，是典型的山区槽谷沟壑地带。两江沿岸丘陵起伏，地形地貌复杂多变。建筑随山形地势高低起伏、前后错落、层层叠叠，山道弯曲回转，形成了立体化的山城景观风貌和独特的人与江岸、人与山地和谐相处的关系。规划从强化自然特征、特色研究和针对性分系统、分区段指引多个方面制定了可实施的城市设计控制和引导政策。

3）针对各区段设计同步开展的实际，采取了全程互动的创新规划指引模式

分总体设计统筹指导、协调片区设计，片区设计提出反馈意见，完善、丰富总体设计成果等多个阶段，实现了全程互动的创新规划指引模式。参与方包括市规划主管部门、8个区政府及其规划主管部门、市政府下属5家土地储备机构、10数家境内外设计团队和专题研究机构、市政府法制办、政策研究机构等几十家部门和机构。

5. 实施情况

本次规划实施的主要内容为对规划范围内所有地区"城市设计"的指引与完善，实施的时间在规划编制过程内。通过全程互动的规划编制形式，所有区段的城市设计成果都在两江四岸的总体框架下进行了统筹优化，实现了总体目标与任务。

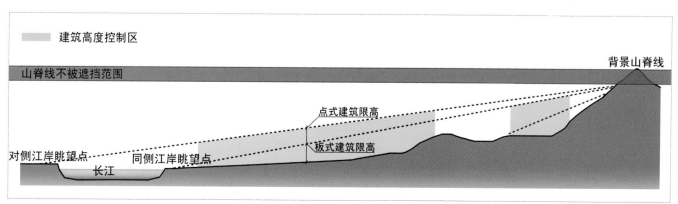

图6 滨江坡地建筑高度控制示意图

建筑高度控制区

山脊线不被遮挡范围

背景山脊线

点式建筑限高

板式建筑限高

对侧江岸眺望点

同侧江岸眺望点

长江

重庆中央公园暨两江新区国际中心区规划设计

2012–2013 年度中规院优秀城乡规划设计一等奖

编制起止时间：2011.5–2012.12

承担单位：西部分院、风景园林规划研究所、城市设计研究室、城镇水务与工程专业研究院

主管总工：朱子瑜

主管主任工：刘继华

项目负责人：谢从朴、金 刚

主要参加人：王 宁、蒋朝晖、蔡一暄、刘静波、韩炳越、洪昌富、马浩然、高均海、闫晓璐、牛铜钢、王 飞

图 2　中央公园及其周边城市设计总平面图

1 中央公园
2 渝北区行政中心
3 临空消费中心
4 中央公园商务中心
5 中央广场
6 中央公园酒店集群
7 文化艺术街区
8 双桥溪湖泊公园
9 中央公园国际社区
10 青宝岗森林公园
11 翠云商业中心
12 团山堡森林公园
13 博物馆
14 当代美术馆

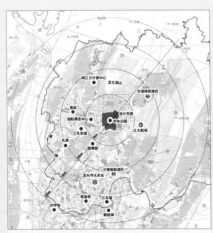

图 1　中央公园与两江国际中心区位图

1. 项目背景

重庆直辖以来城市快速发展，北部地区从外围组团逐渐发展成为热点开发地区。其中，"两江中部地区"在多项规划中均被提升为城市新中心，借以培育战略新兴功能，改善主城单中心扩散的局面。规划认为，新中心应结合市民对于平坦开阔型公共空间的迫切现实需求，摆脱"高密度蔓延开发、被动化抛荒绿地"的既有模式。规划提出以"中央公园"为空间极核组织中心建设，主动谋划山水资源，丰富新中心的空间品质与民生内涵（图1）。

在此前提下，依托国际机场至蔡家中心的功能发展带，中央公园的投放一举改变了两江新区的战略结构，连同多个在建的重大项目，构筑起两江国际中心区的未来格局，与传统中心共同支撑重庆的转型与升级发展（图2）。

2. 项目针对性构思

中央公园须短时间内建成，国际中心区也尚存诸多不确定性，因此，规划面向实施，梳理最具实效的突破点，多线展开，共同推进。在此思路下，规划明确了三个关键问题：如何实现中央公园项目落地？如何协调国际中心战略布局？如何管控后续开发？

3. 项目内容与特色

1）因地制宜的项目落地机制

规划以山水丰富、地形多样、腹地带动、建设现实为准则，详细研究比对，确定最佳选址方案。同时，规划结合本底资源特征和地形条件，综合考量景观效果和周边开发，经过多轮方案比选，稳定了公园整体形态，并初步划分功能主题和亮点项目。最后，以"工程可行性"为核心准则，规划对各项繁杂细节问题进行针对性研究，排除建设隐患和开发障碍，优化公园方案。

经过上述工作，中央公园从战略概念转为落地项目。而景观深化设计与施工现场监理，由我院成立项目组另行承担，继续推进公园的实施建设。

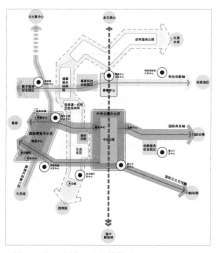

图3 两江国际中心空间结构图

图4 中央公园周边城市设计示意图

2）面向实施的综合规划方法

规划统筹协调多个单位与部门，从片区概念规划、总体城市设计、详细城市设计三个层面，建立互动平台，反馈开发情况，协调规划矛盾，既保障公园建设，更落实国际中心区的战略意图（图3～图5）。

片区层面：结合两江战略，规划识别并梳理出重要交通走廊和景观资源，以"一脉串绿、四轴营城"为准则优化总体空间结构，控制具备战略价值的功能板块。同时，从系统用地、交通组织、市政工程、开发实施四个方面保障中心区的战略落实。

核心区层面：采用"保山留势、理水造景"策略，刚性管控最核心的山水资源。以根植重庆的组团开发理念，梳理绿化廊道，控制单元规模；注重因地制宜，根据不同场地特征，采用适宜的街区模式。

公园周边层面：结合国内外成功经验，规划提出三项设计准则："展绿道、控节点、密街区"。并注重一体化的三维考量，从城园景观结构、公园界面形态、重要天际轮廓入手，锚固"公园与城市"的空间融合关系，探索"大型公共空间"城市中心的开发思路与模式。

3）注重实效的规划管控手段

片区层面：参与控规审查机制，对发展规模、用地布局、交通网络、市政支撑等核心内容进行核查，并提交书面报告指导相关规划修改。

核心区层面：通过设计指引，在总体结构、公共空间、建筑风貌等方面协调下位控规编制。

公园周边层面：提出"赋予法定属性、精炼控制要素、优化管控方式"三项具体措施，制定符合"土地出让条件"的图文条例，直接应用于后续开发管控。

4. 实施效果

重庆中央公园于2013年1月全面开园，现已成为重庆市民休闲游乐的热点地区，逢节假和周末，日接待市民逾三万人次。

在规划指导下，中央公园边界四条道路和同茂大道已经建成，快捷连接悦来博览中心和江北国际机场，为其他战略功能投放奠定基础。同时，如市检察院、市人事局、市文化艺术中心、市档案馆、市日报集团媒体中心、渝北区人民医院等城市级公共服务项目目前正在建设中。

图5 中央公园及两江国际中心整体示意图

369

重庆市茶园城市副中心城市设计方案综合及控制性详细规划

2007 年度全国优秀城乡规划设计二等奖
2006-2007 年度中规院优秀城乡规划设计一等奖
编制起止时间：2005.7-2007.1
承担单位：城市规划设计所
主管所长：尹强
主管主任工：邓东
项目负责人：胡耀文、蔡震
主要参加人：鞠德东、顾永涛、范渊、
　　　　　　赵权、刘超、黄继军

1. 项目背景

重庆市作为长江上游的经济中心、科教文化信息中心、交通和通信枢纽以及高新技术产业基地，成为中国西部大开发的龙头。

《重庆市城市总体规划（2005-2020）》将主城区的城市空间结构确定为"一城五片，多中心组团式"。所谓的"一城"即主城，按两江四山的山水格局，将主城划分为中、北、西、东和南共五个片区（图1）。东部片区是城市未来的主要拓展区之一，到2020年将形成一个百万人口级、功能完善、相对完整和独立的"新城"。规划在东部新城的茶园地区构建新的重庆市城市副中心——茶园城市副中心。

2005 年 6 月，重庆市规划局针对茶园城市副中心的规划设计组织了一次大规模的国际招标。最终，中国城市规划设计研究院夺得第一名，并在中标之后进行了方案综合与控制性详细规划的编制工作。

2. 项目内容

规划之初，为实现一个功能综合，集约高效；生态友好，人性宜居；交通引导，设施完善；形象鲜明，开发有序的全新的城市中心区，确立了东部新城概念设计、中心区城市设计、城市设计实施三个层面的工作内容。

1）东部新城概念设计

以总体城市设计的方法手段，对整个茶园城市副中心所在的东部新城在形态结构、功能定位、景观结构、交通结构四个方面，进行了全面的梳理。规划确立未来的东部新城将形成带状组团式的空间结构，重点体现"一脊穿城、双脉共荣、城园相对、碧水联城"的设计理念。新城组团之间功能互补，结构延续，组团内部形成"片层结构"，便于组织轴向交通，在城市一环高速与二环高速之间，实行快慢分离、公交与机动车分离、客货分离的交通组织系统，并通过穿山隧道和未来的轨道交通系统与城市中心便捷沟通（图2）。

2）中心区城市设计

在总体定位和宏观认知的基础之上，提出了中心区的框架和方案。设计顺应山水环境与场地基础条件，提出"治山、理水、营城、宜人"的设计构想，整合核心资源，统筹考虑山水城人四大要素（图3）。规划布局突出山城特点，实现"青山渐入城"的和谐生态理念；在城市核心空间聚水成湖，形成以水为主题的城市开敞空间系统；采取 TOD 模式的引导开发，并结合开敞空间系统，有机串联各个功能片区，疏密得当、集约高效地组织城市空间；结合城市水系、广场、绿色廊道，构建生态友好的绿色宜居环境（图4、图5）。

3）城市设计实施

以控制性详细规划为平台，以城市设计方案为基础，提炼各街坊的控制要素，形成指导每个街坊建设开发的街坊设计导则。梳理重要的公共空间，形成指导公共空间建设的公共空间设计导则（图6）。

3. 项目特点与创新

1）从宏观入手，全面研究、系统梳理，提出营城理念

规划从宏观入手，研究东部新城定位、定形、定性、定势四个方面的核心问题，抓住核心要素，统筹区域资源，确立了新城的形态结构、功能、景观、交通的总体结构框架，为重庆东部新城

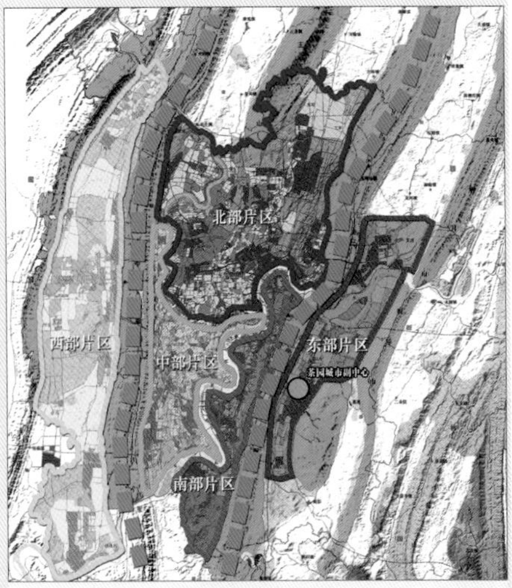

图 2　东部新城空间结构

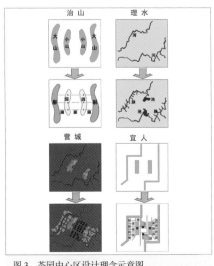

图 3　茶园中心区设计理念示意图

图 1　重庆市主城区总体空间格局示意图

的发展提供了依据。同时，东部新城的宏观研究也为茶园城市副中心营城理念的形成提供了有力的支点。研究注重从宏观概念到微观创意的连贯性，使得微观的设计更能符合城市发展的特征，保证了微观方案更具科学性和前瞻性。

2）提炼核心设计要素，因地制宜提出空间创意

深入挖掘场地特征，结合场地"两山夹，两水绕，绿脉穿"的总体特征，明确了中心区设计所要重点解决的"山、水、城、人"四大问题。针对问题提出"治山、理水、营城、宜人"的设计理念，并通过城市设计手段落实在空间当中。最终形成了10大空间创意：①园分文武：将场地内两座山规划为文化和体育两大公园；②山脊看台：在中心区两侧的山体制高点上，形成山脊看台，使得核心区景象尽收眼底；③水聚灵秀：利用核心地带的冲沟形成核心地区的开敞水面，为核心地区提供高品质的公共环境；④浮岛水城：借助苦溪河洼地形成以浮岛为主题的水上嘉年华，为中心区提供了

活力源泉；⑤南北双核：沿通江大道依托南北地铁站以TOD模式构建商业娱乐中心和商务信息中心；⑥功能斑块：根据各地段使用功能的不同，形成不同尺度的城市斑块，从而营造不同质地的外部空间模式；⑦活力轴带，在中心区的核心地带形成贯穿南北的为人们提供活动场所的公共空间；⑧七彩步道，东西向娱乐主题空间；⑨山体连廊，联系东西两山的绿色公共空间；⑩谷地绿链，借助核心区谷地形成生活性地带形公园。

3）结合建设开发特征，建立由城市设计概念到城市设计实施管理的平台

一是以控规为平台，城市设计方案为依据，街坊为单元，对应控规，针对每个街坊提出城市设计导则，将城市设计语言翻译成为控规管理导则。在导则编制的控制方式和深度上作出探索。导则编制的四条途径：①落实城市设计所确立的系统控制要求；②以引导建筑塑形的方式，保证形态特征的实现；③明确街坊空间设计要点，保证城市空间特征；④提出街坊环境设计的刚性要求。

二是为适应开发建设中动态和不确定的特征，控规编制体现刚性与弹性相结合。建立用地黑白灰分级控制体系，明确黑色类用地作为刚性控制用地。建立街坊与地块两级控制体系，明确最小出让地块。

三是针对用地的实施主体不同，明确在开发建设过程中政府与市场之间的关系；明确在开发建设过程中规划管理部门的监管方式和依据。

4）建设过程中动态互动地指导实践，跟踪实施，即时反馈

在城市设计过程中，与具体实施项目紧密结合，对项目的建设方式与开发形态提出具体的设计要求。例如，在城市设计过程中，同景国际新城项目同步进行，城市设计全程跟踪，为具体项目的设计提出了相应的城市设计支持。同时，在城市设计方案结束之后，为保证城市设计的有效落实，针对重点项目进行跟踪指导。例如，对于南岸区行政中心的建筑设计方案提出了具体的设计指导以及方案改善建议，得到了一致好评。

图4 茶园中心区总平面布局图

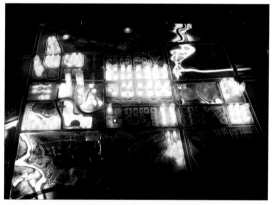

图5 城市设计模型照片

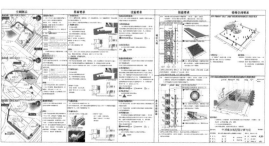

图6 地块开发与公共空间设计控制导则

深圳罗湖口岸与火车站地区综合规划与设计技术总承包

2006 年度国际 ULI（国际城市土地学会）亚太卓越奖

2005 年度全国优秀城市规划设计一等奖

2007 年度第七届中国土木工程詹天佑奖

2006 年度中国市政金杯示范工程

2006 年度全国优秀工程勘察设计铜奖

2006 年度广东省市政优良样板工程

编制起止时间：2000.2-2004.12

承担单位：深圳分院、城市交通专业研究院

项目负责人：李晓江、朱荣远、方　煜、马林涛

主要参加人：程　颖、王泽坚、徐建杰、覃　原、梁　峥、陈丽莎

图 2　建设前与建成后整体效果比较

1. 项目背景

罗湖口岸与火车站地区是深圳市最大的人流集散地，重要的区域性交通枢纽，是深圳市城市形象的标志性地区。其中，罗湖口岸是我国最大的，过境旅客最多的陆路客运口岸。罗湖火车站是深圳市的铁路客运中心（图 1）。

曾几何时，罗湖口岸与火车站地区是现代化深圳都市的缩影。然而，历经二十多载的深圳超高速建设发展，昔日的罗湖口岸地区已不能满足深圳与香港、特区与内地日益增长的人际往来需求。罗湖口岸与火车站地区三面临河，空间资源有限，城市交通只能向北发散，其面积不足 37.5hm²。整个地区包括罗湖口岸、火车站、长途客运站。市内交通的日总客流量达到 30 万人次，高峰日更是达到 45 万人次，并呈现加速增长的趋势，现实环境品质难以体现城市门户的地位，整个地区逐渐失去往日的辉煌（图 2）。

深圳地铁一号线罗湖站的建设给罗湖口岸与火车站地区进行整体改造带来了不可多得的历史契机。

2. 规划内容

1）理念

罗湖口岸与火车站地区是深圳市通往香港的主要"门户"，世界最大的陆路口岸。其规划设计主旨是"以交通管道化和环境生态化为核心的可持续城市枢纽更新"，是目前中国已建成的最大、最复杂的交通枢纽。

2）城市空间

以地下交通层为纽带，罗湖口岸、火车站、地铁三大交通设施与罗湖商业城、人民南商圈相互实现了轨道交通的无缝接驳，构建成一体化的交通空间综合体。

罗湖口岸、火车站是整个地区进出深圳人流的两个主要交通源。罗湖口岸通关能力按照 40 万人设计、50 万人校核，采用了两进两出的通关方式，由联检楼地上二层、三层出境，联检楼地下一层、地面层入境。

火车站的高峰人流量将能达到日到发 10 万人次，其主要客流调整为由东向和南向进出火车站。进站主要通过三层候车大厅，出站主要通过三层的南环廊和地下一层的出站地道，可以直接进入交通层，并预留地下一层的进站通道。

地铁罗湖站运行初期可达到每小时双向 3.8 万人，其站台形式采用两岛一侧式布置方式，中间岛为地铁上车人流，两边一岛一侧是下车人流。下车人流与上车人流完全分离，互不干扰。

地下交通层是人行空间系统的核心，由南至北长达 400 余米，它将口岸联检楼、火车站、地铁罗湖站的人流交通连为一个整体，实现无缝式人行接驳。地下交通层能够方便地将人流输送至各个

图 1　区域位置图

交通场站,实现轨道交通与常规交通的换乘(图4)。

3)交通模式

创造高效、通达的十字环状(内部十字轴与外围环状)的综合交通模式,形成管道化人行与车行组织。

整个规划设计以地铁站为核心,构筑连接口岸与火车站的十字形步行空间走廊。在十字的四个象限内,布设各类交通场站,围绕十字形周边的是被重新精心设计的环状地区路网。通过十字环形的交通组织结构形成车行、人行各行其道的"管道化"交通枢纽。人行空间由五个层面组成,由下至上依次为站台层、站厅层、交通层、地面层、平台层。五个层面分别接入火车站、罗湖商业城、罗湖口岸三栋建筑,构成管道化分区的人行空间。

罗湖口岸与火车站地区将分布在人行空间外围的各种交通场站与和平路、建设路、人民南路、沿河路进行一体化改造,让车流按管道化组织运行,使公交、长途、社会车辆、的士自成系统,互不干扰(图3)。

4)景观特征

设计城市的"门厅",展示深圳的魅力,突出深圳与香港这两个近邻大城市之间的伙伴关系,创造从口岸到国贸商圈完整的外部空间,使口岸地区体现出交通、生态、信息三大城市窗口特征。

全面实现自动化、信息化,清晰的交通标识,方便地为过往人流提供指引。等离子显示屏随时提供各种服务信息(图5)。

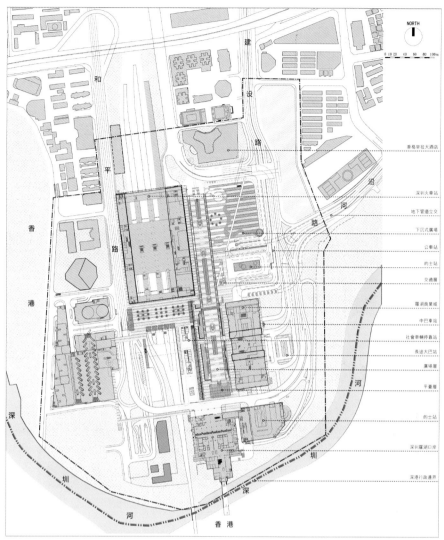

图4 设计总平面图

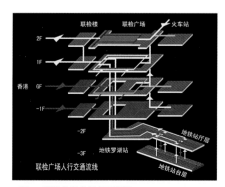

图3 联检广场人行交通流线

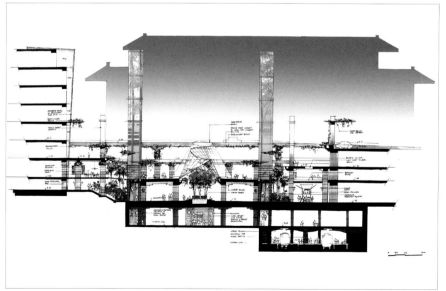

图5 罗湖口岸广场典型断面

图6 罗湖口岸广场透视图

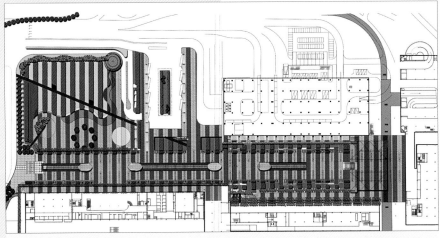

图7 环境景观设计图

室内室外的园林环境融为一体，绿化天井与下沉广场不仅为交通层带来了自然的光与风，同时为交通层防范各种突发事件提供了安全保障。整个地区的人行空间全部实行无障碍设计，合理布设残疾人升降梯，体现出无微不至的人文关怀。

地面广场采用生态节能设计，覆盖有镜面水的玻璃天窗将阳光导入交通层，绿化天井和地面广场科学布置了丰富的绿色植物，构造出自然的生态空间（图6、图7）。

3. 创新与特色

本地铁枢纽工程构建了以地下交通层为纽带，连通罗湖口岸、地铁站、深圳火车站、巴士站及出租车站五大交通设施，并与社会停车场、绿化休闲广场、罗湖商业城等设施连成立体的空间体系，实现地铁站与周边交通的无缝驳接，为平常日39万、高峰日达60万的客流提供高效、安全、舒适、快捷的服务。

工程由地铁罗湖站工程、地下人行交通层及平台层工程、地面广场工程、交通场站及市政道桥隧道工程、环境景观工程等部分构成，地下三层、地面二层，自下而上依次为站台层、站厅层、交通层、地面层和平台层，结构分层科学，建筑功能协调，建筑布局美观，景观自然，具有明显的地方特色。

工程结构庞大复杂，规划设计时充分利用工程所在地的狭小的地下空间，改变了原有的两层交通结构，建成为五层立体交通体系，该设计获得2005年度全国优秀城乡规划设计一等奖。项目同时也获得国际认可和赞赏，荣获2006年度国际城市土地学会（Urban Land Institute，简称ULI）颁发的卓越奖。亚太地区仅有5个项目获奖，深圳罗湖口岸/火车站为其中之一。其具有以下四个方面的创新特色。

（1）构建一体化的交通空间综合体。以地下交通层为纽带使三大交通设施实现了轨道交通的无缝接驳：地铁罗湖站采用了两岛一侧的站台形式，罗湖口岸实行两进两出的进出关方式，火车站调整为东向与南向进出站。

（2）创造高效、通达的十字环状（内部十字轴与外围环状）的综合交通模式。沿联检广场形成南北向的人行主轴换乘空间，东西向为人行副轴换乘空间，外围形成环状分布的各种立体化车行交通设施和车行道，形成管道化人行与车行组织。

（3）设计城市的"门厅"，展示深圳的魅力。突出深圳与香港这两个近邻大城市之间的伙伴关系，创造从口岸到国贸商圈完整的外部空间，使口岸地区体现出交通、生态、信息三大城市窗口特征。

（4）罗湖口岸与火车站地区综合改造设计技术总承包是在我院完成的该地区综合规划的基础上，对该地区的建筑设计、市政设计、环境景观设计和装修设计等进行统一指导与接口管理。主要涉及市政府、规划与国土资源局、地铁公司、口岸办、交管局等政府管理部门，包括10家设计单位，共有22个设计项目，工作协调涉及面广，技术服务量巨大。自2001年9月正式启动由项目组主持的罗湖口岸与火车站地区综合改造设计协调例会，至2004年12月共举行了60余次例会并形成会议纪要，确保了规划的顺利落实与改造工程的顺利完工。

4. 实施效果

罗湖口岸与火车站地区是深圳市通往香港的主要"门户",是世界上最大的陆路口岸。深圳市政府自 20 世纪 90 年代末开始的罗湖口岸与火车站改造计划,以地铁一号线的起止站点——罗湖站点的建设为契机,通过对罗湖口岸与火车站地区的综合改造将其建成现代化的国际水平的立体化综合交通枢纽,成为多功能、高品质的城市地区和罗湖城区口岸经济发展的最重要城市动力。其规划设计主旨是在空间与道路资源极度有限的口岸地区彰显公共利益,致力于为公众提供人性化、便捷的公共交通接驳,是"以交通管道化和环境生态化为核心的可持续城市枢纽更新"。

罗湖口岸与火车站地区已成为世界上功能最复合的交通枢纽之一,也是目前城市基础设施规划实施最成功的枢纽项目(图 8、图 9)。

2006 年,历经 8 年的罗湖口岸与火车站改造所取得的成就获得国际认可和赞赏,荣获城市土地学会的亚太区卓越奖。深圳市规划局与中国城市规划设计研究院深圳分院的代表于 2006 年 7 月 13 日专程飞往东京出席颁奖礼。该奖项的意义重大,除了是对深圳市政府的努力给予肯定外,也是属于所有参与计划的机构伙伴和中国人的荣耀。

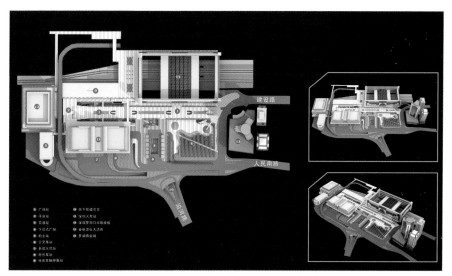

图 8 模型效果图一

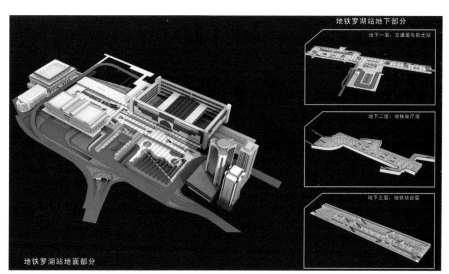

图 9 模型效果图二

深圳中轴线
整体城市设计研究

2006-2007年度中规院优秀城乡规划设计三等奖
深圳市第十三届优秀规划设计二等奖
编制起止时间：2006.7-2007.12
承 担 单 位：深圳分院
项目负责人：朱荣远、刘 琦
主要参加人：陈晓晶、石爱华、陈 琳、
　　　　　　梅 欣、张聪林、肖 磊、
　　　　　　崔宝义

图1 原中心区中轴线空间拓展设想（1998年
黑川纪章方案）

1. 项目背景

本次研究是深圳城市总体规划指导下对于城市总体空间结构的一次"深化设计"工作。

深圳城市空间正由单一"带形"结构向"多轴—网络"结构发展，城市空间南北纵深发展得到重视和加强。深圳中部地区聚集了丰富的空间与区位资源，具有良好的发展条件，现状2.5km长、已基本建成的深圳福田中心区中轴线集中展现了深圳作为国际性、现代化城市的风貌，其走向、布局也延续了中国传统城市中轴线的布局理念。根据最初设计，福田中心区中轴线未来将进一步拓展，"将与北部山体、南部皇岗口岸、红树林保护区发生联系"（图1）。

通过深圳中轴线的拓展延伸，将进一步丰富和完善深圳的城市特征与内涵，塑造成为深圳新的城市象征之一；将进一步整合与提升沿线地区的空间资源与发展，成为支撑深圳中部地区发展的结构性要素空间。未来的深圳中轴线将以福田中心区中轴线为核心，沿深港交通走廊南北拓展延伸，向南通过福田口岸连接香港，向北深入龙华、观澜核心地区，南北长度达到25km。

2. 项目构思与内容

（1）提出"中央轴带"总体概念，在城市轴带空间秩序统筹下，构建中部地区发展的结构性空间逻辑。深圳"中轴带"的内涵包括：深圳生态—信息中心；景观轴和功能集聚轴带相结合的可代表深圳城市的建设标准和精神气质的空间场所带；实现城市发展目标的示范空间区域。

（2）整合既有"松散"布局、复合多样的城市轴带空间，分段强化"集中、有序"的复合轴带空间，形成"集中 + 松散"的深圳中央轴带整体空间结构。

（3）提出七项城市设计构思和理念：包括差异化发展，突显轴带空间的特征

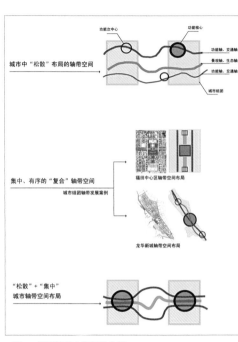

图2 深圳轴带空间结构分析

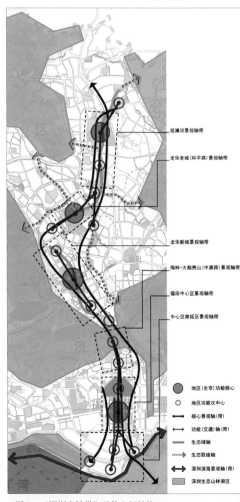

图3 "深圳中轴带"总体空间结构

376

性和标识性；建设生态示范空间，促进中部地区城市与自然的连接、融合；有效引导公共资源和空间轴向聚集、系统化布局，形成公共、开放的都市活力空间带；促进轴线用地功能混合、高效利用与自我完善，打造具有吸引力的中部地区混合功能空间带；倡导"公交主导、鼓励步行"的发展理念，构建人性化的轴带交通发展模式；建立空中观光、步行体验相结合的多维空间体验，强化轴带整体空间认知；培育和发展具有重要影响力的城市空间场所，积极策动轴带空间的持续拓展等。

（4）明确轴线拓展区各分区空间发展定位与城市设计指引，并对近期启动区提出重点的城市设计和建设指引，以指导下一阶段重要节点的城市设计深化工作（图2~图5）。

3. 项目创新与特色

（1）结合国内外城市轴线发展理论及案例研究，尝试探索出一条适于深圳空间发展和自身特色的轴线拓展模式。深圳中轴线南北拓展区与目前已建成的福田中心区中轴线无论在整体建设面貌、功能布局、交通体系等方面都存在巨大差异，这使得轴线难以延续原有思路"强势直延"，同时，拓展区在交通区位、自然资源、人文特征、土地存量和更新潜力等方面为中轴线拓展创造了很好的基础和条件，本次研究充分结合这些现状特征提出更具适应性的轴线拓展思路。

（2）尝试运用"经营城市"理念，以轴线拓展策动城市空间优化布局与协同发展。通过中轴线的南北拓展可以实现深圳中部地区交通走廊、山海资源、城市主要功能区等空间资源的有效连接、积聚与整合，在轴带空间秩序统筹下，形成中部地区发展的结构性空间逻辑。

（3）重视城市设计的延续性，结论

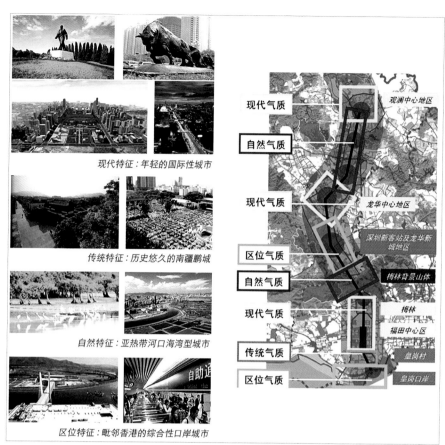

现代特征：年轻的国际性城市

传统特征：历史悠久的南疆鹏城

自然特征：亚热带河口海湾型城市

区位特征：毗邻香港的综合性口岸城市

图4 "深圳中轴带"空间气质特征解析

关注近期实施、远期控制两个层面的问题，更具现实指导意义。本次项目编制过程历时一年半，其间项目组与委托单位（深圳市规划局）密切沟通，对轴线影响区多个下层次在编规划（如皇岗村改造规划、中康地铁站改造规划等）均发挥了有效的宏观指导作用，并对具体改造问题进行了充分协调，使本次研究结论更具现实可操作性（表1）。

中轴带地区规划与实施管理框架　　表1

分　段	时　序	分区控制与指引	近期启动区段设计指引	节点深化城市设计
中心区核心段	第一阶段已基本建成	●	●	○
中心区南拓段	近、中期（第二、三阶段）	●	●	○
梅林-大脑壳山段		●	●	○
龙华新城段		●	●	○
龙华老城段	远期	●		
观澜段		●		

● 本次规划重点研究内容　　○ 下一阶段重点深化设计内容

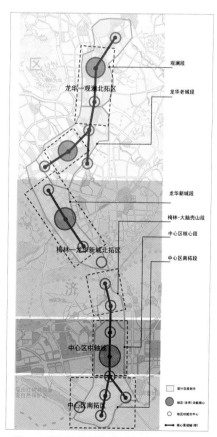

图5 中轴带地区规划管理区段划分

深圳市人民南路地区城市设计

2006-2007年度中规院优秀城乡规划设计一等奖
编制起止时间：2002.1-2005.12
承 担 单 位：深圳分院
分院主管总工：朱荣远
项目负责人：朱荣远、方 煜、张国华
主要参加人：王泽坚、李 轲、王有为、
          马林涛、王金秋、张 宇、
          刘晓庆

图2 鸟瞰效果图

1997年深圳市区两级政府对东门地区进行商业环境及市政设施的改造，2001年开始罗湖口岸地区的综合规划，这些工作从根本上改变了罗湖口岸地区的人车秩序提高了交通服务效能，改造计划也拉开了罗湖核心城市环境更新的序幕。

2000年左右，罗湖区以经营城市的理念改变以出让土地来建设和发展城市经济的做法，检讨新时期的深圳社会需求，激活城市历史积淀，进行城市"软硬"环境的更新。本项目是旨在实现商业及相关业态升级而进行的涵盖城市空间、交通、景观的城市设计工作（图1、图2）。

项目规模：规划区面积约1.5km²，规划分析影响范围约10km²。

1. 创新与特色

1）关于人民南路地区更新的全方位思考

人民南路地区城市设计的核心在于深圳先发展地区的可持续城市更新。以城市演进的需求为基点，构筑城市活动的秩序，实现城市活动参与者的利益共赢，而不是简单地进行城市物质实体外化的改造与美化（图3）。对下述问题进行了全方位思考：

图1 实施效果照片

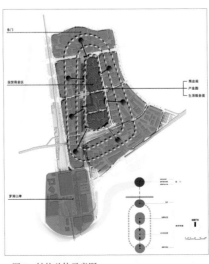

图3 结构总体示意图

图4 城市设计总平面图

（1）转换"角色"与搭建"舞台"的衡量标准。

（2）拓展可持续的城市经营与积极的城市政策。

（3）建立多元化的城市更新决策组织架构。

（4）城市的物质和精神环境是彰显社会活力的重要基础。

（5）改善人民南路地区的交通服务方式是催动该地区商业和其他服务行业兴旺的首要条件。

2）基于地区再生的城市设计

基于"现状改变"、地区再生，提出了五个主要的城市设计构思（图4）：

（1）强化"罗湖口岸—国贸商圈—老东门商业步行街"三位一体的城市结构空间，复兴深圳的历史轴线。

（2）打造旗舰商家，重组核心商业街区，重建国贸商圈的城市竞争力。

（3）强化中央商务街区的角色化特征，建立具有多时空关系的现代综合服务业集聚的产业圈层。

（4）建立秩序化、安全化、人性环境化的现代城市交通空间。

（5）营造生态化、关怀人、商务型的标志性城市开敞空间。

3）构建符合口岸经济与商务中心的综合交通体系

（1）建立轨道交通为主的出行模式。配合地下轨道交通建设，对地下空间合理利用，如连通国贸地铁与商铺地下层。

（2）将佳宁娜广场、友谊城、金光华广场、国贸大厦、天安国际大厦、百货广场等10个知名商场的二层通道连接成深圳第一条步行"商业空中走廊"，形成独特的"逛的文化"。

（3）组织街坊微循环的道路系统。街坊微循环不仅有效地疏散人流车流，更成为承载社区生活和乡土文化的空间。

（4）建设智能停车诱导系统，提高停车设施的利用率和使用方便性（图5、图6）。

4）充满活力和特色的视觉景观

（1）景观设计

着眼于空间环境的整体性、时空和功能的连续性以及环境对社会的开放性和公众性，对该地区的地面、建筑立面和其他突出物进行三维空间环境景观设计，分为地标、界面、街区、领域边缘及"大门"五个部分进行组合景观要素的设计。

（2）人民南路地区涉及景观内容的各种系统性设计

对灯光、铺地、绿景、广告及标识、色彩系统以及街道家具和构筑物进行全面考虑。

①灯光系统；

②铺地系统；

③绿景系统；

④广告及标识系统；

⑤色彩系统；

⑥街道家具和构筑物。

2. 规划实施

人民南路地区的城市更新是一项全方位的设计工作，涉及市、区两级政府各管理部门，并包括国内外多家设计单位，为人民南路地区的城市更新提供实施纲领，改变了人民南路地区的散、慢发展模式，引发了深圳金融"金三角"建设，开启了重构罗湖结构的话题。

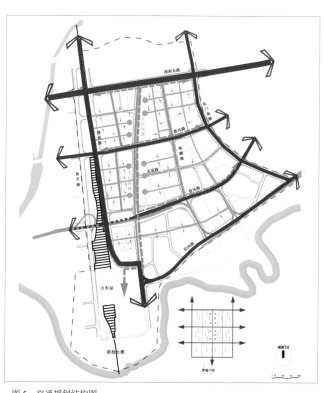

图5　交通规划结构图

图6　规划路网图

深圳市光明新城中心区城市设计

2009年度全国优秀城乡规划设计二等奖
2006-2007年度中规院优秀城乡规划设计二等奖
2009年度广东省优秀城乡规划设计一等奖
深圳市第十三届优秀规划设计金牛奖
编制起止时间：2006.2-2007.7
承担单位：深圳分院
分院主管总工：朱荣远
分院主管所长：石爱华
分院主管主任工：张　文
项目负责人：陈晓晶、张　文
主要参加人：朱　枫、崔宝义、石爱华、
　　　　　　陈　琳、余爱雯
合作单位：奥地利 RPAX

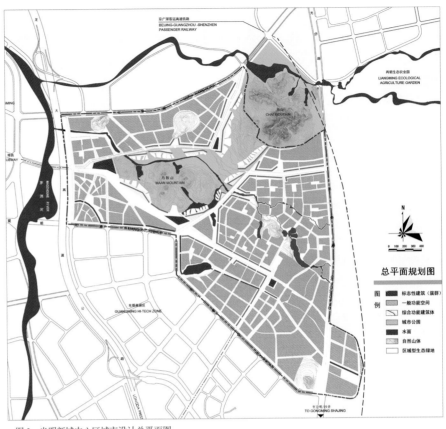

图2　光明新城中心区城市设计总平面图

　　深圳市光明新城中心区城市设计是一个以独特的人文精神影响传统规划方法和成果的过程。光明中心区作为深圳在转型期选择的规划创新示范区，为我们的思考提供了实践机会和检验的平台。本次城市设计的工作成果来源于智慧的叠加。城市设计以其独特的场所观和公共资源观，使传统的以土地资源管理为目的的规划建设走向了更为立体的人本思考。由此带来在技术手段和成果内容上的全面创新。

1. 技术特点——"把理想变为现实"的系统架构

　　根据城市设计的过程思想，整个工作进程被设计为国际咨询、咨询成果汇总和城市设计深化三个阶段。

　　首先，国际咨询是一个"放"的过程，通过设计任务的制定、参与对象的选择和咨询方式的设定，引导竞赛团队从不同的价值观对后现代理想城市模型进行思考；同时，引入学术研讨和院校研究两个并列单元，增强思想的深度和广度。

　　由此获得的国际咨询成果展现了多元特征，并且超越深圳现行规划管理制度的保障范畴。工作坊这一以群体智慧解决问题的工作方式被适时引入。通过议题设定、人员选择和过程控制，引导中外大师的讨论向着既定目标迈进，形成光明中心区的建设标准和技术草案。

　　最后，城市设计深化是一个承上启下的过程，通过对成果中刚性控制要素的分解，以及对法定图则编制内容和表达方式的补充建议，城市设计实现了与

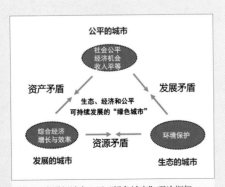

图1　光明新城中心区"绿色城市"理论框架

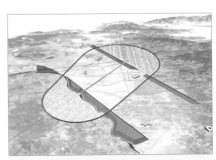

图3　MIT麻省理工学院提交"新光辉城市"构想

图4　光明新城中心区城市设计深化工作坊

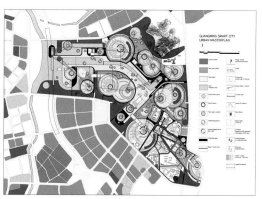

"理想城市"——RPAX　　　　　　"超级之窗"——MVRDV　　　　　智能城市——Studio 8 CJ lim

图5　竞赛优胜方案

规划管理制度的对接，其中的有效理想将在制度保障下逐步实现（图1～图3）。

2. 技术难点——思想的汇总

城市设计的非法定性特征决定其成果必须与法定规划对接，才能最好地保证设计思想的实现。但是由于法定规划的制度化特征，不应也不可能全面保障唯一形态方案的实现。

因此，城市设计深化重点对设计思想进行汇总，梳理需要由制度保障的有效内容，体现为总结核心贡献、筛选制度可以保障的内容、调整深化并弹性应对、建议制度范畴内的规则优化。

3. 技术要点——对理想体系的支撑和落实

通过对国内外先进思想的汇集与蒸馏、共识与叠加，城市设计工作坊提出：光明中心区应以建设深圳第一个"绿色城市"为目标，并明确其建设标准：维护生态环境、实现经济综合高效增长和促进社会公平的三维内涵，具体包括：尊重自然和文脉、紧凑的城市形态、人性化的空间尺度、环境负荷低的运行系统、可持续繁荣的经济体系以及和谐、多元、融合的社会环境六点设计原则（图4、图5）。

以此为技术控制框架，城市设计成果的技术要点如下：形成以生态系统为基础的城市空间架构；非机动车优先的交通组织模式；鼓励集中在轨道站点上的超高强度开发，降低一般地区的开发强度，形成宜人的空间尺度；支持公共交通服务的城市功能布局，鼓励适度的功能混合；以适宜的物质空间设计促进社会和谐（图6）。

4. 设计实施

根据城市设计方案编制的法定规划，这是一个"转译"的过程，即将具体的形态语言翻译成制度可以执行的指标语言。重点需要把城市设计的空间观、公共资源观转化为可与土地开发指引相对接的图示和指标。

为落实"绿色城市"目标，强化土地开发建设中的人本观和场所观，我们对法定图则编制方法提出了如下优化建议：法定规划文件图表中新增公共通道、街区开放空间等图例；对法定图则用地兼容性图表内容进行适当调整和补充；对地块开发指标附加形态加入控制的内容（图7）。

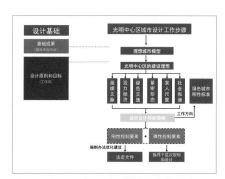

图6　技术思路图示

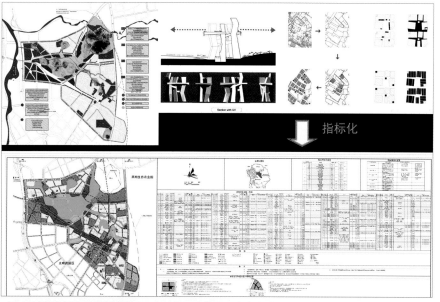

图7　城市设计空间方案的转译

深圳市宝安总体城市设计

2007年度全国优秀城乡规划设计二等奖
2007年度广东省优秀城乡规划设计一等奖
深圳市第十二届优秀规划设计评选活动一等奖
编制起止时间：2005.12-2006.12
承担单位：深圳分院
项目负责人：朱荣远、夏青
主要参加人：梅欣、崔宝义、陈晓晶、
　　　　　　肖磊、律严、石爱华、
　　　　　　邵亦飞、郭清栗、张红宇、
　　　　　　凌小伟
合作单位：深圳市规划局宝安分局

宝安总体城市设计旨在凸显城市设计系统整合的特征，为宝安区城市空间整合发展和特色营造拟订一条清晰的思路。通过确立城市整体物质形态和人文活动的目标体系及结构体系，以及实现目标的要素构成与控制原则，进而明确各个区域的特色、建设重点和建设标准，指导全区整体环境以及各片区具体城市设计和建设管理。

设计构思

宝安总体城市设计是从整体到分区的整合、控制与引导。

整体—通过确立城市整体物质形态和人文活动的目标体系及结构体系，进而确立实现目标的要素构成与控制原则。

分区—明确各个区域的特色、建设重点和建设标准，便于在管理中操作、执行整体的要求。

主要内容

整体层面通过重新梳理和整合宝安的资源要素，定位凸显宝安总体空间形象的城市名片，增强宝安城市的吸引力和感召力。进而将城市设计硬件要素进行系统整合，从土地使用、公共空间、城市交通、城市景观四个体系进行引导控制，同时针对城市的社会问题、精神文化需求和人的活动，构造潜在的公共原则、社会意识和文化目标，增强城市对市民的凝聚力和市民对城市的认同感，提升生活软环境。系统控制之下，提出资源要素分区，将整个宝安区划分为综合建设区、引导控制区、专项引导区、生态保护区和生态协调区，以大尺度资源观指引城市建设。

特点和创新

宝安总体城市设计是一次以城市设计手法进行城市规划研究的实践过程，强调总体城市设计与城市经营和规划管理的结合。

1.设计层面通过挖掘资源特色，确定城市形象主题，强化城市品牌建设；控制系统要素，构建空间秩序。

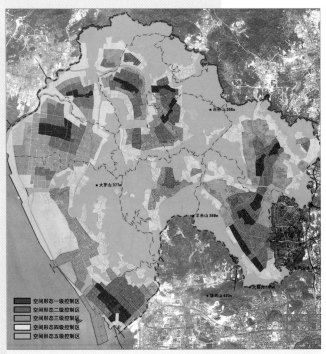

图1 空间形态指引

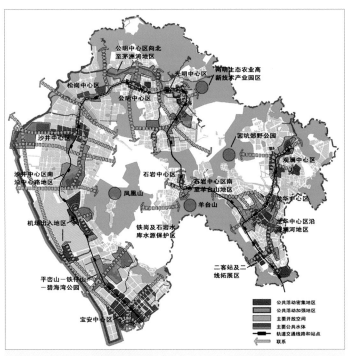

图2 公共空间控制

结合城市三维立体形态对城市土地的使用提出相应的要求，将城市用地的空间形态进行五级控制，从而把抽象的土地使用指标同城市空间环境建设的具体要求联系起来。

强调对自然绿地、水空间、广场与公园、界面等城市公共空间构成单元的系统化研究和公共活动密集地区、公共活动加强地区、公共联系等城市公共空间内部城市构成要素的综合处理，构筑一体化的公共空间网络。

分离性质不同的交通流，建立完善的公交系统，设计人性化的交通设施，引导交通路径、门户、节点的景观组织，完善多元化的城市交通体系。

梳理和分析城市视觉景观的品质和总体构成，着重研究标志物、节点、边界、天际线、视觉轴线、环境设施、城市夜景等一系列要素的系统构成关系及其对塑造城市总体意象形态的作用。

2. 实施层面通过建立完整的设计导则层级体系，制定《实施规定》，形成宝

安城市设计的政策和管理框架，对现有城市规划体系进行了有效补充。

宝安总体城市设计图则体系包括系统设计导则、分区设计通则和分区设计细则。城市设计图则控制分为四个层次，具体包括"● 要求，并完全执行"、"◎ 建议，选择相关细则执行"、"⊙ 告知，鼓励执行相关细则"、"○ 无直接关系，不涉及"，留有一定的设计弹性，允许将更细节的部分由下层次的规划设计予以解决。

通过制定《实施规定》，宝安总体城市设计的技术性成果可以落实到包括总规、组团分区规划和法定图则等不同层面的规划当中，同时对下层次的专项及局部城市设计进行指引。宝安总体城市设计的控制指引要求以城市设计条件通知书和城市设计实施备案表的形式纳入法定图则、局部城市设计及立项项目的审批流程。通过规划管理程序实现其设计目标，指导全区整体环境以及各片区具体城市设计和建设

管理的要求。

实施情况

宝安总体城市设计促使宝安在土地利用、建设标准和规划管理上进行转型，建立了"环环相扣，高效有序"的城市设计体系，对现有城市规划体系进行了有效补充。

宝安总体城市设计通过反映城市发展策略和市民生活需求的政策、标准以及设计引导来管理城市空间环境，提升城市环境品质。目前，在总体城市设计的指引下，宝安区已开展了九个街道办重点片区及重点地段的城市设计工作，同时在 07、08 年度开展的法定图则编制的过程中，分局运用宝安总体城市设计的图则指引各个片区法定图则编制中的城市设计工作。此外，深圳市正在进行修编的《深圳市城市总体规划（2007-2020）》草案，也吸收并采纳了宝安总体城市设计的部分设计成果，做为研究参考依据。

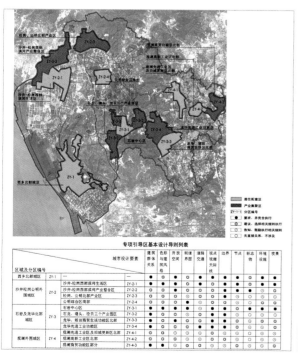

图3 资源要素分区——专项引导区设计导则

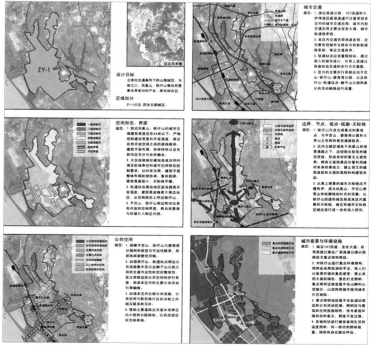

图4 专项引导区设计细则

澳门总体城市设计

编制起止时间：2009.5–2010.10

承担单位：中国城市规划学会办公室、城市设计研究室、深圳分院

主管所长：石 楠

主管主任工：耿宏兵

项目负责人：石 楠、耿宏兵、朱荣远、朱子瑜

主要参加人：张若冰、蒋朝晖、袁壮兵、王 飞、王颖楠、李 明、梁 浩、钟 苗、张婷婷

合作单位：澳门城市规划学会、同济大学建筑与城市规划学院

图3 上图：澳门半岛岸线景观，下图：氹仔与路环鸟瞰

本课题从城市设计研究角度出发，响应澳门社会关注的重大课题。研究重点提出一个目标、三个原则、四大策略、七项分策略，并将制度建设、体制创新、公众参与等作为实施途径，以此作为澳门构建科学化和现代化城市规划体系的基础之一。

1. 一个目标

目标：建立一个兼顾保护与发展、促进社会和谐的澳门城市公共空间系统（图1）。

2. 三个原则

特色化发展原则：强化澳门城市特色是总体城市设计的核心思想，实现澳门成为世界旅游休闲中心的发展愿景。

整体化引导原则：澳门的城市设计须整合分散的特色资源，建立城市整体化发展的秩序。

绿色化发展原则：采取符合澳门实际的绿色低碳适宜模式和标准，提高居民综合生活素质。

3. 四大策略

1）改善城市生态环境

加强澳珠生态环境保护的紧密合作，使澳门成为区域生态体系的紧密组成部分。

增加和完善滨水带状连续公共开敞绿化空间，强化澳门海岛城市独特的生态环境特色。

形成具有澳门特色的全方位、多层次绿化开敞空间体系，划定永久自然生态保护区，提高人均绿化面积。

2）建立特色公共空间

城市公共空间体系要兼顾本地居民、外来访客在澳门的活动需求，支持澳门不同城区高密度和非高密度发展的模式。

建立澳门城市公共交通服务体系，营造适应不同城区特点和活动规律的良好步行环境。

优化旧城区公共空间，建立旧城区与滨海地区的步行联系。

引导新填海区的功能布局，突出城市公共交通和滨海公共空间的整合作用，促进新旧城区协同发展。

3）优化历史人文景观

保护澳门世界文化遗产景观资源，突出"山、海、城"的滨海、山体自然景观，塑造独一无二的人文滨海城市形象。

确立传统和现代特色的城市公共观景眺望点，保护有价值的景观视廊与视域，建立高质量景观系统，形成澳门山水城市、昼夜意象独特的景观秩序。

4）确立魅力城市形态

强调岛群格局、海岸线景观、建筑与山体的整体性。

通过适当高密度、高混合的开发模式，满足土地功能混合的需求，制定建筑高度分区，构建滨海活力地区特征，

图1 中西交融的澳门城市空间

使澳门整体城市形态呈现为由水上基础设施连接的群岛之城。

4. 七项分策略

分策略一：增加和完善绿化空间网络

强化与周边区域生态系统的沟通与融合，延续历史上自然山水的格局。

构筑滨海绿化开敞体系，将市民的休憩生活引向水岸地区。

因地制宜地采取小型公园、道路绿化、庭院绿化、立体绿化等方式，组织澳门城市独特的公共绿化休憩空间场所。

保护各类生态斑块和生态廊道，发挥各类保护区、公园、山体、水体等提升环境质量的综合作用（图2）。

分策略二：分区优化步行环境

澳门半岛步行系统强调各个地区之间的通连，体现"网"的特征；凼仔岛更适合在局部地带形成"片"状的步行街区；路环岛是较为自然的郊野环境，体现为穿行在山林中的"线"状形态特征（图3）。

微观上，坚持以下改进策略，即：整合边角零碎空间；通连街区内部的公共步行通道；形成多层次、立体化的步行体系；增强步行公共空间的舒适性和吸引力；珍视步行公共空间环境的历史传统文脉等。

分策略三：塑造国际级的城市滨海休闲长廊

通过区划海岸职能，建立滨海空间资源利用系统；增加公共滨海及自然滨海岸线，提升城市海岸的公共价值。

通过保护更新、提升整合、升级改造、新建开发四种模式，组织丰富的滨海公共场所，提升滨海公共活动吸引力。

整合公共海岸，浓缩被认知的景观特征，塑造若干主题性滨海区，作为澳门旅游的国际性品牌地区。

优化轻轨、路桥和港珠澳大桥及口岸等大型滨水基础设施的设计，使现代化澳门的滨海城市意象更加完整、鲜明。

分策略四：控制"山、海、城"的景观视廊

控制山海视觉景观是为了彰显澳门作为一个岛屿城市、滨海城市这一最突出的城市特色。具体做法上，选择澳门有代表性及潜在价值的全景视点、观海视点、观河视点和海上视点，对周边环境及观景视廊加以控制、保护或整治；同时对滨海、滨湖天际轮廓展示面从视线景观的角度提出控制要求，从而确保澳门拥有高质量的山海视觉景观。

选出最能体现澳门特色及韵味的重点夜景点提出设计策略，营造澳门全天候的城市景观。

分策略五：保护整体历史风貌，促进旧区活化

依据澳门发展各时期的历史景观、文化遗产和历史环境，强化对城市风貌的整体控制引导，加强对城市重要标志性景观、眺望景观的控制，通过对开发强度、建筑高度等进行控制，维护世遗历史城区与自然环境所构成的整体空间关系，以保证城市的整体风貌不受破坏。

通过改善居住环境、创造就业空间、推动文化旅游、鼓励创意产业等措施提升地区活力（图4）。

分策略六：复兴妈阁和内港历史地区

妈阁至内港历史地区是澳门最早有人文活动的地区，积淀了最为深厚的城市记忆。

对其进行交通、功能、防水浸、城市合作、旅游发展、历史保护、社会稳定等多重需求下的地区复兴，发展海洋文化产业，打造内港滨水休闲走廊，重塑妈阁和内港地区的功能活力。

分策略七：引导新填海区的开发

在新填海区倡导绿色低碳、产业多元、可持续、新旧区协调发展的模式。

合理控制开发强度，集约利用土地，精密紧凑布局。强调产业的多元化和公共服务配置的均好性。

强调滨水公共空间、绿地空间的结构作用，延续区域绿道。丰富水岸景观层次和功能，塑造新澳门海滨长廊（图5）。

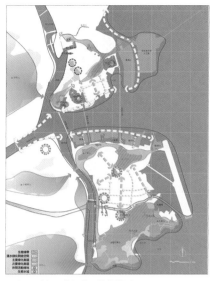

图2　澳门生态绿化网络结构图

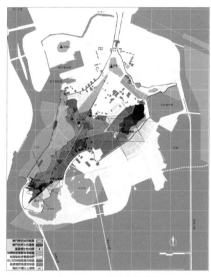

图4　历史城区眺望景观与高度控制范围图

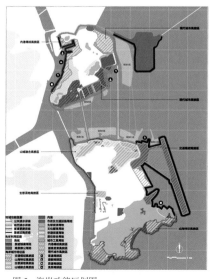

图5　海岸功能区划图

澳门创意产业区详细规划

2005 年度全国优秀城乡规划设计三等奖
2005 年度中规院优秀城乡规划设计二等奖
编制起止时间：2000.11~2002.2
承 担 单 位：城市建设规划设计研究所
主 管 所 长：张 全
项目负责人：崔世平、罗 赤
主要参加人：李海涛、阮杰亮、陈佩瑜、
　　　　　　兰小梅、张 全、鹿 勤、
　　　　　　杜宝东、张永波
合 作 单 位：澳门新域城市规划暨工程
　　　　　　顾问有限公司

图 1　项目地点位于澳门本岛塔石望德堂街区，用地面积 10hm²

澳门作为中西文化交融之城，在 1999 年年底回归之后，特区政府采取了新的执政理念与方式，城市规划也成为重要的手段之一。在新经济时代，创意成为知识经济与信息产业的主要论题。创意产业（又称"文化产业"）正逐渐成为许多国家、地区或城市经济发展的重要增长点。澳门，常被冠以"亚洲赌城"之誉，但更为引起专业人员关注的是其融合中西文化的城市发展历史更具有独特性的魅力。本规划力求通过澳门创意产业区的建立，使澳门旧城内已显衰落迹象的历史性地段与建筑物能够重新加以利用，复苏旧城区内原有的活力，创造具有地方文化特色的社区，支持澳门旅游业的发展，使文化创意产业成为除博彩业之外的重要的城市职能之一。

1. 规划内容与特点

规划首先对澳门创意产业项目的适宜性进行选择，并通过比较，首先选取望德堂地区作为试点区，该地区现存较多的传统建筑，有部分与创意产业相关的商业性设施，部分建筑年久失修并被空置，停车问题较为紧张，是有待重新赋予活力的地区（图 1）。规划针对该区制定了基本原则，包括：第一，积极保护区内有特色的历史地段及建筑物，展现独特的文物文化风貌（图 2）。第二，重整社区基本营业条件，激发社区经济活力。第三，设立"标志"建筑，作为凝聚创意产业文化精英之地点。第四，重新整合文物建筑与附近街道及地段之使用功能，营造浓厚文化气氛。第五，重新协调与组织协调区内外交通联系网络，建立合理的步行系统，以突出创意产业区的区位特征（图 3）。第六，利用创意产业带动文化旅游的发展，扩大消费需求。

规划对试点区基地的区位条件、区内现状用地与建筑功能、人口构成状况、保护建筑状况、建筑产权状况、交通状况等要素进行分析，为创意产业项目的安排和规划实施的步骤奠定必要的基础（图 4）。

规划基本保留了基地内的原有建筑，保持了原有社区的完整性。规划主要通过对交通与市政等设施条件的改善、旧建筑的修缮、增加公共活动空间

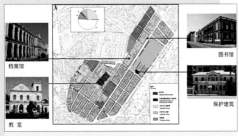

图 2　保护建筑分布图

图 3　交通组织规划图

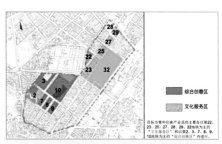

图 4　地块功能规划图

等方式改变其环境条件，通过有关创意产业活动的组织来体现地区的功能；不强制该区内原有居民搬迁，而是希望带给居民以更多的服务设施和活动场所。在规划的功能分区上既有区分又保持了一定的混合性，区内部有较为完整的步行系统，这样会有助于创意活动的展开（图5）。

空间环境设计中增加了各种规模的公共广场或开敞空间，广场地面铺装设计拟采用传统的"葡萄牙碎砖石"图案以体现地方风格；在试点区内设有具有标志性的塔式构筑物，成为全区的视觉中心；设计还利用了第一计划区与第二计划区之间地形上的高差，加强街道空间的立体感与趣味性。规划同时对各地块提出了控制指标与设计指引。

2. 实施效果

政府首先将试点区内面积约1300m²的名曰"婆仔屋"的场地开放，改为"婆仔屋艺术空间"，从事创意产业的活动。在活动开展到一定程度的时期，政府同时投资启动地下基础设施和路面改善工程（目前已经完成），使全区的环境得到较大的改善（图6、图7）。

澳门政府于2003年启动实施，目前第一阶段的设施改造工程已基本完成。2005年"澳门历史文化建筑群"申报世界文化遗产成功，该区内的部分建筑物已纳入遗产，目前该区已有多家创意产业机构注入并开展活动。

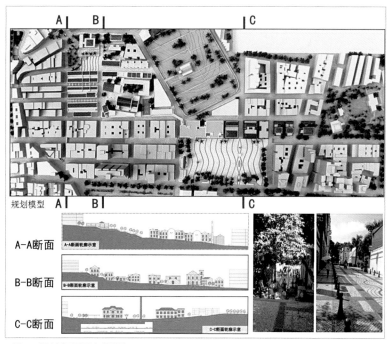

图5 基地剖面图及实景照片

图6 区内道路改造前、施工中和改造后图片

婆仔屋规划前空置的情况　　规划实施前期已开始举办活动　　活动到一定阶段时重新整修

婆仔屋创意活动进行中的庭院　　　　修缮后的庭院

图7 婆仔屋活动组织与改造过程记录图片

苏州市总体城市设计

2011年度全国优秀城乡规划设计二等奖
2010-2011年度中规院优秀城乡规划设计一等奖
编制起止时间：2008.3-2010.6
承 担 单 位：城市规划设计所
主 管 所 长：尹　强
主 管 主 任 工：董　珂
项目负责人：邓　东、杨一帆
主要参加人：肖礼军、伍　敏、刘继华、
　　　　　　赵　权
合 作 单 位：苏州市城市规划设计研究院

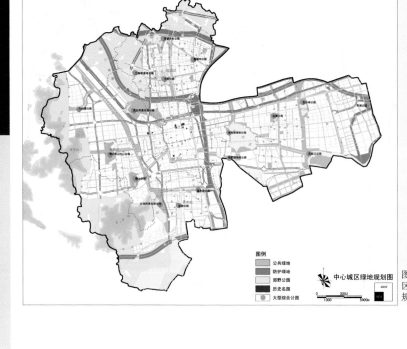

图3 中心城区绿化系统规划图

图例
- 公共绿地
- 防护绿地
- 郊野公园
- 历史名园
- 大型综合公园

中心城区绿地规划图

图1　三角嘴湿地公园实施照片

图2　荷塘月色湿地公园实施照片

1. 规划背景

规划设计范围为《苏州市城市总体规划（2007-2020）》（纲要）确定的中心城区范围，总面积约600km²，建设用地面积约380km²。要求整合苏州空间资源，塑造整体形象，进行系统控制，分区引导，最终实现"青山清水，新天堂"的城市发展总目标。更加明确各区的特色与建设引导策略，协助各区梳理空间结构，确定建设重点和标准。

2. 规划方法

第一，强调规划设计的科学性，积极探索客观量化的分析、校验工具在大尺度空间设计中的运用，以弥补经验判断的不足。运用的主要量化分析方法和技术包括：

（1）场所分析理论与方法：主要分析典型场所的使用方式、行为特征、微观业态、交通组织等对具有苏州特色的场所设计的影响。

（2）社会行为学方法（与姑苏晚报、苏州大学社会学系合作）：通过"空间化、形态化、数字化"的方法分析不同人群对城市的感知、市民的日常活动、社区活动，目的是探索具有地方文化特色的空间与社会行为关系。

（3）空间句法模型（与伦敦大学的Bill Hillier教授合作）：进行空间整合度分析、公共空间分析，推演各级中心发育，进行空间判读、方案校验。

（4）GIS三维模型（与苏州市规划局信息中心合作）：进行三维空间模拟，空间信息与社会、经济属性融合，建立动态、直观的空间判读和管理平台。

第二，坚持"百姓是真正的城市设计者，规划师是百姓的代言人"的初衷。地方媒体全程追踪报道，呼吁市民广泛参与规划的全过程，规划师深入社区，与普通市民充分交流规划设计，推进"市民规划"。

3. 主要内容

主要规划设计内容分为两部分：

第一，总体控制与引导，包括对城市整体空间结构与形态，城市中心体系与公共服务设施建设，公共空间系统和边界、通道等结构性要素，社区建设，建设强度、高度、色彩、建筑设计等设计控制要素进行分析研究，提出整体性的控制与引导通则。

第二，针对苏州古城区、老城区、高新区、相城区、工业园区、吴中区等特色片区制定分别的控制和引导要求，提出建设目标、引导策略、建议项目库，对重要节点提出概念设计方案。

成果分为三部分："文本"为规划局管理文件，"说明书"集中了规划设计的主要分析内容、规划设计图纸，"附件"为专题研究报告。

4. 创新与特色

第一，在"区域、城市、片区、社区"等多个层次，坚持"科学量化"和"市民规划"指导思想，并在每个阶段和层次充分引入定量分析技术与方法，希望摸索一套研究城市形态演变和进行城市设计的适宜技术，以应对快速发展条件下城市物质空间发展的复杂性、多变性。

第二，探索大尺度空间设计的科学程序，覆盖规划设计从认知、分析、设计、修改到实施的完整周期，规范城市设计过程。所确立的四阶段编制程序及要点包括：

（1）城市认知。运用社会学调查、GIS 系统分析、三维模型推演、空间句法模型等客观分析手段，推进对城市建设问题的客观判读。

（2）场所与活动分析。运用场所分析理论与技术、空间句法模型、社会行为学调查等技术手段分析苏州的微观业态、场所设计、活动特征的关系，引导城市设计方案、导则编制。

（3）设计、校验与修改。运用 GIS 三维模型、空间句法模型等客观分析、校验工具，对规划设计方案进行动态校验与修改。

（4）成果与管理平台的结合。摸索城市设计成果向管理语言的有效转化途径，其中编制组与苏州市规划局信息中心合作，建立 GIS 三维模型平台，将经济、社会信息与三维模型融合，有力地支撑了苏州市对各片区规划、设计与建设的

评估和检讨，成为重要的科学管理平台。

5. 实施情况

指导下位规划设计：该规划成果批复后，苏州市以"总规"和"总体城市设计"作为指导中心城区各项规划设计的最重要指导文件，组织多项后续专项规划和片区规划设计，如：《苏州市公共空间环境建设规划》《苏州市中心区户外广告专项规划》《苏州市高度控制规划研究》《苏州市城市色彩规划研究》，以及虎丘周边地区、木渎胥江两岸等片区规划与城市设计。

实施项目：规划设计提出的"荷塘月色湿地公园"、"三角嘴生态公园"、"斜塘公园"、"石湖景区整治"等项目已相继建设实施（图 1 ～ 图 5）。

后续研究：以苏州为基础案例，与伦敦大学的 Hillier 教授合作，分别在中国申请住建部的 2009 软科学研究项目《基于定量的城市设计方法研究》（编号 2009-R2-38），在英国申请工程和自然科学研究委员会的 EPSRC 基金，探索大尺度城市设计的量化分析、校验方法、方案修改和规划成果向管理工具转化的程序。

图 4 中心城区滨水岸线规划图

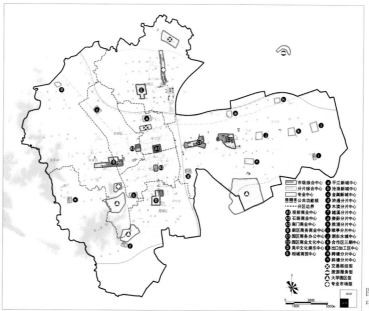

图 5 中心城区中心体系规划图

长沙大河西先导区
总体城市设计

2008-2009 年度中规院优秀城乡规划设计二等奖
编制起止时间：2008.10-2009.3
承担单位：上海分院
分院主管院长：郑德高
分院主管总工：蔡震
项目负责人：张晋庆、陈雨
主要参加人：袁海琴、莎莉、宋佳丽

图1 区位图

1. 项目概况

2007 年 12 月 14 日，经报请国务院同意，国家发改委正式批准长株潭城市群为全国资源节约型和环境友好型社会建设综合配套改革试验区。长沙市划定大河西先导区作为两型社会的试点区，并启动总体规划设计，对空间战略规划进行补充与调整，并以此为依据编制总体规划和新城的分片规划。

长沙大河西先导区面积 1200km²，其中城市建设用地仅占 150km²，自然环境优美，山水特征显著（图1）。设计直接围绕长沙市风貌元素特征提出总体城市设计目标，直接在各风貌要素子系统设计中落实，并贯彻到各个片区规划中。

2. 核心内容

1）设计目标制订

长沙市的总体格局"山、水、洲、城"脍炙人口，在长沙家喻户晓。设计首先提出了"秀峰衬城、阔江映城、曲水串城、沙洲耀城、碧湖兴城、绿荫隐城、街区荣城、要素知城"的战略目标。对长沙大河西先导区结构性风貌元素"山、江、

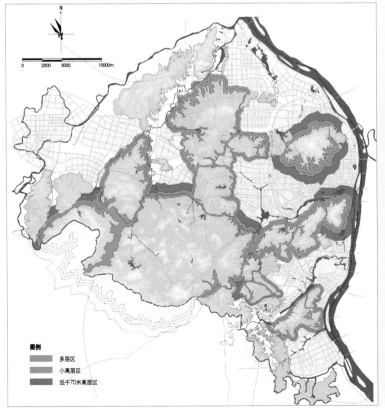

图例
　多层区
　小高层区
　低于70米高层区

图2 山体分级保护设计图

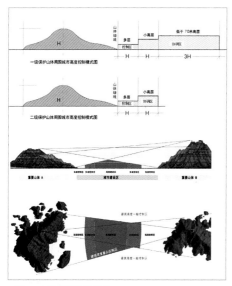

图3 山体分级控制要求

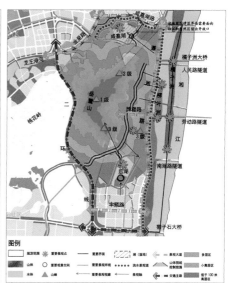

图4 控制图则

水、洲、湖、道路、绿化、街区"等分类提出清晰的控制目标。

2) 分系统落实

在城市风貌子系统规划中，对每一项设计目标都提出控制策略，针对山、水要素进行重点控制。表述方式采用"目标—政策—要点"三级目录，表述形式简明清晰。以"秀峰衬城"目标落实为例，规划将其分解为3条政策，涉及内容包括山体自身保护、山体周边建设协调、观山视线通廊设计等方面，分别为：

（1）确认山体控制绿线，并对山体进行分级保护；

（2）对于山体周围城市高度实施分级分区控制；

（3）控制重要的山体视线廊道，保证观赏山体的视线畅通（图2～图4）。

每一项政策加以图示并分解为若干控制要点，例如"政策2，对山体周围城市高度实施分级分区控制"分解为三条控制要点：

（1）控制要点1：1级保护山体周围1倍、1～2倍和2～5倍山体高度范围内城市建筑分别限制为多层、小高层和低于100m的高层；

（2）控制要点2：2级保护山体周围1倍、1～2倍山体高度范围内城市建筑

高度分别限制为多层和小高层；

（3）控制要点3：通过限制山体周围建筑高度，避免山体被高层建筑包围，保证"山山互现"。

3) 分片区落实

宏观把握注重统一规划思想，制定策略与准则，贯穿于规划区建设过程始终；中观控制注重落实规划原则，制定刚性指标，指导下层次各类规划编制；微观指引注重确立规划标尺，引导重点地段详细规划。

3. 特色创新

1) 刚性控制保证设计目标的实施底线

在我国现行规划法规体系之下，总体城市设计现实的实施途径是指导各层次法定规划，其内容应当便于与各层次规划进行"转译"，但是设计内容多为引导性，不具备刚性，因此在实施中会遇到因为弹性过大而难以操作的难题。《长沙大河西先导区总体城市设计》创造性地在规划政策内容中对每一个设计目标划定了强制性控制政策，无论是同层次的总体规划还是下层次的分区和控规都需要遵守，刚性内容是8大设计目标的控制底线，保证总体城市设计目标向各

级法定规划有效"转译"。

2) 实施程序设计落实总体城市设计目标

总体城市设计作为非法定规划，在直接控制城市建设的"一书两证"体系中没有法定地位，在项目审批、用地审核等实施环节很难发挥作用，这也造成了其实施的实际困难。因此，在设计文本中增加针对管理程序的设计，有助于规划部门有针对性地增加管理环节，确保设计目标在项目审核的环节得到贯彻落实。《长沙大河西先导区总体城市设计》在文本中设计了针对管理的实施表格，在长沙大河西地区范围内的建设项目首先要对应总体城市设计的8项目标进行评估，审核其是否遵守了各项城市设计目标的基本政策，并将此表格打分结果作为建设项目审核的重要依据。

4. 实施情况

《长沙大河西先导区总体城市设计》由于充分考虑了与下层次规划的对接，并为规划管理设计相应程序，在规划实施中对下层次分区规划和控制性详细规划的涉及城市风貌的结构要素有清晰明确的控制要求，确保了总体城市设计在各层次规划中得以贯穿始终。

浙江玉环新城地区规划设计

2012-2013年度中规院优秀城乡规划设计二等奖

编制起止时间：2011.9-2012.12

承 担 单 位：城市规划设计所

主 管 总 工：杨保军

主 管 所 长：邓 东

主管主任工：闵希莹、董 珂

项目负责人：杨一帆、肖礼军

主要参加人：缪杨兵、张 帆、伍 敏、
　　　　　　陈 岩、张春洋、李 婧、
　　　　　　王 晨、魏安敏、梁爽静

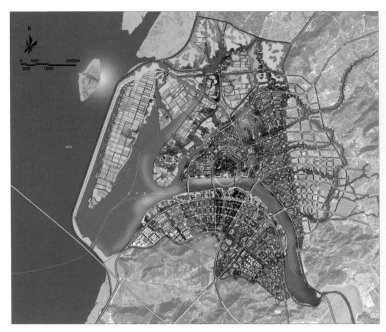

图1 城市设计
总平面图

1. 规划背景

项目位于浙江省玉环县，紧邻乐清湾及雁荡山、方山、长屿洞天等著名景区。规划范围为"玉环新城漩门二期及周边地区"，现状主要包括西侧的国家海洋湿地公园，可建设的大量滩涂地区和部分工业用地。

玉环建设的主要问题是：城市发展落后于经济发展。人均收入高于杭州、宁波等中心城市，但人均本地消费大大落后。由于城市建设和综合服务功能长期欠账，呈现消费外流、总部外逃的现象，严重制约了玉环社会经济的转型发展。

城市现状空间结构不清晰，布局过于松散。组团间功能雷同，缺乏分工协作，更缺乏强有力的功能和形象中心。玉环新城成为弥补城市长期欠账，提升城市综合服务功能，带动县域空间资源整合的希望之地。

县域总规将玉环新城漩门二期部分确定为商贸、旅游、高新产业主导的滨海生态城区。

2. 规划内容

主要规划内容包括新城地区"城市设计"，城市建设区"控制性详细规划"，和远景用地"控制性详细规划研究"三

个部分。总规划面积约55km²，其中陆域面积约41km²，城市建设用地约12km²，远景城市建设用地约6.8km²（图1、图2）。

3. 规划特色

在规划编制过程中，主要在以下方面进行尝试和探索：

1）向地方政府提供新城规划的全程规划服务，从交本子规划转向持续的技术支持。

规划编制组受玉环政府全权委托，负责进行前期研究、组织国际方案征集、城市设计方案综合和控规编制，建立国际工作营，引入国际经验，共同探讨中心区优化方案。规划编制完成后，继续参与近期项目选址，规划条件制定，并持续进行后续建筑设计和景观设计的技术指导。

2）从区域出发分析研究新城定位、生态格局、空间布局、交通组织等。

充分协调周边地区的关系，部分起到以新城建设弥补玉环城市建设长期欠账，和带动全域空间整合的作用。

3）低冲击规划策略的探索。

先通过生态敏感性分析、综合用地适宜性分析等手段，确定需要严格保护的不可建设地区，再进行用地布局，力争将新

城建设对原有生态环境的冲击降到最低。

（4）分层次管理的成果形式。

为了达到对核心公共利益严格管控、对地块管理刚弹有度、对核心区形象重点引导的目的，控规图则分为三个层次进行编制：

（1）"单元图则"主要控制公共服务、交通、市政和安全设施等核心内容；

（2）"次单元图则"进行四线控制和地块指标控制；

（3）在场所分析和建筑体形分析的基础上，对中心区各个街区逐一编制"城市设计导则"，进行核心区设计引导。

4. 后续服务工作

规划实施过程中，规划编制组为地方提供持续的技术服务，做了规划编制以外的大量工作。例如：

（1）为地方政府编制地块规划条件。

（2）参与大量的新城建筑方案和局部城市设计方案审查。

（3）引荐国内著名建筑师就中心区的博物馆、图书馆、体育馆等重点建筑进行设计。

（4）参与滨水区景观设计方案评审。

（5）对水系调整方案提供技术咨询。

（6）对天然气调压储气站选址方案等市政工程问题提出建议。

（7）对贯通蓄淡大坝两侧水上交通提出工程解决方案建议等。

5. 规划实施情况

规划评审通过后，已依据该规划有序推进一系列建设和片区规划设计。例如：

（1）北区主干路网逐步建设，南区局部路网进行调整和新建。

（2）会展中心、博物馆、图书馆、商贸中心、启动区商务办公建筑、广电中心、苏泊尔小区等一批重点建筑和小区已划拨或出让用地，进行建筑设计（图3）。

（3）城市中心区滨水景观带景观设计分段实施（图4）。

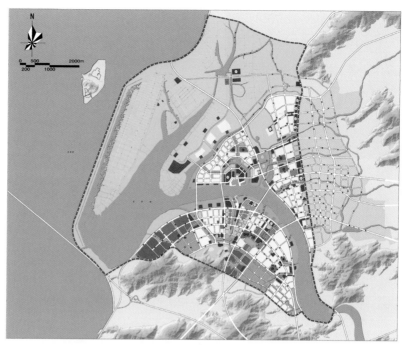

图2 用地布局规划图

图3 整体鸟瞰图

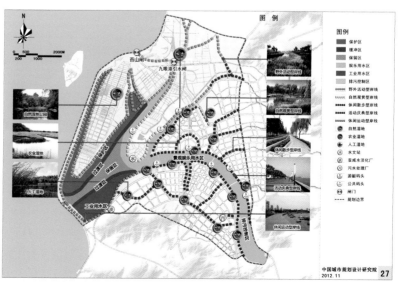

图4 水环境系统规划图

2012-2013年度中规院优秀城乡规划设计一等奖
编制起止时间：2007.5-2012.2
承 担 单 位：深圳分院
分院主管院长：朱荣远
分院主管总工：徐建杰
项目总负责人：朱荣远、徐建杰
分院主管所长：方 煜、梁 峥、赵迎雪
项目专项负责人：赵迎雪、李 轲、何 斌、
            覃 原、钟远岳、林楚燕、
            谭敏敏
项目主要参加人：方 煜、梁 峥、俞 云、
            李 轲、刘 雷、陈 郊、
            刘 缨、董佳驹、邝启亮、
            陆 巍、陈媛媛、蒋 岫、
            王凤云、周宝箭、李 鑫、
            陈晚莲、张 涛、金 哲、
            纪 宏、张景可、张 迎、
            申立华、康 蓉

1. 项目背景

2006年以来针对东莞的发展特点市委、市政府提出了"双转型"的战略发展要求，同年6月提出了生态园的发展设想，围绕生态园同步展开了相关城市问题研究——如何统筹城乡协调发展；传统发展模式向低碳节能和生态模式转型的可操作路径；水生态环境综合治理的有效标准和可实施的路径；综合治水可能带来的复合功能价值，如何将单一的水利工程与城市水生态环境治理相结合并形成综合土地利用的有效的模式；探索和实践可持续的社会稳定、环境宜居、经济循环、文明提升的城市化路径。

东莞生态园位于广东省东莞市东北部，生态园选址于六个镇区（茶山镇、石排镇、寮步镇、石龙镇、东坑镇、横沥镇）的发展边缘地带，集合30.54km²地势低洼的土地；区外周边水系，园区内现有南畲朗和大圳埔排渠等水利设施，是邻近六镇的低洼地带，具有典型的岭南水乡农耕特色。由于各镇区工业化的原因，园区内成为镇区污水汇聚和流经的地区，是一处典型的快速城市化发展引发的水环境污染严重和土地价值低下的区域（图1～图3）。

2. 规划内容

1）项目思考

规划从"统筹发展、生态城市、城市文明、先行先试"四个方面渐进式地梳理未来东莞生态园的发展方向以及实施计划。

（1）统筹发展。关注东莞社会发展的特征和规律，建立镇区间持续城市化过程中的共同利益关系。

（2）生态城市。关注和实施绿色低碳和循环经济发展理念，创造与时俱进的、特色突出的生态新城区。

（3）城市文明。关注社会文明质素之变，规划次区域的生产和生活服务中心，引领和促进周边镇区社会进步。

（4）先行先试。关注适合东莞可持续的、具有复合生态内涵的城市化路径。

2）主要内容

通过实施路径设计，以总体规划统筹各个系统规划，以城市设计和水环境系统设计为平台协调土地利用和各项详细设计，形成互相校核，及时修正和共同探索生态城市的规划建设的有效机制。综合规划设计成果包括《东莞生态园总体规划（2007-2020）》、《东莞生态园中心区城市设计》、《东莞生态园水系及水环境整治综合规划》（获得2008～2009年度中规院优秀城乡规划设计三等奖）、《东莞生态园市政工程专项规划》、《东莞生态园绿地系统专项规划（2007-2020）》、《东莞生态园总体规划环境影响评价篇章》共六部分。

3. 创新与特色

面对东莞工业化、城市化进程中遗留的问题和如何持续发展的困惑，规划选择了有针对性的创新以突出规划的社会、经济和文化的特点（图4～图7）。

1）重组六镇空间资源，实现园镇协调融合发展，开启东莞城市化的新阶段

生态园系列规划不仅着眼于生态园自身的效益，更关注其从空间上发挥"粘结"作用，促进东部六镇社会经济要素资源重组共增、共赢，避免生态园成为东莞东部同质竞争的"第七个镇"。以东莞生态园的建设引导和协调六个镇区的资源统筹分配，更新土地功能，集约增效土地资源的价值，提升城市建设标准

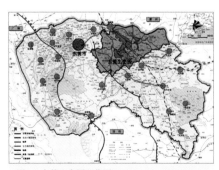

图1　东莞生态园区位图

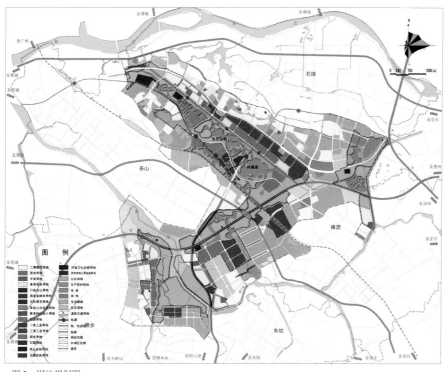

图2 用地规划图

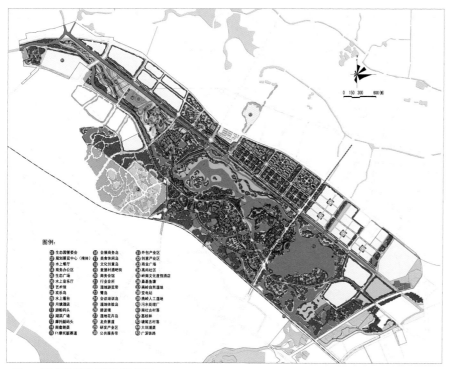

图3 南畲朗片区城市设计总平面图

和形象。

2）采取多专业、多层次协同"无边界"综合规划设计

为尽快有效推动园区城市建设，生态园的综合规划设计采用多层次、多专业协同规划的工作模式，并将其充分应用在规划师与建筑师、景观设计师、工程师的合作过程中。以总体规划统筹各个系统规划，以城市设计和水环境系统设计为平台协调土地利用和各项详细设计。形成互相校核，及时修正和共同探索生态城市的规划建设的有效机制。

3）治区域之水，修复和重建复合生态环境

综合规划从"水环境欠账"的问题入手，采用"治水为前、生态优先、以绿为基、以水为源"的环境修复策略，在流域内采取一系列水环境再造工程，提高周边镇区的防洪排涝能力与生态环境品质，构建园镇一体的"水生态经络"，形成"大湿地"的生态系统，使生态园成为六镇共同拥有的"公共资源"。并以生态园为核心，采用外部截污、内部清淤、扩渠、污水处理、循环补水、生态修复等水资源的综合管理措施，重塑地区的水生态环境，形成滩、荡、塘、湖、渠、河等多种形态的水体景观。

4）建设具有湿地生态环境特色的循环园区，引领东莞转型发展

园区重点发展高新技术及其配套服务业，以园区循环与区域循环相结合的模式搭建循环经济发展平台，以循环经济模式引导周边镇区实现更高标准的城市化。以"污染治理、生态修复、经济循环、低碳发展"的"生态园模式"为示范，倡导绿色建筑、绿色交通、绿色城市、绿色文明的社会共识。

5）构建湖岛特色的城市空间环境，设计生活与生产的新关系

利用现状低洼地形条件，理水成湖、移土成岛，设计岛链、湖塘链等因水而生的空间环境形态，构建新的社会生态空间结构，组织生态园多元化的特色场所，形成内容丰富、个性各异的生态城区，以生态低碳标准实现生态园商务办公、文化创意、旅游服务、文化设施、居住区等城市功能，并以特色的水生态环境组织生态园新的生活和工作方式。

6）建设高质量和可运行的生态市政设施平台

图4 中心区总体鸟瞰效果图

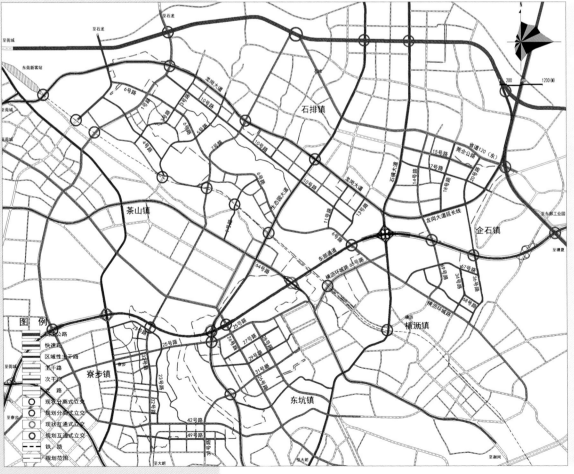

图5 道路交通系统规划图

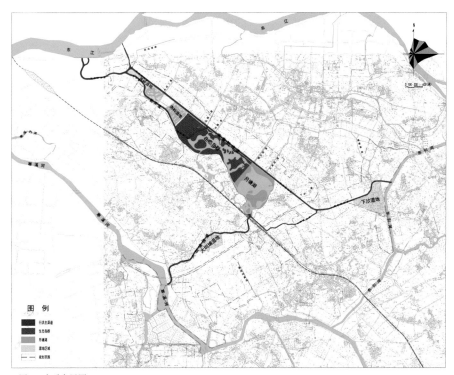

图6 水系布局图

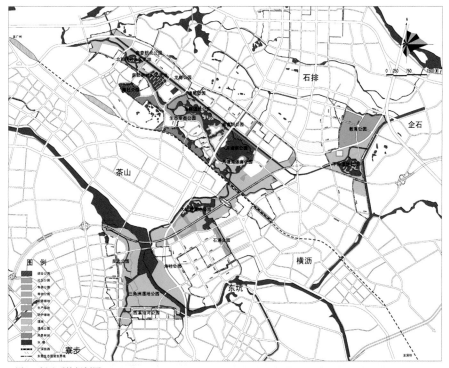

图7 绿地系统规划图

建设区域联动的市政基础设施，以更高的标准组合六镇协同发展的空间关系，改变了分治的诸侯发展格局，促成了园镇共享资源、共同繁荣。实现超过

150km² 城镇雨污水排放的综合循环利用体系，借助生态园中央水循环系统形成再生水资源的利用；对横沥镇垃圾发电厂适时进行技术改造，实现六镇区城市

垃圾循环减排的目的；整合优化片区内高压走廊，腾挪用地近1km²；并将景观设计渗透到了道路设计、水环境整治的细节过程中，成为城市基础设施平台建设的重要组成部分。

7）选择恰当的制度与标准，保证可操作和实施

借鉴国内先行生态城市的标准，去伪存真，结合东莞的现实和阶段需求，编制了生态园的规划设计和建设的标准与准则，建立了可持续的管理秩序。

4. 实施效果

园区已经系统地完成了综合规划和设计，构建了科学系统的规划体系。2008年生态园进入中央水系和主要道路全面施工的阶段，目前，东莞生态园在规划的指导下，具有一定的社会影响力，生态建设与基础环境方面已取得了一定的成效。

2011年6月，东莞生态产业园区被批准为广东省首批循环经济工业园区。2012年12月，成为国家生态产业园区，节水型社会试点。2013年12月，经住房和城乡建设部正式批准，东莞生态园湿地景区成为国家城市湿地公园，是珠三角地区首家国家城市湿地公园。

至2013年7月，东莞生态园彻底清理垃圾填埋场28个，清理垃圾175万立方米；水系整治生态修复投入20多亿元，完成16项治水工程；水质标准已从原来的劣V类提高到Ⅳ类；建成全市第一个国家级绿色三星建筑——东莞生态园办事服务大楼，成为实施环境友好、建设生态文明的典型示范。

虽然东莞生态园的城市建设尚未结束，但城市的建设理念和示范作用已经成形，从市政服务设施、水环境综合整治入手，使周边镇区的土地价值、产业功能、环境品质、交通可达得到了明显的提升。

7年的时间，通过以上的规划方法创新和空间特色塑造，持续地实施规划，不断趋近预设的目标和定位。

三亚市海棠湾
分区规划及城市设计

2009年度全国优秀城乡规划设计二等奖
2006-2007年度中规院优秀城乡规划设计三等奖
2009年度海南省优秀城乡规划设计一等奖
编制起止时间：2006.3-2007.9
承担单位：城市规划设计所
主管总工：朱子瑜
项目负责人：邓　东、刘继华
主要参加人：鞠德东、魏天爵、刘　超、
　　　　　　张　莹、黄继军、刘　元
合作单位：海南雅克设计机构、三亚市
　　　　　　城市规划设计研究院

图2　方案构思及城市设计意向图

图1　场地自然条件分析图

1. 项目背景

海棠湾距三亚市区 28km，距凤凰国际机场 40km，拥有比肩世界级滨海旅游目的地的稀缺性旅游资源（图1）。2005年海南省人民政府提出开发三亚海棠湾的设想，并同时对三亚城市总体规划作出重大调整，将海棠湾纳入总体规划。本次规划作为指导海棠湾地区开发建设的纲领性文件，在海棠湾开发建设过程中发挥了重要的统领作用。

2. 规划要点

1）方案构思

规划以重现海上丝路图景为主题，恢复场地内南北内河，利用蜿蜒的内河水系串联了区域北部的藤桥河椰子洲、中部的大小龙江塘和南部的泻湖这三处较大的水面，连接两岸的岛屿、半岛等功能板块。形成一条感受水岸风光、体验特色风情、连接功能板块的复合水上游线。在内河两岸营造体验东南亚、南亚、西亚风情的大小岛屿以及半岛主题区，打造一个充满传奇故事、异域风情

的水上体验之旅（图2）。

2）总体定位

根据海棠湾概念总体规划、省规委会批复文件、三亚市城市总体规划以及相关专题研究结论，海棠湾定位为："国家海岸"——国际休闲度假区。

主要功能：世界级度假天堂，面向国内外市场的多元化热带滨海旅游休闲度假区，国家海洋科研、教育、博览综合体。

3）布局结构

规划结构为"一带两心"。"一带"：滨海酒店带，世界顶级品牌酒店及滨海公共服务区。"两心"：度假核心与生态绿心。度假核心——大小龙江塘周边区域定位为高端品牌休闲度假核心，主要功能包括顶级酒店、国际会议中心、特色主题酒店等；生态绿心——椰子洲岛及临河椰林带定位为国家海岸湿地公园，保持区域原生态特征，开展徒步探险、湿地观光等休闲旅游活动，形成区域北部的生态绿色核心。

远景规划空间结构为："一点一带，三区六片五楔"。"一点"：热带海岛雨林

图3 海棠湾远景空间结构规划图

图4 分区城市设计指引（北区）

图例
禁止建设区　　二级限制建设区　　绿化廊道　　交通廊道　　单元边界
一级限制建设区　适宜建设区　　标志点　　C6-01 地块编号　　水域

公园；"一带"：世界顶级品牌酒店带；"三区"：南区——综合休闲旅憩、中区——高档休闲度假、北区——多元文化旅游；"六片"：结合场地特定划定的铁炉港片区、林旺片区、龙江塘片区、风塘片区、椰洲片区、土福片区；"五楔"：顺应山势，通向海洋的五条主要绿化通廊（图3、图4）。

3. 技术创新点

1）制定严格的管控规则

应对快速、多元、不确定性强的开发特点，规划以保障良好生态环境和公共利益、国家利益至上为出发点，提出公共资源控制、核心功能、布局结构、开发总量、空间形态等五个方面的衡量标尺，全程管制后续开发项目。有媒体评论称该规划设立了海棠湾开发的"高压线"。

2）建立高效的协调沟通机制

政府牵头，以规划为平台，形成包括政府、规划、开发商、设计单位、公众在内的高效协调沟通机制。对后续规划组织、项目推介、招商宣传等繁杂的管理工作提出合理的工作计划和技术要点，确保整体实施的有序进行。

4. 项目实施

目前，海棠湾在建项目已达98个（其中政府投资项目72个，社会投资项目26个），总投资约430亿元，已完成投资约117亿元。区域内市政基础设施已初具规模，通车总里程达65km的"三纵九横"骨干道路网络已初步形成，滨海一线的规划兴建的15家五星级国际品牌酒店或已投入使用，或在加紧建设（图5）。解放军总医院海南分院已建成并投入使用。奥林匹克湾、梦幻娱乐不夜城、南中国影视城、海南国际免税城、国家海岸湿地公园、国际养生中心、国际风情小镇、国际会展中心、国际艺术中心、惠普云计算与3D动漫服务研究院等一大批重点项目正抓紧实施。经过6年左右的开发建设，目前海棠湾已经成为海南省重点开发建设的滨海休闲旅游度假区，海南国际旅游岛建设的新名片。

图5 滨海某五星级酒店后续设计效果图

三亚市河西片区
旧城改造城市设计暨
控制性详细规划

2012-2013年度中规院优秀城乡规划设计二等奖
编制起止时间：2010.5-2012.1
承担单位：城市规划设计所
主管所长：邓　东
主管主任工：董　珂
项目负责人：李　荣、范嗣斌
主要参加人：缪杨兵、冯　雷、陈　岩、
　　　　　　李　婧

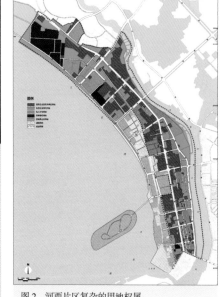

图2　河西片区复杂的用地权属

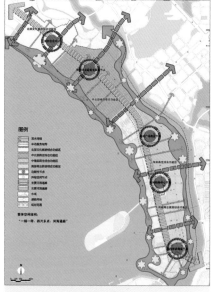

图3　河西片区空间结构规划

河西片区位于三亚湾的城市中心，紧邻阳光海岸核心地段，现状人口约10万人，规划范围约496km²。该片区是大三亚湾城市活力中心的重要组成部分，现状三亚的城市中心，也是三亚未来面向国际的城市型旅游区。河西还是三亚的城市起源地，场地内拥有大片传统肌理保存完好的特征片区、承载本地居民活动的特色街道和活力的传统社区，以及体现三亚本土特色的民俗文化等（图1）。

1. 问题与构思

河西片区既是三亚的城市中心，也是极具历史价值的旧城。但是，由于长期缺乏有效的规划管制，在强大的市场力量推动之下，这一地区逐渐呈现出破碎化的特征。不同建设时期、不同开发主体、不同文化背景所形成的各个特征片区混杂在一起，不仅加剧了场地内不同社会阶层之间的严重分化，也导致了交通拥堵、环境恶化、治安混乱等问题（图2）。

在国际旅游岛战略指导下，河西作为三亚唯一的滨海旧城中心，必将成为三亚展示旅游城市形象的重要窗口。面对新的发展目标，如何在保护传统肌理、本土文化和特色空间的同时，置入适应

城市发展需要的新功能，是本次规划的突破点。针对河西旧城的核心问题和项目特点，规划提出了"织补城市"的设计理念，即通过空间结构、道路交通、社会网络、公共空间和公共服务设施等系统的织补，最终实现城市功能的提升（图3）。

2. 技术路线

1) 空间结构织补

保留和延续场地内的现状结构性要素，织补体现半岛格局的空间结构。如保留现状滨海、滨河公共空间带，完善滨水绿链，并置入滨海对外的旅游服务功能和滨河对内的城市服务功能。保留现状解放路商业轴，打通胜利路公共交通轴，形成半岛服务中脊，完善各级节点和河海通廊系统，织补形成"一链一带、四片多点、河海通廊"的空间结构。对于本地居民居住的传统特色街区，更是要采用"老瓶装新酒"的规划方法，保留和延续原有空间，织补新的活力功能。

2) 交通系统织补

实现交通的"快、慢"结合。快，强化对外交通的快速到达。慢，织补支路系统，完善旧城路网格局，补充各类交通设施。划定特色慢行街区，织入现代有轨

图1　河西片区的位置

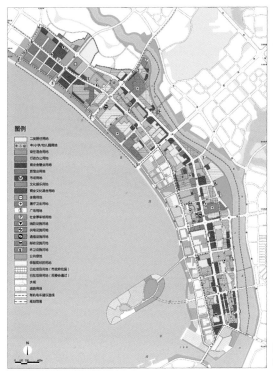

图4 河西片区
土地利用规划

图5 城市
设计总平面

电车、旅游公交、步行等特色游览交通系统。并规划体现旅游城市特色的道路断面。

3）公共空间系统织补

结合现状滨海、滨河景观公园，将具有老城特色的街道空间改造成河海通廊，织补形成完善的公共开敞空间系统。并深入挖掘有条件改造的小公园、小广场等，强调公共空间的小型化、市民化。

4）公共服务设施织补

分为城市和社区两级，城市级公共设施分为对外的旅游服务和对内的城市服务。社区级公共设施根据人群需求配置，如候鸟人群，通过现状建筑量测算居住容量，并通过问卷、访谈调查淡旺季入住率差异和居住时间，换算成"当量人口"来配置公共设施。在设施类型的选择上，重点布置候鸟人群需要的娱乐、健身、养老等设施。对于本地居民和外来务工人群，也根据不同人群的需求，有针对性地配置织补设施。

5）社会网络织补

也是上述四大系统织补的最终目标，即织补市民生活。在河西旧城改造中，规划提出优先满足本地居民的安置需求，建立多元、新型的开放融合社区，将具有

本土特色的传统生活方式，延续到新的、包容性的城市空间中去，实现新老街区的有机衔接和交融，最终促进社会和谐。

3. 创新与特色

规划采用了织补城市的旧城更新理念，并利用城市设计、定量分析等手段，立足于居住用地、人口、开发总量不增加的原则，着重解决城市交通和配套设施不足的问题，提升了河西片区的设施水平、人居环境质量和功能定位，避免了大拆大建和高强度开发，降低了旧城

交通的压力（图4、图5）。

为了便于实施管理，规划还针对上版控规编制了详细的修改报告，对原控规调整的内容逐地块进行了对比，建立了检索途径，大大方便了规划管理人员。

4. 实施效果

目前，河西旧城改造已全面启动，旧城排水工程已开始施工，胜利路改造工程进入拆迁施工阶段，三亚河滨海岸线夜景整治改造完成，农贸市场、安置小区等项目均已全面启动（图6）。

图6 河西片区空间形态意象

三亚湾 "阳光海岸" 段控制性详细规划及城市设计

2010-2011年度中规院优秀城乡规划设计二等奖
编制起止时间：2010.10-2011.5
承 担 单 位：城市规划设计所
主 管 所 长：邓 东
主 管 主 任 工：闵希莹
项目负责人：范嗣斌、李 荣
主 要 参 加 人：缪杨兵、胡耀文、陈 岩、
郑 迪、李 婧、贺 剑、
张 弦

"阳光海岸"地区位于三亚市旧城中心区的滨海核心地段，现状人口约3万人，规划范围167hm²（含凤凰岛）（图1）。规划涉及旅游城市功能完善、旧城更新改造模式、旅游惠民改善民生等海南国际旅游岛建设中急迫和敏感的问题。

1. 项目构思与针对性

"阳光海岸"地区是三亚城市中极为重要的核心地区，在国际旅游岛战略提

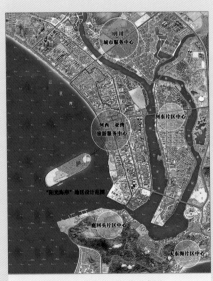

图1 三亚湾 "阳光海岸" 区位示意图

出以后以及新的三亚市城市总体规划中，对其的定位是"海上门户、标志区域、功能核心"，然而现实的情况与该定位和其应本身应体现的价值相去甚远。同时，旧城更新改造的压力也要求这次规划应是一个面向实施操作的行动规划（图2）。

本次规划在充分评估、分析原有规划的基础上，在保持原有核心功能定位和整体空间结构的基础上，结合新时期发展要求，进一步提升功能，强化和增加面向海洋的旅游及服务功能，并延续原有空间格局，深化了这一区域作为城市门户和标志性地段的形态风貌特色（图3）；同时，本次规划还特别注重了旅游特色、多元交通的营造，通过现代轻轨、旅游公交、步行等交通的组织，营造更加便捷的对外交通联系，同时在滨海一线地带建立滨海旅游慢行街区（图4）。

2. 主要内容

功能定位为大三亚地区旅游服务基地，充分体现三亚"国际热带海滨风景旅游城市"性质和展现其广泛影响力的重要场所和"不夜城"。为三亚提供最具国际影响力的项目，为旅游提供专业服务的综合功能区。整体上强调公共性、开放性和标志性。

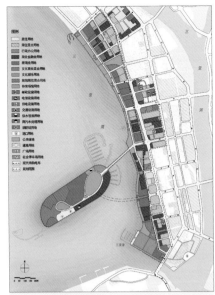

图2 土地利用规划图

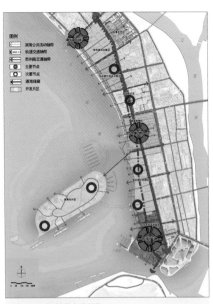

图3 空间结构规划图

整体空间结构为"一港三带，三点多片，通海绿廊"。一港指由凤凰岛、城区、鹿回头半岛围合成的港湾，是地段南段的海陆相交的标志性活力场所。三带指场地内南北联系的三条纽带，分别是滨海带"五彩大道"、老铁轨轴带、胜利路交通轴带。三点指地段北端海月广场、中部商业中心、南端节庆广场等三个关键性的标志性节点区域。多片指结合旧城更新划分的可独立操作实施的多个片区。通海绿廊指地段内东西向贯穿"河、城、海"，沿主要景观道路、公园、街头楔形绿地、步行街等的活动廊道、视线通廊、景观廊道等。

整体形态管控上充分考虑了鹿回头的敏感性以及滨海界面的景观效果，强调了南低北高、前低后高、前疏后密的形态，同时营造高低错落的大际线景观（图5）。

3. 项目创新与特色

作为一个面向实施操作的"行动规划"，本次规划在技术特点和方法上突出了以下两点：

第一，提出了整体管控的单元开发模式。面对旧城改造的复杂局面，规划提出"整体管控、单元开发"的操作策略，结合原三亚湾管理委员会的招商和管理要求，通过肥瘦搭配和利益平衡，将地

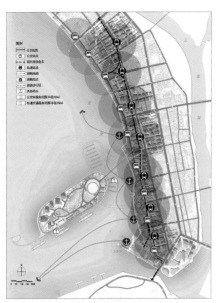

图4 特色旅游公交系统规划

图5 整体空间形态模型示意

段一共划分为10个各具一定主导功能和形态特色的开发单元，整体规划、分片开发、滚动推进，以便于旧城项目改造的渐次推进，同时保障城市核心公共性功能，支撑地段高端定位的要求（图6）。

第二，建立了三位一体的单元指引体系。在技术文件制定上，结合传统的控规分图则，增加城市设计导则，并补充招商评估标准，三位一体共同指引地块和单元

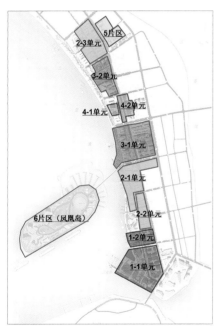

图6 更新单元划分示意图

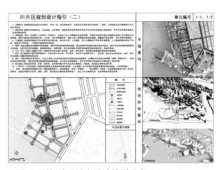

图7 更新单元城市设计导则示意

的改造建设。尤其是结合原三亚湾管理委员会的招商平台，在评估标准制定上融入规划设计标准、民生安置标准等多项评分指标，以确保在项目招商和实施过程中进行更加综合的评估、多方监督，保障城市公共利益和体现地段自身价值（图7）。

4. 实施情况

本次规划完成后，"阳光海岸"地区的更新改造和建设在规划指导下逐步开始展开，并取得了良好的效果。

目前，滨海绿化带及公共开敞空间系统已基本形成，已成为三亚湾最具吸引力的一段；胜利路有轨电车专项规划已完成并已纳入城市"十二五"规划重大项目库中；三亚汽车站外迁并将原有用地作为商业综合用地开发建设也已确定并纳入城市近期重大建设项目，地段之外新汽车站的建设已开始启动（图8、图9）。

图8 滨海带绿化景观建设情况

图9 三亚汽车站确定搬迁，原址将更新建设

珠海市
东部城区主轴（情侣路）
概念性总体城市设计

2010–2011 年度中规院优秀城乡规划设计二等奖

编制起止时间：2008.9–2009.9

承 担 单 位：深圳分院

分院主管院长：范钟铭

分院主管所长：方 煜

项目负责人：何 斌、魏正波

主要参加人：金 哲、刘 倩、蒋 岫、
　　　　　　 纪 宏、陈媛媛

图 2　城市设计总图

在港珠澳大桥等重大基础设施建设、环湾产业布局变化、区域竞合格局发生变化等背景下，珠海市提出编制本次总体城市设计，构建贯穿珠海东部城区的发展主轴（图 1）。

项目规模：情侣路沿线长约 55km，面积约 100km²（图 2）。

1. 技术路线

以"连接"、"拓展"作为总体城市设计的核心设计主题，打通情侣路沿线快慢交通联系，连通一条贯穿南北的大情侣路滨海休闲带，局部填海、改造滨海地块，拓展滨海公共活动区域，构建贯穿珠海东部城区的交通主轴、功能主轴、形象主轴，从而形成面向全球的动感浪漫的国际海岸。

总体城市设计采用开放式的城市设计工作方式，通过与上层次规划的衔接及各个节点的互动讨论，以适时跟进的策略实施推进项目，及时反馈社会需求与规划建设中的问题，从情侣路全线贯通的选线、命名、整体构思、空间格局、分段指引等方面进行项目控制和引导。

图 1　规划理念分析图

2. 规划构思

1）选线规划

情侣路作为珠海市东部城区的重要发展主轴，既是城市的主要交通通道，又是滨海优美的景观通廊，还是集聚城市休闲生活与市民活动的重要地段。总体城市设计以"大情侣路"的概念，构建全线约55km长的滨海特色交通体系。

选线一方面注重保证便捷的交通连续性，另一方面充分体现滨海休闲生活的特征（图3）。

2）总体构思

总体城市设计注重对规划区域吸引力、长远竞争力等方面的提升，形成特色空间结构，从而促进规划区域的可持续发展。

（1）构建面向国际、激活腹地的东部功能纽带（功能主轴）

情侣路发展主轴在功能布局上将紧紧依托口岸和交通枢纽，形成串珠状的城市中心功能体系，各中心节点在功能上向腹地或填海区扩展，形成相对集聚的核心特色功能片区，同时，梳理城市滨水绿地和公园布局，构建连接核心功能片区的滨水休闲带，使滨海与腹地的资源形成交换，引导公共设施向海滨聚集，一般性产业向腹地置换，共同构建激活腹地、面向国际的功能纽带（图4）。

（2）打造虚实结合、多元复合的滨海交通体系（交通主轴）

情侣路作为珠江东岸与西岸对接的第一门户，应强化情侣路沿线的口岸联系，建立多层次、立体化的口岸交通联系轴，将过境交通引入城区快速交通体系，规划在滨海地区建立由滨海准快速交通系统、滨海旅游休闲交通系统和滨海步行交通系统组成的三重复合的交通体系，三条线贯穿海滨，道路断面上相互分离又局部重合，通过橄榄形的滨海交通疏解模式，形成虚实结合、多元复合的特色交通体系。

（3）塑造动感浪漫的滨海景观（形象主轴）

山海特色是情侣路沿线得天独厚的自然特征，规划构建山海视廊，提升滨海居住界面的公共属性，带动纵深腹地的城市更新和升级，形成亲切宜人的滨海氛围（图5）。

3）空间格局

注重与当地自然、人文资源的有机结合，凸显自然特色，构建适应该地区的特色串珠状城市组团空间格局。将情侣路沿线地区不同功能组团，划分形成科技创意、文化艺术、商贸旅游、口岸商贸四个特色鲜明的主题海岸，形成海陆互动的滨水休闲带。

3. 规划实施

本项目贯穿远景框架构建—规划控制—城市设计—开发实施的全过程，并在政府与市场之间进行了有机衔接，通过多方面的协调达到沿线滨海地区的科学开发与利用。

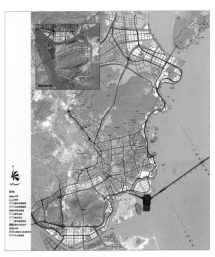

图3 情侣路选线规划图

图4 功能结构分析图

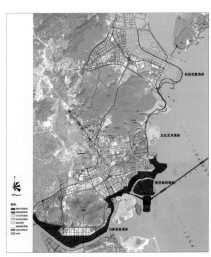

图5 海岸发展主题划分图

中山市"温泉度假城"规划设计

2009年度全国优秀城乡规划设计表扬奖
2009年度广东省优秀规划设计二等奖
编制起止时间：2006.8–2008.4
承担单位：深圳分院
分院主管院长：刘仁根
分院主管总工：范钟铭
分院主管所长：方 煜
分院主管主任工：赵迎雪
项目负责人：魏正波
主要参加人：林楚燕、刘 雷、何 斌、
　　　　　　孙 昊、张 迎

图1 温泉度假城鸟瞰图

图2 温泉核心区总平面图

图例
—— 规划范围
植被
建筑
水体
道路
红树林

① 温泉度假区 ⑩ 狂欢岛
② 坎维昂岛 ⑪ 宜居休闲区
③ 哈鲁岛 ⑫ 休闲岛
④ 巴豆岛 ⑬ 神秘岛
⑤ 汤布岛 ⑭ 传媒岛
⑥ 瑞迪恩岛 ⑮ 视听岛
⑦ 红树林 ⑯ 高档别墅区
⑧ 航海体验区 ⑰ 综合服务区
⑨ 海上活动区 ⑱ 红树林湿地公园
⑩ 水上运动区

1. 项目概况

　　温泉度假城是中山市应对珠三角区域融合而筹建的滨海新城（后更名为翠亨新区）的核心启动项目，是新城建设的重要发展"引擎"。

　　本项目注重与当地自然人文资源的有机结合，挖掘地区内涵，在温泉度假区综合性开发模式的基础上，打造地区独有的湿地生态特色。空间设计上，规划尊重地域资源条件，引导自然水系向人工水系网络发展的水生态安全格局，营造湿地生态海岸。

　　项目贯穿规划控制—城市设计—投融资策划—开发实施的全过程，并在政府与市场之间进行了有机衔接，通过多方面的协调达到温泉城的科学开发与利用（图1、图2）。

2. 规划构思

　　本项目基于旅游资源的深度利用和综合性开发模式，提出以下三大核心规划理念与空间设计构思：

　　理念一，依托中山国际文化品牌。以中山故里和岭南水乡的文化内涵，打造主题鲜明的旅游文化。

　　理念二，以红树林湿地为特色。规划在原生红树林的基础上，人工营造红树林植物群落，形成独特的红树林湿地景观。

　　理念三，借鉴多元的温泉文化理念。通过借鉴多元文化，营造不同文化的温泉氛围。

　　在空间设计上，规划尊重地域资源条件，引导自然水系向人工水系网络发展的水生态安全格局，营造湿地生态海岸。规划中严格控制海岸线的整体形态，借鉴马尔代夫旅游岛群的空间发展模式，每个岛群上形成各具风格的旅游主题。以"湿地岛链，海上星座"的设计构思，充分利用海上温泉位于填海区的优势，营造岛链式的填海空间格局，通过沿海连续的红树林湿地带连接各填海岛屿，形成独特的"海上星座"格局，打造中山和珠三角新的旅游地标。

按照规划要求的不同，项目分为温泉度假城总体规划、温泉片区控制性规划和温泉核心区城市设计三个层面的内容。

温泉度假城采取"以点带轴扩散"的空间发展策略，以温泉城为极核，向西延伸至翠亨古村落，形成文化—旅游互动轴，向北扩展，形成运动、休闲、旅游的复合发展轴，构成倒"T"字形的空间结构，带动温泉片区和翠亨片区的联动发展；温泉片区在总体规划框架的基础上，通过对开发强度、主干道路骨架、河流两侧绿化带、重大市政基础设施的定量控制，为片区的开发提供基本的支撑体系；温泉核心区采用"一链、三区"的岛链结构，重组特色中山的城市空间基因，形成串联温泉、航海、休闲三大主题的体验经济区。以岛链为纽带在空间上形成泉、湾、湖的总体架构（图3）。

3. 创新与特色

1）温泉综合性开发与当地实际的有机结合

项目注重与当地自然人文资源的有机结合，挖掘地区内涵，在温泉度假区综合性开发模式的基础上，打造地区独有的湿地生态特色。在具体的旅游项目设置上，未来温泉度假城的旅游产业将集近代历史、人文古迹、海上温泉、红树林湿地、水上运动、休闲健身为一体，达到自然资源与人文资源的有机结合。

2）温泉开发模式的多元文化理念

规划项目对国内外温泉开发的模式进行了多方对比研究，打破在功能和空间组织上单一的拿来主义，以多元的文化理念组织温泉核心区的空间内涵。世界上不同的温泉文化，如日本的风吕文化，欧洲的巴登文化等，都将成为中山温泉城多元文化理念的脉络。

3）合理填海与空间生态化设计的融合

空间设计上，海上温泉日出水量2300余吨和滨海的资源优势为温泉城发展多种主题的旅游度假项目提供了可能，充分利用填海区的可塑性特点，在尊重地域资源条件的基础上，引导自然水系向人工水系网络发育，打造独特的湿地生态海岸。

4）项目规划编制与实施的有机衔接

项目贯穿规划控制—城市设计—投融资策划—开发实施的全过程，并在政府与市场之间进行了有机衔接，通过多方面的协调达到温泉城的科学开发与利用。规划不仅注重空间设计的特色、规划控制体系的执行，更强调规划的政府作为与开发的市场行为之间的平衡。

5）项目的宏观统筹与区域协调

规划设计的全过程始终建立在本地区与珠三角和更大区域之间的关系之上，以区域统筹发展的眼光来引导温泉城的开发（图4）。

4. 实施效果

自2007年规划编制完成后，历经多家国内旅游开发机构的介入，结合土地运作、填海造地和营销策划等工作，实施方案基本按本次规划设计逐步推进。在本项目完成之后，我院又持续开展了中山东部岸线规划、南朗镇总体规划等项目，力图将生态、文化的理念贯彻到对整个中山东部的滨水岸线地区。

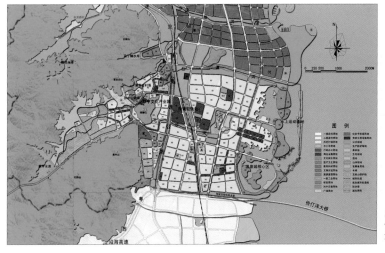

图3 温泉度假城用地规划图

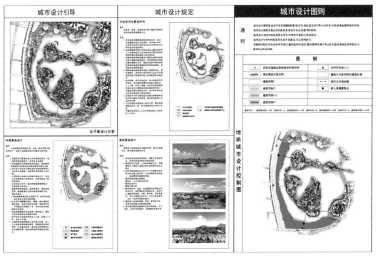

图4 城市设计指引图则

曹妃甸工业区（街区）控制性详细规划

2008-2009 年度中规院优秀城乡规划设计二等奖

编制起止时间：2009.6-2009.12

承 担 单 位：城市与区域规划设计所、工程
规划设计所（现城镇水务与
工程专业研究院）、城市交通
研究所（现城市交通专业研究
院）、风景园林规划研究所

主 管 总 工：戴　月

主 管 所 长：朱　波

主 管 主 任 工：林　纪

项 目 负 责 人：赵　朋、杨　斌

主 要 参 加 人：单　丹、王　滨、洪昌富、
朱思诚、伍速锋、王　斌、
王　璇、任希岩、刘海龙、
吕金燕、刘世晖、高　飞

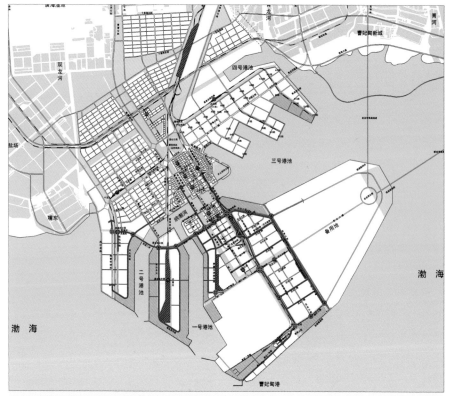

图 2　曹妃甸港区开发单元交通组织

图 1　曹妃甸工业区发展单元分布

曹妃甸工业区（街区）控制性详细
规划是在探索新的规划控制模式，在动
态发展中发挥城市规划调控和引导作用
的背景下应运而生的。

1. 规划内容

（街区）控制性详细规划是总体规划
的深化和（地块）控制性详细规划的前提，
起到承上启下的作用。规划在工业区总
体规划指导下，先期开展分区规划的深
化，并对每个开发单元采用"541"控制
系统，分别对"5"系统（道路"红线"、
绿地"绿线"、河道水系"蓝线"、市政廊道、
铁路和轨道）、"4"设施（公共服务设施、
交通基础设施、市政基础设施、公共安全
设施）、"1"城市风貌定位系统控制做到
对总体规划刚性内容的控制。结合曹妃甸
工业区的开发特点，对可开发用地（工业
型、城市型）提出控制要求（图 1、图 2）。

2. 创新与特色

1）寻找在不确定因素中的刚性控

制要素

本次规划在总结当前国内街区层面
控制性详细规划编制经验的基础上，密
切结合曹妃甸工业区的特点，将城市供
应系统、政府主导建设的公共服务设施、
基础设施、安全设施以及城市特色区，
形成"541"控制系统，对"541"的系
统控制，是保障城市供应系统的完整和
效率、保障城市生活质量和安全及保障
城市特色建构的重要举措。

2）特色鲜明、针对性强的指标体系

曹妃甸工业区无论在开发规模和重
化工业集聚程度上，发展存在的不确定
性都是现行规划项目中不多见的。特别
是曹妃甸工业区存在着资源稀缺和环境
脆弱的先天不足，在走新型工业化道路、
实现建设循环经济示范区发展目标的进
程中，规划控制一定要有的放矢。

本规划以环境容量和资源承载力为
发展基础，探讨将资源环境因素和控制
性详细规划指标体系结合的方法，将会
成为新兴工业化地区的控制性详细规划

编制方法的重要参考和借鉴。

曹妃甸工业区（街区）控制性详细规划指标体系主要针对可开发用地制定，并将可开发用地划分为产业型和城市服务型两类。其中，产业型地区的规划控制，将9大指标划分为主导功能、开发强度、环境容量、循环经济4类，其中开发强度指标由用地面积和就业密度组成，环境容量指标由用水标准和电力复合标准组成，循环经济指标由再生水使用比例和雨水回收率组成。

3）工业区城市特色的指引

规划工业区城市特色区由主次廊道和城市型地区组成。其中廊道的控制和设计指引，突出了以人为本的思想，将滨水、绿带和道路空间中的"宜人"空间作为控制核心，形成控制原则的模块，以适应可能的变化。比如对沿路建设的管理，规划提出了不同的沿路建筑性质，具有不同的后退红线管理要求；又如道路如果与滨水空间相邻或与绿带相邻，道路人行空间的控制便也存在着不同的控制要求等（图3～图6）。

3. 实施效果

在规划编制上，曹妃甸工业区（街区）控制性详细规划，编制过程中衔接了各类相关规划和专项规划的成果，并对总体规划进行了落实和深化。

在规划管理上，曹妃甸工业区（街区）控制性详细规划的成果已经成为开发地块详细规划的指导性文件。

在规划建设中，曹妃甸工业区（街区）控制性详细规划成果，已经成为指导新建地区基础设施建设和指导专项设计的指导性文件。

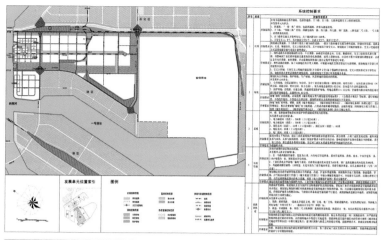

图3 曹妃甸工业区南区系统控制图则

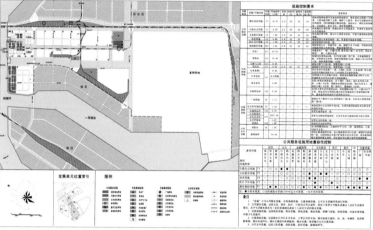

图4 曹妃甸工业区南区设施控制图则

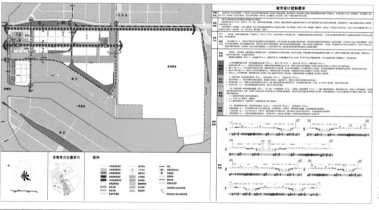

图5 曹妃甸工业区南区城市设计导则

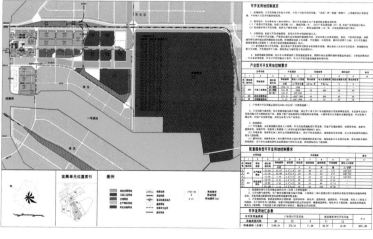

图6 曹妃甸工业区南区可开发用地

山东省临沂古城地区整治规划与局部城市设计

编制起止时间：2005.9-2007.2
承担单位：院士工作室、建筑设计所
　　　　　（北京国城建筑设计公司）
项目总负责人：周干峙
技术指导：夏宗玕
主管所长：王庆
项目负责人：王庆、李利
主要参加人：汪科、冯晶、张绍风、
　　　　　　杨睿平、晁阳、赵旭

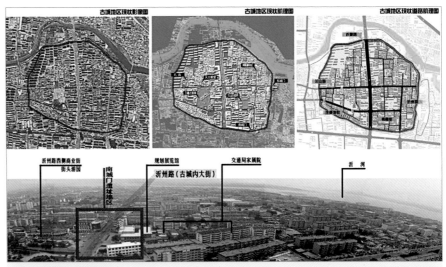

图2　古城地区发展现状

图1　规划范围图

1. 古城概况与整治范围

临沂历史悠久，其古城位于涑河以南，青龙河以北，沂河以西。古城墙呈椭圆形，南北长1250m，东西长1420m。整治规划范围确定为整个古城历史保护区、银雀山历史格局保护区中沂州路西部部分和沂州路两侧沿街部分地区，即一城、一片和一轴范围，总面积约3.2km²，其中，古城历史保护区约1.3km²（图1）。

古城格局保存完整，但历史遗存不多；交通混杂，各街巷间缺少联系和停车空间；公共绿地、广场等公共活动空间缺乏，质量不高；建筑密度高，建筑风貌破坏严重；基础设施不足，人口密度大，经济活力衰退（图2）。

2. 整治更新模式

提倡加强历史地区的保护与现代生活的融合和发展，将历史文化资源融入现代生活，重新焕发古城的生命活力，促进历史地区的社会和文化的可持续发展。

通过掌握历史资料和信息，有根有据地再现古城门历史风貌，并结合现代先进的处理手法，展现历史与现代的完美结合，既能表达传统的形式、与所在地的文化氛围相协调，又能体现时代特性、满足现代的使用功能。按照郑孝燮老先生的说法，这种更新模式，即为"新编历史剧"。城市设计中，通过采用"新编历史剧"模式，体现"中而新"，达到"传统戏、新编历史戏与现代戏"连台演出的异彩纷呈的境地。

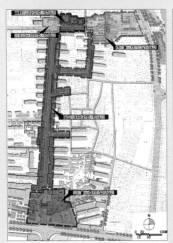

图3　功能分区

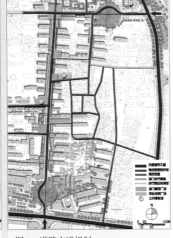

图4　道路交通规划

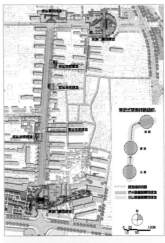

图5　绿地系统规划

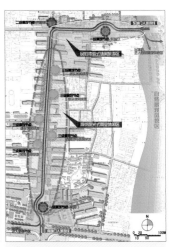

图6　景观节点与旅游系统规划

3. 整体布局

古城地区的整体布局为"两轴、两片、五点、一线",即以沂州路为依托的休闲、文化商业景观轴,以沂蒙路为主要交通廊道。重点依托北部古城历史文化街区和南部的博物馆展示区,并围绕城门恢复和清真寺环境整治形成沂州路、兰山路、东城门、南城门和博物馆五个景观节点,结合护城河和城垣形成整治绿线(图3~图6)。

4. 主要建筑方案设计

1)南城门重建方案设计

根据有关规划,结合古城历史格局保护区保护要求,进行南城门重建。本次建筑方案设计根据《沂州志·城池》的记载恢复重建南城门。按照清雍正时期的州府形制,建筑开间保持五开间。考虑现代周边建筑高度和空间尺度,适当抬高了城墙高度。设计的城墙高9m,城门楼建筑高15.7m(加上城墙高,为24.7m)。城门楼建筑层数为外二里三(有夹层)。

此外,在南城门楼外,按照形制恢复了瓮城城楼和部分城墙,并保留了瓮城门洞。瓮城城墙保持残败状,并在城墙南形成开放的硬地。并结合已经南移的南城门,相应适当地调整了护城河线形,使其能够反映历史上南城门的空间形态(图7)。

2)展览馆改建方案

展览馆建筑建于1968年,是临沂"文革"期间的"献中心"工程,对于临沂城市建设历史具有重要标志性。该建筑质量总体上较好,设计中予以保留,结合南城门设计进行立面改造,使其成为一体化的建筑群体(图8)。

结合上城墙的台阶,进行廊道加建,并使廊道在展览馆正门形成圆形门廊。拆除展览馆南部二层建筑,作为城墙休闲娱乐的补充空间。新的一层屋顶上进行屋顶绿化,在丰富城墙景观的同时,弱化大体量的展览馆对城门楼的视觉冲击。对各个立面的窗户和屋檐进行装饰性改造,使其风格保持与历史街道风格相协调。

图7 南城门与瓮城门复建设计方案

图8 南城门与展览馆改造设计方案

黑河建成区风貌规划

2008-2009年度中规院优秀城乡规划设计三等奖

编制起止时间：2008.9-2009.10

承担单位：城市设计研究室

主管所长：朱子瑜

主管主任工：孙　彤

项目负责人：李　明

主要参加人：王颖楠、王　飞　等

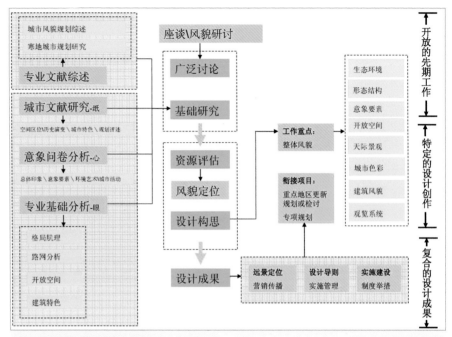

图2　黑河城市风貌规划技术路线构想——三阶六步

本项目从规划视角、技术服务以及制度建设三方面全面反思已有风貌规划实践，建构风貌规划编制实施的全面技术框架，指导城市开发建设的优化发展。

1. 规划内容

（1）规划通过前期问卷调查，扩大风貌规划的市民参与基础，并通过市级层面的汇报学习会议以及借助网络、报刊宣传，推进城市管理部分对风貌规划的协同认知。

（2）规划结合黑河自身城市风貌特征与管理需求，拟订"3层8系"的总体控制框架，重点落实宏观、中观层面的风貌设计构思，并对微观层面的详细规划与建筑设计提出相应的设计管理要求。

（3）在系统化设计的基础上，规划结合上述城市形态专题研究，形成区块化的城市风貌管理单元，落实城市形态、开放空间、建筑高度等系统设计构思，便于后续控规衔接管理需要。

（4）规划设计了城市观览系统，通过行进路径的选择与其周边空间环境的整治，建立城市风貌体验的空间框架，并通过体验兴趣点，谋划城市风貌体验的精华线路。

2. 控制框架

宏观层面，规划基于外围生态格局分析，勾画了城市"一江一岛，四区一带"的空间形态框架（图1）。

中观层面，规划首先从门户、路径、标志节点以及特定地区4个方面分解重构城市风貌特色意象结构，明确影响人们感知城市的关键性要素，并提出设计要求与指引。其次，在整体架构"一环四轴，一岛一带"开放空间骨架的基础上，分要素详解要素特征与设计对策。通过形成城市全局的建筑高度控制系统，重点刻画城市天际线，尤其是重要门户视点的城市天际线塑造，并针对目前城市高层建设无序问题提出高层建筑设计管理导则。

微观层面，规划基于城市色彩的气候、历史以及现有设计脉络，提出了城市色调选择、色彩组合与通用建筑色彩管理建议；以顺应城市历史文脉，反映地域气候特征，呼应时代审美倾向为基本原则，通过建筑形式总体控制与布局、

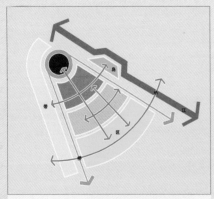

图1　"一江一岛，四区一带"的空间控制结构

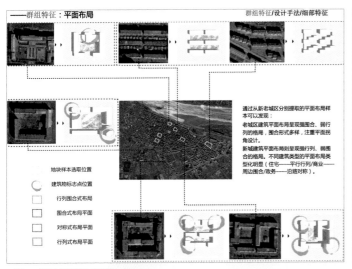

图3 黑河市建筑空间特色总结

体量、立面、细部、材质等分项控制形成属于黑河的朴素的地域建筑设计观。

3. 创新与特色

其一，将风貌规划作为认知平台，强调规划成果认知。第一，强调主题成果认知，规划结合城市发展定位研究，在风貌资源交叉拓展的基础上推导出"绿境、清水、大悦城"的风貌主题目标诉求，并以此为宣传核心形成并强化市民对城市风貌未来发展的认同；第二，强调图文成果认知，规划最终成果除规划说明书外，特意编撰面向政策制定与决策部门的导则纲要册以及面向市民宣传的风貌认知册。

其二，将风貌规划作为控制框架。规划重视宏观层面与中观层面的结构性把握和控制，并对微观层面的形象设计提出通则式的设计指引或是选取重点地区进行范例设计。

其三，将风貌规划作为管理依据。在分层次、分系统设计的基础上规划形成基于城市形态学理论的城市风貌管理单元，落实系统设计构思，便于后续控规衔接与精细化建设管理需要。

其四，将风貌规划作为行动规划。通过具体项目库设计，形成要点明晰、层次分明的行动框架，以一种行动规划的姿态力求更好地回答风貌规划的近期建设问题（图2）。

4. 实施效果

结合调研所能得到的具体发展诉求与清晰开发意向，选取滨江地带、老城核心区、中央街与通江路以及机场门户地区作为重点地区与节点，编制更为细致的设计管理导则，并进行实例示范（图3、图4）。

通过市级领导与各局委办全员参与的研讨会等形式，重视制度层面上的相关举措完善，对地方部门合作制度、设计单位服务模式以及风貌议题之下的管理制度分别提出相应的建设性意见，配合风貌议题的空间实体建设。后续设计导则的政策落实工作正在逐步展开。

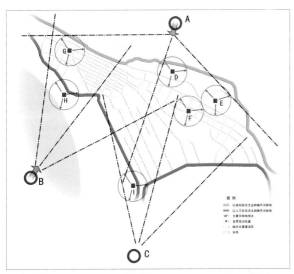

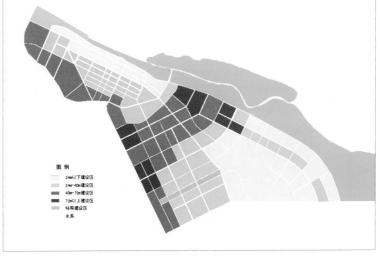

图4 眺望景观控制——视点与展示面控制以及建筑物高度控制

山东省
即墨城市中心地区
城市设计

2009 年度全国优秀城乡规划设计表扬奖
2009 年度山东省优秀城市规划设计一等奖
编制起止时间：2008.7-2009.6
承 担 单 位：深圳分院
分院主管总工：杨律信
分院主管所长：方 煜
项目负责人：何 斌
主要参加人：李 鹏、刘 倩、王晋暾、
　　　　　　多 骥

图 2　总体鸟瞰效果图

即墨市近年来中心区面临着城村用地混杂、建筑老化、特色消退、城市综合服务水平低的困境。本次城市设计挖掘和识别现状特征，重新梳理城市资源，致力于即墨中心区的繁荣复兴和形象重塑。本城市设计从 2008 年 7 月至 2009 年 3 月历时近一年，分两个层次，对即墨中心地区（13.08km²）的范围进行整体统筹的布局与设计，对中心区（3.5km²）和即墨古城范围进行了重点设计。

1. 规划构思

城市设计以回归墨水河畔（"即墨"）、发展现代服务业实现中心区复兴为策略，以"城河相融、展现地域文化魅力、生态修复"为理念，提出"发展现代服务业、构建区域商务节点，打造彰显即墨城市特色的品牌中心区"的发展目标，把即墨中心地区打造成为"繁荣之城"和"特色之城"。所谓"繁荣之城"，即发展商务、酒店、信息、金融等现代服务业，促进东部滨海旅游和产业的全面发展；整合城市竞争力，强化中心区的集聚和统筹功能，实现中心区的繁荣复兴。所谓"特色之城"，即抓住两河交汇（墨水河、龙泉河）的自然特征、即墨古城的文化根基、塑造新中心新亮点三个突破口，塑造个性鲜明的、本土文化的，宣泄和系留城市情感的城市中心（图 1）。

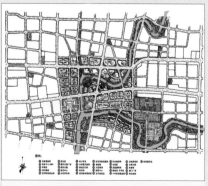

图 1　城市设计总平面

2. 空间布局

城市设计围绕打造城河相映、人文荟萃的城市特征，规划中心地区形成"三轴一心、河流蜿蜒、古今辉映"的城市空间格局（图 2）。

3. 创新与特色

1）非单纯形态设计，注重非物质形态方面的研究

规划在塑造中心区"硬件"环境的同时，突出城市"软实力"的打造。提出了建设现代服务业集聚的中心区，打造面向全球的区域商务节点；修复生态、重现河流两岸生态景观；挖掘千年历史文化神韵，展现地域文化魅力；进行村庄迁置研究，妥善处理好原住民的安置，构建和谐社会环境；提供丰富多样的城市活动场所，倡导城市新生活方式；多角度、多维度进行综合的研究设计，以全新的理念致力于塑造引领即墨走向新未来 30 年的城市中心区。

2）即墨中心区的回归

城市设计提出即墨中心区的回归包括经济的回归、文化的回归、生态的回归，也是即墨城市发展从粗放外延式增长走向内涵式精明增长，走向社会经济双转型，构建新时期即墨中心区和谐社会生态的具体体现。

3）提出复合多元的中小型城市中心

区建设模式

规划切合实际、实事求是地提出构建区域性商务节点的目标。从紧凑发展、带动周边的角度出发,提出城市发展从分散走向集中,集聚建设综合性中心区。建设一个包括行政中心、商业中心、文化中心等多个中心职能的复合型、多元化的中心区。

4)"河流蜿蜒、古今辉映"的特色空间框架

城市设计提出"三轴一心、河流蜿蜒、古今辉映"的城市空间格局,将中心区建设为现代城市中心形象,古城建设为传统风貌街区,中心区将与古城形成景观互动、功能互补、古今辉映的空间格局。墨水河、龙泉河蜿蜒而过,沿线形成滨河景观带,将城市中心与古城的开放空间有机组织起来。

5)中心区"一岛三岸"的特色空间结构

两河交汇自然将中心区分成四个部分,城市设计因地制宜地依托现有优势功能将中心区塑造为独特的"一岛三岸"空间框架,一岛为中心岛,三岸为北岸、西岸、南岸。在总体空间形态上形成中心岛高,四周拱卫,沿河低矮、错落有致的格局。

6)古城保护利用方式创新

城市设计保留有价值的历史遗存,对古城进行保护性改造,延续古城"方城十字街"空间格局。

同时,城市设计针对古城不同的地段提出了三种保护利用模式:上海"新天地"模式——保留传统形式、改变原有功能;苏州"桐芳巷"模式——新建街区、风貌延续;博物馆式保护——修旧如旧,原真保护。对不同历史价值的地段建筑采用不同的保护利用方法,在功能上集合特色居住、休闲旅游、游憩商务等,打造融现代城市功能与历史文化风貌于一体的城市特质性地区(图3~图5)。

4. 实施效果

本城市设计的编制为即墨城市中心地区建立了特色空间框架,为即墨中心区的复兴和形象塑造指明了方向。城市设计提出的发展理念和特色空间框架正有效地指导中心地区的城市更新。坊子街旧村改造、古县衙历史街区整体改造、墨水河及龙泉河滨水景观改造作为即墨近期的重点改造建设项目,已经开始按照本城市设计启动,近期实施效果将主要体现在这一地区。

从实施情况看,本城市设计提出的产业发展策略和城市空间框架对即墨城市中心地区空间形象的提升起到了很好的控制和引导作用,也使管理部门对建设项目的引入和审批更加有效。同时,本次城市设计搭建了各专业进行更详细设计的工作平台,这为组织开展各个实施项目提供了极大的便利。

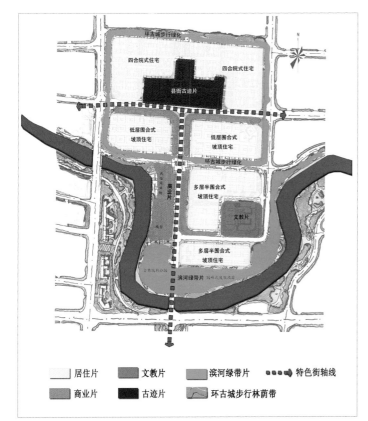

图3 古城空间结构规划图

图4 古城主要功能布局图

图5 古城空间结构示意图

淮南市黎明东村规划及建筑单体方案设计

2006-2007年度中规院优秀城乡规划设计二等奖
编制起止时间：2004.4-2004.12
承担单位：城市环境与景观规划设计
　　　　　研究所、建筑设计所
　　　　　（北京国城建筑设计公司）
主管所长：易翔、王庆
主管主任工：彭小雷
项目负责人：黄少宏、徐辉
建筑专项负责人：尹豫生、李利
主要参加人：马赤宇、房亮、周勇、
　　　　　徐磊、赵旺、孙昊、
　　　　　刘芳君、曹仿橘

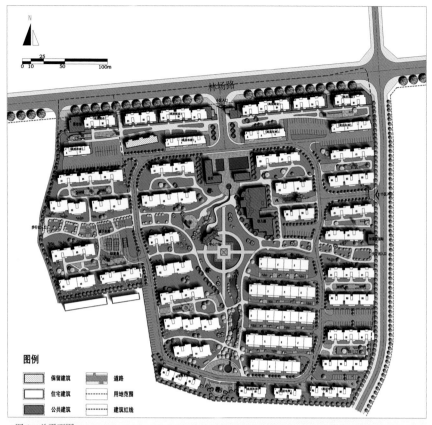

图1 总平面图

1. 设计内容

黎明东村项目是淮南矿业集团旧区改造综合项目的一部分，用地面积11.85平方米，总建筑面积12.2万平方米，其中住宅面积11.2万平方米，公建面积约1万平方米。在设计过程中，强调规划设计、建筑设计和景观设计同步进行，紧密结合，并充分利用现状景观条件，将房地产开发概念与社区规划布局完美结合，营造具有中国文化韵味的现代康居标准社区。

2. 规划空间布局

规划中设计了自由式的"十字"形小区绿地走廊，"十字"绿带的四个不同伸展方向分别种植不同季节的开花植物，使小区四季是花园，并将整个小区划分为四个组团。在小区入口处结合绿地走廊安排小区会所和幼儿园等配套设施，使"动"与"静"相对分离，"动"区位于小区边缘，小区内部主要为"静"区，从而保证小区居民拥有安静的居住环境。

3. 规划设计特点

规划设计主要有以下突出的特点：

（1）借力山景，营造生态型山水园林社区。

规划的南北向绿带，也是一条视廊，突出山地景观特色，同时辅以水体的灵性，形成山水相依，内外绿地相互融合的绿色山水园林生态社区。

（2）弘扬传统文化，建设高品位的文化社区。

挖掘淮南的文化内涵，弘扬传统文化，通过江南风格的建筑、高雅的小品以及传统与现代设计理念相融合的景观要素，共同营造高品位的文化社区。

（3）人车分流，多种停车方式组合，降低机动车对小区居住环境的影响。

通过环行机动车道连接组团，步行系统与"十字"绿廊有机结合，形成机动车与人行系统分流的交通系统。规划停车方式多样，有地下车库停车、外围环路路边停车、底层架空停车、入户停车四种，将自行车停车处和机动车位的建设与小区出入口、场地景观要求、服务半径结合起来，方便住户。

（4）竖向设计与景观规划完美结合。

精心设计小区道路线形的平面弯曲和竖向起伏，结合建筑选型的变化，使空间感更加丰富。考虑居住者的步行感受，道路坡度不大于4%。小区坡地、台地与住宅底标高协调考虑，使住户窗外视野更佳，填挖方减少，利用地形高差较大地段进行建筑底层处理，争取半地下空间。

（5）运用新技术，建设信息化、智能化社区。

运用新技术提高居住品质，除了宽带等普及技术外，建立区内联网的保安防盗和消防系统，做到终端入户，全区物业管理实行计算机网络化管理。

4. 建筑单体方案特点

住宅设计遵照小康住宅设计导则，充分考虑当地经济发展水平和生活习惯，

图2 鸟瞰图

设计建造经济、功能适用的住宅体系。住宅户型多样，平面布局合理，功能分区明确，内部流线清晰。

住宅立面设计融合传统徽州民居和现代风格特征，整体采用灰白墙面和小青瓦坡屋面的组合，色彩清新淡雅，造型简洁明快。注重建筑构件细节表现，在封闭阳台外侧设置装饰性小阳台，兼顾封闭与开敞阳台的优点，将飘窗与空调机位巧妙结合，同时形成立面设计中重要的装饰性元素，丰富建筑造型，突出视觉效果。

会所设计强调整个建筑既能充分表达江南建筑的文化内涵，又能突出现代建筑的时代感，运用简单的立方体组合形成虚实对比，虚的部分采用简洁干净的玻璃材质，实的部分用仿中国传统建筑中窗格的分隔形式，创造出不规则的美感。

幼儿园设计将活动室、卧室这样的方盒体作为造型元素，形成一系列的体块组合，增强了立面韵律感。

5. 实施效果

经过3年的设计、建设，小区于2006年建成入住。设计成果得到了完整的实施体现。

小区更名为"山水居"，意喻"山水园林居所"。项目设计获得开发商和入住者的广泛好评，成为矿区改造的典范和淮南人居住的首善之地。

2008年，淮南矿业集团"山水居"获得"安徽省绿色生态家园"称号。

图3 小区物业中心及住宅单体建筑效果图   图4 小区建成实景照片

10

方案征集

北京奥林匹克公园中心区文化综合区概念性城市设计方案征集

2012-2013年度中规院优秀城乡规划设计一等奖
编制起止时间：2011.9-2012.1
承 担 单 位：深圳分院
分院主管院长：尹　强
分院主管总工：范钟铭
项目负责人：朱荣远、张若冰
主要参加人：卓伟德
合 作 单 位：中国建筑设计研究院

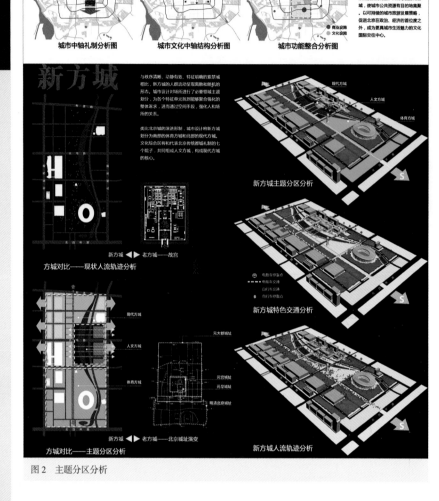

城市中轴礼制分析图　　城市文化中轴结构分析图　　城市功能整合分析图

新方城

方城对比——现状人流轨迹分析

方城对比——主题分区分析

新方城主题分区分析

新方城特色交通分析

新方城人流轨迹分析

图2　主题分区分析

图1　文化综合区整体鸟瞰图

长久以来，中国文化的现代性和公共生活的现代化是规划师和建筑师致力于通过城市设计实现的空间使命。

由国学中心、中国美术馆等6座国家级文化建筑构成的文化综合区，是中国现代文化场所的国家性象征，其整体的表现力、开放度和控制力，要求城市设计提供一种国际文化和本土文化对话与平衡的载体和规则。

技术要点

项目总用地面积约17.4hm²，每个文化设施建筑面积约90000m²。

基于国家级文化中心应有鲜明独立的国家立场，方案对北京城市特色、城市功能结构、公共空间组织进行了格局识别，提出延续北京中轴，营造南北文化方城的整体构想。与紫禁城相呼应，在项目基地塑造文化新方城——中国文化交往的中心地，并使之成为后奥运时代促进北京可持续发展的新核心。

在新方城内部演绎台院聚落的空间概念，以台、院、巨构体系塑造建筑、公共空间的整体特征——中国画框。台、院形成文化中心的公共空间组织秩序，文化巨构综合体在完整的单体文化建筑之外，补充更小微、更灵活、更现代的文化空间群落，使新方城既承载国际性建筑作品和国际性场所的丰富性，又体现中国首都特有的空间礼制和宽广的文化包容（图1～图3）。

构建方城　　　模数生成　　　礼仪轴线　　　滨水庭院

7号院--水印长天

6号院--合院谐趣

5号院--穿越瀛洲

4号院--穿越瀛洲

3号院--礼乐重门

2号院--古木花厅

1号院--御道宫门

院

仰止　万方

运厅　大匠

得　以清

山院：万方仰止。引《贞观长歌》"万方仰止德威宣"，比喻中国文化艺术，通过全面交往形成对世界文化的影响力。

石院：大匠运厅。引《庄子》"匠石运斤成风"，形容技艺精湛，切磋致材成器。比喻美术大师的深度修为，和大师的视觉交流仿佛与神仙对话一般。

水院：得一以清。引《道德经》"天得一以清"《易经》"天一生水"，表达国学研究启迪生活智慧，致"九州清验"的境界。

仁者乐山,智者乐水,是中国人各得其乐的生存之道，也体现着天人合一的生存之法。
城市设计针对文化聚落的三个主题院落，取法自然，以"水"对应国学馆院落，以"石"对应美术馆院落，以"山"对应工艺非遗馆院落，并分别根据中国古典文学命名。

图3　三大主题院落

上海世博会园区规划设计国际招标

中国城市规划设计研究院 2005 年度
优秀规划设计一等奖

编制起止时间：2004.5~2004.7

承担单位：城市环境与景观规划设计
　　　　　研究所

主管总工：李晓江

主管所长：易　翔

项目负责人：杨保军

主要参加人：杨保军、易　翔、尹　强、
　　　　　　朱荣远、邓　东、刘　泉、
　　　　　　马林涛、张晋庆、于　伟、
　　　　　　王佳文

合作单位：德国 KSP 公司

图 2　园区意向效果图

图 1　世博园促进上海南部城市中心形成

上海世博会园区选址在城市中心地带，园区跨浦江两岸，总用地面积 6.7km²。城市当局欲借力世博来完善上海城市功能，重塑空间结构。因此，着眼于盛会前、中、后三个时间，"园城互动，以园促城"成为本次规划的核心思路（图 1）。

1. 规划构思

1）规划创意：经天纬地——编织多彩生活

经天纬地——高瞻远瞩营造天地空间，寓意运用格网系统统领全局，发挥规划的前瞻性，兼顾世博期和世博后；

多彩——用色彩激发人们的想象，用色彩表达美好生活与绚丽多姿，用色彩象征世界多元文化和多元价值观；

编织——由网络时代获得提示，我们生活在城市网络中，这种网络无处不在——无论是真实的还是虚拟的，无论社会经济文化的还是城市物理空间的；

多彩编织——在更大空间上将使得城市网状联系越来越密切——上海与中国城市生活相互织网，中国城市与世界城市生活相互织网，这一网络联系被不断扩大、加密和增效（图 2）。

2）从"多彩编织"到"时空轴网"

强调中国"空间与自然环境和谐统一"传统理念和"轴线格网"营城模式的传承发展，简洁清晰的轴网布局结构成为最经典而最富有实效的空间处理手法。

选择开放空间格网和交通、社会、景观网络叠加后的规划设计方案既具空间特色又能满足多功能要求。

3）从"时空轴网"到"模拟城市"

园区规划除符合世博展示功能外，更能满足展后城市功能转换，世博会"城市，让生活更美好"的主题将通过"时空轴网"在世博后体现得更加充分。

方案中注重城市生活与活力要素的提取，滨水地区、生态廊道、生态公园、街巷、建筑、广场、历史遗存塑造出充满活力的公共空间，充满城市生活氛围，让游客体验城市美好生活的魅力，激发对城市生活的追求和憧憬。

2. 空间布局特色

特色一：逻辑结构

清晰的逻辑结构由"格网基底"及"十字轴线"构成。

1）格网基底

地下空间层——以方格网模数化布局并和地面格网系统相对应，在格网节

422

点处设垂直交通节点与地面层衔接；

地面空间层——根据不同功能和景观需求分为三个主要模数区，在空间上展现出不同的肌理形态；

空中层——世博园地标"流光荧网"在高空覆盖黄浦江两岸，空中层的格网系统通过世博园的特殊地域元素——塔式起重机——与彩色光缆同地面格网呼应。

2）十字轴线

采用"十字轴线"空间结构，最大程度上同时满足展期的高效使用和展后的功能转换。南北轴承担人流集散和主题展示功能，主要展馆和主题广场均分布在轴线上；东西轴由世博长廊和生活大道构成，两带之间组织连续的展览空间。

特色二：精彩地标

流光荧网：它由表现工业文明的港口塔式起重机和象征信息时代的五彩光纤组合而成，表现时代和科技文明的进步，富有震撼力的光纤网横空跨越浦江南北，形成两岸不可分割的对话关系；

旋转舞台：包括中国馆、演艺中心、会议中心和世博广场，其重要的核心地位寓意着西方文明和东方文化在此对话、碰撞、融合。世博后完整保留的旋转舞台将决定园区主要用地功能的转换方式。

特色三：世博长廊

世博长廊：以码头、道路、场馆、景观水体和广场为要素，以历届世博会的精彩片段为主题，除塑造公共空间外还要求各场馆设计中也表达这一主题。

特色四：在水一方

生活浦江：塑造浦江两岸，将工业功能有机转换为生活功能，体现历史文脉传承、生态理念运用和美好生活场景创造；

白莲亲泾：利用白莲泾的亲人尺度和亲水空间，结合世博村形成商业、文化和生态结合的休憩、娱乐、购物场所；

灵动水乡：将中国地区馆的公共空间赋予江南水乡创意，强调空间的生活气息，展示具有中国传统的江南地域风貌。

特色五：高效交通

目标：多种类型的交通模式区、多层次的网络偶合、多趣味的交通方式体验、多维的交通空间利用、多级的交通枢纽衔接。

重点处理园区外部交通体系：构建以城市轨道交通、专线客车和城市常规公交为主体的世博会客运交通结构；控制小汽车的进入流量，在外环路设置世博会专用停车场和专线客车接驳站；出租车总量控制；增加园区至陆家嘴城市轨道交通线路，与4号线在临平路站形成换乘枢纽；系统对接园区出入口交通体系；以绿色交通理念构建园区内部交通体系。

特色六：场地转换

从园区场地到"贸易会展中心"的定位，充分考虑展期和展后的功能转换：

中国国家馆、演艺中心、会议中心和主题馆等完整保留，作为上海展览城的

设施，园区内的基础设施大部分也将保留；

流光荧网、滨江主题公园、白莲泾主题公园、船坞广场、世博长廊和南入口广场完整保留，成为城市公共空间体系的组成部分；

中国地区馆改造成高层商务办公区，保留水系作为该区的景观要素，吸引跨国企业入驻，国际展馆区改造成高级居住区（图3）。

3. 实施效果

评审专家认为，在十个征集方案中，本规划方案最具系统性。从城市系统构建角度出发的规划逻辑以及由此形成的用地布局和交通方案具有实施效率高、可操作性强等突出优点，成为后续实施方案制订的重要基础（图4）。

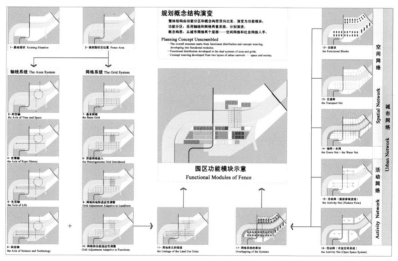

图3 规划方案概念解析

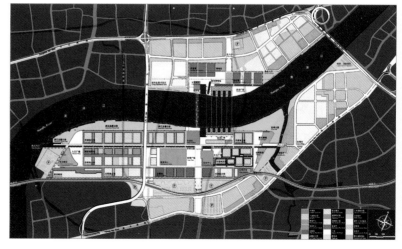

图4 易于向未来城市功能转换的布局方案

上海虹桥临空经济园区一体化规划

2008-2009 年度中规院优秀城乡规划设计二等奖
2009 年度上海市优秀城乡规划设计三等奖

编制起止时间：2008.1-2009.1

承担单位：上海分院
分院主管院长：郑德高
分院主管总工：蔡　震
项目负责人：孙　娟、刘昆轶
主要参加人：郑德高、蔡　震、孙　娟、
　　　　　　刘昆轶、陈　烨、李　英、
　　　　　　陈　雨、李维炳

图1 城市设计总平面图

1. 项目背景

虹桥临空经济园区位于上海市长宁区外环线两侧，紧邻虹桥综合交通枢纽，规划面积 5.1 km²。园区代表了上海工业园区向商务园区转型的典型，市场代替政府成为园区的开发主体，政府相应转变成为土地的监管者。纯市场的园区开发带来诸多问题，包括园区定位不清晰，企业入驻门槛缺乏约束；市场个体更追求小园氛围，忽略大园品牌的塑造；纯市场开发尤其解决不了食堂、商业服务等功能配套问题，影响了商务园区整体品质的提升。而政府监管市场开发的规划手段又过于简单化，仅仅通过控规中容积率、建设密度、绿地率等解决市场本身问题的指标，无法实现政府监管园区开发的真正需求（图1、图2）。

2. 核心内容

1）目标定位与产业策划

规划提出临空目标定位为"总部经济、虹桥门户"，坚持临空作为园区型总部的发展方向，并与虹桥综合交通枢纽联动发展成为上海西部重要的商务门户。

虹桥临空经济园区的产业策划研究从其内在特征出发，强调园区产业与上海市、长宁区的其他园区（总部基地）产业的错位分工；强调抓住虹桥临空经济园区的几大主题，包括时间主题（空港优势资源对园区产业发展的影响）、空间主题（国际和长三角市场对临空产业发展的影响）、形态主题（园区型商务办

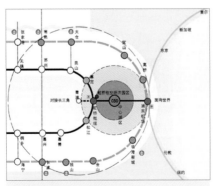

图2 临空经济园区的门户区位

公吸引的产业）等。规划结合长三角及虹桥枢纽的市场影响，提出将园区建设成为以"信息服务业、现代物流业和高科技产业"为主导的总部园区（总部占到园区未来 70% ~ 80% 的企业比重），发展为现代服务业示范区。

2）功能组织与城市设计

虹桥临空经济园区内现状配套功能明显不足，规划将其按服务半径和对象分为园区级、片区级和街坊级三类，结合园区各项功能开发规模预测，规划按比例估算各类功能配套设施规模，并使其在空间上得以落实，有效弥补了纯市场开发的不足（图3）。

虹桥临空经济园区目前仍然存在"只有院子，没有园区"的特征，规划提出园区设计主题为"园"的塑造，既包括大园品牌的塑造，也包括小园氛围的塑造。通过"边界塑造、活力节点、开放空间、交通方式、主题空间"等五大主题来构筑富有特色的空间形态。

通过对主要道路、河道等边界地区的标识性设计，塑造富有特色的园区边界；通过营造"记忆街区、交响公园、活力水岸、动感街区、文化秀场"等五大节点场所，塑造富有活力的园区节点；通过东、西临空"时间长廊"、"绿色跑道"两条重要廊道的设计，塑造传承文脉的园区长廊；通过公交接驳网络、自行车免费租用点及完善步行系统的组织，塑造换乘方便的交通网络；通过大园塑界成环、小园筑院点景方式实现园区的园林式景观，塑造园林特色的园区景观；通过雨水收集系统、无线网络覆盖等措施，塑造高效节能的数字园区；通过各单元街区公共空间的特色构建，小园内部人车分流、设施配套的建设，塑造具有文化氛围的个性小园。总之，园区设计贯彻"园"塑造的主题，由此形成五个园区重要节点地区、三片风貌分区、两种界面控制、两条活动主轴、一个核心景观环的空间结构（图4）。

3）控制导则与设计指引

本规划特别重视控规内容和设计导则的制定，希望通过务实有效的控规编制为园区的招商管理、建设实施奠定坚实基础。

控规成果分为两个层面：首先是基于城市设计布局方案对公共空间、综合交通、公共艺术、建筑实体等提出系统控制导则；其次是针对各地块提出分地块控制导则。后者内容包括基本指标、产业功能、公共空间、道路交通、建筑实体、视觉景观等方面的控制要求，并针对不同方面相应地采取控制性、引导性相结合的控制方式，其中控制性内容作为土地出让条件的强制性条件要求市场开发时执行，严格确保规划整体目标的实现。

分地块导则同时面向建设控制的管理方和建设实施的开发方，为避免开发控制中产生歧义造成曲解，规划成果务求采用标准术语和易于理解的图则，以图文并茂的方式着重强调公共空间、交通组织及建筑实体等三方面公共价值领域中的控制要求，以期在建设实施中更好地落实各项目标（图5）。

3. 特色创新

满足政府和市场的双向需求是此次一体化规划特有的命题和探索。即规划需要回答市场导向下园区的目标定位、产业策划、功能配套和园区城市设计统一建设形象。也需要回答政府导向下这些规划内容如何成为地块导则和挂牌条件融入园区的实际市场开发中。

总体来看，本次一体化规划针对市场开发和政府监管双重需求，从宏观研究、微观设计和地块导则三个方面提出相应规划内容，解决了临空开发的实际问题。在土地市场化运作背景下，弥补纯市场开发的不足，一体化规划具备可推广的价值。

图3 配套服务设施的空间布局（左）

图4 空间结构规划图（右）

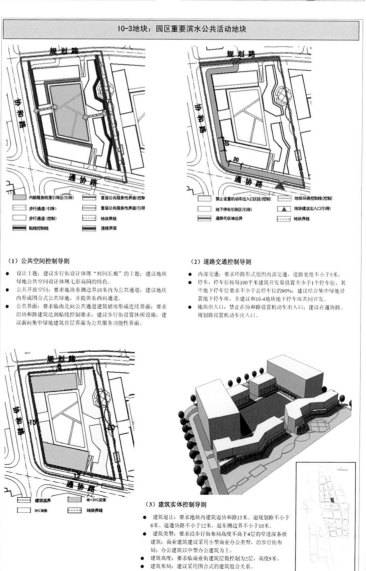

图5 典型地块控制导则

上海市黄浦江两岸南延伸段滨水区城市设计国际方案征集

2006-2007年度中规院优秀城乡规划设计二等奖
编制起止时间：2006.6-2006.9
承 担 单 位：城市设计研究室
主 管 所 长：朱子瑜
项目负责人：孙 彤、陈振羽
主要参加人：蒋朝晖、袁海琴、陈燕秋、
　　　　　　王颖楠

图1　城市设计总图

1. 规划背景

20世纪70年代左右，从一些发达国家开始，世界范围内逐步出现了后工业化社会特征，社会生产结构中服务业所占比重不断上升，超过了传统的工业生产，在这种社会背景下开始了滨水区开发的热潮。上海市是我国工业发展起步早，基础雄厚的城市，社会经济发展已出现后工业化特征，滨水工业区的更新利用也成为了上海未来发展建设的重要主题。本项目位于上海市区南部的黄浦江下游江段，总用地面积7.38km²，沿江岸线长度约为9km。项目地区处于周边各强势发展地区（世博会、上海南站）的影响之下，发展上会更多地充当接受辐射、链接周边、服务本区的角色。设计中应寻找错位发展优势，充分挖掘本地区特色资源，借势周边地区的强势发展，塑造一块满足上海普通市民居住、就业、休闲需求的有历史记忆、具有活力的滨水地区（图1、图2）。

2. 内容与特点

为实现规划目标，规划工作着重从以下三个方面进行了深入研究和方案创意。

（1）滨水空间的专题研究。通过对世界各地滨水空间的深入分析和比较研究，总结与归纳滨水空间的不同形态特征，以及不同滨水空间所容纳的城市活动，将滨水区适合的发展规律和模式作为实施设计的理论依据。与此同时，黄浦江沿岸作为上海最具有代表意义的滨水空间，有着自身的特质，在多年的发展建设中已形成了一条类型丰富的城市滨江风貌带。因此，我们必须解读与研究黄浦江滨江地区的整体发展状况，从中找到规划场地的形象与空间定位。通过以上研究，我们认为片区滨水空间的塑造，应突出真正可被市民使用、具有参与性的二级城市滨水空间（我们将黄浦江滨江作为一级滨水空间），以近人的尺度和空间设计，真正服务于城市人民（图3）。

（2）在开发建设中加强对工业遗迹的保护与利用。工业遗迹的利用保护主要有以下类型：主题公园模式、公共建筑模式（博物馆、会议展览、商业综合利用等）、旅游地模式、创意产业园区模式、环境景观利用模式。我们在对场地遗迹进行梳理后，针对各自特点和规划要求，选择不同的利用模式。如南浦站，我们采用了环境利用模式。利用场地中原有铁道肌理，规划设计学术交流中心与铁道历史展览馆，轨道及部分构筑物改造为景观环境设施，利用火车站货场码头场地肌理，建设标志性滨江建筑群。而对上海飞机制造厂、水泥厂和油脂仓库则采用了公共建筑更新利用的模式，36号机库迁址复建，作为展览、旅游等服务设施；水泥厂大空间建筑改建为互动性较强的科技体验中心——科技展览馆；油脂仓库部分库房改建为休闲娱乐设施和水上运动俱乐部，结合新开辟的内港形成港湾休闲区。

规划中同时还强调传统民俗文化的传承和发扬，突出龙华地区的传统风貌，在景观塑造方面，设计桃花岛与桃花大堤，重现历史上龙华桃花的盛况，并规划公共广场和道路空间，为龙华庙会等民俗传统活动提供新的空间场所（图4）。

（3）在依据上位规划的基础上，结合周边功能区（新上海南站、世博会等）的辐射影响，对场地的未来发展进行梳理与研究，明确片区的定位，并核算与片区功能定位相适应的建设规模。

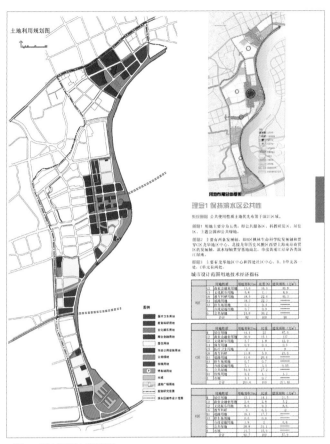

图2 用地规划与功能结构

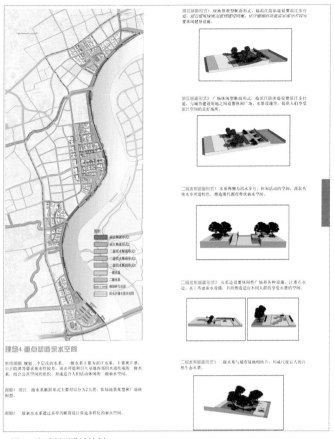

图3 水系断面设计控制

图4 工业遗址利用效果图

图5 滨水区效果图

黄浦江沿岸规划的核心任务就是转换功能。这条114km的黄金水道，由原先交通运输、仓储装卸的生产型功能，向金融贸易、旅游文化、生态居住的现代服务功能转型，同时实现景观重塑。而规划场地所在的黄浦江两岸南延伸段主要承担功能是以住宅建设及第三产业为主的地区发展导向，突出居住、文化、旅游、高科技研发及生态等五大功能。最终我们认为规划场地具有以下的主要职能定位：实施产业结构转变的重要空间、形成黄浦江景观带的组成部分、构建全市生态格局的重要一环、服务徐汇的地区中心。 在这样的定位前提之下，方案中调整原有规划中的建设规模，适当提高建设量，保证地区中心的土地使用效率，并有助于服务功能的完善与服务水平的提高（图5）。

天津西站地区
规划方案国际征集

2008-2009年度中规院优秀城乡规划设计二等奖

编制起止时间：2007.12-2008.3

承担单位：城市交通专业研究院

主管所长：张国华

主管主任工：李凤军

项目负责人：马书晓

主要参加人：陈锋、李晗、王昊、
李德芬、宫磊、王金秋

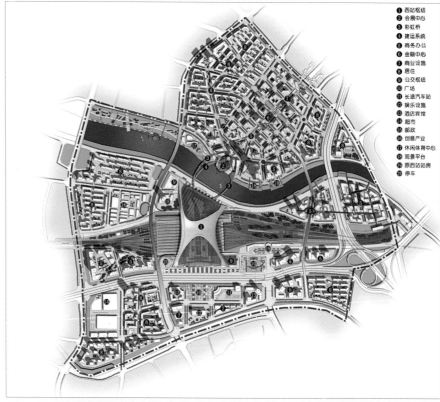

图2 天津西站地区城市设计

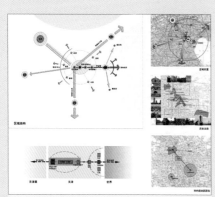

图1 京津冀城镇群及天津发展态势

本次天津西站地区规划方案国际征集项目是在我国高速铁路快速发展和京津冀一体化初步发展的背景下进行的（图1）。项目从高铁站自身产业特点及京津冀一体化的角度出发，进行方案构思，具有较强的创新性和可实施性，形成以下主要特点。

1. 规划内容

（1）探索了我国高铁站地区规划设计的技术方法，形成了"区域、城市、枢纽核心区"技术路线，将高铁枢纽、城市产业升级和功能提升等有机地结合起来，保证了高铁站地区规划设计的科学性。

（2）探索了高铁站枢纽不同的上落客模式对枢纽效率和带动城市发展的影响，提出适合天津西站发展的上落客模式，有利于天津西站区域副中心的形成（图2、图3）。

2. 空间布局与交通

（1）规划在西站地区提出"一轴、双核、八片"的空间结构，将铁路枢纽和城市功能核心区分别布置在子牙河两岸，充分发挥枢纽核心区和城市核心区的带动功能（图4）。

（2）规划提出西站地区内以"分流环＋集散环"构筑"三横五纵"的干路系统，保证过境交通的快速通过和西站地区与其他功能区的便捷联系，加密支路路网，满足西站地区内部交通需求（图5）。

（3）规划从铁路站场占地面积、广场人流组织、人车分离、落客车排队长度、周边路网影响程度及景观影响程度等方面评价西站的上落客模式。

3. 创新与特色

（1）探索了高铁站地区编制的技术方法、高铁站地区铁路枢纽核心区与城

图3 天津西站地区城市设计效果

市功能核心区的关系，通过规划更好地将枢纽、产业、城市、区域等方面有机结合起来，形成一个有机整体。

（2）探索了高铁站地区交通与区域交通的关系、高铁站枢纽核心区不同的上落客模式、枢纽核心区交通设施布局模式等关键交通技术，通过规划提高了西站地区的交通效率，优化了枢纽地区的环境。

4. 实施效果

天津西站地区规划方案国际征集后，本项目中的主要空间布局、功能定位与分区、交通等方面的主要内容在后续方案编制中得到落实，有效地指导了天津西站地区的发展和建设。

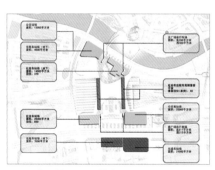

图4 枢纽核心区布局模式

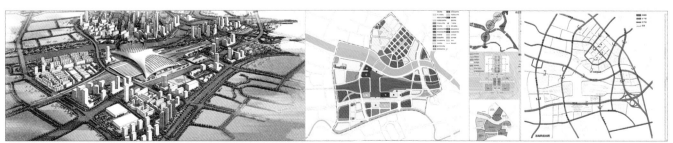

图5 天津西站地区鸟瞰图、土地利用规划图、道路交通规划图

重庆市临空都市区概念性总体规划

重庆市临空都市区概念性总体规划
国际方案征集第一名
编制起止时间：2014.3-2014.5
承 担 单 位：西部分院
分院主管院长：彭小雷
分院主管总工：刘继华
项目负责人：肖莹光、金 刚、王文静
主要参加人：盛志前、杜 恒、贾 莹、
　　　　　　刘博通、张 敏、李 丹、
　　　　　　卞长志、廖双南、黄俊卿、
　　　　　　邓 俊
合 作 单 位：中国民航大学、荷兰机场
　　　　　　咨询公司（NACO）

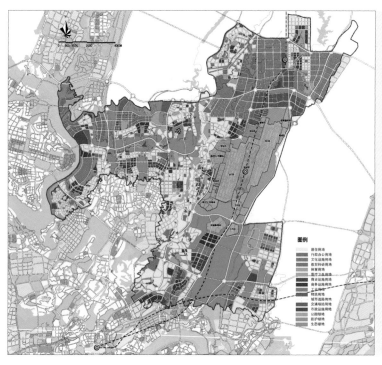

图 2 重庆临空都市区土地利用规划图

1. 项目概况与背景

重庆市临空都市区位于两江新区核心位置，是重庆向北跨越发展的重要区域。隶属于重庆主城渝北区，距离老城中心渝中区约 25km（图 1）。

2012 年重庆江北机场客运量突破 2000 万人次，货运量突破 25 万 t，进入机场快速增长期。机场周边已经形成空港工业园区、台商工业园区、保税港区三大工业板块，产业基础良好。

2013 年，重庆提出五大功能区发展战略，临空都市区位于都市功能拓展区，要培育提升开放门户、科教中心、综合枢纽、商贸物流、先进制造业等国家中心城市功能。

2. 项目构思

从多个层面解析重庆空港地区的战略意义，梳理出重庆空港地区的三大特征，即：

内陆国家中心城市的机场，肩负内陆开发的重要使命。

有较好发展基础的城市型机场，是引领都市功能发展的重要区域。

机场台地高出周边区域 100m 的山地机场，相对于传统平原机场周边可利用空间更大。

在三大特征指引下规划提出重庆市临空都市区的发展定位与发展策略，并以空间布局、综合交通规划、重点地区城市设计作为空间抓手落实战略定位（图 2）。

3. 项目内容

1）四个维度的发展定位

从全球、区域、城市与理论四个维度提出"临空国际创新城"的总体发展定位，以全球竞争前沿、区域辐射门户、临空创新都市三大发展目标支撑总体发展定位。

2）三大发展策略

大枢纽：构建亚太地区航运组织中心与西部地区航空枢纽机场，强化机场节点衔接和组织区域性通道的功能。

大产业：突出空港和城市的双向推动作用，以大物流为先导组织先进制造业，以大数据为基础组织科技创新业，以大金融为核心组织生产服务业，以大消费为主题组织都市服务业。

大山水：针对台地、坡地、洼地等不同地理空间制定差异化的空间利用模式，依托板块间的陡坎、汇水系统、城市景观大道，构建多元化的绿地网络系

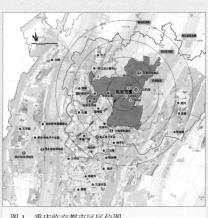

图 1 重庆临空都市区区位图

统，建设美丽山水的城市典范。

3）空间布局

提出区域协同、板块组织、城场协同三大空间战略，构建"一核、三区、三圈层"的总体空间结构，其中一核为机场工作区；三区为物流加工板块、国际都会板块与国际商务休闲板块；三圈层包括服务航空旅客的紧密圈层、航空出行频率较高产业的中间圈层以及配套城市功能的外围圈层（图3）。

4）综合交通

针对未来7000万人次/年的航空客流、18亿人次/年的都市区居民出行与5000万人次/年的都市区对外出行，规划提出构建分层网络化交通组织模式。

交通设施层次化，以机场为核心划分紧密圈层、中间圈层与外围圈层。紧密圈层构建"地区捷运系统＋城市主干路"的交通组织方式，中间圈层构建"轨道普线＋城市快速路"的交通组织方式，外围圈层构建"市郊铁路＋轨道快线＋城市快速路＋高速公路"的组织方式。

节点组织网络化，由T12、T3A、T3B共同分担机场航站楼功能，通过立体分层，建设机场综合换乘枢纽，包括航空出发层、航空抵达层、机动车层、火车站层、轨道交通层、铁路层共六层（图4、图5）。

5）详细设计

规划选择机场T3A航站楼南部地区作为规划启动区，该区域位于机场与城

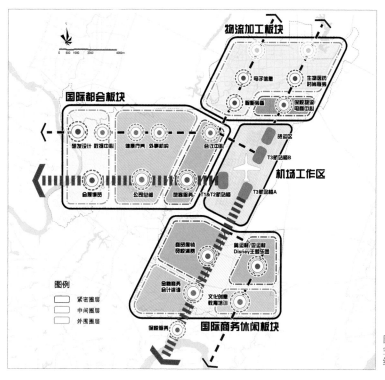

图3 重庆临空都市区空间结构图

市中心联系的交通走廊上，北部为两路空港保税区，南部为寸滩水港保税区，区位条件优越，现场产业基础较好，升级改造空间较大。规划提出以"凭山揽水、延续文脉、缤纷都会、高效便捷"为空间策略构建"山水环绕叠双城，一脉两心开五埠"的城市空间结构。

4. 创新与特色

机场圈层理论与城市功能的碰撞与融合。规划在解析传统机场功能"圈层＋廊道"的理论基础上，充分解析重庆区域产业特色与空间资源，构建了由机场辐射的核心圈层，由机场辐射与城市带动的中

间圈层，以及配套城市功能的外围圈层。同时，根据机场不同方向的功能组织、周边地区的空间资源特征与城市功能的差异构筑特色鲜明的三大功能板块。

机场圈层理论在山地地区的空间解译。机场位于高出周边区域100m的台地上，规划在分析净空、噪声对周边地区土地利用影响的基础上，结合机场与城市功能，提出了对端净空区域的有条件开发利用，极大地提高了机场直接辐射带动空间。

机场综合枢纽的畅与达。规划为应对远期客流叠加的挑战，提出交通设施层次化、节点组织网络化、轨道道路差异化，实现分方向、分目的的客流高效疏解。

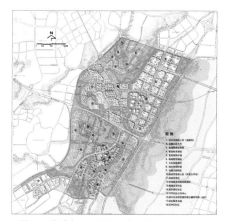

图4 机场南部地区城市设计示意图

图5 机场综合枢纽示意图

重庆市菜园坝高铁站场地区概念规划国际征集

2010-2011年度中规院优秀城乡规划设计二等奖

编制起止时间：2010.4-2010.7

承担单位：城市交通研究所
（现城市交通专业研究院）

主管总工：朱荣远
主管所长：张国华
主管主任工：赵一新
项目负责人：朱荣远、王昊、商静
主要参加人：宫磊、胡晶、刘钊、
盛志前、杨斌、金刚、
王金秋
合作单位：中国建筑设计研究院、
铁道第二勘察设计院

图1 区位分析图

重庆市菜园坝高铁站位于渝中半岛腹地中央，毗邻两路口地区，是联系位于不同标高的渝中半岛上下半城、联系渝中半岛与南岸的交通咽喉地带。同时，本基地是重庆市目前仅存的，能够体现江畔山城特色的景观岸线（图1）。

成渝城际铁路的建设，将使成渝之间的时间距离缩短为46min。这意味着重庆和成都的竞合关系进入新的时代。菜园坝高铁站与城市各功能区的时效关系将决定区域要素流动的效率，也将决定成渝竞合的成效。

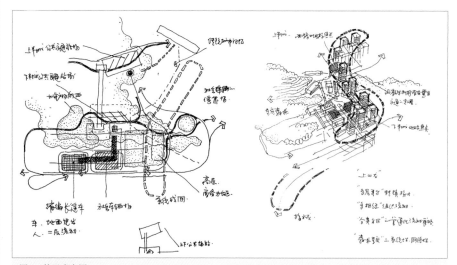

图2 构思意向图

1. 基本判断与综合定位

1）重庆新枢纽功能

未来，菜园坝将以高铁车站建设为引擎，集聚服务于成渝经济区的商务办公、娱乐休闲、文化服务等功能，以最小的时间成本，形成区域型服务业增长节点，形成渝中半岛的新商务功能聚集区。

2）重庆新地标形式

将菜园坝和两路口地区的交通和土地资源进行组合，依托基地特有的山水格局，发掘周边文化遗迹的历史内涵，通过建设枢纽综合体，塑造体现城市记忆和山地特色的新门户地标，体现现代、地方、社会、秩序的主题。

3）重庆新文明象征

借助实例来证明重庆气质的现代化，给予市民便捷、安全、现代、自豪、骄傲的实惠（图2）。

2. 设计原则及方案特色

整体性——强调高铁站与大尺度山与城的对话，强调山与江之间的整体性联系。

组合性——将位于不同高程的菜园坝和两路口地区作为统一的城市运行系统考虑，强调其功能、交通和景观的不可分割性。

流动性——强调枢纽的流动性空间特征，以管道化的交通引导系统，分方向、分方式集散交通。

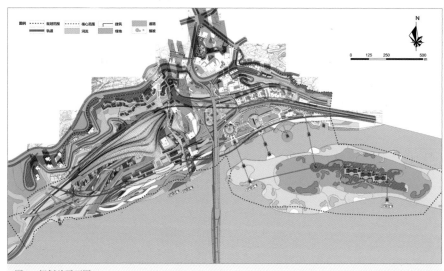

图3 规划总平面图

图4 整体剖面图

地方性——利用场地的高差特征和历史文脉，强调菜园坝、两路口是历史重庆、森林重庆之交汇，创造具有山城独特魅力的场所空间。

现代性——以山城综合体和高效的交通系统为依托，体现重庆的现代风貌与城市的新文明。

3. 功能布局

规划区形成"一轴、三带"的整体结构：

"一轴"采取城站一体化的空间模式，组合上下半城的交通和空间更新资源，形成以交通功能为核心，贯穿菜园坝和两路口的南北向功能轴带。

"三带"，根据不同高程，规划区从北至南分为：以山体绿化和重庆文脉为主题的"北部山地休闲服务带"；以车站上盖城市公园及为区域服务的城市综合体为主要功能的"中部城际服务功能带"；以及以24小时活力水岸为特色的"南部滨江功能带"（图3、图4）。

4. 交通组织

规划在菜园坝和两路口分别建设两组集公交、出租、停车设施为一体的交通枢纽，利用电动扶梯、缆车和登山步道相连接，并与两路口的地铁1、3号站

相连通。这一组合型集散枢纽，将到发火车站的机动车交通分散在不同高差解决，同时方便两路口与菜园坝之间的人行联系和设施共享。规划火车站采用上跨式进站与尽端式出站相结合的方式布局，进出流线完全分离，并建立立体网络化的步行系统（图5）。

5. 景观空间与建筑设计

规划利用铁路上盖的横向肌理与建兴坡的山势相应和，突出宏伟开阔的滨江界面和森林入城的生态背景，集中开发的城市综合体与两路口高层群相呼应，如蛟龙昂首，体现了自江岸向山坡攀升的山城母题。站房采用波浪造型，宛如江流涌动，巨鲸山海。

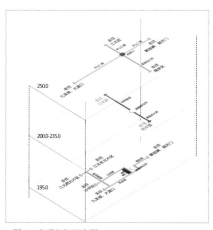

图5 交通组织概念图

同时，规划通过设置多样化的簇群建筑和步行系统，在宏大的空间格局中创造多重尺度宜人的休闲空间和商业空间（图6）。

图6 空间效果图

广州科学城北区总体规划方案

2008-2009 年度中国城市规划设计研究院
优秀规划设计二等奖

编制起止时间：2008.10–2012.12

承 担 单 位：上海分院、城乡规划研究室、
          城市交通专业研究院、城镇
          水务与工程专业研究院

主 管 总 工：杨保军

分院主管院长：郑德高

分院主管总工：蔡 震

项目负责人：付 磊

主要参加人：付 磊、汤春杰、马小晶、
          柏 巍、杭小强、周扬军、
          孙 烨、胡天新、王巍巍、
          盛志前、彭小雷

合 作 单 位：同济大学、上海建筑设计
          研究院、优山美地（北京）
          国际城市规划设计咨询有限公司

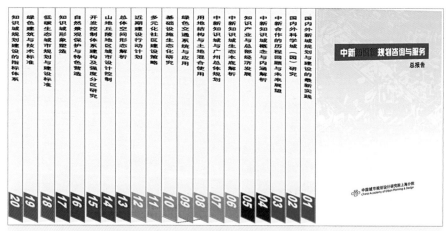

图 2　广州中新知识城的规划咨询与服务——专题研究与总报告

1. 项目背景

2008 年，我院参加了《广州科学城北区总体规划方案》的国际招标竞赛，并中标深化。期间，新加坡与广州达成合作协议，广州科学城更名中新广州知识城。它是新加坡继在中国投资的苏州工业园、天津生态城均获成功并在国内外产生巨大反响之后，与广东省合作建设的第三代新型综合性园区。其建设是落实《珠江三角洲地区改革发展规划纲要》的重大举措，不仅将成为广州开发区二次创业、创新发展模式的突破口和示范区，而且对于加快广州城市经济转型步伐、引领和推动珠三角地区经济的转型升级意义重大。

2. 核心内容

1）广州科学城北区总体规划方案

2008 年，我院上海分院参加了广州科学城北区总体规划的方案征集。通过研究确定科学城北区的发展目标为"百里国际科学谷、山水生态知识城"，并重点聚焦于知识产业与生态两大主线，建设创新源地、科技高地、知识之城、生态新城、居住福地、实践基地，使之成为广州市"建立现代产业体系与建设宜居城市"的示范区与先导区。规划方案充分考虑到了生态环境对开发的制约，契合知识城的功能内涵，提出了带形组

团的布局框架，形成了"三大新城、三大中心"的功能结构（图 1）。

2）广州中新知识城的规划咨询与服务

新加坡雅思柏设计事务所编制的中新广州知识城的概念性总体规划提出了框架性的空间方案。但概念规划重在理念与结构，在规划深度与内涵的阐释上略有不足，缺乏面向实施的可操作性，为了能够更好地贯彻规划理念与设计思想，指导知识城建设，我院受委托同步展开知识城项目的规划咨询与服务工作。

根据项目特点与研究目标的设定，建立 5 个模块，包含 20 个专题的研究框架，涵盖了发展定位、总体规划、城市设计和控制性详细规划编制的各个层面，为知识城各个层面的规划编制提供理论与技术支撑（图 2～图 6）。

（1）模块一：理论发展与实践前沿。包括新城建设、园区发展和中新合作三个专题，通过研究，为知识城的发展方向与规划建设提供先进的经验借鉴，保证规划理念与建设标准处于世界领先水平。

（2）模块二：概念内涵与产业指引。包括概念内涵与产业指引两个专题，在掌握世界上最先进的科学城与新城规划理念的基础上，挖掘与定义中新广州知识城的内涵与发展方向，并对知识产业与总部经济的发展进行重点阐释。

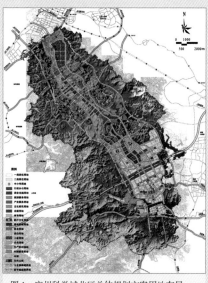

图 1　广州科学城北区总体规划方案用地布局

（3）模块三：总体规划与策略指引。聚焦于总体规划层面的技术支撑，包括生态本底、区域关系、用地结构、绿色交通、多元社区和启动策划等七个专题。成果以针对性的实施策略和文字性导则为主，对 RSP 设计事务所的总体规划方案在理念与技术上进行深化与拓展。

（4）模块四：城市设计与开发指引。聚焦于城市设计与控制性详细规划层面的技术指引与方法支撑，包括总体空间形态、局部城市设计、开发控制体系、人文景观特色、新城形象导引等五个专题。成果以图示化的语言形成指导城市设计与开发控制的设计导则，对总体规划成果构成有效补充。

（5）模块五：建设标准与支撑体系。聚焦于建构知识城规划建设的指标体系，通过相关研究的经验借鉴，结合知识城的实际情况，制订低碳城市、绿色建筑和规划建设等三套指标体系，为知识城的规划建设进行定性引导与定量控制。

3. 特色创新

中新广州知识城规划突破了传统的规划编制方法，采用了主体规划编制与专题研究两条主线并行的技术路线，这在同类规划中是一种全新的探索与尝试。新加坡 RSP 设计事务所在吸纳新加坡新城建设的先进理念与经验的基础上编制总体规划方案，我院在技术上对方案的合理性与可行性进行论证，两个规划编制主体与知识城规划工作领导小组形成互动的交流机制，通过二者间的工作互补，保证规划成果的科学性与先进性。在此框架下，我院通过专题研究来建构规划咨询与服务平台，通过专题集的形式来探索非物质性规划的方法体系，形成指导总体规划和城市设计编制的技术性文件。

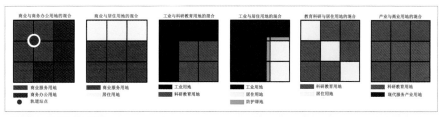

图5 土地混合使用模式

图3 广州中新知识城内涵解析

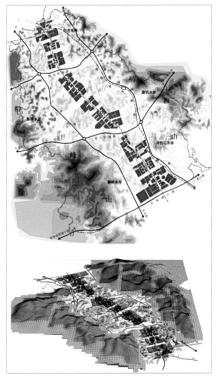

图4 广州中新知识城空间形态塑造研究

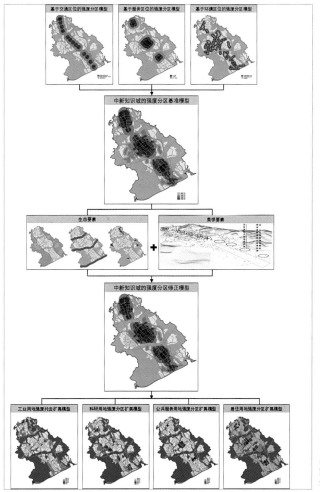

图6 广州中新知识城开发控制分区研究

中新广州知识城核心区城市设计国际竞赛

2012—2013 年度中规院优秀城乡规划设计二等奖
中新广州知识城核心区城市设计国际竞赛一等奖
编制起止时间：2013.5—2013.7
承 担 单 位：深圳分院
分院主管院长：蔡 震
分院主管总工：范钟铭
项 目 协 管：王 瑛
项目负责人：朱荣远、张若冰
主要参加人：卓伟德、劳炳丽、林楚燕、
　　　　　　陈晓晶、杜 枫、林 丹、
　　　　　　金 鑫、白皓文、俞 云、
　　　　　　杨 维
合 作 单 位：艾奕康环境规划设计（上海）
　　　　　　有限公司

图 1　公园中的城市示意图、透视图、鸟瞰图

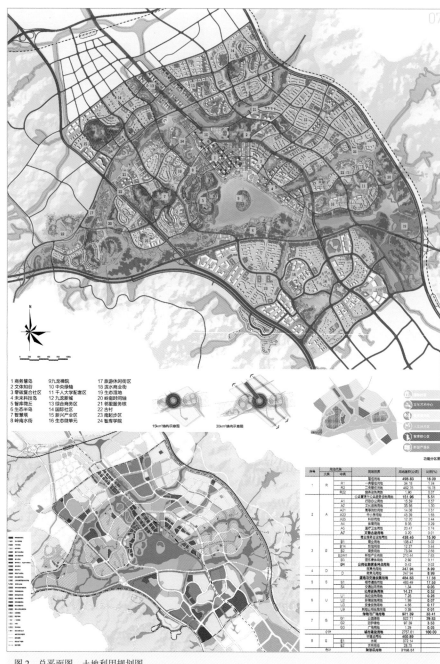

图 2　总平面图、土地利用规划图

广州知识城位于珠江三角洲东岸，岭南山水条件独特。它是中新合作的第三代新城，也是广州市最新的战略性空间节点之一（图 1）。

知识城的发展区位不是传统的交通廊道，而是结合优良生态资源汇聚起来的创新增长带。特殊的地点价值要求城市设计批判以建筑群的辉煌和高低为标准的不健康现象，制订理性、差异化和可持续的设计策略，使这个后发新城在珠三角所有新城发展中脱颖而出。

技术要点

如何确立知识城在珠三角区域城市中的唯一性？

如何为广州、为区域提供城市空间重组的机遇？

如何将设计特色与可实施性相结合？

项目从三个路径假设出发，明确设计目标："新岭南文明的智库城市"；进而利用本地的山水、文化、社会基因，在主城区（32km²）、核心区（15km²）、环湖区（3km²）三个资源尺度上，针对新岭南文明的内涵，诠释"智库城市"的空间特色。

方案创意之一是面向珠三角区域之缺形成造城计划，营造影响经济和文化领域决策的智慧集聚地，从而在产业培育、功能组织、城市形象、社会建设上有别于常规城市（图2）。

其次以知识之核、蓝绿网络、智库微单元和智库走廊四大概念为基础，整合空间、经济、社会和生态元素，通过新交往场所、新生活方式，形成有别于广州都会区密集压迫和紧张的城市氛围。特别提出与土地运营相结合的"微单元"，以及孕育新岭南文明的社会性空间系统，落实可持续发展的理念（图3）。

最后依托知识城的新定位、新空间，提出整合周边城市单元的复合新城计划，规避广州规模化的分裂扩展和诸侯式的分离发展两种趋势，优化广州城市空间结构。

图3 生态网络、新岭南景观示意图、模型鸟瞰图

2006-2007年度中规院优秀城乡规划设计二等奖
编制起止时间：2007.5-2007.8
承担单位：深圳分院
项目负责人：范钟铭、石爱华
主要参加人：律　严、夏　青、崔宝义、
　　　　　　肖　磊　等

在广州南拓战略实施的大背景下，南沙以其充沛的空间、核心的区位和优质的港口被寄予厚望。自成立开发区以来，南沙主要实施"行政推动、大项目带动"的发展路径，建设一系列产业基地，但产业体系和空间布局并不完整，重点和方向也不够明确，生态建设、城市服务滞后。本次规划以南沙区行政区划调整为契机，对原有发展路径进行检讨，重新认识地区战略价值，以"港城一体、产城融合"为核心理念，调整既有发展模式和空间结构，促进南沙的转型和高端化发展。

1. 项目思考

1）以区域视角定义南沙价值

从珠三角层面上看，南沙位于区域的地理几何中心，同时又位于珠江水系的出海口，在地理区位上，具备成长为区域性城市的先天优势。

从广州层面上看，南沙是广州唯一的临海地区，作为广州国际海港的空间承载，是广州国际化的重要寄托，也是广州参与珠江口湾区新一轮转型发展的核心要素，对广州具有极其重要的战略意义。

2）以港城都市探寻南沙模式

珠三角改革开放以来的粗放发展造成环境低质、城市低效、人力低能等一系列问题，在完成原始积累的时刻，必须主动突破和转型。在全球化分工体系下研究新加坡、鹿特丹、香港等港口城市，我们发现这些中心城市的港口与城市关系紧密，功能协调，以港口为核心建立完善、具有竞争力的经济体系。现代港口城市已进入集港口物流、核心制造、综合服务于一体的现代化港城都市阶段，在珠三角区域和广州国家化发展进入海洋时代的背景下，我们以"港城都市"命题南沙发展，探索新时期的转型之路。

2. 规划内容

1）目标定位

南沙的发展需要建立在全球理念和区域发展之上，搭建通往全球的桥梁，建设具有区域价值的节点，在强化服务功能的同时，疏解广州中心城区的压力，促进南沙与全市整体功能的联动。将南沙定位为：华南地区的门户枢纽港口、泛珠三角的物流集散基地、珠三角区域性现代化的港城都市。

2）空间结构

规划提出以凫洲水道为划分，构筑北城南港相对分离的空间格局，以港、城构成两大动力核心，以交通构筑U形发展轴带，形成港城功能相互联系和渗透的动态生长结构。

在两大功能分区基础上，构筑由U形发展轴串联的5大组团式空间布局，并设置三级中心体系（图1）。

一级中心为区域职能性生产服务业中心，"区域性中心"为南沙港城都市的发展提出了远大的理想和目标，为未来打造湾区经济制高点预留空间；二级中心为南沙区级中心，广州城市副中心，为城市提供内部运营服务；三级中心为组团中心，为组团主导业务提供前台性服务和居民日常生活服务。

3）交通发展

（1）港口发展定位：广州是华南地区的传统贸易中心，长期的发展积累了广阔的内陆腹地，这与珠三角其他外向型城市具有明显的不同，也是在改革开放后面临珠三角众多城市的激烈竞争仍能保持区域中心地位的重要原因。根据广州内源经济特征，南沙港应建设远陆近海型区域核心港，形成与香港、深圳外向型城市的近陆远洋型港口的错位发展。规划定义南沙港口为全球一级贸易港、华南地区主枢纽港、泛珠三角内陆城市参与世界分工的门户港。

（2）加强江海联运建设：南沙港位于珠江水系的出海口，服务泛珠三角近900km² 的腹地，规划提出通过江海联运的机制来加强与内陆腹地的联系，主动接受内河航运的喂给，争取更广阔的腹地。

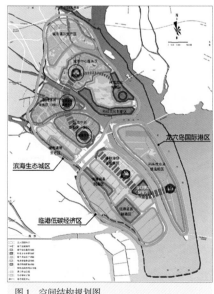

图1　空间结构规划图

（3）争取轨道客运节点：成为区域性中心节点，必须有快速客运交通紧密联系，尤其是快速轨道交通，并通过快速轨道枢纽支持区域性服务机构入驻。规划提出杭—福—深国家高速铁路西延线在凫洲岛分向设站，与港—深—穗城际快速轨道站点形成枢纽，积极协调与广—珠城际快线连接，构筑覆盖区域的多极快速客运枢纽，以支持区域性生产服务业的发展（图2）。

（4）公路交通系统：规划提出尽量将深—中跨江通道引至南沙，拉开与虎门高速的空间，预留常虎高速、深圳大外环两条跨江通道空间，构筑区域交通节点。结合现状京珠西线、京珠、沿江、广深构筑区域内4横4纵的道路框架，建立联系湾区的区域交通大系统。

（5）城市内部交通：规划提出以TOD模式引导城市发展，建立三级交通枢纽，对应城市三级中心体系，构建以轨道、快速公交为框架，一般公共交通为基础的城市公共交通体系。同时，提出预留PCP新技术疏港交通通道，减小疏港交通对城市生活的影响，探索生态化、集约化疏港的新途径（图3）。

4）生态保护

规划强调城市发展与生态建设的协调。在环境保护策略方面，首先应尊重区域生态框架，保护狮子洋、洪奇沥东西两条区域性生态廊道；划定城市基本生态控制线，限制城市无序蔓延；生态空间分级管理，划定生态保护区、生态协调区、生态游憩区三级生态空间，强调人与生态的和谐共融；建设循环经济示范园区，全面实施产业环保准入退出机制。

5）城市设计

规划提取南沙自然与人文要素特征，提出"岭南新水乡、滨海新港城"的城市气质目标，塑造多元和谐的后现代新城、活力有序的创意水城、宜居生态的滨海港城。重点塑造横沥三江交汇节点

的空间形象，建设广州滨海商务区，打造滨海城市的领袖风范。

3. 特点和创新

技术路线上以转型、创新的发展方式为核心思路，以生态保护作为基本前提，建立以港口为核心的港城都市发展计划，通过对产业、空间、交通、生态、城市形象的策略性规划，为南沙描绘了从地理中心到区域中心的发展蓝图。

1）从全球分工体系认识南沙价值

规划从世界产业分工体系及供应链体系的发展趋势入手，借鉴国际成功的第三代港口发展经验，重新认识现代港城发展的意义，通过对国际港口城市发展历程的回顾分析，提出"港城都市化"理念，为南沙发展制订港城都市发展计划确定了理论基础。

2）港城一体化结构下的空间整合

南沙港距离广州中心城区70km，要实现南沙港城一体发展，必须建立自身完备的城市综合服务体系，突破服务门槛，实现港城一体化的可持续发展。规划充分利用南沙河口地区水道分隔、岛群组合的形态，提出以凫洲水道为划分，构筑北城南港空间相对分离、U形发展轴带串联整合的总体空间结构，构筑港城功能相互联系和渗透的动态生长格局。

3）由地理中心到交通枢纽的区域交通策略

区域交通枢纽对引入高端要素、发展区域服务至关重要。规划提出充分利用南沙区域地理中心的区位优势以及跨珠江口距离短的工程经济优势，积极争取杭福深国家高速铁路西延线分向节点、港深穗城际快速轨道站点，积极协调与广珠城际快线连接，构筑覆盖区域的多极快速客运枢纽，以支持区域化发展的目标。

在区域跨珠江口公路通道上，规划在落实深中跨江通道的基础上，预留常

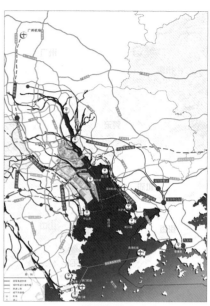
图2 区域交通协调发展规划图

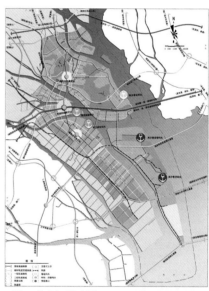
图3 综合交通规划图

虎高速、深圳大外环跨江通道空间，为可能存在的珠江口东西岸要素流通通道做好准备。

4. 结语

本次规划提出港城都市发展计划，以创新的发展方式为切入点，通过对产业、空间、交通、生态、城市形象的规划，为南沙的未来描绘了可持续发展的蓝图。

深圳湾公园规划设计

2013 年度全国优秀工程勘察设计行业奖
园林景观一等奖
2012 国际风景园林师联合会（IFLA）杰出奖
2005 年度中规院优秀城乡规划设计一等奖
2013 年度广东省优秀工程设计奖
2012 年广东省岭南特色规划与建筑设计
评优活动岭南特色园林设计奖银奖
2012 广东园林优秀作品
2012 深圳市第十五届优秀工程勘察设计
一等奖
2012 年美国风景园林师协会德州分会荣誉奖
编制起止时间：2003.12– 2011.8
承 担 单 位：深圳分院
分院主管总工：朱荣远
分院主管所长：梁　浩、王泽坚
项目负责人：朱荣远、梁　浩、王泽坚
主要参加人：龚志渊、张若冰、王　嫺
合 作 单 位：美国 SWA GROUP 集团、
　　　　　　深圳市北林苑景观及建筑
　　　　　　规划设计院有限公司、深圳市
　　　　　　都市实践建筑设计有限公司

本项目是一项服务周期长达十年的实施类城市规划设计项目，设计团队自2004 年中标获得深化设计权后又历时三年修改完善。之后，协同各方经过五年的努力实现了深圳湾公园在 2011 年建成开放。建成后深圳湾公园在深圳乃至珠三角范围获得社会民众的广泛认可和好评，2013 年在"深圳公园之最"的公众评选活动中深圳湾公园获得 6 个奖项之最，该项目也先后在国内外业界获得众多奖项。深圳湾公园提供丰富的滨海场所体验来满足人们身心需求的同时，更令人欣慰的是深圳湾的湿地生态系统也得到了保护，包括上百种野生鸟类、本土红树林和各种湿地动植物的生态环境得到了维系和改善。此外，十年间由深圳湾公

图 1　深圳湾公园总平面图

园激发带动的环深圳湾地区的城市功能格局和空间格局也逐步形成，促进了城市结构向更加成熟稳定的湾区阶段演化。

1. 目标内容

项目从甄别需求主体出发，将迁徙的鸟类和深圳湾蔓延的红树林湿地放在首位，市民和城市居后。体现深圳在新的发展阶段对于生态文明和去人类中心化的价值取向。制定了一系列原则，包括：生态原则、边界原则、适应自然和社会运动周期的原则、连接的原则、场所引导的原则、特征的原则。并提供三个具体的目标：①构筑一个深港共同的、形态完整、功能完善的生态体系——环深圳湾大公园系统；②一个概念明晰的公共滨海地带——连接人与自然，连接……③一个特征鲜活的城市地区——引入缤纷的文化活动，释放……空间和设计主题则涉及"湾"、"连接"、"生态的自然尺度"和"系统交通支持"。

2. 空间布局

深圳湾公园东起红树林海滨生态公园，西至深圳湾口岸南海堤，由东至西

图 2　珍惜的红树林和鸟类资源

图 3　人们亲近自然的需求

图 4　城市绿道系统的重要构成

南共分 A、B、C 三个区域,岸线长约 9.6km,规划总面积 108 万 m²。项目规划有 13 个不同主题的区域公园(图 1),并通过完善的景观系统、步行系统、自行车系统和游憩设施系统将其串联在一起。

建成后的深圳湾滨海休闲带,一方面扩大了红树林的种植面积,另一方面,沿海滨形成宽阔而连续的绿林带(图 6),是海岸防护的重要屏障。此外,沿深圳湾岸线建设的深圳湾绿道是深圳市城市绿道中西岸滨海绿道的重要构成(图 4)。

3. 创新与特色

1)"得""失"到"舍""得"

作为深港两地共有的河口型海湾之一(图 5),历史上的深圳湾曾经拥有过绵长的沙滩、起伏的山丘和丰富的动植物资源。面对城市拓张的压力,城市持续地向海湾推进,海湾的边界特征不断被重塑。原本丰富的动植物连同蜿蜒曲折的自然岸线逐步被平直的快速路和生硬的砌筑岸线所取代。不得不说城市的发展"得"中有"失"。

2)顺应需求的发展

正由于过去发展的"得"、"失",使得深圳这座年轻海滨城市的滨海意象始终停留在东部远郊半岛。拥有 200 多公里海岸线资源的深圳,对于海洋文明的追求,业已成为深圳在新的发展阶段,大众与政府的集体呼吁和高度共识。在珠三角多中心城镇连绵群中,作为城市特色重要组成的"海洋文明"与"湾区生活"也已经成为深圳对于再造自身核心竞争力的再认识之一。而从"民为重、社稷次之"的古训到人们对于健康、舒适和愉悦生活不变的渴望,都促使人们再度聚焦深圳湾地区——离城市最近的海湾。顺应发展的需求,更是顺应民众的需求,伟大的城市应该通过城市格局、空间、边界的演变精心地呵护和回应市民的需求(图 3)。"民本"也将是城市发展和规划的最终目标。

3)把握难得的机遇

2003 年随着深港西部通道口岸填海造地工程的结束,新的城市滨海岸线呈现在深圳城市的版图上。它一方面提供了不可多得的城市滨海空间资源(图 7),另一方面成为未来承载深圳湾地区整体发展意图的重要载体。在当时城市积极拓展和增量土地稀缺的背景下,城市曾经考虑过进一步在深圳湾地区填海造地,但面对深港共有的这片脆弱珍稀的河口型海湾资源(图 2),规划更建议和支持收缩性和界定型的有限发展理念。因此,2004 年的设计竞赛中,项目团队鲜明且掷地有声的设计表达获得了认同,也赢得了深圳湾公园的后续深化设计和实施机会。深圳湾公园也成为城市发展历史上的转折点和里程碑之一(图 8)。

图 5 深圳滨海湾区

图 6 滨海工程边界到自然边界

图 7 恢复后的岸线、滨海步道和栈桥

图 8 设计的细节和品质

深圳市体育（大运）新城规划设计国际咨询策划及优化汇总方案

2009年度全国优秀城乡规划设计三等奖
2008-2009年度中规院优秀城乡规划设计二等奖
2009年度广东省优秀城乡规划设计一等奖
2009年度深圳市第十三届优秀规划设计二等奖
编制起止时间：2005.3-2006.8
承担单位：深圳分院
分院主管总工：朱荣远
分院主管所长：张立民
分院主管主任工：王瑛
项目负责人：张弛
主要参加人：柯凡、梁浩

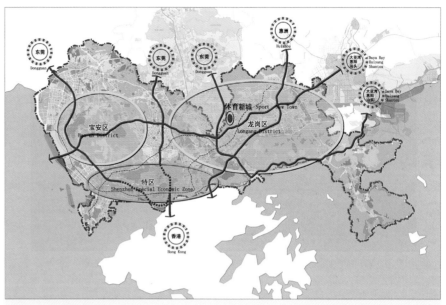

图1 大运新城区位图

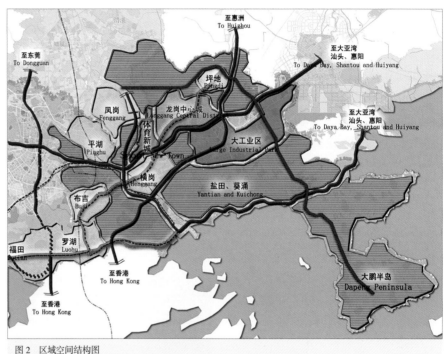

图2 区域空间结构图

为完善深圳国际性城市功能，并配合申办2011年第26届世界大学生运动会，深圳市市政府在龙岗中心城西区建设大运新城，希望借此推动地区城市化进程，提升城市化标准，并带动龙岗区融入原特区、一体化发展（图1、图2）。

为借鉴国内外同类型城市或地区的规划设计和城市发展经验，规划局开展体育新城地区规划设计的国际咨询，并委托我院深圳分院承担国际咨询策划、方案解读，以及方案的优化汇总工作。

1. 规划内容

（1）项目包括国际咨询策划和对获奖方案的优化两个部分，最终新城的优化方案将支撑后续重大项目选址、大运新城空间布局，并作为该区域法定图则编制的依据；此外，本项目也将为大运会申办、承办提供技术支撑。

（2）平移特区标准，以重大项目和重大事件激活龙岗地区发展潜力，缩减原特区内外二元化差异，推动区域均衡发展。

2. 空间布局

（1）营造南北向绵延山体神仙岭通过体育公园形成的开敞空间切入城市功能区的整体空间意向。

（2）构建集体育运动、文化活动、购物休闲、生态体验等功能于一体的体育主题公园，并通过环绕铜鼓岭的"健康休闲带"串联各类设施，使各类体验融入自然山水环境中。

（3）倡导公交优先，在轨道3号线（龙

岗线）增设体育新城站，围绕该站形成公交接驳枢纽。同时，构建由穿梭巴士、观光巴士和常规公交组成的综合公交体系。

（4）以大型居住区环绕体育公园布局，提高大型体育设施赛后利用率，使大运新城成为深圳市和龙岗区转型发展的示范区和驱动核，倡导绿色、健康、低碳的新生活方式（图3~图6）。

3. 创新与特色

（1）项目贯穿策划、规划和实施全过程，形成了深圳市重大规划项目的一个典型运作模式，即国际咨询—方案优化—法定图则—规划实施。

（2）本项目综合考虑了"重大城市事件"对新城规划的影响，并借助大运会的影响力和大规模公共设施投入产生的带动作用，实现高标准的规划初衷。

（3）作为更熟悉地方情况的设计机构，提前介入到规划咨询阶段，既有利于规划咨询的有效性，又有利于方案的优化和实施推进。

（4）项目兼顾规划理想与现实可操作性，在时间紧迫的条件下，对各项规划、建设工作进行了统筹安排、综合部署。

（5）作为深圳市近期规划确定的四大新城之一的体育新城，是率先规划、率先实施的示范项目，它的规划建设经验值得其他新城借鉴。

4. 实施效果

从2006年至今，大运新城内大运中心、大运公园、信息职业技术学校（大运村）、深圳体育运动学校、香港中文大学（深圳）等大型设施和服务配套先后完成建设，部分居住区陆续入住；在2011年8月，大运新城在承办第26届世界大学生运动会期间发挥了重要作用；目前，莫斯科大学、乔治华盛顿大学和奥克兰大学也陆续有进驻意向，正处于进一步接洽沟通阶段。

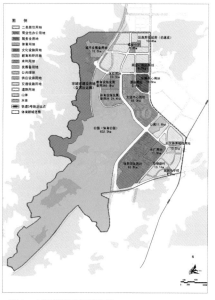

图3 大运新城功能结构图

图4 大运新城城市设计总平面图

图5 大运新城局部鸟瞰图（引自"龙岗新闻网"）

图6 大运新城中心鸟瞰图（引自"昵图网"）

济南创新谷概念性规划方案征集

2012–2013年度中规院优秀城乡规划设计二等奖

编制起止时间：2012.11–2013.1

承担单位：城市设计研究室

主管所长：朱子瑜

项目负责人：李 明

主要参加人：顾宗培、鞠 阳、魏 维、
陈振羽

图2　70km² 规划调整

图1　70km² 研究与济南主城区的空间关系

创新，已经成为全球经济的核心动力与国家重要的发展战略。济南作为京沪双核之间的中位节点与经济大省山东的智力中枢，创新发展将成为未来的必然选择，济南创新谷正是这一选择的核心载体。

1.规划内容

创新谷位于济南西部城区，区位良好，环境优越，人文汇聚，基础兼备。规划包括三个空间层次：对 70km² 济南创新谷进行总体研究（图1、图2）；对 12.4km² 重点发展区进行控规层面的概念性规划（图3）；对 2km² 核心功能组团提出城市设计方案（图4）。

2.空间布局

1）创新谷总体研究

纵观 70km² 研究范围，以济荷高速与北大沙河为十字结构，产、学、研、居四项功能主体并立，寻求区域良性互动、协同发展的格局基本确立。自然山体将片区分为北中南三片，而"群山夹河，众谷聚水"的山水格局特征，构成了片区空间结构的主体。作为核心资源北大沙河成为片区发展的主要脉络，结合已有建设与发展潜力，规划认为片区将形成"一河四湾，湾谷联动"的功能互补与空间互动的发展格局。

2）重点发展区概念性规划

创新谷南部的重点发展区作为创新谷的创新主体，定位为研、产、城互动、以创新为特色的智力创新谷，品质生活城。规划通过 4 种手法塑造片区"智湾慧谷、一湾三谷"的空间格局：

• 筑核——以轨道交通站点为依托，发展 TOD 单元；

• 塑湾——组合河、湖、溪、岛空间元素，复兴沙河水滨；

• 展脉——活化现有的雨水冲沟水系，打造活动走廊；

• 营谷——顺应自然山水脉络，营造片区"一湾三谷"的空间格局。

3）核心功能组团城市设计

湾区位于海棠路与北大沙河之间，城、脉、湾一体，作为创新谷未来的核心功能组团，设计从 8 个方面加以精细刻画：

• 曲脉——以河为脉络，以绿为骨架，连通莱佛山与沙河湾。

• 方城——采取规则"小街坊密路网"格网形式。

• 层化——地块开发重视集约效应，形成分段式开发模式。

• 复合——强调混合兼容，尤其重视空间维度上的功能共存。

• 合院——设计重视建筑界面对活动空间的界定与塑造。

• 中脊——高层建筑向中央绿脉集中，形成空中脊线。

• 绿屋——坚持低碳导向，形成规模化的特色建筑活动空间。

• 高街——建构连通地块屋面的高空街道系统。

3. 创新与特色

基于现状的发展特征和问题，我们认为此次规划需要重点聚焦以下三个问题：

• 问题 1 山水回归——如何充分利用山水资源？

• 问题 2 新城营造——如何集聚人气提升活力？

• 问题 3 要素集聚——如何突出创

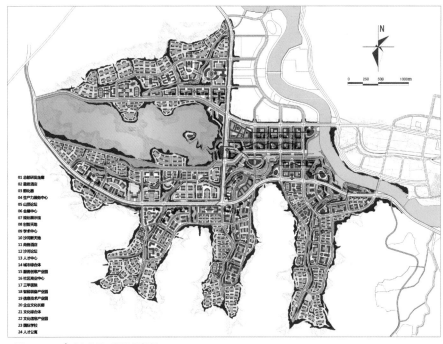

图 3　12.4km² 重点发展区概念性规划

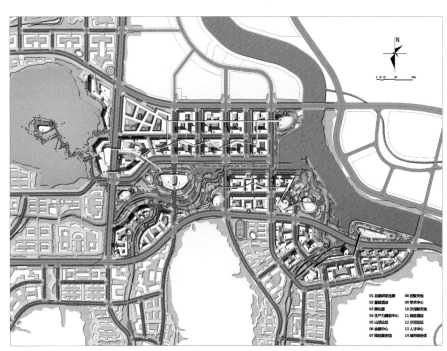

图 4　核心功能组团城市设计

新功能特色？

规划重点塑造全新的生态、生活与生产并重的"三生系统"。

生态系统——规划秉持快乐生态的理念，提出对山、沟、城的不同策略，生态保育与活动参与并重，促使人的生产消费活动与自然环境系统协调发展。

生活系统——规划组织了多元居住体

系、公共服务设施体系，规划构成多元、适度超前、特别强调老中幼需求的差异，同时提供了精细化的慢行体验系统加以设施整合。

生产系统——规划强调研发孵化、转化服务、制造联动的三项组合策略。满足智力创新型企业从创建期楼层租赁、成长期楼宇自建到成熟期园区运营的全业态空间发展需求。

杭州东站综合交通枢纽地区规划

2006–2007 年度中规院优秀城乡规划设计二等奖

编制起止时间：2006.9–2006.11

承 担 单 位：城市设计研究室

主 管 总 工：杨保军

主 管 所 长：朱子瑜

项目负责人：蒋朝晖、孙 彤

主要参加人：陈振羽、袁海琴、黄 伟、
盛志前、陈燕秋、盛 扬

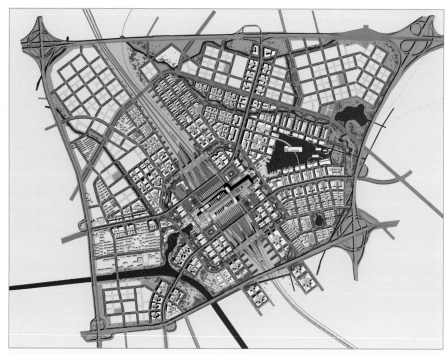

图 1 枢纽地区总平面布置示意图

1. 项目背景

杭州东站由一个通过性的小客站转变为面向"长三角"的综合交通枢纽中心，这种变化无疑使该地区在土地使用、道路交通、城市空间等方面必须作出相适回应。杭州东站综合交通枢纽地区规划正是为应对这一变化而提出的一个未来发展的可能方向。东站地区规划范围约 $10km^2$（图 1）。

2. 规划内容

方案主要从功能定位与土地利用、道路交通与流线组织、城市空间与景观形象三大方面提出东站地区的应对策略。在功能定位与土地利用方面主要确定了 5 条原则，一是在东站地区强化与上海及周边城市的分工协作关系；二是在东站地区大力发展商务办公等现代服务业功能；三是在东站地区重视解决农民拆迁安置问题；四是在东站城市门户地区展现城市特色；五是在东站地区完善各类配套功能，形成城市的新中心。

道路交通与流线组织是本规划的重点，主要内容包括路网规划、交通设施和流线组织三个部分。路网规划主要回答东站地区采用什么样的路网模式、如何解决城市的东西向交通、如何与上位规划路网衔接、如何处理过境交通与枢纽区集散交通的关系等 4 个问题；交通设施主要涉及停车场布局、线位排列及竖向关系、对地铁站点的建议等 3 个重要内容；流线组织主要包括机动车交通流线组织、进出站客流交通组织和非机动车交通组织。

城市空间与景观形象主要从开放空间、步行网络、视线景观、开发强度、地下空间利用和综合体建筑 6 个方面提出规划策略。

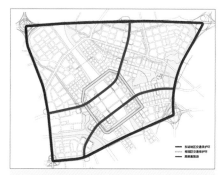

图 2 双环截流、双跨集散

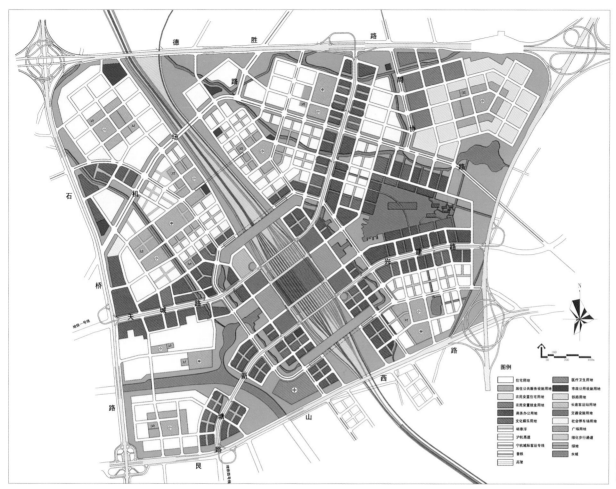

图3 东站地区
用地规划图

图4 枢纽站
交通综合体
设计意向

3. 规划特点

　　杭州东站地处城市中心地区，本身又是重要的交通集散点，如何组织好交通，特别是处理好集散交通和过境交通是该地区成功的基础。规划提出的双环截流、双跨集散的思路成为方案的特点：双环截流指通过东站地区外围的四条快速路形成的第一道保护环以及围绕枢纽站设置的第二道保护环来分流与东站地区、枢纽站无关的过境交通；双跨集散是指通过在枢纽站东、西两侧各设置一条高架路与周边快速路互通连接来解决枢纽站的集散交通。双跨集散的交通处理也塑造了长条状横跨场站的独特交通综合体建筑（图2~图4）。

郑州航空港地区
概念性总体规划国际咨询

2006-2007 年度中规院优秀城乡规划设计鼓励奖
深圳市第十三届优秀规划设计二等奖
编制起止时间：2006.7-2006.12
承 担 单 位：深圳分院
分院主管院长：范钟铭
分院主管总工：何林林
项目负责人：王泽坚、周 俊
主要参加人：葛永军、龚志渊、钟远岳、
　　　　　　陈 皓、曹东川
合作单位及责任人：
　　　　　　香港大学王辑宪

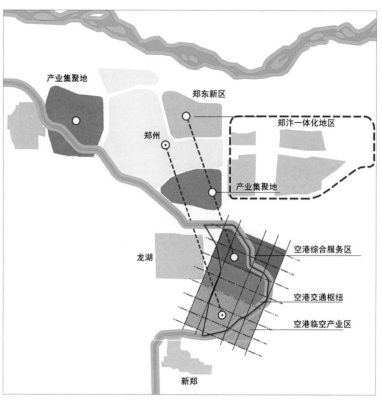

图 1　郑州空港都市区空间结构示意

1. 规划背景

在中国的沿海战略向内陆战略推进中，作为河南的省会和经济中心，郑州在我国中部崛起国家战略中承担重要的角色。郑州是新亚欧大陆桥上的重要城市，是全国重要的交通和信息枢纽。

国际空港对于身处中部地区的郑州发展开放性经济至关重要。郑州机场是将中部地区和世界连接的重要枢纽，机场及其周边地区是将中部地区与世界联结的窗口地区。2006 年，河南省政府、郑州市政府共同组织了郑州航空港地区概念性总体规划国际咨询活动。

2. 项目构思

从资源组合角度分析，在济南、合肥、武汉、西安、太原、石家庄之间，方圆 30 万 km² 之中，4 亿人口区域之内，必然会出现一个特大型的国家区域中心城市。以郑州为中心，半径 500km 区域内的中原城市群，是我国人口密度最大的区域之一，同时也是一个非常庞大、极具潜力的市场。

通过与武汉城市圈和长株潭城市群的比较发现，郑州更有优势发展成为极化功能和扩散功能强的超大型中心城市，担当引领中原崛起的历史重任。

在海运时代，郑州发展严重受限，但航空时代的到来将颠覆内陆地区的发展格局。而航空是点对点运输，又必须靠陆路运输扩散出去。郑州不仅位于我国人口空间布局的重心，而且综合交通条件突出，具备建设成为全球化、多功能、高效率的现代交通物流枢纽城市的潜力，从而可以实现跨越式发展。

以多式联运为基础完善郑州现代物流货链，延伸发展金融、商贸、会展和物流等相关产业价值的产业体系。重点选择临空经济、口岸经济和枢纽经济为郑州航空港地区三大产业引擎，创造郑州发展的生产性服务和技术创新功能的增长极，快速提高郑州机场的航空运输规模，实现郑州与机场的一体化发展，开拓一个具有全新概念的航空港发展局面，形成郑州参与国际竞争的有利地位。

3. 技术路线

1）专题研究

现代航空港地区发展趋势研究：通过对世界机场发展规律的研判，可以发现现代航空港发展的明显趋势就是从空港向空港都市演化。重点对孟菲斯机场和路易斯维尔机场案例进行分析，发现国家地理中心位置与航空速递公司结合可以发展成大型航空货运机场。

郑州机场竞争力分析研究：根据现代航空港地区发展的趋势，判断郑州具有同时发展航空客、货运输的优越条件。郑州具备"中国第一配送中心"区位，有机会成为"中国第一航空货运门户枢纽"。郑州同时又具备发展航空客运的条件，有机会成为"中国低成本航空枢纽"。

2）战略定位

中国中部的大型门户枢纽机场，航空货物、快件中转及集散中心，国内航材及备件储运中心；中国中部地区货运枢纽机场及国际货运口岸；中部地区国内主要航空公司的枢纽机场；远程航线衔接国家快速铁路网、高速公路网的枢纽点，国家中部地区铁路、公路、航空综合交通运输枢纽的重要组成部分。

以客运为稳步增长的基础，以速递货运为飞跃发展的核心，积极培育中国第一配送中心。远景达到旅客吞吐量7000万人次/年,货邮吞吐量300万t/年。

3）临空经济区

郑州航空港地区发展成为中部地区通往世界的门户地区。重点发展临港制造、保税物流、商贸会展、金融服务和总部经济为特征的现代制造业和服务业，形成辐射带动能力显著增强的国家重要的枢纽机场和国际临空产业集聚区。

考虑航空港对城市空间格局带来的影响，并对未来的演变趋势作出判断。在原有的城市总体规划方案的基础上，强化道路交通系统的空港指向性，构建都市区与空港联系的轨道交通系统，要梳理支持组团式城市格局的生态绿景网

络，在原有都市区东西两翼发展的框架上，增加南拓的发展举措，形成T字形的都市区空间结构（图1）。

4. 规划创新

研究领域创新：伴随着航空运输行业的快速发展，现代航空港发展呈现出从空港向空港都市演化的明显趋势，航空港地区成为新的研究领域。

研究方式创新：深度结合了郑州机场的发展阶段，相应提出跑道以及空侧资源供应与城市功能演进的相互关系。真正实现机场与城市的无缝规划，有效协调机场部门编制机场的发展建设规划（图2）。

5. 实施情况

本次概念规划获得国际咨询竞赛第一名。规划提出郑州打造通往世界的航空港的发展目标，随后在此基础上，正式编制了郑州航空港地区总体规划。通过香港大学王辑宪博士专业、精准的研判，郑州航空港地区逐步实现了本次规划咨询提出的发展路径。2010年，郑州新郑综合保税区获批，2011年3月，知名电子企业富士康落地，成为郑州空港经济区发展的另一个重要推动力。2012年富士康完成进出口总额285亿美元，在全国综保区中排名第二。2012年空港地区货物吞吐同比增长47.1%，实现全国机场货运增速第一。2013年被国务院批准为国内第一个航空经济实验区。

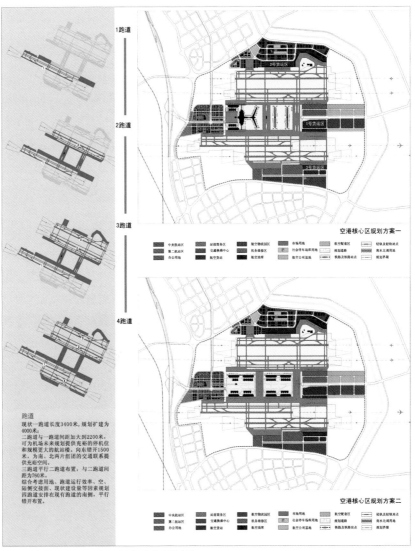

图2 郑州空港区平面布局及机场跑道建设计划

唐山市南部沿海地区
空间发展战略研究
方案征集

编制起止时间：2008.2-2009.4
承 担 单 位：城市与区域规划设计所
主 管 所 长：朱 波
主 管 主 任 工：赵 朋
项目负责人：陈怡星
主 要 参 加 人：翟 健、赵 哲、何凌华
合 作 单 位：天则经济研究所

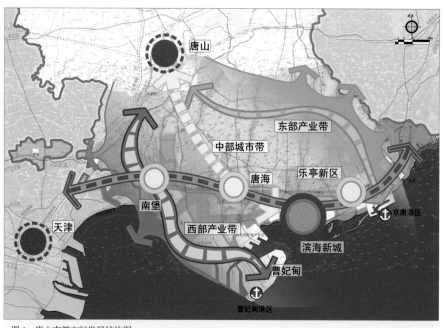

图1 唐山南部空间发展结构图

1. 规划背景

国家经济进入新的发展阶段，这一阶段对世界原料和市场的双重依赖，导致深水港成为产业发展的支点。唐山曹妃甸作为渤海湾最接近国际深水航线的天然良港，上升成为国家战略资源，项目的建设、资源的发现、政策的倾斜将促使唐南从农业型地区向工业化地区跃迁式地发展（图1）。

为承接发展机遇，唐山政府作出全面向沿海推进的战略部署。一方面，市域生产力的重布已经展开。在借助曹妃甸工业区聚集国际重量级企业和国家行业龙头的同时，市区378家企业的南迁已经分期分批推进。另一方面，2008版城市总体规划提出城市重心南移、以双核格局融入区域发展的整体设想。南部沿海地区在打造国家级临港产业基地的同时，还要建设150万人口的滨海新城，逐步培育区域性生产服务和生活居住功能，成为多种功能共同推进、生产生活统筹协调的科学发展示范区。这标志着唐山空间发展从矿业时代向海洋时代的全面转变，南部沿海地区将成为实现新型工业化和新型城市化的主要空间载体。

为加快建设科学发展示范区，更好地发挥唐山在建设沿海经济社会发展强省中的龙头作用，2008年年初，唐山市委作出了在南部沿海区域实施以曹妃甸为龙头的"四点一带"发展战略的决定，以全面贯彻落实市委、市政府作出的依托大港、走向海洋、跨越发展的重大决策部署。

2. 规划构思

唐山南部正处于超常规发展的重大机遇期，国家资本和国际资金正从多个领域同步介入地区空间发展，打破城市累积循环、循序渐进的发展模式，推动该地区从传统农业型地区向具有复合功能的新城市地域的迅速转变。急需在科学发展观的指导下，解决这一地区城镇化和工业化的动态空间关系问题，搭建城镇空间发展的合理框架。重点在以下三个问题：

第一，如何处理发展与生态环境、用地供给之间的矛盾。

生态环境的压力以及用地供给的瓶

颈是唐山南部沿海地区实现发展目标所面临的巨大挑战。未来城镇建设用地需求的激增是主导趋势，这必然给已经非常脆弱的生态环境造成压力；同时，以城镇建设活动为主的新兴功能大规模进入，也会挤压以非城镇建设活动为主体的传统功能的生存空间。因此，实现快速、健康、和谐、科学的发展，构筑多元功能和谐并存的空间体系，仍面临生态安全、农业安全的巨大压力。"四点一带"虽然提出了"节约资源、保护生态"的原则，但对于如何处理发展与生态环境之间的关系、如何破解土地供给上的瓶颈并未给出明确的答案，而这也是本次规划将要解决的重点问题。

第二，如何打破扁平同构的发展格局。

针对南部沿海地区现状扁平同构的空间发展模式，"四点一带"发展战略提出建设功能特色明显、产业相互协调、协作关系密切的产业聚集区，以防止低水平重复建设，分则特色明显、合则优势集中，加快形成以曹妃甸为龙头的一体化发展新局面。然而，对"四点"的产业定位仍是倚重港口及临港产业基础上的分工协作，忽视了显性优势之外、区域视野之下的潜在发展机遇。要打破扁平同构的现状发展格局，必须在京津冀这一更大区域范围内明确功能定位，实现真正的分工协作。

第三，如何建立高效合理的行政体制。

为解决管理体制中存在的问题，建立合理高效的空间管理体系，"四点一带"发展战略对现有行政单元进行整合，设立了曹妃甸新区、乐亭新区、丰南沿海工业区和芦汉经济技术开发区。然而，当政府规模过小，就要求适当扩大，以使政府提供某种产品或服务的单位成本变小，并使外部性内部化；当政府规模过大，就会造成行政成本过高并导致信息反馈问题，出现规模不经济的情况。对于唐山南部来说，行政单元的划分需基于自然禀赋和区位特征，充分考虑经济合理性和行政合理性。

3. 主要内容

1）确定生态安全格局

将潮间带滩涂、生态廊道、生态斑块确定为生态控制的刚性要素。依据特定生态意义和作用明确斑块的最小面积和廊道的最小宽度，作为区域生态绿线加以控制。平衡三大生态基质比例，尤其是潮间带滩涂，维持区域景观多样性；促进斑块的维护和修复，形成区域郊野公园和生态绿肺，规划识别出该区域四大生态斑块为滦河口保护区、唐海复合湿地、草泊水库—陡河河口保护区和三岛保护区；选择生态廊道，加强生态空间的连接度，设置沟通性和隔离性两类廊道。

2）提出空间策略总纲

在分析唐山南部地区内在禀赋特征和区域发展动力的基础上，划定一体两翼的差异化政策分区，以分工协作替代扁平同构的发展模式，充分发挥地区禀赋优势，推动整体功能多元化，探索各具特色的发展路径，着眼于南北海陆联动、促进市域资源整合，着眼于东西区域对接、积极融入国家战略，形成南北联动、东西对接、三轴推进的开放格局。并在此结构的指导下，对产业用地、服务业用地、交通及市政基础设施布局提出指导。

3）落实空间管制要求

结合唐山南部的行政构架特征，从增长边界控制、功能区控制和重大基础设施控制入手实施空间管制。其中，综合考虑生态安全、农业安全等限定因素，划定城镇建设用地增长边界。对生态斑块和廊道的控制核心区和缓冲区、最小宽度等进行了规定，对农田的调整政策作出了规定。同时，对区域内不同类型地区给予针对性的功能发展和控制指引，划定城市化控制区、城市化促进区两大类功能区；对功能构成比例、职住平衡比例进行强制性管制，对目标、控制原则、主导功能作指导性建议。

4. 创新与特色

（1）区域视角下识别空间发展动力，协调各区发展利益。

（2）面向实施提出分区分类控制导则，规范各区发展模式。

5. 实施情况

在规划指导下，唐山南部各项建设有序推进。

江苏省宿迁市
古黄河滨水地区概念规划
国际征集及方案整合

2006-2007年度中规院优秀城乡规划设计二等奖

编制起止时间：2006.5-2007.8

承 担 单 位：风景园林规划研究所

主 管 总 工：李 迅

主 管 所 长：贾建中

主 管 主 任 工：唐进群

项目负责人：白 杨、冯宇钧

主 要 参 加 人：梁 庄、丁 戎、韩炳越、
邓武功、于海波、魏 巍、
李建中、宋 岩、谢卫丽、
王悦玲

图 3 滨水地区鸟瞰图 1

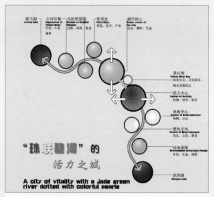

图 1 规划理念

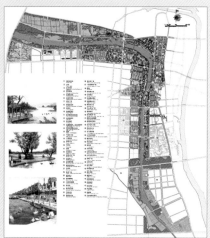

图 2 规划总图

江苏省宿迁市政府在江苏省政府的直接支持下，于 2006 年年初启动了宿迁市三个规划方案国际征集活动，全球范围共有 206 家规划设计机构报名参与。我院与英国阿特金斯设计集团等四家境外规划设计机构一起参加古黄河滨水地区概念规划竞标。

1. 规划内容

1）宏观把握

本规划的研究主体是城市局部的滨水区，但我们以城市的宏观发展为背景，从更高的空间层次来审视滨水区对宿迁市的多种综合价值（图 1）。

2）规划目标

营造功能多样完善，具有极强吸引力的城市滨水地带，触发多彩城市生活；重建形态完整、功能完善、特色突出的生态体系，将城与景有机融合为一体；升华城市特色文化，加强文化融合与展示；体现城市友好、诚信的风采，传达友好城市理念（图 2）。

3）空间布局

按照从近郊到城市中心地带的过渡，形成城市绿色中心和城市活力中心两核，古黄河围绕繁华的活力中心，激发一系列城市亮点，向郊区逐渐扩展，逐渐融入自然；依次划分六大功能区。

其中，政通人和与活力城市两大景区突显当代宿迁，前者围绕市政府和中心广场，集中展示宿迁市与时俱进的发展意愿，是一座开放的城市客厅，友好、诚信的氛围充盈其间。活力城市景区则集中塑造城市的多彩休闲生活，重点处理老城肌理的延续与更新，强化商业区功能联系，活化都市生活。

雄壮河湾与楚地文风两大景区则着力刻画历史宿迁。前者紧扣古黄河的自然与社会史，利用河湾处的大空间，弘扬黄河文化，演绎黄河魂，后者依托宿迁学院和项王故里，展示宿迁的楚地文化和人文底蕴。

古河印象与环保家园两大景区体现生态宿迁，前者围绕古河堤的保护与恢复，展示古黄河在城市上游宽广雄浑的生态环境和郊野气息，后者旨在改善黄河下流水质污染现状，调节产业用地与环境保护的冲突。

2. 创新与特色

1）注重规划理念创意

在我国城市滨水地区复兴的大背景下，认真研究宿迁城市滨水地区空间形成的机制和动力，形成正确的发展趋势

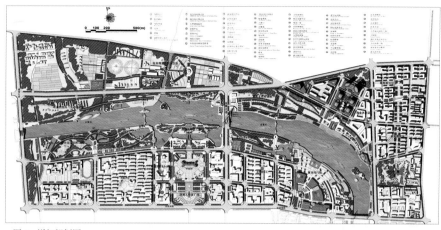
图 4 详细规划图

图 5 滨水地区鸟瞰图 2

判断（图 3~ 图 5）。注重规划理念的创意，针对性地提出规划理念：回归·融合·共生——"珠联碧河"的活力之城。

2）兼顾多方诉求

规划在面对复杂多变的市场需求的同时，力图兼顾多方利益诉求，把握公平和效率的协调，始终如一地坚持城市环境品质控制和公共利益的维护。从而在专家、政府和公众中能够达到更多的认同和共识。

3）注重人性化活力空间的营造

在城市中心区滨水地段采用"多功能混合"和"小尺度"的方法营造滨水活力空间，避免形式化的空间构图。充分研究当地居民的生活和出行休闲方式，尊重市民的个体和群体生活方式，为城市主体提供合理的开放空间模式，获得高度认同。

4）对城市文脉的尊重

注重城市肌理的延续和机能的更新，不搞大拆大建。在处理一系列城市滨河地块时，包括市府广场、居住区、商业带和滨河开放空间等，尽一切可能延续原有的元素，加以细腻的改造和有机更新。

3. 实施效果

国际征集评审阶段，我院提交的方案在专家组、地方领导组和公众组的分组评审以及综合评审中均获得第一名，得到了高度认同，以绝对优势在国际征集中夺魁。随后宿迁市政府又继续委托我院进行方案整合，指导宿迁古黄河滨水地区的开发建设工作。目前，宿迁城市中心滨水地区已按照我院提交的规划设计成果进行实施，已于 2012 年基本建成（图 6）。

图 6 建成实景

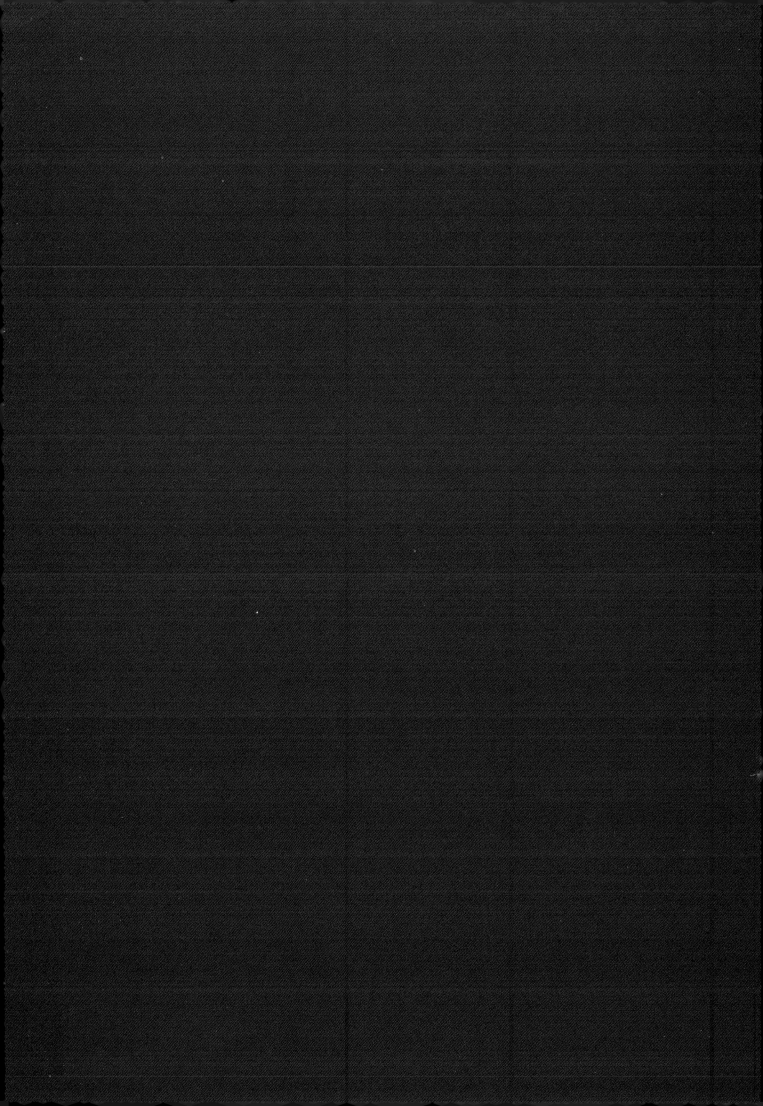

11

整治规划、城市更新、
社区规划

北京市 2008 奥运会环境建设规划

2007 年度全国优秀城乡规划设计二等奖
2006-2007 年度中规院优秀规划设计一等奖
编制起止时间：2006.8-2008.1
承 担 单 位：城市规划设计所
主 管 所 长：尹 强
主 管 主 任 工：邓 东
项 目 负 责 人：邓 东、尹 强
主要参加人：王宏杰、陈振宇、范嗣斌、
　　　　　　桂晓峰、杨一帆、郭 枫、
　　　　　　张 莹、董 柯、李 荣、
　　　　　　陈长青、胡耀文、王 仲、
　　　　　　顾永涛、鞠德东、刘国园 等

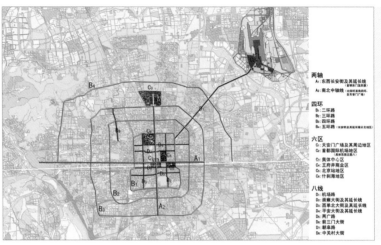

图1 "两轴、四环、六区、八线"分布图

1. 项目构成

项目分为概念规划和实施规划两个阶段，包括概念规划 2 个、实施规划 6 个。

工作内容上至全市的"两轴、四环、六区、八线"（图1），下至各区、乡、街道的实施工程；技术上由概念规划深入到个体项目的施工设计指导；时间上由奥运前的环境建设延续至奥运后的城市生活环境改善；管理上由重点地段示范到技术推广，形成规范化的标准。

概念规划由市 2008 环境建设指挥部办公室委托，包括《北京市重点大街重点地区环境建设概念规划》和《北京市重点大街重点地区环境建设概念规划方案综合》2 项。

实施规划由各区 2008 环境建设办公室委托，包括《西客站地区环境建设规划》、《丰台区重点大街重点地区环境建设整治规划》、《宣武区重点大街重点地区环境建设规划》、《宣武区马连道地区环境整治建设规划》、《宣武区广安门外大街环境建设规划》、《宣武区奥运环境建设重点项目规划设计》等 6 项（图2）。

2. 项目特点

1）这是北京第一次全市范围内的公共空间环境建设规划，主要特点有以下几点：

（1）规划要求高、各项关系把握难度大

规划要求既要达到国际奥委会认可的标准，又要能体现国家形象、首都形象，反映改革开放 30 年后的中国城市面貌，把握难度大。

（2）时间紧、工作量大、项目类型多、涉及部门广

2 年内要从统一思想、全市协调工作，到最后涉及全市范围的工作内容的完成，这是一次没有先例的创造性事件，涉及市政、规划、园林、交通等多个部门。

（3）为城市寻找好的尺子，实现瞬间与永恒的完美结合

规划既要为奥运服务又要为城市未来发展打好基础、造福于民，因此需要寻找兼顾二者的途径，是极具挑战性的命题。

（4）多专业综合，直接面向施工建设

规划综合了建筑方案设计与施工图设计、广告平面设计、园林绿化设计、色彩规划、灯光规划等多项专业技术手段，对城市公共空间进行全面、系统的规划，完成了项目从规划、到设计、到施工的完整阶段。

（5）服务多部门、动态推进的行动规划

规划为市、区两级 2008 环境指挥办公室和市、区各管理部门提供管理服务的技术依据，直接指导具体项目的实施，是一种动态的行动规划，规划编制是一个不断延续的进程，也是一次互动合作的过程。

（6）从总体到细部，从个体设计到标准化规范

规划既要总体定位、全局把握、统筹安排，又要深入每个要素的细部，进行局部设计。并且要将要素类型和设计方法系统化、标准化，利于在更大区域范围内的推广，最终形成标准化的规范，指导未来的规划设计、规划和建设管理。

（7）项目具有探索性和挑战性

本规划不属于国家法定规划体系之列，规划编制具有较强的灵活性和探索性。通过本系列规划来尝试性地探索对于环境整治类项目的研究方法和规划方法，希望能建立相应的体系来更长效地管理城市。

2）项目重点处理好5类关系

（1）短期与长期：既要短期满足奥运会，又要长期满足城市发展的需要。

（2）形象与民生：既要满足城市形象改善，又要利于提高城市环境质量。

（3）设计与施工：既要高标准针对性地设计，又要便于施工、利于管理。

（4）概念与实施：既要有创新性概念，又要具有可实施、可操作性。

（5）规划与标准：既要做有实效的规划，又要形成长期可执行的标准。

3. 技术创新

创新点1：建立城市公共空间环境建设的设计框架

本规划为规划体系中的新类型，首创性地建立了2008奥运环境建设规划的框架体系，由认识标准、设计准则、实施评价三大部分组成，并通过17个方面展开研究和深化。

创新点2：提出城市公共空间环境建设十大系统

首次提出了城市环境建设的十大系统框架体系，直接指导实施规划编制和项目管理（图3）。

创新点3：提出分期实施策略，实现长效机制

环境建设分为"06治乱"、"07建新"、"08添彩"三个阶段，提出相应的原则、导则，指导分期实施。

创新点4：落实具体建设项目，强化可实施性

编制实施项目库、明确责权范围，确定项目内容及基本要求，便于纳入政府的年度工作计划。根据项目动态性的特点，强调项目全过程的督导，深入到管理建议和施工配合的层面。

4. 实施效果

1）项目实施情况

实施规划编制过程中，大量的汇报和交流促成了各级、各部门领导达成了认识上和决策上的共识，统一了思想、统一了行动。

规划提交后，宣武区和丰台区对1个区、总长度约42km的11条街（路），进行全面的公共空间环境建设，重点对建筑立面、底商牌匾、沿街广告、街道家具、人行道铺装、停车等进行整治，取得了明显的实效。先期动工整治的崇雍大街东单段，已成为全市环境建设的样板，并出书推广示范。

2）形成的标准与规范

在系列规划成果的基础上，形成了《城市道路公共服务设施设置规范》（DB11/T 500-2007）。前三门大街首次按照本规范进行了公共服务设施的规范化布置。

各层次的规划成果已成为各区实施环境建设的指导性标准文件。

3）影响和示范作用

（1）规划展示公众参与：此次规划方案在2006年"第十三届首都规划建设汇报展"中展出。开展11天以来，参观人数逾8000人，收集意见2000余条。

（2）专家会审：在概念规划及深化设计工作中，共组织召开过10次专家评审会，邀请了26位权威专家、79人次，分别对概念规划方案及城八区的深化设计方案进行评审。

（3）经验介绍：青岛市、秦皇岛市等地专门来北京学习、考察，交流经验。

（4）广泛关注：规划公布一年多来，中央及市属新闻媒体对"二四六八"概念给予了持续关注，先后在报刊、广播、电视、官方网站上刊播各类新闻报道400余篇（件）。

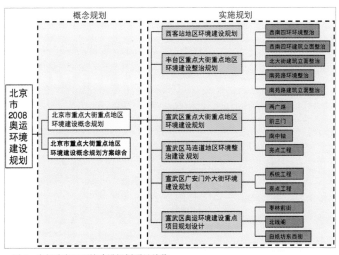

图2 中规院奥运环境建设规划项目总览

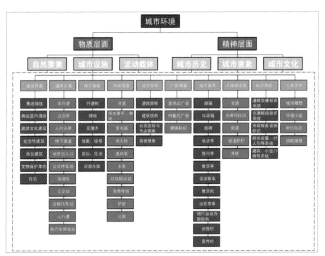

图3 城市公共空间环境建设十大系统

海淀区中关村科学城提升发展规划

编制起止时间：2012.7至今
承担单位：城市建设规划设计研究所
主管院长：李晓江
主管总工：张兵
主管所长：尹强
主管主任工：张娟
项目负责人：杜宝东、李家志、刘岚
主要参加人：董博、田文洁、李湉、
　　　　　　许尊、车旭、胡天新、
　　　　　　徐辉、周婧楠、盛志前
合作单位：北京方迪经济发展研究院、
　　　　　龙信数据（北京）有限公司

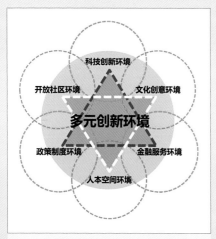

图1　科学城多元创新环境构造示意

中关村科学城位于海淀区的核心区，也是"中关村国家自主创新示范区"打造"具有全球影响力的科技创新中心"的战略核心区。本规划直切"创新"主题，面向科学城作为存量更新地区和"大院"集中地区特有的空间组织肌理和环境问题，提出了科学城发展的核心理念、目标定位和空间框架，并提出"非正式更新"和"协作式规划"的空间改造策略和规划操作模式。

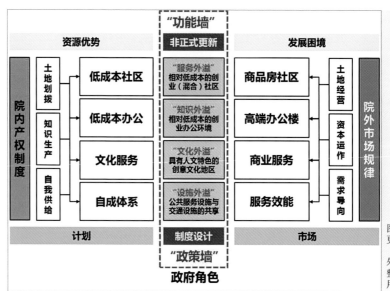

图2　非正式更新模式在"大院"内外创新资源整合中的作用机制

1. 关注"创新"

首先，从创新城市理论和实践的发展趋势来看，对于"创新"的认识正在由生产视角下的狭义"技术创新"向服务视角下的广义"社会创新"转变，创新体系实质上是由技术创新、文化创意、制度创新等系统所构成的可持续的社会创新生态环境。中关村科学城拥有知识生产的天然优势，但与硅谷等创新环境成熟地区相比，其在促进创新成果转化和营造多元创新环境等方面还有很大的进步空间。

其次，从区域创新联动来看，北京创新成果的交流方向逐渐由"远程爆破"转向"近域崛起"，部分生产、中试、孵化乃至服务环节出现明显的近域转移趋势。区域创新体系格局的快速转变客观上要求科学城的职能建设必须建立开放的区域思维，明确产业升级的方向与路径，争取更高质量的区域联动（图1）。

2. 关注"大院"

"大院模式"是科学城存量空间及其利用的基础特征。高校、科研院所和部队等"大院"用地占到了科学城现状国有土地的70%，地区用地和功能组织也形成了"院内自生、院外寄生"的基本模式，即各大院内的用地、道路、市政和公共设施相对自足和封闭，大院以外的用地和功能分布则相对分散和破碎化（图2）。

与此同时，在科学城可供更新和再利用的存量土地资源中，"大院"用地也占到了半数以上。但是在中关村推进平台强势推进高校和科研院所"四批项目"建设过程中，缺乏对"大院"土地资源战略价值的系统认识，"一次性"的土地价值兑现往往挤压了"大院"作为低成本创新空间的资源优势（图3）。

3. 关注"环境"

作为北京市乃至全国高校和科研院所最为密集的地区，科学城拥有厚重的历史人文底蕴、高度集聚而多样化的知识和智力资源，但现实空间环境却呈现

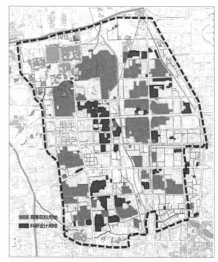

图3　"大院"空间在科学城范围内的分布现状

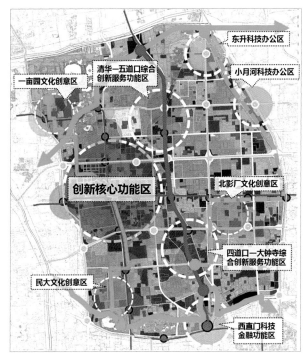 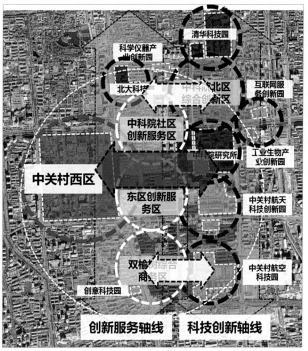

图4 科学城提升发展战略性空间识别（左）

图5 科学城创新核心功能区规划空间结构（右）

为"有资源无场所、有环境无品质、有建设无设计"的状态，既缺乏文化交流、创意消费等创意服务的场所和空间，也缺少人性化的空间尺度，以及有创意、高品质的公共空间设计，城市服务供给和环境品质与人群需求不相适应。

4. 规划总体思路与策略

本次提升发展规划的核心理念，是构建由科技创新、金融服务、政策制度、文化创意、开放社区、人本空间等多元环境要素构成的综合创新生态环境。规划定位为具有全球影响力的学术交流与创新中心、国家科技金融中心与战略新兴产业的策源地、首都创新型国际社区。

产业发展策略方面，结合产业发展的主体特征、阶段特征与需求特征，围绕"创新力、转化力、辐射力"的提升，提出重点发展价值链的高端环节（总部办公、研发中心、运营中心、科技金融等）、服务链的前端环节（技术创新、创业孵化、科技中介、信息服务等）和基础环节（创意文化、会议会展、商务服务、商业服务等），实现多路径产业升级。

空间优化策略方面确立了以下四个方向：①基于地区整体功能内涵进行空间结构调整，推动形成以协商式、实施型、政策性、动态化为特点的非正式更新的规划模式，并提出"大院"空间资源的开放式利用模式；②针对不同产权与主体关系实施分类指导，针对不同发展机遇地区进行项目协调与设施配置；③强化轨道交通节点与周边地区功能的协同建设，强调用地功能混合、空间与业态融合；④形成以场所品质为导向的功能环境建设，并着力塑造人性化的空间尺度。

5. 空间框架与支点体系

通过对科学城空间资源的多因子调查分析和综合评价，项目组对科学城存量土地资源进行了开发潜力评估。在此基础上，对科学城提升发展的战略性空间进行了重点识别，提出了"一极双心、三点四轴、三区五线"的整体空间优化框架，并提出空间优化的支点体系：①通过构筑中关村西区—东区创新"极核"，强化创新高端的要素集聚；②通过打造四道口—大钟寺、清华—五道口、

西直门三大创新功能"节点"，构筑创新功能的网络体系；③通过一亩园、北影厂、民大等三个创意文化区和13号线沿线、中关村大街等五条漫行流线等"场所"环境的系统塑造，提升创意文化体验环境；④通过创业社区等多元化"社区"的营造，建设开放和多元包容的人居环境；⑤通过道路交通等"设施"体系的再设计及其与城市功能的再融合，重塑便捷人本的设施保障体系（图4、图5）。

最后，项目组根据对科学城不同阶段和不同地区的建设重点和难点分析，提出了分类行动计划和分区规划指引，并针对高校创业社区建设、开发奖励等领域提出了政策设计与试点建议。

6. 项目进展与实施

本次规划的理念和内容获得了海淀区政府及北京市规划委员会的高度认可。2013年6月，北京市规划委员会与海淀区人民政府共同签约成立了协作规划联席会制度，共同聘任中国城市规划设计研究院为中关村科学城地区的责任规划师团队，科学城也成为北京市开展协作式规划的首批试点。

深圳市福田区
城市更新发展规划研究

2012-2013年度中规院优秀规划设计一等奖
编制起止时间：2011.6-2012.8
承担单位：深圳分院
分院主管院长：朱荣远
分院主管所长：罗　彦
分院主管主任工：吕晓蓓
项目负责人：吕晓蓓
主要参加人：朱荣远、谢晖晖、郭鹏生、
　　　　　　杜　枫、苏晓菊、邱凯付、
　　　　　　段红卫、罗　彦、白皓文、
　　　　　　王钰溶、谢　超、高　昀、
　　　　　　曾宇漩

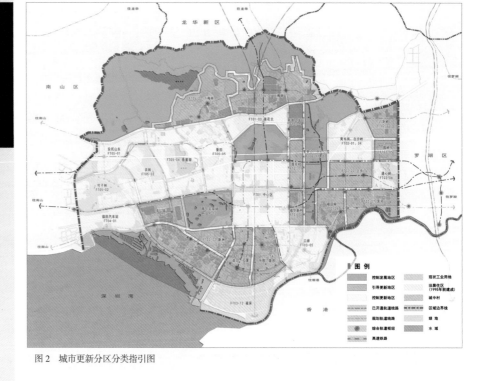

图2　城市更新分区分类指引图

本次规划的工作目标是寻求福田全区（特别是政府相关部门）对于城市更新工作的基本共识；提出未来福田区城市可持续发展的目标、策略和基本空间结构；为福田区未来10~20年的城市更新工作提供工作框架；为福田区重点地区和重要系统的城市更新工作提供基本规划指引。

1. 技术特点

（1）未来城市更新将取代新增建设成为福田区城市发展空间的主要资源，本次规划有别于以往的城市更新建设项目，是地区层面的城市更新总体战略规划，涉及社会综合发展和近中远期的统筹计划安排，力求在新的城市总体规划指导下，指引后续发展单元或更新单元规划为目标的新型的全区层面规划研究。

（2）本次规划并非仅局限于城市更新本身，而重点在于探讨在未来以城市更新为主体建设行为的转型阶段，福田区全区空间结构可能呈现的变化。规划从促进城市整体功能的角度入手，强调利用城市更新机会，结构性和系统性重构福田空间功能场所组织和服务社会的系列计划，决定未来福田社会和城市建设的时间和空间秩序，使松散的项目更新走向结构的系统更新，规划期望借助自下而上的研究，结合"自上而下"的规划决策，为政府提供稳定的城市更新政策框架（图1）。

（3）城市更新的突出特点在于利益多元，矛盾复杂；而且在城市发展转型期，城市更新面对的最大挑战在于对于城市更新目标、原则和基本理念的转型。因此，规划以达成更新共识为本次工作的重要目标，提出了以经济为本走向以人为本；从形态更新走向结构更新；从规模扩张走向内涵提升；从项目更新走向区域更新；从自下而上走向"上下结合"等多项共识。并就这些共识与福田区区委区政府以及各级部门包括基层社区进行了广泛的汇报，讨论和沟通，获得了广泛的认同，认为城市更新发展规划将决定未来福田社会和城市建设的时间和空间秩序。这为后续规划编制和实施打下了重要基础。

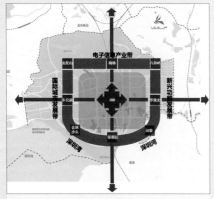

图1　福田区总体空间结构图

2. 规划内容

规划在整合了重点更新地区的基础上，重新梳理了福田的城市空间结构，重点规划了5个城市公共系统的更新战略，提出了8项更新计划（图2~图4）。

（1）活化生态计划。重点通过社区更新和道路改造增加通往生态控制线的慢行通道，加密区域绿道至社区层级，整合游憩与交通的关系，扩展自然与城市渗透的界面。

（2）滨水建设计划。重点将远离公众视野、不可达的消极滨水空间，改造为高可达的滨水岸线并注入复合的生态、休闲、商业功能，以此鼓励市民回归滨水生活，促进城市与水的团圆。

（3）完整社区计划。通过梳理社区的城市更新项目，从人的可达性角度出发，重新整合居住空间和公共服务空间，调整社区结构和规模，塑造步行可达、生产、生活、生态有效结合的"完整"社区。对那些社会组织基础好，但市场更新回报率低的社区，可试点居民自助式城市更新，在社区更新的同时推进社会更新。

（4）产业提升计划。提出要适应福田以现代服务业为主体的产业结构，打破产业园区与城市功能的割裂，植入公共开放空间和商业休闲空间，打通产业园区与生态地区的交通联系。

（5）城市针灸计划。通过增补和更新公共开放空间，激活公共生活，提升市民信心。规划提倡小尺度的公共开放空间改造，包括更新社区公园、活化马路绿带、开放滨水绿地以及鼓励开放部分私有绿地等。

（6）轨道增值计划。通过城市更新，提出适度提升轨道站点周边开发强度，围绕轨道站点重组公共交通、慢行系统、开放空间和公共服务资源。

（7）徒步福田计划。延伸和加密区域绿道系统至城市社区，逐步辐射构建全区慢行系统，使其成为串联生产、生活和生态的重要线索。

（8）文化复兴计划。利用城市更新的契机，将社会文化建设与城市空间建设紧密结合起来，保护历史文化，更倡导城市新文明。协助区文化局全面落实了福田文物的空间分布情况，将其作为城市更新审批和管理的前提条件。

为了更有效地指导政府实施上述更新计划，并有效衔接现行的更新工作和市场项目，规划将宏观的系统战略分解落实为更新建设项目和规划深化研究项目，充分整合了福田正在开展的30多项目，并制定了分时、分区、分类的实施计划，将不同类型的更新项目落实在社区层面和法定图则标准分区上，为公众建立稳定预期，为市场个体项目提供明确指引。

最后，对八个重点地区提出细化的城市更新指引，将系统更新项目在空间单元中统筹，以避免重复建设和提高更新实施的综合效益。

3. 实施效果

规划创新探索的重点在于将碎片化的更新项目整合为系统化的更新战略框架；将分散的市场更新诉求约束在公共利益的目标和原则下；将偶发性的更新项目融入常态化、规范化的城市规划管理体制中。

目前，以本规划为依据的《拆除重建类城市更新单元实施办法》已经出台，成为福田区政府审批更新项目的重要依据。

以本次规划为蓝本的《福田城市更新发展规划纲要》征求了公众意见，并在福田区各级政府中推广。这项纲要是福田近期最重要的公共政策之一，已经成为全社会监督政府实施城市更新的重要依据。

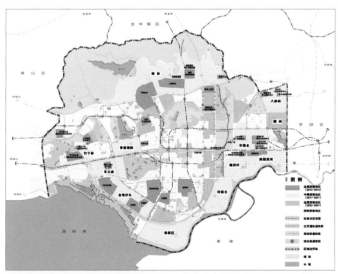

图3 城市更新时序指引图

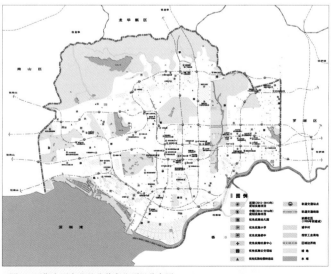

图4 近期主要产业及公共事业项目分布图

461

深圳市福田区城中村研究

2005 年度全国优秀城乡规划设计三等奖

编制起止时间：2004.5–2005.6

承 担 单 位：深圳分院

分院主管院长：朱荣远

分院主管总工：何林林

分院主管所长：张立民

项目负责人：赵若焱

主要参加人：蒋丕彦、陈 晖、路 旭、
樊 璇、陈劲松、谭 刚、
李贵才、乐 正、洪存伟、
郭鹏生

合 作 单 位：世联地产顾问（深圳）有
限公司、综合开发研究院
（中国·深圳）、深圳社会科
学院、北京大学深圳研究生院

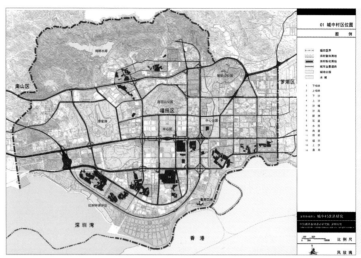

图 1 福田区
城中村区位图

1. 研究内容

伴随着深圳城市高速发展的城中村是一种特殊和复杂的社会现象。这是一份对福田辖区 15 个城中村真实现状情况的调研报告，是深圳第一次从多社会、经济、市场、政策、规划多角度全面研究和认识"城中村"的探索。

本次工作用全面和综合的视角，对福田辖区范围内城中村的经济、文化和社会管理等方面进行全面而系统的调查和研究，解析城中村的社会和历史根源，解析城中村的物质或者社会基本构成要素，以及城中村在福田辖区社会、经济和文化活动中的作用，研究、探索城中村的改造方法与途径（图1、图2）。

本着科学和理性的态度解读"城中村"现象，从现实性、社会公平性、政策性、可操作性等方面进行深入和系统的研究；全面地描述了福田区的城中村现状，也提出了改造的途径；既有政治社会形态

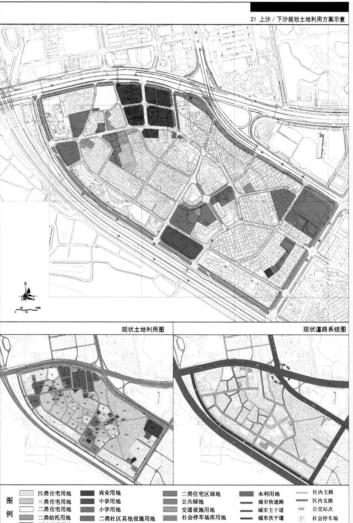

图 2 福田区
上沙／下沙村
更新规划

的分析，又有经济的分析；既有环境改造的思考和规划设想，也有对文化的思考；既研究了社会管理、政策与现实需求匹配度的问题，还从改造的周期、政

府与股份公司的关系、土地和房屋确权、廉租房和房地产市场等方面提出了新的观点和策略；着重将"自上而下"的政府诉求和股份公司"自下而上"的诉求

相结合（图3~图5）。

本次工作成果由综合研究报告、五个专项研究报告（社会学、经济学、城市规划、市场分析、政策与体制专题研究）和现状调查报告三个部分组成，涉及城中村现象及其本质的研究、城中村改造目标的研究、改造技术方案的研究、改造中拆迁补偿安置的研究、改造的资金分析研究、改造操作模式的分析研究、体制与政策配套的研究、改造实施步骤的研究等方方面面。

2. 创新与特色

本次工作是深圳市各个区中，首次对辖区城中村进行的全面调查研究，以大量的实地勘测、问卷调查和访谈，收集了第一手的数据和资料，并采取多视角、多维度的调查分析方法。并且，从城市发展的角度客观地认识和评判城中村。

3. 实施效果

研究开展初期，正值深圳市政府全面查处"城中村"违法建筑行为，鼓励全面推进城中村改造。当时的主流思想认为城中村不仅严重影响城市景观和环境，还导致许多安全隐患，引发一系列社会问题；不仅占用大量土地资源，还腐蚀了社会的肌体和架构，弱化城市投资发展环境，阻碍建设国际化城市的进程。

本次报告对深圳城中村作用成因和作用的探讨对扭转当时的主流认识，促使政府和学者更加客观而深入地认识城中村起了重要作用；本次工作多维度的研究方法和理念也深刻影响了其后对深圳城中村的研究和改造规划（图6）。

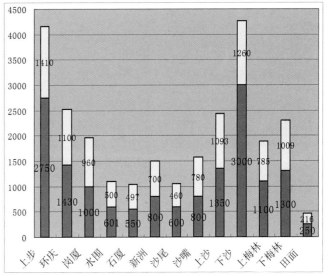

图3 各公司股民和原村民的总量与结构

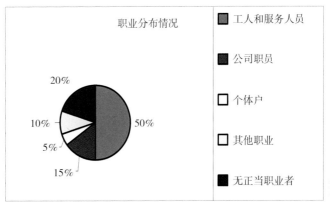

职业分布情况
- 工人和服务人员
- 公司职员
- 个体户
- 其他职业
- 无正当职业者

20% 10% 5% 15% 50%

图4 城中村外来人员职业分布

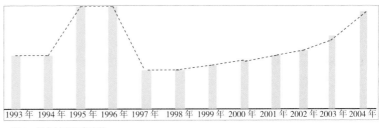

1993年 1994年 1995年 1996年 1997年 1998年 1999年 2000年 2001年 2002年 2003年 2004年

图5 城中村出租率走势

图6 报告成果

深圳罗湖"金三角"地区空间资源整合策略研究

2009 年度全国优秀城乡规划设计三等奖
2008-2009 年度中规院优秀城乡规划设计一等奖
编制起止时间：2006.9-2008.8
承 担 单 位：深圳分院
分院主管院长：刘仁根
分院主管总工：朱荣远
分院主管所长：罗 彦
分院主管主任工：吕晓蓓
项目负责人：朱荣远、吕晓蓓
主要参加人：张若冰、罗 彦、邹 鹏、
周素红、陈振辉、霍 婉、
陆士忠、汪 亮、普 军、
尹晓颖、何 波、阎 丹、
刘天宏
合 作 单 位：中山大学

图 1 "金三角"地区现状照片

如何突破空间资源紧约束条件，推动城市发展转型，是深圳城市规划和管理最重要的课题之一。罗湖"金三角"地区是深圳最先遭遇城市发展转型难题的地区，它集中地体现了深圳的资源环境矛盾，也率先面临城市更新。罗湖"金三角"也是深圳现代城市的发源地，区内具有丰富的历史文化资源，集中展现了深圳的"昨天、今天和明天"。20 多年城市功能和历史文化的不断叠加，更为"金三角"累积着多元、混合的空间特征，高密度的开发，较小的街区尺度，为通过空间资源整合实施城市更新提供了条件（图 1）。

1. 规划思路

本次研究的核心思路是从城市设计的视野出发，准确定位城市空间特别是城市公共空间的薄弱或关间环节，通过在分散的空间资源间植入或是链接公共服务系统，将原本由市场主导和自发形成的分散资源通过政府主动的系统化组织和相关政策予以激活，从而推动城市更新的目标沿着"整合空间资源—改善空间品质—提升服务标准—重塑投资环境—激发城市活力—升级城市功能"的路径逐步实现。

2. 研究内容

本次研究吸收借鉴了国内外成功的城市更新案例，深入研究"精明增长"、"以人为本"、"多样性"与"紧凑度"等城市规划理论，提出了空间资源整合的七大策略，包括"整合空间资源，带动功能置换"、"挖掘文化底蕴，重塑城市角色"、"营造公共空间，强化公共服务"、"结合轨道建设，强化功能节点"、"探索多元化空间资源拓展途径"、"开展城市营销，打造城市品牌"、"制度创新与政策保障推动城市可持续发展"等；以及支撑上述策略的多个系统的概念性规划方案，包括"公共开放空间系统"、"绿地和景观系统"、"交通系统"、"连廊及地下空间系统"、"城市商业业态系统"和"旅游服务系统"概念规划等（图 2、图 3）。

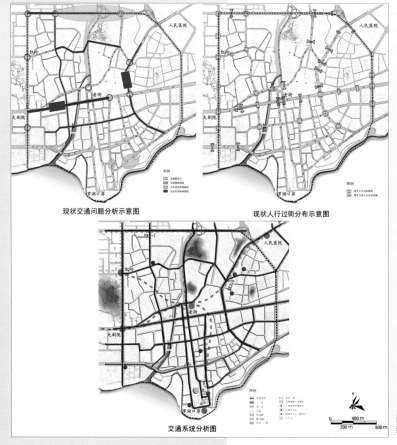

现状交通问题分析示意图

现状人行过街分布示意图

交通系统分析图

图 2 交通系统分析图

研究还提出了针对政府实际操作的一揽子行动计划，其中包括 19 个分项目的项目指引，近、中、远期的行动时序安排，以及政府推动项目实施的保障政策建议。规划选择了包括"金三角标识系统建设"、"金三角专线巴士"、"全天候步行系统"、"轨道站点周边地区环境整治"等几项具有核心作用、易实施、易感受和具有持续效果的项目作为本次金三角城市更新系统工程的启动项目。

3. 实施效果

2008 年 8 月召开深圳市政府常务会议审议通过本次规划，成立了由副市长亲自挂帅的罗湖"金三角"地区空间资源整合工作领导小组，正式启动罗湖"金三角"地区的空间资源整合及城市更新工作。目前，罗湖区政府和深圳市规划局已依据本规划提出的近期实施建议，完成并实施了多次城市更新的专项规划工作，包括金三角地区的《地下空间开发利用综合规划》（图 4）、《全天候步行系统规划》、《综合交通改善规划》、《城市标识系统规划设计》、《地区品牌营销策划》，以及三个节点地区的旧城改造专项规划和四个重点地区的环境整治规划。我院承担了上述多项专项规划的技术总协调工作，具体的任务包括设计各专项规划招投标的技术任务；在专项规划进行中，统筹项目间的工作目标，协调各规划间的技术矛盾，为规划成果质量提供技术建议，以及统筹和整合实施项目库。上述各项专项规划已于 2010 年中旬前后陆续完成，其间陆续推出了一揽子实施项目，并逐步开展实施项目立项的可行性研究，方案设计和建设施工，罗湖区政府预计通过 5 年的建设时间逐步将本次规划中提出的多项策略付诸实施（图 5）。

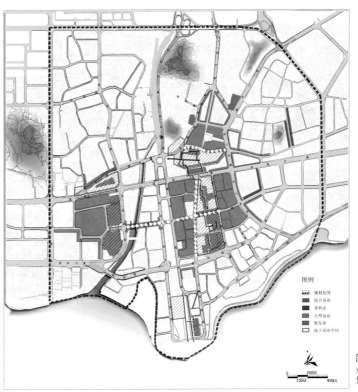

图例
- 规划范围
- 综合商业
- 零售业
- 大型商业
- 批发业
- 地下商业空间

图 3 商业业态规划图

图 5 深圳主要报刊对本项目实施计划的报道

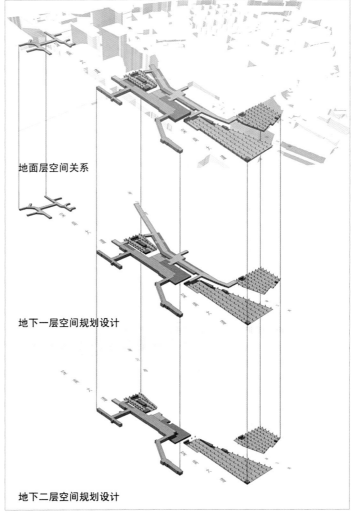

地面层空间关系

地下一层空间规划设计

地下二层空间规划设计

图 4 后续深化项目之一《金三角地下空间总体规划》（深圳市城市规划设计研究院编制）

深圳蛇口地区城市更新策略研究和城市设计

2006~2007年度中规院优秀城乡规划设计二等奖
编制起止时间：2004.4~2006.5
承担单位：深圳分院
分院主管总工：朱荣远
分院主管所长：张立民
分院主管主任工：王瑛
项目负责人：张若冰
主要参加人：蒋玊彦、梁浩、张弛、
赵若焱
合作单位：综合开发研究院

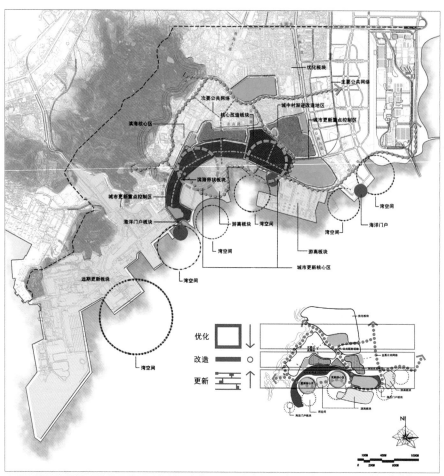

图1　城市更新结构分析图

　　主动的选择以及难以为继的资源限制，使深圳率先由快速扩张进入到发展模式的转型期。在改革开放的使命完成后，蛇口地区（约15km²）到了重新评估其价值和潜力的时候。

　　本项目是深圳第一次在地区尺度上开展的城市更新规划。根据项目空间资源尺度大、缺少明确的执行主体以及目标内容不清晰的特点，城市设计立足于蛇口在城市中的独特价值，结合城市经营的方法，从蛇口公共资产的整体价值最大化出发，为蛇口再次繁荣设计一个共识性的空间愿景（图1）。

技术要点

　　1）准确地建立符合蛇口特色的整体更新目标

　　比较现有规划的目标设计，从战略性和实施性上，提出本次更新目标，使目标的内容具有对地区发展远景的特征性约束力，能够直接成为空间行动纲领。

　　2）引导政府主动推进和调控更新进程

　　将蛇口作为城市品牌地区来认识和管理，为政府介入蛇口更新发展全过程提供切入点，使政府成为主动调节和预防市场缺失的一方，而不是市场缺失被动的修正者。

　　3）识别和整合战略性公共资源

　　对应蛇口最有潜力的三类公共资源：海洋、尺度和文化，提出文化蛇口、海洋门户、公共系统、分区发展、蛇口双核和层次更新策略，建立整体公共资源框架。

　　4）建立强化蛇口特色的整体空间支持系统

　　整合蛇口老镇与工业区各自鲜明的特征和场所，形成九个特色空间系统，并制订资源调控计划：更新蛇口老镇核心区、控制六湾带状滨海区改造、以特征分区方式发展各次区域（图2～图5）。

5）设计具有充分说服力的近期更新蓝图

利用蛇口渔港和老镇历史遗存，创建蛇口风貌区，通过复兴滨海街道生活和塑造城海相接格局，强化与深圳其他城区不同的、与历史相接的环境魅力，并确定近期更新项目（图6）。

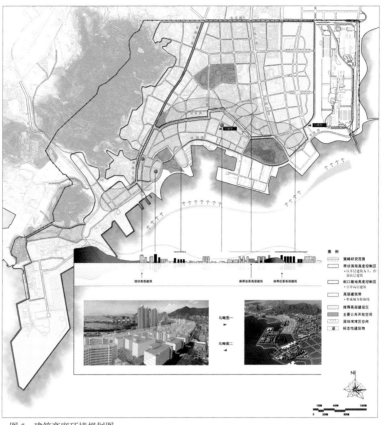

图5 建筑高度环境规划图

图2 街景透视图——湾夏路

图3 街景透视图——蛇口老街

图4 街景透视图——渔村路

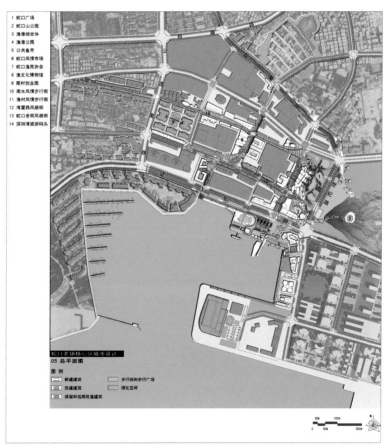

1 蛇口广场
2 蛇口山公园
3 渔港综合体
4 渔港公园
5 公共鱼市
6 蛇口风情市场
7 蛇口渔民协会
8 渔文化博物馆
9 荣村创业园
10 南水风情步行街
11 渔村风情步行街
12 湾厦路风貌街
13 蛇口老街风貌街
14 深圳湾旅游码头

图6 蛇口老镇核心区城市设计总平面图

深圳市南山区旧工业区改造规划研究

2009年广东省优秀城市规划设计三等奖
编制起止时间：2006.6-2007.7
承担单位：深圳分院
分院主管所长：范钟铭、王泽坚
项目负责人：王飞虎、邱晓燕
主要参加人：葛永军、王婷、罗红波

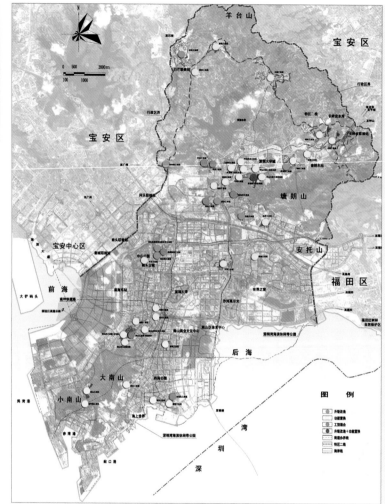

图2 改造目标
分类示意图

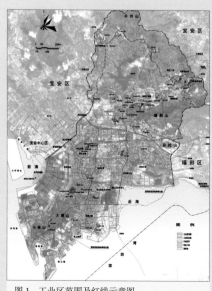

图1 工业区范围及红线示意图

1. 项目背景

自20世纪80年代以来，深圳市南山区的城中村逐步形成了"厂房＋住宅＋商铺"的综合区，承担了城市部分生产、生活和服务的功能。城中村内的工业区，也因其成本低廉、配套方便、区位适宜等因素，受到大量小型低端、经营灵活的民营企业青睐；但随着深圳的迅速发展，土地、劳动力价格大幅度上升，调整区域经济结构、优化升级产业结构的压力很大。无论从城市发展还是从产业发展的规律来看，必须通过专项改造规划，积极引导转型，实现功能转换、产业升级，培育新的经济增长点。

南山区旧工业区面临着转型期的困扰：一方面，旧工业区零散的分布、较小的规模和欠佳的环境条件不能满足大型、高端企业的要求；另一方面，不断增高的成本又使一些传统类型的企业相继离去。同时，由于各股份公司的管理体制、招商模式、发展眼光、利益纠葛等方面的问题，旧工业区的改造要么搁置，给城市留下衰败的工业厂房；要么单一地向房地产转变，给城市增加大量的配套负荷。旧工业区是否就此完全退出历史舞台？——亟需为南山区旧工业区寻找一条符合自身特色的改造发展之路；在当前全市城中村改造如火如荼的进程中，旧工业区是否能顺利改造已成为影响深圳城市更新成功与否的一个重要因素。

注：本规划中的"旧工业区"特指各街道办事处和农城化股份公司所属的需要改造的工业用地（图1）。

2. 项目构思与技术路线

在本规划中，我们根据各旧工业区是否符合上层次规划，是否有明确的改造政策，产权是否合法，是否有重大项目带动影响和股份公司的改造意愿等几个主要影响因素，从目标改造的角度将其划分为三种不同类型，即升级改造区、功能置换区和工贸混合区（图2）。

上层次规划中依然为工业用地，产权合法或基本合法，而且股份公司有良好的改造意愿，想通过完善相关配套设施甚至进行一定程度的重建来满足工业发展和产业升级需求的工业区确定为升级改造区；上层次规划已经明确将工业用地置换为居住、商业、文卫、绿地、配套基础设施等其他城市功能的工业区，我们将其确定为功能置换区；结合城市的发展需求，在一些工业区内，在一定时期内允许有工业、办公、商贸等经济活动并存和发展的工业区，我们称其为工贸混合区。还有少量工业区根据实际情况，也可采用部分升级改造、部分用地功能置换的改造模式。

规划同时还确定了各工业区改造时序的原则（图3）：

（1）确定典型——每个街道办1~2个典型；每类改造模式1~2个典型。

（2）判断时机——改造压力大、条件成熟，股份公司改造意愿强烈的，在符合规划的前提下考虑优先启动。

（3）总量控制——合理确定改造总量，将旧工业区改造项目纳入全区土地供应计划，通盘考虑。

3. 项目创新与特色

（1）开创性：本规划是深圳市第一个对全区层面旧工业区改造进行规划研究的项目，在此之前没有类似的项目可以参考，本项目的编制过程填补了深圳市在旧工业区改造宏观层面上研究的空白，对深圳市其他区全面推进旧工业区改造工作具有重要的创新和借鉴意义。

（2）综合性：本规划非常重视旧工业区改造规划研究的综合性，除了认真研究传统物质规划的用地性质、建设情况、社会公共设施、市政基础设施情况外，还非常重视旧工业区的产业发展、就业居住等社会情况，做到物质规划与产业引导较好地结合。

（3）研究性：由于旧改项目的敏感性和政策性较强，我们对相关规划和政策进行充分解读，并对几种不同类型的工业区改造项目作了详尽的比较研究，对旧工业区改造中的几个重点、难点问题提出了具有普遍意义的解决方式，并将这些研究成果最终纳入到改造规划细则的制定中。

（4）操作性：为保证旧工业区改造切实可行，规划中还提出了一系列保障改造项目实施的制度措施，包括成立区级工业区改造领导机构，建立项目改造引导机制，出台相关优惠政策等建议，并在本规划的基础上帮助南山区政府完成了《深圳市南山区工业区升级改造实施办法》，对于保证南山区旧工业区改造的可操作性发挥了重要作用。

4. 实施情况

本项目2007年7月由南山区旧工业区改造领导小组审查通过，并获得甲方一致好评，规划中建议的近期改造试点项目大都已启动实施，或者正在编制下一层次的详细规划，其中取得明显进展的工业区包括田厦股份工业区、南头城工业区、南头投资发展有限公司工业区、永新工业区、茶光工业区等。

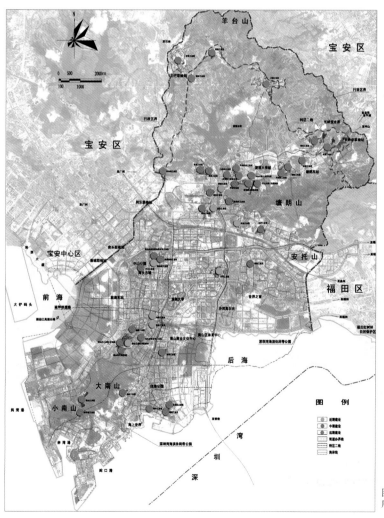

图3 改造时序示意图

深圳市"龙岗社区"规划及实施计划——五联社区试点

2009年度全国优秀城乡规划设计二等奖
2008-2009年度中规院优秀城乡规划设计一等奖
编制起止时间：2008.8-2008.12
承 担 单 位：深圳分院
分院主管总工：朱荣远
项目负责人：王瑛
主要参加人：夏天、蒋丕彦、张妮、
汪曼、董佳驹 等

图4 五联社区用地功能空间结构图

图1 五联社区区位示意

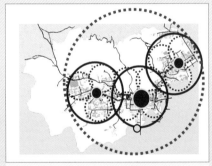

图2 五联社区一站多居模式规划

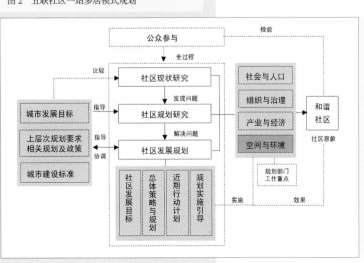

图3 五联社区规划工作框架

1. 项目背景

针对龙岗区城市化的大部分问题与原农村社区相关、城市自上而下的规划难以实施的客观问题，以及为了实现和谐社会和建设现代化城区的发展目标，龙岗区开展试点社区规划。

2. 规划思路

社区发展的重点与社区所处的发展阶段密切相关。就五联社区而言，当前最需要解决的既有产业升级、集体经济积累、服务体系、社区治理等城市转型问题，还有城市化后返还用地落实、对外交通条件改善等方面的基本建设问题(图1～图6)。

社区规划需要对社区发展所涉及的社会、组织、经济、空间等方面进行系统的规划研究，对社区存在的主要问题提出解决对策，并对社区规划的技术方法进行探索研究。

规划工作的重点是通过对社区构成要素关系的研究，搭建一个既符合现状资源特征，又满足社区综合发展需要的空间平台。基于社区发展的立场，协调和落实上层次规划，引导符合客观现实的发展。

3. 主要技术特点

1）以社会学为工作的前提，深入调研，发现和识别社区发展的问题

走进去和沉下来，全方位深入调研社区的现状，突出自下而上对社会公权力的诉求特点，在社区规划的编制过程中实现社区居民深度的公众参与，达成对社区存在问题的共识。

2）以自下而上的社区需求，检讨自上而下的规划，协调两者的冲突和矛盾

以市、区政府的大政方针和城市规划标准准则为前提条件，以规划师的职业道德为基础，建立以社区的立场和视角的评价标准，在规划工作中，及时发现并协调社区发展与上位规划和政策机

制之间的矛盾。特别是社区可持续发展、社区特色、社区综合发展诉求方面的问题是本规划与法定规划之间的协调重点。

3）运用适宜、有效和务实的技术手段进行规划，在方案比较中，促成逐步达成多方共识

摒弃本本主义、经验主义和八股规划方法，面对社区规划第一时间获得的基层需求与城市规划矛盾的信息，从技术和政策领域进行协调，提出兼顾城市与社会需求的技术方案，及时缓解社区不稳定因素，化解可能出现的冲突。同时，通过深入的跟踪服务，本规划在影响和协调高速公路、法定图则、建设项目立项等方面，成功地协调了多方关系，并达成共识。

4）注重社区特色和人的需求，构建社区可持续发展的模式

规划注重从社区文化和可持续发展方面强调社区特色，并注重与社区达成共识。在满足和引导社区需求方面发挥规划师的社会作用和技术支持作用。

4. 项目创新点

1）以新的视角认识过去规划忽略或者没有涉及的领域；尝试寻找社区规划工作的立场、价值观和技术方法

快速城市化中大量农村转变为城市社区的现象需要关注其特殊性。规划通过对社区规划的目的、作用、特点的研究，以及大量针对龙岗社区规划中普遍性问题的研究工作，确定了一个符合龙岗实际情况的认识问题、解决问题的规划方法，形成了系统清晰的工作思路和切实可行的技术路线。

2）认识社区的"小社会"特性，针对社区发展的不同阶段，明确了具有针对性和有效性的解决社区问题的路径

社区规划涉及的领域是一个完整的"小社会"的发展问题。规划系统而清晰地梳理了复杂而综合的社区问题，也清楚地认识到社区发展不可能一蹴而就、面面俱到难以有效解决社区的实际问题，识别社区发展的重点与正确认识不同社区所处的发展阶段密切相关。因此，本规划将社区问题分解，权重序列化，分步解决；针对社区问题提出了具有一定时间周期的、可实施性的解决对策和具体落实部门；并根据现阶段社区发展诉求，明确地提出了本次社区规划重点应解决社区空间方面的问题。

3）实践了深度的公众参与，将社区主流民意和可操作性相结合，协调解决了社区与城市间的主要问题

利用一切机会和可能的形式，与社区进行沟通和宣传，与相关部门和专家进行讨论和交流，认真实践了规划全过程的公众参与，达成了对认识和解决社区问题的共识。通过公众参与，理顺了社区与城市发展的关系，协调解决了社区与城市间的主要问题，促进了社会和谐，促进了上位城市规划的优化和实施。

4）基于公众参与，认识社区规划的本质，探索社区规划务实有效的工作方法和实施路径，检验了规划师承上启下的社会角色和作用

社区规划的本质是解决社区的发展诉求问题。规划从社区发展和城市整体发展需求出发，探索自下而上的社区规划与自上而下的法定图则的合理关系，明确提出了社区规划应作为法定图则的基础，法定图则是实现社区规划的平台，对目前法定图则忽视社区发展诉求的实际问题提出了质疑和改进建议。在工作过程中，有效实践了发挥社区规划有效性的工作方法，检验了规划师承上启下的社会角色和作用，真正体会到社区规划有效的工作方法和实施路径是社区规划师的全心参与和跟踪服务。

5. 实施效果

（1）本规划通过深入的方案比较、不同渠道建议、跟踪协调和会商，与已进入初步设计阶段的深圳外环高速公路项目取得了有效的协调（该高速公路与社区发展用地冲突，社区反对呼声强烈，矛盾激化），目前高速公路项目已采纳了本规划的建议，该道路正在分段建设。

（2）本规划通过持续跟踪协调，并通过规划部门的配合，最终在多方面与本地区法定图则取得了协调。在本社区规划的作用下，该片区法定图则得到了优化。

（3）本规划的实施项目，部分已被纳入区政府的近期实施计划，其中社区道路已进入施工图设计阶段。

图5 五联社区空间环境特征规划图（左）

图6 五联社区齐心路—连心路近期环境整治街道鸟瞰示意（右）

太原市西山地区综合整治规划

2012-2013 年度中规院优秀城乡规划设计二等奖

编制起止时间：2008.8-2010.8

承 担 单 位：城乡规划研究室、工程规划设计所（现城镇水务与工程专业研究院）

主管所长：陈 锋

主管主任工：王 凯

项目负责人：徐 泽

主要参加人：肖莹光、黄继军、徐 颖、徐 辉、陈 明、马 嵩、李新阳、黄 俊、周 慧

合 作 单 位：中科院地理所、中国社会科学院

西山地区是太原城市的源起地、我国近代工业发展的示范区和"一五"时期国家重点项目最集中的老工业基地。山西省十一届人大二次会议提出西山地区是山西省实现产业结构转型和生态环境修复的重点地区。

1. 技术路线

一是以"治理污染、修复生态"为突破。规划全面梳理西山 400 多家企业的情况（图 1），根据污染情况和产业政策，对其中的 127 家重点企业确定关停并转政策，并为搬迁企业落实新的发展空间。规划针对山体修复、土壤改造提出政策措施，并对八条主要河流提出水系治理措施。

二是以"培育优质企业、推进园区建设"为抓手，推进产城融合。规划提出整合壮大装备制造等优势产业，积极培育都市工业、文化创意、高科技产业等潜力产业，建设"装备产业园、都市工业园、高新技术园、创意产业园、商贸物流园"五大园区，防止纯地产开发，避免产业空洞化。

三是以"中心体系建设、城中村整治"为重点，推动城市功能完善与集约发展。规划通过建设"市级、分区级、组团级三级中心体系"和"滨河文体中心、晋阳湖奥体和休闲度假中心、晋阳文化展示中心"三大专业中心，促进城市功能集聚和服务配套的完善。通过相对均衡分布的 210 万 ㎡ 的保障住房建设，和"异地重建、整体拆建、局部拆建、综合整治"四类城中村改造促进和谐转型和集约发展（图 2）。

四是以"文化复兴、景观再造"为核心，塑造转型发展新形象，再现西山辉煌。规划打造"晋阳古城—晋祠—天龙山"和"崛围山—柳林河"两个展现历史文化的风景名胜区，建设"工业遗

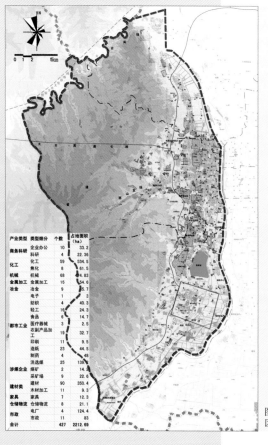

图 1 西山地区企业分布

图 2 西山地区城中村改造对策

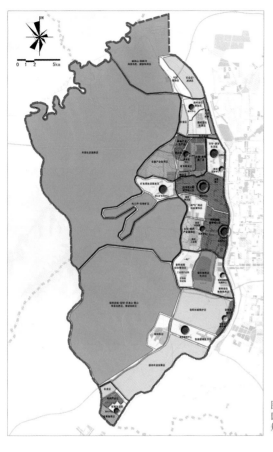

图3 西山地区功能分区规划

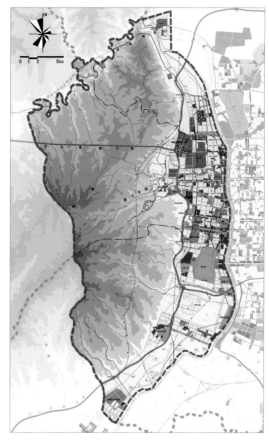

图4 西山地区用地布局规划

产旅游之路",发展长风现代都市文化区、晋阳文化影视基地等,推动西山文化复兴。通过城市天际线的控制,五种景观廊道的打造,标志性节点的建设,塑造转型发展新形象。

2. 创新与特色

一是充分认识老工业基地转型的长期性,制订从战略到行动的整体技术框架。通过经济、社会、生态、环境、文化、空间句法等多角度研究,主导功能

图5 太原西山地区可持续发展论坛

政策区、核心区空间组织和重点地段建设导引三个空间层次的规划(图3、图4),和涉及六大行动的近期建设年度计划的结合,提升规划的指导作用。

一是充分认识老工业基地转型的复杂性,采用开放式的工作方式,邀请各界全程参与规划工作。本次规划走访和征求了20家企业,40多处城中村,省、市、区等各级政府和部门,以及社会各界的意见,召开国际太原西山可持续发展论坛(图5),通过广泛性参与,谋求共识,实现规划引导与政策力、市场力、社会力等的多元互动。

三是充分认识老工业基地转型的艰巨性,加强政策机制的保障。规划提出健全机构,成立由多部门、各级政府组成的西山办,推进实施;创新企业搬迁政策,将城中村改造由人均土地补偿转为建筑面积补偿,保障实施;进行投资估算,创新融资渠道,加快实施。

3. 实施效果

一是山水整治工程全面展开。西山山体修复、万亩生态园建设工程取得成效,晋阳湖水系恢复工作全面展开。

二是产业升级转型快速推进。太化、狮头水泥厂等大型工业企业停产搬迁,西山装备制造产业园等新兴园区开展建设。

三是城市功能和面貌不断提升。长风中心建设完成,城中村改造逐步纳入法制轨道。

四是文化复兴工作有序推进。西山地区旅游公路建设完成,晋祠周边环境得到整治,太化老工业企业搬迁后的工业遗产利用也有序推进。

五是政策机制保障加强。西山地区综合整治的实施机构"西山办"正式成立,政府财政资金积极介入推动污染企业搬迁。

苏州市公共空间环境建设规划

2010–2011 年度中规院优秀城乡规划设计三等奖
编制起止时间：2009.8–2010.10
承担单位：城市规划设计所
主管所长：邓东
主管主任工：王宏杰
项目负责人：肖礼军、桂晓峰
主要参加人：杨一帆、伍敏、吴鲤霞、
　　　　　　 Lisa Hill
合作单位：苏州市规划设计研究院
　　　　　 有限责任公司

图1　公共空间系统规划图

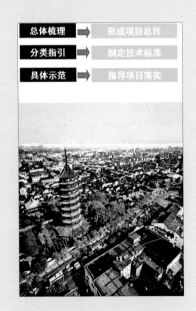

苏州总体、总设确立了"青山清水，新天堂"的城市发展目标，对苏州城市公共空间环境水平提出了更高要求。为弥补公共空间环境与城市发展目标的差距，精细化城市管理，提高城市公共空间环境品质，苏州市委托开展本次规划。

本次规划覆盖苏州市老城区 84km² 范围。通过规划，统筹安排苏州公共空间环境建设工作，指导具体公共空间详细设计与建设（图1）。

1. 规划意图

苏州城市环境建设工作存在"项目安排缺乏重点、环境建设缺乏标准、部门之间缺乏协调"的问题，需要加强全方位的统筹协调。本次规划是苏州第一次针对公共空间环境全面系统的规划，以此为龙头促进环境建设工作从就事论事到统筹部署、从各自为政到系统协调。同时，本次规划通过城市整体层面的公共空间环境建设规划，探索规划部门管控公共空间的技术方法，填补城市整治更新地区公共空间管控的规划技术空白。

2. 技术特色

1）城市总体梳理，形成项目总账

本次规划结合苏州老城区水陆双棋盘格局，着力梳理街巷空间、河道滨水空间，挖掘公共空间资源，形成以街道、河道网络为骨架，以公园、广场为节点的公共空间系统。

规划全面分析公共空间资源与城市公共设施、历史文化、旅游发展的关系，结合市民对公共空间的建设需求，确立需要建设的重点大街、河道、公园和广场，并明确环境建设范围、内容和责任单位，形成项目库。

在此基础上，规划按照"抓点、成线、带面"的步骤，安排项目实施。近期着力推进 3 个重要节点和 15 处重要公共空间建设，发挥示范效应，推动苏州公共空间环境建设工作全面开展。

2）空间分类指引，制定技术标准

本次规划根据城市空间特征与活动特点，细分公共空间类型，包括景观性道路（人民路模式）、传统风貌滨水空间、街头绿地等 14 种典型空间类型（图2）。

每种空间类型在选择代表性空间研究的基础上，针对空间特点与典型问题，明确环境建设内容、标准和具体措施，辅助示意图或参考案例，直观地表达规划技术要求（图3）。

图2 公共空间分类图

图3 公共空间分类引导图

		空间特质	代表空间	典型问题	建设重点
景观性道路	人民路模式	·公共建筑/功能区 ·公共场所 ·公共活动	干将路、人民路、三香路、道前街	·身份感缺失：城市的结构性地位不突出。 ·识别性差：景观缺乏整体感、特色不突出，感知弱。 ·场所感差：人的连续性活动被阻断，场所感差。	·人行道 ·道路绿化 ·城市家具 ·景观设施 ·夜景照明 ·休憩活动场所 ·建筑出入口
	枫桥路模式	·重要旅游线路 ·目的性强	枫桥路、虎丘路、留园路、西园路	·绿化层次不丰富 ·景观缺乏变化和亮点 ·建筑风貌与旅游环境不协调	·建筑界面 ·车行交通 ·城市绿化 ·城市家具 ·引导标识 ·景观入口
特色商业街	十全街模式	·院落式小商业店面 ·机非混行	十全街、西中市一东中市、桃花坞大街、西北街一东北街、凤凰街一临顿路、景德路	·人车干扰：人行便道被穿、车行流量大、停车不够 ·休憩活动空间缺乏或利用不当 ·多数街道招牌杂乱，缺乏整体特色 ·街道公共服务设施和旅游设施不够	·人行道 ·车行交通 ·交通设施 ·城市家具 ·广告牌匾 ·街头空间
	观前街模式	·商业步行街区	观前街、太监弄、石路步行街、南畔街、山塘街	·缺乏对周边街区的引导和带动 ·场所感差，难以留驻人 ·节点空间缺乏塑造，场所差 ·服务和休息设施不足	·城市家具 ·景观设施 ·引导标识 ·入口空间 ·商业广场
重要交通性道路		·隔离宽 ·车速快 ·注重整体形象	环路、桐泾路、金门路	·宽幅路面和高架道路对景观造成冲击。 ·整治单调或无序，缺乏整体感。	·道路绿化 ·高架道路
重要生活性道路		·机非混行 ·生活氛围 ·关注整体	东大街、白塔路、烽火路	·公共活动空间不够 ·部分街头空间缺乏有效利用和利用方式不当	·街头空间

3）具体项目示范，指导详细设计

本次规划选择干将路进行具体项目详细设计示范。根据项目定位和所属空间类型，明确干将路需要完成的环境建设工作，并将建设内容落实到具体空间。

在"景观性道路（人民路模式）"建设标准和措施指引下，完成干将路环境详细设计，包括人行便道铺装设计、建筑界面设计等。

以干将路为例，介绍在本规划指导下的公共空间环境详细设计程序，即根据项目定位、所属类型和现状条件，确定环境建设主题；根据所属空间类型和空间自身环境建设要求，确定需要完成的环境建设工作，开展详细方案设计（图4～图6）。

3. 实效影响

规划编制完成后，2010年苏州市政府启动干将路环境综合整治，着力塑造精品工程。

本规划对苏州市城区街巷综合整治工作进行积极指导，2010年完成狮子林巷等75条城市街巷综合整治，因果巷等6条道路市容环境综合整治，道前街等22条道路和11个节点市容环境零星整治，新建12个体现苏州特色的街头休闲广场。

图4 干将路设计示意图

图5 道路设施带示意图

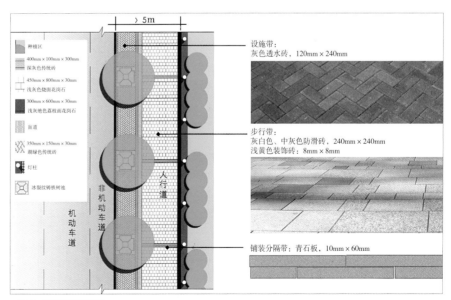

图6 道路铺装示意图

苏州市市区
户外广告设置专项规划

2008–2009 年度中规院优秀城乡规划设计二等奖

编制起止时间：2008.9–2009.12

承担单位：城市规划设计所

主管所长：尹　强

主管主任工：邓　东

项目负责人：杨一帆、肖礼军

主要参加人：伍　敏、肖营凯、陈晓兰、
　　　　　　李争越、李云飞

合作单位：苏州市规划设计研究院
　　　　　有限责任公司

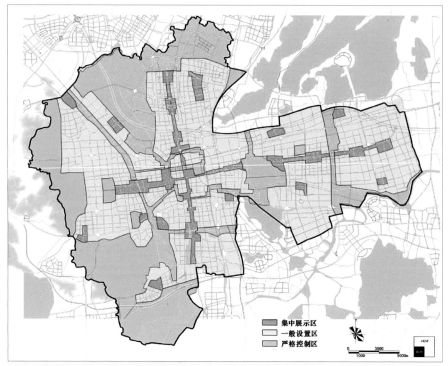

图1　户外广告引导分区图

本次规划针对苏州广告设置与公共空间环境不协调的总问题，苏州历史文化名城保护与新区高速发展的特殊性，公益广告资源匮乏等关键问题，确定本次规划的核心指导思想是：从单幅广告管理走向场所整体协调。即，避免就广告论广告，力争与总体城市设计重点研究的城市色彩、建筑设计、公共服务设施、开敞空间等内容相协调，实现城市整体形象与特色的强化。

1. 规划构思与技术路线

编制结合场所环境建设的广告设置规范，形成地方法规：避免孤立的单幅广告管理，围绕典型场所类型，结合城市空间、建筑制定广告设置通则，为广告设置技术规范提供必要补充，提高城市整体视觉感受。

将技术管理与资源统筹相结合，建立量化公益宣传平台：确定公益广告布点方案，为各公益宣传部门提供广告媒体可用资源，便于各部门协调宣传资源的调配与使用。

跨越宏观、中观、微观三个尺度，分层控制与引导：在中心城区层次完成广告总体规划，确定统一规则，划定引导分区，实现广告管理的宏观控制。在老城三区实现广告的总量控制，为广告管理提供分区域的数量管控依据。在重点地段确定具体的广告形式、尺寸等，将微观管理具体化，重在操作。

2. 技术方法创新

1）在大尺度特殊类型城市设计方面的探索

遵循"总体城市设计"的宏观结构控制。该规划是总体城市设计在特殊领域内的延伸。规划依据总规和总体城市设计确定的空间结构和分片特征进行编制。

分强度的管制分区。通过划定集中展示区、一般设置区、严格控制区，做到"有收有放"，强化总体城市设计确定的空间结构，落实风貌保护要求（图1）。

差异化的特色片区。规划按照总体城市设计要求进行分区引导。例如，在古城片配合古城风貌保护，对广告布局、

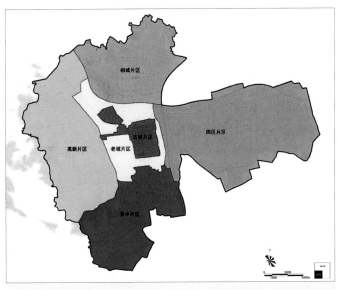

图2　特征分区图

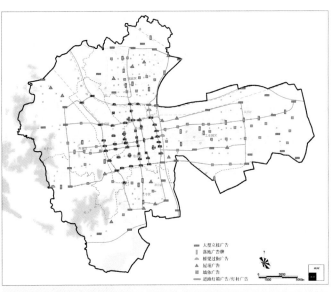

图3　中心城区公益广告规划图

类型、媒体形式、规格、色彩提出严格要求。在高新片、园区片放宽限制的同时，还鼓励在集中展示区大胆创新，引入光学材料、光影技术等高科技手段，并加强对传统媒体的改造，展现新苏州魅力（图2）。

2）站在"生活视角"的微观环境建设

场所广告设置规范。针对微观环境建设，按照典型城市空间编制"场所广告设置规范"，强调广告与城市空间环境的协调。

站在"生活视角"的地方案例归纳与总结。站在"生活视角"，进行大量的苏州现有案例分析，以符合苏州风貌特点和设置习惯。在众多本地实例分析的基础上形成适应苏州特色的场所广告设置"通则"。同时，为简化管理，形成典型场所广告设置规范简表。

面向实施的样板示范。在通则基础上，选择典型区段，提出具体的实施示范。对每幅广告逐一编号，明确具体设置要求，提出示意性修改方案，图文并茂地指导操作与实施。

3）大规模、广泛参与的实施规划

跨专业、部门的广泛咨询。本次规划自编制准备开始，到最后的规划宣传、培训，进行了4次大规模的管理部门、

广告商、交通管理部门、市容市政管理部门、普通市民、技术执法人员座谈。

媒体宣传、群众参与。规划编制工作争取到苏州市政府的积极支持，地方电视台、报纸、网站等多种媒体进行跟踪报道，广泛宣传和呼吁市民参与建议。

地方合作。规划编制组主动邀请地方规划院参与合作，最大限度地融合地方建筑与规划习惯。

公示与调整。规划成果进行了30天全市公示，规划组针对反馈意见进行了详细的研究，对规划文件进行了有效调整和充实。做到突出苏州特色、编制合理、具有操作性，最后经市政府批准实施。

图4　老城区广告分段控制图

4）建立系统、量化的公益宣传平台

针对公益广告缺乏统筹安排的问题，建立在布局上重点与均衡相结合的公益宣传系统平台。制订公益广告清单，明确每块公益广告的形式、尺寸、量化方式，支持公益宣传阵地的量化、动态管理。实现党、政、群等不同公益宣传口的资源共享，透明使用，高效利用，避免宣传单位的闲置或冲突（图3）。

3. 规划实施效果

全方位的宣传与良好的社会反响。为了推进规划实施，苏州电视台、《姑苏晚报》等地方报纸进行积极宣传，得到很好的社会反响。并在苏州市容市政管理局网站进行专题介绍（图4、图5）。

城市间交流与技术推广。城市广告设置混乱问题其实是困扰大多数中国城市的共通问题，苏州率先实现全市（中心城区）范围的广告规划后，受到众多城市瞩目，淮南、三亚等城市广告管理部门纷纷前往苏州学习交流。

图5　广告设置示意图

12

交通规划

图2 市区道路网络规划调整

北京市综合交通规划纲要（2004-2020）

2006-2007年度中规院优秀城乡规划设计奖一等奖

编制起止时间：2004.3-2004.12

承 担 单 位：城市交通研究所
　　　　　　（现城市交通专业研究院）

主 管 总 工：杨保军

主 管 所 长：赵 杰

主 管 主 任 工：马 林

项 目 负 责 人：孔令斌、张 浩

主 要 参 加 人：黄 伟、赵波平、张 帆、
　　　　　　陈长祺、王 靓、戴彦欣、
　　　　　　潘俊卿

合 作 单 位：北京市交通委员会

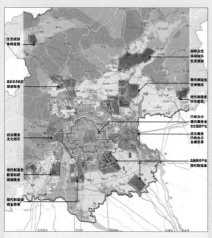

图1 城市职能及产业空间分布

1. 项目背景

进入21世纪，北京城市交通及外部环境都发生了巨大变化。首先，统筹城乡发展、统筹区域发展已经成为影响城市未来竞争力的首要问题之一，京津冀北区域一体化发展将对北京城市发展带来巨大影响。区域重大交通设施的协调和共享，区域交通与城市交通的衔接等，需要打破传统思维习惯，从全局角度看待

城市交通发展，并形成融这些问题为一体的规划蓝本。其次，北京规划空间扩张迅速、城市中心功能过度聚集，以及城乡二元结构下的空间发展缺乏协调等大城市问题日趋显现，原有空间规划迫切需要调整和补充。对此，2003年《北京城市空间发展战略》提出了"两轴两带多中心"代替原来"中心城＋边缘集团＋卫星城"的城市空间布局结构，并提出城市空间与交通网络相协调，促进用地布局，引导城市结构合理形成的发展要求。另外，随着社会经济的发展，北京已经成为全国机动车拥有量最多的城市，交通拥挤、能源消耗、环境污染以及交通安全等矛盾日益突出，北京迫切需要在新的发展形势下构筑一个可以支持城市健康发展的交通网络。同时，2008年奥运会、旧城区整体保护、以"五统筹"为核心的新发展观等，也都从理念和方法上对交通设施的规划、建设和管理提出了新的挑战。为此，2003年3~12月为配合北京城市总体规划纲要的研究，中国城市规划设计研究院承担并完成了《北京市综合交通规划纲要（2004-2020）》的编制工作。

2. 项目构思

首都经济一直保持良好发展势头，城区范围随人口与经济规模增长迅速扩大，但城市用地发展却一直维持新中国成立以来的单中心空间结构。作为首都，长期集中式的发展使中心区的功能过度聚集，人口与就业岗位的密度不断增加，在导致城市交通问题日益突出的同时，古都历史风貌保护的压力也与日俱增，北京城市空间结构优化及功能布局调整迫在眉睫。根据城市空间发展战略要求，未来北京在完善市区两条轴线布局的同时，将重点突出"向东、向南"的主要发展方向，强化东部发展带，整合西部生态带，通过新城和副中心建设疏解城市职能，控制市区建设规模，形成"两轴—两带—多中心"的城市空间新格局（图1）。同时，在区域城市化和城市区域化的发展趋势中，未来京津冀北区域空间也将实现从现状多核松散的点轴型结构向多核紧密的网络型结构转变，区域内核心城市协调发展，并依托各自的比较优势，构筑京津冀地区职能分工合理的城镇体系。对此，规划以北京和区域为背景的城市

空间结构调整作为重点内容，根据北京新城发展、区域协调、中心城区职能疏解、旧城保护等重大的发展方向调整，研究交通与城市空间、土地利用的协调发展，突出城市快速发展阶段和结构调整时期交通对城市发展的引导。

3. 主要内容

交通发展目标：全面建成适应首都经济和社会发展需要，促进区域交通协调发展，引导城市结构调整，满足全社会不断增长和变化的交通需求，与首都和现代化国际大都市相适应的"新北京交通体系"。

交通发展策略：加强京津冀北区域城市间联系，统筹考虑区域交通设施的规划、建设和运营；充分发挥交通对城市空间和土地利用发展的引导作用，加强轨道交通建设支持城市核心区的繁荣与发展；构建中心城联系外围新城的多通道、多模式复合交通走廊，促进新区建设和中心城职能疏解；完善城市骨架交通网络和枢纽布局，实现区域交通、城市交通一体化发展；推进公共交通优先，重视行人与自行车出行，优化城市交通结构，促进节能减排和老城区保护，实现交通、环境、社会、经济的可持续发展。

对外交通与枢纽布局规划：建设首都第二机场，构建首都机场航空枢纽，加强区域交通网络建设与衔接，实现区域交通设施共享。以天津港为核心加强北京制造业发展地区与沿海港口之间的联系。以京津为主轴，京唐、京石、津唐、津石为主线构筑区域快速轨道交通网络，

形成由17条干线、三重环形、7个客运站、6个编组站、1个集装箱中心、11个综合货运站构成的环形放射大型铁路枢纽。区域内构建"三纵四横"的国家干线公路网络，京津之间形成密切联系的机场、港口等重大交通基础设施和主要城镇的4条高速公路通道（图3）。在城市外围新城发展地区构建方格网公路走廊，促进新城发展及外围反磁力中心的形成。

城市道路规划：路网结构与城市空间布局结合，支持北京多中心体系形成和新城建设发展，并促进旧城区整体保护。路网规划在充分考虑城市轨道交通和快速客运走廊布局的基础上，实现客货运输和长短出行的有效分离。中心城的旧城区道路网维持基本格局，提升次级路网的使用效率；中心城的二环以外道路网增加南北向贯通性交通干路，并结合旧城保护要求优化环射快速路网组织体系（图2）。外围地区道路网依据城市空间结构调整要求，并针对不同地区交通需求完善结构，在都市区范围内形成主城与新城和新城之间联系便捷、以高速公路和快速路为骨架的方格状道路网络（图4）。

公共交通规划：针对公交走廊服务范围和走廊客流对机动性的不同要求，规划布局市域和市区的三级公交客流走廊，并针对不同走廊的客流特征和客运需求，构建城市四级客运枢纽体系。

货运交通规划：分两级构建公路货运枢纽体系，采用集团式树状结构布局六大枢纽集团。铁路货运枢纽主要布局

在铁路中环、外环范围内的丰台西站、双桥、三家店、良乡等地区（图5）。结合规划的三处主要机场建设北京未来航空货运枢纽，其中首都第二机场承担区域航空货运的主要枢纽职能。

4. 创新与特色

规划以北京和区域空间结构调整为背景开展研究，协调城市交通设施发展与空间结构调整的关系，充分利用交通设施建设引导城市空间发展。以区域协调和城镇发展为导向，合理安排区域性交通设施的布局，促进大型交通设施的区域共享；以京津冀区域发展为基础，协调区域交通与城市交通之间的关系，利用区域交通设施的发展促进城市新城的建设；结合首都旧城保护的实施，提出与历史文化保护相一致的旧城交通发展策略。

综合交通规划与城市总体规划编制同步进行，并针对北京交通发展过程面临的问题开展如老城保护、应急交通、煤运组织等多项专题研究，保持从规划过程到研究内容的密切协调，达到交通与城市发展和谐一致，并结合城市近期发展要求提出交通设施建设的规划指引。

5. 实施效果

项目成果直接支持北京城市总体规划纲要编制，并指导北京城市综合交通规划工作开展，其中规划指引提出建设的道路和枢纽等交通基础设施已经部分建成使用。

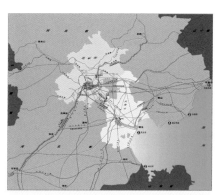

图3　区域综合交通规划

图4　市域道路交通网络规划

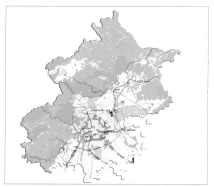

图5　市域铁路交通网络规划

重庆市主城区综合交通规划之交通发展战略规划

2010–2011年度中规院优秀城乡规划设计二等奖
编制起止时间：2009.5–2010.5
承担单位：城市交通研究所
　　　　　（现城市交通专业研究院）
主管所长：张国华
主管主任工：杨忠华
项目负责人：孔令斌、戴彦欣
主要参加人：顾志康、陈长祺、王继峰、
　　　　　　黄　勇、林辰辉、张　澍、
　　　　　　邹　歆
合作单位：重庆市城市交通规划研究所

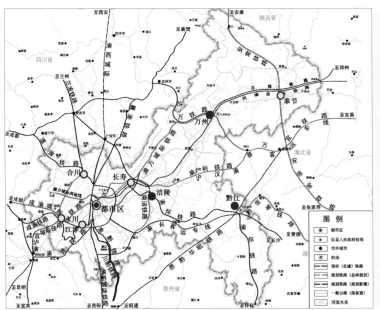

图1　市域铁路网络布局建议

作为西部唯一的直辖市，重庆市的发展已纳入国家战略，城市地位和综合交通枢纽定位都获得较大提升，内陆保税区等重大政策陆续投放，同时城市规模进一步扩大，城市空间布局需要大规模调整，原有交通规划已不能适应新的发展形势。2009年4月重庆市启动了综合交通规划修编工作。作为决定城市交通发展方向和网络框架的纲领，交通发展战略规划被列为综合交通规划修编的首要内容。

1. 主要内容

（1）现状与发展趋势分析。深入分析重庆对外、区域、市域和城市交通发展历程、特征变化、现状问题、发展趋势与挑战等内容，认识重庆特有的发展规律，识别问题与发展差距。

（2）发展目标与政策。提出"提升枢纽、重塑门户"、"公交优先、注重特色、引导空间"的发展战略，分区域、分阶段制定目标、指标体系和基本政策。

（3）区域与对外交通发展策略。按照"国家西部地区综合交通枢纽与内陆对外开放的门户"定位，制订"做大枢纽、扩展通道、优化结构、均衡市域"的发展策略，形成八大高等级国家综合走廊在重庆交汇，优化机场、港口、铁路、公路等重大交通基础设施规划布局。

（4）城市交通发展策略。根据重庆组团布局、密度高、瓶颈多、高差大等特点，按照"公交优先，分区、分层组织，以瓶颈和枢纽为分析核心构建交通框架，多种交通方式互补，交通模式因地制宜"的规划思路，进行轨道交通、快速道路、综合交通枢纽、物流体系的框架规划，编制各专项、各分区的发展策略及规划导引。

（5）综合交通发展保障措施。主要包括交通体制改革、政策、法规、规划体系发展、一体化价格体系、投融资机制与智能交通系统等。

（6）近期行动。制定以"门户构建"、"公交优先"、"步行保障"、"交通与用地协调"、"交通管理"和"体制改革"为主的六大近期交通行动。

2. 特色与创新

1）特大型山地组团城市的交通规划方法

按照城市地形、空间、交通瓶颈

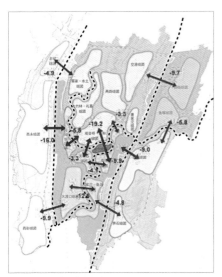

图2 关键截面供需分析（万人/h）

图3 重庆主城区路段重要度指数分析

断面的分布与不同地区经济社会活动的特征，将规划范围划分为6个交通分区，对分区截面进行道路、公交和管理的三合一规划；以分区截面和分区内的交通特征、地理环境为基础研究各分区交通政策导向、网络模式、交通结构、交通设施布局等内容（图1~图3）。

在网络结构上，根据山地组团地区的交通特征，按照联系交通和内部交通分级进行组织。组团内部强化步行交通。

根据山地城市道路与用地开发的特征，提出"车道优先模式快速路"和山地城市立体交通的解决方案（图4）。

2）枢纽对城市发展的带动作用

充分分析枢纽布局与城市的相互影响，在重视黄金水道——长江对重庆市发展的支撑作用的同时，整合提高重庆市在国家铁路网、公路网中的枢纽地位，全面打开重庆市的对外联系通道。

将改善多式联运和枢纽建设作为规划的切入点，对综合交通设施进行梳理和整合，从一体化运输的角度全面改善

重庆市的交通服务水平（图5）。

结合分区发展策略和集疏运条件分析，在提高交通对城市新区的引导和带动作用的同时，对位于交通瓶颈地区的寸滩港口规模进行控制，鼓励发展集疏运条件、与城市产业协调性更好的果园港和东港；根据城市交通集散能力，对渝中区和南部分区实行多枢纽布局，协调了对外交通与城市交通的发展。

3）交通与城市发展的相互反馈

进行交通支撑力的研究，对城市布局和规模进行测试，提出容积率调整的建议；并根据分区发展策略，论证城市中心体系构架，提出沿江开发中"景观互动、功能分离"的原则，并对保税港区发展、城市大型居住区选址等提出建议。

4）交通战略对专项规划的有效指导

交通战略与道路网、轨道网、枢纽等专项规划同期展开，相互间密切协调。通过专项规划导引、分区规划导引、近期行动导引、分区政策导引等提出对专项规划的详细要求，并通过项目组之间的反复协调，达成一致。

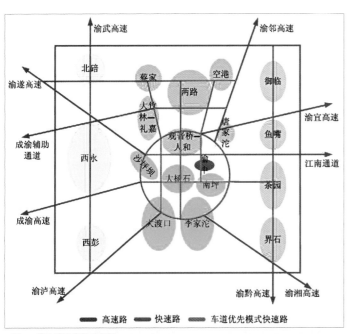

图4 快速道路分类示意图

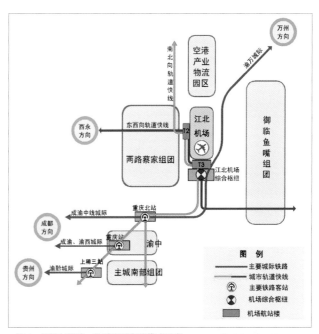

图5 机场与铁路、轨道交通衔接模式示意

重庆江北机场枢纽地区整体交通规划设计

2012-2013年度中规院优秀城乡规划设计三等奖
编制起止时间：2009.6-2011.11
承担单位：城市交通研究所
　　　　　（现城市交通专业研究院）
主管所长：张国华
主管主任工：孔令斌
项目负责人：周　乐、张　澍
中规院主要参加人：
　　　　　郝　媛、杨　嘉、黄　勇、
　　　　　倪　剑、黄坤鹏、李长波
合作单位：重庆交通规划研究院

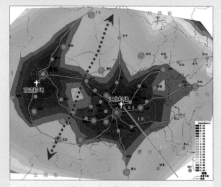

图1　机场区域客流可达等时线分析

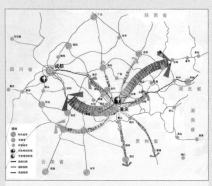

图2　机场区域客流空间分布

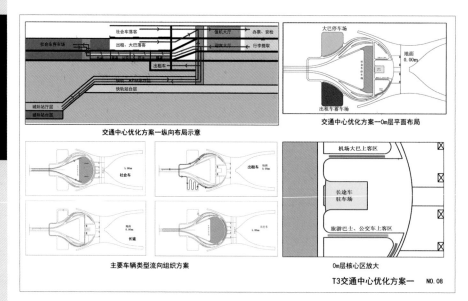

T3交通中心优化方案一　NO.08

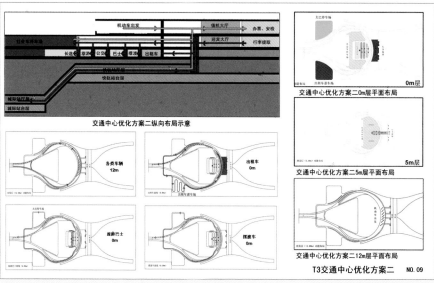

T3交通中心优化方案二　NO.09

图3　地面交通中心平、纵布局两种优化方案

本次重庆江北机场枢纽地区整体交通规划设计构建从宏观到微观的多层次规划体系，以各层次起主导作用的交通设施系统为突破口，形成契合区域与城市发展的规划方案。同时，充分协调多个同步规划设计项目，互动反馈，对相关各项规划的内容提出具体的交通设施建设及改造项目意见，提高规划的可操作性和指导性。

1. 背景与挑战

（1）区域层面：江北机场已经成为初具区域服务能力的航空运输节点。超过1/3的旅客来自重庆主城以外区域，但是70%的主城区以外的旅客仍需要绕道重庆主城才能到达机场。此外，机场集散交通严重依赖于地面道路交通，集散系统的可靠性有待提高。江北机场如何实现向区域型综合交通枢纽的转型是面临的挑战之一。

（2）主城区层面：目前江北机场远离主城、偏居一隅，机场发展相对独立。随着两江新区的建设，如何实现机场与城市的融合发展、带动城市向北拓展是

484

江北机场面临的挑战之二。

（3）机场枢纽层面：现状机场是单一跑道的中型干线机场。未来机场将成为三个航站楼、两个航站区、多条跑道，年吞吐量达 7500 万人次的大型枢纽机场。如何实现多种交通方式有效衔接，打造可靠高效的综合换乘枢纽，是江北机场面临的挑战之三。

2. 总体思路

本次规划摆脱既往机场交通规划就机场论机场、就交通论交通的单一层次模式。在技术思路上进行大胆创新，制订包括区域层面、主城层面、机场周边地区层面以及机场核心区共四个层次的系统解决框架，为全方位实现江北机场未来发展的目标定位提供必要的交通支撑。

3. 技术要点

（1）在定量化识别区域客流腹地、客货流空间分布以及主导流向之后，以城际铁路和高速公路为区域层面突破口：一方面强调城际铁路增强机场服务区域的能力，预留城际铁路线站位；另一方面测试集疏运交通对高速公路网的压力，提出高速公路网的相关改善建议。

（2）主城区层面结合城市土地利用规划，识别临空产业，以"产业—空间—航空服务协调"为主线，以快速路和轨道交通为切入点：快速路连接主要航空指向性用地，构建"五纵两横一环"的客运集散系统；城市轨道方面则创造性地提出："一个通道，两条轨道，灵活运营"的理念，提高轨道系统服务水平。

（3）在机场周边地区层面，紧紧抓住两江新区核心区建设这一重大机遇，构建"港城一体"的交通体系，强化与周边临空产业的结合，剥离过境交通，纯化"港城"内交通环境；对重要立交节点进行优化设计；打造多层次公共客运交通网络。

（4）机场自身层面：分析各类交通

设施的供需平衡关系，安排设施布局。以地面交通中心为重点，体现"以人为本、人车分行，公交优先、流线清晰"的理念，提出两种概念平纵面布局优化方案。

4. 协调与实施

编制过程中注重与相关同步编制规划之间的互动和协调。此外，在 4 个不同的层面提出共 16 项具体交通设施建设及改造的项目，提出近、中、远三个阶段实施的建议。

2011 年年底启动第三跑道及东航站区建设，重大交通设施按照本规划实施：城际轨道、机场专线轨道、地面交通中心等均采纳本规划建议。

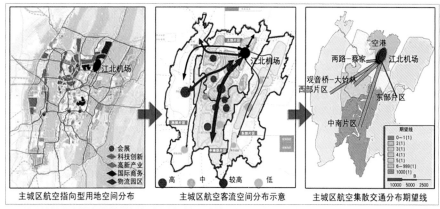

图 4 主城范围临空产业—空间分布—航空客流期望线

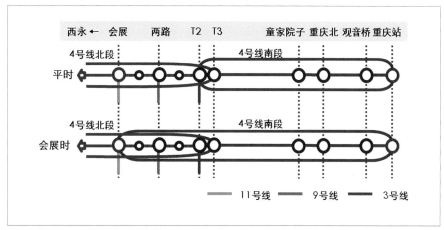

图 5 机场与轨道衔接推荐组织运营模式图

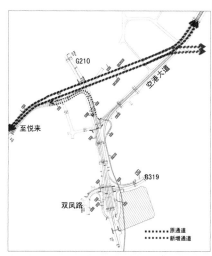

图 6 机场周边重要节点详细设计示例

贵阳可持续发展交通规划研究

2011年度全国优秀城乡规划设计二等奖
2010-2011年度中规院优秀城乡规划设计一等奖
编制起止时间：2007.12-2010.6
承担单位：城市交通研究所
　　　　　（现城市交通专业研究院）
主管所长：赵　杰
主管主任工：孔令斌
项目负责人：黄　伟、戴彦欣
主要参加人：陈东光、黄　勇、顾志康、
　　　　　　张　澍
合作单位：贝利（北京）咨询有限公司、
　　　　　贵州省环境科学研究设计院

图1　贵阳中心城区现状路网图

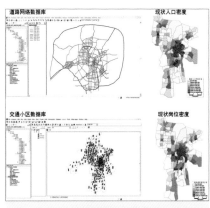

图2　贵阳市交通需求模型基础数据库

1. 项目背景

西部大开发背景下的贵阳正处于快速发展时期，作为人口密度高、用地资源紧张的山地城市，需要协调交通发展与环境保护之间的关系，实现城市交通、环境、能源以及用地之间的可持续发展。

本次规划研究旨在搭建一个强有力的技术和政策平台，为贵阳的城市发展和交通发展提供前瞻性研究和基础数据的支持，并确保本项目包括交通需求模型和战略环境评价的一系列研究成果最终应用于城市总体规划、综合交通规划以及贵阳诸多的交通基础设施建设评估当中（图1、图2）。

2. 规划思路

（1）分别开展交通需求模型、战略环境影响评价、交通规划三方面的研究，同时在这三者之间进行协作和反馈，将建立可持续发展交通系统的理念融入综合交通规划之中。

（2）打破体制隔阂，扩展研究的广度和深度，整合与衔接相关规划，将研究范围扩展到了整个"大贵阳"地区，并突破部门界限，打破条块分割，将整个贵阳的内外交通、城乡交通与环境协调考虑。

（3）强调交通软环境的改善，就贵阳交通规划编制程序以及贵阳城市规划和交通政策提出具体意见，以保障研究成果最终得以落实和实施。

（4）重视多学科技术的综合应用，包括交通规划、城市规划、交通经济、交通工程、环境工程、交通模型、GIS、数据库以及程序开发等技术。

3. 主要内容

1）交通需求模型（TDM）

（1）交通需求模型的建立（图3）

基础数据：贵阳市现状和规划的社会经济、土地利用、交通量、交通网络、交通分区等数据整理和分析。

框架设计：模型功能和系统框架设计。

模型构建：建立拥车模型、出行生成模型、出行分布模型、方式划分模型、步行选择模型、车流分配模型、公交分配模型、对外交通模型等，通过"四阶段"的现状与规划模型创建，进行出行特征分析。

模型评价：模型的校核与评价。

模型应用：交通发展战略测试（含温室气体排放测算）、规划方案评价与反馈、政策敏感性分析。

（2）应用程序开发

包括：模型结果与运行情况报告；提供大气质量、能源消耗评价所需要的数据；通用用户界面等。

建立标准程序，输出模型结果和综合交通规划中所需的服务水平指标；输出战略性环境评价所需要的部分环境和能耗参数，进行参数校核，并提出未来建立环境模型的建议，以及更新应用程序的方法；建立友好的用户界面，用中文显示大多数信息和指令。

模型应用包括温室气体排放测试、交通发展战略测试、规划方案评价与反馈、政策敏感性分析等。

2）战略环境评价（SEA）

分析贵阳市区及郊区的环境质量状况及发展情况。描述并记载现有环境资源和生态区域的时间和空间分布。调查环境敏感度及环境资源和生态区域的容量，并分析合理的土地利用方式。收集贵阳市能量平衡情况的信息和统计数据，并根据不同的能源进行分解。估算整体环境指数（特别是温室气体排放）。

对现有环境和能源状况进行评估。评估涵盖三个主要环境要素（自然环境、生物环境、人类环境）。

将环境影响评价融入交通规划过程，就环境、能源等向交通规划提出建议。通过SEA研究的介入，最终就包括人口、土地利用、机动车发展、交通战略方案等方面向交通规划提出若干建议，另外，SEA的研究结论还从环境影响的角度提出推荐的交通战略方案。

3）交通规划研究（TP）

包括：城市交通发展评估、大贵阳地区的交通发展战略研究、大贵阳地区

交通规划程序优化研究、大贵阳地区综合交通规划方案测试以及协助当地战略环评和可持续交通规划能力的建立。

4. 项目创新与特色

1）首次将战略环境影响分析融入到交通规划过程中。调整规划环评与交通规划的关系，SEA首次利用交通需求模型输出的温室气体排放数据进行分析，并将结果反馈到交通战略规划当中，形成环评和交通规划的互动。

2）创新型交通需求分析模型系统的构建。对贵阳市交通规划的技术流程、管理机制提出改进建议，并利用CUBE软件平台建立模块化的"四阶段"交通需求分析模型系统，系统具有如下特点：

（1）多平台的数据整合。数据库系统集成交通调查基础数据、相关的社会经济数据、规划区土地利用数据、道路和公共交通设施的GIS数据。

（2）模块化系统构架。通过大量底层代码编写，构建了一套组件式模型运算流程设计，可根据需要调用或组合这些计算模块，形成新的运算流程，大大加强了模型的适用性和灵活性。

（3）丰富的模型分析功能。依据现状和规划年道路和公共交通设施情况分别建立贵阳市域模型和中心城区模型，可以对现状和规划年的客货运机动车交通的空间分布和道路流量分配进行仿真

模拟，提供详细的规划和决策量化数据分析，并可扩展应用于单个项目（如交通影响评价、单项交通设施建设分析）的量化分析。

（4）独有的政策敏感性分析。通过将票价、停车费率、收入水平等影响因子引入出行和分配模型中，可提供不同政策组合下的交通需求影响分析，作为制定交通政策时的重要依据。

（5）独有的温室气体排放分析。提供不同交通发展战略下温室气体排放量的影响范围和结果。

（6）双模式工作界面。分为开发界面和用户界面，可分别提供给专业模型开发维护人员和一般应用人员使用。

（7）产品化的包装和持续使用。将交通需求分析模型进行产品化包装，使得本项目开发的模型平台可以长期应用于贵阳市的交通规划研究，同时提供模型系统使用手册和技术人员培训。

5. 规划实施

本项目包含SEA分析的主要规划成果已逐步纳入《贵阳市城市综合交通规划》中；交通需求模型系统平台向贵阳市规划局和交通局正式移交，并在多个项目中得以应用；贵阳市制订的模型系统的持续应用和升级计划，未来将更多地应用于贵阳市交通建设项目的科研论证、交通政策辅助决策等项目的分析中。

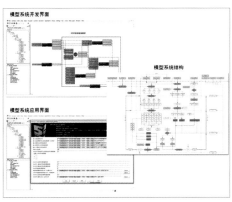

图3 贵阳市交通需求模型系统架构图

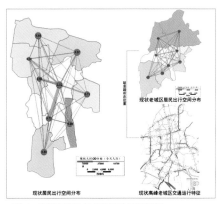

图4 贵阳市现状年交通需求特征分析

图5 贵阳市规划年交通需求特征分析

贵阳市轨道交通建设规划

2010–2011年度中规院优秀规划城乡设计二等奖

编制起止时间：2006.4–2010.2

承担单位：城市交通研究所
（现城市交通专业研究院）

主管总工：孔令斌

主管所长：赵 杰

项目负责人：陈丽莎

主要参加人：李凤军、张 浩、汤宇轩、
胡春斌、高德辉、顾志康、
池利兵、黄 伟、陈东光

合作单位：贵阳市建设局

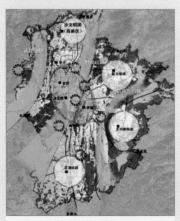

图1 中心城区空间结构规划图

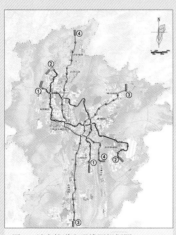

图2 城市轨道交通线网规划图

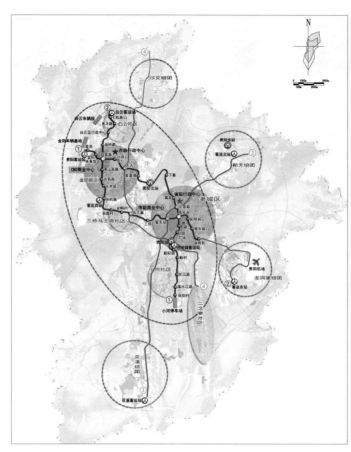

图3 轨道交通建设规划图（2010–2020）

1. 项目背景

国家西部大开发战略实施进入第二个阶段，以贵阳为核心的黔中经济区进入国家战略发展层面。贵阳是贵州省省会，是全省政治、经济、文化中心城市，也是贵州省唯一的一个特大城市。省域城镇"极化黔中"的发展战略对贵阳城市发展提出了更高的要求。

城市交通发展面临巨大挑战。受山地环境的制约，贵阳城区发展长期局限在老城范围，形成老城高强度、高密度的土地利用特征。面对巨大的交通压力，城市政府在老城采取单双号限行，限制外地车辆的交通管制措施。

城市空间将由单中心向一城双核多组团结构发展。现状贵阳市是以老城为中心的单中心结构，市区人口230万人，建设用地160km²。根据城市总体规划，2020年，城市将形成一城三带多组团空间结构，城市人口将超过320万人，建设用地将达到320km²（图1）。

2. 项目构思

应对山地城市道路资源有限的特点、机动化快速发展的状况，应构建什么样的城市交通体系，以满足城市交通需求？现状老城内部主干路高峰小时拥堵已成为常态；老城与金阳新区、与外围组团间的联系道路在高峰小时也处于拥堵状态。根据综合交通规划，2020年，虽然各组团间交通联系有所加强，但在机动车发展无限制的条件下，老城与其他组团间的联系通道上高峰小时均处于超饱和状态。因此，大力发展公共交通是贵阳市的必然选择。构建什么样的公共交通优先体系，是大力发展快速公交还是建立以轨道交通为骨干的公共交通体系，是本规划的重点。

应对城市总体规划目标，在财务资源有限的情况下如何选择近期建设项目？未来，城市空间将形成一城三带多组团空间结构。其中，"一城"是指由老城和金阳新区共同组成的"一城双核"中心体系，聚集了城市70%的人口和60%的职能。贵阳处于西部欠发达地区，城市财力资源有限，决定了建设规模要小于其他报建城市。如何在有限的条件下选择合理的近期建设项目，是本规划的另一重点。

应对山地城市特点，构建什么样的系统制式？老城区平均海拔在1070~1090m，金阳新区平均海拔在1170~1300m。地形特点将导致线路易出现长大坡情况，给线路设计、系统制式和车辆选择带来难题，工程上如何解决这一问题，是本规划的又一重点。

3. 主要内容

轨道交通线网规划。贵阳城市轨道交通线网由4条线路构成，全长139.3km（图2）。

近期建设项目选择。近期建设项目由轻轨1号线和2号线一期组成，总长度56km，共35座车站（图3）。线路敷设方式在新区以高架线为主。1号线初、近、远期高峰小时单向最大断面流量为1.64、1.85、2.31万人次/h；2号线初、近、远期高峰小时单向最大断面流量为1.7、2.4、2.6万人次/h，符合国办发81号文要求的申报建设轻轨的基本条件。

近期建设项目实施规划。主要内容包括近期建设项目线路走向、系统模式和车辆选择、工程结构、机电设备、资源共享、行车组织与运营管理、车辆和机电设备国产化、工程筹划等。

近期建设项目的外部建设条件。开展环境影响分析，并上报环保部；对近期建设项目沿线开展沿线土地控制规划，加强土地利用与轨道交通建设的结合；开展基于轨道交通的一体化交通规划，规划快速公交走廊，为轨道交通提供补充及培育客流。

建设资金筹措及平衡。结合投资估算，按照工程进度，合理分配建设资金及资本金使用安排，提供合理的投资强度。

4. 创新与特色

建立以轨道交通为骨干的公共交通体系。面对贵阳山地组团结构的城市特征，面对出行高需求的运输要求，以及通道资源有限性的发展条件，提出优先发展快速路+轨道及快速公交系统作为区域、城市交通系统骨架，2020年，中心城区公交方式出行比例达到35%~38%，在各组团的联系走廊上，轨道交通达到公交方式的60%~65%，小汽车出行方式控制在19%~23%。结合交通发展目标和城市空间结构布局，规划轨道交通线网由4条线路组成，形成以老城和金阳为核心，向新天、花溪、龙洞堡和沙文组团放射的线网格局。2020年，轨道交通将承担公交17%的客运量，远景年，将承担公共43%的客运量。

近期建设项目选择与城市发展及区域交通设施布局相协调。在诸多常规采用的规模预测方法中，城市财政水平作为决定近期建设项目规模的主要因素，使近期建设规模不能完全满足交通需求。本次规划在近期建设项目选择上，摒弃其他城市分析方法，采用首先确定轨道交通骨架网络，再通过与城市总体规划的协调、解决交通拥堵、与区域交通设施衔接、近远期结合等方法对骨架线网进行建设时序分析，得出近期建设项目由1号线和2号线一期组成，总规模为56km。对于外围4个组团，规划快速公交走廊，满足近期交通需求，并为轨道交通培育客流（图5）。

工程设计中巧妙利用展线解决长大坡问题。1号线金阳新区到老城段，直线间距3700m，高差220m，超出了普通轮轨车辆的爬坡能力。在线路方案设计中采用展线方法，展线线位选择经过一个比较成熟的社区——雅关地区，并增设1站，既巧妙解决了长大坡问题，又方便雅关地区居民出行，一举两得。通过多对国内外系统制式比选，确定采用技术成熟、性价比最高的钢轮钢轨系统，B型车。

5. 实施效果

规划于2010年9月3日获得国家发改委批复；线路设计采用展线并增加车站的设计手法，对山地城市轨道交通设计有良好的示范效应；本规划的实施，说明轨道交通不仅可以促进山地组团城市的空间拓展和用地发展，同时相对集中的客流走廊更突出线路经营效益。分析结果表明，1、2号线达到运营盈亏平衡要比国内其他城市提前4~5年；证明城市轨道交通建设要充分结合城市特点与需要，不能仅凭经济实力来审视。本项目不仅较好地解决了贵阳城市与交通发展的问题，满足了其需要，也对国内其他山地组团城市大容量公共交通的发展带来示范效应。

图4 城市综合交通规划图（2020年）

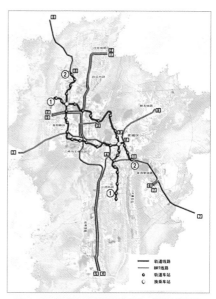

图5 基于轨道交通建设公共交通一体化规划图

杭州市城市交通白皮书之交通发展纲要国内咨询

2006-2007年度中规院优秀城乡规划设计一等奖

编制起止时间：2006.3-2006.12

承担单位：城市交通研究所
　　　　　（现城市交通专业研究院）

主管所长：赵　杰

主管主任工：程　颖

项目负责人：孔令斌、戴彦欣

主要参加人：张　帆、王　靓、张　浩、
　　　　　　黄　伟、陈长祺、潘俊卿、
　　　　　　宣　正

合作单位：杭州市综合交通研究中心

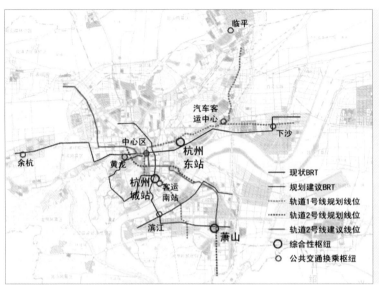

图2　近期公共交通建设计划调整

1. 研究背景

进入21世纪，杭州在城市发展、区域发展环境、城市对外交通、城市交通发展上都进入了一个全新时期。一方面，需要在区域一体化发展中，通过完善交通系统进一步提升杭州的区域地位；另一方面，城市交通要实现跨越式发展，建立高效和谐的综合交通运输系统，降低交通拥挤与环境污染，形成可持续发展的土地利用和交通关系，引导和支持城市社会、经济和城市空间发展。

为此，杭州市政府启动了杭州市交通发展白皮书的编制工作，针对新的发展形势，在新的发展观指导下，整合目前的规划和建设，统一目标，理清思路，为杭州现状交通问题的解决和未来交通的发展提供纲领性指导。

2. 主要内容

发展历程回顾和现状问题分析。全面、系统、客观地对杭州市城市交通发展历程和现状进行深入分析，提出目前杭州市在交通体系、交通网络布局、交通方式结构以及交通建设管理等方面存在的主要问题，并剖析这些问题形成的动因和症结，为后续的规划研究提供依据。对既有规划予以审视和评估。

城市交通系统发展前景与趋势分析。

以处理好城市发展和交通系统发展的协调关系为前提，充分研究和分析区域和城市发展的趋势和可能性；通过对城市发展趋势的判读，结合杭州市交通系统本身的发展特性，提出杭州市交通系统发展的趋势；分析长三角区域和区域交通发展给杭州带来的机遇与挑战；选择对城市交通发展影响较大的因素，如：交通特征变化、机动化水平、交通一体化政策，分析其在发展中的可能变化，以及这些变化对交通系统的影响，作为构造城市交通系统发展战略的前提和基础；详细分析各个交通子系统的发展趋势与要求。

城市交通发展目标研究。广泛分析国内外城市的交通发展目标与杭州市城市发展对交通发展的要求，根据杭州交通发展的任务、特点，以及杭州市交通发展关键要素的分析，确定杭州市交通发展的目标，提出具有杭州特色的城市交通发展指标体系。

重大交通政策研究。针对杭州市的城市特点和发展要求，重点提出优先发展公共交通、交通需求管理政策、交通与土地利用协调、投融资政策作为杭州市规划期的重大交通政策。

城市交通发展战略研究。按照交通发展目标的要求，构建了各个交通子系统的发展策略。发展策略切实针对杭州的城市特点和发展要求（图1）。

图1　公共交通走廊布局

保障体系构建。准确分析在实施战略规划中存在的主要障碍，并对解决这些障碍提出具体有效的解决方案，以最终为整体交通战略的落实提供良好的外部环境。包括交通体制建立与改革、交通法规与标准建设、交通科技的推广与应用、交通信息平台建立与信息化发展、规划研究机制以及交通宣传等方面。

对既有规划的建议。充分认识、审视既有规划，在新的发展观指导下，对既有规划提出调整意见。

近期发展计划研究。以发展目标和战略为指导，根据对近期城市发展趋势的理解，结合杭州已经编制的其他交通专业规划，在交通发展战略的指导下，综合考虑对既有规划的意见，提出对杭州近期交通设施建设计划的调整建议。项目建议涵盖公路、铁路、航空、水运等各种对外交通，城市道路、轨道交通、地面公交、出租车、慢行交通等各种交通方式，停车设施、交通管理、交通科技发展、保障体系等各个方面（图2～图4）。

专题研究。包括杭州城市交通模式及其城市土地利用发展的互动关系研究，杭州城市交通财政、投融资体制与交通经济研究，杭州社会经济与区域发展及其与交通发展的互动关系研究，杭州城市旅游交通专题研究，杭州城市交通环境专题研究。

白皮书建议稿编制。根据咨询研究的成果，结合专家意见和各相关部门意见反馈，提出杭州市交通发展白皮书建议稿。

3. 特色与创新

顺应区域化发展的要求，在城镇密集地区核心城市的发展战略中充分落实区域交通。提出大杭州都市区的概念，在大都市区范围提出交通协调发展的具体对策。

一体化研究区域协调、交通发展与城市发展，重大交通基础设施（如铁路枢纽）布局与城市空间发展相结合。

在区域发展指导下，结合城市空间调整的变化和要求，研究交通结构转变

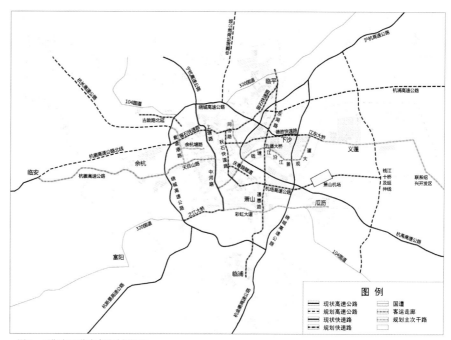

图3　近期市区道路建设计划调整

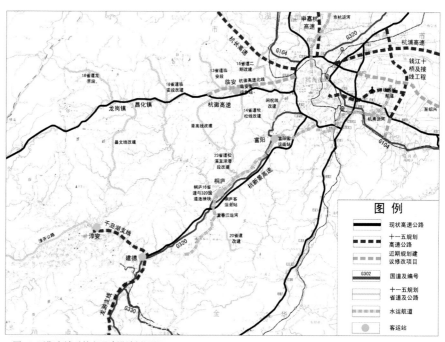

图4　近期市域对外交通建设计划调整

和交通组织升级。

协调城市交通与城市空间、土地利用，通过道路网结构、公交网络层次变化、枢纽组织等引导新的城市空间的形成。

从体制、机制、政策等多方面研究一体化的问题，协调都市区、区域和城市扩展中新出现的问题。

紧紧抓住公共交通优先发展、大力发展的根本，全面落实公交优先。从政策、

法规、监管、投资、规划、枢纽、网络、路权、票制、弱势人群、旅游、科技创新、城乡统筹等各个方面，提出提高公交出行比例的对策，特别是针对杭州目前公交发展"二元化"严重的情形，提出了解决办法。

研究城市交通拥堵常态化下的交通发展思路，结合城市空间和土地利用调整、环境保护、交通需求管理、旅游交通组织等提出中心区交通问题的解决方案。

杭州市域综合交通协调发展研究

2006-2007年度中规院优秀城乡规划设计二等奖

编制起止时间：2007.7-2007.12

承 担 单 位：城市交通研究所
　　　　　　（现城市交通专业研究院）

主管所长：赵　杰

主管主任工：孔令斌

项目负责人：王战权、戴彦欣

主要参加人：孔令斌、黄　伟、王　靓、
　　　　　　张　澍、宣　正

合 作 单 位：杭州市综合交通研究中心

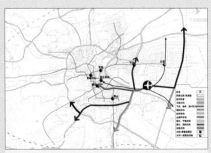

图1　市域公路网调整方案示意图

图2　机场联系通道示意图

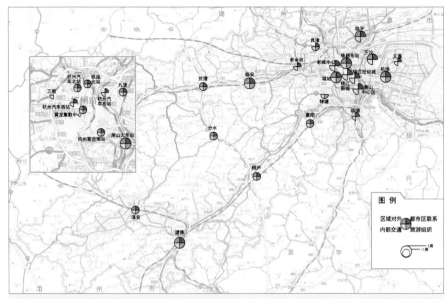

图3　客运枢纽规划布局示意图

　　在我国的交通发展中，一直采用"城乡分治"的二元化管理，而处于城镇密集地区的城市，区域协调和城市化正迈入一个新的发展阶段。城市空间结构调整在整个市域范围内进行，城市的区域服务职能不断丰富，城市和区域高快速交通网络正在形成，区域、市域交通特征也开始显现城市交通的特征。市域成为交通管理体制、城镇空间与职能、交通组织、交通建设与服务标准、城乡统筹发展等方面冲突最为严重的地区。如何进行城镇密集地区城市的市域综合交通规划，已成为包括杭州在内的许多城市的规划难点之一，也是目前规划体系中最需要创新的部分。

1. 主要规划内容

　　市域综合交通整体模式与框架。市域整体交通按照"都市扩张，交通延伸、优化结构、公交优先；分区组织，提升东西、做强中心、全面对接；强化枢纽、综合协调、优化组织、一体发展"的模式进行组织。提出"双环、三区、多放射"的市域综合交通网络框架，形成东、中、西分别组织对外及区域交通，内部密切联系的交通系统。

　　客运枢纽规划。把客运枢纽作为区域、市域和城市客运交通一体化组织的"抓手"，分离各专业场站中的生产和交通组织功能，把交通组织和衔接功能整合在一起，形成综合客运枢纽（图3）。

　　规划老城中心等12处Ⅰ类客运枢纽。提升建德作为西部最重要的交通枢纽和旅游服务中心。临安作为中心城区交通网络与西部交通网络衔接的重要交通枢纽。

　　铁路网络和枢纽。把铁路作为调整运输结构和支持城市空间的重点。提升西部地区和江南地区铁路客运站，形成城站、东站、萧山站、九堡站、建德站五个客运主站的杭州铁路枢纽。在东部工业区增建专线铁路。

　　轨道交通。根据市域城市交通需求特征和机动化运输要求，市域轨道形成都市区快线和普通轨道线两个层次。调整轨道走廊布局，加强对城市东部和南部的支持，引导城市多中心的发展。根据城镇空间在市域的发展，延伸城市轨道交通走廊至富阳、临安、义蓬等地区。

市域及都市区道路网络。应对区域联系交通的方向变化，提出大外环规划（图1）。

市域道路规划以大杭州都市区为背景，与绍兴、嘉兴、湖州对接，与长三角主要港口联系，并通过建设区域性的机场通道实现机场的区域共享（图2）。根据市域城镇化地区的扩展，调整承担城市交通功能的公路为城市道路。

航运、港口与货运。根据各分区产业和运输特征，规划西部地区重点发展客运，航道和港口发展以旅游为主导。东部地区加快航运网络建设，成为长三角货运对外门户的组成部分。将市域划分为9个重点物流区域，按照分区进行物流组织，港口、铁路、公路建设与物流分区衔接（图4）。

旅游交通组织。以长三角旅游服务一体化为基础，建立杭州西部与上海、黄山、南京、宁波等区域级旅游服务中心的直接联系，强化杭州的区域旅游服务功能，提升西部的区域旅游地位（图5）。

西湖风景区交通组织的重点是分离旅游交通与城市交通，实施公交优先，并通过需求管理限制穿越风景区的交通。

2. 特色与创新

区域融合。以区域视角规划中心城市的交通，分析区域空间、城镇关系和交通网络变化对杭州区域地位、职能发展和交通联系方向的影响，作为网络结构调整的依据；从杭州都市区空间、交通一体化出发考虑区域协调，进行区域、都市区、市域和城市交通的衔接；以区域共享为前提，规划机场通道和跨江通道。

以城市职能和交通特征为主导的规划。根据区域、城市职能的分布，构建以功能分区为主导的区域和对外交通联系网络，杭州东、中、西分别按照各自的职能组织不同方式的区域和对外交通。并根据市域不同地区的发展潜力和资源禀赋，提出分区差别化的交通战略和规

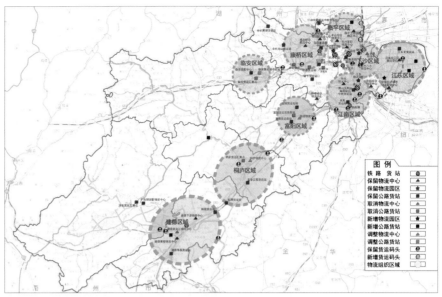

图4 市域物流重点发展和组织区域及主要场站示意图

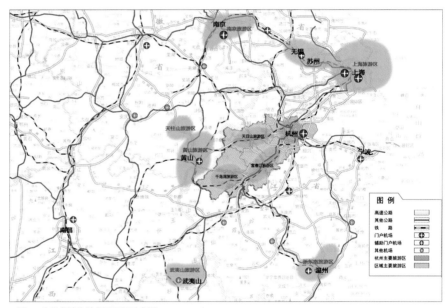

图5 杭州市域旅游交通组织示意图

划方案。全面提升西部在长三角中的地位。按照交通系统所承担的交通流特征进行交通组织，在城市化地区延伸城市交通服务，如提出市域公共交通一体化组织，通过城乡交通、旅游交通与公共交通一体化推动城乡统筹发展。利用交通枢纽实现交通一体化和网络结构调整。整合不同交通方式的交通组织性功能，

形成综合交通枢纽；枢纽管理和运输分离，使枢纽成为协调各部门利益的工具，达到各种交通方式有机衔接、协调发展的目的，实现不同方式、不同等级交通的一体化组织；将枢纽布局与城市空间发展结合，作为城市空间与交通系统融合的切入点，整合不同层级的交通网络，实现交通网络结构调整。

福州市城市综合交通规划

2011 年度全国优秀城乡规划设计二等奖

2011 年度福建省优秀城乡规划设计一等奖

编制起止时间：2008.1–2010.9

承 担 单 位：城市交通研究所

　　　　　　（现城市交通专业研究院）

主 管 总 工：李晓江

主 管 所 长：张国华

主 管 主 任 工：孔令斌

项目负责人：戴继锋、赵延峰

主要参加人：马俊来、顾志康、杨 嘉

合 作 单 位：福州市规划设计研究院

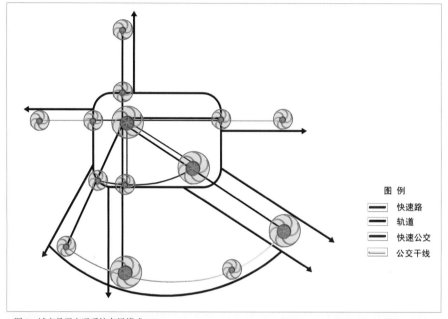

图 2　城市骨干交通系统布局模式

《福州市城市综合交通规划》与《福州市城市总体规划（2011—2020）》同步编制，是福州市落实国家支持海西城市群发展战略的重大举措。福州作为海西城市群的重要中心城市，亟需基于国家经济发展视角重新审视区域重大交通基础设施布局及城市内部交通网络建设。

1. 规划内容

1）推动区域交通走廊布局由"T"形向"十"字形转变，构建开放性和一体化的国家级综合交通枢纽（图 1）。

规划提出"强化沿海、拓展内陆、对台枢纽"的发展策略，积极构建与长三角、珠三角经济区对接的快速、大运量综合交通走廊，加快建设沿海快速铁路，新增沿海高速铁路、沿海铁路货运专线，确保形成与长三角、珠三角两大国家级经济中心区域的 3h 陆路交通走廊，形成多通道、多方式的大容量交通运输体系。拓展提升内陆综合交通走廊服务水平，加强福州对腹地的辐射和带动作用，对既有外福铁路进行升级改造，规划京台高速铁路、福银高速公路等。预留对台跨海通道等重大对外基础设施的用地空间。

2）旗帜鲜明地提出绿色交通发展战略，构建以轨道交通为骨干的集约化运输主导型交通发展模式。

（1）城市骨干交通系统布局整体以鼓台为核心呈放射式（图 2），并依据城市东南方向的主要扩展趋势，构建强化"中心区——东部新城——长乐"复合交通走廊（图 3）。

（2）围绕中心区既有环形快速路系统，依托放射状快速路系统构建中心区至外围新城的快速联系通道，并强化"中心区——东部新城——长乐"快速机动交通走廊，形成"核心放射、突出主轴"的布局模式；建立外围重要功能组团间

图 1　构建"十"字形区域交通走廊

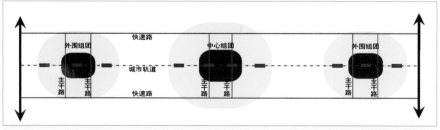

图 3　"中心区—东部新城—长乐"复合交通走廊

的快速联系通道，保障各功能组团间机动车的可达性与快速性。

（3）以中心区为核心构建"放射式"轨道交通网络，连接外围新城，引导城市向东南扩展。近中期重点支撑东部新城、科学城、大学城等新城建设，远景考虑中心城区与长乐联系（图5）。

3）基于"八山一水一分田"的市情，明确坚持发展集约紧凑的交通模式。

（1）大幅提高铁路、水运、地铁等集约化交通运输方式比重。规划期末，对外运输客运中铁路承担比重达到25%，城市居民出行中公交承担比重达到30%。

（2）构建集约式跨江交通组织模式。采用小汽车通行能力约束的方法确定公共交通供给能力，保障公交设施在资源约束断面的优先布置，保证公共交通在重点跨江通道中分担率达到50%以上（图6）。

2. 创新与特色

1）创新的规划编制体系

依托与城市总体规划同步编制的有利时机，发挥综合交通运输系统对城市发展的支撑、引导作用，实现土地利用与交通系统的良性互动、有机反馈，从源头实现交通与用地的全面协调，引导城市空间结构调整。

2）突破行政区划约束，切实统筹区域交通的发展

系统协调福州与周边地区交通设施衔接，在区域范围内组织综合交通运输体系，构建内外一体、开放式的交通运输体系。

3）通过数据挖掘创新规划技术手

段，提高规划方案的科学性

以各行业、专业的普查数据为基础，包括经济普查数据、人口普查数据、出租车GPS数据等，通过数据挖掘分析为交通模型的建立打好基础。

3. 实施情况

规划通过福州市城乡规划局审批，已经进入实施阶段。其中，轨道1号线已开工建设；规划建议的4号线已纳入福州市轨道交通近期建设规划；福州火车南站已建成，火车北站正在按规划进行改造；上岛铁路、京台高铁正在建设；湖东路东延段、华林路东延段、东部快速路、福泉连接线改造等道路均正在进行前期设计。

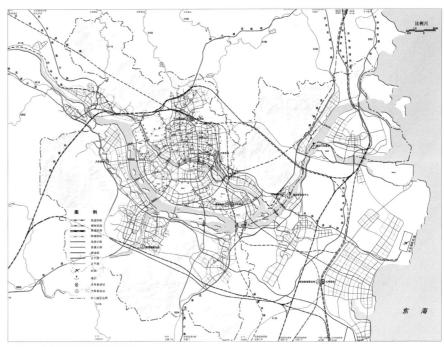

图4 中心城区道路网规划方案

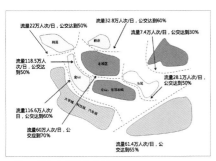

图6 跨江交通需求分析

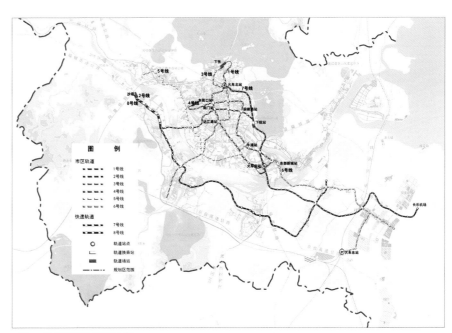

图5 远景轨道线网规划方案

长沙市城市综合交通规划

2012-2013 年度中规院优秀城乡规划设计二等奖

编制起止时间：2009.10-2012.12

承 担 单 位：城市交通研究所
（现城市交通专业研究院）

主 管 总 工：杨保军

主 管 所 长：张国华

主 管 主 任 工：孔令斌

项 目 负 责 人：赵延峰、陈东光

主 要 参 加 人：王有为、郝 媛、张 澍、
庄 斌、吴子啸、付凌峰

合 作 单 位：同济大学

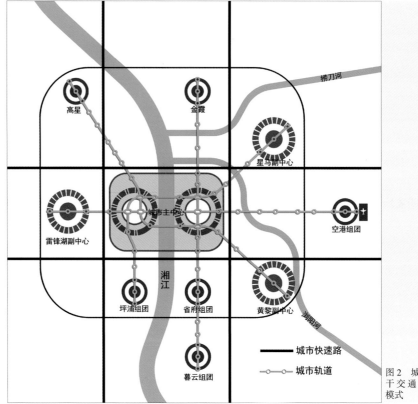

图2 城市骨干交通组织模式

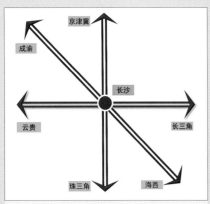

图1 区域"*"字形走廊布局

2007 年全球金融危机开始浮现，我国长期粗放式发展带来的能源、生态等问题日益突出，经济转型迫在眉睫，国家批准长株潭城市群为全国两型社会建设配套改革试验区。为发挥长沙统领长株潭城市群的中心城市作用，长沙市规划管理局组织编制长沙市城市综合交通规划。

1. 规划内容

1）构建综合交通枢纽城市

在强化京广、沪昆国家级综合交通走廊的基础上，协调增加长沙与成渝、海西地区的国家级综合交通走廊，推动走廊布局由"十"字形向半米字形"*"转变，为长沙在国家交通运输组织中发挥更重要的作用提供保障，支撑长沙建设成为国家级综合交通枢纽城市。

2）实施轨道交通导向战略（TOD）

彻底转变道路引导的城市用地扩展模式，实施轨道交通导向战略（TOD），引导城市沿轨道两侧扩展，呈现廊道式增长，推动交通与土地利用协调发展。

轨道交通线网总体结构为"米字形构架，双十字拓展"，骨干线路与城市空间结构相匹配，在东西、南北向的十字形交通走廊上增加补充线路，实现主要发展轴的双十字拓展，并与客专、普铁、城际等"大铁网"有机衔接。线网包括 12 条线路，预留 21 处城际换乘站，打造市域与区域多级线网一体化的轨道出行模式。

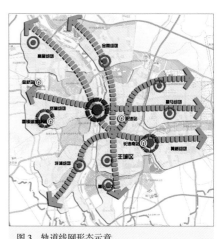

图3 轨道线网形态示意

3）优化快速路网结构与形态

构建"井字 + 环形"快速路网络。"井字形"网络由二环外延形成，承担城市主中心与三个城市副中心及各功能组团间的快速机动交通联系；中间由二环与岳麓大道、三一大道形成城市主中心交通"保护圈"；外围"环形"网络主要承担外围各个功能组团之间的快速机动交通联系。

2. 技术特色

1）深度解析国家级交通设施对提升城市综合竞争力的巨大作用，与地方及国家相关规划互动反馈

规划认为黄花机场功能定位宜调整为中南地区航空门户枢纽，对其与火车南站进行整合，构建空港—高铁复合枢纽。现状分析长沙与成渝地区存在着强烈的交通联系，规划提出建设长渝客专的设想。目前该线路已经列入国家十二五规划。

2）深入研究交通、产业、空间之间的互动规律，统筹协同发展

在协调交通与用地的互动关系过程中，强调突出产业的桥梁沟通作用。基于协同发展的思路，规划提出高铁站地区重点发展信息密集型产业，打造城市副中心；东部经开区重点发展装备制造业、临空产业；北部重点发展资源密集型产业；西部通过增加城际站提升区域交通枢纽地位，支撑梅溪湖副中心建设。

3. 实施情况

项目于 2012 年 12 月 19 日获长沙市人民政府批复，目前已经成为长沙城市交通规划、建设、管理等工作的重要依据。

区域重大交通设施建设显著加快，黄花机场新航站楼、货运北站已建成投入使用。长株潭城际铁路已开工建设。

营盘路隧道、福元路大桥相继建成通车，南湖路隧道、轨道 1 号线、2 号线开工建设，城市交通网络布局逐步优化。

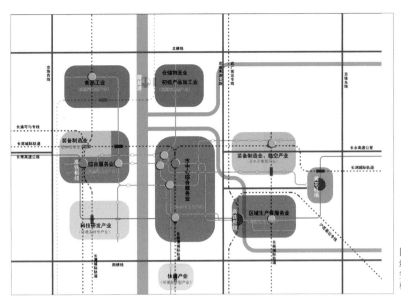

图 4 客运枢纽与产业、空间互动分析图

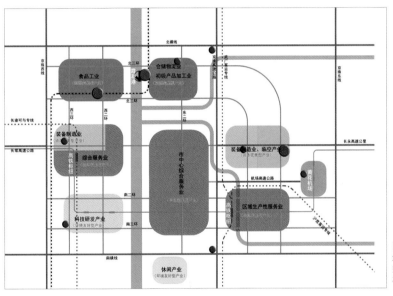

图 5 货运枢纽与产业、空间互动分析图

图 6 城市综合交通远景规划

南昌阳明路及沿线地区综合交通整治规划

2012-2013年度中规院优秀城乡规划设计二等奖
编制起止时间：2009.3-2009.9
承担单位：城市交通研究所
　　　　　（现城市交通专业研究院）
主管所长：张国华
主管主任工：孔令斌
项目负责人：李德芬、翟　宁
主要参加人：戴继锋、李凌岚、杜　恒
　　　　　　梁昌征、邹　歆、刘春艳
合作单位：南昌城市规划设计研究总院

图2　阳明路八一大道路口改造效果图

　　本世纪初，南昌"一江两岸、两城拥江"的城市空间格局形成。

　　阳明路衔接八一大桥是沟通新老城区的重要交通通道，也是机场、蛟桥等城市功能区进出中心城区的重要门户走廊。同时，随着城市用地的拓展，阳明路逐渐由城市边缘道路发展成为老城内部的重要城市功能轴。

　　阳明路及沿线地区综合交通整治规划除解决现实的救急问题外，也是南昌老城区有机更新的重要抓手！

1. 三个挑战

　　如何以阳明路为抓手推动老城有机更新是本案面临的第一个挑战。南昌老城区功能疏解进程缓慢，呈现典型的用地功能混杂、人口密度高、岗位密度高、出行强度高的"一杂三高"特征，阳明路沿线地区尤为突出。阳明路沿线整体形象混杂无序，难以代表南昌门户窗口形象。

　　如何疏解道路交通承担的多重功能是本案面临的第二个挑战。阳明路沿线功能混杂，集散交通与通过性交通叠加。作为跨江交通功能轴，阳明路承担着大量的通过性交通；作为城市功能轴，阳明路沿线公建集中、底商聚集，机动车出入口及停车泊位分布均产生大量集散交通。

　　此外，阳明路周边路网东西不通、南北不畅，存在结构性缺陷，导致借道、绕行交通与本线交通叠加。

　　面向实施，如何全面落实与协调是本案面临的第三个挑战。具体协调内容将包括建设进度协调、空间布局协调、设施功能协调等。

2. 规划内容

　　为应对上述背景与挑战，本案以打造南昌市道路交通整治、景观整治的示范街道为总体目标，开展交通、用地、景观三要素协同的一体化综合规划设计工作。一体化交通系统优化包括骨干路网优化、支路网优化、交通控制组织优化、

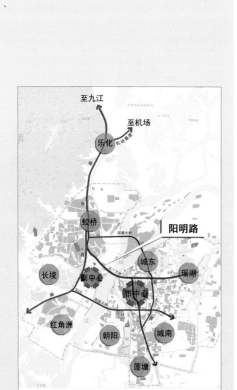

图1　阳明路区位与现状特征分析

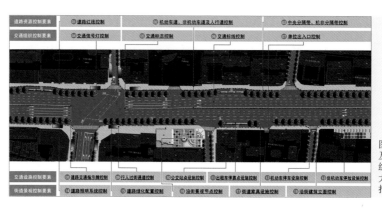

图3　阳明路及沿线地区综合整治四大类全要素指标体系

公交系统优化、停车系统优化、出入口优化以及道路断面优化等工作，在此基础上开展交通工程设计，指导道路施工图设计。用地景观规划设计一体化工作包括用地开发策略、建筑立面色彩协调、底商形式协调、景观绿化种植、街道家具配置以及景观节点设计等，最终形成整合全要素的一体化设计总平面，全面指导整治工作的开展。

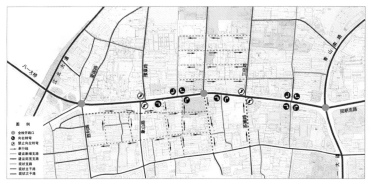

图 4 阳明路及沿线地区支路网调整及交通优化控制

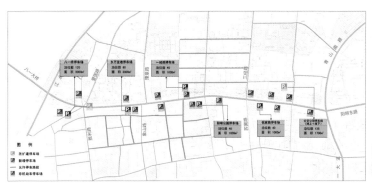

图 5 阳明路及沿线地区停车规划

3. 三大创新

在上述工作中，实现技术体系一体化、规划设计方案精细化以及技术服务全程化三个创新。

技术体系一体化。为应对挑战，提出交通、用地、景观三要素协同，强调交通、用地、景观的内在关联性，从功能定位到整治策略的一体化提出，从交通一体化整治方案、用地景观一体化整治方案到三要素的协同方案，从交通工程设计与道路景观设计到全要素总平的形成，在宏、中、微观三个层面均以一体化的技术理念为指导。

规划设计方案精细化。主要体现在支路网方案、停车系统优化方案、断面优化方案、详细交通工程设计方案、街面美化与净化方案5个方面。充分考虑

用地归属、建筑拆迁、绿化移植、场地施工、管线铺设、轨道站点预留等实际因素，强化实施性和操作性。

技术服务全程化。为保证方案理念的落实与实施，本案实践了"多沟通、勤互动、保实施"的工作协调模式。从现场调研到方案提交历时 37 天，而后到实施封闭改造历时 44 天，最后到通车运行历时 150 天，良好的沟通协调机制保障了改造计划的顺利推进。

4. 实施效果

通过工作过程中的不断尝试与探索，

交通、用地、景观三要素协同的一体化整治技术体系逐渐成为行业技术指导，后续相关项目在该体系的指导下相继开展。结合本案归纳整理的 18 项全要素指标体系也成为行业的技术标准。

通过卓有成效的规划方案以及强有力的实施保障，阳明路街道整体变得井然有序，沿街立面及底商焕然一新，公交专用道、公交港湾车站均已落实，公共停车场、地下过街通道相继建成投入使用。阳明路以全新的面貌展示着南昌城市的风采与品质，成为江西省道路交通与景观整治的样板与示范！

图 6 阳明路改造通车后街道井然有序

图 7 投入使用的公交港湾及附属设施

图 8 街道景观焕然一新

郑州市城市轨道交通线网规划修编

2012-2013年度中规院优秀城乡规划设计二等奖

编制起止时间：2009.10-2012.12

承担单位：城市交通研究所
　　　　　（现城市交通专业研究院）

主管总工：孔令斌

主管所长：赵　杰

主管主任工：李凤军

项目负责人：陈丽莎、毛海虓

主要参加人：卞长志、汤宇轩、李凤军、
　　　　　　池利兵

合作单位：郑州市综合交通规划研究中心、
　　　　　郑州市轨道交通建设管理
　　　　　办公室、郑州市规划勘测设
　　　　　计研究院

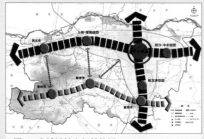

图1　市域城镇空间结构图

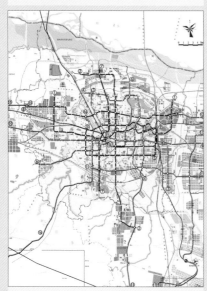

图2　远景中心城区轨道交通线网规划图

1. 项目背景

城乡统筹速度加快。郑州市城市总体规划于2010年获得国务院批复，城市空间呈两轴八片多中心结构。2009年12月根据国家发改委《关于河南省人民政府申请设立郑州开封全国统筹区域协调发展综合改革配套试验区的复函》，编制了《郑汴新区总体规划（2009—2020）》，范围包括郑州市郑东新区、经开区、中牟县和开封的汴西新区。城乡统筹速度的加快必然要求相应的交通基础设施支持，对城市轨道交通的发展提出新的要求。

干线铁路系统持续强化，区域枢纽地位不断提升。在国家《中长期铁路网规划》既有的京广、徐兰客运专线，中原城市群城际轨道的基础上，又规划新增郑州至重庆、郑州至太原、郑州至合肥和郑州至济南铁路客运专线。

2. 项目构思

1）如何协调大都市区多层次的轨道交通系统？

城市轨道交通系统在布局和站点等方面如何作出相应的调整以支持新铁路的建设？如何处理好城市轨道系统与区域轨道系统之间的竞合关系？协调线路布局与站点衔接，以便在两者之间形成良好的分工与合作，共同支持郑州市在区域、中原城市群和市域等范围内中心城市功能的发挥？

2）如何认识大都市区空间发展与轨道交通的关系？

城市发展趋势发生变化。城市发展重点从中心城区向中心城区与郑汴新区城乡统筹区共同发展转变，从单中心向多中心、都市连绵区发展转变，从郑州、开封独立发展向郑汴一体化发展转变，从河南省龙头向郑汴新区成为中原经济区的核心发展轴转变；面对城市快速发展的挑战，既有轨道交通线网对城市发展趋势能否适应及线网修编将如何

应对？

3）如何协调长远规划和近期建设项目的相互关系？为新一轮轨道交通建设规划编制提供可行、可靠的网络。

《郑州市轨道交通建设规划（2008—2015）》1、2号线将于2013年年底和2015年通车运营，为缓解交通供需紧张、保持网络建设的连续性，提高网络效率，需要加紧实施新一轮的建设规划工作。如何确保建设规划方案合理、可行？如何处理好轨道交通与用地、其他交通方式的关系？

3. 主要内容

规划范围：郑州市行政辖区范围，包括5市（县级）、1县和6区，总面积7446.2km²。

规划年限：远期为2020年，远景展望至2050年。

修编方向及功能层次：郑州市轨道交通线网修编重点及方向为：将线网覆盖范围扩大到城镇密集区，加强与区域轨道交通系统的协调，适当加密中心城区的轨道交通线网，在保持原有线网格局不变的情况下，优化中心城区轨道交通线路布局。

通过分析国内外轨道交通线网模式，结合郑州都市区发展特点，确定郑州市轨道交通线网功能层次分为城际轨道、都市区快线和市区普线。

线网规划方案：远期城市轨道交通线网由9条线路组成（图4），其中中心城区线网维持原规划6条线路格局不变，仅对局部线路进行微调，长度为208.5km，在都市区增加3条都市区快线，满足都市区发展需要，长度为92.7km，2020年线网总长度为301.2km。远景年郑州市轨道交通线网由17条线路组成（图3），总长度为636.8km，其中在中心城区加密2条市区普线，满足都市区快速发展对向心客流增加的需要，8条市区普线长度为269.4km（图2）；同时都市区范围

再增加6条都市区快线和都市区普线，9条都市区线路长度为359.7km。

实施规划：系统制式由A型车和B型车组成。2020年规划车辆基地2座，车辆段7座，停车场9座；远景年规划车辆基地5座，车辆段10座，停车场16座。2020年，规划主变电所18座，远景年规划主变电所26座。

交通一体化规划：轨道交通线网衔接郑州站、新郑州站及多个公路客运站，强化与区域枢纽的衔接。同时，规划10条快速公交走廊，与轨道交通共同行使客运骨干功能。对主要枢纽站进行等级划分，提出与各种交通设施衔接的要求及指标。对轨道交通沿线进行控制规划，与规划局合作，落实场站用地，保障轨道交通建设的可行性。

4. 创新与特色

1）大都市区多模式轨道交通功能统筹

首先通过分析国外都市圈地区轨道交通系统构成，及对国内轨道交通系统功能层次的分析，确定线网修编宜建立由城际轨道、都市区快线和城市轨道组成的多功能层次的轨道交通系统；通过分析郑州市城际轨道线路特征，明确郑州至开封、郑州至新郑机场的城际铁路具有非常强的都市区轨道快线功能，应纳入城市轨道的规划框架，与都市区轨道统筹考虑规划布局，处理好城际轨道与都市区快线轨道的竞合关系；综合以上分析，确定将轨道交通线网覆盖范围扩大到都市区，即从城市中心（二七广场）出发使用城市轨道交通方式出行时间在1h之内即40km的范围，包括郑州市区、荥阳市、新密市、新郑市和中牟县，占市域总面积的71.1%，规划城镇人口数约占市域规划城镇人口总数的90.1%。

2）大都市区城市轨道交通规划布局方法探索

总结国内外轨道交通布局模式，得出主要布局模式有贯穿线、切线、环加放射、半径线、衔接式；创新都市区交通需求分析方法，确定市域和市区公交客运走廊；结合布局模式研究成果，在4个初始方案的基础上进行优化，形成由8条市区线和9条都市区线组成的轨道交通线网。

形成复合模式的线网，支持城市目标的实现。线网结构复合模式主要表现在主城区的环放结构支持中心城区多组团片区功能的实现，郑汴新区的棋盘开放式结构支持郑汴新区的独立性和衔接周边的重要性，航空城的点状放射式结构支持航空城对主要片区的覆盖，西南地区的走廊通道式结构适应地形和用地发展特点；线网衔接具有由放射线、直径线、切线和枢纽衔接复合模式的特点。

3）轨道线网规划的远景控制和近期实施

形成由市区普线、都市区快线、城际轨道组成的多功能层次网络；系统制式和车辆选型由A型车、B型车组成，满足不同客流特征的需求；与以往规划不同，在线网规划的同时，对轨道沿线用地、车辆基地、车辆段、停车场等设施用地进行了控制，并纳入到城市六线规划中，为国内首创；加强与郑州站和郑州东站的衔接，与大部分公路客运站接驳，开展了基于2020年线网的快速公交走廊规划（图5）；以本线网为依据，完成近期建设规划（2013~2019年）工作，保证轨道交通建设的连续性。

5. 实施效果

本项目通过市政府批复；指导《郑州市轨道交通线网系统制式研究》《郑州市轨道交通线网敷设方式研究》《郑州市轨道交通建设规划（2013—2019）设施用地控制规划》《郑州市城市轨道交通建设规划（2013—2019）客流预测专题》等相关规划的编制；引导新一轮空间结构调整。

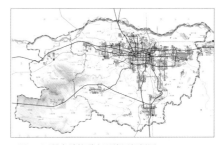

图3 远景市域轨道交通线网规划图

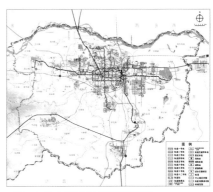

图4 远期市域轨道交通线网规划图

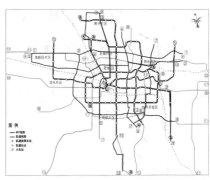

图5 轨道交通近期建设规划与快速公交衔接规划图

厦门市城市交通发展战略规划

2005年度全国优秀城乡规划设计三等奖
2005年度福建省优秀城乡规划设计二等奖
编制起止时间：2003.9~2005.10
承 担 单 位：城市交通研究所
　　　　　　（现城市交通专业研究院）
主 管 所 长：赵　杰
主 管 主 任 工：孔令斌
项 目 负 责 人：杨忠华
主 要 参 加 人：全　波、李长波
合 作 单 位：厦门市城市规划设计研究院

1. 项目背景

2002年厦门市政府实施《厦门市加快海湾型城市建设实施纲要》，并于2003年展开城市总体规划修编。为了配合城市发展战略的转移，建立与城市布局协调的交通运输系统，支持与反馈城市总体规划的修编，与总体规划编制同步展开厦门市城市交通发展战略规划。

图1　城市骨干道路系统规划布局

2. 项目构思与针对性

依据城市发展目标方向和交通需求趋势，在城市地形条件和布局形态下，建立与土地利用协调的高效运输系统的关键策略在于：

（1）关键通道的供应策略与目标，包括跨海通道和组团联系通道；

（2）如何建立适宜的交通运输模式，以优先发展公共交通提高交通运输效率和发挥骨干运输系统的作用；

（3）构建系统一体化的综合交通运输系统，从发挥厦门在闽东南城市群中的地位作用出发，促进区域协调共进的发展；

（4）预留和控制重大交通基础设施用地，引导城市开发建设和组织协调的交通运输系统；

（5）明确长远交通发展政策，制定适宜、适时的交通发展策略，特别是针对厦门特性的分区化交通管理对策及运输通道有限供给下的使用策略。

3. 规划内容

1）现状交通分析与评价

随着海湾型城市的扩展，各种交通矛盾将逐渐突出，主要表现为：跨海通道的交通压力持续增加；公共交通运输面临系统整合与升级；岛外道路交通设施不平衡矛盾更加突出；机动车持续快速增长，岛内交通状况恶化；对外交通系统格局发生重大变化。

2）城市交通发展趋势特征

依据规划300万人口城市规模和"一主四辅"的海湾型城市布局结构，城市交通的出行总量、出行空间分布将发生根本性改变，并在海湾型城市扩展中呈现着不同的阶段特征。

当前城市形态阶段——突出表现为以海岛为主的内部城市交通，岛内外为弱势交通联系；跨海通道承担较强的城市对外进出交通，岛外组团间联系需求较小。

规划目标推进阶段——在岛内交通强度保持增长的形势下，厦门岛的辐射交通联系增强；跨海通道交通功能（城市内部交通、对外进出交通）多样化，岛外组团联系得以强化。

海湾型城市完善阶段——交通需求和交通联系表现为更强的整体性；跨海通道交通功能向城市内部交通联系功能转移，岛外组团间交通联系大幅度提升，并逐步形成以岛外为区域交通的辐射圈层。

3）城市交通发展目标

以建立"海湾型"城市的战略目标为指导，协调（2003~2020年）城市总体规划修编，系统把握城市交通发展趋势与需求，制定厦门"海湾型"城市交通发展战略，逐步建立与城市布局结构和土地利用相协调的综合交通运输体系，保障城市社会经济发展目标的实现和为城市居民提供高效、便捷、安全的交通运输服务。

4）城市骨干运输系统规划策略

（1）骨干道路系统

规划形成以放射干线为主、环形联络为辅的城市快速道路格局（图1）。

放射干线——依托厦门跨海通道，形成西、北、东三个主要发展方向的快速放射交通走廊，放射干线沿岛外各片区边缘通过，并与过境交通走廊相连。

环形联络线——依据城市用地布局和功能组织形成三个不同功能的环形联络线：主干环形联络线为岛外东西海域各片区的联系走廊；次要联络线为本岛北部提供快速交通服务、连接跨海通道和调节进出岛机动车交通分布；对外交通联络线主要依托对外交通走廊，连接放射干线和组织城市进出口交通。

（2）骨干公交系统

骨干公交系统由轨道交通和快速公交系统构成。轨道交通系统发挥未来全市客流走廊的骨干运输作用，集散跨海交通出行和城市主要功能区间的快速客运联系；快速公交系统承担区内及区间客流联系走廊的运输功能，兼顾弥补轨道交通运输服务的未及范围和集散客流作用。在城市发展过程中优先建立和完善快速公交系统，培育客流走廊和为轨道系统升级服务（图2）。

5）内外交通系统一体化组织策略

基于厦门"海湾型"城市发展的长远目标和超大型城市的建设规模，现状及规划的部分重大交通设施的布局与功能分担将会逐步出现与城市功能组织不协调的矛盾，从长远发展战略思想出发，战略性地优化和调整重大交通设施的功能布局，结合城市骨干交通运输系统的建立，优化对外交通系统的组织，衔接交通枢纽和不同交通方式的换乘，构筑功能分担明确、网络布局合理的一体化的交通运输体系，提高整体交通运输效率，促进城市及区域的健康发展。

6）土地利用与城市交通系统协调发展建议

（1）区域城市的协调发展建议

整合厦门—泉州城镇体系发展空间，加强沿海交通走廊建设，构筑一体化交通系统衔接，控制东海域重大交通枢纽布局，预留厦门—金门通道空间和连接系统。沿海交通走廊的功能为增强厦门—石狮—晋江—泉州的交通联系，强化城镇体系的协调发展和功能优化，促进城市群聚合。规划沿海交通走廊主要包括快速道路交通走廊和快速轨道交通走廊；快速道路交通走廊与厦门、泉州都市圈快速道路系统衔接；快速轨道交通系统连接城市大型交通换乘枢纽（图3）。

（2）城市布局结构与交通运输系统组织建议

在"四辅八片"的基本形态下，加强以马銮湾、同安湾为主的整体布局，形成相对集中的两个湾区，并通过马銮和翔安两个城市副中心的布局，组织相邻片区城市用地功能。

结合轨道交通走廊和综合交通换乘枢纽布局，优化配置东、西海域公共服

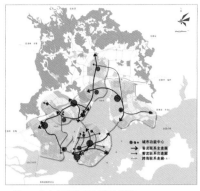

图2 公交客流联系走廊示意图

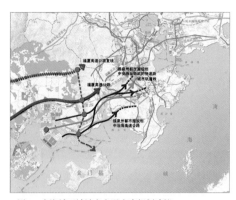

图3 东海域区域城市交通走廊规划建议

务设施和居住用地，提高居住及就业在走廊沿线和枢纽周围的集聚度。

增加和控制翔安沿湾区的城市公共设施用地规模，结合刘五店港口布局，预留东侧沿海岸线的战略性发展用地（如国际性港口功能提升、对台贸易落实等），考虑部分城市职能向东海域转移的战略布局。

（3）土地利用与交通运输网络的协调建议

协调城市用地功能与骨干运输系统组织，优化调整换乘枢纽周围土地利用。以"平衡交通"的引导策略，逐步升级与完善岛外公共服务设施，减少跨海交通出行。控制本岛开发规模，逐步向岛外转移相关城市职能，弱化交通出行强度，突出厦门岛风景旅游城市的特色。

（4）实施TOD发展策略

积极推行厦门交通系统建设引导城市发展的实践。

7）城市交通发展政策及规划建设策略

①推进公共交通优先发展策略的实施；②建立多种交通方式协调发展、合理利用机制；③确定不同区域的城市交通发展模式；④针对性地实施机动化发展的区划政策；⑤实现厦门旧城区、厦门岛、跨海联系通道的交通需求管理对策。

8）支持城市发展的交通系统建设计划

在城市规划目标下，根据不同阶段城市的发展建设和交通需求特征，分别制订近期、中期、规划期及远期城市交通系统的建设重点和建设项目计划。

4. 创新与特色

（1）丰富了城市交通规划体系的层次。本项目是国内较早的交通发展战略规划之一，对城市交通发展战略的内容框架体系进行了有益的研究和探索。

（2）实现了重大交通设施研究和预控的前置。本项目在总体规划的前期阶段介入，在总体规划方案形成之前完成重大交通设施的相关研究，有效指导了总体规划的编制。

（3）规划立足更大范围、考虑更加长远。不局限于总体规划的规划范围，根据城市交通的系统特点和区域协调发展的需求，在基础范围上进行适当扩展至市域范围和闽东南城市联盟影响区。同时，从城市交通发展战略上淡化年限，更加注重海湾型城市扩展的目标状态，以2020年城市总体规划年限目标为切入点，着眼于"海湾型"城市的远景目标状态的实现。

5. 实施情况

该项目与厦门市城市总体规划修编同步编制，其对外交通设施布局、城市骨干道路和骨干公交系统规划方案与城市空间结构和拓展方向相一致，为总体规划方案的形成奠定了良好的基础。

该规划研究从发展战略层面提出的城市交通发展方向、目标及策略措施等对下一阶段开展厦门市城市综合交通规划的编制起到了较强的指导作用。

厦门市城市综合交通规划

2007年度全国优秀城乡规划设计三等奖
编制起止时间：2006.1-2008.1
承 担 单 位：城市交通研究所
　　　　　　（现城市交通专业研究院）
主管所长：赵 杰
主管主任工：孔令斌
项目负责人：杨忠华、吴子啸
主要参加人：全 波、李长波、黎 晴
合 作 单 位：厦门市城市规划设计研究院

1. 项目背景

　　基于建设厦门海湾型城市、实现跨越式发展和着力推进海峡西岸经济区建设的战略，厦门城市规划布局和交通需求特征将发生重要改变，特别是在经济快速发展的形势下，机动车加速增长、进出岛交通拥堵、公交运输增长缓慢等，致使交通供需矛盾和运行环境不断恶化。同时，新一轮《厦门市城市总体规划（2004-2020年）》修编完成，并提出了更高的规划目标，如何建立与城市发展协调的交通体系，支持和引导城市开发，实现城市交通的可持续发展，成为本次综合交通规划编制的重要背景。

2. 项目构思与针对性

　　整个编制过程和编制内容遵循从宏观到微观、区域到局部、定性与定量相结合，充分反映厦门城市社会经济发展目标方向和个性交通特征，强调规划编制的前瞻性、系统性和操控性的协调统一。重点体现于以下几点：

以交通发展趋势为导向；
以区域协调发展为背景；
以构建厦门"海湾型"城市布局为基础；
以城市土地利用为依托；
以提高交通运输效率为根本；
以规划的操控性为前提。

3. 规划内容

　　在借鉴国内外城市交通发展经验的基础上，结合厦门海湾型城市发展特点和交通发展的方向与关键策略，提出厦门"构建枢纽型、开放性和一体化的综合交通运输模式"及"形成与城市发展协调、以公共交通为主体的城市交通发展模式"。

　　在综合交通系统发展中，着力建设区域综合交通枢纽，构建开放性区域运输网络，组织一体化运输衔接等。在城市交通发展层面，调控机动车适度发展水平，建立多元化公共交通运输服务体系，以骨干运输走廊引导城市发展。

　　依据城市用地布局和功能组织，在分析把握城市交通走廊分布及功能定位的前提下，确定以本岛为中心的放射式骨干运输系统。包括：依托跨海通道，规划布局"一环、三射"的快速道路网系统（图1）；辐射岛外三个主要扩展方向的城市快速轨道系统；沟通岛内外和片区间联系的快速公交系统（BRT）；及各级换乘枢纽的合理组织与布局等。

　　在应对区域一体化发展趋势的背景下，以区域干线交通走廊为基础，规划增加厦—漳—泉城市走廊的快速道路系统和预留快速轨道系统，支持闽东南城市密集区的协调发展。

　　厦门市城市综合交通发展的总目标为：服务海湾型城市长远发展目标，支持中心城市职能发挥，全面提升城市综合竞争力，建立与厦门城市社会经济发展相协调、交通发展模式适宜、运输组织合理、设施网络完善、高效便捷和可持续发展的综合交通运输体系。

　　交通发展战略包括：构建厦门"枢纽型"、"开放性"对外交通体系；建设与城市布局协调的道路网络系统；发挥骨干快速客运系统（快速轨道+BRT）作用及引导城市发展；合理组织多方式、一体化、高效整合的运输体系；多措施、多手段提高交通运行效率（图2）。

　　协调对外交通系统发展规划，优化各对外交通方式布局及场站功能，整体组织对外交通客货运集散，提出重要交通系统如港口、机场的长远发展策略。

　　基于"放射+环形"的路网主骨架组织各片区与用地布局协调的主次干路网，系统组织客运通道及机动通道，提出不同功能区支路密度控制指标、推荐各级道路红线及断面形式、确定主要交叉口形式和用地控制规模等，并对远景道路网的扩展进行规划预留（图3）。

　　以多方式客运系统的合理利用，提

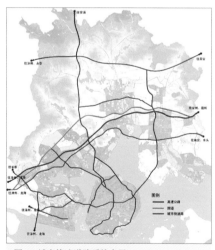

图1　城市快速道路系统布局

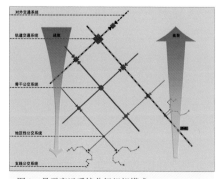

图2　骨干客运系统分级组织模式

出出租汽车、小汽车及轮渡的规划建议，并针对性地组织服务厦门岛风景旅游城市职能的旅游交通集散。

在总体停车需求预测的前提下，确定分区停车策略和停车规模布局，并对当前实行的配建停车标准提出差别化的调整建议。

4. 创新与特色

厦门岛具有独特的风景旅游资源，在海湾型城市发展中又肩负着重要的功能地位，在资源、环境约束的背景下，城市交通发展面临众多因素的挑战，如：城市人口及用地规模的有效控制、城市功能设施的持续集聚、交通需求与供给、城市特色环境的保持等。在全面综合分析厦门岛交通系统适应性的基础上，提出厦门岛交通发展的应对策略、应对规划和行动计划。

在"坚持公共交通的优先发展，实施以人为本的交通发展政策，构建与厦门岛城市特色协调、可持续的交通运行环境"的总体战略下，突出：

（1）构建厦门岛特色交通发展模式，即非机动化和公共交通的主体地位；

（2）实施差别化的交通发展与设施建设政策；

（3）突出公共交通系统优先发展地位；

（4）积极控制与引导城市发展，优化与疏散城市职能；

（5）从道路设施建设、机动车尾气排放出发维护城市环境质量。

依据区域差别化的交通发展策略，除降低机动化发展水平、提高公共交通运输结构外，针对性地提出厦门岛人口规模控制目标、交通需求与供给的差别化引导目标和交通环境目标。

5. 实施情况

从规划完成至今，厦门市城市道路跨岛快速发展，全面建设快速路系统，完善骨架路网，厦门道路总长度达到了1500km，十年间增长10倍。这一时期

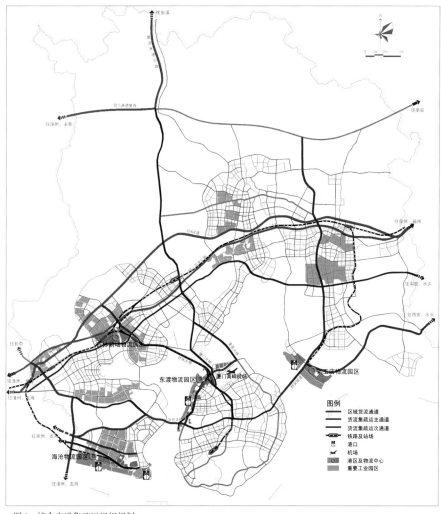

图3 综合交通集疏运组织规划

建设了跨海通道——集美大桥、杏林大桥、翔安隧道、同安湾大桥，快速路——仙岳路、成功大道、翔安大道等。

同时，公共交通也快速发展，服务水平处于国内领先地位。公交线路由2000年的88条发展到2010年的235条，客运量由2000年的2.96亿人次发展到2010年的5.6亿人次。虽然轨道交通的建设被搁置了，但建起了全国第一个高架BRT系统，由快1线、快2线、快3线3条线组成，2010年共运送旅客7609.67万人次（不含链接线），日均客运量达到20.85万人次。

2010年开始，厦门全面推进岛内外一体化及厦漳泉同城化，开展岛外海沧、集美、同安、翔安四大新城建设，建成厦安高速、厦漳跨海大桥、海翔大道、机场三期、龙厦和厦深铁路等重大基础

设施，加快建设岛外新城及配套道路交通设施建设，同时推进轨道交通、城际轨道及翔安国际机场的建设。大厦门的交通格局正逐渐显现。

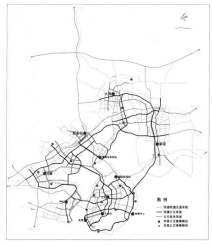

图4 厦门岛骨干客运系统规划

厦门市城市公共交通近期改善规划

2005年度全国优秀城乡规划设计三等奖

编制起止时间：2003.9—2004.8

承 担 单 位：城市交通研究所
　　　　　　（现城市交通专业研究院）

主 管 所 长：赵　杰

主 管 主 任 工：孔令斌

项 目 负 责 人：全　波

主 要 参 加 人：杨忠华、李长波、黎　晴

合 作 单 位：厦门市城市规划设计研究院

1. 项目背景

在厦门市政府的大力扶持下，厦门市公交运营市场逐步实现多元化，有力地推动了公交的发展。公交线路条数迅猛增加至176条，公交车辆达到2218辆，市区日公交客运总量达125万人次，现状厦门市公交发展在国内已属领先水平。但由于缺乏规划的调控作用，公交发展亦面临着严峻的挑战：①道路交通问题日益严重，公共交通运行环境日趋恶化；②线路网布局结构性问题日益突出，客运主通道上公交运力高度集中，已形成公交车辆列车化现象，严重影响了道路通行能力；③公交枢纽用地不足和布局失衡，火车站、轮渡等枢纽客流集散异常拥挤。同时，厦门市行政区划调整，海岛型城市向海湾型城市的发展，给公共交通建设带来新的课题和新的发展机遇。由此，着眼摆脱现状公交发展的盲目局面，加强政府对公交线路网布局的宏观调控，受厦门市人民政府城市管理办公室、厦门市市政园林局委托，开展本次规划。

2. 项目构思与针对性

规划突出实用性，为有效指导新时期公交发展，规划的着眼点突出放在现状公交发展特性的深入分析及问题的精确把握上，继而基于问题，把握发展趋势，有的放矢地制订近期公交线路网发展策略及发展方案。

为深入分析现状公交线路网布局及客流特征，规划采用分区分层分析方法。把全市划分为本岛、西海域、东海域三个层面，相应线路网划分为出入岛公交线路网、岛内公交线路网、岛外公交线路网。系统地开展了公交客流随车调查、客流集散点问询调查。

规划的最终成果集中体现在近期公交线路网发展方案上，包括出入岛线路网发展方案、岛外线路网发展方案、岛内线路网发展方案、公交设施发展方案等。

3. 规划内容

厦门市公交系统在经历了规模迅速扩张的阶段之后，需要着手系统内部功能结构和运行管理的改善。①加强换乘枢纽建设，引导客流流向及线网合理布局；②线路整合与发展并举，建立合理的公交线网层次结构；③大公共与中巴合理分工，优化公交方式结构；④完善公交优先措施，优化公交发展环境。

近期公交线路网的总体布局模式为：岛内线路网、岛外线路网保持相对独立，并通过出入岛线路网相衔接，从而形成完整、统一、连续的城市公共交通网络和设施体系。

出入岛线路网转变目前散乱的布局方式，突出沟通岛内、岛外主要枢纽、主要换乘点的作用，强化岛内外出行换乘功能，追求出入岛通道上运输效益的提高。①出入岛线路分为本岛与东海域快线、本岛与西海域快线、本岛与西北部发展区间快线，郊区线路不宜进岛；②增添、完善SM商业城、会展中心、机场等枢纽，形成完善的市级枢纽系统；③分散现状集中的嘉禾路—厦禾路客运通道，有效规范出入岛通道，加强枢纽及中途换乘站的培育；④提高出入岛线路服务水平，开行快速运输线路，有效缩短岛内外组团间及关键枢纽间公交出行时耗；⑤有的放矢地截流不必要的线路进岛，鼓励线路合并，促成依据客流量合理分段布局线路。

近期岛外线路网发展方案要点：①包括组团间联系线路、郊区线路、西北部发展区联系线路、组团内线路等，是近期线路鼓励发展的重要方向；②有意识地促进岛外各组团中心枢纽发育并成长，尤其是集美中心枢纽的培育；③注重与出入岛线路间的分工，摆脱现状出入岛线路替代部分岛外线路的局面。

近期岛内线路网发展方案要点：①完善岛内公交线路网络，形成岛内线路与出入岛线路清晰的功能划分和有效

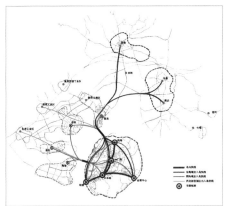

图1 近期出入岛线路网发展模式

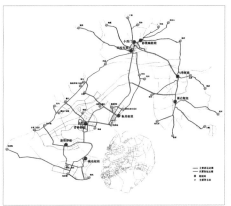

图2 岛外客运走廊及主要枢纽（首末站）分布

图3 岛内公交主要改善措施

的接驳系统。②摆脱进出中心区、重要枢纽的通道运力增长约束及主要客运走廊公交运力发展约束，主要的对策包括：a. 通过公交专用道建立、公交停靠站加长及设置港湾等，提高主要公交客运走廊及主要客流集散点上的公交客运通过能力；b. 结合公交发展需求，完善道路网络，增加公交运力发展通道；c. 均衡公交运力在道路网上的分布，消除公交运力发展的"瓶颈"制约；d. 外围地区进出旧城地区的发展线路定位为干线，以提高通道的公交运送效益；e. 改善车型，优化公交运力结构。③建立岛内线路合理的功能层次划分，完善公交枢纽

系统，尤其要加强枢纽对江头、莲前西路地区的支线线路组织作用。

4. 特色与创新

①规划进行全面、细致的公交线网、公交客流、公交出行特征等调查与分析，独创性地应用分层分区分析技术，深入透彻地分析了现状公交系统的发展特性，准确地把握了现状存在的问题与发展趋势。②规划围绕改善公交系统内部功能结构和运行管理，提出近期公交线路网发展方案和相关设施改善建议，直接面向实施，具有很强的可操作性。③面向市域城乡客运一体化，塑造了层次分明

的公交线路网结构，体现城乡统筹、岛内外协调发展。

5. 实施效果

规划取得较为显著的实施效果，包括：①湖滨南路公交专用道系统及交叉路口公交优先信号系统建立；② SM 商业城公交枢纽建设、轮渡枢纽改扩建及相应线网优化调整；③在公交客运主通道上，系统性地建设港湾式公交停靠站，营造舒适的公交候车环境；④湖滨南路、莲前路、厦禾路等主要通道上公交线路网逐步优化调整，线路重复率过高、部分线路绕行的现象得到控制。

苏州市综合交通规划

2009 年度全国优秀城乡规划设计二等奖
2008–2009 年度中规院优秀城乡规划设计一等奖
编制起止时间：2005.12–2008.3
承担单位：城市交通研究所
　　　　　（现城市交通专业研究院）
主管总工：杨保军
主管所长：赵　杰
主管主任工：孔令斌
项目负责人：张国华、戴继锋
主要参加人：王有为、周　乐、李　晗、
　　　　　　李凌岚、赵延峰、李新佳、
　　　　　　相秉军、姜　伟、李　锋、
　　　　　　钮卫东、杨秀英
合作单位：苏州市规划设计研究院有限
　　　　　责任公司

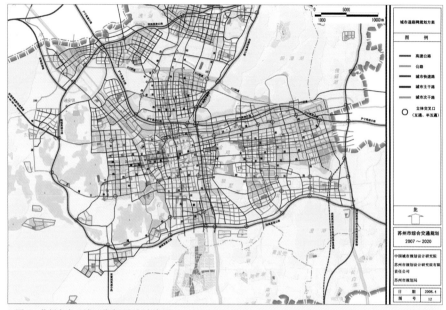

图 2　苏州市中心城区道路网规划方案图

在长三角区域一体化趋势日益显著的背景下，本次苏州市综合交通规划以保证苏州市尽快融入区域整体发展，确保总体规划中重大交通基础设施的落实，实现交通系统对城市空间结构和用地布局调整的支撑和引导作用为总体目标。

1. 规划内容

（1）构建支撑苏州市融入区域一体化发展的综合交通运输体系。沪宁高铁、沪宁城际铁路的建设将进一步加速长三角一体化进程，城市与区域的关系将空前密切，交通系统面临着"城市交通区域化、区域交通城市化"的挑战。

（2）遵循绿色交通理念对交通系统进行统筹整合。苏州是能源紧缺型城市，目前交通系统仍然延续传统的以道路交通为主导的发展模式。本次规划方案改变交通运输发展过度依赖对土地、资源的消耗，从而避免产生严重的环境污染。

（3）与新一轮城市总体规划同步修编，构建支撑新的城市空间结构与发展目标的城市交通系统。协调快速路、轨道交通系统、骨干公交规划等骨干设施

的布局，与城市发展相协调，支撑新一轮总体规划的发展目标。从规划层面充分考虑不同社会阶层的交通需求，尤其保证交通设施布局和以交通政策保障中低收入阶层的出行权利。

（4）改变古城区追随型的交通发展模式，有效保护苏州古城。目前市区64% 的行政办公设施、84% 的商业面积、63% 的在校学生、79% 的医院门诊量均集中在古城区，城市功能的过度集中以及苏州"四角山水"的天然地理格局使得古城区成为交通转换的中心，规划以古城保护为目标，提出了系统的古城区交通发展对策。

2. 创新与特色

（1）支撑总规，引导城市空间结构调整。依托与城市总体规划同步编制的有利时机，发挥综合交通运输系统对城市发展的支撑、引导，实现土地利用与交通系统的良性互动、有机反馈。结合"T轴双城"和"东进沪西"的城市发展战略，规划双"井字"的快速轨道和快速路交通网络，构建以 BRT 为骨干的双环复合交通走廊，以支撑城市发展目标的实现和空间结构的调整，并东延轨道 1 号线，

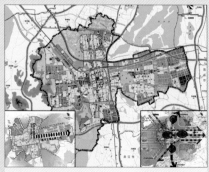

图 1　苏州市城市空间结构

与苏嘉杭城际轨道交通形成综合交通枢纽,以支持城市 CBD 的发展。

在"四角山水"的特殊城市格局限制下,兼顾生态保护和关键交通通道,采用定量的交通模型测算交通供需平衡,与总体规划反复互动,统筹确定城市总体规划方案中的功能布局、人口及用地规模等关键指标,实现土地利用与交通系统一体化规划。

(2)保护古城,以古城为核心构建综合交通运输体系。围绕古城保护,从综合交通发展战略、设施布局、需求管理、交通组织和功能调整等多个层面构建古城的综合交通系统。在古城区构建以公交和慢行交通为主体的稳静化交通体系,明确提出古城交通出行中公共交通和慢行交通要占到 90% 以上,过境交通在 10% 以内的目标。构建以轨道交通为主、道路为辅的古城交通系统,调整更多轨道线路进入古城区,规划与轨道交通相衔接的古城公交系统。围绕古城规划双层分流快速环路,分流穿越古城交通。

(3)关注民生,充分保障中低收入居民的出行。利用社会学和经济学的理论与方法,分析城市居民阶层结构及可能的变化趋势,对不同阶层居民出行的特征与需求进行归类分析,在满足各阶层居民出行的基础上,从设施布局、发展政策上提出保障低收入阶层居民的出行对策。明确提出城市交通建设应由"偏向个体机动化出行"的模式,向"惠及各阶层出行者"的模式转变。

(4)无缝衔接,切实满足城市交通区域化的发展要求。适应长三角地区的连绵发展趋势,克服行政区划的约束,系统协调苏州与周边地区的交通联系,在区域范围内组织综合交通运输体系,构建内外一体、开放式的交通运输体系(图3)。

充分利用周边地区的优势交通资源,实现资源共享,构建与无锡硕放和上海虹桥机场的轨道交通线路,弥补苏州航空运输资源的不足。在强化既有东西沪宁走廊的同时,依托高速公路、苏嘉杭铁路和城际铁路以及沿江铁路等构建南北通道,构建一体化的区域交通运输体系。

(5)集约发展,落实绿色交通的发展要求。充分注重"资源节约"与"环境友好"的基本要求。在交通战略模式的选择中,将"资源与环境消耗"作为交通战略模式的重要比选指标,在满足交通出行的同时,保障最低程度地消耗资源、最低程度地影响环境。

区域交通中改变现状过于依赖公路汽运的客货运输局面,加强城际铁路、城际轨道交通系统的建设,提升水运交通的比重,提高交通运输效率,减少对土地资源的消耗。

规划提出了城市交通发展的三种战略方案,在各战略方案评估中,采用定量化手段计算各种方案下的机动车尾气排放总量和分布扩散,土地资源消耗情况,从而定量化地评价各方案的环境影响、资源消耗情况,改变了传统单纯以交通运行状况为目标选择战略方案的做法(图4)。

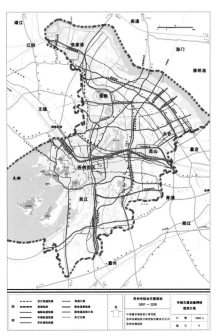

图 3 苏州市市域交通运输网络规划方案

3. 实施效果

本规划已经通过苏州市政府批准,已经进入实施阶段。其中,沪宁城际轨道、京沪高铁已经开工建设,规划的苏嘉铁路已经纳入铁道部和发改委的项目计划,市区的轨道交通 1 号线已经开工,北环路已经改造完成,东南环公交枢纽已经建设,火车北站(沪宁城际苏州站)已经通车。

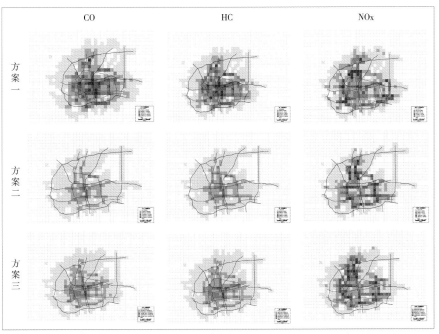

图 4 不同交通方案的机动车尾气排放浓度情况对比分析

苏州中心区停车系统规划及智能停车系统研究

2005 年度中规院优秀城乡规划设计二等奖

编制起止时间：2003.8－2005.3

承担单位：城市交通研究所
（现城市交通专业研究院）

主管所长：赵 杰

主管主任工：孔令斌

项目负责人：张国华、戴继锋

主要参加人：王有为、周 乐、王金秋、
李新佳、相秉军、顾卫东、
姜 伟

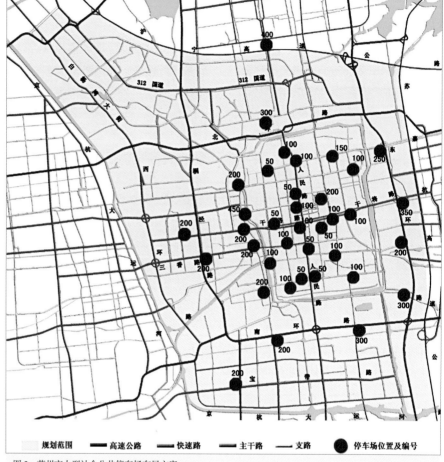

图 2 苏州市大型社会公共停车场布局方案

图 1 规划范围示意图

1. 规划背景

苏州市社会经济高速发展，机动化水平不断提高，停车需求迅速增长。由于历史原因，停车供需矛盾已成为亟待解决的交通问题之一。受市政府委托，我院于 2003 年开展苏州中心区停车系统专项规划，范围是沪宁高速公路、苏嘉杭高速公路、京杭大运河所围合的 85.4km² 土地面积（图 1）。

2. 主要工作内容

采取"问题引导和目标引导"协调统一的技术思路，把握"规划、建设、管理、收费"四位一体的总体原则，从三个层面开展规划工作：

宏观层次主要包括：科学预测停车需求，提出宏观解决模式，确定各个片区的停车模式。提出停车配建准则和配建指标，划分为 8 大类、31 小类。

中观层次提出各片区停车发展对策，确定各小区停车规模及结构比例，明确各类型停车设施布局原则，制定大型社会公共停车场的布局方案，规划了 37 处共计 6000 个泊位。

微观层次针对观前商业区、石路商业区、彩香新村、虎丘风景区四个地区进行针对性的停车系统规划，结合现状提出相应规划方案，同时进行有效交通组织。

为保障各个层次规划能够有效地落实，提出相应的保障政策与措施，核心内容包括基本政策和针对各个片区的具体政策两部分。

3. 项目特色与创新点

1）提出停车问题系统解决的创新理念

目前，国内停车系统规划管理中，在体制方面各部门相对独立，反馈机制不健全；技术方面，各层次技术问题相互脱节，难以落实。本次规划在体制上，项目组与委托方紧密合作，协调各相关部门，建立停车系统解决方案配套管理措施；在技术上，提出宏观到微观一体化的解决方案，避免各层次规划相互脱节，在苏州市起到了一定的技术示范作用。

2）开展详尽、全面的停车调查

本次调查由市政府组织，各区和交警等职能部门牵头，街道承办，社区落实，确保调查覆盖每一个角落，整个调查历时30余天。与其他城市的停车规划相比，本次调查从组织方法到调查资料的详尽程度都有较大突破。

3）规划中充分贯彻"保护苏州古城风貌"的基本原则

针对古城区提出特殊政策，从需求分析上，采取古城区路网容量约束模型进行计算；从供给策略上，采取限制型供给模式。停车配建标准按照全市指标70%的上限控制，并提出古城区"P&R"规划方案。

4）兼顾经济性与可操作性，提出危旧小区停车难的解决对策

以彩香新村为例，其建于20世纪80年代初，现有居民8500多户，但是仅有停车泊位65个，设施严重不足。通过经济性与操作性等各方面比选，提出机械式停车楼建设方案，并对停车楼内部具体结构和选址进行落实。

5）推进智能停车诱导系统的建设，提高停车系统的智能化水平

以观前商业区为试点，结合规划方案以及交通组织，制订智能停车诱导系统的规划方案。

6）制订停车系统规划方案的保证措施，确保方案落到实处

制定《苏州市停车场规划建设和机动车停放管理条例（建议稿）》和《机动车停放服务收费管理办法（建议稿）》，从政策上保证规划方案的可实施和可操作性。

4. 项目实施效果

目前规划成果已经全面实施，效果显著。

（1）与相关规划的协调工作落实到位。规划参考了已通过的相关规划，同时协调在编的多项规划，目前协调工作已经落实到位。

（2）自2004年上半年起，配建标准已经全面实施。

在"规划意见书"中根据该指标明确配建停车泊位，同时在新建项目的交通影响分析工作中，对停车设施进行核实。依据配建标准执行，停车设施将增加100%以上。

（3）重点社会公共停车场的用地得到严格控制。

部分公共停车场已经开始建设，随着城市建设的进行，社会公共停车场将同步建设（图2）。

（4）观前商业区停车试点项目的成功实践。

观前地区停车收费改革方案已于2005年4月份开始实施，实施后收到明显效果，车流量明显减少，停车数量明显减少，停放时间明显减少，利用率和停车收入明显增加，整体交通环境明显改善（图3）。

观前商业区智能停车诱导系统已经建成并投入使用。目前，54%的停车场、60%的泊位已纳入停车诱导系统，为观前商业区的停车提供了较大方便，营造了更好的商业气氛，同时也引起了各个方面的高度关注。

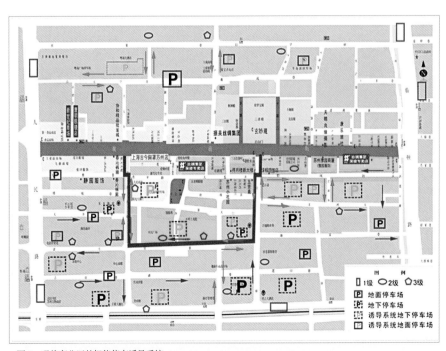

图3 观前商业区的智能停车诱导系统

苏州市火车站改造综合交通系统规划研究

2008-2009年度中规院优秀城乡规划设计二等奖

编制起止时间：2005.6-2008.12

承担单位：城市交通研究所
　　　　　　（现城市交通专业研究院）

主管所长：赵　杰、张国华

主管主任工：李凤军、程　颖

项目负责人：张国华、李凌岚、王有为

主要参加人：戴继锋、李德芬、杜　恒、
　　　　　　黄坤鹏、陈远通

合作单位：苏州市规划局、苏州市交通局

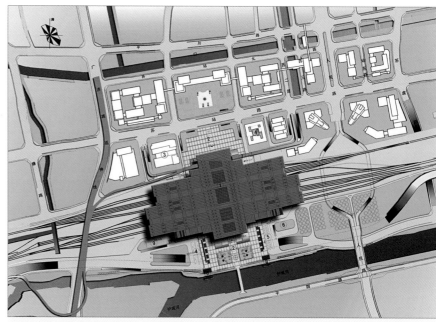

图2　苏州火车站综合交通枢纽总平面布局

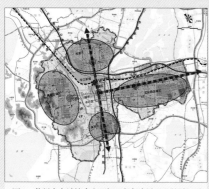

图1　苏州火车站综合交通枢纽紧邻古城以北护城河畔

随着沪宁城际铁路的引入，以及火车站以北地区的新一轮开发，苏州火车站迎来新的发展机遇。如何把握机遇，改变现状设施规模不足、衔接不便、交通组织混乱、带动地区发展不足等问题，合理部署设施、快捷集散交通，构筑带动地区节点增长的综合交通客运枢纽，是本次规划的研究重点。

此外，火车站相关规划已陆续开展，如何统筹、协调各层次、各层面的规划，实现火车站地区的高水平开发，是本次规划超越设计本身的重要任务。

1. 主要规划内容

（1）深入研究火车站南北广场的功能分工，颠覆传统以主城区方向为主广场的格局，实现"以交通设施引导客流"的"北主南辅"的发展策略，带动北部新城发展。

（2）对枢纽客流构成及各交通设施之间的换乘关系进行深入研究，以综合交通枢纽视角指导设施布局、交通组织及细部设计。

（3）预测火车站枢纽客流需求，确定设施规模。

（4）在设施优先级别的分析指导下，强调公共交通在枢纽集散交通中的主导地位，对火车站枢纽进行"十字象限"模式的总体布局，实现南北广场、地上地下共筑枢纽，细微之处表达人性关怀。

（5）分层次进行火车站枢纽交通组织：构筑快速通道，分流过境交通；从三个尺度入手，合理组织集散交通，实现枢纽与城市交通的有机衔接；以"零换乘"为目标，精心组织内部交通。

（6）深入探讨火车站与长途客运站之间的关系，针对两大设施提出了具有普适性的布局导则，并通过交通承载力分析，提出长途客运站发车班次的约束条件。

2. 主要创新点

（1）从方法论的角度对火车站枢纽的设施构成、换乘关系、需求预测、布局模式、运行管理等方面进行深入研究，并将理论方法有机融入规划设计之中，形成完整的从理论方法到方案实践的火车站综合交通客运枢纽规划。

（2）融"古城保护"、"新区开发"

图3 苏州火车站综合交通枢纽北广场鸟瞰

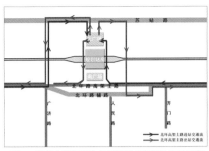

图4 苏州火车站综合交通枢纽"交通设施引导客流"概念示意

的发展策略于规划之中，采用交通组织、交通工程设计、城市设计的手法，最终实现古城保护、新区发展、交通畅达、多元协调的规划目标。

（3）面对南广场区位及客流优势明显，但空间局促、拓展困难的现实问题，规划首次提出"交通设施引导客流"的发展策略，有效引导客流在北广场进行集散，有效解决交通集散与空间局促、地区发展之间的矛盾。

（4）立足火车站枢纽的综合性，在深入分析铁路与其他设施换乘关系的基础上，重视长途客运、地铁、公交、出租车以及私家车之间的换乘关系，以指导设施布局，实现枢纽整体效能的最优化。

（5）以"零换乘"要求为指导，对各类换乘流线的距离与时间进行测算，以此为基础优化换乘设施的详细布设，保证步行5min内换乘火车站枢纽各项设施，切实将"零换乘"理念落实于具体方案中。

（6）实践以枢纽交通系统规划设计为主线，长期、动态的规划设计工作模式。工作历程3年，经历多个工作阶段，以交通系统规划为核心，不断与各阶段、各层面相关规划设计进行有机协调、衔接，包括规划层面、初步设计层面、施工图设计层面，最终实现枢纽地区与城

市功能部署、空间格局、交通运行的协调发展。

同时，规划从前期的火车站地区概念规划到最终的各项施工图设计进行全程跟踪指导，有效保障规划理念的最终落实，及枢纽地区的高水平开发。

3. 实施效果

苏州火车站综合交通枢纽目前已投入使用。

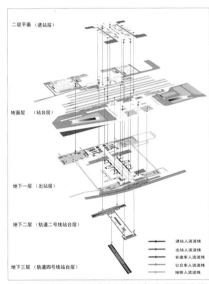

图5 苏州火车站综合交通枢纽各层平面及人流组织空间示意

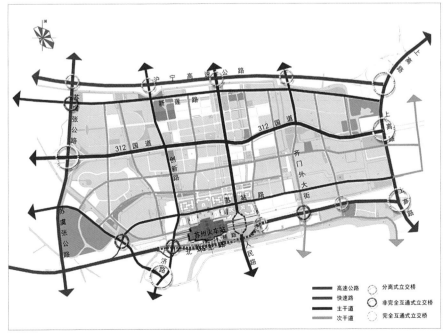

图6 苏州火车站综合交通枢纽地区过境及集散交通组织

温州市城市综合交通规划

2007年度全国优秀城乡规划设计三等奖
2008年度浙江省优秀城乡规划设计项目二等奖
2008年度温州市城乡规划设计项目一等奖
编制起止时间：2005.1~2006.12
承担单位：城市交通研究所
　　　　　　（现城市交通专业研究院）
主管所长：赵　杰
主管主任工：孔令斌
项目负责人：全　波、杨忠华
主要参加人：全　波、杨忠华、吴子啸、
　　　　　　　李长波、黎　晴
合作单位：温州市城市规划设计研究院

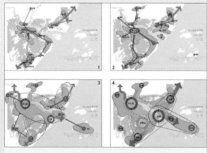

图1　都市区城市发展进程分析

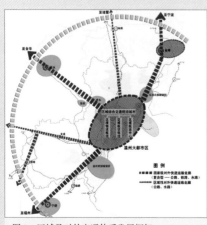

图2　区域及对外交通体系发展框架

1. 项目背景

新一轮温州市城市总体规划提升和巩固了温州区域中心城市地位，建立了都市区整体协调发展框架，确定由"沿江城市"迈向"滨海城市"（图1）。

为落实城市总体规划目标，应对城市化和机动化的快速发展，建立温州都市区整体交通发展框架，温州市政府决定开展城市综合交通规划编制工作，于2005年1月通过招标投标确定由中国城市规划设计研究院联合温州市城市规划设计研究院共同承担编制任务。

2. 项目构思与针对性

规划编制面临如下主要问题的解决：①机场、港口、铁路等区域交通设施的发展定位与布局"举棋不定"；②小型车限额牌照拍卖制度等交通政策失效；③交通系统建设缺乏引导；④历经多次规划编制，城市骨干运输系统的框架仍未确立，尚未形成战略性与操控性兼备的综合交通发展策略。基于温州特殊背景及经济社会发展趋势，规划编制针对性地从三个目标层次展开：①增强区域综合交通枢纽功能，促进温州经济快速、平稳转型；②合理构建温州都市区整体交通发展框架，支持城市总体规划目标实现；③转变"自下而上"的温州城市发展模式，有效发挥交通引导作用，实现与用地布局的协调发展。

3. 规划内容

1）综合交通发展战略

温州现代化综合交通体系，将集中塑造强辐射综合枢纽、高畅达系统网络、集约化优质运输、一体化方式协调、信息化需求调控五大基本特征。

面向温台丽，辐射浙南、闽东北打造区域综合交通枢纽城市。依托国家级公路主枢纽、东南沿海铁路重要枢纽的建设，突破港口发展瓶颈，构筑区域航运中心；全面满足航空业务发展需求，夯实区域航空枢纽职能；加快物流联运体系建设，打造东南沿海区域物流枢纽。

确立公共交通的主体地位，构建优质、高效、整合的客运服务系统，实现多方式组合协调发展。中心城市建立以轨道交通为骨干，常规公交优先系统为主体，适度机动化的发展模式；主辅城间形成快速公交系统和快速路协调布局、平衡发展的格局。规划期末都市区城市人口公交出行比例占35％以上，主城中心区达45％。

塑造区域差别化的交通发展模式，突出旧城区为交通保护区，主城中心区为交通控制区，龙湾中心区为公交导向区。

构筑开放、高效、区域对接的交通体系，实现"12349"时空通达目标：10min，从都市区主要节点可驶入快速路系统；20min，驶入高速公路系统；30min，对接主城区和各功能中心；40min，通达市域城镇群；90min，形成温台丽区域商务出行圈。

公共交通优先发展政策和小汽车交通引导政策相结合，充分发挥交通需求管理效用，调控小汽车有效使用和合理运行。

2）综合交通系统规划

（1）区域及对外交通系统

规划期内充分发挥现有机场的运输潜力，建设航空口岸，增强面向温台丽宁区域的集疏运能力。

构筑新温站国家干线铁路枢纽，培育温州站区域客运枢纽功能，发展温州都市区至台州都市区、南部城镇群的市际、市域铁路运输服务。

跳出瓯江口，重点发展状元岙、乐清湾、大小门岛三个核心枢纽港区。完

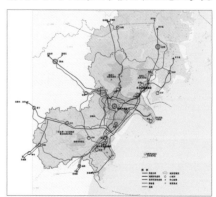

图3　都市区交通系统与市域交通系统一体化

善集疏运系统，拓展港口功能，形成与临港产业、物流协同发展的模式。

强调以都市区为整体的对外公路交通组织，增强高速公路为都市区的服务功能，合理增设高速出入口（图2）。

（2）道路系统

规划都市区形成"射线＋环线＋通道"的快速路系统布局（即六向放射、双层环线、"三纵四横"城区间快速联络通道及"十"向区域对接）。"高快"搭配与衔接，实现高速公路与快速路功能层次有机分离、协调运作（图3、图4）。

（3）公交系统

远景轨道系统由四条快轨线路和一条龙湾支线市郊铁路组成，形成枢纽型、辐射化和网络化特征兼备的线网形态。

规划期，轨道交通在中心城市初具规模，组织骨干走廊型运输。快速公交系统构筑主要片区间客运联系的主体，建立与轨道系统的有机换乘衔接，实现一体化运营组织。

全面实施公交优先，构筑层次分明、服务高效的普通公交线网。适时优化轮渡布局，拓展出租车"门到枢纽"功能，发挥对公交服务的有效补充。

（4）交通枢纽布局

在新温站、永强机场、温州站构建三大复合型对外客运枢纽。在中心城市布局都市区级公交枢纽6个、片区级公交枢纽8个，与对外客运枢纽衔接，构筑高效率的多式联运客运系统。

依托区域综合交通枢纽优势，布局综合性物流基地4个，地区性物流中心6个及2个产业物流园，引导现代物流业集约化、规模化发展（图5）。

3）综合交通发展实施规划

结合城市发展进程，分阶段、有重点、循序推进交通系统形成和完善。

城市扩展初期，优先建设扩张性道路通道，实施客流主走廊上公交优先系统，全面升级改造对外交通系统。

城市发展中期，支撑都市区空间对接，系统建设都市区快速路系统，相应建设主城区主要放射通道上的快速公交系统。

城市规划末期，支撑都市区整体布局框架形成，中心城市轨道系统率先建设，都市区优质公交系统完善。

规划期后，面向都市区充分一体化，轨道交通进入持续发展阶段。

4. 创新与特色

在研究方法上，突出如下创新：①突出区域发展观，以区域综合交通枢纽城市建设为目标，以构建都市区整体交通发展框架为着力点，指导中心城市交通系统规划的编制；②创新战略规划编制技术手段，针对性提炼并科学比选交通发展战略方案，增强战略方案的总体指导作用；③强化综合交通枢纽布局，建立"枢纽型"客运系统组织，统领一体化交通体系建设；④准确把握经济社会发展"脉络"，积极协调交通发展与城市布局，合理培育空间发展走廊上的城市功能；⑤改变传统规划忽视交通软环境建设的缺陷，重视交通政策的支持与保障；⑥完成8类大规模交通调查，建立初始化的交通数据库及实用性的交通规划模型，以翔实的数据和科学的分析支持规划的编制。

在规划方案上，主要表现如下创意：①面向区域一体化及区域中心城市建设，明确区域交通发展的总体目标及基本内涵，统筹协调机场、港口、铁路、公路等的发展方案；②制订区域差别化的交通发展模式，统筹骨干道路系统、骨干客运系统布局及交通需求管理方案的一体化设计；③系统性提出优质公交系统发展的整体方案，以轨道及BRT系统为骨干，常规公交为基础，多方式协调利用，建立层次分明、服务高效的公交线网；④面向一体化综合交通系统建设，构筑内外交通一体、开放、高效的转换体系，形成高效率的多式联运客、货运系统；⑤把握城市发展进程和交通需求特征，明确分阶段交通系统建设的策略重点，合理制订交通发展实施规划。

5. 实施情况

于2007年7月获得温州市政府批复，成为温州未来交通发展的纲领性文件。①促成温州市政府终止机场搬迁的争论，着手机场扩建工程。②2007年市政府取消市区小型客车牌照竞拍制度，将小汽车政策从控制拥有转向调控使用。③明确温州构建区域综合交通枢纽城市的目标，推动状元岙港区的先期开发及其后方集疏运系统的建设。④促进内外交通衔接系统的改善，畅亮西大门、南大门，开工北向跨瓯江通道。⑤指导中心城市年度交通建设计划的编制，促成第一条城市快速路——瓯海大道于2007年年底建成通车。⑥加速公交优先政策的落实，相继完成2条公交专用道开设，建成双屿客运中心换乘枢纽，扩充优化温州站公交枢纽功能，明确新温站综合交通枢纽建设方案等。⑦促使温州规划部门全面展开重大建设项目的交通影响分析工作，迅速启动交通专项规划的编制。

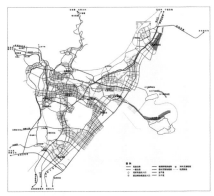

图4 城市道路网系统规划

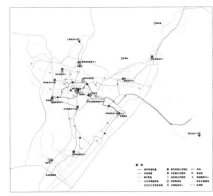

图5 中心城市客运枢纽规划布局

温州市城市公共交通规划

2010-2011年度中规院优秀城乡规划设计二等奖

编制起止时间：2008.5-2010.3

承担单位：城市交通研究所
　　　　　（现城市交通专业研究院）

主管所长：殷广涛

主管主任工：赵一新

项目负责人：全　波

主要参加人：杨忠华、吴子啸、李长波、
　　　　　　黎　晴、黎　明、黄　洁

合作单位：温州市城市规划设计研究院

1. 项目背景

（1）深化与落实已批复的《温州市城市综合交通规划》中关于优先发展公共交通的措施和方案；

（2）温州目前正处于城市功能区拓展的关键时期，亟需发挥公共交通的引导和服务作用；

（3）现状温州城市交通拥挤不断加剧，公交发展面临困境，需要找到破解的措施和行动计划。

2. 规划关键词

1）"跨越式发展"

规划期内是温州公交发展的关键时期，宜紧紧把握都市区一体化发展的机遇，转变"滞后被动型"发展思路，坚持"政府主导、市场运作"，推动温州公交以超常规的速度发展，尽快确立在城市客运体系中的主导地位。

公交发展目标：构建优质、高效、整合的公交客运服务体系，以公交优先支撑中心区功能集聚、引导都市区一体化整合、保障城乡统筹发展。规划期末都市区公交出行比例达到35％左右，主城中心区达到45％左右。平均公交出行时间维持在40min左右，高峰时段控制在60min以内。主要客运走廊上公交平均运营速度达到20km/h以上。

2）温州"大公交"

面向都市区一体化发展、城乡统筹发展，打破城乡二元管理体制，整合都市区、城乡客运资源，构建统一、开放、规范、有序、适度竞争的温州"大公交"客运体系。

3）"多模式、一体化"

规划温州公交体系包括轨道交通、快速公交、常规公交、轮渡与水上交通、出租车等多种模式。①远期在中心城市设置2条快轨线路和1条市郊铁路。②大力发展BRT系统，近期在中心城市布局BRT线路4条，中期发展为6条，远期向都市区各城区延伸，与轨道交通共同构成促进都市区一体化的骨干客运系统（图1）。③全面实施公交优先，建立层次分明、服务高效的常规公交线网。④适时优化轮渡航线布局，由现有的2条发展为9条。⑤合理布局旅游公交、旅游客运专线，便捷至景区出行。⑥出租车实行总量控制，设置13个营运站，作为公交高档次服务的补充。⑦系统布局各级交通枢纽，创造紧凑便捷的换乘条件，实现公交系统的一体化发展。

4）分区经营

以都市区各城区为单位，市区公交、城乡巴士实行整体改造、规模化经营，建立各区域内部完善的公交服务体系，尽快缩小不同城区间公交发展水平的差距。推行片区专营、"冷热线捆绑经营"、"站运分离"乃至"票运分离"，增强以城区为单元的公交体系整合发展（图2）。

5）分层线网、分级线路和枢纽

针对公交服务层次单一、线网布局散乱、覆盖率不足等问题，将常规公交分为城区间线网、片区间线网、片区内线网和城乡联系线网等层次。在轨道、BRT基础上，公交线路划分为大站快车线路、普通干线线路及支线线路，区分长短线功能，寻求公交服务在"快捷性"和"通达性"方面的"双赢"。将公交枢纽分为都市区级、城区级和片区级三种类型，体现不同层次线网衔接、不同等级线路布设对枢纽辐射功能、服务功能的差异性需求。逐步转变"单极中心"

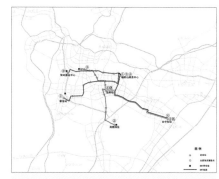

图1　近期快速公交系统布局

式布局，发挥近郊圈层枢纽的"组网"和"扩网"功能，主城区形成"双圈层换乘"的布局模式（图 3）。

6）城乡客运一体化

以推进城乡客运普遍服务为主线，分片区按照城乡客运联系干线、农村客运班线两个等级线路布局网络，不断推动都市区公交服务向外围乡镇、行政村密集地区延伸。在外围乡镇布局城乡客运站场，实现城乡联系干线与农村班线的一体化衔接。规范、合并现有城乡联系客运线路，于主城区外围枢纽截留，避免向中心区过度伸入。

7）枢纽型客运组织

以客运枢纽为中心，构筑轨道、BRT、地面公交、轮渡、出租车协调发展格局。与主城区强中心、圈层用地布局相协调，公交枢纽按双圈层模式布局；与城市功能中心发展相结合，依托枢纽促成功能完善。

3. 特色与创新

（1）问题导向性的公交规划。基于现状公交系统分析，针对性地提出破解公交发展症结的主要策略；针对公交线网布局的结构性缺陷，明确"分区服务、分层线网、分级线路和枢纽"的线网优化模式和线路调整策略。

（2）面向实施的公交规划。规划明确了首期 BRT 实施线路及断面布置形式，提出了公交线路调整与线网完善的具体方案。以 BRT、枢纽建设为主要内容，制订了近期共计 7 类 41 条综合性的公交改善、提升措施（图 4）。

（3）市场化背景下公交规划技术方法的创新。传统的公交规划着重于垄断专营市场模式下以需求为导向的公交设施安排。市场化背景下，客运资源分配事关公共政策取向，宜研究和确定城市适宜的公交市场发展模式，作为各方利益协调和重新定位的基础。以破解公交发展症结为方向，确立公交发展总体框架，由此展开公交设施布局。

4. 实施效果

（1）指导完成《温州中心城市交通枢纽布局与用地控制规划》，确保在温州城市快速发展的大背景下，交通枢纽用地得到保障；

（2）在规划指导下温州市区完成 20 多条公交线路的调整，取得较好的运营效果和社会反响；

（3）依据规划，温州近期筹划启动快速公交三条线路建设；

（4）为近期准备开通的温州水上巴士提供支撑和依据。

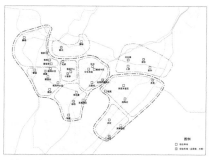

图 2　基于"分区经营"的综合车场布局

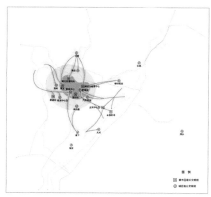

图 3　双圈层公交枢纽规划布局示意

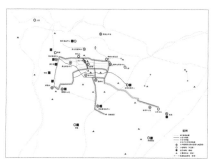

图 4　近期公交建设项目分布

三亚市综合交通规划及老城区综合交通整治

2011 年度全国优秀城乡规划设计二等奖

2010-2011 年度中规院优秀城乡规划设计一等奖

编制起止时间：2009.12-2010.12

承 担 单 位：城市交通研究所
　　　　　　（现城市交通专业研究院）

主 管 总 工：杨保军

主 管 所 长：张国华

主管主任工：杨忠华

项目负责人：戴继锋、马俊来、杜　恒

主要参加人：李德芬、李　晗、王有为、
　　　　　　翟　宁、梁昌征

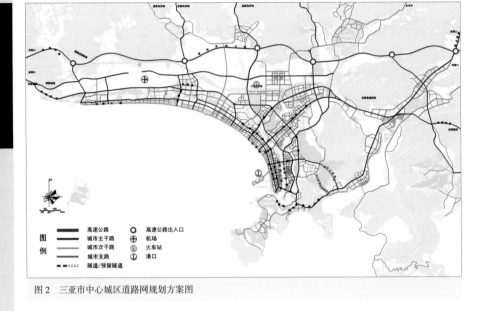

图 2　三亚市中心城区道路网规划方案图

海南国际旅游岛已经上升为国家战略，总体规划明确提出将三亚打造为"国际热带滨海风景旅游城市"，因此三亚交通体系规划及综合交通整治工作以支撑三亚专业化旅游城市的建设为总体目标（图1）。

1. 规划内容

（1）研究专业化旅游城市的城市特征。目前，三亚旅游交通占主导地位，旅游高峰时段老城核心区游客数量已经超过居民的数量，而游客出行量更是达到居民出行量的两倍，单位面积道路服务的人数，三亚也超过北京、上海等大城市，呈现"小城市规模、大城市负荷"的典型特征。

（2）研究专业化旅游城市的交通特征。游客交通行为与居民交通行为、出行次数、出行方式差别较大。三亚游客人均出行率为 4.96 次/日，远高于本地居民人均出行率 2.98 次/日。从交通方式来看，包括出租车、公交车、旅游车及酒店车等在内的游客机动化出行方式占据绝对主导地位（83.3%），而居民出行则以步行和公交方式为主（两者总比重占 55%）。从活动范围来看，游客和居民的活动范围有较大差异，三亚市交通设施供给必须兼顾游客和居民需求，考虑旅游交通的独特性。

（3）理解专业化旅游城市的交通发展趋势。对比其他国际滨海旅游城市，三亚旅游已经进入成长阶段，散客化趋势非常明显，同时也必须面对机动化快速增长的挑战。三亚目前处于观光游为主的阶段，可以预见今后一定时期内，三亚外籍游客比重、游客平均停留时间都将大大增加，因此交通体系必须适应从观光游向度假游转变这一趋势。

（4）处理滨海地区的旅游、城市和交通之间的关系。三亚的海岸线跨度达到 100km，远远超过许多国际知名滨海旅游城市。尽管滨海地区已经形成了南山、天涯海角、亚龙湾等多个组团，但老城区仍然承担着大量旅游服务功能，游客每天要到老城区 1~1.5 次，而组团之间往往是城市发展的瓶颈地段，基于此，本规划协调了旅游、交通与城市之间的关系（图2、图3）。

2. 创新与特色

（1）完善技术方法，提出专业旅游城市的综合交通体系规划思路。传统的交通规划工作中，旅游交通仅仅是一个专项。而作为专业旅游城市，三亚交通规划工作从最开始就将旅游交通作为主线串联其他各个交通子系统。

规划瞄准国际化视角，总结国际滨

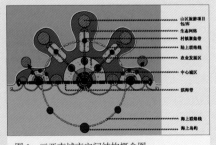

图 1　三亚市城市空间结构概念图

海旅游城市的发展经验，对比三亚自身，从交通系统各方面寻找差距，为旅游交通发展制订国际化标杆。

（2）制定设施标准，以"当量人口"作为设施供给和校核的标准。将游客按照出行强度、出行距离、出行方式的差异折算成当量人口，以当量人口作为交通设施供给依据。三亚交通需求季节性波动非常明显，规划将交通需求划分为刚性需求、弹性需求、临时需求。按照"平常有序、高峰可管"的原则，确定以全年旅游最高峰日需求总量的95%作为交通设施校核的标准，既不造成设施浪费，也能保证春节期间交通正常。

（3）明确发展目标，确立快慢有别的总体原则，协调旅游交通与城市交通。结合游客的出行需求，首先确保游客能够快速地进出城市，但是在游客进入城市和景区以后，不再以快速移动为交通系统的第一目标，而是强调游客的在途感受，着力展现三亚市"可欣赏、可游览、宜生活"的城市面貌，打造绿色交通为主的具有三亚独特气质的生活方式。

首先，在对外交通体系上强调快进快出。国际经验表明，国际滨海旅游城市都有一个国际化的旅游枢纽机场，因此三亚以机场为核心构建对外交通体系。

其次，道路交通体系强调游客的在途感受，坚持提高道路密度，而不是增加宽度。核心区道路不宜过宽，结合道路功能，明确了不同功能的景观要求，道路景观不简单等同于绿化，而是由多种要素共同协调营造而成的良好视觉和体验效果。

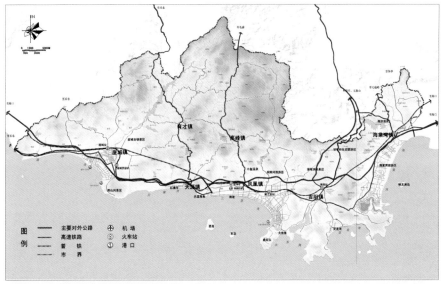

图4 三亚市区域及对外交通系统规划方案

重视滨海地区慢行交通发展，打造独具特色的慢行交通体系。慢行交通对于滨海旅游城市而言，是最能体现城市风貌和城市特色的方面，因此慢行交通系统是打造专业旅游交通服务的重点工作，形成系统的慢行空间，和景点结合，串联滨海酒店、宾馆、酒吧等商业设施。同时，在山区内打造独立慢行系统，主要满足运动健身、远足野营等个性化旅游需要（图4）。

（4）统筹滨海交通，促进滨海旅游的整体发展。针对三亚滨海岸线长、中心城区向心性明显的特点，提出有等级的组团式空间结构，与总体规划互动，落实到空间布局方案。总结国际滨海旅游城市经验，提出滨海旅游休闲层、城市生活层、过境交通层的交通组织思路。按照分层组织思路，构建由海到山、由快到慢、从城市到旅游的滨海交通组织方案，"纯化"滨海旅游氛围（图5）。

图5 滨海有轨电车线路规划方案

3. 实施效果

规划明确58项具体项目内容、责任单位、完成时间，工作已经列入三亚市"十二五"规划。目前，综合交通体系框架正在形成，国际邮轮母港已落户三亚凤凰岛，东环高铁三亚站建成通车，凤凰机场二期扩建工程开工，第二机场选址工作开始论证，高铁进入机场线路开工在即，滨海有轨电车已立项，团结路、胜利路等断头路逐渐通车，新风桥拓宽工程已经完成。

规划提出的由综合交通规划、分区交通详细规划、交通专项规划、交通设计构成的交通规划体系正在形成，各项规划正按计划有序推进。

综合交通整治工作卓有成效，扭转了2009年的交通拥堵局面，2010～2011年春节期间三亚交通状况运行良好，2011年调查结果显示87%的民众对交通整治成果满意。

图3 三亚滨海地区慢行交通布局模式

珠海市综合交通运输体系规划

2012-2013年度中规院优秀城乡规划设计一等奖

编制起止时间：2010.7-2012.6

承 担 单 位：城市交通研究所
（现城市交通专业研究院）

主 管 所 长：殷广涛

主 管 主 任 工：杨忠华

项目负责人：戴彦欣、陈长祺、孔令斌

主要参加人：顾志康、陈东光、张 澍、
王继峰、于 鹏、张 浩、
张 帆、郝 媛

合 作 单 位：交通运输部规划研究院、
珠海市规划设计研究院

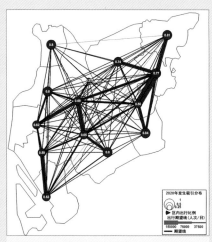

图2 规划2020年居民出行分布

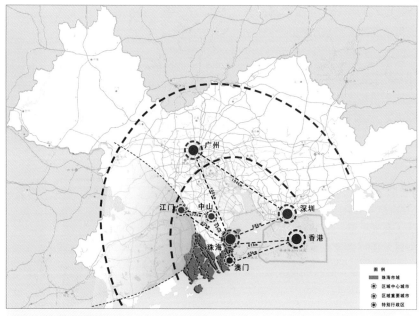

图1 区位关系示意图

作为我国最早设立的四个经济特区之一，珠海市具有重要的国家战略地位。随着新时期国家发展转型和改革深化，珠海将在粤港澳合作、珠中江一体化建设、"泛珠三角"发展等区域合作中承担更多的责任（图1）。

1. 规划构思

作为区域中心城市，珠海的城镇化和区域合作在全境展开，对外交通、区域交通、城乡交通、城市交通，以及珠海特色的口岸交通、旅游交通、休闲交通等不同特征的交通系统空间重叠、运行混杂，现有条块分割的管理体制更导致城市内外交通衔接不畅、重大交通基础设施与城市发展脱节等问题。而既往偏重设施布局、轻视运输政策和运营管理的交通规划在实施效果上也大打折扣，迫切要求在现行体制下寻求规划层面的解决方案。

珠海是典型的沿海山水组团城市，市域分为东西两大板块，多个组团。组团间的特大城市性质的交通与组团内部中小城市性质的交通在出行特征和服务需求方面差异巨大，并因受山水、行政界线等瓶颈制约，组团间和东西区联系交通供应严重不足。同时，不同组团发展阶段不同，功能各异，交通特征与发展要求亦不相同，需要因地制宜地精细规划（图2）。

另一方面，机动化迅猛发展下公共交通和慢行交通发展环境受到冲击。如何结合珠海的自然组团优势引导机动化的发展，创建绿色可持续的交通系统，满足旅游、生态对交通发展的要求，也是项目的重点和难点之一。

2. 创新与特色

（1）以建设"珠江口西岸门户枢纽"为总目标，充分利用港珠澳大桥等区域交通设施带来的发展机遇，将腹地向泛珠三角西部延伸。

规划将珠海港口、机场、口岸等区域性资源在一体化背景下进行功能提升和运输组织，以综合客货运枢纽为中心，按照资源、产业、组织、管理特征整合各种运输方式，并在珠中江区域网络的基础上一体规划集疏运交通。同时，根据珠海组团布局与瓶颈集中的特点，将集疏运交通由"一点集中"转变为分工协作的"多点对接"。

（2）瓶颈管理下的交通设施规划方法。以瓶颈通道与能力确定骨干交通网络布局，作为组团交通联系能力控制，以及相关的组团间城市功能联系、组团内部居住与就业开发布局的依据。并根据组团间交通联系与区域交通联系的特征，将区域交通与组团间联系交通统筹起来，将城际轨道等区域交通设施作为组团间联系交通组织的高等级设施（图3）。

（3）整合公路与城市道路体系，实现市域路网一体化。按照道路承担的交通特征进行功能分类，将市域骨架网络分为"对外联系道路"、"复合功能道路"、"城市交通道路"三类，根据功能确定采用的道路建设标准，落实在同一张图上，包括设计车速、红线、道路断面、市政配套设施要求、沿线用地开发协调等。便于管理部门操作（图4）。

（4）将区域轨道、城市公交干线整合在一起，城市公交干线覆盖城市用地发展带，区域公交与城市中心节点、区域性枢纽结合，形成市域干线、片区内组团间干线与组团内支线三层级的公交网络，通过枢纽进行衔接。

（5）与组团空间布局和绿道规划相结合进行慢行交通规划。规划了"两大层次、三大类别"的慢行系统，根据交通、休闲等不同层、类慢行交通特征提出各层、类的慢行交通设计指引，并示范性设计了中心区慢行系统。

（6）在调查数据的基础上，采用分区标定模型参数的方法，建立完整的市域范围＋中山部分地区的交通需求分析模型平台，利用时间价值分析公路收费、停车收费、公交票价、服务水平指标等各类因素，全方位支持公交优先政策和设施规划方案的测试。

3．实施效果

本项目于2011年9月通过专家评审，专家组一致认为成果总体上达到国内领先水平，2012年6月获得珠海市人民政府批复。

按照规划方案，珠海正在有序推进各项交通建设和后续专项规划编制；规划也支撑和引导相关城市规划的编制，指导新区城市建设和老城更新。

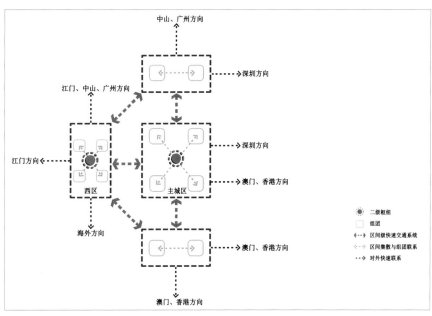

图3　综合交通系统组织模式

规划提出的珠中江一体化公路网方案已获得相关城市认可，港珠澳大桥西延线已初步纳入广东省公路网规划修编方案中。项目在广东省起到了较好的示范作用，广东省交通运输厅已计划在全省范围内开展经验交流工作。

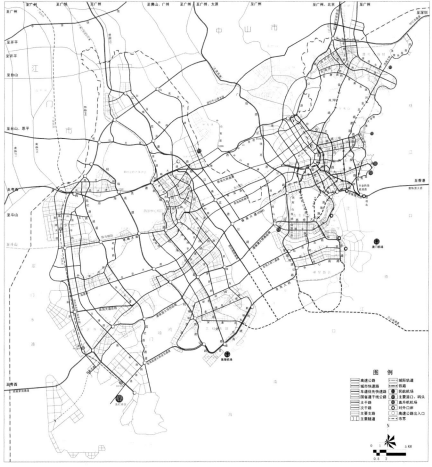

图4　远景道路网规划

佛山市禅城区近期公共交通发展规划

2009 年度全国优秀城乡规划设计三等奖

2008-2009 年度中规院优秀城乡规划设计二等奖

编制起止时间：2008.2-2008.12

承 担 单 位：城市交通研究所
（现城市交通专业研究院）

主 管 所 长：殷广涛

主管主任工：杨忠华

项目负责人：赵一新

主要参加人：付晶燕、郭 玥、伍速锋、
盛志前、张 洋

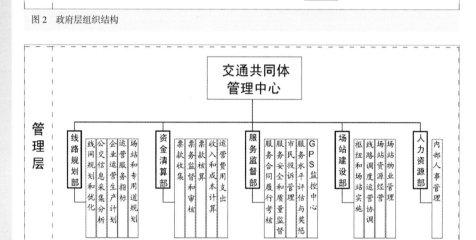

图 2 政府层组织结构

图 3 管理层组织结构

图 4 运营层组织结构

1. 项目背景

1）城市空间布局特征

佛山市是典型的组团式布局城市，由禅城、南海、顺德、三水和高明五个区组成。禅城区是城市的中心组团、市政府所在地，下辖三个街道和一个镇，全区面积 154.68km²，现状人口 100 万人。禅城区作为中心组团的核心区，是全市的行政、商贸流通服务、旅游、文化教育、体育以及金融信息服务中心（图 1）。

2）居民出行特征

禅城区居民日常交通出行以摩托车和小汽车为主，分别占 35.4％和 16.1％，

而公共交通出行比例仅为 10％，城市公共交通设施和服务水平均比较落后，对乘客的吸引力不大。摩托车和小汽车的过量使用严重影响了城市的形象，交通事故率较高，空气质量较差。

3）公交客运市场特征

禅城区有三家公交运营公司，包括一家老企业和两家新企业。老企业运营线路多、线路成熟、企业盈利，但管理混乱、投诉多且存在分包现象；新企业运营线路少、新辟线路多、企业亏损，但管理规范、投诉少。政府对公交客运市场的调控和管理能力较低，无法解决现存的问题。

图 1 城市空间布局结构

2. 项目构思与针对性

1）如何促进优先发展公共交通

禅城区公交系统存在的问题突出表现在线路发展缓慢、服务水平低、基础设施欠账多、乘客投诉率高、政府的市场调控力度小、公交改革举步维艰。2008年，禅城区政府将促进优先发展公交作为一项重要的民生工程，全方位提升公共交通的服务水平是本次规划必须解决的问题。

2）如何规范市场的竞争，使公交行业良性发展

本次规划面临的是重新建立公交客运市场管理制度的问题，常规的公交设施规划只是辅助的技术手段。如何建立公平合理、有序竞争的市场管理制度，促进公交行业的良性发展，改善市场的不公平竞争环境，是本项目的突出问题。

3）如何权衡公交市场参与者的经济利益

公交市场的参与者由政府、企业和乘客三方组成。公共交通的公益性和盈利性的双重属性使得形成良性、可持续发展的公交客运市场必须处理好政府、企业和乘客三方的利益关系。如何界定政府购买公交服务的合理价格、公交运营企业的合理成本和乘客应该承担的出行成本，是本规划成功与否的核心问题。经济利益的平衡也超越了常规公交规划的供需平衡分析的方法，对规划编制提出了新的挑战。

3. 规划的创新与特色

1）建立交通共同体的公交管理制度

规划创新地提出在禅城区建立交通共同体（TC）的公交管理模式，该模式的核心是票运分离，即由政府统一收取票款，对公交网络进行规划，对运营商提出服务质量要求，通过成本核算以政府购买服务的形式向企业购买公交服务。基于交通共同体的公交管理方式是一种制度的创新，禅城区也是国内第一个采用交通共同体方式管理公交市场的地区（图2～图4）。

2）总成本合约和成本规制框架的建立

规划为公交管理部门制定基于总成本合约的特许经营管理合同，并根据合同的要求编制服务质量考核管理办法，作为监督特许经营合同执行的文件。同时，根据公交运营企业的实际运营情况，制定基于标准成本和实际成本相结合的成本规制，用于核算政府购买服务的价格。总成本合约和成本规制的建立为形成交通共同体管理模式奠定了必要的基础。

3）基于分区经营模式下的公交线网规划

本次公交线路规划是以分区管理模式为指导的，利于不同公交运营公司分区经营的线路规划。在传统供需平衡分析方法的基础上，引入市场管理的影响因素，使新规划的公交线路更具有实际使用价值。

4. 实施情况

随着规划的实施，禅城区成为国内第一个采用总成本合约和交通共同体方式管理公交市场的地区。

规划实施以来，实现了公交管理体制上的重大突破，区内58条公交线路全部车辆纳入公交共同体的管理模式，解决了公交线路覆盖率低、热线扎堆、冷线没人去、发车间隔大、服务不到位、政府调控力度小等难题。公交客流明显增加。客流量由25万人次/日增加至34万人次/日，增长率达30%以上，500m线路站点覆盖率由87%增加到92%，线路和班次增加使乘客平均等车时间缩短了15min，市民对公交投诉明显减少，实现了市民、企业、政府的共赢。

5. 规划思考

通过本项目的尝试，项目组认识到城市公共交通的发展与政策制定和市场监管的关系日益密切，公共交通规划的公共政策属性日趋显著。制度的建设和政策的保障也许更能体现规划控制的作用，能够更好地引导城市公共交通健康发展。

基于市场管理制度建设的规划技术已经不仅局限于常规公交规划的供需分析方法，管理模式的构建、特许经营合同的编写、服务监管办法的制定以及成本核算的财务分析有可能成为公交规划的重要组成部分。

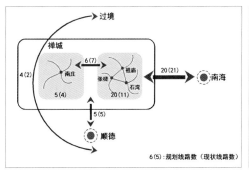

图5 近期公交线网布局模式

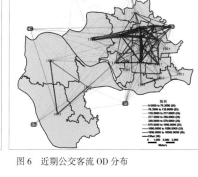

图6 近期公交客流OD分布

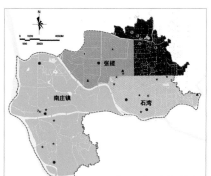

图7 近期公交场站布局

图8 近期公交线网客流分配

淮南市老城
道路网改善规划
（2008-2020）

2008-2009年度全国优秀城乡规划设计三等奖
2009年度安徽省优秀城乡规划设计一等奖
编制起止时间：2008.8-2008.12
承担单位：城市交通研究所
　　　　　（现城市交通专业研究院）
主管所长：殷广涛
主管主任工：李凤军
项目负责人：徐素敏、朱胜跃
主要参加人：赵杰、赵一新、张洋

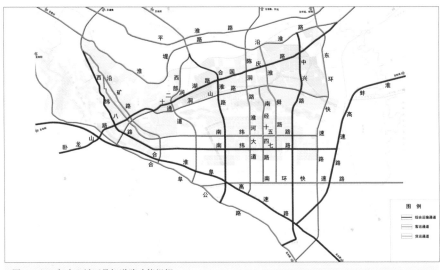

图2　2020年中心城区骨架道路功能组织

图1　陈洞路改善规划效果图

淮南市位于淮河之滨，是安徽省中北部重要城市，也是中国能源之都、华东的工业粮仓。随着淮南城市化进程快速推进、机动化迅猛发展、城市空间布局面临调整，老城区路网布局存在缺陷，导致道路交通矛盾进一步加剧，急需有重点地对老城区道路交通问题进行解决。淮南市委、市政府高度重视，结合中规院环境所在编的总体规划阶段成果和分区规划同步编制的良性互动契机，受淮南市城市规划局委托，由中国城市规划设计研究院城市交通研究所承担项目编制工作。

1. 规划要点

（1）通过详细踏勘和交通调查，对现状进行深入分析，提出道路网络问题与症结。第一，城市独立组团布局和地势形态（煤矿坍陷区）决定沟通组团之间通道有限，导致通道交通拥挤；第二，城市对外过境与城市交通功能混杂；第三，路网密度低，结构不合理，导致干路拥挤，地区交通进出不畅；第四，道路线形衔接不畅、占路停车、马路市场等其他交通问题。

（2）扩大研究范围并从规划远期着手，重点研究中心城区骨架道路功能组织，解决既有规划中城市道路交通功能组织混乱问题，对城市过境货运、城市客货运进行合理组织（图2）。借助交通需求定量分析，提出未来近远期的组团间和跨淮河联络通道方案。

（3）老城道路网络优化调整。针对现状路网结构存在的缺陷和既有规划路网的不足，注重与城市用地和道路功能协调统一的交通组织。结合不同地区问题差异特点，提出不同规划策略及针对重点地区、关键道路以及关键节点的解决方案（图4）。对老城东部、西部道路网进行优化调整（图3）。为更好地进行规划实施控制，给出道路网优化的主要交叉口坐标。

（4）老城道路网近期改善。规划侧重近期，兼顾未来，解决突出交通矛盾，注重方案实施可行性和可操作性，提出详细的道路近期建设计划，包括建设时序、投资估算。

2. 创新与特色

（1）技术路线制订及时，准确把握关键技术思路。作为道路专项改善规划，时间短、规划范围大，规划方案内容研究较深，项目组首先提出"以远期目标和近期问题为导向"、"以远期定性和近期定量为重点"的技术方法，抓住项目编制的关键技术思路，不同于当时道路专项以常规分析为主的技术方法。

（2）远期目标自上而下，近期问题自下而上，目标指导和问题反馈互为结合，既解决现实问题，又达到规划目标要求。

（3）突出近期问题把握和定量方法评估。进行了大量现场详细踏勘和交通调查，对于准确判定淮南老城道路网络问题症结及后续有效制订规划方案起到重要作用。

（4）强调土地利用与道路交通的协调发展，项目始终与总体规划、分区规划进行良性互动。

（5）注重方案的可行性与可操作性。对大量关键道路进行初步可行性方案研究论证，提出道路红线调整规划，标示全部道路交叉口控制坐标，有效指导城市道路近期建设，缓解老城道路交通矛盾。

3. 实施效果

（1）项目得到评审专家的良好评价及市政府主管市长的高度赞扬。

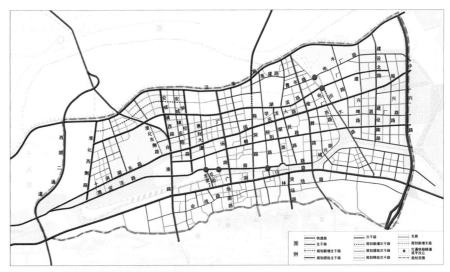

图 3　2020 年东部城区道路网络调整优化图

（2）专项规划内容，为总体规划提出较好的反馈和调整建议，并纳入同步编制的分区规划中。

（3）本规划对淮南市近期老城区开展的道路建设项目给予及时而详细的规划控制指导。

（4）规划指导近期建设完成干路 5 条，正在建设中的干路 9 条，已进入工程设计阶段的跨淮河大桥 2 座（图 5）。

（5）国庆路改造项目红线由 40m 扩为 50m，拆迁量小，道路通行能力较改造前提高 30%（图 1）。

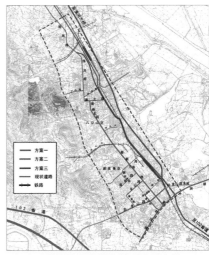

图 4　沿矿路改善比选方案图

图 5　陈洞路北延跨淮河飞燕拱桥立面效果图

13

市政工程规划

全国城镇供水设施改造与建设"十二五"规划及 2020 年远景目标

编制起止时间：2009.5-2012.5
承 担 单 位：城镇水务与工程分院
主 管 总 工：杨明松
项目负责人：邵益生、孔彦鸿、宋兰合
主要参加人：莫 罹、姜立晖、李 琳、
　　　　　　孙增峰、吴学锋、张桂花、
　　　　　　梁 涛、张志果、龚道孝

1. 编制背景

1）相关文件

（1）温家宝总理、李克强副总理 2009 年 8 月 24、25 日在国办秘书一局第 500 期互联网信息择要《有媒体称我国自来水供水安全面临挑战》上的相关重要批示；

（2）温家宝总理 2011 年 5 月 28 日在国办秘书一局第 374 期互联网信息择要《有媒体称我国城市地下管网漏损严重》上关于急需制定供水管网更新改造规划，加强监督检查，狠抓落实的重要批示；

（3）温家宝总理 2011 年 9 月 20 日在住建部报送的《关于城镇供水问题的报告》上关于对已提出的工作安排要认真落实的重要批示(国家发改委、环保部、水利部、卫生部共同会签)(图 1)。

2）指导思想

贯彻落实科学发展观，"让人民群众喝上放心水"；

针对当前城镇供水突出的薄弱环节，实现城镇供水由主要满足水量需求向更加注重水质保障的战略性转变，全面构建城镇饮用水安全保障体系；

"十二五"期间，优先实施供水设施改造，积极推进新建设施建设的协调发展，大力提高水质监测和应急保障能力。

3）规划启动

为解决城镇供水存在的突出问题，提高供水水质，扩大公共供水服务，让人民群众喝上放心水，住房和城乡建设部、国家发展和改革委员会委托我院编制《全国城镇供水设施改造与建设"十二五"规划及 2020 年远景目标》，并于 2012 年 5 月 25 日印发实施（图 2）。

"十二五"期间规划范围为全国设市城市、县城和重点镇（包括全国重点镇和省、自治区、直辖市确定的重点发展的非县城建制镇），到 2020 年规划范围扩展到全国设市城市、县城和其他建制镇。

2. 规划目标

（1）保障城镇供水水质。解决因水源污染、设施落后等导致的 1.52 亿城镇人口的饮用水水质不安全问题，并满足 0.72 亿新增城镇人口的用水需求。

（2）扩大公共供水范围。提高供水普及率，设市城市达到 95%、县城达到 85%、重点镇达到 75%。

（3）降低供水管网漏损。80% 的设市城市和 60% 的县城的供水管网的漏损率达到国家相关标准要求。

3. 规划任务

1）总体任务

（1）供水设施改造：通过水厂处理工艺升级改造和管网更新改造，解决因水源污染和供水设施落后造成的供水水质不达标问题，降低管网漏损，提高应急供水调度能力。

（2）新建供水设施：适应快速城镇化发展要求，扩大公共供水服务范围，推进城乡统筹区域供水，进一步提高城镇公共供水的设施能力和公共供水普及率。

（3）水质检测与监管能力建设：统筹兼顾，合理布局，大力推进供水企业水质检测能力建设，进一步完善"两级网三级站"水质监测体系，全面提升供水安全监管水平。

（4）供水应急能力建设：健全应急响应机制，完善应急预案；完善水厂应急处理设施、储备应急供水专项物资、加强应急抢险专业队伍建设，全面提高应急供水工程保障能力。

2）"十二五"重点任务

（1）供水设施改造

水厂改造：对出厂水水质不能稳定达标的水厂全面进行升级改造，总规模 0.67 亿 m³/日。

管网更新改造：对使用年限超过 50 年和灰口铸铁管、石棉水泥管等落后管材的供水管网进行更新改造，共计 9.23 万 km。

二次供水设施改造：对当前供水安全风险隐患突出的二次供水设施进行改造，改造规模约 0.08 亿 m³/日，涉及城镇居民 1390 万户。

（2）新建供水设施

新建水厂：新建水厂规模总计 0.55 亿 m³/日。

新建管网：新建管网长度共计 18.53 万 km。

（3）水质检测与监管能力建设

水厂和企业水质检测能力建设：提高水厂的水质检测能力，满足水厂运行的水质控制和供水水质管理要求。

城市和区域水质检测能力建设：按照合理布局、全面覆盖和资源共享的原则，依托现有的水质检测机构，进一步完善"两级网三级站"水质监测体系。

国家行业水质监管能力建设：加强住建部城市供水监测中心的水质检测和科研能力建设，提升城镇供水行业对各地供水水质的监管能力和业务水平，推动国家饮用水水质与安全监控工程技术发展。

（4）应急能力建设

供水企业应配备针对本地区水源特征污染物的应急检测、药剂投加、计量装置和设施等，储备必要的应急物资，建立应急抢修队伍。

市县政府应增强城市供水系统的应急调度能力，完善应急供水相关设施，配备必要的应急物资。有条件的地方，可将置换的地下水作为应急备用水源。

建立国家和省级应对重特大突发性事件的应急供水专业队伍，配备必要的应急供水装备。

4. 规划投资

总投资 4100 亿元，其中：水厂改造投资 465 亿元；管网改造投资 835 亿元；新建水厂投资 940 亿元；新建管网投资 1843 亿元；水质检测监管能力建设投资 15 亿元；供水应急能力建设投资 2 亿元。

5. 保障措施

①明确责任主体；②保障资金投入；③科学实施规划；④强化监督管理；⑤加强科技支撑。

图 2　住建部、国家发改委《关于印发全国城镇供水设施改造与建设"十二五"规划及 2020 年远景目标的通知》

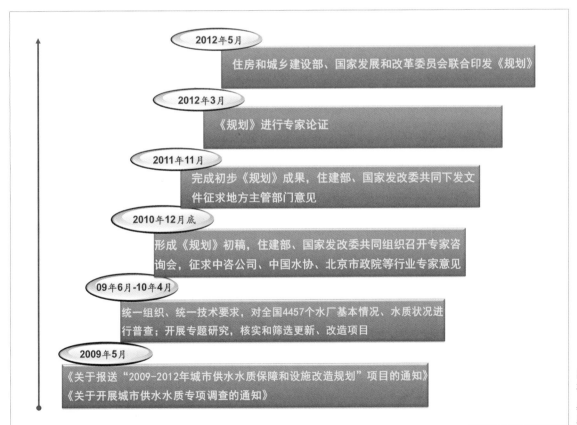

2012年5月
住房和城乡建设部、国家发展和改革委员会联合印发《规划》

2012年3月
《规划》进行专家论证

2011年11月
完成初步《规划》成果，住建部、国家发改委共同下发文件征求地方主管部门意见

2010年12月底
形成《规划》初稿，住建部、国家发改委共同组织召开专家咨询会，征求中咨公司、中国水协、北京市政院等行业专家意见

09年6月-10年4月
统一组织、统一技术要求，对全国4457个水厂基本情况、水质状况进行普查；开展专题研究，核实和筛选更新、改造项目

2009年5月
《关于报送"2009-2012年城市供水水质保障和设施改造规划"项目的通知》《关于开展城市供水水质专项调查的通知》

图 1　《全国城镇供水设施改造与建设"十二五"规划及 2020 年远景目标》编制背景及工作过程

北京市密云新城市政基础设施专项规划（2006-2020）

获 2009 年度全国优秀城乡规划设计三等奖

编制起止时间：2005.3-2008.7

承担单位：城镇水务与工程专业研究院

主管总工：杨明松

主管所长：谢映霞

主管主任工：郝天文

项目负责人：孔彦鸿、王召森

主要参加人：王昕旸、尹广林、洪昌富、
刘广奇、司马文卉、雷祥龙、
孙增峰、李 琼、颜莹莹、
陈 岩、陈利群、程小文

1. 规划背景

为落实《北京城市总体规划（2004—2020 年）》，北京市政府于 2007 年 1 月组织编制完成 11 个新城规划，实现市域内总体层面规划的全覆盖。

为贯彻把基础设施建设放在城市建设首位的原则，具体落实新城规划，更好地处理市政基础设施和城市用地之间的关系，2006 年 4 月北京市规划委部署开展新城市政基础设施专项规划的编制工作。受北京市规划委员会密云分局的委托，我院承担《密云新城市政基础设施专项规划（2006—2020 年）》的编制任务。

2. 规划思路

以节约为前提，以解决城市基础设施建设与运行中的主要问题为出发点，以提高支撑和保障能力为核心，探索城市基础设施"统筹规划、分步实施、可持续发展"的规划建设模式。

3. 规划要点

（1）以密云新城规划为指引，对区域重大基础设施进行统筹，协调确定其服务范围、需求来源、主要路由等，促进区域性基础设施的共建共享和高效利用。

（2）以节约为前提进行需求预测，体现以人为本、节能减排等可持续发展理念。在确定供水指标时，充分考虑推广节水器具、提高工业用水重复利用率等节水措施的影响；供热专项规划中同样充分考虑实施节能建筑对热指标的影响。

（3）从各专业的现状主要问题着手，以保障能力和发展支撑能力为目标，以资源的高效利用为原则，与街区层面控规紧密结合，综合确定各专业设施的规模与布局，划定城市黄线与蓝线。

（4）在充分利用现状管线的前提下，确定各专业规划管网系统：经过逐个管段的详细计算和分析，确定可以保留的和必须改造的现状管线，提出经济、技术最优的可实施方案。在雨水专项中，还应用可持续排水理念，结合控规设置下沉式绿地以滞留和利用雨水，进一步建设改造现状管道。

（5）对各专业进行综合协调，使各专项规划在资源配置、设施及管线的平面和竖向布置等方面相互协调。

（6）在实现保障和支撑能力的同时，促进生态宜居生态新城建设。污水厂尾水全部再生回用，减轻污染负荷并节省清洁水资源；截流初期雨水进行处理，预留初期雨水存放湿地和事故时的污水暂存湿地；进行生态河道建设；推行燃气、地热等清洁能源供热。

（7）根据现状主要问题及密云新城规划近期建设范围，拟定各专项的近期建设主要内容，并提出规划实施的保障措施与建议（图 1～图 3）。

4. 规划创新与特色

1）理念创新

由"以需定供"的传统规划思路，转变为以节约为前提、以资源高效利用为目标的可持续发展理念。主要体现在：①预测指标的确定，充分考虑水资源、能源等节约措施的影响；②将污水全部再生后作为战略资源统一进行水资源平衡，减轻污染、减少新鲜水需求量；③以资源的高效利用作为中心热源锅炉房布局的评判标准。

2）方法创新

（1）内容由传统的 8 个专项突破为 12 个，对基础设施进行全面统筹。

首先增加作为管线载体的道路工程专项规划的内容，将道路的竖向规划作为重点，避免重力流管线控制标高与道路规划控制标高的脱节；针对各类管线之间缺乏统筹安排的现状突出问题，增加工程管线综合规划的内容，使各专项规划在资源配置、设施及管线的平面和竖向布置等各方面相互协调；针对城市蓝线和黄线管理办法的实施，增加防洪与河道治理规划、环卫工程规划的内容，为蓝线和黄线的划定提供依据。

（2）深度突破传统的总规层面而深入到控规层面。

在新城范围内，同步编制市政基础设施专项规划和控制性详细规划：一方面，为需求预测及管径计算提供建筑面积及人口分布数据，从根本上提高需求预测的可靠性和管径计算的准确性；另一方面，市政基础设施用地布局与其他用地布局得到更深入的协调和衔接，并落实到控规这一法定规划之中，保证市政基础设施用地在规模和位置上的前瞻性预留。

（3）可实施性得到创新性提高。

首先，对规划道路的实施难易程度进行评估，确定因拆迁难度大等原因近期难以实施的道路，各专项在进行管网系统布置时，主干管网避开这些路段，提高各专项规划系统的可实施性；其次，各专项对现状管线进行充分的利用：通过逐段详细地计算和分析，调整、优化服务范围，尽量多地保留现状管线，明确必须改造的现状管线，形成经济、技术最优的可实施方案。

5. 规划实施

（1）现状及规划市政管线数据库的建立，大大减轻规划管理部门的工作量，并加强城市规划主管部门对市政基础设施的动态管理，获得很高的评价。

（2）为控规中的工程规划以及城市黄线、蓝线的划定提供依据。

（3）作为施工图设计的依据，指导完成滨河路、檀东路、水源路等一批市政道路的道路、供水、雨水、污水等的施工图设计，部分工程已建设完毕，使道路积水等现状主要问题得到了有效解决。

（4）依据本规划已建或在建的市政基础设施和环境设施项目有：密云220kV变电站、城北及城中等4座中心热源锅炉房、密云县垃圾综合处理中心、鼓楼东大街等的环保公厕等。

（5）按规划提出的建议完成潮河河道的生态堤岸建设工程等。

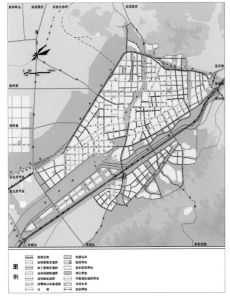

图1 道路控制分类图

图2 再生水利用管网平差图

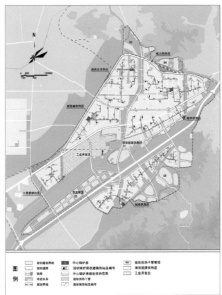

图3 供热工程规划图

怀柔区区域战略环境影响评价

2008-2009 年中规院优秀城乡规划设计三等奖

编制起止时间：2007.1-2009.8

承 担 单 位：工程规划设计所
（现城镇水务与工程专业研究院）

主 管 总 工：杨明松
主 管 所 长：谢映霞
主管主任工：黄继军
项目负责人：郝天文
主要参加人：黄 俊、司马文卉、李 琼、
王家卓、尧传华、蔺 昊

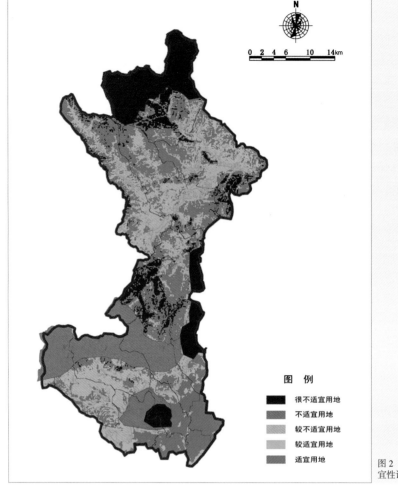

图 2　生态适宜性评价图

图 例
- 很不适宜用地
- 不适宜用地
- 较不适宜用地
- 较适宜用地
- 适宜用地

图 1　生态功能区划图

本项目是《环评法》颁布以来北京市第一个由环保部门委托、城市规划编制单位承担的战略环评，具有很强的探索性，为以后我院承接规划环评类项目提供了很好的借鉴和示范。

怀柔区位于北京市北部，是北京市的重要生态涵养区和水源保护区。为实现区域经济社会和环境全面协调可持续发展，使怀柔区"十一五"规划和《怀柔新城规划（2005—2020 年）》更好地落实科学发展观，按照《环评法》要求，对上述规划进行战略环境影响评价。

1. 技术路线

项目编制分为三个阶段：第一阶段，分析怀柔区资源环境优势和发展制约因素，划定评价范围、深度和重点；第二阶段，对怀柔区资源承载力、环境容量和生态适宜性进行分析研究，对循环经济水平进行科学评估，预测规划期内大气环境、水环境、声环境和生态环境质量的变化趋势，在此基础上分析规划目标的可达性；第三阶段，就怀柔新城规划对环境的影响进行分析评价，提出环境保护对策与减缓措施，得出评价结论和建议。

2. 评价重点

怀柔区的区域生态环境定位为北京的生态屏障，根据这个特点，确定环评重点为水资源承载能力、水环境容量、大气环境质量、生态适宜性分析和生态功能区划（图 1、图 2）。

本环评对水源地保护提出具体的措施，包括严格限制水污染型产业发展，提高全区污水处理水平和再生水回用水平，并通过开源、节流和加强水资源管理等措施来提高水资源的承载能力（图3、图4）。

在生态功能区划的基础上，提出各生态区的主导生态功能、保护措施和控制要点，对城镇结构、产业布局提出相应建议（图5）。

3.创新与特色

1）环评与规划密切结合

从生态环境保护角度评价新城规划发展规模、土地利用、空间布局、功能分区、产业结构、产业布局、综合交通、基础设施、环保措施等方面的合理性和可行性，提出改进措施或替代方案以及具有可操作性的环境保护措施和生态补偿机制。

2）建立环境管理信息系统

为将环评研究成果应用于环保审批，本次环评基于GIS开发怀柔区环境管理决策支持系统。

环评采用简单、实用的评价方法（如资源环境承载力分析法、生态风险评价法、叠图法、情景分析法、层次分析法、灰色关联分析法等），以翔实的数据为支撑，科学预测新城规划实施后可能对环境造成的影响，得出客观的评价结论，并提出怀柔区城市建设和环境保护的对策与措施。

4.实施效果

在项目编制过程中，通过专业部门座谈、媒体宣传、问卷调查与网上征求意见、专家咨询等方式，广泛征求听取社会各界对规划环评的意见，环评成果充分考虑和吸纳了社会各界的意见与建议。

自本环评实施以来，怀柔区重点实施多项工程：蓝天工程，确保空气质量达标；碧水工程，开展集中式饮用水源专项整治活动，保障全市的饮用水源安全；洁净工程，保证减排任务完成；试

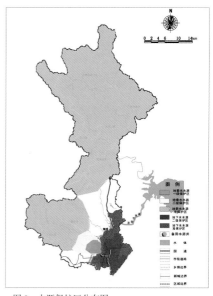

图3 水源保护区分布图

点工程，探索农村环境治理措施；完成庙城镇、雁栖镇、琉璃庙镇等市级优美乡镇申报工作；同时加大环保宣传力度，通过环保管理改革工程，有效提高环境监管水平。

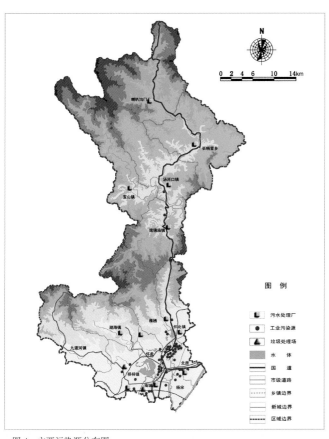

图4 主要污染源分布图

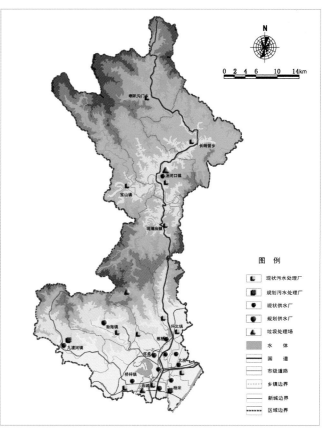

图5 环境保护设施规划图

哈尔滨市城市排水及再生水利用工程专项规划（2011–2020）

2010–2011年度中规院优秀城乡规划设计二等奖

编制起止时间：2010.5–2013.7

承担单位：城镇水务与工程专业研究院

主管总工：杨明松

主管所长：孔彦鸿

主管主任工：莫罹

项目负责人：王召森、龚道孝、刘广奇

主要参加人：陈岩、朱玲、由阳、
徐一剑、李婧、祁祖尧、
范锦、王晨、曾有文、
周飞祥、周影烈

合作单位：哈尔滨城乡规划设计研究院、
哈尔滨排水工程规划设计有
限公司、哈尔滨水利规划设
计研究院有限公司

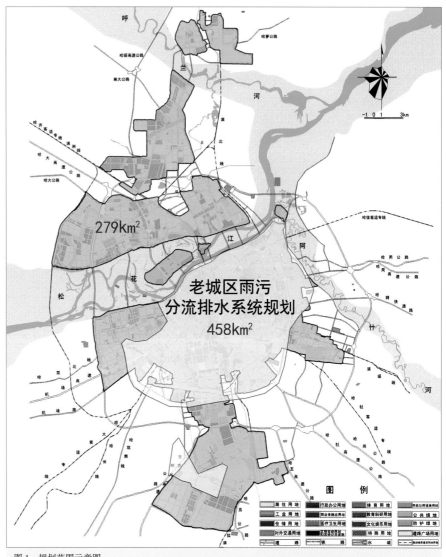

图1 规划范围示意图

本次规划的规划范围为哈尔滨市道里、道外、南岗、香坊、平房、松北、呼兰七个区，建设用地面积为458km²（图1）。规划内容包括城市雨水排除与利用、污水收集与处理、再生水利用规划三大方面，从各专业的现状及问题解析入手，制订规划目标，确定排水体制，划分排水分区，预测污水产生和再生水需求量，确定排水与再生水设施的规模、布局，优化管网系统布局，计算系统管线的控制要素，提出合理的雨、污水资源化利用规模和途径等（图2～图5）。

1. 规划构思

以城市总体规划为依据，以提高水资源综合利用与水环境综合治理水平为目标，以解决城市排水系统建设与运行中的主要问题为出发点，以提高支撑和保障能力为核心，研究确定城市排水系统规划方案，为城市排水设施和再生水利用设施的统筹规划、分步实施和可持续发展提供规划依据。

2. 创新与特色

（1）关注系统性。除雨水、污水及

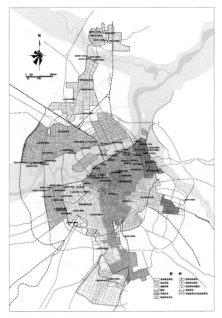

图 2　雨水系统规划图

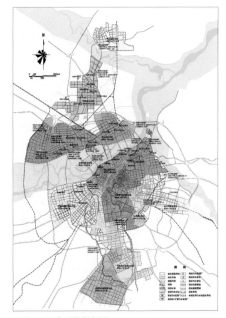

图 3　污水系统规划图

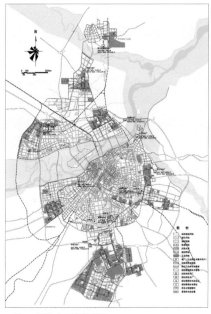

图 4　再生水工程规划图

再生水外，哈尔滨市供水专项规划也由我单位同步编制。规划将供水、排水及再生水作为一个整体系统进行设计，并在供排水水量预测、雨污水系统构建、非常规水资源利用、水资源供需平衡等方面进行紧密的沟通和衔接，有效规避各专项之间可能出现的矛盾，使得"水系统"及"水循环"的理念在工程规划层面得以真正落实。

（2）融入绿色低碳设计理念。规划过程中更加关注雨水及再生水等非常规水资源利用，主城区规划设置 29 座兼顾雨水收集利用的雨水调蓄池，远期再生水利用规模达到 41.3 万 m³/日，污水再生回用率接近 30%。此外，通过合理的布局及选址，规划还对相关基础设施节地、节能予以了充分考虑。

（3）规划提升科学性。在工作过程中，项目组充分利用了 WATERGEMS、GIS、SWMM 等前沿性工具软件，用于问题定位、数据分析、管网水力计算等方面，例如通过使用 SWMM 软件，准确定位系统瓶颈并优化了雨水调蓄池的选址布局。通过工作方法的创新，使得规划的科学性和工作效率得到了显著提升。

（4）规划关注前瞻性。针对性地选择有推广前景的新兴技术及先进适用技术，全面集成可持续排水系统等系统性技术理念，有效提高规划的前瞻性。

（5）体现规划弹性与刚性的结合。通过对城市远景发展需求的分析，结合远景用地规划，对远景发展用地内潜在的排水需求进行规划协调，解决规划期限与管道使用年限存在的"时差"问题。在此基础上，在设施用地及管位空间上考虑远景预留。

3. 实施效果

（1）本规划系统性强，初步达到指导施工图设计的深度，成为哈尔滨市雨污水管道设计的指导性文件，已指导城区 40 余条道路的雨污分流制施工改造设计。

（2）本规划还指导污水工程的具体设计与实施。规划外围远景用地中的成高子地区污水系统已纳入主城区污水系统之中，相应管线设计工作也已展开。此外，规划建议增加的三合污水处理厂已经获得政府认可，该污水处理厂前期可研的编制已经完成。近期成高子及马家沟上游地区污水将得到有效的收集处理。

图 5　汇水分区分析图

（3）在本规划景观水系再生水补水方案的基础上，哈尔滨市供水排水集团形成了"三沟"清水水源规划方案，目前已向市政府汇报并获批准。此后，东北市政院进一步编制完成了《哈尔滨市内河清水水源工程可研报告》。随着三沟整治及内河水源工程项目的推进，哈尔滨市景观水系水质将大幅改善。

哈尔滨市城市供水工程专项规划（2010-2020）

2012-2013年度中规院优秀城乡规划设计一等奖

编制起止时间：2010.5-2013.5

承 担 单 位：城市水系统规划设计研究所
（现城镇水务与工程专业研究院）

主 管 总 工：杨明松

主 管 主 任 工：莫 罹

项目负责人：孔彦鸿、姜立晖

主 要 参 加 人：孙增峰、程小文、朱 玲、
陈利群、常 魁

合 作 单 位：哈尔滨市水务科学研究院
哈尔滨供水集团有限责任公司

图1 市区水系图

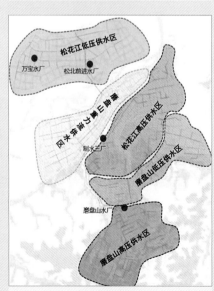

图2 主城区供水分区规划图

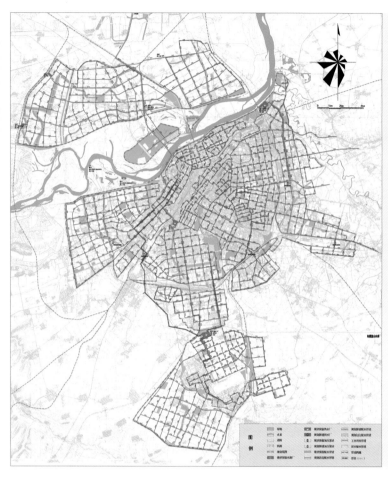

图3 主城区供水工程规划图

随着哈尔滨市"北跃、南拓、中兴、强县"发展战略目标的加快实施，城市供水系统面临重大战略格局调整。为进一步明确未来城市供水水源战略格局定位，落实今后一段时期的供水事业发展目标和重点建设任务，按照哈尔滨市政府2010年第1号专题会议精神，市水务局正式委托我院编制该专项规划。

本专项规划范围为中心城区城市建设用地范围，总面积500km²，人口规模496万人。主要规划内容包括：供用水现状及问题分析、水量需求预测与平衡、水源规划、供水设施布局规划、近期建设规划等。

1. 规划构思

在对城市供用水现状及存在主要问题深入研究分析的基础上，按照区域供水设施共建共享、合理布局、高效利用、近远结合原则，以满足哈尔滨市经济社会可持续发展和保障城市供水安全为总目标，通过对不同规划方案进行深入经济技术比较，因地制宜地提出哈市供水水源战略定位、供水设施优化布局和应急供水安全保障方案，在满足城市用水需求的前提下，确保城市供水安全。

2. 解决的重大问题

当前，哈尔滨市城市用水完全由磨盘山水库供给，水源单一，供水安全风险问题十分突出。松花江水量虽十分丰富，但受2005年水污染事件影响，松花江水源利用争议颇大。《规划》通过深入的研究分析，提出恢复松花江饮用水水源地位，最终确定的城市供水发展战略格局定位与水源优化配置方案，有效解决了困扰城市多年的单一水源供水安全风险与水源选择困境，为构建哈尔滨市供水安全保障体系奠定了基础。

3. 创新与特色

（1）水系统理论指导下的水源优化配置与供水设施布局优化。《规划》统筹考虑城市供水、再生水利用和景观用水需求，将水资源合理优化配置与水环境优化提升相结合，实现城市"水系统"与"水循环"理念在工程规划层面的落实。

（2）基于系统模拟技术的供水管网规划方案优化。《规划》结合我院国家"十一五"水专项相关科研成果，采用城市供水系统模拟技术集成应用与规划方案相结合的综合评估方法，实现集数据库建立、模型构建和方案优化"三位一体"的城市供水系统规划新方法。通过供水系统仿真模拟、方案优化设计与综合评价确定最优规划方案。

（3）多目标水资源调度方法的优化与应用。针对典型年法在多年调节水库应用中失效的问题，运用多年调节水库调节原理，对典型年法进行修正，在确保设计农业用水和生态用水保证率的基础上，科学计算水库可供城镇水量，实现了多目标水资源优化调度。

4. 实施情况

本规划于 2013 年 1 月 21 日通过哈尔滨市规划委员会的审查，在战略、规划设计、工程实施及管理层面取得良好的实施效果。

目前，根据相关规划成果建议，哈尔滨市已启动松花江城市供水及应急备用水源工程（"松平"输水工程）建设，重新启用松花江水源供水设施；西泉眼水库水源保护区划界立标和除险加固工程已经完成，基本具备城市供水条件。呼兰区第三水厂等规划供水厂（站）工程顺利实施，主城区供水管网改扩建工程有序推进。此外，本规划有效指导城市相关涉水规划的科学编制与加快实施，并有力推进哈尔滨市供水系统信息化建设管理水平的显著提高，为城市供水安全保障系统建设与城市供水事业的健康可持续发展提供技术支撑。

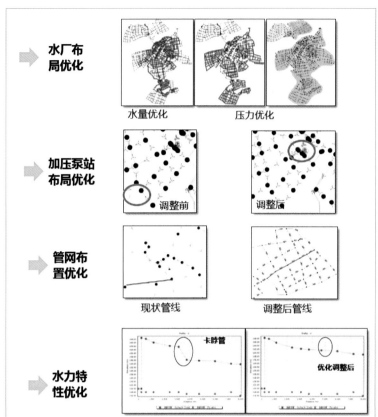

图 4　供水设施布局优化流程图

图 5　"松平"输水工程施工现场

济南市城市供水专项规划
（2010-2020）

中国城市规划设计研究院 2010-2011 年度
优秀规划设计一等奖

编制起止时间：2009.12-2011.8
承担单位：城市水系统规划设计研究所
（现城镇水务与工程专业研究院）
主管总工：杨明松
主管所长：孔彦鸿
主管主任工：龚道孝
项目负责人：孔彦鸿、莫 罹、刘广奇
主要参加人：由 阳、郑 迪、王 晨、
程小文、朱 玲、王巍巍
合作单位：济南市规划设计研究院

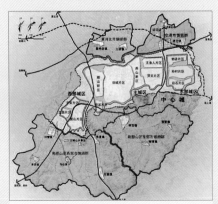

图 1 市域用地规划图

图 2 供水设施现状图

图 3 分区分质供水示意图

图 4 地下水分区图

济南作为闻名世界的"泉城"，泉水与地下水密切关联，随着城市供水需求的增长，迫切需要协调"保泉"与"合理利用地下水资源"的问题；南水北调东线及配套工程建成后，即将面临着如何优化配置多种水源的问题；同时随着新一轮城市总体规划的实施，旧城功能将提升、新区建设将向东西两翼展开，城市供水面临着统筹区域、优化系统布局和完善设施建设的新挑战和新任务；为指导供水设施建设，保障城市供水安全，编制本专项规划。

主要内容

（1）系统分析城市供水现状及存在问题，对地下泉水利用进行了专题研究和专家咨询，提出地下水限制开采、合理开采、远景利用三大分区。

（2）结合城区现状用水水平和城市远期发展定位，采用人均综合用水指标法和分类用水指标法进行需水量预测，并分解到各片区组团。

（3）结合水资源西多东少且水源类型多样的特征，提出以黄河水为主要水源，本地水库水和长江水为辅助水源，地下水为次要水源和应急备用水源，再生水为补充水源的功能定位和优化配置方案。

（4）完善供水系统设施布置，规划远期城区供水厂 15 座，总供水能力 169 万立方米/日，对主要水厂提出改扩建建议。

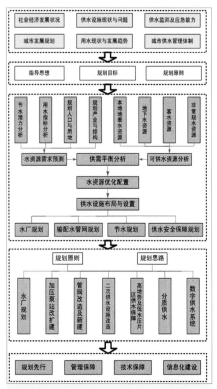

图 5 技术路线图

图 6 供水水源及主干系统规划图

（5）提出节约用水和供水安全保障的措施和建议，编制近期建设项目库并进行投资估算。

创新与特色

（1）分区的环网供水模式。根据济南中心城区狭长形组团发展且地形高差大的特点，采用了分区供水模式，系统逐级分区，常规供水时各区独立，应急供水时各区之间互调。

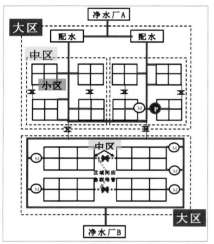

图7　分区供水模式示意

图8　供水分区图

（2）基于管网水力计算的系统优化。基于 Watergems 平台研发了供水规划决策支持系统，能够实现对不同方案各工况的水力学计算和模拟；对压力、流速、能耗等运行状况的全面评估；基于技术、经济、安全和能耗等多目标综合评价进行规划方案比选和优化。

图10　供水规划决策支持系统著作权

（3）提出了从水源－水厂－泵站到管网全流程的供水安全多级保障体系。针对不同类型水源地，提出了相应的污染防治和环境保护规划；构建了多水源互调互备、统一供水的系统；采用分区联网的供水模式，实现各分区及水厂之间的联合调度；针对济南可能发生的事故风险，提出了城市应急供水的规划调控建议。

图12　供水调度中心照片

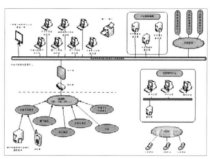

图13　数字化供水建设流程图

实施效果

（1）推进城市供水相关项目的实施。依照本专项规划，济西二期于2012年开始试通水，东湖水库及配套东区水厂开工建设，玉清水厂、鹊华水厂分别完成了工艺改造。

（2）推动了城市供水的信息化建设，济南启动了数字化供水的建设，保证了规划的动态实施和科学管理。

方案名称	最高时加压水量（立方米）	供水管网压力			最高时加压能耗（kWh）
		平均压力（米）	标准偏差（米）	最不利点压力（米）	
方案1	45198	38.94	18.25	8.38	10528
方案2	57129	40.53	15.23	15.23	12404
方案3	64624	37.97	11.49	15.80	12293

图9　某分区规划方案的优化比选表

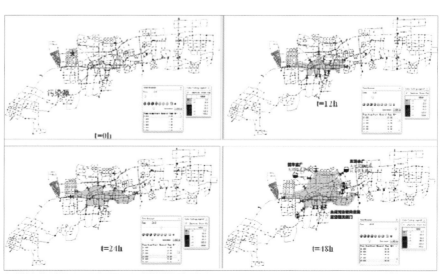

图11　突发污染事故各时段扩散模拟图

武汉市生态框架
保护规划

2009年度全国优秀城乡规划设计二等奖
编制起止时间：2007.9-2008.10
承 担 单 位：深圳分院
分院主管院长：范钟铭
项目负责人：普 军、郭旭东
主要参加人：邹 鹏、尹晓颖、罗 彦、
　　　　　　吕晓蓓
合 作 单 位：武汉市城市规划设计研究院

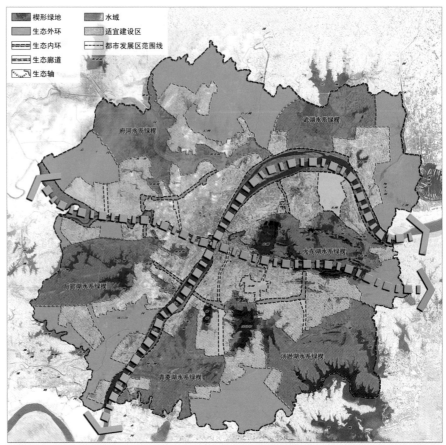

图2 生态框架结构分析图

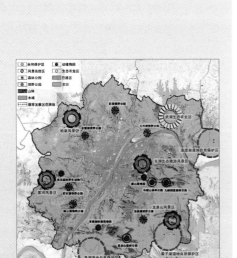

图1 现状生态资源分析图

《武汉市生态框架保护规划》是国内首个在都市发展区范围内构建生态框架控制体系的专项规划，也是武汉首次在资源节约和环境友好型社会建设方面作出的积极响应和具体探索。

1. 规划背景

作为国内拥有最为独特的生态景观与资源优势的省会城市，武汉在获得经济快速发展的同时，也遭遇了生态环境保护与城市发展矛盾的困扰。随着武汉城市圈获批"全国资源节约型和环境友好型社会建设综合配套改革试验区"，战略性地提出"两轴两环、六楔入城"的城市生态框架，如何加强生态框架对城市发展的调控和引导，保障城市的生态安全，成为武汉建设"两型社会"亟需解决的问题。

2. 规划思路

通过对全球化时代背景下武汉生态环境与城市发展主要矛盾与问题的分析判断（图1），提出建设生态城市，促进城市跨越式发展；建立城市生态框架，反向控制建设用地蔓延；制定生态框架管理制度，提出促进社会与环境和谐发展的全新规划理念。并在此基础上确立生态框架发展目标，构建生态框架控制体系。

3. 规划内容

1）生态控制要素

在吸收国内外城市生态规划和建设经验的基础上，结合武汉"两江三镇"和"滨水生态"的城市特色，将自然保护区、风景名胜区、基本农田、耕地、河湖湿地、绿地、水源保护区、蓄滞洪区、自然山体、森林公园、郊野公园以及其他具有生态保护价值的区域等要素纳入生态框架控制范围。

2）生态框架格局

在总体规划提出的"两轴两环六楔"的基础上，参考国内外案例，结合武汉市环境特征，增加以通风和生态隔离为主导功能的廊道，形成"两轴两环、六楔多廊"的生态框架空间格局，确保武汉未来的城市生态安全，保护城市生态环境，提升生态环境质量，改善城市形象（图2）。

3）生态框架空间管制

根据定量方法计算结果和相关理论、

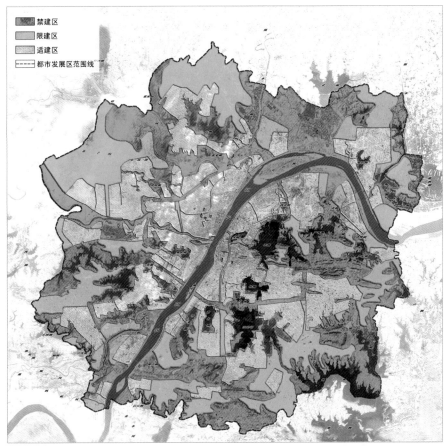

图 3 禁限建分区图

图 4 六楔控制指引图

图 5 反向控制下的城市结构示意图

经验值，结合武汉的生态现状与发展阶段，确定都市发展区生态框架内各类生态用地控制指标，并初步划定禁建区和限制区范围，根据生态框架控制范围内的生态要素现状，重点对六楔的功能分区提出控制指引（图3、图4）。

4）生态框架制度保障

在生态框架禁、限建分区的基础上，划定基本生态控制线，建立基本生态控制线管理制度，保护生态环境；通过一定的政策扶持和财政转移手段，建立生态补偿机制，保障村民利益；按照生态环境评估标准，建设生态社区，提升生态环境品质；通过立法、公众参与和动态监督机制，保障生态框架规划的实施和管理（图5）。

4. 创新与特色

1）规划理念的创新

从全球化的战略高度分析武汉城市发展面临的问题和机遇，提出建设通往世界经济的生态城市的发展目标，提出将生态环境建设作为城市发展的战略制高点的规划理念。规划从过去单纯关注生态环境转向关注生态环境与城市发展的互动关系，从偏重空间规划转向制度设计与空间规划并重。

2）制度设计的创新

构建一套相对完整、可操作性强的生态框架控制体系。建立武汉都市发展区生态框架内各类生态用地的控制指标，确定禁、限建分区的规划管制，提出生态框架内土地利用、产业结构、农村居民点的控制指引，制定基本生态控制线、生态补偿和建设生态社区的生态框架管理制度，为将生态框架控制规划的技术规定向调控社会经济活动的地方法规与公共政策转型作出了有益尝试。

3）技术方法的创新

运用先进的CA模型模拟武汉城市空间的动态演变，提出以建立城市生态框架来反向控制城市建设用地低水平蔓延，确定城市建设增长边界，从而有效保护生态环境。

5. 实施效果

作为国内首次探索建设"两型社会"的生态专项规划，《武汉市生态框架保护规划》以创新的思维，为国内其他城市提供示范和借鉴意义。

生态框架保护规划方案制订后，较好地指导了《武汉市都市发展区蓝线、绿线规划》、《六大生态绿楔控制规划》等相关规划工作。规划制定的生态框架管理制度，经武汉市进一步深化落实，制定并颁布《武汉市基本生态控制线管理规定》，从而上升为地方性法规，有效地调控和引导城市总体规划确定的生态框架，保障城市的生态安全，为城市规划管理和下层次规划提供有力的技术支撑。

玉溪生态城市规划
（2009-2030）

2012-2013 年中规院优秀城乡规划设计二等奖
编制起止时间：2008.7-2012.12
承 担 单 位：城镇水务与工程专业研究院
主 管 总 工：杨明松
主 管 所 长：宋兰合
主 管 主 任 工：龚道孝
项 目 负 责 人：孔彦鸿、王召森、莫 罹
主 要 参 加 人：王巍巍、桂 萍、陈 岩、
孙增峰、袁少军、程小文、
石 炼、陈利群、张志果、
徐一剑、高碧兰

1. 规划背景

玉溪位于昆明以南约 88km 处，生态环境和自然禀赋良好，但是近些年来，玉溪独特的生态环境资源"三湖一海"（抚仙湖、星云湖、杞麓湖、阳宗海）的水质出现明显下降，水资源短缺等问题不断加剧，经济发展与资源环境的矛盾日益突出。为此，玉溪市委市政府提出了"生态立市"的发展战略，积极探索和寻求新的发展模式，并于 2008 年率先提出建设全省第一座生态城市，积极在城市发展中践行生态文明理念。

2. 解决的重大问题

为解决如何更加科学地进行生态城市建设这一核心问题，本次规划在对当地现状发展和环境状况系统分析的基础上，综合确定了地方特色鲜明的玉溪生态城市建设指标体系，通过分析当前与建设目标之间的差距，进而对生态环境保护与社会经济发展进行全面协调，从城市空间布局、政府行政推动、社会行为引导三个方面入手，综合制订相应的技术与行动指引，逐步缩小与建设目标的差距，最终实现"本土化"的生态城市发展目标。

3. 规划构思

生态城市是遵循生态学原则建立起来的社会、经济、自然协调发展，物质、能量、信息高效利用，生态良性循环的人类聚居地，其内涵主要表现在价值取向、文化、经济这三个层面。从价值取向上看，生态城市的建设不以经济增长为唯一目标，它还关注环境保护、社会进步和人类进步，强调人与自然的和谐发展；从文化的角度看，生态文化是生态城市建设的原动力，具体表现在城市的管理体制、政策法规、城市居民的道德规范、生产方式和消费行为等方面的和谐性；从经济的角度看，生态城市注重运用循环经济理念，发展先进生产力，最大限度地开发利用资源，减少废弃物的排放和保护生态环境，实现经济效益、社会效益和环境效益的统一。

生态城市不仅仅是"从无到有"进行建设的过程，而且也包括通过物质更新以及社会和经济的提升，在遭到破坏或者是存在缺陷的城市系统中，恢复城市生态系统的平衡，使城市的发展向生态城市的方向靠拢。

因此，玉溪生态城市必定是可持续的、符合自身生态特点并与区域生态系

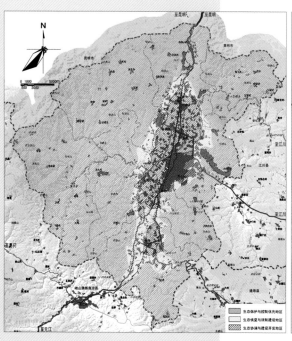

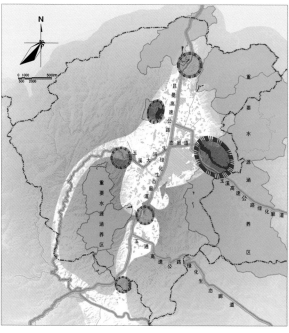

图 1 基于生态的空间管制区划图（左）

图 2 红塔区生态安全格局规划图（右）

统相协调的人类聚居地，是通过在建设中充分运用具有生态特征的技术手段，实现人与自然、社会和谐的宜居城市，其内容不仅仅局限于城市物质空间建设的生态化，还包括生活方式、生产方式、运行模式等的生态化，所有这些都必须以合适的方式体现在生态城市的规划之中。基于这一认识，规划首先制订了涵盖上述各个方面的量化发展目标，以此为统领，然后进行了玉溪生态城市体系的整体构建，并提出了行政推动与社会引导相结合的发展推进模式。

4. 规划创新与特色

规划立足于当前生态城市的建设理论，以环境质量、资源利用、发展协调、社会保障等的相关指标为因子，通过目标的可达性量化分析来确定相应规划对策。

创新与探索主要体现在以下四个方面的融合上：

（1）实现了生态城市建设与玉溪当前发展阶段的融合。本次规划立足于玉溪自身的发展阶段，制订了生态城市建设路线图，创造性地将各项城市创建活动与生态城市建设相结合，将创建指标纳入生态城市目标体系，为地方政府推

动"本土化"生态城市的建设提供了有力的抓手。

（2）践行了生态城市规划与法定规划体系的融合。通过与同步编制的玉溪城市总体规划的紧密互动和联合推进，本规划所构建的生态安全格局、高原水系网络、生态绿地系统和绿色交通体系等，有效地支撑和影响了城市空间布局，促成了与生态城市理念相吻合的城市结构与用地布局。

（3）推动了工业的园区化发展与产业循环发展的融合。本次规划与经济发展部门进行了深入协调，重点研究了主要规划工业园区产业链的补链工作，以产业园区为依托，推动循环经济产业规划在空间上的落实。

（4）探索了生态城市规划中技术引导与行为引导的融合。本次规划除基于生态理念对城市建设空间布局进行研究并确定当地的生态城市建设适宜技术外，还非常重视政府行政推动、社会行为引导在生态城市建设中的作用：将近期的每项目标分解为具体的量化指标及相应的行动计划，并对应到各执行部门，为政府确定行政推动行为提供依据；通过编制生态城市居民手册等多样化的宣传

措施，为社会践行健康生活模式、生态建设方式和绿色生产方式提供指引，"自上而下"与"自下而上"相结合，共同推动玉溪生态城市的建设。

5. 项目实施情况

（1）按照本规划制订的生态城市建设路线图，玉溪市推动了多项城市创建活动，先后获得了国家园林城市、国家卫生城市等称号，极大地完善了城市功能、改善了发展环境，正朝着生态城市的发展目标稳步迈进。

（2）按照本规划构建的高原水系网络，玉溪市启动了多条水系生态建设工程，玉溪大河综合整治、出水口生态公园等相继建成，水系生态建设初见成效，良好的生态环境已经成为玉溪经济社会发展的最大优势。

（3）通过生态城市规划听证会、生态城市专题讲座、生态城市建设电视宣传等活动的开展，调动了社会各界参与生态城市建设的积极性，市民生态文明意识显著提高。

（4）《玉溪生态城市规划》的编制，为住房和城乡建设部编制《生态城市规划导则》提供了案例研究和实践支撑。

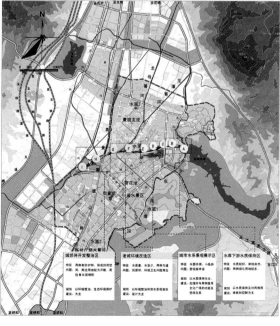

图 3　中心城区水系布局规划图（左）

图 4　玉溪大河规划建设指引图（右）

东莞松山湖科技产业园市政工程专项规划

2009 年度全国优秀城乡规划设计二等奖

2008-2009 年度中规院优秀城乡规划设计一等奖

编制起止时间：2001.9-2003.12

承 担 单 位：深圳分院

分院主管总工：徐建杰

分院主管所长：梁　峥

分院主管主任工：覃　原

项目负责人：徐建杰

主要参加人：钟远岳、陈　郊、郭启华、陈晚莲

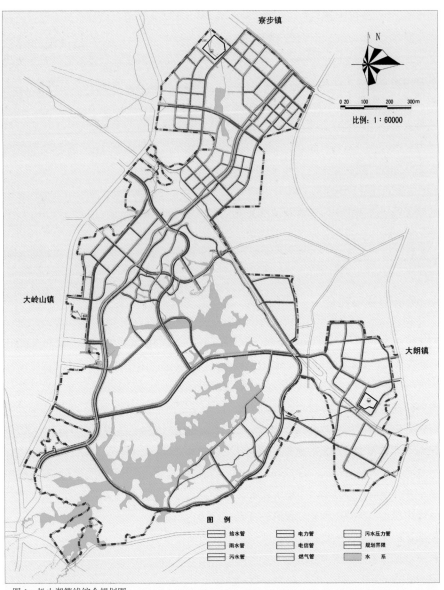

图 1　松山湖管线综合规划图

1. 项目背景

2001 年 6 月东莞市政府决定在松山湖附近建设以发展高新技术产业为主题的产业园，并于 2001 年开展松山湖科技产业园总体规划、中心区城市设计和市政工程专项规划编制工作。

2. 项目构思与技术特点

松山湖地区以浅丘陵地形为主，山水交融、错落有致，自然环境特色突出，良好的生态环境为生态科技产业园的建设提供了优越条件。

工程规划与用地规划、城市设计互补互动，形成"总体规划—城市设计、市政工程专项规划—施工图设计"的系列规划设计模式。

与周边镇区基础设施共享，带动提升，共同受益。

注重城市安全，道路及建设场地标高均达到百年一遇洪水位的安全标准。

生态环境保护、水源保护与基础设施建设、景观建设统筹兼顾。规划大量保留松山湖周边地区的山体、植被，减少不透水铺装，适当增加自然渗透排水

的面积,提高涵养水的能力。

创造具有特色的丘陵地区道路系统,实现道路、场地竖向、水系、市政管网与自然生态环境的完美结合。

贯彻集约用地原则,对园区及相关的高压走廊进行优化整理,节约用地。新建电信管网系统为综合管群,避免重复建设。

规划成为指导工程设计和工程建设的范例。规划调整传统规划设计进程,将主要道路做到初步方案深度,与施工图设计互相反馈、校核,并进行总协调。同时,动态跟踪项目的实施,保障工程建设顺利推进。

3. 规划内容

道路工程及场地竖向、给水工程、污水工程、排水及防洪工程、电力工程、通信工程、燃气工程和管线综合规划(图1、图2)。

4. 实施效果

在市政工程专项规划的指导下,在短短三年的时间里,总投资约100亿元人民币,建成完善的市政道路及各项基础设施工程。已建道路131km,其中主次干路76km,支路55km,交通设施覆盖全园区。建成一座处理规模5万t/日的污水处理厂及配套污水提升泵站,污水管道200km,给水管道220km,雨水管道230km。建成一座装机96万kVA的220kV变电站、两座装机15万kVA的110kV变电站、电缆沟165km,全区实现电缆化环网供电,确保电力供应安全。建成通信局所两个,装机容量10万门,通信管道3000km·孔,实现网络全覆盖。建成燃气调压站一座,燃气管道80km,覆盖全区用户。已建基础设施有力地支持了中心区、科教区、研发区、工业区的开发建设,初步建成生态环境良好、产业蓬勃发展的生态科技新城。

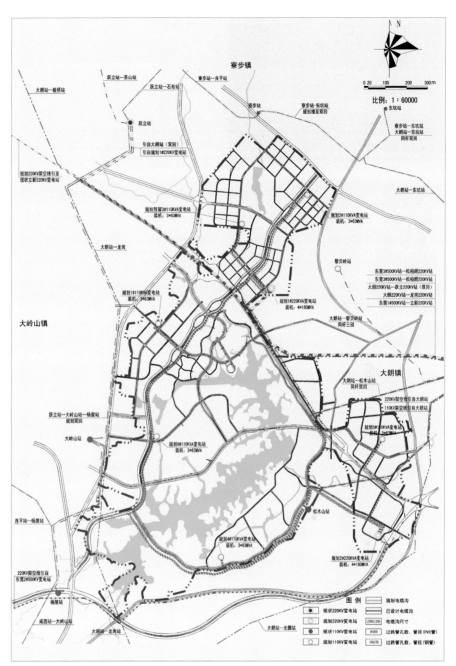

图2 松山湖电力系统规划图

淮南市城市综合防灾规划（2009-2020）

2011 年度全国优秀城乡规划设计二等奖
2011 年度安徽省优秀城乡规划设计二等奖
编制起止时间：2009.5-2010.10
承 担 单 位：工程规划设计所
　　　　　　（现城镇水务与工程专业研究院）
主 管 总 工：杨明松
主 管 所 长：谢映霞
主管主任工：朱思城
项目负责人：洪昌富、黄 俊
主要参加人：刘 茂、王佳卓、郭孝峰、
　　　　　　穆 红、李 栋、刘海龙、
　　　　　　周亚飞、徐 伟、许同生、
　　　　　　蔺 昊、林 栋、王力峰
合 作 单 位：南开大学城市公共安全研究
　　　　　　中心

1. 项目背景

为进一步增强城市预防和抗御灾害的综合能力，防止和减少灾害的危害，建立淮南市城市综合防灾安全体系，创造安全的人居环境，2009 年 5 月，淮南市城乡规划局委托中国城市规划设计研究院编制《淮南市城市综合防灾规划（2009—2020）》。

规划范围与城市总体规划相一致。中心城区规划范围北以淮河南岸为界，南至曹庵及瓦埠湖一线，东至高塘湖西岸，西至瓦埠湖东岸，面积约 500km²。

规划期限为 2009～2020 年，其中近期为 2009～2015 年。

2. 项目构思与针对性

全面贯彻科学发展观，贯彻"预防为主，防、抗、救、避相结合"的方针，坚持"城市防灾基础设施建设与城镇建设统一规划，同步实施，同步发展"。

对城市灾种进行潜在灾害识别、风险评估，提出预防对策、减灾措施、设防标准和防御目标，规划设置各级别避灾场所、避灾通道、救灾中心。

3. 主要内容（技术路线）

在灾害风险评估的基础上，提出减缓措施；规划设置避难场所、应急通道、应急指挥中心、消防站等应急设施，为各专项防灾规划提供框架性依据。

（1）灾害风险评估：对淮南市致灾因素及灾害现状进行全面调查，分析对淮南市安全构成主要威胁的城市灾害及其影响，掌握各种灾害的类别、特征、发生条件及救灾特点，确定需重点防范的城市灾害。

（2）应急设施规划：以淮南防灾避灾共用的基本设施为主要对象，综合考虑城市基础设施、避灾设施、救灾物资保障等各类承灾体的防灾要求，包括避难场所、应急通道、消防站、应急物资供应和应急指挥中心等。研究确定应急设施的布置原则和标准、服务分区，合理确定布局及规模。

（3）主要防灾专项规划指引：从设防标准、防治目标、设施布局、规划要点等方面对防洪排涝规划、消防规划、人防规划、抗震规划、地质灾害防治规划等专项规划提出指引。

4. 项目创新与特色

1）将灾害危险由定性分析提升为定量分析，用数据来判定城市的安全性

借鉴英国 HSE 关于土地利用规划的个人危险性标准的 ALARP 准则（图 1），建立城市的安全评价标准。

（1）重大危险源风险评价

借鉴国外的区域风险指标，以个人风险值作为城市的风险指标；应用美国

图 1　英国 HSE 的 ALARP 准则

图 2　城市火球事故后果图

图 3　城市毒气泄漏事故后果图

Golden 公司研究开发的 Surfer 软件得到该危险源作用下的个人风险等值线。最后借鉴英国 HSE 关于土地利用规划的个人风险标准，对风险区域进行划分（图2、图3）。

（2）城市火灾风险评价

根据美国消防协会 NFPA 在 NFPA1144 和 NFPA299 中制定的野火危险等级表（Wildfire Hazard Rating Form），并结合淮南市的实际情况制定火灾风险评价标准，对淮南市的火灾危险进行等级区划（图4、图5）。

（3）地震风险评价

以改进的 Cardona 模型方法为基础，使用一种整体分析的方法并以指数的形式来描述地震风险（图6、图7）。

2）地理信息系统下的城市灾害的动态模拟

（1）淮河洪水风险的动态模拟

采用 HEC-RAS 模型和 GeoRAS 模块，结合地理信息系统，模拟洪水的淹没场景，最终在地理信息系统环境中得到洪水的淹没范围和深度，从而实现二维洪水模拟的可视化。

（2）基于水质模型软件 WASP 的突发水污染事故风险动态模拟

使用 WASP 模型模拟淮化集团苯泄漏事故发生后自来水厂取水口的苯浓度变化，考虑淮河最大流量和最枯流量两个工况，模拟污染扩散过程。

3）利用地理信息系统下网络分析中的区位—配给模型进行消防站选址和布局优化

以 ArcGIS 下的 location-allocation 模型为工具，通过网络分析法，对淮南市的消防力量布局进行定量化分析，在不规模调整现有消防规划的前提下，对消防力量的布局进行空间优化，对各个消防站的责任区面积进行合理划分，从而在确保淮南市消防安全的前提下，兼顾消防建设的经济性，最大限度地发挥各个消防站的功能，并使得各消防站的平均出勤距离最短（图8）。

4）建立与国际接轨的城市避难场所体系

借鉴日本东京避难场所的规划建设经验，构建淮南市区域性避难场所、街区避难收容所、临时避难所等3个级别构成的避难场所体系（图9）。

5. 实施情况

在本规划指导下，确定淮南市应急指挥中心的建设用地、软硬件建设标准，确定城市南部应急物质储备站的建设，开展了多处城市避难场所的建设。

完善协调《淮南市人防专项规划》成果，立项开展《淮南市城市抗震防灾专项规划》编制工作。

在《淮南市城市综合防灾规划》的指导下，近期开展了一个特勤消防站、八个标准消防站的建设工作，中小学校舍安全工程和大型公共建设抗震加固工程。

实施一年多的历程表明，该规划对城市各专项灾害的防灾减灾具有指导作用，对城市防灾减灾基础设施的建设具有一定的指导作用，对淮南市防灾应急体系的完善建设起到较好的指导作用。

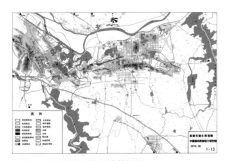

图4　地区火灾现状风险等级图

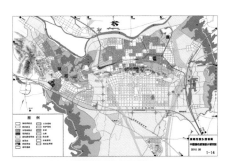

图5　地区火灾规划风险等级图

图6　地震现状风险分级图

图7　地震规划风险分级图

图8　消防站布局与消防响应时间分析图

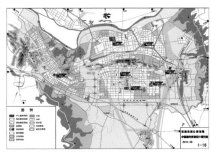

图9　避难场所规划布局图

唐山市曹妃甸工业区防洪(潮)、排涝、水系、竖向综合规划

2008-2009 年度中规院优秀城乡规划设计三等奖

编制起止时间：2009.4-2009.9

承 担 单 位：工程规划设计所
　　　　　　（现城镇水务与工程专业研究院）

主 管 所 长：谢映霞

主 管 主 任 工：黄继军

项 目 负 责 人：朱思诚

主 要 参 加 人：任希岩、吕金燕、王 滨

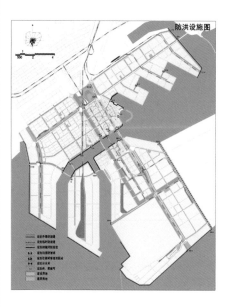

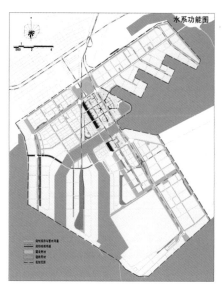

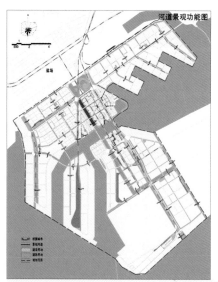

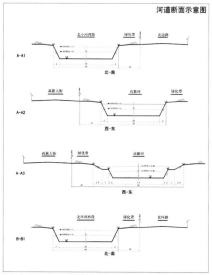

图 2　唐山市曹妃甸工业区水系布局、功能、防潮排涝设施与河道断面图

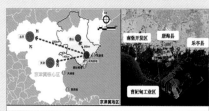

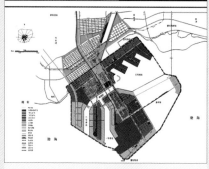

图 1　唐山市曹妃甸工业区区位及总体规划图

本次唐山市曹妃甸工业区防洪(潮)、排涝、水系、竖向综合规划是在我国北方渤海湾地区大面积填海形成的低平陆域条件下，采用市政管网、水系与场地竖向综合规划方法解决城市防洪（潮）与排涝问题的一次典型尝试，并采用了与2013年住房和城乡建设部颁布的城市排水防涝综合规划大纲较为一致的思路，结合传统方法与数值模型方法开展规划，主要有以下特点（图1、图2）。

1. 规划内容

（1）探索了一定重现期海潮位和雨洪水位两碰头情境下采用城市市政管网、场地竖向和绿地、水系构筑蓄排结合的系统解决北方地区沿海低平城市的防潮和排涝问题（图3）。

（2）本次规划不仅提出了解决汛期城市防潮排涝问题的水系功能和布局规划方案，还规划采用构建的城市水系空间进行工业区雨水的季节调蓄

和分质利用，实现再生水补给，并提出改善水质措施和不同情景下的分功能区运行方案。

2. 空间布局

（1）本次规划根据曹妃甸工业区不同功能区的需求和设计竖向标高，按照一定的管网排水标准和应对城市内涝标准分区规划了排蓄雨洪河道、景观生态河道、通航河道、蓄水河湖与湿地等。

（2）结合城市场地竖向条件，将城市河湖、城市湿地、大型绿地和公园、城市管网、防潮海闸、排水泵站构建成为蓄排结合的城市排涝系统。

3. 创新与特色

（1）探索了"雨潮碰头、蓄排结合"的城市防潮排涝规划方法，并采用城市竖向调整、确定合理的市政排水管网标准、规划河湖湿地与防潮排水设施相结合的方法解决沿海低平陆域的防潮排涝问题。

（2）探索了雨水管网暴雨径流公式设计方法、小流域雨洪推理公式方法和数值动力波方法模拟计算相互校核，并提出大面积复杂排水防涝系统应采用数值动力波方法进行系统规划计算和校核的建议（图4）。

4. 实施效果

唐山市曹妃甸工业区防洪（潮）、排涝、水系、竖向综合规划为曹妃甸工业区近五年的建设提供了有效的支撑，实施效果主要体现在以下方面：①以防潮、排水、防涝为主旨确定的水系布局和竖向规划条件有效地指导了工业区填海造地竖向标高和城市水系开挖建设工作，根据水系布局已经建设的河道有效地解决了工业区建设阶段的陆域内涝问题；②本规划提出采用核算出的开挖水系的土方量补充部分填海造地以及部分造地后因沉降引起的不能达到设计标高的陆域已成功实施，为工业区土方平衡和节约投资作出了贡献；③本次规划研究和提出的城市管网、竖向、绿地、水系河湖湿地和排水排涝设施综合规划的方法和采用动力波数值模型进行复杂系统规划的计算方法为城市排水防涝综合规划大纲的制订提供了经验借鉴和技术支撑（图5）。

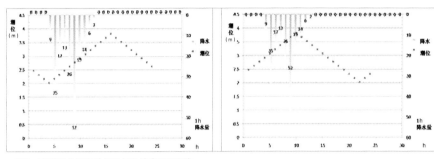

图3 雨潮碰头的设计情景与设计降雨过程线

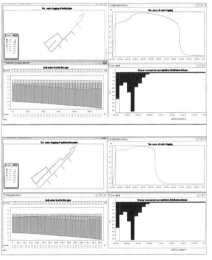

图4 数值模型计算校核与验证

图5 唐山市曹妃甸工业区2013年11月28日遥感图

14

历史文化名城
保护规划

大运河浙江段五城市（杭嘉湖宁绍）遗产保护规划

2011 年度全国优秀城乡规划设计一等奖
2008-2009 年度中规院优秀城乡规划设计一等奖
编制起止时间：2008.11-2009.6
承担单位：城市规划与历史名城规划研究所
主管总工：王景慧
主管所长：张兵
主管主任工：缪琪、张广汉
项目负责人：张广汉、赵中枢、缪琪
主要参加人：康新宇、张书恒、胡敏、
　　　　　　麻冰冰、边际、牛晗、
　　　　　　黄斌、邵浦建、傅峥嵘、
　　　　　　杨开、兰伟杰、刘雪娥
合作单位：浙江省文物考古所

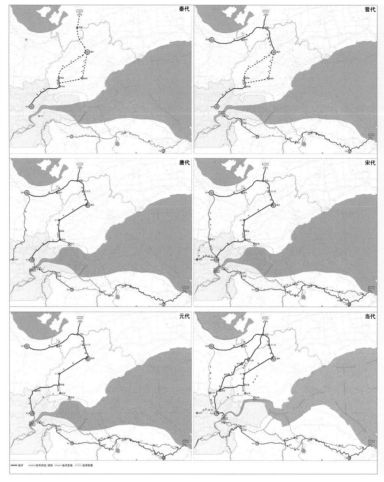

图 2　历史沿革图

图 1　大运河浙江段示意图

552

1. 规划编制背景

京杭大运河 2006 年公布为全国重点文物保护单位，2008 年 3 月国家文物局制订了运河申遗的计划和时间表，决定分步骤编制大运河遗产保护规划。浙江省文物局选定我院负责浙江省 5 市（杭州、嘉兴、湖州、宁波、绍兴）大运河规划的编制工作。

2. 面临的主要问题

大运河作为目前尚在使用的文化线路类型遗产，其界定、保护与利用突破了一般文物、文化遗产的概念，是遗产保护领域前所未有的重大课题。大运河浙江段是目前为数不多的在用河段之一，航运繁忙，防洪排涝等水利功能不可替代，如何划定保护范围，处理好保护与利用的关系是规划面临的主要难题（图 1）。

3. 创新与特色

规划在掌握已有普查成果并进一步深入调查、分析、研究大运河的遗产资源并建立详尽可信的资料库的基础上，认知大运河遗产的构成，科学评估大运河遗产的价值，提炼所在地段运河的特色及其历史作用，明确各类保护对象，划定各类保护区划，制订保护对策，协调相关矛盾，最终将规划成果纳入所在城市的总体规划并与相关专业规划相整合与衔接（图 2）。

（1）规划以世界遗产的真实性、完整性、延续性原则为指导原则，借鉴国际文化遗产保护的最新进展，突破一般意义上的文物、文化遗产概念，用线性遗产等新的规划理念把握遗产构成与价值评估，根据功能相关性、历史文化科学价值、保存状况等对大量水利水工设

施和与运河相关的物质和非物质文化遗
产进行对比研究和筛选，确定市级大运
河文化遗产名单，并得到了有关专家、
城市政府及各有关部门的认同（图3）。

（2）规划根据大运河文化遗产的系
统性、整体性等内在特性，从区域视角
来考察本段运河在整个大运河系统中的
地位和作用，科学确定遗产价值，制订遗
产保护管理、环境整治和展示利用的具体
要求和措施。如一些水利水运遗产，就单
体而言，价值和作用都非常有限，然而把
它们组合在一起考察它们对整段运河的
作用，就能够挖掘出它们真正的价值。规
划因此提出水利航运设施群的概念，拓展
了遗产构成和价值认定的一般做法。

（3）规划针对大运河遗产类型多样
的特点，依据相关法律法规，考虑已有
相关规划提出的保护区划，认真研究分
析所在运河地段的大运河保护的具体问
题和相关矛盾，结合水利水工遗产在用
和废弃不用等不同情况，按照有效保护、
协调发展的原则有针对性地提出大运河
的保护区划和保护要求（图4、图5）。

（4）鉴于大运河多部门多层次管理
的特点，规划妥善协调相关法规和不同
部门管理侧重点不同引发的问题，在综
合环境整治、展示利用、航道利用、生
态环保、土地利用、基础设施、居民社
会调控、游憩等方面，提出促进当地大
运河文化遗产保护与经济社会生活可持
续发展的相关规划措施与建议。

4. 实施效果

规划对大运河遗产保护和利用提出
了具体的规划实施的要求，特别是针对大
运河已有的水利、航运、城乡建设、旅
游等相关规划中存在的与大运河遗产保
护规划不一致的地方提出了规划调整建
议。地市相关部门已经根据本次规划停
止拆迁规划确定的大运河遗产，并将于
2012年实施遗产保护和环境整治工作，
为2014年申报世界文化遗产奠定基础。

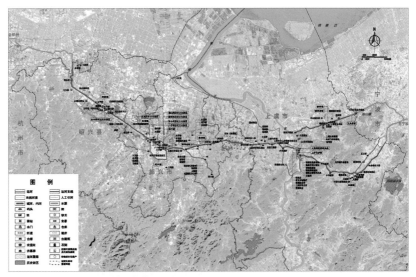

图3　遗产分布图（以绍兴段为例）

图4　开辟新航道，保护古镇、古桥（杭州余杭塘栖镇）

图5　运河遗产保护整治中（湖州）

太原历史文化名城
保护规划

2011年度全国优秀城乡规划设计一等奖
2010-2011年度中规院优秀城乡规划设计一等奖
编制起止时间：2008.10-2009.12
承担单位：城市规划与历史名城规划研究所
主管所长：郝之颖
主管主任工：张广汉
项目负责人：张兵、付冬楠
主要参加人：杜莹、王川、杨涛、
　　　　　　王富华、高辉、卫长乐、
　　　　　　何依、张松、胡京京、
　　　　　　龙慧、汤芳菲、乔树东、
　　　　　　车淳碧

进入21世纪，我国文化遗产保护事业实现了重要突破，保护对象从古代文物到当代遗产，从静态遗产到动态遗产，从物质遗产到非物质遗产，出现了如20世纪遗产、工业遗产、文化线路、文化景观等一系列新概念，传统文物保护的视野被不断拓宽。由此，历史文化名城保护规划的编制面临理论与方法的变革。作为一座特大城市，太原历史文化名城保护规划正是在这样的背景下开展的。

1. 技术要点

过去，对太原名城的保护地较多地关注于明清府城。本次规划意识到，应揭示太原古城演化的规律（图1），从而抓住名城保护的关键线索。而要做到这一点，用系统的观点、整体的分析方法是必需的。

规划主要从以下四个方面拓宽和深化了太原名城保护的方法。

第一，探索历史文化名城价值特色的研究方法。

"历史文化价值与特色"的评估一直以来被认为是保护规划的技术核心。规划在认识的方法上，有意识地区分了历史学和文化学的不同认识途径。历史学的角度，重在将考古发现作为评估的依据。例如山西大学堂、孙中山讲演所这些实物遗存就直接证明了太原作为"中国近代化历程中的先锋省府"的价值；而对于无法找到直接依据的，则重在挖掘相关历史遗存背后的文化象征意义，例如从徐显秀墓地考古发现的北齐壁画可以证明南北朝时期晋阳古城在多民族融合及中国与中亚西亚商业文化交流中的特殊地位。

第二，以新的时空观梳理城市生长规律。

面对太原2500年的深厚历史积淀，规划从时间与空间两个维度全面梳理太原名城历史发展的脉络。

规划整理了中国历朝边界与太原区位的微妙关系，发现太原自古就是中国北方最重要的边境城市。以太原为枢纽的晋中地区的众多军事堡垒与万里长城上的偏关和大同关同属一个防御体系。市域内这条军事的文化线路，同时也是驿站的线路、商业贸易的线路、多民族文化交流的线路。市域内众多遗存之间紧密的内在关联，昭示了太原古城在国家和区域重要的历史变迁中拥有极其独特的地位和作用（图2）。

第三，规划倡导将"新中国文化财富"纳入名城保护范畴。

在民国时期工业发展的基础上，太原成为"一五"时期我国最重要的工业基地之一。根据太原在中国近现代文明发展中的特殊地位，规划不仅在"历史建筑"层面拓展保护内容，而且将"一五"时期建成的矿机苏式住宅区、太重苏联专家楼纳入"历史文化街区"层面加以保护（图3）。

第四，以整体保护观保护名城的环境格局。

规划在认识城市生长规律的基础上，将明清太原府城与汾河的环境关系进行扩展，提出在保护古城格局的同时，加强保护东西两山及汾河所构成的总体格局。

图1　城址变迁图

图2　20世纪遗产保护与利用规划图

2.规划措施

在具体的保护措施方面，除了按照规划编制办法完成基本内容外，本次规划重点抓住以下要点。

1）两个历史城区的划定

规划划定太原府城和明太原县城两处历史城区。分别提出保护、控制和风貌引导的要求，确保了城市发展历史的完整保存与呈现。

2）太原府城的保护与整治

规划针对太原府城历史遗存碎片化的现状，积极利用保护、整治、再现等多种手段，抢救性地整理城墙遗址、水系、历史轴线、历史街巷，重点提示宋、明太原城的府城格局。

3）历史文化街区保护

除府城内两处历史文化街区、明太原县城历史文化街区外，本次规划在历史城区之外，结合太原近现代城市发展的特点，突破性地将20世纪50年代的代表性居住区纳入到历史文化街区加以保护。

4）历史文化风貌区的划定

为了抢救性地保护反映古城格局的历史建筑群，规划提出在府城内划定崇善寺、皇庙、天主堂、重阳宫所在的历史文化风貌区，加强文物古迹、历史建筑周边的风貌控制，最大化地展示较为完整的古城风貌格局（图4）。

5）文物古迹的保护

规划对新中国成立后的优秀近现代建筑与工业遗产进行了系统调查，纳入规划，并编制保护图则。

6）名城展示与利用

通过对太原历史文化名城的多层次梳理，结合近期正在实施的西山、汾河整治项目，规划还强调从市辖区文化线路到山水形胜，再到古城格局的系统性展示。

将名城保护和当代城市建设和发展紧密结合，真正体现历史文化的保护与社会、经济可持续发展的内在关系。

3.实施情况

2009年9月9日，太原市政府正式公布规划确定的5处历史文化风貌区、58项共232处历史建筑。2009年11月6日，按照《历史文化名城名镇名村保护条例》，省政府认定规划确定的5处历史文化街区，并予以公布；2010年1月7日，太原历史文化名城保护规划通过了太原市政府的审批；2011年3月14日，国务院批复同意将山西省太原市列为国家历史文化名城。当前，保护规划对太原历史文化名城保护已经起到了积极的作用，西山环境整治，工业遗产整理与保护，明太原县城历史文化街区的保护实施相继展开。

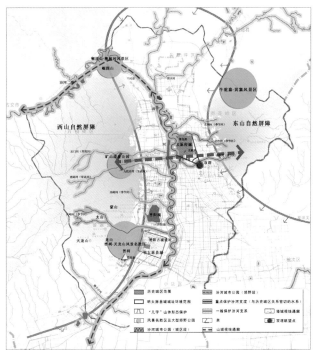

图3 古城形胜和历史文化环境保护图

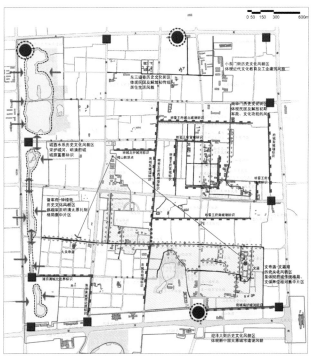

图4 太原府城保护规划总图

沈阳历史文化名城保护规划

2012-2013年度中规院优秀城乡规划设计三等奖

编制起止时间：2011.9-2012.10

承担单位：城市规划与历史名城规划研究所

主管所长：郝之颖

主管主任工：缪琪

项目负责人：张广汉、康新宇

主要参加人：王川、王玲玲、张帆、
　　　　　　张晓云、刘忠刚、王丽丹、
　　　　　　谭许伟、张晓科、魏祥莉、
　　　　　　郑鑫、刘治国、由宗兴、
　　　　　　张译珊、范婷婷、王磊、
　　　　　　刘笑

合作单位：沈阳市规划设计研究院

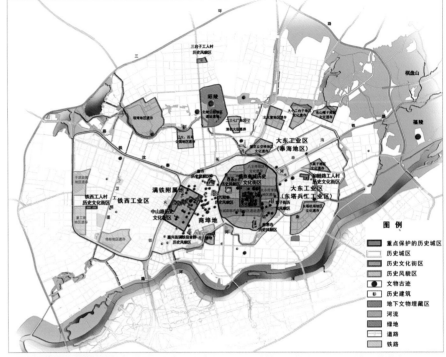

图2　保护区划总图

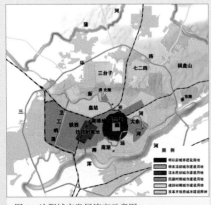

图1　沈阳城市发展演变示意图

国家历史文化名城沈阳，历史悠久，文物古迹众多。配合新一轮城市总体规划修编开展的本次沈阳历史文化名城保护规划，是在新的历史时期，在沈阳这类近现代代表性城市中编制名城保护规划的一次重要实践，规划主要创新性特点如下。

1. 名城价值特色

规划首先对沈阳名城的价值和特色进行了重大拓展。根据历史研究，规划在沈阳以往"一朝发祥地、两代帝王都"名城价值概括的基础上，把沈阳在近现代反殖民统治、工业发展、城市规划建设等方面的重要价值内容补充进来（图1）。并从整体保护沈阳名城价值载体：历史城区的格局和风貌出发，对沈阳在古代、近现代、新中国成立初期等各个不同历史时期所形成的五大历史城区板块：盛京城、满铁附属地、商埠地、张作霖时期扩展区和铁西工业区进行了划定，分别提出其价值特色，极大地丰富和提升了沈阳名城的价值内涵（图2）。

2. 保护框架和体系

在对沈阳名城价值特色准确完整认知的基础上，规划对名城保护框架和体系进行了系统梳理。

（1）规划对上版保护规划中提出的历史文化街区及其范围进行重新审核，取消了部分不具备条件的街区，扩大了部分街区的保护范围，并新增了一处"一五时期"的三台子工人新村历史文化街区和堂子街、九如巷两处历史风貌区。

（2）针对沈阳历史建筑和工业遗产尚未公布和有效保护的问题，规划首次制定了历史建筑、工业遗产的确定标准，结合第三次文物普查提出了预备名单，提出了保护要求和措施，推动了沈阳市历史建筑和工业遗产的保护。

3. 保护内容和要求

（1）规划根据不同时期形成的五片历史城区的不同价值和特色，以及所面对的不同问题，分别提出具体保护要求。其中：盛京城，重点延续清代、民国建筑文化的特色；满铁附属地，重点保护

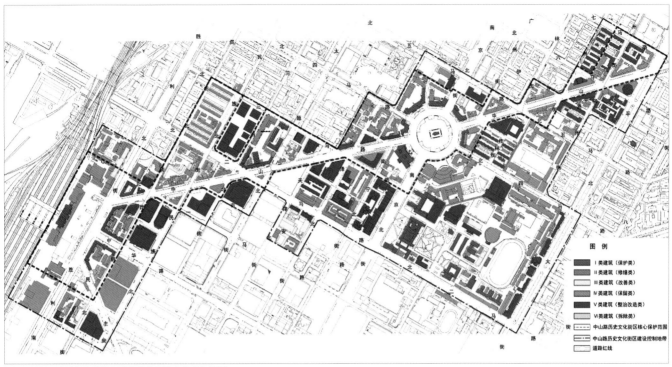

图3 中山路历史文化街区建筑分类保护和整治规划图

"巴洛克式"城市空间格局；商埠地，重点保护体现民国时期东西文化融合发展的格局风貌；张作霖时期扩建区，重点保护保护工业区风貌和工业遗产；铁西工业区，重点保护和展示沈阳早期的工业文明。

（2）对于四片跨越古代、近代和现代三个不同历史时期，具有不同风貌特色的历史文化街区，及其所面临的不同保护问题，规划提出了有针对性的保护和控制要求。其中：盛京皇城历史文化街区以沈阳故宫为中心，规划按照世界文化遗产的保护要求，重点保护文物古迹、皇城格局及其周边环境；中山路历史文化街区具有受到外来文化影响的风貌特色，规划重点保护整体风貌，严格控制新建、改建建筑高度和风格，提出应对沿街建筑立面进行重点保护和整治（图3、图4）。

（3）针对沈阳名城风貌受到高层建筑影响较大的现实问题，规划在对历史城区、历史文化街区、重要文物保护单位等进行视线分析的基础上，划定视线通廊，加强对盛京城、中山路两片重点保护的历史城区和盛京皇城、中山路两片重要历史文化街区的视线通廊的控制，加强历史文化街区的建筑高度控制要求，对新建、改建活动进行必要的控制和引导，以及时遏止城市不当建设对名城风貌的威胁。

4. 规划实施效果

规划出台后即得到沈阳市政府相关部门重视，引起社会和媒体的广泛关注。

2012年6月，沈阳市根据本次规划对中山路历史文化街区进行保护修缮和整治（图5）。2013年6月，沈阳市人民政府已根据本次规划公布首批历史建筑名录，共41处。审判日本战犯特别军事法庭旧址（北陵电影院），沈阳市文物保护单位，曾出租给商贩，在保护规划编制后被相关部门整改，将进行保护修缮，并更名为"审判日本战犯沈阳特别军事法庭旧址陈列馆"进行展示。

图4 沈阳故宫

图5 中山路历史文化街区保护整治进行中

北海历史文化名城
保护规划

2012-2013 年度中规院优秀城乡规划设计二等奖
编制起止时间：2009.9-2013.7
承 担 单 位：城市规划与历史名城规划研究所
主 管 所 长：张 兵
主 管 主 任 工：张广汉
项目负责人：龙 慧、王 川
主要参加人：徐 明、蔡海鹏、胡 敏、
　　　　　　黄 卫

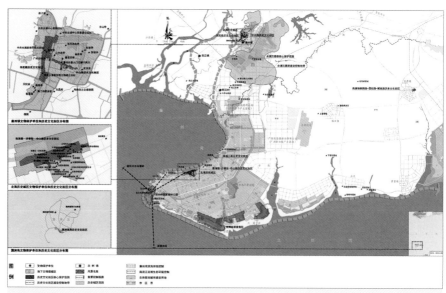

图 2　北海历史文化名城保护总图

随着对文化遗产价值认识的不断深化，近现代文化遗产的保护也日益受到重视。以近代历史遗存为主的历史地段也引起国际社会的广泛关注，价值突出者被列为世界遗产加以保护。历史文化名城保护规划则在保护思路与方法方面积极探索，北海名城保护规划编制工作正是在此背景下开展的。

1. 技术要点

北海成市较晚，及至 1855 年，为加强商埠管理，政府机构移驻北海后，才从此前的聚居点成为一座真正的城市。至 1876 年开埠，又由商埠城市进一步成为近代通商口岸城市，先后辟建中西合璧风貌的领事区，拓建集中成片的骑楼街区（图 1）。其城市发展有别于其他古代传统城市，没有城墙和护城河工事围护，呈现为开放式的空间发展格局。因此，如何解读北海名"城"的传统格局和历史风貌，识别保护内容，进而更好地进行保护和展示，成为保护规划编制的核心工作。

过去的保护实践多集中于老城北部的骑楼街区一带，原领事区保留的近代

图 1　北海市在广西壮族自治区的区位图

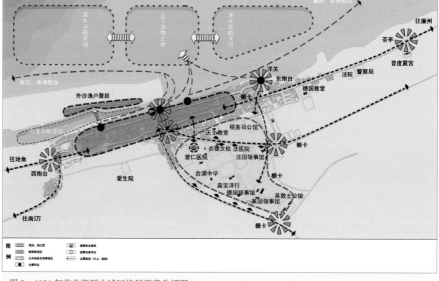

图 3　1931 年前北海历史城区格局要素分析图

建筑群则以建筑单体列为文保单位进行保护。因此，保护规划以历史名城传统格局和历史风貌的保护为编制关键，确立了基于整体观，以"城"为中心的保护思路和方法，以更好地认知北海"名城"的传统格局和历史风貌特色，进而实现对历史遗存的系统完整保护（图2）。

规划在价值特色判读、研究思路和方法、保护和展示措施等方面作出了积极的探索，拓展了名城的保护思路，完善了保护规划的编制方法。

（1）探索近现代城市建设价值特色的研究方法。

规划从文化、商贸、军事、城市建设四个方面总结归纳出北海名城的历史文化价值特色，确定城市建设价值特色为我国滨海地区近现代商埠格局范例之一，近代通商口岸城市的珍贵实例，而非此前认知的"街区"。在认知方法上，由于研究基础薄弱，规划引入了城市史学的视角，并采用实例分析归纳及历史地图、文献记载与历史遗存比照等研究手段。通过选取通商口岸城市实例进行格局、功能等内容归纳总结，并与北海的遗存进行比照，明确了北海保留的通商口岸城市格局和风貌的历史文化价值和特色（图3）。

（2）以区域角度梳理历史文化遗产的内在联系，全面把握北海城市历史文化发展的脉络。

北海及至近代才取代所辖具有2000多年历史的合浦县成为地区中心。因此，规划以合浦为溯源，从区域角度全面梳理了古代合浦及与北海相关的历史文化

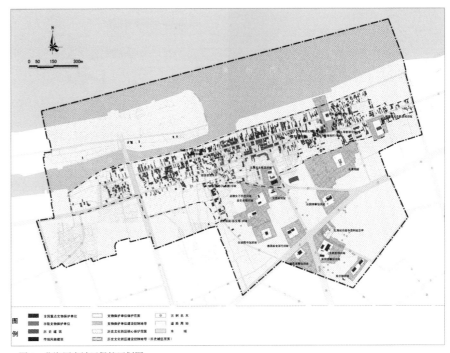

图4　北海历史城区保护区划图

发展脉络。通过区域的视角，揭示了北海在历史上的重要地位和作用，进而挖掘出其历史文化、军事等价值所在，使文化线路等遗存得以更好地保护和展示。

（3）保护和展示主要基于历史文化价值特色深入研究的基础上，重点保护和系统展示凸显名城价值与特色的历史遗存。

规划在北海名城保护范围内划定北海、合浦廉州两处历史城区，及六处近现代价值特色突出的历史文化街区进行保护。并明确与名城相依存的历史环境为南流江流域、廉州湾海域及冠头岭，提出了保护控制要求。

在北海历史城区范围划定中，将范围扩展为涵盖近代城市格局的空间范畴，形成以骑楼街区为核心，兼有外沙内港、东西炮台和领事区的整体保护格局，并将范围界线作为历史文化街区的建控地带，强化了法定效力。规划还对范围内的大量建筑进行风貌、高度、产权等内容进行了全面普查，以此为基础对建筑提出分类保护和整治要求（图4）。

此外，在名城格局保护与展示利用上，分别针对此前被忽略的滨水历史环境和分散保护状态的领事区提出相应的整体保护与整治对策，并以图则方式提出保护控制要求（图5）。

2. 实施情况

北海市政府已先后于2009年公布挂牌两批共63处历史建筑。并于2010年1月，由自治区政府认定公布了保护规划确定的6处历史文化街区。同年11月9日，国务院批复同意将北海市列为国家历史文化名城。目前，规划对北海名城保护已经起到了积极的作用，根据保护规划，街区环境整治、建筑修缮及市政改造一系列规划实施相继展开。

图5　北海历史城区海堤路整治示意图

齐齐哈尔历史文化名城保护规划

2012-2013 年度中规院优秀城乡规划设计二等奖
编制起止时间：2009.7-2013.7
承担单位：城市规划与历史名城规划研究所
主管所长：张 兵
主管主任工：张广汉
项目负责人：胡京京、汤芳菲
主要参加人：杜 莹、杨 涛、杨 开、
　　　　　　范 勇、左玉罡、徐 明、
　　　　　　耿 健、王巍等
合作单位：齐齐哈尔市城乡规划局

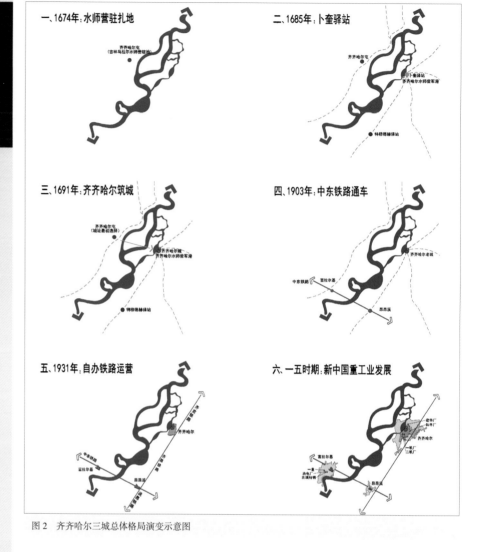

图 2　齐齐哈尔三城总体格局演变示意图

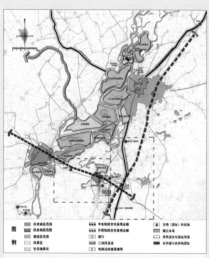

图 1　齐齐哈尔三城总体格局保护规划图

在文化遗产保护和文化发展日益受到重视的社会背景下，齐齐哈尔历史文化名城保护规划依据其自身特点试图探索出一条保护与发展相结合的道路。

1. 规划背景

齐齐哈尔位于中国东北边疆黑龙江地区，此地处于北方势力进入东北平原的重要通道上，往西穿越大兴安岭连接蒙古草原，往南直面广阔的松辽平原并一路直下中原地区，具有控扼四方的重要区位意义，是东北亚众多民族聚居、流动与纷争的热土，多元文化融合与冲突的特征明显。

本次规划关注齐齐哈尔作为边疆地区历史发展脉络研究的独特性，提出具有自身特色的历史文化价值特色，并建立与其相应的保护内容框架。

2. 技术特点

1）关注边疆地区区域地缘政治环境变化下的名城历史文化特色价值研究

规划在边疆区域人口流动与民族发展、国际军事冲突与重大历史事件对于城市建设历史的影响等方面进行了深入的探讨，由此提炼出了齐齐哈尔筑城历史的演进过程和三城并存的城市空间格局特色（图 1、图 2）。

规划将齐齐哈尔的历史文化价值归纳为四点，分别是：中华民族多元文化源起与融合的重要载体；中国直面东北亚区域局势的军府重镇和交通要塞；黑龙江地区见证近现代文明发展的百年省府；新中国重工业建设的标志性城市。

提出了系统联系规划保护内容与历史文化价值特色研究，建立三城格局保护框架，即保护齐齐哈尔老城、昂昂溪、富拉尔基（图3）三座历史城区，并在保护内容框架中增加了三城格局和历史环境的保护层次。

2）关注城市保护与发展的关系，重点探索了历史城区层面

本次规划认为历史城区是协调城市发展与保护的重要层次。

在历史城区的区划划定上，强调系统整体的保护理念。例如，研究齐齐哈尔老城区在清代军事重镇、清末俄日殖民、日伪占领区、新中国等多个历史阶段的空间拓展情况，划定的历史城区涵盖多时段发展的典型地区和清军水师驻军的劳动湖、内外双重城墙等格局环境要素。在昂昂溪历史城区的划定上，考虑中东铁路文化线路保护大背景，以铁路附属地建设为划定依据（图4）。

规划强调历史城区的保护应当与城市总体发展策略相结合。从历史文化保护的视角出发，对于各城区未来的功能定位、用地格局与交通系统调整、景观环境的设计等提出了针对性的策略。

3）从历史城区、历史文化街区、历史建筑等多个层面上推动现代文化遗产的保护

本次规划深度关注现代文化遗产，尤其关注新中国建立以来，国家现代化推进过程中重要的文化遗产。

在历史城区层面上，保护富拉尔基作为"一五"时期为国家重工业奠基而规划新建的标志性城市的方案格局，保护体现现代城市规划功能分区思想的典型工业区、居住区，保护体现苏式城市设计艺术理念的主要轴线和历史性绿地，并在未来的城市建设中加以延续和彰显。

在历史文化街区和风貌区的保护上，纳入了典型工人居住区一机厂四宿舍、和平路历史文化街区（图5）等，以及代表现代综合型城市公园建设的龙沙公园；建议将第二机床厂、一重、北满钢厂和富拉尔基热电厂等工业企业纳为工业遗产集中地区；并建议将一批典型工人住宅、工厂、公共建筑等纳为历史建筑。

3. 实施效果

保护规划于2013年6月通过黑龙江省人民政府的批复，公布了3处历史城区、6处历史文化街区、6处历史文化风貌区、4处工业遗产集中厂区、200处文物保护单位、55处历史建筑。

在编制和实施的过程中，规划积极有效地推动了地方的文化遗产保护工作，促使地方颁布了《齐齐哈尔市历史街区历史建筑保护条例》（2011年），成立了名城管理办公室，对一批历史建筑进行建档挂牌，并开展了一批历史文化街区和历史文化风貌区的保护规划，对于加强齐齐哈尔城市历史的传承，协调城市建设中保护与发展的关系，起到了重要的作用。

图4 中东铁路昂昂溪站

图5 和平路历史文化街区

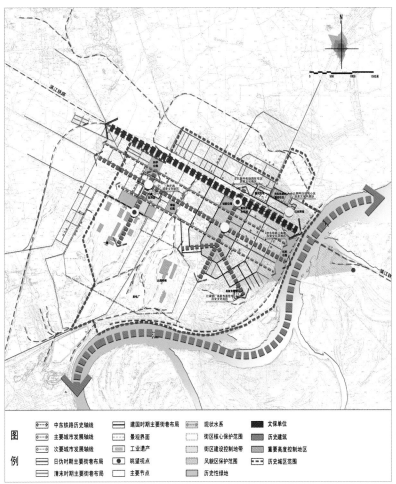

图3 富拉尔基历史城区保护总图

绩溪历史文化名城保护规划

2007年度全国优秀城乡规划设计三等奖
2006–2007年度中规院优秀城乡规划设计二等奖
编制起止时间：2006.3–2006.12
承担单位：城市规划与历史名城规划研究所
主管总工：王景慧
主管所长：张 兵
主管主任工：缪 琪
项目负责人：赵中枢
主要参加人：胡 敏、周 伟、所 萌、
　　　　　　蔡海鹏

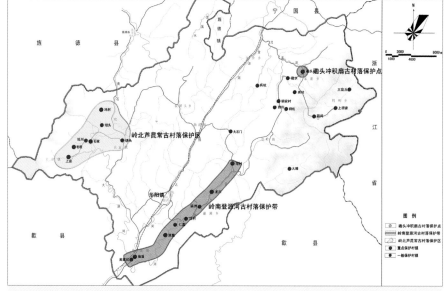

图2　县域古村镇保护规划图

图1　龙川胡氏宗祠

绩溪山水秀美、民风淳朴，是一座集传统风貌、历史文化于一身，最具徽州地域特点的历史文化名城。本规划编制的同时，绩溪县政府正在同步开展国家级历史文化名城的申报工作。

1. 规划中面临的主要问题

（1）作为徽文化发源地之一，如何在浩瀚如海的徽文化中对绩溪历史文化价值作出合理、恰当的判断和定位是关系到规划成败与否的关键。

（2）绩溪县域范围内存在大量具有保护价值的村落，如何在名城保护中将其有效纳入进来，使其在总体层面得到有效、合理的保护（图1）。

（3）绩溪历史文化的重要特色就是其存在大量的非物质文化遗产，如何通过保护规划使非物质文化遗产得到有效保护是本规划面临的新课题。

2. 技术路线

以对徽文化传承与发展的研究为主线，确定历史文化特色和价值级别，分析保护重点和主要问题，以此制订保护路线和技术措施。

3. 创新要点

（1）规划通过绩溪及区域文化特色解读，明确徽文化是古徽州地区发展演进的最为重要的主线，确定以徽文化研究为主线的技术路线。通过对大区域、县域以及小区域的徽文化研究和比较确定适宜的规划技术路线。

（2）本规划创新性地在以往三级的历史文化名城保护层次上，增加了县域古村落整体保护的层次。该层次的增加符合绩溪历史文化资源分布的特点，也契合徽州村落在徽文化发展、传承中所起到的重要作用，通过该层使得绩溪历史文化保护的重要内容和文化载体得到完整保护。

（3）规划在对县域古村落的总体保护中，注重对其文化共性分析及其成因的研究。通过对区域地理风貌、民俗文化特点、村落布局特色等的研究，从区域文化整体保护和区域性文化多样性保护出发，根据绩溪重点古村镇分布以及地理、文化联系特征，规划为"一点"、"一带"、"一区"的总体保护结构。并在此结构基础上，分别提出分区保护要求，以及近期整治重点（图2）。

（4）规划重视非物质文化遗产的保护，根据对徽文化特点的研究，确定了重视遗产环境保护、整体保护、动态保护和广泛参与的保护原则，强化非物质文化遗产地、物质载体的保护以及与物质文化遗产保护的结合，并在历史建筑保护、村落整治、古城产业规划中有意识地强调与非物质遗产保护、利用和展示的结合，实现对绩溪非物质文化遗产尤其是名人文化、传统工艺、传统民俗和徽菜等具有突出代表性的非物质文化

遗产的有效保护（图3）。

（5）规划重视对山水环境的保护，基于对徽州村落规划的研究，划定了绩溪古城的山水格局保护范围，并强调了对环境要素的保护，对古城及村落的水口区提出了明确的保护要求。对山水环境的强化保护既实现对古徽州地区村镇构成要素的全面保护，亦符合当前文化遗产保护领域对遗产环境日益重视的保护趋势（图4）。

4. 实施效果

本项目是中规院名城保护规划进展最快的项目之一。在院内严格的管理制度下，地方积极配合推进，项目组在实地调查中也得到了当地居民的有力支持。规划当年通过评审，获得好评。对于绩溪荣获国家名城称号，起到了有力的支撑作用。

规划通过后，绩溪古城与古村落的保护工作已全面展开，部分地段已初现成效。

图3 历史文化名城保护总图

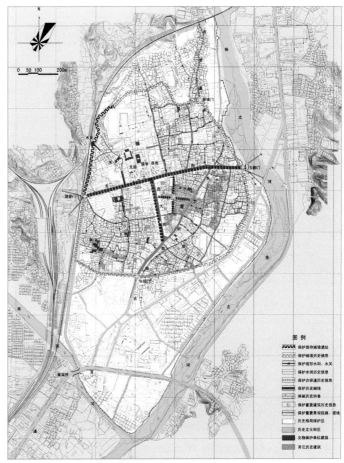

图4 古城历史格局保护规划图

绩溪古城历史文化街区及历史水圳景观整治规划

2011 年度全国优秀城乡规划设计二等奖

2010–2011 年度中规院优秀城乡规划设计一等奖

编制起止时间：2010.1–2010.7

承 担 单 位：城市规划与历史名城规划研究所

主 管 所 长：张 兵

主 管 主 任 工：缪 琪

项目负责人：胡 敏、赵中枢

主要参加人：杨 开、兰伟杰、刘雪娥、
　　　　　　刘 豪、王 鑫、李 壮

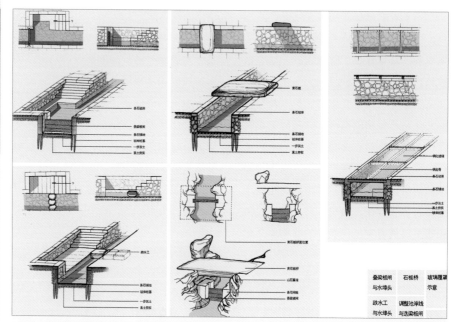

图 1　水圳典型断面构造图

2006 年，绩溪编制了历史文化名城保护规划；2007 年 3 月 18 日，绩溪成为我国第 107 个国家历史文化名城。2009 年新区发展已经初具规模，疏散功能、保护老城的条件已经成熟。此外，由于高速铁路、高速公路的相继建设，绩溪发展条件发生巨大变化。在新的背景下，绩溪开始编制一系列规划指导历史文化名城保护与城市发展，《绩溪古城街区及水圳环境整治修建性详细规划》是这一系列规划的重要组成部分。

1. 规划构思

根据《历史文化名城保护规划规范》、住房和城乡建设部有关历史文化名城保护规划编制的要求及相关法律法规，在历史文化街区及水圳的历史与现状（图1）认真调查、分析和研究的基础上，借助建筑类型学比较研究方法、历史景观系统保护理念以及历史遗产保护展示的最新理念，按照"保护优先、结合利用、挖掘内涵、统筹综合"的思路，将遗产保护整治与城市环境提升以及居民生活

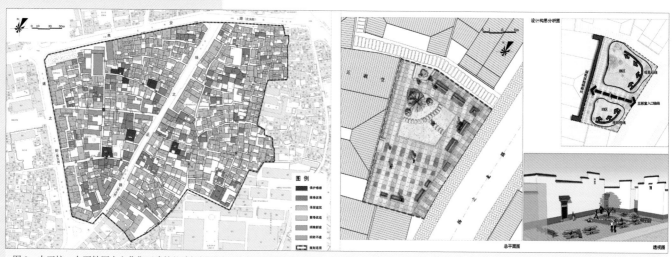

图 2　中正坊—白石鼓历史文化街区建筑整治规划图及五教堂节点设计图

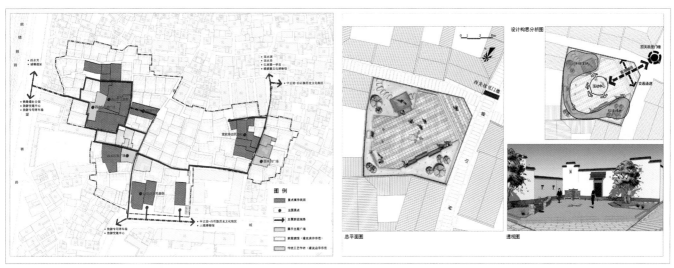

图3 西山历史文化街区展示利用规划及西关故里节点设计图

水平改善结合起来，探索具有适宜性、针对性和可操作性的规划技术。

2. 创新与特色

（1）将"风貌整治"与"活力提升"相结合，在保护街区历史建筑和整体风貌的同时，实现街区传统生活的保存和提升，探索古城全面复兴的实现路径（图2、图3）。

（2）加强区域建筑类型学的比较研究，重视绩溪建筑在徽州建筑文化中的特性研究，确保绩溪建筑文化的独特性在建筑保护整治中得以正确传承。

（3）从"历史景观"视角看待水圳遗存，充分认识和挖掘水圳的历史特征和逻辑内涵，探索水圳的遗存保护、功能恢复和景观意向延续，通过遗产保护实现提升城市景观和完善城市功能的综合目标（图4）。

（4）以保护理念指导场地设计，将遗产保护、展示的思路与城市设计手法相结合，探索在历史地段的保护更新中场地和景观设计的适宜方法。

本次规划的每一个场地设计中，均尝试将遗产保护和展示的理念与现代的城市设计、景观设计相结合，以遗产本体的保护、展示利用为导向，进行场地要素综合分析，确定规划方案，探索在历史地段保护更新中的场地和景观设计适宜方法，在绩溪古城中创造主题突出、功能合理、历史与现代交融的景观节点。

3. 实施效果

街区内行政机构搬迁已经完成，旅游功能置换已经开始，部分路段基础设施改造已经开始。

绩溪县已经开始着手依据本规划，委托设计单位开展水圳保护整治景观施工图设计。

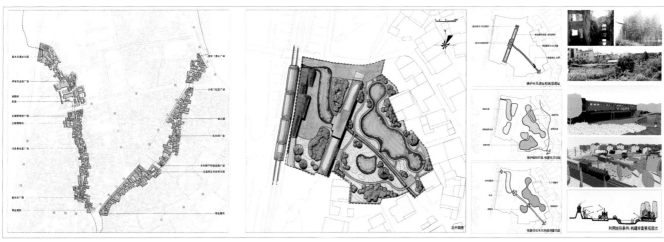

图4 水圳及两侧地区规划总平面及西水关遗址公园节点设计图

榆林卫城城墙保护规划

2008-2009年度中规院优秀城乡规划设计三等奖
编制起止时间：2007.11-2008.11
承担单位：城市规划与历史名城规划研究所
主管所长：张　兵
主管主任工：缪　琪
项目负责人：赵中枢、胡　敏
主要参加人：王　勇、左玉罡、范　勇

图2　南城墙现状

榆林卫城于2006年5月25日被国务院公布为第六批全国重点文物保护单位。榆林卫城城墙是全国范围内屈指可数、整体保存较好的古代城墙之一，同时也面临着众多现实和潜在的破坏威胁，部分段落亟待抢险修缮（图1、图2）。

1. 面临的主要问题

遗产构成和城墙分布空间范围尚不清楚，规划基础薄弱。遗产本体破坏严重，受到人为干预的范围较广，保护形势严峻。尚未展开有效的展示利用，社会效益和经济价值亟待挖掘。城墙周边环境复杂，景观干扰因素众多，部分土地利用与遗产保护、展示存在较大冲突（图3）。

2. 技术路线

本规划采取以研究考证为支撑，以现状评估为基础，保护利用统筹兼顾的技术路线。

3. 创新与特色

（1）遗产认定：规划综合选取和利用军事工程学、历史学、考古学、测绘学的相关研究成果和研究方法，结合实地现场勘察调查，重点对榆林城墙的形制、构成、长度、构造、材料、工艺，历史城墙的具体位置等进行研究考证。依据遗产保护的完整性原则，确定榆林卫城城墙构成体系，重视遗产历史环境特色，筛选和保留不同历史时期遗留在城墙上的历史遗迹，重新确定榆林卫城城墙构成，科学地确定保护对象。

（2）价值判定：规划立足古城的卫城、边城、商城的特点，从明代长城防御、边疆政治经济文化、城市规划选址、城墙建设技术、城墙空间特色等多个角度对卫城城墙的价值进行全面分析，对文物价值、科学价值、艺术价值、社会价值、经济价值进行分类评估，综合评定了榆林城墙的价值特色。

（3）区划调整：依托研究——通过构造、构成、宽度、演变范围等基础研究，确定区划范围、区划调整技术的总体要求等。兼顾环境——通过对历史环境要素（图4）和特征、现状景观环境需求以及地形地貌的分析，确定特殊地段的调整细则。协调规划——与同步编制的总体规划的道路红线、路网控制协调，增加管理中的可操作性；增加环境协调建议范围，与总体规划和名城保护的相应区划保持协调等。

（4）保护措施：规划以现状科学评估为基础，对遗产本体和遗产环境分别

图1　东城墙现状

提出保护措施。

（5）展示利用：规划建立多层次、多模式的遗产利用模式。从区域旅游协作、城市景观与开放空间构建、公共活动组织多个方面规划遗产综合展示利用，全面发挥遗产价值（图5）。

（6）环境整治：规划立足遗产、着眼城市，从生态环境、景观环境、社会环境三个方面对城墙及周边地块进行全面分析，充分利用城市规划手段，结合遗产保护和城市发展的双重目标和需求，提出综合性的环境整治措施（图6）。

4. 实施效果

2008年10月，榆林市文物局按照本规划对规划抢修段落开展抢救性保护工程，在对濒临坍塌夯土墙体保护的过程中，根据本规划要求和建议，改变以往破坏本体、不可逆、不可识别破坏性的保护措施，采用符合保护本体、可逆性、色彩协调、可识别性原则的保护措施。此外，榆林市文物局已计划在2009年将古榆阳桥、中国共产党榆林县委员会党校旧址公布为榆林市文物保护单位。

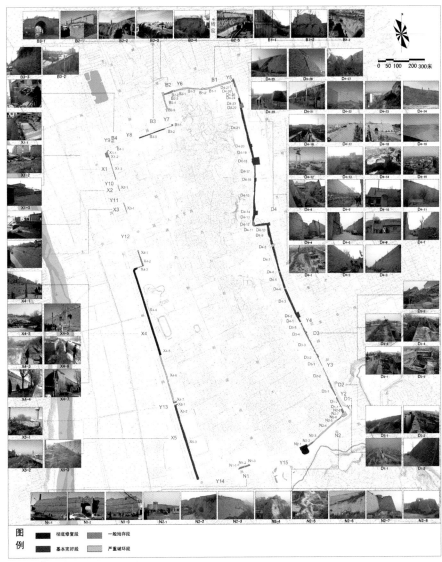

图3 本体保护状况综合分析图

图4 历史环境要素分析图

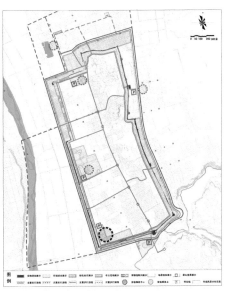

图5 展示规划图

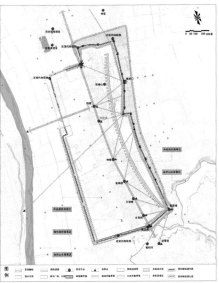

图6 景观规划图

15

风景区规划、
绿地设计

第九届中国（北京）国际园林博览会园区规划设计

2010-2011年度中规院优秀城乡规划设计二等奖

编制起止时间：2010.8-2010.11

承 担 单 位：风景园林规划研究所

主 管 所 长：贾建中

主 管 主 任 工：唐进群

项 目 负 责 人：韩炳越

主 要 参 加 人：郭榕榕、马浩然、吴 雯、
　　　　　　　　郝 硕、蒋 莹、牛铜钢

图1 规划理念

由住房和城乡建设部、北京市人民政府主办的第九届中国国际园林博览会于2013年5月至11月在北京成功举行，接待游人超过1000万人次。园博会是我国风景园林届的盛会，其旨在扩大国际与国内城市园林绿化行业交流与合作，传承和发展中国园林艺术，传播园林文化，交流园林学术思想，促进城市建设和园林绿化事业的健康持续发展，促进城市经济、环境、社会的可持续发展。

1. 规划内容

方案以"化蝶"为规划理念、以"折尺＋行草"为结构布局形式，提出了继承传统园林精髓、探索园林展会新突破、建设低碳节能示范性园博园的规划设计目标。通过对现状的垃圾填埋场的生态恢复工作，使得令人避而远之的城市废弃地"羽化成蝶"，蜕变为美丽的艺术园区。结合园区西侧中关村丰台科技园的规划建设和永定河的生态恢复，园博园和科技园"两园"共融，形成城、园、河三位一体的城市新区，带动和促进了北京市南城的发展（图1）。

2. 规划布局

在总规划区面积1180hm²的范围内，规划空间结构为"一核、一区、两带、三廊"。用地以高新技术产业用地及绿地为主体，辅以市政公用设施用地和多功能用地，突出生态和谐、安居宜业的新区特色。在园博园主园区268hm²的范围内，规划总体布局为"一轴一路两翼，三片十一区"。布局继承和发扬中国传统园林相地布局理论，并打破传统大型园区按地域分区造园界限，建立国内外园林文化交流共融模式，探索大型园林展会的新形式（图2、图3）。

3. 创新与特色

（1）规划以大型园林展会作为城市大事件，通过展会的举办，带动城市欠发达地区的发展。园博展会的举办极大地提升了丰台南部区域的知名度和影响力，带动了片区社会经济的有序发展。

（2）探索对城市棕地——垃圾填满

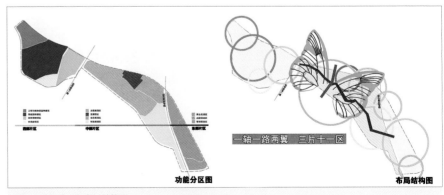

图2 功能分区与布局结构图

场的改造利用，注重示范性。对已有垃圾填埋地进行全面土壤整理，用生物方法净化和改良土壤，进行生物多样性的构建。通过生态种植、土壤改良、稳定基质、人工湿地、生态节能等技术，化垃圾填埋场为美丽园区，结合永定河的生态重现，达到城市棕地的蜕变（图4）。

（3）探索中国传统园林艺术在现代大型展园园区中的继承与发扬。规划结合地形并以"天人合一"为造园宗旨，循自然之理，理山水脉络，构建山水相依的总体布局。各分区通过相地、立意、借景、理微等园林手法，继承与发扬我国传统园林艺术，并有所创新。

（4）探讨对复杂基址的应用，化不利为特色。对现状已有的坡、坑、河、高架铁路等多样化基址进行有机整合，结合廊桥、栈道、观景塔、游步道的组织，穿插形成立体空中花园，形成变幻的竖向空间。化不利为特色，与现代社会的发展互动。

（5）探索展会与展后利用有机结合，促进城市发展。展后保留中国园林博物馆作为中国园林研究展示基地，成为园博展会的文化遗产。通过改造，园博园成为北京南部的大型公园，改变了南部地区绿地长期短缺的窘况。改造后的园区将继续保持活力，带动周边区域的城市开发与建设（图5）。

4. 实施效果

2013年5月18日，北京园博园建成开幕。2013年11月18日，在接待610万余人次游客后，北京园博会胜利闭幕。2014年4月1日，北京园博园经过休园调整，成为集园林艺术、文化景观、生态休闲、科普教育于一体的大型城市公园，现已成为市民休闲游玩的新去处和北京的又一处旅游胜地。

西侧的中关村丰台科技园已经开始建设，城景共融的城市规划实践将在此得到实现。

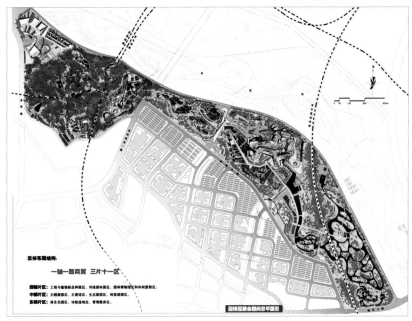

图3 总平面图

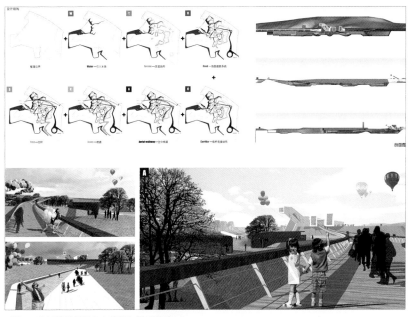

图4 垃圾填埋场的生态恢复与景观构建

图5 全景鸟瞰图

重庆中央公园规划设计

2012-2013年度中规院优秀城乡规划设计一等奖
编制起止时间：2011.3-2012.5
承担单位：风景园林规划研究所、深圳
　　　　　分院、西部分院、城市交通
　　　　　专业研究院、城镇水务与工
　　　　　程专业研究院
主管院长：李晓江
主管总工：朱子瑜
主管所长：贾建中
主管主任工：唐进群
项目负责人：韩炳越、毛海虓、梁　铮
主要参加人：马浩然、蒋　莹、牛铜钢、
　　　　　　吴　雯、郝　硕、黄明金、
　　　　　　魏　巍、金　刚、钟远岳、
　　　　　　陈　郊、柴宏喜、刘　缨、
　　　　　　高均海、付晶燕
合作单位：北京北林地景园林规划设计院

重庆中央公园规划定位为"面向国际，充分展现重庆市作为国家中心城市形象的现代城市地标"。中央公园将成为重庆北部地区的生态绿心和活力中心，成为重庆新中心启动的核心动力，全面带动两江新区的规划建设与发展（图1）。

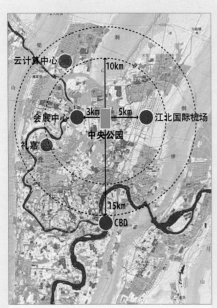

图1　重庆中央公园区位

图2　全园鸟瞰图

1. 规划内容

（1）探索了以大型公园绿地——中央公园为核心带动城市发展的新模式，形成了"核心大型公园—城市设计—城市交通—水务市政"协同并进的工作技术路线，城市规划设计与公园绿地规划设计有机协调互动，保证了城市规划设计的科学性和可操作性。

（2）公园规划设计立足于"重庆地标，世界名园"的规划目标，发扬我国经典园林营建理法，并与现代城市发展需要有机统一。规划设计突出生态环境特色，做到与城市空间格局、交通、水系、生态、市政等的有机互动与高效衔接。

2. 空间布局

公园以中央广场、节庆大道、阳光大草坪三大主题景观为核心，以自然生态风景为底景，规划设计了中央广场、节庆大道、欢乐广场、阳光大草坪、辉山、镜湖组成全园空间控制轴线；组合自然山体和水系形成山环湾抱、山水相依的总体山水格局，整体空间开放得宜，脉韵贯通；多条虚实轴线相互呼应，控制全园（图2）。

公园由北向南规划分区为：中央广场区、节庆大道带、景园水湾区、景园山林区和生态休闲区（图3）。

3. 创新与特色

（1）景观先行，带动城市发展。公园建设先于城市开发建设，在核心位置建设大型城市公园，作为城市生态绿心和活力中心以促进新区发展。公园形成总长约6km的绿地连续边界，可带动约7km²的高强度城市中心区的开发（图4）。

（2）与城市平场相结合，区域土方平衡。公园竖向与周边10km²的城市建设用地开发、道路基础设施建设、区域水系规划的土方调配综合计算，在大区域内达到土方平衡，节约工程造价。

（3）内外交通有机组织以及与城市需求的呼应。城市道路与公园交通组织紧密结合，三条东西向穿越公园的道路均采用下穿形式，以保证公园的完整性；支路半岛入口避免车辆入园对城市交通造成拥堵；停车场容量综合社会车辆交通关系计算，工作日可满足城市需要。

（4）大尺度空间的设计研究。主广场结合冰裂纹旱喷设计划分过大空间，实现空间转换和人景互动；阳光大草坪参数化梳理地形，组织雨水，保证市民活动需要。

（5）智能系统全覆盖。音响、监控、自动喷灌、森林防火、人流监测、智能交通设施、安全保卫等智能监控设施全园覆盖。

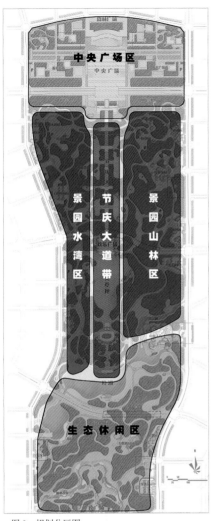

图3 规划分区图

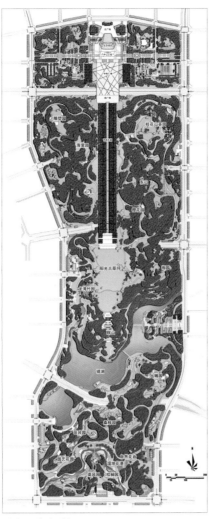

图4 总平面图

图5 龙湾水景建成照片

图6 阳光大草坪建成照片

图7 阳光大草坪、节庆大道建成鸟瞰

（6）节约型园林设计。公园1/3的地区保留了现状地形和乡土植被，保护生物多样性。所有服务建筑结合地形设计为覆土、半覆土建筑，节能、节地、增加公园绿量。地下停车场全部结合填方区域建设。

4. 实施效果

历经2年的规划、设计、施工历程，重庆中央公园于2013年10月全部竣工，面向社会开放，周末日游人量达2万～3万余人，是重庆市民所喜爱的又一假日休闲胜地。中央公园提升了城市形象，扩大了区域影响力，促进了新区城市发展建设；同时，丰富了城市生物多样性，为维护城市发展提供了生态安全保障，取得了良好的生态效益、社会效益和经济效益（图5～图8）。

图8 山茶桂花园建成鸟瞰

桂林漓江风景名胜区总体规划（2013-2025）

2013 年中规院优秀城乡规划设计一等奖
编制起止时间：2003.3-2013.5
承 担 单 位：风景园林规划研究所
主 管 总 工：杨保军
主 管 所 长：蔡立力
主 管 主 任 工：束晨阳
项 目 负 责 人：束晨阳、蔡立力
主 要 参 加 人：刘宁京、白　杨、陈战是、
　　　　　　　陈　新、张清华、曹　璐

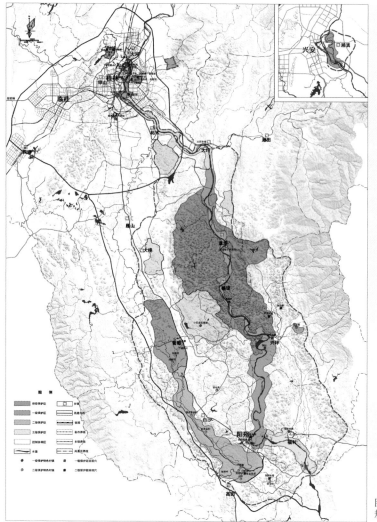

图 1　风景保护规划图

市域层面	战略协调风景保护与城镇发展建设关系
风景名胜区域层面	分区管控关联性资源保护
风景名胜区层面	统一规划管理具有典型意义的整体风景名胜资源
核心景区层面	严格保护最为珍贵的自然和人文资源

图 2　多层面空间协调规划模式示意图

桂林漓江风景名胜区是我国第一批国家级风景名胜区，其热带岩溶是具有世界遗产意义的地貌景观，秦汉灵渠、桂林古城、靖江王府是其历史人文价值的典型代表。

风景区自 1982 年成立以来，由于一直未能编制完整法定的总体规划，难以实现统一有效的管理。

1. 规划编制内容

1）科学深入认知评价资源，推动世界遗产申报

规划全面摸清风景资源家底，根据景源类型和空间分布特征，筛选景源 6 大类 21 中类 141 处，为系统开展资源保护和促进风景旅游均衡发展，以及将桂林纳入中国南方喀斯特这一世界遗产

的申报工作奠定了坚实基础。

2）清晰明确地划定规划边界，奠定统一管理基础

规划兼顾人文景观资源和行政管理界限，以尊重岩溶地貌景观的完整性、资源价值的典型性、历史人文资源的延续性为基本原则，划定风景名胜区边界，将以漓江为轴线的岩溶地貌区域、桂林古城和兴安灵渠等重要资源分布区域纳入风景名胜区范围（图1）。

3）制订多层面空间保护规划，完善管控措施手段

规划编制以"区域宏观研究着眼、系统协调保护和发展关系"为原则，创新性地提出了"市域—风景名胜区域—风景名胜区—核心景区"多层面空间协调的规划模式（图2）。

将风景保护与城镇发展建设关系置于市域空间进行战略协调，提出市域产业发展、旅游产品发展、城镇发展、生态环境保护、空间发展五个方面的战略，以实现严格保护风景名胜区，重点管制桂林漓江风景名胜区域，全面发展市域广大城乡，构筑大桂林联动旅游网络的目标。

将关联性资源的保护置于风景名胜区域层面通过分区管控进行解决。将风景名胜区范围内划分为国家风景名胜区、自然保护区、城市发展区等七种空间类型，以保护生物和文化资源的多样性、明确产业发展的空间适宜性、引导开发建设的环境协调性、满足生态保护的可持续性为目标，从资源、产业、建设和环境四个方面制订具体的空间管制要求。

将具有典型意义的整体风景名胜资源纳入风景名胜区实行统一规划管理，规划将风景名胜区划分为核心景区、重点景区、一般景区、城镇控制区和景观协调区等五大功能区类型，提出明确的基于空间管控的分级控制要求。

将最为珍贵的自然和人文资源集中分布区域划入核心景区，实行严格保护。

根据风景名胜区用地特点和现状土地利用特征，创新性地提出包括八种用地类型的土地分类方式及相应的控制要求，制订具有针对性的严格控制导则（图3）。

2. 规划特点与创新

1）构建了多层面协调的空间管控体系

规划探索性地提出了多层面空间协调的规划管控框架，并在各个层面运用分区空间管控协调的思路制订了体系化的规划管控要求，有效协调风景资源保护、风景旅游发展和城乡社会经济发展的关系。

2）构建了科学全面的保护规划体系

规划从宏观区域到微观资源，从空间管控到具体措施的科学全面的保护规划体系，为风景资源整体保护、科学保护奠定了基础、明确了措施。

3）构建了系统完整的城景协调体系

规划针对中心城区和重点旅游小城镇，构建了系统完整的城景协调体系。在中心城区划定环境控制区域和建设高度分级控制区域，保护历史景观、山水格局，构建立体观景体系和步行游览体系。在旅游城镇则针对性质、规模、结构、景观分区保护和重要基础设施布局提出发展建设控制要求（图4）。

3. 规划编制过程与批复情况

规划编制历经12年的协调和修改，反映了规划编制面临的技术难度和复杂性，规划组始终坚持漓江流域整体保护、核心景区严控建设、城镇发展与风景游赏有效协调的基本原则不动摇。2013年5月30日，规划经国务院批复同意。

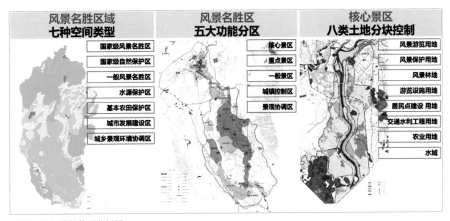

图3　空间管控体系分析图

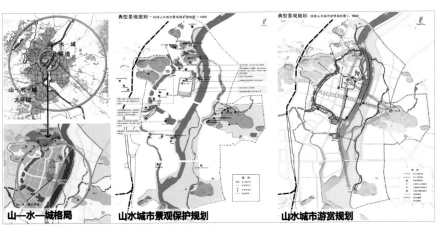

图4　城景协调体系分析图

林虑山风景名胜区
总体规划

2006-2007年度中规院优秀城乡规划设计二等奖
编制起止时间：2005.10-2010.5
承担单位：风景园林规划研究所
主管所长：贾建中
主管主任工：唐进群
项目负责人：孟鸿雁、陈战是
主要参加人：贾建中、唐进群、陶晓峰、
　　　　　　刘　栋

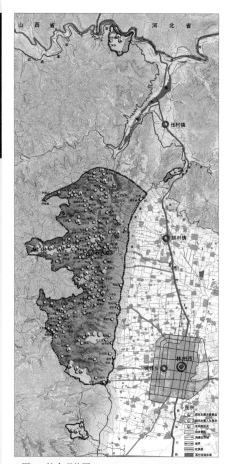

图2　综合现状图

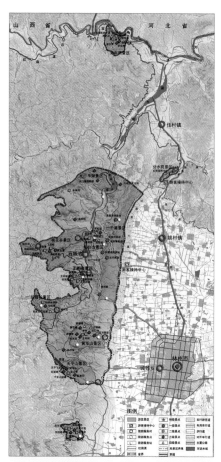

图3　规划总图

　　林虑山风景名胜区位于太行山南段东侧的林州市境内，属于太行断块的东侧边缘，被誉为"北雄"风光最胜处，风景区峰峦叠嶂，断崖高起，巍峨雄伟，更有中国人民自力更生的代表——"人工天河"红旗渠（图1）。

　　本规划重在完善对风景地貌的保护和利用措施、明确定位红旗渠的风景资源地位和游赏利用特色、统筹协调资源保护和城乡社会经济发展的关系。

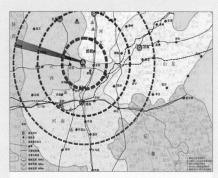

图1　林虑山风景区在省域的位置关系图

1. 规划内容

　　1）调整范围，确保风景资源的完整统一性和保护管理的高效性

　　依据风景区资源分布特点和现状条件（图2），结合GIS技术，明确风景区边界，将地貌类型差异较大、风景资源贫乏的柏尖山和弓上水库区域划出了风景区（图4、图5）。

　　2）统筹风景区与周边及内部城镇的协调发展

　　强调区域协调发展，规划形成"一城、四镇、三带、十三景区"的"相互依托、枝状放射型"的区域发展构架，明确风景区内石板岩（集）镇区的性质、规模、空间布局以及集镇建筑景观规划控制和引导（图3）。

　　3）人文资源与风景资源并重的多层面保护

　　保护规划采用分区保护、分类保护

和核心景区保护三种方式。分区保护针对风景区资源及其分布特点，将风景区划分为红旗渠保护区、太行峡谷保护区、太行断崖保护区、风景恢复区、外围保护地带等五个不同区域进行分区保护。分类保护对文物古迹、水体及其断崖山体等类别提出相应的保护要求。核心景区保护突出对红旗渠和太行峡谷的保护，落实国家关于核心景区保护的相关规定。

　　4）协调限制外部过境交通，组织完善内部游览交通

　　规划提出完善对外交通设施建设，协调并限制风景区的过境货运交通；纯化旅游专用通道，规划景区内部专用游赏道路，有效协调和梳理了内外道路交通。

　　5）合理调控，统筹资源保护和农村发展的关系

　　科学确定农村居民点调控原则，按照搬迁型、缩小型、聚居型和控制型的

图4 林虑山的秀美景色

儿女"、"红旗渠智慧"、"红旗渠硕果"为游赏主题的系列红色游览景区,为风景区注入文化内涵和人文旅游特色。

3)区域统筹,协调城乡

通过旅游服务设施布局、城镇产业调整、交通等基础设施协调、内部城镇的规划建设引导、内部农村产业和建设引导等方面的研究和规划,促进风景区与区域内城镇和农村的协调发展。

4)保护品牌,提升形象

规划提议将"林虑山风景名胜区"改为"红旗渠—林虑山风景名胜区",引起各方专家的共鸣和赞同。

3. 实施效果

(1)按照本规划要求,管委会明确风景区范围和核心景区范围,实行分级划线管理,并对近年来破坏和威胁红旗渠以及断崖山体的违章建筑,逐步拆除,采取有力措施禁止在风景区内乱搭乱建的现象。

(2)在本规划的指导下编制的《仙霞谷景区详细规划》和《太行大峡谷入口服务区修建性详细规划》等一系列的详细规划,进一步指导了风景区的保护和建设工作。

(3)风景区依据本规划进行了大量的环境整治和景区建设工作,如红旗渠博物馆(含游客接待中心改建工程)、青年洞景区保护利用、黄华山景区环境整治、一干渠观光大道环境整治工程等,都取得了良好的效果,有效提升了风景名胜区的形象。

类型加强对农村居民点的建设管理,引导农村大力发展特色农产品和农村旅游业,促进农民增收。

2. 创新与特色

1)与时俱进,科学定位

突破上版规划与发展建设中对资源的定位,科学分析红旗渠的资源特征和深远意义,强调红旗渠的世界遗产价值与地位,突出对红旗渠的保护和利用,提出红旗渠精神文化保护区、爱国主义教育基地和风景游览胜地的规划目标。

2)传承并弘扬红旗渠精神

规划提出"红旗渠岁月"、"红旗渠

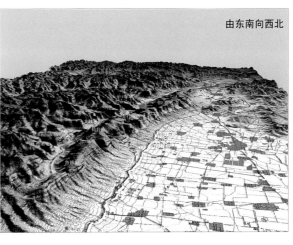

图5 风景区GIS鸟瞰分析图

四川省凉山州邛海泸山景区规划

2006-2007年度中规院优秀城乡规划设计三等奖
编制起止时间：2005.2-2005.12
承担单位：风景园林规划研究所
主管总工：戴月
主管所长：蔡立力
主管主任工：刘泉
项目负责人：束晨阳
主要参加人：刘冬梅、张清华、曹璐、蔡立力

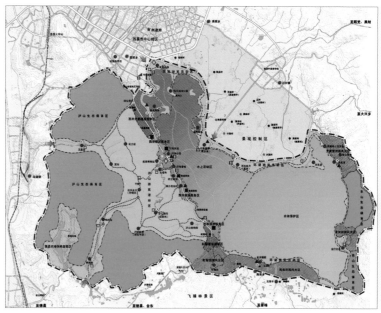

图3 规划总图

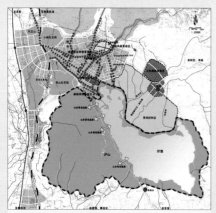

图1 城景协调关系图

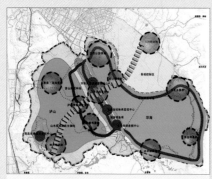

图2 规划布局结构图

邛海泸山景区位于四川省凉山彝族自治州首府西昌市城区，是国家级风景名胜区"邛海—螺髻山风景名胜区"的重要景区，面积80.6km²。景区以高原湖泊、阳光气候、湿地生态和宗教文化为特色，与西昌城区构成了独特的山、水、城交融景观，是典型的城市湖泊型风景（图1）。

1. 规划内容

邛海泸山景区规划以景区总体规划为重点，包括了重点地段修建性详细规划和景观节点概念性设计等工作。

（1）景区总体规划在现状综合分析、风景资源评价和景区发展战略研究的基础上，提出了规划总则，并重点进行城景协调、保护培育、风景游赏、典型景观、旅游设施、居民社会调控及经济发展引导等各项专项规划。

（2）重点地段修建性详细规划合理调整西岸用地，突出旅游功能；打通五条山水"绿廊"，强化山水联系，突出环境特色；整治村庄建设，加强控制引导。

（3）景观节点概念性设计包括：凉山州民族文化生态园、花卉博览园、月色风情小镇、邛海公园、青龙寺、新沙滩等6处（图2、图3）。

2. 创新与特色

1）将景区和城市作为一个完整的系统进行规划思考，协调景区发展与城市建设的关系。

（1）根据景区与城市发展需要，合理划定景区边界。通过在城市和景区之间建设凉山州民族文化生态园，不仅构筑了景区与城区间的绿色缓冲，同时也成为体现西昌城市文化特色的中心和旅游发展的新增长点（图4）。

（2）在景区内部，提出"整合用地，优化配置"，以邛海西岸为重点，通过土地置换，将现状与风景旅游无关但占据滨湖较好位置的企业、单位迁出景区，解决景区内旅游度假设施布局与城市建设的矛盾。

（3）规划加强对邛海西北岸城景过渡区的功能引导，将文化、旅游功能向湖滨地区集中，形成城景互动格局；通过退田还湖、引湖入城建立"城—水"联系，保护了4条山水城景观轴线和主要观景点。

（4）规划将邛海北岸川兴平坝作为外围景观控制区，提出严格的保护要求和发展引导，通过发展田园观光农业，使其成为景区与城市间的自然过渡。

（5）从景区和城市协调的角度，对西昌市内的特色景观风貌区及周边的川

图4 凉山州民族文化生态园详细规划

兴镇建设提出引导。对西昌市区，结合城市职能提升，打造古城文化风貌、城市旅游商业游憩等特色景观风貌区域；以小城镇建设为切入点，调整景区外围川兴镇职能和布局，将邛海流域生态移民与旅游度假区建设相结合，解决风景保护、旅游度假与城市发展的关系。

2）通过居民社会调整与经济发展引导，妥善解决沿岸村庄建设和居民生产安置问题。

根据"整治为主，搬迁为辅"的农村居民点调控原则，提出整体搬迁型、民俗旅游村型、环境整治型、集中发展型等4类农村居民点发展模式；通过"区外居住、区内经营"及民俗旅游村、主题旅游点、旅游接待户等方式，合理确定安置区及就业方式，妥善解决沿岸村庄建设和居民生产安置问题。

3）探索湖泊型风景区"圈层式"保护利用的模式。

（1）制订邛海水体和湿地专项保护规划。明确邛海流域生态环境保护要求，景区范围内，对多年围垦的鱼塘、农田实施退塘还湖，恢复邛海湖面到 30km²；保护、恢复自然湿地，合理划分水域功能，保护饮用水水源。

（2）景区分级保护和风景游赏利用突出湖泊型风景区"圈层式"的特点。风景保护明确将邛海水域和湖滨带作为一级保护区和核心景区，保证沿岸建设后退水线40m。游赏组织重点修建贯通全湖的滨水自行车/步行游览路，保证滨水公共活动空间和滨湖景观带的连续。

（3）按照"生态、连续、公共、景观"原则进行岸线典型景观规划。针对生态保护、游憩活动两大类岸线，根据不同利用方式提出相应的景观模式与控制要求。

3. 实施效果

邛海泸山景区已完成了环湖整治和一系列景点及设施建设，促进了西昌与凉山州风景旅游及整体社会经济发展（图5）。

图5 规划实施效果

大理国家级风景名胜区鸡足山景区详细规划

中国风景园林学会 2010 年优秀规划设计一等奖
编制起止时间：2008.6–2010.10
承 担 单 位：风景园林规划研究所
主 管 所 长：贾建中
主 管 主 任 工：唐进群
项 目 负 责 人：刘冬梅
主 要 参 加 人：王忠杰、赵书艺、程 鹏

图 1 鸡足山金顶

图 2 鸡足山景区区位图

鸡足山景区位于云南大理宾川县，是大理国家级风景名胜区的重要景区，景区规划面积 28.11km²（图 1、图 2）。

2007 年年底《大理风景名胜区总体规划修编（2007—2025）》由国务院审批通过，为了深化落实总体规划、指导景区建设，特此编制鸡足山景区详细规划。

1. 规划的主要内容

1）区域联合、融入主线

从远期景区范围调整、规划远景构想、木香坪利用、景区对外交通改善等方面促使景区融入昆明—大理—丽江区域旅游主线中。规划提出建立大鸡足山风景旅游发展地区远景构想，形成大理—宾川—鸡足山—丽江旅游环线；调整远期景区范围，利用木香坪加强与大理苍山洱海主景区的联系；改善景区对外交通，建设

大理机场—鸡足山快速旅游公路（图 3）。

2）突出特色，打造精品

深入挖掘利用景区特有的佛教文化内涵，突出"迦叶道场、禅宗祖庭；连接释迦佛祖、迦叶、未来佛的佛教灵山"文化主题，逐步建成为国内及东南亚地区著名的佛教圣地、名山风景区。

围绕"鸡足山是连接释迦佛祖、迦叶和未来佛的灵山"主题，重新组织全山佛教文化景观序列，将鸡足山佛教文化内涵结合游览过程逐步予以展示。具体规划构思包括：丰富山门入口佛教景观序列；在马鞍山景区重点展现拈花一笑、华首入定、迎接弥勒故事；在迦叶殿、华首门、金顶重点展现迦叶道场佛教氛围；在金顶后增设拈花阁作为尾声。

3）景镇协调，内外一体

强化景区与山下村镇发展统筹，将

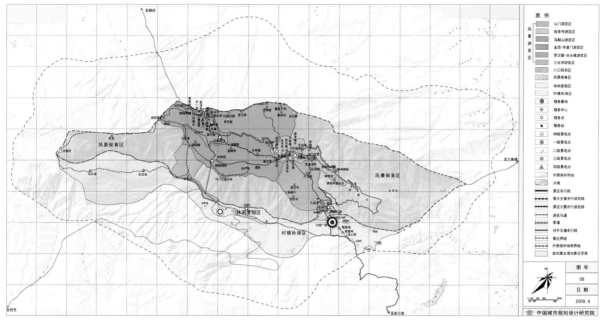

图3 规划总图

景区、镇区作为完整的风景地区统一布局，山上游山下住，对景镇景观保护、空间布局、项目安排、交通组织进行整体考虑规划。

改善交通瓶颈，经过多方案交通组织比选，以"旅游专用车行游览路＋索道"的方式，解决鸡足山景区内的交通制约问题。

4）设施匹配、适时建设

结合景区山地特点，采取因地制宜、适度发展、合理选址、谨慎建设的思路，根据不同游客群体，采用高中低档分散结合的旅游设施布局。对现状景观有较大影响的服务设施，规划进行拆除或整治改造。

2. 创新特色

1）在景区详规编制内容的基础上突出风景区的特殊性

景区详规编制内容不同于一般城市地区，本规划抓住景区佛教名山文化特质和山地景观自然特质，突出风景资源保护、游览交通组织、佛教文化整合提升等风景区特色内容，同时，对服务设施布局、景区带动城镇村庄发展等问题给予了较好的解答。

2）在景区详规编制方法上具有探索

性和示范性

鸡足山景区在云南省各风景区中率先编制完成景区详规，对云南省大型片区组合式风景名胜区规划具有借鉴意义。针对风景区总体规划难以深入解决景区具体问题的情况，本规划分为整体层面详规和4片重点地段详规两个层次进行，横向上完善景区专项规划内容，纵向上贯通从景区整体空间布局、深入到景点建设与整治等一系列内容。当前我国正面

临大量风景区详细规划工作，本规划的编制方法具有探索性和示范意义（图4）。

3. 实施效果

本规划已于2009年8月27日由住房和城乡建设部审批通过。

景区内道路交通改造项目正在上报启动，山门入口服务区建设已经完成。

景区入口服务区及游客中心等正在进行建筑方案设计。

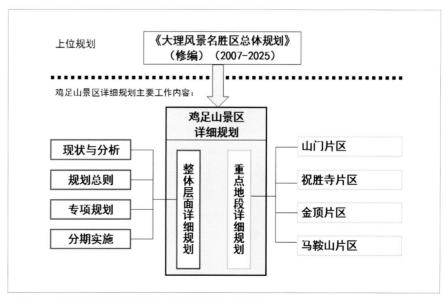

图4 《大理国家级风景名胜区鸡足山景区详细规划》内容框图

邯郸市国家生态园林城市建设规划（2006—2020）

2010-2011年度中规院优秀城乡规划设计三等奖

编制起止时间：2006.9—2010.10

承担单位：城市建设规划设计研究所

主管所长：张　全

主管主任工：鹿　勤

项目负责人：张　全、龚道孝

主要参加人：鹿　勤、蔡丽萍、黄华静、
阎欣欣、李　浯、张　娟、
罗　赤、阎　琳、柴刚军、
彭　觅

合作单位：北京大学环境学院、中国环
境科学院、北京市气候中心、
邯郸市规划设计院

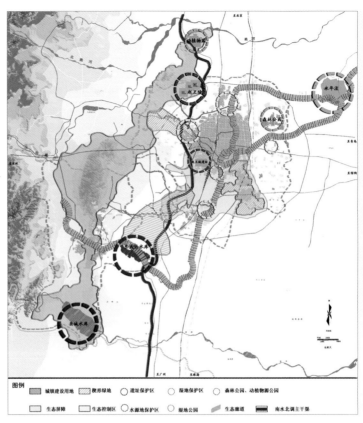

图2　生态用地规划图

　　《邯郸市国家生态园林城市建设规划（2006-2020）》是国内首个创建国家生态园林城市的专项规划，是在原建设部提出《国家生态园林城市标准（暂行）》及邯郸市获得"国家园林城市"称号后，为巩固国家园林城创建成果，用更科学的理念和更高的目标来指导邯郸城市的健康发展，全力创建国家生态园林城市而编制的专项规划。

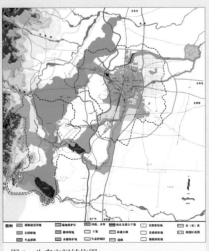

图1　生态空间结构图

582

1. 规划内容

1）系统分析

　　规划提出了国家生态园林城市创建规划的技术路线和主要内容，确定了该类规划编制的一般结构框架。主要包括系统分析篇、规划设计篇和实施指引篇。

　　现状分析的基本思路是把产业对国民经济的贡献、对资源能源的消耗以及对环境的影响统筹考虑。分析认为，邯郸以钢铁、煤炭、电力、建材等为主导的产业结构，能源资源利用效率低下，污染物排放强度和排放总量都较大，从而带来较严重的环境污染，水环境质量和大气环境质量都不容乐观，在全省排在比较靠后的位置。

　　规划提出邯郸的经济发展仍然表现为"高资源投入，高污染排放"特征，是一种粗放式的资源依赖型发展模式。要在经济增长的前提下，实现能耗和污染排放的降低，必须改变发展模式，实现经济发展与资源能源投入的"脱钩"是邯郸必须解决的重大发展战略问题。

　　从国家标准看，规划采用指标加权综合评价的方法，对邯郸市建设国家生态园林城市的进程作出评估，评价认为邯郸市建设国家生态园林城市有比较好的生态环境和基础设施基础，综合进程达到88%。生活环境方面指标差距最大，污染防治、环境建设是邯郸市创建国家生态园林城市的首要任务。

2）规划设计

　　在现状分析及标准解析的基础上，规划提出的主要内容包括：区域生态保护与建设空间、城市绿色生态空间、水系统、生物多样性、污染防治、绿色交通、生态人居与公共服务设施、基础设施、节约型城市、城市安全等多方面的研究。以下简单介绍前三方面内容。

　　生态空间体系。规划通过生态适宜性评价对生态条件进行分析，提出宜林、宜草、宜水空间以及有利于环境污染控制与生态恶化抑制的空间均应作为生态建设的首先空间，优先用于生态建设。规划首次明确，虽然城市南部地区生态

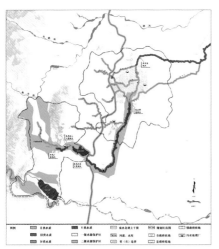

图3 水环境规划图

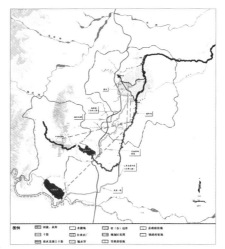

图4 水资源配置规划图

资源条件一般,但建设城市南部生态屏障,对于降低来源于区域生态恶化和马头地区污染带来的影响,改善城市生态环境至关重要,提出将南部地区作为生态控制区,并重点进行以水系、郊野公园、绿化隔离带为主要内容的生态建设(图1)。

城市绿地系统。规划分析了不同绿化面积下,绿地布局形态对城市热岛效应的缓解作用。结合邯郸市的自然资源条件,延续了具有邯郸特色的园林绿化模式,即"城市河流+综合性公园"的滨水绿地发展模式以及"林荫路+小游园"的道路绿化模式(图2)。

城市水系。规划基于近年邯郸城市供水总量呈逐年下降趋势,判断邯郸城镇用水需求的基本规律,提出在科学预测水资源需求的基础上,在保障水资源优先满足城乡生活用水需求的前提下,实施"引水入沁"和"引漳入滏"工程,整治滏阳河、沁河,恢复河流生态环境。河湖湿地建设方面,规划以水源保护区、湿地自然保护区和国家城市湿地公园为主要载体,全面推进河流湿地的保护与建设。水环境保护方面,重点关注了水质改善,规划促成制订《邯郸市生态水网污染防治规划》。同时,规划关注水环境风险评价,规划以东污水处理厂作为风险评估的污染源,模拟事故发生的影响区域及程度,作为协调取水口和排污口设置的依据。规划要求建立水环境保护预警和应急机制,防止发生污染事故(图3、图4)。

2. 项目创新点

总体来看,本次规划具有如下特点。第一,将创建国家生态园林城市的具体目标与生态系统、绿地系统(图5、图6)、水系统等的空间规划结合,有利于目标的具体实现。

第二,提出了以生态适宜性分析与环境问题分析结合的双基础的生态空间体系方法,完善了仅以生态适宜性分析作为单一生态空间构建基础的传统分析方法。

3. 实施效果与意义

作为首次编制的项目类型,在召开的专家评审会上,原建设部城建司副司长陈蓁蓁、中国工程院院士、国家环保总局原副局长金鉴明等专家领导对规划给予了高度评价,《规划》顺利通过专家评审。

2007年12月,建设部在苏州召开"全国生态园林城市试点工作研讨会",邯郸市创建"国家生态园林城市"的具体做法得到部领导和与会专家的一致好评。

2010年10月,邯郸市人民政府正式批复该规划。

1)项目实施

规划提出了创建国家生态园林城市的主要任务、具体实施指引和示范项目,包括生态水网、生态林网在内的各项实施指引指导了多个创建的行动计划和工作方案,同时,滏阳河综合整治、南湖湿地公园、钢渣山公园等多个示范工程相继开工,创建国家生态园林城市的行动获得实质推动。

2)规划意义

规划通过研究提出了创建国家生态园林城市规划的技术路线和主要内容,确定了该类规划的一般结构框架。规划为国家生态园林城市标准提供了案例研究,对国家生态园林城市标准的完善,对在全国范围内推进国家生态园林城市创建工作,以及对此类规划的编制都有积极意义。

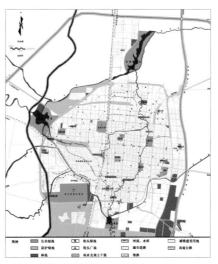

图5 绿地系统规划图

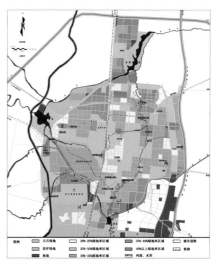

图6 绿地率分布图

西湖东岸城市景观规划
——西湖申遗之城市景观提升工程

2008-2009 年度中规院优秀城乡规划设计二等奖

编制起止时间：2008.11–2009.6

承 担 单 位：上海分院

分院主管院长：郑德高

分院主管总工：蔡　震

项目负责人：袁海琴

主要参加人：郑德高、蔡　震、袁海琴、
　　　　　　 杭小强、柏　巍、莎　莉

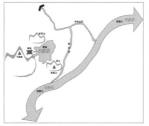 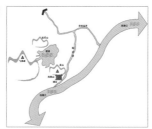 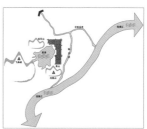

1- 城、湖分离阶段一　　　2- 城、湖分离阶段二　　　3- 东城、西湖阶段

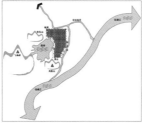 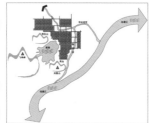 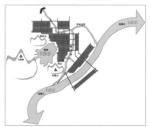

4- "三面云山，一面秀城"阶段　　5- 城、湖唇齿相依阶段一　　6- 城、湖唇齿相依阶段二

图1　西湖与杭州城市关系发展示意图

1. 项目概况

2008 年 11 月，杭州市规划局组织"西湖东岸城市景观规划——西湖申遗之城市景观提升工程"国际方案征集，中规院等国内外 5 家设计单位参与竞标。2009 年 4 月中规院获得优胜，2009 年 6 月，提交完善深化成果。

杭州之有西湖，如人之有眉目，"三面云山一面城"是杭州最重要的风貌特征之一。然而，伴随着城市的发展扩大、高层建筑的兴起，城市对西湖景观风貌的影响越来越显著，现状城市出现一系列问题（图 1）。

规划从研究杭州历史、西湖文化入手，确立了"三面云山，一面秀城"的规划目标。在"大气、秀气、灵气"的西湖美学指导下，重点分析了格局、轮廓和街道三方面内容，从以西湖为中心的外、里、边的不同空间视角反映了当前西湖东岸城市景观亟需关注、改善和提升的宏、中、微三个层次的重点内容（图 2、图 3）。

2. 核心内容

1）西湖美学

在回顾西湖历史、对西湖美景代表"西湖十景"深入分析的基础上，认为西湖之美关键是一个"秀"字，不仅是秀气之"秀"，更是大气之"秀"、灵气之"秀"。

2）湖"外"格局

目标：保证在西湖里只看到"三面云山"的纯净，并塑造"一面秀城"良好的平面本底关系，体现西湖气质之"大气"。

策略一：云山掩城。严控保俶塔和城隍阁西侧三面云山背后的城市建筑透视高度不超过山体，随着距西湖越远，城市高度可渐高，具体的分区和高度控制按最不利视点原则制订。

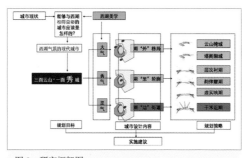

图 2　研究框架图

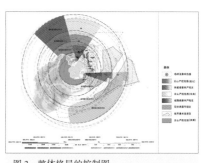

图 3　整体格局的控制图

584

策略二：塔阁限城。针对宝石山、吴山过渡带界定模糊、控制不利等问题，摒弃以往三面云山——过渡带——面城的分法，取消宝、吴过渡带，进而选择位置明确的历史地标保俶塔和城隍阁作为空间划分的依据，借鉴历史建筑保护的方法，划定相应的影响严控区。

类似地，要求保俶塔、城隍阁影响严控区内的建筑透视高度不超过山体树木，具体分区和高度要求也按照最不利视点原则进行制订。现状建筑已超出的建筑近期可保留，新建建筑按照以上要求严格控制。两策略的叠加可制订出具体高度控制要求。

3）湖"里"轮廓

目标：对沿用至今的"建筑透视量"控制原则进行层次、韵律、虚实等方面的丰富和深化，体现西湖气质之"秀气"。

策略三：层次衬湖。水线等各线的和谐形成滨水轮廓线的层次美。现状西湖水线和绿线非常优美，而建筑前景线和背景线则层次不清。首先，前景建筑需改变一片白的现状，调灰建筑色调，拉开与背景层的色彩关系。其次，引导拉开背景层和前景层的平均高度，且强调前后水平和垂直的对比，使轮廓线生动、富有层次。

策略四：韵律耀湖。对韵律起主要作用的是建筑主景层次。杭州轮廓线韵律应为舒缓优美型，现状问题不是通常所认为的高层群、低谷区高低悬殊不够的问题，其关键在于起伏中没有形成恰当的韵律和节奏。首先，规划通过合理布局高层簇群来加强韵律美，改变目前高层沿道路较均质、南北蔓延的方式，通过视线分析与轮廓线修正，结合杭州地铁规划设置"一主两副"团状高层聚集区。武林广场东南侧高层簇群、城站簇群，其最高建筑（群）透视高度不可超过宝石山和吴山。考虑钱江新城南侧布置超高层对城隍阁的负面影响，将超高层簇群集中布局于核心区北侧，该簇

群的标志性建筑（群）可突破吴山，成为西湖里看钱江时代的象征点。此外，改变"顶式文化"争奇斗艳的现状，以整体的统一来烘托标志物的独特，形成有序的轮廓线顶部。

策略五：虚实映湖。前景层次的关键是改善虚实关系。杭州古城建筑是典型的以虚为主导的虚实关系，现状前景建筑过"实"。首先，使用屋顶、墙面的立体绿化来"虚"化建筑前景层次，实施代价较小，且大规模、有计划的立体绿化将可能成为西湖城市界面的一大特色、西湖气质新的诠释方式。此外，通过具有传统记忆的表皮处理、广告标识整治等来虚化、梳理虚实关系。

总之，水线、绿线等四线和谐，建筑前景、背景层次分明；建筑背景线韵律舒缓优美、前景虚实关系以虚为主的轮廓线是西湖东岸城市轮廓线的理想状态。规划建议选择平湖秋月等三个视点作为东岸轮廓线观赏的推荐视点，作为轮廓线整治的工作重点。

4）湖"边"街道

目标：塑造活力、特色的街道空间，加强城市与西湖的联系，体现西湖气质

之"灵气"。

策略六：千米近湖。选择伸向西湖的平海路等七条街道，从街道界面等四大要素分为延安路以西等三个层次来进行控制，重点优化中河中路至湖滨一公里左右的路段环境，以经济、有效地改善近湖区域道路缺乏西湖特色的问题，强化对西湖认知的延伸感。

5）实施建议

综合六大策略，规划分整治区域、开发引导区域和控制区域三类区域控制引导，确定东岸城市景观提升的八大工程，拟订相应的实施分期框架和投资估算。

3. 特色创新

（1）强调人文、美学研究，并探讨其与城市规划设计的较好结合和恰当体现。

（2）规划去杂存精、化繁为简，将庞杂的城市问题落实到宏、中、微三个层次的几个重点方面，有利于把握问题核心和实质。

（3）强调可操作性，紧密结合本规划为建成区改造提升的项目性质，力求将规划设计策略一一落实到控制策略和实施工程中（图4）。

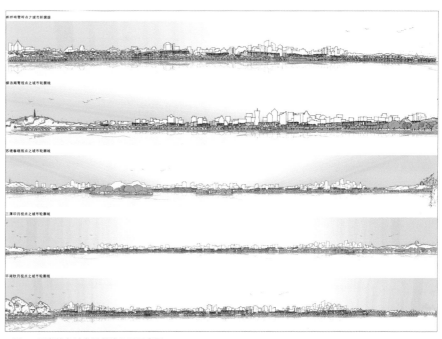

图4　西湖特色城市风景线立面示意图

2008-2009年度中规院优秀城乡规划设计鼓励奖

编制起止时间：2002.4-2004.11

承担单位：风景园林规划研究所

主管所长：贾建中

主管主任工：唐进群

项目负责人：贾建中

主要参加人：刘 英、邓武功、唐进群、
            王 斌

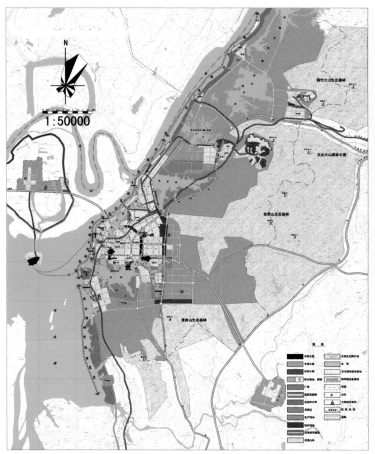

图2 规划总图

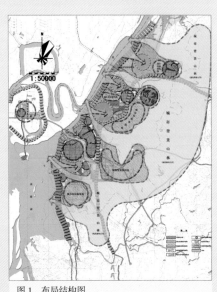

图1 布局结构图

岳阳古称巴陵，位于湖南省东北部，素有"湘北门户"之称，是国家风景旅游城市，国家历史文化名城，是岳阳楼—洞庭湖国家级风景名胜区所在地，岳阳楼是江南三大名楼之一。本次规划面积95km²。

1. 规划内容

规划制订了创建具有名楼、名水、名城特色的山水文化园林城市的目标，具体包括：城市绿地率达到39%，绿化覆盖率达到42%，人均公园绿地达16.8m²/人，最终成为国家园林城市。明确了塑造山水结构、突出文化特色、强化生态防护、均衡布局、城乡综合一体、维护生物多样性等规划原则。在规划手法上，通过"留水引山、山水绕城，绿地分隔、网络联系，大小结合、均衡配置"，构建以自然山水为基础的"环、网贯通，点、块均布"的城市园林绿地系统布局结构（图1）。规划绿地类型共分为5大类：公园绿地，生产绿地，防护绿地，附属绿地，生态景观绿地（图2）。

2. 规划特色

（1）规划视野广。规划从整个岳阳市域范围提炼出其山形水系特征，总结出：水域生态景观带、山水名胜风景带、低山森林带、水乡农业区三带一区，交叉组合形成"双十字大地景观"结构。

并提出了保护风景名胜区、自然保护区、森林公园与城市园林绿地，改善植被条件、恢复天然林相、提高景观水平、增加游憩内涵等保护与发展措施。

（2）规划内容新。在传统规划内容的基础上，增加了岳阳市生物多样性规划，以促进城市自然生态系统的稳定、

图3 中心城区道路绿化规划图

丰富植物种类与景观、实现人与自然和谐共处。规划重点包括：①加强岳阳楼——洞庭湖风景名胜区、城郊森林公园、城郊生态林地的生物多样性资源保护；②加强城市绿地的系统性，加强城市公园建设；③加强城市生态廊道的建设。

（3）强调了公园绿地系统。在完整的城市绿地系统基础上，还规划了完整的公园绿地系统。规划确定公园绿地总面积为1600hm²，人均公园绿地面积为16.8m²。共确定各类公园22个，其中以岳阳楼公园为代表的综合性公园6个，以岳阳乐园为代表的专类公园8个，以长炼公园为代表的居住区公园8个。规划对各公园的范围、性质、主题、改建与新建内容等提出了具体要求。

（4）突出了城市山水文化特色。规划从大风景、大生态的高度出发，①将风景名胜区、水域保护地、山林保护地纳入城市绿地系统，对风景名胜区和城市的生态保护与发展进行了补充完善；②通过规划沿湖风景带，将岳阳古城、沿湖新区与风景名胜区协调起来；③通过绿地网络将各类保护地与城市联系起来，结合不同保护地的保护要求提出绿地控制措施，从整体上提升城市的景观环境风貌。

3. 规划创新

（1）以先进的理念构建城市绿地结构。规划研究了市域山形水系骨架，以岳阳楼和岳阳古城为城市文化核心，以洞庭湖和山岭景观为绿色生态基底，以新城区为现代园林景观生长点，以点、带、环、网为绿地贯通网络；按照国家园林城市要求，构建了市域"双十字大地景观"结构和城区"组团环网"结构，进行城市绿地系统规划并落到实处，是一种规划理念上的进步（图3、图4）。

（2）利用先进遥感技术为规划提供科学依据。本规划较早地利用遥感技术为规划服务，通过温度遥感分析，得知城市热岛效应明显，城市中心区比其他地区高2~6℃；通过地貌景观遥感分析，得知岳阳市川河交错，湖泊密布，具备了建设生态园林城市的基础条件；通过土地利用遥感分析，得出了岳阳市各类用地的准确数据及城市建设情况，促进了城市绿地科学布局（图5）。

（3）较早地进行生物多样性规划。本规划较早地响应建设部要求，将"生物多样性规划"纳入城市绿地系统规划，作为专门的章节内容。

4. 实施效果

（1）本规划已获批复，指导新区绿地与景观建设，岳阳城市建设发生了较大变化，顺利进入国家园林城市行列。

（2）提高了管理人员的认识，自觉维护城市的山水自然环境。

（3）促进了对国家级风景名胜区南湖景区的保护，编制了南湖景区控规，增加了湖滨绿地，制止了一些临湖盖高

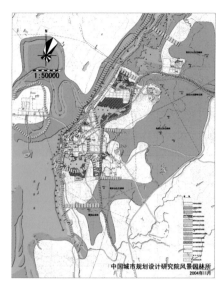

图4 城市生态结构保育规划图

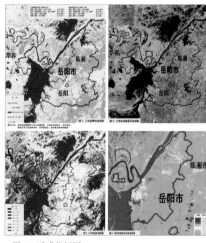

图5 遥感分析图

楼、占绿地的现象，拆除了部分违章建筑。

（4）岳阳楼公园的详细规划和改造建设已经完成，促进了对岳阳楼文化的深入挖掘和保护，恢复了岳阳楼的历史景观环境，再现了历史文化名城的传统风貌（图6~图8）。

图6 岳阳南湖田园风景

图7 岳阳南湖湖滨绿地

图8 岳阳楼周边环境整治

济宁市城市绿地系统规划
(2011-2030)

编制起止时间：2010.12-2011.8
承担单位：风景园林规划研究所
主管所长：贾建中
主管主任工：束晨阳
项目负责人：束晨阳、吴 岩
主要参加人：刘宁京、刘小妹

1. 规划背景

济宁是鲁南城市带中心城市，京杭运河枢纽，北方水乡，文化古城。绿规编制面临如下背景：城市化进程迅猛，城市空间拉开骨架；用地拓展给外围生态环境带来较大影响；城市形象不够鲜明，水城、古城特色未得凸显；创建国家园林城市活动带动绿化建设跨越式发展。

2. 规划思路与内容

本规划编制突破常规园林绿化的专业视角，转向城市规划协同视角，以突破绿规编制中由规划层次、主管单位、用地指标带来的被动境况为目标，充分发挥绿地系统对于城市发展的积极作用。提出"强化特色、优化结构、落实用地、指导实施"四大方略（图1、图2）。

1）强化特色

剖析了绿地建设与城市空间相耦合的四个特征；历史文化遗迹、城市河湖水系、环城采煤塌陷区、氧源绿地与城市通风廊道布局。提出了"古韵新绿、水济风和"的规划理念，强调绿地建设和城市发展在功能层面的融合促进。

2）优化结构

规划以彰水、引风、均园、环绿、弘文、创新为策略，提出"一心、五廊、双环、多园"的城乡一体化的绿地结构体系。将城市外围的大型湿地、塌陷区、河流交通廊道与中心城区的绿地紧密衔接，构建与生物迁徙、通风引水紧密相关的基质—斑块—廊道系统。

3）落实用地

规划突破总规层面用地规划深度不足的瓶颈，多元对接各个层次规划，落实绿线。

规划根据现状、资源、功能的差异将城市分为七个片区，分别提出绿地布局策略，结合控规，划定绿线，支撑绿规用地走向管控和建设引导。

规划对接协调已有的水系、风貌、市政等相关规划，依水借古建绿，提升公园绿地的资源特色、空间连续性和服务覆盖率。在老城区，规划多处与遗址保护、古迹修复结合的街头绿地，通过风景林荫路和滨河景观带串联，构建与旅游产业发展相结合的绿色游览体系（图3、图4）。

4）指导实施

项目组抓住创建园林城市的巨大机遇，调研完成后立即编制《创建"国家园林城市"活动近期建设建议书》，提出

图1　规划编制理念

近远期结合的建设项目和相关保障措施，指导创城工作。

3. 规划特点与创新

把握快速城市化和发展转型期绿地系统规划首在构建生态骨架、重在引导建设实施的时代要求，从四个方面体现特色、推进创新。

（1）立足城市视角、提炼城市特征，确立彰显城市特色、耦合绿地功能的规划理念。

（2）把握快速城市化的发展机遇，立足城乡统筹构建城乡一体的绿地网络，优化城市空间结构。

（3）从专业视角转向综合协调，多层次、多类型对接相关规划，实现中心城区绿线全覆盖，以推动规划管控的可实施性。

（4）把握城市发展转型、风貌重塑的需求，以创建园林城市为契机，制订可行性强的近期项目规划，切实指导和带动绿地建设。项目组在实践基础上，提出了"浪漫而思、超脱而动、切实而行"的绿地系统规划编制思路。形成了能动的规划编制路线图：将城市规划的协同视角贯穿于确立理念、完善结构、落实用地、规划管控四个步骤，融入城乡统筹、优化布局、综合协调、实施引导四个理念，推动规划编制走出被动境况，打开能动有效的新局面。

4. 规划实施情况

（1）规划推动了结构性绿地建设。迈出了快速城市化条件下，构建城乡统筹生态体系的重要一步。

（2）为古城保护和风貌营造打下了良好基础。充分保护和利用了老城区文物古迹，指导的拆墙透绿、拆违建绿、街头现绿工程为风貌营造起到了积极作用。

（3）在新区公共绿地、道路绿化、附属绿地的规划建设上发挥了定位指导和标准控制的双重作用，带动了新区绿地景观建设水平整体提升。

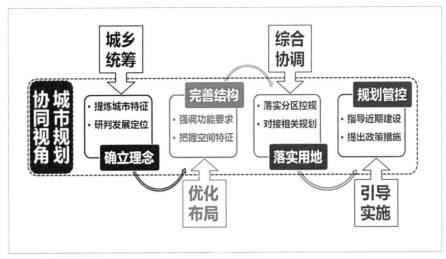

图 2　规划编制路线图

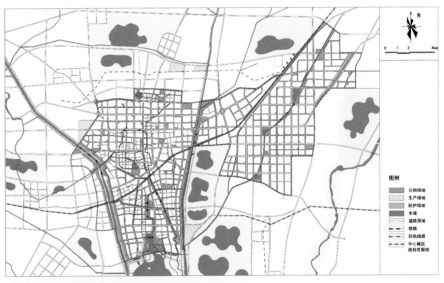

图 3　中心城区绿地系统规划总图

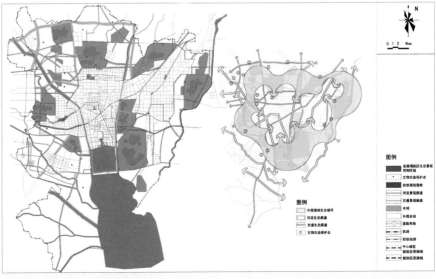

图 4　其他绿地规划布局图

16

文化与旅游规划

浙江省旅游发展规划

2008-2009 年度中规院优秀城乡规划设计三等奖
编制起止时间：2006.3-2007.12
承担单位：文化与旅游规划研究所
主管总工：杨保军
主管所长：秦凤霞
主管主任工：罗 希
项目负责人：周建明
主要参加人：牛亚菲、谢丽波、陆 林、
　　　　　　岳凤珍、刘 晶、王英杰、
　　　　　　冉鈜天、康永莉 等
合作单位：中科院地理科学与资源研究所、
　　　　　　北京大学城市与环境学院、
　　　　　　安徽师范大学

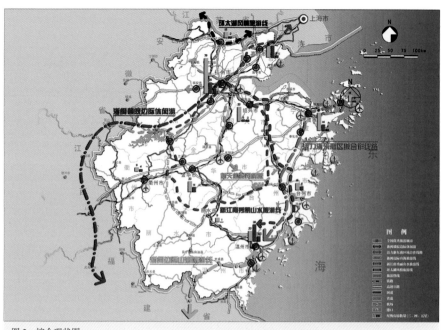

图 2　综合现状图

图 1　区位分析图

1. 规划编制背景

浙江省旅游业一直位居我国各省、直辖市、自治区领先行列，但随着浙江省工业化、城镇化的快速发展，以及全国各地旅游业的蓬勃发展，浙江旅游面临着资源与环境保护压力加大、产品结构老化、新景区开发潜力不足、旅游竞争力下降和产业效益提升乏力等问题。如何破解发展瓶颈，使浙江旅游产业跨上新台阶，是浙江省政府在新形势、新条件下提出编制科学实用的全省旅游发展规划的根本目的。为此，浙江省旅游局采取全国邀标形式，通过评标确定中国城市规划设计研究院承担本规划的编制工作。

2. 主要问题与对策思路

浙江省旅游发展现状主要面临以下问题：省级旅游发展的调控和引导能力较弱，缺乏有国际竞争力的旅游目的地，旅游强省的空间格局不完善，旅游产业成熟度不高，旅游资源保护与经济发展、城镇建设的矛盾突出等（图1、图2）。

规划提出了以下对策思路：围绕将浙江省打造成为海内外旅游者首选旅游目的地之一、中国领先的旅游经济强省等发展目标，实施旅游发展五大战略，构建多层级的旅游目的地体系，构筑布局合理的旅游强省空间格局，发展产业互动、循环高效的综合服务体系，强化政府调控、引导、协调和服务职能，协调旅游开发与城镇建设的矛盾，有效保护旅游资源及其环境。

3. 技术创新点及规划特色

1）规划技术路线

在系统分析浙江省旅游发展条件及其存在的主要问题的基础上，规划以问题和目标为导向，通过路径设计与专题研究，旅游策划与规划布局，发展阶段划分与近期行动计划等核心思路，实现规划提出的发展目标。最终提交的规划成果包括规划文本·图集、说明书、三大旅游品牌目的地概念性规划、地市旅游发展规划指引、专题报告、旅游资源管理信息系统技术报告等六项。

2）规划创新

规划思路创新：首次提出了具有浙江特色的旅游发展新模式——旅游发展与社会、经济、城市互动发展模式；首次提出并规划了与国际接轨、综合竞争力强的浙江省旅游目的地体系（图3）。

规划方法创新：首次在省域旅游规

划中对旅游产业进行"三度"分析,对旅游地进行 RLMS 分析、情景分析、空间层次分析等。在传统区域旅游规划路径基础上嵌入省域旅游发展过程系统动力学动态模拟分析方法,形成产品提升的时空设计等内容(图4)。

规划技术创新:运用国家"十一五"攻关成果,将浙江省历时1年多、花费1500多万元的全省旅游资源调查海量数据整理并与旅游要素一起建设成旅游管理信息系统(桌面版、网络版)(图5)。

规划体系创新:以"横向的协调"和"纵向的递进"编制内容为整体技术框架,在对全省旅游业发展的重大问题进行(九项)专题研究的基础上,完成"浙江省旅游发展规划"、"旅游品牌目的地概念性规划"、"地市旅游发展规划指引"等主要规划内容,以及"旅游资源管理信息系统"一项技术成果。

4. 规划实施

以《浙江省旅游发展规划》为依据,多个地市旅游总体规划进行了调整或修编,《浙江省海洋旅游发展规划》等多个省重点旅游规划也据此进行了修改提升。

三个概念性规划中的两个(杭州大西湖概念性规划、宁波象山半岛概念性规划)得到实施。包括西湖、西溪湿地等在内的大西湖旅游资源得到有效整合,由观光型的西湖景区向综合型大西湖旅游目的地的转型提升初步完成。象山半岛游艇、海钓等高端旅游产品开发全面展开,五大休闲基地建设稳步推进。

近期行动计划中的重点旅游项目按照规划正在建设或已经基本建成,重点旅游区得到进一步提升。

2007、2008年浙江省按规划投入总计43亿元资金对全省旅游服务基地进行新建或提升。

浙江省旅游资源管理信息系统已在全省旅游行业中推广使用,旅游管理部门的管理效率和营销成效明显提升。

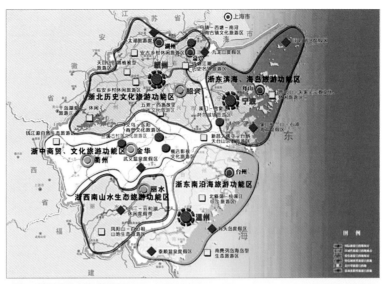

图3 旅游目的地体系规划图

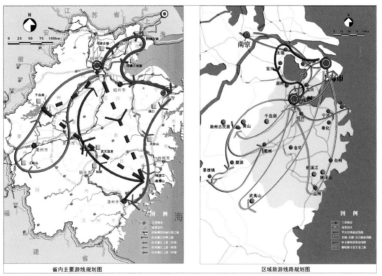

图4 旅游线路规划图

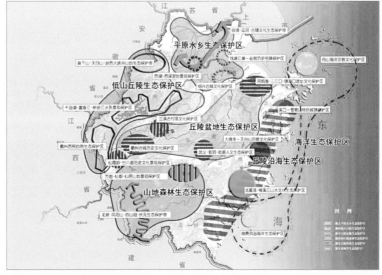

图5 资源环境保护规划图

海南国际旅游岛海口市旅游发展总体规划（2011-2020）

2012-2013年度中规院优秀城乡规划设计三等奖

编制起止时间：2009.2-2010.12

承担单位：文化与旅游规划研究所、
　　　　　风景园林规划研究所

主管所长：秦凤霞

主管主任工：岳凤珍

项目负责人：周建明、罗　希

主要参加人：周学江、宋增文、刘宁京、
　　　　　　刘　嘉、韦世新、尹　超、
　　　　　　刘涌涛、王李艳

1. 项目背景

　　因第一版《海口市旅游发展规划（1994-2010）》规划时限渐尽，2008年8月海口市旅委组织了国内外机构参与的规划招标，我院在中标基础上修编新一轮的海口市旅游发展总体规划。编制过程中，重点与2009年12月正式印发的《国务院关于推进海南国际旅游岛建设发展的若干意见》、2010年6月国家发改委批复的《海南国际旅游岛建设发展规划纲要（2010-2020）》的相关要求进行了全面对接。

2. 项目构思与针对性

　　本规划立足海口作为省会城市的综合优势、区位特色和新形势赋予的新使命，围绕国际旅游岛建设的政策背景，从海南国际旅游岛建设战略高度、南海区域旅游网络坐标和海口国际旅游城市建设标准三个维度进行编制（图1、图2）。

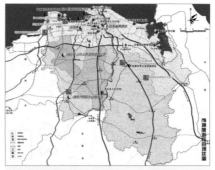

图1　市域旅游综合现状图

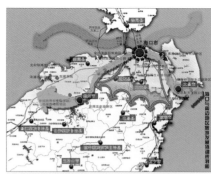

图2　海口与周边地区旅游发展协调规划图

3. 规划的主要内容

1）旅游发展总体定位

　　战略定位——将海口市建设成为世界一流热带滨海休闲旅游目的地城市，我国旅游业改革创新示范城市，海南国际旅游岛旅游综合服务中心，南海旅游组织与服务基地。到2020年，旅游业增加值占地区生产总值比重达到12%以上。

　　形象定位——将海口旅游的核心价值与传播和流行因素紧密结合，针对国内市场和国际市场分别推出"海韵椰城、欢乐港湾"、"Haikou, High Life"旅游形象。

　　产品定位——加快开发健康旅游、时尚休闲、商务会展和文化旅游四大核心产品，提升拓展城市旅游、乡村旅游、观光旅游、节庆赛事旅游四大重点产品，积极推进体育旅游、会奖旅游、游艇邮轮旅游、娱乐旅游、免税购物旅游、旅游地产等旅游新业态发展。

2）旅游发展策略

　　构筑面向区域的旅游服务平台。建设政府主导下的旅游公共服务体系，搭建旅游产业领引下的政策与管理机制平台，培育与筑造国际知名品牌旅游企业总部基地。

　　打造具有国际影响力的旅游目的地。以海口城市旅游功能强化为支撑，完善建立丰富多样的旅游吸引物体系，构建和谐发展的旅游空间网络，塑造鲜明旅游形象，建设高效、市场化的旅游营销网络。

　　创建海口特色旅游文化品牌。提升传统文化，营造休闲文化，突出养生文化，培育时尚文化，实现文化旅游与旅游文化并举发展。

　　加快旅游业与相关产业的融合发展。积极推动旅游与会展、商业、金融、保险、文化、体育、教育、医疗卫生、房地产等服务业的广泛融合，培育发展旅游新业态，拓展海口旅游要素体系。

　　强化多层级的区域旅游协作。立足区域旅游联动发展引领者的核心角色，打造以海口为中枢的琼北旅游圈、海南岛旅游圈和南海区域旅游圈。

3）空间布局规划

　　大力拓展北部滨海旅游发展轴，积极培育南渡江生态休闲旅游带，提升发展滨海中部都市旅游综合服务区、滨海西部商务会展休闲度假旅游区、滨海东部生态休闲度假旅游区、羊山时尚休闲度假旅游区、南部乡村休闲旅游区，构建"一轴一带五区"总体格局（图3）。

　　重点推进海口国家地质公园、海口国家湿地公园、骑楼老街文化休闲旅游区、海口观澜湖度假区、东海岸旅游度假区、金沙湾旅游度假区、海南热带野生动植物园、长影海南世纪影城主题公园、龙湾国际休闲旅游区、东海岸人工旅游岛、秀英国际邮轮港城等11个引擎项目建设（图4）。

4）城市功能旅游化改造

　　塑造红树林生态海岸、椰城风情海岸、温泉度假海岸三段主题海岸，培育东海岸和西海岸人工旅游岛两大增长引擎，营造三类旅游功能空间，建设"椰风海韵"风情大道，开辟多处城市观景

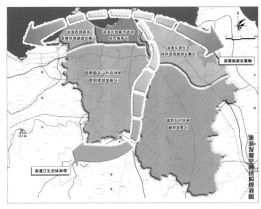

新平台，构建水网—绿地相连的主题游憩空间，组织丰富多样的节事活动，开发海口城市夜间游览、夜间娱乐、夜间休闲等夜间旅游项目（图5、图6）。

4. 项目创新与特色

1）方法创新

应用休闲产业理论、城市与区域规划理论、旅游城市功能结构理论等，创新性地提出海滨旅游目的地城市的系统分析框架，包括世界滨海旅游发展趋势与现代时尚休闲度假潮流分析、区域竞合分析、旅游资源及环境本底分析、度假环境评价、市场结构与趋势分析、旅游者行为分析、旅游地核心竞争力分析、海口旅游城市功能分析等，确定海口旅游发展的战略思路和行动方案。

2）规划特色

注重与国家政策和重大规划的衔接。研究国际旅游岛政策背景下海口机制体制改革创新与政策配套，将政府宏观战略意图导向与市场开发主体引导两者结合，凸显规划的创新性和实操性。

强化旅游规划的实施指引。通过理念创新、卖点挖掘与品牌包装、引擎性旅游项目策划、新业态领引的旅游产品与市场开发、特色旅游要素高效配置，构筑海口旅游核心竞争力提升路径。结合城市新区建设和南部环城绿色生态带建设，深化城市功能旅游化改造相关内容。

强调文化内涵的挖掘。结合海口国家历史文化名城保护，提出海口、海南历史文化"活"化与效益化，地方特色文化与现代时尚旅游文化结合的思路。

5. 实施情况

本规划于2012年3月2日由海口市人民政府正式批复并实施，是《海口市"十二五"时期旅游业发展规划》、《海口市酒店业发展规划》、《海口市主题公园发展规划》、《海口市游艇邮轮产业发展规划》等规划编制的重要依据。

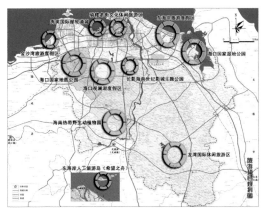

图3 市域旅游发展空间结构规划图

图4 市域旅游项目规划图

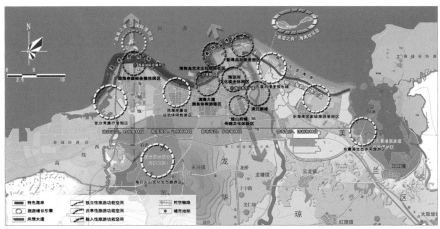

图5 城区旅游空间营造意象图

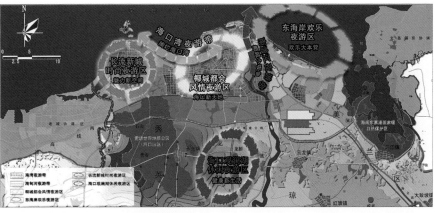

图6 城区夜间旅游主题与功能分区规划图

环渤海区域旅游发展总体规划

2012–2013年度中规院优秀城乡规划设计三等奖
编制起止时间：2010.11–2013.3
承 担 单 位：文化与旅游规划研究所
主 管 总 工：王 凯
主 管 所 长：秦凤霞
主 管 主 任 工：罗 希
项 目 负 责 人：周建明
主 要 参 加 人：宋增文、周学江、丁洪建、
谢丽波、宋 涛、孙依宁、
方泽华、鲍 红、吕 斌、
宋金平
合 作 单 位：北京大学（北京大学城市规
划设计中心）、北京京师天成旅
游规划设计咨询有限公司

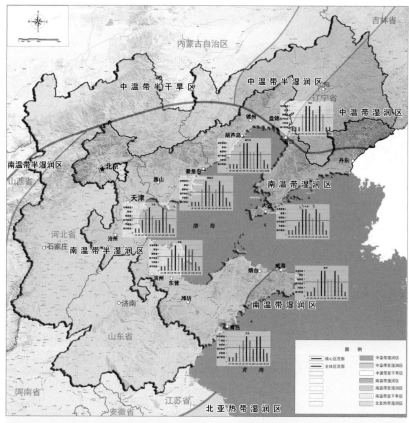

图2 环渤海区域旅游环境分析评价

1. 项目背景

环渤海区域是中国第三极，为配合国家重点区域发展战略的实施，充分发挥旅游业在保增长、扩内需、调结构、惠民生等方面的积极作用，增强环渤海区域旅游竞争力和可持续发展能力，国家旅游局组织编制了《环渤海区域旅游发展总体规划》。规划范围包括北京市、天津市、河北省、山东省和辽宁省"三省两市"，其中北京、天津全部和河北、山东、辽宁的环渤海城市为规划核心区范围。

2. 问题识别

环渤海区域是以"海"为中心和纽带，跨越行政地域边界的特定旅游资源区域，也是内部差异巨大、旅游联系与合作较松散的旅游协作区（图1）。主要问题有以下几点（图2）。

1）散

区域旅游合作机制有效性不足，行政区域间对接问题突出。

区域旅游线路有机组织不够，区域旅游通道建设滞后。

2）低

区域旅游产品重复建设，产业整合和业态创新不足。

环渤海区域旅游产品雷同现象突出，旅游产品与形象缺乏特色。旅游产业缺乏有效整合，各地还没有确立统一的服务质量标准。旅游产业市场对接不足，业态创新滞后。

3）弱

大规模工业化压力下，海陆资源环境堪忧。

工业化、城镇化对旅游环境产生破坏，近海区域污染严重，沿海及海洋生态系统功能持续退化。城镇建设、产业发展大量侵占生态岸线，对旅游空间产生巨大挤压。

3. 规划思路与对策

1）整合

以区域旅游合作机制与平台构建为抓手，强化区域旅游一体化。

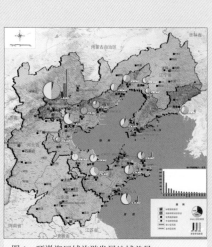

图1 环渤海区域旅游发展地域差异

为了加快推进环渤海区域旅游一体化发展的进程，提出构建强大、持续而有效的省级旅游协调会议制度。构建区域旅游协作平台，同时在邮轮旅游线路、旅游集散体系等方面强化合作。推动市场共享、客源互送、线路共建和联合促销。

以区域旅游发展空间构架为支撑，突出海陆联动、城市群联动。

构筑"一核一带三圈"的旅游空间构架，形成环渤海区域旅游一体化发展大格局。重点发展环渤海区三省两市五大都市群旅游圈。聚焦环渤海核心区域17个城市，形成五大旅游功能区差异化发展的良好态势（图3）。落实区域旅游发展空间策略，确定分省市旅游发展指引。

以无缝化、立体化的区域旅游交通网络建设为突破口，对接区域旅游线路。

围绕区域旅游线路组织，整合不同交通方式，实现旅游交通无缝化衔接。完善旅游集散中心网络，优化旅游公共交通服务。通过区域旅游交通服务功能

的完善，促进环渤海区域旅游一体化的整体带动效应。

2）创新

以市场为导向，推动海滨、海洋、海岛旅游由观光旅游向休闲度假旅游的提升。

根据环渤海区域海滨、海洋、海岛旅游资源的分布特点，形成滨海度假旅游、海洋休闲旅游、海岛生态旅游、海鲜美食旅游等特色旅游产品。开发环渤海滨海休闲度假旅游带，建设长岛等国际休闲度假岛，开辟陆岛联动的海上邮轮旅游航线。

以旅游新业态的培育为重点，提升区域旅游竞争力。

围绕旅游业转型升级，以创新为动力，以产业结构调整和发展方式转变为方向，依托环渤海区域的特色海洋资源、地域文化等优势，通过产业融合、科技创新、高端发展等方式，培育和壮大健康旅游、定制旅游等旅游新业态。

3）保护

以旅游资源环境的分类保护为基础，

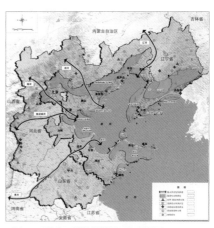

图4 环渤海区域旅游资源环境保护图

促进旅游产业健康持续发展。

重点对保护区、湿地、森林、地质公园和风景区等自然资源以及历史文化遗产、非物质文化遗产进行针对性的分类保护。旅游业要率先创建绿色行业，逐步建立全方位的保护体系（图4）。

4. 项目特色与探索

（1）运用优势度、成长度、成熟度三度分析的新方法，提高区域旅游规划研究的科学性。

（2）放眼大区域视野，前瞻性地提出了旅游强国引擎区、旅游创新实验区的区域旅游定位。

（3）聚焦区域旅游合作，提高环渤海旅游协作区规划的宏观指导性。

（4）关注三省两市和环渤海17城市两个空间层次，突出协调与对接，制订具有环渤海旅游协作区特色的旅游空间体系。

5. 实施效果

（1）规划要点纳入中国旅游业"十二五"发展规划。

（2）环渤海区域旅游合作平台和机制得到强化。

（3）环渤海区域旅游一体化进程加速。

（4）环渤海滨海、海洋、海岛旅游开发快速推进。

（5）环渤海重点城市旅游集散体系取得突破。

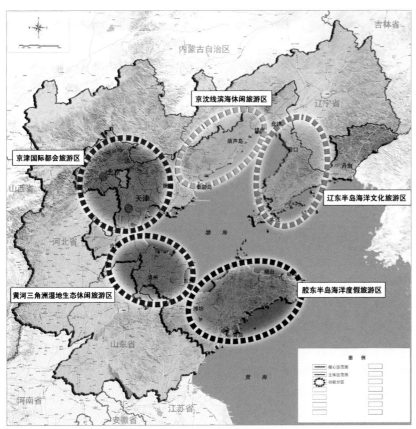

图3 环渤海核心区旅游功能分区规划图

苏州市旅游发展总体规划

2008-2009 年度中规院优秀城乡规划设计二等奖

编制起止时间：2008-2009

承 担 单 位：文化与旅游规划研究所

主 管 所 长：秦凤霞

主 管 主 任 工：罗　希

项 目 负 责 人：周建明

主 要 参 加 人：陈　勇、谢丽波、宋　涛、
　　　　　　　宋增文、岳晓婧

合 作 单 位：安徽师范大学

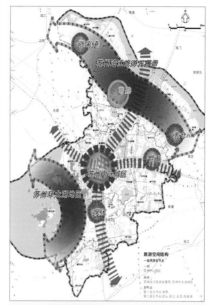

图 2　旅游空间结构图

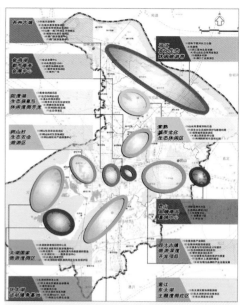

图 3　旅游项目规划图

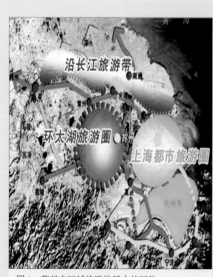

图 1　苏州在区域旅游格局中的区位

1. 规划编制背景

苏州是中国首批 24 个历史文化名城之一，中国重点风景旅游城市。历版苏州城市总体规划中，风景旅游均被确定为城市的重要职能，为苏州旅游产业的发展奠定了良好的政策基础。

经过多年发展，苏州旅游业正在成为国民经济的支柱产业。主要旅游指标在全国排名稳中有升。以"古典园林、千年古城、水乡古镇、太湖风光"为代表的"三古一湖"已成为苏州旅游的特色品牌。

在经历了近二十年的快速发展以后，苏州旅游业正处于阶段性的转型阶段，突破创新的全面发展阶段。近年来，长三角产业结构升级与区域生态环境保护和修复对苏州旅游业发展提出了新的要求。在区域旅游业竞争日益激烈的情况下，有必要确立以竞争优势为导向的针对性战略。

本规划是对上版《苏州市旅游总体规划（2001-2020）》的第一次修编；规划范围为苏州市域，总面积约 8488 平方公里，其中重点是 2007 版城市总体规划划定的城市规划区，总面积 2597 平方公里。

2. 规划主要内容

随着我国旅游休闲时代到来，苏州旅游进入新的发展阶段。通过对苏州旅游业发展现状、区域竞合格局、客源市场抽样调查等方面的问题分析，结合城市总规中功能定位、产业空间布局调整的要求，规划主要突出以下内容：

1）旅游发展定位与目标

总体定位：长三角休闲度假旅游产品的示范区和旅游服务国际化率先接轨区；以东方水城、三古一湖、江南艺术经典和水乡风情构成的"人间天堂"为特色，历史文化与现代文明相融的文化旅游城市，国际一流旅游目的地。

发展目标：国际著名旅游目的地，持续提升旅游业在苏州社会、经济、文化发展中的地位。

到 2020 年旅游总收入突破 2300 亿元。旅游产业增加值占 GDP 比重约 6% 左右，旅游业成为国民经济的支柱产业。

2）旅游发展战略

以竞争力增强与效益提升为目标，转变现有旅游发展路径，从苏州城市与产业发展的整体出发，规划提出目的地

战略、国际化战略、创新发展战略、产业集聚战略、文化全程化渗透战略、区域协作等六大战略。依托苏州优越的区位、资源、特色产业与要素，由资源依赖型转为市场导向型，由比较优势导向转为竞争优势导向，由单体开发转为产业集聚，由国际游客和国内远距离游客的旅游过境地转为多层次的旅游目的地。

3) 旅游发展空间格局

结合苏州"中核主城、东进沪西、北拓平相、南优松吴、西育太湖"的城市空间发展战略，构建"一核一带三区"的旅游发展空间格局。其中"一核"为主城区旅游发展极核，"一带"为沿江休闲旅游带，"三区"为环太湖休闲度假旅游区、中部湖荡生态休闲旅游区、南部水乡古镇观光休闲旅游区。

4) 旅游产品开发

规划以"传统和现代，艺术和生活"两条主线串联苏州的旅游产品，对特色资源进行转移利用，创新产品的利用方式，实现苏州旅游产品由传统资源导向型向市场导向型转型，由规模型向效益型转变。构建以观光、文化旅游为基础，休闲度假、商务会展为重点，专项旅游和社会特色旅游为补充的旅游产品体系。

5) 旅游资源与环境保护

提出对水系、园林、水乡古镇、乡村、森林公园和自然保护区、遗址遗迹、非物质文化资源等重点资源环境类型的分类保护要求；对古城地区、环太湖地区、中部湖区、沿江地带等重点地域的旅游发展进行空间分区引导与管理，提出相应控制保护要求。

6) 近期行动计划

近期重点产品：在提升观光产品档次的基础上，重点发展休闲度假旅游，积极推进特色旅游产品建设，形成以观光产品为基础、休闲度假产品为重点、特色旅游产品为补充的产品体系。

近期空间发展重点：着力推进古城、

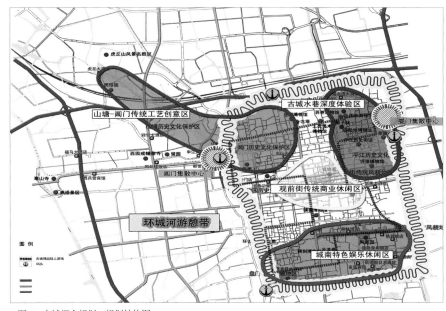

图 4 古城概念规划—规划结构图

环太湖两大旅游产业集聚区的发展，重点优化提升七大旅游区。

近期重点配套：加强自然和文化生态保护；优化城市环境；提升人文环境；完善旅游服务功能；完善与旅游相关的其他城市公共服务功能。

近期重点市场推广：将城市品牌推广与营销作为苏州旅游品牌建设的龙头；建立高效的旅游目的地营销体系；制定世博会事件响应计划。

3. 技术创新点及规划特色

方法创新：创新性地提出旅游目的地系统分析框架，包括：区域竞合分析、旅游资源及环境本底分析、市场结构与趋势分析、旅游业核心竞争力分析等在内的系统分析方法。

规划特色：注重旅游发展策划与物质空间规划的紧密结合，体现政府宏观战略意图，引导旅游市场主体行为导向，突出旅游产业发展中政府的工作重点，实现旅游规划的科学性、规范性、创意性和可操作性的有机统一。

强化生态保护的内容，在规划中引入旅游发展的环境影响评价内容，对重

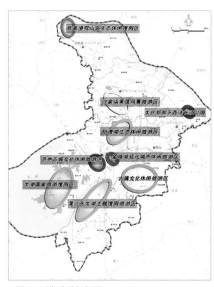

图 5 近期建设规划图

要资源环境类型和重点地域的旅游资源和环境保护提出具有针对性的建议措施；

注重文化内涵的挖掘，提出吴文化和江南水乡神韵为主题灵魂的苏州历史文化的"活"化与效益化的建议。

4. 规划实施

本规划于 2010 年 12 月 29 日由苏州市人民政府正式批复（苏府复〔2010〕205 号）并实施。

珠海市旅游发展总体规划
（2007-2020）

2006-2007年度中规院优秀城乡规划设计三等奖
编制起止时间：2006.1-2007.12
承担单位：文化与旅游规划研究所
主管所长：秦凤霞
主管主任工：潘亚元、岳凤珍
项目负责人：周建明、罗希
主要参加人：刘晶、尹泽生、康永莉、
　　　　　　戴光全、洪治中、岳晓婧
合作单位：广州地理研究所

1. 项目背景

　　第一版《珠海市旅游发展规划（1999-2010）》编制完成于1999年，由于内外形势发生重大变化，如港珠澳大桥、广珠轻轨等重大基础设施的落地，国内休闲旅游市场的兴起，《珠海市城市总体规划（2001-2020）》、《珠海市近期城市规划建设管理实施纲要"135"行动计划》等相关规划的实施，加上原规划缺乏可实施的项目和布局内容的支撑，因此在2006年启动了珠海市旅游发展规划的修编工作（图1）。

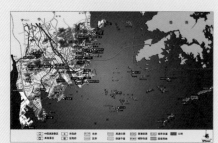

图1　综合现状图

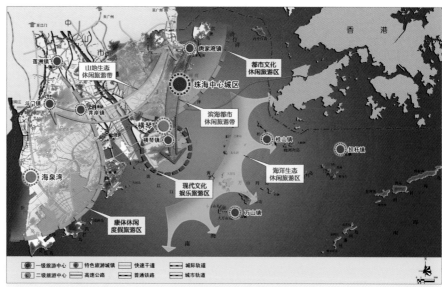

图2　空间结构规划图

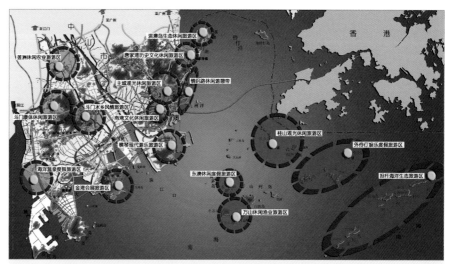

图3　重点旅游区（带）分布图

2. 规划的主要内容

　　1）旅游发展目标定位

　　国内外著名的文化游乐、时尚休闲、会展度假旅游目的地，国内高端休闲度假旅游产品的示范区和旅游服务国际化率先接轨区，珠三角旅游创新的重要基地，港珠澳组合型旅游目的地中的交通枢纽节点、旅游服务基地。到2020年接待国内外游客8400万人次，实现旅游总收入850亿元以上。

　　2）旅游发展战略

　　目的地建设战略——发挥区位、环境和资源优势，突出珠海海岛、特区、城市景观、温泉四大特质，优化旅游环境，完善市域旅游交通集散服务功能和旅游标识、

旅游信息咨询和旅游快速救援等公共服务功能，建设高效网络化的市场营销系统，注重与港澳世界旅游目的地网络化市场营销系统的"搭车"运作，与遍布世界各地的旅游营销组织的战略性联合，将珠海打造成为具有国际知名度的旅游目的地。

　　差异化战略——立足旅游地位的区域提升目标，开发差异化的旅游精品，形成以休闲度假为主导、配套服务为特色的旅游产业体系，将珠海建设成为珠三角区域重要的旅游中心城市。

　　国际化战略——积极推动珠海旅游产品和旅游服务的国际化，建设一批面向国际市场的精品项目，引导城市公共设施向

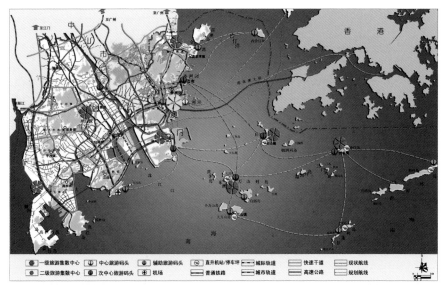

图4 旅游交通规划图

图5 情侣路概念规划图

旅游吸引物转化，培育和提升具有国际影响力的旅游节庆，建设多语种的城市旅游目的地营销系统，加强旅游业的国际合作，提高旅游管理和产业运行的国际化水准。

区域协作战略——重点开展三个层次的区域旅游合作：与港澳之间的功能互补、制度衔接，与中山市旅游资源的整合和产品的开发合作；与珠三角地区旅游城市之间的线路协作、市场共享与组合营销；与泛珠三角西部如广西、云南、贵州和四川等省区重点旅游地之间的市场开拓、品牌营销和线路协作。

3）空间布局规划

以横琴为旅游创新增长极，中心城区和珠海西部两翼为重要支撑，陆岛（万山群岛）联动、扇面推进为特色途径，休闲经济沿南部滨海地区和北部山地带状集聚，构建"一核、两翼、一扇、两带"的旅游总体发展格局（图2）。

建设北部都市文化休闲旅游区、中部现代文化游乐旅游区、西部康体休闲度假旅游区和东部海洋生态休闲旅游区等四大旅游功能区，重点打造16个旅游区（带）（图3），培育提升旅游景区和项目类、旅游节事类及旅游要素类等核心吸引物体系，建设8个特色旅游小镇，两级旅游集散设施，多条旅游快速通道（图4、图5）。

4）旅游项目用地引导

城区组团规划协整——强化各组团游憩项目用地的保障，唐家湾新城结合港湾改造预留会展、游艇基地等旅游服务设施用地，南湾城区东部口岸地区预留餐饮、购物、交通集散等旅游服务设施用地，横琴新城北部结合开发现状预留国际会展、商务度假酒店群发展用地，横琴新城南部滨海地带为游憩绿地和旅游度假用地，珠港新城为海泉湾度假城预留配套的游憩绿地、新增与临港工业区隔离的生态绿地，港区新城的荷包岛南部、高栏岛东部岸线列为旅游岸线进行保护与利用。

旅游用地项目细化——优先保障购物娱乐、酒店会展、游艇码头等服务型项目用地，主题游乐型项目用地，公共沙滩、城市公园绿地等景观休闲项目用地，海滨海岛、温泉等度假型项目用地，自然保护区、风景区、湿地公园等生态休闲项目用地，农渔等产业观光休闲项目用地。

3. 项目创新与特色

1）方法创新

首次建立了包括旅游资源及环境本底分析、旅游产业地位分析、区域分析、空间分析、市场结构与趋势分析、USP分析、问题诊断等在内的系统分析方法，系统解析珠海旅游发展的条件。

首次尝试由珠海市规划局和珠海市旅游局共同委托和组织编制，使得规划成果既是珠海市旅游业发展的总体部署，也是城市总体规划中细化的旅游专项规划。

2）规划特色

四大特性的有机统一——强调以发展条件的系统分析和主要问题的诊断为基础制订技术路线，依照《旅游规划通则》《城乡规划法》等相关法律法规和技术规范完成规划成果，着重旅游项目策划和品牌形象包装，高度衔接《珠海市城市总体规划》等法定规划，实现旅游规划的科学性、规范性、创意性和可操作性的有机统一。

策划与规划的紧密结合——旅游策划既体现政府宏观战略意图、突出旅游产业发展中政府的工作重点，又关注对旅游市场主体行为的导向，同时特别注重旅游发展策划与物质空间规划的紧密结合，在项目用地、要素配套等方面"硬化"旅游规划的法定性内容，强化旅游规划的空间落地。

4. 实施情况

本规划于2008年1月24日由珠海市政府正式批复（珠府函〔2008〕29号）并实施。

北京市胡同游发展规划

编制起止时间：2007.10—2009.3
承担单位：文化与旅游规划研究所
主管总工：王景慧
主管所长：秦凤霞
主管主任工：岳凤珍
项目负责人：周建明、罗希
主要参加人：谢丽波、徐素敏、所萌、
　　　　　　陈勇、王川、岳晓婧

1. 规划背景

1994年起自发形成的"逛胡同"旅游项目，由于其丰富的人文内涵、鲜活的民俗文化和特色浓郁的外在形式，与"登长城、看故宫、吃烤鸭"一并成为北京吸引入境游客的四大金字招牌，但在发展过程中无序竞争、经营混乱、服务不规范、扰民、管理缺失等问题日益凸显。正值2008北京奥运会举办前夕，北京市旅游局组织编制了这一专项规划。

2. 项目构思与针对性

1）以产品提升为主线

将胡同游从较单一的旅游项目向丰富多样的体验型产品方向打造，从而增强北京古都旅游的核心竞争力，激发北京创意产业和文化旅游产业的创新发展。

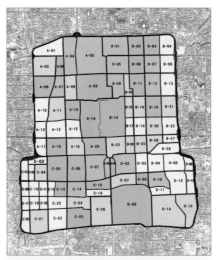

图1　胡同资源分区评价图

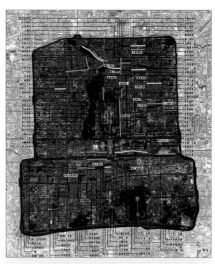

图2　胡同资源分级评价图

2）以引导发展为目标

整合各项规划，从空间分类引导和环境优化方面研究落实胡同游发展与古都历史文化遗产保护的有机结合，与社区生活的和谐衔接，与文化创意产业的融合发展。

3）以重点地区指引为抓手

针对两大重点地区，着力解决产品提升、管理规范、旅游环境优化等关键问题。

3. 规划的主要内容

1）产品策略：提升与多元化发展

发展方向——以精品化、高端化、国际化和效益化为目标，将北京胡同游提升和拓展为以观光游览和文化体验为主导，商务、美食、娱乐、购物、游憩等特色休闲为辅助的文化旅游产品。

开发重点——加强胡同游产品内涵的挖掘与拓展，加强非物质文化遗产的旅游转化利用，开发以入境游客和国内高端旅游消费人群为核心市场的深度体验型、文化创意型产品，同时将古都文化观光型产品向文化体验型、文化休闲型、文化娱乐型方向转型和延伸，推出精品胡同、经典四合院、重要名人故居等系列品牌吸引物，进行综合型、主题型胡同游线路产品的创意策划和主题包装，推动胡同游产品升级和多元化发展。加强胡同游产品开发的空间管制，实现

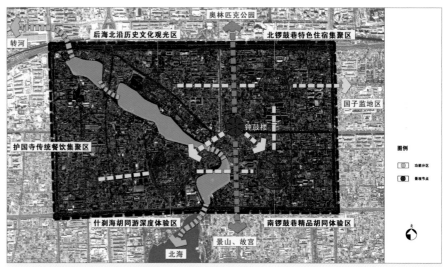

图3　什刹海地区胡同游空间引导规划图

产品开发的高效化、热点地区的分散化。

2）空间策略：控制与引导发展

分级控制——按照发展条件、利用方式及重点、限制与管理要求，将旧城内具备发展胡同游的片区划分为8个核心区域、13个特色区域和28个拓展区域，对开发利用强度、项目准入和管制内容提出控制要求（图1、图2）。

分类引导——核心区域作为胡同游的品牌区，以点、线、面利用相结合的方式为主，兼顾各方利益诉求，积极引导社区居民参与，鼓励多种游览和休闲体验方式发展；特色区域作为胡同游的精品区，以点、线利用方式为主，优先考虑社区功能，有条件地选择部分胡同开展以步行交通为主的观光休闲活动和院落民宿体验项目；拓展区域作为胡同游的配套区，以点状利用为主，重点引导多功能的融合发展和传统文化元素的旅游化创新利用。

主题社区发展——重点加强旧城内老旧建筑和构筑物的改造利用，积极发展艺术胡同、文化创意办公、特色餐饮娱乐、特色购物休闲等主题社区或街区，为胡同游提供更多的特色体验平台。

3）环境优化：交通、服务与景观

交通组织与管理——加强旧城地区限制小汽车发展相关政策研究，鼓励绿色交通出行。在胡同道路系统设施的刚性约束前提下，统筹协调胡同内居民出行交通和胡同游览交通需求，强化胡同区域内外旅游交通方式的组织与衔接。鼓励胡同区域内采取步行、自行车、人力三轮车等为主的方式，条件适合片区采取观光电瓶车等方式。完善人力三轮车特许经营政策和措施。增强重点胡同游区域外部公共交通的可达性，积极发展旅游观光巴士。

服务配套与完善——加强重点胡同片区历史文化的解说系统与胡同游标识系统的建设，完善旅游信息咨询服务网点配套，完善旅游交通集散设施建设，

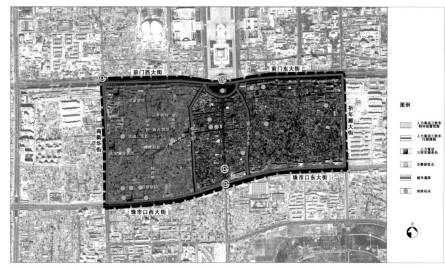

图4　前门地区三轮车特许经营线路规划意向

增设旅游巴士停放场地和自行车租赁点。

文化景观保持与修复——通过各种文化景观修复手段，保证北京旧城地区历史风貌的完整性、社会结构的稳定性、居住环境的宜居性、传统文化的延续性，为开展胡同游创造良好的物质文化基础。重点保持胡同地区的传统氛围和邻里系统，传承民俗与传统文化，对人居环境较差的胡同地区进行风貌综合整治和基础设施配套建设，对旧城中轴线等重要标志性历史地区的不协调建筑进行景观改造或拆除。

4）近期重点：扩容与提升

什刹海地区——强化主题、开拓精品、疏导人流、延伸线路，打造什刹海王府名宅体验旅游区、钟鼓楼中轴地标观光旅游区、南锣鼓巷精品胡同旅游区三大板块，推出30条特色胡同，开辟一批王府花园、名人故居等景点，组织以非机动交通为主的游览线路，强化内外机动交通环境的改善（图3）。

前门地区——重点保护和利用传统商业文化、民俗文化、梨园文化和会馆文化资源，打造琉璃厂传统文化商业集聚区、草厂特色胡同体验区、韩家潭梨园文化观光区、前门传统商业集聚区四大板块，开展吃烤鸭、品名吃、逛胡同、看大戏、过大年等体验项目和活动，强

化交通集散、旅游标识系统等服务设施建设（图4）。

4. 项目创新与特色

注重保护与利用并举。在研究北京旧城历史文化保护区保护规划、旧城胡同资源实地调研和胡同资源文献梳理的基础上，制订针对性强的规划技术路线和总体框架（图5）。

注重旅游策划的空间落实。将胡同游发展策划与空间的引导管理有机融合，以产品发展带动胡同资源的多样化保护利用，在北京古都文化载体功能强化、胡同游新形象树立方面进行了有益探索。

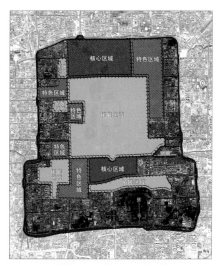

图5　胡同游分区发展规划图

顺义五彩浅山国际休闲度假产业发展带规划

2012-2013年度中规院优秀城乡规划设计三等奖

编制起止时间：2012.4-2012.11

承担单位：文化与旅游规划研究所

主管所长：周建明

主管主任工：罗希

项目负责人：徐泽、丁洪建、岳晓婧

主要参加人：周学江、贺剑、朱江、
石亚男、谢丽波、鲍捷、
宋涛

合作单位：中国科学院地理科学与资源
研究所

顺义浅山区包括北京顺义区东北部北石槽、木林、龙湾屯、张镇和大孙各庄五镇，总面积308平方公里，常住人口约12万人，农民年人均纯收入约1.1万元（远低于北京市1.6万元的人均水平），是典型的大都市后发地区。同时浅山区也无特品级旅游资源，属于旅游资源非优地区。

顺义浅山区发展滞后的原因有三个方面：一是发展思路不清。由于交通和生态环保的限制，工业招商引资始终难有起色，而旅游发展仍在走资源导向型开发的老路，农家乐、采摘园等难有大的作为。二是五镇分散开发。加剧了内部竞争，不利于形成品牌和市场影响力。三是缺少政策支持。顺义区的发展重心一直集中在河西地区，河东的浅山区虽然区位较好，但可达性差、基础设施条件差，对其用地指标、资金的投入明显不足。

针对旅游资源非优的大都市后发地区，如何"创造后发优势、实现跨越发展"，是本规划的核心主题，也是本规划的落脚点。

1. 技术路线

规划认为顺义浅山区创造后发优势、实跨越发展，取决于三个方面：一是利用市场扩大、市场细分、市场升级带来的机会，运用产品的生命周期规律，针对目标市场的新需求，形成产品的后发优势；二是强化自身的规模效应和品牌特色，形成复合性优势，实现对市场的引领；三是争取政策扶持，形成制度的后发优势。

2. 规划构思

（1）坚持市场导向，谋求产品的后发优势。

北京旅游产业正从观光旅游占主体地位向观光旅游、休闲度假旅游和专项旅游协调发展转变。北京旅游市场规模的扩大和旅游需求的升级，为顺义浅山区开发市场引领性的产品、形成产品的后发优势提供了新机遇。

规划认为顺义浅山区适宜休闲度假的环境价值远远超过旅游资源的观光价值，其山形地势相对平缓，又是山地休闲运动的绝佳地。因此需要充分发挥浅山区近邻首都国际空港、北京CBD、使馆区等高端客源的市场优势，利用"山、水、农、林、温泉"的资源组合、焦庄户地道战遗址等红色旅游资源、无梁阁等历史人文资源，通过附加人文、科技、绿色内涵，开发具有引领性的旅游产品，实现产品的高端化、时尚化、特色化，形成"高端度假旅游、时尚运动养生、都市休闲庄园、红色旅游与民俗体验"四大产品方向。

（2）坚持整体开发，形成复合性的后发优势。

规划吸取北京市"沟域经济"发展中分散开发的教训，坚持整体开发，形成复合性后发优势，引领市场需求。

一是强化"五彩浅山"的区域整体品牌形象。即以浅山绿道为纽带，在浅山区五镇创意构建五种色系主体景观，构建多姿多彩、时尚活力、绚丽浪漫的五个主题小镇，建设休闲度假产业发展带，成为北京的浪漫花园。

二是引导五个旅游小镇开发差异化产品。各镇根据自身的区位、历史、资源等特点，实现错位开发。包括：北石槽镇——"凤凰御园·金色小镇"，发展商务文化休闲旅游；木林镇——"大唐风韵·山水小镇"，发展国际会议度假旅游；龙湾屯镇——"清岚龙湾·红色小镇"，发展高端山地度假与红色旅游；张镇——"绿驿行宫·休闲小镇"，发展时尚运动休闲旅游；大孙各庄镇——"画山明阁·田园小镇"，发展国际田园度假旅游。

三是以浅山综合绿道作为串联五镇整体开发的空间支撑。由"五彩大道、五彩浅山国家登山健身步道和山地自行车道"构成的三位一体的浅山百里绿道，将成为浅山区的核心旅游吸引物之一。

四是通过项目策划，高效利用土地

资源。创意策划了九个引擎项目和多个特色项目，进行招商引资。九个引擎项目包括：企业戴维营、香草山都市农庄、唐指山旅游度假区、龙湾国际山居综合体、红色龙湾屯、龙凤山功能养生谷、莲花山运动综合体、智慧庄园主题公园、禅意花园·无梁阁；特色项目包括：御泉行宫旅游综合体、五彩花园、都市田园时尚休闲地、京华民俗苑、法国葡萄酒庄、法国农庄、东方养生庄园等。将234公顷存量建设用地、242公顷符合两规的规划建设用地、205公顷建议新增建设用地统筹使用，既满足近期需要，又适应未来发展。

（3）明确政府行动计划，构建政策的后发优势。

规划提出成立五彩浅山规划建设领导小组，实现政策集成、资金集中。并提出近期四大行动。

一是改善旅游交通。建设由五彩大道、国家登山健身步道、山地自行车道构成的"三位一体"的浅山绿道。

二是加强生态环境整治。实施水库减渗、水系治理、彩叶林绿化、气候环境监测等工程。

三是构建五彩浅山综合营销平台。建设旅游网站，联合电视台、报社和旅行社推介"五彩浅山"品牌形象。

四是招商引资。制定近期招商项目库，吸引多元化资本投入。

3. 实施效果

（1）目前顺义区按照该规划，已成立五彩浅山国际休闲度假产业发展带规划建设领导小组，并下设办公室。

（2）通过网站、顺义电视台、北京交通广播电台、北京日报等媒体的广泛宣传，"五彩浅山"已具有较高的品牌知名度，成为顺义浅山区的专属品牌形象。

（3）五彩浅山规划的主要内容已纳入顺义区2013年政府工作报告，五彩浅山建设成为2013年区重点工程。目前五彩浅山国家登山健身步道已建设125公里，并接待游客；已实施唐指山水库减渗Ⅰ期工程；五彩大道项目正在落实开工手续；环境监测工程正由环保部门推进落实。

（4）在第十六届京港洽谈会上，五彩浅山作为北京市推介的重大项目之一，成功招商引资60亿元。

（5）本规划虽为非法定规划，但因现实指导意义和可操作性较强，得到了北京市规划委员会的重视。2013年5月，北京市规划委员会审查通过《顺义五彩浅山国际休闲度假产业发展带规划》。

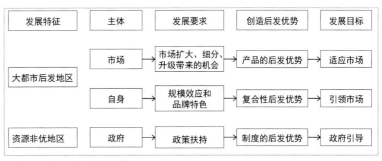

图1 五彩浅山规划技术路线图

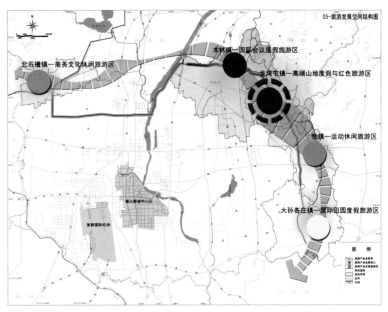

图2 五彩浅山发展带空间结构图

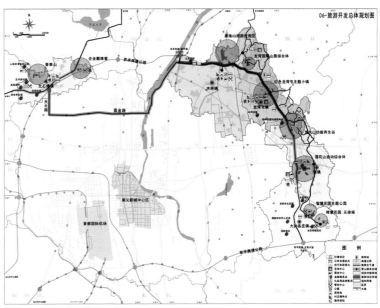

图3 五彩浅山发展带总体布局图

热贡文化生态保护实验区总体规划

2011年度全国优秀城乡规划设计二等奖
2010-2011年度中规院优秀城乡规划设计一等奖
编制起止时间：2009.2-2010.12
承担单位：文化与旅游规划研究所
主管所长：秦凤霞
主管主任工：罗　希
项目负责人：周建明
主要参加人：岳凤珍、所　萌、石亚男、
　　　　　　宋增文
合作单位：中国人民大学文化创意产业
　　　　　研究院、中国科学院地理所

图1　重点区域整体保护空间结构图

1. 规划背景

为加强对我国优秀传统文化尤其是非物质文化遗产的整体保护，文化部于2007年起启动了文化生态保护区建设工作，截至2011年年底，已在全国先后设立了11个国家级文化生态保护实验区。

位于青海黄南藏族自治州的"热贡文化生态保护实验区"，于2008年8月批准设立，是我国第三个、也是少数民族地区第一个国家级文化生态保护实验区。

热贡文化生态保护实验区地处三江源地区以及青藏高原与黄土高原的过渡地带，总面积1.16万km²，涵盖同仁、泽库、尖扎三县县域。

"热贡"是藏语"金色的谷地"之意。热贡文化是指发源于隆务河谷地区，由藏族、土族和汉族等多个民族在漫长的历史时期不断融合形成的一种独特地域文化，并随着藏传佛教在热贡地区的传播、弘扬，产生了热贡文化中最具代表性的热贡艺术，是我国民族艺术宝库中一颗瑰丽的明珠。

实验区是青海省高级别非遗项目最为富集的地区，区内的热贡艺术、黄南藏戏、土族於菟、热贡六月会和泽库和日石刻等5个项目2006年被列入国家首批非物质文化遗产保护名录；其中的热贡艺术和藏戏，于2009年被列入联合国教科文组织的"人类非物质文化遗产代表作名录"。区内同时拥有1座国家历史文化名城，1个中国历史文化名村，5个全国重点文物保护单位，以及大量古村落、古城堡等文化遗产资源。

由于区域生态环境敏感脆弱，文化遗产资源集中分布在人口与村镇高度集聚的隆务河谷地区，随着近年的经济和城镇建设发展，实验区内保护与发展间的矛盾日益凸显，非物质文化遗产的生境受到各种内外因素的影响，存在技艺失传、人才匮乏、原真性发生改变等问题，不少项目处于濒危状态。

规划通过热贡文化遗产的系统认知、保护框架与保护传承机制的构建、文化遗产资源合理利用方向的确定，以及实施措施的制订，实现保持文化多样性、保护文化生态空间完整性、传承发展优秀传统地域文化的规划目标（图1）。

2. 规划内容

规划的主要内容包括文化生态保护区整体保护、非物质文化遗产重点保护和文化遗产资源合理利用三大部分。

1）文化生态保护区整体保护

文化生态保护区整体保护，是指对非物质文化遗产及其依存环境的保护。规划通过划定核心地域空间，构建"点、线、面"相结合的整体保护格局。

规划将整个保护区热贡文化最具代表性、文化遗产分布最密集、文化生态环境最稳定的区域——同仁县，划为"热贡文化重点保护区"；将热贡文化孕育、传播、集聚的"金色谷地"所在——隆务河谷，划为"热贡文化生态走廊"；将20个具有突出价值的聚落，作为承载非遗项目的文化空间载体，划为"热贡文化聚落"。

基于整体保护理念，规划对穿越隆务峡谷的重大铁路拟建项目提出了调整建议，避免选线不当对热贡人文生态环境与景观生态安全格局造成的严重影响。

2）非物质文化遗产重点保护

规划将实验区内的非遗项目及代表性传承人作为保护重点，建立非遗项目、

图2　"年都乎——文化创意产业集聚区"概念性规划（文化产业项目布局图）

传承人与传承机构、文化空间载体三者协同的保护机制，确保非物质文化遗产的本真性保护。

针对热贡非遗项目具有较强生产性、表演性和民众性的特点，规划采取动静结合的保护方式。"静"，是指对热贡文化成果加以记录、收集和保存；"动"，则是对传统美术、技艺、戏剧、医药类项目进行生产性保护，对民俗节庆活动采取节会保护，以及传习保护。

3）文化遗产资源合理利用

规划在严格保护的基础上，充分发掘文化遗产价值，变文化资源优势为文化产业优势，探索"文化走出去、经济请进来"的利用模式。

完善建立文化遗产展示利用体系。建设1个非遗展览馆、1个热贡艺术展示中心、10个传习所、25个群众艺术馆。

加快发展以民间手工艺品和民族歌舞演艺为重点的文化产业；依托隆务河谷原生态文化聚落，重点培育发展两大文化产业集聚区，即吾屯热贡艺术（唐卡）文化集聚区，年都乎热贡艺术（堆绣）文化集聚区（图2）；建设热贡艺术学校、热贡文化信息港等配套项目与工程。

大力发展历史文化观光旅游、民俗文化旅游、宗教旅游，建设高度浓缩与展现热贡文化内涵、有较强参与性与体验性的热贡文化风情园等旅游项目。举办热贡六月会、国际唐卡节、热贡文化艺术论坛等重大节事活动。

3. 规划创新

1）探索文化生态系统视角下非物质文化遗产保护体系的构建

非物质文化遗产不是孤立存在的，而是以文化空间为载体，依存于整个文化生态系统中。

规划运用地理信息技术，探寻非物质文化遗产与文化生态系统的内在关联，将具有复杂流变性的"活态"遗产与地域空间相结合，通过聚焦空间，实现非物质文化遗产的就地保护和原产地保护（图3）。

2）实现非物质文化遗产保护与文化资源合理利用的有机结合

热贡文化既是珍贵的文化遗产也是特色的文化资源，严格保护前提下的战略性和整体性利用，是使当地农牧民脱贫致富、激发民众自觉传承的有效方式和促进地方经济可持续发展的重要途径。

4. 规划实施

1）第一个批准实施的文化生态保护区总体规划

2011年1月，《热贡文化生态保护区总体规划》获文化部正式批复同意，成为全国第一个获批的文化生态保护区总体规划，标志着热贡文化生态保护实验区建设将进入科学、有序推进的新阶段。

2）第一个正式命名的文化生态保护区

"国家级文化生态保护区"由于目前仍处实验性阶段，因此各保护区暂定为"文化生态保护实验区"，热贡文化生态保护实验区总体规划获批后，考虑其示范、带动作用，正式命名为"热贡文化生态保护区"。

3）成为《国家级文化生态保护区总体规划文本内容提纲》的制订蓝本

热贡文化生态保护在编制过程中，尚无任何技术规范、编制要求，2011年1月，文化部办公厅在《关于加强国家级文化生态保护区总体规划编制工作的通知》中，以本规划为蓝本，制定了《国家级文化生态保护区总体规划文本内容提纲》，为后续文化生态保护区总体规划的编制起到了示范、规范作用。

4）成立"热贡文化生态保护区管理委员会"保护管理机构

根据《总体规划》中机制与体制保障措施的建议，2011年5月，热贡文化生态保护区正式成立管理委员会（副厅级设置），使文化生态保护区的保护工作纳入管理机构的管理与监督体系中。

5）后续项目陆续启动实施

通过项目库的建立，国家为热贡地区的非遗保护、传承工作给予了约1.2亿元的财政支持，其中藏文化基地建设项目已准备开始启动实施（图4）。

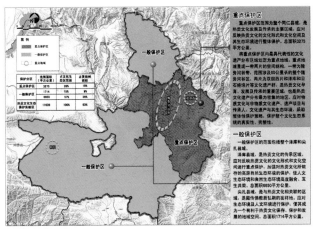

图3 保护功能区划图

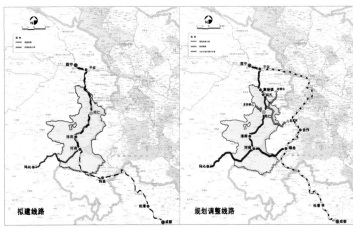

图4 重大拟建项目调整建议

迪庆民族文化生态保护实验区总体规划

2012–2013年度中规院优秀城乡规划设计二等奖

编制起止时间：2011.10–2013.3

承担单位：文化与旅游研究所

主管所长：秦凤霞

主管主任工：罗　希

项目负责人：周建明、岳凤珍、所　萌

主要参加人：石亚男、孙依宁、郭　磊、
　　　　　　郑　童、彭晓津、周　辉

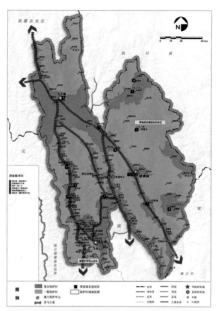

图1　保护规划总图

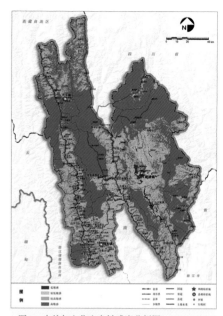

图2　自然与文化生态敏感度分析图

1. 规划背景

"迪庆"为藏语"智慧安乐"之意。因"香格里拉"而闻名于世的迪庆藏族自治州，位于云南省西北部，地处"三江并流"世界自然遗产腹地，滇、藏茶马古道要冲，是以藏族为主体、包括26个民族的多民族地域。

特殊的地理位置使得迪庆自古便为西南各民族的迁徙走廊，形成了多民族世代混居、共生共荣的和谐社会传统以及民族文化交融并存的文化生态格局。

迪庆境内拥有包括格萨尔、迪庆锅庄、傈僳族阿尺木刮、纳西族手工造纸技艺、尼西藏族黑陶烧制技艺、迪庆藏医药在内的140个非物质文化遗产项目，以及大量世界与国家级的自然和文化遗产。

由于鲜明、独特的多民族文化特点和丰富的遗产资源，迪庆民族文化生态保护实验区于2010年经文化部批准，成为我国第十个、云南省第一个国家级文化生态保护区。

近年来，在快速发展的大背景下，迪庆的自然和文化生态环境受外来文化冲击、传统生活方式改变、人口外流加速、旅游开发过度等影响，部分非物质文化遗产项目逐渐走向消亡。

因此，规划以保持迪庆民族文化多样性，保护非物质文化遗产及文化生态系统，传承优秀民族文化为主要任务。

2. 总体思路

1）规划针对迪庆多民族与多元文化特点，以民族文化生态研究为重点，进行民族层次划分

规划从区域文化生态、村寨民族文化到非遗项目与传承人现况，进行不同尺度、逐层深入的调查，通过走访40余个重点村寨，考察百余个非遗项目，座谈几十位传承人，收集了大量翔实、准确的第一手资料。

规划针对迪庆民族文化生态保护实验区多民族聚居的特点，重点研究分析了包括藏族、傈僳族、纳西族、汉族、白族、彝族、普米族、苗族、回族等在内的各民族文化资源与内涵，总结提炼了迪庆文化切合自然，在保持民族特质基础上具有多样性、交融性、和谐性的文化特点。并按照迪庆民族发展的时间与空间脉络，根据各民族人口的分布情况，将其分为三大主体民族、九个世居民族及其他少数民族三个层次，为规划奠定了坚实的基础。

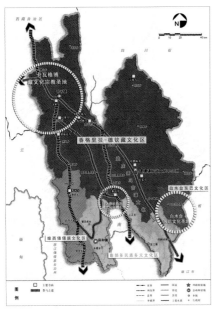

图3 文化生态系统空间格局图

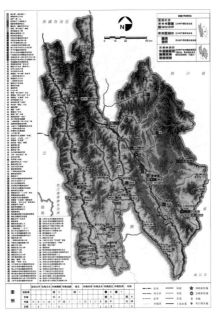

图4 非物质文化遗产项目分布总图

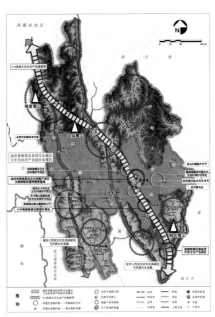

图5 产业协调发展与空间布局规划

2）规划根据迪庆文化空间的分布特征，以民族村寨为基本单元，进行非遗及其自然、社会依存环境的整体保护

规划对迪庆民族文化的空间分布特征进行了深入研究，总结出迪庆自然地理环境与文化表现形式高度统一的特点。在此基础上，规划构建了由三层次组成的文化生态保护格局，即由传统文化之乡、民族村寨和特色村落组成的"聚落"空间；由茶马古道和"三江"流域构成的"廊道"空间；以及根据自然环境、地貌类型和民族分布特点而划定的区域性民族"文化生态保护区"，对非物质文化遗产及其依存环境进行整体保护（图1~图3）。

同时，针对村寨是迪庆少数民族非物质文化遗产留存最丰富、传承最有序的地域空间特点，结合迪庆多民族"大分散、小聚居"的垂直分布特征，规划提出以民族村寨为基本单元，实现非物质文化遗产在村寨空间的"就地保护"与"原产地保护"目标。

3）规划围绕迪庆民众为文化传承主体的特点，建立完整的非物质文化遗产保护体系

规划针对迪庆非物质文化遗产"地

域特色鲜明、群众基础广泛"这一突出特点，确定具有迪庆特色的"民众主体，活态传承"的非物质文化遗产保护思路。

在文化生态整体保护的基础上，以四级非物质文化遗产名录项目及代表性传承人为保护重点，以个体与群体保护、整体与重点保护、村落与区域保护相结合为原则，通过非遗项目存续状况分析，采取传承性保护、抢救性保护、生产性保护、整体性保护等方式，并针对不同民族与不同类型的项目，制订相应的保护措施，建立了完整的非物质文化遗产保护体系（图4）。

同时，规划围绕村寨与村民，制订了近期56个项目的建设计划，用以直接指导项目实施（图5）。

3. 规划创新

1）建立多民族文化特征下的非遗保护空间体系

与其他单一文化形态的文化生态保护区不同，迪庆以多民族与多元文化形态为特点，规划紧扣这一特征，建立了"主体民族文化生态保护大区"和"世居民族核心文化区"，并以村寨作为整个区域的空间支撑，构建了具有迪庆地域特

色的空间保护体系。

2）创立非遗项目传承评估标准

规划创新性地提出了"非遗项目存续状况评价标准"与"传承人生存状况评估体系"，明确了需要重点保护的濒危项目，为科学评估非遗项目的保护、传承现况制定了评判标准。

3）建设基础数据平台

规划运用遥感和地理信息系统技术，识别文化生态保护区空间环境，为划定保护空间提供了科学的依据。同时，通过保护区基础空间数据库的建设，为保护区建设管理工作提供了强大的技术支撑。

4. 规划实施

文化部于2013年2月正式批准实施《迪庆民族文化生态保护实验区总体规划》，并将实验区正式命名为"迪庆民族文化生态保护区"。

2013年3月，迪庆争取了1000万元的非遗保护专项经费，用以建设传习所。

5月，迪庆成立了州级非物质文化遗产保护中心，健全了州、县各级管理机构，迪庆的非遗保护工作全面走上了健康发展之路。

大兴安岭地区旅游城镇发展规划

2011-2012 年度中规院优秀城乡规划设计三等奖
编制起止时间：2010.1–2011.10
承 担 单 位：旅游规划研究中心
　　　　　　（现文化与旅游规划研究所）
主 管 总 工：沈　迟
主 管 所 长：秦凤霞
主管主任工：罗　希、岳凤珍
项目负责人：周建明、张高攀
主 要 参 加 人：丁洪建、宋增文、周学江、
　　　　　　刘翠鹏、冉弘天、岳晓婧、
　　　　　　石亚男、姜立晖

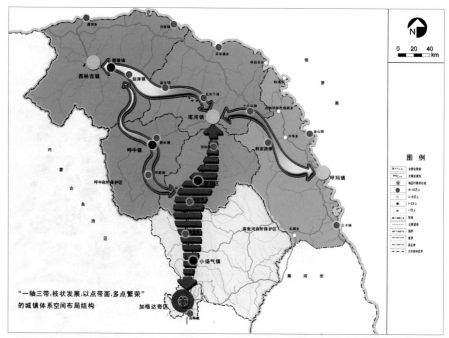

图 2　城镇体系空间规划图

大兴安岭地区是我国的资源宝库，作为全国最大的天然林生产基地，大兴安岭完成了令世人骄傲的历史使命。目前，作为高寒边疆地区，面临着产业发展受限、交通条件制约、信息渠道闭塞、经济社会落后等诸多困境，大兴安岭的长远发展面临着极大的挑战。同时，面对转型，大兴安岭地区的发展格局与发展模式，必将发生重大重构与转变。

1. 规划工作思路

（1）深刻认识林业资源开发受限对当地发展的影响，全面反思和转变区域发展模式。

（2）结合常规的城乡规划编制要求，强调规划方法的调整与创新，突出规划编制的针对性，发挥城乡规划与旅游产业规划在合力状态下的指导作用。

（3）根据边疆与高寒地域的特殊背景，进一步明确大兴安岭发展的核心问题。例如：发展重点城镇、重点景区和中俄边境局部地域至关重要。

2. 规划的主要内容

1）旅游发展总体规划

（1）重点开发三大主导产品，即"全景画屏"生态旅游产品、"极致清爽"避暑度假旅游产品、"秘境北疆"风情体验旅游产品（图 1）。

（2）构建具有"一轴、两核、两区"特征的大兴安岭旅游总体框架。

规划将北部核心"神州北极体验旅游区"从地理找北升华到心理找北；在南部核心加格达奇，建设综合旅游城市

和交通集散中心。

引导东西两区差异化发展，西区围绕呼中莽莽林海和兴安之巅两大地标性品牌；东区以鄂伦春、俄罗斯等风情体验为内涵。整体塑造大兴安岭地区以"林海雪原、避暑度假"为特色，"湿地界江、北疆风情"为主导的深度体验型国家级生态旅游目的地（图 2）。

2）旅游城镇体系规划

（1）优化城乡结构，集聚发展重点城镇

推动和引导人口、产业向加格达奇、西林吉、塔河、呼中、呼玛等重点城镇集聚。形成"一轴、三带，枝状发展"

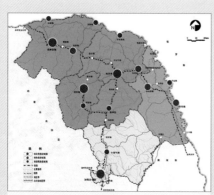

图 1　旅游城镇职能结构图

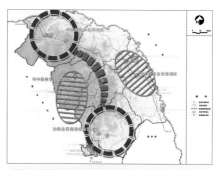

图 3　旅游空间布局规划图

特征的城镇体系空间结构。

建设以旅游产业为主导，以服务功能为主体的特色旅游城镇。结合区域旅游功能分区，将加格达奇、西林吉、呼中、塔河建设成为综合型旅游城镇。形成阿木尔蓝莓小镇、呼玛俄罗斯风情小镇、十八站鄂族风情小镇、韩家园采金文化主题小镇等主题鲜明的特色旅游城镇。

（2）提升城镇环境，一体化发展旅游交通

通过利用自然生态景观系统、建设休闲游憩系统、优化基础设施系统，形成"居民宜居，游客乐游"的旅游城镇环境。

加快地区交通网络升级和优化，推进高等级公路的网络化建设。加快旅游城镇与独立景区之间的快速旅游通道建设，完善旅游城镇的交通组织服务功能，最终形成重点城镇和主要景区全覆盖的一体化交通体系。

3）旅游城镇总体规划与特色风貌规划设计

作为大兴安岭的政治、经济、文化中心，加格达奇区面临城市功能的转型和空间布局的调整，规划从问题导向和目标导向相互校核的方法入手，构筑新的旅游城市发展模式和框架。

（1）旅游城市总体规划空间结构与功能分区

规划提出"一轴、一带、三园、四区"的城市空间结构（图3）。

一轴：是指城市南北总体发展轴。

一带：是指集湿地景观、休闲娱乐、水上运动于一体的甘河滨水景观与观景休闲游憩带。

三园：是依托山林资源禀赋形成的北山城市公园、东山郊野公园和南山郊野公园。

四区：包括以居住、行政办公、商业等为主的老城综合片区，以冰雪运动、餐饮住宿、主题会议功能为主的旅游度假片区，以商务、文化教育、休闲、居住功能为主的新城宜居片区，和以生态经济、特色产业功能为主的高新工业片区。

（2）旅游城市特色风貌规划设计

以组织人的活动为主线，注重景观和观景两个层次的内涵。综合运用"自然山水景观"、"人工园林景观"和"城市人文景观"三者结合渗透的方式，构筑一个充分满足外来游客度假旅游和城市居民工作休憩的多元化景观场所。

3. 创新与特色

（1）本规划是城乡规划与旅游发展规划一次全面的探索性结合尝试。

（2）以法定的城乡规划为主要内容框架，在突出强调相关地域空间管制与保护的同时，又与非法定的旅游产业发展与利用规划相互融合，提出适合本地发展的模式。

（3）本规划成果涵盖从宏观的社会经济发展引导，到中观的城镇空间与用地布局调整，同时，在微观的城市景观方面也提出改造指导意见。为各类、各层次法定的城乡规划的编制提供了坚实的研究基础。

4. 实施效果

（1）规划已通过大兴安岭地区行政公署审批。

（2）根据规划指导意见，地方已展开大量的后续建设工作，尤其为漠河北极村的边疆商贸及旅游发展活动搭建了良好的平台。

（3）加格达奇（图4~图6）、西林吉等旅游城镇的风貌特色改造和棚户居住区改造已经进入实施阶段。

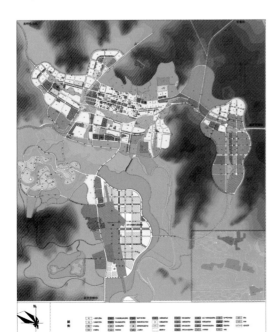

图4 加格达奇城市用地规划图

图5 加格达奇城市节点效果图

图6 加格达奇城市风貌鸟瞰图

大西柏坡建设发展规划

编制起止时间：2010.5~2010.12
承 担 单 位：文化与旅游规划研究所
主 管 所 长：秦凤霞
主 管 主 任 工：罗 希
项 目 负 责 人：周建明
主 要 参 加 人：谢丽波、周学江、宋增文、
　　　　　　　宋 涛、丁洪建、所 萌、
　　　　　　　冯宇钧、苏 莉

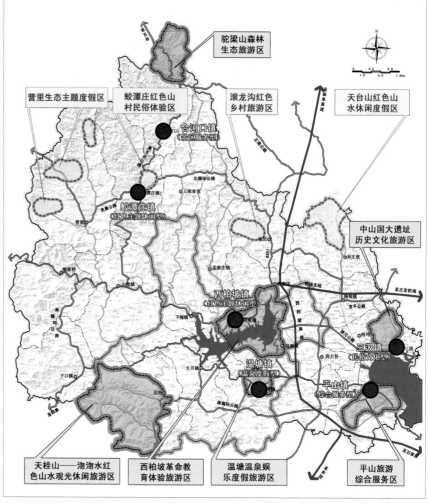

图 2　平山县旅游功能地域规划图

图 1　平山县域综合现状图

本规划为落实中央领导"加快组织实施红色文化保护工程"的指示，实现"发展建设大西柏坡、做大做强西柏坡品牌"的目标而编制（图 1）。

1. 规划意义

规划有利于系统保护和利用西柏坡红色文化遗产，推动西柏坡革命老区经济社会协调发展，发展壮大旅游产业，提升河北省和石家庄市的整体形象。规划从平山县红色旅游目的地、大西柏坡地区和西柏坡核心景区三个层次展开。

1）平山红色旅游目的地发展规划研究

确定平山县域旅游发展方向，进行旅游产业空间布局，提出旅游功能区提升建议。平山县以西柏坡红色旅游景区

为龙头，通过平山县域重点旅游资源和特色环境要素的整合开发与线路组合，形成差异化的旅游吸引物体系，发展成为以红色旅游为核心品牌的旅游目的地（图 2）。

2）大西柏坡地区建设发展规划

围绕做大做强"西柏坡"品牌，弘扬西柏坡精神，以"梳理、整合、控制、提升"为主线，以高创意的旅游吸引物体系建设和高标准的旅游设施配套为抓手，统筹西柏坡镇以及岗南水库周边村镇旅游资源，打造红色文化旅游龙头，带动社会经济的全面发展，将大西柏坡地区打造成为全国一流的爱国主义教育基地（图 3）。

3）西柏坡核心景区概念规划

着力提升景区的游览功能，突显景

图3 大西柏坡地区产业空间布局规划图

图4 大西柏坡地区旅游项目规划图

区的红色教育与干部培训功能,按照国家5A级旅游景区的建设标准完善旅游服务设施配套,创新红色旅游特色体验,成为吸引力强、美誉度高的国家级红色旅游胜地(图4)。

2. 创新与特色

规划探索了旅游引导的区域发展路径。以红色旅游为引领,带动区域社会经济发展,引领革命老区产业发展方向的调整转型。

规划实践了旅游目的地、大西柏坡地区、西柏坡核心景区分别作为研究范围、规划范围、概念规划范围三个层次的编制体系,强化了规划的科学性与可操作性。

规划应用了创新的理念方法。综合运用了USP分析、SWOT分析、资源与环境认定、景观与环境设计,以及生态、可持续发展等先进理念方法。

3. 实施效果

规划的编制有力地推动了西柏坡创

建国家5A级旅游景区工作的开展。在规划引领下,旅游交通、旅游产品、景区环境、展陈特色等方面都得到了综合提升。2011年9月全国首批、河北首家以红色旅游为主题的5A级旅游景区得以验收、批准、授牌。

平山县以大西柏坡建设为引擎,大力发展旅游产业,转变经济发展方式,建设了一批旅游休闲和基础设施项目。把旅游与特色农业结合,发展农业观光、休闲采摘等业态。2011年1~9月平山县接待游客量和旅游总收入分别同比增长35%和38%,平山红色旅游目的地建设加速推进(图5)。

图5 西柏坡核心景区鸟瞰图

17

建筑设计

北京翠湖科技园人大附中－爱文国际学校

编制起止时间：2013.4至今

承 担 单 位：建筑设计所
（北京国城建筑设计公司）

主 管 所 长：李 利

项 目 负 责 人：向玉映

主 要 参 加 人：赵 晅、李 宁、吴 晔、
周 文、何晓君、秦 斌、
王丹江、邱 敏、万 操、
张春播、房 亮、曹玉格、
张福臣、邹琳琳、郑 进、
戴 鹭、石咸胜

合 作 单 位：美国PE设计公司

图2 规划总平面图

图3 效果图（一）

图4 效果图（二）

图1 地理位置

中关村翠湖科技园国际教育科技加速器（人大附中－爱文国际学校）为国际合作办学项目。位于北京市海淀北部地区翠湖科技园E地块（图1）。

该学校可容纳中外学生总计约3200名，学制涵盖托幼、小学、初中、高中各阶段。建设内容包括：中小学教学区（含表演艺术中心和室内体育馆）、幼教教学区、宿舍生活区以及户外运动场区等，地下设施中除必要的教学和辅助配套设施外，设置了总计不超过300辆的停车库供访客和教工使用。计划于2015年8月完成建设并交付使用（图2～图4）。

经济技术指标

总用地面积：9.56万 m²

总建筑面积：16.48万 m²，其中：

地上建筑面积：121460m²

地下建筑面积：43428m²

容积率：1.27

建筑密度：26.63%

绿地率：20%

停车泊位数：不超过300辆

北京谷泉会议中心三区改扩建工程

编制起止时间：2006.3-2012.9

承 担 单 位：建筑设计所
（北京国城建筑设计公司）

主管所长：李 利

主管主任工：尹豫生

项目负责人：赵 晅

主要参加人：徐亚楠、吴 晔、李 宁、
王亚婧、秦 斌、王丹江、
邱 敏、房 亮、曹玉格、
郑 进

合 作 单 位：五合国际建筑设计集团

图1 服务楼改造前实景照片

图2 宿舍楼改造前实景照片

图3 水厂改造前实景照片

工程位于风景优美的北京市平谷区大华山镇西峪水库边，包括服务楼、餐厅楼、会议楼、1号、2号别墅建筑外立面改造及水厂改扩建六个子项，建筑面积约0.8万 m^2（图1~图3）。

1. 设计特色

与新建项目相比，改造项目受现状约束更多。为实现生态环保的设计理念，设计者在6年多的设计周期中秉承几个原则：

（1）保护现有建筑，保留城市记忆；

（2）尽可能保护生态环境和景观植被；

（3）总体风格协调统一，外装修采用钢结构和石材幕墙结合的方式，注重细部处理和现场配合；

（4）按新的节能标准，更换外墙保温和中空断桥铝合金窗，满足节能要求。

2. 实施效果

该项目已投入使用，得到业主好评（图4~图7）。

图4 服务楼改造后实景照片

图5 宿舍楼改造后实景照片

图6 水厂改造后实景照片

图7 鸟瞰图

617

河北省三河市医院综合门诊楼、急诊医技楼建筑设计

编制起止时间：2009.8–2011.7
承 担 单 位：建筑设计所
　　　　　　（北京国城建筑设计公司）
主 管 所 长：李 利
主管主任工：向玉映
项目负责人：李 宁、赵 晅
主要参加人：李 宁、赵 晅、徐亚楠、
　　　　　　秦 斌、戴 鹭、房 亮、
　　　　　　曹玉格

图2　鸟瞰图

河北省三河市医院位于河北省三河市迎宾南路20号，为二级甲等医院。本项目建设位置在医院院区内，迎宾南路西侧。

1. 设计原则

1）合理规划、优化整合

将院区新旧建筑整合，并为未来发展留出空间。

2）多元与均好实现核心价值

多样性的功能满足多元化的环境设置，均好式的系统布局达成病患者在物质、精神等多方面的满足。

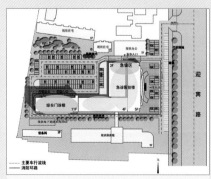

图1　功能分区、交通流线

3）优美的环境表达人性关爱

立足现代医疗环境理论，以人为本、尊重生活，塑造良好的建筑内外环境，体现病患者的主体地位。

2. 总平面

根据用地，考虑到日照、消防、医院分期建设等多方面因素，建筑呈L形布局，新建综合门诊楼位于医院的西南侧，具有良好的朝向的同时避免了外部的干扰，急诊医技楼临迎宾路一侧，方便病患就医。

3. 主入口及车行流线

主出入口东临迎宾南路，门前形成较大面积的交通绿化广场，以广场、绿树、建筑形成丰富的沿街景观界面（图1）。

4. 平面功能分区及建筑内部交通组织

从主入口进入急诊医技楼，正中是两层通高的共享空间，空间顶部覆钢架玻璃采光天窗。共享空间有效组织各科室就医流线，空间内两侧扶梯、电梯、连廊有效地组成交通联系纽带。

各护理单元内部洁污分区分流，充

分体现现代化医院的设计理念。

5. 无障碍设施

医院内道路、建筑出入口及内部设无障碍设施，保证了残疾人在建筑物内通行无阻。

6. 实施效果

该项目已建成（图2～图4）。

图3　主入口效果图

图4　综合楼效果图

618

唐山市水岸名都住宅小区建筑设计

编制起止时间：2008.8-2009.6

承担单位：建筑设计所
　　　　　（北京国城建筑设计公司）

主管所长：李　利

主管主任工：向玉映

项目负责人：郑　进、李　宁

主要参加人：方　向、李　宁、于　伟、
　　　　　徐亚楠、吴　晔、何晓君、
　　　　　秦　斌、郑　进、曹玉格、
　　　　　房　亮、石咸胜、冯　晶、
　　　　　邱　敏、张绍风、王亚婧、
　　　　　秦　筑

本项目作为南湖地区居住建设的先期项目，从便于项目推进、带动地区发展出发，以建设示范性城市居住街坊为目标，倡导邻里相融的居住理念。

1. 规划

社区主题："都市田园"，利用简洁的现代都市风格，与田园风景的肌理交织在一起，打造"有机、自然"的生活社区（图1）。

2. 营造功能布局合理的居住区

居住区分为四个居住组团，花园绿化贯穿整个居住区，沿通向南湖郊野公园的城市主干道及贯穿居住区的南北道

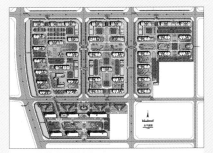

图1　总平面图

图2　鸟瞰图

图3　住宅效果图

图4　托幼效果图

路布置沿街商业，满足配套公建的同时，使街道景观形成一个连续的界面。

3. 便捷休闲的居住区

主要车行道路主体骨架联系各个组团，人车分流，车辆进入组团随即下入地下。步行交通道路结合景观设计。

4. 生态环境良好的居住区

贯穿整个居住区的绿化带"发散、组织、联系"各景观节点，构成主要景观体系。步行线路将景观的感官印象从入口—中心绿地—组团—庭院—建筑层层渗透（图2）。

5. 宜居的庭院空间

现代居住环境需要更多的人文关怀，通过庭院空间使居民获得归属感，增加邻里交流的和谐氛围。

6. 充满活力的商业街道

满足社区日常生活配套，活跃地块的生活气氛，激发地区的城市活力，丰富城市街道的同时，对内的围合给社区带来院落的和谐宁静。

7. 建筑

建筑设计追求简洁、明快的现代风格（图3、图4）。

立面造型：强调平面使用功能的同时，将飘窗与空调机位巧妙结合，成为重要设计元素，连续的序列着重体现建筑的垂直向上的感觉。

材质方面：采用米色及木色面砖、金属百叶和灰白色涂料的完美结合，体现温馨舒适的居住特色。

8. 实施效果

该项目已建成。

武汉市国际博览中心概念设计

编制起止时间：2013.5 至今
承担单位：建筑设计所
　　　　　（北京国城建筑设计公司）
主管所长：李 利
项目负责人：冯 晶
主要参加人：冯 晶、周 勇、莫晶晶、
　　　　　　李慧宁、张绍凤、王亚婧
合作单位：中国建筑设计咨询公司

图2　方案成果展示

图1　项目区位示意

武汉市国际博览中心位于武汉新区四新滨江地区，东临长江（图1）。该项目设计范围包括A8～A14共4个地块。基地横跨国博轴线，南临会展南路，东靠国博大道，西至规划的连通港路，北接会展北路。净用地面积约22.44hm²，总建设量约为118.3万 ㎡。开发商要求对4个地块进行整体设计，业态涵盖博展、旅游、酒店、办公、商业等，功能高度复合，且均以绿色环保、高端智能化为拟建设目标。

设计思路

由于基地区位优势明显，是国博轴线重要的组成部分，必须充分考虑方案的形象标志性、交通组织合理性，与周边建筑、环境之间的协调性。方案大胆地将武汉的山水格局以及非线性的建筑方法引入进来，通过多方案比选，最终形成了两个主推方案（图2）。

方案一：山水汉阳

方案一从武汉大山大水的城市格局出发，并没有单纯地从形象上模拟山水的形态，而是通过不同建筑体量、高度的对比以及建筑之间丰富的形体穿插关系，营造出了一种传统山水景观带给人们的震撼体验。本案就像是被城市环抱的一组山水景观，是对山水城市的一种全新诠释。

方案二：都市绿洲

方案二从长江内散布的"沙洲"得到启发，结合地块内已有的水系景观，意图打造一片漂浮在城市中心的绿色沙洲；建筑底层全部架空，将内部景观打造成了一个同时兼具对内对外功能的中心公园。超高层塔楼的意向取自汉江之中的汉江石，形态自由且富有动感。

百色市民服务中心
建筑方案设计

编制起止时间：2007.5-2008.12
承 担 单 位：建筑设计所
　　　　　　（北京国城建筑设计公司）/
　　　　　　院士工作室
主 管 总 工：朱子瑜
主 管 所 长：王 庆、李 利
总 建 筑 师：尹豫生
项目负责人：李 利、汪 科
主要参加人：汪 科、冯 晶、李 宁、
　　　　　　徐亚楠、赵 暄、吴 晔、
　　　　　　王亚婧、张绍风

图 2　多个建筑方案优化比选

图 3　推选建筑方案效果图和人视效果图

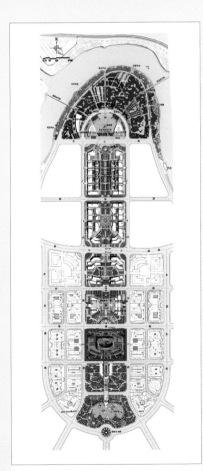

图 1　行政服务中心在城市中轴线的位置示意

　　本项目用地位于百色龙景区贯穿南北的人文景观轴中段，向北遥对迎龙山上的右江民族博物馆、百色起义纪念碑和百色起义纪念馆，向南正对龙景水库所在的群山（图 1）。用地南部沿城市中轴线，依次接市民中心广场和中央森林公园，北部沿城市中轴线依次为文博中心、商业中心和城市步行商业休闲街。东西为城市公安、检察院等行政办公用地。用地面积 6.8 万 m²。

　　对建筑设计方案进行多轮优化设计与比选，最终确定推选方案（图 2、图 3）。

1. 设计理念

　　（1）"正装"理念，遵循行政办公建筑的功能属性，建筑应追求庄严、素雅、严整。

　　（2）"等同"理念，通过建筑布局的空间秩序反映社会意识，使建筑"等量齐观"，从视觉上达到地位"等同"效果。

　　（3）"均好"理念，统筹协调，合理组织，使得各办公空间、会议场所呈现"均好"，使方案具有较好的适应性。

　　（4）"融合"理念，建筑与环境恰如其分地融为一体，强调与城市特殊的环境气氛有机融合。

　　（5）"弹性"理念，保持灵活分隔，应对各种确定性和不确定性。

　　（6）"传承"理念，对建筑传统形式、地方文脉和当代文化进行注释，突出壮乡红城的主题特色，使传统要素与现代建筑技艺及文化生活并置。

2. 主题特色

　　"城市之厅"

　　"绿廊之亭"

　　"开放之门"

　　"未来之景"

　　即建筑方案保持行政办公、市民服务功能的应有适应性，整体表达社会对城市生态环境不断改善的愿望，城市政府决策日益透明和民主的理想。彰显城市领导者不断扩大开放的胸怀意志和执政理念，城市公众热情欢迎八方来客的美好意愿。

甘南文化中心建筑设计

编制起止时间：2011.8-2014.3
承担单位：建筑设计所
　　　　　（北京国城建筑设计公司）
主管院长：王凯
主管总工：朱子瑜
主管所长：李利
主管主任工：向玉映
项目负责人：赵昄、韩亚非
主要参加人：周勇、何易、张迪、
　　　　　王冶、何晓君、郑进、
　　　　　曹玉格、房亮、张福臣、
　　　　　戴鹭、石咸胜、吴晔、
　　　　　李蓓茹
合作单位：中国建筑设计研究院总院
　　　　　国家住宅与居住环境工程
　　　　　技术研究中心

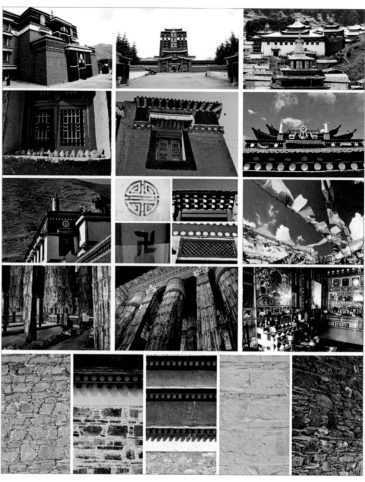

图2 甘南传统藏式风貌分析

图1 甘南文化中心规划建设用地区位示意

甘南文化中心位于甘肃省甘南藏族自治州州府合作市，是一座处于丘陵环抱的南北向带状城市，东西纵深最宽处仅为1.2km。设计地块位于城市中心香巴拉广场东南侧，围绕广场还布置了政府四大班子和一些商业设施、住宅项目（图1）。规划总用地面积为2.64hm²，总建筑面积35600㎡，功能包括甘南大剧院、甘南州图书馆、州体校综合业务办公楼、州人大综合办公楼以及州妇幼青少活动中心五大模块。

1. 项目难点

设计中遇到的最大问题就是用地局促，容积率要求过高；其次，项目业主众多，且无一例外都倾向于独门独院的低层办公楼，若按这一思路，必将导致建筑密度过大，无法形成适宜的虚实的关系；建筑风格取向是摆在设计者面前的另一难题，藏区民族构成复杂，城市标志性建筑的风格取向向来是一个敏感话题，此外，业主方对于文化中心的风格意向也不甚明确，但安多藏区的建筑传统应在设计中得到充分的尊重（图2）。

2. 设计策略

针对用地局促的特点，通过和甲方反复沟通与协商，并根据以往类似的工程经验，项目组帮助甲方整合、精简原有功能设置，保证各功能空间较高的使用效率，避免重复建设所造成的投资浪费。此外，综合考虑各功能空间的使用要求，最终确定设计方案以8m见方的网格为基本单元，结合地块周边已有的轴线关系，建立网络结构，将各功能模块纳入其中，并按产权归属、行政管理关系合并、减少建筑体块，使整个总图布局规整有序。

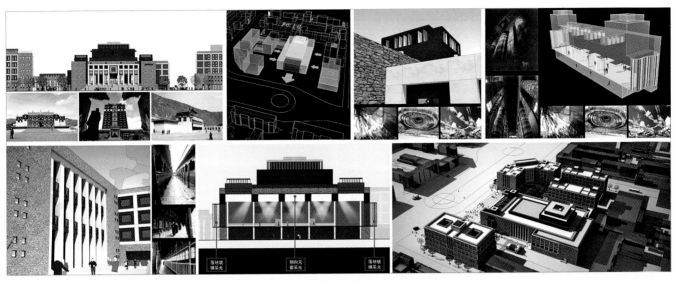

图3 甘南大剧院设计策略示意

建筑风格仁者见仁、智者见智，对待地方建筑传统的态度也不能仅仅用"尊重"二字敷衍，经过反复的研讨，最终确定了"强化地域特色，隐喻民族风格"的基本思路，因为对于民族构成复杂的甘南地区，只有强调建筑的地域特色，弱化民族倾向，才可能赢得多数人的共鸣与赞同；但同时，大多数时候，地域的还是民族的元素根本无法简单地进行分类，为此方案主创人员做了大量的方案比选工作，反复推敲尝试。

通过研究分析，项目组将"强化地域特色，隐喻民族风格"的基本原则分解为四个子项，即"传统规制、地域材质、外素内华、民族色彩"，"传统规制"是指在设计中注重建筑的对称处理、经典比例的借鉴、轴线关系的照应以及序列空间的营造，"地域材质"是指建筑饰面

材料采用本地常见的石材和木材，"外素内华"是对传统营建思路的尊重，局部运用藏式建筑的处理手法体现"民族特色"（图3）。

3. 特点创新

鉴于项目用地紧张的实际情况，大剧院界面的处理上采取了两种截然相反的思路：两侧和其他建筑交接的界面尽量"内敛、简洁"，而把主要精力放在面向香巴拉广场的主立面上，使用最艳丽的色彩、最体面的材质、最具有视觉冲击力的体量对比关系等。这种处理手法和藏区建筑传统不谋而合，建筑侧立面无论是出于安全防御还是抵御严寒的目的，通常简洁朴拙，窗洞口较小；主立面通常成为装饰、用色、材质等处理的重点。

观众休息大厅方案借鉴了传统建筑

高侧窗的采光方式，结合柱头的装饰设计，室内室外一体设计，形成了华丽的顶棚装饰；其次，观众厅南北两侧采用落地观景窗，彩色槅扇沿流动的曲线布置，意在照应藏区独特的地景要素——经幡、风马旗——这些柔质的建筑要素，使得阳光灿烂的时候，观众厅会有一个色彩斑斓的底景，烘托了室内的喜庆气氛。同时，对于位于地面层的展厅来说，彩色的曲面也起到了很好的标识作用，使人们很容易找到展厅入口（图4、图5）。

4. 实施效果

截至2014年3月，甘南文化中心的各建设子项陆续完工并投入使用。

图5 甘南大剧院西南侧透视图

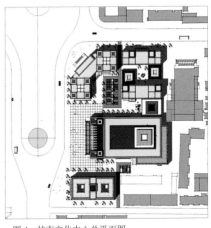

图4 甘南文化中心总平面图

黑龙江省密山市白鱼湾旅游区红酒庄园建筑设计

编制起止时间：2013.4-2013.8
承担单位：建筑设计所
（北京国城建筑设计公司）、
文化与旅游规划研究所
主管所长：李 利
主管主任工：向玉映
项目负责人：周 勇
主要参加人：周 勇、莫晶晶

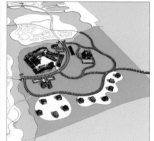

图 2　白鱼湾红酒庄园设计策略示意

图 1　项目区位示意

项目位于黑龙江省鸡西密山市白鱼湾旅游度假区 1km² 的起步区内，基地南侧紧邻中国最大的界湖——兴凯湖，与俄罗斯隔湖相望，位置独特，且自然条件优越（图 1）。

项目用地规模为 20hm²，总建筑面积为 3 万 m²，是一个低密度商业地产项目。

1. 项目定位

项目的用地规模难以实现葡萄酒的产业化生产。且现代葡萄酒庄园的开发趋势已经演变为以葡萄酒生产为卖点，综合多项旅游产品的开发模式。结合位于旅游度假区内的客流优势，项目定位为旅游度假型红酒庄。

2. 规划布局

分为休闲度假区和葡萄园旅游体验区。结合白鱼湾旅游起步区的整体考虑，在功能分区、交通组织上从区域大环境出发，打造整体的旅游大环境。景观设计上围绕休闲度假的慢节奏进行组织。

3. 建筑设计

毗邻俄罗斯、坐落在优美的乡间，项目独特的地理位置和自然环境决定了它特定的建筑风格——俄式田园风格。

作为红酒文化体验主体建筑的庄园酒堡坐落在旅游体验区中央的制高点上，建筑形式采用俄罗斯最典型的"洋葱头"形式；作为休闲度假载体的度假小镇在规划布局和建筑风格上均采用自由随性俄式风情小镇形式，建筑材料运用、色彩以及立面风格上均表现出丰富多彩的热闹氛围，仿佛小镇是不同时期累积建造而成，具有历史厚重感（图 2）。

624

附录：获奖项目名录

2004-2014 年获国家级优秀工程勘察设计奖

奖项	获奖年份	项目名称
金奖	2004	珠海市城市总体规划（2001-2020）
铜奖		重庆市江北城（CBD）规划设计方案

2004-2014 年获全国优秀工程设计奖

奖项	获奖年份	项目名称
金奖	2006	珠三角城镇群协调发展规划
		北京城市总体规划（2004-2020）
铜奖		罗湖口岸／火车站地区综合规划与设计技术总承包

2004-2014 年获全国优秀城乡规划设计奖

奖项	获奖年份	项目名称
特等奖	2009	汶川地震灾后恢复重建城镇体系规划
一等奖 （城乡规划）	2005	北京城市总体规划（2004-2020）
		珠江三角洲城镇群协调发展规划
		罗湖口岸／火车站地区综合规划及设计技术总承包
		松山湖科技产业园中心区及中部地区城市设计
		贵州省风景名胜区体系规划
	2007	天津市城市总体规划（2005-2020）
		京津冀城镇群协调发展规划（2008-2020）
		深圳 2030 城市发展策略
		新疆伊宁市南市区保护与更新规划
	2009	海峡西岸城市群协调发展规划
		天津市空间发展战略研究
		上海虹桥综合交通枢纽地区规划
		中新天津生态城总体规划（2008-2020）
		北川县"5.12"特大地震灾后恢复重建县域村镇体系规划（2008-2020）
		北川新县城安居工程规划与设计
		北川新县城道路交通与市政基础设施工程规划设计
		北川县禹里历史文化名镇保护规划
		汶川地震灾区风景名胜区灾后重建规划
	2011	深圳市城市总体规划（2010-2020）
		北川新县城灾后重建总体规划及实施
		《北京城市总体规划（2004-2020）》实施评估
		浙江省城镇体系规划（2011-2020）
		北川抗震纪念园修建性详细规划
		大运河（杭州、嘉兴、湖州、绍兴、宁波段）遗产保护规划
		太原历史文化名城保护规划
一等奖 （村镇规划）	2011	青海省尖扎县坎布拉镇总体规划
		番禺区石楼镇新农村工作报告——住房与城乡建设部工程项目带动村镇规划一体化实施试点

奖项	获奖年份	项目名称
二等奖 （城乡规划）	2005	武汉城市总体发展战略规划研究
		济南经十路及沿线地区道路交通系统整体规划设计
		天津城市空间发展战略研究
		重庆市万州城市总体规划（2003-2020）
		成都城市空间发展战略规划
		南岳衡山风景名胜区总体规划（修编）
	2007	衡阳市城市总体规划（2004-2020）
		北京市2008奥运会环境建设规划
		重庆市茶园城市副中心城市设计方案综合及控制性详细规划
		深圳宝安总体城市设计
		泸沽湖风景名胜区总体规划
		重庆"1小时经济圈"空间发展战略研究
		西宁市城市总体规划（2001-2020）
		北京密云新城规划（2005-2020）
	2009	苏州市综合交通规划
		广州城市总体发展战略规划
		东莞松山湖科技产业园市政工程专项规划
		武汉市生态框架保护规划
		深圳市"龙岗社区"规划及实施计划——五联社区试点
		蚌埠市城市总体规划（2008-2020）
		长株潭城市群区域规划（2008-2020）
		深圳光明新城中心区城市设计
		海棠湾分区规划及城市设计
		辽宁沿海经济带开发建设规划
		北川新县城园林绿地景观规划设计
		汶川"5.12"特大地震灾后恢复重建德阳市域城镇体系规划
		绵竹市汶川地震灾后恢复重建村镇体系规划（2008-2010）
	2011	苏州市总体城市设计
		长株潭城市群云龙示范区规划
		贵阳可持续发展交通规划研究
		龙岗整体城市设计
		宁波2030城市发展战略研究
		海南省城乡经济社会发展一体化总体规划（2010-2030）
		热贡文化生态保护实验区总体规划
		三亚市综合交通规划及老城区综合交通整治
		郑州市城市总体规划（2010-2020）
		成渝城镇群协调发展规划
		伊宁市历史文化名城保护规划
		淮南市城市综合防灾规划
		绩溪古城街区及水圳环境整治修建性详细规划
		广西北部湾经济区城镇群规划纲要（2009-2020）
		四川省成都天府新区总体规划
		福州市城市综合交通规划
		武汉市近期建设规划（2011-2015）

奖项	获奖年份	项目名称
二等奖 （村镇规划）	2007	北京市海淀区苏家坨镇管家岭村村庄规划
	2009	四川省德阳市绵竹市汉旺镇灾后恢复重建规划
		北京市密云县村庄体系规划（2007-2020）
	2011	南安市水头镇总体规划（2010-2030）
		海沧区村庄排污整治专项规划
三等奖 （城乡规划）	2005	曹妃甸新港工业区城市总体规划
		深圳市福田区城中村改造研究
		厦门市城市公共交通近期改善规划
		澳门创意产业园区规划
		长株潭城市群区域规划
		厦门市城市交通发展战略规划
		深圳经济特区道路照明系统规划
	2007	青岛市近海岛屿保护与利用规划
		山东省海岸带规划
		绩溪历史文化名城保护规划
		杭州市域综合交通协调发展研究
		温州市城市综合交通规划
		厦门市城市综合交通规划
	2009	北京市密云新城市政基础设施专项规划（2006-2020）
		佛山市禅城区近期公共交通发展规划
		罗湖"金三角"地区空间资源整合策略研究
		石家庄市城市综合交通规划
		深圳市体育（大运）新城规划设计国际咨询策划及优化汇总方案
		淮南市老城道路网改善规划（2008-2020）
		辽阳市城市总体规划（2001-2020）
		青城山——都江堰风景名胜区灾后恢复重建规划
		德阳市城市总体规划（2010-2020）及德阳中心城区灾后恢复重建规划（2008-2010）
	2011	青山湖科技城概念性规划及城市设计
三等奖 （村镇规划）	2007	北京市通州区西集镇镇域规划（2006-2020）
	2009	四川省德阳市什邡市北部山区村镇灾后重建规划
表扬奖 （城乡规划）	2007	烟台市海岸带规划
	2009	即墨城市中心地区城市设计
		中山市"温泉度假城"规划设计
表扬奖 （村镇规划）	2009	四川省广元市青川竹园新区城市设计招标方案综合

2004–2014 年获院优秀城乡规划设计奖

奖项	获奖年份	项目名称
一等奖 （城乡规划）	2005	珠三角城镇群规划
		北京市城市发展战略规划
		罗湖口岸／火车站地区综合规划及技术总承包
		松山湖中心区及科教区城市设计
		北京市城市总体规划（纲要）
		福田区城中村改造研究
		蚌埠市城市总体规划
		武汉城市总体发展战略规划研究
		深圳湾滨海岸线景观规划国际咨询
		成都市城市空间发展战略
		济南市经十路及沿线地区道路交通系统整体规划设计
		上海世博会园区规划设计国际招标
		贵州省风景名胜区体系规划
		天津城市总体规划
	2006～2007	苏州市城市总体规划（2007-2020）
		全国城镇体系规划（2006-2020）
		新疆伊宁市南市区保护与更新规划
		上海虹桥综合交通枢纽功能拓展研究
		重庆"1 小时经济圈"空间发展战略研究
		北京市 2008 奥运会环境建设规划（北京 08 环境整治概念规划、北京重点大街重点地区环境建设概念规划、北京市重点大街重点地区环境建设概念规划方案综合、宣武区奥运环境建设重点项目规划设计等子项目）
		京津冀城镇群协调发展规划（2008-2020）
		深圳 2030 城市发展策略
		重庆市茶园城市副中心城市设计方案综合及控制性详细规划
		北京市公共电、汽车线网系统规划实施方案
		吉林省城镇体系规划（2006-2020）
		深圳市人民南地区路城市设计及交通专项整治规划
	2008～2009	北川羌族自治县新县城灾后重建规划
		天津生态城总体规划（2008-2020）
		深圳市城市总体规划（2007-2020）
		海峡西岸城市群协调发展规划（2007-2020）
		上海虹桥综合交通枢纽概念性详细规划及重要地区城市设计
		长江三角洲城镇群规划（2007-2020）
		汶川地震灾后恢复重建城镇体系规划
		北川新县城道路交通专项规划及交通工程设计
		深圳市"龙岗社区"规划及实施计划 – 五联社区试点
		天津市空间发展战略研究
		大运河（绍兴段、杭州段、嘉兴段、湖州段、宁波段）遗产保护规划
		苏州市综合交通规划
		北川新县城园林绿地景观规划设计
		东莞松山湖科技产业园市政工程专项规划
		罗湖金三角地区空间资源整合策略研究
		太原市城市总体规划（2008-2020）
		重庆市主城区城市空间发展战略规划
		北川新县城安居工程规划与施工设计
		北川新县城市政基础设施专项规划
		汶川地震灾区风景名胜区灾后重建规划

奖项	获奖年份	项目名称
一等奖 （城乡规划）	2010～2011	三亚市综合交通规划及老城区综合交通整治
		北川新县城城市设计实施
		浙江省城镇体系规划（2010-2020）
		重庆两江新区总体规划
		临汾市域城镇体系规划（2009-2020）、临汾市城市总体规划修编（2009-2020）
		苏州市总体城市设计
		北川抗震纪念园修建性详细规划
		长株潭城市群云龙示范区规划
		热贡文化生态保护（实验）区总体规划
		宁波 2030 城市发展战略研究
		成都城市总体发展战略规划
		北川羌族自治县新县城控制性详细规划
		成渝城镇群协调发展规划
		四川省成都天府新区总体规划
		绩溪古城历史文化街区及历史水圳景观整治规划 （绩溪历史文化街区保护整治修建性详细规划、绩溪古城水圳及两侧重点地区综合整治规划）
		太原历史文化名城保护规划
		伊宁市历史文化名城保护规划
		贵阳可持续发展交通规划研究
		海南省城乡经济社会发展一体化总体规划（2010-2030）
		福州市城市总体规划（2011-2020）
		济南市城市供水专项规划（2010-2020）
	2012～2013	结古镇（市）城镇总体规划（灾后重建）
		北京奥林匹克公园中心区文化综合区概念性城市设计方案征集
		安徽省城镇体系规划（2012-2030）
		贵州省城镇体系规划（2013-2030）
		玉树结古镇滨水核心区规划设计及实施
		新疆城镇体系规划（2013-2030）暨新疆维吾尔自治区推进新型城镇化行动计划（2013-2020）
		重庆中央公园暨两江新区国际中心区规划设计
		结古镇城镇住宅规划设计及实施
		长沙市城市总体规划（2003-2020）（2012 年修订）
		珠海市综合交通运输体系规划
		哈尔滨市城市供水工程专项规划（2010-2020）
		重庆中央公园景观工程设计
		兰州市城市总体规划（2011-2020）
		结古镇（市）城镇总体设计及控制性详细规划
		东莞生态园综合规划设计
		青岛市城市空间发展战略研究
		深圳光明新区规划（2007-2020）
		深圳市福田区城市更新发展规划研究
		广州城市总体规划（2011-2020）纲要
		浙江舟山群岛新区空间发展战略规划
		纳木措－念情唐古拉山风景名胜区总体规划（2012-2025）
一等奖 （村镇规划）	2006～2007	宁乡县社会主义新农村建设总体规划
	2008～2009	禹里历史文化名镇保护规划
		密云县村庄体系规划（2007-2020）
		什邡市北部四镇灾后重建规划（2008-2020）
		北川县"5.12"特大地震灾后恢复重建县域村镇体系规划（2008-2020）

奖项	获奖年份	项目名称
一等奖 （村镇规划）	2010～2011	青海省尖扎县坎布拉镇总体规划
		番禺区石楼镇新农村工作报告——住房与城乡建设部工程项目带动村镇规划一体化实施试点
		海沧区村庄排污整治专项规划
	2012～2013	拉萨市尼木县吞巴乡吞达村村庄规划
		玉树上巴塘八吉村农牧民生态示范村规划设计及实施
		三亚市育才镇总体规划（2011-2020）
二等奖 （城乡规划）	2005	拉萨布达拉宫地区保护及整治规划研究、拉萨八角街地区保护规划
		澳门创意产业区详细规划
		深圳经济特区道路照明系统专项规划
		安徽绩溪龙川旅游区规划
		长株潭城市群区域规划
		郑州市轻轨一号线一期工程预可行性研究
		衡阳市城市总体规划
		海口市城市总体规划纲要竞标
		青海省城镇体系规划
		厦门市城市公共交通近期改善规划
		东莞市长安镇总体规划
		曹妃甸工业区总体规划
		苏州市中心区停车系统规划及智能停车系统研究
		万州市城市总体规划
		湘江生态经济带开发建设总体规划
		南岳衡山风景名胜区总体规划
		长春市城市空间发展战略研究
		柳州市城市总体规划
		西宁市城市总体规划
		丽江市城市总体规划
	2006～2007	杭州东站综合交通枢纽地区规划国际方案征集
		淮南市黎明东村规划及建筑单体方案设计
		深圳市光明新城中心区城市设计
		绩溪历史文化名城保护规划
		杭州市域综合交通协调发展研究
		上海市黄浦江两岸南延伸段徐汇滨水区城市设计国际方案征集
		林虑山（红旗渠）风景名胜区总体规划
		广州市南沙区发展规划（修编）国内邀请赛
		北京密云新城规划（2005-2020）
		杭州交通发展白皮书－交通发展纲要国内咨询
		温州市城市综合交通规划
		青岛市近海岛屿保护与利用规划
		泸沽湖风景名胜区总体规划
		蛇口城市更新策略研究与城市设计
		福州市城市空间发展战略研究
		北京市综合交通规划纲要
		江苏省宿迁市古黄河滨水地区概念规划国际征集及方案整合
		中山市城市总体规划（2005-2020）
	2008～2009	上海城市空间发展战略研究
		广州科学城概念规划（招标）
		广州城市总体发展战略规划

奖项	获奖年份	项目名称
二等奖 （城乡规划）	2008～2009	唐山市曹妃甸工业区控制性详细规划（街区层面）
		洛阳市城市总体规划（2008-2020）
		苏州市火车站改造综合交通系统规划
		广西北部湾经济区城镇群规划纲要（2009-2020）
		西湖东岸城市景观规划－西湖申遗之城市景观提升工程
		郑州市城市总体规划（2008-2020）
		山东省海岸带规划
		长株潭城市群区域规划（2008-2020）
		天津市西站地区规划方案国际征集（第一名）
		绍兴市城市总体规划（2008-2020）
		长沙大河西先导区总体城市设计导则
		密云新城市政基础设施专项规划
		上海虹桥临空经济园区一体化规划（第一名）
		德阳市城市总体规划（2010-2020）及德阳中心城区灾后恢复重建规划（2008-2010）
		青城山—都江堰风景名胜区灾后恢复重建规划
		苏州市市区户外广告设置专项规划
		深圳市体育新城规划设计国际咨询策划及优化汇总方案
		佛山市禅城区近期公共交通发展规划
		汶川"5.12"特大地震灾后恢复重建德阳市域城镇体系规划
	2010～2011	常州市城市发展战略规划2030
		重庆市主城区综合交通规划之交通发展战略规划
		青海省尖扎县城市总体规划（2009-2020）
		江油市太平场片区更新与风貌保护规划（救灾）
		重庆市高铁站场地区（菜园坝地区）概念性方案国际征集
		资阳市城市空间发展战略研究与资阳市城市总体规划（2009-2030）
		温州市城市公共交通规划
		哈尔滨市城市排水及再生水利用工程专项规划（2011-2020）
		重庆主城两江四岸滨江地带城市设计整合
		湖北省城镇化与城镇发展战略规划研究
		上海国际汽车城核心区JD030201单元控制性详细规划
		珠海市东部城区主轴（情侣路）概念性总体城市设计
		贵阳市轨道交通建设规划
		深圳市生态安全体系建设课题
		新疆兵团农十师北屯城区总体规划（2010-2030）
		大兴安岭地区旅游城镇发展规划
		株洲市"两型社会"综合配套改革试验区核心区发展战略规划
		苏州市旅游发展总体规划（修编）
		昌都城市总体规划（2008-2020）
		三亚湾"阳光海岸"段控制性详细规划及城市设计修编
		青海玉树地震灾后恢复重建 玉树州城镇体系规划
		第九届中国（北京）国际园林博览会规划设计
	2012～2013	玉溪生态城市规划（2009-2030）
		合肥市城市空间发展战略及环巢湖地区生态保护修复与旅游发展规划
		三亚市河西片区旧城改造城市设计暨控制性详细规划
		天台小县大城发展战略及中心城总体城市设计
		迪庆民族文化生态保护实验区总体规划
		玉树结古镇城市设计导则及专题研究报告

奖项	获奖年份	项目名称
二等奖 （城乡规划）	2012～2013	北海历史文化名城保护规划
		玉树州结古镇两河景观规划
		乌鲁木齐市城市总体规划（2012-2020）
		中新广州知识城核心区城市设计国际竞赛
		齐齐哈尔历史文化名城保护规划
		江西省城镇体系规划（2012-2030）
		南昌阳明路及沿线地区综合交通整治规划
		广州市城市功能布局研究
		长沙市城市综合交通规划
		新疆生产建设兵团十二师五一新镇总体规划
		济南创新谷概念性规划方案征集
		东营市城市总体规划（2012-2020）
		浙江玉环新城地区规划设计
		昆明市草海片区城市设计及控制性详细规划
		太原市西山地区综合整治规划
		桂林漓江风景名胜区总体规划（2013-2025）
		郑州市城市轨道交通线网规划修编
二等奖 （村镇规划）	2006～2007	三亚市梅山老区总体发展及新农村建设规划
		北京市通州区西集镇域规划（2006-2020）
		海淀区苏家坨镇管家岭村庄规划
		海沧区霞阳村村庄建设规划
	2008～2009	绵竹市汉旺镇灾后恢复重建规划
		青川竹园新区城市设计投标方案综合
		西藏阿里地区狮泉河镇总体规划（2008-2020）
		绵竹市汶川地震灾后恢复重建村镇体系规划（2008-2010）
		北川羌族自治县安昌镇总体规划（2009-2020）
	2010～2011	南安市水头镇总体规划（2010-2030）
		龙海市角美镇总体规划（2010-2030）
	2012～2013	西昌市域新村建设总体规划（2011-2020）
		宁波市宁海县西店镇总体规划（2010-2030）
三等奖 （城乡规划）	2005	天津城市空间发展战略研究
		三亚凤凰国际水城概念规划国际竞赛
		罗浮山风景名胜区总体规划修编
		大鹏所城保护规划
		北京金融街建成区环境设计招标
		东莞近期建设规划
		新疆喀纳斯旅游系统规划（风景名胜区总体规划部分）
		东莞市轨道交通网络规划
		淮南居仁村详细规划
		宜昌市城市空间发展战略研究
		北京昌平巩华城规划投标
		绥芬河市铁西区沿河地带详细规划
		东莞市虎门镇总体规划
		临沂历史文化名城保护规划
		宁波东钱湖韩岭旧村保护详细规划、新村修建性详规
		秦皇岛市城市总体规划
		舟山市普陀区城区三岛控制规划研究

奖项	获奖年份	项目名称
三等奖 （城乡规划）	2005	香河县城总体规划
		青岛市滨海公路沿线红岛组团规划设计（国际方案征集）
		武汉王家墩地区综合功能研究规划咨询
		北京市海淀区小西山旅游风景区规划咨询
		成都市综合交通规划
		呼和浩特市城市发展战略规划
		黄山市城市总体规划
		淮南市泉大地区规划设计招标
		惠州市城市发展概念规划
	2006～2007	东莞市域城镇体系规划（2005-2020）
		三亚市海棠湾分区规划及城市设计
		广州2020城市总体发展战略规划咨询
		湖州市龙溪港东岸地区城市设计
		深圳东、西部海岸线与深圳河沿岸整体城市设计研究（专题：深圳滨水岸线地区交通协调发展策略及实施建议）
		北京大兴新城核心区概念性城市设计方案综合
		深圳中轴线城市整体城市设计研究
		葫芦岛百万日侨遣返遗址恢复工程暨和平公园概念规划设计方案招标
		海口市城市总体规划（2006-2020）
		厦门市海沧马銮湾内湾水体专项研究
		东莞市域交通发展规划
		日照市海岸带分区管制规划
		淮南市城市雕塑规划
		湖州市南太湖高新技术产业园城市设计概念研究
		东莞市石龙历史古镇保护规划
		辽宁沿海经济带开发建设规划（2006-2020）
		威海市城市总体规划（2004-2020）
		深圳市盐田区三洲田梅沙片区规划
		珠海市旅游发展总体规划（2007-2020）
		凉山州西昌市邛海泸山景区规划
		双流县城乡一体化规划
		临沂市城市总体规划（2006-2020）
		广西防城港市企沙临港工业区总体规划
		惠民县护城河两岸景观环境规划研究及东北部护城河两岸修建性详细规划
		淮南市城市总体规划（2005-2020）
		成都洪河片区规划方案
	2008～2009	青岛高新技术产业新城区总体规划（投标及深化调改）
		济南市城市综合交通规划
		天津市道路主骨架网络规划研究
		北川新县城红旗片区（拆迁安置区）修建性详细规划
		龙岗整体城市设计
		北京市怀柔区区域战略环境影响评价
		榆林卫城城墙保护规划
		德阳市城市总体规划（2008-2020）
		榆林新城街区控制规划及起步区控制性详细规划
		唐山市南部沿海地区空间发展战略研究方案征集
		东莞生态园水系及水环境整治综合规划
		珠海重大交通基础设施集疏运网络规划

奖项	获奖年份	项目名称
三等奖（城乡规划）	2008～2009	长株潭城市群湘潭市域规划、湘潭市城市总体规划（2009-2020）
		曹妃甸工业区防洪、排涝、水系、竖向综合规划
		唐山市城市总体规划（2008-2020）
		南阳市历史文化名城保护规划
		基于长株潭科学发展的长沙河西地区发展规划（招标）
		岳阳楼洞庭湖风景名胜区总体规划（修编）
		深圳市电力设施和高压走廊详细规划
		深圳市南山区旧工业区改造规划研究
		成都市北湖片区概念性规划设计（第一名）
		浙江省旅游发展规划（2007-2020）
		济南市奥体文博中心文博片城市设计
		辽阳市城市总体规划（2001-2020）
		千岛湖城市景观风貌控制概念规划（第一名）
		郑州市城市快速轨道交通建设规划
		黑河市城市风貌规划
		张家界市城市空间发展战略规划
		新西安发展战略研究
	2010～2011	邯郸市国家生态园林城市建设规划（2006-2020）
		张家界市城市总体规划（2007-2030）
		武汉市近期建设规划（2010-2015）战略部分
		清远市清城区产业空间发展规划
		玉溪生态市建设规划
		深圳市福田区下沙社区改造专项规划
		顺德西部生态产业新区规划
		深圳龙岗客家围总体保护规划纲要及专项保护规划
		石家庄都市区城乡统筹规划
		苏州市公共空间环境建设规划
		北川羌族自治县消防规划（2010-2020）
		中山市中心城区绿色照明专项规划（2009-2020）
		上海市嘉定城北大型居住社区控制性详细规划
		石家庄市空间发展战略研究
		宁波梅山岛发展研究
		莱芜市城市水系与特色风貌规划设计
		环首都绿色经济圈总体规划方案整合
		嘉兴国际商务区总体规划及核心区城市设计
		莆田市城市总体规划（2008-2030）
		青山湖科技城概念性规划及城市设计
		苏州市城市环境保护专项规划
	2012～2013	沈阳历史文化名城保护规划
		深圳市龙岗区高桥工业区发展策略与详细规划研究
		济宁三河六岸地区规划设计
		湖北省城镇化与城镇发展战略规划
		太原市城市轨道交通建设规划（2012-2018）
		环渤海区域旅游发展总体规划
		曹妃甸工业区消防规划
		铜川市南市区空间发展战略暨新区总体城市设计
		桐乡市空间发展战略规划研究（方案征集）

奖项	获奖年份	项目名称
三等奖 （城乡规划）	2012 ~ 2013	海南国际旅游岛海口市旅游发展总体规划（2011–2020）
		泉州市城市总体规划（2008–2030）
		秦皇岛北戴河新区总体规划（2011–2020）
		武汉建设国家中心城市行动规划纲要
		淮南市城市抗震防灾规划（2011–2020）
		东莞市长安滨海新区概念规划
		宜兴市东方水城专题研究
		重庆江北机场枢纽地区整体交通规划设计
		湖州市南郊片区规划设计
		第十三师域城镇体系规划及拟建市总体规划（2012–2030）
		广州健康医疗中心发展规划（投标）
		宜昌市城市总体规划修改（2011–2030）
		顺义五彩浅山国际休闲度假产业发展带规划
		坪山新区坪山河流域概念规划
		海沧南北两区绿道规划设计（2012–2020）
		十堰市城市总体规划（2011–2030）
		玉溪市城市总体规划（2011–2030）
		临汾都市区协调发展规划暨尧都洪洞襄汾城镇群规划（2011– 2030）
		山东省莒县城市总体规划（2011–2030）
三等奖 （村镇规划）	2006 ~ 2007	海沧东孚镇莲花村村庄建设规划
	2008 ~ 2009	厦门海沧区村庄规划——山边村
		北京市海淀区上庄镇东马坊村庄整治规划
		北京市海淀区苏家坨镇徐各庄村庄建设规划
		安县"5.12"特大地震灾后恢复重建县域村镇体系规划（2008–2010）
		北京市大兴区安定镇总体规划（2006–2020）
	2012 ~ 2013	泉港区前黄综合改革试点镇总体及专项规划
鼓励奖 （城乡规划）	2005	甘肃临泽公园规划
		湘潭市城市总体规划
		上海铁路七宝站地区规划
		岗厦河园片区改造规划
		佛山市一环路规划投标
		五家渠市城市总体规划
		巴彦淖尔市城市总体规划
	2006 ~ 2007	宁波市副中心余慈中心城总体协调规划（2006–2030）
		东营市城市总体规划（2006–2020）
		大兴新城规划（2005–2020）
		京沪高速铁路无锡站场地区概念规划及核心区城市设计
		宜昌市城市总体规划（2005–2020）
		山西省祁县县城东部新区修建性详细规划
		安阳市城市总体规划（2008–2020）
		温岭市城乡统筹发展规划—市域总体规划（2007–2020）
		三门滨海新城概念规划
		武广铁路客运专线新长沙站周边地区概念性城市设计
		苏州人民北延伸线道路规划及交通工程、道路景观、地下空间一体化系统设计
		东莞市虎门镇虎门大道城市设计
		梅州市南堤带状公园设计方案招标
		徐州云龙湖风景旅游区规划（总体、分区、详规）

奖项	获奖年份	项目名称
鼓励奖（城乡规划）	2006～2007	惠州市惠澳大道沿线地区控规
		郑州航空港概念规划
		南安市近期建设规划（2006-2010）
	2008～2009	东莞市城市快速轨道交通建设规划
		大理国家级风景名胜区鸡足山景区详细规划
		南京城市发展战略研究——南京城市总体规划修编专题研究一
		衡水市城市总体规划（2008-2020）
		海沧北片区防洪防潮规划报告
		岳阳市城市园林绿地系统规划
		宁夏沿黄城市带发展规划
		厦门海沧台商投资区土地集约利用评价
		大同市城市绿地系统规划（2003-2020）
	2010～2011	兰州新区总体规划方案
		大兴新城核心区控制性详细规划
		东莞石排镇塘尾古城片区控制性详细规划
		开封市城市总体规划（2010-2020）
		太原南部新城总体发展概念规划及重点地段城市设计
		太原市城市轨道交通线网规划
		漳州市中心城市拓展概念规划
		胶南市灵山湾旅游休闲度假区概念规划
		济南市西客站场站一体化交通规划
		郑州市城市综合交通规划
鼓励奖（村镇）	2008～2009	北京市大兴区长子营镇李家务村村庄规划